SI version

3판

MECHANICS OF MATERIAL
THIRD EDITION

재료역학

Timothy A. Philpot 지음
역자대표 **김문겸**
강철규 · 김동현 · 김승준 · 노화성 · 박원석 · 박장호 · 임남형 · 최익창 · 한상윤 옮김

WILEY   청문각

저자 소개

티모시 필폿(Timothy A. Philpot)교수는 미주리과학기술대학교(Missouri University of Science and Technology: 미주리-롤라 대학교(University of Missouri-Rolla)의 현재 명칭) 토목건축환경공학과의 부교수이다. 1979년에 켄터키대학교(University of Kentucky) 에서 공학사, 1980년 코넬대학교(Cornell University)에서 공학석사, 1992년 퍼듀대학교 (Purdue University)에서 공학박사를 취득하였다. 1980년대에는 뉴올리언즈, 런던, 휴스 톤, 싱가포르에서 해안공학 구조기술자로 근무하였다. 1986년에 머레이주립대학(Murray State University) 교수로 부임하였고 1999년부터 미주리과학기술대학교 교수로 재직 중 이다.

필폿 교수의 교육연구 주 관심분야는 응용역학이며, 기초 응용역학 과목을 위한 멀티미 디어 교재의 개발에 관심이 많다. 그는 수상작인 교재용 소프트웨어 패키지 MDSolids와 MecMovies의 개발자이다. 재료역학 교육용 소프트웨어 MDSolids는 1998년 NEEDS[1]로 부터 공학교육교재 최우수상을 받았으며, MecMovies는 2004년 NEEDS 수상작이며 2006년 MERLOT[2] 온라인교재 모범상 수상작이다. 또한, 필폿 교수는 MDSolids를 교과 과정 중에 활용하여 PLTW[3] 공학원리 교과에서 공인된 참여교수이다.

필폿 교수는 정식 기술사로서 미국토목학회와 미국공학교육학회 정회원이다. 그는 미국 공학교육학회 역학분과에서 위원장으로 활발하게 활동하여 왔다.

---

1) 미국공학교육전달체계(NEEDS; National Engineering Education Delivery System) 공학교육 교재의 디지털 도서관.
2) 학습과 온라인 교육을 위한 멀티미디어 교재(MERLOT; Multimedia Educational Resource for Learning and Online Teaching)
3) 선도 프로젝트(PLTW; Project Lead The Way) 미국 초중고 학생을 대상으로 하는 STEM(Science, Technology, Engineering, and Mathematics) 교육과정을 개발하는 목적의 비영리기관.

역자 머리말

대학교에서 응용역학 분야 강의를 30여 년간 하면서 교재를 집필하라는 권유를 수없이 받았지만 한 번도 시도한 적은 없었습니다. 워낙 이 분야는 공학의 기본으로서 300년 이상 오랜 기간 견실한 학문으로 그리고 교육과정으로 발전해 왔고, 따라서 좋은 교재가 많기 때문입니다. 특히 재료역학은 응용역학 분야의 입문과정으로서 전 세계 대부분의 공과대학에서 중요한 필수 교과목으로 개설되어 수강대상이 많으며, 이에 비례하여 좋은 교재도 많은 교과목입니다. 또한 대부분의 교재에서 다루는 내용도 공식화되어 있어 비슷합니다.

그런데 새로운 교재가 필요할까요? 요즈음 저는 필요하다고 느끼게 되었습니다. 하나, 학생들의 학습 성향이 급속하게 변하고 있습니다. 지금의 학생들에게는 글보다는 그림, 인쇄물보다는 디지털매체, 지식보다는 정보, 면담보다는 이메일이 편하고, 수업시간에 판서 내용을 필기하는 것보다 사진 찍는 것을 당연하게 느낍니다. 이들의 성향에 맞는 교수방법이 필요합니다. 또 하나, 학생들은 수업이 어렵다고 생각하면 쉽사리 흥미를 잃고 포기합니다. 이들이 포기하지 않고 우수한 기술인으로 성장할 수 있도록 하는 노력이 필요합니다. 이에 적합한 교재가 필요하다고 생각하게 됩니다.

필폿 교수의 교재를 대하면서 다른 좋은 교재와 비교하여 새로운 느낌을 가질 수 있었습니다. 하나는 재료역학의 원리를 공학설계 실무에 적용하는 노력을 하는 것이고, 또 다른 하나는 지식 전달방식에 특별한 노력을 한다는 것입니다. 이러한 차별점은 필폿 교수의 경력과 연계하여 이해될 수 있습니다. 교수경력 이전에 상당기간 설계실무에 종사하여 이론과 실무를 같이 이해할 배경을 가지고 있어 교육에 이를 반영할 수 있고 학생들이 흥미를 잃지 않도록 노력하고 있으며, 더불어 교수활동을 시작하면서는 교수법에 상당한 흥미를 가지고 공학교육학회 활동을 활발히 하며 교수법개발에 노력하고 있습니다. 이러한 노력의 결과가 이 교재라고 생각되고 제가 생각하는 지금의 학생들에게 적합한 새로운 교재가 될 수 있을 것입니다.

부디 이 교재가 이 시대의 학생들이 재료역학을 쉽게 그리고 깊게 이해하고 이를 기반으로 공학도 그리고 기술자로서 성장하는 데 지침이 되기를 기원하면서, 이 교재를 같이 번역하여 주신 동료 교수 여러분들과 이 작업을 기획하고 편집해 주신 청문각에 감사를 드립니다.

2018년 8월
역자 대표 김문겸

저자 머리말

저자는 매학기 강의를 시작하면서 학생들에게 저자의 학부시절 재료역학을 수강할 때의 기억을 이야기하곤 한다. 어찌어찌하여 A학점을 받기는 하였지만 재료역학은 학부 교과목 중 가장 혼란스러운 과목 중 하나였다. 학업을 계속 할수록 이 과목의 개념을 정확히 숙지하지 못하였음을 느끼게 되었고, 이러한 문제가 뒤이어 나오는 설계과목을 이해하는 데 지장을 주게 되었다. 기술자로서의 경력을 시작하면서부터야 겨우 재료역학의 개념을 특정한 설계 상황과 연관 지을 수 있게 되었다. 실무와 연계시킨 후, 자신의 분야와 관련된 설계 절차를 좀 더 완벽히 이해하게 되었으며 설계자로서의 자신감을 쌓게 되었다. 저자는 교육경험과 실무경험을 통해 설계 교과목과 엔지니어링 실무에서의 기본으로서 재료역학 과목이 가지는 중요성을 확신하게 되었다.

마음의 눈을 위한 교육

저자는 교수가 된 후 교육경험을 쌓으면서, 주제에 대하여 저자가 쉽게 이해할 수 있도록 하는 일연의 심상(mental images)에 기반을 두어 재료역학의 개념을 이해하고 설명할 수 있다는 것을 인식하게 되었다. 수년 후 MecMovies 소프트웨어의 형성적 평가(formative assessment) 중, 텍사스 오스틴 대학교 정보대학장인 Andrew Dillon 박사는 심상의 역할을 다음과 같이 명료하게 표현하였다. "전문가의 결정적인 특성은 자신의 전문 분야에 대한 강한 심상이 있는데 반하여 초보자는 그렇지 않다는 것이다." 그의 혜안에 근거하면, 재료역학을 공부하는 중에 학생들을 교육하고 지도하는 데 적절한 심상을 전달하고 배양하여 마음의 눈(심안, mind's eye)에 가르치는 것이 교수의 주요 목적 중 하나여야 한다는 것이 합리적이라고 생각된다. 이 책에 사용된 그림들과 MecMovies 소프트웨어는 이 목적을 염두에 두고 개발된 것이다.

교육용 소프트웨어 MecMovies

컴퓨터에 기반을 둔 교육이 종종 학생들의 재료역학 이해를 돕는다. 3차원 모델과 표현을 위한 소프트웨어를 사용하면 여러 구성 요소의 사실적인 이미지를 생성할 수 있고 이들 구성 요소를 여러 관점에서 보여줄 수 있다. 또한 애니메이션 소프트웨어를 사용하면 물체 또는 과정을 움직이는 상태로 보여줄 수 있다. 이 두 기능을 조합함으로써 물체를 좀 더 완전하게 묘사할 수 있고, 이는 공학 문제를 이해하고 해석함에 있어서 정신적인 시각화(mental visualization)를 완벽하게 한다.

애니메이션은 또한 컴퓨터 기반의 학습도구를 새롭게 개발할 수 있도록 해준다. 재료역학을 가르치기 위하여 사용되는 전통적 학습도구인 예제는, 대상인 문제해결 과정을 보다 기억될 수 있고 참여하는 형태로 강조하고 묘사하면서 그 효과를 크게 향상시킬 수 있다. 애니메이션은 학생들이 숙련되게 문제를 해석하기 위하여 필요한 특정 기술에 중점을 둔 대화형 도구를 만드는 데 사용될 수 있다. 이 컴퓨터 기반의 도구는 정확한 해답을 제공할 수 있을 뿐만 아니라, 그 해답에 이르기까지 필요한 과정을 상세하게 시각적으로 그리고 말로 설명해줄 수 있다. 소프트웨어에서 제시되는 피드백은 종래의 숙제와 관련하여 일반적으로 마주치게 되는 걱정거리를 일부 줄여줄 수 있으며, 동시에 학생들이 능력과 자신감을 적당한 속도로 쌓아갈 수 있게 한다.

이 책은 전통적인 교과서 형식에 교육용 소프트웨어 MecMovies를 추가하여 컴퓨터 기반 강의를 완성한다. 현재 MecMovies는 재료역학 전체 주제에 걸친 160개 이상의 애니메이션 동영상으로 구성되어 있다. 이 애니메이션의 대부분은 예제를 세밀하게 보여주며, 약 80개의 동영상은 개념을 적용하고 주요 고려사항, 계산과정, 중간결과 등을 포함하여 즉각적인 피드백을 받을 수 있는 기회를 제공하는 대화형으로 되어 있다. MecMovies는 NEEDS(National Engineering Education Delivery System; 공학교육 교재의 디지털 도서관)에서 수여한 2004년 공학교육교재 최우수상을 받은 바 있다.

이 책의 특징

구조의 강도, 변형, 안정과 관련한 기본적인 주제를 강의하는 26년 동안, 저자는 많은 성공과 실패를 겪었고, 이들 모두로부터 배움을 얻었다. 이 책은 교수와 학생 간의 소통을 명확하게 하고자 하는 열정, 그리고 저자의 수업에 참여한 여러 상이한 학생들에게 이 기본적인 내용을 글로 전달하는 데 있어서 효율성을 갖추고자 하는 노력으로부터 발전되어 왔다. 이 책과 전체적으로 하나가 되는 교육용 소프트웨어 MecMovies와 이 책을 통하여 재료역학의 이론과 실제를 다양한 학생의 요구에 대응하여 복잡하지 않고 쉽게 보여주며 전개해 나가는 것이 저자의 바람이다. 이 책과 소프트웨어는 주제를 보여주는 데 있어서 주제의 엄격함과 깊이를 희생하지 않으면서 "학생친화적"이고자 한다.

시각적 소통: 먼저 이 책을 한번 훑어보기를 바란다. 책의 내용과 삽화 모두 신선하게 명확함을 발견하기를 기대한다. 저자이면서 동시에 삽화가로서, 저지는 독자의 마음의 눈에 대상 주제를 조명함에 도움이 되도록 시각적 내용을 만들고자 노력하였다. 삽화는 색, 음영, 원근, 질감, 3차원 표현을 통하여 개념을 명확히 전달하고자 하였고, 동시에 이들 개념을 실제 세상의 구성요소나 물체와 연계하고자 겨냥하였다. 이들 삽화는 기술자가 미래

의 기술자를 훈련하는 데 사용될 수 있도록 기술자에 의하여 그려진 것이다.

문제해결 도식: 교육학 연구에 의하면 학생이 문제해결도식(problem solving schema)을 익힐 수 있을 때 학습효과가 보다 효율적이라고 한다. (웹스터사전은 문제해결방식을 "복잡한 상황에 대응하는 조직적인 방법을 포함하는 정신적 체계화"라고 정의한다.) 다시 말하면, 학생이 개념과 그 적용방법을 정신적으로 정리하는 구조적인 틀을 구축하도록 장려하면 이해도와 숙련도가 증진된다는 것이다. 이 책과 소프트웨어는 학생들이 재료역학의 개념과 문제해결 과정을 정리하고 체계화하는 것을 돕고자 하는 특색을 여럿 갖추고 있다. 예를 들어, 경험에 의하면 부정정 축방향 부재와 비틀림 부재가 학생들에게 가장 어려운 주제 중 하나인데, 이들 주제 해석과정의 정리를 돕기 위하여 5단계 방법이 사용되었다. 이러한 접근방식은 학생들에게 잠재적으로 혼란스러운 상황을 쉽게 이해되는 계산과정으로 체계적으로 전환할 수 있는 문제해결 방식을 제공하게 된다. 또한 이 주제에 관하여 학생들이 자주 접하는 부정정 구조물을 구조물의 특정 형태에 따라 분류할 수 있도록 돕는 요약표도 제시하였다. 보의 처짐을 구하는 데 사용하는 중첩법도 학생들이 전형적으로 혼란스러워 하는 주제 중 하나이다. 책에서는 이 형태의 문제를 해석하기 위하여 일반적으로 사용되는 8가지 단순한 계산 기술을 열거하면서 이 주제를 소개하였다. 이러한 정리된 방식은 학생들이 보다 복잡한 형태를 대하기 전에 숙련도를 점차적으로 증진시킬 수 있도록 한다.

예제의 방식과 명료성: 일반적으로 재료역학 과목은 예제를 통하여 수업이 진행된다. 따라서 이 책에서는 예제의 질과 그 표현방식에 크게 역점을 두었다. 학습자에게 예제에서의 해설과 삽화는 특히 중요하다. 해설은 각각의 단계를 왜 거치는지를 설명하고 해석과정 각 단계의 이론적 근거를 보여주며, 삽화는 그 개념을 다른 상황에 적용하기 위하여 필요한 심상을 구축하도록 도와준다. 학생들은 MecMovies에서 사용한 단계별 접근방식이 특별히 유익하다고 하였으며, 마찬가지 방식이 본문 중에도 채용되었다. 이 책과 MecMovies 소프트웨어를 통하여 잘 설명된 270여 개의 예제가 있으며 이들 예제는 문제해결 기술의 능력과 자신감을 갖추는 데 필요한 폭과 깊이를 제공해줄 것이다.

숙제의 철학: 재료역학은 문제해결 과목이기 때문에 과목에서의 개념을 부연하고 보완해주는 숙제를 개발하는 데 상당한 노력을 기하였다. 이 책에는 학습의 각 단계에 걸쳐 적절한 난이도를 가진 1200개의 숙제 문제가 수록되어 있다. 이들 숙제는 이 과목에 이어지는 공학 설계과목에서 필요한 전문 지식의 기초와 기술을 배양하고자 하는 목적으로 만들어졌다. 이들 문제들은 도전적인 동시에 전통적인 공학 실제에 적절하고 현실적인 문제가 되도록 의도되었다.

제3판의 새로운 내용

- 제9장에 보의 전단응력에 관련된 추가적인 주제를 다루기 위하여 다음의 두 절을 더 하였다.
  - 9.9 얇은벽 부재에서의 전단응력과 전단흐름
  - 9.10 얇은벽 개방단면의 전단중심
- 일과 변형에너지 원리, 가상 일의 원리, 카스틸리아노의 정리를 고체역학 문제에 적용하는 것을 다루기 위하여 제17장 "에너지법"을 추가하였다.
- 제16장의 구조용 강재 기둥의 임계좌굴응력 설계 식을 ANSI/AISC 360-10 구조용

강재 빌딩 설계기준의 최신기준에 맞추어 개정하였다.

- 책에 사용된 문제에 여러 변화를 주었다. 제2판에 사용된 문제 중, 190문제(전체 문제의 16%)가 수정되었고, 300문제(25%)가 추가되었다. 추가된 문제 중 대략 절반은 제9장과 제17장의 새로운 내용과 관련된 문제들이다. 나머지 150문제는 여러 주제에 걸친 문제의 다양성을 넓히기 위하여 추가되었다.

MecMovies를 교과과정에서 과제로 활용하는 방법

과거 여러 교수들은 교재 소프트웨어에 대하여 불만족스러운 경험이 있었을 것이다. 종종 결과가 예상에 미치지 못하고, 일부 교수들이 그들 교과목에서 컴퓨터기반 교재의 활용을 주저했을 것이라는 걸 이해할 수 있다. 그러한 교수들에게 이 책은 MecMovies 소프트웨어를 사용하지 않고도 책만으로 완전한 가치를 지닐 수 있다. MecMovies 소프트웨어를 전혀 사용하지 않고도 이 책을 사용하여 전통 깊은 재료역학을 성공적으로 가르칠 수 있다는 것을 교수들은 알 수 있을 것이다. 그렇지만 이 책과 결부된 MecMovies 소프트웨어는 재료역학 수강생들에게 쉬우면서도 효율적임이 증명된 새롭고 가치 있는 교육매체이다. 반대론자들은 오랜 기간 동안 교육용소프트웨어가 교재의 부록으로 포함되어 왔지만 학생들의 성취에 큰 변화를 주지 못하였다고 주장할 수도 있다. 이러한 평가를 부정할 수 없음에도 불구하고 저자는 MecMovies를 다르게 봐주기를 설득하고자 한다.

경험에 의하면, 교육용 소프트웨어는 그 자체의 질뿐만 아니라 소프트웨어를 교과 과정에 어떻게 반영하는가 하는 방법도 마찬가지로 중요하다. 학생들은 자신이 학습에 사용할 시간이 제한되어 있고, 일반적으로는 교과 요건에서 중요하지 않다고 여겨지는 소프트웨어에 그들의 시간과 노력을 투자하지 않을 것이다. 다시 말하면, 보조 소프트웨어는 그 질이나 가치와 관계없이 실패하기 마련이다. 교육용 소프트웨어가 효과적이기 위해서는 교과 과제 중에 정기적이고 자주 반영되어야 한다. 왜 교수가 전통적인 강의방식에 더하여 컴퓨터기반 과제를 교과과정에 포함시켜야 되는가? 이에 대한 답으로, MecMovies는 (1) 학생들에게 개별적인 지도를 할 수 있고, (2) 교수가 여러 주제의 초보적인 면보다는 진전된 면을 논의하는 데 많은 시간을 할애할 수 있으며, (3) 교수의 강의를 보다 효율적이게 하기 때문이다.

교육용 매체로서 컴퓨터는 개별화된 대화형 학습활동, 특히 반복학습을 통하여 터득할 수 있는 기술의 학습에 아주 적합하다. MecMovies는 많은 대화형 연습기능을 가지고 있으며, 최소한 교수는 이러한 기능을 (1) 학생이 도심이나 관성모멘트와 같은 선행 주제에 적절한 지식을 갖추었는지 확인하고, (2) 특정 문제해결 기술에 필요한 숙련도를 배양하고, (3) 학생들이 강의 주제에 뒤처지지 않도록 유도하는 데 활용할 수 있다. 세 가지 형태의 대화형 기능이 MecMovies에 포함되어 있다.

1. **개념 체크포인트**: 이 기능은 단지 하나 또는 두 계산이 필요한 가장 기초적인 문제에 사용되었다. 또한, 좀 더 복잡한 문제에서 해석과정을 순차적으로 터득할 수 있는 일련의 단계로 구분하여 숙련도와 자신감을 배양하기 위하여 사용되었다.

2. 트라이 원 문제: 이 기능은 특정 예제 문제에 첨부되어 있다. 트라이 원 문제에서 학생들은 예제와 비슷한 문제를 보게 되고, 예제에서 설명된 개념과 문제해결 과정을 바로 적용할 기회를 갖게 된다.

3. 게임: 반복학습에 의하여 터득되는 특정 기술에서 숙련도를 배양하기 위하여 게임이 사용되었다. 예를 들어, 도심, 관성모멘트, 전단력도와 휨모멘트도, 모어 원 등을 교육하기 위하여 게임이 사용되었다.

이들 개개 소프트웨어 기능과 더불어, 문제서술 중의 숫자들이 학생 개개인에게 역동적으로 생성되고, 학생의 답이 평가되고, 출력 가능한 결과보고서가 생성된다. 이러한 기능은 교수에게 채점하는 수고를 더하지 않으면서 매번의 과제를 수집할 수 있도록 한다.

많은 대화형 MecMovies 연습에서 주제에 대한 사전 지식을 요구하지 않는다. 따라서 교수는 주제에 대한 수업을 하기 전에 MecMovies 기능을 수행하도록 요구할 수 있다. 예를 들어 "응력의 모어 원 수업"은 학생들에게 평면응력에 대한 모어 원을 그리는 상세한 내용을 단계별로 지도해준다. 학생들이 이 연습을 첫 모어 원 수업에 들어오기 전에 마쳤다면, 교수는 학생들이 주응력을 구하기 위하여 모어 원을 활용하는 방법에 대한 기본적인 이해를 가지고 있다고 자신할 수 있을 것이다. 그러면 교수는 이 기본적인 이해 수준을 기반으로 하여 모어 원 계산의 추가적인 면들을 자유롭게 설명할 수 있을 것이다.

MecMovies에 대한 학생들의 반응은 훌륭하였다. 많은 학생들이 책으로 공부하는 것보다 MecMovies로 공부하는 것을 선호한다고 하였다. 학생들은 MecMovies가 교과목의 내용을 이해하는 데 실질적인 도움을 주고 결과적으로 시험성적을 높이는 데 도움을 준다는 것을 바로 알게 된다. 나아가 MecMovies를 수업에 활용하였을 때, 정량적이 아닌 이득도 관찰할 수 있었다. 학생들이 수업에서, 아직 완전히 이해하지 못한 이론의 여러 면에 대하여 좀 더 구체적인 질문을 할 수 있게 되고, 수업태도도 전반적으로 개선된 것으로 보인다.

감사의 글

- 이 과업이 제대로 진행될 수 있도록 한 Linda Ratts, Chris Teja, 그리고 열심이고, 효율적이고, 집중력 있는 Wiley 직원들에게 감사한다.
- 이 교재의 WileyPLUS 내용에 탁월한 성과를 내 준 미주리과학기술대학교의 Jeffrey S. Thomas 박사에게 감사한다. 그가 보여준 혁신과 헌신에 감사한다.
- 제작과정 중 원고를 작성하고 편집을 훌륭히 해낸 Aptara, Inc.의 Jackie Henry와 Write With, Inc.의 Ellen Sanders와 Brian Baker에게 감사한다.
- 마지막으로 지난 40여 년간 나의 변함없는 친구, 내 일생의 연인, 내 자식들의 어머니, 나의 아내인 Pooch에게 감사한다. 그녀가 나에게 아낌없이 준 사랑, 지원, 힘, 격려, 희망, 지혜, 열정, 유머, 양식의 크기와 깊이를 전달하기에 합당한 단어는 없다.

다음의 공학교육 전문직의 동료들은 원고의 전체 또는 일부를 검토해 주었고 그들의 건설적인 비평과 격려에 대하여 깊이 감사하고 있다.

제2판:

John Baker, *University of Kentucky*; George R. Buchanan, *Tennessee Technological University*; Debra Dudick, *Corning Community College*; Yalcin Ertekin, *Trine University*; Nicholas Xuanlai Fang, *University of Illinois Urbana — Champaign*; Noe Vargas Hernandez. *University of Texas at El Paso*; Ernst W. Kiesling, *Texas Tech University*; Lee L. Lowery, Jr., *Texas A&M University*; Kenneth S. Manning, *Adirondack Community College*; Prasad S. Mokashi, *Ohio State University*; Ardavan Motahari, *University of Texas at Arlington*; Dustyn Roberts, *New York University*; Zhong — Sheng Wang, *Embry — Riddle Aeronautical University*.

제1판:

Stanton Apple, *Arkansas Tech University*; John Baker, *University of Kentucky*; Kenneth Belanus, *Oklahoma State University*; Xiaomin Deng, *University of South Carolina*; Udaya Halahe, *West Virginia University*; Scott Hendricks, *Virginia Polytechnic Institute and State University*; Tribikram Kundu, *University of Arizona*; Patrick Kwon, *Michigan State University*; Shaofan Li, *University of California, Berkeley*; Cliff Lissenden, *Pennsylvania State University*; Vlado Lubarda, *University of California, San Diago*; Gregory Olsen, *Mississippi State University*; Ramamurthy Prabhakaran, *Old Dominion University*; Oussama Safadi, *University of Southern California*; Hani Salim, *University of Missouri — Columbia*; Scott Schiff, *Clemson University*; Justin Schwartz, *Florida State University*; Lisa Spainhour, *Florida State University*; Leonard Spunt, *California State University, Northridge*.

연락처

이 책과 MecMovies 소프트웨어와 관련된 의견이나 제안을 주시면 감사드리겠습니다. philpott@mst.edu 또는 philpott@mdsolids.com으로 편하게 이메일을 주시기 바랍니다.

차례

응력

1.1 개요

공학 역학은 정역학, 동역학, 재료역학 등 세 가지 기본분야로 나눌 수 있다. 정역학과 동역학은 주로 입자 및 강체(즉, 힘으로 인한 크기나 형상의 변화가 무시된 이상화된 물체)와 관련된 외부 힘 및 운동에 대한 연구이다. 재료역학은 변형되는 실제 물체(늘음, 휨 또는 비틀림이 있는 물체)에 작용하는 외부 하중에 의해 발생하는 내부 효과에 대한 연구이다. 왜 물체에 가해지는 내부의 현상이 중요한가? 엔지니어는 자동차, 비행기, 선박, 수송관, 교량, 건축물, 터널, 옹벽, 모터, 기계 등과 같은 다양한 제품과 구조물을 설계하고 생산한다. 이 과정의 성공을 위해서는 세 가지의 역학적 관점이 고려되어야 한다.

1. 강도: 작용하는 하중에 견딜 수 있을 만큼 물체가 충분히 강한가? 물체가 부서지거나 파괴될 것인가? 반복되는 부하 하에서 물체가 지속적으로 적절한 역할을 수행할 수 있는가?
2. 강성: 물체가 의도된 기능을 수행할 수 없을 만큼 변형되는가?
3. 안정성: 물체가 부과된 하중 상태에서 더 이상 제 기능을 수행하지 못할 정도로 갑자기 구부러지거나 찌그러지는가?

이러한 관심사를 해결하기 위해 물체 내부에 작용하는 내력의 크기와 이에 따른 변형을 평가해야 하고, 동시에 물체를 구성하는 재료의 역학적 특성을 이해해야 한다.

재료역학은 많은 공학 분야의 기본이 되는 과목이다. 이 과목은 몇 가지 유형의 부재에 초점이 맞추어져 있다. 가령, 축하중을 받는 봉, 비틀림 상태의 축, 휨하중을 받는 보, 압축력을 받는 기둥이 그것이다. 기술 설계기준과 시방서에서 찾을 수 있는 수많은 설계 목적의 수식과 규칙은 앞서 언급된 여러 구조물의 기본 구성요소와 연관되는 재료역학의 기초에 근거하고 있다. 재료역학에 대한 확고한 개념과 문제 해결력을 지닌다면 고급 공학 설계 과목을 수강할 수 있는 능력을 갖추게 될 것이다.

1.2 축방향 재하에 의한 수직응력

모든 교과목에는 그 과목의 충분한 이해를 위해 가장 중요하게 간주되는 특정한 기초 개념이 있다. 재료역학에서 이런 개념에 해당하는 것이 응력(stress)이다. 정성적으로 말하자면, 응력은 내력의 밀도(강함의 정도)를 의미한다. 힘은 크기와 방향을 정량적으로 갖는 벡터량이며, 그 힘의 밀도는 힘이 가해지는 면적에 반비례한다. 따라서 응력은 다음과 같이 정의될 수 있다.

$$\text{응력} = \frac{\text{힘}}{\text{면적}} \tag{1.1}$$

그림 1.1a 단축 하중 P를 받는 봉

수직응력(normal stress)의 개념을 소개하기 위해 축력을 받고 있는 사각단면 봉을 고려해보자(그림 1.1a). 축력(axial force)은 부재의 종방향으로 가해진 힘이다. 부재를 잡아당기는 축력을 인장력(tension forces)이라 부르고, 그 반대의 경우를 압축력(compression forces)이라 부른다. 그림 1.1a에서 축력 P는 인장력이다. 내부의 현상에 대해 알아보기 위해서 봉을 그림 1.1a에서 $a-a$와 같은 봉의 종방향에 수직한 평면으로 절단하면 봉의 하단 반쪽의 자유물체도가 나타나며(그림 1.1b), 이 절단면은 봉의 종방향 축에 수직하다. 노출된 절단면은 수직단면(cross section) 또는 단면이라 불린다.

단면에서 내부의 역학적 상태를 나타내기 위해 물체를 절단하는 기법을 단면법(method of sections)이라 칭하고, 절단면은 단면(section plane)이라 한다. 내부의 역학적 상태를 알아보기 위해 "봉의 단면을 절단하라"라고 말하는 것은 단면법을 사용한다는 의미이다. 이 기법은 외력에 의해 발생하는 고체의 역학적 현상의 규명을 위해 재료역학 학습 전반에 걸쳐 사용될 것이다.

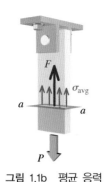

그림 1.1b 평균 응력

봉 아래 부분의 평형은 노출된 단면에서 발생한 내력의 분포에 의해 이루어진다. 내력의 분포는 합력 F를 가지게 되는데, 이때 합력 F는 노출된 면의 방향과 수직하며 P와 같은 크기를 가진다. 또한 P의 작용선과 동일선상의 작용선을 가진다. 재료에 분산되어 작용하는 분포력 즉, 내력의 크기를 응력이라고 한다.

이 경우 응력은 단면에 수직한 방향으로 작용한다. 이러한 유형의 응력을 수직응력이라고 하며, 그리스 문자 σ(sigma)로 표기한다. 봉에서의 수직응력의 크기를 결정하기 위해 단면에서의 내력의 평균 크기는 다음과 같이 계산된다.

$$\sigma_{\text{avg}} = \frac{F}{A} \tag{1.2}$$

여기서 A는 봉의 단면적이다.

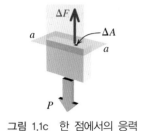

그림 1.1c 한 점에서의 응력

수직응력의 부호규약(sign convention)은 다음과 같이 정의된다.
- 양의 부호는 인장수직응력을 나타낸다.
- 음의 부호는 압축수직응력을 나타낸다.

이제 그림 1.1c에 나타난 것처럼 봉의 노출된 단면적상의 미소 면적 ΔA를 고려해보자. 그리고 ΔF는 미소 면적에 전달된 내력의 합을 나타낸다고 하자. 면적 ΔA로 전달되는 내력의 평균 크기는 ΔF를 ΔA로 나눔으로써 구해진다. 내력이 균일하게 작용한다고 할 때, 면적 ΔA는 더욱더 작게 될 수 있고, 궁극적으로 노출된 면상의 하나의 점으로 수렴해 갈 것이다. 이에 상응하는 ΔF도 함께 작아질 것이다. ΔA가 수렴하는 단면상의 한 점에서의 응력은 다음과 같이 정의된다.

$$\sigma = \lim_{\Delta A \to 0} \frac{\Delta F}{\Delta A} \tag{1.3}$$

만약 응력의 분포가 균일하다면, 합력은 단면적의 도심에 작용해야만 한다. 트러스 구조물이나 이와 유사한 구조물에서 볼 수 있는 길고, 얇으며, 축력을 받는 부재에서는 외력이 작용된 지점의 주변을 제외하면 수직응력은 균일하게 분포된다고 일반적으로 가정한다. 축하중을 받는 부재의 응력 분포는 구멍, 홈, 나사, 균열 부위 등의 주변에서는 균일하지 않다. 이러한 현상들에 대해서는 응력 집중과 관련된 장에서 차후에 논의할 것이다. 이 책에서는 특별한 언급이 없는 한 축력은 단면의 도심에 작용한다고 생각한다.

응력의 단위

수직응력은 단면에 작용하는 수직분력의 힘을 단면적으로 나눔으로써 계산된다. 응력은 단위 면적당 힘의 단위이다. 보편적으로 SI(프랑스어 *Le Système International d'Unités*로부터)로 축약되어 표현되는 국제단위계에서 응력은 파스칼(Pa)로 표현되며 뉴턴(N) 단위의 힘을 제곱미터(m^2) 단위의 면적으로 나눔으로써 계산된다. 전형적인 공학 문제에서 파스칼은 매우 작은 단위이다. 따라서 응력은 일반적으로 MPa로 표현되며 1 MPa은 1,000,000 Pa이다. 응력을 MPa 단위로 계산할 때 유용한 방법은, 힘은 뉴턴(N)으로 면적은 밀리미터 제곱(mm^2)으로 표현하는 것이다. 따라서

$$1 \text{ MPa} = 1000000 \text{ N/m}^2 = 1 \text{ N/mm}^2 \tag{1.4}$$

와 같은 관계가 성립한다.

유효숫자

이 책에서 최종적인 수치 해는 2에서 9 사이의 숫자로 시작될 경우 일반적으로 세 자리의 유효숫자로 표현된다. 그리고 숫자 1로 시작될 경우 네 자리의 유효숫자로 표현된다. 반올림에 의한 수치 정확성의 손실을 최소화하기 위해 계산 중간값은 추가적인 유효숫자를 가지도록 한다.

예제와 연습문제를 통해 응력에 대한 개념을 확고히 하기 위해 강체 요소(rigid element) 또는 강체 부재의 개념을 적용하는 것이 편리하다. 강체 부재는 지지된 곳에서 수직 또는 수평으로 움직이거나 또는 지지대에서 회전할 수도 있다. 강체 부재는 무한히 강한 것으로 가정한다.

예제 1.1

지름 14 mm의 충진 강재 행어가 하중 지지보의 한 끝단을 고정시키기 위해 사용되었다. 봉에 전달되는 힘은 21 kN이다. 봉에서의 수직응력을 구하라(봉의 무게는 무시한다).

풀이 봉의 자유물체도에서 보듯이 강재 행어는 원형의 단면을 지닌다. 따라서 단면적은 다음과 같이 계산된다.

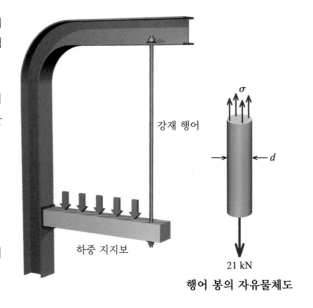

강재 행어

하중 지지보

21 kN

행어 봉의 자유물체도

$$A = \frac{\pi}{4}d^2 = \frac{\pi}{4}(14 \text{ mm})^2 = 153.93804 \text{ mm}^2$$

여기서 d는 행어 봉의 지름이다.

봉에 가해지는 힘이 21 kN이기 때문에 봉에서의 수직응력은 다음과 같이 계산된다.

$$\sigma = \frac{F}{A} = \frac{(21 \text{ kN})(1000 \text{ N/kN})}{153.93804 \text{ mm}^2}$$
$$= 136.41852 \text{ MPa}$$

비록 위의 답이 수치적으로는 옳은 답일지라도 최종 정답으로 응력이 136.41852 MPa라 하는 것은 적절하지 않다. 이 많은 자릿수로 이루어진 답은 마치 정확해 보이지만 모든 자릿수의 값이 실제 유효한 값이라고 주장할 수 없기 때문이다. 이 문제에서 봉의 지름과 힘 모두 두 개의 유효숫자로 주어져 있다. 하지만 우리가 여기서 계산한 응력 값은 8자리의 유효숫자를 가지고 있다.

공학에서 최종 정답이 세 자리(첫 번째 숫자가 1이 아닐 경우)나 네 자리(첫 번째 숫자가 1일 경우)의 유효숫자를 가지도록 반올림하는 것은 관례이다. 이 지침을 통해 봉에서의 응력은 다음과 같다.

$$\sigma = 136.4 \text{ MPa}$$

답

이 책의 많은 예제에서 삽화는 물체나 구조물을 실제 3차원 투시화법으로 보여주고 자 시도하였다. 가능한 모든 경우, 물체나 구조물과 관련된 문단에서 자유물체도를 보여주고자 노력하였다. 이러한 삽화들 중 자유물체도는 색깔로 보인 반면 물체나 구 조물의 다른 부분들은 희미하게 표현된다.

예제 1.2

강체 막대 ABC가 지점 A에서 핀과 540 mm²의 단면적을 가진 축부재 (1)에 의해 지지되어 있다. 강체 막대 ABC의 무게는 무 시될 수 있다. (참고: 1 kN = 1000 N)

(a) 8 kN의 하중 P가 지점 C에 작용할 때, 부재 (1)에서의 수 직응력을 구하라.

(b) 부재 (1)의 최대 수직응력이 50 MPa로 제한되어야만 할 경 우, 강체 막대의 지점 C에 적용될 수 있는 하중 P의 최대 크기는 얼마인가?

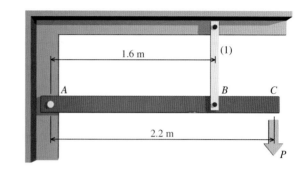

풀이 계획 (문제 a)

부재 (1)에서의 수직응력을 계산하기 전에 부 재 (1)에서의 축력이 결정되어야만 한다. 이 힘을 계산하기 위해 강체 막대 ABC의 자유물 체도를 작성하고, 핀 A에 대한 모멘트 평형조 건식을 적용한다.

풀이 (문제 a)

강체 막대 ABC에서 핀 A에 대한 모멘트의 평형조건을 적용해보자. F_1을 부재 (1)에서의 축력이라 두고, F_1은 인장력이라 가정하자. 평형조건식에서의 양의 모멘트는 오른손법칙(반시계 방향이 + 방향)에 의해 정의되었다.

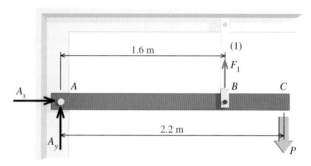

강체 막대 ABC의 자유물체도

$$\sum M_A = -(8 \text{ kN})(2.2 \text{ m}) + (1.6 \text{ m})F_1 = 0$$

$$\therefore F_1 = 11 \text{ kN}$$

부재 (1)에서의 수직응력은 다음과 같이 계산된다.

$$\sigma_1 = \frac{F_1}{A_1} = \frac{(11 \text{ kN})(1000 \text{ N/kN})}{540 \text{ mm}^2} = 20.370 \text{ N/mm}^2 = 20.4 \text{ MPa} \qquad \text{답}$$

(1 MPa = 1N/mm²임을 참고하라.)

풀이 계획 (문제 b)

주어진 응력을 이용하여, 부재 (1)에 안전하게 전달될 수 있는 최대 힘을 계산한다. 최대 힘이 계산되면, 하중 P를 결정하기 위해 모멘트 평형조건식을 이용한다.

풀이 (문제 b)

먼저 부재 (1)에 허용되는 최대 힘을 결정한다. 즉 다음 식으로부터

$$\sigma = \frac{F}{A}$$

$$F_1 = \sigma_1 A_1 = (50 \text{ MPa})(540 \text{ mm}^2) = (50 \text{ N/mm}^2)(540 \text{ mm}^2) = 27000 \text{ N} = 27 \text{ kN}$$

모멘트 평형조건식으로부터 허용 가능한 최대의 하중 P를 계산하라.

$$\sum M_A = -(2.2 \text{ m})P + (1.6 \text{ m})(27 \text{ kN}) = 0$$

$$\therefore P = 19.64 \text{ kN} \qquad \text{답}$$

예제 1.3

폭 50 mm 강체 막대의 B, C, D 지점에 축력이 작용한다. 막대에서의 수직응력 크기가 60 MPa을 초과하지 않아야 할 때, 막대에 적용될 수 있는 최소 두께를 구하라.

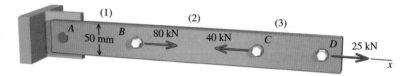

풀이 계획 세 세그먼트에 축력이 나타난 자유물체도를 그린다. 각 세그먼트에서 평형이 유지되기 위해 요구되는 축력의 크기와 방향을 결정한다. 막대에 요구되는 최소 단면적을 계산하기 위해 가장 큰 축력의 크기와 허용 가능한 수직응력을 이용한다. 막대의 최소 두께를 계산하기 위해 단면적을 막대의 폭인 50 mm로 나눈다.

풀이 세그먼트 (3)에서 내력이 나타난 자유물체도를 그리는 것으로부터 시작하자. 지점 A에서의 반력이 계산되지 않았기 때문에, 막대의 세그먼트 (3)에서 잘라 절단면에서 시작하여 지점 D에서 막대의 자유끝단으로 뻗어나가는 막대의 일부분을 고려하는 것이 더욱 용이하다. 미지의 축력 F_3는 세그먼트 (3)에 작용하며, 이와 같은 문제를 풀기 위해 일관된 방법을 확립하는 것이 도움이 될 것이다.

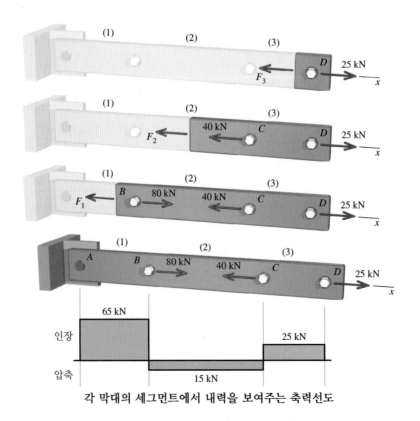

각 막대의 세그먼트에서 내력을 보여주는 축력선도

축방향 세그먼트 (3)에서 절단된 자유물체도에 근거하여 유도된 평형조건식은 다음과 같다.

$$\sum F_x = -F_3 + 25 \text{ kN} = 0$$
$$\therefore F_3 = 25 \text{ kN} = 25 \text{ kN (인장)}$$

세그먼트 (2)에서 축력을 나타낸 자유물체도를 그리기 위해 앞의 절차를 반복한다.

$$\sum F_x = -F_2 - 40 \text{ kN} + 25 \text{ kN} = 0$$
$$\therefore F_2 = -15 \text{ kN} = 15 \text{ kN (압축)}$$

그리고 세그먼트 (1)에서 축력이 표시된 자유물체도에 대해서는 다음 식이 성립한다.

$$\sum F_x = -F_1 + 80 \text{ kN} - 40 \text{ kN} + 25 \text{ kN} = 0$$
$$\therefore F_1 = 65 \text{ kN (인장)}$$

막대의 축력을 도식적으로 요약한 그림을 그리는 것은 좋은 학습이 된다. 22쪽의 축력선도에서 축 위의 영역은 인장력을 의미하고, 축 아래의 영역은 압축력을 의미한다. 요구되는 단면적은 절댓값이 가장 큰 축력의 크기에 근거하여 계산된다. 막대에서의 수직응력의 절댓값은 60 MPa 또는 60 N/mm²을 초과하지 않아야 한다. 1 MPa=1 N/mm²이므로 60 MPa=60 N/mm²임을 이용하라.

$$\sigma = \frac{F}{A} \quad \therefore A \geq \frac{F}{\sigma} = \frac{(65 \text{ kN})(1000 \text{ N/kN})}{60 \text{ N/mm}^2} = 1083.333 \text{ mm}^2$$

막대의 단면의 폭이 50 mm이기 때문에 막대의 최소 허용 두께는 다음과 같이 계산된다.

$$t_{min} \geq \frac{1083.333 \text{ mm}^2}{50 \text{ mm}} = 21.667 \text{ mm}^2 = 21.7 \text{ mm}^2 \qquad \text{답}$$

실제 설계에서는, 막대의 두께는 계산된 값 다음으로 큰 표준 사이즈의 두께로 반올림된다.

재검토 단위계에 특별한 주의를 기울여 계산을 다시 확인해보자. 계산 과정에서 단위를 표시하면 실수를 가장 확실하게 발견할 수 있다. 정답들이 이치에 맞는지를 생각해보자. 가령, 막대의 두께가 21.7 mm 대신 0.0217 mm라고 계산되었을 때, 상식과 직관에 근거하여 이것이 이치에 맞는지를 생각해보아라.

두 개의 축부재가 B 지점에 부과된 하중 P를 지지하기 위해 사용된다.

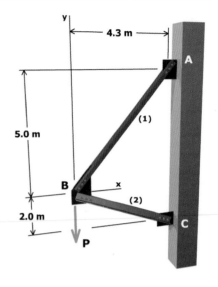

- 부재 (1)의 단면적 A_1은 3080 mm²이고, 최대 허용 수직응력은 180 MPa이다.
- 부재 (2)의 단면적 A_2는 4650 mm²이고, 최대 허용 수직응력은 75 MPa이다.

각 부재에서 최대 허용수직응력을 초과하지 않고 지지할 수 있는 최대 하중 P를 구하라.

1.3 직접 전단응력

그림 1.2a 단일전단 핀 연결

그림 1.2b 핀으로 전달되는 전단력을 보여주는 자유물체도

구조물이나 기계에 가해진 하중은 일반적으로 리벳, 볼트, 핀, 못, 용접부의 연결부 등을 통해 각 부재로 전달된다. 모든 연결부에서 야기되는 가장 중요한 응력들 중 하나는 전단응력(shear stress)이다. 앞 절에서 수직응력은 내력의 방향에 수직한 면 또는 단면에 작용하는 수직 내력 성분의 단위 면적당 크기로 정의하였다. 전단응력도 내력의 밀도이지만 수직응력과 달리 전단응력의 작용 방향은 단면에 평행하다.

전단응력에 대해 알아보기 위해, 막대에 의해 전달되는 힘이 원형 핀에 의해 지지대로 전달되는 단순한 연결 구조를 생각해보자(그림 1.2a). 하중은 막대로부터 핀의 횡단면상에 분산되는 전단력(shear force)(즉, 절단하려는 경향의 힘)으로 지지대에 전달된다. 막대와 핀의 자유물체도는 그림 1.2b와 같다. 이 그림에서 전단력 V는 핀의 횡단면에 분포하는 전단응력을 대치하는 합력이다. 전단력 V는 하중 P와 평형을 유지하는 데 필요한 힘이다. 단지 하나의 핀 단면이 축부재와 지지대 사이에서 하중을 전달하기 때문에 핀은 단일전단(single shear) 상태에 놓여 있다고 말한다.

식 (1.1)에 의해 주어진 응력의 정의에 따라, 핀의 횡단면에서의 평균 전단응력은 아래와 같이 계산될 수 있다.

$$\tau_{\text{avg}} = \frac{V}{A_V} \tag{1.5}$$

여기서 A_V는 전단응력이 작용하는 면적이고, 그리스 문자 τ(tau, 타우)는 전단응력을 표현한다. 전단응력을 위한 부호규약은 이 책의 뒷부분에서 언급할 것이다.

핀의 횡단면상 한 점에서의 전단응력은 한 점에서의 수직응력을 정의하기 위한 식 (1.3)을 도출하기 위해 사용하였던 것과 동일한 방법의 극한화 과정을 통해 다음과 같이 정의된다.

MecMovies 1.7과 1.8은 단일 및 이중전단의 볼트 연결에 관한 동영상을 보여 준다.

MecMovies 1.9는 기어와 축 사이의 전단키 연결에 관한 동영상을 보여준다.

$$\tau = \lim_{\Delta A_V \to 0} \frac{\Delta V}{\Delta A_V} \tag{1.6}$$

전단응력은 볼트나 핀의 횡단면에 균일하게 분배될 수 없다는 것과 횡단면에서의 최대 전단응력이 식 (1.5)를 이용하여 얻어진 평균 전단응력보다 훨씬 크다는 사실은 본문의 후반에서 취급된다. 하지만 단순한 연결 부위의 설계는 관례적으로 평균응력을 기초로 실시하며, 이 책에서도 이러한 관례를 따른다.

연결부에서 전단응력을 결정하는 열쇠는 파단면 또는 연결재(즉 핀, 볼트, 못, 용접부)가 실제로 부서졌을 때(즉, 파손되었을 때) 발생하는 면을 시각화하는 것이다. 전단력을 전달하는 전단면 A_V는 연결재가 파손되었을 때 노출되는 면이다. 핀과 볼트 연결재의 전단 파단면의 예가 그림 1.3과 1.4에 나타나 있다. 그림 1.3은 단일전단면에서 파단이 일어난 경우를 보여주며, 비슷하게 그림 1.4에는 두 개의 평행한 전단 파단면에서 파단이 일어난 경우를 보여준다.

Jeffery S. Thomas

그림 1.3   핀 부재에서의 단일전단 파단면

Jeffery S. Thomas

그림 1.4   핀 부재에서의 이중전단 파단면

예제 1.4

체인 (1)과 (2)가 걸쇠와 핀에 의해 연결되어 있다. 체인의 양단에 작용하는 하중이 $P = 28$ kN, 핀에서의 최대 허용전단응력이 $\tau_{allow} = 90$ MPa일 때 핀의 최소 허용지름 d를 결정하라.

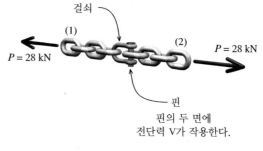

풀이 계획 문제를 풀기 위해 가장 먼저 하중 P에 의해 핀이 파단했을 때 나타날 수 있는 면을 가시화한다. 하중 P를 가하면 핀과 걸쇠 사이의 접촉면(즉, 일반적인 경계)에서 전단응력이 발생하고, P를 증가시키면 그 전단응력은 커질 것이다. 각 표면에 작용하는 전단력을 견디는 데 필요한 전단면을 찾고, 그 전단면으로부터 핀의 최소 지름을 계산할 수 있다.

핀의 자유물체도

풀이 체인 (2)와 걸쇠를 연결하는 핀의 자유물체도를 그린다. 두 전단력 V는 작용 하중 $P = 28$ kN을 지탱해야 한다. 각 면에 작용하는 전단력 V는 작용 하중 P를 반으로 나눈 크기와 같아야만 하므로 $V = 14$ kN이다.

다음으로 각 면의 면적은 단순하게 핀의 단면적으로 간주한다. 따라서 핀의 각 파단면에 작용하는 평균 전단응력은 핀 전단력 V을 핀의 단면적으로 나눈 값이다. 평균 전단응력은 90 MPa을 넘지 않아야 하기 때문에 최대 허용전단응력을 만족하기 위해 요구되는 최소 단면적은 다음과 같이 계산된다.

$$\tau = \frac{V}{A_{pin}} \quad \therefore A_{pin} \geq \frac{V}{\tau_{allow}} = \frac{(14 \text{ kN})(1000 \text{ N/kN})}{90 \text{ N/mm}^2} = 155.556 \text{ mm}^2$$

걸쇠를 사용하기 위해 필요한 핀의 최소 지름은 단면적으로부터 계산될 수 있다.

$$A_{pin} \geq \frac{\pi}{4}d_{pin}^2 = 155.556 \text{ mm}^2 \quad \therefore d_{pin} \geq 14.07 \text{ mm} \quad \text{즉, } d_{pin} = 15 \text{ mm} \qquad \textbf{답}$$

이 연결부에서 핀의 양 단면이 전단력 V를 받는다. 따라서 핀은 이중전단(double shear) 상태에 있다고 할 수 있다.

MecMovies 예제 M1.5

지점 C에서의 핀과 지점 B에서의 둥근 알루미늄 봉으로 강체 BCD를 지지하고 있다. 핀의 허용전단응력이 50 MPa일 때, 지점 C에서의 핀에 요구되는 최소 지름은 얼마인가?

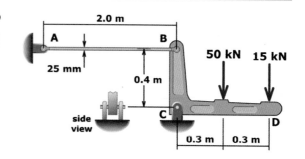

예제 1.5

장치의 구동을 위해 이용되는 벨트풀리가 사각 전단키와 함께 지름의 30 mm 샤프트에 부착되어 있다. 벨트의 인장력은 그림에 나타난 바와 같이 1500 N과 600 N이다. 전단키의 크기는 6 mm×6 mm×25 mm이다. 전단키에서 작용하는 전단응력을 결정하라.

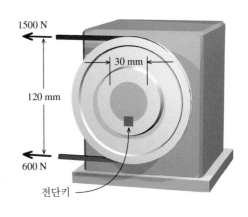

풀이 계획   전단키는 풀리, 체인 스프로킷, 기어를 충진 원형 샤프트에 연결시키기 위해 사용되는 기계 부품이다. 사각의 홈이 샤프트에 가공되며 그에 상응하는 같은 폭의 노치가 풀리에 가공된다. 홈과 노치가 정렬된 후 빈 공간에 정사각형 금속조각이 삽입된다. 이 금속 조각은 전단키라 하며, 샤프트와 풀리가 함께 회전하도록 한다.

     계산을 시작하기 전, 전단키에서의 파단면을 시각화해보자. 벨트의 인장력이 같지 않기 때문에 샤프트와 풀리의 회전을 유발시키는 모멘트가 샤프트의 중심에서 발생한다. 이러한 유형의 모멘트를 토크(torque)라 한다. 동일하지 않은 벨트 인장력에 의해 생성되는 토크 T가 매우 크다면, 전단키는 샤프트와 풀리 사이의 접촉면에서 부서지고 샤프트에 대한 풀리의 자유로운 회전을 허용할 것이다. 이 파단면은 전단키에서 전단응력이 발생된 지점이다.

     벨트의 인장력과 풀리의 지름으로부터 풀리에 의해 샤프트에 발생되는 토크 T를 결정한다. 풀리의 자유물체도에서 평형을 이루기 위해 전단키가 공급하는 힘을 구한다. 전단키에서의 힘을 구하면, 키에서의 전단응력은 전단키의 치수를 이용해 계산할 수 있다.

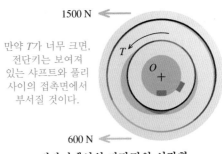

만약 T가 너무 크면, 전단키는 보여지고 있는 샤프트와 풀리 사이의 접촉면에서 부서질 것이다.

전단키에서의 파단면의 시각화

풀이   풀리의 자유물체도를 고려해보자. 이 자유물체도는 벨트 인장력은 포함하지만 샤프트는 포함하지 않는다. 자유물체도는 풀리와 샤프트 간 접촉면의 전단키를 자른다. 그리고 전단키의 노출된 면에 작용하는 내력이 있다고 가정한다. 이 힘을 전단력 V로 나타내었으며, V로부터 축 중심 O까지의 거리는 샤프트의 반지름과 동일하다. 샤프트의 지름이 30 mm이므로 O로부터 전단력 V까지 거리는 15 mm이다. 전단력 V의 크기는 풀리와 샤프트의 회전 중심인 점 O에 대한 모멘트 평형조건으로부터 구해질 수 있다. 이 방정식에서 양의 모멘트는 오른손법칙에 의해 정의된다.

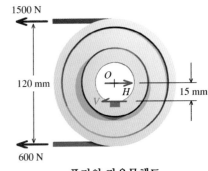

풀리의 자유물체도

$$\sum M_O = (1500 \text{ N})(60 \text{ mm})$$
$$- (600 \text{ N})(60 \text{ mm}) - (15 \text{ mm})V = 0$$
$$\therefore V = 3600 \text{ N}$$

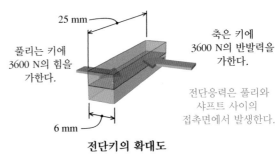

풀리는 키에 3600 N의 힘을 가한다.

축은 키에 3600 N의 반발력을 가한다.

전단응력은 풀리와 샤프트 사이의 접촉면에서 발생한다.

전단키의 확대도

풀리의 힘의 평형을 위해 전단키는 풀리에 전단력 $V = 3600$ N을 작용한다.

     전단키의 확대도는 그림에서 보는 바와 같다. 벨트 인장력에 의한 토크는 전단키에 3600 N의 힘이 작용하도록 한다. 힘의 평형을 위해 크기는 같고 방향이 반대인 힘이 축에 의해서 키에 작용한다. 이 한 쌍의 힘은 전단응력을 발생시켜 키를 절단하려 하고, 전단응력은 붉은색으로 강조된 면에 작용한다.

풀리가 힘의 평형 상태에 놓여 있다면, $V = 3600$ N의 내력은 전단키의 내부면에 존재해야만 한다. 이때, 이 평면의 면적은 전단키의 폭과 길이의 곱이다.

$$A_V = (6 \text{ mm})(25 \text{ mm}) = 150 \text{ mm}^2$$

이제 전단키에서 발생한 전단응력을 계산할 수 있다.

$$\tau = \frac{V}{A_V} = \frac{3600 \text{ N}}{150 \text{ mm}^2} = 24.0 \text{ N/mm}^2 = 24.0 \text{ MPa}$$

답

Mec Movies MecMovies 예제 M1.6

$T = 10$ kN·m의 토크가 지름 22 mm 볼트 네 개에 의해 두 플랜지샤프트 사이에 전달된다. 볼트 원의 지름이 250 mm일 때, 각 볼트에서 평균 전단응력을 결정하라. (플랜지 간의 마찰은 무시하라.)

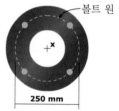

볼트 원

250 mm

플랜지 단면

전단하중의 또 다른 일반적인 유형은 천공전단(punching shear)이라 한다. 이러한 하중의 실례는 금속평판에 리벳홀 생성을 위해 펀치로 구멍을 천공하는 경우, 기초에 건축물의 기둥을 매립하는 경우, 볼트머리 부분에서 볼트의 축을 당길 때 볼트에 가해지는 인장 축하중의 경우 등을 포함한다. 천공전단하중 하에서 중요한 응력은 펀칭 부재의 둘레와 펀칭되는 부재의 두께로 묘사되는 표면에서의 평균 전단응력이다. 천공전단은 그림 1.5에 표시된 3개의 복합 목재 시편으로 설명된다. 각 표본의 중심 구멍은 펀치를 안내하는 데 사용되는 안내 구멍이다. 왼쪽 표본은 전단 파괴 초기에 시작된 표면을 보여준다. 중심 표본은 펀치가 블록을 부분적으로 통과한 후의 파손 표면을 나타낸다. 오른쪽 표본은 펀치가 블록을 완전히 통과한 후의 블록을 보여준다.

Mec Movies

MecMovies 1.10은 천공전단의 동영상을 보여준다.

Jeffery S. Thomas

그림 1.5 복합재 블록 시편의 천공전단 파손

예제 1.6

강판에 구멍을 가공하기 위한 펀치가 있다. 두께 6 mm 강판에 지름 20 mm의 구멍을 내기 위해 150 kN의 하강 펀칭력이 필요하다. 원형 슬러그가 강판에서 잘리는 순간 강판에서의 평균 전단응력을 결정하라.

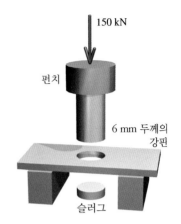

풀이 계획 슬러그가 강판에서 잘릴 때 나타나는 면을 시각화한다. 작용된 펀칭력과 노출된 면적을 이용해 전단응력을 계산한다.

풀이 구멍을 가공하기 위해 제거된 강판의 일부분을 슬러그라 한다. 전단응력을 받는 면은 슬러그의 둘레에 발생한다. 전단면 A_v를 계산하기 위해 슬러그의 지름 d와 판의 두께 t를 이용하자.

$$A_V = \pi d t = \pi (20 \text{ min})(6 \text{ mm}) = 376.99112 \text{ mm}^2$$

평균 전단응력 τ는 펀칭력 $P = 150$ kN과 전단면으로부터 계산된다.

$$\tau = \frac{P}{A_V} = \frac{(150 \text{ kN})(1000 \text{ N/kN})}{376.99112 \text{ mm}^2} = 397.997 \text{ MPa} = 398 \text{ MPa}$$

답

둘레의 표면에 전단응력이 작용한다.

1.4 지압응력

    응력의 세 번째 유형인 지압응력(bearing stress)은 사실상 수직응력의 특별한 경우이다. 지압응력은 분리되어 있으면서 상호작용하는 두 부재 사이의 접촉면에서 발생하는 압축수직응력이다. 이러한 수직응력의 유형은 수직응력, 전단응력과 같은 방식(즉, 면적당 힘)으로 정의된다. 따라서 평균 지압응력 σ_b는 다음과 같이 표현된다.

$$\sigma_b = \frac{F}{A_b} \tag{1.7}$$

여기서 A_b는 두 요소 간의 접촉면적이다.

예제 1.7

강 파이프 기둥(바깥지름 175 mm; 벽두께 6.5 mm)이 54 kN의 하중을 지지하고 있다. 강 파이프는 강재로 제작된 정사각형 기초평판 상에 얹혀 있고, 이 정사각형 기초평판은 콘크리트로 제작된 슬래브 위에 놓여 있다.

(a) 강 파이프 기둥과 강으로 제작된 판 사이의 지압응력을 구하라.

(b) 콘크리트 슬래브 위 강으로 제작된 판의 지압응력이 0.65 MPa를 초과하지 않아야 할 때, 허용 가능한 강판의 최소 치수

a는 얼마인가?

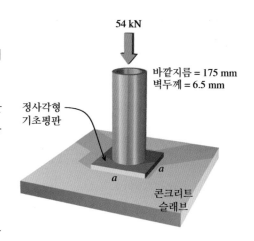

54 kN
바깥지름 = 175 mm
벽두께 = 6.5 mm
정사각형 기초평판
콘크리트 슬래브

풀이 계획 지압응력을 계산하기 위해 두 물체 간의 접촉면적이 결정되어야만 한다.

풀이 (a) 파이프 기둥 끝과 기초평판 사이의 압축지압응력을 계산하기 위해 파이프 단면적이 필요하며, 파이프의 단면적은 아래와 같이 계산된다.

$$A_{\text{pipe}} = \frac{\pi}{4}(D^2 - d^2)$$

여기서 D는 바깥지름이고 d는 안지름이다. 안지름 d는 바깥지름 D와 다음과 같은 관계가 있다.

$$d = D - 2t$$

여기서 t는 벽두께이다. 파이프의 안지름은

$$D = 175 \text{ mm} - 2(6.5 \text{ mm}) - 162 \text{ mm}$$

따라서 파이프의 면적은

$$A_{\text{pipe}} = \frac{\pi}{4}(D^2 - d^2) = \frac{\pi}{4}[(175 \text{ mm})^2 - (162 \text{ mm})^2] = 3440.83 \text{ mm}^2$$

파이프와 기초평판 사이의 지압응력은

$$\sigma_b = \frac{F}{A_b} = \frac{(54 \text{ kN})(1000 \text{ N/kN})}{3440.83 \text{ mm}^2} = 15.6939 \text{ MPa} = 15.69 \text{ MPa}$$ **답**

(b) 지압응력이 0.65 MPa를 초과하지 않기 위해 요구되는 기초평판의 최소 면적은

$$\sigma_b = \frac{F}{A_b} \quad \therefore A_b = \frac{F}{\sigma_b} = \frac{(54 \text{ kN})(1000 \text{ N/kN})}{0.65 \text{ N/mm}^2} = 83076.92 \text{ mm}^2$$

강으로 제작된 평판은 정사각형이기 때문에 콘크리트 슬래브와의 접촉면은 $A_b = a \times a = 83076.92 \text{ mm}^2$이다. 따라서 허용 가능한 판의 최소 치수 a는

$$a = \sqrt{83076.92 \text{ mm}^2} = 288 \text{ mm}$$ **답**

지압응력은 판과 볼트나 핀 같은 물체 사이의 접촉면 상에서도 발생한다. 그림 1.6은 얇은 강철 부품의 볼트 연결부에서의 지압에 의한 파손을 보여준다. 강재에 인장 하중이 가해지고, 볼트 구멍 아래에 지압 불량이 발생했다.

반원형태의 접촉면 상에서의 이러한 응력 분포는 매우 복잡하기 때문에 평균 시압응력이 설계 목적으로 종종 사용된다. 평균 지압응력 σ_b는 전달된 힘을 판과 볼트 또는 판과 핀 사이의 실제 접촉면 대신 투영된 접촉면(projected area)으로 나눔으로써 계산된다. 이러한 접근법을 다음 예제에서 예시하고 있다.

그림 1.6   볼트 결합 시의 지압응력 파손

예제 1.8

폭 70 mm와 두께 3 mm를 지닌 강판이 16 mm의 지름의 핀으로 지지대와 연결되고 그림과 같이 8 kN의 하중을 받는다. 강판의 지압응력을 구하라.

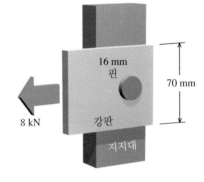

풀이 계획 지압응력은 구멍 오른편의 핀과 강판이 접촉하는 면에서 발생할 것 이다. 평균 지압응력을 결정하기 위해 판과 핀 사이의 투영된 접촉 면의 넓이가 계산되어야만 한다.

풀이 8 kN의 하중은 강판을 왼쪽으로 당기는데, 이는 구멍의 오른쪽을 핀과 접촉하게 한다. 지압응력은 (강판) 구멍의 오른편과 핀의 오른 쪽 절반에서 발생한다.

반원형태의 접촉면 상에서의 실제 지압응력의 분포는 매우 복잡하기 때문에 평균 지압응력이 설계 목적으로 간혹 사용된다. 평균 지압응력의 계산에서는 실 제 접촉면적을 사용하는 대신 투영된 접촉면적을 사용한다.

오른쪽에 보이는 그림은 강판과 핀 사이에 있는 투영된 접촉면의 확대도이다. 평균 지압응력 σ_b는 강판에서 핀에 의해 발생한다. 강판이 핀에 작용한 동일한 지압응력의 크기는 나타내지 않았다.

투영된 면적 A_b는 핀의 지름 d와 판 두께 t의 곱과 같다. 문제의 핀과 연결 된 부위에 있는 두께 3 mm의 강판과 지름 16 mm의 핀 사이에 투영된 면적 A_b는 다음과 같이 계산된다.

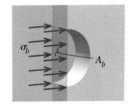

투영된 접촉면의 확대도

$$A_b = dt = (16 \text{ mm})(3 \text{ mm}) = 48 \text{ mm}^2$$

강판과 핀 사이의 평균 지압응력은

$$\sigma_b = \frac{F}{A_b} = \frac{(8 \text{ kN})(1000 \text{ N/kN})}{48 \text{ mm}^2} = 166.7 \text{ MPa}$$

답

60 mm 너비와 8 mm 두께의 강판이 20 mm 지름을 가진 핀으로 이음판에 연결되어 있다. 70 kN의 하중 *P*가 적용될 때, 연결부에서의 수직응력, 전단응력, 지압응력을 결정하라.

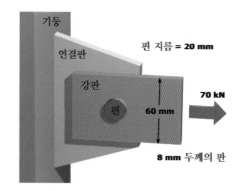

기둥
연결판
강판
핀
핀 지름 = 20 mm
70 kN
60 mm
8 mm 두께의 판

 MecMovies 연습문제

M1.1 아래에 보인 핀 연결부에서 전체 면적에 작용하는 수직응력, 핀 부위를 제외한 면적에 작용하는 수직응력, 핀에서의 전단응력, 핀 부위의 강판의 지압응력을 구하라.

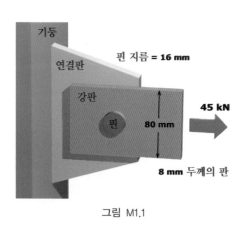

기둥
연결판
핀 지름 = 16 mm
강판
핀
45 kN
80 mm
8 mm 두께의 판

그림 M1.1

M1.2 네 개의 문제에 수직응력의 개념을 적용하라.

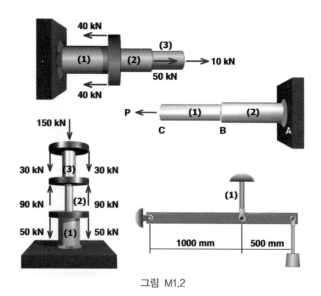

40 kN
(1)
(2)
(3)
10 kN
50 kN
40 kN

150 kN
30 kN (3) 30 kN
90 kN (2) 90 kN
50 kN (1) 50 kN

P
(1) (2)
C B A

(1)
1000 mm 500 mm

그림 M1.2

M1.3 네 개의 문제에 전단응력의 개념을 적용하라.

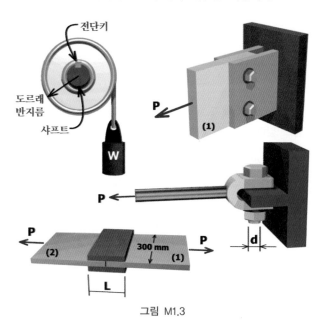

전단키
도르래 반지름
샤프트
W

P
(1)

P

P
d

P
(2) 300 mm (1)
L

그림 M1.3

M1.4 부재 (1)과 (2)의 면적과 허용수직응력이 주어졌을 때, 각 부재가 허용수직응력을 초과하지 않고 구조물이 지지할 수 있는 최대 하중 *P*를 결정하라.

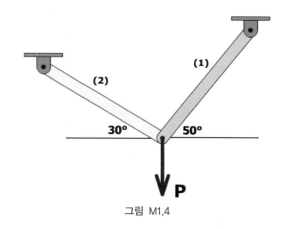

(1)
(2)
30° 50°
P

그림 M1.4

M1.5 여섯 가지의 형상 변화에 대해 지점 *C* 핀에서의 합력, 전단응력, 요구되는 핀의 최소 지름을 결정하라.

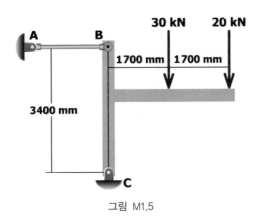

그림 M1.5

M1.6 토크 *T*가 여섯 개의 볼트에 의해 두 플랜지샤프트로 전달된다. 볼트에서의 전단응력이 특정한 값을 초과하지 않아야 할 때, 안전한 연결을 위해 필요한 볼트의 최소 지름을 구하라.

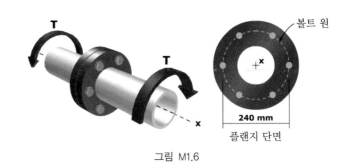

그림 M1.6

PROBLEMS

P1.1 압축 부재로 바깥지름 60 mm, 벽두께 5 mm의 스테인리스 강관을 사용한다. 부재의 수직응력이 200 MPa로 제한되어야 할 경우, 부재가 지지할 수 있는 최대 하중 *P*를 결정하라.

P1.2 바깥지름이 90 mm인 2024-T4 알루미늄 튜브가 285 kN 하중을 지지하는 데 사용된다. 부재의 수직응력이 165 MPa로 제한되어야 할 경우, 튜브에 필요한 벽두께를 결정하라.

P1.3 두 개의 원통형 막대 (1)과 (2)가 그림 P1.3/4와 같이 플랜지 *B*에서 서로 결합되고 *P* = 70 kN과 *Q* = 50 kN의 하중을 받는다. 각 막대의 수직응력이 210 MPa로 제한되어야 할 경우 각 막대에 필요한 최소 지름을 결정하라.

P1.4 두 개의 원통형 막대 (1)과 (2)가 그림 P1.3/4와 같이 플랜지 *B*에서 서로 결합되고 *P* = 44 kN과 *Q* = 27 kN의 하중을 받는다. 막대 (1)의 지름은 15 mm이고 막대 (2)의 지름은 30 mm이다. 막대 (1) 및 (2)의 수직응력을 결정하라.

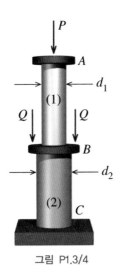

그림 P1.3/4

P1.5 그림 P1.5/6과 같이 강체 베어링 플레이트를 사용하여 축 방향 하중을 충진 원통형 막대에 적용한다. 알루미늄 막대 (1)의 지름은 9 mm이고, 황동 막대 (2)의 지름은 6 mm이며, 강체 막대 (3)의 지름은 11 mm이다. 세 개의 막대 각각의 수직응력을 결정하라.

그림 P1.5/6

P1.6 그림 P1.5/6과 같이 강체 베어링 플레이트를 사용하여 축 방향 하중을 충진 원통형 막대에 적용한다. 알루미늄 막대 (1)의 수직응력은 125 MPa로 제한되어야 하고, 황동 막대 (2)의 수직응력은 140 MPa로 제한되어야 하며 강체 막대 (3)의 수직응력은 175 MPa로 제한되어야 한다. 세 개의 막대 각각에 필요한 최소 지름을 결정하라.

P1.7 두 개의 원통형 막대가 그림 P1.7/8과 같이 *P* = 50 kN의 하중을 지지한다. 각 막대의 수직응력이 130 MPa로 제한되어야 할 때 각 막대에 필요한 최소 지름을 결정하라.

P1.8 두 개의 원통형 막대가 그림 P1.7/8과 같이 $P = 27$ kN의 하중을 지지한다. 막대 (1)의 지름은 16 mm이고 막대 (2)의 지름은 12 mm이다. 각 막대의 수직응력을 결정하라.

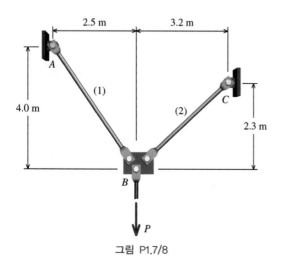

그림 P1.7/8

P1.9 핀으로 연결된 트러스가 그림 P1.9와 같이 하중을 받고 지지된다. 트러스의 모든 부재는 바깥지름이 60 mm이고 벽두께가 4 mm인 알루미늄 관이다. 각 부재의 수직응력을 결정하라.

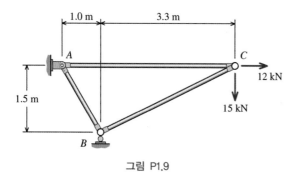

그림 P1.9

P1.10 핀으로 연결된 트러스가 그림 P1.10과 같이 하중을 받고 지지된다. 트러스의 모든 부재는 바깥지름이 42 mm이고 벽두께가 3.5 mm인 알루미늄 관이다. 각 부재의 수직응력을 결정하라.

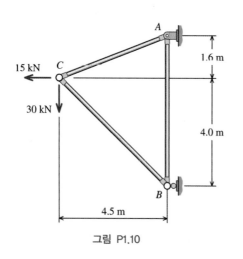

그림 P1.10

P1.11 그림 P1.11에 보인 강성 보 BC는 단면적이 각각 175 mm²와 300 mm²인 막대 (1)과 (2)에 의해 지지된다. 균일하게 분포된 하중이 $w = 15$ kN/m인 경우 각 막대의 수직응력을 결정하라. $L = 3$ m이고 $a = 1.8$ m이라고 가정한다.

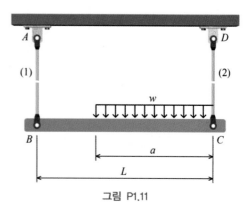

그림 P1.11

P1.12 그림 P1.12의 직사각형 바가 균일하게 분포된 축방향 하중 $w = 13$ kN/m와 지점 B에 집중된 힘 $P = 9$ kN을 받는다. 바의 최대 수직응력의 크기와 위치 x를 결정하라. $a = 0.5$ m, $b = 0.7$ m, $c = 15$ mm, $d = 40$ mm라고 가정한다.

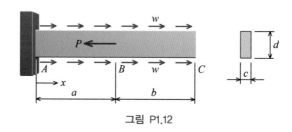

그림 P1.12

P1.13 그림 P1.13과 같이 지름 40 mm의 막대의 길이를 따라 균일하게 $w = 12$ kN/m의 축방향 하중을 받는다. 두 개의 집중하중 P, Q 또한 막대에 작용하며, 이때 $P = 8$ kN이고 $Q = 5$ kN이다. $a = 0.8$ m이고 $b = 1.7$ m라고 가정하였을 때, 다음 위치에서 막대의 수직응력을 결정하라.

(a) $x = 0.5$ m

(b) $x = 1.6$ m

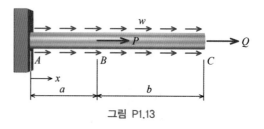

그림 P1.13

P1.14 핀의 평균 전단응력이 95 MPa을 초과하지 않는 경우, 그림 P1.14의 U자형 연결부에 대해 지름 10 mm 핀이 지지할 수 있는 최대 작용하중 P를 결정하라.

그림 P1.14

P1.15 그림 P1.15에 보인 연결부에서 작용하중이 $P = 55$ kN인 경우 지름 16 mm 볼트에 발생하는 평균 전단응력을 결정하라.

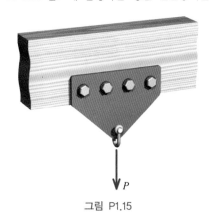

그림 P1.15

P1.16 그림 P1.16에 제시된 5개의 볼트 연결부가 $P = 265$ kN 의 작용하중을 지지해야 한다. 볼트의 평균 전단응력을 120 MPa 로 제한해야 될 때, 이 연결부에 사용할 수 있는 최소 볼트 지름 을 결정하라.

그림 P1.16

P1.17 그림 P1.17과 같이 지름 90 mm의 플라스틱 파이프 (1) 을 지름 65 mm의 파이프 (2)에 연결하는 데에 커플링이 사용되 었다. 접착제의 평균 전단응력을 2.4 MPa로 제한해야 될 때, 적 용 하중 P가 35 kN인 경우 접합부에 필요한 최소 길이 L_1과 L_2 를 결정하라.

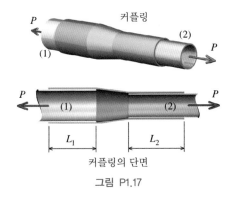

그림 P1.17

P1.18 그림 P1.18과 같이 유압식 펀치 프레스가 두께 9 mm의 판에 슬롯을 펀치하는 데에 사용되었다. 플레이트가 250 MPa의 응력에서 전단되면 슬롯을 펀치하는 데에 필요한 최소 힘 P를 결 정하라.

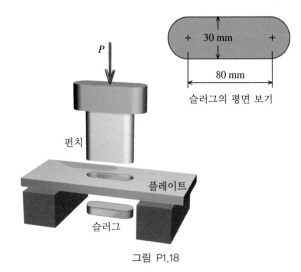

그림 P1.18

P1.19 그림 P1.19의 핸들이 사각형 전단키가 있는 지름 40 mm 의 샤프트에 부착되었다. 레버에 작용하는 힘은 $P = 1300$ N이 다. 키의 평균 전단응력이 150 MPa을 초과해서는 안될 때, 키가 25 mm인 경우 사용해야 하는 최소 치수 a를 결정하라. 손잡이의 전체 길이는 $L = 0.70$ m이다.

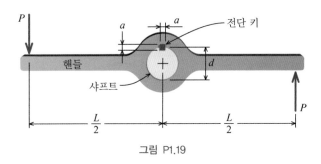

그림 P1.19

P1.20 축방향 하중 P가 그림 P1.20과 같은 짧은 강철 기둥에 의해 지지된다. 기둥의 단면적은 14500 mm^2이다. 강철 기둥의 평균 수직응력이 75 MPa을 초과해서는 안될 때, 베이스 플레이 트와 콘크리트 슬래브 사이의 지압응력이 8 MPa을 초과하지 않도 록 하는 최소 치수 a를 결정하라. $b = 420$ mm라고 가정한다.

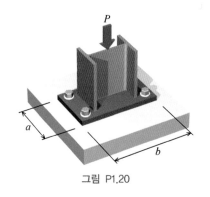

그림 P1.20

P1.21 그림 P1.21에 보인 두 개의 나무 판이 지름 12 mm의 볼트로 연결된다. 와셔가 볼트 헤드 밑과 너트 아래에 설치된다. 와셔의 치수는 $D = 50$ mm와 $d = 16$ mm이다. 볼트가 60 MPa의 인장응력을 발생시킬 만큼 너트를 조인다. 와셔와 목재 사이의 지압응력을 결정하라.

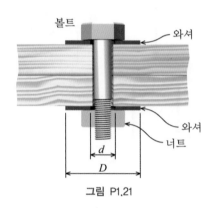

그림 P1.21

P1.22 그림 P1.22에 나타난 보에 대하여, A와 B의 지지대 아래의 재료에 허용되는 지압응력은 $\sigma_b = 5.5$ MPa이다. $w = 42$ kN/m, $P = 30$ kN, $a = 6$ m, $b = 2.25$ m이라고 가정한다. 표시된 하중을 지지하는 데 필요한 사각형 베어링 플레이트의 크기를 결정하라. 플레이트의 크기는 가장 가까운 5 mm 치수로 정하라.

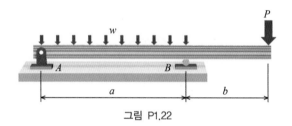

그림 P1.22

P1.23 그림 P1.23의 충진 막대($d = 15$ mm)가 지지판의 구멍($D = 20$ mm)을 통과한다. 하중 P가 막대에 가해지면 막대헤드가 지지판에 놓인다. 지지판의 두께 $b = 12$ mm이다. 막대헤드는 지름이 $a = 30$ mm이고, 헤드의 두께는 $t = 10$ mm이다. 하중 P에 의해 막대에서 발생하는 수직응력이 225 MPa인 경우, 다음을 구하라.
(a) 지지판과 막대헤드 사이에 작용하는 지압응력
(b) 막대헤드에서 발생하는 평균 전단응력
(c) 막대헤드에 의해 지지판에 발생하는 펀칭 전단응력

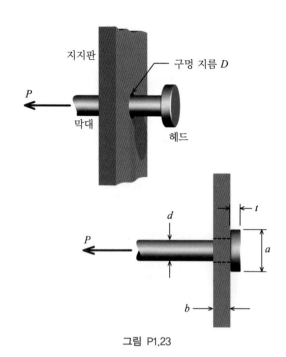

그림 P1.23

P1.24 직사각형 막대가 그림 P1.24와 같이 원형 핀으로 지지브라켓에 연결된다. 막대 너비는 $w = 45$ mm이고 막대 두께는 12 mm이다. $P = 28$ kN의 적용 하중의 경우, 지름 9 mm 핀에 의해 막대에서 생성된 평균지압응력을 결정하라.

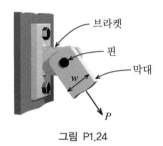

그림 P1.24

P1.25 그림 P1.25와 같이 클레비스 형 행어가 파이프를 지지한다. 행어 막대의 지름은 12 mm이다. 상단 요크와 하단 스트랩을 연결하는 볼트의 지름은 16 mm이다. 하단 끈은 두께 5 mm, 폭 45 mm, 길이 900 mm를 가진다. 파이프의 무게는 9000 N이다. 다음을 결정하라.
(a) 행거 막대의 수직응력
(b) 볼트의 전단응력
(c) 하부 스트랩의 지압응력

그림 P1.25

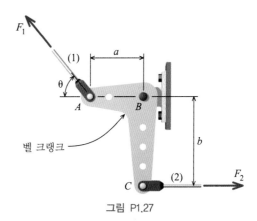

그림 P1.27

P1.26 그림 P1.26의 강체 막대 *ABC*가 브라켓 *A*의 핀과 타이 로드 (1)로 지지된다. 타이 로드 (1)의 지름은 5 mm이며 *B*와 *D*에서 이중 전단 핀 연결부로 지지된다. 브라켓 *A*의 핀은 단일 전단 연결이다. 모든 핀의 지름은 7 mm이다. $a = 600$ mm, $b = 300$ mm, $h = 450$ mm, $P = 900$ N, $\theta = 55°$ 라고 가정한다. 다음을 결정하라.

(a) 막대 (1)의 수직응력

(b) 핀 *B*의 평균 전단응력

(c) 핀 *A*의 평균 전단응력

P1.28 그림 P1.28의 보는 *C*의 핀과 짧은 링크 *AB*로 지지된다. $w = 30$ kN/m인 경우 *A* 및 *C*에서 핀의 평균 전단응력을 결정 하라. 각 핀의 지름은 25 mm이다. $L = 1.8$ m, $\theta = 35°$ 라고 가정 한다.

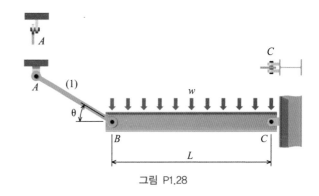

그림 P1.28

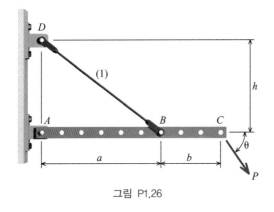

그림 P1.26

P1.27 그림 P1.27의 벨 크랭크는 막대 (1)과 (2)에서 작용하는 힘에 대하여 평형 상태에 있다. 벨 크랭크는 단일 전단 작용을 하 는 *B*에서 지름 10 mm의 핀으로 지지된다. 벨 크랭크의 두께는 5 mm이다. $a = 65$ mm, $b = 150$ mm, $F_1 = 1000$ N, $\theta = 50°$ 라 고 가정한다. 다음을 결정하라.

(a) 핀 *B*의 평균 전단응력

(b) *B*에서 벨 크랭크의 지압응력

P1.29 그림 P1.29에 보인 벨 크랭크 메커니즘은 *A*에서 적용된 $P = 7$ kN의 작용하중에 대하여 평형을 이룬다. $a = 200$ mm, $b = 150$ mm, $\theta = 65°$ 를 가정한다. 다음 조건에서 핀 *B*에 필요한 최소 지름 d를 결정하라.

(a) 핀의 평균 전단응력은 40 MPa를 초과할 수 없다.

(b) 벨 크랭크의 지압응력은 100 MPa를 초과할 수 없다.

(c) 지지 브라켓의 지압응력은 165 MPa를 초과할 수 없다.

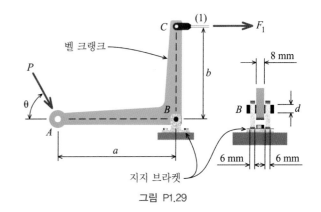

그림 P1.29

1.5 경사면에서의 응력

MecMovies 1.11은 경사면에서의 응력에 대한 이론의 소개 동영상을 보여준다.

앞 절에서는 부재의 중심에 가해진 하중의 축에 평행하거나 수직인 평면에서의 수직응력, 전단응력, 지압응력이 소개되었다. 이제 축하중이 가해진 막대의 축과 경사진 면에서의 응력에 대해 설명한다.

막대의 중심에 하중 P를 받는 균일단면 막대를 생각해보자(그림 1.7a). 힘이 막대에 축방향으로만(즉, 인장 또는 압축) 작용하기 때문에 이러한 유형의 부하를 단축부하(uniaxial)라 한다. 막대의 단면적은 A이다. 재료의 내부에 미치는 응력을 알아보기 위해 막대의 단면 $a-a$를 잘라볼 것이다. 자유물체도(그림 1.7b)는 막대의 절단면에 분산되는 수직응력 σ를 나타낸다. 만약 응력이 균일하게 분포되었다면, 수직응력의 크기는 $\sigma = P/A$ 식으로 계산할 수 있다. 이 경우 막대의 단면이 길이를 따라 일정하고 힘 P가 단면의 도심에 적용되기 때문에 응력은 균일하다. 이 수직응력 분포의 합력의 크기는 적용된 하중 P와 동일하고, 그 작용선은 그림에서와 같이 막대의 축방향과 일치한다. 절단면은 합력의 방향에 수직하기 때문에 전단응력 τ는 없다는 것에 유의하라.

그러나 단면 $a-a$는 힘 P의 방향에 수직인 유일한 면이기 때문에 특수한 경우이고, 더 일반적인 것은 막대와 임의의 각도만큼 기울어진 절단면이다. 단면 $b-b$에서 자유물체도를 고려해 보자(그림 1.7c). 응력은 막대 전체에 걸쳐 동일하기 때문에 경사면에서의 응력도 균일하게 분포되어야 한다. 막대는 평형상태에 있기 때문에 균일하게 분포된 응력의 합은 응력이 경사면에서 작용할지라도 P와 같다.

그림 1.7d에 나타난 바와 같이 경사면의 방향은 x축과 평면에 수직인 n축 사이의 각도 θ에 의해 정의된다. 양의 각도 θ는 x축에서 n축으로 반시계방향으로 정의된다. t축은 절

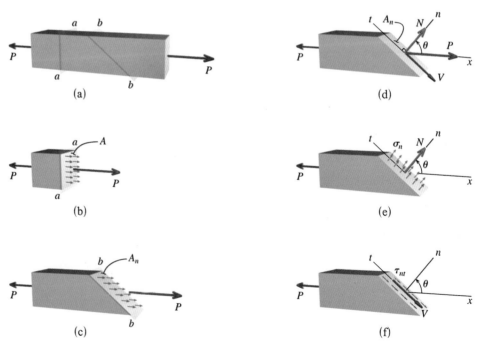

그림 1.7 (a) 축력 P를 받는 균일단면 막대 (b) 단면 $a-a$에서의 수직응력 (c) 경사면 $b-b$에서의 응력 (d) 경사면에 수직하게 작용하는 힘의 요소와 경사면에 평행하게 작용하는 힘의 요소 (e) 경사면에서 작용하는 수직응력 (f) 경사면에서 작용하는 전단응력

단면의 접선 방향이며, $n-t$축은 오른손법칙에 의한 좌표계를 형성한다.

평면에 좌표계를 도입할 때, 평면 방향은 평면에 수직한 방향으로 정의된다. 그림 1.7d의 기울어진 면을 n면이라 하는데, 이는 n축이 이 면의 수직방향이기 때문이다.

경사면(그림 1.7d)에 작용하는 응력을 알아보기 위해 면에 수직하게 그리고 평행하게 작용하는 합력 P의 성분들을 계산해야 한다. 앞서 정의된 θ를 이용하여 수직 성분(즉, 법선력) N은 $P\cos\theta$이고, 접선 성분(즉, 전단력) V는 $-P\sin\theta$이다(음의 부호는 그림 1.7d에 나타난 바와 같이 전단력이 $-t$ 방향으로 작용한다는 것을 가리킨다). 경사면의 면적 A_n은 $A/\cos\theta$이며, 여기서 A는 봉의 단면적이다. 경사면에 작용하는 수직선응력과 전단응력은(그림 1.7e와 1.7f) 힘 성분을 경사면의 면적으로 나눔으로써 결정된다.

$$\sigma_n = \frac{N}{A_n} = \frac{P\cos\theta}{A/\cos\theta} = \frac{P}{A}\cos^2\theta = \frac{P}{2A}(1+\cos 2\theta) \tag{1.8}$$

$$\tau_{nt} = \frac{V}{A_n} = \frac{-P\sin\theta}{A/\cos\theta} = -\frac{P}{A}\sin\theta\cos\theta = -\frac{P}{2A}\sin 2\theta \tag{1.9}$$

경사면의 면적 A_n과 경사면에서 법선력과 전단력의 값 N, V 모두 경사각 θ의 함수이기 때문에 수직응력 σ_n과 전단응력 τ_{nt}도 경사면에서의 경사각 θ의 함수이다. 힘과 면에 대한 응력의 의존성, 즉 함수 관계는 응력이 벡터량이 아니라는 것을 의미한다. 따라서 벡터의 덧셈법칙은 응력에 적용되지 않는다.

그림 1.8은 θ에 대한 함수로서 σ_n과 τ_{nt}의 크기를 보여주는 그래프이다. 그림에서 σ_n이 θ가 $0°$ 또는 $180°$일 때 최대이고, τ_{nt}는 θ가 $45°$ 또는 $135°$일 때 최대임을 알 수 있다. 또한 $\tau_{max} = \sigma_{max}/2$임을 알 수 있다. 따라서 봉의 도심에 작용하는 단축인장력이나 단축압축력(도심단축부하, centric loading이라 함)을 받는 봉에서의 최대 수직응력과 최대 전단응력은 다음과 같다.

$$\sigma_{max} = \frac{P}{A} \quad \text{그리고} \quad \tau_{max} = \frac{P}{2A} \tag{1.10}$$

수직응력은 전단응력이 0인 면에서 최대이거나 최소임을 유의하자. 즉 전단응력은 수직응력이 최대이거나 최소인 면에서 항상 0이다. 더욱 일반적인 경우에 대한 최대 및 최소 수직응력과 최대 전단응력의 개념은 이 책의 후반부에서 다룰 것이다.

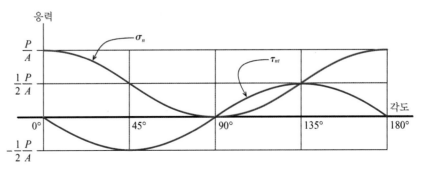

그림 1.8 경사면 방향 θ에 대한 함수로서의 수직응력과 전단응력의 변화

그림 1.8에 나타난 단축부하 상태에서의 수직응력과 전단응력 그래프는 θ가 90° 보다 클 때 전단응력의 부호가 변함을 보여준다. 하지만 어떠한 각도 θ에서든지 전단응력의 크기는 $90° + \theta$ 각도에서의 전단응력 크기와 같다. 부호의 변화는 단지 전단력 V의 방향만 변한다는 것을 의미한다.

의미

어떤 사람은 재료(특히, 단순 축부재)에 단지 하나의 응력만이 존재한다고 생각할지 모르지만 전술한 내용은 고체에 수직응력과 전단응력의 매우 다양한 조합이 존재함을 말해 준다. 다시 말하면, 임의의 점에서의 수직응력과 전단응력의 크기와 방향은 고려되는 평면의 방향에 의존한다.

이것이 왜 **중요한가**? 요소의 설계에 있어 엔지니어는 명백하게 알 수 있는 특정한 수직응력이나 전단응력뿐만이 아니라 물체의 내부면에 존재하는 가능한 모든 수직응력 σ_n과 전단응력 τ_{nt}의 조합을 염두에 두어야만 한다. 서로 다른 재료는 서로 다른 유형의 응력에 더 민감하기 때문에 더욱 이를 고려해야 한다. 예를 들면, 단축인장이 가해진 시편에 대한 실험에서 취성 재료는 수직응력의 크기에 따라 파손된다. 이러한 재료는 연직 횡단면에서 파손된다(즉, 그림 1.7a에서의 단면 $a-a$와 같은 평면). 반면 연성 재료는 전단응력의 크기에 민감하다. 단축인장이 가해진 연성 재료는 45° 방향으로 파괴면이 형성되는데 이는 45° 평면에서 최대 전단응력이 발생하기 때문이다.

1.6 직교하는 면에서의 전단응력

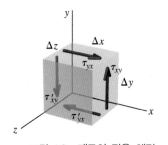

그림 1.9 재료의 작은 체적 요소에 작용하는 전단응력

인접해 있는 면에서 전단응력은 서로를 향하는 방향이거나 서로로부터 멀어져 가는 방향으로 작용한다. 다시 말하면, 화살표는 수직으로 교차하는 두 개의 평면 상에서 화살표 머리를 맞대거나 화살표 꼬리를 맞대며 정렬된다. 결코 화살표 머리와 꼬리가 맞대며 정렬되지 않는다.

임의의 물체가 평형상태에 있다면, 선택된 부분이 아무리 작은 크기일지라도 평형상태에 있어야 한다. 그러므로 그림 1.9와 같이 전단응력을 받는 재료의 작은 체적 요소를 살펴보자. 이 작은 요소의 앞면과 뒷면은 응력이 없는 상태이다.

힘의 평형은 응력이 아니라 힘과 관련된다. 이 요소의 힘의 평형을 고려하기 위해서 각 면에 작용하는 응력에 의해 발생되는 힘은 각 면에 작용하는 응력과 면의 면적의 곱을 통해 구해진다. 예를 들어 이 요소의 상단면에 작용하는 수평력은 $\tau_{yx}\Delta x \Delta z$이며, 이 요소의 우측면에 작용하는 수직력은 $\tau_{xy}\Delta y \Delta z$이다. 수평방향에서의 평형조건은 아래 식으로 표현된다.

$$\sum F_x = \tau_{yx}\Delta x \Delta z - \tau_{yx}{'}\Delta x \Delta z = 0 \quad \therefore \tau_{yx} = \tau_{yx}{'}$$

그리고 수직방향에서의 힘의 평형조건은 아래 식으로 표현된다.

$$\sum F_y = \tau_{yx}\Delta y \Delta z - \tau_{xy}{'}\Delta y \Delta z = 0 \quad \therefore \tau_{xy} = \tau_{xy}{'}$$

마지막으로 임의의 모서리 점에 대한 z축 방향의 모멘트 평형조건으로부터 다음 식이 성립한다.

$$\sum M_z = (\tau_{xy}\Delta y\Delta z)\Delta x - (\tau_{yx}\Delta x\Delta z)\Delta y = 0 \quad \therefore \tau_{xy} = \tau_{yx}$$

따라서 힘의 평형조건은 다음을 요구한다.

$$\tau_{xy} = \tau_{yx} = \tau_{xy}{'} = \tau_{yx}{'} = \tau$$

다시 말해서 전단응력이 물체의 한 평면에 작용하면 동등한 크기의 전단응력이 나머지 세 평면에 작용한다. 전단응력은 그림 1.9의 방향으로 작용하거나, 그 반대일 경우 모든 면에서 전단응력의 방향은 그 반대가 된다.

예제 1.9

그림과 같이 120 mm 폭의 용접 연결부를 가지는 강체 막대가 축방향 인장하중 $P = 180$ kN을 전달하는 데 이용된다. 이 용접면에서의 수직응력과 전단응력이 각각 80 MPa와 45 MPa로 제한될 때, 막대에 요구되는 최소 두께를 구하라.

풀이 계획   수직응력허용한계나 전단응력허용한계 중 하나 또는 두 개가 동시에 막대의 면적의 결정에 영향을 끼칠 것이다. 어떤 응력이 영향을 끼칠지 사전에 알 수 있는 방법은 없다. 따라서 두 가지 가능성을 모두 검

토하여야 한다. 각 허용한계에 대한 최소 단면적을 결정해야 한다. 두 결과 중 큰 값을 봉의 최소 두께로 결정한다. 이 예제는 두 가지 방법으로 풀이된다.

(a) 힘 P의 법선요소와 전단요소의 직접적인 이용

(b) 식 (1.8)과 (1.9)의 이용

풀이   (a) 법선력과 전단력 요소를 이용한 풀이

막대의 왼쪽 부분의 자유물체도를 고려해보자. 축력 $P = 180$ kN을 용접면에 수직한 힘의 성분 N과 용접면에 평행한 힘의 성분 V로 분해하자.

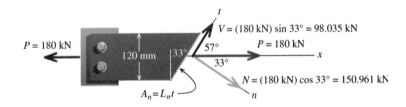

수직응력의 한계인 80 MPa을 만족하기 위한 용접부의 최소 단면적 A_n은 다음 식에 의해 계산된다.

$$\sigma_n = \frac{N}{A_n} \quad \therefore A_n \geq \frac{(150.961 \text{ kN})(1000 \text{ N/kN})}{80 \text{ N/mm}^2} = 1887.013 \text{ mm}^2$$

이와 유사하게 전단응력의 한계인 45 MPa을 만족하기 위한 용접부의 최소 단면적 A_n은 다음 식에 의해 계산된다.

$$\tau_{nt} = \frac{V}{A_n} \quad \therefore A_n \geq \frac{(98.035 \text{ kN})(1000 \text{ N/kN})}{45 \text{ N/mm}^2} = 2178.556 \text{ mm}^2$$

수직응력한계와 전단응력한계 모두를 만족하는 용접부의 최소 단면적 A_n은 2178.556 mm^2이다. 다음으로 경사면을 따르는 용접부의 길이 L_n을 결정할 수 있다. 면의 기하학으로부터

$$\cos 33° = \frac{120 \text{ mm}}{L_n} \quad \therefore L_n = \frac{120 \text{ mm}}{\cos 33°} = 143.084 \text{ mm}$$

따라서 요구되는 용접면을 규정하기 위한 최소 두께는

$$t_{min} \geq \frac{2178.556 \text{ mm}^2}{143.084 \text{ mm}} = 15.23 \text{ mm}$$ **답**

(b) 식 (1.8)과 (1.9)를 이용한 풀이

식 (1.8)과 (1.9)의 이용에 필요한 θ를 결정하자. 각도 θ는 횡단면(즉, 작용하중에 수직한 단면)과 경사면 사이의 각도로 정의되며, 반시계방향인 양의 각도로 정의된다. 문제의 그림에서 용접부의 각도가 57°로 표시되어 있지만, 이 각도는 θ에 대입하기 위한 값이 아니다. 식에 적용되는 θ는 $-33°$이다.

경사면에서의 수직응력과 전단응력은 다음과 같이 계산된다.

$$\sigma_n = \frac{P}{A} \cos^2\theta, \ \tau_{nt} = -\frac{P}{A} \sin\theta \cos\theta$$

80 MPa의 수직응력한계에 근거하여 막대에 요구되는 최소 단면적은

$$A_{min} \geq \frac{P}{\sigma_n} \cos^2\theta = \frac{(180 \text{ kN})(1000 \text{ N/kN})}{80 \text{ N/mm}^2} \cos^2(-33°) = 1582.58 \text{ mm}^2$$

이와 같이 45 MPa의 전단응력한계에 근거하여 막대에 요구되는 최소 단면적은

$$A_{min} \geq -\frac{P}{\tau_{nt}} \sin\theta \cos\theta = -\frac{(180 \text{ kN})(1000 \text{ N/kN})}{45 \text{ N/mm}^2} \sin^2(-33°)\cos(-33°) = 1827.09 \text{ mm}^2$$

참고: 여기서 힘과 면적의 크기에 중점을 두었다. 만약 계산된 면적이 음수라면, 그 절댓값을 취해야 한다.

두 허용한계응력 모두를 만족하기 위해 두 면적 중 큰 면적이 최종적으로 선택되어야 한다. 막대의 폭이 120 mm이기 때문에 막대의 최소 두께는 아래와 같다.

$$t_{min} \geq \frac{1827.09 \text{ mm}^2}{120 \text{ mm}} = 15.23 \text{ mm}$$ **답**

Mec Movies MecMovies 예제 M1.12

그림의 강체 막대 단면은 100 mm×25 mm의 사각형이다. 축력 $P = 40$ kN이 막대에 작용될 때, 경사면 $a-a$에 작용하는 수직응력과 전단응력을 구하라.

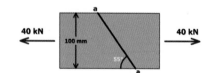

그림의 강체 막대는 50 mm×10 mm의 사각형이다. 경사면에서 허용 가능한 수직응력과 전단 응력이 각각 40 MPa과 25 MPa로 제한될 때, 막대에 작용될 수 있는 최대 축력 P의 크기를 구하라.

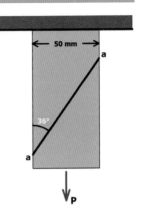

M1.12 사각 단면의 막대에 하중 P가 주어졌을 때 경사면 인 단면 $a-a$에 수직한 힘의 요소와 평행한 힘의 요소를 구하고, 단면 $a-a$에 작용하는 수직응력과 전단응력의 크기를 구하라.

M1.13 사각 단면의 막대의 경사면 $a-a$에서 허용수직응 력과 허용전단응력이 주어져 있다. 막대에 작용 가능한 최대 축력 P의 크기를 구하고, 경사면 $a-a$에 작용하는 실제 수 직응력과 전단응력을 구하라.

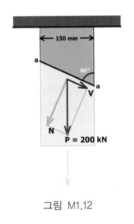

그림 M1.12

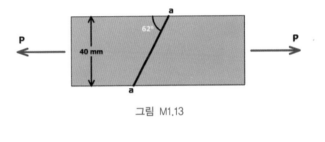

그림 M1.13

PROBLEMS

P1.30 25 mm×75 mm 직사각형 단면을 갖는 구조용 강재 막 대에 150 kN의 축방향 하중이 가해진다. 막대의 최대 수직 및 전 단응력을 결정하라.

P1.31 원형단면의 강봉이 200 kN의 축방향 하중을 전달하는 데 사용된다. 강봉의 최대 응력은 인장 시 210 MPa, 전단 시 85 MPa 로 제한되어야 한다. 강봉의 최소 지름을 결정하라.

P1.32 축방향 하중 P가 그림 P1.32의 직사각형 봉에 가해진다. 봉의 단면적은 400 mm²이다. 봉이 $P=70$ kN의 축방향 하중을 받는 경우 AB 평면에 수직인 수직응력과 AB 평면에 평행한 전단 응력을 결정하라.

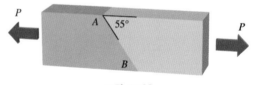

그림 P1.32

P1.33 그림 P1.33에 나와 있는 50 mm×50 mm 정사각형 봉의 설계기준에 의하면 AB 평면의 수직 및 전단응력이 각각 120 MPa 및 90 MPa를 초과하지 않아야 한다. 설계기준을 초과하지 않고 작용할 수 있는 최대 하중 P를 결정하라.

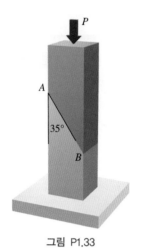

그림 P1.33

P1.34 그림 P1.34와 같이 90 mm 폭의 막대를 사용하여 280 kN 의 축방향 인장 하중을 전달한다. *AB* 평면의 수직 및 전단응력은 각각 150 MPa 및 100 MPa로 제한되어야 한다. 막대에 필요한 최소 두께 *t*를 결정하라.

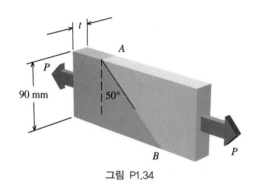

그림 P1.34

P1.35 폭이 36 mm이고 두께가 8 mm인 직사각형 막대에 그림 P1.35/36과 같이 인장하중 *P*가 가해진다. *AB* 평면의 수직 및 전단응력은 각각 140 MPa 및 55 MPa를 초과하지 않아야 한다. 응

력한계를 초과하지 않고 작용될 수 있는 최대 하중 *P*를 결정하라.

P1.36 그림 P1.35/36에서 폭이 22 mm이고 두께가 *t*인 직사각형 막대는 *P* = 64 kN의 인장하중을 받는다. *AB* 평면의 수직 및 전단응력은 각각 85 MPa 및 55 MPa를 초과하지 않아야 한다. 막대에 필요한 최소 막대 두께 *t*를 결정하라.

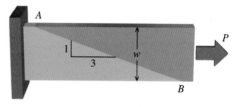

그림 P1.35/36

P1.37 직사각형 막대의 폭이 *w* = 100 mm이고 두께는 *t* = 75 mm 이다. 그림 P1.37의 직사각형 블록의 평면 *AB*에서의 전단응력은 하중 *P*가 가해질 때 12 MPa이다. 다음을 결정하라.
(a) 하중 *P*의 크기
(b) *AB* 평면상의 수직응력
(c) 가능한 모든 방향에서 블록의 최대 수직 및 전단응력

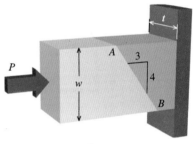

그림 P1.37

변형률

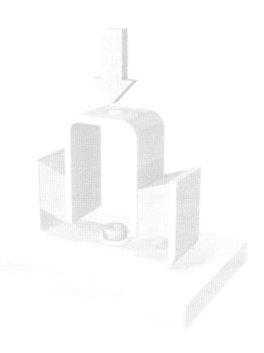

2.1 변위, 변형, 변형률의 개념

구조 요소나 기계 부품의 설계에 있어 작용하중으로 인한 물체의 변형은 종종 응력만큼 중요한 고려사항으로 여겨진다. 따라서 실제 변형이 가능한 물체에서 내부 응력에 의한 변형의 특성을 논의하고, 변형의 측정과 계산 방법을 학습하고자 한다.

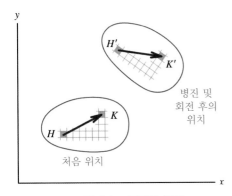

그림 2.1a 강체의 변위

변위

하중이 기계 부품이나 구조 요소에 작용할 때, 일반적으로 물체 내 각 점들은 이동하게 된다. 이때 기준좌표계에 대한 점의 상대 이동은 벡터량으로 표현되며, 이 벡터량을 변위(displacement)라고 한다. 몇몇 경우에 변위는 물체 전체의 병진운동 그리고/또는 회전운동과 관련이 있다. 이러한 종류의 변위에서 물체의 크기와 형상은 변하지 않는데, 이를 강체의 변위(rigid-body displacement)라고 한다. 그림 2.1a에서와 같은 물체상의 점 H와 점 K에 주목해보자. 만약 물체가 병진운동 및 회전운동에 의해 이동한다면, 점 H와 점 K는 새로운 위치인 점 H'과 점 K'으로 이동할 것이다. 하지만 점 H'과 점 K' 사이의 위치 벡터는 점 H 와 점 K 사이의 위치 벡터와 같은 크기를 가진다. 즉, 강체에서 점 H와 점 K 간의 상대적 위치관계는 변위가 발생하더라도 변하지 않는다.

변형

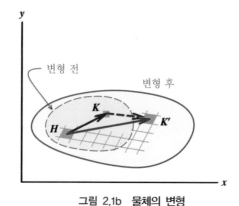

그림 2.1b 물체의 변형

하중이나 온도 변화로 인하여 변위가 발생했을 때, 물체의 각 점들 간의 위치관계도 변한다. 1차원 선분이든, 2차원 평면이든, 3차원 형상이든 상관없이 하중이나 온도가 유발한 변위에 의한 특정 변화를 변형(deformation)이라고 한다. 그림 2.1b는 물체의 변형 전과 변형 후 모두를 보여주고 있다. (이해의 단순화를 위해) 그림에 나타난 변형에서 점 H의 위치는 변하지 않는다. 하지만 변형 전 물체상의 점 K는 변형 후 점 K'의 위치로 이동한다. 이 변형으로 인해 점 H와 점 K' 사이의 위치벡터는 변형 전 물체의 HK 벡터보다 크기가 크다. 또한 변형 전 물체에서의 사각형 격자(그림 2.1a)는 변형 후 더 이상 사각형상을 유지하지 않는다. 결론적으로 물체의 크기와 형상 모두 변형에 의해 변화되었다.

일반적인 하중조건 하에서 변형은 물체의 전체에 대하여 균일하지 않다. 일부의 선분상에서는 신장이 발생하는 반면, 다른 선분상에서는 수축이 발생할 수도 있다. 즉, 동일선상에서 같은 길이의 여러 선분들에서 서로 다른 정도의 신장과 수축이 발생할 수 있다. 마찬가지로, 선분들 간의 각도 변화는 물체의 위치와 방향에 따라 다양하게 나타날 수 있다. 이러한 하중조건 하의 변형이 갖는 비균일적 특성에 대해서는 13장에서 자세히 학습할 것이다.

변형률

변형률(단위 길이당 변형)은 변형의 강도를 정량화하기 위하여 사용되는 양이다. 마찬가지로 응력(단위 면적당 힘)은 내력의 강도를 정량화하기 위해 사용되었음을 기억할 수 있을 것이다. 1.2절과 1.3절에서 응력은 수직응력과 전단응력 두 종류로 정의된 바 있다. 동일한 접근 방식이 변형률에도 적용된다. 그리스 문자 ε(epsilon)으로 표현되는 수직변형률(normal strain)은 변형이 진행되는 동안 물체 내 임의 선분의 신장과 수축을 정량화하기 위해 사용된다. 그리스 문자 γ(gamma)로 표현되는 전단변형률(shear strain)은 각비틀림(변형 전 상태의 직교하는 두 선분 사이의 각도 변화)의 정량화를 위해 사용된다. 변형과 변형률은 온도 변화, 응력, 입자 팽창이나 수축과 같은 그 밖의 물리적 현상 등의 결과이다. 이 책에서는 온도나 응력의 변화에 의한 변형률만이 고려된다.

2.2 수직변형률

평균 수직변형률

축하중 하에서 단순 막대의 변형(길이와 폭의 변화)은 수직변형률의 개념을 설명하기

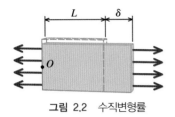

그림 2.2   수직변형률

위해 사용될 수 있다(그림 2.2 참조). 막대 길이 전체에 걸친 평균 수직변형률 ε_{avg}는 막대의 축방향 변형량 δ를 막대의 초기 길이 L로 나눔으로써 구할 수 있다. 즉

$$\varepsilon_{avg} = \frac{\delta}{L} \tag{2.1}$$

기호 δ는 막대의 축방향 변형량을 나타낸다.

따라서 양의 δ값은 축부재의 길이가 늘어났음을 가리키며(인장이라 함), 음의 δ값은 축부재의 길이가 줄어들었음을 가리킨다(압축이라 함).

막대의 수직변형률은 **축변형률**(axial strain)이라고도 한다.

한 점에서의 수직변형률

막대의 종방향으로 변형이 일정하지 않은 경우(예: 자체 중량을 지탱하는 긴 막대), 식 (2.1)에 의해 얻어지는 평균 수직변형률은 막대상의 임의의 점 O에서의 수직변형률과 다소의 차이가 있을 수 있다. 임의의 점에서의 수직변형률은 실제 변형 측정구간의 길이를 감소시킴으로써 구할 수 있다. 측정구간을 점진적으로 작게 하면 궁극적으로 점 O의 수직변형률 $\varepsilon(O)$을 구할 수 있다. 이 극한 과정을 수식화하면 다음과 같다.

$$\varepsilon(O) = \lim_{\Delta L \to 0} \frac{\Delta\delta}{\Delta L} = \frac{d\delta}{dL} \tag{2.2}$$

변형률의 단위

식 (2.1)과 (2.2)는 수직변형률이 무차원량임을 보여준다. 하지만 수직변형률은 mm/mm, m/m, μm/m, 또는 $\mu\varepsilon$ 등의 단위를 이용해 자주 표현된다. 변형률 단위의 표현에서 기호 μ는 "micro"라 읽으며, 10^{-6}을 의미한다. m/m와 같은 무차원량으로부터 μm/m, $\mu\varepsilon$과 같은 "microstrain" 단위로의 변환은 아래와 같다.

$$\mathbf{1\ \mu\varepsilon = 1 \times 10^{-6}\ mm/mm = 1 \times 10^{-6}\ m/m}$$

수직변형률은 작고 무차원수이기 때문에 백분율의 관점에서 변형률을 표현하는 것도 유용하다. 금속 또는 합금으로 제작된 대부분의 산업용 재료의 수직변형률은 0.2%(0.002 m/m)의 값을 초과하는 경우가 거의 없다.

실험을 통한 수직변형률의 측정

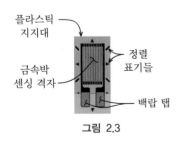

플라스틱 지지대

정렬 표기들

금속박 센싱 격자

백랍 탭

그림 2.3

수직변형률은 스트레인 게이지(strain gage)라는 간단한 측정도구를 이용해 측정할 수 있다. 일반적인 스트레인 게이지(그림 2.3)는 기계 부품이나 구조 요소 표면에 부착되는 얇은 금속박 격자로 구성되어 있다. 임의의 하중(또는 온도 변화)이 가해질 때, 실험대상 물체는 신장하거나 수축하면서 수직변형률을 생성한다. 이때, 스트레인 게이지는 물체에 부착되어 있으므로 그 물체와 동일한 변형률을 발생시킨다. 스트레인 게이지가 신장하거나 수축함에 따라 금속박 격자의 전기 저항은 연신율 또는 수축률에 비례하여 변

한다. 게이지의 변형률과 이에 부합하는 저항 변화 간의 관계는 스트레인 게이지 생산업체에 의해 각 게이지 타입의 보정 절차를 통해 미리 결정되어 있다. 따라서 게이지 내 저항 변화의 측정은 변형률을 간접적으로 측정하는 역할을 한다. 스트레인 게이지는 1 $\mu\varepsilon$만큼의 작은 수직변형률도 측정이 가능한 정밀하고도 매우 민감한 측정도구이다. 스트레인 게이지의 응용에 대해서는 13장에서 더욱 상세히 학습한다.

수직변형률을 위한 부호규약

식 (2.1)과 (2.2)의 정의에 따라 물체가 신장할 경우 수직변형률은 양의 값을 가지고, 수축할 경우 음의 값을 가진다. 일반적으로 신장은 물체에 가해지는 축응력이 인장일 때 발생한다. 그러므로 양의 수직변형률을 인장변형률(tensile strain)이라 한다. 반대로 수축은 압축 축응력이 가해질 때 발생하므로, 음의 수직변형률을 압축변형률(compressive strain)이라 한다.

예제와 연습문제를 통한 수직변형률 개념의 정립에 있어 강체 막대를 사용하는 것이 용이하다. 강체 막대는 어떠한 종류의 변형도 없는 가상의 물체를 의미한다. 강체 막대는 지지된 방식에 따라 지지점에서 병진운동(상, 하, 좌, 우로의 이동)을 하거나 회전운동을 할 것이다(예제 2.1 참조). 하지만 강체 막대는 가해지는 하중에 관계없이 어떠한 방식으로든 구부러지거나 변형되지 않는다. 만약 하중이 작용되기 전에 강체 막대가 곧은 상태였다면 하중이 작용된 후에도 강체 막대는 곧은 상태일 것이다. 병진하거나 회전은 하지만 곧은 상태를 유지할 것이다.

예제 2.1

강체 막대 *ABCD*가 그림과 같이 지점 *A*에 핀으로 고정되어 있고, 지점 *B*, *C*에 연결되어 있는 두 개의 강봉으로 지지되어 있다. 하중 *P*가 작용되기 전에 수직봉의 변형률은 0이다. 하중 *P*가 작용된 후 봉 (2)가 800 $\mu\varepsilon$의 수직변형률을 가질 때, 다음을 구하라.

(a) 봉 (1)의 축방향 수직변형률

(b) 하중이 작용하기 전, 강체 막대와 봉 (2) 사이에 1 mm의 간격이 있을 경우 봉 (1)의 축방향 수직변형률

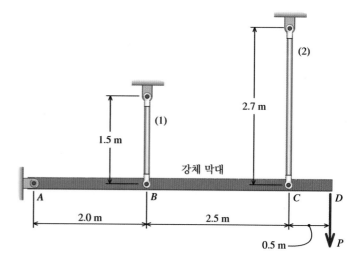

풀이 계획 이 문제에서는 각 봉의 변형률과 신장을 관련짓기 위해 수직변형률의 정의가 적용된다. 강체 막대가 지점 *A*에 핀으로 고정되어 있기 때문에 지점 *A*에서 회전하게 될 것이다. 하지만 강체 막대는 곧은 상태를 유지할 것이다. 강체 막대상의 점 *B*, *C*, *D*에서의 변형은 닮은꼴 삼각형의 규칙으로부터 결정될 수 있다. (b)의 경우 1 mm의 간격은 강체 막대 지점 *C*에서의 변형 증가를 유발할 것이며 더불어 봉 (1)의 변형률을 증가시킬 것이다.

풀이 (a) 봉 (2)의 수직변형률은 주어져 있으므로 봉의 변형은 다음 식에 의해 계산된다.

$$\varepsilon_2 = \frac{\delta_2}{L_2} \quad \therefore \delta_2 = \varepsilon_2 L_2 = (800 \ \mu\varepsilon)\left[\frac{1 \ \text{mm/mm}}{1000000 \ \mu\varepsilon}\right](2700 \ \text{mm}) = 2.16 \ \text{mm}$$

변형의 계산을 위해 주어진 변형률 값 ε_2의 $\mu\varepsilon$ 단위는 무차원 단위로 반드시 변환되어야 한다(즉, mm/mm). 변형률 값이 양수이므로 봉 (2)는 늘어난다.

봉 (2)는 강체 막대에 연결되어 있고 늘어나기 때문에 강체 막대는 결합부위 C에서 반드시 아래방향으로 2.16 mm의 처짐이 발생해야 한다. 하지만 강체 봉 $ABCD$는 결합부위 A에서 핀으로 고정되어 있으므로 고정부위인 왼쪽 끝에서 강체 막대 $ABCD$의 처짐을 막는다. 따라서 강체 막대 $ABCD$는 결합부위 A를 중심으로 회전한다. 지점 C의 변형을 보여주는 회전된 강체 막대의 형상을 그려보자. 이런 종류의 스케치는 변형선도(deformation diagrams)라고 알려져 있다.

비록 처짐은 매우 작더라도 스케치상에서 명확하게 하기 위해 다소 과장하였다. 이런 종류의 문제들은 소변형 근사법을 이용한다:

$$\sin\theta \approx \tan\theta \approx \theta$$

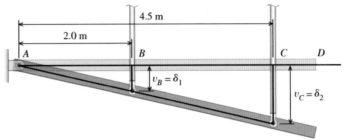

θ는 강체 봉의 회전각도의 라디안 단위이다.

봉에서 발생하는 신장과 강체 막대 각 지점에서의 처짐을 명확하게 구별하기 위해 강체 막대의 횡방향 처짐(transverse deflections)(즉, 이 문제의 경우 위 또는 아래 방향으로의 처짐)은 기호 v로 표기한다. 따라서 결합부위 지점 C에서 강체 막대의 처짐은 v_C로 표기한다.

결합부위 지점 C에서의 핀 연결은 완벽히 끼워 맞추어져 있다고 가정되므로 강체 막대 지점 C에서의 처짐은 봉 (2)에서 발생하는 신장과 같다($v_C = \delta_2$).

강체 막대 형상의 변형선도로부터 결합부위 지점 B(v_B)에서의 강체 막대 처짐은 닮은꼴 삼각형의 규칙(similar triangles)을 이용해 구할 수 있다.

$$\frac{v_B}{2.0 \ \text{m}} = \frac{v_C}{4.5 \ \text{m}} \quad \therefore v_B = \frac{2.0 \ \text{m}}{4.5 \ \text{m}}(2.16 \ \text{mm}) = 0.96 \ \text{mm}$$

봉 (1)과 강체 막대가 결합부위 지점 B에서 완벽하게 끼워 맞춰졌다면, 봉 (1)은 강체 막대 지점 B에서의 처짐과 같은 양으로 늘어날 것이다. 따라서 $\delta_1 = v_B$이다. 봉 (1)에서 발생된 변형을 구했으므로 봉 (1)의 변형률 계산이 가능하다:

$$\varepsilon_1 = \frac{\delta_1}{L_1} = \frac{0.96 \ \text{mm}}{1500 \ \text{mm}} = 0.000640 \ \text{mm/mm} = 640 \ \mu\varepsilon \qquad \text{답}$$

(b) (a) 경우와 같은 방식으로 봉의 변형이 계산된다.

$$\varepsilon_2 = \frac{\delta_2}{L_2} \quad \therefore \delta_2 = \varepsilon_2 L_2 = (800 \ \mu\varepsilon)\left[\frac{1 \ \text{mm/mm}}{1000000 \ \mu\varepsilon}\right](2700 \ \text{mm}) = 2.16 \ \text{mm}$$

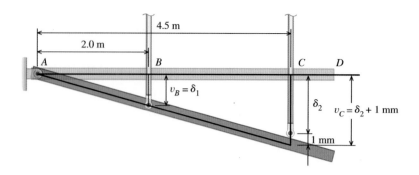

(b)경우의 회전된 강체 막대 형상을 그려보자. 이 경우 봉 (2)와 강체 막대의 지점 C 사이에 1 mm 의 간격이 존재한다. 이것은 강체 막대가 봉 (2)를 잡아 늘이기 전에 강체 막대의 지점 C에서 아래 방향으로 1 mm 처진다는 것을 의미한다. 지점 C에서의 전체 처짐은 1 mm의 간격과 봉 (2)에서 발 생하는 신장량의 합으로 구성된다. 따라서 $v_C = 2.16$ mm $+ 1$ mm $= 3.16$ mm이다.

이전과 마찬가지로 강체 봉 결합부위 지점 $B(v_B)$에서의 처짐은 닮은꼴 삼각형 규칙을 이용해 구할 수 있다.

$$\frac{v_B}{2.0 \text{ m}} = \frac{v_C}{4.5 \text{ m}} \quad \therefore v_B = \frac{2.0 \text{ m}}{4.5 \text{ m}} (3.16 \text{ mm}) = 1.404 \text{ mm}$$

결합부위 B에서 봉 (1)과 강체 봉의 연결은 완벽하게 끼워 맞추어져 있기 때문에 $\delta_1 = v_B$이고 봉 (1)의 변형률은 다음과 같이 계산된다:

$$\varepsilon_1 = \frac{\delta_1}{L_1} = \frac{1.404 \text{ mm}}{1500 \text{ mm}} = 0.000936 \text{ mm/mm} = 936 \ \mu\varepsilon \qquad \text{답}$$

(a)와 (b)에서 봉 (1)의 변형률을 비교해보자. 지점 C에서의 아주 작은 간격은 봉 (1) 변형률의 현저 한 증가를 유발했다는 것을 알 수 있다.

Mec Movies MecMovies 예제 M2.1

강체 막대 ABC가 세 개의 봉에 의해 지지되고 있다. 하중 P가 작용하기 전, 변형률은 없다. 하중 P가 적용된 후, 봉 (1)의 축변형률은 1200 $\mu\varepsilon$이다.

(a) 봉 (2)의 축변형률을 구하라.

(b) 하중이 작용되기 전, 봉 (2)와 강체 막대 사이에 0.5 mm의 간격이 존 재할 경우 축변형률을 구하라.

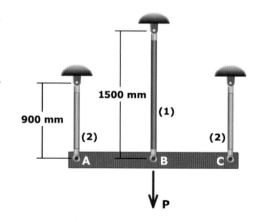

강체 막대 *ABC*가 지점 *B*에서 핀으로 고정되어 있고 지점 *A*와 *C*에서는 두 개의 봉에 의해 지지되고 있다. 하중 *P*가 작용하기 전에 변형률은 없다. 하중 *P*가 작용된 후, 봉 (1)의 축변형률은 +910 $\mu\varepsilon$이다. 봉 (2)의 축변형률을 구하라.

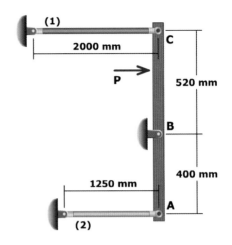

하중 *P*는 기둥 (2)에서 −1800 $\mu\varepsilon$의 축변형률을 발생시킨다. 봉 (1)의 축변형률을 구하라.

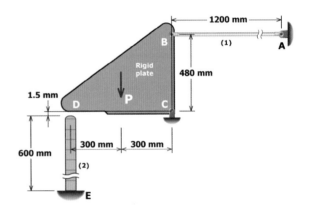

M2.1 수평방향 강체 막대 *ABC*가 세 개의 수직방향 봉들로 지지되고 있다. 하중 *P*가 작용되기 전, 변형률은 없다. 하중 *P*가 작용된 후, 축변형률은 특정한 값을 가진다. 강체 막대 지점 *B*에서의 처짐을 결정하고, 하중이 작용되기 전, 봉 (1)과 강체 막대 사이에 특정한 간격이 있는 경우 봉 (2)의 수직변형률을 결정하라.

M2.2 강체 막대 *AB*가 지점 *A*에서 핀으로 고정되어 있고 두 개의 봉에 의해 지지되고 있다. 하중 *P*가 작용되기 전, 변형률은 없다. 하중 *P*가 작용된 후, 봉 (1)의 축변형률은 특정한 값을 가진다. 봉 (2)의 축변형률을 구하고, 강체 막대 지점 *B*에서의 아래 방향 처짐을 구하라.

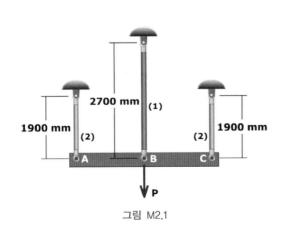

그림 M2.1

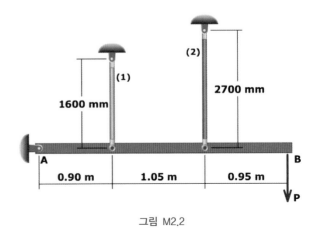

그림 M2.2

M2.3 다음 두 종류의 구조물을 사용하여 네 가지 기본 문제를 풀어라. 이때, 수직변형률 개념을 이용한다.

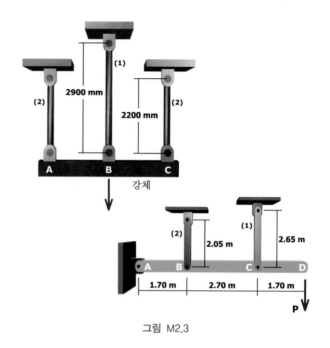

그림 M2.3

PROBLEMS

P2.1 그림 2.1의 복합 막대에서 길이 $L_1 = 1400$ mm이고 $L_2 = 3600$ mm이다. 막대 P의 끝 부분에 하중 P가 가해지면 A와 C 사이의 막대의 총 신장율은 8 mm이다. 세그먼트 (2)에서 수직변형은 1850 $\mu\varepsilon$으로 측정된다. 다음을 구하라.

(a) 세그먼트 (2)의 늘음

(b) 막대의 세그먼트 (1)에 있는 수직변형률

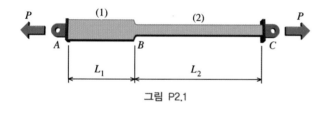

그림 P2.1

P2.2 그림 P2.2에서 두 개의 막대가 하중 P를 지지하는 데 사용된다. 하중이 제거된 경우 절점 B는 좌표 (0, 0)를 갖는다. 하중 P가 가해진 후, 절점 B는 좌표 위치 (7.0 mm, −13.0 mm)로 이동한다. $a = 5.2$ m, $b = 2.8$ m, $h = 4.0$ m이라고 가정한다. 각 막대의 수직변형률을 결정하라.

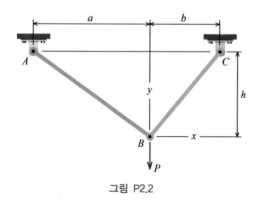

그림 P2.2

P2.3 강체 막대가 그림 P2.3과 같이 세 개의 봉으로 지지된다. 하중 P가 가해지기 전에 봉에 변형률은 없다. 하중 P가 가해진 후, 봉 (1)의 수직변형률은 860 μm/m이다. 초기 봉 길이를 $L_1 = 2400$ mm 및 $L_2 = 1800$ mm이라고 가정한다. 다음을 구하라.

(a) 봉의 수직변형률 (2)

(b) 하중이 가해지기 전, 절점 A, C에서 강체 막대와 봉 (1) 사이의 연결에 2 mm 간격이 있는 경우 봉 (2)의 수직변형률

(c) 하중이 가해지기 전, 절점 B에서 강체 막대와 봉 (2) 사이의 연결에 2 mm 간격이 있는 경우 봉 (2)의 수직변형률

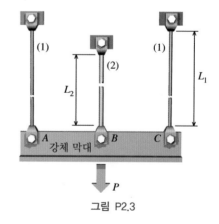

그림 P2.3

P2.4 강체 막대 $ABCD$가 그림 P2.4와 같이 두 개의 막대로 지지된다. 하중 P가 가해지기 선에 수식 막대에 변형이 없다. 하중 P가 가해진 후, 막대 (1)의 수직변형률은 −670 μm이다. 다음을 구하라.

(a) 막대 (2)의 수직변형률

(b) 하중이 가해지기 전에 핀 C의 연결부에 1 mm 간격이 있는

경우 막대 (2)의 수직변형률

(c) 하중이 가해지기 전에 핀 B의 연결부에 1 mm 간격이 있는
경우 막대 (2)의 수직변형률

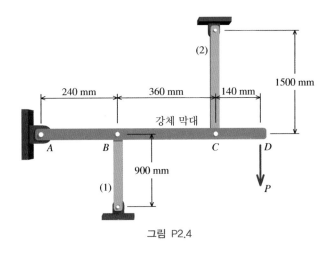

그림 P2.4

P2.5 그림 P2.5에서 강체 막대 ABC가 B와 2개의 축방향 부재
에서의 핀 연결에 의해 지지된다. 부재 (1)의 슬롯은 A에서의 핀
이 축부재와 접촉하기 전에 5 mm 미끄러지게 한다. 하중 P가 부
재 (1)에서 −1550 μm/m의 압축 수직변형률을 일으키는 경우,
부재 (2)의 수직변형률을 결정하라.

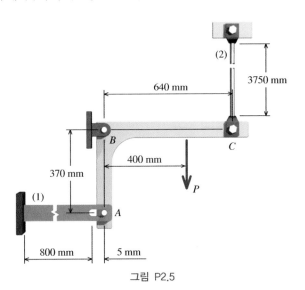

그림 P2.5

P2.6 그림 P2.6에서의 샌딩 드럼 맨드릴은 핸드 드릴과 함께
사용하도록 만들어졌다. 맨드릴은 외부 표면에 샌딩 슬리브를 고
정하기 위해 너트가 조여질 때 팽창하는 고무와 같은 재질로 만들
어진다. 너트가 조여질 때 맨드릴의 지름 D가 65 mm에서 70 mm
로 증가할 경우 다음을 구하라.

(a) 맨드릴 지름 방향으로 평균 수직변형률
(b) 맨드릴의 표면에서 원주방향 변형률

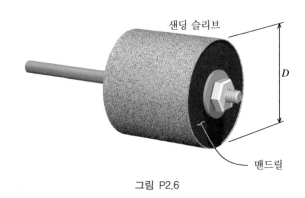

그림 P2.6

P2.7 자체 중량으로 인해 단면이 변화하는 매달린 막대의 수직
변형률은 $\gamma y/3E$ 표현식으로 표시된다. 여기서 γ는 재료의 비중
이고, y는 막대의 자유끝단에서부터의 거리이며, E는 재료 상수
이다. γ, L, E를 사용하여 다음 값을 결정하라.

(a) 자중에 의한 막대의 길이 변화
(b) 막대의 길이 L에 대한 평균 수직변형률
(c) 막대의 최대 수직변형률

P2.8 강철 케이블이 600 m 깊은 광산의 바닥에 있는 엘리베이
터 케이지를 지지하는 데 사용된다. 케이지의 무게에 따라 케이블
에 250 μm/m의 일정한 수직변형률이 발생한다. 각 지점에서 케
이블의 무게는 지점 아래의 케이블 길이에 비례하는 추가 수직변
형률을 생성한다. 케이블 드럼 (케이블의 상단)에서 케이블의 총
수직변형은 900 μm/m일 때, 다음을 구하라.

(a) 깊이 150 m의 케이블의 변형률
(b) 케이블의 전체 늘어난 길이

2.3 전단변형률

전단변형률은 형상의 변화(뒤틀림)와 관련된 변형에서 설명될 수 있다. 변형 전 상태에
서 직교하는 두 기준선(그림 2.4에 나타나 있는 요소의 두 모서리)에 대한 평균 전단변형
률 γ_{avg}는 전단변형량 δ_x(요소의 아래쪽 모서리에 대한 위쪽 모서리의 변위)를 두 모서리

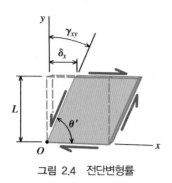

그림 2.4 전단변형률

사이 수직거리 L로 나눠줌으로써 구할 수 있다. 변형이 매우 적은 경우 $\sin\gamma \approx \tan\gamma \approx \gamma$ 이고 $\cos\gamma \approx 1$이므로 전단변형률은 식 (2.3)과 같이 정의된다.

$$\gamma_{\text{avg}} = \frac{\delta_x}{L} \tag{2.3}$$

변형이 일정하지 않은 경우, 임의의 점에서 작성된 직교하는 두 기준선 x, y에 대한 전단변형률 $\gamma_{xy}(O)$는 요소의 크기를 점점 줄임으로써 정의된다. 극한을 취하면,

$$\gamma_{xy}(O) = \lim_{\Delta L \to 0} \frac{\Delta\delta_x}{\Delta L} = \frac{d\delta_x}{dL} \tag{2.4}$$

전단변형률은 작은 각의 경우 라디안 단위와 동일한 비틀림각의 탄젠트 값으로 정의되므로 전단변형률은 아래의 식으로 표현될 수 있다.

$$\gamma_{xy}(O) = \frac{\pi}{2} - \theta' \tag{2.5}$$

위 식에서 θ'은 초기 직교 기준선이 변형된 후 이루는 각도이다.

변형률의 단위

식 (2.3)에서 (2.5)까지를 통해 전단변형률은 라디안(rad)이나 마이크로라디안(μrad)으로 표현되고 단위가 없는 양이라는 사실을 알 수 있다. 무차원량인 라디안과 마이크로라디안의 관계는 $1\mu\text{rad} = 1 \times 10^{-6}\text{rad}$이다.

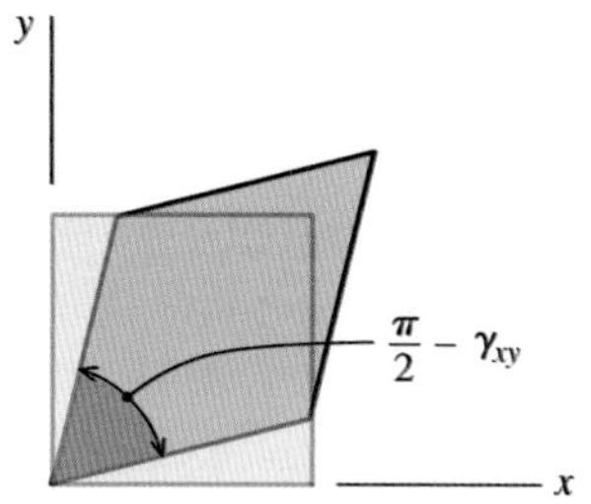

실험을 통한 전단변형률의 측정

전단변형률은 각도의 변화량을 측정한 값이고, 구조물들의 대체로 매우 작은 각도 변화량을 직접적으로 측정하는 것은 불가능하다. 하지만 전단변형률은 스트레인 로제트(strain rosette)라 불리는 스트레인 게이지를 통해 실험적으로 구할 수 있다. 스트레인 로제트에 대해서는 13장에서 더욱 상세하게 공부하게 된다.

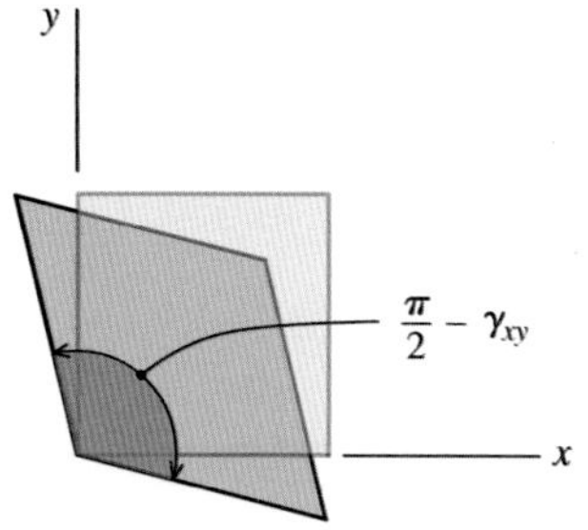

전단변형률을 위한 부호규약

식 (2.5)로부터 x축과 y축 간의 각도 θ'이 감소하면 그에 상응하는 전단변형률이 양의 값이 됨을 알 수 있다. 반대로 θ'이 증가하면 전단변형률은 음수가 된다. 다른 방식으로 설명하면, 식 (2.5)로부터 초기에 90° 이던 두 기준선 간의 변형된 상태에서의 각도 θ'을 다음 식으로 표현할 수 있다.

$$\theta' = \frac{\pi}{2} - \gamma_{xy}$$

γ_{xy}의 값이 양인 경우, 변형된 상태에서의 각도 θ'은 90° (즉, $\pi/2$ rad) 이하의 값을 가질 것이다(그림 2.5a). γ_{xy}의 값이 음인 경우, 변형된 상태에서의 각도 θ'은 90° 이상의

그림 2.5a 양의 값을 가지는 전단변형률 γ_{xy}는 x축과 y축 간의 각도 θ'이 변형된 물체에서 감소함을 의미한다.

그림 2.5b 전단변형률 γ_{xy}가 음의 값을 가질 경우 x축과 y축 간의 각도는 증가한다.

값을 가질 것이다(그림 2.5b). 양이나 음의 전단변형률 값을 구분하기 위한 특정 명칭은 없다.

예제 2.2

그림상에 나타나 있는 전단력 V는 얇은 사각판의 측면 QS의 아래 방향으로 1.6 mm 변위를 유발한다. 점 P에서의 전단변형률 γ_{xy}를 구하라.

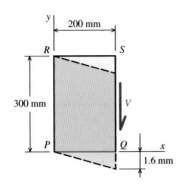

풀이 계획   전단변형률은 각도의 변화량이다. x축과 변형된 판의 측면 PQ 사이의 각도를 구하라.

풀이   1.6 mm의 변형에 의해 발생한 각도를 구하라. 참고: 작은 각 근사를 이용한다. 따라서 $\sin\gamma \approx \tan\gamma \approx \gamma$이다.

$$\gamma = \frac{1.6 \text{ mm}}{200 \text{ mm}} = 0.00800 \text{ rad}$$

변형 전의 판에서 점 P에서의 각도는 $\pi/2$이다. 변형 후 점 P에서의 각도는 증가한다. 변형 후 각도는 $(\pi/2) - \gamma$로 정의되므로 점 P에서의 전단변형률을 음의 값이어야만 한다. 따라서 점 P에서의 전단변형률은

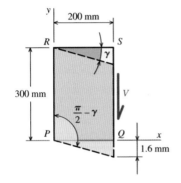

$$\gamma = 0.00800 \text{ rad}$$ **답**

예제 2.3

얇은 사각판이 그림과 같이 일정하게 변형된다. 점 P에서의 전단변형률 γ_{xy}를 구하라.

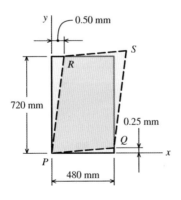

풀이 계획   전단변형률은 각도의 변화량이다. 점 Q의 0.25 mm와 점 R의 0.50 mm의 변위로 인하여 발생한 두 각도의 변화량을 구하라. 두 각도의 변화량의 합을 통해 점 P에서의 전단변형률을 구하라.

풀이   각 변형으로 발생한 각도를 구하라. 참고: 소각도 근사가 이용될 것이다. 따라서 $\sin\gamma \approx \tan\gamma \approx \gamma$이다.

$$\gamma_1 = \frac{0.50 \text{ mm}}{720 \text{ mm}} = 0.000694 \text{ rad}$$

$$\gamma_2 = \frac{0.25 \text{ mm}}{480 \text{ mm}} = 0.000521 \text{ rad}$$

점 P에서의 전단변형률은 두 각도의 합으로부터 간단히 구해진다.

$$\gamma = \gamma_1 + \gamma_2 = 0.000694 \text{ rad} + 0.000521 \text{ rad} = 0.001215 \text{ rad}$$
$$= 1215 \ \mu\text{rad}$$

   답

참고: 점 P에서의 전단변형률은 양수이므로 변형된 판의 점 P에서의 각도는 $\pi/2$ 이하가 되어야 한다. 참고로, 모서리 Q와 R에서의 전단변형률은 모서리 P에서의 전단변형률과 크기는 같지만 음수이다.

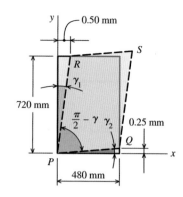

얇은 삼각판이 일정한 모양으로 변형된다. 초기의 점 P가 아래 방향으로 1 mm 옮겨졌을 때 점 P에서의 전단변형률을 구하라.

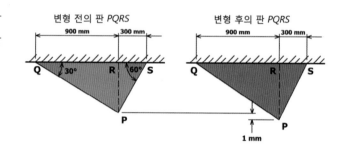

PROBLEMS

P2.9 그림 P2.9와 같은 16 mm×22 mm×25 mm 크기의 고무 블록이 기계장치 지점부로 전달되는 진동을 방지하기 위한 이중 U자형 전단 마운트(고정장치)에 설치되어 있다. 상부 프레임에 작용하는 690 N의 하중이 아래로 7 mm 처짐을 유발한다고 할 때, 고무 블록의 평균 전단변형률과 전단응력을 구하라.

P2.10 그림 P2.10과 같이 작은 폴리머 판 PQU의 꼭짓점 Q가 아래 방향으로 1.0 mm 이동하여 새로운 위치 Q'으로 변형되었다고 하자. 두 변(PQ와 QR)에 연결된 Q'에서의 전단변형률을 구하라.

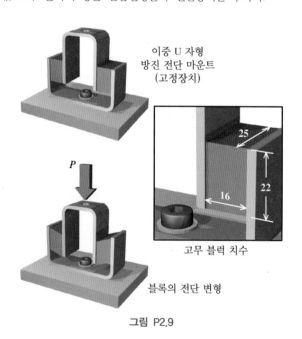

그림 P2.9

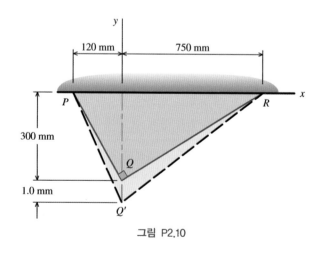

그림 P2.10

P2.11 얇은 정사각형 판이 그림 P2.11과 같이 균일하게 변형되었다. 변형된 판의 다음 전단변형률을 구하라.
(a) 점 P에서 전단변형률 γ_{xy}
(b) 점 Q에서 전단변형률 γ_{xy}

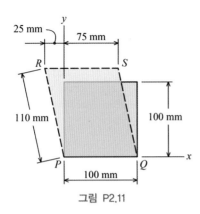

그림 P2.11

P2.13 얇은 판 *PQRS*가 그림 P2.13의 점선과 같이 대칭적으로 변형하였다. 변형된 판에 대하여 다음을 구하라.

(a) 대각선 *QS*의 수직변형률

(b) 점 *P*에서의 전단변형률 γ_{xy}

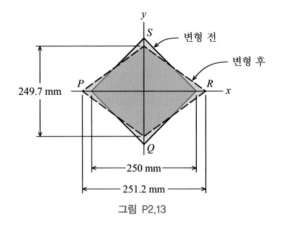

그림 P2.13

P2.12 얇은 정사각형 판이 그림 P2.12와 같이 균일하게 변형되었다. 변형된 판의 다음 전단변형률을 구하라.

(a) 점 *R*에서 전단변형률 γ_{xy}

(b) 점 *S*에서 전단변형률 γ_{xy}

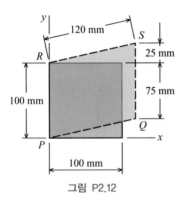

그림 P2.12

2.4 온도변형률

성분이 균일한 물질을 균질 물질 (homogeneous material)이라 한다. 균질 물질로 이루어진 물체에서 국부적인 비균질은 공학적 목적을 위해 무시될 수 있다. 또한, 균질 물질은 기계적으로 서로 다른 두 재료(예: 고분자 복합체 내 탄소섬유)로 분리될 수 없다. 일반적인 균질 물질로는 금속, 합금, 세라믹, 유리, 각종 플라스틱이 있다.

물리적 제약이 없는 경우 대부분의 산업용 재료는 가열하면 팽창하고, 냉각하면 수축한다. 온도 1도(1℃)의 변화로 인한 온도변형률은 그리스 기호 α (alpha)로 표기되며 **열팽창계수**(coefficient of thermal expansion)로 정의된다. 온도 변화 $\varDelta T$로 발생하는 변형률은 아래 식과 같다.

$$\varepsilon_T = \alpha \varDelta T \tag{2.6}$$

열팽창계수는 일상적인 온도 범위에서는 대체로 큰 변화가 없다(일반적으로 계수는 온도의 증가와 함께 증가한다). 모든 방향에서 같은 기계적 물성을 갖는 재료(**등방성 재료** (isotropic material)라 함)이면서 균일한 재료(**균질 재료**(homogeneous material)라 함)의 열팽창계수는 모든 방향에 동일하게 적용된다. 일반 재료의 열팽창계수 값은 부록 D에 수록하였다.

전체 변형률

온도 변화에 의해 발생하는 변형률과 하중에 의한 변형률은 독립적이라고 가정한다. 따라서 온도 변화와 하중으로 인해 발생하는 물체의 전체 수직변형률은 아래와 같이 표현된다.

등방성 재료는 모든 방향에서 같은 기계적 성질을 갖는다.

$$\varepsilon_{\text{total}} = \varepsilon_\sigma + \varepsilon_T \tag{2.7}$$

등방성이며 균질인 재료를 아무런 제약 없이 가열할 경우, 모든 방향으로 균등하게 팽창(냉각할 경우 균등하게 수축)하기 때문에 물체의 형상과 전단응력, 전단변형률 모두 온도 변화에 영향을 받지 않는다.

예제 2.4

총 길이 150 m의 강재 교량보가 있다. 1년 동안 교량은 −40℃에서 40℃ 사이의 온도에 노출되고, 온도 변화에 따라 보는 팽창과 수축을 한다. 교량보와 다리 양 끝단 지지부(교대라 불림) 간의 신축 이음부는 길이의 변화가 제약 없이 발생할 수 있도록 설치되어 있다. 신축 이음부가 수용해야 하는 길이의 변화를 구하라. 강철의 열팽창계수는 $11.9 \times 10^{-6}/℃$로 가정한다.

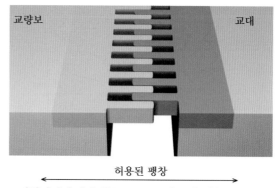

전형적인 손가락 형(finger type)의 교량 신축 이음부

풀이 계획 식 (2.6)으로부터 전체 온도 변화에 대한 온도변형률을 구하라. 길이의 변화는 온도변형률과 보의 길이의 곱이다.

풀이 80℃의 온도 변화에 의한 온도변형률은

$$\varepsilon_T = \alpha\,\Delta T = (11.9\times10^{-6}/℃)(80℃) = 0.000952 \ \text{m/m}$$

따라서 보의 전체 길이 변화는

$$\delta_T = \varepsilon L = (0.000952 \ \text{m/m})(150 \ \text{m}) = 0.1428 \ \text{m} = 142.8 \ \text{mm}$$ **답**

신축 이음부는 적어도 142.8 mm의 수평 방향 움직임을 수용할 수 있어야 한다.

예제 2.5

밀링 공구와 드릴과 같은 절삭공구는 공구 홀더로 가공 설비에 연결되어 있다. 절삭공구는 정밀한 가공을 위해 공구 홀더에 단단히 고정되어 있어야 하고, 열박음 공구 홀더는 강하고 동일한 축심을 갖는 체결력을 유발하기 위해 열팽창 특성을 이용한다. 절삭공구의 삽입을 위해 절삭공구가 실내 온도로 유지되는 동안 열박음 홀더는 급속히 가열된다. 홀더가 충분히 팽창했을 때, 절삭공구는 홀더 속으로 끼워진다. 그 후 홀더는 냉각되고 매우 큰 힘으로 절삭공구는 공구 자루에 일직선으로 고정된다.

20℃의 온도에서 절삭공구 자루의 외부 지름은 18.000 mm±0.005 mm이고, 공구 홀더는 17.950 mm±0.005 mm의 내부 지름을 가진다. 공구 자루의 온도가 20℃를 유지하고 있다면 절삭공구 자루를 삽입하기 위해 공구 홀더에 가해져야 할 최소의 온도는 몇 도인가? 공구 홀더의 열팽창계수는 $11.9\times10^{-6}/℃$로 가정한다.

풀이 계획 자루의 최대 외부 지름과 홀더의 최소 내부 지름을 계산하기 위해 지름과 공차를 이용한다. 이 두 지름 간의 차이는 홀더 내의 팽창량이다. 공구 자루를 홀더에 끼우기 위해서는 홀더의 내부 지름은 자루의 지름과 같거나 초과해야만 한다.

절삭 공구

열 박음 공구 홀더

풀이 자루의 최대 외부 지름은 18.000 mm ± 0.005 mm = 18.005 mm이다. 홀더의 최소 내부 지름은 17.950 − 0.005 mm = 17.945 mm이다. 따라서 홀더의 내부 지름은 18.005 − 17.945 mm = 0.060 mm만큼 증가되어야만 한다. 홀더의 0.060 mm만큼의 팽창을 위해 필요한 온도 상승량은:

$$\delta_T = \alpha \, \Delta T d = 0.060 \text{ mm} \qquad \therefore \; \Delta T = \frac{0.060 \text{ mm}}{(11.9 \times 10^{-6}/\text{℃})(17.945 \text{ mm})} = 281 \text{℃}$$

따라서 공구 홀더가 도달해야 할 최소 온도는 아래와 같다.

$$20\text{℃} + 281\text{℃} = 301\text{℃} \hspace{4cm} \textbf{답}$$

PROBLEMS

P2.14 비행기의 날개 길이가 33 m이다. 비행기가 15℃의 온도에서 지상을 떠나 온도가 −55℃인 고도까지 올라갈 경우 알루미늄 합금 [$\alpha_A = 22.5 \times 10^{-6}/\text{℃}$] 날개의 길이 변화를 결정하라.

P2.15 한 면에 400 mm의 사각형 2014-T4 알루미늄 합금 판 중앙에 75 mm 지름의 원형 구멍이 있다. 판을 20℃에서 45℃로 가열한다. 구멍의 최종 지름을 결정하라.

P2.16 주철관의 안지름은 $d = 208$ mm이고 바깥지름은 $D = 236$ mm이다. 파이프의 길이는 $L = 3.0$ m이다. 주철의 열팽창계수는 [$\alpha = 12.1 \times 10^{-6}/\text{℃}$]이다. 70℃의 온도 상승으로 인한 치수 변화를 결정하라.

P2.17 6℃의 온도에서 그림 P2.17에 표시된 두 개의 막대의 끝부분 사이에 5 mm 간격이 존재한다. 막대 (1)은 알루미늄 합금 [$\alpha = 23.0 \times 10^{-6}/\text{℃}$]이고 막대 (2)는 스테인리스 스틸[$\alpha = 17.3 \times 10^{-6}/\text{℃}$]이다. A와 C에서의 지지대는 단단하다. 두 막대가 서로 접촉하는 최저 온도를 결정하라.

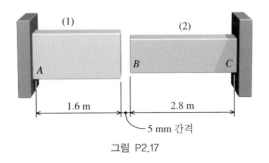

(1)　　　　(2)

A　　B　　C

1.6 m　　2.8 m

5 mm 간격

그림 P2.17

P2.18 5℃의 온도에서 그림 P2.18과 같이 2개의 폴리머 막대와 단단한 지지대 사이에 3 mm 간격이 존재한다. 막대 (1)과 (2)는 열팽창계수가 각각 $\alpha_1 = 140 \times 10^{-6}/\text{℃}$ 및 $\alpha_2 = 67 \times 10^{-6}/\text{℃}$이다. A와 C에서의 지지대는 단단하다. 3 mm 간격이 닫히는 가장 낮은 온도를 결정하라.

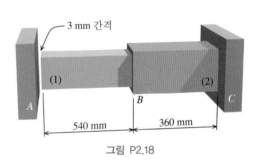

3 mm 간격

(1)　　　　(2)

A　　B　　C

540 mm　　360 mm

그림 P2.18

P2.19 알루미늄 파이프의 길이가 10℃에서 60 m이다. 같은 온도에서 인접한 강관은 5 mm 더 길다. 알루미늄 파이프는 어떤 온도에서 강 파이프보다 15 mm 길어질 수 있는가? 알루미늄의 열팽창계수는 $22.5 \times 10^{-6}/\text{℃}$이고 강재의 열팽창계수는 $12.5 \times 10^{-6}/\text{℃}$라고 가정한다.

P2.20 35℃의 온도 상승에 대한 반응으로 눈금 0에 대한 그림 P2.20의 포인터의 움직임을 결정하라. 강철의 열팽창계수는 $11.7 \times 10^{-6}/\text{℃}$이고 알루미늄의 열팽창계수는 $23.0 \times 10^{-6}/\text{℃}$이다.

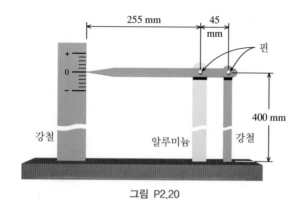

그림 P2.20

P2.21 그림 P2.21에서 75℃의 온도 상승으로 인한 지점 A의 수평 이동을 결정하라. 부재 AE의 열팽창계수는 무시할 만하다고 가정한다. 열팽창계수는 티타늄의 경우 $9.5 \times 10^{-6}/℃$이고 알루미늄 합금의 경우 $23.0 \times 10^{-6}/℃$이다.

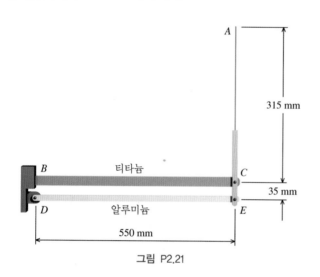

그림 P2.21

P2.22 온도 25℃에서 냉간 압연 적색 황동[$\alpha_B = 17.6 \times 10^{-6}/℃$] 슬리브의 안지름은 $d_B = 299.75$ mm이고 바깥지름은 $D_B = 310$ mm 이다. 슬리브는 바깥지름이 $D_S = 300$ mm인 강재 [$\alpha_s = 11.9 \times 10^{-6}/℃$] 샤프트에 위치해야 한다. 슬리브와 샤프트의 온도가 동일하게 유지되는 경우 슬리브가 0.05 mm의 간격을 가지고 샤프트 위로 미끄러질 때의 온도를 결정하라.

P2.23 그림 P2.23에 제시된 조립체의 경우, 막대 (1)과 (2)는 각각 $A = 1200$ mm², $E = 105$ GPa의 탄성계수 및 $\alpha = 22 \times 10^{-6}/℃$의 열팽창계수를 갖는다. 조립체의 온도가 초기 온도에서 45℃ 증가할 경우 핀 B의 변위를 결정하라. $h = 1400$ mm, $\theta = 55°$라고 가정한다.

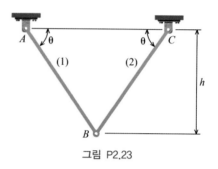

그림 P2.23

재료의 역학적 특성

3.1 인장시험

구조 부재나 기계 부품을 적절하게 설계하기 위하여 엔지니어는 사용되는 재료의 특성과 한계를 이해하고 이에 맞춰 설계를 수행해야 한다. 강, 알루미늄, 플라스틱, 나무 등등의 재료들은 작용하는 하중과 응력에 대하여 각각 고유의 특성에 따른 응답을 보인다. 이러한 재료의 강도와 특성을 파악하거나 규명하기 위해서는 실험이 필요하다. 재료에 관한 공학적 설계정보를 얻기 위한 가장 간단하고 효과적인 실험 중 하나는 인장시험(tension test)이다.

인장시험은 매우 간단한 실험으로 일반적으로 원형 봉 또는 직사각형 단면의 막대 형태의 재료 시편을 제어된 인장력으로 당겨서 실시한다. 인장력이 증가함에 따라 늘어난 양이 측정되고 기록된다. 인장하중과 변형 결과 간의 관계는 실험 데이터의 그래프를 통해 알수 있다. 그러나 실험 과정에 사용된 특정한 시편(특정한 지름이나 단면치수를 가지는 시편을 의미)에 대해서만 시험이 수행되었기 때문에 이 인장하중-변형 그래프는 직접적인 사용에는 제한이 따른다.

인장하중-변형 그래프보다 더욱 유용한 그래프는 응력과 변형률의 관계를 보여주는 응력-변형률 곡선(stress-strain diagram)이다. 응력-변형률 곡선은 일반적으로 실험에 이용된 특정한 시편이 아닌 재료 자체에 적용되는 곡선이므로 더욱 유용하다. 응력-변형률 곡선으로부터 얻어진 정보는 그 치수에 상관없이 모든 구조 요소나 기계 부품에 적용될 수 있다. 인장시험을 통해 얻어진 인장하중과 변형 데이터는 응력-변형률의 관계로 손쉽게 변환될 수 있다.

인장시험 준비

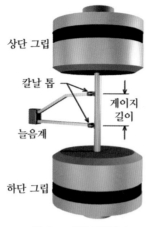

상단 그립

칼날 톱

게이지 길이

늘음계

하단 그립

그림 3.1 인장시험장비

업셋 나사

그림 3.2 업셋 나사를 가진 인장시험

인장시험을 수행하기 위해 시편은 시험장비에 의해 힘이 가해지는 동안 시편을 단단하게 고정시키는 그립에 삽입된다(그림 3.1). 일반적으로 하단 그립은 상단 그립이 위쪽으로 움직이는 동안 고정되어 있기 때문에 시편의 인장을 유발할 수 있다.

몇몇 유형의 그립이 일반적으로 사용되는데 이는 시험에 사용되는 시편에 따라 결정된다. 단순 원형 또는 평평한 시편에는 쐐기형 그립이 자주 사용되며, 쐐기는 V자형 홀더 안에서 짝을 이뤄 사용된다. 쐐기형 그립은 시편을 강하게 죄기 위해 치상 돌기가 있고, 시편에 적용되는 인장력은 쐐기 간의 거리를 가깝게 조절하면서 시편과의 체결력을 높인다. 더욱 정교한 그립은 쐐기의 움직임과 체결력을 증가시키기 위해 유압을 사용한다.

인장시편 중에는 봉의 양단에 나사 가공을 실시하고 나사 가공된 양단 사이의 영역에서 지름을 줄인 것도 있다(그림 3.2). 이러한 종류의 나사를 업셋 나사(upset threads)라고 한다. 봉 끝단의 지름은 시편부의 지름보다 크기 때문에 나사의 존재는 시편의 강도를 감소시키지 않게 된다. 업셋 나사를 지닌 시편은 나사 시편 홀더의 시험장비에 고정되며, 나사 시편 홀더는 시험 중 시편의 미끄러짐이나 그립에서의 이탈과 같은 사소한 가능성도 배제한다.

늘음계(extensometer)라 불리는 장비는 인장시험 시편의 늘음을 측정하기 위해 사용된다. 늘음계는 시험시편에 고정되는 두 개의 칼날들로 구성된다(그림 3.1에는 고정 클립이 표시되어 있지 않다). 칼날들 사이의 초기 거리는 게이지 길이(gage length)라 한다. 인장된 후 늘음계는 시편의 게이지 길이 내에서 발생한 늘음을 측정한다. 늘음계는 0.002 mm 만큼의 작은 늘음도 매우 정확하게 측정할 수 있다. 늘음계를 이용한 측정은 가장 일반적인 8 mm 에서 100 mm 크기의 형태를 지닌 게이지 길이 범위 내에서 유효하다.

인장시험 계측

측정은 시험 전, 시험 중, 시험 후에 걸쳐 여러 번 실시된다. 시험 전에는 시편의 단면적을 측정해야 하며, 시편 면적과 힘 데이터로 수직응력을 계산한다. 늘음계의 게이지 길이도 주요 측정 대상이다. 수직변형률은 시편의 변형(즉, 시편의 축방향 늘음)과 게이지 길이로부터 산출되기 때문이다. 시험 중에는 시편에 작용되는 힘과 늘음계의 칼날 모양의 가장자리 사이 시편의 늘음이 측정된다. 시편의 파단 후에는 나누어진 두 시편을 맞추어서 파단지점 단면의 지름뿐만 아니라 최종적인 게이지 길이를 측정한다. 최종 게이지 길이와 초기 게이지 길이로부터 결정된 평균 변형률은 재료의 연성에 관하여 하나의 척도를 제공한다. 면적(파단면의 면적과 원래 단면적 간)의 감소 정도를 원래 단면적으로 나눈 값은 재료의 연성의 또 다른 척도가 된다. 연성(ductility)이라는 용어는 재료가 파단 전까지 버틸 수 있는 변형률의 양을 의미한다.

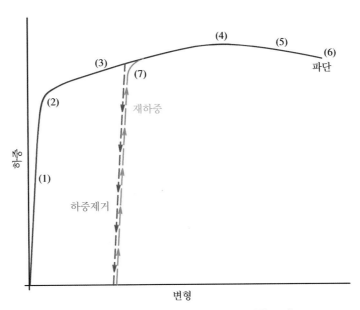

그림 3.3　인장시험으로부터의 인장하중-변형 그래프

MecMovies 3.1은 인장시험 동영상을 보여준다.

인장시험 결과. 그림 3.3은 연성금속에 대한 전형적인 인장시험 결과를 보여준다. 인장하중-변형 그래프에서 몇 가지 특성을 일반적으로 볼 수 있다. (1) 인장하중이 작용됨에 따라 변형과 하중이 선형적 관계를 유지하는 범위가 존재한다. (2) 어떤 인장하중에 도달하면 인장하중-변형 그래프는 꺾이기 시작하고, 상대적으로 적은 하중 증가에 대한 반응으로 두드러지게 큰 변형을 야기한다. (3) 하중이 지속적으로 증가함에 따라 시편의 늘음이 명백해지며, (4) 어떤 점에서 최대 하중크기에 도달한다. (5) 최고점에 도달한 바로 직후 임의의 하나의 지점에서 시편은 가늘어지게 되며 국부적으로 늘어나고 시편에 작용하는 하중의 감소를 유발한다. (6) 이후 시편은 곧 파단되고, 가장 얇은 단면부에서 두 조각으로 파손된다.

만약 시험이 선형구간을 넘어선 임의의 점에서 중단될 경우, 재료, 특히 금속 재료의 또 다른 흥미로운 특성이 관찰된다. 그림 3.3에서 구간 (3)까지 시편에 인장하중을 가한 후 이를 제거하면 인장하중과 변형 곡선은 기존의 곡선을 따르지 않는다. 대신 초기 선형 그래프 (1)에 평행한 경로를 따라 하중이 제거된다. 하중이 완전히 제거되었을 때, 시편의 변형은 시험이 시작된 시점과는 달리 0이 아니다. 즉 시편은 돌이킬 수 없이 영구적으로 변형된다. 시험이 다시 시작되어 인장하중이 증가했을 때, 재부하 경로는 부하제거 경로를 따라간다. (7) 재부하 경로가 원래의 하중-변형 그래프에 접근함에 따라 재부하 그래프는 원래 그래프의 (2) 구간과 유사한 방식으로 구부러지기 시작한다. 하지만 재부하 그래프가 뚜렷이 변하는 구간 (7)의 하중은 원래의 부하 구간 (2)의 하중보다 크다. 부하제거와 재부하 과정은 재료가 명백한 비선형 구간에 진입하기 이전까지 가할 수 있는 인장하중을 증가시키는, 즉 재료를 강화시키는 효과가 있다. 큰 하중에 견딜 수 있도록 재료를 강화시킨 것이다. 특히 금속 재료에서 부하제거/재부하 거동은 매우 유용한 특징이다. 재료의 강도를 높이기 위한 하나의 기술이 늘음과 이완 과정이고, 이를 **가공경화**(work hardening)라고 한다.

응력-변형률 곡선. 인장시험을 통해 구해진 하중-변형 데이터는 특정한 크기의 시편에 대한 정보만을 제공한다. 만약 시험 결과가 응력-변형률 곡선으로 일반화된다면, 그 결과

는 더욱 유용할 것이다. 시험 결과로부터 응력-변형률 곡선을 그리기 위해서는

(a) 수직변형률을 구하기 위해 시편 신장데이터를 늘음계 게이지 길이로 나눈다.

(b) 수직응력을 구하기 위해 하중 데이터를 초기 시편 단면적으로 나눈다.

(c) 변형률을 수평축에 나타내며 응력은 수직축에 나타낸다.

3.2 응력-변형률 곡선

MecMovies 3.1은 응력-변형률곡선 검토에 대한 동영상을 보여준다.

그림 3.4는 알루미늄합금과 저탄소강의 전형적인 응력-변형률 곡선이다. 공학적 설계를 위해 필수적인 재료의 물성치는 응력-변형률 곡선으로부터 얻어진다. 응력-변형률 곡선은 비례한도, 탄성계수, 항복강도, 인장강도를 포함한 중요 물성치를 결정한다. 공칭응력과 진응력 간의 차이를 논의하고, 금속의 연성 개념을 소개한다.

비례한도

비례한도(proportional limit)는 응력-변형률 그래프가 더 이상 선형이 아닌 지점에서의 응력이다. 응력-변형률 곡선에서 선형구간 내 변형률은 파손된 지점까지의 전체 변형률에 비하여 일반적으로 아주 작다. 따라서 명확한 관찰을 위해 그래프 내 선형구간의 배율을 증가시키는 것이 필요하다. 알루미늄합금에 대한 응력-변형률 곡선의 선형구간을 확대하여 그림 3.5에 나타내었다. 가장 적합한 직선이 응력-변형률 데이터로부터 그려진다. 응력-변형률 데이터가 이 선을 벗어나 구부러지기 시작하는 지점에서의 응력이 비례한도가 된다. 이 재료의 비례한도는 대략 302 MPa이다.

그림 3.3에서와 같은 있는 부하제거/재부하 거동을 생각해보자. 비례한도 이하의 응력이 재료에 가해지는 한 부하와 부하제거 시에 영구적인 손상은 발생하지 않는다. 공학적인

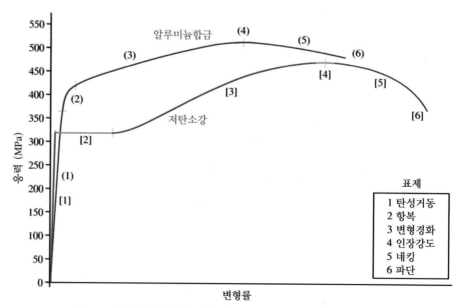

그림 3.4 두 가지 일반적인 금속 재료에 대한 전형적인 응력-변형률 곡선

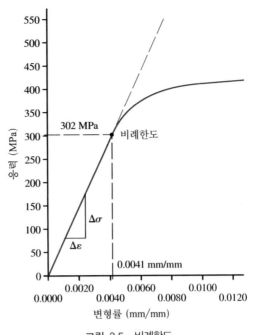

그림 3.5 비례한도

대부분의 공학적 부품들은 비례한도의 초과 후 발생하는 영구 변형을 피하기 위해 탄성을 가지고 기능하도록 설계되어 있다. 게다가 변형률과 변형이 적다면, 물체의 크기와 형상은 크게 변하지 않는다. 이것은 적절한 작동을 위해 서로 결합되어야 하는 많은 부품으로 구성된 메커니즘과 기계에 있어 특히 중요한 고려사항이다.

맥락에서 이 사실은 부하 및 부하제거의 반복이 가능하다는 것을 의미하고, 이 부품은 그 기간 동안 "초기 상태"의 재료처럼 거동할 것이다. 이러한 특성을 탄성(elasticity)이라 하고, 이는 임의의 재료가 하중이 제거되는 동안 원래의 형상으로 돌아옴을 의미한다. 재료는 이 영역에서 탄성 상태(elastic)라고 한다.

탄성계수

대부분의 부품들은 탄성 상태에서 기능하도록 설계되어 있다. 따라서 응력-변형률 곡선의 초기 선형구간 내의 응력과 변형률의 관계는 공학 재료에 있어 특별한 관심사 중 하나이다. 1807년 토마스 영(Thomas Young)은 탄성구간 내에서 수직응력과 수직변형률 간의 비례관계에 의한 재료거동의 특성화를 제안하였다. 이 비례상수는 응력-변형률 곡선의 초기 직선부의 기울기이며, 영률(Young's modulus), 탄성률(elastic modulus), 또는 탄성계수(modulus of elasticity)라 하며 기호 E로 나타낸다.

$$E = \frac{\Delta\sigma}{\Delta\varepsilon} \qquad (3.1)$$

탄성계수 E는 재료의 강성(stiffness)의 척도이다. 어느 정도의 하중까지 부품이 견딜 수 있는지를 예측하는 강도의 척도와는 달리, 탄성계수 E와 같은 강성의 척도가 중요한 까닭은 부품에 작용하는 하중에 대한 반응으로 늘음, 압축, 구부러짐, 편향이 얼마나 일어났는지를 설명하기 때문이다.

어떤 시험과정에서도 측정 시 약간의 오차는 존재한다. 탄성계수 값을 계산할 때, 측정오차로 인한 문제를 최소화하기 위하여 멀리 떨어진 점의 데이터를 사용하여 E를 계산하는 것이 바람직하다. 응력-변형률 곡선의 비례구간에서 가장 먼 거리의 두 점 데이터는 비례한도점과 원점이다. 비례한도와 원점을 이용해 계산된 탄성계수 E값은 다음과 같다.

$$E = \frac{302 \text{ MPa}}{0.0041 \text{ mm/mm}} = 73700 \text{ MPa} \tag{3.2}$$

실제에서는 탄성계수 E의 가장 적절한 값은 원점과 비례한도 사이의 데이터와 최소자승법 관점에서 가장 잘 맞는 직선으로 구한다. 최소자승법을 이용한 분석 시, 이 재료의 탄성계수 E는 74100 MPa이다.

가공경화

하중-변형 그래프상에서의 부하제거와 재부하의 효과는 그림 3.3에 나타나 있다. 응력-변형률 곡선상에서의 부하제거와 재부하의 효과는 그림 3.6과 같다. 재료에 발생하는 응력이 비례한도 응력을 넘어 점 B까지 증가한다고 가정하자. 원점 O와 비례한도 A 사이의 변형률은 탄성변형률(elastic strain)이라 한다. 이 변형률은 재료로부터 응력이 제거된 뒤 완전히 회복될 것이다. 점 A와 B 사이에서의 변형률은 비탄성변형률(inelastic strain)이라 한다. 응력이 제거되었을 때(즉, 하중이 제거되었을 때) 비탄성변형률 일부분만이 회복될 것이다. 재료에서 응력이 제거됨에 따라 탄성계수선에 평행한 경로, 즉 선 OA에 평행한 경로를 따라 하중이 제거된다. 지점 B에서의 변형률 일부분은 탄성적으로 복구될 것이다. 그러나 재료 변형률의 일부는 영구적으로 남는다. 이 변형률을 잔류변형률(residual strain), 영구변형률(permanent strain), 또는 소성변형률(plastic strain)이라 한다. 응력이 다시 작용됨에 따라 재료는 CB의 경로를 따라 재부하된다. 점 B에 도달하자마자 재료는 원래의 응력-변형률 곡선에 따라 계속 거동할 것이다. 재부하 후의 비례한도는 원래 부하에 대한 비례한도(즉, 점 A)보다 큰 값을 가지는 지점 B에서의 응력이 된다. 이 현상은 재료의 비례한도를 증가시키는 효과를 가지므로 가공경화(work hardening)라 한다.

일반적으로 응력-변형률 곡선의 비례영역에서 거동하는 재료는 탄성거동(elastic behavior)을 한다고 한다. 재료 내 변형률이 일시적이라는 것은 재료에서 응력이 제거되었을 때 모

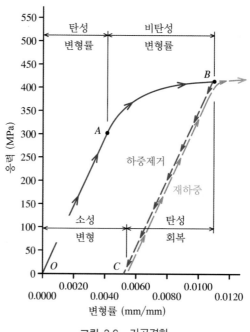

그림 3.6 가공경화

든 변형률은 회복된다는 것을 의미한다. 탄성영역을 넘어선 부분에서의 재료는 소성거동(plastic behavior)을 했다고 한다. 소성영역에서 변형률 중의 일부는 일시적이며 응력이 제거되면 회복되는 반면, 나머지 부분의 변형률은 영구적이다. 이 영구적 변형률을 소성변형(plastic deformation)이라고 한다.

탄성한계

대부분의 공학 부품들은 탄성거동을 하도록 설계되며, 이는 하중이 제거될 때 부품이 원래의 형태 즉 변형되지 않은 형태로 복원된다는 것을 의미한다. 그러므로 적절한 설계를 위해 재료가 더 이상 탄성거동을 하지 않는 지점의 응력을 정의하는 것은 중요하다. 대부분의 재료가 탄성거동에서 소성거동으로의 점진적인 변화를 보이고, 소성변형이 시작되는 지점을 정확히 정의하는 것은 어렵다. 이 임계값을 설정하기 위해 사용된 하나의 측정값을 탄성한계라 한다.

탄성한계(elastic limit)는 응력이 완전히 제거된 이후, 측정 가능한 영구적인 변형률을 유발하지 않는 최대의 응력이다. 탄성한계를 결정하기 위해서는 부하와 부하제거의 과정이 반복적으로 필요하며, 이 반복 과정에서 점진적으로 최종 응력을 증가시킨다(그림 3.7). 예를 들면 응력을 점 A까지 증가시킨 다음 이를 제거하면, 변형률은 원점 O로 되돌아올 것이다. 이 과정은 점 B, C, D, E에 대해서도 반복 수행된다. 모든 경우 하중이 제거되자마자 변형률은 원점 O로 되돌아간다. 최종적으로 응력은 부하제거가 완료되어도(점 G) 모든 변형률이 원상 회복되는 것은 아닌 지점(점 F)에 도달할 것이며, 탄성한계는 점 F에서의 응력이 된다.

탄성한계와 비례한도는 어떻게 다를까? 흔하게 사용되진 않지만, 어떤 재료는 탄성임에도 불구하고 응력-변형률 관계가 비선형일 수 있다. 비선형 탄성 재료에서는 탄성한계가 비례한도 응력보다 상당히 클 수 있다. 그럼에도 불구하고, 실무에서는 비례한도가 일반적으로 더 선호된다. 탄성한도를 구하는 작업이 품이 많이 들기 때문이다.

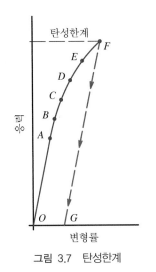

그림 3.7 탄성한계

항복

일반적인 재료(예: 그림 3.4 그리고 그림 3.8에 확대하여 보인 저탄소강)에서 탄성한계와 비례한도를 구별할 수 없다. 탄성한계를 지나서는 작거나 무시할 정도의 응력 증가에 대해 상대적으로 큰 변형이 발생한다. 이 거동을 항복(yielding)이라 한다.

그림 3.8과 같은 방식으로 거동하는 재료는 항복점(yield point)을 가진다. 항복점은 응력의 증가 없이 변형률이 상당히 증가하는 지점에서의 응력이다. 사실 저탄소강은 두 개의 항복점을 가진다. 상항복점에 도달하자마자 응력은 지탱된 하항복점으로 갑자기 떨어진다. 재료가 응력의 증가 없이 항복할 때, 이 재료는 완전소성 재료(perfectly plastic mateiral)라고 일컬어진다. 그림 3.8과 유사한 응력-변형률 곡선을 보이는 재료는 탄소성 재료(elastoplastic mateiral)라 한다.

모든 재료가 항복점을 가지는 것은 아니다. 그림 3.4에 나타난 알루미늄합금과 같은 재료는 명확히 정의된 항복점을 가지지 않는다. 비례한도가 응력-변형률 곡선의 선형 구간의 최상단에 표시되기는 하지만, 실제 비례한도를 결정하는 것은 때로 어렵다. 특히 직선에서 곡선으로 완만하게 천이되는 재료에서는 더욱 그렇다. 이러한 재료에 대해서는 항복강도가

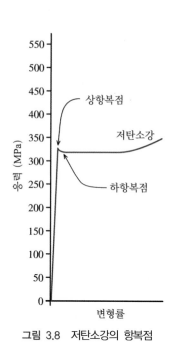

그림 3.8 저탄소강의 항복점

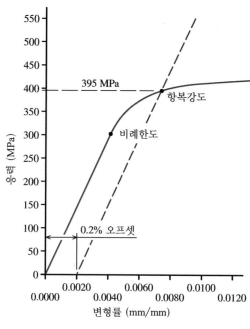

그림 3.9 오프셋법을 이용한 항복강도

정의된다. 항복강도(yield strength)는 재료에 대개 0.05% 또는 0.2%로 지정된 영구변형률(즉, 소성변형률)을 유발하는 응력으로서 정의된다(참고: 0.2%의 영구변형률은 0.002 mm/mm 변형률 표현의 또 다른 방식이다). 응력-변형률 곡선에서 항복강도를 결정하기 위해 변형률 축상의 지정된 영구변형률 지점에 한 점을 표시한다(그림 3.9). 이 점을 지나면서 초기의 직선 구간에 평행한 선을 그린다. 응력-변형률 곡선과 오프셋된 평행한 선이 교차하는 지점에서의 응력을 항복강도라 일컫는다.

변형경화와 극한강도

항복이 발생한 후, 대부분의 재료들은 파단 전까지 추가적인 응력에 견딜 수 있다. 응력-변형률 곡선은 응력값의 최고점을 향해 지속적으로 상승하는데, 이때의 응력값을 극한강도(ultimate strength)라 하고 인장강도 또는 극한인장강도(ultimate tensile strength, UTS)라 한다. 곡선의 상승은 변형경화(strain hardening)라 한다. 저탄소강과 알루미늄합금의 변형경화 영역과 인장강도의 지점은 그림 3.4의 응력-변형률 곡선에 보인 바와 같다.

네킹

그림 3.10 인장시편에서의 네킹

항복과 변형경화 영역에서 시편의 단면적은 최대하중점(최대응력점)까지 균일하고 영구적으로 감소한다. 그러나 시편이 일단 인장강도에 도달하게 되면, 시편 단면적의 변화는 게이지 길이 전체에 걸쳐 더 이상 균일하지 않다. 단면적은 시편의 국부적인 영역에서 수축 또는 "넥(역주: 우리말로 목, 가늘어지는 부분)"을 형성하면서 감소하기 시작한다. 이러한 거동을 네킹(necking)(그림 3.10과 3.11)이라 한다. 네킹은 연성 재료에 발생하며, 취성 재료에서는 발생하지 않는다(다음 페이지의 '연성' 참조).

Jeffery S. Thomas

Jeffery S. Thomas

그림 3.11 연성 금속
시편의 네킹

그림 3.12 컵-원뿔 파단면

파단

많은 연성 재료들은 컵-원뿔 파괴라 명명된 형식으로 끊어진다(그림 3.12). 최대 네킹 영역에서, 원형의 파단면은 인장 축에 대해서 약 45° 방향으로 형성된다. 이 파단면은 한 쪽에서는 컵모양으로 오목하고 반대쪽에서는 원뿔(cone) 모양으로 볼록하게 나타난다. 이와는 대조적으로, 취성 재료는 통상 인창 축에 직각인 평평한 파단면을 보인다. 시편이 두 조각으로 분리가 시작되는 지점에서의 응력을 파단응력(fracture stress)이라 한다. 그림 3.4 에서 인장강도와 파단응력 사이의 관계를 확인해보자. 파단응력이 인장강도보다 작은 값을 갖는 것이 이상하지 않은가? 시편이 인장강도에서 파단되지 않았다면 왜 인장강도보다 낮은 응력에서 파단되는 것일까? 시편의 수직응력이 시편의 하중을 초기 단면적으로 나눔으로써 산출되었다는 것을 상기해보자. 이러한 응력 계산방식에 의해 구해진 응력을 공칭응력(engineering stress)이라 한다. 공칭응력은 인장하중이 부과되는 동안 시편 단면적의 어떠한 변화도 계산에 반영하지 않는다. 인장강도에 도달한 후 시편에는 네킹이 발생하기 시작하고, 국부적인 수축부위에서의 수축이 더욱 명확해짐에 따라 단면적은 지속적으로 감소한다. 하지만 공칭응력의 산출은 시편의 초기 단면적에 근거한다. 따라서 응력-변형률 곡선상의 파단점에서 계산된 공칭응력은 재료의 진응력(true stress)이 정확히 반영된 것이 아니다. 만약 인장시험 동안 시편 지름의 변화가 측정되고 감소한 지름에 근거하여 진응력이 계산되었다면, 진응력의 증가가 인장강도를 넘어 계속되는 것을 발견할 수 있었을 것이다(그림 3.13).

연성

강도와 강성과 함께 연성은 설계 엔지니어들에게 중요한 물성치에 속한다. 연성(ductility)은 재료가 소성변형할 수 있는 역량을 의미한다.

파단 전에 큰 변형률이 발생하는 재료를 연성 재료(ductile material)라고 한다. 파단 이전에 항복현상을 조금 보이거나 보이지 않는 재료는 취성 재료(brittle material)라 한다. 연성은 강도와 반드시 관련되지는 않는다. 두 재료가 정확히 같은 강도를 지녀도 파단점에서 매우 다른 변형률을 보일 수 있다(그림 3.14).

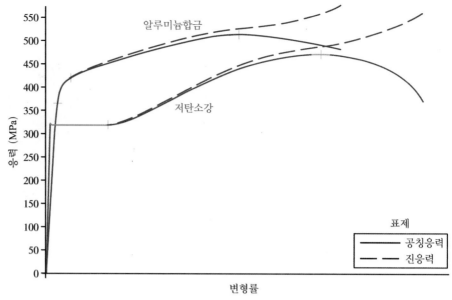

그림 3.13 진응력과 공칭응력

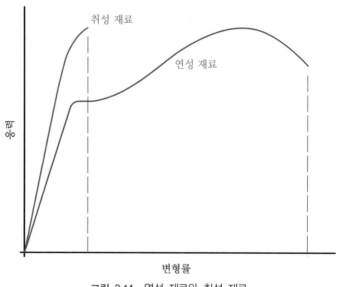

그림 3.14 연성 재료와 취성 재료

　　종종 재료 강도의 증가는 연성이 감소됨으로써 얻어진다. 그림 3.15는 서로 다른 네 종류 강의 응력-변형률 곡선을 비교하였다. 네 개의 곡선은 모두 동일한 선형탄성 특성으로부터 파생되므로 모든 강은 동일한 강성을 지닌다. 강은 취성강 (1)부터 연성강 (4)까지 다양하다. 강 (1)은 파단 이전까지 소성변형을 겪지 않는 단단한 공구강을 나타낸다. 강 (4)는 파단 이전에 큰 소성변형이 발생하는 전형적인 저탄소강이다. 이들 강 중에서 강 (1)은 가장 강하지만 동시에 가장 적은 연성을 가진 반면, 강 (4)는 가장 약하지만 가장 큰 연성을 보인다.

　　엔지니어에게 있어 연성은 재료의 절곡, 압연, 단조, 인발, 압출과 같은 소성가공 작업 시 재료가 파단 없이 변형될 수 있는 한계를 나타내기 때문에 중요하다. 제작된 구조물이나 기계 부품에 있어 연성은 국부적으로 응력집중을 유발하는 구멍, 노치, 필렛, 그루브 등과 구조적 불연속 지점에서 재료의 변형 능력을 나타낸다. 연성재료에서의 소성변형은

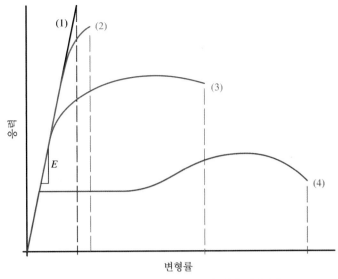

그림 3.15 강에 대한 강도와 연성 간의 상반관계

응력이 불연속 지점 주변의 더 큰 영역으로 전달되게 한다. 이러한 응력의 재분배는 최대 응력의 크기를 최소화하며 부품에서의 파단방지를 돕는다. 연성 재료는 파단 전 많은 양의 늘음이 발생하기 때문에 건축물, 교량, 기타 구조물에서의 과도한 부재 변형은 파손의 임박에 대해 경고하며 구조물로부터의 안전한 탈출 기회를 제공하고 보수 필요성 등을 알려준다. 취성 재료는 전조를 거의 보이지 않고 갑자기 파손되는 반면, 연성 재료는 구조물에 지진과 같은 극한 하중의 영향을 흡수하고 재분배하는 능력을 갖는다.

연성 척도(Ductility Measures). 인장시험 결과로부터 연성을 정량화하는 방법으로 두 가지가 있다. 첫 번째는 파단점에서의 공칭변형률이다. 측정값을 산출하기 위해 부러진 시편 두 개의 조각을 서로 맞추고 최종 게이지 길이를 측정한다. 그 다음 초기 게이지 길이와 최종 게이지 길이로부터 평균변형률을 계산한다. 이 값은 대개 비율로 표현되며 신장률 (percent elongation)이라 한다.

두 번째는 파단면에서의 면적감소량이다. 이 값 또한 비율로 표현되며 단면감소율(percent reduction of area)이라 하며, 아래 식과 같이 계산한다.

$$단면감소율 = \frac{A_0 - A_f}{A_0}(100\%)$$ (3.3)

여기서 A_0는 초기 시편의 단면적이고 A_f는 파단면에서 시편의 단면적이다.

중요한 특징들 복습

응력-변형률 곡선은 어떤 형상이나 크기의 부품에도 적용 가능한 필수적인 산업적 설계 정보를 제공한다. 각 재료는 고유의 특성을 가지고 있지만 산업적 적용에 일반적으로 이용되는 재료의 중요한 특성은 응력-변형률 곡선에서 찾을 수 있다. 이 특성들을 그림 3.16에 요약하였다.

변형경화	인장강도
• 재료가 늘음에 따라 증가하는 응력을 견딜 수 있다.	• 공칭응력의 관점에서 볼 때, 인장강도는 재료가 인장시험에서 견딜 수 있는 가장 큰 크기의 응력이다.

항복		네킹
• 약간의 응력 증가는 두드러진 변형률의 증가를 유발한다. • 항복이 시작되면 재료는 영구적으로 변한다. 오로지 일부분의 변형률만이 응력이 제거된 후 복원된다. • 변형률은 응력이 제거되었을 때 일부분만이 복원되므로 비탄성이라 한다. • 항복강도는 재료의 중요한 설계 변수이다.	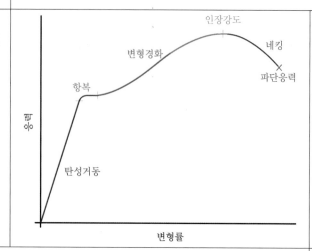	• 단면적은 시편의 국부적인 영역에서 두드러지게 감소하기 시작한다. • 시편의 추가적인 늘음을 발생시키기 위해 요구되는 인장력은 면적이 줄어듦에 따라 감소한다. • 네킹은 연성 재료에서는 발생하지만 취성 재료에서는 발생하지 않는다.

탄성거동	파단응력
• 일반적으로 응력과 변형률 간의 초기 관계는 선형이다. • 탄성변형률은 일시적이며 이것은 하중이 제거되었을 때 모든 변형률이 완전히 복원됨을 의미한다. • 이 선의 기울기를 탄성계수라 한다.	• 파단응력은 시편이 두 조각으로 분리되기 시작하는 지점에서의 공칭응력이다.

그림 3.16 응력-변형률 곡선상의 중요한 특징 재검토

3.3 훅의 법칙

앞서 논의한 바와 같이, 기계나 구조물에 사용되는 대부분 재료의 응력-변형률 곡선의 초기 영역은 직선이다. 회주철이나 콘크리트 같은 몇몇 재료의 응력-변형률 곡선은 아주 적은 응력에서도 약간의 곡선을 나타낸다. 하지만 곡률을 무시하고 선도의 초기부의 데이터의 평균으로부터 직선을 그리는 것은 일반적이다. 처짐에 대한 하중의 비례관계는 로버트 훅(Robert Hooke)에 의해 1678년 *Ut tensio sic vis*("As the stretch, so the force: 늘어나면 힘도 늘어난다")로 처음 기록되었다. 이 관계는 훅의 법칙(Hooke's Law)이라 한다. 한 방향으로 작용하는 수직응력 σ와 수직변형률 ε에 대한(단축응력과 단축변형률이라 함) 훅의 법칙은 다음과 같이 표현된다.

$$\sigma = E\varepsilon \tag{3.4}$$

여기서 E는 탄성계수이다.

훅의 법칙은 전단응력 τ와 전단변형률 γ의 관계에도 적용된다.

$$\tau = G\gamma \tag{3.5}$$

여기서 G는 전단탄성계수(shear modulus, modulus of rigidity)라고 한다.

3.4 푸아송 비

최종 형상
초기 형상
P ← → P

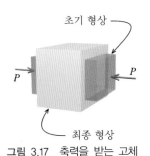

초기 형상
최종 형상
P → ← P

그림 3.17 축력을 받는 고체 물체의 횡방향 수축과 횡방향 팽창

한 방향으로 하중을 받고 있는 재료는 하중에 평행한 방향으로의 변형뿐만 아니라 수직한 방향으로의 변형을 일으킨다. 바꾸어 말하면

- 임의의 고체 물체가 일축인장을 받게 되면 재료는 횡방향으로 수축한다.
- 임의의 고체 물체가 압축되면 재료는 횡방향으로 팽창한다.

이 현상은 그림 3.17에 설명되어 있으며 변형은 매우 과장되어 표현되었다. 실험에 의하면, 재료가 탄성을 유지하고 등방성이며 균질할 경우(2.4절에 정의된 바와 같이), 축력에 의해 발생하는 횡방향 변형률과 종방향 변형률의 비율이 일정하게 유지된다. 이 비율은 탄성계수 E와 함께 탄성역학에서 중요한 물성치 중의 하나이다. 일축응력상태 하에서의 종방향 또는 축방향 변형률 ($\varepsilon_{\text{long}}$ 또는 ε_a)에 대한 횡방향 또는 횡방향의 변형률(ε_{lat} 또는 ε_t)의 비율을 푸아송 비(Poisson's ratio)라 하며, 이 비율은 1811년 푸아송(Simeon D. Poisson)에 의해 밝혀졌다. 푸아송 비는 그리스 기호 ν(nu: 누)로 표기되며 다음과 같이 정의된다.

$$\nu = -\frac{\varepsilon_{\text{lat}}}{\varepsilon_{\text{long}}} = -\frac{\varepsilon_t}{\varepsilon_a} \tag{3.6}$$

재료가 가진 푸아송 효과는 횡방향의 변형이 억제되어 있지 않거나 어떤 방식으로 방해 받지 않으면 횡방향으로 추가적인 응력을 유발하지 않는다.

푸아송 비 $\nu = -\varepsilon_t/\varepsilon_a$는 일축응력상태 하에서만 유효하다(즉, 단순인장 또는 단순압축). 일축하중상태 하에서 횡방향 변형률과 종방향 변형률은 항상 반대의 부호를 가지기 때문에 식 (3.6)에 음의 부호가 포함되어 있다(즉, 하나의 변형률이 신장하면 다른 변형률은 수축한다).

푸아송 비의 값은 재료에 따라 다양한 값을 가지나 대부분 금속의 푸아송 비는 1/4에서 1/3의 사이의 범위에 속한다. 재료의 체적이 일정하게 유지되어야 하므로 푸아송 비의 가장 큰 값은 0.5이다. 이 상극한에 근접한 푸아송 비 값을 갖는 재료로 대표적인 것이 고무이다.

E, G, ν의 관계

푸아송 비는 탄성계수 E, 전단탄성계수 G와 연관되어 있으며 공식은 아래와 같다.

$$G = \frac{E}{2(1+\nu)} \tag{3.7}$$

예제 3.1

폭 50 mm와 두께 9.5 mm를 가진 나일론 플라스틱 시편에 인장시험이 수행되었다. 하중이 작용되기 전 100 mm의 게이지 길이가 시편 위에 표시되었다. 응력-변형률 곡선의 탄성구간 내에서 작용된 하중 $P = 26.7$ kN, 게이지 길이의 신장은 0.58 mm로 측정되었고 시편 폭의 수축은 -0.10 mm로 측정되었을 때, 다음을 구하라.

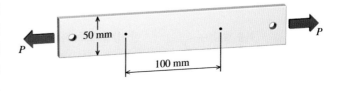

(a) 탄성계수 E
(b) 푸아송 비 v
(c) 전단탄성계수 G

풀이 계획 (a) 하중과 시편의 초기 치수로부터 수직응력을 계산할 수 있다. 종방향(즉, 축방향) 수직변형률 ε_{long}은 게이지 길이의 연신량과 초기 게이지 길이로부터 계산할 수 있다. 두 값과 식 (3.4)로부터 탄성계수 E를 구할 수 있다.

(b) 폭의 수축량과 시편의 초기 폭으로부터 횡방향 변형률 ε_{lat}을 계산할 수 있다. 횡방향 변형률이 계산되면 푸아송 비가 식 (3.6)으로부터 계산된다.

(c) 전단탄성계수는 식 (3.7)로부터 계산한다.

풀이 (a) 플라스틱 시편에서의 수직응력은

$$\sigma = \frac{(26.7 \text{ kN})(1000 \text{ N/kN})}{(50 \text{ mm})(9.5 \text{ mm})} = 56.2105 \text{ MPa}$$

종방향 변형률은

$$\varepsilon_{long} = \frac{0.58 \text{ mm}}{100 \text{ mm}} = 0.005800 \text{ mm/mm}$$

따라서 탄성계수 E는

$$E = \frac{\sigma}{\varepsilon} = \frac{56.2105 \text{ MPa}}{0.005800 \text{ mm/mm}} = 9691.4655 \text{ MPa} = 9.69 \text{ GPa}$$ 답

(b) 횡방향 변형률은

$$\varepsilon_{lat} = \frac{-0.10 \text{ mm}}{50 \text{ mm}} = -0.002000 \text{ mm/mm}$$

식 (3.6)으로부터 푸아송 비는 다음과 같이 계산된다.

$$v = -\frac{\varepsilon_{lat}}{\varepsilon_{long}} = \frac{-0.002000 \text{ mm/mm}}{0.005800 \text{ mm/mm}} = 0.345$$ 답

(c) 전단탄성계수 G는 식 (3.7)로부터 다음과 같이 계산된다.

$$G = \frac{E}{2(1+v)} = \frac{9691.4655 \text{ MPa}}{2(1+0.345)} = 3602.7753 \text{ MPa} = 3.60 \text{ GPa}$$ 답

예제 3.2

강체 막대 ABC가 지점 A에서 핀에 의해 지지되어 있고, 지점 B에서는 폭 100 mm와 두께 6 mm를 가진 알루미늄 $[E = 70$ GPa; $\alpha = 22.5 \times 10^{-6}/℃$; $\nu = 0.33]$ 합금 막대로 지지되어 있다. 알루미늄 막대의 표면에 붙어 있는 스트레인 게이지는 알루미늄 막대의 종방향 변형률을 측정하기 위해 사용된다. 하중 P가 강체 막대의 지점 C에 작용되기 전 주위 온도 20℃에서 스트레인 게이지의 종방향 변형률은 0으로 측정하였다. 하중 P가 강체 막대의 지점 C에 작용되고 주위 온도가 -10℃까지 하강한 후 알루미늄 막대에서는 $+2400$ $\mu\varepsilon$의 종방향 변형률이 측정되었을 때, 다음을 구하라.

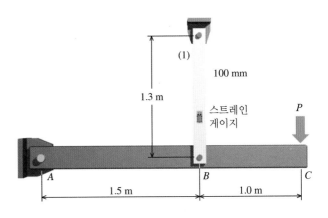

(a) 부재 (1)의 응력

(b) 하중 P의 크기

(c) 알루미늄 막대의 폭 변화(즉, 100 mm 치수)

풀이 계획 이 문제는 특히 온도 변화가 해석의 요소가 되는 경우, 훅의 법칙과 푸아송 비를 적용할 때 자주 범하는 잘못된 개념들에 대해 설명한다.

풀이 (a) 탄성계수 E와 종방향 변형률 ε이 문제에 주어져 있기 때문에 훅의 법칙[식 (3.4)]으로부터 알루미늄 막대의 수직응력을 계산하기 쉽다.

$$\sigma_1 = E_1\varepsilon_1 = (70\,\text{GPa})(2400\,\mu\varepsilon)\left[\frac{1000\,\text{MPa}}{1\,\text{GPa}}\right]\left[\frac{1\,\text{mm/mm}}{1000000\,\mu\varepsilon}\right] = 168\,\text{MPa}$$

이 계산은 부재 (1)의 수직응력 계산으로 옳지 않다. 왜 옳지 않은가?

식 (2.7)로부터 어떤 물체의 전체 변형률 ε_total은 응력에 의해 발생하는 부분 ε_σ와 온도 변화에 의해 발생하는 부분 ε_T를 포함한다. 부재 (1)에 부착되어 있는 스트레인 게이지는 알루미늄 막대의 전체 변형률을 $\varepsilon_\text{total} = +2400$ $\mu\varepsilon = +0.002400$ mm/mm로 측정했다. 하지만 이 문제에서 부재 (1)의 온도는 변형률 측정 전 30℃가 하락했다. 식 (2.6)으로부터 온도 변화에 의해 발생하는 알루미늄 막대의 변형률은

$$\varepsilon_T = \alpha\,\Delta T = (22.5 \times 10^{-6}/℃)(-30\,℃) = -0.000675\,\text{mm/mm}$$

따라서 부재 (1)의 수직응력에 의해 발생하는 변형률은

$$\varepsilon_\text{total} = \varepsilon_\sigma + \varepsilon_T$$

$$\therefore \varepsilon_\sigma = \varepsilon_\text{total} - \varepsilon_\text{T} = 0.002400\,\text{mm/mm} - (-0.000675\,\text{mm/mm})$$

$$= +0.003075\,\text{mm/mm}$$

이 변형률 값을 이용하여 부재 (1)에서의 수직응력은 이제 훅의 법칙으로 계산할 수 있다.

$$\sigma_1 = E\varepsilon - (70\,\text{GPa})(0.003075\,\text{mm/mm}) = 215.25\,\text{MPa} = 215\,\text{MPa}$$ **답**

(b) 부재 (1)에서의 축력은 수직응력과 막대의 면적으로부터 계산된다.

$$F_1 = \sigma_1 A_1 = (215.25\,\text{N/mm}^2)(100\,\text{mm})(6\,\text{mm}) = 129150\,\text{N}$$

점 A에서 모멘트 평형조건을 적용하여 하중 P를 계산하자.

$$\sum M_A = (1.5 \text{ m})(129150 \text{ N}) - (2.5 \text{ m})P = 0$$

$$\therefore P = 77490 \text{ N} = 77.5 \text{ kN}$$

답

(c) 막대의 폭 변화는 횡방향 변형률 ε_{lat}에 100 mm의 초기 폭을 곱함으로써 계산된다. ε_{lat}를 결정하기 위해 푸아송 비의 정의[식 (3.6)]가 사용된다.

$$\nu = -\frac{\varepsilon_{\text{lat}}}{\varepsilon_{\text{long}}} \quad \therefore \varepsilon_{\text{lat}} = -\nu\varepsilon_{\text{long}}$$

주어진 푸아송 비 값과 측정된 변형률을 이용하여 ε_{lat}는 다음과 같이 계산된다.

$$\varepsilon_{\text{lat}} = -\nu\varepsilon_{\text{long}} = -(0.33)(2400 \ \mu\varepsilon) = -792 \ \mu\varepsilon$$

이 계산은 부재 (1)의 횡방향 변형률 계산으로 옳지 않다. 왜 옳지 않은가?

푸아송 효과는 오로지 응력(즉, 역학적 효과)이 발생하는 변형률에 적용된다. 균질이며 등방성인 재료는 구속이 없을 경우 재료가 가열됨으로써 모든 방향으로 균등하게 팽창한다(그리고 냉각함으로써 균등하게 수축한다). 따라서 열변형률은 푸아송 비 계산에 포함되지 않아야 하며, 이 문제의 측방향 변형률은 다음과 같이 계산되어야 한다.

$$\varepsilon_{\text{lat}} = -(0.33)(0.003075 \text{ mm/mm}) + (-0.000675 \text{ m/m}) = -0.0016898 \text{ mm/mm}$$

따라서 알루미늄 막대의 폭 변화는

$$\delta_{\text{width}} = (-0.0016898 \text{ mm/mm})(100 \text{ mm}) = -0.1690 \text{ mm}$$

답

예제 3.3

각각 80 mm의 길이, 40 mm의 폭, 20 mm의 두께를 갖고 있는 두 개의 고무 블록이 강체지지 마운트와 움직일 수 있는 평판 (1)에 결합되어 있다. $P = 2800$ N의 힘이 조립체에 작용될 때, 평판 (1)은 수평방향으로 8 mm 이동한다. 블록에 사용된 고무의 전단탄성계수 G를 구하라.

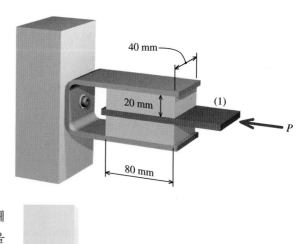

풀이 계획 훅의 법칙은 전단응력과 전단변형률 사이의 관계를 표현한다[식 (3.5)]. 전단응력은 작용하중 P와 움직일 수 있는 평판 (1), 접촉해 있는 고무 블록의 면적으로 구할 수 있다. 전단변형률은 각도 값으로 평판 (1)의 수평 이동과 고무 블록의 두께로부터 결정된다. 전단탄성계수 G는 전단응력을 전단변형률로 나눔으로써 계산된다.

풀이 움직일 수 있는 평판 (1)의 자유물체도를 고려해 보자. 각 고무 블록은 하중 P에 저항하는 전단력을 제공한다. 평형조건으로부터 수평방향 힘의 합은

$$\sum F_x = 2V - P = 0$$

$$\therefore V = P/2 = (2800 \text{ N})/2 = 1400 \text{ N}$$

다음으로 변형된 위치에서 상단 고무 블록의 자유물체도를 고려해보자. 전단력 V는 길이 80 mm와 폭 40 mm의 표면에 작용한다. 따라서 고무 블록의 전단응력 τ는

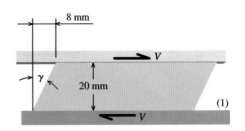

$$\tau = \frac{1400 \text{ N}}{(80 \text{ mm})(40 \text{ mm})} = 0.4375 \text{ MPa}$$

8 mm 수평 이동은 그림이 나타낸 바와 같이 블록의 비틀림을 유발한다. 각도 γ(라디안 단위로 측정됨)는 전단변형률이다.

$$\tan \gamma = \frac{8 \text{ mm}}{20 \text{ mm}} \quad \therefore \gamma = 0.3805 \text{ rad}$$

전단응력 τ, 전단탄성계수 G, 전단변형률 γ는 훅의 법칙과 관련된다.

$$\tau = G\gamma$$

따라서 블록에 사용된 고무의 전단탄성계수 G는

$$G = \frac{\tau}{\gamma} = \frac{0.4375 \text{ MPa}}{0.3805 \text{ rad}} = 1.150 \text{ MPa}$$ 답

Mec Movies MecMovies 연습문제

M3.1 훅의 법칙이 적용되는 세 가지 기본 문제

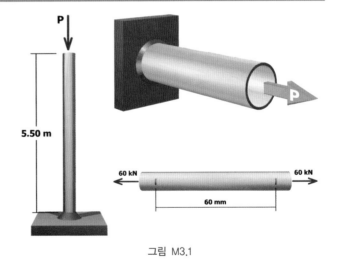

그림 M3.1

PROBLEMS

P3.1 지름 12.7 mm의 합금 봉에 대해 인장 시험을 수행했다. 비례 한도에서 원래의 50 mm 게이지 길이는 50.0540 mm 길이로 늘어났으며 지름은 0.0042 mm 감소했다. 막대에 적용된 인장 하중은 15.7 kN이었다. 합금 재료에 대한 다음 특성치를 결정하라.

(a) 비례한도

(b) 탄성계수

(c) 푸아송 비

P3.2 지름이 $d = 16$ mm인 충진 원형 막대가 그림 P3.2에 나와 있다. 막대는 $E = 72$ GPa의 탄성계수와 $\nu = 0.33$의 푸아송 비를 갖는 알루미늄 합금으로 만들어진다. 축방향 하중 P를 가했을

때, 막대 지름은 0.024 mm만큼 감소한다. 하중 P의 크기를 결정하라.

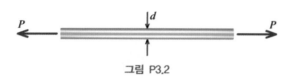

그림 P3.2

P3.3 22 kN의 축방향 하중이 작용할 때 폭 45 mm×두께 15 mm의 폴리이미드 폴리머 막대가 3.0 mm 늘어나고 막대 폭은 0.25 mm 줄어든다. 막대의 길이는 200 mm이다. 22 kN 하중에서 폴리머 막대의 응력은 비례한도보다 작다. 다음을 구하라.
(a) 탄성계수
(b) 푸아송 비
(c) 막대 두께의 변화

P3.4 두께 6 mm의 직사각형 합금 막대가 그림 P3.4와 같이 A와 B에 핀에 의해 인장하중 P를 받는다. 막대의 폭은 $w = 30$ mm이다. 시편에 부착된 스트레인 게이지로부터 세로(x) 및 가로(y) 방향으로 다음과 같은 변형률이 측정되었다: $\varepsilon_x = 900 \ \mu\varepsilon$ 및 $\varepsilon_y = -275 \ \mu\varepsilon$.
(a) 이 시편에 대한 푸아송 비를 결정하라.
(b) 측정된 변형률이 $P = 19$ kN의 축방향 하중에 의해 산출된 경우 이 시편의 탄성계수는 얼마인가?

그림 P3.4

P3.5 나일론[$E = 2500$ MPa; $v = 0.4$] 막대가 σ의 수직응력을 발생시키는 축방향 하중을 받는다. 하중이 가해지기 전에 그림 P3.5에 표시된 바와 같이 3:2의 기울기(즉, 1.5)를 갖는 선을 막대 표면에 그렸다. $\sigma = 105$ MPa인 경우 선의 기울기를 결정하라.

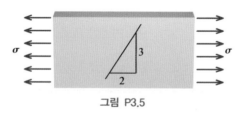

그림 P3.5

P3.6 나일론[$E = 2.5$ GPa; $v = 0.4$] 지름이 $d_1 = 65$ mm인 막대 (1)을 강재[$E = 209$ GPa; $v = 0.29$] 튜브 (2)의 내부에 위치시킨다. 강관의 안지름은 $d_2 = 66$ mm이다. 외부 하중 P가 나일론 막대에 가해져 압축될 때, 어떤 하중 P에서 나일론 막대와 강

철 튜브 사이의 공간이 없이 밀착되겠는가?

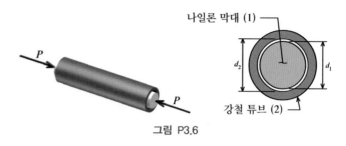

그림 P3.6

P3.7 원래 지름이 19 mm이고 게이지 길이가 50 mm인 금속 시험편에서 파단이 발생할 때까지 인장 시험을 한다. 파단 지점에서 시편의 지름은 10.35 mm이고 파단 게이지 길이는 70.4 mm이다. 신장률 및 단면감소율을 사용하여 신장을 계산하라.

P3.8 스테인리스 강 합금에 대한 응력-변형률 곡선의 일부가 그림 P3.8에 나와 있다. 길이가 350 mm인 막대를 2.0 mm가 될 때까지 인장력을 가한 다음 하중을 제거한다.
(a) 막대의 영구변형률은 얼마인가?
(b) 하중이 제거된 후 막대의 길이는 얼마인가?
(c) 막대에 하중이 다시 가해지면 비례한도는 얼마인가?

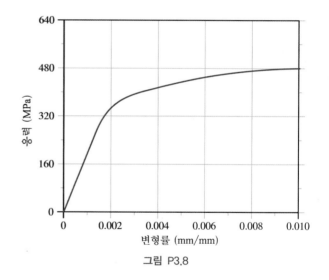

그림 P3.8

P3.9 그림 P3.9에 나와 있는 16 mm×22 mm×25 mm의 고무 블록은 이중 U전단 지지대에 사용되어 기계의 진동을 지지대에서 격리시킨다. $P = 285$ N의 하중을 가하면 상부 프레임이 5 mm만큼 아래로 굴절된다. 고무 블록의 전단계수 G를 결정하라.

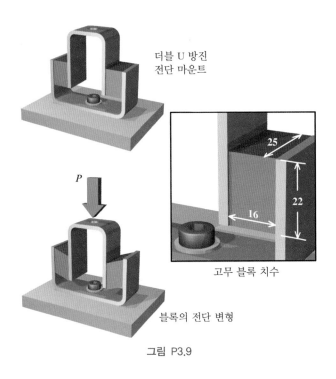

더블 U 방진
전단 마운트

P

블록의 전단 변형

그림 P3.9

25

22

16

고무 블록 치수

P3.10 두 개의 단단한 고무 블록이 그림 P3.10/11과 같이 소형 기계를 지지하는 방진 마운트에 사용된다. $P = 900$ N의 작용하중은 8.1 mm의 하향 처짐을 유발한다. 고무 블록의 전단계수를 결정하라. $a = 20$ mm, $b = 30$ mm, $c = 75$ mm라고 가정하라.

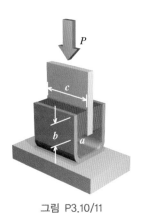

P

c

b

a

그림 P3.10/11

P3.11 두 개의 단단한 고무 블록[$G = 350$ kPa]이 그림 P3.10/11과 같이 소형 기계를 지지하는 방진 마운트에 사용된다. $P = 900$ N의 적용 하중에 대해 발생할 하향 처짐을 결정하라. $a = 20$ mm, $b = 50$ mm, $c = 80$ mm이라고 가정한다.

P3.12 지름 6 mm × 길이 225 mm의 알루미늄 합금 봉에 대한 하중 시험으로 4800 N의 인장 하중이 막대에 0.52 mm의 탄성 늘음을 일으킨다는 것을 발견했다. 이 결과를 사용하여 막대가 1.2 m 길이를 가지고 37 kN의 인장력을 받는 경우 동일한 재료의 지름 24 mm 막대에 대해 예상되는 탄성 늘음을 결정하라.

P3.13 특정 스테인리스강 합금에 대한 응력-변형률 곡선이 그림 P3.13에 보인 바와 같다. 이 재료로 만든 막대는 초기에 20℃의 온도에서 800 mm 길이이다. 인장력이 막대에 가해지고 온도가 200℃ 증가한 후에 막대의 길이는 804 mm이다. 막대의 응력을 결정하고 막대의 늘음이 탄성 또는 비탄성인지 여부를 명시하라. 이 재료의 열팽창계수는 $18 \times 10^{-6}/℃$라고 가정한다.

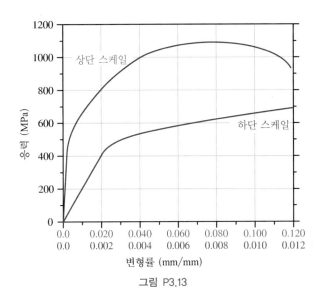

그림 P3.13

P3.14 그림 P3.14에서, 강체 막대 ABC가 400 mm²의 단면적, $E = 70$ GPa의 탄성계수 및 $\alpha = 22.5 \times 10^{-6}/℃$의 열팽창계수를 갖는 축 부재 (1)에 의해 지지된다. 하중 P를 강체 막대에 가하고 온도가 40℃ 상승하면 부재 (1)에 부착된 스트레인 게이지는 2150 $\mu\varepsilon$로 증가한다. 다음을 구하라.

(a) 부재 (1)의 수직응력

(b) 가해진 하중 P의 크기

(c) C에서 강체 막대의 처짐

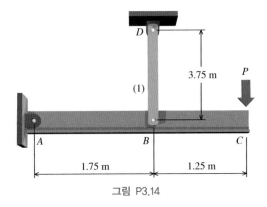

D

3.75 m

(1)

P

A

B

C

1.75 m

1.25 m

그림 P3.14

P3.15 지름이 12.8 mm이고 게이지 길이가 50 mm인 청동 합금 시험편에 파단시험을 하였다. 시험 중 얻은 응력 및 변형률 데이터는 그림 P3.15에 나와 있다. 다음을 구하라.

(a) 탄성계수

(b) 비례한도

(c) 극한강도
(d) 항복강도(0.20% 오프셋)
(e) 파단응력
(f) 파단 위치에서 시험편의 최종 지름이 10.5 mm인 경우 실제 파단응력

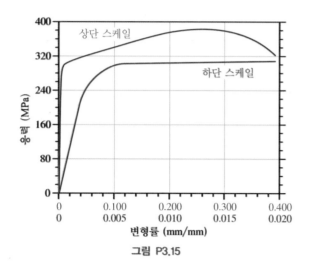

그림 P3.15

P3.16 지름이 12.8 mm이고 게이지 길이가 50 mm인 합금 시험편에 파단시험을 하였다. 시험 중에 얻은 하중 및 변형 데이터가 제공된다. 다음을 구하라.
(a) 탄성계수
(b) 비례한도
(c) 극한강도
(d) 항복강도(0.05% 오프셋)
(e) 항복강도(0.20% 오프셋)
(f) 파단응력
(g) 파단 위치에서 시험편의 최종 지름이 11.3 mm인 경우 실제 파단응력

하중 (kN)	길이 변화 (mm)	하중 (kN)	길이 변화 (mm)
0	0		
7.6	0.02	43.8	1.50
14.9	0.04	45.8	2.00
22.2	0.06	48.3	3.00
28.5	0.08	49.7	4.00
29.9	0.10	50.4	5.00
30.6	0.12	50.7	6.00
32.0	0.16	50.4	7.00
33.0	0.20	50.0	8.00
33.3	0.24	49.7	9.00
36.8	0.50	47.9	10.00
41.0	1.00	45.1	파단

P3.17 지름이 12.7 mm이고 게이지 길이가 50 mm인 2024-T4 알루미늄 시험편에 파단시험을 하였다. 시험 중에 얻은 하중 및 변형 데이터가 제공된다. 다음을 구하라.
(a) 탄성계수
(b) 비례한도
(c) 극한강도
(d) 항복강도(0.05% 오프셋)
(e) 항복강도(0.20% 오프셋)
(f) 파단응력
(g) 파단 위치에서 시험편의 최종 지름이 11.37 mm인 경우 실제 파단응력

하중 (kN)	길이 변화 (mm)	하중 (kN)	길이 변화 (mm)
0.0	0.00	48.2	0.35
5.7	0.04	50.1	0.41
10.4	0.06	53.9	0.70
15.1	0.08	54.9	0.99
19.9	0.11	55.8	1.51
24.6	0.13	56.8	1.97
29.3	0.15	57.7	2.44
32.2	0.18	58.6	2.90
35.9	0.20	59.6	3.48
38.8	0.22	60.5	4.06
40.7	0.24	61.5	4.99
43.5	0.27	61.5	6.38
44.5	0.29	61.5	8.00
46.4	0.31	61.5	8.12
		61.5	파단

P3.18 1045 열간 압연 강재 인장 시험편에서 지름이 6.00 mm이고 게이지 길이가 25 mm이다. 파단시험에서 아래의 응력 및 변형률 데이터를 얻었다. 다음을 구하라.
(a) 탄성계수
(b) 비례한도
(c) 극한강도
(d) 항복강도(0.05% 오프셋)
(e) 항복강도(0.20% 오프셋)
(f) 파단응력
(g) 파단 위치에서 시험편의 최종 지름이 4.65 mm인 경우 실제 파단응력

하중 (kN)	길이 변화 (mm)	하중 (kN)	길이 변화 (mm)
0.00	0.00	13.22	0.29
2.94	0.01	16.15	0.61
5.58	0.02	18.50	1.04
8.52	0.03	20.27	1.80
11.16	0.04	20.56	2.26
12.63	0.05	20.67	2.78
13.02	0.06	20.72	3.36
13.16	0.08	20.61	3.83
13.22	0.08	20.27	3.94
13.22	0.10	19.97	4.00
13.25	0.14	19.68	4.06
13.22	0.17	19.09	4.12
		18.72	파단

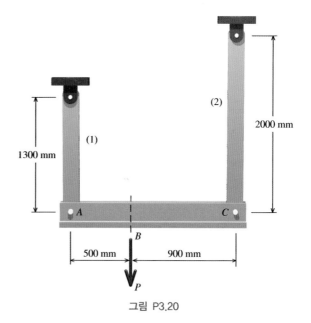

그림 P3.20

P3.19 집중하중 P를 그림 P3.19와 같이 두 개의 막대로 지지한다. 막대 (1)은 6061-T6 알루미늄 [$E = 69$ GPa; $\alpha = 23.6 \times 10^{-6}/℃$]이고, 단면적은 270 mm²이다. 막대 (2)는 냉간 압연 적색 황동 [$E = 115$ GPa; $\alpha = 18.7 \times 10^{-6}/℃$]이며, 단면적은 190 mm²이다. 하중 P가 가해지고 전체 조립체 온도가 34℃ 증가한 후에 막대 (1)의 총 변형률은 1870 $\mu\varepsilon$(신장률)로 측정되었다. 다음을 구하라.

(a) 하중 P의 크기

(b) 막대 (2) 단위의 전체 변형률

P3.21 그림 P3.21/22의 강체 막대가 축방향 막대 (1)과 C에서 핀 연결에 의해 지지된다. 축방향 막대 (1)의 단면적은 $A_1 = 275$ mm²이며, 탄성계수는 $E = 200$ GPa, 열팽창계수 $\alpha = 11.9 \times 10^{-6}/℃$이다. C에서 핀의 지름은 25 mm이다. 하중 P가 가해지고 전체 조립체의 온도가 20℃ 증가한 후에 막대 (1)의 총 변형률은 925 $\mu\varepsilon$(신장률)로 측정되었다. 다음을 구하라.

(a) 하중 P의 크기

(b) 핀 C의 평균전단응력

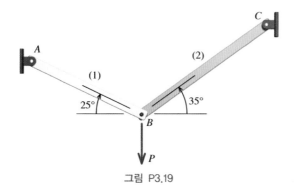

그림 P3.19

P3.20 그림 P3.20의 강체 막대 AC는 두 개의 축방향 막대 (1)과 (2)에 의해 지지된다. 축방향 막대는 모두 청동으로 만들어져 있다[$E = 100$ GPa; $\alpha = 18 \times 10^{-6}/℃$]. 막대 (1)의 단면적은 $A_1 = 240$ mm²이고 막대 (2)의 단면적은 $A_2 = 360$ mm²이다. 하중 P가 가해지고 전체 조립체의 온도가 30℃ 증가한 후에 막대 (2)의 총 변형률은 1220 $\mu\varepsilon$(신장률)로 측정되었다. 다음을 구하라.

(a) 하중 P의 크기

(b) 핀 A의 수직 변위

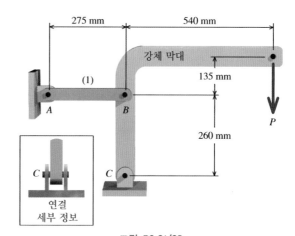

그림 P3.21/22

P3.22 그림 P3.21/22의 강체 막대가 축방향 막대 (1)과 C에서 핀 연결에 의해 지지된다. 축방향 막대 (1)의 단면적은 $A_1 = 275$ mm²이고 탄성계수는 $E = 200$ GPa이고, 열팽창계수 $\alpha = 11.9 \times 10^{-6}/℃$이다. C에서 핀의 지름은 25 mm이다. 하중 P가 가해지고 전체 조립체 온도가 30℃ 낮아진 후에 막대 (1)의 총 변형률은 925 $\mu\varepsilon$(신장률)로 측정되었다. 다음을 구하라.

(a) 하중 P의 크기

(b) 핀 C의 평균전단응력

설계 개념

4.1 개요

엔지니어들이 접하는 설계 문제들에는 기능, 안전, 초기비용, 제품주기비용, 환경에 대한 영향, 효율성 그리고 심미적인 것과 같은 많은 고려사항들이 있다. 그러나 재료역학에서 우리의 관심은 다음 세 가지 고려사항에 집중된다. 강도, 강성, 안정성이 그것이다. 이러한 것들을 해결하기 위해서는 많은 불확실성들이 고려되어야 하고 설계에 반영되어야 한다.

일반적으로 기계나 구조물에 작용하는 힘은 추정되는 값이며, 이 값들은 다음과 같은 이유로 상당히 큰 변동성이 있게 된다.

- 실제 힘이 작용하는 속도는 설계 시의 가정들과 다를 수 있다.
- 구조물 또는 기계에 사용되는 재료에 대한 불확실성도 있다. 실제 구조물의 재료 물성을 측정하는 것은 재료의 손상을 가져오므로, 재료의 기계적 물성은 직접적으로 평가될 수 없어서 비슷한 재료의 시편을 측정함으로써 결정된다. 나무와 같은 재료들은 각 목판들과 목재들의 강도와 강성에 상당한 차이가 있게 된다.
- 재료의 강도는 부식과 함께 다른 영향에 의해 시간에 따라 변화할 수 있다.

- 기온, 습도, 비와 눈에 대한 노출과 같은 환경 조건은 설계 시의 가정과 다를 수 있다.
- 비록 화학적 구성이 같을지라도 원형(프로토타입)이나 시험부품들에서 사용되는 재료들은 실제 생산 시의 구성품에서 사용되는 재료들과 미세구조, 크기, 압연이나 성형, 표면처리 같은 인자들 때문에 다를 수 있다.
- 제조공정 중에 부품 안에서 응력이 발생할 수 있고 정교하지 못한 가공기술은 설계강도를 감소시킬 수 있다.
- 해석에 사용되는 모델과 방법들은 지나치게 단순화되고 부정확하게 이상화될 수 있으며 이 경우 이들의 실제 거동을 부정확하게 표현하게 된다.

교재 문제들은 해석 및 설계 과정이란 확실하고 정확한 결과를 얻을 수 있도록 완벽히 정의된 구조들과 기계들에 대해 엄밀한 계산을 적용하는 과정이라고 생각하게 한다. 그러나 실제로 설계 과정은 확실성을 갖고 정량화될 수 없는 많은 인자들을 위한 허용량들을 가져야 한다.

4.2 하중의 종류

구조물 또는 기계에 작용하는 힘들은 하중(loads)이라 한다. 구조물 또는 기계에 작용하는 하중의 종류는 적용되는 데에 따라 다르다. 다음에는 구조물에 작용하는 여러 하중을 알아본다.

고정하중

고정하중은 다양한 구조 부재들의 무게와 구조물에 영구적으로 붙어 있는 물체의 무게로 구성된다. 빌딩 구조물에 있어서 구조물의 자중은 보, 기둥, 바닥판, 벽, 배관, 전기장치들, 영구적인 기계장비, 지붕 등의 하중을 포함한다. 이러한 하중들의 크기와 위치는 구조물의 수명 동안 변하지 않는다.

구조물을 설계할 때 보, 바닥, 기둥, 다른 부품들의 크기는 처음부터 알려져 있는 값이 아니다. 구조해석은 마지막 부재의 크기가 정해지기 전에 수행되어야 하지만, 해석은 부재의 자중을 포함하고 있어야 한다. 따라서 적절한 부재의 크기를 가정하고 다양한 부품들의 자중을 예측하고 해석을 수행하는 등의 설계 계산을 종종 반복적으로 수행하는 것이 필요하다. 만약 아주 큰 차이가 발생한다면 자중에 대하여 조금 더 실제에 접근한 추정치를 사용하여 해석을 반복해야 한다.

비록 구조물의 자중은 잘 정의되었다 해도, 영구적인 기구들의 무게, 방 분할, 지붕재질, 바닥마감재, 고정된 사용기구, 움직일 수 없는 고정물과 같은 다른 고정하중들의 불확실성 때문에 고정하중이 과소평가될 수도 있다. 구조물에 대한 나중의 변경 가능성도 고려되어야 한다. 예를 들어 고속도로 교량 구조물 상판에는 장래 추가적인 포장이 이루어질 수도 있는 것이다.

활하중

활하중은 크기, 지속기간, 위치가 구조물의 수명 기간에 걸쳐 변화하는 하중을 말한다. 활하중들은 일시적으로 놓인 물체의 무게, 움직이는 차량이나 사람들, 또는 자연적인 힘에 의해 발생한다. 빌딩 구조물의 각 층 또는 교량 바닥판 위의 활하중은 보통 원래 사용목적에 따른 물품들을 고려한 등분포 면하중으로 모델링된다. 일반적인 사무실과 주택에서는 거주자들, 가구들과 창고들이 포함된다.

교량과 주차 건물과 같은 구조물에서는 등분포 면하중 외에도 차량의 무게 또는 다른 무거운 물건들의 집중하중이 반드시 고려되어야 한다. 해석에서는 잠재적으로 위험한 여러 위치에서의 집중하중의 영향이 고려되어야 한다.

구조물에 순간적으로 작용하는 하중은 충격하중(impact)이라고 한다. 창고의 바닥 위에 떨어진 상자 또는 울퉁불퉁한 도로 위를 지나는 트럭은 천천히 점진적으로 작용하는 하중보다 더 큰 하중을 발생시킨다. 활하중은 일반적으로 정상적인 사용 환경이나 교통 환경에 더해 충격효과를 위한 적절한 허용치를 준다. 엘리베이터를 지지하는 구조물, 왕복운동 또는 회전운동을 하는 대형기계나 크레인에 대해서는 특별한 충격에 대한 고려가 필요하다.

본질적으로 활하중은 고정하중보다 덜 확실하다. 활하중은 구조물의 생애에 걸쳐 크기와 위치가 변화한다. 예를 들면 건물에서 예상치 못한 많은 사람들의 모임은 가끔씩 일어날 수 있으며 어떤 공간은 가구나 여러 물건들이 일시적으로 옮겨지는 과정 중에 비정상적으로 큰 하중을 받을 수 있다.

설(눈)하중

추운 기후에서 설하중은 지붕 설계를 위한 중요한 요소가 될 수 있다. 설하중의 크기와 지속기간은 확실히 알기가 어렵다. 게다가, 바람의 영향으로 눈은 보통 지붕 위에 균일하게 퍼져 있지 않다. 눈은 종종 지붕의 높이가 달라지는 부분에서 뭉쳐서 추가 하중을 발생시키곤 한다.

풍하중

바람은 구조물에 풍속의 제곱에 비례하는 압력을 가한다. 임의 시점에서 풍속은 평균 속도에 돌풍이라고 알려진 난류가 더해져서 나타난다. 풍압은 건물 외부 전면적에 걸쳐 가해지는데, 벽 또는 지붕 면을 미는 양의 압력으로 작용하기도 하고 지붕을 들어 올리고 벽을 당기는 음의 압력으로 나타나기도 한다. 구조물에 작용하는 풍하중 크기는 지리적 위치, 지표면 위의 높이, 주변 지역 특성, 건물의 모양과 특징, 여러 인자로 인해 변화한다. 바람은 어느 방향에서든지 구조물에 하중을 가할 수 있다. 이러한 특성들이 모두 풍하중의 크기와 분포를 정확하게 예측하기 어렵게 만든다.

4.3 안전성

엔지니어들은 의도하는 기능을 안전하게 수행할 수 있는 충분히 강한 물체를 만들기 위해서 노력한다. 강도의 관점에서 설계의 안전성을 얻기 위해서 구조물과 기계들은 항상 일반적인 상황에서의 하중보다 높은 하중(과부하, overload)을 견딜 수 있게 설계된다. 이러한 예비 용량이 극한적인 과하중의 경우에도 안전을 보장하기 위해 필요할 뿐만 아니라, 구조물 또는 기계가 원래의 설계에서 의도된 대로 사용될 수 있도록 하는 것이다.

그러나 핵심 질문은 "얼마나 안전한 것이 충분히 안전한 것인가?"이다. 만약 구조물과 기계가 충분한 예비 용량을 가지고 있지 않다면 과부하가 파손, 파열, 붕괴로 정의되는 고장을 야기할 가능성이 있다. 너무 과한 예비용량을 부품 설계에 반영하면, 고장 가능성은 적어지지만 불필요하게 크고 무겁고 비싸게 된다. 최상의 설계는 경제성과 파괴에 대하여 보수적이지만 합리적인 안전율의 사이에 적절한 균형을 맞추는 것이다.

현재 구조물 및 기계의 엔지니어링 설계에서는 안전 문제를 해결하기 위해 일반적으로 두 가지 철학이 사용된다. 이 두 가지 접근법을 허용응력설계(allowable stress design) 및 하중저항계수설계(load and resistance factor design)라고 한다.

4.4 허용응력설계

허용응력설계(allowable stress design, ASD) 방법은 정상적인 상태에서의 하중에 대해 사용된다. 이러한 하중은 사용하중(service loads)이라 하며 고정하중, 활하중, 풍하중과 사용 중에 발생할 수 있는 다른 하중들로 구성된다. ASD 방법에서 구조요소는 사용하중에 의해 생기는 탄성응력이 특정한 재료의 항복응력의 일정비율을 초과하지 않도록 설계된다. 이 응력한계를 허용응력(allowable stress)이라 한다(그림 4.1). 보통의 상태에서의 응력들이 허용응력과 같거나 낮게 유지된다면, 강도에 대한 여유분은 예상치 않은 과부하가 생기더라도 설계의 안전 여유를 주게 된다.

설계를 위한 계산에 사용되는 허용응력은 파괴응력을 안전계수(factor of safety, FS)로 나눈 것으로 계산된다.

$$\sigma_{\text{allow}} = \frac{\sigma_{\text{failure}}}{\text{FS}} \quad \text{또는} \quad \tau_{\text{allow}} = \frac{\tau_{\text{failure}}}{\text{FS}} \tag{4.1}$$

파괴는 여러 가지로 정의될 수 있다. "파괴"는 재료의 실제 파단을 의미하여 재료의 인장강도(응력-변형률 곡선에서 결정된)가 식 (4.1)에 사용되는 파괴응력이 되는 경우가 있다. 다른 방식으로는 의도한 기능을 못하게 되는 부품의 항복과 연관된 재료의 대변형을 뜻할 수도 있다. 이 경우에 식 (4.1)의 파괴응력은 항복응력이다.

안전계수는 다른 설계자들이 사용할 설계기준과 표준을 작성하는 숙련된 공학자들에 의해 정해진다. 설계기준과 표준의 제정은 지나치게 큰 비용이 들지 않는 합리적인 안전 수

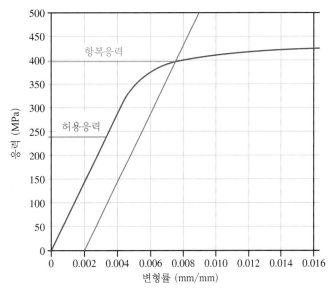

그림 4.1 응력-변형률 곡선에서의 허용응력

준을 제공한다. 예상되는 파괴 유형뿐만 아니라 비슷한 부품의 파괴 이력, 파괴의 결과 및 다른 불확실성들이 다양한 상황을 위한 적절한 안전계수를 결정하는 데 고려된다. 특별한 경우 안전계수는 더 큰 값을 가질 수도 있지만, 전형적인 안전계수의 범위는 1.5에서 3 정도이다.

몇몇 경우에 엔지니어들은 현재 존재하거나 제안된 설계안에서 안전의 수준을 평가할 필요가 있다. 이러한 목적으로 안전계수는 예상되는 파괴응력과 예상 실제응력의 비로 계산하기도 한다.

$$\text{FS}=\frac{\sigma_{\text{failure}}}{\sigma_{\text{actual}}} \quad \text{또는} \quad \text{FS}=\frac{\tau_{\text{failure}}}{\tau_{\text{actual}}} \tag{4.2}$$

안전계수의 계산은 응력으로만 하는 것은 아니다. 안전계수는 식 (4.3)처럼 파괴를 일으키는 힘과 예상되는 실제 작용 힘의 비로 나타낼 수 있다.

$$\text{FS}=\frac{P_{\text{failure}}}{P_{\text{actual}}} \quad \text{또는} \quad \text{FS}=\frac{V_{\text{failure}}}{V_{\text{actual}}} \tag{4.3}$$

예제 4.1

그림에서와 같이 8.9 kN의 하중이 두께 6 mm의 강판에 작용하고 있다. 강판은 지점 A에서 지름 10 mm의 단일전단 연결 핀에 의해 지지되고 있으며 지점 B에서 지름 10 mm의 이중 전단 연결 핀에 의해 지지되고 있다. 핀의 극한전단강도는 280 MPa이고, 강판의 극한지압강도는 530 MPa이다.

(a) 극한전단강도에 대한 핀 A와 B의 안전계수를 구하라.

(b) 핀 B에서 강판의 극한지압강도에 대한 안전계수를 구하라.

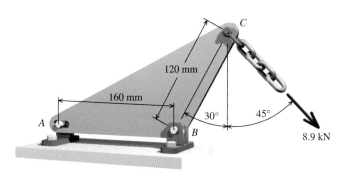

풀이 계획 핀 A와 B의 반력은 힘의 평형으로부터 계산될 수 있다. 특히 B에서의 합력은 수평과 수직반력으로부터 계산되어야 한다. 핀의 힘들이 결정되면, 핀 전단응력은 핀이 하나 또는 두 개로 연결되는지를 감안하여 계산된다. 판과 접촉하는 부위에 작용하는 B의 지압응력은 B의 핀에 가해지는 힘의 합력과 판의 두께, 핀의 지름으로부터 구해진다. 이 세 가지 응력들이 구해진 후에 극한강도와 관련된 안전계수는 각각 계산될 것이다.

풀이 평형으로부터 핀 A와 B의 반력이 결정된다. 참고: 핀 A는 슬롯 구멍에서 움직일 수 있으므로 강판 위에서 수직 힘만 받는다. 반력은 옆의 그림에 스케치되어 있다.

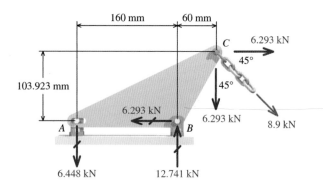

핀 B에 의해 판에 가해진 힘의 합력은

$$R_B = \sqrt{(6.293 \text{ kN})^2 + (12.741 \text{ kN})^2}$$
$$= 14.210 \text{ kN}$$

참고: 핀 또는 볼트의 전단응력을 계산할 때 항상 합력을 사용해야 한다.

(a) 지름 10 mm 핀의 단면적은 $A_{\text{pin}} = 78.540 \text{ mm}^2$이다. 핀 A는 단일전단 연결이기 때문에 전단면적 A_V는 핀 단면적 A_{pin}과 같다. 핀 A의 전단응력은 전단력 V_A(즉, 6.448 kN의 반력)와 A_V로부터 구해진다.

$$\tau_A = \frac{V_A}{A_V} = \frac{(6.448 \text{ kN})(1000 \text{ N/kN})}{78.540 \text{ mm}^2} = 82.1 \text{ MPa}$$

핀 B는 이중전단 연결이다. 따라서 전단응력을 받는 핀 단면적 A_V는 핀 단면적 A_{pin}의 두 배이다. 핀에 작용하는 전단력 V_B는 B에 작용하는 합력과 같다.

$$\tau_B = \frac{V_B}{A_V} = \frac{(14.210 \text{ kN})(1000 \text{ N/kN})}{2(78.540 \text{ mm}^2)} = 90.5 \text{ MPa}$$

식 (4.2)를 이용하여, 극한전단강도 280 MPa에 대한 핀 안전계수를 구한다.

$$\text{FS}_A = \frac{\tau_{\text{failure}}}{\tau_{\text{actual}}} = \frac{280 \text{ MPa}}{82.1 \text{ MPa}} = 3.41 \qquad \text{FS}_B = \frac{\tau_{\text{failure}}}{\tau_{\text{actual}}} = \frac{280 \text{ MPa}}{90.5 \text{ MPa}} = 3.09 \qquad \text{답}$$

(b) B에서의 지압응력은 지름 10 mm 핀과 두께 6 mm 강판 접촉 면에서 발생한다. 비록 강판의 접촉지점에서의 실제응력 분포는 복잡하지만, 평균 지압응력은 보통 접촉력과 함께 핀의 지름과 판 두께의 곱과 같은 투사 면적으로부터 계산된다. 그러므로 강판의 핀 B에서 평균 지압응력은 다음과 같이 계산된다.

$$\sigma_b = \frac{R_B}{d_B t} = \frac{(14.210 \text{ kN})(1000 \text{ N/kN})}{(10 \text{ mm})(6 \text{ mm})} = 236.8 \text{ MPa}$$

극한지압강도 530 MPa에 대한 판의 안전계수는 아래와 같다.

$$\text{FS}_{\text{bearing}} = \frac{530 \text{ MPa}}{236.8 \text{ MPa}} = 2.24 \qquad \text{답}$$

예제 4.2

그림은 트러스 조인트를 나타낸 것이다. 부재 (1)은 4660 mm²의 단면을 가지고 있고 부재 (2)는 2510 mm²의 단면을 가지고 있다. 두 부재 모두 A36 강이고 250 MPa의 항복강도를 가지고 있다. 만약 안전계수 1.67이 요구된다면 조인트에 가할 수 있는 최대 하중 P를 결정하라.

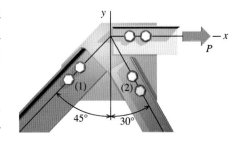

풀이 계획 트러스 부재들은 축방향의 하중, 즉 축력을 지지하기 때문에, 두 개의 평형조건식이 세워질 수 있다. 이 평형조건식들로부터 미지의 하중 P는 부재력 F_1과 F_2로 표현될 수 있다. 강의 항복강도와 안전계수를 기초로 허용응력은 정해질 수 있다. 허용응력과 단면적으로부터 최대 허용부재력이 결정된다. 그러나 두 부재가 동시에 허용응력에 도달하는 것은 아닐 수 있다. 하나의 부재가 설계를 결정하게 될 가능성이 크다. 평형에 대한 결과와 허용부재력을 이용하여 설계를 결정하는 부재가 결정되고 최대 하중 P도 계산된다.

풀이 평형

트러스 조인트의 자유물체도는 그림과 같다. 자유물체도로부터 세 개의 미지수 F_1, F_2, P를 사용하여 두 개의 평형조건식이 유도된다. 참고: 부재력 F_1과 F_2는 인장력이라고 가정한다(부재 (2)는 압축력이라고 예상될지라도).

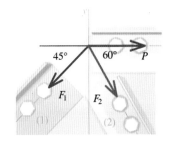

$$\sum F_x = -F_1 \cos 45° + F_2 \cos 60° + P = 0 \tag{a}$$

$$\sum F_y = -F_1 \sin 45° - F_2 \sin 60° + P = 0 \tag{b}$$

두 개의 수식으로부터 미지 하중 P를 위한 표현은 부재력 F_1과 F_2로 유도될 수 있다.

$$P = \left[\cos 45° + \frac{\sin 45°}{\sin 60°} \cos 60° \right] F_1 \tag{c}$$

$$P = -\left[\frac{\sin 60°}{\sin 45°} \cos 45° + \cos 60° \right] F_2 \tag{d}$$

허용응력: 강철 부재의 허용수직응력은 식 (4.1)로부터 계산될 수 있다.

$$\sigma_{\text{allow}} = \frac{\sigma_\gamma}{\text{FS}} = \frac{250 \, \text{MPa}}{1.67} = 149.7 \, \text{MPa} \tag{e}$$

허용부재력: 허용응력을 기본으로 각 허용부재력이 계산될 수 있다.

$$F_{1,\,\text{allow}} = \sigma_{\text{allow}} A_1 = (149.7 \, \text{N/mm}^2)(4660 \, \text{mm}^2) = 697605 \, \text{N} = 697.605 \, \text{kN} \tag{f}$$

$$F_{2,\,\text{allow}} = \sigma_{\text{allow}} A_2 = (149.7 \, \text{N/mm}^2)(2510 \, \text{mm}^2) = 375749 \, \text{N} = 375.749 \, \text{kN} \tag{g}$$

최대 P의 계산: 다음으로 두 개의 가능성이 검토된다. 부재 (1)이거나 부재 (2)가 설계를 결정한다. 먼저, 부재 (1)의 허용력이 설계를 결정한다고 가정하자. 최대 허용하중 P를 계산하기 위하여 부재 (1)의 허용력을 식 (c)에 대입한다.

$$P = \left[\cos 45° + \frac{\sin 45°}{\sin 60°} \cos 60° \right] F_1 \leq 1.11536 \, F_{1,\,allow}$$
$$= (1.11536)(697.605 \text{ kN}) \tag{h}$$
$$\therefore P \leq 778.081 \text{ kN}$$

다음, 부재 (2)가 설계를 결정한다면 최대 허용하중을 계산하기 위하여 식 (d)를 이용하라.

$$P = - \left[\frac{\sin 60°}{\sin 45°} \cos 45° + \cos 60° \right] F_2 \leq - 1.36603 \, F_{2,\,allow}$$
$$= - (1.36603)(375.749 \text{ kN}) \tag{i}$$
$$\therefore P \leq - 513.284 \text{ kN}$$

왜 식 (i)에서 P가 음수로 나왔는가? 그리고 좀 더 중요한 것으로 어떻게 이 음수를 설명할 수 있는가? 식 (e)에서 계산된 허용응력은 인장과 압축 구분이 없다. 따라서 식 (f)와 (g)에서 계산된 허용부재력은 오직 크기만 계산된다. 이러한 부재력은 인장(양수) 또는 압축(음수)일 수 있다. 식 (i)에서 최대 하중은 $P = -513.284$ kN으로 계산된다. 음수의 P는 하중 P가 $-x$ 방향으로 가해진다는 것을 의미한다. 그리고 이것은 문제에서 제시한 것과 맞지 않는다는 것을 쉽게 알 수 있다. 따라서 부재 (2)의 허용력은 실제로 압축력이라고 결론내릴 수 있다.

$$P \leq - (1.36603)(- 375.749 \text{ kN}) = 513.284 \text{ kN} \tag{j}$$

식 (h)와 (j)의 결과를 비교하면 트러스 조인트에 적용될 수 있는 최대 하중은

$$P = 513.284 \text{ kN} = 513 \text{ kN}$$
답

최대 하중 P의 작용점에서의 부재력: 부재 (2)가 설계를 결정하는 것으로 나타났다. 다시 말하면 부재 (2)가 구조적으로 가장 취약하고 가장 중요한 고려대상이 된다는 것이다. 최대 하중 P가 작용할 때 실제 부재력은 식 (c)와 (d)로부터 구해진다.

$$F_1 = 460.196 \text{ kN} = 460.196 \text{ kN (T)}$$
$$F_2 = - 375.749 \text{ kN} = 375.749 \text{ kN (C)}$$

부재에서 실제 수직응력은

$$\sigma_1 = \frac{F_1}{A_1} = \frac{(460.196 \text{ kN})(1000 \text{ N/kN})}{4660 \text{ mm}^2} = 98.8 \text{ MPa (T)}$$

$$\sigma_2 = \frac{F_2}{A_2} = \frac{(- 375.749 \text{ kN})(1000 \text{ N/kN})}{2510 \text{ mm}^2} = 149.7 \text{ MPa (C)}$$

참고: 두 부재에서 수직응력의 크기는 허용응력 149.7 MPa보다 작거나 같다.

그림의 구조물이 분포하중 $w = 15$ kN/m을 지지하기 위해 사용되었다. A, B, C에 지름 16 mm 볼트를 사용하고 각 볼트는 이중전단 연결 방식으로 체결되었다. 부재 (1)의 단면적은 3080 mm^2이다.

축부재 (1)의 허용수직응력은 50 MPa이고 볼트의 허용응력은 280 MPa이다. 주어진 허용응력에 대한 축부재 (1)과 볼트 C의 안전계수를 정하라.

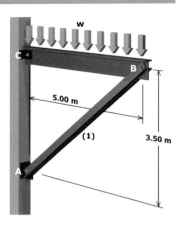

그림과 같이 두 개의 강판이 여덟 개의 볼트가 사용된 한 쌍의 이음판으로 연결되어 있다. 볼트의 인장강도는 270 MPa이다. 축방향으로 인장하중 $P = 480$ kN이 강판에 작용하고 있다.

만약 안전계수 1.6이 정해졌다면 볼트의 허용 최소 지름을 구하라.

그림의 구조물이 분포하중 w kN/m을 지지하고 있다. A, B, C에 지름 16 mm 볼트가 이중전단 연결 방식으로 체결되어 있다. 부재 (1)의 단면적은 3080 mm^2이다.

축부재 (1)의 허용수직응력은 50 MPa이고, 볼트의 허용응력은 280 MPa이다. 만약 2.0의 최소 안전계수가 모든 부품들을 위해 요구된다면 이 구조물의 의해 지지될 수 있는 최대 허용분포하중 w를 구하라.

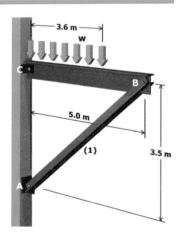

M4.1 그림의 구조물이 표시된 분포하중을 지지한다. 봉 (1)과 핀 A, B, C의 허용응력은 주어졌다. 봉 (1)에서의 축력, 핀 C의 합력, 봉 (1)과 핀 B, C에서의 안전계수를 구하라.

그림 M4.2

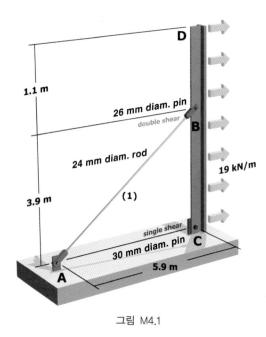

그림 M4.1

M4.3 그림의 구조물은 미지의 하중 w를 지지한다. 봉 (1)과 핀을 위한 허용응력은 주어졌다. 주어진 최소 안전계수에 대하여 구조물에 작용할 수 있는 최대 하중의 크기와 그때의 봉과 핀에서의 응력을 구하라.

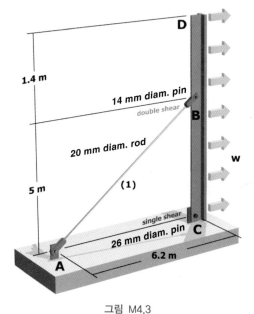

그림 M4.3

M4.2 그림에서 보는 바와 같이 단일 전단 연결이 많은 볼트로 이루어져 있다. 볼트 지름과 볼트의 인장강도는 주어졌다. 특정 인장하중 P에 대한 안전계수를 구하라.

PROBLEMS

P4.1 폭 25 mm × 두께 16 mm의 스테인리스강 합금 막대가 P = 145 kN의 축방향 하중을 받는다. 그림 P4.1에 주어진 응력-변형률 곡선을 사용하여 다음을 구하라.
(a) 0.20% 오프셋 방법에 의해 정의된 항복강도에 대한 안전계수
(b) 극한강도에 대한 안전계수

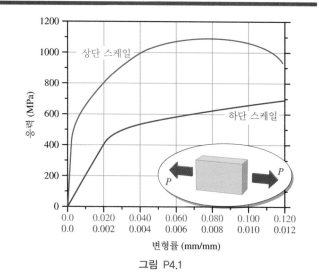

그림 P4.1

P4.2 그림 P4.2와 같이 3개의 볼트가 연결에 사용된다. 판 (1)의 두께는 $t = 18$ mm이다. 볼트의 극한전단강도는 320 MPa이며 판 (1)의 극한지압강도는 350 MPa이다. 볼트 전단 및 판 지압 파손에 대해 2.5의 최소 안전계수가 요구되는 경우 $P = 180$ kN의 작용하중을 지지하는 데 필요한 최소 볼트 지름을 결정하라.

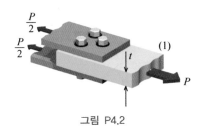

그림 P4.2

P4.3 그림 P4.3과 같이 두 개의 막대가 $P = 135$ kN의 하중을 받는다. 막대 (1)은 6061-T6 알루미늄($\sigma_\gamma = 276$ MPa)으로 제작되며 단면적은 740 mm²이다. 막대 (2)는 청동($\sigma_\gamma = 331$ MPa)으로 제작되며 단면적이 520 mm²이다. 각 막대에 대한 항복과 관련하여 안전계수를 결정하라.

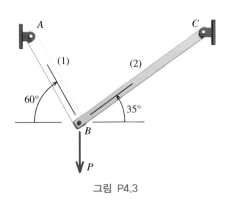

그림 P4.3

P4.4 그림 P4.4와 같이 4개의 지름 22 mm의 지연 나사를 사용하여 목재 지지대에 강체 막대를 부착한다. 강체 막대는 폭 70 mm, 두께 6 mm이다. 철근의 경우, 항복강도는 250 MPa이고 극한지압강도는 350 MPa이다. 지연 나사의 극한전단강도는 165 MPa이다. 항복강도에 대한 1.67의 안전계수와 지압강도에 대한 3.0의 계수가 막대에 필요하다. 지연 나사에는 극한전단강도에 대한 3.0의 안전계수가 필요하다. 이 연결에서 지지할 수 있는 허용 가능한 하중 P를 결정하라. (참고: 막대의 총 단면적만 고려하라. 순단면적은 고려하지 않는다.)

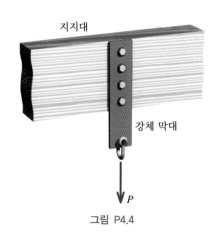

지지대

강체 막대

그림 P4.4

P4.5 그림 P4.5에서 부재 (1)은 합쳐진 단면적이 2200 mm²이고 항복강도가 276 MPa인 한 쌍의 6061-T6 알루미늄 막대이다. 부재 (2)는 단면적 970 mm² 및 항복강도 345 MPa를 가지는 A992 강체 막대이다. 두 부재는 항복에 대하여 1.6의 안전계수가 필요하다. 구조물에 작용될 수 있는 최대 허용하중 P를 결정하라. 허용하중에서 두 부재의 안전계수를 구하라.

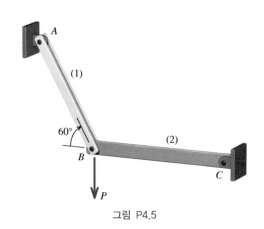

그림 P4.5

P4.6 그림 P4.6의 강체 구조 ABD는 지름 35 mm의 타이로드 (1)에 의해 B에서 지지되고 단일전단 연결에 사용되는 지름 30 mm의 핀으로 A에서 지지된다. 타이로드는 B와 C에서 이중전단 연결에 사용되는 지름 24 mm 핀으로 연결된다. 타이로드 (1)의 항복강도는 250 MPa이며, 각 핀의 전단강도는 330 MPa이다. $P = 50$ kN의 집중하중이 D에서와 같이 작용한다. 다음을 구하라.

(a) 막대의 수직응력 (1)

(b) 핀 A와 B의 전단응력

(c) 타이로드 (1)의 항복강도에 대한 안전계수

(d) A와 B에서의 핀의 극한강도에 대한 안전계수

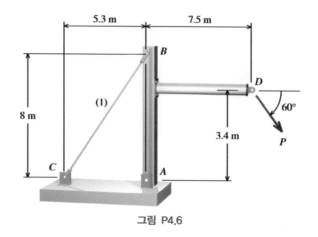

그림 P4.6

P4.7 그림 P4.7에 보인 벨-크랭크 메커니즘은 A에 작용하는 $F_1 = 10$ kN의 작용하중에 대해 평형 상태에 있다. $a = 300$ mm, $b = 150$ mm, $c = 100$ mm, $\theta = 65°$라고 가정하자. B의 핀은 지름 $d = 12$ mm이고 극한전단강도는 400 MPa이다. 벨-크랭크와 지지 브라켓은 각각 550 MPa의 극한지압강도를 가지고 있다. 다음을 구하라.

(a) 극한전단강도에 대한 핀 B의 안전계수
(b) 극한지압강도에 대한 핀 B에서 벨-크랭크의 안전계수
(c) 극한지압강도에 대한 지지 브라켓의 안전계수

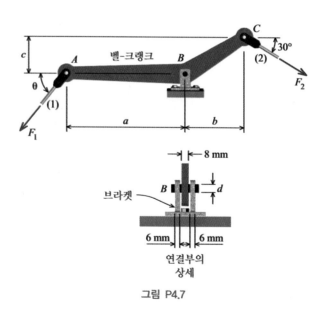

그림 P4.7

P4.8 그림 P4.8과 같이 핀 연결 구조가 하중 P를 받는다. 경사 부재 (1)은 250 mm²의 단면적을 가지며 255 MPa의 항복강도를 갖는다. 이 부재는 B의 이중전단 연결부에서 지름 16 mm의 핀으로 강체 부재 ABC에 연결된다. 핀 재료의 극한전단강도는 300 MPa이다. 경사 부재 (1)의 경우, 항복강도에 대한 안전의 최소 요구값은 $FS_{min} = 1.5$이다. 핀 연결의 경우, 극한강도에 대한 안전의 최소 요구값은 $FS_{min} = 3.0$이다.

(a) 부재 (1) 및 핀 B의 용량에 기초하여 구조물에 작용될 수 있는 최대 허용 하중 P를 결정하라.

(b) 강체 부재 ABC는 A에서 이중전단 핀 연결로 지지된다. FS_{min} $= 3.0$을 사용하여 A에서 사용할 수 있는 최소 핀 지름을 결정하라.

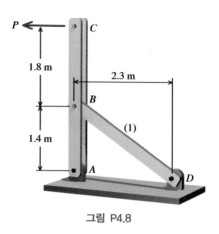

그림 P4.8

P4.9 강체 보 ABC가 그림 P4.9와 같이 지지된다 B, C, D의 핀 연결부는 각각 이중전단 연결부이며 핀 재료의 극한전단강도는 620 MPa이다. 타이로드 (1)의 항복강도는 340 MPa이다. w $= 15$ kN/m의 균일하게 분포된 하중이 그림과 같이 보에 적용된다. 모든 구성 요소에는 3.0의 안전계수가 필요하다. $a = 700$ mm, b $= 900$ mm, $c = 300$ mm, $d = 650$ mm이라고 가정할 때, 다음을 구하라.

(a) 타이로드 (1)에 필요한 최소 지름
(b) B와 D의 이중전단 핀에 요구되는 최소 지름
(c) C에서 이중전단 핀에 요구되는 최소 지름

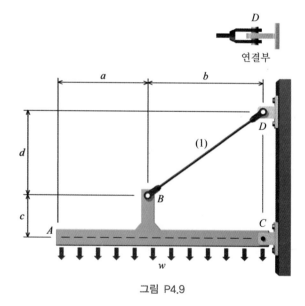

그림 P4.9

P4.10 그림 P4.10에서 강체 보 ABD가 이중전단 연결에서 지름 20 mm의 핀에 의해 A에서 지지되고, 지름 38 mm의 막대로 B에서 지지된다. 봉 (1)은 B와 C에서 이중전단 연결에서 지름 16 mm 핀으로 지지된다. 봉 (1)의 항복강도는 340 MPa이다. 각

핀의 극한전단강도는 620 MPa이다. $a = 1.8$ m, $b = 0.9$ m, $c = 1.2$ m, $d = 1.4$ m라고 가정한다. 전체 안전계수 2.5가 요구되는 경우 강체 보에 적용할 수 있는 허용분포하중 w를 결정하라.

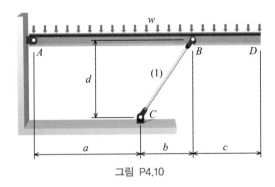

그림 P4.10

P4.11 보 AB가 그림 P4.11과 같이 지지된다. 타이로드 (1)은 C 및 D에 이중전단 핀 연결부가 부착되는 반면, 핀 A는 단일 전단 연결부와 연결된다. A, C, D의 핀은 각각 극한전단강도가 370 MPa이고 타이로드 (1)의 항복강도는 250 MPa이다. 그림과 같이 $P = 175$ kN의 집중하중이 보에 가해진다. 모든 구성 요소에 3.0의 안전계수가 요구되는 경우 $a = 2.6$ m, $b = 1.4$ m, $c = 0.3$ m, $d = 2.2$ m라고 가정할 때, 다음을 구하라.

(a) 타이로드 (1)의 최소 지름

(b) C 및 D에서 이중전단 핀의 최소 지름

(c) A에서 단일전단 핀의 최소 지름

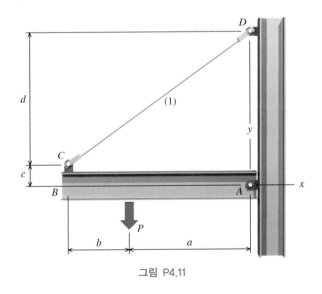

그림 P4.11

P4.12 강체 막대 ABC가 그림 P4.12와 같이 집중하중 P를 받는다. 경사 부재 (1)은 $A_1 = 1500$ mm^{2}의 단면적을 가지며, 이중전단 연결부에서 지름 25 mm 핀에 의해 단부 B 및 D에서 연결

된다. 강체 막대는 단일전단 연결에서 지름 25 mm 핀으로 A에서 지지된다. 조립체의 전체 크기는 $a = 1400$ mm, $b = 800$ mm, $c = 1200$ mm이다. 경사 부재 (1)의 항복강도는 250 MPa이고, 각 핀의 극한강도는 415 MPa이다. 경사 부재 (1)의 경우, 항복강도에 대한 안전의 최소 필요값 $FS_{min} = 1.5$이다. 핀 연결의 경우, 극한강도에 대한 최소 안전계수는 $FS_{min} = 2.0$이다. 구조물이 지지할 수 있는 최대 하중 P를 결정하라.

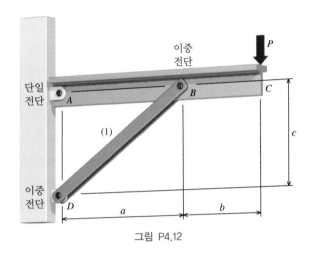

그림 P4.12

P4.13 강체 막대 ABC가 그림 P4.13과 같이 핀 연결된 축부재 (1)과 C에서 핀 연결로 지지된다. A의 강체 막대에 6000 N의 집중하중을 가한다. 부재 (1)은 항복강도 $\sigma_y = 250$ MPa인 강으로 만든 폭 20 mm, 두께 9 mm의 직사각형 막대이다. C에서 핀의 극한전단강도는 $\tau_U = 345$ MPa이다. 조립체의 전체 크기는 $a = 110$ mm, $b = 190$ mm, $c = 50$ mm, $d = 130$ mm이다.

(a) 부재 (1)의 축력을 결정하라.

(b) 항복강도에 대한 부재 (1)의 안전계수를 결정하라.

(c) 핀 C에서 작용하는 합성 반력의 크기를 결정하라.

(d) 극한전단강도에 대하여 $FS = 3.0$의 최소 안전계수가 요구될 때, C에서 핀에 사용될 수 있는 최소 지름을 결정하라.

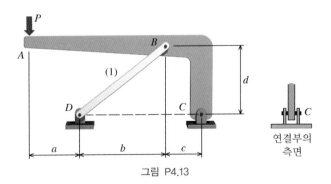

그림 P4.13

4.5 하중저항계수설계

두 번째 일반적인 설계 개념은 하중저항계수설계(Load and Resistance Factor Design, LRFD)이다. 이 접근법은 철근 콘크리트, 강재, 목재 구조물에서 가장 널리 사용된다.

ASD와 LRFD 개념의 차이를 비교 설명하기 위해 다음 예를 고려해 보자. 엔지니어가 ASD를 사용하여 강 교량 트러스의 특정부재가 100 kN의 하중을 받게 된다고 계산했다고 하자. 그 엔지니어는 이러한 유형의 부재에 예를 들어 1.6의 안전계수를 사용하여 그 트러스가 160 kN을 지지할 수 있도록 설계를 할 것이다. 부재의 강도는 작용하는 하중보다 크기 때문에 트러스 부재는 성공적으로 의도된 기능을 수행할 수 있다. 그러나 구조물의 수명 기간에 걸쳐 트러스 부재에 작용하는 하중은 바뀐다. 차량이 교량 위에 없을 때 결과적으로 실제 하중은 100 kN보다 훨씬 작을 것이다. 교량이 차량으로 가득 찰 때가 있을 것이고 그때의 작용하중은 100 kN보다 클 것이다. 어떻든 엔지니어는 160 kN의 하중을 지지하게 트러스 부재를 설계했다. 그러나 강의 재질이 기대보다 강하지 않거나 시공과정에서 응력들이 발생했다고 가정해 보자. 그러면 부재의 실제 강도는 예상된 160 kN의 강도보다 작은 150 kN이 되는 것도 가능하다. 만약 우리의 가상적인 트러스 부재 위에 150 kN을 초과하는 실제 하중이 작용한다면, 부재는 파손될 것이다.

"이러한 상황이 얼마나 가능할까?"가 우리의 질문이다. ASD 접근법은 정량적인 방법으로 이러한 질문에 답을 줄 수가 없다.

LRFD에서의 설계는 기본적으로 확률 개념에 기초한다. LRFD에서의 강도설계는 구조물에 작용하는 실제 하중과 구조 부재들의 실제 강도(LRFD에서 저항, resistance이라고 한다)는 사실 정확히 그 값을 결정할 수 없는 확률 변수이다. 하중과 저항을 통계적으로 특징지음으로 해서 설계 과정이 발전하여 잘 설계된 부재는 허용 가능할 정도로 작지만 정량화할 수 있는 파괴 확률을 갖게 되고 이 파괴 확률은 비슷한 목적으로 사용되는 여러 다른 재료의(철강, 목재, 콘크리트) 구조요소(보, 기둥, 연결부 등)들에 있어서 일관된 값을 갖게 된다.

확률 개념

LRFD 안에 내재하는 개념을 보여주기 위해(확률론 쪽으로 너무 깊이 들어가지는 말고) 위의 트러스 부재를 예로 든다. 1,000개의 트러스 교량을 조사하고 각각의 교량 안에서 전형적인 인장 부재를 뽑아냈다고 가정하자. 인장 부재에서 두 개의 하중 크기를 기록하여 보자. 첫째, 설계 계산에서의 사용하중(여기서는 인장하중)을 기록한다. 이 예에서는 이 하중을 Q^*로 표시한다. 둘째, 구조물의 수명 기간에 걸쳐 트러스 부재에 작용하는 최대 인장하중을 기록한다. 각각의 경우에, 최대 인장하중은 사용하중 Q^*와 비교하여 그 결과를 막대그래프 위에 하중 크기 차이의 빈도수로 표시하였다(그림 4.2). 예를 들어 1,000개 중 128개의 사례는 트러스 부재의 최대 인장하중이 설계에서 사용된 인장보다 20% 큰 경우를 의미한다.

같은 인장부재에서 두 개의 강도 크기를 기록한다고 하자. 첫째, 설계 시의 부재 강도는 저항 R^*로 표시되었다. 둘째, 부재에서 나타난 최대 인장강도도 기록되었다. 이 값은 부재

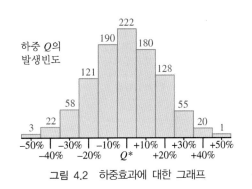

그림 4.2 하중효과에 대한 그래프

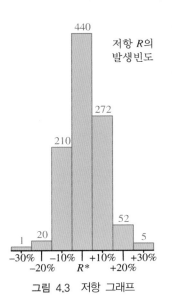

그림 4.3 저항 그래프

를 파손 때까지 실험했을 때 부재에서의 인장하중을 나타낸다. 최대 인장강도는 설계 저항 R^*와 비교될 수 있고 결과는 막대그래프에 저항 크기 차이의 발생 빈도수로 표시할 수 있다(그림 4.3). 예를 들어, 1,000개 중 210개로 표시된 사례는 트러스 부재의 최대 인장강도는 설계 계산에 의해 예측된 강도보다 10%보다 작다는 것을 의미한다.

구조 부재들은 하중에 의해 생기는 효과보다 부재의 강도가 크다면 파손되지 않을 것이다. LRFD에서 강도설계 제안을 위한 일반적인 식은 다음과 같이 표현된다.

$$\phi R_n \geq \sum \gamma_i Q_{ni} \tag{4.4}$$

여기서 ϕ =부재의 종류(보, 기둥, 연결부 등)에 따른 저항계수, R_n =부재의 저항 값 (강도), γ_i =각 하중의 형태(정하중, 가변하중 등)에 상응하는 하중계수, Q_{ni} =하중의 종류(축력, 전단력, 휨모멘트)에 따른 사용하중 효과이다. 일반적으로 저항계수 ϕ는 1보다 작고 하중계수 γ_i는 1보다 크다. 비기술적 언어로 하면, 부재의 저항은 과소평가되고(실제 부재의 강도가 예측한 것보다 작을 가능성에 대비해서) 부재에 대한 하중은 과대평가되는 것이다(하중의 내재적인 변동성 때문에 매우 큰 하중이 가능한 경우를 대비해서).

어떤 설계 개념을 사용하더라도 잘 설계된 부재들은 작용하는 하중보다 더 강하게 된다. 그러나 LRFD에서 적절한 설계 계수를 수립하는 과정은 저항 R과 하중효과 Q를 정확한 값이라기보다 확률변수로 취급한다. 식 (4.4)에 의해 보여진 것처럼 LRFD에서 사용하기 위한 적절한 계수들은 부재 저항분포 R(그림 4.3)과 하중효과 분포 Q(그림 4.2)에서의 상대적 위치를 고려해 결정된다. ϕ와 γ_i 인자의 적절한 값은 원하는 특정한 파괴 확률이 달성되도록 하는 ϕ와 γ_i의 값을 택하는 신뢰성해석(reliability analysis)을 사용하는 코드 계수 조정(code calibration)이라는 과정을 거쳐 결정된다. 부재의 설계 강도는 하중효과에 근거해서 결정한다. 따라서 설계 계수는 강도가 하중보다 크도록 저항분포가 하중분포보다 오른쪽으로 이동하게 한다(그림 4.4)

이 개념을 보여주기 위해, 1,000개의 교량으로부터 얻은 자료를 고려해보자. 매우 작은 ϕ 계수값과 매우 큰 γ_i 계수값의 사용은 모든 부재가 어떤 하중이라도 견뎌 낼 수 있다는 것을 보증한다(그림 4.4). 그러나 이 상태는 너무 보수적이고 아마 턱없이 비싼 구조물을 생산하게 될 것이다.

좀 더 큰 ϕ 계수와 상대적으로 작은 γ_i 계수의 사용은 저항분포 R과 하중분포 Q가 겹치는 구역을 만들어 낼 것이다(그림 4.5). 다시 말해서 이 구역에서 부재의 강도는 하중보

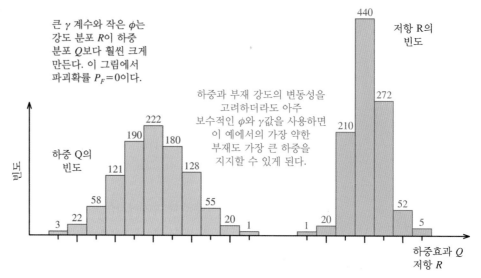

그림 4.4   아주 심하게 보수적인 하중과 저항계수는 파괴확률이 거의 0인 설계를 하게 한다.

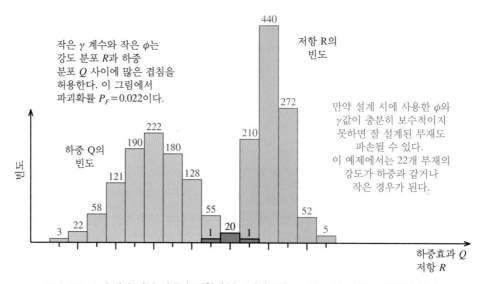

그림 4.5   보수적이 아닌 하중과 저항계수는 받아들일 수 없는 파괴확률을 만들어 낸다.

다 같거나 작게 될 것이다. 그림 4.5에서 1,000개의 트러스 부재 중 22개의 부재가 파손될 것으로 예측된다(참고: 트러스 부재는 적절하게 설계되었다. 여기서 논의된 파손은 설계 실수나 실력 부족이라기보다 인자들의 가변성 때문이다). 파괴확률 $P_F = 0.022$는 그대로 받아들여 사용하기에는 너무 위험할 정도로 큰 파괴확률이며 특히 공공안전이 염려되는 곳에서는 더욱 그렇다.

ϕ와 γ_i 계수의 적절한 결합은 R과 Q 사이의 겹침 영역을 작게 한다(그림 4.6). 그림 4.6에서 보듯이 트러스 부재의 파괴확률은 1,000개 중의 하나이다(즉, $P_F = 0.001$). 이 비율은 위험성과 원가 간에 상충 관계에서 용인될 수 있는 수준의 선택이다($P_F = 0.001$은 공칭파괴율, notional failure rate로 알려져 있다. 몇 년간의 성공적인 사례에서 보인 공학적 경험에 따르면 실제 파손율은 항상 매우 작다. 신뢰성 해석에서 종종 여러 변수들의 평균과 표준편차들은 예측될 수밖에 없고 확률변수들의 분포 형상은 일반적으로 알 수 없다. 이런 것들이 실제에서 발생하는 파손율보다 높은 파손율 예측을 하게 한다).

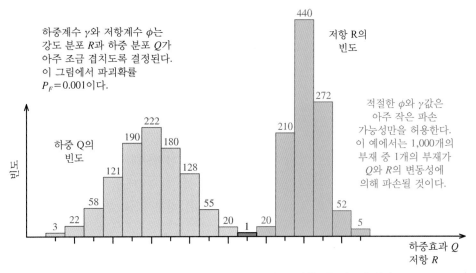

그림 4.6 적절한 하중과 저항계수는 적절한 파괴확률을 만들어 낸다.

하중 조합

구조물에 작용하는 하중은 기본적으로 가변적이다. 비록 설계자들이 구조물에 작용하는 사용하중을 합리적으로 예측하더라도, 실제 하중은 사용하중과 다를 것이다. 더 나아가 하중의 유형에 따라 가변성의 범위도 달라진다. 예를 들어, 활하중은 고정하중보다 더 크게 변화할 것이라고 예상할 수 있다. 하중의 변동성을 감안하기 위하여 LRFD에서는 각각 다른 하중에 대하여 다른 하중계수 γ_i를 곱하고 어떤 파손(파단 혹은 붕괴)이 일어나느냐에 따른 최종 하중을 계산하기 위하여 더한다. 구조물 전체나 구조 부재는 부재의 공칭강도 ϕR_n이 극한하중과 같거나 크도록 비율을 조정한다.

예를 들어 구조용 강재에 동시에 작용하는 고정하중 D와 활하중 L의 결합에 의한 극한하중 U는 다음과 같은 하중계수로 계산할 수 있다.

$$U = \sum \gamma_i Q_{ni} = 1.2D + 1.6L \tag{4.5}$$

훨씬 더 확실히 알려져 있어서 작은 하중계수 $\gamma_D = 1.2$를 갖는 고정하중에 비해서 활하중에 대한 큰 하중계수 $\gamma_L = 1.6$은 이런 형태의 하중에 내재된 불확실성을 반영한다.

가능한 한 다양한 하중 조합이 점검되어야 하고, 각 조합은 고유한 하중계수 세트를 가진다. 예를 들어, 구조용 강재에 작용하는 극한하중 U는 고정하중 D, 활하중 L, 풍하중 W, 그리고 설하중 S의 결합으로 다음과 같이 계산된다.

$$U = \sum \gamma_i Q_{ni} = 1.2D + 1.3W + 0.5L + 0.5S \tag{4.6}$$

하중계수들은 일반적으로 1보다 큰 값을 갖지만 1보다 작은 값들도 여러 하중들의 조합들에 대해서는 적절하게 사용할 수 있다. 여러 조합하중에 대해서는 극한적인 경우가 동시에 나타나는 확률은 적을 것이라는 것을 반영한 결과이다. 예를 들어, 거대한 설하중이 발생할 때 매우 큰 풍하중과 활하중이 동시에 발생하기는 쉽지 않을 것이라는 것이다.

한계상태

LRFD는 한계상태(limit states)라는 개념에 기초를 두고 있다. 여기서 한계상태라는 것은 구조물이나 그 중 일부분이 의도한 기능을 멈추는 사태를 표현하는 말이다. 두 가지 일반적인 한계상태가 구조물에 적용된다. 이 둘은 강도 한계상태(strength limit states)와 사용 한계상태(serviceability limit states)이다. 강도 한계상태는 갑작스러운 대재앙적인 구조의 파손으로부터 인명의 보호를 다른 무엇보다 우선시하는 곳에서의 극한하중의 발생에 대한 안전으로 정의한다. 사용 한계상태는 일상적인 하중 조건 강태에 있는 구조물의 만족스러운 기능에 적용한다. 이들 한계상태는 대변형, 진동, 균열 그리고 공공 안전을 위협하지는 않지만 기능적으로 혹은 경제적으로 염려되는 것들과 같은 고려사항을 포함한다.

예제 4.3

135 kN의 축방향 고정하중과 215 kN의 활하중을 받는 직사각형 단면의 강판이 있다. 강재의 항복강도는 250 MPa이다.

(a) ASD 방법: 항복에 대해 1.67의 안전계수가 요구된다면, ASD 방법에 기초하여 필요로 하는 강판의 단면적을 결정하라.

(b) LRFD 방법: LRFD 방법을 사용하여 전단면 항복에 대해 필요로 하는 강판 단면적을 결정하라. 저항계수 $\phi_t = 0.9$와 고정하중에 대한 하중계수 1.2, 활하중에 대한 하중계수 1.6을 사용하라.

풀이 계획 이 간단한 설계 문제는 두 가지 방법이 어떻게 사용되는지를 보여준다.

풀이 (a) ASD 방법

주어진 항복응력과 안전계수로부터 허용수직응력을 결정한다.

$$\sigma_{\text{allow}} = \frac{\sigma_Y}{\text{FS}} = \frac{250 \text{ MPa}}{1.67} = 149.7 \text{ MPa}$$

인장 부재에 적용되는 사용하중은 고정하중과 활하중의 합이다.

$$P = D + L = 135 \text{ kN} + 215 \text{ kN} = 350 \text{ kN}$$

사용하중을 지지하기 위해 필요한 단면적은 다음과 같이 계산된다.

$$A = \frac{P}{\sigma_{\text{allow}}} = \frac{(350 \text{ kN})(1000 \text{ N/kN})}{149.7 \text{ N/mm}^2} = 2338 \text{ mm}^2$$ 답

(b) LRFD 방법

인장 부재에 작용하는 하중은 다음과 같이 하중계수로부터 계산된다.

$$P_u = 1.2D + 1.6L = 1.2(135 \text{ kN}) + 1.6(215 \text{ kN}) = 506 \text{ kN}$$

인장 부재의 공칭강도는 항복응력과 단면적의 곱이다.

$$P_n = \sigma_Y A$$

설계강도는 공칭강도와 이런 요소(인장 부재)에 대한 저항계수의 곱이다. 설계강도는 부재에 작용되는 하중계수로부터 합쳐진 하중보다 반드시 같거나 커야 한다.

$$\phi_t P_n \geq P_u$$

그러므로 하중을 지지하는 데 요구되는 단면적은 아래와 같다.

$$\phi_t P_n = \phi_t \sigma_Y A \geq P_u$$

$$\therefore A = \frac{P_u}{\phi_t \sigma_Y} = \frac{(506 \text{ kN})(1000 \text{ N/kN})}{0.9(250 \text{ mm}^2)} = 2249 \text{ mm}^2$$

답

PROBLEMS

P4.14 240 kN의 고정하중 및 170 kN의 활하중을 견디는 축 부재로서 사각 강판을 사용한다. 강재의 항복강도는 345 MPa이다.

(a) ASD 방법을 사용하여 항복에 대한 1.67의 안전계수가 요구 되는 경우 축부재에 필요한 최소 단면적을 결정하라.

(b) LRFD 방법을 사용하여 전단면의 항복에 대해 축부재에 필요 한 최소 단면적을 결정하라. 저항계수 $\phi_t = 0.9$와 고정하중 및 활하중에 대해 각각 1.2 및 1.6의 하중계수를 사용하라.

P4.15 두께 20 mm의 강판을 축부재로 사용하여 고정하중 150 kN 및 활하중 220 kN을 지지한다. 강재의 항복강도는 250 MPa이다.

(a) ASD 방법을 사용하여 항복에 대해 1.67의 안전계수가 요구 되는 경우, 축부재에 요구되는 최소 판의 폭 b를 결정하라.

(b) LRFD 방법을 사용하여 전단면의 항복에 기초하여 축부재에 필요한 최소 판의 폭 b를 결정하라. 저항계수 $\phi_t = 0.9$를 사 용하고 고정하중과 활하중계수는 각각 1.2와 1.6을 사용하라.

P4.16 둥근 강철 타이로드는 125 kN의 고정하중과 75 kN의 활하중을 지지하는 인장 부재로 사용된다. 강재의 항복강도는 250 MPa이다.

(a) ASD 방법을 사용하여 항복에 대한 1.67의 안전계수가 요구 되는 경우 타이로드에 필요한 최소 지름을 결정하라.

(b) LRFD 방법을 사용하여 총 단면의 항복에 기초하여 타이로드 에 필요한 최소 지름을 결정하라. 저항계수 $\phi_t = 0.9$를 사용하 고 고정하중과 활하중계수는 각각 1.2와 1.6을 사용하라.

P4.17 190 kN의 고정하중 및 220 kN의 활하중을 지지하는 인 장 부재로서 둥근 강철 타이로드가 사용된다. 강재의 항복 강도는 320 MPa이다.

(a) ASD 방법을 사용하여 항복에 대한 안전계수 2.0이 필요한 경우 타이로드에 필요한 최소 지름 D를 결정하라.

(b) LRFD 방법을 사용하여 총 단면의 항복에 대하여 타이로드에 필요한 최소 지름 D를 결정하라. 저항계수 $\phi_t = 0.9$를 사용하 고 고정하중과 활하중계수는 각각 1.2와 1.6을 사용하라.

축 변형

5.1 개요

    1장에서 응력의 개념은 물체 내부에서 힘의 분포를 평가하는 수단으로 개발되었다. 2장에서는 물체에서 발생하는 변형을 설명하기 위해서 변형률 개념을 도입하였다. 3장에서는 대표적인 공학 재료의 거동과 이를 응력과 변형률이 관련된 방정식으로 이상화할 수 있는 방법에 대해서 설명하였다. 특히 흥미로운 것은 선형탄성 거동을 하는 재료들이다. 이러한 재료들의 경우, 응력과 변형률 사이에 비례 관계가 있으며, 이는 훅의 법칙(Hooke's Law)에 의해 이상화될 수 있다. 4장에서는 적절한 안전 여유를 유지하면서 의도한 기능을 수행하는 구성 요소와 구조물들을 설계하는 두 가지 일반적인 접근법에 대해서 논의했다. 책의 나머지 장에서는 이러한 개념을 사용하여 축방향, 비틀림 및 휨 하중이 적용되는 다양한 구조 부재들을 검토한다.

    외력이 가해지는 물체 내의 모든 지점에서 힘 및 변형을 결정하는 문제는 물체의 하중 또는 기하학적 형상이 복잡할 때 매우 어렵다. 따라서 대부분의 설계 문제에 대한 실제 해법은 재료역학 접근법(mechanics of materials approach)으로 알려진 방법을 사용한다.

이 접근법을 사용하면 실제 구조 요소들이 단순화된 하중 및 구속 조건에 적용되는 이상적인 모델로 분석된다. 그 결과는 응력, 변형률 및 변형의 크기에 중요한 영향을 미치는 영향만을 고려하기 때문에 근사적인 것이다.

탄성론(theory of elasticity)으로부터 유도된 보다 강력한 계산 방법들을 사용하여 복잡한 하중 및 형상과 관련된 객체를 분석할 수 있다. 이러한 방법 중 가장 널리 사용되는 방법은 유한요소법(finite element method)이다. 여기에 제시된 재료역학 접근법은 탄성론 접근법보다 다소 덜 정확하지만 경험에 따르면 다양한 중요 공학 문제에서 상당히 만족스러운 결과를 얻을 수 있다. 이것의 주된 이유 중 하나가 생베낭의 원리(Saint-Venant's Principle)이다.

5.2 생베낭의 원리

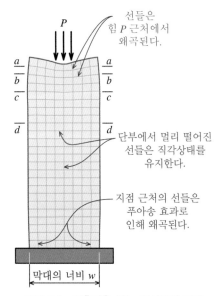

선들은 힘 P 근처에서 왜곡된다.

단부에서 멀리 떨어진 선들은 직각상태를 유지한다.

지점 근처의 선들은 푸아송 효과로 인해 왜곡된다.

막대의 너비 w

그림 5.1 압축력을 받는 직사각형 막대

축방향 압축력 P를 받는 직사각형 막대를 고려해보자(그림 5.1). 막대는 그 밑면에 고정되어 있으며 총 힘 P는 막대의 폭의 1/4에 해당하는 좁은 영역에 걸쳐 그림과 같이 분포된 3개의 동일한 크기로 막대의 상단에 작용한다. 힘 P의 크기는 재료가 탄성적으로 거동할 정도이다. 그러므로 훅의 법칙이 적용된다. 막대의 변형은 표시된 격자 선들로 나타낸다. 격자 선들은 힘 P에 가까운 영역과 고정된 밑면 근처에서 특히 왜곡된다. 그러나 이 두 영역에서 멀어지면 격자 선들은 왜곡되지 않고 직각으로 유지되고 적용된 힘 P의 방향으로 균일하게 압축된다.

훅의 법칙이 적용되므로 응력은 변형률(결과적으로 변형)에 비례한다. 따라서 응력이 하중 P로부터의 거리가 멀어짐에 따라 막대 전체에 걸쳐 보다 균일하게 분포된다. P로부터의 거리에 따른 응력의 변화를 설명하기 위해 단면 $a-a$, $b-b$, $c-c$, $d-d$(그림 5.1 참조)에서 수직방향으로 작용하는 수직응력이 그림 5.2에 나와 있다. 단면 $a-a$(그림 5.2a)에서 P 바로 아래의 수직응력은 매우 크지만 나머지 단면의 응력은 매우 작다. 단면 $b-b$(그림 5.2b)에서 막대의 중간에 있는 응력은 여전히 두드러지지만 중간에서 멀어진 응력은 단면 $a-a$에 있는 것보

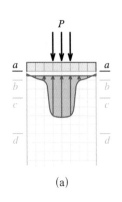

(a)

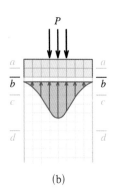

(b)

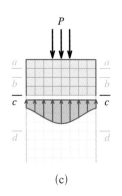

(c)

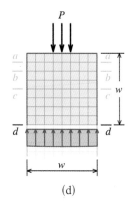

(d)

그림 5.2 각 단면에서 수직응력 분포

다 훨씬 크다. 단면 $c-c$에서 응력은 좀 더 균일하다(그림 5.2c). 막내 너비 w와 같은 거리만큼 P 아래에 있는 단면 $d-d$(그림 5.2d)에서 응력은 기본적으로 직사각형 막대의 너비에 걸쳐 일정하다. 이 비교는 하중으로 인한 국부적인 효과가 하중에서 멀어짐에 따라 사라지는 경향이 있음을 보여준다. 일반적으로 응력 분포는 막대 끝의 막대 너비 w만큼의 거리에서 거의 균일하게 된다. 여기서 w는 축부재의 가장 큰 가로치수(예: 막대 너비 또는 지름)이다. 이 거리에서의 최대 응력은 평균 응력보다 단지 몇 퍼센트 더 크다.

그림 5.1에서 푸아송 효과(Poisson effect)로 인해 격자 선들은 축 막대의 밑면 근처에서 왜곡된다. 일반적으로 막대의 폭은 P로 인해 발생한 압축 수직변형에 의해 확장될 것이다. 바닥의 고정이 이러한 확장을 막고 결과적으로 부가 응력들이 발생한다. 방금 말한 것과 동일한 논리로, 밑면으로부터 w의 거리에서 응력의 증가를 무시할 수 있음을 보여줄 수 있다.

P 근처와 고정된 밑면 근처에서 증가된 수직응력 크기는 응력집중(stress concentrations)의 예이다. 응력집중은 하중이 가해진 곳에서 발생하며, 고체 내에서의 응력의 원활한 흐름을 방해하는 구멍, 홈, 노치, 필렛 등등 형태가 변화되는 근처에서도 발생한다. 축방향 하중과 관련된 응력집중은 5.7절에서 좀 더 자세하게 논의될 것이며, 다른 유형의 하중과 관련된 응력집중은 후속 장에서 논의될 것이다.

하중 작용점 근처에서 변형률 거동은 1855년 프랑스의 수학자 생베낭(Barré de Saint-Venant, 1797-1886)에 의해 논의되었다. 생베낭은 국부적인 효과가 하중 작용점으로부터 어느 정도 떨어진 곳에서 사라지는 것을 관찰했다. 또한 그는 이러한 현상은 합력이 "균등(equipollent)"(즉, 정적등가)한 경우 작용된 하중의 분포와 무관하다는 것을 관찰했다. 이 개념은 생베낭의 원리로 알려져 있으며 공학 설계에 널리 사용되고 있다.

생베낭의 원리는 합력이 동등한 경우 작용된 하중의 분포와 무관하다. 이러한 독립성을 설명하기 위해 앞서 논의한 것과 동일한 축방향 막대를 고려한다. 그러나 이 경우 힘 P는 그림 5.3에서와 같이 네 개의 동일한 부분으로 나누어져 막대의 상단에 작용된다. 이전 사례와 마찬가지로 격자 선은 적용된 하중 근처에서 왜곡되어 있지만 하중 작용점에서 적당한 거리를 두고 균일해진다. 단면 $a-a$, $b-b$, $c-c$, $d-d$의 수직응력 분포들이 그림 5.4에 나와 있다. 단면 $a-a$(그림 5.4a)에서 적용된 하중 바로 아래 수직응력들은 매우 크지만 단면의 중간부분에서 응력은 매우 작다. 하중으로부터의 거리가 증가함에 따라 최대 응력들은 점점 사라져 막대 너비 w와 동일한 거리만큼 P 아래에 위치한 단면 $d-d$(그림 5.4d)에서 균일해진다(그림 5.4b, 그림 5.4c).

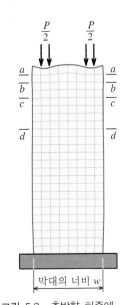

그림 5.3 축방향 하중에
따른 직사각형 막대의 변형

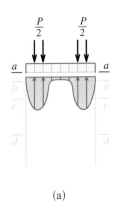

(a)

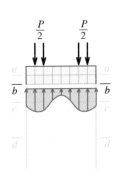

(b)

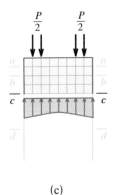

(c)

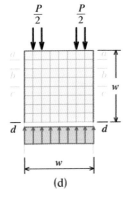

(d)

그림 5.4 각 단면에서 수직응력 분포

요약하면, 최대 응력(그림 5.2a, 그림 5.4a)은 평균 응력의 몇 배가 될 수 있다(그림 5.2d, 그림 5.4d). 그러나 최대 응력은 하중 작용점으로부터의 거리가 멀어짐에 따라 급속히 감소한다. 이 현상은 일반적으로 대부분의 응력집중(구멍, 홈, 필렛)에도 해당된다. 따라서 하중, 지지대 또는 기타 응력 집중 근처에서 발생하는 복잡한 국부적인 응력 분포는 충분히 멀리 떨어져있는 단면에서 물체의 응력에 크게 영향을 미치지 않는다. 즉, 국부적인 응력과 변형들은 물체의 전반적인 거동에 거의 영향을 미치지 않는다.

재료역학 연구를 통해 다양한 하중에서 다양한 부재들의 응력 및 변형에 대한 표현식이 나올 것이다. 생베낭의 원리에 따르면, 우리는 이러한 표현이 전체 부재들에 대해 유효하다는 것을 주장할 수 있다. 단, 하중 작용점, 지지점 또는 부재 단면의 급격한 변화에 매우 가까운 영역은 예외이다.

5.3 축력을 받는 막대의 변형

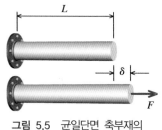

그림 5.5 균일단면 축부재의 늘음

균일한 단면의 막대가 양쪽 단부(이력부재)에 가해진 힘들에 의해 축방향으로 하중을 받으면, 막대의 길이에 따르는 축방향 변형률은 일정한 값을 갖는 것으로 가정된다. 정의에 의하면, 축방향 힘 F로 인한 막대변형 δ(그림 5.5)은 $\delta = \varepsilon L$로 표현될 수 있다. 막대에서 응력은 $\sigma = F/A$로 주어지고, 여기서 A는 단면적이다. 축방향 응력 σ이 재료의 비례한도를 초과하지 않는다면 훅의 법칙은 응력과 변형률의 관계에 적용할 수 있다: $\sigma = E\varepsilon$. 따라서 축방향 변형 δ은 다음과 같이 하중이나 응력의 항으로 표현될 수 있다.

$$\delta = \varepsilon L = \frac{\sigma L}{E} \tag{5.1}$$

또는

$$\delta = \frac{FL}{AE} \tag{5.2}$$

모멘트는 없고 단지 두 점에서 힘만 작용하는 부재를 이력부재(two-force member)라 한다. 평형상태에서 두 힘의 작용선은 힘이 작용되는 두 점을 반드시 통과해야 한다.

성분이 일정한 재료를 균질재료(homogeneous material)라 한다. 균일단면(prismatic)이란 용어는 종방향으로 곧고 일정한 단면을 가지는 구조용부재를 나타낸다.

첫 번째 형태[식 (5.1)]는 종종 한계 축방향 응력과 축방향 변형이 모두 명시된 탄성 문제에 대해 편리하다. 주어진 변형에 대응하는 응력은 식 (5.1)을 통해 구해지고 제시된 허용응력과 비교하여 두 값 중 작은 값이 미지의 하중 또는 단면적을 계산하는 데 사용된다. 일반적으로 식 (5.1)은 응력을 결정하거나 비교하는 문제에서 선호하는 형태이다.

방정식 (5.1)과 (5.2)는 다음과 같은 축부재에 사용된다.

- 균질이고 (즉, 상수 E),
- 균일단면이며 (일정한 단면적 A)
- 일정한 내력을 갖는다.(즉, 끝단에서만 힘이 작용)

부재가 중간지점(즉, 단부 이외의 지점)에서 축방향 하중을 받거나 다양한 단면 또는 재료로 구성되는 경우 축부재는 방금 나열된 세 가지 요구사항을 만족하는 부재로 분할되어야 한다. 두 개 이상의 부재로 구성된 합성 축부재의 경우, 전체 변형은 부재의 각 변형을 더하여 결정할 수 있다.

$$\delta = \sum_i \frac{F_i L_i}{A_i E_i} \tag{5.3}$$

여기서 F_i, L_i, A_i, E_i는 합성 축부재의 개별 부재 i에 대한 내력, 길이, 단면적, 탄성계수이다.

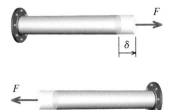

그림 5.6 변형 δ와 내력 F에 대한 양의 부호규약

식 (5.3)에서 내력 F에 의해 생성된 변형 δ를 계산하기 위해서는 일관된 부호규약이 필요하다. 변형에 대한 **부호규약**(sign convention)(그림 5.6)은 다음과 같이 정의된다.

• δ가 양수이면 축부재가 길어지는 것을 나타낸다. 따라서 양의 내력 F는 인장을 발생한다.
• δ의 음수이면 축부재가 짧아지는 것을 나타낸다(수축이라고 함). 음의 내력 F는 압축을 발생한다.

세 개의 부재로 구성된 합성 축부재가 그림 5.7a에 나와 있다. 이 축부재의 전체 변형을 결정하기 위해 세 부재 각각에 대한 변형이 먼저 개별적으로 계산된다. 그런 다음 세 변형 값이 함께 더해져 전체 변형을 계산한다. 각 부재의 내력 F_i는 그림 5.7b-d에 나타난 자유물체도에서 결정된다.

축력 또는 단면적이 막대(그림 5.8a)의 길이를 따라 연속적으로 변하는 경우에는 식 (5.1), (5.2), (5.3)이 유효하지 않다. 2.2절에서 불균등 변형에 대해서 한 점에서 축방향 변형률은 $\varepsilon = d\delta / dL$로 정의되었다. 따라서 미소길이요소 $dL = dx$와 관련된 변형의 증분은 $d\delta = \varepsilon dx$로 나타낼 수 있다. 훅의 법칙을 적용하면, 변형률은 다시 $\varepsilon = \sigma/E$로 표현될

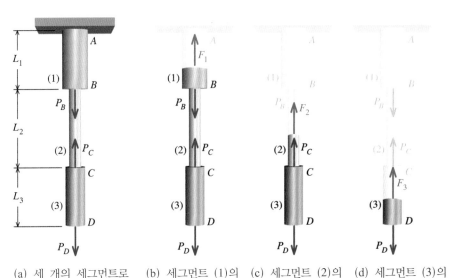

(a) 세 개의 세그먼트로 된 축부재

(b) 세그먼트 (1)의 자유물체도

(c) 세그먼트 (2)의 자유물체도

(d) 세그먼트 (3)의 자유물체도

그림 5.7 합성 축부재와 자유물체도

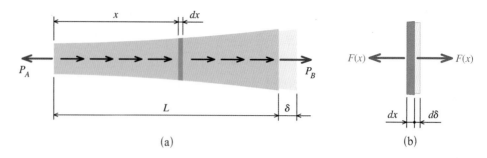

그림 5.8 변화하는 내력과 단면을 갖는 축부재

수 있다. 여기서 $\sigma = F(x)/A(x)$ 이고 내력 F 와 단면적 A 모두 막대의 축방향 위치 x 의 함수이다(그림 5.8b). 그래서

$$d\delta = \frac{F(x)}{A(x)E}dx \qquad (5.4)$$

식 (5.4)를 적분하면, 막대의 총 변형은 다음과 같이 표현할 수 있다.

$$\delta = \int_0^L d\delta = \int_0^L \frac{F(x)}{A(x)E}dx \qquad (5.5)$$

식 (5.5)는 선형-탄성재료에만 적용할 수 있다(혹의 법칙으로 가정). 식 (5.5)는 모든 단면에서 응력이 일정하게 분포한다는 가정에서 유도된다[즉, $\sigma = F(x)/A(x)$]. 균일단면 막대에 대해서는 맞지만 변단면 막대에 대해서는 해당되지 않는다. 하지만 식 (5.5)는 막대의 면 사잇각이 아주 작으면, 합리적인 결과를 얻을 수 있다. 예를 들어 막대의 면 사잇각이 $20°$ 를 넘지 않으면 더욱 발전된 탄성론의 결과와 식 (5.5)에서 얻은 결과 사이에 3% 이하의 차이만을 보인다.

MecMovies 예제 M5.3

합성 축부재에 하중 $P = 50$ kN이 작용한다. 세그먼트 (1)은 지름 20 mm인 충진 황동봉[$E = 100$ GPa]이고, 세그먼트 (2)는 충진 알루미늄봉[$E = 70$ GPa]이다. 지점 A를 기준으로 C의 축방향 변위가 5 mm를 넘지 않아야 할 때, 알루미늄 세그먼트의 최소 지름을 구하라.

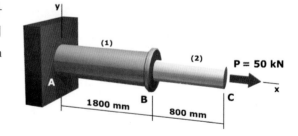

예제 5.1

그림의 합성 축부재는 지름 20 mm의 충진 알루미늄[$E = 70$ GPa] 세그먼트 (1), 지름 24 mm의 충진 알루미늄 세그먼트 (2), 지름 16 mm의 충진 강재[$E = 200$ GPa] 세그먼트 (3)으로 구성되어 있다. 단부 A에 대한 B, C, D 점의 변위를 구하라.

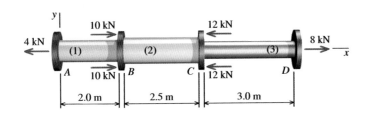

풀이 계획 각 세그먼트에서 내부 축력이 보이도록 자유물체도를 그릴 것이다. 내력과 단면적을 사용해서 수직응력을 계산할 수 있다. 각 세그먼트의 변형은 식 (5.2)를 이용해서 계산할 수 있다. 단부 A에 대한 점 B, C, D의 변위는 식 (5.3)을 사용해서 계산할 수 있다.

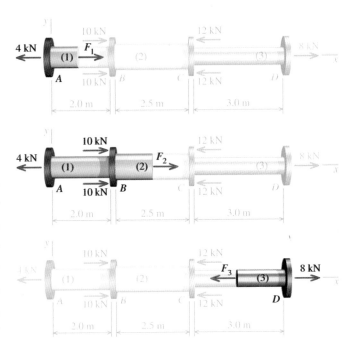

용어 풀이를 시작하기 전에, 이런 유형의 문제를 풀기 위해서 사용될 용어를 정의할 것이다. 세그먼트 (1), (2), (3)은 축부재 또는 단순히 부재라고 할 것이다. 부재는 변형이 가능하다. 부재는 내부 축력으로 늘어나거나 수축한다. 규칙대로 부재에서 내부 축력은 인장으로 가정된다. 이 약속은 필수적인 것은 아니지만 다양한 상황에서 반복적인 해법을 수립하는 데 도움이 되는 경우가 많다. 부재 (1)처럼 부재번호는 괄호 안에 넣는다. 부재에서 변형은 δ_1처럼 표시한다.

점 A, B, C, D는 절점(joints)을 나타낸다. 절점은 구성요소 간의 연결지점(이 예에서는 인접한 부재)이거나 특정위치(예: 절점 A 및 D)를 나타낼 수 있다. 절점은 늘어나거나 수축하지 않는다. 절점은 병진 또는 회전 중 하나로 이동한다. 따라서 절점에 변위가 생겼다고 말할 수 있다. (다른 맥락에서, 절점은 또한 회전하거나 처진다고 할 수도 있다.) 절점은 대문자로 표시한다. 축방향의 절점변위는 u에 절점을 나타내는 아래 첨자로 표시된다(즉, u_A).

풀이 평형
부재 (1)의 내부 축력을 나타내는 자유물체도를 그린다. 부재 (1)에 인장력이 있다고 가정한다.
이 자유물체도에 대한 평형방정식은 다음과 같다.

$$\sum F_x = F_1 - 4 \text{ kN} = 0$$
$$\therefore F_1 = +4 \text{ kN} = 4 \text{ kN (T)}$$

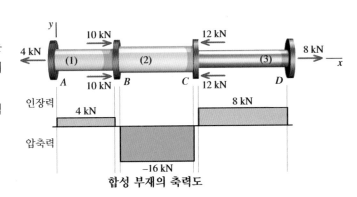

합성 부재의 축력도

부재 (2)에 자유물체도를 그리고 부재 (2)에 인장력을 가정한다.
이 자유물체도에 대한 평형방정식은 다음과 같다.

$$\sum F_x = F_2 + 2(10 \text{ kN}) - 4 \text{ kN} = 0$$

$$\therefore F_2 = -16 \text{ kN} = 16 \text{ kN (C)}$$

마찬가지로 부재 (3)에 자유물체도를 그리고 부재에 인장력을 가정한다. 두 개의 다른 자유물체도가 가능하지만 더 간단한 자유물체도를 보여준다.

이 자유물체도에 대한 평형방정식은 다음과 같다.

$$\sum F_x = -F_3 + 8 \text{ kN} = 0$$

$$\therefore F_3 = +8 \text{ kN} = 8 \text{ kN (T)}$$

진행하기 전에 합성 부재에 작용하는 내력 F_1, F_2, F_3을 그린다. 축부재에 변형을 일으키는 것들은 A, B, C, D 절점에 작용하는 외력들이 아니라 내력이다.

> **문제풀이 도움**: 축부재를 통과하여 자유물체도를 절단할 때 내력이 인장력이라고 가정하고 절단면에서 멀리 떨어진 방향으로 힘 화살표를 그린다. 계산된 내력 값이 양수인 것으로 판명되면, 인장력 가정을 확정한다. 계산된 값이 음수로 판명되면 내력은 실제로 압축이 된다.

힘-변형 관계

축부재의 변형과 내력의 관계는 식 (5.2)와 같다.

$$\delta = \frac{FL}{AE}$$

내력이 인장력으로 가정되기 때문에, 축방향 변형은 늘음(elongation)으로 가정된다. 내력이 압축된 경우 앞의 수식에서 내력 F에 음수 값을 사용하면 음의 변형이 발생한다. 즉 수축(contraction)이 발생된다.

세 부재의 각 변형을 계산한다. 부재 (1)은 지름 20 mm의 충진 알루미늄 봉이다. 따라서 단면적은 $A_1 = 314.159 \text{ mm}^2$이다.

$$\delta_1 = \frac{F_1 L_1}{A_1 E_1} = \frac{(4 \text{ kN})(1000 \text{ N/kN})(2.0 \text{ m})(1000 \text{ mm/m})}{(314.159 \text{ mm}^2)(70 \text{ GPa})(1000 \text{ MPa/GPa})} = 0.364 \text{ mm}$$

부재 (2)의 지름은 24 mm이고, 따라서 단면적은 $A_2 = 452.389 \text{ mm}^2$이다.

$$\delta_2 = \frac{F_2 L_2}{A_2 E_2} = \frac{(-16 \text{ kN})(1000 \text{ N/kN})(2.5 \text{ m})(1000 \text{ mm/m})}{(452.389 \text{ mm}^2)(70 \text{ GPa})(1000 \text{ MPa/GPa})} = -1.263 \text{ mm}$$

δ_2의 음의 값은 부재 (2)가 수축한다는 것을 나타낸다.

부재 (3)은 지름 16 mm의 충진 강 봉이다. 단면적 $A_3 = 201.062 \text{ mm}^2$이다.

$$\delta_3 = \frac{F_3 L_3}{A_3 E_3} = \frac{(8 \text{ kN})(1000 \text{ N/kN})(3.0 \text{ m})(1000 \text{ mm/m})}{(201.062 \text{ mm}^2)(200 \text{ GPa})(1000 \text{ MPa/GPa})} = 0.597 \text{ mm}$$

변형형태

절점 A에 대한 B, C, D의 절점 변위가 필요하기 때문에 절점 A는 좌표계의 원점으로 간주한다. 절점 변위는 합성 축부재의 부재 변형과 어떤 관련이 있는가? 축부재의 변형은 부재 끝 절점의 변위 사이의 차이로 표현될 수 있다. 예를 들어, 부재 (1)의 변형은 절점 A의 변위(즉, 부재 단부의 $-x$)와 절점 B의 변위 (즉, 부재 단부의 $+x$) 사이의 차이로 표현될 수 있다.

$$\delta_1 = u_B - u_A$$

마찬가지로 부재 (2)와 부재 (3)에 대해서도 다음과 같다.

$$\delta_2 = u_C = u_B \quad \delta_3 = u_D - u_C$$

변위는 절점 A에 상대적으로 계산되므로 절점 A의 변위는 $u_A = 0$으로 정의한다. 위의 방정식을 풀어 부재와 늘음량을 가지고 절점 변위를 해석할 수 있다.

$$u_B = \delta_1 \qquad u_C = u_B + \delta_2 = \delta_1 + \delta_2 \qquad u_D = u_C + \delta_3 = \delta_1 + \delta_2 + \delta_3$$

이 식을 사용하여 이제 절점 변위를 계산할 수 있다.

$$u_B = \delta_1 = 0.364 \ \text{mm} = 0.364 \ \text{mm} \rightarrow$$
$$u_C = \delta_1 + \delta_2 = 0.364 \ \text{mm} + (-1.263 \ \text{mm}) = -0.899 \ \text{mm} = 0.899 \ \text{mm} \leftarrow$$
$$u_D = \delta_1 + \delta_2 + \delta_3 = 0.364 \ \text{mm} + (-1.263 \ \text{mm}) + 0.597 \ \text{mm} = -0.302 \ \text{mm}$$
$$= 0.302 \ \text{mm} \leftarrow \qquad\qquad\qquad \text{답}$$

u의 양의 값은 $+x$ 방향의 변위를 나타내고, u의 음의 값은 $-x$ 방향의 변위를 나타낸다. 부재 (3)에 인장력이 있어도 절점 D는 왼쪽으로 움직인다.

이 예제에서 소개된 용어 및 기호 규칙은 이러한 간단한 문제에 대해 불필요한 것으로 보일 수 있다. 그러나 여기에 수립된 계산절차는 더 복잡한 문제들, 특히 정역학으로는 해결할 수 없는 문제들에서 매우 유용하다.

Mec Movies | MecMovies 예제 M5.2

건물의 지붕과 2층이 오른쪽 그림의 기둥으로 지지되어 있다. 구조용 강재[$E = 200$ GPa]기둥은 7500 mm²의 일정한 단면적을 갖는다. 기초 A에 대한 절점 C의 변위를 결정하라.

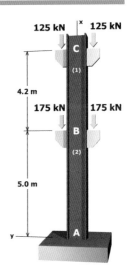

예제 5.2

직사각형 단면 세그먼트 강재[$E=200$ GPa]막대가 균일한 폭을 갖는 세그먼트 (1)과 변단면을 갖는 세그먼트 (2)로 구성되어 있다. 변단면 부재 폭은 B 위치에서 50 mm, C 위치에서 130 mm까지 선형으로 변한다. 막대의 두께는 15 mm이다. $P=175$ kN의 하중이 가해질 때 막대의 늘어난 길이를 계산하라. 막대의 무게는 무시한다.

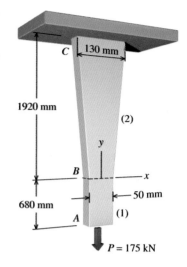

풀이 계획 균일 폭 세그먼트 (1)의 변형은 식 (5.2)로부터 결정할 수 있다. 변단면 세그먼트 (2)는 식 (5.5)를 사용해야 한다. 세그먼트 (2)의 변하는 단면적에 대한 식은 변단면 세그먼트의 1920 mm 길이에 대한 적분에서 유도되고 사용되어야 한다.

풀이 균일 폭 세그먼트 (1)에 대해, 식 (5.2)로부터 변형은

$$\delta_1 = \frac{F_1 L_1}{A_1 E_1} = \frac{(175 \text{ kN})(680 \text{ mm})(1000 \text{ N/kN})}{(50 \text{ mm})(15 \text{ mm})(200000 \text{ N/mm}^2)} = 0.7933 \text{ mm}$$

변단면 세그먼트 (2)의 경우, 막대의 폭 w는 위치 y와 선형으로 변한다. 변단면 세그먼트의 단면적은 다음과 같이 나타낼 수 있다.

$$A_2(y) = wt = \left[50 \text{ mm} + \frac{130 \text{ mm} - 50 \text{ mm}}{1920 \text{ mm}}(y \text{ mm}) \right](15 \text{ mm}) = 750 + 0.625y \text{ mm}^2$$

막대의 무게가 무시되므로 변단면 세그먼트에서 힘은 일정하며 175 kN의 가해진 하중과 동일하다. 방정식 (5.5)를 적분하면

$$\delta_2 = \int_0^{1920} \frac{F_2}{A_2(y)E_2} dy = \frac{F_2}{E_2} \int_0^{1920} \frac{1}{A_2 y} dy = \frac{175000 \text{ N}}{200000 \text{ N/mm}^2} \int_0^{1920} \frac{1}{(750+0.625y)} dy$$

$$= (0.875 \text{ mm}^2) \left(\frac{1}{0.625 \text{ mm}} \right) [\ln(750+0.625y)]_0^{1920} = 1.3377 \text{ mm}$$

막대 전체의 늘음량은 세그먼트 변형들의 합이다.

$$\delta_1 + \delta_2 = 0.7933 \text{ mm} + 1.3377 \text{ mm} = 2.1310 \text{ mm} \qquad \text{답}$$

참고: 막대의 무게가 무시되지 않았다면 균일 폭 세그먼트 (1)과 변단면 세그먼트 (2)에서의 내력 F는 일정하지 않으며 식 (5.5)는 세그먼트에서 모두 필요하다. 해석에서 막대의 무게를 포함시키려면 수직 위치 y의 함수로 내력의 변화를 나타내는 함수를 각 세그먼트에 대해 유도해야 한다. 임의의 위치 y에서의 내력 F는 P와 동일한 일정한 힘과 위치 y 아래의 축방향 세그먼트의 자중과 같이 변화하는 힘의 합이다. 자중에 의한 힘은 위치 y 아래 막대의 부피에 막대 재료의 단위중량을 곱한 함수일 것이다. 내력 F는 y에 따라 변하기 때문에 식 (5.5)에서 적분 안에 포함되어야 한다.

M5.1 3가지 기본 문제에 대하여 축방향 변형 방정식을 사용하라.

M5.2 합성 축부재에 축방향 변형 개념을 적용하라.

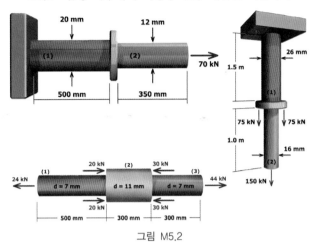

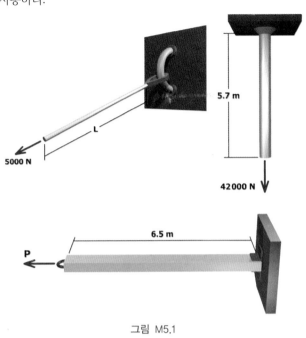

그림 M5.1

그림 M5.2

PROBLEMS

P5.1 원형단면을 가진 강재[$E = 200$ GPa]봉은 7.5 m 길이이다. 봉이 180 MPa의 허용응력을 초과하지 않거나 5 mm를 초과하여 늘어나지 않고 인장력 50 kN을 전달해야 하는 경우 필요한 최소 지름을 결정하라.

P5.2 원형단면을 가진 알루미늄합금[$E = 70$ GPa]제어봉은 봉의 인장력이 15 kN일 때 2.5 mm 이상 늘어나서는 안 된다. 봉의 최대 허용수직응력이 90 MPa인 경우, 다음을 결정하라.
(a) 봉에 사용할 수 있는 가장 작은 지름
(b) 봉의 최대 길이

P5.3 그림 P5.3과 같이 지름 12 mm의 강재[$E = 200$ GPa]봉 (2)를 폭 30 mm, 두께 8 mm의 직사각형 알루미늄[$E = 70$ GPa] 막대 (1)에 연결한다. 조립체를 10 mm 늘일 때 필요한 힘 P를 결정하라.

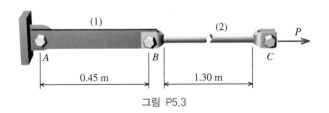

그림 P5.3

P5.4 길이가 L인 직사각형 막대는 그림 P5.4와 같이 길이의 중앙 절반에 슬롯을 가지고 있다. 막대는 폭 b, 두께 t, 탄성계수 E를 갖는다. 슬롯의 폭은 $b/3$이다. $L = 400$ mm, $b = 45$ mm, $t = 8$ mm, $E = 72$ GPa인 경우 $P = 18$ kN의 축력에 대한 막대의 전체 늘음량을 결정하라.

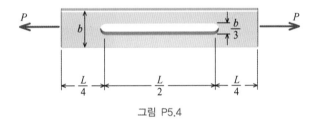

그림 P5.4

P5.5 두 개의 폴리머 막대로 구성된 축부재는 그림 P5.5와 같이 C에서 지지된다. 막대 (1)의 단면적은 540 mm²이고 탄성계수는 28 GPa이다. 막대 (2)의 단면적은 880 mm²이고 탄성계수는 16.5 GPa이다. 지지점 C에 대한 점 A의 변위를 결정하라.

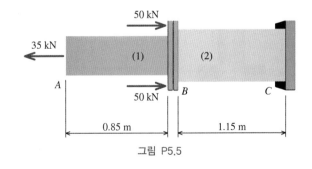

그림 P5.5

P5.6 건물의 지붕과 두 번째 층은 그림 P5.6에서처럼 기둥으로 지지된다. 기둥은 구조용 강재 W360-79 W 형상[$E = 200$ GPa; $A = 10100$ mm²] 단면이다. 지붕과 바닥은 기둥에 표시된 축력을 받는다. 다음을 계산하라.

(a) 1층에서의 침하량

(b) 지붕에서의 침하량

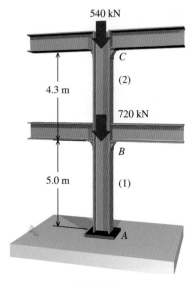

그림 P5.6

P5.7 알루미늄[$E = 70$ GPa] 부재 *ABC*는 그림 P5.7과 같이 28 kN의 하중을 지지한다. 다음을 계산하라.

(a) 절점 *C*의 처짐이 0이 되도록 하는 하중 *P*의 값

(b) 절점 *B*의 처짐

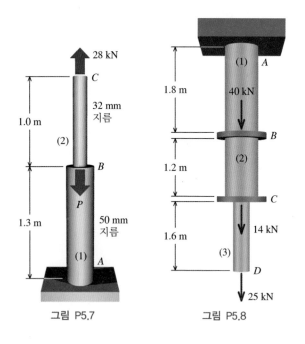

그림 P5.7   그림 P5.8

P5.8 충진 황동[$E = 100$ GPa] 축부재가 그림 P5.8과 같이 하중을 받고 지지된다. 부재 (1)과 부재 (2)는 각각 지름이 25 mm이고 부재 (3)은 지름이 14 mm이다. 다음을 계산하라.

(a) 부재 (2)의 변형

(b) 고정 지지점 *A*에 대한 절점 *D*의 처짐

(c) 전체 축부재의 최대 수직응력

P5.9 그림 P5.9의 조립체는 바깥지름이 60 mm이고 벽두께가 5 mm인 중공 강관 (1)[$E = 200$ GPa], 지름 40 mm의 충진 알루미늄[$E = 70$ GPa]봉 (2), 지름 30 mm의 충진 알루미늄봉 (3)으로 구성된다. 부재 길이는 $L_1 = 2000$ mm, $L_2 = 1200$ mm 및 $L_3 = 800$ mm이다. 조립체에 작용하는 하중은 $P = 150$ kN, $Q = 80$ kN 및 $R = 115$ kN이다. 다음을 계산하라.

(a) 강관 (1)의 길이 변화

(b) 고정 지점 *A*에 대한 절점 *D*의 처짐

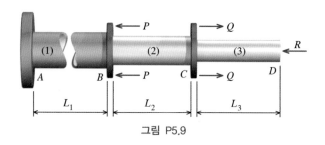

그림 P5.9

P5.10 지름이 20 mm인 강재[$E = 200$ GPa]봉 (1)은 그림 P5.10과 같이 보 *AB*를 지탱한다. 구조물의 전체 치수는 $a = 3.8$ m, $b = 2.2$ m, $c = 4.0$ m이다. 봉의 응력이 225 MPa를 초과해서는 안 되며 봉의 최대 변형이 6 mm를 넘지 않을 때 지지할 수 있는 최대 하중 *P*를 결정하라.

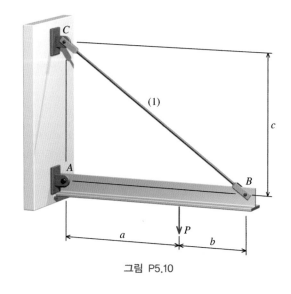

그림 P5.10

P5.11 지름 30 mm이고 길이 12 m의 냉간 청동[$E = 105$ GPa; $\gamma = 77$ kN/m³]봉이 한쪽 끝에서 수직으로 매달린다. 자중에 의한 봉의 길이 변화를 결정하라.

P5.12 길이 L과 탄성계수 E의 균질한 봉은 한쪽 끝의 d_0에서 다른 끝의 $2d_0$까지 직선적으로 변하는 지름을 가진 원뿔이다. 그림 P5.12와 같이 막대의 끝 부분에 축방향 하중인 집중하중 P가 작용한다. 원뿔의 경사도(taper)가 유효 단면적에 대한 균일한 축방향 응력 분포를 가정하기에 충분할 만큼 가볍다고 가정한다.
(a) x에서 임의의 단면에 대한 응력분포에 대한 식을 결정하라.
(b) 봉의 늘음에 대한 식을 결정하라.

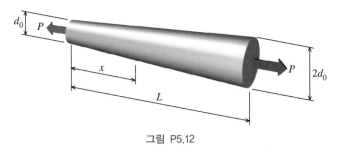

그림 P5.12

P5.13 그림 P5.13에서처럼 원추형 봉의 자체 무게로 인한 늘음(extension)을 결정하라. 봉은 알루미늄합금$[E = 73$ GPa 및 $\gamma = 27$ kN/m^3]으로 되어 있다. 봉의 상단은 반지름이 50 mm이고 길이는 $L = 12$ m이다. 봉의 경사도가 단면에 균일한 축방향 응력분포가 유효하다고 가정할 만큼 충분히 가볍다고 가정한다.

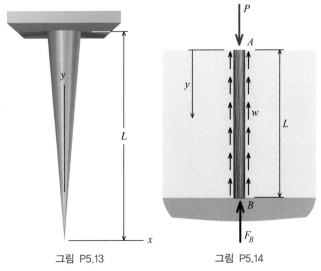

그림 P5.13

그림 P5.14

P5.14 그림 P5.14에 보이는 나무 말뚝은 지름이 100 mm이고 $P = 75$ kN의 하중을 받는다. 말뚝은 길이와 그 둘레를 따라, 지반에서 $w = 3.70$ kN/m의 일정한 마찰 저항을 받는다. 말뚝의 길이는 $L = 5.0$ m이고 탄성계수 $E = 8.3$ GPa이다. 다음을 계산하라.
(a) 말뚝 단부에서 평형에 필요한 힘 F_B
(b) B에 대한 A의 상대적인 하향 변위 크기

5.4 축력을 받는 막대 구조계의 변형

균질하고 균일단면인 부재는 (a) 직선이고, (b)단면적이 동일하고, (c)단일 재료(즉, 단일 E값)로 구성된다.

많은 구조물들이 한 개 이상의 축방향 하중 부재로 구성된다. 이러한 구조물은 핀으로 연결된 변형 가능한 막대 구조계로, 이에 대한 축방향 변형과 응력을 구할 수 있어야 한다. 이 문제는 변형된 시스템의 기하학적 형상을 분석함으로써 해결되며, 이로부터 시스템을 구성하는 다양한 막대들의 축방향 변형을 구하게 된다.

이 절에서는 균질하고, 균일단면인 축부재로 구성된 구조물들의 정정 해석을 다룬다. 이러한 유형의 구조를 해석할 때 구조물의 주요 요소에 작용하는 모든 힘을 보여주는 자유물체도를 갖고 시작한다. 그런 다음에 축부재들에서 발생하는 변형 결과로 전체 구조물이 어떻게 변형되는지 조사한다.

예제 5.3

다음 조립체는 강체 막대 ABC, 2개의 섬유 강화플라스틱(FRP) 봉 (1)과 (3), FRP 기둥 (2)로 구성된다. FRP의 탄성계수는 $E = 18$ GPa이다. 30 kN 하중이 가해진 후 초기 위치에 대한 절점 D의 상대적인 수직 방향 변위를 계산하라.

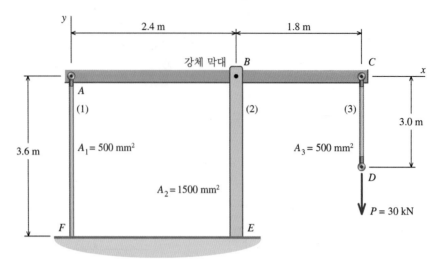

3개의 축부재는 강체 보에 핀으로 연결되어 있다. 부재 (1)은 *F*에서 기초에 힌지지점이 되고
부재 (2)는 *E*에서 고정되어있다.

풀이 계획 초기 위치에 대한 절점 *D*의 상대 처짐을 계산해야 한다. 절점 *C*에 대한 *D*의 처짐은 부재 (3)의 늘음량
이다. 그러나 이 문제의 과제는 *C*에서 처짐을 계산하는 데 있다. 강체 부재는 부재 (1) 및 (2)의 늘음과
수축으로 인해 처지거나 회전한다. 강체 부재의 최종 위치를 결정하기 위해서 평형방정식을 사용하여 3개
의 축부재에 대한 축력을 계산해야 한다. 각 부재에 대해 식 (5.2)를 사용해서 처짐을 계산할 수 있다. *A*,
B, *C*에서 강체 부재의 처짐을 결정하기 위해서 변형도를 작성할 수 있다. 최종적으로 부재 (3)에서 늘음
과 *C*에서 강체 부재의 처짐 합으로 절점 *D*의 처짐을 계산한다.

풀이 평형
강체 막대의 자유물체도를 그리고 2개의 평형방정식을 작성한다.

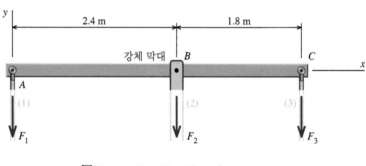

$$\sum F_y = -F_1 - F_2 - F_3 = 0$$
$$\sum M_B = (2.4\text{ m})F_1 - (1.8\text{ m})F_3 = 0$$

문제에서 $F_3 = P = 30$ kN이다. 이를 고려하여 두 평형방정식을 풀면, $F_1 = 22.5$ kN이고 $F_2 = -52.5$ kN
이다.

힘－변형 관계
각 부재들의 변형을 계산한다.

$$\delta_1 = \frac{F_1 L_1}{A_1 E_1} = \frac{(22.5\text{ kN})(1000\text{ N/kN})(3.6\text{ m})(1000\text{ mm/m})}{(500\text{mm}^2)(18\text{ GPa})(1000\text{ MPa/GPa})} = 9.00 \text{ mm}$$

$$\delta_2 = \frac{F_2 L_2}{A_2 E_2} = \frac{(-52.5\text{ kN})(1000\text{ N/kN})(3.6\text{ m})(1000\text{ mm/m})}{(1500\text{mm}^2)(18\text{ GPa})(1000\text{ MPa/GPa})} = -7.00 \text{ mm}$$

δ_2의 음수는 부재 (2)의 수축을 의미한다.

$$\delta_3 = \frac{F_3 L_3}{A_3 E_3} = \frac{(30 \text{ kN})(1000 \text{ N/kN})(3.0 \text{ m})(1000 \text{ mm/m})}{(500 \text{mm}^2)(18 \text{ GPa})(1000 \text{ MPa/GPa})} = 10.00 \text{ mm}$$

변형형태

강체 막대의 최종 변형도를 그린다. 부재 (1)이 늘어나서, A는 위쪽으로 변형한다. 부재 (2)는 수축해서, B는 아래쪽으로 변형한다. C의 처짐이 결정되어야 한다.

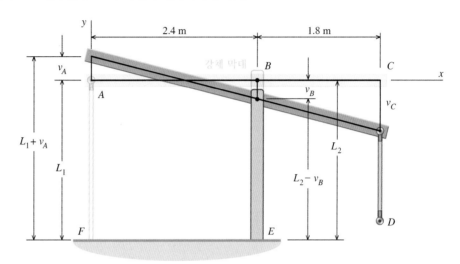

(참고: 강체 막대에 수직인 절점 처짐은 v로 표시한다.)

절점 A, B, C에서 강체 막대의 처짐은 닮은꼴 삼각형의 관계이다.

$$\frac{v_A + v_B}{2.4 \text{ m}} = \frac{v_C - v_B}{1.8 \text{ m}} \quad \therefore v_C = \frac{1.8 \text{ m}}{2.4 \text{ m}}(v_A + v_B) + v_B = 0.75(v_A + v_B) + v_B$$

강체 막대의 처짐 v_A 및 v_B는 부재 변형 δ_1 및 δ_2과 그림에서 어떻게 관련될까? 정의에 의하면 축부재의 변형 전과 후의 길이 차이를 변형이라 한다. 강체 막대의 변형도를 사용하면, 변형 전과 후의 길이 항으로 부재 (1)에서 변형을 알 수 있다.

$$\delta_1 = L_{\text{final}} - L_{\text{initial}} = (L_1 + v_A) - L_1 = v_A \quad \therefore v_A = \delta_1 = 9.00 \text{ mm}$$

유사하게 부재 (2)에 대해서

$$\delta_2 = L_{\text{final}} - L_{\text{initial}} = (L_2 - v_B) - L_2 = -v_B \quad \therefore v_B = -\delta_2 = -(-7.00 \text{ mm}) = 7.00 \text{ mm}$$

이 결과를 이용하여 C에서 강체 막대의 변위를 계산한다.

$$v_C = 0.75(v_A + v_B) + v_B = 0.75(9.00 \text{ mm} + 7.00 \text{ mm}) + 7.00 \text{ mm} = 19.00 \text{ mm}$$

변형도에서 변형 방향은 확인할 수 있다. 절점 C는 아래 방향으로 19.00 mm 처졌다.

D의 처짐

절점 D의 아래 방향 처짐은 C에서 강체 막대의 처짐과 부재 (3)의 늘음량의 합이다.

$$v_D = v_C + \delta_3 = 19.00 \text{ mm} + 10.00 \text{ mm} = 29.0 \text{ mm}$$

답

조립체는 강체 막대 AB에 연결된 3개의 봉으로 되어 있다. 봉 (1)은 강재이고 봉 (2), (3)은 알루미늄이다. 봉의 단면적과 탄성계수는 그림에 표시했다. D에 80 kN의 힘이 작용한다. A, B, C, D에서 수직 처짐을 계산하라.

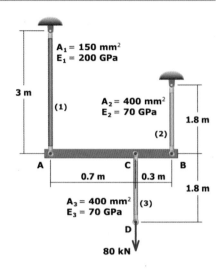

앞의 예에서는 평행한 방향의 막대로 구성된 구조를 고려하여 구조물의 변형형태를 비교적 쉽게 분석할 수 있었다. 예를 들어, 축부재가 평행하지 않은 구조물이 있다고 가정해보자. 그림 5.9에서 보여주는 구조는 공통 절점 B에 연결된 세 개의 축부재(AB, BC, BD)로 구성된다. 그림에서 실선은 시스템의 변형되지 않은(즉, 하중이 가해지기 전) 형상을 나타내고 점선은 절점 B에 힘이 가해진 후의 형상을 나타낸다. 피타고라스 정리에서 막대 AB의 실제 변형은

$$\delta_{AB} = \sqrt{(L+y)^2 + x^2} - L$$

마지막 항을 이항하고 양변을 제곱하면

$$\delta_{AB}^2 + 2L\delta_{AB} + L^2 = L^2 + 2Ly + y^2 + x^2$$

변위가 아주 작다면(재료의 강성이 크고 탄성변형인 일반적인 경우), 변위의 제곱을 포함하는 항은 무시할 수 있다. 그래서 막대 AB에서 변형은

$$\delta_{AB} \approx y$$

동일한 방법으로 막대 BD에서 변형은

$$\delta_{BD} \approx x$$

막대 BC의 축방향 변형은

$$\delta_{BC} = \sqrt{(R\cos\theta + x)^2 + (R\sin\theta + y)^2} - R$$

마지막 항을 이항하고 양변을 제곱하면

$$\delta_{BC}^2 + 2R\delta_{BC} + R^2 = R^2\cos^2\theta + 2Rx\cos\theta + x^2 + R^2\sin^2\theta + 2Ry\sin\theta + y^2$$

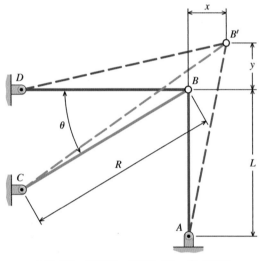

그림 5.9 교차하는 부재를 갖는 축 구조물

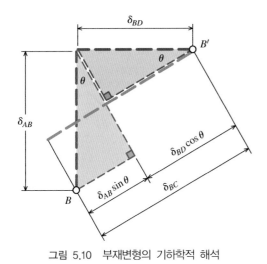

그림 5.10 부재변형의 기하학적 해석

변위의 크기가 작기 때문에 2차 변위 항은 무시할 수 있다. 삼각법 $\sin^2\theta + \cos^2\theta = 1$을 사용하면 부재 BC에서 변형은 다음과 같이 나타낼 수 있다.

$$\delta_{BC} \approx x\cos\theta + y\sin\theta$$

다른 두 막대의 변형 항으로 표시하면

$$\delta_{BC} \approx \delta_{BD}\cos\theta + \delta_{AB}\sin\theta$$

이 식의 기하학적 해석은 그림 5.10에서 음영된 삼각형으로 표시된다. 앞의 설명에서 도출할 수 있는 일반적인 결론은, 미소 변위에 대해서는, 어떤 막대의 축방향 변형이 변형되지 않은 막대의 축방향으로 막대의 한쪽 끝단 변위(다른 한쪽 단부에 대한)의 성분과 동일하다고 가정할 수 있다. 이 구조계의 강체 막대는 방향이나 위치를 변경할 수 있지만 어떤 방식으로든 변형되지는 않는다. 예를 들어, 그림 5.9의 막대 BD가 강체이고 작은 상향 회전을 받는다면, 점 B는 y의 거리만큼 수직으로 변형된다고 가정하고 δ_{BC}는 $y\sin\theta$와 동일하게 된다.

예제 5.4

아래 그림과 같이 타이로드 (1)과 파이프 버팀재 (2)가 50 kN을 지지하고 있다. 타이로드 (1)에 대한 단면적 $A_1 = 650~\text{mm}^2$이고 파이프 버팀재 (2)에 대한 단면적 $A_2 = 925~\text{mm}^2$이다. 두 부재는 탄성계수 $E = 200$ GPa인 구조용 강재로 되어 있다.

(a) 타이로드 (1)과 파이프 버팀재 (2)에서 축방향 수직응력을 구하라.

(b) 각 부재의 늘음 혹은 수축량을 구하라.

(c) 절점 B의 변형된 위치를 보여주는 변형도를 그려라.

(d) 절점 B의 수직변위와 수평변위를 구하라.

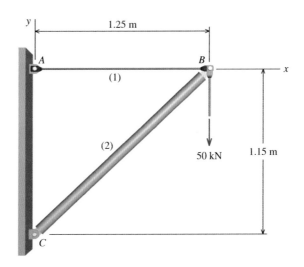

풀이 계획 절점 B의 자유물체도에서 부재 (1)과 부재 (2)의 내부 축력을 계산할 수 있다. 각 부재의 늘음(또는 수축량)은 식 (5.2)를 사용하여 계산할 수 있다. 절점 B의 변형된 위치를 결정하기 위해서 다음 방법이 사용된다. 절점 B의 핀이 일시적으로 제거되어 부재 (1)과 (2)가 늘음 또는 수축변형을 할 수 있다고 가정한다. 그 이후에, 절점 A를 중심으로 부재 (1)이 회전하고 절점 C를 중심으로 부재 (2)가 회전하면 이 두 부재의 교차점이 생성된다. B의 핀이 이 위치의 절점에 다시 삽입되었다고 생각해본다. 앞선 동작을 설명

하는 변형도는 절점 B의 수평 및 수직변위를 계산하는 데 사용된다.

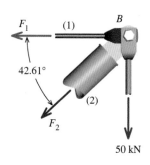

풀이 (a) 부재응력

부재 (1)과 (2)의 내부 축방향 응력은 절점 B의 자유물체도에 따른 평형방정식에서 계산할 수 있다. 수평(x)방향 힘의 합은 다음과 같이 쓸 수 있다.

$$\sum F_x = -F_1 - F_2 \cos 42.61° = 0$$

수직(y)방향 힘의 합은 다음과 같이 표현할 수 있다.

$$\sum F_y = -F_2 \sin 42.61° - 50 \text{ kN} = 0$$

$$\therefore F_2 = -73.85 \text{ kN}$$

이전 식에 이 결과를 대입하면

$$F_1 = 54.36 \text{ kN}$$

타이로드 (1)의 축방향 수직응력은

$$\sigma_1 = \frac{F_1}{A_1} = \frac{(54.36 \text{ kN})(1000 \text{ N/kN})}{650 \text{ mm}^2} = 83.63 \text{ N/mm}^2 \text{ (인장)} = 83.6 \text{ MPa (인장)}$$ **답**

파이프 버팀재 (2)의 축방향 수직응력은

$$\sigma_2 = \frac{F_2}{A_2} = \frac{(73.85 \text{ kN})(1000 \text{ N/kN})}{925 \text{ mm}^2} = 79.84 \text{ N/mm}^2 \text{ (수축)} = 79.8 \text{ MPa (수축)}$$

(b) 부재변형

식 (5.1) 또는 식 (5.2)에서 부재의 변형을 계산할 수 있다. 타이로드 (1)의 늘음은

$$\delta_1 = \frac{\sigma_1 L_1}{E_1} = \frac{(83.63 \text{ N/mm}^2)(1.25 \text{ m})(1000 \text{ mm/m})}{200000 \text{ N/mm}^2} = 0.5227 \text{ mm}$$ **답**

경사진 파이프 버팀재 (2)의 길이는

$$L_2 = \sqrt{(1.25 \text{ m})^2 + (1.15 \text{ m})^2} = 1.70 \text{ m}$$

그리고 변형은

$$\delta_2 = \frac{\sigma_2 L_2}{E_2} = \frac{(-79.84 \text{ N/mm}^2)(1.70 \text{ m})(1000 \text{ mm/m})}{200000 \text{ N/mm}^2} = -0.6786 \text{ mm}$$ **답**

음수 값은 부재 (2)가 수축한다는 의미이다.

(c) 변형도

1단계: 절점 B의 변형된 위치를 결정하기 위해서 부재 (1)과 (2)가 (b)에서 계산한 양만큼 자유로이 변형하는 것이 가능하게 임시로 절점 B에서 핀을 제거한다고 가정한다. 타이로드의 절점 A는 지지부에 고정되어 있기 때문에 그 상태로 유지된다. 타이로드 (1)이 0.5227 mm 늘어났을 때, 절점 B는 절점 A에서 변형된 위치 B_1까지 오른쪽으로 움직인다.

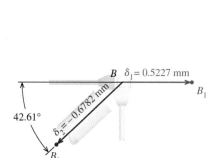

동일하게 파이프 버팀재의 절점 C도 고정된다. 부재 (2)가 0.6782 mm 만큼 수축되었을 때, 파이프 버팀재의 절점 B는 변형된 위치 B_2에 도달할 때까지 절점 C쪽으로 움직인다. 이 변형은 오른쪽 그림에 있다.

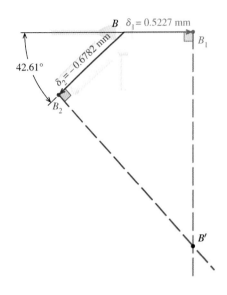

2단계: 이전 단계에서 B에서 핀을 제거하고 각 부재에 작용하는 내력에 의해 각 부재가 자유롭게 늘어나거나 수축되는 것을 가정하였다. 그러나 실제로 두 개의 부재는 핀 B에 의해 연결된다. 이 과정의 두 번째 단계는 부재 늘음 δ_1 및 δ_2와 일치하는 타이로드 (1)과 파이프 버팀재 (2)를 연결하는 핀의 변형된 위치 B'을 찾는 것이다.

축방향 변형으로 인해 타이로드 (1)과 파이프 버팀재 (2)는 핀 B에 연결된 상태로 있다면 약간 회전해야만 한다. 타이로드 (1)은 고정단 A를 중심으로 회전하고, 파이프 버팀재 (2)는 고정단 C를 중심으로 회전한다. 회전각이 아주 작다면 절점 B가 이동 가능한 위치를 표시하는 원호는 부재가 하중을 받지 않은 방향에 수직인 직선으로 대체될 수 있다.

그림을 보자. 타이로드 (1)이 고정단 A를 중심으로 시계 방향으로 회전하면 B_1은 아래 방향으로 움직인다. 회전각이 작다면 절점 B_1이 이동 가능한 위치를 표시하는 원호는 타이로드 (1)의 원래 방향에 수직인 선으로 대체할 수 있다. 유사하게 파이프 버팀재 (2)는 고정단 C를 중심으로 시계방향으로 회전하고 절점 B_2가 이동 가능한 위치를 표시하는 원호는 부재 (2)의 원래 방향에 수직인 선으로 대체할 수 있다. 이 두 수직선이 교차하는 점 B'이 절점 B의 최종 위치가 된다.

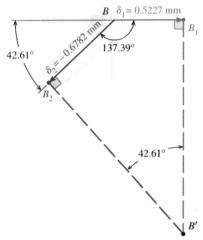

3단계: 여기서 두 부재를 갖는 구조를 고려하면, 변형도는 사변형을 형성한다. 부재 (2)와 x축 사이의 각은 42.61°이다. 그러므로 절점 B에서 둔각은 $180° - 42.61° = 137.39°$이다.

사변형 내각의 합은 360°이고 B_1과 B_2에서 각은 각각 90°이므로 B'에서 예각은 $360° - 90° - 90° - 137.39° = 42.61°$이다.

이 변형도를 사용하면 초기 절점위치 B와 변형된 절점위치 B'사이의 수평과 수직거리를 구할 수 있다.

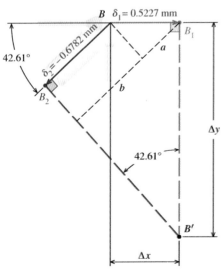

(d) 절점 변위

절점 B의 최종 위치인 B'을 결정하기 위하여 변형곡선을 사용할 수 있다. 절점 B의 수평 이동 Δx는

$$\Delta x = \sigma_1 = 0.5227 \text{ mm} = 0.523 \text{ mm}$$ **답**

수직이동 Δy의 계산은 여러 중간 단계를 필요로 한다. 변

형도로부터, b로 표시된 거리는 변형 δ_2의 크기와 같다. 그러므로 $b = |\delta_2| = 0.6782$ mm이다. 거리 a는 다음과 같다.

$$\cos 42.61° = \frac{a}{0.5227 \text{ mm}}$$

$$\therefore a = (0.5227 \text{ mm})\cos 42.61° = 0.3847 \text{ mm}$$

수직이동 Δy는 다음과 같이 계산할 수 있다.

$$\sin 42.61° = \frac{(a+b)}{\Delta y}$$

$$\therefore \Delta y = \frac{(a+b)}{\sin 42.61°} = \frac{(0.3847 \text{ mm} + 0.6782 \text{ mm})}{\sin 42.61°} = 1.570 \text{ mm}$$ **답**

검토해보면 절점 B는 오른쪽 아래 방향으로 이동한다.

PROBLEMS

P5.15 그림 P5.15에서처럼 강체 막대 $ABCD$는 하중을 받고 지지되어 있다. 막대 (1)과 (2)는 하중 P가 작용하기 전에는 응력이 발생하지 않는다. 막대 (1)은 청동[$E = 100$ GPa]으로 되어 있고 단면적은 520 mm^{2}이다. 막대 (2)는 알루미늄[$E = 70$ GPa]으로 되어 있고 단면적은 960 mm^{2}이다. 하중 P가 작용한 후에 막대 (2)에서 힘은 25 kN(인장)이다. 다음을 결정하라.
(a) 막대 (1)과 (2)에서 응력
(b) 절점 A에서 수직 처짐
(c) 하중 P

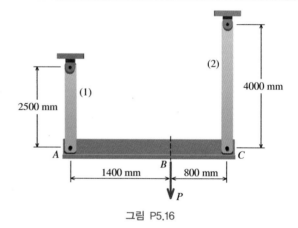

그림 P5.16

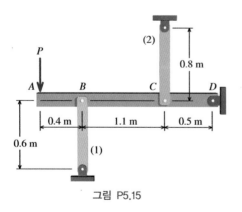

그림 P5.15

P5.16 그림 P5.16에서 알루미늄[$E = 70$ GPa] 링크 (1)과 (2)는 강체 보 ABC를 지지한다. 링크 (1)의 단면적은 300 mm^{2}이고 링크 (2)의 단면적은 450 mm^{2}이다. 작용하중 $P = 55$ kN에 대하여 절점 B에서 강체 보의 처짐을 결정하라.

P5.17 그림 P5.17에서 강체 막대 ABC는 청동 봉 (1)과 알루미늄 봉 (2)로 지지된다. 알루미늄 봉 (3)의 자유단에 집중하중 $P = 90$ kN이 작용한다. 청동 봉 (1)에서 탄성계수 $E_1 = 105$ GPa, 길이 $L_1 = 1.8$ m, 지름 $d_1 = 12$ mm이다. 알루미늄 봉 (2)에서 탄성계수 $E_2 = 69$ GPa, 길이 $L_2 = 2.4$ m, 지름 $d_2 = 20$ mm이다. 알루미늄 봉 (3)은 길이 $L_3 = 1.2$ m, 지름 $d_3 = 25$ mm이다. $a = 510$ mm이고 $b = 340$ mm를 사용하여 다음을 결정하라.
(a) 봉 (1)에서 수직변형률
(b) 단부 D에서 처짐

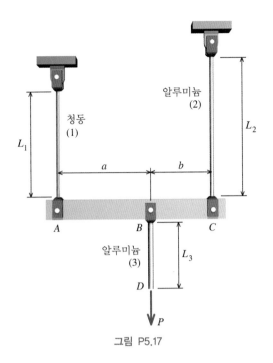

그림 P5.17

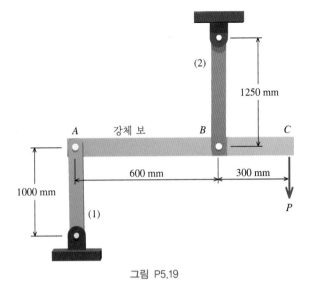

그림 P5.19

P5.18 그림 P5.18에서 트러스는 3개의 알루미늄합금 부재로 구성되고, 각각은 단면적 $A = 850\ mm^2$이고 탄성계수 $E = 70\ GPa$이다. $a = 4.0\ m$, $b = 10.5\ m$, $c = 6.0\ m$로 가정한다. 트러스에 하중 $P = 12\ kN$이 작용할 때 롤러 B의 수평변위를 계산하라.

P5.20 그림 P5.20에서 핀으로 연결된 조립체는 충진 알루미늄 [$E = 70\ GPa$]봉 (1)과 (2), 충진 강재[$E = 200\ GPa$]봉 (3)으로 구성된다. 각 봉의 지름은 16 mm이다. $a = 2.5\ m$, $b = 1.6\ m$, $c = 0.8\ m$로 가정한다. 모든 봉에서 수직응력이 150 MPa를 넘지 않도록 다음을 결정하라.

(a) A에 작용할 수 있는 최대 하중 P

(b) A에서 발생하는 최대 처짐

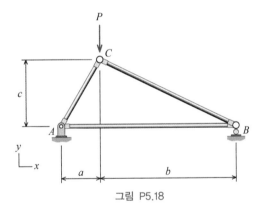

그림 P5.18

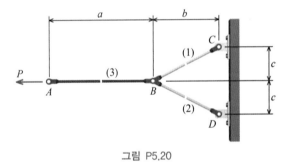

그림 P5.20

P5.19 그림 P5.19에서 강체 보는 폴리머[$E = 16\ GPa$]재료로 된 링크 (1)과 (2)로 지지된다. 링크 (1)의 단면적은 $400\ mm^2$이고, 링크 (2)의 단면적은 $800\ mm^2$이다. 절점 C에서 강체 보의 처짐이 20 mm를 넘지 않도록 작용할 수 있는 최대 하중 P를 계산하라.

P5.21 그림 P5.21에서 하중 $P = 115\ kN$을 지지하기 위해서 타이로드 (1)과 파이프 버팀재 (2)가 사용된다. 파이프 버팀재 (2)는 바깥지름 170 mm이고 벽두께는 7 mm이다. 타이로드와 파이프 버팀재는 모두 탄성계수 $E = 200\ GPa$, 항복강도 $\sigma_Y = 250\ MPa$를 갖는 구조강재로 되어 있다. 타이로드에서 항복에 관련된 최소 안전계수는 1.5이고 축방향 허용 늘음량은 8 mm이다. $a = 6.5\ m$, $b = 2.5\ m$, $c = 8.0\ m$로 가정한다.

(a) 타이로드 (1)의 두 구속 조건을 모두 충족하는 최소 지름을 결정하라.

(b) 절점 B의 최종 위치를 보여주는 변형선도를 그려라.

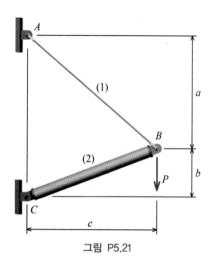

그림 P5.21

5.5 부정정 축력 부재

축방향 하중을 받는 부재로 구성된 많은 간단한 구조물과 기계 시스템에 대해 자유물체도를 그리고 평형방정식을 풀어서 개별 부재의 내력과 반력을 결정할 수 있다. 그러한 구조와 시스템은 정정(statically determinate)으로 분류된다.

평형방정식만으로는 부재의 축방향 힘(축력) 및 반력을 결정하지 못하는 구조물과 기계 시스템이 있다. 즉, 시스템의 모든 미지수를 풀 수 있는 평형방정식이 충분하지 않은 경우가 있다. 이러한 구조와 시스템을 부정정(statically indeterminate)이라고 한다. 이런 유형의 구조는 구조물이나 시스템의 부재에서 변형의 기하학적 형상을 포함하는 추가 방정식으로 평형방정식을 보완하여 해석할 수 있다. 일반적인 풀이과정은 5단계로 구성된다.

1단계 — 평형방정식: 구조물의 평형조건에 기초하여 미지의 축력으로 표현된 식을 유도한다.

2단계 — 변형형태(적합조건): 축부재들의 변형이 서로 어떤 연관성이 있는지 결정하기 위해 대상 구조물의 형상을 조사한다.

3단계 — 힘-변형 관계: 축부재 내력과 대응하는 늘음량 사이의 관계를 식 (5.2)로 나타낸다.

4단계 — 적합방정식: 힘-변형 관계를 변형형태방정식에 대입하여 구조의 기하 구조를 기반으로 하는 식을 구한다. 그러나 미지의 축력을 포함하는 항으로 표현한다.

5단계 — 방정식 풀이: 평형방정식과 적합방정식을 연립하여 풀어 미지의 축력을 계산한다.

부정정 축 구조물의 풀이과정은 다음 예제에서 소개한다.

1장과 2장에서 소개했듯이 축방향 변형 개념을 설명하기 위해 강체요소(rigid element)의 개념을 사용하는 것이 편리하다. 강체요소(예: 막대, 보 또는 판)는 매우 강하고 어떤 방식으로든 변형하지 않는 물체를 말한다. 강체요소는 이동 또는 회전할 수 있지만 늘어나거나 줄어들거나 비틀리거나 휘어지지 않는다.

공학문헌에서 힘-변형 관계(force-deformation relationships)는 구성 관계(constitutive relationships)라고도 한다. 왜냐하면 이 관계는 재료의 물리적 성질, 다시 말하면 재료의 구성(constitution)을 이상화하기 때문이다.

예제 5.5

1.5 m 강체 보 ABC가 다음 그림처럼 세 개의 부재로 지지되고 있다. B에서 아래로 강체 보에 집중하중 220 kN이 작용한다. A와 C에 연결된 축부재 (1)은 단면적 $A_1 = 550$ mm^{2}과 길이 $L_1 = 2$ m를 갖는 동일한 알루미늄합금[$E = 70$ GPa]이다. 부재 (2)는 단면적 $A_2 = 900$ mm^{2}과 길이 $L_2 = 2$ m를 갖는 강체 막대[$E = 200$ GPa]이다. 모든 부재는 핀으로 연결되어 있다. 초기에 모든 부재에 응력이 없을 때 다음을 결정하라.

(a) 알루미늄과 강체 막대의 수직응력
(b) 220 kN 하중이 작용한 후에 강체 보의 처짐

풀이 계획 　강체 보 ABC의 자유물체도를 그리고 여기서 미지의 부재력 F_1과 F_2의 항을 갖는 평형방정식을 유도한다. 축부재와 220 kN 하중은 강체 보의 중간점 B에 대해서 대칭이기 때문에 두 개의 알루미늄 막대 (1)에서 힘은 동일해야 한다. 축부재에서 내력은 식 (5.2)에 의한 변형량과 관계된다. 부재 (1)과 (2)는 강체 보 ABC로 연결되어 있기 때문에 서로 독립적으로 자유롭게 변형할 수 없다. 이 결과와 구조의 대칭성을 고려하여 부재 (1)과 부재 (2)의 변형량은 동일해야 한다. 이 사실은 미지의 부재력 F_1과 F_2로 표현되는 또 다른 방정식을 도출하기 위해 부재의 힘과 변형 사이의 관계[식 (5.2)]와 결합될 수 있다. 이 방정식을 적합방정식(compatibility equation)이라고 한다. 평형 및 적합방정식을 연립하여 풀어 부재력을 계산할 수 있다. F_1과 F_2가 결정된 후, 각 막대의 수직응력과 강체 보 ABC의 처짐을 계산할 수 있다.

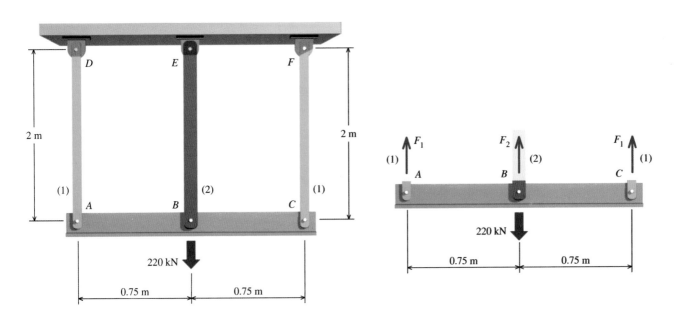

풀이 　1단계 — 평형방정식: 강체 보 ABC의 자유물체도이다. 구조물과 하중의 전체적인 대칭성에서 AD와 CF에서 부재력이 동일하다는 것을 알 수 있다. 따라서 F_1으로 각 부재에서 내력을 표시한다. 부재 BE의 내력은 F_2로 표시한다.

자유물체도로부터 (a) 수직방향(y방향)에서 힘의 합과 (b) 절점 A에 대한 모멘트 합을 정리할 수 있다.

$$\sum F_y = 2F_1 + F_2 - 220\text{ kN} = 0 \tag{a}$$

$$\sum M_A = (1.5\text{ m})F_1 + (0.75\text{ m})F_2 - (0.75\text{ m})(220\text{ kN}) = 0 \tag{b}$$

이 식들에서 2개의 미지수(F_1과 F_2)가 있고 언뜻 보기에는 F_1과 F_2에 대해서 두 식을 연립해서 풀 수 있는 것처럼 보인다. 그러나 식 (b)를 0.75 m로 나누면 식 (a)와 (b)는 같아진다. 결론적으로 F_1과

F_2에 대해 풀기 위해서는 평형방정식과 독립적인 두 번째 방정식을 유도해야 한다.

2단계 — 변형형태(적합조건): 강체 보 ABC는 대칭에 의해 하중 220 kN이 작용한 후에 수평으로 유지된다는 것을 알고 있다. 절점 A, B, C는 같은 양($v_A = v_B = v_C$)만큼 아래 방향으로 움직여야 한다. 이 강체 보의 절점 변위와 부재 변위 δ_1과 δ_2는 어떤 관련이 있을까? 이 부재들은 강체 보에 직접 연결되어 있기 때문에(핀 연결에서 간격이나 공차 같은 다른 고려사항은 없음) 다음과 같다.

$$v_A = v_C = \delta_1, \quad v_B = \delta_2 \tag{c}$$

3단계 — 힘-변형 관계: 축부재의 변형량은 식 (5.2)로 나타낼 수 있다. 그래서 내부 축력과 부재 변형의 관계는 다음과 같이 나타낼 수 있다.

$$\delta_1 = \frac{F_1 L_1}{A_1 E_1}, \quad \delta_2 = \frac{F_2 L_2}{A_2 E_2} \tag{d}$$

4단계 — 적합방정식: 변형량에 근거하지만 미지의 부재력 F_1과 F_2항으로 표현되는 새로운 식을 얻기 위해서 힘-변형 관계식[식 (d)]을 변형형태방정식[식 (c)]에 대입한다.

$$v_A = v_B = v_C \quad \therefore \quad \frac{F_1 L_1}{A_1 E_1} = \frac{F_2 L_2}{A_2 E_2} \tag{e}$$

5단계 — 방정식 풀이: 적합방정식 (e)에서 F_1을 구한다.

$$F_1 = F_2 \frac{L_2}{L_1} \frac{A_1}{A_2} \frac{E_1}{E_2} = F_2 \frac{(2 \text{ m})}{(2 \text{ m})} \frac{(550 \text{ mm}^2)}{(900 \text{ mm}^2)} \frac{(70 \text{ GPa})}{(200 \text{ GPa})} = 0.2139 F_2 \tag{f}$$

식 (f)를 식 (a)에 대입하고 F_1과 F_2에 대해서 계산한다.

$$\sum F_y = 2F_1 + F_2 = 2(0.2139 F_2) + F_2 = 220 \text{ kN}$$

$$\therefore F_2 = 154.083 \text{ kN and } F_1 = 32.958 \text{ kN}$$

알루미늄 막대 (1)의 수직응력은

$$\sigma_1 = \frac{F_1}{A_1} = \frac{32958 \text{ N}}{550 \text{ mm}^2} = 59.9 \text{ MPa (인장)} \qquad \text{답}$$

강체 막대 (2)의 수직응력은

$$\sigma_2 = \frac{F_2}{A_2} = \frac{154083 \text{ N}}{900 \text{ mm}^2} = 171.2 \text{ MPa (인장)} \qquad \text{답}$$

식 (c)에서 강체 보의 처짐은 축부재의 변형과 같다. 부재 (1)과 (2)의 늘음량이 같기 때문에 식 (d)에서 어느 항을 사용해도 된다.

$$\delta_1 = \frac{F_1 L_1}{A_1 E_1} = \frac{(32958 \text{ N})(2000 \text{ mm})}{(550 \text{ mm}^2)(70000 \text{ N/mm}^2)} = 1.712 \text{ mm}$$

그러므로 강체 보의 처짐은 $v_A = v_B = v_C = \delta_1 = 1.712$ mm이다.

따라서 강체 보는 아래로 이동한다는 것을 바로 알 수 있다.

이전 예제에서 설명한 5단계 절차는 부정정 구조물 해석을 위해서 다양하게 적용할 수 있다. 추가적인 문제해결시 고려사항 및 각 단계의 제한사항은 다음 표에서 설명한다.

부정정 축 구조물의 해결방법

1단계	평형방정식	구조물에 대한 하나 이상의 자유물체도(FBD)를 그리며 부재들을 연결하는 절점들에 초점을 맞춘다. 절점은 (a)외력이 작용하거나, (b)단면속성(예: 면적 또는 지름)이 변경되거나, (c)재료 특성(예: E)이 변경되거나, (d)강체(예: 강체 봉, 보, 판 또는 플랜지)에 부재가 연결되는 곳에 위치한다. 일반적으로 반력이 있는 절점에 관한 자유물체도는 유용하지 않다.
		  자유물체도에 대한 평형방정식을 작성한다. 관련된 미지수의 수와 독립적인 평형방정식의 수를 주목하라. 미지수의 개수가 평형방정식의 수를 초과하는 경우 추가 미지수마다 변형 방정식을 작성해야 한다.
		
		주:
		• 대문자로 절점을 표시하고 부재에 번호를 붙인다. 이 간단한 방법은 부재에서 발생하는 효과(예: 변형)와 절점과 관련된 효과(예: 강체 요소의 변위)를 명확하게 인식하는 데 도움이 된다.
		• 일반적으로 축부재를 가로질러 자유물체도를 절단할 때 내부 부재의 힘이 인장력이라고 가정한다. 양의 변형과 함께 인장력을 일관성 있게 사용하는 것(2단계에서)은 많은 경우에 매우 효과적이며 특히 온도 변화가 고려되는 경우에 매우 효과적이다.
		  온도 변화는 5.6절에서 논의될 것이다.

2단계	변형형태 (적합조건)	이 단계는 부정정 문제에 특히 필요하다. 구조물 또는 시스템에서 축부재의 변형이 서로 어떻게 연관되어 있는지 조사하여야 한다. 대부분의 부정정 축 구조물은 다음 세 가지 일반적인 구성 중 하나에 포함된다. 1. 동일한 축 또는 평행 축부재 2. 연속적으로 단부가 연결된 축부재 3. 회전하는 강체요소에 연결된 축부재 이 세 가지 범주의 특성은 곧 자세히 설명한다.
3단계	힘-변형 관계	축부재에서 내력과 변형 사이의 관계는 다음과 같이 표시한다. $$\delta_i = \frac{F_i L_i}{A_i E_i}$$ 실제적인 문제로서, 해석단계에서 축부재에 대한 힘-변형 관계를 정리하는 것은 유용한 절차이다. 이 관계식은 4단계에서 적합방정식을 구성하는 데 사용된다.
4단계	적합방정식	힘-변형 관계(3단계)는 부재변형의 변형형태와 통합되어(2단계에서) 미지 부재력으로 표현되는 새로운 공식을 유도한다. 또한 적합 및 평형방정식은 미지 변수를 구하는 데 충분한 정보를 제공한다.
5단계	방정식 풀이	적합방정식과 평형방정식을 연립해서 푼다. 개념적으로는 쉬우나, 이 단계에서 부호규약과 단위 일치와 같이 세심한 주의가 필요하다.

5단계 해석방법의 성공적인 적용은 구조에서 축 변형이 어떻게 관련되는지를 이해하는 능력에 크게 좌우된다. 다음 표는 축부재들로 구성된 부정정 구조물의 세 가지 일반적인 분류를 표시한다. 각 일반적인 분류에 대해 가능한 변형형태(적합조건)방정식을 설명한다.

방정식 형태	주	일반적인 문제
1. 동일한 축 혹은 평행 축부재		
$\delta_1 = \delta_2$ $\delta_1 + 간격 = \delta_2$ $\delta_1 = \delta_2 + 간격$	이 분류에는 나란한 평판, 가운데가 채워진 관, 철근 콘크리트 기둥, 강체 막대에 대칭으로 연결된 세 개의 평행 봉 문제들이 포함된다. 연결부에 간격이나 공차가 없으면 각 축부재의 변형은 동일하다. 간격이 있으면 한 부재의 변형은 다른 부재의 변형과 간격만큼 더한 것과 같다.	
2. 연속적으로 단부가 연결된 축부재		
$\delta_1 + \delta_2 = 0$ $\delta_1 + \delta_2 = 일정$	이 분류에는 2개 이상의 단부가 연결된 문제들이 포함된다. 간격 또는 공차가 없으면 부재변형의 합은 0이다. 즉, 부재 (1)의 늘음은 부재 (2)의 동일한 수축을 동반한다. 두 부재 사이에 간격이나 공차가 있거나 하중이 작용할 때 지지점이 이동하면 부재변형들의 합은 이 값과 동일하다.	

이 분류의 문제들은 강체 막대와 강체 판이 축부재들에 연결된 것이 특징이다.

강체요소는 고정된 점을 중심으로 회전하도록 핀연결이 되어 있다. 축부재들이 회전요소에 부착되어 있기 때문에, 이들 변형은 강체 막대 처짐 위치의 기하학적 구조에 의해 제한된다. 부재변형 사이의 관계는 닮은꼴 삼각형의 원리에서 찾을 수 있다.

$$\frac{\delta_1}{a} = \frac{\delta_2}{b}$$

강체 막대가 회전할 때 두 부재들이 늘어나거나 줄어들면, 첫 번째 방정식이 얻어진다.

$$\frac{\delta_1}{a} = \frac{\delta_2}{b}$$

강체 막대가 회전할 때 한 부재는 늘어나고 다른 한 부재는 줄어들면, 두 번째 형태의 변형형태방정식이 얻어진다.

$$\frac{\delta_1 + 간격}{a} = \frac{\delta_2}{b}$$

절점에 간격과 공차가 있으면 변형형태방정식은 세 번째 형태이다.

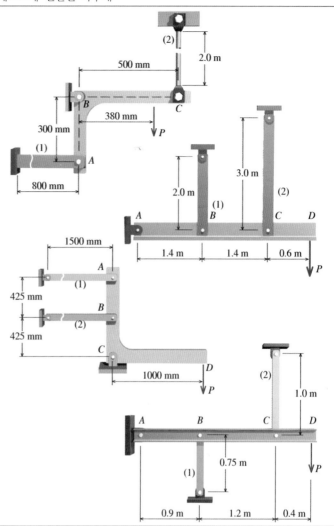

예제 5.6

강재 파이프 (1)이 플랜지 B에서 알루미늄 파이프 (2)에 연결되어 있다. 강재 파이프 (1)과 알루미늄 파이프 (2)는 각각 A, C에서 강체 지지점에 연결되어 있다.

부재 (1)은 단면적 $A_1 = 3600$ mm²이고, 탄성계수 $E_1 = 200$ GPa, 허용수직응력은 160 MPa이다. 부재 (2)는 단면적 $A_2 = 2000$ mm²이고, 탄성계수 $E_2 = 70$ GPa, 허용수직응력은 120 MPa이다. 허용응력을 초과하지 않고 플랜지 B에서 작용하는 최대 하중 P를 계산하라.

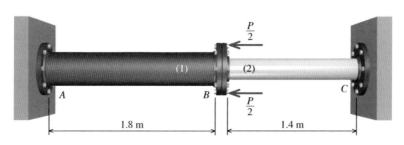

풀이 계획 플랜지 B의 자유물체도를 고려하고, x방향 힘의 합력으로 평형방정식을 작성한다. 이 방정식은 F_1, F_2, P의 세 가지 미지수를 갖는다.

변형형태방정식(적합조건식)을 결정하고 부재 (1)과 (2)에 대한 힘-변형 관계를 세운다. 적합방정식을 구하기 위해 변형형태방정식에 힘-변형 관계를 대입한다. 힘 P를 계산하기 위해서 부재 (1)의 면적과 허용응력을 사용한다. 이 과정을 반복하면서 P의 두 번째 값을 계산하기 위해 부재 (2)의 면적과 허용응력을 사용한다. 플랜지 B에 적용할 수 있는 최댓값 P로서 두 값 중에 작은 값을 선택한다.

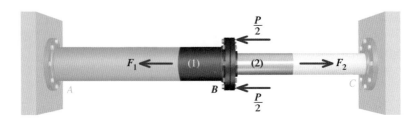

풀이 **1단계 ― 평형방정식:** 위의 그림은 절점 B에 대한 자유물체도이다. 부재 (1) 및 (2) 모두에서 인장 내력으로 가정됨을 주의한다[부재 (1)은 실제적으로 압축으로 예상된다].

절점 B에 대한 평형방정식은 다음과 같다.

$$\sum F_x = F_2 - F_1 - P = 0 \tag{a}$$

2단계 ― 변형형태(적합조건): 합성 축부재는 A 및 C에서 강체 지지점에 고정되므로 구조물의 전체 변형은 0이어야 한다. 다시 말해서

$$\delta_1 + \delta_2 = 0 \tag{b}$$

3단계 ― 힘-변형 관계: 부재에 대한 일반적인 힘-변형 관계를 작성한다.

$$\delta_1 = \frac{F_1 L_1}{A_1 E_1}, \quad \delta_2 = \frac{F_2 L_2}{A_2 E_2} \tag{c}$$

4단계 ― 적합방정식: 적합방정식을 구하기 위해서 식 (b)에 식 (c)를 대입한다.

$$\frac{F_1 L_1}{A_1 E_1} + \frac{F_2 L_2}{A_2 E_2} = 0 \tag{d}$$

5단계 ― 방정식 풀이: 우선 식 (a)에 F_2를 대입할 것이다. 이를 위해서 F_2에 대해 식 (d)를 푼다.

$$F_2 = -F_1 \frac{L_1}{L_2} \frac{A_2}{A_1} \frac{E_2}{E_1} \tag{e}$$

식 (a)에 식 (e)를 대입하여 다음 식을 얻는다.

$$-F_1 \frac{L_1}{L_2} \frac{A_2}{A_1} \frac{E_2}{E_1} - F_1 = -F_1 \left[\frac{L_1}{L_2} \frac{A_2}{A_1} \frac{E_2}{E_1} + 1 \right] = P$$

이 식에는 여전히 두 개의 미지수가 있다. 해를 구하려면 식이 하나 더 필요하다. F_1을 부재 (1)의 허

용응력 $\sigma_{allow,1}$에 대응하는 힘과 같다고 놓고 적용하중 P에 대하여 계산한다.(참고: 하중 P의 크기에만 관심이 있기 때문에 F_1에 붙는 음의 부호는 여기서 생략할 수 있다.)

$$\sigma_{\text{allow},1} A_1 \left[\frac{L_1}{L_2} \frac{A_2}{A_1} \frac{E_2}{E_1} + 1 \right] = (160 \text{ N/mm}^2)(3600 \text{ mm}^2) \left[\left(\frac{1.8}{1.4} \right) \left(\frac{2000}{3600} \right) \left(\frac{70}{200} \right) + 1 \right]$$

$$= (576000 \text{ N})[1.25] = 720000 \text{ N} = 720 \text{ kN} \geq P$$

부재 (2)에 대하여 이 과정을 반복한다. F_1에 대한 식을 구하기 위해서 식 (e)를 정리한다.

$$F_1 = -F_2 \frac{L_2}{L_1} \frac{A_1}{A_2} \frac{E_1}{E_2} \tag{f}$$

식 (f)를 식 (a)에 대입하여 다음을 구한다.

$$F_2 + F_2 \frac{L_2}{L_1} \frac{A_1}{A_2} \frac{E_1}{E_2} = F_2 \left[1 + \frac{L_2}{L_1} \frac{A_1}{A_2} \frac{E_1}{E_2} \right] = P$$

F_2을 허용력과 같다고 놓고 대응하는 작용하중 P에 대하여 계산한다.

$$\sigma_{\text{allow},2} A_2 \left[1 + \frac{L_2}{L_1} \frac{A_1}{A_2} \frac{E_1}{E_2} \right] = (120 \text{ N/mm}^2)(2000 \text{ mm}^2) \left[1 + \left(\frac{1.4}{1.8} \right) \left(\frac{3600}{2000} \right) \left(\frac{200}{70} \right) \right]$$

$$= (240000 \text{ N})[5.0] = 1200000 \text{ N} = 1200 \text{ kN} \geq P$$

그러므로 플랜지 B에 작용하는 최대 하중 P는 720 kN이다.

Mec Movies MecMovies 예제 M5.5

강재 봉 (1)이 플랜지 B에서 강재 기둥 (2)에 연결되어 있다. 플랜지 B에서 110 kN의 아래 방향 하중이 작용한다. 봉 (1)과 기둥 (2) 모두 각각 A와 C점에서 강체 지지부에 연결되어 있다. 봉 (1)은 단면적 800 mm^{2}와 탄성계수 200 GPa를 갖는다. 기둥 (2)는 단면적 1600 mm^{2}와 탄성계수 200 GPa를 갖는다.

(a) 봉 (1)과 기둥 (2)에서 수직응력을 계산하라.

(b) 플랜지 B에서 처짐을 계산하라.

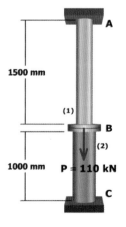

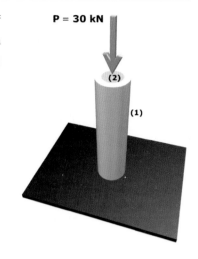

알루미늄관 (1)이 황동코어 (2)를 감싼다. 두 구성 요소는 함께 결합되어 30 kN의 하향력을 받는 축부재를 형성한다. 관 (1)은 바깥지름이 $D = 30$ mm이고 안지름은 $d = 22$ mm이다. 알루미늄의 탄성계수는 70 GPa이다. 황동코어 (2)는 지름 $d = 22$ mm이고 탄성계수는 105 GPa이다. 관 (1)과 코어 (2)에서 수직응력을 계산하라.

회전 강체 부재를 갖는 구조물

회전하는 강체요소와 관련된 문제는 특히 어려울 수 있다. 이러한 구조의 경우 변형도를 처음부터 작성해야 한다. 이 변형도는 올바른 변형형태방정식을 얻는 데 필수적이다. 일반적으로 내부 부재의 인장을 가정하여 변형도를 그린다. MecMovies 예제 M5.7에서 이런 유형의 문제를 보여준다.

강체 막대 AD가 A에서 핀으로 연결되어 있고 각각 B와 C에서 막대 (1)과 (2)에 의해 지지된다. 막대 (1)은 알루미늄이고 막대 (2)는 황동이다. 집중하중 $P = 36$ kN는 D에서 강체 막대에 작용한다. 각각의 막대에서 수직응력과 D에서 강체 부재의 하향 처짐을 계산하라.

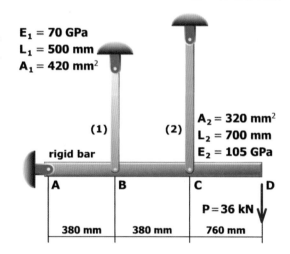

회전하는 강체 부재가 있는 일부 구조물에는 상반되는 부재가 있다. 즉, 하나의 부재는 늘어나고 다른 부재는 압축된다. 그림 5.11은 두 가지 유형의 구성 사이의 미묘한 차이를 보여준다.

두 개의 인장부재를 갖는 구조물(그림 5.11a)에 대해서, 절점 처짐 v_B와 v_C에 대한 변형형태는 닮은꼴 삼각형의 원리로 구한다(그림 5.11b).

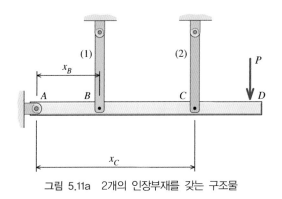

그림 5.11a 2개의 인장부재를 갖는 구조물

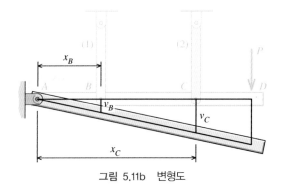

그림 5.11b 변형도

$$\frac{v_B}{x_B} = \frac{v_C}{x_C}$$

그림 5.11c에서 부재변형 δ_1과 δ_2는 절점 처짐 v_B, v_C와 다음과 같이 연관된다.

$$\delta_1 = L_{\text{final}} - L_{\text{initial}} = (L_1 + v_B) - L_1 = v_B \quad \therefore v_B = \delta_1$$

$$\delta_2 = L_{\text{final}} - L_{\text{initial}} = (L_2 + v_C) - L_2 = v_C \quad \therefore v_C = \delta_2 \tag{5.6}$$

그러므로 변형형태방정식은 부재변형 항으로 다음과 같이 작성된다.

$$\frac{\delta_1}{x_B} = \frac{\delta_2}{x_C} \tag{5.7}$$

두 개의 상반되는 부재를 갖는 구조물(그림 5.11d)에 대해서, 절점 처짐 v_B와 v_C에 대한 변형형태방정식은 이전과 같다(그림 5.11e).

$$\frac{v_B}{x_B} = \frac{v_C}{x_C}$$

그림 5.11f에서 부재변형 δ_1과 δ_2는 절점 처짐 v_B와 v_C와 관련하여 다음과 같다.

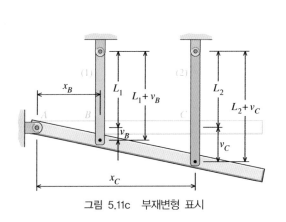

그림 5.11c 부재변형 표시

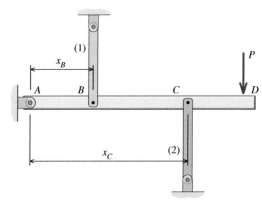

그림 5.11d 상반된 부재를 갖는 구조물

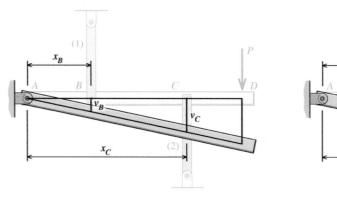

그림 5.11e 변형도

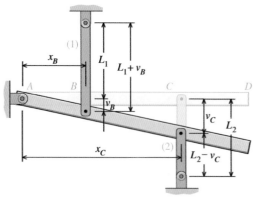

그림 5.11f 부재변형 표시

$$\delta_1 = L_{\text{final}} - L_{\text{initial}} = (L_1 + v_B) - L_1 = v_B \quad \therefore v_B = \delta_1$$

$$\delta_2 = L_{\text{final}} - L_{\text{initial}} = (L_2 - v_C) - L_2 = -v_C \quad \therefore v_C = -\delta_2 \tag{5.8}$$

식 (5.6)과 식 (5.8)의 미묘한 차이에 주의하라. 따라서 부재변형에 대해 상반된 부재 구성에 대한 변형형태방정식은 다음과 같다.

$$\frac{\delta_1}{x_B} = -\frac{\delta_2}{x_C} \tag{5.9}$$

평형방정식과 이에 상응하는 변형에 관한 방정식은 반드시 적합해야 한다. 즉, 자유물체도에서 인장력으로 부재력을 가정하면 그 부재의 변형에 관한 그림도 인장 변형으로 표시해야 한다. 여기서 보여주는 구성에서 모든 축부재들에 대해 내부 인장력들로 가정되어 왔다. 그림 5.11d에서 보여주는 구조물에 대하여 C에서 강체 부재의 변위는 축부재 (2)에 수축에 해당한다. 식 (5.8)에서 보여주듯이 이 조건은 δ_2에 대하여 음의 부호를 만든다. 결과적으로 식 (5.9)에서 변형형태방정식은 두 인장 부재들을 갖는 구조물에서 구한 식 (5.7)과 약간 다르다.

상반된 축부재들을 갖는 강체 부재 구조물들은 MecMovies 예제 M5.8과 M5.9에서 풀어볼 수 있다.

Mec Movies MecMovies 예제 M5.8

오른쪽 그림에서 핀연결 구조물이 지지되고 하중을 받고 있다. 부재 ABCD는 하중 P가 작용하기 전에 수평인 강체 막대이다. 부재 (1)과 부재 (2)는 알루미늄[E = 70 GPa]이고 단면적은 $A_1 = A_2 = 160$ mm^{2}이다. 부재 (1)의 길이는 900 mm이고, 부재 (2)는 1250 mm이다. 하중 $P = 35$ kN이 구조물의 D에 작용한다.

(a) 부재 (1)과 (2)에서 축력을 계산하라.

(b) 부재 (1)과 (2)에서 수직응력을 계산하라.

(c) D에서 강체 막대의 하향 처짐을 계산하라.

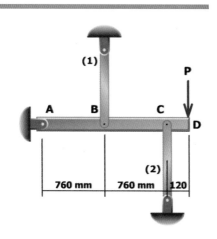

강체 막대 *ABCD*는 *C*에서 핀으로 연결되어 있고, *A*와 *D*에서 각각 막대 (1)과 (2)에 의해 지지되고 있다. 막대 (1)은 알루미늄이고 막대 (2)는 청동이다. 강체 막대의 *B*에서 집중하중 $P = 80$ kN이 작용한다. 각 막대에서 수직응력과 *A*에서 강체 막대의 하향 처짐을 계산하라.

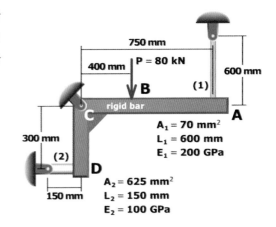

알루미늄 막대 (2)는 황동 기둥 (1)에 연결되어 있다. 두 축부재가 설치되었을 때 황동 기둥과 플랜지 *B* 사이에 1/16-in의 간격이 있었다. 황동 기둥 (1)은 단면적 $A_1 = 0.60$ in^{2}이고 탄성계수는 $E_1 = 16000$ ksi이다. 알루미늄 막대 (2)는 $A_1 = 0.20$ in^{2}이고 $E_2 = 10000$ ksi의 속성을 갖고 있다. 볼트를 플랜지를 통해 *B*에 삽입하고 틈이 없어질 때까지 조이면 각 축부재에 어느 정도의 응력이 발생하는가?

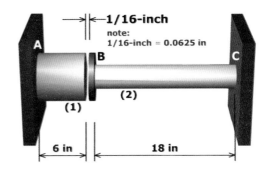

예제 5.7

아래 그림에서처럼 지름 16 mm의 강재[$E = 200$ GPa]볼트 (1)이 청동[$E = 105$ GPa]슬리브 (2)를 통과한다. 청동 슬리브는 바깥지름 48 mm, 벽두께 3.5 mm, 길이 250 mm이다. 슬리브의 단부는 5 mm 두께의 강체 와셔(washer)로 닫혀있다. 볼트는 2 mm의 피치로 너트가 완전히 한 바퀴 돌 때마다 너트가 볼트를 따라 2 mm 전진한다.

   너트를 볼트, 너트, 와셔, 슬리브가 완전히 맞닿은 순간까지만 손으로 조이면 조립체의 모든 느슨함이 없어지지만 이때 응력은 발생하지 않는다. 이 상태에서 너트를 추가로 1/2 바퀴 조이면 볼트와 슬리브에 발생하는 응력은 얼마인가?

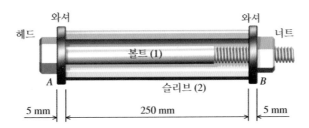

풀이 계획　너트는 초기에 완전히 맞닿아서 조립체의 구성요소 사이에 여유 또는 틈이 없다. 이 위치에서 볼트 또는 슬리브에 힘이나 응력이 발생하지 않을 것이다. 너트가 1/2 바퀴 회전하면 너트가 볼트를 따라 움직이는 거리만큼 볼트가 효과적으로 줄어든다. 너트의 변위로 인해 와셔가 더 가깝게 움직이면서 슬리브가 압축된다. 슬리브가 이 수축에 저항하기 때문에 볼트에 인장력이 생성되고 이 인장력으로 인해 볼트가 늘어난다. 이 해석의 초점은 볼트의 수축(너트 전진으로 인한)과 이로 인한 볼트의 늘어남이 슬리브의 수축과 어떻게 관련되는지를 결정하는 것이다.

풀이   1단계 — 평형방정식: 먼저 볼트 (1)과 슬리브 (2)의 내력을 나타내기
위해서 조립체의 자유물체도를 잘라야 한다. 조립체의 A단을 포함하
고 볼트와 슬리브를 잘라낼 것이다. 실제로 슬리브의 힘이 압축력으
로 기대되더라도 각 성분을 인장력이라고 가정하자. 자유물체도를
이용하여 다음 평형방정식을 작성한다.

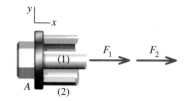

$$\sum F_x = F_1 + F_2 = 0 \tag{a}$$

두 개의 미지수(F_1과 F_2)와 하나의 식을 갖고 있어서 이 문제는 부정정이다.

2단계 — 변형형태(적합조건): 이 조립체의 변형
을 이해하기 위해서 각각 성분과 동작을 개
별적으로 고려해야 한다. 조립체 A단은 고정
이고 모든 움직임은 B단에서 발생한다고 가
정하자. 설명을 명료하게 하기 위해 너트의
변위와 볼트 및 슬리브의 변형을 크게 과장
하여 나타내었다.

꼭 맞닿은 위치에서 B의 너트가 회전하여
A방향으로 볼트를 따라 전진한다. B의 초기
위치에서 기호 Δ를 사용하여 너트의 변위를
나타낸다.

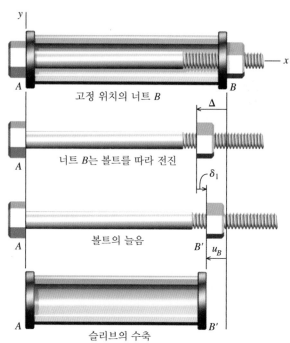

너트를 A방향으로 움직이면 볼트가 짧아지
지만 슬리브도 압축된다. 이 수축에 대한 슬
리브의 저항은 볼트에 인장력을 생성한다. 따
라서 볼트는 그 내부의 인장력에 대응하여
길어진다. 볼트 변형은 δ_1로 표시된다.

단단히 조여진 위치 B에서 최종 위치 B'까
지의 너트 변위 u_B는 다음과 같이 나타낼 수 있다.

$$u_B = -\Delta + \delta_1 \tag{b}$$

너트가 볼트를 따라 전진할 때 슬리브(와셔로 덮힘)는 수축한다. 와셔가 강체이기 때문에 B에서 와셔가
B'의 새 위치로 이동하는 것은 전적으로 슬리브의 변형 때문이다. 따라서 와셔의 오른쪽 단부 변위 u_B를
조여진(snug-tight) 위치 B에서 최종 위치 B'까지로 표현할 수 있다.

$$u_B = \delta_2 \tag{c}$$

참고: 자유물체도에서 F_2는 인장력으로 가정한다. 가정과 일치하기 위해서 슬리브의 변형 δ_2는 변형형태
방정식을 설정할 때 양의 값으로 취해야 한다.

B의 변위는 볼트와 슬리브에서 모두 동일해야 하므로 식 (b)와 (c)는 볼트와 슬리브 변형 사이의 관계
를 다음과 같이 나타낼 수 있다.

$$\delta_1 - \Delta = \delta_2$$

너트가 단단히 조여진 상태에서 추가로 1/2 회전하면 너트가 전진한다.

$$\Delta = (0.5 \text{ turn}) \left(\frac{2 \text{ mm}}{1 \text{ turn}} \right) = 1 \text{ mm}$$

결과적으로 변형형태방정식은 다음과 같이 쓸 수 있다.

$$\delta_1 - 1 \text{ mm} = \delta_2 \tag{d}$$

3단계 — 힘-변형 관계: 각각의 성분에 대해 일반적인 힘-변형 관계를 쓴다.

$$\delta_1 = \frac{F_1 L_1}{A_1 E_1} \qquad \delta_2 = \frac{F_2 L_2}{A_2 E_2} \tag{e}$$

4단계 — 적합방정식: 적합방정식을 유도하기 위해서 식 (e)를 식 (d)에 대입한다.

$$\frac{F_1 L_1}{A_1 E_1} - 1 \text{ mm} = \frac{F_2 L_2}{A_2 E_2} \tag{f}$$

5단계 — 방정식 풀이: 식 (a)에서 $F_2 = -F_1$이므로, 식 (f)에 F_2를 대입하여 다음을 구한다.

$$\frac{F_1 L_1}{A_1 E_1} - 1 \text{ mm} = \frac{-F_1 L_2}{A_2 E_2}$$

$$F_1 \left[\frac{L_1}{A_1 E_1} + \frac{L_2}{A_2 E_2} \right] = 1 \text{ mm} \tag{g}$$

$$F_1 = \frac{1 \text{ mm}}{\dfrac{L_1}{A_1 E_1} + \dfrac{L_2}{A_2 E_2}}$$

F_1을 계산하기 전에 구성요소의 길이와 면적을 결정해야 한다. 볼트 (1)의 단면적은

$$A_1 = \frac{\pi}{4} (16 \text{ mm})^2 = 201.062 \text{ mm}^2$$

강체 와셔가 있기 때문에 볼트는 슬리브보다 조금 더 길어야 한다.

$$L_1 = 250 \text{ mm} + 2(5 \text{ mm}) = 260 \text{ mm}$$

슬리브의 안지름은 $d_2 = 48 \text{ mm} - 2(3.5 \text{ mm}) = 41 \text{ mm}$이다. 결과적으로 슬리브 (2)의 단면적은

$$A_2 = \frac{\pi}{4} [(48 \text{ mm})^2 - (41 \text{ mm})^2] = 489.303 \text{ mm}^2$$

슬리브 길이는 $L_2 = 250 \text{ mm}$이다.

이 값을 문제에 주어진 탄성계수와 함께 식 (g)에 대입하고 F_1을 계산한다.

$$F_1 = \frac{1 \text{ mm}}{\dfrac{260 \text{ mm}}{(201.062 \text{ mm}^2)(200000 \text{ N/mm}^2)} + \dfrac{250 \text{ mm}}{(489.303 \text{ mm}^2)(105000 \text{ N/mm}^2)}} = 88248 \text{ N}$$

식 (a)로부터 슬리브에서 힘 F_2는 볼트 힘 F_1과 같지만 슬리브에서는 압축력이 작용한다.

$$F_2 = -88248 \ \text{N}$$

따라서 강재 볼트에서 수직응력은

$$\sigma_1 = \frac{F_1}{A_1} = \frac{88248 \ \text{N}}{201.062 \ \text{mm}^2} = 439 \ \text{MPa} = 439 \ \text{MPa} \ \text{(인장)}$$

청동 슬리브에서 수직응력은

$$\sigma_2 = \frac{F_2}{A_2} = \frac{-88248 \ \text{N}}{489.303 \ \text{mm}^2} = -180.4 \ \text{MPa} = 180.4 \ \text{MPa} \ \text{(수축)} \qquad \text{답}$$

Mec Movies MecMovies 연습문제

M5.5 합성 축 구조물이 플랜지 B에 결합된 두 개의 봉으로 구성되어 있다. 봉 (1), (2)는 각각 A, C에서 강체 지지대에 부착된다. 집중하중 P는 플랜지 B에 그림에서 표시된 방향으로 작용한다. 각 봉의 내력과 수직응력을 계산하라. 또한, x방향에서 플랜지 B의 처짐을 계산하라.

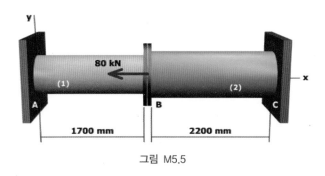

그림 M5.5

M5.6 합성 축 구조물이 (2)와 (3)으로 표시된 A에서 C까지 뻗어있는 연속적인 충진 봉에 길이 AB에서 결합된 관형 쉘(1)로 구성되어 있다. 집중하중 P는 그림의 방향으로 봉의 자유단 C에 작용한다. 쉘 (1)과 코어 (2)(즉, A와 B 사이)의 내력과 수직응력을 계산하라. 또한 지지점 A에 대한 끝단 C의 x방향으로 처짐을 계산하라.

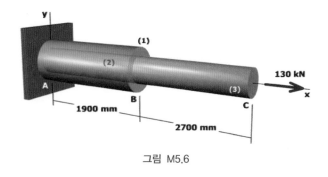

그림 M5.6

M5.7 막대 (1)과 (2)에서 내력과 수직응력을 계산하라. 또한 C에서 x방향 강체 막대의 처짐을 계산하라.

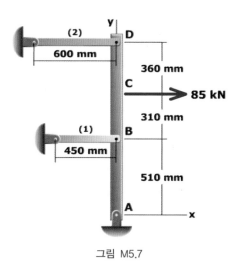

그림 M5.7

M5.8 막대 (1)과 (2)에서 내력과 수직응력을 계산하라. 또한 C에서 x방향 강체 막대의 처짐을 계산하라.

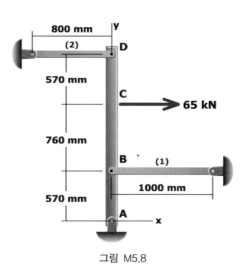

그림 M5.8

PROBLEMS

P5.22 200 mm×200 mm×1200 mm 오크[$E=12$ GPa]블록 (2)는 6 mm×200 mm×1200 mm 강재[$E=200$ GPa]판 (1) 2개를 볼트로 조여서 그림 P5.22에서처럼 블록 반대쪽에서 보강했다. 360 kN의 집중하중이 강체 캡에 작용한다. 다음을 결정하라.

(a) 강재 판 (1)과 오크 블록 (2)에서 수직응력

(b) 하중이 작용할 때 블록의 수축량

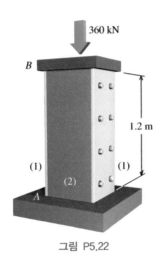

그림 P5.22

P5.23 단면적이 1475 mm²인 두 개의 동일한 강재[$E=200$ GPa]파이프가 그림 P5.23/24와 같이 위쪽과 아래쪽에 단단한 지지대에 부착되어 있다. 플랜지 B에서 집중하중 120 kN이 작용한다. 다음을 결정하라.

(a) 위쪽과 아래쪽 파이프의 수직응력

(b) 플랜지 B의 처짐

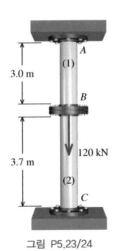

그림 P5.23/24

P5.24 그림 P5.23/24에서 하중 P가 작용하여 아래 지지대가 아래 방향으로 1.0 mm 이동했을 때 문제 P5.23을 풀어라.

P5.25 합성 막대가 그림 P5.25와 같이 알루미늄합금[$E=69$ GPa] 막대 (1)을 가운데 황동[$E=115$ GPa]막대 (2)에 납땜하여(braze)

제조되었다. $w=32$ mm, $a=6$ mm, $L=800$ mm이라고 가정한다. 2개의 알루미늄 막대가 부담하는 총 축력이 황동 막대가 부담하는 축방향 힘과 같아야 한다면, 황동 막대 (2)에 필요한 두께 b를 계산하라.

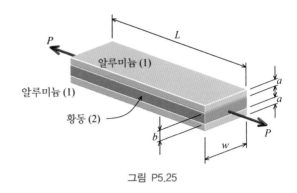

그림 P5.25

P5.26 단면적 $A_1=6590$ mm²인 알루미늄합금[$E=69$ GPa]파이프가 단면적 $A_2=2340$ mm²인 강재[$E=200$ GPa]파이프에 플랜지 B에서 연결되어 있다. 그림 P5.26에서 조립체는 A와 C에서 강체 지지점에 연결되어 있다. 그림의 하중에 대하여 다음을 결정하라.

(a) 알루미늄 파이프 (1)과 강재 파이프 (2)에서 수직응력

(b) 플랜지 B에서 처짐

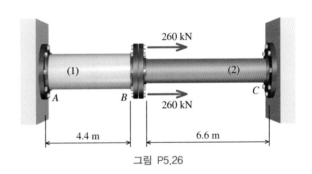

그림 P5.26

P5.27 그림 P5.27/28에서 콘크리트[$E=29$ GPa]기둥은 지름 19 mm, 4개의 철근[$E=200$ GPa]으로 보강하였다. 기둥이 축하중 670 kN을 받을 때 다음을 결정하라.

(a) 콘크리트와 철근에서 수직응력

(b) 기둥의 수축량

P5.28 그림 P5.27/28에서 콘크리트[$E=29$ GPa]기둥을 지름 19 mm, 4개의 철근[$E=200$ GPa]으로 보강하였다. 기둥이 축하중 670 kN을 받을 때, 전체 하중의 20%를 철근이 부담하도록 지름을 결정하라.

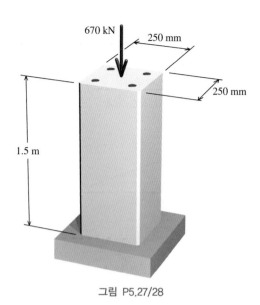

그림 P5.27/28

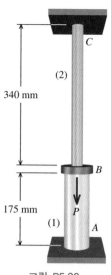

그림 P5.30

P5.29 그림 P5.29와 같이 강체 막대 ABC, 두 개의 동일한 충진 단면의 청동[$E = 100$ GPa]봉 및 충진 강재[$E = 200$ GPa]봉으로 구성된 조립체에 $P = 100$ kN의 하중이 작용한다. 청동봉 (1)은 각각 지름 20 mm이고, 중앙 봉 (2)와 하중 P에 대칭이다. 강재 봉 (2)는 지름 24 mm이다. 하중 P가 작용하기 전에는 모든 막대는 무응력 상태이다. 볼트로 연결된 B에서 3 mm의 간격이 있다. 다음을 결정하라.

(a) 청동 봉과 강재 봉에서 수직응력
(b) 강체 막대 ABC의 하향 처짐

P5.31 핀연결 구조물이 그림 P5.31/32와 같이 지지되어 있다. 부재 $ABCD$는 강체이고 하중 P가 작용하기 전에는 수평이다. 막대 (1)은 황동[$E = 115$ GPa]이고 길이 $L_1 = 1.7$ m이다. 막대 (2)는 알루미늄합금[$E = 69$ GPa]이다. 막대 (1)과 (2)의 각 단면적은 260 mm²이다. $a = 0.9$ m, $b = 1.4$ m, $c = 0.4$ m, $P = 70$ kN으로 가정한다. 막대 (1)에서 발생하는 수직응력이 막대 (2)에서 수직응력의 1/2을 초과하지 않는 경우 막대 (2)에서 사용할 수 있는 최대 길이 L_2를 결정하라.($\sigma_1 \leq 0.5\sigma_2$)

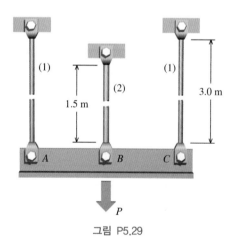

그림 P5.29

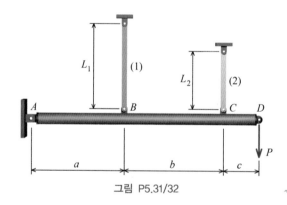

그림 P5.31/32

P5.30 그림 P5.30에서처럼 충진 알루미늄[$E = 70$ GPa]봉 (1)은 플랜지 B에서 충진 청동[$E = 100$ GPa]봉과 연결되어 있다. 알루미늄 봉 (1)은 지름이 35 mm이고, 청동 봉 (2)는 지름이 20 mm이다. 알루미늄 봉의 수직응력은 160 MPa로 제한되고, 청동 봉의 수직응력은 110 MPa로 제한되어야 한다. 다음을 결정하라.

(a) 플랜지 B에 아래 방향으로 작용하는 최대 하중 P
(b) (a)에서 결정한 하중이 작용할 때 플랜지 B에서의 처짐

P5.32 핀연결 구조물이 그림 P5.31/32와 같이 지지되어 있다. 부재 $ABCD$는 강체이고 하중 P가 작용하기 전에는 수평이다. 막대 (1)은 황동[$E = 115$ GPa, $\sigma_Y = 124$ MPa]이고 길이 $L_1 = 2.8$ m이다. 막대 (2)는 알루미늄합금[$E = 69$ GPa, $\sigma_Y = 276$ MPa]이고 길이는 $L_2 = 1.6$ m이다. 막대 (1)과 (2)의 각 단면적은 560 mm²이다. $a = 1.25$ m, $b = 2.25$ m, $c = 0.5$ m로 가정한다. 막대 (1)과 막대 (2)에 규정된 최소안전계수가 2.50일 때, D에서 강체 부재에 작용할 수 있는 최대 하중 P를 계산하라.

P5.33 그림 P5.33/34와 같이 핀연결 조립체가 강체 보 $ABCD$와 두 개의 지지 막대로 구성되어 있다. 막대 (1)은 청동합금[$E = 105$ GPa]이고 단면적 $A_1 = 290$ mm²이다. 막대 (2)는 단면적 A_2

=650 mm²인 알루미늄합금[$E = 70$ GPa]이다. B에 하중 $P =$ 30 kN이 작용할 때 다음을 결정하라.

(a) 막대 (1)과 (2)에서 수직응력

(b) 강체 보의 A점에서 하향 처짐

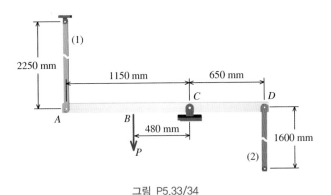

그림 P5.33/34

P5.34 그림 P5.33/34와 같이 핀연결 조립체가 강체 보 $ABCD$와 두 개의 지지 막대로 구성되어 있다. 막대 (1)은 청동합금[$E = 105$ GPa]이고 단면적 $A_1 = 290$ mm²이다. 막대 (2)는 단면적 $A_2 = 650$ mm²인 알루미늄합금[$E = 70$ GPa]이다. 하중 P가 작용하기 전에 모든 막대는 무응력 상태이다. 핀으로 연결된 A에서 3 mm 간격이 있다. B에 하중 $P = 85$ kN이 작용할 때 다음을 결정하라.

(a) 막대 (1)과 (2)에서 수직응력

(b) 강체 보의 A점에서 하향 처짐

P5.35 핀연결 조립체가 그림 P5.35/36과 같이 지지되어 있다. 막대 (1)은 황동[$E = 105$ GPa, $\sigma_Y = 330$ MPa]으로 되어 있다. 막대 (2)는 알루미늄합금[$E = 70$ GPa, $\sigma_Y = 275$ MPa]으로 되어 있다. 막대 (1)과 (2)는 각각 단면적이 225 mm²이다. 부재 $ABCD$는 강체이다. 막대 (1)과 막대 (2)에서 규정된 최소 안전계수가 2.50일 때, A에서 강체 부재에 작용할 수 있는 최대 하중 P를 계산하라.

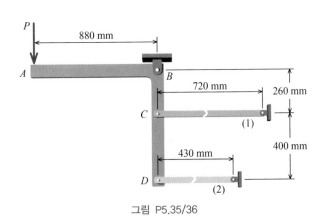

그림 P5.35/36

P5.36 핀연결 조립체가 그림 P5.35/36과 같이 지지되어 있다. 봉 (1)은 황동[$E = 105$ GPa]으로 되어 있고 봉 (2)는 알루미늄합금[$E = 70$ GPa]으로 되어 있다. 봉 (1)과 (2)는 각각 단면적이 375 mm²이다. 강체 부재 $ABCD$는 B에서 이중전단 연결 핀에 의

해 지지된다. B에서 핀의 허용전단응력이 130 MPa이면 $P - 42$ kN일 때 B에서 핀의 최대 허용지름을 계산하라.

P5.37 그림 P5.37에서처럼 강체 부재 BDF와 3개의 동일한 15 mm 지름을 갖는 강재[$E = 200$ GPa]봉으로 구성된 조립체가 하중 P를 지지한다. $a = 2.5$ m, $b = 1.5$ m, $L = 3$ m를 사용하여 하중 $P = 75$ kN일 때 다음을 결정하라.

(a) 각 봉에서 발생하는 인장력

(b) B에서 강체 부재의 수직 처짐

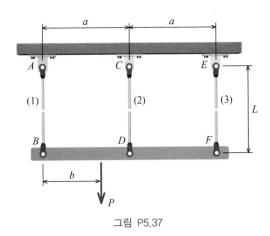

그림 P5.37

P5.38 그림 P5.38에서 강체 부재 BDF와 3개의 봉으로 구성된 조립체가 등분포하중 w를 지지한다. 봉 (1)과 (2)는 지름 15 mm, $E = 193$ GPa의 탄성계수를 갖는 스테인리스강 봉이고, 항복강도 $\sigma_Y = 250$ MPa이다. 봉 (3)은 지름 20 mm, $E = 105$ GPa의 탄성계수를 갖는 청동 봉이고, 항복강도 $\sigma_Y = 330$ MPa이다. $a = 1.5$ m, $L = 3$ m를 사용한다. 각 봉에서 수직응력에 대해 규정된 최소 안전계수가 2.5일 때, 지지할 수 있는 최대 등분포하중 크기를 산정하라.

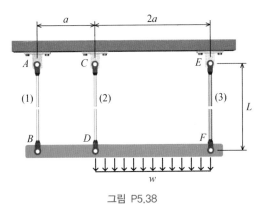

그림 P5.38

P5.39 그림 P5.39에서 핀연결 조립체는 D에서 핀으로 연결된 2개의 냉연강[$E = 200$ GPa]봉 (1)과 청동[$E = 105$ GPa]봉 (2)로 구성된다. 모든 봉의 단면은 320 mm²이다. 하중 $P = 70$ kN이 핀 D에 작용한다. $a = 1.5$m, $b = 2.75$ m를 사용하여 다음을 계산하라.

(a) 봉 (1)과 (2)에서 수직응력

(b) 핀 D에서 하향 처짐

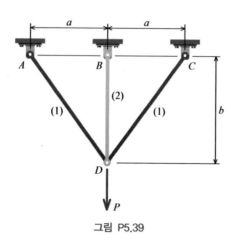

그림 P5.39

P5.40 그림 P5.40에서 핀연결 조립체가 강재 막대 (1), 강 봉 (2), 강체 부재 ABC로 구성되어 있다. 막대 (1)의 단면적 $A_1 = 325$ mm²이고 길이 $L_1 = 900$ mm이다. 봉 (2)의 지름 $d_2 = 9$ mm, 길이 $L_2 = 3200$ mm이다. 두 축부재에 대해서 $E = 200$ GPa로 가정한다. $a = 460$ mm, $b = 820$ mm, $c = 510$ mm, $P = 45$ kN을 사용하고 다음을 계산하라.

(a) 막대 (1)과 봉 (2)에서 수직응력

(b) 초기 위치에 대한 핀 C의 처짐

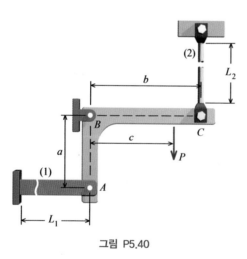

그림 P5.40

P5.41 그림 P5.41에서 링크 (1)과 (2)는 강체 부재 $ABCD$를 지지하고 있다. 링크 (1)은 청동[$E = 105$ GPa, $\sigma_Y = 330$ MPa], 단면적 $A_1 = 300$ mm²이고 길이 $L_1 = 720$ mm이다. 링크 (2)는 냉연강[$E = 210$ GPa, $\sigma_Y = 430$ MPa], 단면적 $A_2 = 200$ mm²이고 길이 $L_2 = 940$ mm이다. 링크 (1)과 (2)의 수직응력에 대하여 항복에 대한 안전계수 2.5로 규정하고 있다. D 단부에서 강체 부재의 최대 수평변위는 2.0 mm를 초과해서는 안 된다. D에서 강체 부재에 작용할 수 있는 최대 하중 P를 계산하라. $a = 420$ mm, $b = 420$ mm, $c = 510$ mm를 사용한다.

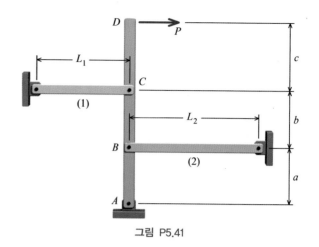

그림 P5.41

P5.42 4.5 m 알루미늄 튜브 (1)이 B에서 2.4 m 청동 파이프 (2)에 연결되어 있다. 그림 P5.42에서와 같이 두 부재 사이에 8 mm의 틈이 있다. 알루미늄 튜브 (1)의 탄성계수는 70 GPa이고 단면적은 2000 mm²이다. 청동 파이프 (2)의 탄성계수는 100 GPa이고 단면적은 3600 mm²이다. 볼트를 플랜지에 삽입하고 B에서 간격이 없어지도록 조일 때 다음을 계산하라.

(a) 부재에 발생하는 수직응력

(b) 지지점 A에 대한 플랜지 B의 최종 변위

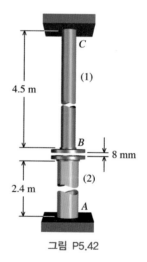

그림 P5.42

P5.43 그림 P5.43에서 조립체는 청동[$E_1 = 105$ GPa; $L_1 = 3.5$ m; $A_1 = 620$ mm²]봉 (1), 봉 (1)에 단단히 고정된 강체 베어링판 B와 강재[$E_2 = 200$ GPa; $L_2 = 0.5$ m; $A_2 = 2200$ mm²] 기둥 (2)로 구성되어 있다. 청동과 강재의 항복강도는 각각 330 MPa, 415 MPa이다. 조립체에 하중이 작용하기 전 베어링판 B와 기둥 (2) 사이에 간격 $a = 5$ mm가 있다. 베어링판에 $P = 185$ kN이 작용할 때 다음을 계산하라.

(a) 부재 (1)과 (2)에서 수직응력

(b) 각 부재에서 항복응력에 대한 안전계수

(c) 봉 (1)에서 수직변형률

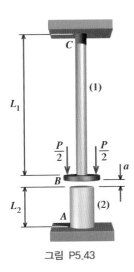

그림 P5.43

P5.44 그림 P5.44에서 단면도는 단부가 닫힌 청동[$E_1 = 100$ GPa; $A_1 = 1206$ mm²; $L_1 = 610$ mm]튜브 (1)을 갖는 충진 알루미늄합금[$E_2 = 70$ GPa; $A_2 = 707$ mm²; $L_2 = 600$ mm]봉 (2)를 보여준다. 하중 P가 작용하기 전에 A에서 튜브 클로져(tube closure)와 봉 플랜지 B 사이에 2 mm의 간격이 있다. 하중 P가 적용된 후에 봉 (2)는 플랜지 B가 튜브의 막힌 단부 A에 닿을 만큼 늘어난다. 알루미늄 봉의 아래 단부에 하중 $P = 230$ kN이 작용할 때 다음을 계산하라.

(a) 튜브 (1)에서 수직응력

(b) 튜브 (1)에서 늘음량

P5.45 그림 P5.45에서처럼 지름 12 mm 강재[$E = 200$ GPa] 볼트가 구리 튜브 (2)안에 있다. 구리[$E = 110$ GPa]튜브는 바깥 지름이 35 mm이고 안지름은 31.7 mm이다. 각각 두께 $t = 4$ mm 인 강체 와셔가 구리 튜브의 끝을 막는다. 볼트의 나사 피치는 1.50 mm이다. 즉, 너트가 1회전 할 때마다 1.50 mm 전진한다. 볼트, 너트, 와셔, 튜브가 완전히 맞닿을 때까지 너트를 조여서 모든 느슨한 부분이 없지만 아직 응력이 발생하지 않은 상태이다. 이 상태에서 너트를 추가로 1/4 회전하여 조이면 볼트와 튜브에 발생하는 응력은 얼마인가?

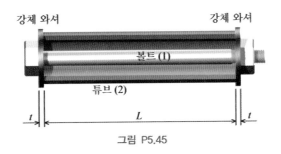

그림 P5.45

P5.46 바깥지름이 90 mm이고 벽두께가 5 mm인 중공 강재[$E = 200$ GPa] 튜브 (1)을 지름 50 mm의 충진 알루미늄[$E = 69$ GPa] 봉에 고정한다. 조립체는 왼쪽과 오른쪽 단부에 단단한 지지대에 부착되어 그림 P5.46과 같이 하중을 받는다. 다음을 계산하라.

(a) 축 조립체의 모든 부분에서 응력

(b) 절점 B와 C의 처짐

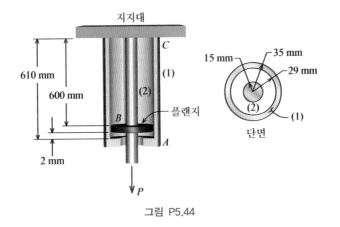

그림 P5.44

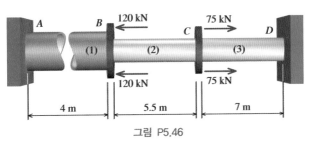

그림 P5.46

5.6 온도 영향에 의한 축방향 변형

2.4절에서 검토했듯이 온도 변화 ΔT는 재료에 수직변형률을 일으킨다.

$$\varepsilon_T = \alpha\,\Delta T \tag{5.10}$$

축부재 길이 L에 대하여 온도 변화에 의한 변형은 다음과 같다.

$$\delta_T = \varepsilon_T L = \alpha \Delta T L \tag{5.11}$$

축부재가 자유롭게 늘음하고 수축하면 재료에서 온도 변화 자체는 응력을 발생시키지 않는다. 그러나 늘음과 수축을 구속하면 축부재에 상당한 응력이 발생한다.

힘-온도-변형 관계

식 (5.2)에서 설명한 내력과 축변형 관계는 온도 변화 영향을 포함하여 다음과 같이 나타낼 수 있다.

$$\delta = \frac{FL}{AE} + \alpha \Delta T L \tag{5.12}$$

정정 축부재의 변형은 부재가 온도 변화에 따라 자유롭게 늘어나거나 줄어들기 때문에 식 (5.12)에서 계산할 수 있다. 부정정 구조물에서는 온도 변화로 인한 변형은 구조물 내의 지지점 또는 다른 구성요소에 의해 구속될 수 있다. 이러한 종류의 구속은 부재의 늘음(인장) 또는 수축을 억제하여 수직응력을 발생시킨다. 온도 변화 자체가 응력을 발생시키지 않을지라도 이러한 응력은 열응력(thermal stress)이라 한다.

MecMovies 예제 M5.11

지름 20 mm의 강재[$E = 200$ GPa; $12.0 \times 10^{-6}/℃$]봉이 그림과 같이 강체 벽 사이에 단단히 고정되어 있다. 지름 15 mm 볼트의 전단응력이 70 MPa가 되는 온도 강하 ΔT를 계산하라.

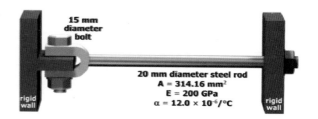

MecMovies 예제 M5.12

강체 부재 ABC가 A에서 핀으로 고정되어 있고 B에서 강선(steel wire)으로 지지되어 있다. 무게 W를 강체 부재의 C에 재하하기 전에는 강체 부재는 수평이다. 무게 W를 재하하고 조립체의 온도를 50℃ 증가시킨 후에 정밀하게 측정한 결과, 강체 부재가 점 C에서 아래로 2.52 mm 이동하였다. 다음을 계산하라.

(a) 강선 (1)에서 수직변형률

(b) 강선 (1)에서 수직응력

(c) 무게 W의 크기

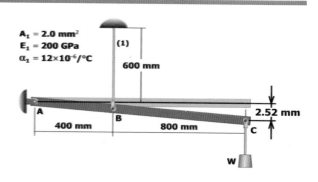

부정정 구조물에서 온도 영향 결합

5.5절에서 부정정 축방향 구조물 해석을 위한 5단계 과정을 설명했다. 식 (5.2) 대신 식 (5.12)을 사용하여 축방향 부재에 대한 힘-온도-변형 관계를 정의함으로써 온도 효과를

이 과정에 쉽게 결합할 수 있다. 5단계 과정을 통해 온도 변화가 포함된 부정정 +소해석은 온도 영향이 없는 문제보다 개념적으로 별로 어렵지 않다. 식 (5.12)에 $\alpha \Delta TL$항 추가로 계산상 어려움은 증가할 수 있지만 모든 과정은 동일하다. 사실 온도 변화가 포함된 좀 더 도전적인 문제에서 이 5단계 해석 과정의 장점과 잠재력이 가장 명확하게 나타난다.

식 (5.12)는 양의 내력 F(즉, 인장력) 및 양의 ΔT가 양의 부재 변형(즉, 늘음량)을 만든다는 일관성이 있어야 한다. 다시 말해 비록 직관적으로 축부재가 압축작용을 한다고 할지라도 모든 축부재의 부재력을 인장력으로 가정하는 것이 중요하다.

MecMovies 예제 M5.13

알루미늄 봉 (1)이 강체 플랜지 B에서 강재 기둥 (2)에 연결되어 있다. 20℃ 온도에서 플랜지에 연결되어 있을 때 봉 (1)과 기둥(2)는 응력이 없는 상태이다. 알루미늄 봉 (1)의 단면적 $A_1 = 200 \text{ mm}^2$, 탄성계수 $E_1 = 70$ GPa, 열팽창계수 $\alpha_1 = 23.6 \times 10^{-6}/℃$이다. 강재 기둥 (2)의 단면적 $A_2 = 450 \text{ mm}^2$, 탄성계수 $E_2 = 200$ GPa, 열팽창계수 $\alpha_2 = 12.0 \times 10^{-6}/℃$이다. 부재 (1)과 (2)에서 수직응력과 온도가 75℃로 올라간 후에 플랜지 B에서 처짐을 계산하라.

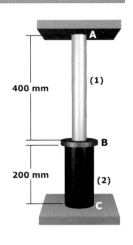

예제 5.8

알루미늄 봉 (1)[$E = 70$ GPa; $\alpha = 22.5 \times 10^{-6}/℃$]과 황동 봉 (2)[$E = 105$ GPa; $\alpha = 18.0 \times 10^{-6}/℃$]이 그림에서처럼 강체 지지점에 연결되어 있다. 봉 (1)과 (2)의 단면적은 각각 2000 mm², 3000 mm²이다. 구조물의 온도는 증가한다.

(a) 두 축부재 사이에 초기 간격 1 mm를 좁힐 온도 증가를 계산하라.

(b) 총 +60℃의 온도가 증가했을 때 각 봉의 수직응력을 계산하라.

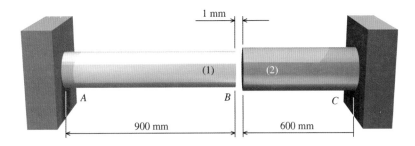

풀이 계획 먼저, 온도 증가가 1 mm 간격을 좁힐 만큼 늘음량을 충분히 발생시키는지를 결정해야 한다. 2개의 축부재가 닿으면, 부정정 문제가 되고 5.5절에서 개략적으로 설명된 5단계 절차로 해결할 수 있다. 온도 상승으로 인해 두 부재가 압축될 것임에도 불구하고 힘-온도-변형 관계의 일관성을 유지하기 위해 부재 (1)과 부재 (2) 모두에서 인장으로 가정된다. 따라서 내력 F_1과 F_2의 값은 음수여야만 한다.

풀이 (a) 온도 증가만으로 인한 두 개의 봉에서 축방향 늘음량은 다음과 같이 표현할 수 있다.

$$\delta_{1,T} = \alpha_1 \Delta TL_1, \quad \delta_{2,T} = \alpha_2 \Delta TL_2$$

두 개의 봉이 B에서 만난다면, 봉에서 늘음량 합은 1 mm와 같아야 한다.

$$\delta_{1,T} + \delta_{2,T} = \alpha_1 \Delta T L_1 + \alpha_2 \Delta T L_2 = 1 \text{ mm}$$

이 방정식을 ΔT에 대해서 풀면

$$(22.5 \times 10^{-6}/\text{℃}) \Delta T (900 \text{ mm}) + (18.0 \times 10^{-6}/\text{℃}) \Delta T (600 \text{ mm}) = 1 \text{ mm}$$

$$\therefore \Delta T = 32.2 \text{℃}$$ 답

(b) 32.2℃의 온도 상승이 1 mm 간격을 없애는 것을 감안할 때, 지지대 A와 C는 봉이 자유롭게 움직이는 것을 막기 때문에 더 큰 온도 증가(이 경우 60℃)는 알루미늄과 황동 봉이 서로 압축되도록 한다.

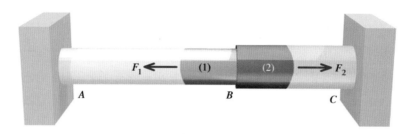

1단계 ― 평형방정식: 알루미늄과 황동 봉이 서로 만났을 때 절점 B에서 자유물체도를 고려하라. 수평방향 합력은 내부 부재력으로만 구성된다.

$$\sum F_x = F_2 - F_1 = 0 \quad \therefore F_1 = F_2$$

2단계 ― 변형형태(적합조건): 합성 축부재는 A와 C에서 강체 지지대에 고정되기 때문에, 구조물의 전체 늘음량은 1 mm를 초과할 수 없다. 다시 말하면,

$$\delta_1 + \delta_2 = 1 \text{ mm} \tag{a}$$

3단계 ― 힘-온도-변위 관계: 두 부재에 대한 힘-온도-변위 관계를 작성한다.

$$\delta_1 = \frac{F_1 L_1}{A_1 E_1} + \alpha_1 \Delta T L_1, \quad \delta_2 = \frac{F_2 L_2}{A_2 E_2} + \alpha_2 \Delta T L_2 \tag{b}$$

4단계 ― 적합방정식: 적합방정식을 구하기 위해서 식 (b)를 식 (a)에 대입한다.

$$\frac{F_1 L_1}{A_1 E_1} + \alpha_1 \Delta T L_1 + \frac{F_2 L_2}{A_2 E_2} + \alpha_2 \Delta T L_2 = 1 \text{ mm} \tag{c}$$

5단계 ― 방정식 풀이: 식 (c)에 $F_2 = F_1$(평형방정식에서)로 치환하고 내력 F_1에 대해서 푼다.

$$F_1 \left[\frac{L_1}{A_1 E_1} + \frac{L_2}{A_2 E_2} \right] = 1 \text{ mm} - \alpha_1 \Delta T L_1 - \alpha_2 \Delta T L_2 \tag{d}$$

F_1값을 계산할 때 단위에 주의를 기울여 일관성을 유지해야 한다.

$$F_1\left[\frac{900 \text{ mm}}{(2000 \text{ mm}^2)(70000 \text{ N/mm}^2)}+\frac{600 \text{ mm}}{(3000 \text{ mm}^2)(105000 \text{ N/mm}^2)}\right]$$

$$=1 \text{ mm}-(22.5\times10^{-6}/℃)(60℃)(900 \text{ mm})-(18.0\times10^{-6}/℃)(60℃)(600 \text{ mm})$$

(e)

그러면,

$$F_1 = -103560 \text{ N} = -103.6 \text{ kN}$$

봉 (1)에서 수직응력은

$$\sigma_1 = \frac{F_1}{A_1} = \frac{-103560 \text{ N}}{2000 \text{ mm}^2} = -51.8 \text{ MPa} = 51.8 \text{ MPa (수축)}$$

답

봉 (2)에서 수직응력은

$$\sigma_2 = \frac{F_2}{A_2} = \frac{-103560 \text{ N}}{3000 \text{ mm}^2} = -34.5 \text{ MPa} = 34.5 \text{ MPa (수축)}$$

답

Mec Movies MecMovies 예제 M5.14

폭 30 mm이고 두께가 24 mm인 알루미늄[$E=70$ GPa; $\alpha=23.0\times10^{-6}/℃$] 직사각형 막대와 폭 30 mm이고 두께가 12 mm인 두 개의 구리[$E=120$ GPa; $\alpha=16.0\times10^{-6}/℃$] 직사각형 막대가 지름 11 mm인 부드러운(smooth) 두 개의 핀으로 연결되어 있다. 처음 막대에 핀을 넣을 때 구리와 알루미늄 막대에는 응력이 없는 상태이다. 조립체의 온도가 65℃까지 증가한 후에 다음을 계산하라.

(a) 알루미늄 막대에서 내부 축력

(b) 구리 막대에서 수직변형률

(c) 지름 11 mm 핀에서 전단응력

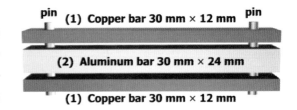

예제 5.9

핀연결 구조물이 그림처럼 지지되고 하중을 받고 있다. 부재 $BCDF$ 는 강체 판이다. 부재 (1)은 강재[$E=200$ GPa; $A_1=310$ mm²; $\alpha=11.9\times10^{-6}/℃$]봉이고 부재 (2)는 알루미늄[$E=70$ GPa; $A_2=620$ mm²; $\alpha=22.5\times10^{-6}/℃$]봉이다. 판 F에 6 kN의 하중이 작용한다. 온도가 20℃까지 증가할 때 부재 (1)과 (2)에서 수직응력을 계산하라.

풀이 계획 부정정 구조물 문제를 풀기 위해서 5단계 과정이 사용된다. 강체 판은 C에서 핀연결이 되어 있기 때문에 C를 중심으로 회전한다. 판이 C에 대해 시계방향으로 회전한다는 가정으로 절점 B와 D 에서의 강체 판 처짐 간의 관계를 보여주기 위해

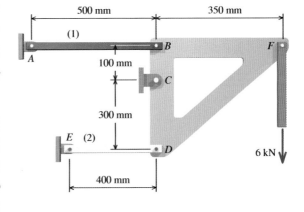

변형도를 그린다. 절점 처짐은 변형 δ_1과 δ_2와 관련이 있고, 부재력 F_1과 F_2항으로 표현된 적합방정식을

이끌어 낼 것이다.

풀이 **1단계 — 평형방정식:**

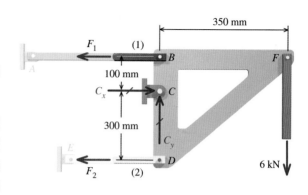

$$\sum M_C = F_1\,(100 \text{ mm}) - F_2\,(300 \text{ mm}) \\ - (6 \text{ kN})(350 \text{ mm}) = 0 \tag{a}$$

2단계 — 변형형태(적합조건): 강체 판의 처짐 위치를 그려라. 판은 C점에서 핀으로 지지되어 있기 때문에 C를 중심으로 회전할 것이다. 절점 B와 D 사이의 처짐 관계는 닮은꼴 삼각형으로 표현할 수 있다.

$$\frac{v_B}{100 \text{ mm}} = \frac{v_D}{300 \text{ mm}} \tag{b}$$

부재 (1)과 (2)의 변형은 B와 D에서 절점 처짐과 어떤 관계가 있는가?

정의에 따르면 부재에서 변형은 초기 길이와 최종 길이(즉, 온도가 증가하고 하중이 작용한 후)의 차이이다. 부재 (1)에 대해서

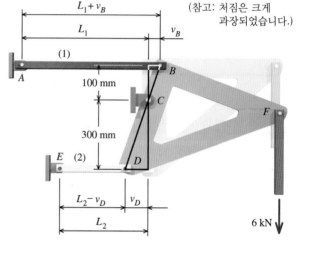

(참고: 처짐은 크게 과장되었습니다.)

$$\delta_1 = L_{\text{final}} - L_{\text{initial}} = (L_1 + v_B) - L_1 = v_B \\ \therefore v_B = \delta_1 \tag{c}$$

동일하게, 부재 (2)에 대해서

$$\delta_2 = L_{\text{final}} - L_{\text{initial}} = (L_2 - v_D) - L_2 = -v_D \\ \therefore v_D = -\delta_2 \tag{d}$$

식 (c)와 (d)의 결과를 식 (b)에 대입하면 다음과 같다.

$$\frac{\delta_1}{100 \text{ mm}} = -\frac{\delta_2}{300 \text{ mm}} \tag{e}$$

3단계 — 힘-온도-변형 관계: 두 축부재에 대해 일반적인 힘-온도-변형 관계를 작성한다.

$$\delta_1 = \frac{F_1 L_1}{A_1 E_1} + \alpha_1 \Delta T L_1 \quad \text{그리고} \quad \delta_2 = \frac{F_2 L_2}{A_2 E_2} + \alpha_2 \Delta T L_2 \tag{f}$$

4단계 — 적합방정식: 식 (f)에서 힘-온도-변형 관계를 식 (e)에 대입하여 적합방정식을 구한다.

$$\frac{1}{100 \text{ mm}}\left[\frac{F_1 L_1}{A_1 E_1} + \alpha_1 \Delta T L_1\right] = -\frac{1}{300 \text{ mm}}\left[\frac{F_2 L_2}{A_2 E_2} + \alpha_2 \Delta T L_2\right] \tag{g}$$

이 방정식은 구조물의 처짐에 대한 정보에서 유도되고 미지의 두 부재력 F_1과 F_2의 항으로 표현된다.

5단계 — 방정식 풀이: 적합방정식[식 (g)]을 다시 쓰고, 방정식 왼쪽에 F_1과 F_2를 포함하는 항으로 묶으면.

$$\frac{F_1 L_1}{(100 \text{ mm})A_1 E_1} + \frac{F_2 L_2}{(300 \text{ mm})A_2 E_2} = -\frac{1}{100 \text{ mm}}\alpha_1 \Delta T L_1 - \frac{1}{300 \text{ mm}}\alpha_2 \Delta T L_2 \tag{h}$$

평형방정식 (a)는 같은 방법으로 다시 배열될 수 있다.

$$F_1(100 \text{ mm}) - F_2(300 \text{ mm}) = (6 \text{ kN})(350 \text{ mm}) \tag{i}$$

식 (h)와 (i)는 다양한 방법으로 연립해서 풀 수 있다. F_2에 대해 식 (i)를 정리하면,

$$F_2 = \frac{F_1(100 \text{ mm}) - (6 \text{ kN})(350 \text{ mm})}{300 \text{ mm}} \tag{j}$$

이 식을 식 (h)에 대입하고 식의 왼쪽에 F_1항을 모은다.

$$\frac{F_1 L_1}{(100 \text{ mm})A_1 E_1} + \frac{[(100 \text{ mm}/300 \text{ mm})F_1]L_2}{(300 \text{ mm})A_2 E_2}$$

$$= -\frac{1}{100 \text{ mm}}\alpha_1 \Delta T L_1 - \frac{1}{300 \text{ mm}}\alpha_2 \Delta T L_2 + (6 \text{ kN})\left[\frac{350 \text{ mm}}{300 \text{ mm}}\right]\frac{L_2}{(300 \text{ mm})A_2 E_2}$$

F_1에 대해서 풀고 정리하면

$$F_1\left[\frac{500 \text{ mm}}{(100 \text{ mm})(310 \text{ mm}^2)(200000 \text{ N/mm}^2)} + \frac{(1/3)(400 \text{ mm})}{(300 \text{ mm})(620 \text{ mm}^2)(70000 \text{ N/mm}^2)}\right]$$

$$= -\frac{1}{100 \text{ mm}}(11.9 \times 10^{-6}/℃)(20 ℃)(500 \text{ mm})$$

$$- \frac{1}{300 \text{ mm}}(22.5 \times 10^{-6}/℃)(20 ℃)(400 \text{ mm})$$

$$+ (6000 \text{ N})\left[\frac{350 \text{ mm}}{300 \text{ mm}}\right]\frac{400 \text{ mm}}{(300 \text{ mm})(620 \text{ mm}^2)(70000 \text{ N/mm}^2)}$$

그러면

$$F_1 = -17328.8 \text{ N} = -17.33 \text{ kN} = 17.33 \text{ kN} \text{ (수축)}$$

반대로 식 (j)에 대입하면

$$F_2 = -12776.3 \text{ N} = -12.78 \text{ kN} = 12.78 \text{ kN} \text{ (수축)}$$

부재 (1)과 (2)에서 수직응력을 계산하면

$$\sigma_1 = \frac{F_1}{A_1} = \frac{-17328.8 \text{ N}}{310 \text{ mm}^2} = -55.9 \text{ MPa} = 55.9 \text{ MPa} \text{ (수축)}$$

$$\sigma_2 = \frac{F_2}{A_2} = \frac{-12776.3 \text{ N}}{620 \text{ mm}^2} = -20.6 \text{ MPa} = 20.6 \text{ MPa} \text{ (수축)} \qquad \textbf{답}$$

참고: 부재 (1)의 변형은 다음과 같이 계산된다.

$$\delta_1 = \frac{F_1 L_1}{A_1 E_1} + \alpha_1 \Delta T L_1 = \frac{(-17328.8 \text{ N})(500 \text{ mm})}{(310 \text{ mm}^2)(200000 \text{ N/mm}^2)}$$
$$+ (11.9 \times 10^{-6}/\text{℃})(20\text{℃})(500 \text{ mm})$$
$$= -0.1397 \text{ mm} + 0.1190 \text{ mm} = -0.0207 \text{ mm}$$

부재 (2)의 변형은

$$\delta_2 = \frac{F_2 L_2}{A_2 E_2} + \alpha_2 \Delta T L_2 = \frac{(-12776.3 \text{ N})(400 \text{ mm})}{(620 \text{ mm}^2)(70000 \text{ N/mm}^2)}$$
$$+ (22.5 \times 10^{-6}/\text{℃})(20\text{℃})(400 \text{ mm})$$
$$= -0.1178 \text{ mm} + 0.1800 \text{ mm} = 0.0622 \text{ mm}$$

변형도에서의 초기 가정과는 달리, 부재 (1)은 실제로 수축하고 부재 (2)는 늘음한다. 이 결과는 온도 증가로 인한 늘음에 의해 설명된다. 강체 판은 실제로 C에 대해 반시계방향으로 회전한다.

Mec Movies MecMovies 예제 M5.15

황동 링크와 강재 봉이 온도 20℃에서 그림과 같은 치수를 갖고 있다. 강재 봉은 링크 안에 완전히 결합될 때까지 냉각된다. 완전한 링크와 봉 조립체일 때 온도는 40℃이다. 다음을 결정하라.

(a) 강재 봉에서 최종 수직응력

(b) 강재 봉의 변형

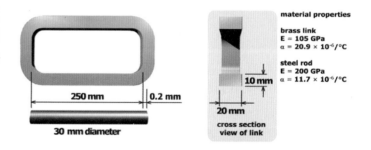

Mec Movies MecMovies 연습문제

M5.13 합성 축 변형 구조물이 플랜지 B에서 연결된 두 개의 봉으로 구성되어 있다. 봉 (1)과 (2)는 A와 C에서 각각 강체 지지대에 고정되어 있다. 집중하중 P가 그림에서 나타낸 방향으로 플랜지 B에 작용한다. 제시된 $\triangle T$까지 온도가 변한 후에 각 봉에서의 수직응력과 내력을 계산하라. 또한 x 방향에서 플랜지 B의 처짐을 계산하라.

하중 P가 작용한 후에 3개의 봉의 온도는 제시된 $\triangle T$까지 증가한다. 다음을 계산하라.

(a) 봉 (1)에서 내력

(b) 봉 (2)에서 수직응력

(c) 봉 (1)에서 수직변형률

(d) B에서 강체 부재의 하향 처짐

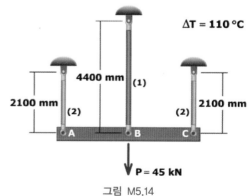

그림 M5.13

그림 M5.14

M5.14 그림에서처럼 강체 수평막대 ABC가 3개의 수직 봉으로 지지된다. 하중이 작용하기 전에는 무응력 상태이다.

P5.47 그림 P5.47에서처럼 조립체의 두 강체 부분을 연결하기 위하여 지름 22 mm 강재[$E=200$ GPa; $\alpha=11.9\times10^{-6}/℃$] 볼트가 사용된다. 볼트의 길이는 $a=150$ mm이다. 너트는 T=40℃의 온도에서 완전히 맞닿은 순간까지만 손으로 조인다(조립체에 간극은 없지만 볼트에 축력도 없음을 의미). 온도가 T = −10℃로 떨어질 때 다음을 계산하라.

(a) 볼트가 강체부분에 가하는 조이는 힘(clamping force)

(b) 볼트에서 수직응력

(c) 볼트에서 수직변형률

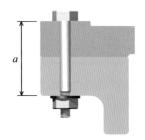

그림 P5.47

P5.48 그림 P5.48/49와 같이 강체 지지대에 연결되어 있을 때 지름 25 mm, 길이 3.5 m인 강재 봉 (1)은 무응력 상태이다. A에서 지름 16 mm 볼트는 지지대에 봉을 연결하기 위해서 사용된다. 강재 봉 (1)에서 수직응력과 온도가 60℃로 떨어진 후에 볼트 A에서 전단응력을 계산하라. $E=200$ GPa와 $\alpha=11.9\times10^{-6}/℃$를 사용하라.

그림 P5.48/49

P5.49 지름 32 mm, 길이 6 m인 강재 봉 (1)은 강체 지지대에 연결된 후에 무응력 상태이다. 그림 P5.48/49와 같이 U자형 연결부를 사용하여 봉을 A에서 지지대에 연결한다. 강재 봉에서 수직응력은 125 MPa에 제한되어야 하고 볼트에서 전단응력은 270 MPa로 제한되어야 한다. $E=200$ GPa와 $\alpha=11.7\times10^{-6}/℃$로 가정하고 다음을 계산하라.

(a) 허용수직응력에 근거하여 봉 (1)에서 안전하게 수용할 수 있는 온도하강

(b) (a)에서 구한 온도 하강을 사용하여 A에서 볼트의 최소 필요 지름

P5.50 턴버클을 갖고 있는 강재[$E=200$ GPa; $\alpha=11.7\times10^{-6}/℃$] 봉 끝단이 강체 벽에 연결되어 있다. 여름 동안 온도가 32℃일 때 턴버클은 봉에서 40 MPa의 응력이 발생하도록 조여졌다. 겨울에 온도 −15℃일 때 봉에서 응력을 계산하라.

P5.51 고밀도 폴리에틸렌[$E=830$ MPa; $\alpha=140\times10^{-6}/℃$] 블록 (1)이 그림 P5.51과 같이 고정 장치에 놓여있다. 블록의 면적은 $A_1=1600$ mm^{2}이고 길이는 $L_1=760$ mm이다. 실온에서, 블록과 강체 지지대 B사이에는 $a=5$ mm의 간격이 존재한다. 다음을 계산하라.

(a) 블록에서 55℃ 온도 증가로 인한 수직응력

(b) 온도가 증가할 때 블록 (1)에서 수직변형률

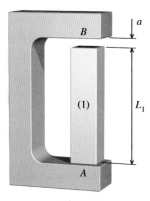

그림 P5.51

P5.52 그림 5.52에서 조립체는 고체세라믹 코어 (2)에 완전히 결합된 황동 쉘 (1)로 구성된다. 황동 쉘[$E=115$GPa; $\alpha=18.7\times10^{-6}/℃$]의 바깥지름은 50 mm이고 안지름은 35 mm이다. 세라믹코어[$E=290$ GPa; $\alpha=3.1\times10^{-6}/℃$]의 지름은 35 mm이다. 15℃ 온도에서 조립체는 무응력 상태이다. 황동의 종방향 수직응력이 80 MPa를 초과하지 않을 때 조립체가 수용할 수 있는 최대 상승한 온도를 결정하라.

200 mm

(2) 세라믹 코어

황동 쉘 (1)

그림 P5.52

P5.53 5℃일 때 그림 5.53에서 두 개의 막대의 단부 사이에 $a=2.5$ mm 간격이 존재한다. 막대 (1)은 면적 $A_1=1600$ mm^{2}이고 길이 $L_1=750$ mm인 알루미늄합금[$E=69$ GPa; $\alpha=23.6\times10^{-6}/℃$] 막대이다. 막대 (2)는 면적 $A_2=1000$ mm^{2}이고 길이 $L_2=1200$ mm인 스테인리스강[$E=193$ GPa; $\alpha=17.3\times10^{-6}/℃$] 막대이다. A와 C에서 지지대는 강체이다. 다음을 계산하라.

(a) 두 막대가 서로 만나는 최저 온도

(b) 온도 110℃에서 두 막대에 수직응력

(c) 온도 110℃에서 두 막대에 수직변형률

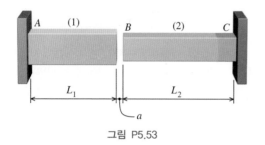

그림 P5.53

P5.54 알루미늄합금 실린더 (2)가 그림 P5.54와 같이 강철 볼트 (1)로 강체 헤드 사이에 고정되어 있다. 강재[$E = 200$ GPa; $\alpha = 11.7 \times 10^{-6}/$℃]볼트는 지름 16 mm이다. 알루미늄합금[$E = 70$ GPa; $\alpha = 23.6 \times 10^{-6}/$℃]실린더는 바깥지름이 150 mm이고 벽두께가 5 mm이다. $a = 600$ mm, $b = 700$ mm로 가정한다. 이 조립체의 온도 변화 $\Delta T = 50$℃일 때 다음을 계산하라.

(a) 알루미늄 실린더에서 수직응력

(b) 알루미늄 실린더에서 수직변형률

(c) 강철 볼트에서 수직변형률

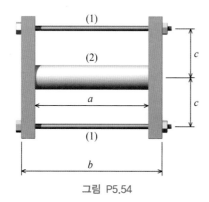

그림 P5.54

P5.55 그림 P5.55에서처럼 강체 부재 *BCD*는 하나의 강재[$E = 200$ GPa; $\alpha = 11.7 \times 10^{-6}/$℃; $\sigma_Y = 430$ MPa]봉과 두 개의 동일한 알루미늄[$E = 70$ GPa; $\alpha = 23.6 \times 10^{-6}/$℃; $\sigma_Y = 275$ MPa]봉이 지지한다. 강 봉은 지름 18 mm이고 길이 $a = 3.0$ m이다. 각각의 알루미늄 봉 (2)는 지름 $d_2 = 25$ mm이고 길이 $b = 1.5$ m이다. 각 봉에서 수직응력에 대한 안전계수가 2.5로 규정되어 있을 때 조립체에서 허용할 수 있는 최대 온도상승을 계산하라.

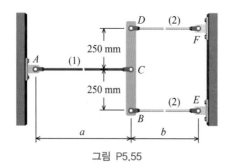

그림 P5.55

P5.56 그림 P5.56에서처럼 핀연결 구조물이 강체 부재 *ABC*, 충진 청동[$E = 100$ GPa; $\alpha = 16.9 \times 10^{-6}/$℃]봉 (1), 충진 알루미늄합금[$E = 70$ GPa; $\alpha = 22.5 \times 10^{-6}/$℃]봉 (2)로 구성되어 있다. 청동 봉 (1)의 지름은 24 mm, 알루미늄 봉 (2)의 지름은 16 mm이다. 25℃에서 조립될 때 봉은 무응력 상태이다. 조립 후에 봉 (2)의 온도가 40℃까지 증가하고 봉 (1)의 온도는 25℃를 유지한다. 이 조건에서 두 봉에서 수직응력을 계산하라.

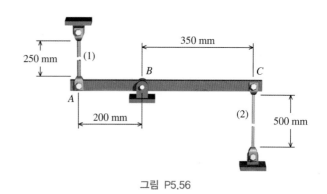

그림 P5.56

P5.57 그림 P5.57에서처럼 강체 부재 *ABC*가 두 개의 동일한 충진 청동[$E = 100$ GPa; $\alpha = 16.9 \times 10^{-6}/$℃]봉과 충진 강재[$E = 200$ GPa; $\alpha = 11.9 \times 10^{-6}/$℃]봉으로 지지되어 있다. 청동 봉 (1)은 각각 지름이 16mm이고 중간봉 (2)와 작용하중 *P*에 대하여 대칭이다. 강재 봉 (2)는 지름 20 mm이다. 30℃에서 조립될 때 봉은 무응력 상태이다. 온도가 −20℃로 떨어졌을 때 다음을 계산하라.

(a) 청동과 강재 봉에서 수직응력

(b) 청동과 강재 봉에서 수직변형률

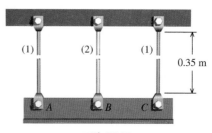

그림 P5.57

P5.58 단면적 $A_1 = 3600$ mm²를 갖는 강 관[$E = 200$ GPa; $\alpha = 11.7 \times 10^{-6}/$℃]기둥이 단면적 $A_2 = 2750$ mm²를 갖는 알루미늄합금[$E = 69$ GPa; $\alpha = 23.6 \times 10^{-6}/$℃] 관 (2)에 플랜지 *B*에서 연결되어 있다. 조립체(그림 P5.58에서)는 *A*와 *C*에서 강체 지지대에 연결되어 있다. 초기 온도 35℃에서 무응력 상태이다. $P = 120$ kN으로 가정하라.

(a) 어떤 온도에서 강 관 (1)의 수직응력이 0으로 감소하는가?

(b) −20℃일 때 강 관 (1)과 알루미늄 관 (2)에서 수직응력을 계산하라.

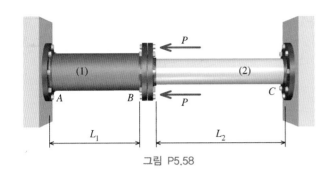

그림 P5.58

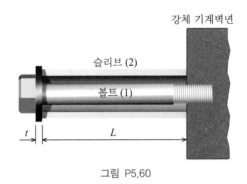

그림 P5.60

P5.59 그림 P5.59에서처럼 하중 P는 강체 부재 $ABCD$, 폴리머 [$E = 16$ GPa; $\alpha = 5.2 \times 10^{-6}/℃$]봉, 알루미늄합금[$E = 69$ GPa; $\alpha = 22.5 \times 10^{-6}/℃$]봉으로 구성된 구조물에 의해 지지된다. 구조물에서 모든 치수는 $a = 800$ mm, $b = 950$ mm, $c = 500$ mm이다. 봉 (1)과 (2)에서 길이는 각각 $L_1 = 1.8$ m이고 $L_2 = 2.4$ m이다. 각 봉의 단면적은 1300 mm²이다. 구조물이 -5℃에서 조립되었을 때 봉은 무응력 상태이다. 집중하중 $P = 65$ kN 작용한 후에 온도는 40℃로 증가하였다. 다음을 계산하라.

(a) 봉 (1)과 (2)에서 수직응력

(b) 절점 D에서 수직 처짐

P5.61 그림 P5.61에서 핀연결 구조물은 강체 부재 $ABCD$와 두 개의 축부재로 연결되어 있다. 봉 (1)은 단면적 $A_1 = 400$ mm²인 강재[$E = 200$ GPa; $\alpha = 11.7 \times 10^{-6}/℃$]이다. 봉 (2)는 단면적 $A_2 = 400$ mm²인 알루미늄합금[$E = 70$ GPa; $\alpha = 22.5 \times 10^{-6}/℃$]이다. 구조물을 조립했을 때 봉은 무응력 상태이다. 집중하중 $P = 36$ kN이 작용하고 온도가 25℃까지 증가한 후에 다음을 결정하라.

(a) 봉 (1)과 (2)에서 수직응력

(b) 강체 부재의 점 D에서 처짐

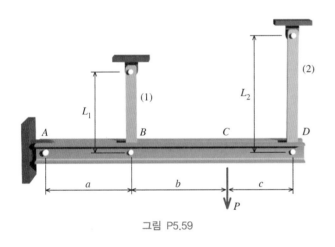

그림 P5.59

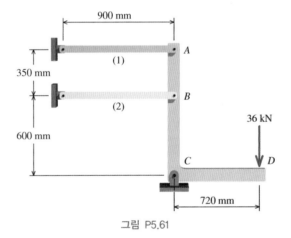

그림 P5.61

P5.60 원통형 청동 슬리브 (2)가 그림 P5.60과 같이 고강도 강재 볼트 (1)에 의해 강체 기계벽면에 대해 압축상태로 유지된다. 강재[$E = 200$ GPa; $\alpha = 11.7 \times 10^{-6}/℃$]볼트의 지름은 25 mm이다. 청동[$E = 105$ GPa; $\alpha = 22.0 \times 10^{-6}/℃$]슬리브의 바깥지름은 75 mm, 벽두께는 8 mm, 길이 $L = 350$ mm이다. 슬리브의 단부는 두께 $t = 5$ mm인 강체 와셔로 닫혀있다. 초기온도 $T_1 = 8℃$에서 너트를 볼트, 와셔, 슬리브가 완전히 맞닿은 순간까지만 조여서 모든 느슨함이 제거되었지만 아직 응력은 발생하지 않은 상태이다. 이 상태에서 조립체를 $T_2 = 80℃$까지 가열할 때 다음을 계산하라.

(a) 청동 슬리브의 수직응력

(b) 청동 슬리브의 수직변형률

P5.62 그림 P5.62에서 핀연결 구조물이 D에서 핀으로 연결된 두 개의 냉연강재[$E = 200$ GPa; $\alpha = 11.7 \times 10^{-6}/℃$]막대 (1)과 청동[$E = 105$ GPa; $\alpha = 18.7 \times 10^{-6}/℃$]막대 (2)로 구성되어 있다. 3개 막대 모두 단면적은 800 mm²이다. 초기 형상의 $a = 5.2$ m, $b = 9.3$ m로 가정한다. 핀 D에서 구조물에 하중 $P = 90$ kN이 작용하고 40℃까지 온도가 증가한다. 다음을 계산하라.

(a) 막대 (1)과 (2)에서 수직응력

(b) 핀 D에서 하향 변위

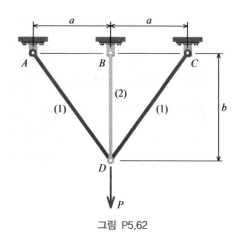

그림 P5.62

P5.63 강체 부재 *ABCD*가 그림 P5.63에서처럼 하중이 작용하고 지지되어 있다. 봉 (1)은 청동[$E = 100$ GPa; $\alpha = 16.9 \times 10^{-6} /°C$]으로 만들어졌고 단면적은 400 mm²이다. 봉 (2)는 알루미늄[$E = 70$ GPa; $\alpha = 22.5 \times 10^{-6} /°C$]으로 만들어졌고 단면적은 600 mm²이다. 초기에 봉 (1)과 (2)는 무응력 상태이다. 온도가 40°C 증가할 때 다음을 계산하라.

(a) 봉 (1)과 (2)에서 응력

(b) 절점 *A*에서 수직 처짐

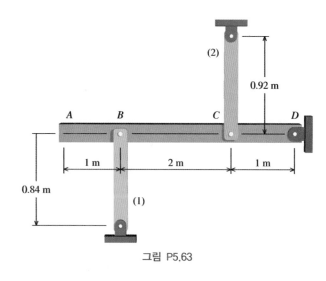

그림 P5.63

P5.64 3개의 다른 재료로 된 봉이 그림 P5.64/65에서 보여주듯이 강체 지지대 *A*와 *D* 사이에 연결되어 있다. 각각 3개 봉의

속성은 아래 제시되어 있다. 구조물이 15°C에서 조립되었고 봉은 무응력 상태이다. 온도가 125°C까지 증가했을 때 다음을 계산하라.

(a) 세 봉에서 수직응력

(b) 강체 지지대에 작용한 힘

(c) 강체 지지대 *A*에서 상대적인 절점 *B*와 *C*의 처짐

알루미늄 (1)	주철 (2)	청동 (3)
$L_1 = 0.75$ m	$L_2 = 0.35$ m	$L_3 = 0.55$ m
$A_1 = 870$ mm²	$A_2 = 2300$ mm²	$A_3 = 670$ mm²
$E_1 = 69$ GPa	$E_2 = 179$ GPa	$E_3 = 105$ GPa
$\alpha_1 = 23.6 \times 10^{-6}/$C	$\alpha_2 = 12.1 \times 10^{-6}/$C	$\alpha_3 = 22.0 \times 10^{-6}/$C

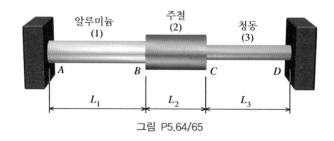

그림 P5.64/65

P5.65 3개의 다른 재료로 된 봉이 그림 P5.64/65에서 보여주듯이 강체 지지대 *A*와 *D* 사이에 연결되어 있다. 각각 3개 봉의 속성은 아래 제시되어 있다. 구조물이 20°C에서 조립되었고 봉은 무응력 상태이다. 온도가 100°C까지 증가했을 때 다음을 계산하라.

(a) 세 봉에서 수직응력

(b) 강체 지지대에 작용한 힘

(c) 강체 지지대 *A*에서 상대적인 절점 *B*와 *C*의 처짐

알루미늄 (1)	주철 (2)	청동 (3)
$L_1 = 440$ mm	$L_2 = 200$ mm	$L_3 = 320$ mm
$A_1 = 1200$ mm²	$A_2 = 2800$ mm²	$A_3 = 800$ mm²
$E_1 = 70$ GPa	$E_2 = 155$ GPa	$E_3 = 100$ GPa
$\alpha_1 = 22.5 \times 10^{-6}/$C	$\alpha_2 = 13.5 \times 10^{-6}/$C	$\alpha_3 = 17.0 \times 10^{-6}/$C

5.7 응력집중

이전 절에서 $\sigma = P/A$에 의해 결정되는 평균 응력이 중요하거나 의미 있는 응력이라고 가정했다. 많은 문제에서 이는 사실이지만 특정 구간에서 최대 수직응력은 평균 수직응력보다 상당히 클 수 있으며 특정 하중과 재료의 경우에는 평균 수직응력보다는 최대

수직응력이 더 중요한 고려사항이다. 구조물 또는 기계요소에 응력경로[응력궤적(stress trajectory)이라고 함]를 가로막는 불연속성이 있으면 불연속점의 응력이 단면의 평균응력(공칭 응력(nominal stress)이라고 함)보다 상당히 클 수 있다. 이것을 불연속점에서의 응력집중(stress concentration)이라고 한다. 응력집중의 영향은 그림 5.12에 나타나 있으며, 불연속의 한 유형이 상부 그림에 나타나고 단면에 수직응력의 대략적인 분포가 아래 그림에 나와 있다. 단면에 대한 최대응력 대 공칭응력의 비율을 응력집중계수 K라고 한다. 따라서 축하중 부재에서 최대수직응력에 대한 표현은 다음과 같다.

$$\sigma_{max} = K\sigma_{nom} \tag{5.13}$$

그림 5.13, 5.14, 5.15[1]에 표시된 것과 유사한 곡선들이 다양한 설계 핸드북들에 나와 있다. 이러한 곡선(또는 계수 표)을 사용하는 사용자는 계수가 전체 단면에 대한 것인지 또는 순 단면에 대한 것인지 여부를 확인하는 것이 중요하다. 이 책에서 응력집중계수 K는 그림 5.12와 같이 최소 또는 순 단면적에서 생성된 공칭응력과 함께 사용되어야 한다. 그림 5.13, 5.14, 5.15에 있는 K 계수들은 순 단면에서 응력을 바탕으로 한다.

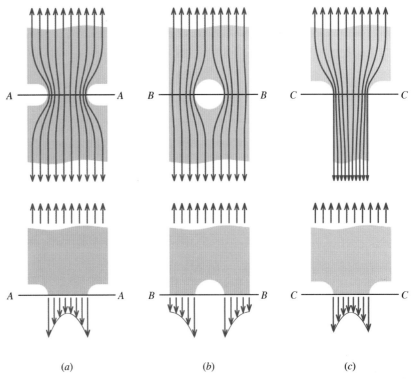

그림 5.12 (a) 노치, (b) 중앙에 위치한 구멍, 어깨부에 필렛을 가진 평면 봉의 전형적인 응력궤적과 수직응력 분포

---

1) Walter D. Pilkey, *Peterson's Stress Concentration Factors*, 2nd ed.(New York: John Wiley & Sons, Inc., 1997)에 근거함

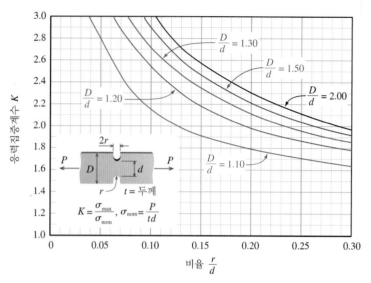

그림 5.13 양쪽에 U형상의 노치부를 가진 평면 봉에 대한 응렵집중계수 K

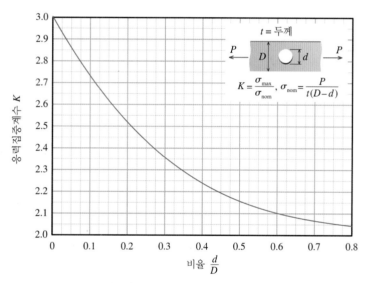

그림 5.14 중앙에 원형 구멍을 가진 평면 봉의 응력집중계수 K

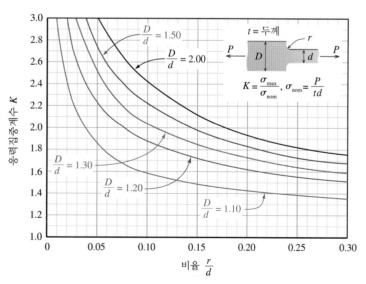

그림 5.15 어깨부에 필렛을 가진 평면 봉에 대한 응력집중계수 K

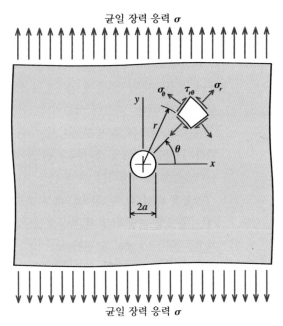

그림 5.16 한 방향의 균일한 인장력을 받는 원형 구멍을 가진 넓은 판

한 방향의 균일한 인장력을 받는 넓은 판의 작은 원형 구멍의 경우(그림 5.16)는 국부적인 응력 재분배에 대한 좋은 예를 보여준다. 탄성론의 해는 그림 5.16과 같이 반지름방향응력 σ_r, 접선응력 σ_θ, 전단응력 $\tau_{r\theta}$으로 표현된다. 식은 다음과 같다.

$$\sigma_r = \frac{\sigma}{2}\left(1 - \frac{a^2}{r^2}\right) - \frac{\sigma}{2}\left(1 - \frac{4a^2}{r^2} + \frac{3a^4}{r^4}\right)\cos 2\theta$$

$$\sigma_\theta = \frac{\sigma}{2}\left(1 + \frac{a^2}{r^2}\right) + \frac{\sigma}{2}\left(1 + \frac{3a^4}{r^4}\right)\cos 2\theta$$

$$\tau_{r\theta} = \frac{\sigma}{2}\left(1 + \frac{2a^2}{r^2} - \frac{3a^4}{r^4}\right)\sin 2\theta$$

구멍의 경계($r = a$)에서 이 식을 다음과 같이 간략화할 수 있다.

$$\sigma_r = 0$$

$$\sigma_\theta = \sigma(1 + 2\cos 2\theta)$$

$$\tau_{r\theta} = 0$$

$\theta = 0°$에서, 접선응력 $\sigma_\theta = 3\sigma$, 여기서 σ는 구멍에서 먼 부분의 판에서 균일한 인장응력이다. 그래서 이런 종류의 불연속성을 갖는 응력집중계수는 3이다.

국부적인 응력집중의 특성은 x축($\theta = 0°$) 방향의 접선응력 σ_θ의 분포를 고려하여 평가할 수 있다. 여기서,

$$\sigma_\theta = \frac{\sigma}{2}\left(2 + \frac{a^2}{r^2} + \frac{3a^4}{r^4}\right)$$

거리 $r = 3a$에서(즉, 구멍의 경계로부터 구멍 지름만큼), 이 방정식은 $\sigma_\theta = 1.074\sigma$가 된다. 따라서 구멍의 경계에서 공칭응력의 세 배로 시작된 응력은 구멍에서 지름만큼 떨어

진 거리에서 단지 7% 큰 값으로 감소한다. 이 급격한 감소는 불연속 부근에서 전형적인 응력 재분배이다.

연성재료의 경우, 정하중과 관련된 응력집중은 높은 응력 영역에서 재료가 항복하기 때문에 걱정되지 않는다. 이 국부적인 항복이 동반되는 응력 재분배로 평형이 달성되고 위험하지 않게 된다. 그러나 하중이 정하중 대신 충격 또는 반복 하중인 경우 재료가 파손될 수 있다. 또한, 재료가 부서지기 쉬운 경우에도 정하중으로 인해 파단이 발생할 수 있다. 따라서 어떤 재료에 충격이나 반복 하중을 가하거나 취성 물질에 정하중이 가해질 경우 응력집중을 무시해서는 안 된다.

형상에 대한 고려 외에도 특정 응력집중계수는 하중의 종류에 따라 달라진다. 이 절에서는 축방향 하중과 관련된 응력집중계수에 대해 논의한다. 비틀림과 휨에 대한 응력집중계수는 이후 장에서 논의한다.

예제 5.10

그림의 기계부품은 20 mm 두께이고 청동 C86100으로 되어 있다(부록 D 참조). 항복 파손에 대한 안전계수가 2.5일 때 최대로 안전한 하중 P를 계산하라.

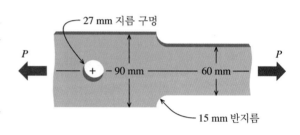

27 mm 지름 구멍
90 mm
60 mm
15 mm 반지름

풀이 청동 C86100의 항복강도는 331 MPa이다(재료성질에 대해서는 부록 D 참조). 안전계수 2.5에 대한 허용응력은 331/2.5 = 132.4 MPa이다. 기계부품에서 최대 응력은 원형 구멍의 경계 또는 두 단면 사이의 필렛에서 발생할 것이다.

필렛에서

$$\frac{D}{d} = \frac{90 \text{ mm}}{60 \text{ mm}} = 1.5 \quad \text{그리고} \quad \frac{r}{d} = \frac{15 \text{ mm}}{60 \text{ mm}} = 0.25$$

그림 5.15에서 K ≅ 1.73이다.

$$P = \frac{\sigma_{\text{allow}} A_{\text{min}}}{K} = \frac{(132.4 \text{ N/mm}^2)(60 \text{ mm})(20 \text{ mm})}{1.73} = 91838 \text{ N} = 91.8 \text{ kN}$$

구멍에서

$$\frac{d}{D} = \frac{27 \text{ mm}}{90 \text{ mm}} = 0.3$$

그림 5.14에서 K ≅ 2.36이다.

$$P = \frac{\sigma_{\text{allow}} A_{\text{min}}}{K} = \frac{(132.4 \text{ N/mm}^2)(90 \text{ mm} - 27 \text{ mm})(20 \text{ mm})}{2.36} = 70688 \text{ N} = 70.7 \text{ kN}$$

따라서

$$P_{\text{max}} = 70.7 \text{ kN}$$

답

P5.66 그림 P5.66에서처럼 기계부품이 10 mm 두께이고 냉연 (cold-rolled) 18-8 스테인리스 강재로 되어 있다(재료 물성치는 부록 D 참조). 항복 파괴에 대한 안전계수가 2.5로 규정되어 있다면 최대 안전하중 P를 계산하라.

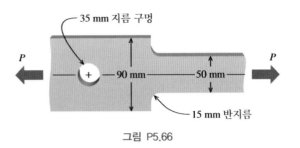

그림 P5.66

P5.67 그림 P5.67에서처럼 기계부품이 12 mm 두께이고 SAE 4340 열처리 강재로 되어 있다(재료 물성치는 부록 D 참조). 봉 가운데에 구멍이 있다. 항복 파괴에 대한 안전계수가 3.0으로 규정되어 있다면 최대 안전하중 P를 계산하라.

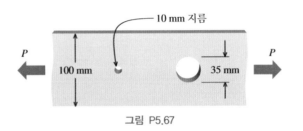

그림 P5.67

P5.68 폭이 100 mm이고 8 mm 두께의 강재 봉에 3000 N의 축방향 인장력이 전달되고 있다. 하중이 작용한 후에 그림 P5.68에서처럼 봉을 통과하는 지름 4 mm 구멍을 뚫었다. 구멍은 봉 중심에 있다.

(a) 구멍을 뚫은 전후의 봉의 A점(구멍의 모서리에서)에서 응력을 계산하라.

(b) 구멍을 뚫었을 때 봉의 모서리인 B점에서 축 응력이 증가 또는 감소하는지 설명하라.

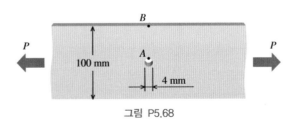

그림 P5.68

P5.69 그림 P5.69에서처럼 기계부품은 90 mm 폭, 12 mm 두께이고 알루미늄 2014-T4로 되어 있다(재료 물성치는 부록 D 참조). 봉 가운데에 구멍이 있다. 항복 파괴에 대한 안전계수가 1.5로 규정되어 있다면 최대 안전하중 P를 계산하라.

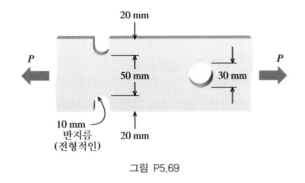

그림 P5.69

P5.70 그림 P5.70에서처럼 기계부품이 8 mm 두께이고 ANSI 1020 냉연강재(cold-rolled steel)로 되어 있다(재료 물성치는 부록 D 참조). 항복 파괴에 대한 안전계수가 3으로 규정되어 있다면 최대 안전하중 P를 계산하라.

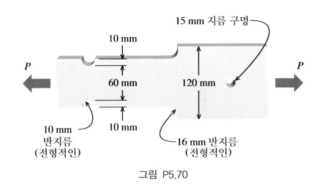

그림 P5.70

P5.71 그림 P5.71에서처럼 기계부품이 10 mm 두께이고 AISI 1020 냉연강재(cold-rolled steel, 재료 물성치는 부록 D 참조)로 되어 있고, 인장하중 $P = 45$ kN을 받는다. 항복 파괴에 대한 안전계수가 2로 규정되어 있다면 두 단면 사이에 사용할 수 있는 최소 반지름 r을 계산하라. 최소 필렛 반지름을 가장 가까운 1 mm 배수로 반올림하라.

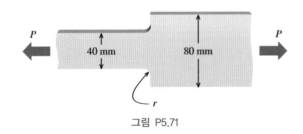

그림 P5.71

P5.72 그림 P5.72에서처럼 6 mm 두께의 봉이 알루미늄 2014-T4(재료 물성치는 부록 D 참조)로 되어 있다. 봉은 인장하중 $P = 9000$ N을 받는다. 지름 17 mm 구멍이 봉의 중심선에 있다. 항복 파괴에 대한 안전계수를 2.5로 유지해야만 한다면 봉의 최소 안전폭 D를 계산하라.

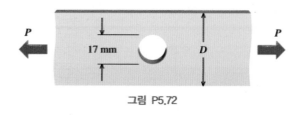

그림 P5.72

P5.73 그림 P5.73에서처럼 원형 구멍을 갖고 단차가 있는 봉이 단련된(annealed) 18-8 스테인리스강으로 되어 있다. 봉은 12 mm 두께이고 축 인장하중 $P = 70$ kN을 받는다. 봉에서 수직응력이 150 MPa를 초과해서는 안 된다. 가장 가까운 mm단위로 다음을 계산하라.

(a) 최대 허용구멍 지름 d

(b) 최소 허용필렛 반지름 r

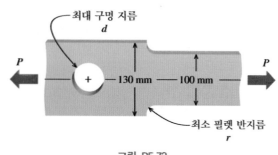

그림 P5.73

비틀림

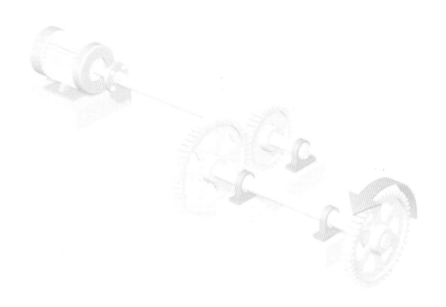

6.1 개요

토크(Torque)는 종방향 축에 대하여 부재를 비틀려는 모멘트이다. 기계(또는 구조물) 설계에서 토크가 한 평면으로부터 이와 평행한 평면으로 전달되는 문제를 자주 접하게 된다. 이 기능을 구현하는 가장 간단한 기계가 샤프트(shaft)이다. 샤프트는 일반적으로 엔진이나 모터를 펌프, 압축기, 회전축 또는 이와 유사한 장치에 연결하는 데 사용된다. 기어 및 도르래(pulleys)를 연결하는 샤프트는 비틀림 부재와 관련된 일반적인 하나의 적용사례이다. 대부분의 샤프트는 원형단면(내부가 꽉 차 있는 충진이거나 비어있는 중공 단면)이다. 그림 6.1은 이러한 장치를 표현한 자유물체도이다. 중량과 베어링 반력은 비틀림 문제에 있어서 의미 있는 정보를 제공하지 않기 때문에 이 자유물체도에서는 생략하였다. 모터의 전기자 A에 가해진 전자기력의 합력은 플랜지 커플링 B에 작용하는 볼트의 합력(다른 모멘트)에 의해 저항되는 모멘트이다. 원형샤프트 (1)은 전기자에서 커플링으로 토크를 전달한다. 비틀림 문제는 샤프트 (1)에서 응력 결정과 샤프트의 변형과 관련이 있다. 이 책에서 설명된 기본적인 해석을 위해서 그림 6.1의 횡단면 $a-a$와 $b-b$ 사이의 샤프트 부분이 고려된다. 해석 대상을 이와 같은 샤프트로 제한함으로써 토크적용부품(즉, 전기자 및 플랜지 커플링)의 위치에서 발생하는 복잡한 응력 상태를 피할 수 있다. 생베낭 원리에 따르면 전기자와 커플링을 샤프트에 연결함으로써 나타나는 효과는 이러한 부품들 위치에서

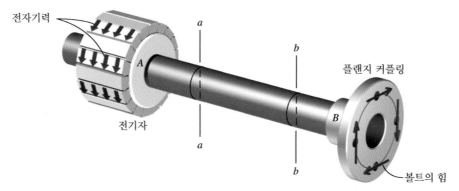

전자기력

전기자

플랜지 커플링

볼트의 힘

a a

b b

A

B

그림 6.1 전형적인 전기모터 샤프트의 변형된 자유물체도

비원형단면에서 비틀림은 와핑(warping)을 유발한다. 이는 토크가 작용하기 전에는 평면이던 단면이 토크가 작용한 후에는 비평면으로 변형된다. 즉 뒤틀린다(warped).

대략적으로 샤프트 지름의 거리만큼 떨어진 곳에서는 확실하게 사라진다.

1784년에 프랑스 엔지니어인 쿨롱(C.A Coulomb)은 원형막대에서 비틀림각과 적용된 토크사이의 관계를 실험적으로 설명하였다.[1] 또 다른 프랑스 엔지니어인 뒬로(A. Duleau)는 1820년에 출판된 논문에서 비틀기 전의 평면단면은 비틀린 후에도 평면을 유지하고, 단면상의 반지름방향선은 비틀어진 후에도 평면을 유지한다고 가정하고 같은 관계를 해석적으로 유도하였다. 비틀림 모델을 육안으로 검사한 결과, 이러한 가정은 충진 또는 중공 원형단면(중공 단면이 원형이고 샤프트의 축에 대해 대칭인 경우)에 잘 맞지만 다른 모양에는 잘 맞지 않는 것으로 나타났다. 예를 들어, 그림 6.2에 제시된 두 가지 각기둥형 고무 샤프트 모델에서 나타나는 비틀림 결과를 비교해보자. 그림 6.2a와 6.2b는 외부 토크 T가 끝단에 가해지기 전후의 원형 고무샤프트를 보여준다. 토크 T가 원형샤프트의 끝단에 작용할 때, 샤프트에 표시된 원형단면과 세로 격자선이 그림 6.2b의 패턴으로 변형된다. 각 세로 격자선은 나선형으로 꼬여 같은 각도로 원형단면과 교차한다. 샤프트의 길이와 반지

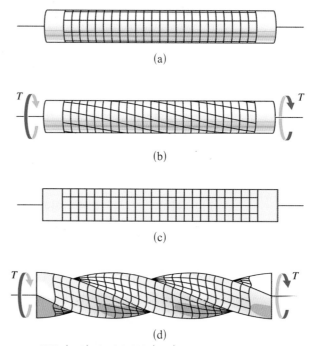

(a)

T T

(b)

(c)

T T

(d)

그림 6.2 원형 (a, b)와 정사각형 (c, d) 단면인 고무 모델의 비틀림 변형

---

1) From S.P. Timoshenko, *History of Strength of Materials*(New York: McGraw-Hill, 1953).

름은 변하지 않는다. 각 단면은 인접 단면에 대해 회전하므로 평면으로 유지되고 뒤틀리지 않는다. 그림 6.2c와 6.2d는 단부에 외부 토크 T가 작용하기 전후에 정사각형 고무샤프트를 보여준다. 그림 6.2c에서 토크가 작용하기 전에 평면단면은 T가 작용한 후(그림 6.2d)에 평면을 유지하지 않는다. 정사각형 샤프트에 의해 나타나는 거동은 원형단면을 제외한 모든 단면의 특징이다. 따라서 다음 해석은 충진이거나 중공 원형샤프트에만 유용하다.

6.2 비틀림 전단변형률

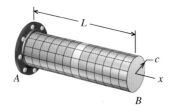

(a) 변형 전 샤프트

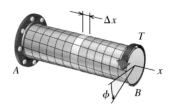

(b) 토크 T를 받은 변형된 샤프트

그림 6.3 순수 비틀림을 받는 균일단면의 샤프트

그림 6.3a에서처럼 한쪽 단부가 고정되고 반지름 c, 길이 L을 갖는 길고 가느다란 샤프트를 고려해보자. 외부 토크 T가 샤프트의 자유단 B에 작용할 때, 그림 6.3b와 같이 샤프트는 변형한다. 샤프트의 모든 단면은 동일한 내부 토크 T를 받는다. 따라서 이러한 샤프트를 순수비틀림(pure torsion)상태에 있다고 한다. 그림 6.3a의 세로선은 나선형으로 꼬여 샤프트의 자유단이 각도 ϕ로 회전한다. 이 회전각을 비틀림각(angle of twist)이라고 한다. 비틀림각은 샤프트의 길이 L에 따라 변한다. 균일단면 샤프트의 경우 비틀림각은 샤프트의 단부 사이에서 선형으로 변한다. 비틀림 변형은 어떤 경우에도 샤프트의 단면을 뒤틀리게 하지 않고 전체 샤프트의 길이를 일정하게 유지한다. 6.1절에서 설명했듯이 다음 가정은 원형-충진이거나 중공-단면을 갖는 샤프트의 비틀림에 적용할 수 있다.

- 비틀림 전에 평면단면은 비틀림 후에도 평면을 유지한다. 다시 말하면 원형단면은 비틀림을 받아도 뒤틀리지 않는다.
- 단면은 샤프트의 축방향에 대해 회전하고 직각 상태를 유지한다.
- 각 단면은 인접한 단면에 대해 회전할 때 뒤틀리지 않는다. 다시 말하면 단면은 원형을 유지하고 단면의 평면 내에서는 변형이 없다. 단면이 회전할 때 반지름방향선은 직선을 유지하고 반경방향이다.
- 비틀림 변형 중에 단면 사이의 거리는 일정하게 유지된다. 다시 말하면 비틀린 원형 샤프트에서 축방향 변형은 발생하지 않는다.

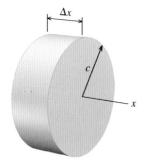

그림 6.4a 길이 Δx인 샤프트 세그먼트

비틀림이 생길 때 발생하는 변형을 쉽게 검토하기 위해서 그림 6.3에서 샤프트의 미소구간 Δx를 그림 6.4a와 같이 분리한다. 샤프트의 반지름은 c이다; 그러나 좀 더 일반적인 경우를 고려하기 위해 샤프트 코어에서 내부 원통형 부분을 살펴볼 것이다(그림 6.4b). 코어부분의 반지름은 ρ로 표시하고, 여기서 $0 < \rho \leq c$이다. 샤프트가 비틀리면 세그먼트의 두 단면은 x축에 대하여 회전하고 변형 전 샤프트의 선 CD는 나선형 $C'D'$로 비틀어진다. 두 단면 사이의 각 차이는 $\Delta\phi$와 같다. 이 각도의 차이가 샤프트에서 전단변형률 γ를 일으킨다. 그림 6.4b에서처럼 전단변형률 γ는 선 $C'D'$와 $C'D''$사이의 각과 같다. 각 γ의 값은 다음과 같다.

$$\tan\gamma = \frac{D'D''}{\Delta x}$$

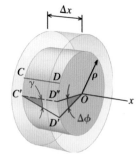

그림 6.4b 샤프트 세그먼트의 비틀림 변형

거리 $D'D''$은 원호길이 $\rho\Delta\phi$로 표현될 수 있고, 다음과 같다.

$$\tan\gamma = \frac{\rho\Delta\phi}{\Delta x}$$

변형률이 아주 작다면, $\tan\gamma \approx \gamma$; 따라서

$$\gamma = \rho\frac{\Delta\phi}{\Delta x}$$

샤프트 세그먼트 길이 Δx가 0으로 감소하면, 전단변형률은 다음과 같다.

$$\gamma = \rho\frac{d\phi}{dx} \tag{6.1}$$

$d\phi/dx$의 양은 단위 길이당 비틀림각(angle of twist per unit length)이다. 식 (6.1)은 반지름 좌표 ρ에 대하여 선형이다. 그래서 샤프트의 중심선(즉, $\rho=0$)에서 전단변형률은 0이고, 반면에 가장 큰 전단변형률은 ρ(즉, $\rho=c$)가 가장 큰 값일 때 발생하고, 샤프트의 가장 바깥쪽 표면에서 발생한다.

$$\gamma_{\max} = c\frac{d\phi}{dx} \tag{6.2}$$

식 (6.1)과 (6.2)는 임의의 반지름 좌표 ρ에서 최대 전단변형률 항으로 전단변형률을 표현하기 위해서 조합된다.

$$\gamma_\rho = \frac{\rho}{c}\gamma_{\max} \tag{6.3}$$

또한, 이 방정식들은 변형률이 크지 않다는 가정하에(즉, $\tan\gamma \approx \gamma$) 탄성 또는 비탄성 작용과 균질 또는 비균질재료에도 유효하다. 이 책에서 앞으로 나올 예제와 문제는 이 조건을 만족한다고 가정할 것이다.

6.3 비틀림 전단응력

혹의 법칙이 적용된다고 가정했을 때 전단변형률 γ는 관계식 $\tau=G\gamma$[식 (3.5)]에 의해 전단응력 τ와 관련되며, 여기서 G는 전단계수(강성계수)이다. 이 가정은 전단응력이 샤프트 재료의 비례한도 아래로 유지된다면 유효하다. 혹의 법칙을 사용하면, 식 (6.3)은 축의 최외측 표면(즉, $\rho=c$)에서 발생하는 최대 전단응력 $\tau_{\max}$과 임의의 반지름 좌표 ρ에서 전단응력 τ_p 사이의 관계를 나타내기 위해 τ의 항으로 표현될 수 있다.[2]

---

2) 1.5절에 표시된 표기를 유지하면, 전단응력 τ_p는 θ가 증가하는 방향으로 x면에 작용하는 것을 나타내기 위하여 $\tau_{x\theta}$로 표시된다. 그러나 이 책에서 논의되는 원형단면의 비틀림 기본 이론에서는 임의의 횡단면의 수직응력은 어느 점에서나 항상 반지름방향에 수직하게 작용한다고 한다. 결론적으로 전단응력에 대한 공식적인 두 개의 아래첨자는 정확하게 필요하지 않으며, 여기서는 생략할 수 있다.

$$\tau_\rho = \frac{\rho}{c}\tau_{max} \tag{6.4}$$

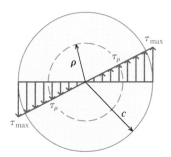

그림 6.5 반지름 좌표 ρ의 함수인 전단응력의 선형 변화

전단변형률과 마찬가지로, 샤프트의 중심선으로부터의 반지름방향 거리 ρ가 증가함에 따라 원형샤프트의 전단응력이 선형적으로 증가한다. 최대 전단응력 크기는 최외측 표면에서 발생한다. 전단응력의 크기 변화는 그림 6.5에서 보여준다. 더욱이 전단응력은 한 단면에서 혼자 작용할 수 없다. 단면의 전단응력은 그림 6.6에서처럼 종단면에 작용하는 동일한 크기의 전단응력을 항상 동반한다.

샤프트에 의해 전달된 토크 T와 샤프트에서 내부적으로 발생된 전단응력 τ_ρ 사이의 관계가 유도되어야 한다. 단면의 아주 작은 부분 dA를 고려하자(그림 6.7). 토크 T가 작용하면 전단응력 τ_ρ는 면적이 dA인 단면의 표면에 발생하고 이것은 샤프트의 세로축에서부터 반지름방향 거리 ρ만큼 떨어진 곳에 위치한다. 작은 요소에 작용하는 전단력의 합력 dF는 전단응력 τ_ρ와 면적 dA의 곱으로 주어진다. 힘 dF는 샤프트 중심선 O를 중심으로 모멘트 dM을 발생시키고, 이것은 $dM = \rho dF = \rho(\tau_\rho dA)$로 표현할 수 있다. 샤프트 중심선을 축으로 전단응력을 만드는 모멘트 합은 단면적에 대하여 dM을 적분하여 구한다.

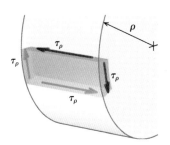

그림 6.6 단면과 종단면에 작용하는 전단응력

$$\int dM = \int_A \rho \tau_\rho dA$$

식 (6.4)를 이 식에 대입하면 다음과 같다.

$$\int dM = \int_A \rho \frac{\tau_{max}}{c} \rho dA = \int_A \frac{\tau_{max}}{c} \rho^2 dA$$

τ_{max}와 c는 dA에 따라 변하지 않기 때문에, 이 항들은 적분 밖으로 이항할 수 있다. 또한 모든 모멘트 dM의 합은 평형을 만족하기 위하여 토크 T와 같아야 한다. 그래서

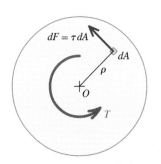

그림 6.7 비틀림 전단응력으로 발생되는 모멘트 계산

$$T = \int dM = \frac{\tau_{max}}{c}\int_A \rho^2 dA \tag{a}$$

식 (a)에서 적분은 극관성모멘트(polar moment of inertia) J라 한다.

$$J = \int_A \rho^2 dA \tag{b}$$

식 (a)에 식 (b)를 대입하면 최대 전단응력 τ_{max}과 토크 T의 관계를 얻을 수 있다.

$$T = \frac{\tau_{max}}{c}J \tag{c}$$

최대 전단응력 항으로 표현하면

$$\tau_{\max} = \frac{Tc}{J} \tag{6.5}$$

식 (6.4)를 식 (6.5)에 대입하면, 샤프트 중심선에서 반지름방향 거리 ρ만큼 떨어진 곳에서 전단응력에 대한 더 일반적인 관계를 얻을 수 있다.

$$\tau_{\rho} = \frac{T\rho}{J} \tag{6.6}$$

MecMovies 6.2는 탄성비틀림공식의 유도를 보여준다.

식 (6.5)의 일반적인 경우인 식 (6.6)은 탄성비틀림공식(elastic torsion formula)로 알려져 있다. 일반적으로 샤프트나 샤프트요소에서 내부 토크 T는 자유물체도와 평형방정식에서 얻어진다. 참고: 식 (6.5)와 (6.6)은 균질 및 등방성 물질에서의 선형탄성 작용에만 적용할 수 있다.

극관성모멘트 J

극관성모멘트는 극단면2차모멘트로도 알려져 있다.

충진 원형샤프트의 극관성모멘트 J는 다음과 같다.

$$J = \frac{\pi}{2}r^4 = \frac{\pi}{32}d^4 \tag{6.7}$$

여기서 r = 반지름이고 d = 지름이다. 중공 원형샤프트의 극관성모멘트 J는 다음과 같다.

SI 단위로 J의 단위는 mm^{4}이다.

$$J = \frac{\pi}{2}[R^4 - r^4] = \frac{\pi}{32}[D^4 - d^4] \tag{6.8}$$

여기서 R = 외부 반지름, r = 내부 반지름, D = 바깥지름, d = 안지름이다.

6.4 경사진 면의 응력

탄성비틀림공식[식 (6.6)]은 토크를 받는 원형샤프트의 횡단면에서 발생하는 최대 전단응력을 계산하는 데 사용된다. 횡단면이 최대 전단응력의 평면인지 비틀림에 의해 유발되는 다른 중요한 응력이 있는지 여부를 확인할 필요가 있다. 이를 위해서 그림 6.8a의 샤프트에서 A점의 응력을 계산한다. 그림 6.8b는 샤프트의 A에서 얻은 미소요소에서 횡단면 및 종단면에 작용하는 전단응력을 보여준다. 응력 τ_{xy}는 탄성비틀림공식으로 결정할 수 있고, $\tau_{xy} = \tau_{yx}$(1.6절 참조)이다. 그림 6.8c의 자유물체도에 평형방정식을 적용하면 다음 결과를 얻을 수 있다.

$$\sum F_t = \tau_{nt}dA - \tau_{xy}(dA\cos\theta)\cos\theta + \tau_{yx}(dA\sin\theta)\sin\theta = 0$$

그림 6.8a 순수비틀림을 받는 샤프트

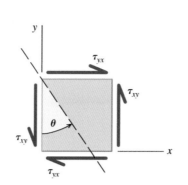

그림 6.8b 샤프트 A점에서 미소요소

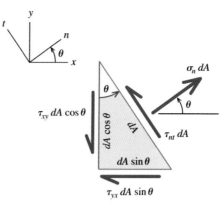

그림 6.8c 미소요소의 쐐기모양의 자유물체도

다음과 같이 정리된다.

$$\tau_{nt} = \tau_{xy}(\cos^2\theta - \sin^2\theta) = \tau_{xy}\cos 2\theta \tag{6.9}$$

그리고

$$\sum F_n = \sigma_n dA - \tau_{xy}(dA\cos\theta)\sin\theta - \tau_{yx}(dA\sin\theta)\cos\theta = 0$$

이 결과로부터 다음과 같이 정리된다.

$$\sigma_n = 2\tau_{xy}\sin\theta\cos\theta = \tau_{xy}\sin 2\theta \tag{6.10}$$

이러한 결과는 그림 6.9의 그래프에 나타나 있고, 이로부터 최대 전단응력이 횡방향 및 종방향의 지름면(diametral planes. 즉, 샤프트의 중심선을 포함하는 종방향 평면)에서 발생한다는 것이 명백하다. 또한 그래프에서 최대 수직응력은 샤프트의 면에 수직이고 샤프트 축방향과 45°인 평면에서 발생한다는 것을 보여준다. 이 평면 중 하나에서(그림 6.8b에서 $\theta = 45°$) 수직응력은 인장이고, 다른 평면($\theta = 135°$)에서 수직응력은 압축이다. 또한 σ과 τ의 최대 크기는 같다. 따라서 탄성비틀림공식에 의한 최대 전단응력은 순수비틀림을 받는 원형샤프트의 한 점에서 발생한 최대 수직응력과 수치상으로 같다.

앞에서 다루었던 응력은 특정한 문제에서 중요해진다. 예를 들어 그림 6.10에서의 파괴양상들을 비교해보자. 그림 6.10a의 트럭의 강재(steel)차축은 종방향으로 파단되어 있다.

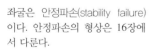

좌굴은 안정파손(stability failure)이다. 안정파손의 형상은 16장에서 다룬다.

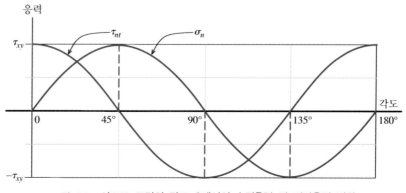

그림 6.9 샤프트 표면의 각도 θ에서의 수직응력 및 전단응력 변화

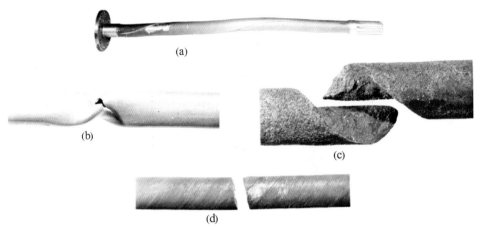

그림 6.10 실제 샤프트 파단 사진들

종방향으로 배열된 조직을 갖는 목재 샤프트에서도 이러한 유형의 파손이 발생할 것이다. 그림 6.10b에서의 박판 알루미늄 합금 튜브는 45° 평면을 따라 발생하는 압축응력에 의해 좌굴되며, 다른 45° 평면상에서 인장응력에 의해 파열이 생긴다. 비틀림 하중을 받는 얇은 벽 튜브의 좌굴은 설계자에게 매우 중요하다. 그림 6.10c에서의 회색 주철 샤프트는 인장 수직응력에 의해 인장에서 파괴(비틀림을 받는 취성재료의 전형)된다. 그림 6.10d에서의 저탄소강은 횡단면에 가까운 평면에 작용하는 전단에 의해 파괴(연성재료의 전형적인 파단)된다. 그림 6.10d에서와 같이 파단이 횡단면에 일어나지 않는 이유는 파단이 일어나기 전에 큰 소성의 비틀림 변형 하에서(막대의 축과 원래 평행한 요소를 나타내는 나선형 선을 참고) 종방향 요소가 축방향 인장력을 받고 있기 때문이다. 이러한 축방향 하중은 시험기 그립(grips)이 요소를 나선형으로 비틀지만 길이가 짧아지는 것을 허용하지 않기 때문에 발생하게 된다. 이 축방향 인장응력(그림 6.8에는 나타나지 않음)은 최대 전단응력이 발생하는 면을 횡방향 평면에서 경사진 평면(뒤틀림 파단면에서 발생)으로 변화시킨다.[3]

6.5 비틀림 변형

샤프트에서 전단응력이 샤프트 재료의 비례한도 내에 있으면(즉, 탄성작용), 훅의 법칙 $\tau = G\gamma$에 의하여 비틀림 부재에서의 전단응력과 전단변형률이 연결된다. 반지름방향 좌표 ρ에서 샤프트의 전단응력과 내부 토크 T의 관계는 식 (6.6)에 주어진다.

$$\tau_\rho = \frac{T\rho}{J} \tag{6.6}$$

전단변형률은 식 (6.1)에서 단위 길이당 비틀림각의 관계로 주어진다.

---

3) 인장응력은 완전히 그립에 의한 것은 아니며, 그 이유는 막대의 외부 요소의 소성변형이 내부 요소의 소성변형보다 상당히 크기 때문이다. 결과적으로 외부 요소의 나선형 인장응력과 내부 요소의 유사한 압축응력이 발생된다.

$$\gamma = \rho \frac{d\phi}{dx} \qquad (6.1)$$

식 (6.6)과 (6.1)을 훅의 법칙에 대입하면,

$$\tau_\rho = G\gamma \quad \therefore \frac{T\rho}{J} = G\rho \frac{d\phi}{dx}$$

토크 T의 항으로 단위길이당 비틀림각을 표현하면

$$\frac{d\phi}{dx} = \frac{T}{JG} \qquad (6.11)$$

MecMovies 6.2는 비틀림 각의 관계식 유도를 보여준다.

특정 샤프트 세그먼트에 대하여 비틀림각을 구하기 위해, 식 (6.11)을 세그먼트의 길이 L에 걸쳐 종방향 좌표 x에 대하여 적분하면 다음과 같다.

$$\int d\phi = \int_L \frac{T}{JG} dx$$

샤프트가 균질(즉, G가 일정)하고 균일단면(지름이 일정하고 그 결과 J가 일정)이면, 또한 일정한 내부 토크 T를 받는다면, 샤프트에서 비틀림각(angle of twist) ϕ는 다음과 같이 나타낼 수 있다.

$$\phi = \frac{TL}{JG} \qquad (6.12)$$

ϕ는 미국단위와 SI단위 모두 라디안(radian)이다.

또한 훅의 법칙과 식 (6.1), (6.2), (6.5), (6.6)을 조합하여 추가적인 비틀림각 관계를 얻을 수 있다.

$$\phi = \frac{\gamma_\rho L}{\rho} = \frac{\tau_\rho L}{\rho G} = \frac{\tau_{\max} L}{cG} \qquad (6.13)$$

식 (6.12)와 (6.13)은 비틀림 부재가 다음과 같은 조건일 때 비틀림각 ϕ를 계산하는 데 사용할 수 있다.

- 균질하고(즉, G가 일정),
- 균일단면이며(지름이 일정하고 그 결과 J가 일정),
- 일정한 내부 토크 T를 받는다.

비틀림 부재가 중간지점(즉, 단부이외의 지점)에서 외부 토크를 받거나 다양한 지름 또는 재료로 구성되는 경우에 이 비틀림 부재는 위에 열거한 세 가지 조건을 충족하는 세그먼트로 나눠서 고려되어야 한다. 두 개 또는 그 이상의 세그먼트로 조합된 합성 부재의 전체 비틀림각은 각각의 세그먼트 비틀림각을 대수적으로 더해서 계산할 수 있다.

$$\phi = \sum_i \frac{T_i L_i}{J_i G_i} \tag{6.14}$$

여기서, T_i, L_i, G_i, J_i는 각각 합성 비틀림 부재의 개별적인 세그먼트 i에 대한 내부 토크, 길이, 전단계수, 극관성모멘트이다.

샤프트(또는 구조요소)에서 비틀림 크기는 설계에서 중요한 고려사항이다. 식 (6.12)와 (6.13)에서 결정된 비틀림각 ϕ는 도르래, 커플링 또는 기타 기계 장치가 부착된 단면에서 충분히 떨어진 일정한 지름의 샤프트 부분에 적용할 수 있다(생베낭의 원리가 적용될 수 있도록). 그러나 실용적인 목적으로는 모든 연결부의 국부 비틀림을 무시하고 연속적인 것처럼 가정하여 비틀림각을 계산하는 것이 일반적이다.

회전각

합성 비틀림 부재 또는 여러 비틀림 부재의 시스템 내 특정 지점에서 각변위(angular displacement)를 구해야 하는 경우가 종종 있다. 예를 들어, 샤프트 및 기어 시스템의 적절한 작동은 특정 기어에서의 각변위가 제한된 값을 초과하지 않아야 할 수도 있다. 비틀림각(angle of twist) 용어는 샤프트 또는 샤프트 세그먼트의 비틀림 변형 정도를 나타내는 데 사용되고, 회전각(rotation angle) 용어는 비틀림 시스템의 특정 지점 또는 도르래, 기어, 커플링, 플랜지와 같은 강체 구성요소에서 각변위를 나타낼 때 사용된다.

6.6 비틀림에서의 부호규약

일관된 부호규약은 비틀림 부재와 비틀림 부재 조립체를 해석할 때 아주 유용하다. 다음과 같은 부호규약이 사용된다.

- 샤프트나 샤프트 세그먼트의 내부 토크
- 샤프트나 샤프트 세그먼트에서의 비틀림각
- 강체 구성요소나 특정점에서의 회전각

내부 토크 부호규약

일반적으로 모멘트와 특정 내부 토크는 이중벡터화살표(double-headed vector arrow)로 쉽게 표현한다. 이 규약은 오른손법칙에 기초한다.

- 모멘트가 회전하는 방향으로 오른손의 손가락을 구부린다. 오른쪽 엄지손가락이 가리키는 방향은 이중벡터화살표의 방향을 나타낸다.
- 다시 말하면, 오른손 엄지손가락이 이중벡터화살표 방향을 가리키면 오른손의 손가락을 구부리는 방향이 모멘트가 회전하는 방향이다.

샤프트나 다른 비틀림 부재에서 양의 내부 토크 T는 노출된 단면에 외측법선에 대해 오른손 법칙의 방향으로 회전한다. 다시 말하면, 내부 토크는 오른손 손가락이 내부 토크가 회전하는 방향으로 구부러질 때 오른손 엄지손가락이 절단면에서 바깥쪽으로 향하는 경우 양의 값을 갖는다. 이 부호규약은 그림 6.11에 설명되어 있다.

그림 6.11 내부 토크에 관한 부호규약

비틀림각 부호규약

비틀림각의 부호규약은 내부 토크 부호규약과 일치한다. 샤프트나 다른 비틀림 부재에서 양의 비틀림각 ϕ는 노출된 단면에 외측법선을 축으로 오른손 법칙에서 결정된다. 다시 말하면

- 비틀림 부재의 노출된 단면에서 비틀림 변형의 방향에 오른손 손가락을 감는다.
- 오른손 엄지가 외측으로 향하여 단면에서 멀어진다면 비틀림각은 양이다.

이 부호규약은 그림 6.12에 설명되어 있다.

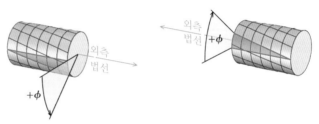

그림 6.12 비틀림각에 관한 부호규약

회전각의 부호규약

샤프트의 종방향을 x축으로 정의하자. 양의 회전각도는 양의 x축에 대해 오른손 법칙으로 결정한다. 이 부호규약에 비틀림 부재의 좌표계의 원점이 정의되어야 한다. 평행한 두 개의 샤프트를 고려한다면 두 개의 양의 x축은 같은 방향으로 연장되어야 한다. 회전각에 관한 부호규약은 그림 6.13에 나타나 있다.

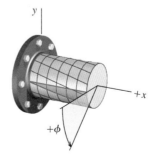

그림 6.13 회전각에 관한 부호규약

예제 6.1

바깥지름이 40 mm이고 벽두께가 3.5 mm를 갖는 중공 원형 강재샤프트가 순수토크 210 N·m를 받고 있다. 샤프트의 길이는 2.4 m이다. 강재의 전단탄성계수 G는 80 GPa 이다. 다음을 계산하라.

(a) 샤프트에서 최대 전단응력
(b) 샤프트에서 최대 비틀림각

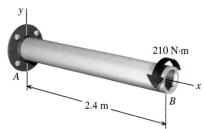

풀이 계획 최대 전단응력을 계산하기 위하여 탄성비틀림공식[식 (6.5)]을 사용하고, 중공 샤프트에서 비틀림각을 계산하기 위하여 비틀림각공식[식 (6.12)]을 사용한다.

풀이 중공 샤프트에 대한 극관성모멘트 J가 필요하다. 샤프트는 바깥지름 $D=40$ mm이고 벽두께 $t=3.5$ mm 이므로 샤프트의 안지름은 $d=D-2t=40$ mm$-2(3.5$ mm$)=33$ mm이다. 중공샤프트의 극관성모멘트는 다음과 같다.

$$J = \frac{\pi}{32}[D^4 - d^4] = \frac{\pi}{32}[(40\ \text{mm})^4 - (33\ \text{mm})^4] = 134900\ \text{mm}^4$$

(a) 탄성비틀림공식에서 최대 전단응력을 계산한다.

$$\tau = \frac{Tc}{J} = \frac{(210\ \text{N}\cdot\text{m})(40\ \text{mm}/2)(1000\ \text{mm/m})}{134900\ \text{mm}^4} = 31.134\ \text{MPa} = 31.1\ \text{MPa} \qquad \textbf{답}$$

(b) 2.4 m 길이 샤프트의 최대 비틀림각은

$$\phi = \frac{TL}{JG} = \frac{(210\ \text{N}\cdot\text{m})(2.4\ \text{m})(1000\ \text{mm/m})^2}{(134900\ \text{mm}^4)(80000\ \text{N/mm}^2)} = 0.0467\ \text{rad} \qquad \textbf{답}$$

예제 6.2

500 mm 길이 충진 강재[$G=80$ GPa] 샤프트가 토크 $T=20$ N·m를 전달하게 설계되었다. 샤프트에서 최대 전단응력은 70 MPa를 초과해서는 안 되고, 500 mm 길이에서 비틀림각은 $3°$를 초과해서 안 된다. 샤프트에 필요한 최소 지름 d를 계산하라.

풀이 계획 탄성비틀림공식[식 (6.5)]과 비틀림각공식[식 (6.12)]을 재배치하여 각각의 고려사항을 만족하는 데 필요한 최소 지름을 계산한다. 두 지름 중 더 큰 값이 샤프트에 사용할 수 있는 최소 지름 d로 선택된다.

풀이 탄성비틀림공식은 전단응력과 토크와의 관계는 아래와 같다.

$$\tau = \frac{Tc}{J}$$

이 경우 샤프트의 토크와 허용전난응력을 알 수 있다. 탄성비틀림공식을 다시 정렬하여 알고 있는 항은 식의 우변에 놓는다.

$$\frac{J}{c} = \frac{T}{\tau}$$

이 식의 왼쪽 항을 샤프트의 지름 d의 항으로 나타낸다.

$$\frac{(\pi/32)d^4}{d/2} = \frac{\pi}{16}d^3 = \frac{T}{\tau}$$

이제 80 MPa 허용전단응력 한계를 만족하는 최소 지름을 계산한다.

$$d^3 \geq \frac{16}{\pi}\frac{T}{\tau} = \frac{16(20\ \text{N}\cdot\text{m})(1000\ \text{mm/m})}{\pi(70\ \text{N/mm}^2)} = 1455.1309\ \text{mm}^3$$

$$\therefore d \geq 11.33\ \text{mm}$$

500 mm 길이의 샤프트에서 비틀림각은 3°를 초과해서는 안 된다. 비틀림각공식을 재배열하여 극관성모멘트 J를 식의 왼쪽 항으로 분리한다.

$$\phi = \frac{TL}{JG} \quad \therefore J = \frac{TL}{G\phi}$$

지름 d의 항으로 극관성모멘트를 표현하고 3° 한계를 만족하는 최소 지름을 계산한다.

$$d^4 \geq \frac{32TL}{\pi G\phi} = \frac{32(20\ \text{N}\cdot\text{m})(500\ \text{mm})(1000\ \text{mm/m})}{\pi(80000\ \text{N/mm}^2)(3°)(\pi\,\text{rad}/180°)} = 24317.084\ \text{mm}^4$$

$$\therefore d \geq 12.49\ \text{mm}$$

이 두 계산으로부터 샤프트에서 허용하는 최소 지름은 $d \geq 12.49$ mm임을 알 수 있다. **답**

예제 6.3

합성 샤프트가 충진 알루미늄 세그먼트 (1)과 중공 강재 세그먼트 (2)로 구성되어 있다. 세그먼트 (1)은 허용전단응력이 40 MPa이고 전단탄성계수 28 GPa을 갖는 지름 45 mm 충진 알루미늄 샤프트이다. 세그먼트 (2)는 바깥지름이 32 mm, 벽두께 4 mm, 허용전단응력 65 MPa, 전단탄성계수 80 GPa를 갖는 중공 강재샤프트이다. 이 허용전단응력과 함께 샤프트의 자유단에서 회전각은 2°를 넘지 않아야 한다면, 합성 샤프트 C에 작용할 수 있는 가장 큰 토크 T는 얼마인가?

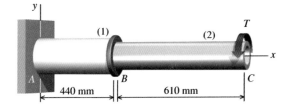

풀이 계획　C에 작용하는 가장 큰 토크 T를 결정하기 위해서, 샤프트 두 부분에서 최대 전단응력과 비틀림각을 고려해야 한다.

풀이　세그먼트 (1)과 (2)에 작용하는 내부 토크는 각 세그먼트를 자른 자유물체도를 통해 쉽게 결정할 수 있다.

샤프트의 자유단을 포함하여 세그먼트 (2)에서의 자유물체도를 그린다. 세그먼트 (2)에 양의 내부 토크 T_2가 작용한다고 가정하여 다음 평형방정식을 구한다.

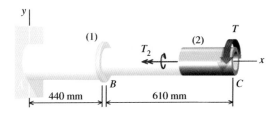

$$\sum M_x = T - T_2 = 0 \quad \therefore T_2 = T$$

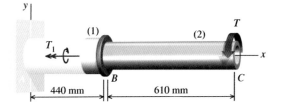

샤프트의 자유단을 포함하는 세그먼트 (1)에서의 자유물체도를 작성한 후 아래와 같은 평형방정식을 구한다:

$$\sum M_x = T - T_1 = 0 \quad \therefore T_1 = T$$

따라서 샤프트의 두 세그먼트에서 내부 토크는 C에서 작용하는 외부 토크와 같다.

전단응력

이 합성 샤프트에서 세그먼트 (1)과 (2)의 허용전단응력과 지름을 알고 있다. 탄성비틀림공식에서 각 세그먼트에 작용하는 허용토크를 계산한다.

$$T_1 = \frac{\tau_1 J_1}{c_1} \quad T_2 = \frac{\tau_2 J_2}{c_2}$$

세그먼트 (1)은 45 mm 지름의 충진 알루미늄 샤프트이다. 이 세그먼트의 극관성모멘트는

$$J_1 = \frac{\pi}{32} (45 \text{ mm})^4 = 402578 \text{ mm}^4$$

40 MPa의 허용전단응력과 함께 위 값을 사용하여 허용토크 T_1을 계산한다.

$$T_1 \le \frac{\tau_1 J_1}{c_1} = \frac{(40 \text{ N/mm}^2)(402578 \text{ mm}^4)}{(45 \text{ mm}/2)} = 715694 \text{ N} \cdot \text{mm} \tag{a}$$

세그먼트 (2)는 바깥지름 $D = 32$ mm, 벽두께 $t = 4$ mm를 갖는 중공 강재샤프트이다. 안지름 d는 $d = D - 2t = 32$ mm $- 2(4$ mm$) = 24$ mm이므로 세그먼트 (2)의 극관성모멘트는

$$J_2 = \frac{\pi}{32} [(32 \text{ mm})^4 - (24 \text{ mm})^4] = 70371.7 \text{ mm}^4$$

65 MPa의 허용전단응력과 위 값을 사용하여 허용토크 T_2를 계산한다.

$$T_2 \le \frac{\tau_2 J_2}{c_2} = \frac{(65 \text{ N/mm}^2)(70371.7 \text{ mm}^4)}{(32 \text{ mm}/2)} = 285885 \text{ N} \cdot \text{mm} \tag{b}$$

C에서 회전각

세그먼트 (1)과 (2)에서 비틀림각은 다음과 같이 표현할 수 있다.

$$\phi_1 = \frac{T_1 L_1}{J_1 G_1} \quad \phi_2 = \frac{T_2 L_2}{J_2 G_2}$$

C에서 회전각은 이 두 비틀림각의 합이다.

$$\phi_C = \phi_1 + \phi_2 = \frac{T_1 L_1}{J_1 G_1} + \frac{T_2 L_2}{J_2 G_2}$$

결과적으로 $T_1 = T_2 = T$이므로, 다음과 같다.

$$\phi_C = T \left[\frac{L_1}{J_1 G_1} + \frac{L_2}{J_2 G_2} \right]$$

외부 토크 T에 대해서 풀면

$$T \leq \frac{\phi_C}{\dfrac{L_1}{J_1 G_1} + \dfrac{L_2}{J_2 G_2}}$$

$$\leq \frac{(2°)(\pi\,\mathrm{rad}/180°)}{\dfrac{440\ \mathrm{mm}}{(402578\ \mathrm{mm}^4)(28000\ \mathrm{N/mm}^2)} + \dfrac{610\ \mathrm{mm}}{(70371.7\ \mathrm{mm}^4)(80000\ \mathrm{N/mm}^2)}} \tag{c}$$

$$= 236836\ \mathrm{N{\cdot}mm}$$

외부 토크 T

식 (a), (b), (c)에서 얻은 3개의 토크 한계를 비교한다. 이 결과에 따르면 C에서 샤프트에 작용할 수 있는 최대 외부 토크는

$$T = 236836\ \mathrm{N{\cdot}mm} = 237\ \mathrm{N{\cdot}m}$$ **답**

예제 6.4

지름이 다른 충진 강재[$G = 80$ GPa] 샤프트가 그림과 같은 토크를 받고 있다. 샤프트의 세그먼트 (1)은 지름이 36 mm이고, 세그먼트 (2)는 지름이 30 mm, 세그먼트 (3)의 지름은 25 mm이다. 그림에 나타난 베어링은 샤프트가 자유롭게 회전하도록 하고 있다. 명확한 구별을 위해 다른 베어링들은 생략하였다.

(a) 샤프트의 세그먼트 (1), (2), (3)에서 내부 토크를 계산하라. 샤프트의 모든 세그먼트에서 내부 토크를 보여주는 그래프를 그려라. 이때 6.6절에 제시한 부호규약을 사용하라.

(b) 샤프트의 각 세그먼트에서 최대 전단응력을 계산하라.

(c) 플랜지 A에 대한 기어 B, C, D에서의 회전각을 계산하라. 샤프트의 모든 점에서의 회전각을 보여주는 그래프를 그려라.

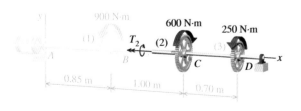

풀이 계획 평형방정식과 자유물체도로부터 3개의 샤프트 세그먼트의 내부 토크를 구할 수 있다. 내부 토크를 알면 탄성비틀림공식[식 (6.5)]을 사용하여 최대 전단응력을 계산할 수 있다. 비틀림각공식[식 (6.12)과 (6.14)]을 사용하면 기어 B, C, D에서 회전각뿐만 아니라 각 샤프트에서 비틀림을 계산할 수 있다.

풀이 평형

샤프트의 자유단을 포함하여 샤프트 세그먼트 (3)을 자르는 자유물체도를 생각한다. 양의 내부 토크 T_3가 세그먼트 (3)에 작용한다고 가정한다. 자유물체도에서 얻은 평형방정식으로 샤프트 세그먼트 (3)의 내부 토크를 얻는다.

$$\sum M_x = 250\ \mathrm{N{\cdot}m} - T_3 = 0$$

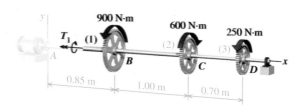

$$\therefore T_3 = 250\,\text{N}\cdot\text{m}$$

이와 유사하게, 샤프트 세그먼트 (2)를 자른 자유물체도에서 얻은 평형방정식으로부터 세그먼트 (2)의 내부 토크를 구한다. 양의 내부 토크 T_2가 세그먼트 (2)에 작용한다고 가정한다.

$$\sum M_x = 250\,\text{N}\cdot\text{m} - 600\,\text{N}\cdot\text{m} - T_2 = 0$$
$$\therefore T_2 = -350\,\text{N}\cdot\text{m}$$

그리고 세그먼트 (1)에 대해서,

$$\sum M_x = 250\,\text{N}\cdot\text{m} - 600\,\text{N}\cdot\text{m} + 900\,\text{N}\cdot\text{m} - T_1 = 0$$
$$\therefore T_1 = 550\,\text{N}\cdot\text{m}$$

이 세 결과를 그려서 토크선도를 만든다.

극관성모멘트

탄성비틀림공식을 사용하여 각 샤프트 세그먼트에서 최대 전단응력을 계산한다. 이 계산을 위해 각 세그먼트에 대한 극관성모멘트를 계산해야 한다. 세그먼트 (1)은 지름 36 mm의 충진 샤프트이므로 이 샤프트 세그먼트의 극관성모멘트는

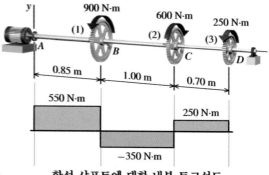

합성 샤프트에 대한 내부 토크선도

$$J_1 = \frac{\pi}{32}(36\ \text{mm})^4 = 164895.9\ \text{mm}^4$$

샤프트 세그먼트 (2)는 지름 30 mm의 충진 샤프트이므로 다음의 극관성모멘트를 갖는다.

$$J_2 = \frac{\pi}{32}(30\ \text{mm})^4 = 79521.6\ \text{mm}^4$$

샤프트 세그먼트 (3)은 지름 25 mm의 충진 샤프트이므로 극관성모멘트는 다음과 같다.

$$J_3 = \frac{\pi}{32}(25\ \text{mm})^4 = 38349.5\ \text{mm}^4$$

전단응력

탄성비틀림공식을 사용하여 각 세그먼트에서 최대 전단응력을 계산할 수 있다.

$$\tau_1 = \frac{T_1 c_1}{J_1} = \frac{(550\,\text{N}\cdot\text{m})(36\ \text{mm}/2)(1000\ \text{mm/m})}{164895.9\ \text{mm}^4} = 60.0\ \text{MPa} \qquad \text{답}$$

$$\tau_2 = \frac{T_2 c_2}{J_2} = \frac{(350\,\text{N}\cdot\text{m})(30\ \text{mm}/2)(1000\ \text{mm/m})}{79521.6\ \text{mm}^4} = 66.0\ \text{MPa} \qquad \text{답}$$

$$\tau_3 = \frac{T_3 c_3}{J_3} = \frac{(250\,\text{N}\cdot\text{m})(25\ \text{mm}/2)(1000\ \text{mm/m})}{38349.5\ \text{mm}^4} = 81.5\ \text{MPa} \qquad \text{답}$$

비틀림각

회전각을 결정하기 전에 각 세그먼트에서 비틀림각을 결정해야 한다. 이전 계산에서 전단응력의 크기만 요

구되었기 때문에 내부 토크의 부호는 고려되지 않았다. 비틀림각 계산에서는 내부 토크의 부호를 포함해야 한다.

$$\phi_1 = \frac{T_1 L_1}{J_1 G_1} = \frac{(550 \text{ N} \cdot \text{m})(850 \text{ mm})(1000 \text{ mm/m})}{(164895.9 \text{ mm}^4)(80000 \text{ N/mm}^2)} = 0.035439 \text{ rad}$$

$$\phi_2 = \frac{T_2 L_2}{J_2 G_2} = \frac{(-350 \text{ N} \cdot \text{m})(1000 \text{ mm})(1000 \text{ mm/m})}{(79521.6 \text{ mm}^4)(80000 \text{ N/mm}^2)} = -0.055017 \text{ rad}$$

$$\phi_3 = \frac{T_3 L_3}{J_3 G_3} = \frac{(250 \text{ N} \cdot \text{m})(700 \text{ mm})(1000 \text{ mm/m})}{(38349.5 \text{ mm}^4)(80000 \text{ N/mm}^2)} = 0.057041 \text{ rad}$$

회전각

각 세그먼트의 끝에서 회전각의 항으로 비틀림각을 정의할 수 있다:

$$\phi_1 = \phi_B - \phi_A \qquad \phi_2 = \phi_C - \phi_B \qquad \phi_3 = \phi_D - \phi_C$$

좌표계의 원점은 플랜지 A에 위치한다. 플랜지 A에서 회전각을 $0(\phi_A = 0)$이 되도록 임의로 결정한다. 세그먼트 (1)의 비틀림각으로부터 기어 B의 회전각을 계산할 수 있다.

$$\phi_1 = \phi_B - \phi_A$$
$$\therefore \phi_B = \phi_A - \phi_1 = 0 + 0.035439 \text{ rad}$$
$$= 0.035439 \text{ rad} = 0.0354 \text{ rad}$$

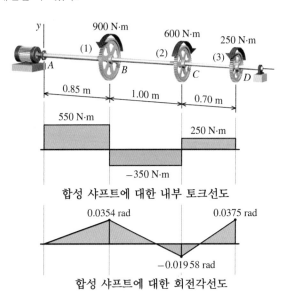

합성 샤프트에 대한 내부 토크선도

합성 샤프트에 대한 회전각선도

유사하게, C의 회전각을 세그먼트 (2)에서의 비틀림각과 기어 B의 회전각으로부터 계산한다.

$$\phi_2 = \phi_C - \phi_B$$
$$\therefore \phi_C = \phi_B + \phi_2 = 0.035439 \text{ rad} + (-0.055017 \text{ rad}) = -0.019578 \text{ rad} = -0.01958 \text{ rad}$$

최종적으로 기어 D의 회전각은

$$\phi_3 = \phi_D - \phi_C$$
$$\therefore \phi_D = \phi_C + \phi_3 = -0.019578 \text{ rad} + 0.057041 \text{ rad} = 0.037464 \text{ rad} = 0.0375 \text{ rad}$$

위의 회전각 결과를 토크선도에 추가하여 나타내면 왼쪽 그림과 같게 된다.

Mec Movies MecMovies 예제 M6.4

중공 샤프트에서 50 MPa의 최대 전단응력을 발생하는 토크 T를 계산하라. 샤프트의 바깥지름은 40 mm이고 벽두께는 5 mm이다.

5 kN·m의 토크를 받는 충진 샤프트에 대하여 최소 허용지름을 계산하라. 샤프트의 허용전단
응력은 65 MPa이다.

합성 비틀림 부재에 단일 토크 $T=50$ N·m가 작용한다. 부재 (1)은
지름 32 mm의 충진 황동[$G=37$ GPa] 샤프트이고 부재 (2)는 충진
알루미늄[$G=26$ GPa] 샤프트이다. A에 대한 C에서 회전각이 3°를
초과하지 않게 하기 위한 알루미늄 세그먼트의 최소 지름을 결정하라.

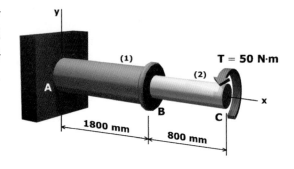

기어 B와 C가 충진 원형 구동축을 통해 모터에 연결되어 있다. 기어
B에서 토크는 600 N·m이고 기어 C에서 토크는 200 N·m이며, 작용
방향은 그림과 같다. 구동축은 지름 25 mm의 강재[$G=66$ MPa]이다.
(a) 샤프트 (1)과 (2)에서 최대 전단응력을 계산하라.
(b) A에 대한 C에서의 회전각을 계산하라.

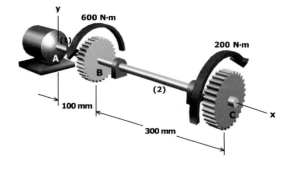

커플링 A와 기어 B 사이의 충진 강재[$G=80$ MPa] 샤프트의 지름이
35 mm이다. 기어 B와 C사이에서 충진 샤프트의 지름은 25 mm로 줄
어든다. 기어 B에서 20 N·m 집중토크가 표시된 방향으로 샤프트에 작
용하고 집중토크 T_c는 기어 C에 작용한다. C에서 전체 회전각이 1°
를 넘지 않기 위한 표시된 방향으로의 최대 T_c의 크기를 계산하라.

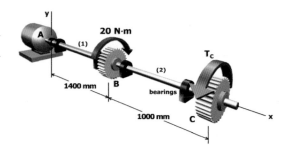

M6.1 내부 토크, 전단응력, 다축 샤프트의 비틀림각과 관련된 10개의 기본 비틀림 문제.

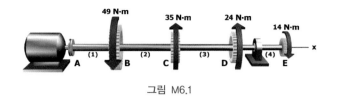

그림 M6.1

PROBLEMS

P6.1 지름 $d = 18$ mm를 갖는 충진 원형 강재샤프트가 $T = 65$ N·m의 순수토크를 받는다. 샤프트에서 최대 전단응력을 계산하라.

P6.2 바깥지름 80 mm이고 벽두께가 5 mm인 중공 알루미늄 샤프트가 75 MPa의 허용전단응력을 갖는다. 샤프트에 작용할 수 있는 최대 토크 T를 계산하라.

P6.3 바깥지름 100 mm와 벽두께 10 mm를 갖는 중공 강재샤프트가 순수토크 $T = 5500$ N·m를 받는다.
(a) 중공 샤프트에서 최대 전단응력을 계산하라.
(b) 동일한 토크 T에 (a)부분에서 최대 전단응력이 같을 때 충진 강재샤프트의 최소 지름을 결정하라.

P6.4 합성 샤프트가 두 파이프로 구성되어 있다. 세그먼트 (1)은 바깥지름이 200 mm, 벽두께 10 mm이고 세그먼트 (2)는 바깥지름이 150 mm, 벽두께 10 mm이다. 샤프트가 그림 P6.4와 같이 토크 $T_B = 42$ kN·m와 $T_C = 18$ kN·m를 받는다면 각 샤프트 세그먼트에서의 최대 전단응력 크기는 얼마인가?

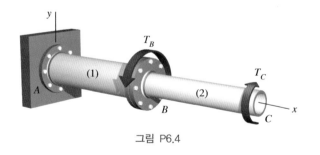

그림 P6.4

P6.5 합성 샤프트(그림 P6.5/6)가 황동 세그먼트 (1)과 알루미늄 세그먼트 (2)로 구성되어 있다. 세그먼트 (1)은 바깥지름 18 mm와 허용전단응력 42 MPa를 갖는 충진 황동 샤프트이고 세그먼트 (2)는 바깥지름 14 mm와 허용전단응력 62 MPa를 갖는 충진 알루미늄 샤프트이다. C에 작용할 수 있는 가장 큰 토크 T_c를 계산하라.

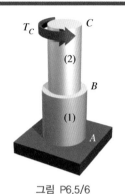

그림 P6.5/6

P6.6 합성 샤프트(그림 P6.5/6)가 황동 세그먼트 (1)과 알루미늄 세그먼트 (2)로 구성되어 있다. 세그먼트 (1)은 허용전단응력 60 MPa를 갖는 충진 황동 샤프트이고 세그먼트 (2)는 허용전단응력 90 MPa를 갖는 충진 알루미늄 샤프트이다. 토크 $T_c = 23000$ N·m가 C에 작용할 때 다음의 최소 필요 지름을 결정하라.
(a) 황동 샤프트
(b) 알루미늄 샤프트

P6.7 20 mm 지름의 충진 샤프트가 그림 P6.7에서처럼 토크를 받는다. 그림의 베어링은 샤프트가 자유롭게 회전할 수 있게 한다.
(a) 샤프트의 세그먼트 (1),(2),(3)에서 내부 토크를 보여주는 토크선도를 그려라. 6.6절에 제시한 부호규약을 사용하라.
(b) 샤프트에서 최대 전단응력을 계산하라.

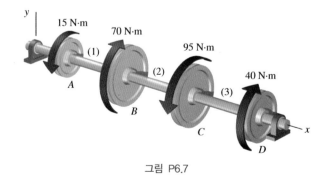

그림 P6.7

P6.8 일정한 지름의 충진 샤프트가 그림 P6.8에서처럼 토크를 받는다. 그림의 베어링은 샤프트가 자유롭게 회전할 수 있게 한다.
(a) 샤프트 세그먼트 (1),(2),(3)에서 내부 토크를 보여주는 토크

선도를 그려라. 6.6절에 제시한 부호규약을 사용하라.

(b) 샤프트에서 허용전단응력이 80 MPa일 때 샤프트의 최소 지름을 계산하라.

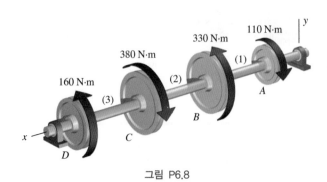

그림 P6.8

P6.9 그림 P6.9와 같은 충진 강재샤프트 (1)의 허용전단응력은 125 MPa이다. 황동 튜브 (2)의 허용전단응력은 50 MPa이다. 튜브의 바깥지름은 $D_2 = 60$ mm이고, 벽두께 $t_2 = 3$ mm이다. 튜브는 C에서 판에 고정되어 있고 샤프트와 튜브 모두 B에서 강체 단부판에 용접되어 있다. 다음을 계산하라.

(a) 튜브 (2)에서 허용응력을 초과하지 않을 때 강재샤프트의 상단에 작용할 수 있는 가장 큰 토크 T

(b) 강재샤프트 (1)에 필요한 최소 지름 d_1

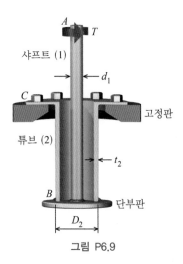

그림 P6.9

P6.10 바깥지름이 35 mm인 충진 원형 강재샤프트가 순수토크 $T = 640$ N·m을 받는다. 강재의 전단탄성계수는 $G = 80$ GPa이다. 다음을 계산하라.

(a) 샤프트에서 최대 전단응력

(b) 1.5 m 길이 샤프트의 최대 비틀림각

P6.11 1.8 m 길이의 충진 스테인리스 강재[$G = 86$ GPa] 샤프트가 순수토크 $T = 120$ N·m를 받는다. 전단응력이 55 MPa를 넘지 않고 비틀림각이 5°를 초과하지 않기 위한 최소 지름을 결정하라. 또한 최소 지름에서 비틀림각 ϕ와 최대 전단응력 τ를 계산하라.

P6.12 지름 90 mm를 갖는 중공 강재[$G = 79$ GPa] 샤프트가 순수토크 $T = 5800$ N·m를 받는다. 전단응력이 55 MPa를 초과하지 않고 3 m 길이의 샤프트에서 비틀림각이 3°를 넘지 않기 위한 최대 안지름 d를 계산하라. 또한 최대 안지름에서 비틀림각 ϕ와 최대 전단응력 τ를 계산하라.

P6.13 합성 샤프트(그림 P6.13)가 황동 세그먼트 (1)과 알루미늄 세그먼트 (2)로 구성되어 있다. 세그먼트 (1)은 길이 $L_1 = 400$ mm, 지름 50 mm, 허용전단응력 65 MPa인 충진 황동[$G = 44$ GPa] 샤프트이다. 세그먼트 (2)는 길이 $L_2 = 550$ mm, 지름 35 mm, 허용전단응력 85 MPa인 충진 알루미늄[$G = 28$ GPa] 샤프트이다. 합성 샤프트의 상단에서 최대 회전각 $\phi_c \le 5°$로 제한되어 있다. C에서 작용할 수 있는 가장 큰 토크 T_C의 크기를 결정하라.

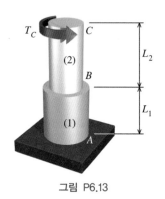

그림 P6.13

P6.14 그림 P6.14와 같이 단순 토션 바(torsion-bar) 스프링이 있다. 하중 $P = 11$ kN가 작용할 때 강재[$G = 80$ GPa] 샤프트에서 전단응력은 70 MPa를 초과해서는 안 되고 절점 D에서 수직 변위는 10 mm를 초과해서는 안 된다. 샤프트의 휨은 무시하고 C에서 베어링은 샤프트가 자유롭게 회전하도록 한다. 샤프트에 필요한 최소 지름을 계산하라. $a = 1400$ mm, $b = 600$ mm, $c = 175$ mm이다.

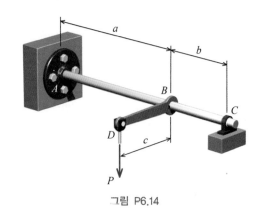

그림 P6.14

P6.15 그림 P6.15의 기계장치에 하중 $P = 20$ kN이 작용하고 있다. 강재[$G = 80$ GPa] 샤프트 BC의 전단응력을 70 MPa로, 볼트 A에서 평균전단응력은 100 MPa로, 절점 D에서 수직 처짐은

최댓값 25 mm로 제한한다. 베어링은 샤프트가 자유롭게 회전하
도록 한다고 가정한다. $L = 1200$ mm, $a = 110$ mm, $b = 210$ mm
를 사용하여 다음을 계산하라.

(a) 샤프트 BC에 필요한 최소 지름

(b) 볼트 A에 필요한 최소 지름

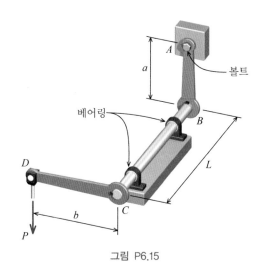

그림 P6.15

P6.16 지름 40 mm인 충진 강재[$G = 83$ GPa] 샤프트에 그림
6.16과 같은 방향으로 토크 $T_B = 440$ N·m, $T_C = 530$ N·m, T_D
$= 260$ N·m가 작용한다. $a = 1.9$ m, $b = 3.2$ m, $c = 1.4$ m로 가정
한다.

(a) 샤프트의 세그먼트 (1),(2),(3)에서 최대 전단응력과 내부 토
크를 보여주는 선도를 그려라. 6.6절에 제시한 부호규약을 사
용하라.

(b) 지지대 A에 대한 도르래 C의 회전각을 계산하라.

(c) 지지대 A에 대한 도르래 D의 회전각을 계산하라.

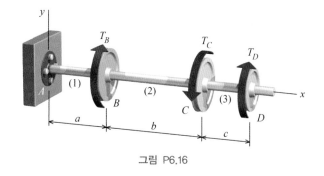

그림 P6.16

P6.17 지름이 변하는 충진 강재[$G = 80$ GPa] 샤프트가 그림
P6.17에서처럼 토크를 받고 있다. 세그먼트 (1)과 (3)에서 샤프트
의 지름은 50 mm이고 세그먼트 (2)에서 샤프트의 지름은 80 mm
이다. 보이는 베어링은 샤프트가 자유롭게 회전하도록 한다. 다음
을 계산하라.

(a) 합성 샤프트에서 최대 전단응력

(b) 도르래 A에 대한 도르래 D의 회전각

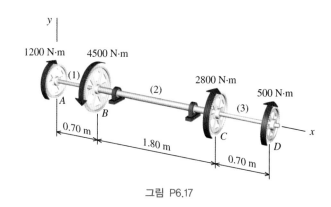

그림 P6.17

P6.18 그림 P6.18과 같이 합성 샤프트의 세그먼트의 (1), (2)는
중공 알루미늄[$G = 28$ GPa] 튜브이고 바깥지름 75 mm, 벽두께
3 mm이다. 세그먼트 (3), (4)는 지름 40 mm의 충진 강재[$G
= 80$ GPa] 샤프트이다. 샤프트의 길이는 $a = 2.0$ m, $b = 0.8$ m,
$c = 1.4$ m, $d = 1.4$ m이다. 토크는 표시된 방향으로 작용하고 그 크
기는 $T_A = 1050$ N·m, $T_B = 1400$ N·m, $T_D = 535$ N·m, $T_E = 185$ N·m
이다. 보이는 베어링은 샤프트가 자유롭게 회전하도록 한다. 다음
을 계산하라.

(a) 합성 샤프트의 최대 전단응력

(b) 도르래 A에 대한 플랜지 C의 회전각

(c) 도르래 A에 대한 도르래 E의 회전각

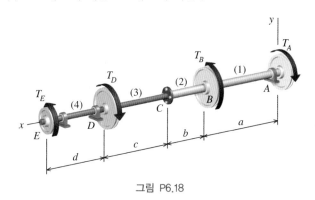

그림 P6.18

P6.19 그림 P6.19는 황동[$G = 44$ GPa] 튜브 (2) 안에 충진 강
재[$G = 80$ GPa] 샤프트 (1)이 있는 조립체의 단면을 보여준다.
튜브는 C에서 판에 고정되어 있고 샤프트와 튜브는 B에서 강체
단부판에 용접되어 있다. 샤프트 지름은 $d_1 = 30$ mm이고 튜브의
바깥지름 $D_2 = 50$ mm이고 벽두께 $t_2 = 3$ mm이다. $a = 600$ mm,
$b = 400$ mm, $T = 500$ N·m를 사용하여 다음을 계산하라.

(a) 샤프트 (1)과 튜브 (2)에서 최대 전단응력

(b) A의 회전각

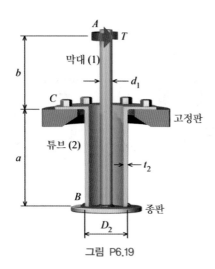

그림 P6.19

P6.20 합성 샤프트(그림 P6.20)가 알루미늄[$G=26$ GPa] 튜브 (1)와 충진 청동[$G=45$ GPa] 샤프트 (2)로 구성되어 있다. 튜브 (1)은 바깥지름 $D_1=35$ mm, 벽두께 $t_1=4$ mm이고 길이 $L_1=900$ mm이다. 샤프트 (2)는 $L_2=1300$ mm, 지름 $d_2=25$ mm 이다. 그림과 같은 방향으로 B에 토크 $T_B=420$ N·m가 작용할 때, A에 대하여 C의 회전각이 0이 되기 위한 토크 T_C를 계산하라.

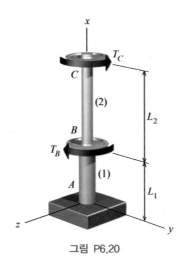

그림 P6.20

P6.21 그림 P6.21에서 동관의 바깥지름은 80 mm이고 벽두께 는 6 mm이다. 관은 전체길이에 따라 등분포 비틀림 하중 $t=450$ N·m/m를 받는다. $a=0.7$ m, $b=1.3$ m, $c=2.5$ m를 사용 하여 다음을 계산하라.
(a) 관의 외측 표면 A에서의 전단응력
(b) 관의 외측 표면 B에서의 전단응력

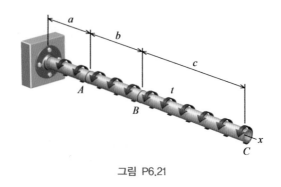

그림 P6.21

P6.22 그림 P6.22에서 충진 샤프트가 집중외부토크 $T_D=2500$ N·m와 등분포 비틀림하중 $t=7$ kN·m/m를 받는다. 재료의 허용 전단응력이 100 MPa일 때, 샤프트의 최소 필요 지름을 결정하 라. $a=0.5$ m, $b=1.2$ m, $c=0.3$ m를 사용하여 계산하라.

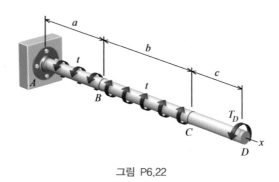

그림 P6.22

P6.23 그림 P6.23은 2개의 집중외부토크 $T_c=5.0$ kN·m, $T_D=2.3$ kN·m, 등분포 비틀림하중 $t=4.2$ kN·m/m를 받는 알루미 늄[$G=70$ GPa]으로 된 50 mm 지름의 충진 샤프트를 보여준다. $a=1.3$ m, $b=0.4$ m, $c=0.9$ m를 사용하여 다음을 계산하라.
(a) 샤프트 세그먼트 AB에서 비틀림각
(b) 샤프트 자유단에서 회전각 ϕ_D

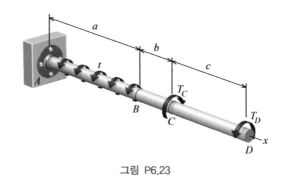

그림 P6.23

P6.24 5m 길이의 충진 청동[$G=45$ GPa] 샤프트가 전체 길이 를 따라 35 kN·m/m의 등분포 비틀림하중을 받고 있다. 샤프트 의 비틀림각은 0.05 라디안으로 제한되고 최대 허용전단응력은 120 MPa로 제한된다면, 이때 필요한 샤프트의 최소 지름은 얼마 인가?

6.7 비틀림 조립재에서의 기어

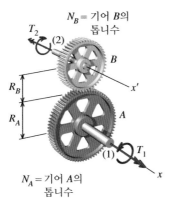

N_B = 기어 B의 톱니수

그림 6.14 기본적인 기어 조립체

N_A = 기어 A의 톱니수

기어는 다양한 유형의 메커니즘 및 장치(특히 모터 또는 엔진이 구동시키는 특별한 장치)에 사용되는 기본 구성 요소이다. 기어는 다음과 같이 많은 목적으로 사용된다.

- 샤프트에서 또 다른 샤프트로 토크를 전달
- 샤프트에서 토크를 증가 또는 감소
- 샤프트의 회전율을 증가 또는 감소
- 두 샤프트의 회전방향 교차변경
- 한 방향에서 다른 방향으로 회전 운동 변경; 예를 들어, 수평축에 대한 회전을 수직축에 대한 회전으로 변경

또한 기어는 톱니를 갖고 있기 때문에 기어에 연결되는 샤프트가 다른 샤프트에 항상 정확하게 구동된다.

그림 6.14는 기본적인 기어 조립체를 보여준다. 이 조립체에서 샤프트 (1)에서 샤프트 (2)로 각각 반지름 R_A와 R_B를 갖는 기어 A와 B를 이용하여 토크를 전달한다. 각 기어의 톱니수는 N_A와 N_B로 표시했다.

샤프트 (1)과 (2)에서 내부 토크 T_1과 T_2는 양수로 가정한다. 명확한 표현을 위해 두 개의 샤프트를 지지하는 베어링은 생략하였다. 이 구성은 기어가 있는 비틀림 조립재의 토크, 회전각, 회전속도와 관련된 기본 관계를 나타내는데 사용된다.

토크

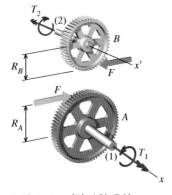

그림 6.15 기어 A와 B의 자유물체도

그림 6.15는 샤프트 (1)과 (2)의 내부 토크 사이 관계를 보여주기 위해 각 기어의 자유물체도를 보여준다. 시스템이 평형상태에 있으면 각 기어도 평형상태에 있어야 한다. 기어 A의 자유물체도를 고려하자. 샤프트 (1)에 작용하는 내부 토크 T_1을 기어 A에 직접 전달한다. 이 토크는 기어 A를 반시계방향으로 회전시킨다. 기어 A와 B가 회전할 때, 기어 B의 톱니는 두 기어에 접선 방향으로 작용하는 기어 A에 힘을 가한다. 기어 A의 회전에 반대되는 이 힘은 F로 표시한다. x축에 대한 모멘트 평형방정식은 기어 A에 대해 T_1과 F 사이의 관계를 보여준다.

$$\sum M_x = T_1 - F \times R_A = 0 \quad \therefore F = \frac{T_1}{R_A} \tag{a}$$

다음은 기어 B의 자유물체도를 고려한다. 기어 B의 톱니가 기어 A에 힘 F를 가하면 기어 A의 톱니는 기어 B에 반대방향으로 동일한 크기의 힘을 가해야 한다. 이 힘은 기어 B를 시계방향으로 회전시킨다. x'축에 대한 모멘트 평형방정식은 다음과 같다.

$$\sum M_{x'} = -F \times R_B - T_2 = 0 \tag{b}$$

식 (a)에서 결정된 F에 대한 식을 식 (b)에 대입하면, 평형을 만족하기 위해서 필요한

토크 T_2는 토크 T_1의 항으로 표현할 수 있다.

$$-\frac{T_1}{R_A} \times R_B - T_2 = 0 \quad \therefore T_2 = -T_1 \frac{R_B}{R_A} \qquad (c)$$

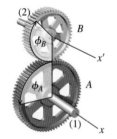
T_2의 크기는 기어 반지름의 비와 T_1으로 표현된다. 두 기어가 반대방향으로 회전하기 때문에 T_2의 부호는 T_1의 부호와 반대이다.

기어 비   식 (c)에서 R_B/R_A비는 기어 비(gear ratio)라고 한다. 이 비는 기어에 연결된 샤프트 사이의 관계를 표시하는 중요한 요소이다. 식 (c)에서 기어 비는 기어 반지름 항으로 표현된다. 이 매개변수는 기어 톱니나 기어 지름의 항으로 표현된다.

기어의 지름 D는 단순히 반지름의 2배이다. 따라서 식 (c)에서 기어 비는 D_B/D_A로도 표현되고, 여기서 D_A와 D_B는 각각 기어 A와 B의 지름이다.

2개의 기어가 적절히 맞물리려면 두 기어의 톱니가 동일한 크기여야 한다. 즉, 피치(pitch) p라고 불리는 단일 톱니의 원호길이는 두 기어 모두 동일해야 한다. 기어 A와 B의 원주 d는 다음과 같이 기어 반지름의 항으로 표현할 수 있다.

$$C_A = 2\pi R_A \quad C_B = 2\pi R_B$$

또는 피치 p와 기어의 톱니수 N의 항으로

$$C_A = p N_A \quad C_B = p N_B$$

각 기어의 원주 표식은 각 기어의 피치 p에 대해 동일하게 해석될 수 있다.

$$p = \frac{2\pi R_A}{N_A} \quad p = \frac{2\pi R_B}{N_B}$$

더욱이, 톱니 피치 p는 기어 모두에 대하여 같아야만 한다.

$$\frac{R_B}{R_A} = \frac{N_B}{N_A}$$

요약하면, 두 기어 A와 B 사이에 기어 비는 기어 톱니수, 기어 지름, 기어 반지름에 대해 같게 표현할 수 있다.

$$\text{기어 비} = \frac{R_B}{R_A} = \frac{D_B}{D_A} = \frac{N_B}{N_A} \qquad (d)$$

회전각   그림 6.16에서처럼 기어 A가 각도 ϕ_A로 회전할 때, 기어 A의 둘레를 따라 원호길이 s_A는 $s_A = R_A \phi_A$이다. 유사하게 기어 B의 둘레를 따라 원호길이 s_B는 $s_B = R_B \phi_B$이다. 각 기어의 톱니는 크기가 같기 때문에 두 기어가 회전하는 원호길이의 크기는 같아야 한다. 두 기어는 반대방향으로 회전한다. s_A와 s_B가 같고 반대방향의 회전이 고려되면, 회전각 ϕ_A은 다음과 같이 나타낼 수 있다.

그림 6.16 기어 A와 B에 대한 회전각

$$R_A \phi_A = -R_B \phi_B \quad \therefore \phi_A = -\frac{R_B}{R_A}\phi_B \tag{e}$$

참고: 식 (e)에서 R_B/R_A 항은 간단한 기어 비이다. 따라서,

$$\phi_A = -(\text{기어 비})\phi_B \tag{f}$$

회전속도 회전속도 w는 단위시간에 기어에 의한 회전각 ϕ이다. 그래서 두 개의 연동 기어의 회전속도는 회전각도에 대해 설명한 것과 동일한 방식으로 관련된다.

$$\omega_A = -(\text{기어 비})\omega_B \tag{g}$$

예제 6.5

두 충진 강재[$G=80$ GPa] 샤프트가 그림처럼 기어에 연결되어 있다. 샤프트 (1)은 35 mm의 지름을 갖고, 샤프트 (2)는 30 mm의 지름을 갖는다. 그림의 베어링은 샤프트가 자유롭게 회전하게 한다고 가정한다. 기어 D에 315 N·m 토크가 작용할 때 다음을 결정하라.

(a) 각 샤프트에서 최대 전단응력 크기

(b) 비틀림각 ϕ_1과 ϕ_2

(c) 기어 B와 C의 회전각 ϕ_B과 ϕ_C

(d) 기어 D의 회전각

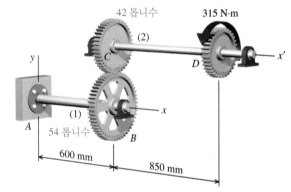

풀이 계획 샤프트 (2)의 내부 토크는 기어 D의 자유물체도로부터 쉽게 결정할 수 있다. 샤프트 (1)에서 내부 토크를 기어 비로 표시한다. 일단 두 샤프트의 내부 토크를 결정하고 비틀림각의 부호를 주의하면서 각 샤프트에서 비틀림각을 계산한다. 샤프트 (1)에서 비틀림각은 기어 B를 얼마나 회전시키는지를 표시한다. 샤프트 (1)의 비틀림각은 기어 B가 얼마나 많이 회전하는지를 결정하며, 차례로 기어 C의 회전 각도를 결정한다. 기어 D의 회전각은 기어 C의 회전각과 샤프트 (2)의 비틀림 각도에 따라 달라진다.

풀이 평형

기어 D를 포함하여 샤프트 (2)에 대한 자유물체도를 고려한다. 샤프트 (2)에서 내부 토크는 양수로 가정한다. 샤프트 (2)에서 내부 토크 T_2를 결정하기 위해 자유물체도에서 x'축에 대한 모멘트 평형방정식을 쓸 수 있다.

$$\sum M_{x'} = 315\,\text{N}\cdot\text{m} - T_2 = 0 \quad \therefore T_2 = 315\,\text{N}\cdot\text{m} \tag{a}$$

다음으로 기어 C를 포함하여 샤프트 (2)에 대한 자유물체도를 고려한다. 일단 다시 샤프트 (2)에서 내부 토크는 양으로 가정한다. 기어 B의 톱니는 기어 C의 톱니에 힘 F를 가한다. 기어 C의 반지름은 R_c로 표시하면 x'축에 대한 모멘트 평형방정식을 다음과 같이 쓸 수 있다.

$$\sum M_{x'} = T_2 - F \times R_C = 0 \quad \therefore F = \frac{T_2}{R_C} \tag{b}$$

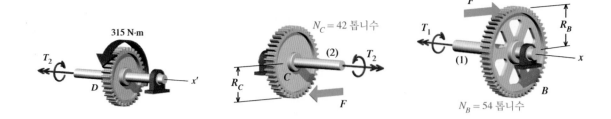

샤프트 (1)에서의 기어 B에 대한 자유물체도를 고려한다. 샤프트 (1)에서 내부 토크 T_1는 양으로 가정한다. 기어 B의 톱니는 기어 C의 톱니에 힘 F를 가하면 평형을 유지하기 위하여 기어 C의 톱니가 기어 B의 톱니에 반대방향으로 동일한 힘을 가하는 것을 요구한다. 기어 B의 반지름은 R_B로 표시하고, x축에 대한 모멘트 평형방정식은 다음과 같이 쓸 수 있다.

$$\sum M_x = -T_1 - F \times R_B = 0 \quad \therefore T_1 = -F \times R_B \tag{c}$$

샤프트 (2)에서 내부 토크는 식 (a)로 주어진다. 샤프트 (1)에서 내부 토크는 식 (c)에 식 (b)를 대입해서 구한다.

$$T_1 = -F \times R_B = -\frac{T_2}{R_C} R_B = -T_2 \frac{R_B}{R_C}$$

기어반지름 R_B와 R_C는 미지수이다. 그렇지만 R_B/R_C비는 기어 B와 C 사이의 단순한 기어 비이다. 두 기어의 톱니가 기어가 제대로 맞물리는 크기가 되어야 하므로 각 기어의 톱니 비는 기어 반지름의 비와 같다. 결과적으로 샤프트 (1)에서 토크는 각각 기어 B와 C의 톱니수 N_B와 N_C의 항으로 표현할 수 있다.

$$T_1 = -T_2 \frac{R_B}{R_C} = -T_2 \frac{N_B}{N_C} = -(315 \text{ N} \cdot \text{m}) \frac{54 \text{ 톱니수}}{42 \text{ 톱니수}} = -405 \text{ N} \cdot \text{m}$$

전단응력

각 샤프트의 최대 전단응력 크기는 탄성비틀림공식으로 계산할 수 있다. 이 계산에는 각 샤프트에 대한 극관성모멘트가 필요하다. 샤프트 (1)은 35 mm 지름의 충진 샤프트임으로 극관성모멘트는

$$J_1 = \frac{\pi}{32} (35 \text{ mm})^4 = 147324 \text{ mm}^4$$

샤프트 (2)는 30mm 지름의 충진 샤프트임으로 극관성모멘트는

$$J_2 = \frac{\pi}{32} (30 \text{ mm})^4 = 79552 \text{ mm}^4$$

최대 전단응력 크기를 계산하기 위해서 절댓값 T_1과 T_2를 사용한다. 35 mm 지름을 갖는 샤프트 (1)에서 최대 전단응력 크기는

$$\tau_1 = \frac{T_1 c_1}{J_1} = \frac{(405 \text{ N} \cdot \text{m})(35 \text{ mm}/2)(1000 \text{ mm/m})}{147324 \text{ mm}^4} = 48.1 \text{ MPa} \qquad \text{답}$$

30 mm 지름의 샤프트 (2)에서 최대 전단응력 크기는

$$\tau_2 = \frac{T_2 c_2}{J_2} = \frac{(315 \text{ N} \cdot \text{m})(30 \text{ mm}/2)(1000 \text{ mm/m})}{79552 \text{ mm}^4} = 59.4 \text{ MPa} \qquad \text{답}$$

비틀림각

비틀림각은 T_1과 T_2의 부호를 고려하면서 계산해야 한다. 샤프트 (1)은 길이 600 mm이고 전단탄성계수 $G = 80$ GPa $= 80000$ MPa이다. 이 샤프트에서 비틀림각은 다음과 같다.

$$\phi_1 = \frac{T_1 L_1}{J_1 G_1} = \frac{(-405 \text{ N} \cdot \text{m})(600 \text{ mm})(1000 \text{ mm/m})}{(147324 \text{ mm}^4)(80000 \text{ N/mm}^2)} = -0.020618 \text{ rad} = -0.0206 \text{ rad}$$ 답

샤프트 (2)는 길이 850 mm이다; 따라서 비틀림각은

$$\phi_2 = \frac{T_2 L_2}{J_2 G_2} = \frac{(315 \text{ N} \cdot \text{m})(850 \text{ mm})(1000 \text{ mm/m})}{(79552 \text{ mm}^4)(80000 \text{ N/mm}^2)} = 0.042087 \text{ rad} = 0.0421 \text{ rad}$$ 답

기어 B와 C의 회전각

기어 B의 회전각은 샤프트 (1)에서 비틀림각과 같다.

$$\phi_B = \phi_1 = -0.020618 \text{ rad} = -0.0206 \text{ rad}$$ 답

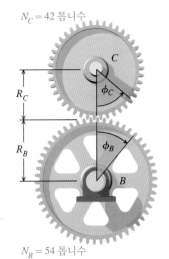

$N_C = 42$ 톱니수

$N_B = 54$ 톱니수

참고: 그림 6.6에서 설명하고 그림 6.13에서 보여준 회전각에 대한 부호규약에서, 기어 B에 대한 음의 회전각은 오른쪽의 그림에서 기어 B가 시계방향으로 회전하는 것을 나타낸다.

기어 B와 C의 회전각은 각각의 회전과 관련된 원호길이가 동일해야 하므로 관련이 있다. 왜냐하면 기어톱니는 맞물려 있기 때문이다. 그러나 기어는 반대방향으로 회전한다. 이 경우에 기어 B가 시계방향으로 회전하므로 기어 C는 반시계방향으로 회전한다. 회전방향의 변화는 계산에서 음의 부호로 고려할 수 있다. 그래서

$$R_C \phi_C = -R_B \phi_B$$

여기서 R_B와 R_c는 각각 기어 B와 C의 반지름이다. 이 관계를 사용하면 기어 C의 회전각을 다음과 같이 표현할 수 있다.

$$\phi_C = -\frac{R_B}{R_C}\phi_B$$

그러나 R_B/R_A비는 기어 B와 C 사이의 단순한 기어 비이다. N_B와 N_C의 항으로 표현할 수 있으며, B와 C는 각각 기어의 톱니수이다.

$$\phi_C = -\frac{N_B}{N_C}\phi_B$$

그래서 기어 C의 회전각은

$$\phi_C = -\frac{N_B}{N_C}\phi_B = -\frac{54 \text{ 톱니수}}{42 \text{ 톱니수}}(-0.020618 \text{ rad}) = 0.026509 \text{ rad} = 0.0265 \text{ rad}$$ 답

기어 D의 회전각

기어 D의 회전각은 샤프트 (2)에서 발생하는 비틀림에 기어 C의 회전각을 더한 것이 된다.

$$\phi_D = \phi_C + \phi_2 = 0.026509 \text{ rad} + 0.042087 \text{ rad} = 0.068596 \text{ rad} = 0.0686 \text{ rad}$$ 답

두 개의 충진 강재[$G = 80$ GPa]샤프트가 그림과 같이 기어로 연결되어 있다. 각 샤프트의 지름은 35 mm이다. D에 토크 $T = 685$ N·m가 작용한다. 다음을 결정하라.

(a) 각 샤프트에서 최대 전단응력

(b) D의 회전각

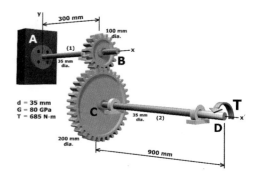

M6.9 토크, 회전각, 기어의 회전 속도와 관련된 6개의 객관식 문제

그림 M6.9

M6.10 기어에 연결된 2개의 샤프트를 포함하는 6개의 기본 계산

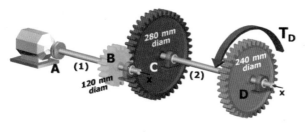

그림 M6.10

M6.11 기어에 연결된 3개의 샤프트를 포함하는 6개의 기본 계산

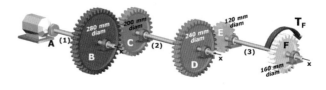

그림 M6.11

M6.12 기어에 연결된 2개의 샤프트를 포함하는 5개의 기본 비틀림각과 회전각 계산

그림 M6.12

P6.25 그림 P6.25와 같은 기어열(gear train)의 기어 D에 토크 $T_D = 450$ N·m가 작용한다. 그림의 베어링은 샤프트가 자유롭게 회전하게 한다.

(a) 시스템의 평형에 필요한 토크 T_A를 계산하라.

(b) 샤프트 (1)과 (2)는 지름 30 mm 강재샤프트로 가정한다. 각 샤프트에 작용하는 최대 전단응력을 계산하라.

(c) 샤프트 (1)과 (2)는 충진 강재샤프트로 허용전단응력을 60 MPa로 가정한다. 각 샤프트에 필요한 최소 지름을 계산하라.

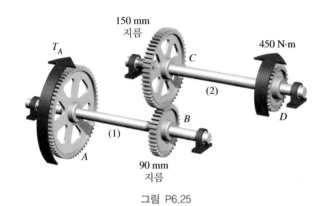

그림 P6.25

P6.26 그림 P6.26과 같은 기어열은 샤프트 (1)과 (2)를 포함하고, 이때 샤프트는 20 mm 지름의 충진 강재샤프트이다. 각 샤프트의 허용전단응력은 50 MPa이다. 그림의 베어링은 샤프트가 자유롭게 회전하게 한다. 각 샤프트에서 허용전단응력을 초과하지 않고 시스템에 적용할 수 있는 최대 토크 T_D를 결정하라.

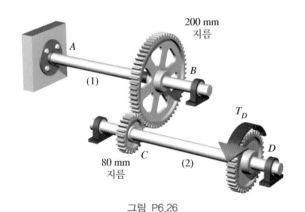

그림 P6.26

P6.27 그림 P6.27/28에서 보여주는 기어 시스템에서 모터가 기어 A에 토크 220 N·m를 가한다. 이때 토크 $T_C = 400$ N·m는 기어 C에서 제거되고, 남아있는 토크는 기어 D에서 제거될 경우 다음을 계산하라. 세그먼트 (1)과 (2)는 지름 40 mm의 충진 강재[$G = 80$ GPa] 샤프트이고 베어링은 샤프트가 자유롭게 회전하게 한다.

(a) 샤프트의 세그먼트 (1)과 (2)에서 최대 전단응력

(b) 기어 B에 대한 기어 D의 회전각

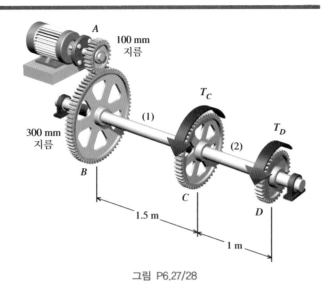

그림 P6.27/28

P6.28 그림 P6.27/28에서 보여주는 기어 시스템에서 모터가 기어 A에 토크 400 N·m를 가한다. 이때 토크 $T_C = 700$ N·m는 기어 C에서 제거되고, 남아있는 토크는 기어 D에서 제거된다. 세그먼트 (1)과 (2)는 충진 강재[$G = 80$ GPa] 샤프트이고 베어링은 샤프트가 자유롭게 회전하게 한다.

(a) 최대 전단응력이 40 MPa를 초과하지 않는 샤프트의 세그먼트 (1)과 (2)에서 최소 허용지름을 계산하라.

(b) 만약 세그먼트 (1)과 (2)에서 동일한 지름이 사용된다면 샤프트의 최대 전단응력이 40 MPa를 초과하지 않고 기어 B에 대한 기어 D의 회전각이 3.0°를 넘지 않기 위한 샤프트의 최소 허용지름을 계산하라.

P6.29 그림 P6.29에서 보여주는 시스템에서 모터가 4300 N·m의 토크를 기어 B에 가한다. 기어 A는 샤프트 (1)에서 2800 N·m를 상쇄하고 기어 C는 남아있는 토크를 상쇄시킨다. 샤프트 (1)과 (2) 모두 충진 강재[$G = 80$ GPa]로 되어 있고 샤프트 길이는 각각 $L_1 = 3.0$ m이고 $L_2 = 1.8$ m이다. 각 샤프트에서 회전각이 3.0°를 넘지 않기 위한 각 샤프트에 필요한 최소 지름을 계산하라.

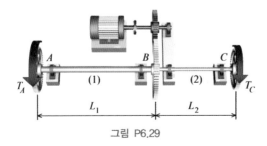

그림 P6.29

P6.30 그림 P6.30/31에서 보여주는 기어 시스템에서 모터는 기어 A에 토크 600 N·m를 가한다. 샤프트 (1)과 (2)는 충진 샤프트이고 베어링은 샤프트가 자유롭게 회전하게 한다.

(a) 기어 E에 작용하는 T_E를 계산하라.

(b) 각 샤프트에서 허용전단응력이 70 MPa이라면 각 샤프트의 최소 허용지름을 계산하라.

P6.31 그림 P6.30/31에서 보여주는 기어 시스템에서 토크 $T_E = 960$ N·m이 기어 E에 전달된다. 샤프트 (1)은 충진 지름 40 mm의 샤프트이고, 샤프트 (2)는 지름 60 mm의 충진 샤프트이다. 베어링은 샤프트가 자유롭게 회전하게 한다. 다음을 계산하라.
(a) 모터에 의해서 기어 A로 작용하는 토크
(b) 샤프트 (1)과 (2)에서 최대 전단응력

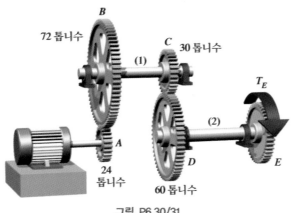

그림 P6.30/31

P6.32 두 개의 65 mm 지름의 충진 강재샤프트가 그림 P6.32에서처럼 기어로 연결되어 있다. 샤프트의 길이는 $L_1 = 3.4$ m, $L_2 = 6.6$ m이다. 두 샤프트의 전단탄성계수는 $G = 83$ GPa이고 그림의 베어링은 샤프트가 자유롭게 회전하게 한다. 기어 D가 $6°$의 각으로 회전하면 각 샤프트에서 최대 전단응력은 얼마인가?

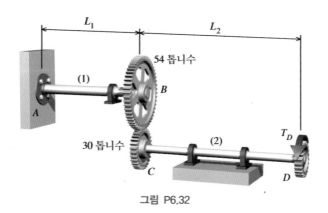

그림 P6.32

P6.33 두 개의 충진 강재샤프트가 그림 P6.33/34에서처럼 기어로 연결되어 있다. 다음의 요구사항을 충족하는 시스템을 설계해야 한다. (1) 두 샤프트는 동일한 지름을 가져야 하고 (2) 각 샤프트에서 최대 전단응력은 50 MPa보다 작아야 한다. 또한 (3) 기어 D의 회전각은 $3°$를 초과해서는 안 된다. 기어 D에 작용하는 토크가 $T_D = 630$ N·m일 때 샤프트의 최소 필요지름을 결정하라. 샤프트의 길이는 $L_1 = 2.25$ m, $L_2 = 1.75$ m이다. 두 샤프트의 전단탄성계수 $G = 80$ GPa이고 그림의 베어링은 샤프트가 자유롭게 회전하게 한다.

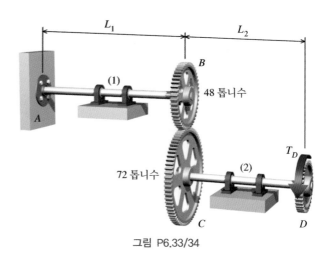

그림 P6.33/34

P6.34 두 개의 지름 60 mm의 충진 강재샤프트가 그림 P6.33/34에서처럼 기어로 연결되어 있다. 샤프트의 길이는 $L_1 = 4.8$ m, $L_2 = 3.6$ m이다. 두 샤프트의 전단탄성계수 $G = 80$ GPa이고 그림의 베어링은 샤프트가 자유롭게 회전하게 한다고 가정한다. 기어 D에 작용하는 토크가 $T_D = 2400$ N·m일 때 다음을 계산하라.
(a) 두 샤프트에서 내부 토크 T_1과 T_2
(b) ϕ_1과 ϕ_2의 비틀림각
(c) 기어 B와 C의 비틀림각 ϕ_B와 ϕ_C
(d) 기어 D의 회전각

6.8 동력전달

원형샤프트는 일반적으로 모터나 엔진에서 장치나 부품으로 동력을 전달하는 데 사용된다. 동력(Power)은 단위 시간당 한 일(work)로 정의한다. 일정한 크기의 토크 T가 한 일 W는 토크가 회전한 각과 토크의 곱과 같다.

$$W = T\phi \tag{6.15}$$

동력은 한 일의 속도이다. 따라서 식 (6.15)를 시간 t에 대하여 미분하면 일정한 토크 T를 받는 샤프트에 의해서 전달되는 동력 P가 된다:

$$P = \frac{dW}{dt} = T\frac{d\phi}{dt} \tag{6.16}$$

각변위의 변화율 $d\phi/dt$는 회전속도 또는 각속도 w이다. 따라서 샤프트로 전달되는 동력 P는 샤프트에서 최대토크 T와 회전속도 w의 함수이다.

$$P = T\omega \tag{6.17}$$

여기서 w는 1초당 라디안으로 계산된다.

동력단위

SI단위에서 토크에 대한 적절한 단위는 N·m이다. 동력에 대응하는 SI단위는 와트(watt)이다.

$$P = T\omega = (\mathrm{N \cdot m})(\mathrm{rad/s}) = \frac{\mathrm{N \cdot m}}{\mathrm{s}} = \mathrm{watt} = \mathrm{W}$$

회전속도 단위

샤프트의 회전속도 w는 일반적으로 분당 회전수(rpm) 또는 주파수 f로 표현한다. 주파수 f는 단위 시간당 회전수이다. 주파수의 표준단위는 헤르츠(Hz)이고 1초당 회전수 (s^{-1})이다. 샤프트는 한 바퀴 회전(rev)에 2π 라디안(rad)의 각을 회전하기 때문에 회전속도 w는 Hz로 계산된 주파수 f항으로 표현할 수 있다.

$$\omega = \left(\frac{f \, \mathrm{rev}}{\mathrm{s}}\right)\left(\frac{2\pi \, \mathrm{rad}}{\mathrm{rev}}\right) = 2\pi f \, \mathrm{rad/s}$$

따라서 식 (6.17)을 주파수 f(Hz로 계산된)항으로 다음과 같이 쓸 수 있다.

$$P = T\omega = 2\pi f T \tag{6.18}$$

회전각의 또 다른 일반적인 척도는 분당 회전수(rpm)이다. 회전속도 w는 1분당 회전수

n의 항으로 다음과 같이 쓸 수 있다.

$$\omega = \left(\frac{n \text{ rev}}{\min}\right)\left(\frac{2\pi \text{ rad}}{\text{rev}}\right)\left(\frac{1 \min}{60 \text{ s}}\right) = \frac{2\pi n}{60} \text{ rad/s}$$

식 (6.17)을 rpm n의 항으로 다음과 같이 쓸 수 있다.

$$P = T\omega = \frac{2\pi nT}{60} \tag{6.19}$$

예제 6.6

지름 90 mm의 충진 강재샤프트가 700 rpm으로 550 kW를 전달한다. 샤프트에서 발생하는 최대 전단응력을 계산하라.

풀이 계획 샤프트에서 토크를 계산하기 위해서 동력전달 방정식[식 (6.17)]을 사용한다. 탄성비틀림공식[식 (6.5)]을 이용하여 샤프트에서 최대 전단응력을 계산한다.

풀이 동력 P는 관계식 $P = Tw$로 토크 T와 회전속도 w와 관련된다. 동력과 회전속도에 대한 정보는 문제에서 주어지므로 이 관계를 재배열해서 미지수 토크 T에 대해서 계산할 수 있다. 그러나 이 과정에서 필요한 환산계수는 처음에는 혼란스러울 수 있다.

$$T = \frac{P}{\omega} = \frac{(550 \text{ kW})\left(\dfrac{1000 \text{ N} \cdot \text{m/s}}{1 \text{ kW}}\right)}{(700 \text{ rev/min})\left(\dfrac{2\pi \text{ rad}}{\text{rev}}\right)\left(\dfrac{1 \min}{60 \text{ s}}\right)} = \frac{550000 \text{ N} \cdot \text{m/s}}{73.3038 \text{ rad/s}} = 7503.02 \text{ N} \cdot \text{m}$$

지름 30 mm의 충진 샤프트에 대한 극관성모멘트는

$$J = \frac{\pi}{32}(30 \text{ mm})^4 = 6441247 \text{ mm}^4$$

따라서 샤프트에서 발생하는 최대 전단응력은

$$\tau = \frac{Tc}{J} = \frac{(7503.02 \text{ N} \cdot \text{m})(90 \text{ mm}/2)(10000 \text{ mm/m})}{6441247 \text{ mm}^4} = 52.4 \text{ MPa} \qquad \text{답}$$

Mec Movies MecMovies 예제 M6.16

길이 2 m의 중공 강재[$G = 75$ GPa] 샤프트가 바깥지름 75 mm, 안지름은 65 mm로 제작되었다. 샤프트에서 최대 전단응력이 50 MPa를 초과할 수 없고, 비틀림각은 1°로 제한된다면 샤프트가 600 rpm으로 회전할 때 전달하는 최대 동력을 계산하라.

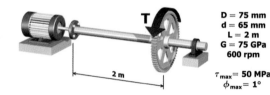

D = 75 mm
d = 65 mm
L = 2 m
G = 75 GPa
600 rpm

τ_{max} = 50 MPa
ϕ_{max} = 1°

2 m

모터 샤프트가 900 rpm으로 40 kW의 동력을 전달하도록 설계되었다. 샤프트에서 전단응력이 75 MPa로 제한될 때 다음을 계산하라.

(a) 충진 샤프트의 필요 최소 지름

(b) 샤프트의 안지름이 바깥지름의 80%라 가정할 경우 중공 샤프트의 필요 최소 바깥지름

MecMovies 예제 M6.18

그림의 모터는 A에서 1800 rpm으로 15 hp를 공급한다. 샤프트 (1)은 충진 지름 0.75 in, 샤프트 (2)는 충진 지름 1.50 in이다. 두 샤프트는 강재[G =12000 ksi]이다. 그림의 베어링은 샤프트가 자유롭게 회전하게 한다. 다음을 계산하라.

(a) 각 샤프트에서 발생하는 최대 전단응력

(b) 플랜지 A에 대한 기어 D의 회전각

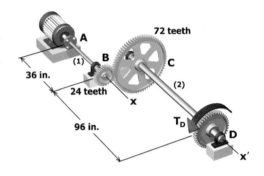

예제 6.7

두 개의 지름 25 mm의 충진 강재 샤프트가 그림과 같이 기어에 연결 되어 있다. A에 위치한 모터는 시스템에 15 Hz로 20 kW를 가한다. 베어링은 샤프트가 자유롭게 회전하게 한다. 다음을 계산하라.

(a) 기어 D에서 가능한 토크

(b) 각 샤프트에서 최대 전단응력

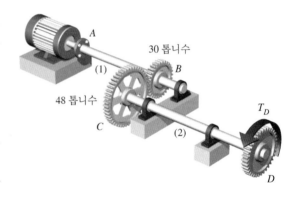

풀이 계획 동력전달 방정식을 이용하여 샤프트 (1)에서 토크를 계산한다. 샤프트 (2)에서 토크는 기어 비로 계산한다. 토크를 알면 탄성비틀림공식으로 최대 전단응력을 결정할 수 있다.

풀이 동력전달 방정식으로 샤프트 (1)에서 토크를 계산한다. 모터가 가하는 동력은 20 kW이다.

$$P = (20 \ \text{kW})\left(\frac{1000 \ \text{W}}{1 \ \text{kW}}\right) = 20000 \ \text{W} = 20000 \ \frac{\text{N} \cdot \text{m}}{\text{s}}$$

모터는 15 Hz로 회전한다. 회전속도는 rad/s 단위로 바꿔야 한다.

$$\omega = 15 \ \text{Hz} = \left(\frac{15 \ \text{rev}}{\text{s}}\right)\left(\frac{2\pi \ \text{rad}}{1 \ \text{rev}}\right) = 94.24778 \ \frac{\text{rad}}{\text{s}}$$

샤프트 (1)에서 토크는 다음과 같다.

$$T_1 = \frac{P}{\omega} = \frac{20000 \ \text{N} \cdot \text{m/s}}{94.24778 \ \text{rad/s}} = 212.2066 \ \text{N} \cdot \text{m}$$

기어 C가 기어 B보다 크기 때문에 샤프트 (2)에서 토크는 증가한다. 각 기어의 톱니수를 사용하여 기어

비를 구성하고 샤프트 (2)에서 최대 토크를 계산하면

$$T_2 = (212.2066 \text{ N·m})\left(\frac{48 \text{ 톱니수}}{30 \text{ 톱니수}}\right) = 339.5306 \text{ N·m}$$

참고: 이 경우에는 토크의 크기만 필요하다. 결론적으로 T_2의 절댓값만 여기서 계산된다.

따라서 기어 D에 가능한 토크는 $T_D = 340$ N·m이다.　　　　　　　　　　　　**답**

전단응력

지름 25 mm의 충진 샤프트의 극관성모멘트는

$$J = \frac{\pi}{32}(25 \text{ mm})^4 = 38349.5 \text{ mm}^4$$

각 부분에서 최대 전단응력은 탄성비틀림공식으로 계산할 수 있다.

$$\tau_1 = \frac{T_1 c_1}{J_1} = \frac{(212.2066 \text{ N·m})(25 \text{ mm}/2)(1000 \text{ mm/m})}{38349.5 \text{ mm}^4} = 69.2 \text{ MPa}$$　　　**답**

$$\tau_2 = \frac{T_2 c_2}{J_2} = \frac{(339.5306 \text{ N·m})(25 \text{ mm}/2)(1000 \text{ mm/m})}{38349.5 \text{ mm}^4} = 110.7 \text{ MPa}$$　　　**답**

Mec Movies **MecMovies 연습문제**

M6.14 기어에 연결된 두 개의 샤프트에서 동력전달을 포함하는 6개의 기본 계산

M6.15 기어에 연결된 3개의 샤프트에서 동력전달을 포함하는 6개의 기본 계산

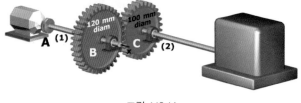

그림 M6.14

그림 M6.15

PROBLEMS

P6.35 자동차의 구동축이 3200 rpm으로 185 kW를 전달하도록 설계되었다. 샤프트에서 허용전단응력이 40 MPa를 초과하지 않을 때 충진 강재 샤프트에 필요한 최소 지름을 계산하라.

P6.36 지름 20 mm의 충진 청동 샤프트가 크기가 작은 요트 프로펠러에 25 Hz로 11 kW를 전달한다. 샤프트에 발생하는 최대 전단응력을 계산하라.

P6.37 관형 강재 샤프트는 1700 rpm으로 225 kW를 전달하도록 설계되었다. 샤프트에서 최대 전단응력은 30 MPa를 초과해서는 안 된다. 샤프트의 바깥지름 $D = 75$ mm이면 샤프트의 최소 벽두께를 계산하라.

P6.38 바깥지름 $D = 100$ mm이고 벽두께 $t = 6$ mm를 갖는 관형 강재[$G = 80$ GPa] 샤프트가 길이 7 m이고 0.05 rad 이상 비틀려서는 안 된다. 샤프트가 375 rpm으로 전달할 수 있는 최대 동력을 계산하라.

P6.39 중공 티타늄[$G = 43$ GPa] 샤프트의 바깥지름 $D = 50$ mm이고 벽두께는 $t = 1.25$ mm이다. 샤프트에서 최대 전단응력은 150 MPa로 제한되어 있다. 다음을 계산하라.

(a) 회전속도가 20 Hz로 제한될 때 샤프트가 전달할 수 있는 최대 동력

(b) 8 Hz로 30 kW를 전달할 때 길이 700 mm의 샤프트에서 최대 비틀림각

P6.40 관형 강재[$G = 80$ GPa] 샤프트가 30 Hz로 150 kW를 전달하도록 설계되었다. 샤프트에서 최대 전단응력은 80 MPa를 넘어서는 안 되고 비틀림각은 4 m 길이에 6°를 넘어서는 안 된다. 바깥지름에 대한 안지름의 비가 0.80일 때 최소 허용바깥지름을 계산하라.

P6.41 관형 알루미늄합금[$G = 28$ GPa] 샤프트가 540 rpm으로 1800 kW를 전달하도록 설계되었다. 샤프트에서 최대 전단응력은 50 MPa를 넘어서는 안 되고 비틀림각은 4.5 m 길이에 5°를 넘어서는 안 된다. 안지름은 바깥지름의 3/4일 때 최소 허용바깥지름을 계산하라.

P6.42 유체 교반기(fluid agitator)의 임펠러샤프트는 440 rpm으로 28 kW를 전달한다. 임펠러 샤프트에서 허용전단응력은 80 MPa로 제한되어 있다. 다음을 계산하라.
(a) 충진 임펠러샤프트에 필요한 최소 지름
(b) 바깥지름이 40 mm일 때 중공 임펠러 샤프트에 허용되는 최대 안지름
(c) 중공 샤프트가 충진 샤프트 대신 사용될 경우에 실제 중량 절감 비율(힌트: 샤프트의 무게는 단면적에 비례)

P6.43 그림 P6.43과 같이 지름 $D = 250$ mm인 도르래가 지름 $d = 32$ mm로 설계된 샤프트에 장착된다. $F_1 = 800$ N이고 $F_2 = 3000$ N인 인장력을 갖는 벨트가 도르래의 주변을 감고 있다. 샤프트가 180 rpm으로 회전한다면 다음을 계산하라.
(a) 샤프트에 전달되는 마력
(b) 샤프트에서 최대 전단응력

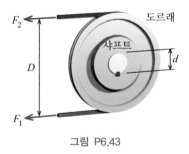

그림 P6.43

P6.44 컨베이어 벨트가 1200 rpm으로 회전하는 7.5 kW 모터에 의해 구동된다. 속도를 줄이는 일련의 기어를 통해 모터는 벨트 드럼 샤프트를 10 rpm의 속도로 구동한다. 허용전단응력이 55 MPa이고 두 샤프트는 충진단면일 경우 다음을 계산하라.
(a) 모터 샤프트의 필요 지름
(b) 벨트드럼 샤프트의 필요 지름

P6.45 지름 40 mm와 길이 1.8 m를 갖는 충진 강재[$G = 80$ GPa] 샤프트가 전기모터에서 압축기로 동력 30 kW를 전달한다. 허용전단응력이 60 MPa이고 비틀림 허용각이 1.5°일 때 가장 느린 허용회전속도는 얼마인가?

P6.46 모터가 그림 P6.46/47에서처럼 샤프트의 플랜지 A에 6 Hz로 200 kW를 공급한다. 기어 B는 공장에서 작동하는 기계에 동력 125 kW를 전달하고 샤프트에 남아있는 동력은 기어 D에 전달된다. 샤프트 (1)과 (2)는 동일한 지름을 갖는 충진 알루미늄[$G = 28$ GPa] 샤프트이고 허용전단응력은 $\tau = 40$ MPa이다. 샤프트 (3)은 허용전단응력 $\tau = 55$ MPa를 갖는 충진 강재[$G = 80$ GPa] 샤프트이다. 다음을 계산하라.
(a) 알루미늄 샤프트 (1)과 (2)의 최소 허용지름
(b) 강재 샤프트 (3)의 최소 허용지름
(c) 샤프트의 지름이 (a)와 (b)에서 계산된 최소 허용지름일 때 플랜지 A에 대한 기어 D의 회전각

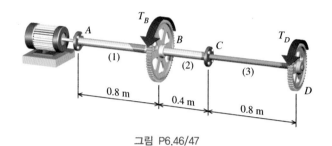

그림 P6.46/47

P6.47 모터가 그림 P6.46/47에서처럼 샤프트의 플랜지 A에 5 Hz로 60 kW를 공급한다. 기어 B는 공장에서 작동하는 기계에 동력 40 kW를 전달하고 샤프트에 남아있는 동력은 기어 D에 전달된다. 샤프트 (1)과 (2)는 지름 65 mm인 충진 알루미늄[$G = 28$ GPa] 샤프트이고 샤프트 (3)은 지름 40 mm인 충진 강재[$G = 80$ GPa] 샤프트이다. 다음을 계산하라.
(a) 알루미늄 샤프트에서 최대 전단응력
(b) 강재 샤프트에서 최대 전단응력
(c) 플랜지 A에 대한 기어 D의 회전각

P6.48 그림 P6.48/49의 시스템에서 기어 C와 D에 각각 토크 $T_C = 800$ N·m와 $T_D = 550$ N·m를 공장의 기계에 공급하기 위해 충분한 동력을 모터가 공급하고 있다. 동력샤프트 세그먼트 (1)과 (2)는 바깥지름 $D = 60$ mm이고 안지름 $d = 50$ mm인 중공 강재 튜브이다. 동력샤프트[즉, 세그먼트 (1)과 (2)]가 40 rpm으로 회전할 때 다음을 계산하라.
(a) 동력샤프트 세그먼트 (1)과 (2)에서 최대 전단응력
(b) 회전속도(rpm)뿐만 아니라 모터에 의해 제공되어야 하는 동력(kW)
(c) 모터에 의해 기어 A에 작용하는 토크

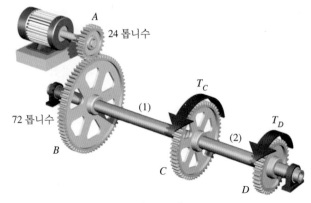

그림 P6.48/49

P6.49 그림 P6.48/49에서 모터는 시스템에 9 kW의 동력을 공급한다. 모터가 공급하는 동력의 65%가 기어 C에서 상쇄되고, 동력의 나머지 35%가 기어 D에서 상쇄된다. 동력샤프트 세그먼트 (1)과 (2)는 바깥지름 $D=60$ mm이고 안지름 $d=50$ mm인 중공 강재 튜브이다. 강재 튜브의 허용전단응력이 55 MPa이면 모터가 허용할 수 있는 가장 느린 회전속도를 계산하라.

P6.50 그림 P6.50/51에서 보여주듯이 모터는 구동 시스템의 기어 A에 6 Hz로 25 kW를 공급한다. 샤프트 (1)은 지름 60 mm이고 길이 $L_1=500$ mm인 충진 알루미늄[$G=28$ GPa] 샤프트이고 샤프트 (2)는 지름 50 mm이고 길이 $L_2=300$ mm인 충진 강재[$G=80$ GPa] 샤프트이다. 샤프트 (1)과 (2)는 플랜지 C에서 연결되어 있고 그림의 베어링은 샤프트가 자유롭게 회전하게 한다. 다음을 계산하라.
(a) 샤프트 (1)과 (2)에서 최대 전단응력
(b) 기어 B에 대한 기어 D의 회전각

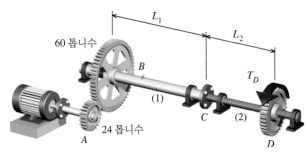

그림 P6.50/51

P6.51 그림 P6.50/51에서 보여주듯이 모터는 구동 시스템의 기어 A에 25 kW를 공급한다. 샤프트 (1)은 지름 60 mm이고 길이 $L_1=680$ mm인 충진 알루미늄[$G=28$ GPa] 샤프트이고 허용전단응력은 40 MPa이다. 샤프트 (2)는 지름 45 mm이고 길이 $L_2=320$ mm인 충진 강재[$G=80$ GPa] 샤프드이고 허용선단응력은 55 MPa이다. 이 허용전단응력에 추가하여, 기어 B에 대한 기어 D의 회전각은 2°를 초과해서는 안 되는 사양이 필요하다. 샤프트 (1)과 (2)는 플랜지 C에서 연결되어 있고 그림의 베어링

은 샤프트가 자유롭게 회전하게 한다. 모터에서 허용하는 가장 느린 회전속도는?

P6.52 그림 P6.52/53에서 보여주는 시스템은 7 Hz의 속도에 토크 $T_D=315$ N·m를 제공해야 한다. 샤프트 (1)과 (2)는 55 MPa의 허용전단응력을 갖는 충진 강재 샤프트이다. 그림의 베어링은 샤프트가 자유롭게 회전하게 한다. 다음을 계산하라.
(a) 모터에서 제공해야만 하는 동력
(b) 샤프트 (1)에 필요한 최소 지름

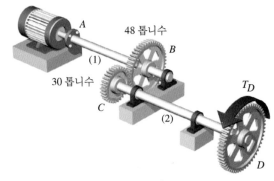

그림 P6.52/53

P6.53 그림 P6.52/53에서 보여주는 시스템은 A에서 15 Hz의 회전속도로 12 kW를 제공한다. 그림의 베어링은 샤프트가 자유롭게 회전하게 한다.
(a) 샤프트 (2)는 지름이 35 mm인 충진 강재샤프트이다. 샤프트 (2)에서 발생하는 최대 전단응력을 계산하라.
(b) 샤프트 (1)에서 전단응력은 40 MPa로 제한되고 충진 샤프트가 사용된다면 샤프트 (1)에서 적용 가능한 최소 지름을 계산하라.

P6.54 그림 P6.54/55에서 보여주는 모터는 A에서 15 Hz로 9 kW를 제공한다. 샤프트 (1)과 (2)는 지름 25 mm인 강재[$G=80$ GPa] 샤프트로 각각 길이 $L_1=900$ mm, $L_2=1200$ mm이다. 그림의 베어링은 샤프트가 자유롭게 회전하게 한다. 다음을 계산하라.
(a) 샤프트 (1)과 (2)에서 발생하는 최대 전단응력
(b) 플랜지 A에 대한 기어 D의 회전각

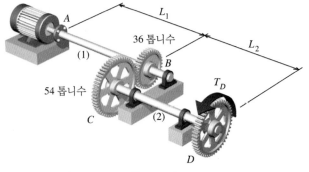

그림 P6.54/55

P6.55 그림 P6.54/55에서 보여주는 모터는 15 Hz로 샤프트 (2)를 회전시킨다. 샤프트 (1)과 (2)는 지름 30 mm인 충진 강재[G=80 GPa] 샤프트로 각각 길이 $L_1 = 1.2$ m, $L_2 = 1.8$ m이다. 그림의 베어링은 샤프트가 자유롭게 회전하게 한다. 플랜지 A에 대한 기어 D의 회전각이 $3°$를 초과해서는 안 된다면 모터가 허용하는 최대 동력은 얼마인가?

P6.56 그림 P6.56에서 보여주는 기어열은 모터에서 E로 동력을 전달한다. 모터는 50 Hz의 주파수로 회전한다. 충진 샤프트 (1)의 지름은 25 mm이고 충진 샤프트 (2)의 지름은 32 mm이다. 각 샤프트의 허용전단응력이 60 MPa일 때 다음을 계산하라.

(a) 기어열이 전달하는 최대 동력
(b) 기어 E에서 제공되는 토크
(c) 기어 E에서 회전속도(Hz)

P6.57 그림 P6.57과 같이 모터는 샤프트 ABC에 동력 110 kW를 공급하고 6 Hz로 기어 A, B, C를 회전시킨다. 기어 A는 동력 $P_A = 70$ kW를 상쇄하고 기어 C는 나머지 동력을 상쇄한다. 샤프트 길이는 $L_1 = 7$ m, $L_2 = 4$ m이다. 두 샤프트의 전단탄성계수는 $G = 80$ GPa이고 베어링은 샤프트가 자유롭게 회전하게 한다고 가정한다. 사양은 샤프트 (1)과 샤프트 (2)에 동일한 지름의 충진 강재샤프트가 필요하다. 허용전단응력이 40 MPa이고 각 샤프트의 허용비틀림각이 $4°$일 때 샤프트 ABC에 사용될 수 있는 최소 지름을 계산하라.

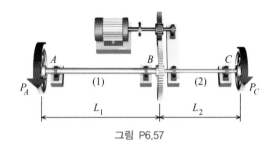

그림 P6.57

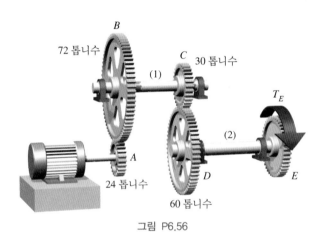

그림 P6.56

6.9 부정정 비틀림 부재

비틀림 하중을 받는 많은 간단한 기계와 구조 시스템에서 자유물체도를 그리고 평형방정식을 풀어 개별 부재에서 내부 토크와 지지점의 반력을 계산할 수 있다. 이런 비틀림 시스템을 정정(statically determinate)으로 분류한다.

많은 기계와 구조 시스템에서 평형방정식만으로는 지점에서의 반력과 부재의 내부 토크를 결정하기에 충분하지 않다. 다시 말해서 시스템에서 모든 미지수를 풀기 위한 평형방정식이 충분하지 않다. 이 구조와 시스템을 부정정(statically indeterminate)이라 한다. 구조 또는 시스템의 부재에서 변형형태(적합조건)를 포함하는 추가 방정식으로 평형방정식을 보완하여 이러한 유형의 구조를 해석할 수 있다. 일반적인 해법은 5.5절의 부정정 구조물을 위해 개발된 과정과 유사한 5단계로 구성할 수 있다.

1단계 ― 평형방정식: 구조물의 평형조건으로 미지의 내부 토크로 표현된 식을 유도할 수 있다.

2단계 ― 변형형태(적합조건): 비틀림 부재의 변형 관계를 결정하기 위하여 대상 구조물의 형태를 분석한다.

3단계 — 토크-비틀림 관계: 부재의 내부 토크와 대응하는 비틀림각 사이의 관계를 식 (6.12)로 나타낸다.

4단계 — 적합방정식: 토크-비틀림 관계를 변형형태방정식에 대입하여 구조물의 기하 구조에 근거한 식을 구하지만 미지의 축력을 포함하는 항으로 표현된다.

5단계 — 방정식 풀이: 평형방정식과 적합방정식을 연립하여 풀어 미지의 토크를 계산한다.

부정정 비틀림 구조물의 풀이과정은 다음 예제에서 소개한다.

예제 6.8

그림의 합성 샤프트는 A와 C에서 강체 벽에 단단히 고정되어 있고 플랜지 B에 연결된 두 개의 충진 샤프트로 구성되어 있다. 샤프트 (1)은 지름 54 mm인 충진 알루미늄[$G = 28$ GPa] 샤프트이고 길이는 1200 mm이다. 샤프트 (2)는 지름 36 mm인 충진 청동[$G = 44$ GPa] 샤프트이고 길이는 800 mm이다. 집중토크 2.1 kN·m가 플랜지 B에 작용할 때 다음을 계산하라.

(a) 샤프트 (1)과 (2)에서 최대 전단응력

(b) 지지대 A에 대한 플랜지 B의 회전각

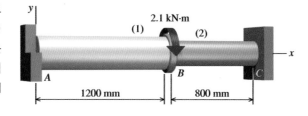

풀이 계획 풀이는 플랜지 B에서 자유물체도로 시작한다. 이 자유물체도에서 얻은 평형방정식을 통해 이 합성 샤프트가 부정정이라는 것을 알 수 있다. 샤프트의 알루미늄과 청동 세그먼트 사이의 비틀림각 관계를 고려하여 문제를 풀기 위해 필요한 정보를 추가로 얻을 수 있다.

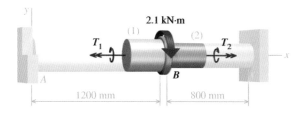

풀이 **1단계 — 평형방정식:** 플랜지 B의 자유물체도를 그린다. 샤프트 세그먼트 (1)과 (2)에서 양의 내부 토크를 가정한다[상세한 부호규약은 6.6절 참조]. 이 자유물체도에서 다음의 모멘트 평형방정식을 구할 수 있다.

$$\sum M_x = -T_1 + T_2 + 2.1 \text{ kN·m} = 0 \tag{a}$$

식 (a)에는 두 개의 미지수가 있다. T_1과 T_2, 결과적으로 평형방정식만으로는 이 문제를 풀 수 없다. 미지 토크 T_1과 T_2를 포함하는 또 다른 관계를 구하기 위해 합성 샤프트에서 비틀림각 사이의 일반적인 관계를 고려한다.

2단계 — 변형형태(적합조건): 다음 질문은 "두 샤프트 세그먼트에서 비틀림각이 어떻게 연관되어 있나?"이다. 합성 샤프트는 A와 C에서 강체 벽에 고정되어 있다. 그래서 샤프트 세그먼트 (1)에서 발생하는 비틀림과 샤프트 세그먼트 (2)에서 비틀림을 더한 것은 합성 샤프트에 어떠한 순수 회전을 발생시키지 않는다. 다시 말하면, 비틀림각의 합은 0이어야 한다.

$$\phi_1 + \phi_2 = 0 \tag{b}$$

3단계 — 토크-비틀림 관계: 샤프트 세그먼트 (1)과 (2)에서 비틀림각은 비틀림각공식[식 (6.12)]으로 표현할 수 있다. 비틀림각에 관한 식은 세그먼트 (1)과 세그먼트 (2)에 대하여 다음과 같이 작성된다.

$$\phi_1 = \frac{T_1 L_1}{J_1 G_1} \quad \phi_2 = \frac{T_2 L_2}{J_2 G_2} \tag{c}$$

4단계 ― 적합방정식: 토크-비틀림 관계[식 (c)]를 변형형태방정식[식 (b)]에 대입하여 미지 토크 T_1과 T_2 사이의 새로운 관계를 구한다.

$$\frac{T_1 L_1}{J_1 G_1} + \frac{T_2 L_2}{J_2 G_2} = 0 \tag{d}$$

이 관계는 평형에 근거한 것이 아니라 합성 샤프트에서 발생하는 변형 사이의 관계에 근거했다는 것에 주의하라. 이런 유형의 방정식을 적합방정식(compatibility equation)이라고 한다.

5단계 ― 방정식 풀이: 두 방정식이 내부 토크 T_1과 T_2의 항으로 유도되었다.

$$\sum M_x = -T_1 + T_2 + 2.1 \ \text{kN·m} = 0 \tag{a}$$

$$\frac{T_1 L_1}{J_1 G_1} + \frac{T_2 L_2}{J_2 G_2} = 0 \tag{d}$$

각 샤프트 세그먼트에서 토크를 결정하기 위하여 이 두 방정식을 연립해서 풀어야 한다. 내부 토크 T_2를 풀기 위해서 적합방정식[식 (d)]을 다음과 같이 정리할 수 있다.

$$T_2 = -T_1 \left(\frac{L_1}{J_1 G_1} \right) \left(\frac{J_2 G_2}{L_2} \right) = -T_1 \left(\frac{L_1}{L_2} \right) \left(\frac{J_2}{J_1} \right) \left(\frac{G_2}{G_1} \right)$$

이 결과를 평형방정식[식 (a)]에 대입하면

$$-T_1 - T_1 \left(\frac{L_1}{L_2} \right) \left(\frac{J_2}{J_1} \right) \left(\frac{G_2}{G_1} \right) + 2.1 \ \text{kN·m} = 0$$

내부 토크 T_1에 대해서 풀면

$$T_1 = \frac{2.1 \ \text{kN·m}}{\left[1 + \left(\frac{L_1}{L_2} \right) \left(\frac{J_2}{J_1} \right) \left(\frac{G_2}{G_1} \right) \right]} \tag{e}$$

이 계산을 위해서 알루미늄과 청동 샤프트 세그먼트의 극관성모멘트가 필요하다. 알루미늄 세그먼트 (1) 은 지름 54 mm, 길이 1200 mm, 전단탄성계수가 28 GPa인 충진 샤프트이다. 세그먼트 (1)의 극관성 모멘트는

$$J_1 = \frac{\pi}{32} (54 \ \text{mm})^4 = 834785.6 \ \text{mm}^4$$

청동 세그먼트 (2)는 지름 36 mm, 길이 800 mm, 전단탄성계수가 44 GPa인 충진 샤프트이다. 세그먼트 (2)의 극관성모멘트는

$$J_2 = \frac{\pi}{32}(36 \text{ mm})^4 = 164895.9 \text{ mm}^4$$

내부 토크 T_1는 식 (e)에 모든 값을 대입하여 계산한다.

$$T_1 = \frac{2.1 \text{ kN} \cdot \text{m}}{\left[1 + \left(\dfrac{1200 \text{ mm}}{800 \text{ mm}}\right)\left(\dfrac{164895.9 \text{ mm}^4}{834785.6 \text{ mm}^4}\right)\left(\dfrac{44 \text{ GPa}}{28 \text{ GPa}}\right)\right]} = \frac{2.1 \text{ kN} \cdot \text{m}}{1.465608} = 1.432852 \text{ kN·m}$$

내부 토크 T_2는 식 (a)에 대입하여 구할 수 있다.

$$T_2 = T_1 - 2.1 \text{ kN·m} = 1.432852 \text{ kN·m} - 2.1 \text{ kN·m} = -0.667148 \text{ kN·m}$$

전단응력

내부 토크를 알고 있기 때문에 탄성비틀림공식[식 (6.5)]으로 각 세그먼트에 대하여 최대 전단응력을 계산할 수 있다. 최대 전단응력을 계산할 때는 내부 토크의 절댓값만 사용된다. 세그먼트 (1)에서 지름 54 mm 알루미늄 샤프트의 최대 전단응력은

$$\tau_1 = \frac{T_1 c_1}{J_1} = \frac{(1.432852 \text{ kN} \cdot \text{m})(54 \text{ mm}/2)(1000 \text{ N/kN})(1000 \text{ mm/m})}{834785.6 \text{ mm}^4} = 46.3 \text{ MPa}$$ **답**

지름 36 mm 청동 샤프트 세그먼트 (2)에서 최대 전단응력은

$$\tau_2 = \frac{T_2 c_2}{J_2} = \frac{(0.667148 \text{ kN} \cdot \text{m})(36 \text{ mm}/2)(1000 \text{ N/kN})(1000 \text{ mm/m})}{164895.9 \text{ mm}^4} = 72.8 \text{ MPa}$$ **답**

플랜지 B의 회전각

샤프트 세그먼트 (1)에서 비틀림각은 $+x$단부 회전각과 $-x$단부 회전각 사이의 차이로 표현할 수 있다.

$$\phi_1 = \phi_B - \phi_A$$

샤프트가 A에서 벽에 강체로 고정되어 있기 때문에 $\phi_A = 0$이다. 그러므로 플랜지 B의 회전각은 샤프트 세그먼트 (1)에서 비틀림각과 같다. 참고: 비틀림각 계산에서 내부 토크 T_1의 부호규약을 지켜야 한다.

$$\phi_B = \phi_1 = \frac{T_1 L_1}{J_1 G_1} = \frac{(1.432852 \text{ KN} \cdot \text{m})(1200 \text{ mm})(1000 \text{ N/kN})(1000 \text{ mm/m})}{(834785.6 \text{ mm})^4)(28000 \text{ N/mm}^2)} = 0.0736 \text{ rad}$$ **답**

이전 예제에서 설명한 5단계 절차는 부정정 구조물 해석을 위해서 다양하게 적용할 수 있다. 추가적인 문제해결시 고려사항 및 각 단계의 제한사항은 다음 표에서 설명한다.

1단계	평형방정식	구조물에 대하여 부재를 연결하는 절점에 주의하며 하나 또는 그 이상의 자유물체도를 그린다. 절점은 (a)외력이 작용하거나, (b)단면속성(예: 지름)이 변경되거나, (c)재료 특성(예: G)이 변경되거나, (d)부재가 강체에 연결되어 있는 경우(예: 기어, 도르래, 지지대 또는 플랜지)에 위치한다. 일반적으로 반력이 있는 절점에 관한 자유물체도는 유용하지 않다. 자유물체도에 대한 평형방정식을 작성한다. 관련된 미지수의 수와 독립적인 평형방정식의 수를 주목하라. 미지수의 개수가 평형방정식의 수를 초과하는 경우 추가 미지수마다 변형 방정식을 작성해야 한다. 주: • 대문자로 절점을 표시하고 부재에 번호를 붙인다. 이 간단한 기법은 부재에서 발생하는 효과(예: 비틀림각)와 절점과 관련된 효과(예: 강체 요소의 회전각)를 명확하게 인식하는 데 도움이 된다. • 일반적으로 자유물체도를 작도할 때 6.6절에서 설명한 내용과 같이 내부 토크를 양으로 가정한다. 양의 비틀림각과 함께 양의 내부 토크를 사용하는 것(3단계에서)은 많은 경우에 매우 효과적이다.
2단계	변형형태 (적합조건)	이 단계는 부정정 문제와 별개이며, 구조 또는 시스템이 비틀림 부재의 변형이 서로 어떻게 연관되어 있는지 조사되어야 한다. 대부분의 부정정 비틀림 시스템은 다음으로 분류된다. 1. 축방향이 동일한 비틀림 부재를 갖는 시스템 2. 연속적으로 단부가 연결된 비틀림 부재를 갖는 시스템
3단계	토크-비틀림 관계	비틀림 부재에서 내부 토크와 비틀림각 사이의 관계는 다음과 같이 표시한다. $$\phi_i = \frac{T_i L_i}{J_i G_i}$$ 실제적인 문제로서, 해석단계에서 비틀림 부재의 토크-비틀림 관계를 정리하는 것은 유용한 절차이다. 이 관계식은 4단계에서 적합방정식을 구성하는 데 사용된다.
4단계	적합방정식	토크-비틀림 관계(3단계)는 부재 비틀림각의 기하학적인 관계(변형 형태에 관한 적합 조건)와 통합되어(2단계에서) 미지 내부 토크로 표현되는 새로운 공식을 유도한다. 또한, 적합 및 평형방정식은 미지 변수를 구하는 데 충분한 정보를 제공한다.
5단계	방정식 풀이	적합방정식과 평형방정식을 연립해서 푼다. 개념적으로는 쉬우나, 이 단계에서 부호규약과 단위 일치 등 세심한 주의가 필요하다.

5단계 절차의 성공적인 적용은 구조에서 비틀림 변형이 어떻게 관련되는지를 이해하는 능력에 크게 좌우된다. 다음 표는 부정정 비틀림 시스템의 두 가지 일반적인 분류의 고려 사항을 제시한다. 각 일반적인 분류에 대해 가능한 변형형태(적합조건) 방정식을 설명한다.

방정식 형태	주	일반적인 문제
1. 동일한 축을 갖는 비틀림 부재		
$\phi_1 = \phi_2$	내부 샤프트를 감싸는 튜브를 포함하는 문제를 다룬다. 이러한 유형의 시스템에서는 두 비틀림 부재의 비틀림각은 같아야 한다.	
2. 단부가 연속적으로 연결된 비틀림 부재		
$\phi_1 + \phi_2 = 0$ $\phi_1 + \phi_2 = $ 일정	2개 이상의 단부가 연결된 부재를 포함하는 문제를 다룬다. 구성에서 간격 또는 공차가 없으면 부재 비틀림각의 합은 0이다. 두 부재가 어긋나게 접합되어 있거나 토크에 의해 지지점이 움직이면 부재의 비틀림각의 합은 지정된 회전량만큼의 각도와 같다.	

합성 샤프트가 중공 청동[$G=38$ GPa] 샤프트 (2)와 연결된 중공 알루미늄[$G=$ 26 GPa] 샤프트 (1)로 구성되어 있다. 샤프트 (1)의 바깥지름은 50 mm, 안지름은 42 mm이다. 샤프트 (2)의 바깥지름은 42 mm, 안지름은 30 mm이다. 집중토크 T =1400 N·m가 합성 샤프트 자유단 B에 작용한다. 다음을 계산하라.

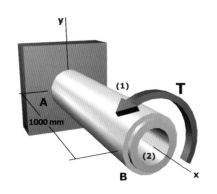

(a) 알루미늄과 청동 샤프트에서 발생하는 토크 T_1과 T_2

(b) 각 샤프트에서 최대 전단응력 τ_1과 τ_2

(c) 단부 B의 회전각

합성 샤프트가 플랜지 B에서 충진 황동[$G=40$ GPa] 샤프트 (2)와 연결된 중공 강재[$G=75$ GPa] 샤프트 (1)로 구성되어 있다. 샤프트 (1)의 바깥지름은 50 mm, 안지름은 40 mm이다. 샤프트 (2)의 바깥지름은 50 mm이다. 집중토크 $T=1000$ N·m가 합성 샤프트 플랜지 B에 작용한다. 다음을 계산하라.

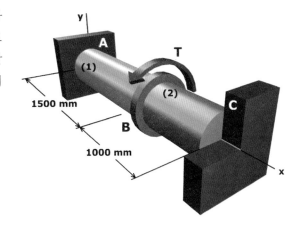

(a) 강재와 황동 샤프트에서 발생하는 토크 T_1과 T_2

(b) 각 샤프트에서 최대 전단응력 τ_1과 τ_2

(c) 플랜지 B의 회전각

예제 6.9

합성 샤프트 조립체가 황동[$G=44$ GPa] 튜브 (1)의 단부 A와 B가 내부 스테인리스 강재[$G=86$ GPa] 코어 (2)와 강체판 (rigid plates)으로 연결되어 있다. 조립체의 단면치수는 그림과 같다. 황동튜브 (1)의 허용전단응력은 70 MPa이고 스테인리스 강재 코어 (2)의 허용전단응력은 115 MPa이다. 합성 샤프트에 작용할 수 있는 최대 토크 T를 계산하라.

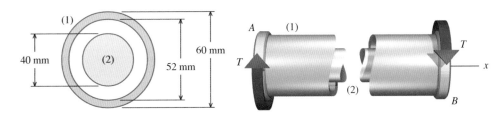

횡단 치수

풀이 계획 조립체를 가로질러 절단한 자유물체도를 그리면 튜브와 코어에서의 내부 토크를 볼 수 있다. 내부 토크는 2개이나 평형방정식은 하나이기 때문에 이 조립체는 부정정이다. 튜브와 코어는 강체 단부판에 연결되어 있기 때문에 조립체를 비틀때 튜브와 코어는 같은 양만큼 비틀릴 것이다. 이 관계에서 미지의 내부 토크 항으로 표현되는 적합방정식을 유도할 수

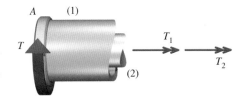

있다. 허용전단응력에 대한 정보는 합성 샤프트 조립체의 토크 용량을 결정하는 데 사용된다.

풀이 **1단계 — 평형방정식:** 강체 단부판 A 주위의 조립체를 통과하게 자유물체도를 자른다. 이 자유물체도에서 다음 평형방정식을 구한다.

$$\sum M_x = -T + T_1 + T_2 = 0 \tag{a}$$

3개의 미지수(T_1, T_2, 외부 토크 T)가 있기 때문에 이 조립체는 부정정이다.

2단계 — 변형형태(적합조건): 튜브와 코어는 둘다 강체 단부판에 붙어있다. 그래서 조립체가 비틀릴 때 두 성분은 비틀림 크기가 같아야 한다.

$$\phi_1 = \phi_2 \tag{b}$$

3단계 — 토크–비틀림 관계: 튜브 (1)과 코어 (2)에서 비틀림각은 다음과 같이 표현된다.

$$\phi_1 = \frac{T_1 L_1}{J_1 G_1} \qquad \phi_2 = \frac{T_2 L_2}{J_2 G_2} \tag{c}$$

4단계 — 적합방정식: 토크–비틀림 관계[식 (c)]를 적합조건식[식 (b)]에 대입하여 적합방정식을 구한다.

$$\frac{T_1 L_1}{J_1 G_1} = \frac{T_2 L_2}{J_2 G_2} \tag{d}$$

5단계 — 방정식 풀이: 두 방정식이 3개의 미지 토크(T_1, T_2, 외부 토크 T)항으로 유도된다. 미지 토크를 풀기 위해서는 추가적인 정보가 필요하다.

허용전단응력
튜브와 코어에서 최대 전단응력은 탄성비틀림공식으로 계산할 수 있다. 두 구성요소에서 허용전단응력은 규정되어 있기 때문에 각 성분에 대한 탄성비틀림 방정식을 작성하고 재배열하여 토크에 대하여 계산한다. 황동 튜브 (1)에서는

$$\tau_1 = \frac{T_1 c_1}{J_1} \quad \therefore T_1 = \frac{\tau_1 J_1}{c_1} \tag{e}$$

스테인리스 강재 코어 (2)에서는

$$\tau_2 = \frac{T_2 c_2}{J_2} \quad \therefore T_2 = \frac{\tau_2 J_2}{c_2} \tag{f}$$

식 (e)와 (f)를 적합방정식[식 (d)]에 대입하여 간단히 하면

$$T_1 \frac{L_1}{J_1 G_1} = T_2 \frac{L_2}{J_2 G_2}$$

$$\frac{\tau_1 J_1}{c_1} \frac{L_1}{J_1 G_1} = \frac{\tau_2 J_2}{c_2} \frac{L_2}{J_2 G_2}$$

$$\frac{\tau_1 L_1}{c_1 G_1} = \frac{\tau_2 L_2}{c_2 G_2} \qquad \text{(g)}$$

참고: 식 (g)는 식 (6.13)을 튜브 (1)과 코어 (2)에 대해서 간단하게 나타낸 것이다. 튜브와 코어 모두 길이가 같기 때문에 식 (g)는 다음과 같이 나타낼 수 있다.

$$\frac{\tau_1}{c_1 G_1} = \frac{\tau_2}{c_2 G_2} \qquad \text{(h)}$$

어떤 구성요소가 비틀림 조립체의 용량을 제어할지 미리 알 수 없으므로 스테인리스 강재 코어 (2)의 최대 전단응력이 제어할 것이라고 가정한다. 즉, $\tau_2 = 115$ MPa이다. 이 경우에, 황동튜브 (1)에서 대응하는 전단응력은 식 (h)로 계산할 수 있다.

$$\tau_1 = \tau_2 \left(\frac{c_1}{c_2}\right)\left(\frac{G_1}{G_2}\right) = (115 \text{ MPa})\left(\frac{60 \text{ mm}/2}{40 \text{ mm}/2}\right)\left(\frac{44 \text{ GPa}}{86 \text{ GPa}}\right) = 88.256 \text{ MPa} > 70 \text{ MPa} \quad \text{N.G.}$$

이 전단응력은 황동 튜브에 대한 허용전단응력을 초과한다. 그래서 초기 가정과 부합하지 않는 것으로 판명되었다 – 황동 튜브의 최대 전단응력이 실제로 조립체의 토크 용량을 제어한다.

식 (h)를 τ_2에 대하여 재배열하고 황동 튜브의 허용전단응력 $\tau_1 = 70$ MPa를 대입하면

$$\tau_2 = \tau_1 \left(\frac{c_2}{c_1}\right)\left(\frac{G_2}{G_1}\right) = (70 \text{ MPa})\left(\frac{40 \text{ mm}/2}{60 \text{ mm}/2}\right)\left(\frac{86 \text{ GPa}}{44 \text{ GPa}}\right) = 91.212 \text{ MPa} < 115 \text{ MPa} \quad \text{O.K.}$$

허용토크

적합방정식에 근거하여 각 구성요소에서 발생할 수 있는 최대 전단응력을 알았다. 이 전단응력으로 식 (e)와 (f)를 사용하여 각 구성성분에서 토크를 계산할 수 있다.

각 구성성분에 대한 극관성모멘트가 필요하다. 황동 튜브 (1)에 대해서는

$$J_1 = \frac{\pi}{32}[(60 \text{ mm})^4 - (52 \text{ mm})^4] = 554528.8 \text{ mm}^4$$

스테인리스 강재 코어 (2)에 대해서는

$$J_2 = \frac{\pi}{32}(40 \text{ mm})^4 = 251327.4 \text{ mm}^4$$

식 (e)에서 황동 튜브 (1)의 허용 내부 토크는 다음과 같이 계산된다.

$$T_1 = \frac{\tau_1 J_1}{c_1} = \frac{(70 \text{ N/mm}^2)(554528.8 \text{ mm}^4)}{60 \text{ mm}/2} = 1293901 \text{ N·mm} = 1.295 \text{ kN·m}$$

식 (f)에서 스테인리스 강재 코어 (2)에 대응하는 내부 토크는

$$T_2 = \frac{\tau_2 J_2}{c_2} = \frac{(91.212 \text{ N/mm}^2)(251327.4 \text{ mm}^4)}{40 \text{ mm}/2} = 1146205 \text{ N·mm} = 1.146 \text{ kN·m}$$

이 결과를 평형방정식[식 (a)]에 대입하여 합성 샤프트 조립체에 적용할 수 있는 외부 토크 T의 크기를 계산한다.

$$T = T_1 + T_2 = 1.294 \text{ kN·m} + 1.146 \text{ kN·m} = 2.44 \text{ kN·m} \qquad \qquad \text{답}$$

합성 샤프트가 플랜지 B에서 충진 청동[$G=38$ GPa] 샤프트 (2)와
연결된 중공 강재[$G=75$ GPa] 샤프트 (1)로 구성되어 있다. 샤프트
(1)의 바깥지름은 80 mm, 안지름은 65 mm이다. 샤프트 (2)의 바
깥지름은 80 mm이다. 강재와 청동재료에 대한 허용전단응력은 각각
90 MPa, 50 MPa이다. 다음을 계산하라.

(a) 플랜지 B에 작용할 수 있는 최대 토크 T

(b) 강재와 청동 샤프트에서 발생하는 응력 τ_1과 τ_2

(c) 플랜지 B의 회전각

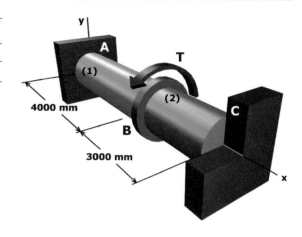

합성 샤프트가 중공 청동[$G=38$ GPa] 샤프트 (2)와 연결된 중공 알루미늄[$G=26$ GPa]
샤프트 (1)로 구성되어 있다. 샤프트 (1)의 바깥지름은 50 mm, 안지름은 42 mm이
다. 샤프트 (2)의 바깥지름은 42 mm, 안지름은 30 mm이다. 알루미늄과 청동재료
의 허용전단응력은 각각 85 MPa, 100 MPa이다. 다음을 계산하라.

(a) 단부 B에 작용할 수 있는 최대 토크 T

(b) 각 샤프트에서 발생하는 응력 τ_1과 τ_2

(c) 단부 B의 회전각

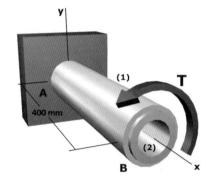

합성 샤프트가 플랜지 B에서 충진 청동[$G=38$ GPa] 샤프트 (2)와
연결된 중공 스테인리스 강재[$G=86$ GPa] 샤프트 (1)로 구성되어
있다. 샤프트 (1)의 바깥지름은 75 mm, 안지름은 55 mm이다. 샤프
트 (2)의 바깥지름은 75 mm이다. 집중토크 T가 합성 샤프트 플랜
지 B에 작용한다. 다음을 계산하라.

(a) 플랜지 B에서 회전각이 $3°$를 넘지 않을 때 집중토크 T의 최대
크기

(b) 각 샤프트에서 최대 전단응력 τ_1과 τ_2

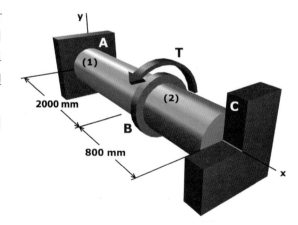

예제 6.10

그림에서 조립체의 기어 C에 토크 125 N·m가 작용한다. 샤프트 (1)과 (2)는 지름 16 mm인 충진 강재 샤프트이고 샤프트 (3)은 지름 20 mm인 충진 강재 샤프트이다. 모든 샤프트의 $G = 80$ GPa로 가정한다. 그림의 베어링은 샤프트가 자유롭게 회전하게 한다. 다음을 계산하라.

(a) 샤프트 (1), (2), (3)에서 최대 전단응력 크기
(b) 기어 E의 회전각
(c) 기어 C의 회전각

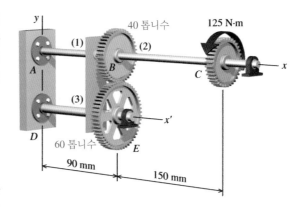

풀이 계획   토크 125 N·m가 기어 C에 작용한다. 이 토크는 샤프트 (2)에 의하여 기어 B로 전달되고 샤프트 (1)을 회전시키고 뒤틀리게 한다. 기어 B의 회전각은 기어 E를 회전하게 하고 샤프트 (3)를 비트는 원인이 된다. 그래서 기어 C의 125 N·m 토크는 3개 샤프트에서 토크를 발생시킨다. 기어 B의 회전각은 샤프트 (1)에서 비틀림각을 나타낸다. 동일하게 기어 C의 회전각은 샤프트 (3)에서 비틀림각을 나타낸다. 또한 기어 B와 E의 상대적인 회전은 기어 비의 함수이다. 세 개의 샤프트에서 발생하는 내부 토크를 해석할 때 이 관계를 고려한다. 일단 내부 토크를 알면 최대 전단응력, 비틀림각, 회전각을 결정할 수 있다.

풀이   **1단계 ─ 평형방정식:** 기어 C를 포함하고 샤프트 (2)를 통과하는 자유물체도를 고려하자. 샤프트 (2)에서 내부 토크는 양수로 가정한다. 자유물체도에서 x축에 대한 모멘트 평형방정식을 작성하여 샤프트 (2)에서 내부 토크 T_2를 계산한다.

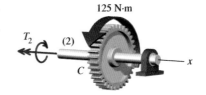

$$\sum M_x = 125 \text{ N·m} - T_2 = 0 \quad \therefore T_2 = 125 \text{ N·m} \qquad (a)$$

다음으로 기어 B를 포함하고 샤프트 (1)과 (2)를 통과하여 자른 자유물체도를 고려하자. 일단 다시 샤프트 (1)과 (2)에서 내부 토크는 양수로 가정한다. 기어 E의 톱니는 기어 B의 톱니에 힘 F를 가한다. 기어 B의 반지름을 R_B라 하면, x축에 대한 모멘트 평형방정식은 다음과 같이 쓸 수 있다.

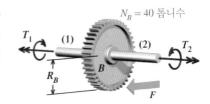

$$\sum M_x = T_2 - T_1 - F \times R_B = 0 \qquad (b)$$

다음으로 그림처럼 기어 E를 포함하고 샤프트 (3)을 통과하여 자른 자유물체도를 고려하자. 샤프트 (3)에 작용하는 내부 토크는 양수로 가정한다. 기어 E의 톱니는 기어 B의 톱니에 힘 F를 가하기 때문에 평형을 유지하기 위해서는 기어 B의 톱니가 기어 E의 톱니에 반대방향으로 같은 힘을 가하는 것이 필요하다. R_E로 기어 E의 반지름을 표시하면, x축에 대한 모멘트 평형방정식은 다음과 같이 쓸 수 있다.

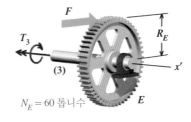

$$\sum M_{x'} = -T_3 - F \times R_E = 0 \quad \therefore F = -\frac{T_3}{R_E} \qquad (c)$$

식 (a)와 (c)의 결과를 식 (b)에 대입하면 다음을 구할 수 있다.

$$T_1 = T_2 - F \times R_B = 125 \text{ N} \cdot \text{m} - \left(-\frac{T_3}{R_E}\right)R_B = 125 \text{ N} \cdot \text{m} + T_3 \frac{R_B}{R_E}$$

기어 반지름 R_B와 R_E 값은 미지수이다. 그러나 R_B/R_E 비는 간단하게 기어 B와 E 사이의 비이다. 기어가 제대로 맞물리기 위해서는 두 기어의 톱니가 동일한 크기여야 하기 때문에, 각 기어의 톱니 비는 기어 반지름의 비와 동일하다. 결론적으로 샤프트 (1)에서 토크는 각각 기어 B와 E의 톱니수인 N_B와 N_E의 항으로 표현할 수 있다.

$$T_1 = 125 \text{ N} \cdot \text{m} + T_3 \frac{N_B}{N_E} \tag{d}$$

식 (d)는 평형조건의 결과이지만 이 식에는 여전히 두 개의 미지수가 있다: T_1과 T_3. 따라서 이 문제는 부정정이다. 문제 해결을 위해서 추가적인 방정식이 유도되어야만 한다. 이 두 번째 방정식이 샤프트 (1)과 (3)에서 비틀림각 사이의 관계에서 유도된다.

2단계 — 변형형태(적합조건): 기어 B의 회전각은 샤프트 (1)에서 비틀림각과 같다.

$$\phi_B = \phi_1$$

동일하게 기어 E의 회전각은 샤프트 (3)에서 비틀림각과 같다.

$$\phi_E = \phi_3$$

그러나 기어 톱니가 맞물리기 때문에 기어 B와 E의 회전 각도는 독립적이지 않다. 각각의 회전과 관련된 원호길이는 동일해야 하지만 기어는 반대방향으로 회전해야 한다. 기어 회전 사이의 관계는 다음과 같이 나타낼 수 있다.

$$R_B \phi_B = -R_E \phi_E$$

여기서 R_B와 R_E는 각각 기어 B와 E의 반지름이다. 기어 회전각은 샤프트의 비틀림각과 관련되기 때문에 다음과 같이 표현할 수 있다.

$$R_B \phi_1 = -R_E \phi_3 \tag{e}$$

3단계 — 토크-비틀림 관계: 샤프트 (1)과 (3)에서 비틀림각은 다음과 같다.

$$\phi_1 = \frac{T_1 L_1}{J_1 G_1} \qquad \phi_3 = \frac{T_3 L_3}{J_3 G_3} \tag{f}$$

4단계 — 적합방정식: 토크-비틀림 관계[식 (f)]를 변형형태(적합조건) 관계 [식 (e)]에 대입하여 다음을 구한다.

$$R_B \frac{T_1 L_1}{J_1 G_1} = -R_E \frac{T_3 L_3}{J_3 G_3}$$

다시 재배치하고 기어비 N_B/N_E항으로 표현하면

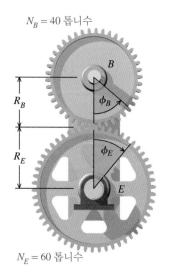

$N_B = 40$ 톱니수

$N_E = 60$ 톱니수

$$\frac{N_B}{N_E}\frac{T_1 L_1}{J_1 G_1} = -\frac{T_3 L_3}{J_3 G_3} \tag{g}$$

참조: 적합방정식은 두 개의 미지수를 갖는다: T_1과 T_3. 이 방정식은 샤프트 (1)과 (3)에서 내부 토크를 계산하기 위하여 평형방정식[식 (d)]과 연립하여 풀 수 있다.

5단계 — 방정식 풀이: 식 (g)에서 내부 토크 T_3에 대하여 푼다.

$$T_3 = -T_1\frac{N_B}{N_E}\left(\frac{L_1}{L_3}\right)\left(\frac{J_3}{J_1}\right)\left(\frac{G_3}{G_1}\right)$$

식 (d)에 이 결과를 대입하면:

$$T_1 = 125\ \text{N}\cdot\text{m} + T_3\frac{N_B}{N_E}$$

$$= 125\ \text{N}\cdot\text{m} + \left[-T_1\frac{N_B}{N_E}\left(\frac{L_1}{L_3}\right)\left(\frac{J_3}{J_1}\right)\left(\frac{G_3}{G_1}\right)\right]\frac{N_B}{N_E}$$

$$= 125\ \text{N}\cdot\text{m} - T_1\left(\frac{N_B}{N_E}\right)^2\left(\frac{L_1}{L_3}\right)\left(\frac{J_3}{J_1}\right)\left(\frac{G_3}{G_1}\right)$$

T_1으로 묶으면 다음과 같다.

$$T_1\left[1 + \left(\frac{N_B}{N_E}\right)^2\left(\frac{L_1}{L_3}\right)\left(\frac{J_3}{J_1}\right)\left(\frac{G_3}{G_1}\right)\right] = 125\ \text{N}\cdot\text{m} \tag{h}$$

이 계산을 하려면 샤프트의 극관성모멘트가 필요하다. 샤프트 (1)은 지름 16 mm인 충진 샤프트이고, 샤프트 (3)은 지름 20 mm인 충진 샤프트이다.

샤프트의 극관성모멘트는

$$J_1 = \frac{\pi}{32}(16\ \text{mm})^4 = 6433.982\ \text{mm}^4$$

$$J_3 = \frac{\pi}{32}(20\ \text{mm})^4 = 15707.963\ \text{mm}^4$$

두 샤프트의 길이는 같고, 두 샤프트의 전단탄성계수도 같다. 따라서 식 (h)는 다음과 같다.

$$T_1\left[1 + \left(\frac{40\ \text{톱니수}}{60\ \text{톱니수}}\right)^2(1)\left(\frac{15707.963\ \text{mm}^4}{6433.982\ \text{mm}^4}\right)(1)\right] = T_1(2.085070) = 125\ \text{N}\cdot\text{m}$$

이 식에서 샤프트 (1)의 내부 토크는 $T_1 = 59.950$ N·m로 계산된다. 이 결과를 식 (d)에 대입하면 샤프트 (3)의 내부 토크가 $T_3 = -97.575$ N·m임을 알 수 있다.

전단응력

이제 세 샤프트의 최대 전단응력은 탄성비틀림공식으로 계산할 수 있다.

$$\tau_1 = \frac{T_1 c_1}{J_1} = \frac{(59.950\ \text{N}\cdot\text{m})(16\ \text{mm}/2)(1000\ \text{mm/m})}{6433.982\ \text{mm}^4} = 74.5\ \text{MPa} \qquad \text{답}$$

$$\tau_2 = \frac{T_2 c_2}{J_2} = \frac{(125 \text{ N} \cdot \text{m})(16 \text{ mm}/2)(1000 \text{ mm/m})}{6433.982 \text{ mm}^4} = 155.4 \text{ MPa}$$ 답

$$\tau_3 = \frac{T_3 c_3}{J_3} = \frac{(97.575 \text{ N} \cdot \text{m})(20 \text{ mm}/2)(1000 \text{ mm/m})}{15707.963 \text{ mm}^4} = 62.1 \text{ MPa}$$ 답

여기에서는 단지 최대 전단응력 크기만 필요하므로 T_3의 절댓값을 사용한다.

기어 E의 회전각
기어 E의 회전각은 샤프트 (3)에서 비틀림각과 같다:

$$\phi_E = \phi_3 = \frac{T_3 L_3}{J_3 G_3} = \frac{(-97.575 \text{ N} \cdot \text{m})(90 \text{ mm})(1000 \text{ mm/m})}{(15707.963 \text{ mm}^4)(80000 \text{ N/mm}^2)} = -0.006988 \text{ rad} = -0.00699 \text{ rad}$$ 답

기어 C의 회전각
기어 C의 회전각은 기어 B의 회전각에 샤프트 (2)에서 발생하는 추가적인 비틀림을 더한 것이다.

$$\phi_C = \phi_B + \phi_2$$

기어 B의 회전각은 샤프트 (1)에서 비틀림각과 같다

$$\phi_B = \phi_1 = \frac{T_1 L_1}{J_1 G_1} = \frac{(59.950 \text{ N} \cdot \text{m})(90 \text{ mm})(1000 \text{ mm/m})}{(6433.982 \text{ mm}^4)(80000 \text{ N/mm}^2)} = 0.010482 \text{ rad}$$

참고: 기어 B의 회전각은 또한 기어 E의 회전각에서 알 수 있다.

$$\phi_B = -\frac{N_E}{N_B}\phi_E = -\frac{60}{40}(-0.006988 \text{ rad}) = 0.010482 \text{ rad}$$

샤프트 (2)에서 비틀림각은

$$\phi_2 = \frac{T_2 L_2}{J_2 G_2} = \frac{(125 \text{ N} \cdot \text{m})(150 \text{ mm})}{(6433.982 \text{ mm}^4)(80000 \text{ N/mm}^2)} = 0.036428 \text{ rad}$$

따라서 기어 C의 회전각은

$$\phi_C = \phi_B + \phi_2 = 0.010482 \text{ rad} + 0.036428 \text{ rad} = 0.046910 \text{ rad} = 0.0469 \text{ rad}$$ 답

MecMovies 예제 M6.24

두 개의 충진 황동[$G = 44$ GPa] 샤프트의 조립체가 그림처럼 집중 토크 240 N·m을 받는 기어에 연결되어 있다. 샤프트 (1)의 지름은 20 mm, 반면 샤프트 (2)의 지름은 16 mm이다. 각 샤프트의 하단부에서 회전이 제한된다. A의 회전각과 샤프트 (2)에서 최대 전단 응력을 계산하라.

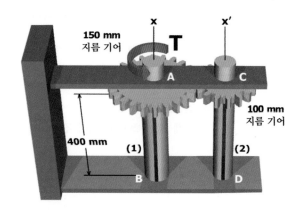

M6.19 합성 비틀림 부재가 그림에서와 같이 (2)와 (3)으로 표시되어 *A*에서 *C*까지 확장된 연속 충진 샤프트와 길이가 *AB*인 튜브 (1)로 구성되어 있다. 집중토크 *T*가 그림의 방향으로 샤프트의 자유단 *C*에 작용한다. 튜브 (1)과 코어 (2)(즉, *A*와 *B* 사이)에서 전단응력과 내부 토크를 계산하라. 또한 단부 *C*에서 회전각을 계산하라.

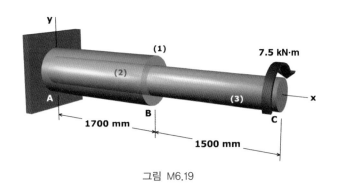

그림 M6.19

M6.20 합성 비틀림 부재가 플랜지 *B*에 연결된 두 개의 충진 샤프트로 구성되어 있다. 샤프트 (1)과 (2)는 각각 *A*와 *C*의 강체 지지대에 부착되어 있다. 집중토크 *T*가 그림의 방향으로 플랜지 *B*에 작용할 경우 각 샤프트에서 내부 토크와 전단응력을 계산하라. 또한 플랜지 *B*의 회전각을 계산하라.

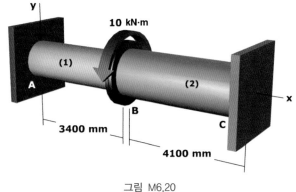

그림 M6.20

M6.21 합성 비틀림 부재가 플랜지 *B*에 연결된 두 개의 충진 샤프트로 구성되어 있다. 샤프트 (1)과 (2)는 각각 *A*와 *C*의 강체 지지대에 부착되어 있다. 그림에서 주어진 허용전단응력을 사용하여 그림의 방향으로 플랜지 *B*에 작용할 수 있는 최대 토크 *T*를 계산하라. 각 샤프트에서 최대 응력과 최대 토크에서 플랜지 *B*의 회전각을 계산하라.

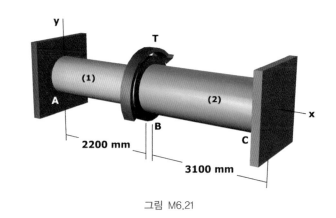

그림 M6.21

PROBLEMS

P6.58 바깥지름 40 mm와 안지름 30 mm를 갖는 중공의 원형 냉간압연 청동[$G_1 = 45$ GPa]튜브 (1)이 그림 P6.58/59와 같이 30 mm 지름의 충진 냉간압연 스테인리스 강재[$G_2 = 86$ GPa] 코어 (2)에 단단히 연결된다. 튜브 (1)의 허용전단응력은 65 MPa이고 코어 (2)의 허용전단응력은 220 MPa이다. 다음을 계산하라.

(a) 튜브와 코어 조립체에 작용할 수 있는 허용토크 *T*
(b) 튜브 (1)과 코어 (2)에서 발생하는 해당 토크
(c) 조립체 길이가 300 mm일 때 허용토크 *T*에 의해 발생하는 비틀림각

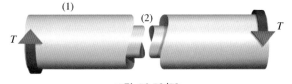

그림 P6.58/59

P6.59 그림 P6.58/59의 조립체는 중공 원형 냉간압연 청동[$G_1 = 45$ GPa] 튜브 (1)과 지름 40 mm의 충진 냉간압연 스테인리스 강재[$G_2 = 86$ GPa]코어 (2)로 구성되어 있다. 튜브와 코어는 서로 단단히 연결되고 외부 토크 *T*가 조립체에 작용한다. 튜브 (1)의 안지름은 코어 (2)의 지름과 같은 $d_1 = 40$ mm이다. 청동 튜브가 스테인리스 강재 코어보다 적어도 1.5배 많이 전달한다면 필

요한 튜브의 최소 바깥지름은 얼마인가?

P6.60 합성 조립체가 그림 P6.60a/61a와 같이 알루미늄[$G =$ 28 GPa]튜브 (1)의 단부에 강체판에 연결된 강재[$G = 80$ GPa] 코어 (2)로 구성되어 있다. 합성 조립체에 $T = 1100$ N·m 토크가 작용할 때 다음을 계산하라.

(a) 알루미늄 튜브와 강재 코어에서 최대 전단응력

(b) 단부 A에 대한 단부 B의 회전각

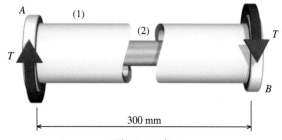

그림 P6.60a/61a

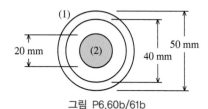

그림 P6.60b/61b

P6.61 합성 조립체가 그림 P6.60a/61a와 같이 알루미늄[$G =$ 28 GPa] 튜브 (1)의 단부에 강체판에 연결된 강재[$G = 80$ GPa] 코어 (2)로 구성되어 있다. 조립체의 단면치수는 그림 P6.60b/61b 에 보여준다. 알루미늄 튜브 (1)의 허용전단응력은 90 MPa이고 강재코어 (2)의 허용전단응력은 130 MPa이다. 다음을 계산하라.

(a) 합성 샤프트에 적용할 수 있는 허용토크 T

(b) 튜브 (1)과 코어 (2)에서 발생하는 해당 토크

(c) 허용토크 T로 발생하는 비틀림각

P6.62 합성 샤프트가 그림 P6.62/63와 같이 내부 강재코어 (2) 에 단단히 연결된 청동 슬리브(sleeve)(1)로 구성되어 있다. 청동 슬리브의 바깥지름은 35 mm, 안지름은 25 mm, 전단탄성계수 $G_1 = 45$ GPa이다. 충진 강재 코어의 지름은 25 mm이고 전단탄성계수 $G_2 = 80$ GPa이다. 슬리브 (1)의 허용전단응력은 180 MPa 이고 코어 (2)의 허용전단응력은 150 MPa이다. 다음을 계산하라.

(a) 합성 샤프트에 적용할 수 있는 허용토크 T

(b) 슬리브 (1)과 코어 (2)에서 발생하는 해당 토크

(c) 허용토크 T로 발생하는 단부 A에 대한 단부 B의 회전각

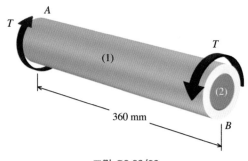

그림 P6.62/63

P6.63 그림 P6.62/63에서 합성 샤프트는 내부 강재코어 (2)에 단단히 연결된 청동 슬리브(sleeve)(1)로 구성되어 있다. 청동 슬리브의 바깥지름은 35 mm, 안지름은 25 mm, 전단탄성계수 G_1 $= 45$ GPa이다. 충진 강재 코어의 지름은 25 mm이고 전단탄성계수 $G_2 = 80$ GPa이다. 합성 샤프트는 토크 $T = 900$ N·m를 받고 있다. 다음을 계산하라.

(a) 청동 슬리브와 강재 코어에서 최대 전단응력

(b) 단부 A에 대한 단부 B의 회전각

P6.64 그림 P6.64/65에서 합성 샤프트는 A와 C에서 강체 벽에 단단히 부착되고 플랜지 B에서 연결된 두 강재파이프로 구성되어 있다. 강재 파이프(1)은 바깥지름이 168 mm이고 벽두께가 7 mm 이다. 강재 파이프(2)는 바깥지름이 114 mm이고 벽두께가 6 mm 이다. 두 파이프의 길이는 3 m이고 전단탄성계수는 80 GPa이다. 플랜지 B에 집중토크 20 kN·m가 작용할 경우 다음을 계산하라.

(a) 파이프(1)과 (2)에서 최대 전단응력 크기

(b) 지지점 A에 대한 플랜지 B의 회전각

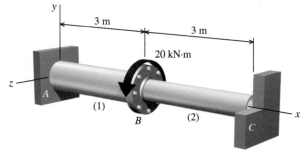

그림 P6.64/65

P6.65 그림 P6.64/65에서 합성 샤프트는 A와 C에서 강체벽에 단단히 부착되고 플랜지 B에서 연결된 두 강재 파이프로 구성되어 있다. 강재파이프 (1)은 바깥지름이 168 mm이고 벽두께가 7 mm 이다. 강재파이프 (2)는 바깥지름이 114 mm이다. 두 파이프의 길이는 3 m이고 전단탄성계수는 80 GPa이다. 플랜지 B에 집중 토크 20 kN·m가 작용한다. 파이프 (1)의 내부 토크가 파이프 (2) 의 내부 토크보다 2배만큼 크다면, 파이프 (2)에 필요한 최소 벽 두께는 얼마인가?

P6.66 그림 P6.66에서와 같이 합성 샤프트가 A와 C에서 강체 지지대에 단단히 부착되고 플랜지 B에서 연결된 황동 세그먼트 (1)과 충진 알루미늄세그먼트 (2)으로 되어 있다. 황동 세그먼트 (1)은 지름 64 mm, 길이 $L_1 = 1.75$m, 전단탄성계수는 44 GPa, 허용전단응력 55 MPa이다. 알루미늄 세그먼트 (2)은 지름 50 mm, 길이 $L_2 = 2.25$m, 전단탄성계수는 28 GPa, 허용전단응력 40 MPa이다. 다음을 계산하라.

(a) 플랜지 B에서 합성 샤프트에 작용할 수 있는 허용토크 T_B

(b) 세그먼트 (1)과 (2)에서 내부 토크의 크기

(c) 허용토크 T_B에 의해 발생하는 플랜지 B의 회전각

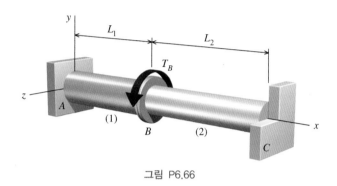

그림 P6.66

P6.67 그림 P6.67에서와 같이 합성 샤프트가 A와 C에서 강체 벽에 단단히 부착되어 있고 플랜지 B에서 연결된 황동 세그먼트 (1)과 충진 알루미늄 세그먼트 (2)으로 구성되어 있다. 황동 세그먼트 (1)은 지름 18 mm, 길이 $L_1 = 235$ mm, 전단탄성계수는 39 GPa이다. 알루미늄 세그먼트 (2)는 지름 24 mm, 길이 $L_2 = 165$ mm, 전단탄성계수는 28 GPa이다. 플랜지 B에 집중토크 270 N·m가 작용할 때 다음을 계산하라.

(a) 세그먼트 (1)과 (2)에서 최대 전단응력 크기

(b) 지지점 A에 대한 플랜지 B의 회전각

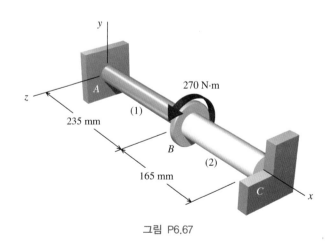

그림 P6.67

P6.68 그림 P6.68/69에서와 같이 합성 샤프트가 A와 C에서 강체 지지대에 단단히 부착되어 있고 플랜지 B에서 연결된 스테인리스 강재 튜브 (1)과 황동 튜브 (2)로 되어 있다. 스테인리스

강재 튜브 (1)은 지름 60 mm, 벽두께 7 mm, 길이 $l_1 = 1250$ mm, 전단탄성계수는 86 GPa이다. 황동 튜브 (2)는 지름 90 mm, 벽두께 5 mm, 길이 $L_2 = 750$ mm, 전단탄성계수는 44 GPa이다. 플랜지 B에 집중토크 $T_B = 3700$ N·m가 작용할 때 다음을 계산하라.

(a) 튜브 (1)과 (2)에서 최대 전단응력 크기

(b) 지지점 A에 대한 플랜지 B의 회전각

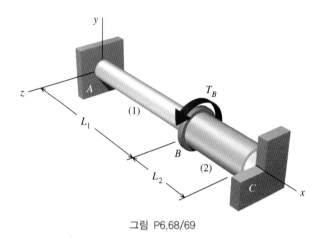

그림 P6.68/69

P6.69 그림 P6.68/69의 합성 샤프트는 A와 C에서 강체 지지대에 단단히 부착되어 있고 플랜지 B에서 연결된 충진 스테인리스 강재 샤프트 (1)과 황동 튜브 (2)로 되어 있다. 스테인리스 강재튜브 (1)은 지름 60 mm, 길이 $L_1 = 1250$ mm, 전단탄성계수는 86 GPa이다. 황동튜브 (2)는 지름 90 mm, 벽두께 5 mm, 전단탄성계수는 44 GPa이다. 플랜지 B에 집중토크 $T_B = 6500$ N·m가 작용한다. (1)과 (2)에서 최대 전단응력의 크기가 같다면, 튜브 (2)에 필요한 길이 L_2는 얼마인가?

P6.70 그림 P6.70/71의 비틀림 조립체는 플랜지 C에서 충진 냉간-압연 황동 세그먼트에 연결되어 있는 냉간-압연 스테인리스 강재튜브로 구성되어 있다. 조립체는 A와 D에서 강체 지지대에 단단히 고정되어 있다. 스테인리스 강재 튜브 (1)과 (2)의 바깥지름은 65 mm이고, 벽두께는 3 mm이고, 전단탄성계수 $G = 86$ GPa이다. 충진 황동 세그먼트 (3)은 지름 40 mm이고, 전단탄성계수 $G = 44$ GPa이다. 샤프트 길이는 $L_1 = 1.2$ m, $L_2 = 0.8$ m, $L_3 = 0.5$ m이다. 집중토크 $T_B = 2100$ N·m가 스테인리스 강재파이프의 B 위치에 작용한다. 다음을 계산하라.

(a) 스테인리스 강재 튜브에서 최대 전단응력 크기

(b) 황동 세그먼트 (3)에서 최대 전단응력 크기

(c) 플랜지 C의 회전각

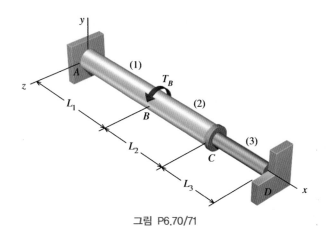

그림 P6.70/71

P6.71 그림 P6.70/71의 비틀림 조립체는 플랜지 C에서 충진 냉간-압연 황동 세그먼트에 연결되어 있는 냉간-압연 스테인리스 강재튜브로 구성되어 있다. 조립체는 A와 D에서 강체 지지대에 단단히 고정되어 있다. 스테인리스 강재튜브 (1)과 (2)의 바깥지름은 90 mm이고, 벽두께는 4 mm이고, 전단탄성계수 $G=86$ GPa, 허용전단응력은 340 MPa이다. 충진 황동 세그먼트 (3)은 지름 60 mm이고, 전단탄성계수 $G=44$ GPa이고, 허용전단응력 50 MPa 이다. 샤프트 길이는 $L_1=2.3$ m, $L_2=1.7$ m, $L_3=1.4$ m이다. 집중토크 T_B의 최대 허용값을 계산하라.

P6.72 그림 P6.72a의 비틀림 조립체는 플랜지 B에서 지름 75 mm 스테인리스 강재[$G=86$ GPa]세그먼트 (2)와(3)에 단단히 연결되어 있는 지름 75 mm 황동[$G=45$ GPa] 세그먼트 (1)로 구성되어 있다. 플랜지 B는 지름이 14 mm인 4개의 볼트로 고정되며 각 볼트는 120 mm 지름의 볼트원에 있다(그림 P6.72b). 볼트의 허용전단응력은 90 MPa이고 플랜지에서 마찰효과는 무시한다. 다음을 계산하라.
(a) 황동 세그먼트 (1)에서 최대 전단응력 크기
(b) 스테인리스 강재 세그먼트 (2)와 (3)에서 최대 전단응력 크기

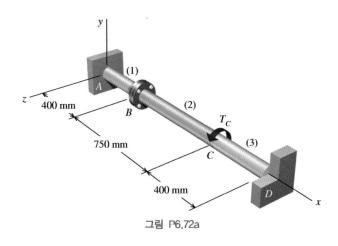

그림 P6.72a

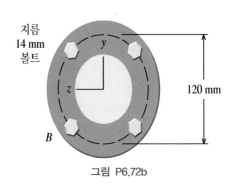

그림 P6.72b

P6.73 그림 P6.73/74의 비틀림 조립체는 지름 25 mm의 충진 알루미늄[$G=28$ GPa] 세그먼트 (1)과 (3) 그리고 중앙에 지름 30 mm인 충진 청동[$G=45$ GPa] 세그먼트 (2)로 구성되어 있다. 집중토크 $T_B=T_0$이고 $T_C=2T_0$가 B와 C에 각각 작용한다. 샤프트 길이는 $L_1=350$ mm, $L_2=500$ mm, $L_3=350$ mm이다. $T_0=150$ N·m일 때, 다음을 계산하라.
(a) 알루미늄 세그먼트 (1)과 (3)에서 최대 전단응력 크기
(b) 청동 세그먼트 (2)에서 최대 전단응력 크기
(c) 절점 C의 회전각

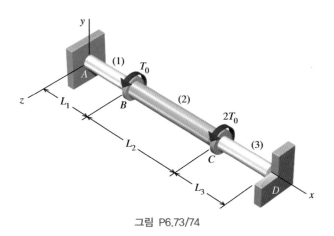

그림 P6.73/74

P6.74 그림 P6.73/74의 비틀림 조립체는 지름 25 mm의 충진 알루미늄[$G=28$ GPa] 세그먼트 (1)과 (3) 그리고 중앙에 지름 30 mm인 충진 청동[$G=45$ GPa] 세그먼트 (2)로 구성되어 있다. 집중토크 $T_B=T_0$이고 $T_C=2T_0$가 B와 C에 각각 작용한다. 샤프트 길이는 $L_1=350$ mm, $L_2=500$ mm, $L_3=350$ mm이다. 절점 C에서 회전각이 $5°$를 초과하지 않을 때, 다음을 계산하라.
(a) 조립체에 작용할 수 있는 T_0의 최대 크기
(b) 알루미늄 세그먼트 (1)과 (3)에서 최대 전단응력 크기
(c) 청동 세그먼트 (2)에서 최대 전단응력 크기

P6.75 그림 P6.75/76의 비틀림 조립체는 지름 60 ㎜의 충신 알루미늄[$G=28$ GPa] 세그먼트 (2)와 두 개의 청동[$G=45$ GPa] 튜브 세그먼트 (1)과 (3)으로 구성되어 있고, 바깥지름은 75 mm 이고, 벽두께는 5 mm이다. 집중토크 $T_B=9$ kN·m와 $T_C=9$ kN·m 가 그림의 화살표방향으로 작용할 때, 다음을 계산하라.

(a) 청동튜브 세그먼트 (1)과 (3)에서 최대 전단응력 크기

(b) 알루미늄 세그먼트 (2)에서 최대 전단응력 크기

(c) 절점 C에서 회전각

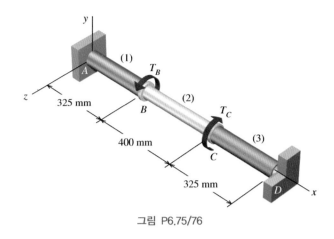

그림 P6.75/76

P6.76 그림 P6.75/76에서 비틀림 조립체가 지름 60 mm인 충진 알루미늄[$G=28$ GPa] 세그먼트 (2)와 두 개의 청동[$G=45$ GPa] 튜브 세그먼트 (1)과 (3)으로 구성되어 있고, 바깥지름은 75 mm이고, 벽두께는 5 mm이다. 집중토크 $T_B=6$ kN·m와 $T_C=10$ kN·m가 그림의 화살표방향으로 작용할 때, 다음을 계산하라.

(a) 청동튜브 세그먼트 (1)과 (3)에서 최대 전단응력 크기

(b) 알루미늄 세그먼트 (2)에서 최대 전단응력 크기

(c) 절점 C에서 회전각

P6.77 지름 35 mm인 충진 황동[$G=44$ GPa] 샤프트[세그먼트 (1), (2), (3)]가 냉간-압연 스테인리스 강재 튜브 (4)(그림 P6.77a)의 추가로 B와 C 사이가 보강되었다.

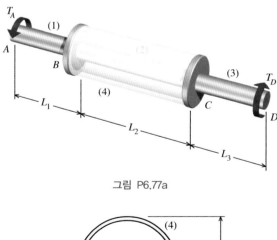

그림 P6.77a

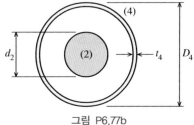

그림 P6.77b

튜브(그림 P6.77b)는 바깥지름 $D_4=75$ mm, 벽두께 $t_4=3.5$ mm, 전단탄성계수 $G=86$ GPa이다. 튜브는 튜브와 샤프트에 용접된 단단한 플랜지를 통해 황동 샤프트에 부착된다.(플랜지의 두께는 이 해석에서는 무시한다.) 샤프트 부분의 길이는 $L_1=L_3=80$ mm, $L_2=900$ mm이다. 토크 $T_A=T_D=480$ N·m가 그림 P6.77a에서처럼 샤프트에 작용할 때, 다음을 계산하라.

(a) 황동 샤프트의 세그먼트 (1)에서 최대 전단응력 크기

(b) 황동 샤프트의 세그먼트 (2)에서 최대 전단응력 크기(즉, 플랜지 B와 C 사이)

(c) 스테인리스 강재 튜브 (4)에서 최대 전단응력 크기

(d) 단부 A에 대한 단부 D의 회전각

P6.78 길이 1.25 m의 지름 60 mm 충진 냉간-압연 황동[$G=39$ GPa] 샤프트가 중공 알루미늄[$G=28$ GPa] 튜브를 관통하여 완전히 접착된다. 알루미늄 튜브 (1)은 바깥지름이 90 mm, 안지름이 60 mm, 길이가 0.75 m이다. 황동 샤프트와 알루미늄 튜브는 A에서 벽지지대에 단단히 고정되어 있다. 그림처럼 두 토크가 합성 샤프트에 작용할 때, 다음을 계산하라.

(a) 알루미늄 튜브 (1)에서 최대 전단응력 크기

(b) 황동 샤프트 세그먼트 (2)에서 최대 전단응력 크기

(c) 황동 샤프트 세그먼트 (3)에서 최대 전단응력 크기

(d) 절점 B에서 회전각

(e) 단부 C에서 회전각

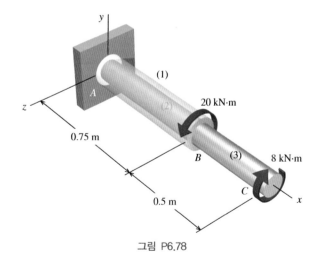

그림 P6.78

P6.79 그림 P6.79에서 보여주는 기어조립체가 토크 $T_C=140$ N·m를 받고 있다. 샤프트 (1)과 (2)는 지름 20 mm의 충진 강재샤프트이고 샤프트 (3)은 지름 25 mm인 충진 강재샤프트이다. $L=400$ mm이고 $G=80$ GPa로 가정한다. 다음을 계산하라.

(a) 샤프트 (1)에서 최대 전단응력 크기

(b) 샤프트 (3)에서 최대 전단응력 크기

(c) 기어 E의 회전각

(d) 기어 C의 회전각

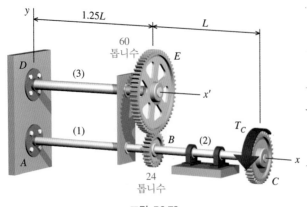

그림 P6.79

P6.80 그림 P6.80에서 보여주는 기어조립체의 기어 C에 토크 $T_C=460$ N·m가 작용한다. 샤프트 (1)과 (2)는 지름 35 mm의 충진 알루미늄 샤프트이고 샤프트 (3)은 지름 25 mm인 충진 알루미늄 샤프트이다. $L=200$ mm이고 $G=28$ GPa로 가정한다. 다음을 계산하라.

(a) 샤프트 (1)에서 최대 전단응력 크기
(b) 샤프트 (3)에서 최대 전단응력 크기
(c) 기어 E의 회전각
(d) 기어 C의 회전각

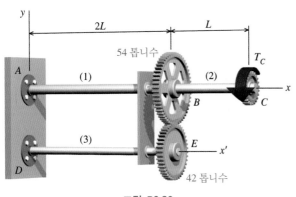

그림 P6.80

P6.81 그림 P6.81/82에서 강재[$G=79$ GPa]파이프가 C에서 벽 지지대에 고정되어 있다. A에서 플랜지의 볼트 구멍은 벽 지지대의 구멍과 맞물려 있으나 4°의 각도부정합(angular misalignment)이 존재하는 것으로 판명되었다. 지지대에 파이프를 연결하

기 위해서 플랜지 A를 벽 지지대의 맞물림 구멍에 맞추려면 B에 임시설치토크 T'_B가 적용되어야 한다. 파이프의 바깥지름은 90 mm이고 벽두께는 5.5 mm이고 부분길이는 $L_1=3.5$ m이고 $L_2=5.25$ m이다.

(a) A에서 볼트구멍을 맞추기 위해 B에 적용해야만 하는 임시설치토크 T'_B를 계산하라.
(b) 볼트가 연결되고 B에서 임시설치토크가 제거되었을 때 파이프에서 최대 전단응력 τ_{initial}을 계산하라.
(c) 파이프 샤프트에서 최대 전단응력이 60 MPa를 초과하지 않는다면 볼트가 연결된 후에 B에 작용할 수 있는 최대 내부 토크 T_B를 계산하라.

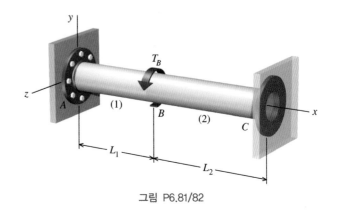

그림 P6.81/82

P6.82 그림 P6.81/82에서 강재[$G=79$ GPa]파이프가 C에서 벽 지지대에 고정되어 있다. A에서 플랜지의 볼트 구멍은 벽 지지대의 구멍과 맞물려 있으나 10°의 각도부정합(angular misalignment)이 존재하는 것으로 판명되었다. 지지대에 파이프를 연결하기 위해서 플랜지 A를 벽 지지대의 맞물림 구멍에 맞추려면 B에 임시설치토크 T'_B가 적용되어야 한다. 파이프의 바깥지름은 73 mm이고 벽두께는 5.5 mm이고 부분길이는 $L_1=4.5$ m이고 $L_2=7.5$ m이다.

(a) A에서 볼트구멍을 맞추기 위해 B에서 적용해야만 하는 임시설치토크 T'_B를 계산하라.
(b) 볼트가 연결되고 B에서 임시설치토크가 제거되었을 때 파이프에서 최대 전단응력 τ_{initial}을 계산하라.
(c) 볼트가 연결된 후에 B에 내부 토크 T_B가 작용할 때 세그먼트 (1)과 (2)에서 최대 전단응력의 크기를 계산하라.

6.10 비틀림을 받는 원형샤프트의 응력집중

5.7절에서는 축방향으로 재하된 부재의 원형 구멍 또는 다른 기하학적 불연속부에서 응력의 크기가 현저하게 증가하는 것을 보였다. 응력집중이라고 불리는 이 현상은 비틀림 형

태의 하중을 받는 원형샤프트에서도 발생한다.

이전 장에서 선형 탄성재료로 만들어진 일정한 단면의 원형샤프트의 최대 전단응력은 식 (6.5)에서 주어졌다.

$$\tau_{\max} = \frac{Tc}{J} \tag{6.5}$$

원형샤프트의 응력집중 측면에서 이 응력은 공칭응력(nominal stress)으로 간주되며, 이는 샤프트의 불연속으로부터 충분히 떨어진 영역에서 발생하는 전단응력을 의미한다. 전단응력은 갑작스럽게 변하는 샤프트 지름근처에서 훨씬 더 커지고, 식 (6.5)는 홈(grooves)이나 필렛과 같은 샤프트 불연속근처의 최대응력을 예측하지 못 한다. 불연속부에서 최대 전단응력은 응력집중계수 K의 항으로 표현되고 다음과 같이 정의된다.

불연속부에서의 전체 샤프트지름 D는 긴지름(major diameter)이라고 한다. 불연속부에서 감소된 샤프트지름 d를 짧은지름(minor diameter)이라고 한다.

$$K = \frac{\tau_{\max}}{\tau_{\text{nom}}} \tag{6.20}$$

이 관계에서 τ_{nom}은 불연속부에서 샤프트의 최소지름[짧은지름(minor diameter)으로 표현]에 대한 Tc/J에 의해 주어진 응력이다.

U형 홈을 갖는 원형샤프트와 계단식 원형샤프트(stepped circular shafts)에 대한 응력집중계수 K를 각각 그림 6.17과 6.18에서 보여준다.[4] 두 가지 유형의 불연속에 대해 응력집중계수 K는 (a)긴지름 D와 짧은지름 d의 비율 D/d와 (b)홈 또는 필렛 반지름 r과 짧은지름 d의 비율 r/d에 종속된다. 그림 6.17과 6.18을 검토해보면 샤프트 지름의 변화가 있을 때마다 큰 필렛 반지름 r을 사용해야 함을 알 수 있다. 식 (6.20)은 $\tau_{\max}$값이 재료의 비례한도를 초과하지 않는 한 국부적인 최대 전단응력을 결정하는 데 사용될 수 있다.

응력집중은 도르래 및 기어를 원형샤프트에 연결하는 데 사용되는 오일 홀과 키 홈과

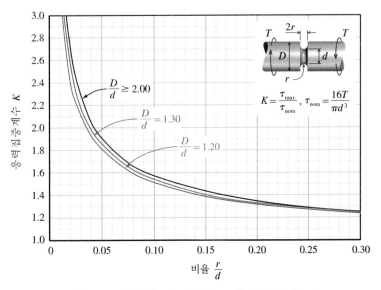

그림 6.17 U형 홈을 갖는 원형샤프트의 응력집중계수 K

---

4) Walter D. Pilkey, *Peterson's Stress Concentration Factors*, 2nd ed.(New York: John Wiley & Sons, Inc., 1997)에 근거함

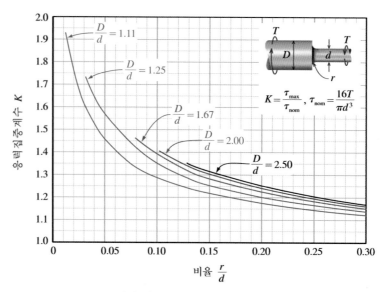

그림 6.18 필렛 처리된 계단형 샤프트의 응력집중계수 K

같은 원형샤프트에서 흔히 볼 수 있는 다른 모양들에서도 발생한다. 각각의 불연속은 설계 과정에서 특별히 고려해야 한다.

예제 6.11

그림의 계단형 샤프트(stepped shaft)에서 길이의 반은 지름이 80 mm이고 나머지 반은 지름이 40 mm이다. 샤프트에서 최대 전단응력은 55 MPa로 제한된다면 샤프트가 530 N·m를 전달할 때 샤프트의 두 세그먼트 사이의 교차점에서 필요한 최소 필렛 반지름 r을 계산하라.

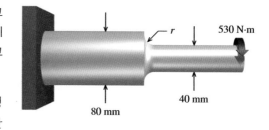

풀이 계획 샤프트 세그먼트의 더 작은 지름(즉, 짧은지름)에서 발생하는 최대 전단응력을 계산한다. 이 전단응력과 허용전단응력에서, 최대허용 응력집중계수 K를 계산한다. 샤프트의 다른 매개변수와 허용 K를 갖고, 그림 6.18을 사용하면 최소허용 필렛 반지름을 계산할 수 있다.

풀이 샤프트 세그먼트의 최소 지름에서 토크 530 N·m이 만드는 최대 전단응력은

$$\tau_{nom} = \frac{Tc}{J} = \frac{(530 \text{ N} \cdot \text{m})(40 \text{ mm}/2)(1000 \text{ mm/m})}{\frac{\pi}{32}(40 \text{ mm})^4} = 42.176 \text{ MPa}$$

샤프트의 두 세그먼트 사이에서 필렛에 최대 전단응력은 55 MPa로 제한되어 있기 때문에, 짧은지름 단면에서 공칭전단응력에 근거한 응력집중계수 K에 대한 최대 허용값은

$$K = \frac{\tau_{max}}{\tau_{nom}} \quad \therefore K \leq \frac{55 \text{ MPa}}{42.176 \text{ MPa}} = 1.30$$

응력집중계수 K는 두 비례에 종속된다: D/d와 r/d이다. 단면의 지름이 80 mm에서 40 mm로 줄어든 샤프트에 대해서 $D/d = (80 \text{ mm})/(40 \text{ mm}) = 2.00$. 그림 6.18의 그래프에서 $D/d = 2.00$이고 r/d비 ≥0.15에서 응력집중계수 $K = 1.30$이다. 따라서 샤프트의 두 세그먼트 사이의 필렛에 대한 최소 허용반지름은

$$\frac{r}{d} \geq 0.150 \quad \therefore \ r \geq 0.150(40 \text{ mm}) = 6.00 \text{ mm}$$

PROBLEMS

P6.83 긴지름 $D = 20$ mm와 짧은지름 $d = 16$ mm인 계단형 샤프트가 토크 25 N·m를 받는다. 반지름이 $r = 2$ mm인 완전한 1/4원형 필렛이 긴지름에서 짧은지름으로 전환하는 데 사용된다. 샤프트에서 최대 전단응력을 계산하라.

P6.84 지름이 200 mm에서 150 mm로 줄어드는 계단형 샤프트 교차점에 반지름 16 mm의 필렛이 사용되었다. 필렛에서 최대 전단응력을 55 MPa로 제한할 때 샤프트가 전달할 수 있는 최대 토크를 계산하라.

P6.85 긴지름 $D = 50$ mm와 짧은지름 $d = 32$ mm인 계단형 샤프트가 토크 210 N·m를 받는다. 최대 전단응력이 40 MPa를 초과하지 않을 때 두 샤프트 세그먼트의 교차점에서 필렛에 사용할 수 있는 최소 반지름을 계산하라. 필렛 반지름은 1 mm 단위로 선택해야 한다.

P6.86 긴지름 $D = 100$ mm와 짧은지름 $d = 75$ mm인 계단 샤프트가 있다. 두 샤프트 사이에 전환하는 데 반지름 10 mm인 필렛을 사용한다. 샤프트에서 최대 전단응력은 60 MPa로 제한된다. 샤프트가 500 rpm의 일정한 각속도로 회전한다면 샤프트에 의해 전달되는 최대 동력을 계산하라.

P6.87 지름이 130 mm인 샤프트에 깊이 20 mm의 U자형 홈이 있다. 홈의 바닥 반지름은 12 mm이다. 샤프트는 $T = 22$ kN·m의 토크를 전달해야 한다. 샤프트에서 최대 전단응력을 계산하라.

P6.88 지름이 50 mm인 샤프트에 반지름 6 mm의 반원형 홈이 필요하다. 샤프트의 최대 허용전단응력을 40 MPa로 제한했을 때 샤프트가 전달할 수 있는 최대 토크를 계산하라.

P6.89 지름이 40 mm인 샤프트에 깊이 10 mm의 U자형 홈이 있다. 홈의 바닥 반지름은 6 mm이다. 샤프트의 최대 전단응력을 60 MPa로 제한했을 때 샤프트가 22 Hz의 일정한 각속도로 회전하는 경우, 샤프트에 의해 전달될 수 있는 최대 동력을 계산하라.

6.11 비원형단면의 비틀림

뒬로(A. Duleau)가 실험결과를 발표한 1820년 이전에는 어떤 비틀림을 받는 부재에서 전단응력은 종방향 축으로부터의 거리에 비례한다고 생각했다. 뒬로는 직사각형 단면에 대해서는 사실이 아니라는 것을 실험적으로 입증했다. 그림 6.19의 검토가 뒬로의 결론을 입증할 것이다. 직사각형 막대에서 응력이 종방향 축에서 거리에 비례하면, 최대 응력은 모서리에서 발생할 것이다. 그러나 그림 6.19a에 표시된 것처럼 모서리에 어떤 크기의 응력이 있는 경우 그림 6.19b에 표시된 구성요소로 해결할 수 있다. 이러한 구성요소가 존재한다면 파란색 화살표로 표시된 두 구성요소도 존재한다. 그러나 표시되는 표면이 자유 경계이기 때문에 이 파란색 구성요소는 존재할 수 없다. 따라서 직사각형 막대의 모서리에서 전단응력은 0이어야 한다.

비원형단면의 균질한 막대의 비틀림에 관하여 최초의 올바른 해석결과는 1855년에 생베낭에 의해 발표되었다. 그러나 이 해석의 범위는 이 책의 기본적인 범주를 넘어선다.[5] 생베낭의 해석결과는 일반적으로 원형단면을 갖는 부재를 제외하고 뒤틀렸을 때 모든 단면

---

5) 전체적인 이론은 다음과 같은 다양한 책에서 제시한다. Mathematical Theroy of Elasticity, I. S. Sokolnikoff, 2nd ed.(New York: McGraw-Hill, 1956): 109-134.

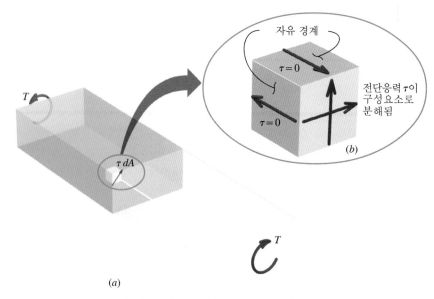

(a)

그림 6.19 직사각형 막대의 비틀림 전단응력

은 뒤틀린다(즉, 평면상태로 유지되지 않는다)는 것이다.

그림 6.2d에서 보여주는 직사각형 막대 경우에 작은 정사각형의 비틀림은 단면의 한 변의 중점에서 가장 크고 모서리에서 없어진다. 비틀림은 전단변형률의 척도이기 때문에, 훅의 법칙에 의해 전단응력이 단면 측면의 중간점에서 가장 크고 모서리에서 0이 되어야 한다. 생베낭의 원리에서 얻은 직사각형 단면에 대한 비틀림각과 최대 전단응력에 관한 식은

$$\tau_{max} = \frac{T}{\alpha a^2 b} \tag{6.21}$$

$$\phi = \frac{TL}{\beta a^3 b G} \tag{6.22}$$

여기서 a와 b는 각각 직사각형의 짧은 변의 길이와 긴 변의 길이이다. 수치적인 상수 α와 β는 표 6.1에서 찾을 수 있다.[6]

표 6.1 직사각형 막대의 비틀림에 대한 상수표

Ratio b/a	α	β
1.0	0.208	0.1406
1.2	0.219	0.166
1.5	0.231	0.196
2.0	0.246	0.229
2.5	0.258	0.249
3.0	0.267	0.263
4.0	0.282	0.281
5.0	0.291	0.291
10.0	0.312	0.312
∞	0.333	0.333

6) S.P. Timoshenko and J.N. Goodier, Theory of Elasticity, 3rd ed.(New York: McGraw-Hill, 1696): Section 109.

좁은 직사각형 단면

표 6.1에서, α와 β 값은 $b/a \geq 5$일 때 같다. 형상비가 $b/a \geq 5$ 경우에 각각 식 (6.21)과 식 (6.22)에서 계수 α와 β는 다음 식으로 계산할 수 있다.

$$\alpha = \beta = \frac{1}{3}\left(1 - 0.630\frac{a}{b}\right) \tag{6.23}$$

실제 문제에서는 형상비가 $b/a \geq 21$으로 충분히 커서 $\alpha = \beta = 0.333$ 값을 사용하여 3%의 정확도로 좁은 직사각형 막대의 최대 전단응력 및 변형을 계산할 수 있다.

따라서 좁은 직사각형 막대의 최대 전단응력과 비틀림각에 대한 방정식은 다음과 같이 표현될 수 있다.

$$\tau_{max} = \frac{3T}{a^2 b} \tag{6.24}$$

그리고

$$\phi = \frac{3TL}{a^3 bG} \tag{6.25}$$

좁은 직사각형 막대에서 최대 전단응력의 절댓값은 긴 변의 중간의 막대 모서리에서 발생한다. 균일한 두께와 임의 형상의 얇은벽 부재의 경우, 최대 전단응력과 전단응력분포는 b/a 비율이 큰 직사각형 막대의 값과 동일하다. 그래서 식 (6.24)와 식 (6.25)는 그림 6.20에서 보여준 얇은벽 모양에 대한 비틀림각과 최대 전단응력을 계산하는 데 사용한다. 이 식을 사용할 때, 길이 a는 얇은벽 모양의 두께로 간주된다. 길이 b는 벽의 중심선을 따라 측정한 얇은벽 모양의 길이와 동일하다.

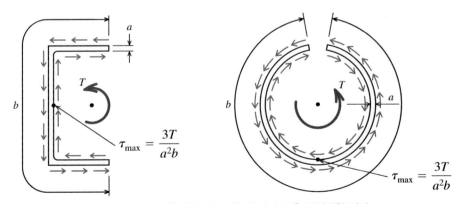

그림 6.20 전단응력분포를 갖는 등가의 좁은 직사각형 단면

그림처럼 두 직사각형 폴리머 막대가 $T = 65$ N·m의 토크를 받는다. 각 막대에 대하여 다음을 계산하라.

(a) 최대 전단응력

(b) 각 막대의 길이가 215 mm일 때, 자유단에서 회전각. 폴리머 재료에 대해 $G = 3.5$ GPa로 가정하라.

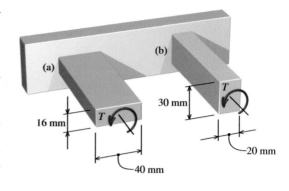

풀이 계획 각 막대의 형상비 b/a를 계산한다. 이 형상비에 근거하여 표 6.1에서 상수 α와 β를 결정한다. 최대 전단응력과 회전각을 각각 식 (6.21)과 (6.22)에서 계산한다.

풀이 막대 (a)에 대해 긴 변의 길이 $b = 40$ mm이고 짧은 변 $a = 16$ mm이다. 따라서 $b/a = 2.5$. 표 6.1에서 $\alpha = 0.258$와 $\beta = 0.249$이다.

막대 (a)에서 토크 $T = 65$ N·m로 발생하는 최대 전단응력은

$$\tau_{max} = \frac{T}{\alpha a^2 b} = \frac{(65\ \text{N} \cdot \text{m})(1000\ \text{mm/m})}{(0.258)(16\ \text{mm})^2(40\ \text{mm})} = 24.6\ \text{MPa}$$ **답**

215 mm 길이 막대에 대한 회전각은

$$\phi = \frac{TL}{\beta a^3 b G} = \frac{(65\ \text{N} \cdot \text{m})(215\ \text{mm})(1000\ \text{mm/m})}{(0.249)(16\ \text{mm})^3(40\ \text{mm})(3500\ \text{N/mm}^2)} = 0.0979\ \text{rad}$$ **답**

막대 (b)에 대해 긴 변의 길이 $b = 30$ mm이고 짧은 변 $a = 20$ mm이다. 따라서 $b/a = 1.5$. 표 6.1에서 $\alpha = 0.231$와 $\beta = 0.196$이다.

막대 (b)에서 토크 $T = 65$ N·m로 발생하는 최대 전단응력은

$$\tau_{max} = \frac{T}{\alpha a^2 b} = \frac{(65\ \text{N} \cdot \text{m})(1000\ \text{mm/m})}{(0.231)(20\ \text{mm})^2(30\ \text{mm})} = 23.4\ \text{MPa}$$ **답**

215 mm 길이 막대에 대한 회전각은

$$\phi = \frac{TL}{\beta a^3 b G} = \frac{(65\ \text{N} \cdot \text{m})(215\ \text{mm})(1000\ \text{mm/m})}{(0.196)(20\ \text{mm})^3(30\ \text{mm})(3500\ \text{N/mm}^2)} = 0.0849\ \text{rad}$$ **답**

6.12 얇은벽 튜브의 비틀림: 전단흐름

6.1절, 6.2절, 6.3절에서 제시된 기본 비틀림 이론은 원형단면으로 제한된다. 그러나 비원형단면의 한 부류도 기본 방법에 의해 쉽게 해석할 수 있다. 이 모양은 그림 6.21a에서처럼 얇은벽 튜브이다. 이 벽은 가변 두께의 벽이 있는 비원형단면을 나타낸다(즉, t가 변함).

얇은벽 단면의 해석에 관련된 유용한 개념은 얇은 단면의 단위 길이당 내부 전단력으로

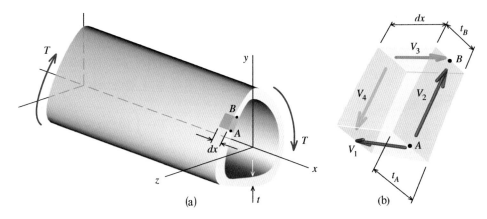

그림 6.21 얇은벽 튜브의 전단흐름(전단류)

정의되는 전단흐름 또는 전단류(shear flow) q이다. q의 전형적인 단위는 인치당 파운드 또는 미터당 뉴턴이다. 응력항으로 q는 $\tau \times t \times 1$(즉, unity), 여기서 τ는 두께 t에 걸친 평균 전단응력이다.

우선, 단면 벽두께가 변하더라도 단면에서 전단흐름은 일정하다는 것을 설명하고자 한다. 그림 6.12b는 그림 6.21a의 A와 B 사이 부재를 절단한 블럭을 보여준다. 부재가 순수 비틀림을 받는다면 단지 전단력 V_1, V_2, V_3, V_4가 필요하고 평형을 위하여 충분하다(즉, 수직응력은 포함하지 않는다). x방향에 힘을 합하면

$$V_1 = V_3$$

또는

$$q_1 dx = q_3 dx$$

여기서

$$q_1 = q_3$$

그리고 $q = \tau \times t$이므로

$$\tau_1 t_A = \tau_3 t_B \tag{a}$$

종방향과 횡방향 평면의 A점에서 전단응력은 같은 크기를 갖는다. 마찬가지로 B점에서 전단응력도 종방향과 횡방향 평면에서 같은 크기이다. 결론적으로 식 (a)는 다음과 같이 쓸 수 있다.

$$\tau_A t_A = \tau_B \, t_B$$

또는

$$q_A = q_B$$

여기서 단면의 벽두께가 변하더라도 단면에서 전단흐름은 일정하다는 것을 보여준다. 단면에서 q는 상수이기 때문에 가장 큰 평균전단응력은 벽두께가 가장 작은 곳에서 발생한다.

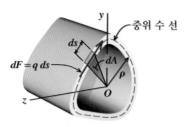

그림 6.22 얇은벽 단면에서 내부 토크와 전단응력 관계의 유도

다음으로, 토크와 전단응력 관계식을 유도한다. 그림 6.22에서 둘레의 미분요소 ds의 중심을 통해 작용하는 힘 dF를 고려한다. 원점 O를 중심으로 dF가 발생하는 미소모멘트는 $\rho \times dF$이고 여기서 ρ는 둘레요소에서 원점까지 평균반지름이다. 내부 토크는 미소모멘트의 전체 합과 같다. 즉

$$T = \int (dF)\rho = \int (qds)\rho = q \int \rho ds$$

이 적분은 공식적인 미적분에 의해 계산하기 어려울 수 있다. 그러나 ρds는 그림 6.22에서 음영으로 표시된 삼각형의 면적의 두 배이며 중심선으로 둘러싸인 면적 A_m의 두 배가 된다. 다시 말하면 A_m은 튜브벽 중심선의 경계로 둘러싸인 평균면적이다. 이 결과를 토크 T와 전단흐름 q로 표현하면

$$T = q(2A_m) \tag{6.26}$$

또는 응력항으로

$$\tau = \frac{T}{2A_m t} \tag{6.27}$$

그림 6.23 열린단면을 가진 얇은벽 형상

여기서 τ는 두께 t에 걸친 평균전단응력이다(둘레에 접선). 식 (6.27)로 계산되는 전단응력은 t가 상대적으로 작을 때 상당히 정확하다. 예를 들면 지름과 벽두께 비가 20인 원형튜브에서 식 (6.27)로 주어진 응력은 비틀림공식으로 주어진 응력보다 5% 더 작다. 식 (6.27)은 "닫힌" 단면, 즉 연속적인 둘레를 가진 단면에만 적용해야 한다. 부재가 종방향으로 슬롯이 열린 경우(예: 그림 6.23 참조) 비틀림에 대한 저항은 닫힌 단면의 저항보다 상당히 줄어든다.

예제 6.13

알루미늄 합금으로 된 직사각형 박스단면의 바깥지름 치수가 100 mm×50 mm이다. 50 mm 쪽에 판 두께는 2 mm이고 100 mm 쪽은 3 mm이다. 최대 전단응력이 95 MPa로 제한된다면 단면에 적용할 수 있는 최대 토크 T를 계산하라.

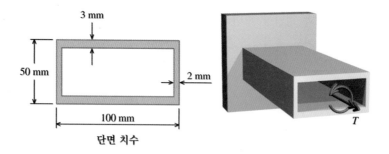

단면 치수

풀이 계획 최대 전단응력은 가장 얇은 판에서 발생한다. 허용전단응력에서 가상 얇은 판에서 전단흐름을 계산할 수 있다. 다음으로 단면 벽의 중심선(그림 6.22 참조)으로 폐합된 면적 A를 계산한다. 최종적으로 최대 토크는 식 (6.26)에서 계산된다.

풀이 최대 전단응력은 가장 얇은 판에서 발생한다. 따라서 임계전단흐름 q는

$$q = \tau t = (95 \ \text{N/mm}^2)(2 \ \text{mm}) = 190 \ \text{N/mm}$$

중심선에 의해 둘러싸인 면적은

$$A_m = (100 \ \text{mm} - 2 \ \text{mm})(50 \ \text{mm} - 3 \ \text{mm}) = 4606 \ \text{mm}^2$$

최종적으로 단면에 전달되는 토크는 식 (6.26)에서 계산된다.

$$T = q(2A_m) = (190 \ \text{N/mm})(2)(4606 \ \text{mm}^2) = 1750280 \ \text{N·mm} = 1750 \ \text{N·m}$$ **답**

PROBLEMS

P6.90 $T = 270$ N·m 크기의 토크가 그림 P6.90에서 보여지는 각 막대에 작용한다. 규정된 허용전단응력이 $\tau_\text{allow} = 70$ MPa이면 각 막대에 대한 최소 필요치수 b를 계산하라.

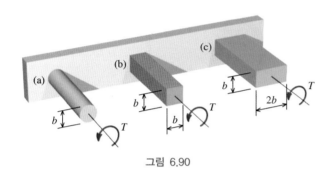

그림 6.90

P6.91 그림 P6.91/92에서 각 막대는 같은 단면적을 갖고 있다. 각각 $T = 160$ N·m의 토크가 작용한다. 다음을 계산하라.
(a) 각 막대의 최대 전단응력
(b) 각 막대의 길이가 300 mm이면 자유단에서 회전각. $G = 28$ GPa 이라고 가정하라.

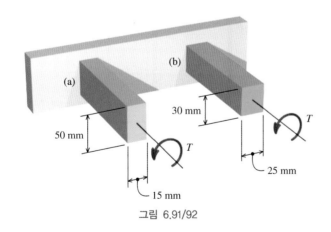

그림 6.91/92

P6.92 그림 P6.91/92에서 각 막대에 대한 허용전단응력이 75 MPa 이다. 다음을 계산하라.
(a) 각 막대에 적용할 수 있는 최대 토크 T
(b) 각 막대의 길이가 300 mm이면 자유단에서 대응하는 회전각

$G = 28$ GPa이라고 가정한다.

P6.93 지름 D를 갖는 충진 원형봉을 $D \times 2D$ 치수를 갖는 직사각형 튜브로 교체했다(그림 P6.93에서 보여주는 단면의 벽체 중심선까지 측정). 튜브의 최대 전단응력이 충진 막대의 최대 전단응력을 초과하지 않도록 튜브의 필요한 최소 두께 t_min을 결정하라.

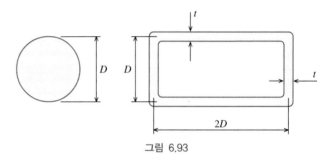

그림 6.93

P6.94 폭 500 mm × 두께 3 mm × 길이 2 m의 알루미늄판재를 360°로 구부리고 긴 변을 용접(맞대기 용접)하여 중공부분을 형성하였다. 횡단면 중심 길이가 500 mm라고 가정하라(휨으로 인해 시트가 늘어나지 않음). 다음과 같은 조건에서 최대 전단응력이 75 MPa로 제한되어야 한다면, 중공 부분이 지탱할 수 있는 최대 토크를 결정하라.
(a) 원형단면
(b) 정삼각형단면
(c) 정사각형단면
(d) 150 mm × 100 mm인 직사각형단면

P6.95 $T = 80$ kN·m의 토크가 그림 P6.95의 얇은-벽체 알루미늄 합금 중공 단면에 작용한다. 단면치수는 $b = 430$ mm, $d = 260$ mm 이다. 최대 전단응력이 55 MPa로 제한된다면 단면에 필요한 최소 두께를 계산하라(참고: 표시된 치수는 벽 중심선까지 측정된다).

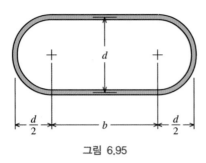

그림 6.95

P6.96 $T = 2.5$ kN·m의 토크가 그림 P6.96에 보인 얇은벽 알루미늄합금 중공 단면에 작용한다. 최대 전단응력이 50 MPa로 제한된다면 단면에 필요한 최소 두께를 계산하라(참고: 표시된 치수는 벽 중심선까지 측정된다).

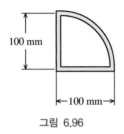

그림 6.96

P6.97 $T = 9000$ N·m의 토크가 그림 P6.97에 보인 얇은벽 알루미늄합금 중공 단면에 작용한다. 반원 모양의 지름 $d = 180$ mm이고 일정한 두께 $t = 2.5$ mm이다. 이 단면에서 설명하는 최대 전단응력의 크기를 결정하라(참고: 표시된 치수는 벽 중심선까지 측정된다).

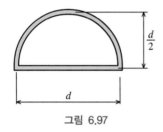

그림 6.97

P6.98 $T = 2.75$ kN·m의 토크가 그림 P6.98에 보인 얇은벽 알루미늄합금 중공 단면에 작용한다. 단면이 일정한 두께 $t = 4$ mm일 때, 단면에서 설명하는 최대 전단응력의 크기를 결정하라(참고: 표시된 치수는 벽 중심선까지 측정된다).

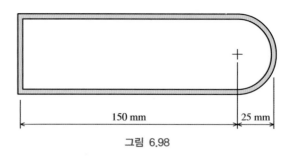

그림 6.98

P6.99 비행기 날개의 선단 단면을 그림 P6.99에 보여주고 있다. 둘러싸인 면적은 $A_m = 48500$ mm^{2}이다. 판재 두께는 그림에 표시되어 있다. 작용된 토크 $T = 7600$ N·m에 대해, 단면에 설명된 최대 전단응력의 크기를 계산하라(참고: 표시된 치수는 벽 중심선까지 측정된다).

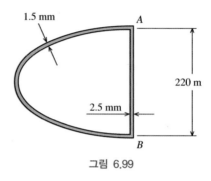

그림 6.99

P6.100 알루미늄합금으로 만들어진 비행기 동체의 단면을 그림 P6.100에 보여주고 있다. 단면의 치수는 $d = 900$ mm 및 $h = 675$ mm이다. 작용토크 $T = 165$ kN·m 및 허용전단응력 $\tau = 55$ MPa의 경우 토크에 저항하는 데 필요한 시트의 최소 두께(전체 둘레에 대해 일정해야 함)를 결정하라.

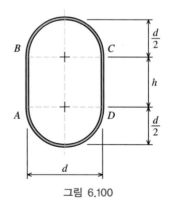

그림 6.100

보의 평형

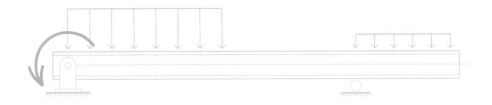

7.1 개요

횡방향(transverse)이라는 용어는 부재의 종방향에 대하여 수직인 하중과 단면을 의미한다.

축방향 하중 및 비틀림하중을 받는 가늘고 긴 구조 부재의 거동을 5장과 6장에서 각각 다루었다. 이 장에서는 구조물과 기계요소들에서 가장 일반적이고 중요하게 사용되고 있는 보에 대해 학습한다. 보(Beams)는 일반적으로 단면적과 비교하였을 때 길고, 직선이며, 부재의 종방향 축에 수직으로 작용하는 하중을 지지하는 각 기둥 형태의 부재이다. 보는 내부 전단력과 휨모멘트의 조합에 의하여 횡방향으로 작용하는 하중에 저항한다.

지지점의 형태

보는 일반적으로 지지되는 방법에 의해 구분된다. 그림 7.1에는 지지점의 세 가지 형태를 도식적으로 보여주고 있다.

- 그림 7.1a는 핀 지지점(pin support)이다. 핀 지지점은 두 직각방향의 이동이 허용되지 않는다. 보의 경우 이것은 보의 축에 평행한 방향(그림 7.1a에서 x방향)과 수직인 방향(그림 7.1a에서 y방향)의 변위가 지지점에서 구속된다는 의미이다. 그러나 핀 지지점에서의 이동은 구속되는 반면에, 회전은 허용된다. 그림 7.1a와 같이, 보는 z축에 대하여 회전은 자유롭고, x방향과 y방향에 대해서는 반력이 발생한다.
- 그림 7.1b는 롤러 지지점(roller support)이다. 롤러 지지점은 보의 축방향에 대하여 수직(그림 7.1b에서 y방향) 이동이 허용되지 않는다. 그러나 x방향 이동과 z방향 회전에 대해서는 자유롭다. 특별한 언급이 없는 한, 롤러 지지점은 $+y$방향과 $-y$방향에 대하여 절점 변위가 구속되는 것으로 가정한다. 그림 7.1b에서와 같이, 롤러 지지점은

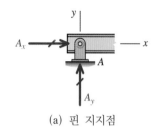

(a) 핀 지지점

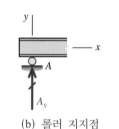

(b) 롤러 지지점

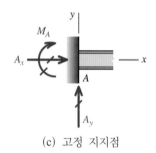

(c) 고정 지지점

그림 7.1 지지점의 종류

오직 y방향에 대한 반력만이 발생한다.

- 그림 7.1c는 고정 지지점(fixed support)이다. 고정 지지점은 지지점에서 양방향에 대한 이동과 회전에 대하여 구속된다. 그림 7.1c에서와 같이, 고정 지지점은 x방향과 y방향에 대한 반력뿐만 아니라 z방향에 대한 반력모멘트가 발생한다. 이러한 지점은 또한 모멘트 연결(moment connection)이라고도 한다.

그림 7.1은 일반적으로 보와 관련된 세 가지 유형의 지지점에 대한 상징적인 표현이다. 이러한 표현들은 단순히 보의 지지 조건을 쉽게 전달하기 위해 사용되는 도식적으로 축약된 표현이라 것을 명심하는 것이 중요하다. 실제적인 핀, 롤러, 고정 지지점은 다양한 형태로 구성될 수 있다. 그림 7.2는 연결부의 각 유형에 가능한 대안을 보여주고 있다.

핀 지지점의 한 형태를 그림 7.2a에서 보여주고 있다. 이 연결부에서는 세 개의 볼트가 클립앵글(clip angle)이라고 부르는 작은 구성요소가 보에 부착하기 위해 사용되었고, 또 이것은 수직지지 부재(기둥(column))에 볼트로 접합되어 있다. 이 볼트는 보가 수평 또는 수직으로 이동하는 것을 구속한다. 엄밀히 말하면, 볼트는 절점에서 보의 회전에 대하여 어느 정도의 저항력을 가진다. 그러나 볼트는 보 높이의 중간 부분에 위치하기 때문에 연결부의 회전에 대하여 완전한 구속력을 가지지는 못한다. 이 유형의 연결부는 보의 충분한 회전을 허용하기 때문에 핀 연결부로 분류된다.

그림 7.2b는 롤러 지지점의 한 형태를 보여주고 있다. 볼트는 전단 탭(shear tab)이라고 하는 작은 판의 슬롯 구멍에 삽입되어 있다. 볼트가 슬롯에 위치하고 있으므로 보는 자유롭게 수평 방향으로 이동하지만, 위 또는 아래로의 이동은 구속되어 있다. 슬롯 구멍은 무거운 보를 기둥에 빠르게 부착하는 것이 용이하므로, 시공 과정을 단순화하기 위해 사용되는 경우가 많다.

그림 7.2c는 용접된 강재 모멘트 연결부를 나타내고 있다. 추가 강판이 보의 상단 및 하단 표면에 용접되어 있으며, 이러한 강판은 기둥에 직접적으로 연결되어 있다. 이러한 추가 강판은 보가 절점에서 회전하는 것을 구속한다.

정정보의 종류

보는 지지점이 형성되는 방식에 따라 분류될 수 있다. 그림 7.3은 가장 일반적인 세 가

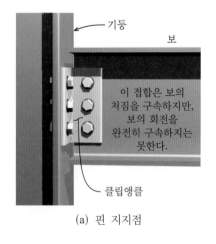

(a) 핀 지지점

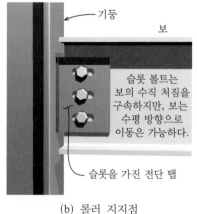

(b) 롤러 지지점

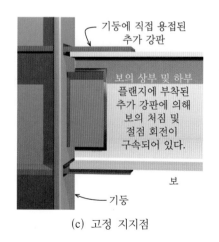

(c) 고정 지지점

그림 7.2 실제 보 지지점의 예

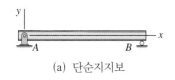

(a) 단순지지보

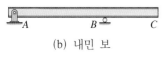

(b) 내민 보

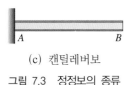

(c) 캔틸레버보

그림 7.3 정정보의 종류

지 유형의 정정보를 보여주고 있다. 그림 7.3a는 단순시지보(simply supported beam)(단순보(simple beam)라고도 불림)라 한다. 단순지지보는 한쪽 단부는 핀 지지대이고, 반대쪽 단부는 롤러 지지대로 구성된다. 그림 7.3b에서는 지지점을 지나 보가 연속되는 단순지지보의 변화된 형태를 보여주고 있으며, 이러한 보를 내민 보(overhanging beam)라고 한다. 두 경우 모두 핀 및 롤러 지지대가 단순지지보에서 세 개의 반력을 제공한다. 즉, 핀에서의 수평반력과 핀과 롤러에서의 수직반력이 발생한다. 그림 7.3c는 캔틸레버보(cantilever beam)라 한다. 캔틸레버보는 한쪽 단부에만 고정 지지대가 있다. 고정 지지대는 수평 및 수직 반력 및 반력모멘트 등 세 가지 반력을 보에 제공한다. 세 가지 반력은 강체에 적용할 수 있는 세 개의 평형방정식(즉, $\Sigma F_x = 0$, $\Sigma F_y = 0$, $\Sigma M = 0$)으로부터 결정할 수 있다.

하중의 종류

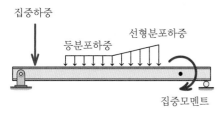

그림 7.4 하중의 다양한 형태에 대한 기호

보통 보는 그림 7.4와 같이 여러 종류의 하중들을 지지한다. 보의 미세한 길이에 작용한 하중을 집중하중(concentrated loads)이라고 한다. 기둥 또는 다른 부재에 작용하는 하중뿐만 아니라 지지점에서의 반력도 전형적으로 집중하중으로 표현된다. 차량의 바퀴 하중 또는 기계로부터 구조물에 가해지는 힘들은 집중하중으로 표현될 수 있다. 보의 일부 구간에 걸쳐 작용하는 하중을 분포하중(distributed loads)이라고 한다. 크기가 일정한 분포하중을 등분포하중 (uniformly distributed loads)이라고 한다. 콘크리트 슬래브의 중량 또는 바람에 의해 발생하는 힘 등이 등분포하중의 예이다. 어떤 경우에, 하중은 선형적으로 분포될 수 있으며, 이는 이 용어가 뜻하는 바와 같이 분포하중의 크기가 작용구간에 걸쳐 선형적으로 변한다는 것을 의미한다. 눈, 흙, 유체의 압력은 선형으로 분포된 하중의 예이다. 보는 또한 집중모멘트(concentrated moments)를 받을 수 있으며, 이러한 모멘트는 보를 휘게 하거나 비틀어지게 한다. 집중모멘트는 주로 보에 연결된 다른 부재에 의해 발생된다.

7.2 보의 전단력과 휨모멘트

작용 하중에 의해 발생하는 응력을 결정하기 위해, 먼저 임의의 지점에서 보에 작용하는 내부 전단력 V와 내부 휨모멘트 M을 결정해야 한다. V와 M을 결정하는 일반적인 방법이 그림 7.5에 도시되어 있다. 이 그림에서의 내민 보는 2개의 집중하중 P_1과 P_2 및 등분포하중 w를 받고 있다. 핀 지지점 A로부터 x의 거리만큼 떨어져 있는 부분을 절단하여 자유물체도를 작성할 수 있다. 이때 절단면에는 내부 전단력 V와 내부 휨모멘트 M이 발생한다. 보가 평형상태에 있다면, 보는 어느 점에서도 평형상태에 있어야 한다. 결과적으로, 전단력 V와 휨모멘트 M이 생성된 자유 물체는 평형 조건을 만족해야 한다. 따라서 평형 조건을 임의의 위치 x에서 V와 M의 값을 구하기 위해 사용할 수 있다.

작용 하중으로 인하여 보는 내부 전단력 V와 휨모멘트 M은 보의 위치에 따라 크기가 변화한다. 보에 발생하는 응력을 해석하기 위해서는 보 스팬의 모든 위치에서의 V와 M을

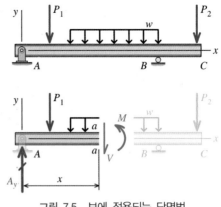

그림 7.5 보에 적용되는 단면법

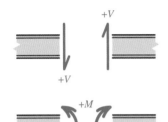

그림 7.6 내부 전단력 V과 휨모멘트 부호규약

결정해야 한다. 이러한 결과는 전형적으로 x의 함수로 그려지며, 전단력도 및 휨모멘트도 (shear-force and bending-moment diagram)로 알려져 있다. 이 다이어그램은 보의 모든 위치에서의 전단력과 휨모멘트를 일목요연하게 나타내므로 V와 M의 최대 및 최솟값을 쉽게 식별할 수 있다. 이 극한값들은 최대 응력을 계산하는 데 필요하다.

보에는 특성이 다른 여러 하중이 작용할 수 있기 때문에 $V(x)$ 및 $M(x)$의 변화를 설명하는 함수는 보 전체 길이에 걸쳐 연속적이지 않을 수 있다. 따라서 전단력 및 휨모멘트함수는 보의 길이에 걸쳐 몇몇 구간으로 나누어져 결정되어야 한다. 일반적으로 이 구간은 다음과 같이 구분된다.

(a) 집중하중, 집중모멘트, 지점 반력의 위치
(b) 분포하중 구간

다음 예제는 여러 구간에 대한 전단력 및 휨모멘트함수식을 평형 조건을 적용하여 구하는 방법을 설명하고 있다.

전단력도 및 휨모멘트도 부호규약 내부 전단력 및 휨모멘트함수식을 유도하기 전에 일관된 부호규약을 먼저 결정해야 한다. 이러한 부호규약은 그림 7.6에 정의되어 있다.

양의 내부 전단력 V
- 보의 오른쪽 면에서는 아래로 작용
- 보의 왼쪽 면에서는 위로 작용

양의 내부 휨모멘트 M
- 보의 오른쪽 면에서는 반시계방향으로 회전
- 보의 왼쪽 면에서는 시계방향으로 회전

이러한 부호규약은 보의 미소요소에 작용하는 V와 M의 방향으로 표현될 수 있다. V 및 M 부호규약에 대한 설명은 그림 7.7에 표현되어 있다.

양의 내부 전단력 V는 보 요소를 시계방향으로 회전시킨다.
양의 내부 휨모멘트 M은 보 요소를 위로 오목하게 휘게 한다.

양의 V는
보 요소
반시계방향
으로 회전

음의 V는
보 요소
반시계방향
으로 회전

양의 M은
보 요소를
위쪽으로
구부린다.
"미소"

음의 M은
보 요소를
아래쪽으로
구부린다.
"찡그린"

그림 7.7 보 요소에 표시된 V와 M의 부호규약

전단력도 및 휨모멘트도는 각 보에 대한 전난력 및 휨모멘트함수식을 이용히여 작도할 수 있다. 함수 사이에 일관성을 유지하기 위해서는 이러한 부호규약을 준수하는 것이 매우 중요하다.

예제 7.1

그림과 같은 단순지지보에 대한 전단력도와 휨모멘트도를 작성하라.

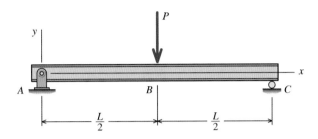

풀이 계획 먼저 핀 지지점 A와 롤러 지지점 C에서의 반력을 구한다. 다음으로 보의 전 구간을 $A \sim B$ 구간, $B \sim C$ 구간의 두 구간으로 나누어서 생각한다. 각 구간에서 단면을 절단하고, 절단된 단면에 발생되는 미지의 내부 전단력 V와 내부 휨모멘트 M을 보여주는 자유물체도를 작도한다. 각 자유물체도에 대한 평형방정식을 유도하고, 구하는 위치 x에서의 V 및 M의 함수식을 풀어낸다. 이 함수식을 작도하여 전단력도 및 휨모멘트도를 완성한다.

풀이 지점 반력

이 예제에서 보는 대칭적으로 지지되고, 대칭적으로 하중이 가해지기 때문에 반력도 대칭이여야 한다. 따라서 각 지지점에서는 동일한 $P/2$의 상향 반력이 발생한다. x방향으로는 하중이 작용하지 않았으므로 핀 지지점 A의 수평 반력은 0이다.

전단력 및 휨모멘트함수식

일반적으로 핀 지지점 A로부터 임의의 거리 x에서 절단하여, 절단된 단면에 발생하는 미지의 전단력과 휨모멘트를 포함한 모든 힘들을 자유 물체에 도시한다.

구간 $0 \leq x < L/2$: 핀 지지점 A로부터 임의의 거리 x에 위치한 단면 $a-a$에서 보를 절단한다. 미지의 전단력 V 및 휨모멘트 M을 보의 절단된 표면에 표시한다. 이때 V와 M 모두를 양($+$)의 방향으로 가정한다.(부호규약은 그림 7.6 참조)

x방향으로 작용하는 힘이 없으므로, 평형방정식 $\sum F_x = 0$은 무의미하다. 수직방향 힘의 평형 조건으로부터 V에 대한 다음 함수식을 얻는다.

$$\sum F_y = \frac{P}{2} - V = 0 \quad \therefore V = \frac{P}{2} \qquad (a)$$

단면 $a-a$에 대한 모멘트의 평형 조건은 M에 대한 다음 함수식을 제공한다.

$$\sum M_{a-a} = -\frac{P}{2}x + M = 0 \quad \therefore M = \frac{P}{2}x \qquad (b)$$

이 결과는 내부 전단력 V는 일정하고, 내부 휨모멘트 M은 그 구간 $0 \leq x < L/2$에서 직선적으로 변화함을 나타낸다.

구간 $L/2 \leq x < L$: 보를 핀 지지점 A로부터 임의의 거리 x에 위치한 단면 $b-b$에서 절단한다. 단면 $b-b$는 집중하중 P가 작용하는 B를 지나서 위치한다. 이전과 마찬가지로, 미지의 전단력 V와 미지의 휨모멘트 M을 보의 절단된 표면에 도시하고 V와 M은 양의 방향으로 가정한다.

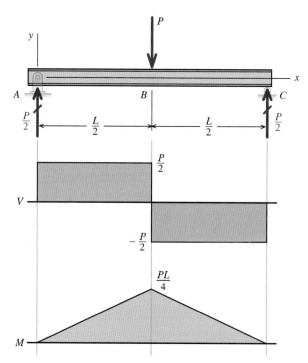

수직방향 힘의 평형 조건으로부터 V에 대한 다음 함수식을 얻는다.

$$\sum F_y = \frac{P}{2} - P - V = 0 \qquad \therefore V = -\frac{P}{2} \tag{c}$$

단면 $b-b$에 대한 모멘트의 평형방정식은 M에 대한 다음 함수식을 제공한다.

$$\sum M_{b-b} = P\left(x - \frac{L}{2}\right) - \frac{P}{2}x + M = 0 \qquad \therefore M = -\frac{P}{2}x + \frac{PL}{2} \tag{d}$$

전과 마찬가지로, 내부 전단력(V)은 일정하고, 내부 휨모멘트(M)는 구간 $L/2 \leq x < L$에서 직선적으로 변화한다.

함수식 도시하기

구간 $0 \leq x < L/2$에서는 평형방정식 (a) 및 (b)를 이용하고, 구간 $L/2 \leq x < L$에서는 평형방정식 (c) 및 (d)에 의해 정의된 함수를 이용하여 전단력도 및 휨모멘트도를 작도한다.

내부의 최대 전단력은 $V_{\max} = \pm P/2$이다. 내부의 최대 휨모멘트는 $M_{\max} = PL/4$이고, $x = L/2$의 위치에서 발생한다.

여기서 주목할 점은 집중하중으로 인해 작용점에서 불연속이 발생한다는 것이다. 즉, 전단력 다이어그램은 집중하중의 크기와 동일한 양만큼 "점프"한다는 것이다. 이 예제에서는 아래 방향으로 점프가 발생하였고, 이것은 집중하중 P와 동일한 방향이다.

예제 7.2

다음과 같은 단순지지보에 대한 전단력도와 휨모멘트도를 작성
하라.

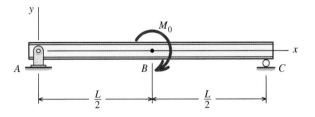

풀이 계획 예제 7.1에 설명된 풀이과정이 그림의 보에 대
한 V 및 M 함수를 유도하는 데 사용된다.

풀이 지점 반력

보의 자유물체도(FBD)는 그림과 같다. 평형방정식은 다음과 같다.

$$\sum F_y = A_y + C_y = 0$$
$$\sum M_A = -M_0 + C_y L = 0$$

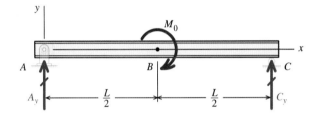

이 방정식으로부터 보 반력은 다음과 같다.

$$C_y = \frac{M_0}{L} \text{ 그리고 } A_y = -\frac{M_0}{L}$$

A_y의 음의 값은 반력이 처음에 가정한 방향과 반대방향으로 발생함을 의미한다. 따라서 자유물체도는 반
력이 아래로 발생하는 것을 보여주기 위해 수정될 수 있다.

구간 $0 \le x < L/2$: A와 B 사이의 임의의 거리 x에서 보를 절단한다. 그리고 보의 절단된 표면에 미지의
값인 전단력 V와 휨모멘트 M을 표시한다. 그림 7.6에서 주어진 부호규약에 따라 V와 M을 양의 방향으
로 가정한다.

수직방향 힘의 평형조건으로부터 V에 대해 다음 식을 유도한다.

$$\sum F_y = -\frac{M_0}{L} - V = 0 \quad \therefore V = -\frac{M_0}{L} \tag{a}$$

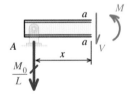

단면 $a-a$에 대한 모멘트의 평형 조건은 M에 대해 다음과 같은 식을 제공한다.

$$\sum M_{a-a} = \frac{M_0}{L}x + M = 0 \quad \therefore M = -\frac{M_0}{L}x \tag{b}$$

이 결과로부터 구간 $0 \le x < L/2$에서 내부 전단력 V는 일
정하고, 내부 휨모멘트 M은 선형으로 변화함을 알 수 있다.

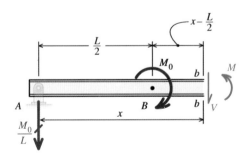

구간 $L/2 \le x < L$: 보의 B와 C 사이의 임의의 위치에서
$b-b$로 절단한다. 수직방향 힘의 평형 조건은 V에 대한
다음과 같은 식을 산출한다.

$$\sum F_y = -\frac{M_0}{L} - V = 0 \quad \therefore V = -\frac{M_0}{L} \tag{c}$$

단면 $b-b$에 대한 모멘트의 평형방정식은 M에 대한 다음과 같은 식을 제공한다.

$$\sum M_{b-b} = \frac{M_0}{L}x - M_0 + M = 0$$

$$\therefore M = M_0 - \frac{M_0}{L}x$$

(d)

전과 마찬가지로, 구간 $L/2 \le x < L$에서 내부 전단력(V)은 일정하고, 내부 휨모멘트(M)는 선형으로 변하는 것을 알 수 있다.

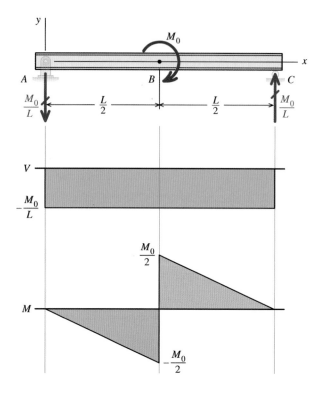

함수의 작도

구간 $0 \le x < L/2$에서는 평형방정식 (a)와 (b)에 의해 유도된 식을 적용하고, 구간 $L/2 \le x < L$에서는 평형방정식 (c)와 (d)에 의해 유도된 식을 사용하여 전단력도 및 휨모멘트도를 작도한다.

내부의 최대 전단력은 $V_{max} = -M_0/L$이다. 내부의 최대 휨모멘트는 $M_{max} = \pm M_0/2$이고, $x = L/2$에서 발생한다.

집중모멘트는 B점에서의 전단력도에 영향을 미치지 않는다. 그러나 휨모멘트도에서는 작용점에서 불연속성이 생긴다.

휨모멘트도에서 집중모멘트의 크기와 동일한 양만큼 "점프"가 발생한다. 시계방향의 외부 집중모멘트 M_0은 휨모멘트도에서 점 B에 집중모멘트의 양만큼 상향으로 점프를 발생시킨다.

예제 7.3

다음과 같은 단순지지보에 대한 전단력도와 휨모멘트도를 작성하라.

풀이 계획 핀 A와 B에서의 지점 반력이 결정된 후, 임의의 위치 x에서 단면을 절단 후, 각 절단면

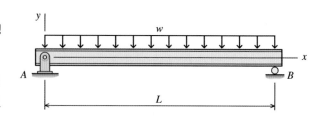

에 발생하는 내부 전단력 V 및 휨모멘트 M이 표현된 자유물체도(FBD)를 작도한다. 그리고 자유물체도에 대한 평형방정식을 유도하고, 보의 전체 구간 내의 x위치에서 V와 M의 변화를 나타내는 두 개의 방정식을 푼다. 이 함수식을 도시하여 전단력도 및 휨모멘트도를 완성한다.

풀이 지점 반력

이 보는 대칭 구조물에 대칭 하중이 작용하였으므로, 반력도 대칭이어야 한다. 보에 작용하는 전체 하중은 wL이다. 따라서 각 지지점에는 하중의 절반인 $wL/2$이 상향의 반력으로 발생한다.

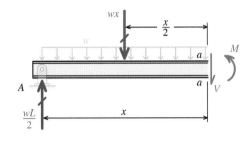

구간 $0 \leq x < L$: A와 B 사이의 임의의 거리 x에서 보를 절단한다. 처음에는 원래의 **분포하중** w가 자유물체도에 표시되어야 한다. 보의 절단된 표면에 미지의 전단력 V와 휨모멘트 M을 표시한다. 그림 7.6에 주어진 부호규약에 따라 V와 M은 양의 방향으로 가정한다. 보의 길이 x에 작용하는 등분포하중 w의 합력은 wx이다. 이 합력은 하중의 중앙에 작용한다(즉, 폭 x 및 높이 w를 갖는 직사각형의 도심에 작용). 수직 방향에 대한 힘의 평형 조건은 V에 대해 다음 식을 제공한다.

$$\sum F_y = \frac{wL}{2} - wx - V = 0$$

$$\therefore V = \frac{wL}{2} - wx = w\left(\frac{L}{2} - x\right)$$

(a)

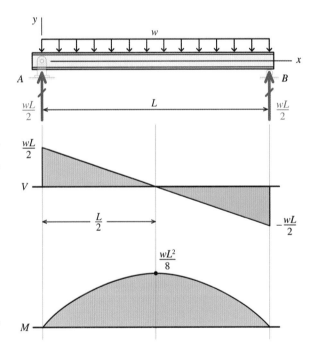

전단력의 함수식은 선형(즉, 1차 함수)이며, 이 선의 기울기는 $-w$(분포하중의 세기)와 동일하다. 단면 $a-a$에 대한 모멘트의 평형 조건은 M에 대해 다음과 같은 식을 제공한다.

$$\sum M_{a-a} = -\frac{wL}{2}x + wx\frac{x}{2} + M = 0$$

$$\therefore M = \frac{wL}{2}x - \frac{wx^2}{2} = \frac{wx}{2}(L-x)$$

(b)

내부 휨모멘트 M은 포물선 함수식(즉, 2차 함수)이다.

함수의 작도

방정식 (a)와 (b)에 주어진 함수식을 작도하여 전단력도와 휨모멘트도를 완성한다.

최대 내부 전단력은 $V_{\max} = \pm wL/2$이며, A와 B 사이에서 발생한다. 최대 내부 휨모멘트는 $M_{\max} = wL^2/8$이며, $x = L/2$인 곳에서 발생한다.

최대 휨모멘트는 전단력 V가 0인 곳에서 발생한다는 것을 기억하기 바란다.

예제 7.4

다음과 같은 단순지지보에 대한 전단력도와 휨모멘트도를 작성하라.

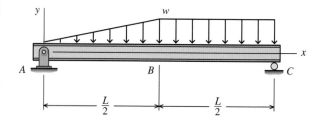

풀이 계획 핀 지지점 A와 롤러 지지점 C에서 지점 반력을 결정한 후, A와 B 사이(선형분포하중에서)와 B와 C 사이(균일하게 분포된 하중)를 절단한다. 절단면에 대하여 적절한 자유물체도를 작성하고, 작성된 자유물체도에 대한 평형방정식을 유도한 후, 보의 전체 구간상의 임의 위치 x에서 변화하는 V 및 M의 함수식을 푼다. 이 함수식을 도시하여 전단력도 및 휨모멘트도를 완성한다.

풀이 지점 반력

전체 보에 대한 자유물체도를 도시하면 그림과 같다. 선형분포하중의 합력은 밑변이 $L/2$이고 높이가 w인 삼각형의 면적과 같다.

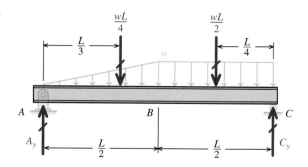

$$\frac{1}{2}\left(\frac{L}{2}\right)w = \frac{wL}{4}$$

합력은 이 삼각형의 도심에 작용하고, 도심은 삼각형의 밑변의 2/3 지점이다.

$$\frac{2}{3}\left(\frac{L}{2}\right) = \frac{L}{3}$$

보에 대한 평형방정식은 다음과 같다.

$$\sum F_y = A_y + C_y - \frac{wL}{4} - \frac{wL}{2} = 0 \;\; \text{그리고} \;\; \sum M_A = C_y L - \frac{wL}{4}\left(\frac{L}{3}\right) - \frac{wL}{2}\left(\frac{3L}{4}\right) = 0$$

따라서 반력은 다음과 같이 결정된다.

$$A_y = \frac{7}{24}wL \;\; \text{그리고} \;\; C_y = \frac{11}{24}wL$$

구간 $0 \le x < L/2$: A와 B 사이의 임의의 거리 x에서 보를 절단한다. **자유물체도 상에 원래 재하된 선형분포하중을 반영해야 함을 명심하여야 한다.** 선형분포하중에 대한 새로운 합력은 이 자유물체도에서 새롭게 유도되어야 한다.

선형분포하중의 기울기는 $w/(L/2) = 2w/L$와 동일하다. 결과적으로 $a-a$ 단면에서 삼각형 하중의 높이는 이 기울기와 거리 x의 곱, 즉 $(2w/L)x$와 동일하다. 따라서 이 자유물체도에 작용하는 선형 분포하중의 합력은 $(1/2)x[(2w/L)x] = (wx^2/L)$이고, 이것은 $a-a$ 단면으로부터 $x/3$만큼 떨어진 위치에 작용한다.

구간 $0 \le x < L/2$에 대한 V 및 M은 자유물체도에 대한 평형방정식으로부터 다음과 같이 유도될 수 있다.

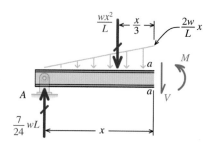

$$\sum F_y = \frac{7}{24}wL - \frac{wx^2}{L} - V = 0 \quad \therefore V = -\frac{wx^2}{L} + \frac{7}{24}wL \tag{a}$$

$$\sum M_{a-a} = -\frac{7}{24}wLx + \frac{wx^2}{L}\left(\frac{x}{3}\right) + M = 0 \quad \therefore M = -\frac{wx^3}{3L} + \frac{7}{24}wLx \qquad \text{(b)}$$

전단력함수식은 2차 함수이고, 휨모멘트함수식은 3차 함수이다.

구간 $L/2 \le x < L$: B와 C 사이의 임의의 거리 x에서 보를 절단한다. V 및 M에 관한 함수식을 유도하기 전에 자유물체도 상에서 원래 재하된 분포하중을 반영해야 함을 명심하여야 한다.

이 자유물체도에 기초하여, 평형방정식은 다음과 같이 쓸 수 있다.

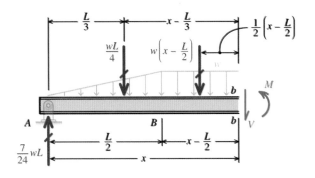

$$\sum F_y = \frac{7}{24}wL - \frac{wL}{4} - w\left(x - \frac{L}{2}\right) - V = 0$$

$$\therefore V = \frac{7}{24}wL - \frac{wL}{4} - w\left(x - \frac{L}{2}\right)$$

$$\text{(c)}$$

$$\sum M_{a-a} = -\frac{7}{24}wLx + \frac{wL}{4}\left(x - \frac{L}{3}\right) + w\left(x - \frac{L}{2}\right)\frac{1}{2}\left(x - \frac{L}{2}\right) + M = 0 \qquad \text{(d)}$$

$$\therefore M = \frac{7}{24}wLx - \frac{wL}{4}\left(x - \frac{L}{3}\right) - \frac{w}{2}\left(x - \frac{L}{2}\right)^2$$

이 방정식은 다음과 같이 단순화될 수 있다.

$$V = w\left(\frac{13}{24}L - x\right)$$

$$M = \frac{w}{24}(-12x^2 + 13Lx - L^2)$$

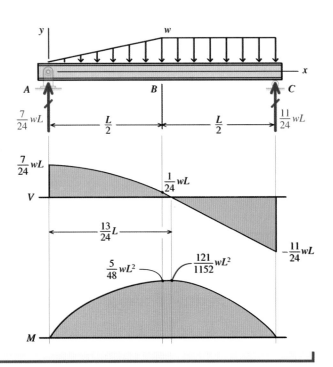

B와 C 사이에서 전단력함수는 선형(즉, 1차 함수)이고, 휨모멘트함수는 포물선 함수(즉, 2차 함수)이다.

함수의 작도
V 및 M 함수식을 작도하여 전단력도 및 휨모멘트도를 얻을 수 있다.

최대 휨모멘트는 전단력 V가 0인 곳에서 발생한다는 사실에 주목하기 바란다.

예제 7.5

다음과 같은 캔틸레버보에 대한 전단력도와 휨모멘트도를 작성하라.

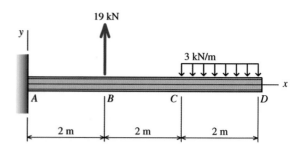

풀이 계획 우선 고정단 A에서 반력을 구한다. AB, BC, CD 구간에 대한 세 개의 단면을 고려해야 한다. 각 단면에 대하여 적절한 자유물체도를 작도하고, 평형방정식을 유도한 후, 보의 전체 구간상의 임의 위치 x에서 변화하는 V 및 M의 함수식을 푼다. 이 함수식을 도시하여 전단력도 및 휨모멘트도를 완성한다.

풀이 지점 반력

전체 보에 대한 자유물체도는 그림과 같다. x방향으로는 작용하는 힘이 없으므로 자유물체도에서 반력 $A_x = 0$은 생략하였다. 유용한 평형방정식은 다음과 같다.

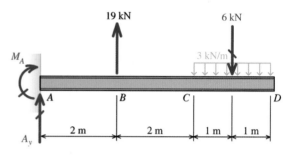

$$\sum F_y = A_y + 19 \text{ kN} - 6 \text{ kN} = 0$$

$$\sum M_A = -M_A + (19 \text{ kN})(2 \text{ m}) - (6 \text{ kN})(5 \text{ m}) = 0$$

이 방정식으로부터, 보의 반력은 다음과 같이 구해진다.

$$A_y = -13 \text{ kN} \quad M_A = 8 \text{ kN·m}$$

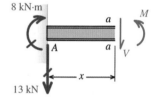

A_y가 음수이므로 반력은 실제로는 아래 방향으로 발생됨을 의미한다. 이후의 자유물체도에는 수정된 방향으로 표시하도록 한다.

구간 $0 \leq x < 2m$: A와 B 사이의 임의의 거리 x에서 보를 절단한다. 이 단면에 대한 자유물체도는 그림과 같다. 이 자유물체도에 대한 평형방정식으로부터 전단력 V 및 모멘트 M을 다음과 같이 구한다.

$$\sum F_y = -13 \text{ kN} - V = 0$$
$$\therefore V = -13 \text{ kN}$$

(a)

$$\sum M_{a-a} = (13 \text{ kN})x - 8 \text{ kN·m} + M = 0$$
$$\therefore M = -(13 \text{ kN})x + 8 \text{ kN·m}$$

(b)

구간 $2m \leq x < 4m$: B와 C 사이의 절단 단면으로부터 다음의 전단력 및 휨모멘트 값을 결정한다.

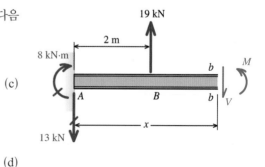

$$\sum F_y = -13 \text{ kN} + 19 \text{ kN} - V = 0$$
$$\therefore V = 6 \text{ kN}$$

(c)

$$\sum M_{b-b} = (13 \text{ kN})x - (19 \text{ kN})(x - 2 \text{ m})$$
$$- 8 \text{ kN·m} + M = 0$$
$$\therefore M = (6 \text{ kN})x - 30 \text{ kN·m}$$

(d)

구간 $4m \le x < 6m$: C와 D 사이의 절단 단면으로부터 다음의 전단력 및 휨모멘트 값을 결정한다.

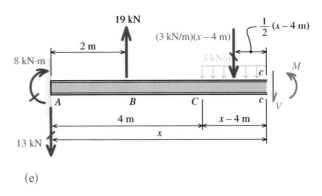

(e)

$$\sum F_y = -13 \text{ kN} + 19 \text{ kN}$$
$$\qquad - (3 \text{ kN/m})(x - 4 \text{ m}) - V = 0$$
$$\therefore V = (3 \text{ kN/m})x + 18 \text{ kN}$$

$$\sum M_{c-c} = (13 \text{ kN})x - (19 \text{ kN})(x - 2 \text{ m})$$
$$\qquad + (3 \text{ kN/m})(x - 4 \text{ m})\frac{(x - 4 \text{ m})}{2}$$
$$\qquad - 8 \text{ kN} \cdot \text{m} + M = 0$$
$$\therefore M = -(1.5 \text{ kN/m})x^2 + (18 \text{ kN})x$$
$$\qquad - 54 \text{ kN} \cdot \text{m}$$

(f)

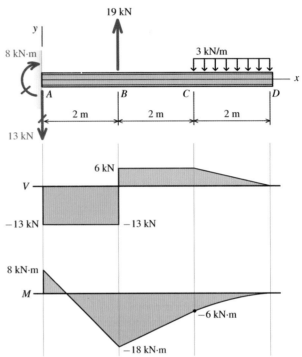

함수의 작도

방정식 (a)에서 (f)까지를 작도하여 전단력도 및 휨모멘트도를 완성한다.

전단력도는 AB 및 BC 구간에서 일정하고 (즉, 0차 함수), CD 구간에서 선형(즉, 1차 함수)임을 알 수 있다. 휨모멘트도는 AB 및 BC 구간에서 선형이고(즉, 1차 함수), CD 구간에서 포물선(즉, 2차 함수)이다.

PROBLEMS

P7.1 그림 P7.1과 같은 하중이 작용하는 캔틸레버보에 대하여 다음 사항을 구하라.

(a) 보의 임의의 위치에서 전단력 V와 휨모멘트 M에 대한 방정식을 유도하라. (원점을 A점으로 선택하라)

(b) 유도된 함수식을 사용하여 보에 대한 전단력도 및 휨모멘트도를 작성하라.

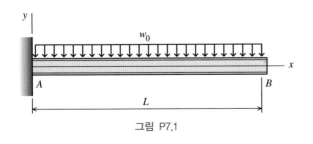

그림 P7.1

P7.2 그림 P7.2와 같은 단순지지보에 대하여 다음 사항을 구하라.

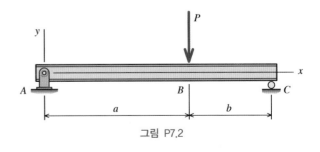

그림 P7.2

(a) 보의 임의의 위치에서 전단력 V와 휨모멘트 M에 대한 방정식을 유도하라. (원점을 A점으로 선택하라)

(b) 유도된 함수식을 사용하여 보에 대한 전단력도와 휨모멘트도

를 작성하라.

P7.3 그림 P7.3과 같은 하중이 작용하는 캔틸레버보에 대하여 다음 사항을 구하라.

(a) 보의 임의의 위치에서 전단력 V와 휨모멘트 M에 대한 방정식을 유도하라. (원점을 A점으로 선택하라)

(b) 유도된 함수식을 사용하여 보에 대한 전단력도와 휨모멘트도를 작성하라.

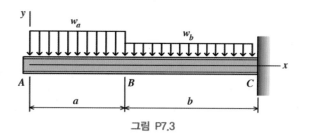

그림 P7.3

P7.4 그림 P7.4와 같은 하중이 작용하는 단순지지보에 대하여 다음 사항을 구하라.

(a) 보의 임의의 위치에서 전단력 V와 휨모멘트 M에 대한 방정식을 유도하라. (원점을 A점으로 선택하라)

(b) 유도된 함수식을 사용하여 보에 대한 전단력도와 휨모멘트도를 작성하라.

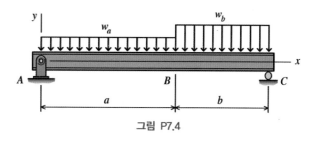

그림 P7.4

P7.5 그림 P7.5와 같은 하중이 작용하는 캔틸레버보에 대하여 다음 사항을 구하라.

(a) 보의 임의의 위치에서 전단력 V와 휨모멘트 M에 대한 방정식을 유도하라. (원점을 A점으로 선택하라)

(b) 유도된 함수식을 사용하여 보에 대한 전단력도와 휨모멘트도를 작성하라.

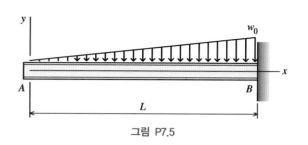

그림 P7.5

P7.6 그림 P7.6과 같은 단순지지보에 대하여 다음 사항을 구

하라.

(a) 보의 임의의 위치에서 전단력 V와 휨모멘트 M에 대한 방정식을 유도하라. (원점을 A점으로 선택하라)

(b) 최대 휨모멘트가 발생하는 위치와 그 크기를 구하라.

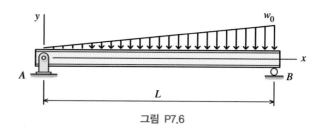

그림 P7.6

P7.7 그림 P7.7과 같은 하중이 작용하는 단순지지보에 대하여 다음 사항을 구하라.

(a) 보의 임의의 위치에서 전단력 V와 휨모멘트 M에 대한 방정식을 유도하라. (원점을 A점으로 선택하라)

(b) 유도된 함수식을 사용하여 보에 대한 전단력도와 휨모멘트도를 작성하라.

(c) 최대 휨모멘트의 크기와 작용위치를 구하라.

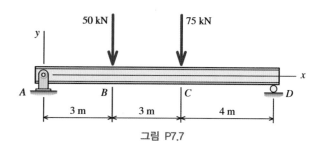

그림 P7.7

P7.8 그림 P7.8과 같은 하중이 작용하는 단순지지보에 대하여 다음 사항을 구하라.

(a) 보의 임의의 위치에서 전단력 V와 휨모멘트 M에 대한 방정식을 유도하라. (원점을 A점으로 선택하라)

(b) 유도된 함수식을 사용하여 보에 대한 전단력도와 휨모멘트도를 작성하라.

(c) 최대 정($+$)휨모멘트 및 부($-$)휨모멘트를 구하고, 각각의 작용위치를 구하라.

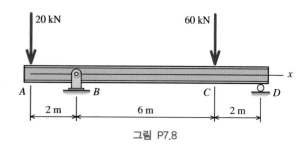

그림 P7.8

P7.9 그림 P7.9와 같은 하중이 작용하는 단순지지보에 대하여 다음 사항을 구하라.

(a) 보의 임의의 위치에서 전단력 V와 휨모멘트 M에 대한 방정식을 유도하라. (원점을 A점으로 선택하라)

(b) 유도된 함수식을 사용하여 보에 대한 전단력도와 휨모멘트도를 작성하라.

(c) 최대 정($+$)휨모멘트 및 부($-$)휨모멘트를 구하고, 각각의 작용위치를 구하라.

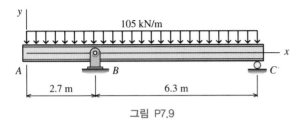

그림 P7.9

P7.10 그림 P7.10과 같은 하중이 작용하는 캔틸레버보에 대하여 다음 사항을 구하라.

(a) 보의 임의의 위치에서 전단력 V와 휨모멘트 M에 대한 방정식을 유도하라. (원점을 A점으로 선택하라)

(b) 유도된 함수식을 사용하여 보에 대한 전단력도와 휨모멘트도를 작성하라.

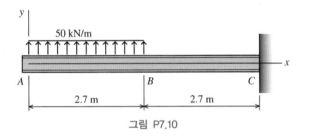

그림 P7.10

P7.11 그림 P7.11과 같은 하중이 작용하는 단순지지보에 대하여 다음 사항을 구하라.

(a) 보의 임의의 위치에서 전단력 V와 휨모멘트 M에 대한 방정식을 유도하라. (원점을 A점으로 선택하라)

(b) 유도된 함수식을 사용하여 보에 대한 전단력도와 휨모멘트도를 작성하라.

(c) 최대 휨모멘트의 크기와 작용위치를 구하라.

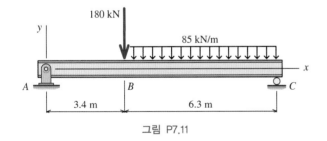

그림 P7.11

P7.12 그림 P7.12와 같은 하중이 작용하는 단순지지보에 대하여 다음 사항을 구하라.

(a) 보의 임의의 위치에서 전단력 V와 휨모멘트 M에 대한 방정식을 유도하라. (원점을 A점으로 선택하라)

(b) 유도된 함수식을 사용하여 보에 대한 전단력도와 휨모멘트도를 작성하라.

(c) 최대 정($+$)휨모멘트 및 부($-$)휨모멘트를 구하고, 각각의 작용위치를 구하라.

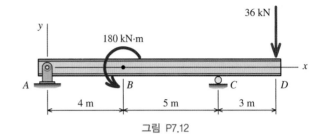

그림 P7.12

P7.13 그림 P7.13과 같은 하중이 작용하는 캔틸레버보에 대하여 다음 사항을 구하라.

(a) 보의 임의의 위치에서 전단력 V와 휨모멘트 M에 대한 방정식을 유도하라. (원점을 A점으로 선택하라)

(b) 유도된 함수식을 사용하여 보에 대한 전단력도와 휨모멘트도를 작성하라.

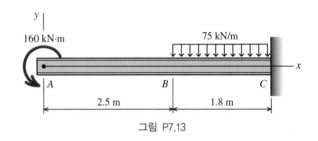

그림 P7.13

P7.14 그림 P7.14와 같은 하중이 작용하는 캔틸레버보에 대하여 다음 사항을 구하라.

(a) 보의 임의의 위치에서 전단력 V와 휨모멘트 M에 대한 방정식을 유도하라. (원점을 A점으로 선택하라)

(b) 유도된 함수식을 사용하여 보에 대한 전단력도와 휨모멘트도를 작성하라.

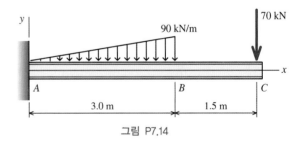

그림 P7.14

P7.15 그림 P7.15와 같은 하중이 작용하는 단순지지보에 대하여 다음 사항을 구하라.

(a) 보의 임의의 위치에서 전단력 V와 휨모멘트 M에 대한 방정식을 유도하라. (원점을 A점으로 선택하라)

(b) 유도된 함수식을 사용하여 보에 대한 전단력도와 휨모멘트도를 작성하라.

(c) 최대 정($+$)휨모멘트 및 부($-$)휨모멘트를 구하고, 각각의 작용위치를 구하라.

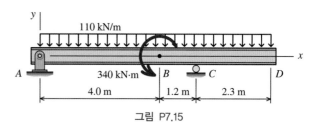

그림 P7.15

7.3 전단력도와 휨모멘트도의 도해법

7.2절에서 설명된 것과 같이, 전단력 및 휨모멘트도는 보의 위치에 따라 변화하는 전단력 $V(x)$과 휨모멘트 $M(x)$를 표현하는 함수식을 구하고, 이 함수를 다이어그램으로 도식화함으로써 구한다. 그러나 여러 개의 하중이 보에 작용하는 경우, 이 방법은 아주 많은 시간이 필요하며, 좀 더 간단한 방법이 효율적이다. 하중, 전단력, 휨모멘트 사이의 특정한 관계를 이해한다면, 전단력과 휨모멘트도를 작도하는 과정이 좀 더 쉬워질 수 있다.

그림 7.8a와 같이 여러 가지 하중을 받는 보를 고려해보자. 그림의 모든 하중은 각각 양($+$)의 방향을 갖는다. 집중하중이나 집중모멘트가 없는 보의 미소요소에 대해서 생각해 보자. 이 미소요소의 길이는 Δx(그림 7.8b)이다. 보 요소의 왼쪽에는 내부 전단력 V와 휨모멘트 M이 발생한다. 이 요소에는 분포하중이 작용하고 있으므로 오른쪽에 발생되는 전단력과 휨모멘트는 평형 조건을 만족하기 위해 약간 달라지며 그 값은 각각 $V+\Delta V$ 및 $M+\Delta M$이다. 그림 7.6에서와 같이 정의된 부호규약에 따라 모든 전단력과 휨모멘트는 양($+$)의 방향으로 발생한다고 가정한다. 분포하중은 오른쪽에서 미소 거리 $k\Delta x$에 작용하는 합력 $w(x)\Delta x$로 대치된다. 여기서 $0<k<1$(즉, 분포하중이 균일할 경우, $k=0.5$)이다. 보의 미소 구간은 평형 조건을 만족해야 한다. 따라서 두 개의 평형 조건 즉, 수직 방향의 힘의 평형과 요소의 오른쪽면에서 점 O에서의 모멘트 평형 조건을 고려할 수 있다.

$$\sum F_y = V + w(x)\Delta x - (V+\Delta V) = 0$$

$$\therefore \Delta V = w(x)\Delta x$$

$$\sum M_o = -V\Delta x - w(x)\Delta x \cdot k\Delta x - M + (M+\Delta M) = 0$$

$$\therefore \Delta M = V\Delta x + w(x)\Delta x \cdot k\Delta x$$

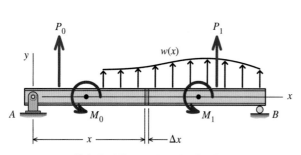

그림 7.8a 양(+)의 방향으로 외부 하중을 받는 일반적인 보

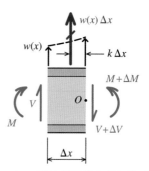

그림 7.8b 내부 전단력과 휨모멘트를 보여주는 보 요소

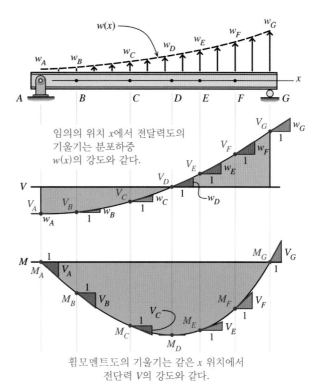

그림 7.9 하중, 전단력도, 휨모멘트도에 대한 기울기 사이의 관계

위 식을 Δx로 나누고 $\Delta x \rightarrow 0$인 극한을 취하면 다음과 같은 관계식이 얻어진다.

$$\frac{dV}{dx} = w(x) \tag{7.1}$$

$$\frac{dM}{dx} = V \tag{7.2}$$

양의 기울기(positive slope)는 오른쪽으로 움직일 때는 위로, 왼쪽으로 움직일 때는 아래로 향하게 한다.

식 (7.1)은 임의의 위치 x에서 전단력도의 기울기는 수치적으로 분포하중의 강도와 같다는 것을 의미한다. 마찬가지로, 식 (7.2)는 임의의 위치 x에서 휨모멘트도의 기울기는 수치적으로 전단력의 강도와 같다는 것을 의미한다.

식 (7.1)의 의미를 설명하기 위해, 그림 7.9의 보를 고려해보자. 이 보는 점 A에서 $w(x) = w_A = 0$으로부터 점 G에서 $w(x) = w_G$로 증가하는 분포하중 $w(x)$를 받고 있다. 분포하중 w가 0인 점 A에서 전단력도의 기울기 또한 0이다. 보 스팬을 따라 오른쪽으로 이동하면, 점 B에서 분포하중은 작은 양의 값으로 증가되며, 이에 따라 점 B에서 전단력도의 기울기는 작은 양의 값을 갖는다(즉, 전단력도의 기울기가 약간 위로 향하게 된다). 점 C에서 점 G까지 분포하중의 크기는 점점 더 커진다(즉, 점점 더 큰 양의 값을 갖는다). 마찬가지로, 이 점에서의 전단력도의 기울기도 점점 더 큰 양의 값으로 증가한다. 다시 말하면, 분포하중 w가 커짐에 따라 V곡선은 점차 가파르게 된다.

간단히 하기 위해, 전단력도는 V 다이어그램 또는 V 곡선이라 한다. 휨모멘트 다이어그램 또한 M 다이어그램 또는 M 곡선 이라고도 한다.

마찬가지로, 식 (7.2)는 임의의 점에서의 휨모멘트도의 기울기는 같은 점에서의 전단력 V와 동일하다는 것을 의미한다. 그림 7.9의 점 A에서의 전단력 V_A 값은 상대적으로 큰 음의 값을 갖는다. 따라서 휨모멘트도의 기울기는 상대적으로 큰 음의 값이다. 다시 말해,

휨모멘트도의 기울기는 급격히 아래쪽으로 향한다. 점 B와 C에서 전단력 V_B와 V_C는 여전히 음수이지만, V_A만큼의 음수는 아니다. 결과적으로, 휨모멘트도는 여전히 아래로 기울어져 있지만 점 A처럼 가파르지는 않다. 점 D에서 전단력 V_D는 0이다. 이는 휨모멘트도의 기울기가 0임을 의미한다. (이것은 V도의 기울기가 0인 위치에서 휨모멘트는 최댓값 또는 최솟값을 가지므로 매우 중요한 사항이다.) 점 E에서 전단력 V_E는 작은 양의 값이 되고, 이에 따라 휨모멘트도는 약간 상향으로 기울기 시작한다. 점 F와 G에서 전단력 V_F와 V_G는 상대적으로 큰 양의 값을 가지며, 이것은 휨모멘트도가 급격하게 상향으로 기울어짐을 의미한다.

식 (7.1)과 식 (7.2)는 $dV = w(x)dx$ 및 $dM = Vdx$ 형식으로 다시 쓸 수 있다. $w(x)dx$와 Vdx는 각각 분포하중과 전단력도의 면적을 나타낸다. 식 (7.1)은 보의 임의의 위치 x_1과 x_2 사이에서 적분할 수 있다.

$$\int_{V_1}^{V_2} dV = \int_{x_1}^{x_2} w(x)dx$$

하중 다이어그램(load diagram) 및 분포 하중곡선(distributed load curve)이라는 용어는 동의어다. 간단히 하기 위해 분포하중곡선은 w 다이어그램 또는 w 곡선이라고 한다.

이것으로부터 다음 관계식이 유도된다.

$$\Delta V = V_2 - V_1 = \int_{x_1}^{x_2} w(x)dx \tag{7.3}$$

마찬가지로, 식 (7.2)는 다음과 같은 적분 형태로 표현될 수 있다.

$$\int_{M_1}^{M_2} dM = \int_{x_1}^{x_2} Vdx$$

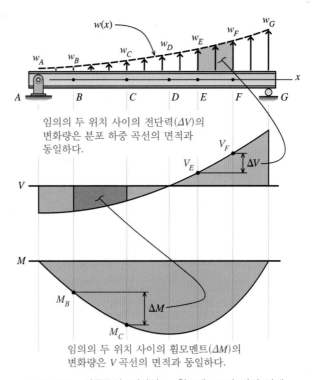

그림 7.10 하중곡선, 전단력도, 휨모멘트도의 면적 관계

따라서 다음과 같은 관계식이 도출된다.

$$\Delta M = M_2 - M_1 = \int_{x_1}^{x_2} V dx \tag{7.4}$$

식 (7.3)은 보의 임의의 두 점 사이의 전단력의 변화량(ΔV)은 동일한 두 점 사이의 분포하중 곡선의 면적과 동일하다는 것을 의미한다.

같은 방법으로, 식 (7.4)는 임의의 두 점 사이의 휨모멘트의 변화량(ΔM)은 동일한 두 점 사이의 전단력도의 면적과 동일하다는 것을 의미한다.

식 (7.3)과 식 (7.4)의 중요성을 설명하기 위해, 그림 7.10에 주어진 보를 고려해보자. 점 E와 점 F 사이의 전단력의 변화량은 동일한 두 점 사이의 분포하중 곡선의 면적에서 구할 수 있다. 유사하게, 점 B와 C 사이의 휨모멘트의 변화량은 동일한 두 점 사이의 V 곡선의 면적에서 구할 수 있다.

집중하중과 집중모멘트가 작용하는 영역

식 (7.1)에서 (7.4)까지는 분포하중만을 받는 보의 미소부분에 대하여 유도되었다. 다음으로, 집중하중(그림 7.11a)을 받는 보의 미소부분(그림 7.8a 참조)에 대한 자유물체도를 고려해보자. 이 자유물체에 대한 평형방정식은 다음과 같다.

$$\sum F_y = V + P_0 - (V + \Delta V) = 0 \quad \therefore \ \Delta V = P_0 \tag{7.5}$$

집중하중에 대한 양의 방향은 위쪽이다.

상향 하중 P는 전단력도가 위로 점프하게 한다. 유사하게, 하향 하중 P는 전단력도가 아래쪽으로 점프하게 한다.

이 식에서 얇은 보 요소의 좌측과 우측 사이의 전단력의 변화량 ΔV는 보 요소에 작용하는 외부 집중하중 P_0의 세기와 같다는 것을 알 수 있다. 양의 외부 하중이 작용하는 위치에서 전단력도는 불연속이다. 전단력도는 상향의 집중하중의 세기와 같은 양만큼 위로 "점프"한다. 하향의 외부 집중하중은 전단력도를 아래로 점프하게 한다(예제 7.1 참조).

다음으로, 집중모멘트가 작용하는 보의 미소요소를 고려해보자(그림 7.11b). 이 요소에 대한 모멘트 평형방정식은 다음과 같이 표현될 수 있다.

$$\sum M_0 = -M - V\Delta x + M_0 + (M + \Delta M) = 0$$

Δx가 0에 접근하면 다음 식이 성립된다.

$$\Delta M = -M_0 \tag{7.6}$$

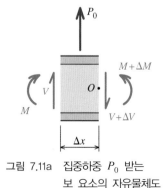

그림 7.11a 집중하중 P_0 받는
보 요소의 자유물체도

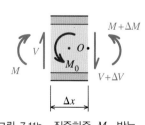

그림 7.11b 집중하중 M_0 받는
보 요소의 자유물체도

휨모멘트도는 외부 집중모멘트가 적용되는 위치에서 불연속이다. 식 (7.6)은 미소요소의 왼쪽과 오른쪽 사이의 내부 휨모멘트 M의 변화량 ΔM은 보 요소에 작용하는 외부 집중모멘트 M_0의 음의 값과 같다. 양의 외부 모멘트를 반시계방향으로 정의하면, 양의 외부 모멘트는 휨모멘트도를 아래로 "점프"하게 한다. 반대로, 음의 외부 모멘트(즉, 시계방향으로 작용하는 모멘트)는 내부 휨모멘트도를 위로 점프하게 한다(예제 7.2 참조).

최대 및 최소 휨모멘트

수학에서 우리는 함수 $f(x)$의 최댓값을 찾기 위해 함수의 도함수를 구하고 이 도함수를 0으로 놓고 위치 x를 결정하여 최댓값을 구한다. 이 x값이 결정되면 $f(x)$에 대입하여 최댓값을 구할 수 있다.

전단력도와 휨모멘트도를 고찰해보면, 우리의 관심을 끄는 함수는 휨모멘트함수 $M(x)$이다. 이 함수의 도함수는 dM/dx이므로 최대 휨모멘트는 $dM/dx=0$인 위치에서 발생한다. 그러나 $dM/dx=V$를 나타내는 식 (7.2)에 주목해보자. 이 두 방정식을 결합하면, $V=0$ 위치에서 최대 또는 최소 휨모멘트가 발생한다고 결론을 내릴 수 있다. 이러한 결론은 외부 집중모멘트에 의해 휨모멘트도에 불연속이 발생하지 않는다면 사실이다. 결과적으로 최대 및 최소 휨모멘트는 외부 집중모멘트가 작용하는 지점 또는 전단력도 곡선이 $V=0$축과 만나는 지점에서 발생할 수 있다. 불연속 위치에 대한 휨모멘트 또한 최대 또는 최소 휨모멘트 값을 검토하기 위해 계산되어야 한다.

전단력도 및 휨모멘트도를 작도하기 위한 6가지 규칙

식 (7.1)부터 (7.6)까지는 임의의 보에 대한 전단력도 및 휨모멘트도의 작도에 사용할 수 있는 여섯 가지 규칙으로 정리할 수 있다. 이 규칙은 다음과 같이 사용법에 따라 설명할 수 있다.

전단력도의 규칙

규칙 1: 전단력도는 집중하중 P를 받는 지점에서 불연속이다. 상향의 P는 전단력도를 상향으로 점프하게 하고, 하향의 P는 전단력도가 하향으로 점프하게 한다[식 (7.5)].

음의 영역은 음의 w(즉, 아래쪽 분포하중)로부터 발생한다.

규칙 2: 임의의 두 위치 x_1과 x_2 사이의 내부 전단력의 변화량은 분포하중곡선의 면적과 동일하다[식 (7.3)].

규칙 3: 임의의 위치 x에서, 전단력도의 기울기는 분포하중 w의 세기와 같다[식 (7.1)].

모멘트도의 규칙

음의 전단력값으로 계산된 면적은 음의 값으로 고려된다.

규칙 4: 임의의 두 위치 x_1과 x_2 사이의 내부 휨모멘트의 변화량은 전단력도의 면적과 동일하다[식 (7.4)].

규칙 5: 임의의 위치 x에서, 휨모멘트도의 기울기는 내부 전단력 V의 세기와 같다[식 (7.2)].

규칙 6: 휨모멘트도는 외부 집중모멘트가 적용되는 지점에서 불연속이다. 시계방향의 외부 모멘트는 휨모멘트도를 위로 점프하게 하고, 반시계방향의 외부 모멘트는 휨모멘트도를 아래로 점프하게 한다[식 (7.6)].

편리를 위하여 표 7.1과 같이 이들 규칙을 정리하였다.

표 7.1 전단력도 및 휨모멘트도에 대한 작도 규칙

식	하중도 w	전단력도 V	휨모멘트도 M
규칙 1 : 집중하중은 전단력도에서 불연속을 만든다. [식 (7.5)]			
$\Delta V = P_0$			
규칙 2 : 전단력의 변화량은 분포하중의 면적과 동일하다. [식 (7.3)]			
$V_B - V_A = \displaystyle\int_{x_A}^{x_B} w(x)\, dx$			
규칙 3 : 전단력도의 기울기는 분포하중 w의 강도와 같다. [식 (7.1)]			
$\dfrac{dV}{dx} = w(x)$			
규칙 4 : 휨모멘트의 변화량은 전단력도의 면적과 동일하다. [식 (7.4)]			
$M_B - M_A = \displaystyle\int_{x_A}^{x_B} V\, dx$			
규칙 5 : 휨모멘트도의 기울기는 전단력 V의 강도와 같다. [식 (7.2)]			
$\dfrac{dM}{dx} = V$			
규칙 6 : 집중모멘트는 휨모멘트도에서 불연속을 만든다. [식 (7.6)]			
$\Delta M = -M_0$			

전단력도 및 휨모멘트도를 작도하기 위한 일반적인 절차

여기에 제시된 전단력도 및 휨모멘트도를 작도하는 방법은 하중도를 사용하여 전단력도를 작도하고, 전단력도를 사용하여 휨모멘트도를 작도하기 때문에 도해적방법(graphical method)이라고 한다. 앞에서 설명된 여섯 가지 규칙이 이러한 작도에 사용된다. 도해적방법은 전체 보에 대해 $V(x)$ 및 $M(x)$ 함수를 유도하는 방법보다 시간이 훨씬 적게 들며, 또한 보를 해석하고 설계하는 데 필요한 정보를 제공해준다. 일반적인 절차는 다음 단계로 요약할 수 있다.

도해적 방법은 식 (7.3)과 (7.4)와 관련된 면적이 단순한 사각형이나 삼각형일 때 매우 유용하다. 이러한 형태의 면적은 하중이 집중하중이거나 등분포하중일 때 나타난다.

1단계 — 하중도의 작성: 지지점, 하중 및 주요 치수를 포함한 보를 스케치한다. 외부 반력을 계산하고, 보가 캔틸레버인 경우에는 외부 반력모멘트를 구한다. 힘과 모멘트에 대한 올바른 방향을 나타내는 화살표를 사용하여 하중도에 이러한 반력들을 표시한다.

2단계 — 전단력도의 작도: 전단력도는 하중도의 바로 아래에 작도한다. 이러한 이유로, 보의 중요한 위치에 수직선을 작도하는 것이 편리하다. 수평축을 시작으로 전단력도의 작도를 시작하며, 이 수평축은 전단력도의 x축 역할을 한다. 전단력도는 항상 $V=0$ 값에서 시작하고 끝나야 한다. 전단력도는 앞에서 설명된 규칙에 따라, 보의 왼쪽 끝단에서부터 오른쪽 끝단으로 향하게 작성한다. 규칙 1과 2는 중요한 지점에서 전단력 값을 결정하기 위해 가장 자주 사용되는 규칙이다. 규칙 3은 이러한 중요 지점 사이에서 적절한 다이어그램 형상을 스케치할 때 유용하다. 전단력이 급격히 변화하는 점과 최대 또는 최소(즉, 음의 최대치)가 발생되는 점들을 표기한다.

$V=0$에서 시작하고 끝나는 것은 보 평형방정식 $\Sigma F_y = 0$과 관련이 있다. 전단력도 V가 오른쪽 끝단에서 $V=0$으로 돌아가지 않는 것은 평형이 만족되지 않는다는 것을 의미한다. 전단력도에서 가장 흔하게 발생하는 실수는 보 반력을 잘못 계산하는 것이다.

3단계 — 전단력도에서 중요 지점의 위치: 전단력도가 $V=0$축과의 교차점에 특별히 주의를 기울여야 한다. 왜냐하면, 이 점은 휨모멘트가 최댓값 또는 최솟값이 되는 위치를 나타내기 때문이다. 분포하중을 받는 보의 경우, 규칙 3은 이러한 작업의 핵심이 된다.

$M=0$에서 시작하고 끝나는 것은 보 평형방정식 $\Sigma M = 0$과 관련이 있다. 휨모멘트도 M이 오른쪽 끝단에서 $M=0$으로 돌아가지 않는 것은 평형이 만족되지 않는다는 것을 의미한다. 휨모멘트도에서 가장 흔하게 발생하는 실수는 보 반력을 잘못 계산하는 것이다. 하중에 집중모멘트가 포함되는 경우, 또 다른 일반적인 오류는 불연속점에서 잘못된 방향으로의 "점프"이다.

4단계 — 휨모멘트도의 작도: 휨모멘트도는 전단력도 바로 아래에 작도한다. 수평축을 시작으로 휨모멘트도의 작도를 시작하며, 이 수평축은 휨모멘트도의 x축 역할을 한다. 휨모멘트도는 항상 $M=0$ 값에서 시작하고 끝나야 한다. 앞에서 설명한 규칙을 사용하여 보의 가장 왼쪽 끝에서부터 가장 오른쪽 끝으로 휨모멘트도를 작도한다. 규칙 4와 6은 중요한 지점에서 휨모멘트 값을 결정하는 데 가장 자주 사용되는 규칙이다. 규칙 5는 이러한 중요 지점 사이에서 적절한 다이어그램 형상을 스케치 할 때 유용하다. 휨모멘트가 급격하게 변화하는 모든 점과 최대 또는 최소 (즉, 음의 최댓값) 휨모멘트가 발생하는 위치를 표기한다.

다음 예제에서는 전단력도 및 휨모멘트도의 불연속점에서 다이어그램 값을 나타내기 위해 특수 표기법이 사용된다. 이 표기법을 설명하기 위해 $x=15$에서 전단력도의 불연속이 발생한다고 가정한다. 불연속점의 $-x$ 방향의 전단력은 $V(15^-)$로 표기하고, $+x$ 쪽의 값은 $V(15^+)$로 표기한다. 같은 방법으로, $x=0$에서 휨모멘트의 불연속이 발생한다면, 이 불연속점에서 모멘트 값은 $M(0^-)$와 $M(0^+)$로 표현된다.

예제 7.6

그림과 같은 단순지지보의 전단력도와 휨모멘트도를 작도하라. 또한 보의 전 구간에서 발생되는 최대 휨모멘트를 구하라.

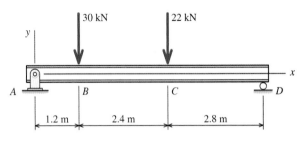

풀이 계획 핀 지지점 A와 롤러 지지점 D의 반력을 계산하여 하중도를 작도한다. 이 보에는 집중하중만이 작용하기 때문에 규칙 1을 사용하여 하중도로부터 전단력도를 작도한다. 전단력도로부터 휨모멘트도를 작도하며, 이때 규칙 4를 사용하여 주요 지점 사이의 휨모멘트 변화량을 계산한다.

풀이 지점 반력

전체 보에 대한 자유물체도는 그림과 같다. 수평 방향으로는 하중이 작용하지 않으므로 평형방정식 $\sum F_x = 0$은 의미가 없으며, 더 이상 논의하지 않을 것이다. 유용한 평형방정식은 다음과 같다.

$$\sum F_y = A_y + D_y - 30 \text{ kN} - 22 \text{ kN} = 0$$

$$\sum M_A = -(30 \text{ kN})(1.2 \text{ m}) - (22 \text{ kN})(3.6 \text{ m}) + D_y(6.4 \text{ m}) = 0$$

위의 방정식으로부터 다음과 같은 보 반력을 계산할 수 있다.

$$A_y = 34 \text{ kN} \quad D_y = 18 \text{ kN}$$

전단력도의 작도

하중도에 적절한 방향으로 반력을 작도한다. 보의 주요 지점 아래에 일련의 수직선을 그리고 V도의 축이 되는 수평선을 작도한다. 다음에 설명하는 단계를 이용하여 V도를 작도한다. (참고: V도의 작은 소문자는 각 단계의 설명에 해당한다.)

a $V(0^-) = 0$ kN (보의 끝단에서 전단력이 0이다.)

b $V(0^+) = 34$ kN (규칙 1: V도가 반력 34 kN 만큼 위로 점프한다.)

c $V(1.2^-) = 34$ kN (규칙 2: $w = 0$이므로 하중곡선의 면적이 0이다. 따라서 전단력도에는 변화가 없다.)

d $V(1.2^+) = 4$ kN (규칙 1: V도가 30 kN 만큼 아래로 점프한다)

e $V(3.6^-) = 4$ kN (규칙 2: 하중곡선 아래의 면적이 0이다. 따라서 $\Delta V = 0$이다.)

f $V(3.6^+) = -18$ kN (규칙 1: V도가 22 kN 만큼 아래로 점프한다.)

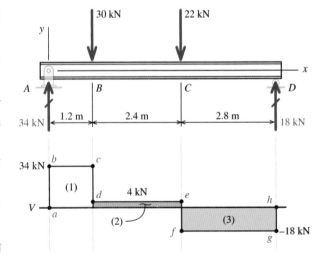

g $V(6.4^-) = -18$ kN (규칙 2: 하중곡선 아래의 면적이 0이다. 따라서 $\Delta V = 0$이다.)

h $V(6.4^+) = 0$ kN (규칙 1: V도는 반력 18 kN 만큼 위로 점프하며, $V = 0$ kN으로 돌아온다).

V도는 $V_a = 0$에서 시작하여, $V_h = 0$에서 끝난다.

휨모멘트도의 작도

V도의 작도로부터, 다음 단계에 따라 M도를 작도한다. (참고: M도상의 소문자는 각 단계에서의 설명에 해당한다.)

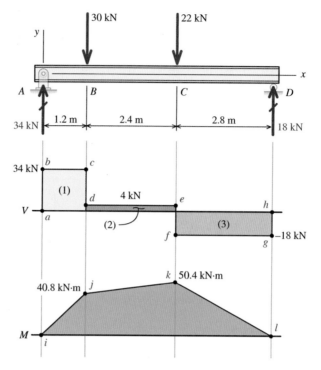

i $M(0) = 0$ (단순지지보의 핀지지 끝단에서 모멘트가 0이다.)

j $M(1.2) = 40.8$ kN·m (규칙 4: 임의의 두 점 사이의 휨모멘트의 변화량 ΔM은 V도의 면적과 같다). V 도의 $x = 0$ m 및 $x = 1.2$ m 사이의 면적은 폭이 1.2 m이고 높이가 $+34$ kN인 직사각형 (1)의 면적이 다. 이 직사각형의 면적은 $(+34$ kN$)(1.2$ m$) = +40.8$ kN·m(양의 값)이다. $x = 0$ m에서 $M = 0$ kN·m 이고, 휨모멘트의 변화량 $\Delta M = +40.8$ kN·m이므로, $x = 1.2$ m에서 휨모멘트 $M_j = 40.8$ kN·m이다.

k $M(3.6) = 50.4$ kN·m (규칙 4: $\Delta M = V$도의 면적). ΔM은 $x = 1.2$m와 $x = 3.6$ m 사이의 V도의 면적 과 같다. 직사각형 (2)의 면적은 $(+4$ kN$)(2.4$ m$) = +9.6$ kN·m이다. 따라서 $\Delta M = +9.6$ kN·m(양의 값)이다. j점에서 $M = 40.8$ kN·m이고, $\Delta M = +9.6$ kN·m이므로 k점에서의 모멘트 $M_k = 40.8$ kN·m + 9.6 kN·m = $+50.4$ kN·m이다. 전단력이 34 kN에서 4 kN로 감소하지만, 휨모멘트는 이 영역에서 계속 증가함에 주목하라.

l $M(6.4) = 0$ kN·m(규칙 4: $\Delta M = V$도의 면적). $x = 3.6$ m와 $x = 6.4$ m 사이의 V도의 면적은 직사각형 (3)의 면적이고, 여기서 $(-8$ kN$)(2.8$ m$) = -50.4$ kN·m(음의 값)이다. 따라서 $\Delta M = -50.4$ kN·m이 다. 점 k에서 $M = +50.4$ kN·m이다. k와 l 사이에서 휨모멘트의 변화량 $\Delta M = -50.4$ kN·m이다. 따 라서 $x = 6.4$ m에서의 휨모멘트는 $M_l = 0$ kN·m이다. 이 결과는 롤러 D에서 휨모멘트가 0이 되어야 한다는 사실과 부합된다.

M도의 작도는 $M_i = 0$에서 시작하여 $M_l = 0$에서 끝난다. 또한 M도는 선형구간으로 구성됨에 주목하라. 규칙 5(M도의 기울기는 전단력 V의 강도와 같다.)에 따라, M도의 기울기가 점 i, j, k, l 사이에서 일정해야 한다는 것을 알 수 있으며, 그 이유는 같은 구간에서 전단력이 일정하기 때문이다. 점 i와 j 사이의 M도의 기울기는 $+34$ kN이고, 점 j와 점 k 사이의 M도의 기울기는 $+4$ kN이며, 점 k와 점 l 사이의 M도의 기울기는 -18 kN이다. 일정 기울기를 갖는 곡선의 유일한 형태는 직선이다.

최대 전단력은 $V = 34$ kN이다. 최대 휨모멘트는 $x = 3.6$ m에서 $M = +50.4$ kN·m이다. 최대 휨모멘트는 전단력도가 $V = 0$축(점 e와 f 사이)과 교차하는 지점에서 발생한다는 사실에 주목하라.

다이어그램 형상 사이의 상호관계

식 (7.3)은 분포하중 w를 적분하여 V도를 얻을 수 있고, 식 (7.4)는 M도는 전단력 V를 적분하여 얻을 수 있음을 보여준다. 예를 들어, 분포하중이 없는 보 구간($w = 0$)을 고려해보자. 이 경우, w의 적분은 일정한 전단력함수[즉, 0차 함수 $f(x^0)$]를 제공하고, 상수 V를 적분하면 휨모멘트에 대한 선형 함수를 제공한다[즉, 1차 함수 $f(x^1)$]. 보 요소가 상수 w[즉, 0차 함수 $f(x^0)$]를 갖는 경우, V도는 1차 함수 $f(x^1)$이고, M도는 2차 함수 $f(x^2)$이다. 이와 같이, w에서 V도, V도에서 M도로 계산되는 과정에서 함수의 차수는 1차씩 증가한다.

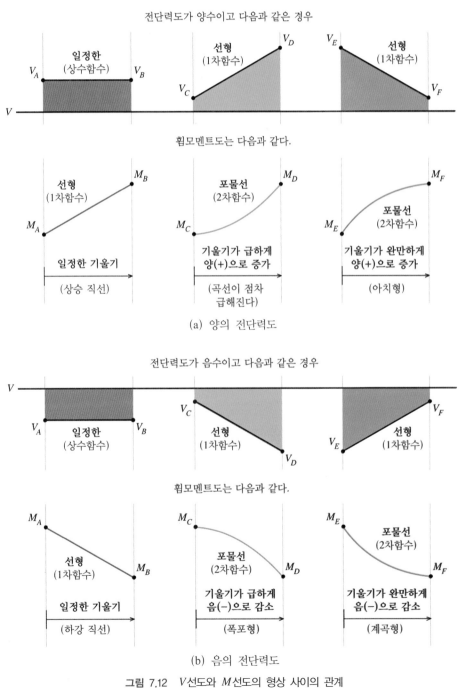

그림 7.12 V선도와 M선도의 형상 사이의 관계

보 요소의 V도가 상수인 경우, M도는 선형이며, M도는 직선으로 작도된다. 보 요소의 V도가 선형인 경우, M도는 2차 함수(즉, 포물선)가 된다. 포물선은 오목 또는 볼록의 두 가지 형태 중 하나가 된다. M도의 적절한 형상은 V도에서 얻은 정보로부터 결정되며, 이것은 M도의 기울기가 전단력 V의 세기와 같기 때문이다[규칙 5: 식 (7.2)]. 그림 7.12에는 다양한 형상의 전단력도와 이에 해당하는 휨모멘트도의 형상이 주어져 있다.

예제 7.7

그림과 같은 단순지지보의 전단력도와 휨모멘트도를 작도하라. 또한 보의 전 구간에서 발생되는 최대 휨모멘트를 구하라.

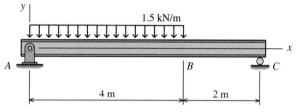

풀이 계획 이 예제에서는 등분포하중을 받는 보의 최대 모멘트를 구하는 데 중점을 두기로 한다. 최대 모멘트를 계산하기 위해서는 $V=0$인 위치를 먼저 찾아야 한다. 규칙 3을 사용하여 분포하중의 강도로부터 전단력도의 기울기를 결정한다. $V=0$인 위치가 결정되면 최대 휨모멘트는 규칙 4에 의해 계산할 수 있다.

풀이 지지 반력

전체 보의 자유물체도가 그림에 주어져 있다. 보의 반력을 계산하기 위해, -1.5 kN/m 분포하중은 하중 작용구간의 도심에서 하향으로 작용하는 $(1.5 \text{ kN/m})(4 \text{ m})=6$ kN의 합력으로 대체될 수 있다. 평형방정식은 다음과 같다.

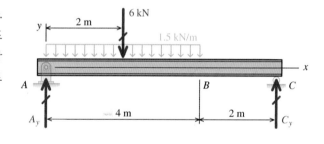

$$\sum F_y = A_y + C_y - 6 \text{ kN} = 0$$
$$\sum M_A = -(6 \text{ kN})(2 \text{ m}) + C_y(6 \text{ m}) = 0$$

이 방정식으로부터 보 반력은 다음과 같다.

$$A_y = 4 \text{ kN} \quad 그리고 \quad C_y = 2 \text{ kN}$$

전단력도의 작도

하중도에 적절한 방향으로 반력을 작도한다. V도를 작도하기 위해서는, 6 kN 합력이 아닌 원래의 분포하중을 사용해야 한다. 합력은 보의 반력을 계산하는 데 사용될 수 있다. 그러나 보의 전단력의 변화를 계산하는 데는 사용할 수 없다.

다음 단계는 V도를 작도하는 과정을 설명하고 있다. (참고: 여기서, 소문자는 각 단계에 대한 설명에 해당한다.)

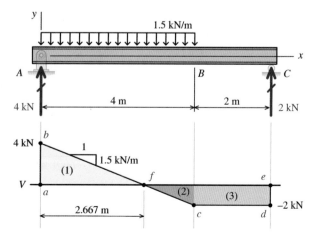

a $V(0^-) = 0$ kN (보의 끝단에서 전단력은 0이다.)

b $V(0^+) = 4$ kN (규칙 1: V도가 반력 4 kN과 동일한 양만큼 점프한다.)

c $V(4) = -2$ kN (규칙 2: 전단력의 변화량 ΔV는 w곡선의 면적과 동일하다. 점 A와 점 B 사이의 w곡선의 면적은 $(-1.5$ kN/m$)$

(4 m) = −6 kN이다. 따라서 $\Delta V = −6$ kN이다. $V_b = +4$ kN이므로, c에서의 전단력은 $V_c = +4$ kN − 6 kN = −2 kN이다.

　　A와 B 사이에서 w가 일정하므로 V도의 기울기도 일정하며(규칙 3), b와 c 사이에서 기울기는 −1.5 kN/m와 같다. 결과적으로, 이 구간에서 V도는 직선이다.

d　$V(6^-) = −2$ kN (규칙 2: w곡선의 면적이 B와 C 사이에서 0이므로, $\Delta V = 0$이다.)

e　$V(6^+) = 0$ kN (규칙 1: V도는 반력 2 kN과 동일한 양만큼 점프하여 $V = 0$ kN으로 되돌아온다.)

f　V도를 완성하기 이전에 b와 c 사이에 $V = 0$인 점을 찾아야 한다. 이 작업을 위해서 전단력도의 기울기 (dV/dx)가 분포하중 w의 강도와 같다는 것을 또 다시 이용하자(규칙 3). 여기서, 보의 극소 길이 dx 대신에 미소 길이 Δx를 고려하자. 따라서 식 (7.1)은 다음과 같이 나타낼 수 있다.

$$V도의 \ 기울기 = \frac{\Delta V}{\Delta x} = w \tag{a}$$

　　점 A와 B 사이에서 분포하중 $w = −1.5$ kN/m이므로, 점 b와 점 c 사이의 V도의 기울기는 −1.5 kN/m이 된다. 점 b에서 $V = 4$ kN이므로, $V = 0$축까지 전단력의 변화량은 $\Delta V = −4$ kN이다. 알고 있는 기울기와 ΔV를 이용하여 식 (a)로부터 Δx를 계산한다.

$$\Delta x = \frac{\Delta V}{w} = \frac{−4 \ kN}{−1.5 \ kN/m} = 2.667 \ m$$

b에서 $x = 0$ m이므로, 점 f는 보의 왼쪽 단부로부터 2.667 m에 위치한다.

휨모멘트도의 작도

V도의 작도로부터 다음 단계에 따라 M도를 작도한다. (참고: M도상의 소문자는 각 단계에서의 설명에 해당한다.)

g　$M(0) = 0$ (단순지지보의 끝단에서 모멘트는 0이다.)

h　$M(2.667) = +5.333$ kN·m (규칙 4: 임의의 두 점 사이의 휨모멘트의 변화량 ΔM은 V도의 면적과 동일하다. b와 f 사이의 V도는 삼각형 (1)이고, 이 삼각형은 너비가 2.667 m이고 높이가 +4 kN이다. 이 삼각형의 면적은 +5.333 kN·m이다. 따라서 $\Delta M = 5.333$ kN·m이다. $x = 0$ m에서 $M = 0$ kN·m이고, $\Delta M = +5.333$ kN·m이므로, $x = 2.667$ m에서의 휨모멘트 $M_h = +5.333$ kN·m이다.

　　g와 h 사이의 휨모멘트도의 모양은 규칙 5(M도의 기울기는 전단력 V와 같다)를 이용하여 그릴 수 있다. 점 b에서의 전단력은 +4 kN이다. 따라서 M도는 g에서 큰 양의 기울기를 갖는다. b와 f 사이에서 전단력은 여전히 양의 값이지만 그 크기는 감소

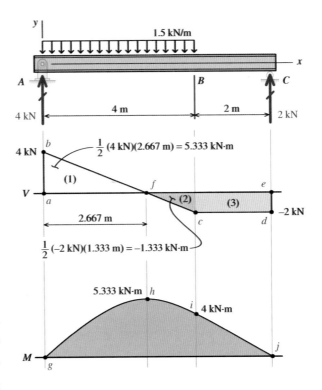

한다. 결과적으로 M도의 기울기는 양이지만 x가 증가함에 따라 점점 완만해진다. f에서 $V = 0$이므로

i $M(4) = +4$ kN·m (규칙 4: $\Delta M = V$도의 면적). f와 c 사이의 전단력도는 삼각형 (2)이고, 이 삼각형은 너비가 1.333 m이고 높이가 -2 kN이다. 이 삼각형의 음의 면적은 -1.333 kN·m이므로, $\Delta M = -1.333$ kN·m이다. h에서 $M = +5.333$ kN·m이다. 이 값에 $\Delta M = -1.333$ kN·m을 더하면 $x = 4$ m에서의 휨모멘트가 된다. 즉 $M_i = +4$ kN·m이다.

h와 i 사이의 휨모멘트도의 모양은 **규칙 5** (M도의 기울기는 전단력 V와 같다)를 이용하여 그릴 수 있다. h에서 M도의 기울기는 0이며, 이것은 f에서 $V = 0$에 해당한다. x가 증가함에 따라 V는 점차적으로 음의 값을 갖게 된다. 결과적으로 M도의 기울기는 점 i에서 $dM/dx = -2$ kN의 기울기에 도달할 때까지 점점 더 큰 음의 값이 된다.

j $M(6) = 0$ kN·m (규칙 4: $\Delta M = V$도의 면적). $x = 4$ m와 $x = 6$ m 사이의 V도의 면적은 직사각형 (3)의 면적이다. 즉, $(-2$ kN$)(2$ m$) = -4$ kN·m이다. 점 i에서의 휨모멘트($M_i = +4$ kN·m)에 $\Delta M = -4$ kN·m을 더하면 점 j에서 휨모멘트를 구할 수 있다. 즉, $M_j = 0$ kN·m이다. 이 결과는 롤러 C의 휨모멘트가 0이어야 하는 사실과 일치한다.

최대 전단력은 $V = 4$ kN이다. 최대 휨모멘트는 $M = +5.333$ kN·m이며 그 위치는 $x = 2.667$ m인 점이며, 이 점은 전단력도가 $V = 0$축과 교차하는 지점(b와 c 사이)이다.

예제 7.8

그림과 같은 단순지지보의 전단력도와 휨모멘트도를 작도하라. 또한 보의 전 구간에서 발생되는 최대 양($+$)의 휨모멘트와 최대 음($-$)의 휨모멘트를 구하라.

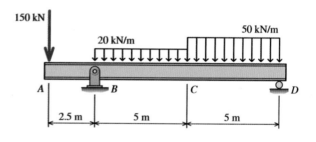

풀이 계획 이 문제의 중요점은 다음과 같다.

(a) 가장 큰 양의 모멘트와 가장 큰 음의 모멘트를 결정한다.

(b) 음의 값에서 양의 값으로 변할 때 M도의 적절한 모양을 작도한다.

풀이 지점 반력

전체 보의 자유물체도는 그림과 같다. 보의 반력을 계산하기 위해 분포하중을 합력으로 대체한다. 평형방정식은 다음과 같다.

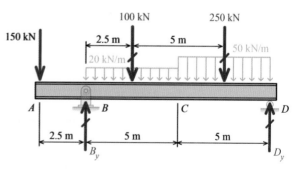

$$\sum F_y = B_y + D_y - 150 \text{ kN} - 100 \text{ kN} - 250 \text{ kN} = 0$$

$$\sum M_B = (150 \text{ kN})(2.5 \text{ m}) - (100 \text{ kN})(2.5 \text{ m})$$
$$- (250 \text{ kN})(7.5 \text{ m}) + D_y(10 \text{ m}) = 0$$

이 방정식으로부터 보 반력은 $B_y = 325$ kN, $D_y = 175$ kN을 얻는다.

전단력도의 작도

시작에 앞서, 반력의 적절한 방향을 화살표로 표현하여 하중도를 완성한다. 이때 합력이 아닌 원래의 분포하중을 사용하여 V도를 작도한다.

a $V(-2.5^-) = 0$ kN

b $V(-2.5^+) = -150$ kN (규칙 1)

c $V(0^-) = -150$ kN (규칙 2)

   A와 B 사이의 w곡선의 면적이 0이다. 따라서 b와 c 사이의 $\Delta V = 0$이 된다.

d $V(0^+) = 175$ kN (규칙 1)

e $V(5) = +75$ kN (규칙 2: ΔV $= w$곡선의 면적). B와 C 사이의 w곡선의 면적은 -100 kN이다. 이 구간에서 w가 일정하므로 V도의 기울기도 일정하고(규칙 3), d와 e 사이에서 -20 kN/m이다.

f $V(10^-) = -175$ kN (규칙 2: $\Delta V = w$곡선의 면적). C와 D

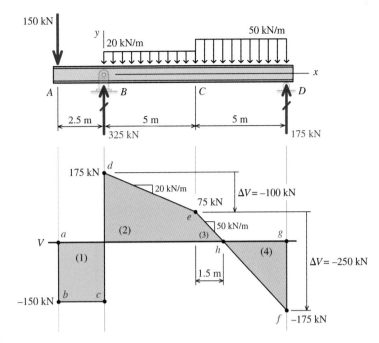

사이의 w곡선의 면적은 -250 kN이다. V도의 기울기는 일정하고(규칙 3), e와 f 사이에서 -50 kN/m이다.

g $V(10^+) = 0$ kN (규칙 1)

h V도를 완성하기 위해 e와 f 사이의 $V = 0$인 점을 찾는다. 이 구간에서 V도의 기울기는 -50 kN/m이다. (규칙 3)

점 e에서 $V = 75$ kN이다. 결과적으로 $V = 0$축과 교차할 때 전단력은 $\Delta V = -75$ kN 만큼 변화한다. 알고 있는 기울기와 ΔV를 이용하여 Δx을 구한다.

$$\Delta x = \frac{\Delta V}{w} = \frac{-75 \text{ kN}}{-50 \text{ kN/m}} = 1.5 \text{ m}$$

점 e에서 $x = 5$ m이므로 점 h는 $x = 6.5$ m에 위치한다.

휨모멘트도의 작도

V도의 작도로부터, 다음과 같은 단계에 따라 M도를 작도한다.

i $M(-2.5) = 0$ (단순지지보의 자유단에서 모멘트는 0이다).

j $M(0) = -375$ kN·m (규칙 4: $\Delta M = V$도의 면적). 직사각형 (1)의 면적은 $(-150$ kN$)(2.5$ m$) =$ -375 kN·m이다. 따라서, $\Delta M = -375$ kN·m이다. 점 i와 j 사이에서 M도는 선형이며, 일정한 음의 기울기 -150 kN을 갖는다.

k $M(5) = +250$ kN·m (규칙 4: $\Delta M = V$도의 면적)

   사다리꼴 (2)의 면적은 $+625$ kN·m이다. 따라서, $\Delta M = +625$ kN·m이다. 그러므로 점 j에서의 모멘트 -375 kN·m에 $\Delta M = +625$ kN·m을 더하면 $x = 5$ m에서 $M_k = 250$ kN·m을 얻을 수 있다.

   규칙 5(M도의 기울기 = 전단력 V)를 사용하여 j와 k 사이의 M도를 작도할 수 있다. $V_d = +175$ kN이므로, M도는 j에서 큰 양의 기울기를 갖는다. x가 증가함에 따라 전단력은 양으로 유지되지만 e점에서 $V_e = +75$ kN의 값으로 감소한다. 결과적으로 M도의 기울기는 j와 k 사이에서 양의 값을 갖지만 점 k에 가까워지면서 완만해진다.

l $M(6.5) = +306.25$ kN·m (규칙 4: $\Delta M = V$도의 면적). V도의 면적 (3)은 56.25 kN·m이다. 따라서, $\Delta M = 56.25$ kN·m이다. $M_k = 250$ kN·m에 56.25 kN·m를 더하면, 점 l에서 $M_l = +306.25$ kN·m이 된

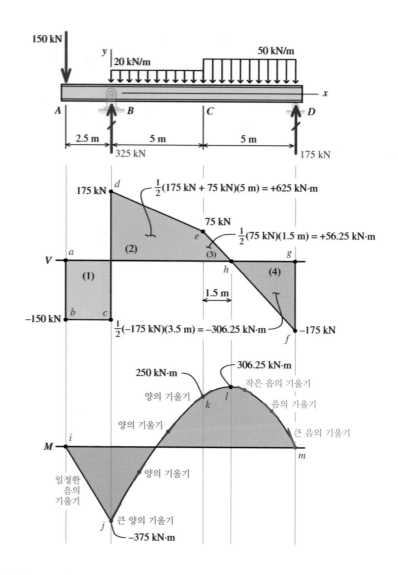

다. 이 위치에서 $V = 0$이므로, M도의 기울기는 점 l에서 0이다.

m $M(10) = 0$ kN·m (규칙 4: $\Delta M = V$도의 면적). 삼각형 (4)의 면적은 -306.25 kN·m이다. 따라서, $\Delta M = -306.25$ kN·m이다.

l과 m 사이의 휨모멘트도의 형상은 규칙 5 (M도의 기울기 = 전단력 V)를 사용하여 작도할 수 있다. l에서 M도의 기울기는 0이다. x가 증가함에 따라 V는 점차적으로 음의 값을 갖게 된다. 결과적으로 M도의 기울기는 점점 더 음의 기울기를 가지게 되며, $x = 10$ m에서 가장 큰 음의 기울기를 갖는다. 최대 양의 휨모멘트는 306.25 kN·m이며, $x = 6.5$ m에서 발생한다.

최대 음의 휨모멘트는 -375 kN·m이며, 이 휨모멘트는 $x = 0$에서 발생한다.

예제 7.9

그림과 같은 캔틸레버보의 전단력도와 휨모멘트도를 작도하라. 또한 보의 전 구간에서 발생되는 최대 휨모멘트를 구하라.

풀이 계획 V도 및 M도에 대한 외부 집중모멘트의 영향은 복잡하다. 이 캔틸레버보에는 2개의 외부 집중모

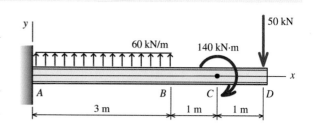

멘트가 작용한다.

풀이 지점 반력
보의 자유물체도는 그림과 같다. 보의 반력을
계산하기 위해 분포하중을 합력으로 대체한다.
평형방정식은 다음과 같다.

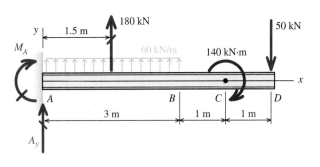

$$\sum F_y = A_y + 180 \text{ kN} - 50 \text{ kN} = 0$$

$$\sum M_A = (180 \text{ kN})(1.5 \text{ m}) - (50 \text{ kN})(5 \text{ m})$$
$$- 140 \text{ kN·m} - M_A = 0$$

이 방정식으로부터 보 반력은 $A_y = -130$ kN, $M_A = -120$ kN·m를 얻는다.

전단력도의 작도
시작에 앞서, 반력의 적절한 방향을 화살표로 표현하여 하중도를 완성한다. 이때 합력이 아닌 원래의 분포
하중을 사용하여 V도를 작도한다.

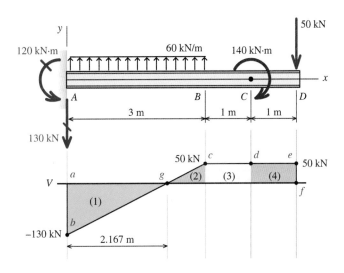

a $V(0^-) = 0$ kN

b $V(0^+) = -130$ kN (규칙 1)

c $V(3) = +50$ kN (규칙 2)
   A와 B 사이의 w 곡선의 면적은 $+180$ kN이다. 따라서 b와 c 사이의 $\Delta V = +180$ kN이다.

d $V(4) = +50$ kN (규칙 2: $\Delta V = w$곡선의 면적). B와 C 사이의 w곡선의 면적은 0이다. 따라서 V에는
   아무런 변화가 없다.

e $V(5) = +50$ kN (규칙 2: $\Delta V = w$곡선의 면적). C와 D 사이의 w곡선의 면적은 0이다. 따라서 V에는
   아무런 변화가 없다.

f $V(5) = 0$ kN (규칙 1).

g V도를 완성하기 위해, b와 c 사이에서 $V = 0$인 점을 찾는다. 이 구간에서 V도의 기울기는 $+60$ kN/m
   이다(규칙 3). 점 b에서, $V = -130$ kN이다. 결과적으로 전단력은 $V = 0$축과 교차할 때 전단력은 ΔV
   $= +130$ kN 만큼 변화한다. 알고 있는 기울기와 ΔV를 이용하여 Δx를 구한다.

$$\Delta x = \frac{\Delta V}{w} = \frac{+130 \text{ kN}}{+60 \text{ kN/m}} = 2.1667 \text{ m}$$

휨모멘트도의 작도

V도의 작도로부터 다음과 같은 단계에 따라 M도를 작도한다.

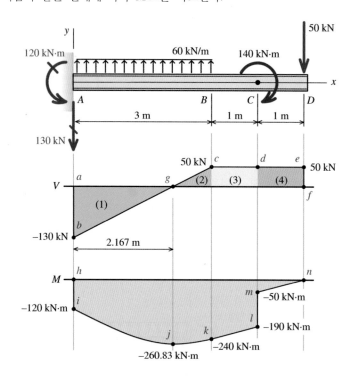

h $M(0^-) = 0$

i $M(0^+) = -120$ kN·m (규칙 6: 반시계방향의 외부 모멘트에 대해, M도는 120 kN·m 반력 모멘트만큼 아래로 점프한다)

j $M(2.1667) = -260.836$ kN·m (규칙 4: $\Delta M = V$도의 면적). 면적 $(1) = -140.836$ kN·m이다. 따라서, $\Delta M = -140.836$ kN·m이다.

규칙 5(M도의 기울기 $= V$)를 사용하여 i와 j 사이의 M도를 그린다. $V_b = -130$ kN이므로, M도는 i에서 큰 음의 기울기를 갖는다. x가 증가함에 따라 전단력의 음의 값은 g에서 0이 될 때까지 감소한다. 결과적으로 M도의 기울기는 i와 j 사이에서 음수가 되지만 점 j에 도달하면 평평해진다.

k $M(3) = -240$ kN·m (규칙 4: $\Delta M = V$도의 면적). 면적 $(2) = 20.833$ kN·m이다. 따라서 $\Delta M = 20.833$ kN·m이다. j에서의 모멘트 -260.836 kN·m에 ΔM을 더하면 $x = 3$ m에서 $M_k = -240$ kN·m이다.

규칙 5(M도의 기울기 $= V$)를 사용하여 j와 k 사이의 M도를 작도한다. $V_g = 0$이므로, M도는 j에서 0의 기울기를 갖는다. x가 증가함에 따라 전단력은 점점 큰 양의 값을 가지며, 점 c에서 최대 양의 값에 도달한다. 이것은 M도의 기울기가 j와 k 사이에서 양의 값을 가지며, x가 증가함에 따라 점점 더 위로 향한다는 것을 의미한다.

l $M(4^-) = -190$ kN·m (규칙 4: $\Delta M = V$도의 면적). 면적 $(3) = +50$ kN·m이다. 따라서 $\Delta M = +50$ kN·m이다. k에서의 모멘트 -240 kN·m에 ΔM을 더하면 $x = 4$ m에서 $M_k = -190$ kN·m이 된다.

m $M(4^+) = -50$ kN·m (규칙 6: 시계방향의 외부 모멘트에 대해, M도는 외부 집중모멘트 140 kN·m 만큼 위로 점프한다).

n $M(5) = 0$ kN·m (규칙 4: $\Delta M = V$도의 면적). 면적 $(4) = +50$ kN·m이다.

최대 휨모멘트는 -260.8 kN·m이고, $x = 2.1667$ m에서 발생한다.

전단력도와 휨모멘트도를 작도하는 6가지 규칙

다양한 지지조건과 하중을 받는 48개 보에 대한 전단력과 휨모멘트도를 역동적으로 표현하였다. V도 및 M도에 대한 주요 지점에 대한 간단한 설명이 제시되었다.

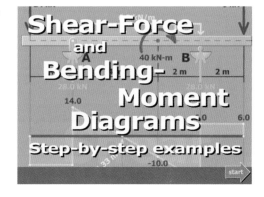

M7.1 전단력도와 휨모멘트도를 작도하기 위한 6가지 규칙. 여섯 가지 규칙 각각에 대해 최소 40점을 받아야 한다.(최소 총점 240점)

그림 M7.1

M7.2 규칙에 따라 400점 중 적어도 350점 이상을 받아야 한다.

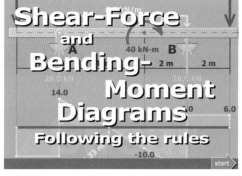

그림 M7.2

PROBLEMS

P7.16–P7.30 도해적방법을 사용하여 그림 P7.16–P7.30에 제시되어 있는 보에 대하여 전단력도와 휨모멘트도를 작성하라. 각 선도의 모든 중요점을 표시하고 각 위치와 함께 최대 모멘트(양수 및 음수)을 확인하라. 각 선도의 직선과 곡선 부분을 명확하게 구분하여 나타내라.

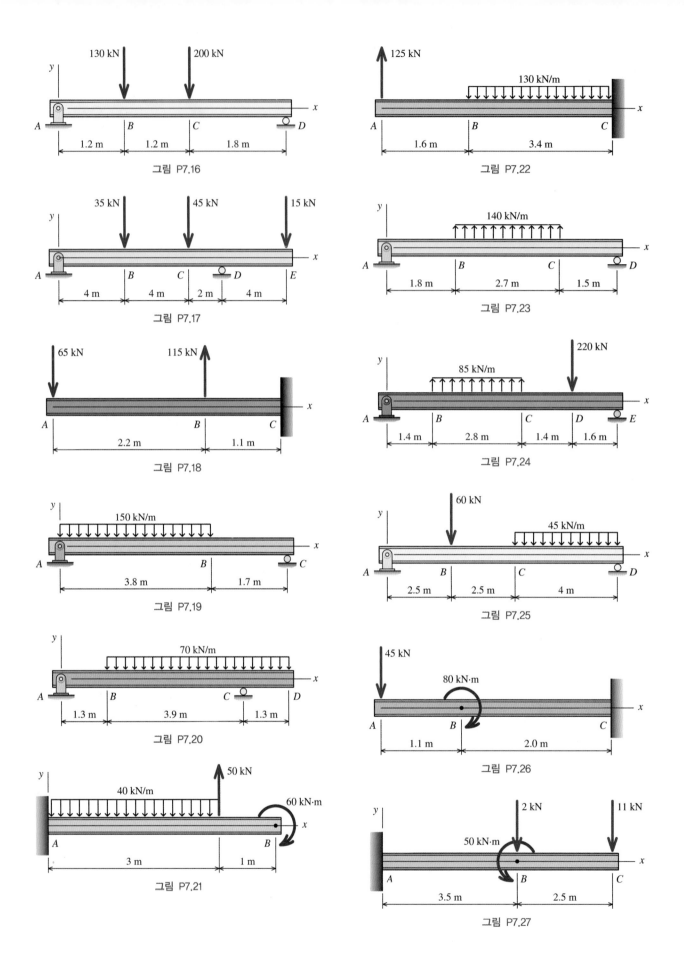

그림 P7.16

그림 P7.22

그림 P7.17

그림 P7.23

그림 P7.18

그림 P7.24

그림 P7.19

그림 P7.25

그림 P7.20

그림 P7.26

그림 P7.21

그림 P7.27

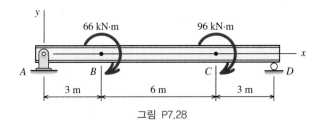

그림 P7.28

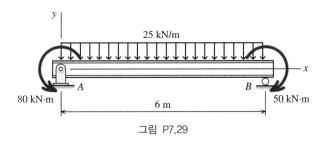

그림 P7.29

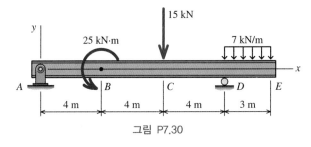

그림 P7.30

P7.31–P7.32 그림 P7.31과 P7.32에 나타난 보에 대하여 전단력도와 휨모멘트도를 작성하라. 지반에 의해서 상향 반력이 균일하게 분포한다고 가정하라. 각 선도에서 모든 중요 지점을 표시하라. 다음의 최댓값을 결정하라.

(a) 내부 전단력

(b) 내부 휨모멘트

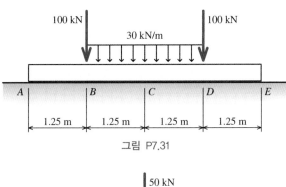

그림 P7.31

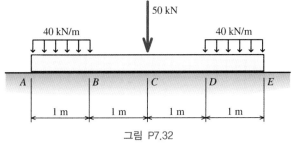

그림 P7.32

P7.33–P7.36 도해적방법을 사용하여 그림 P7.33 – P7.36에 제시되어 있는 보에 대하여 전단력도와 휨모멘트도를 작성하라. 각 선도의 모든 중요점을 표시하고 각 위치와 함께 최대 모멘트를 확인하라. 또한, 다음을 결정하라.

(a) 점 B로부터 오른쪽으로 0.75 m 떨어진 지점에서의 V와 M을 구하라.

(b) 점 C로부터 왼쪽으로 1.25 m 떨어진 지점에서의 V와 M을 구하라.

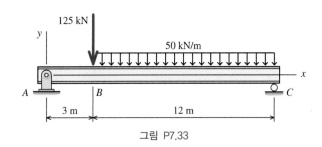

그림 P7.33

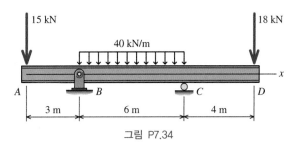

그림 P7.34

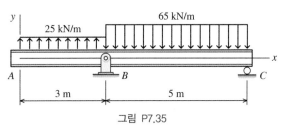

그림 P7.35

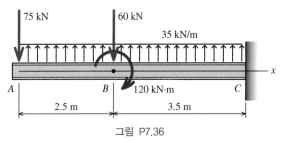

그림 P7.36

P7.37–P7.39 도해적방법을 사용하여 그림 P7.37 – P7.39에 제시되어 있는 보에 대하여 전단력도와 휨모멘트도를 작성하라. 각 선도의 모든 중요점을 표시하고 각 위치와 함께 최대 모멘트를 확인하라. 또한, 다음을 결정하라.

(a) 점 B로부터 오른쪽으로 1.50 m 떨어진 지점에서의 V와 M을 구하라.

(b) 점 D로부터 왼쪽으로 1.25 m 떨어진 지점에서의 V와 M을 구하라.

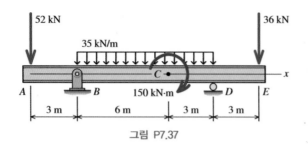

그림 P7.37

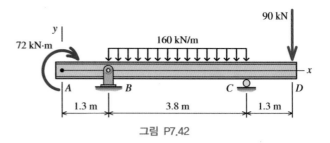

그림 P7.42

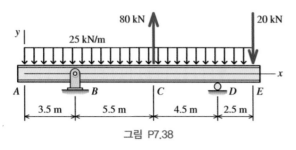

그림 P7.38

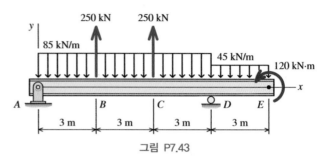

그림 P7.43

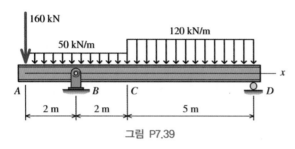

그림 P7.39

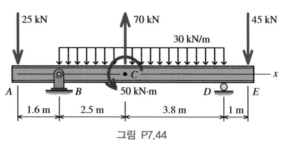

그림 P7.44

P7.40–P7.55 도해적방법을 사용하여 그림 P7.40 − P7.55에 제시되어 있는 보에 대하여 전단력도와 휨모멘트도를 작성하라. 각 선도의 모든 중요점을 표시하고 각 위치와 함께 최대 모멘트(양수 및 음수)을 확인하라. 각 선도의 직선과 곡선 부분을 명확하게 구분하여 나타내라.

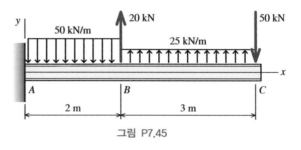

그림 P7.45

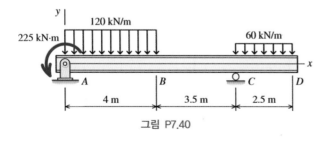

그림 P7.40

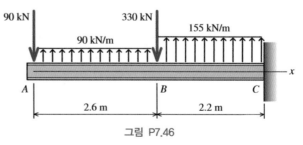

그림 P7.46

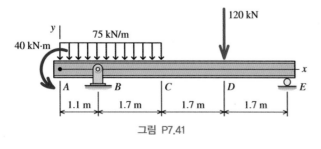

그림 P7.41

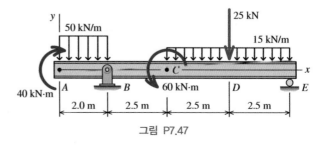

그림 P7.47

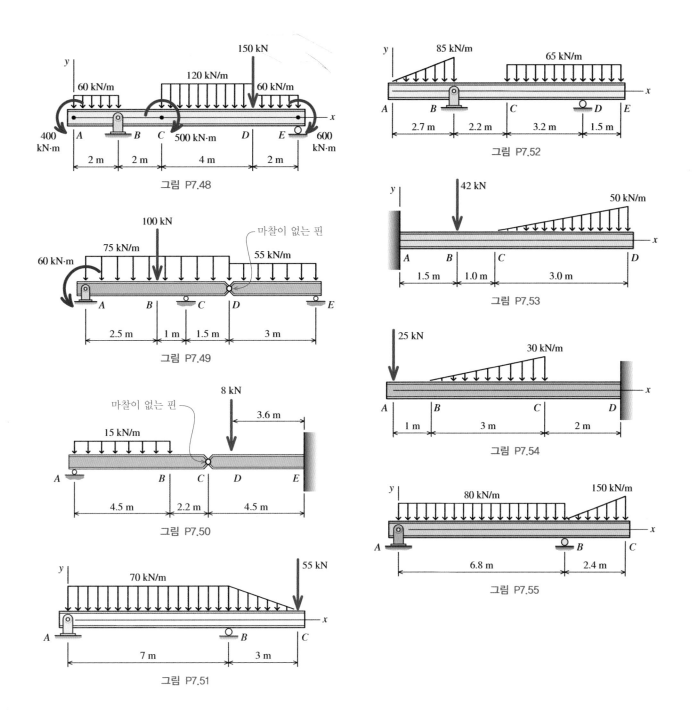

그림 P7.48

그림 P7.52

그림 P7.49

그림 P7.53

그림 P7.50

그림 P7.54

그림 P7.51

그림 P7.55

7.4 하중, 전단력, 휨모멘트를 위한 불연속함수

7.2절에서 우리는 보의 길이에 따른 내부 전단력 $V(x)$와 내부 휨모멘트 $M(x)$의 변화를 표현한 함수를 유도하고, 이 함수를 그림으로 표현하여 전단력도와 휨모멘트도를 작성하였다. 7.2절에서 사용된 적분방법은 하중이 보 전체 길이에 걸쳐 작용하는 연속함수로 표현 될 수 있다면 편리한 방법이다. 그러나 보에 여러 하중이 작용하는 경우, 각 구간마다 새로운 함수들이 유도되어야 하므로 이 방법은 지루하고 시간이 오래 걸릴 수 있다.

이 절에서는 보에 작용하는 모든 하중을 통합하는 단일 함수를 공식화하는 방법을 제시한다. 이 단일 하중함수 $w(x)$는 하중이 연속적이지 않더라도 보의 전체 길이에 대해 연속적이 되도록 구성된다. 하중함수 $w(x)$는 두 번 적분된다. 즉, $V(x)$를 도출하기 위해 한 번, 그리고 $M(x)$을 얻기 위해 또 한 번 적분된다. 보에 작용하는 하중을 단일 함수로 표현하기 위해 두 가지 유형의 수학 연산자가 사용된다. 맥컬리 함수(Macaulay functions)는 분포하중을 표현하는 데 사용되며, 특이 함수(singularity functions)는 집중하중과 집중모멘트를 표현하는 데 사용된다. 이와 함께, 이러한 함수를 불연속함수(discontinuity functions)라고 한다. 이들은 일반적인 함수와 구별하여 제한적으로 사용된다. 이러한 제한사항을 명확하게 표현하기 위하여, 맥컬리 괄호(Macaulay bracket) 라고 하는 $\langle x-a \rangle^n$ 형식의 각형 괄호로 일반적인 함수와 함께 사용되는 전통적인 괄호를 대체한다.

맥컬리 함수

분포하중은 일반적으로 다음과 같이 정의되는 맥컬리 함수로 나타낼 수 있다.

$$\langle x-a \rangle^n = \begin{cases} 0, & x < a일 \ 때 \\ (x-a)^n, & x \geq a일 \ 때 \end{cases} \quad n \geq 0 \ (n = 0, 1, 2, \cdots) \tag{7.7}$$

괄호 안에 있는 항이 0보다 작으면 함수에 값이 없으며 함수가 존재하지 않는 것이다. 그러나 괄호 안의 항이 0보다 크거나 같으면, 맥컬리 함수는 일반적인 괄호를 사용하는 일반함수와 같다. 즉, 맥컬리 함수는 x값이 a보다 크거나 같으면 함수가 켜지는 스위치처럼 작동한다.

$n=0$, $n=1$, $n=2$에 해당하는 세 가지 맥컬리 함수가 그림 7.13에 그려져 있다. 그림 7.13a에서 함수 $\langle x-a \rangle^0$은 $x=a$에서 불연속이며, 계단 모양의 함수이다. 따라서 이 함수를 계단 함수(step function)라고 한다. 식 (7.7)에 주어진 정의 및 모든 수의 0승은 단위 값 1로 정의된다는 것을 인지하면, 계단 함수는 다음과 같이 요약될 수 있다.

$$\langle x-a \rangle^0 = \begin{cases} 0, & x < a일 \ 때 \\ 1, & x \geq a일 \ 때 \end{cases} \tag{7.8}$$

하중 강도와 동일한 상수 값을 곱하여 계단 함수 $\langle x-a \rangle^0$는 등분포하중을 표현하는 데 사용될 수 있다. 그림 7.13b에서, 함수 $\langle x-a \rangle^1$은 램프 함수(ramp function)라고 하며, 이것은 $x=a$에서 시작하여 선형으로 증가하는 함수이기 때문이다. 따라서 적절한 하중 강도를 곱한 램프 함수 $\langle x-a \rangle^1$을 사용하여 선형분포하중을 나타낼 수 있다. 그림 7.13c의 함수 $\langle x-a \rangle^2$는 $x=a$에서 시작되는 포물선을 나타낸다.

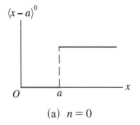
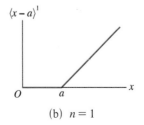
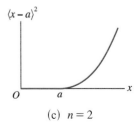

(a) $n=0$ (b) $n=1$ (c) $n=2$

그림 7.13 맥컬리 함수의 그래프

표 7.2 불연속함수로 표현된 기본 하중

Case	보에 작용하는 하중	불연속 함수식
1		$w(x) = M_0 \langle x - a \rangle^{-2}$ $V(x) = M_0 \langle x - a \rangle^{-1}$ $M(x) = M_0 \langle x - a \rangle^{0}$
2		$w(x) = P_0 \langle x - a \rangle^{-1}$ $V(x) = P_0 \langle x - a \rangle^{0}$ $M(x) = P_0 \langle x - a \rangle^{1}$
3		$w(x) = w_0 \langle x - a \rangle^{0}$ $V(x) = w_0 \langle x - a \rangle^{1}$ $M(x) = \dfrac{w_0}{2} \langle x - a \rangle^{2}$
4		$w(x) = \dfrac{w_0}{b} \langle x - a \rangle^{1}$ $V(x) = \dfrac{w_0}{2b} \langle x - a \rangle^{2}$ $M(x) = \dfrac{w_0}{6b} \langle x - a \rangle^{3}$
5		$w(x) = w_0 \langle x - a_1 \rangle^{0} - w_0 \langle x - a_2 \rangle^{0}$ $V(x) = w_0 \langle x - a_1 \rangle^{1} - w_0 \langle x - a_2 \rangle^{1}$ $M(x) = \dfrac{w_0}{2} \langle x - a_1 \rangle^{2} - \dfrac{w_0}{2} \langle x - a_2 \rangle^{2}$
6		$w(x) = \dfrac{w_0}{b} \langle x - a_1 \rangle^{1} - \dfrac{w_0}{b} \langle x - a_2 \rangle^{1} - w_0 \langle x - a_2 \rangle^{0}$ $V(x) = \dfrac{w_0}{2b} \langle x - a_1 \rangle^{2} - \dfrac{w_0}{2b} \langle x - a_2 \rangle^{2} - w_0 \langle x - a_2 \rangle^{1}$ $M(x) = \dfrac{w_0}{6b} \langle x - a_1 \rangle^{3} - \dfrac{w_0}{6b} \langle x - a_2 \rangle^{3} - \dfrac{w_0}{2} \langle x - a_2 \rangle^{2}$
7		$w(x) = w_0 \langle x - a_1 \rangle^{0} - \dfrac{w_0}{b} \langle x - a_1 \rangle^{1} + \dfrac{w_0}{b} \langle x - a_2 \rangle^{1}$ $V(x) = w_0 \langle x - a_1 \rangle^{1} - \dfrac{w_0}{2b} \langle x - a_1 \rangle^{2} + \dfrac{w_0}{2b} \langle x - a_2 \rangle^{2}$ $M(x) = \dfrac{w_0}{2} \langle x - a_1 \rangle^{2} - \dfrac{w_0}{6b} \langle x - a_1 \rangle^{3} + \dfrac{w_0}{6b} \langle x - a_2 \rangle^{3}$

맥컬리 괄호 안의 값은 길이의 척도임을 유의해야 한다. 따라서 미터 또는 피트와 같은 길이 차원을 가진다. 맥컬리 함수는 하중의 강도를 고려하고 또한 하중함수 $w(x)$에 포함된 모든 항이 단위 길이당 힘으로 표현되는 일정한 단위를 갖도록 하는 상수에 의해 조정된다. 표 7.2에서는 다양한 유형의 하중에 대한 불연속식을 보여준다.

특이 함수

특이 함수는 집중하중 P_0 및 집중모멘트 M_0을 나타내기 위해 사용된다. 집중하중 P_0는 분포하중의 특별한 경우로 생각할 수 있으며, 이것은 매우 큰 하중 P_0가 0에 접근하는 거리 ε에 작용하는 것이다(그림 7.14a). 따라서 하중의 세기는 $w = P_0/\varepsilon$이고, 하중의 면적은 P와 같다. 이는 다음과 같은 특이 함수로 나타낼 수 있다.

$$w(x) = P_0 \langle x-a \rangle^{-1} = \begin{cases} 0, & x \neq a일 \ 때 \\ P_0, & x = a일 \ 때 \end{cases} \tag{7.9}$$

이 함수는 $x = a$에서만 P_0의 값을 가지며, 이외의 경우에는 0이다. $n = -1$을 관찰해 보자. 괄호 안의 항이 길이 단위를 갖기 때문에 함수의 결과는 단위 길이당 힘의 단위를 가지며, 따라서 차원에 있어서 일관성을 가진다.

마찬가지로, 집중모멘트 M_0는 그림 7.14b와 같이 두 개의 분포하중을 포함하는 특별한 경우로 생각할 수 있다. 이러한 유형의 하중에 대하여 다음과 같은 특이 함수를 사용할 수 있다.

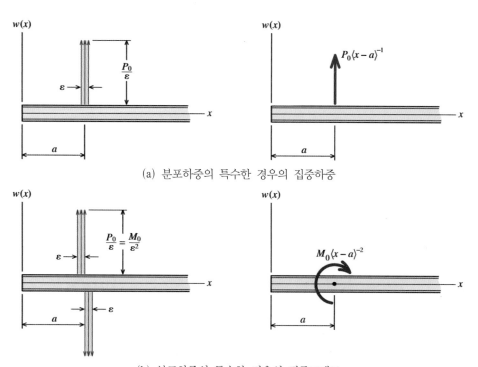

(a) 분포하중의 특수한 경우의 집중하중

(b) 분포하중의 특수한 경우의 집중모멘트

그림 7.14 (a) 집중하중 (b) 집중모멘트를 나타내는 특이함수

$$w(x) = M_0 \langle x-a \rangle^{-2} = \begin{cases} 0, & x \neq a \text{일 때} \\ M_0, & x = a \text{일 때} \end{cases} \tag{7.10}$$

앞에서와 마찬가지로, 이 함수는 $x=a$에서만 M_0의 값을 가지며, 이외의 경우에는 0이다. 식 (7.10)에서, $n=-2$에 주목하기 바란다. 즉, 이것은 함수의 결과가 단위 길이당 힘이라는 일관된 단위를 갖도록 보장해준다.

불연속함수의 적분

불연속함수의 적분은 다음의 규칙으로 정의된다.

$$\int \langle x-a \rangle^n dx = \begin{cases} \dfrac{\langle x-a \rangle^{n+1}}{n+1}, & n \geq 0 \text{에 대하여} \\ \langle x-a \rangle^{n+1}, & n < 0 \text{에 대하여} \end{cases} \tag{7.11}$$

지수 n이 음의 값인 경우, 적분의 유일한 효과는 n이 1씩 증가한다는 것이다.

적분상수. 맥컬리 함수의 적분은 적분상수를 발생시킨다. $w(x)$를 적분하여 $V(x)$를 구할 때 발생하는 적분상수는 간단히 $x=0$에서의 전단력이다. 즉, $V(0)$이다. 마찬가지로, $V(x)$를 적분하여 $M(x)$을 구할 때 발생하는 제2의 적분상수는 $x=0$에서의 휨모멘트이다. 즉, $M(0)$이다. 하중함수 $w(x)$가 작용 하중만으로 표현될 경우, 적분상수는 반드시 적분 과정에 포함되어야하고 경계조건을 고려하여 계산해야 한다. 이러한 적분상수는 $V(x)$ 또는 $M(x)$의 적분 과정 중에 발생하므로, $C \langle x \rangle^0$ 형태의 특이 함수로 표현된다. $V(x)$ 또는 $M(x)$에 도입된 후, 상수는 이후의 적분에서 일반적인 방식으로 적분된다.

그러나 $V(x)$ 또는 $M(x)$에 대한 동일한 결과는 하중함수 $w(x)$에 반력 및 반력모멘트를 포함시켜 얻을 수 있다. 하중함수 $w(x)$에 반력 및 반력모멘트를 포함하는 것은 상당한 매력을 갖는다. 왜냐하면 $V(x)$ 또는 $M(x)$에 대한 적분상수가 경계조건을 고려하지 않고도 자동으로 결정되기 때문이다. 정정보의 반력은 모든 공학도가 익숙한 방식으로 쉽게 계산할 수 있다. 따라서 이 절의 후속 예제에서는 하중함수 $w(x)$에 반력과 반력모멘트를 포함하여 다루게 된다.

요약하면, $V(x)$와 $M(x)$을 얻기 위해 $w(x)$를 두 번 적분함으로써 적분상수가 발생한다. 만약, 하중함수 $w(x)$가 작용 하중의 함수로만 공식화되었다면, 이러한 적분상수는 경계조건을 사용하여 명백하게 결정되어야 한다. 그러나 하중함수 $w(x)$에 작용 하중과 함께 보의 반력 및 반력모멘트가 포함되었다면, 적분상수는 중복되므로 $V(x)$ 및 $M(x)$ 함수에는 필요하지 않다.

맥컬리 함수는 $x > a$에서 무한히 연속적이다. 따라서 이전 기능을 종료하려면 새로운 Macaulay 함수(또는 경우에 따라 여러 함수)를 반드시 도입해야 한다.

V와 M을 결정하기 위한 불연속함수의 적용. 표 7.2에서는 여러 가지 일반적인 하중에 필요한 $w(x)$의 불연속함수식을 요약하였다. 맥컬리 함수는 $x > a$에서 연속이라는 것을 기억해 두기 바란다. 즉, 맥컬리 함수가 작동하면 x값이 증가하는 모든 곳에 계속 적용된다. 중첩의 개념을 적용하여, 맥컬리 함수는 보의 $w(x)$ 함수에 또 다른 맥컬리 함수를 적용하여 소거할 수 있다.

예제 7.10

불연속함수를 사용하여 그림과 같은 보의 내부 전단력 $V(x)$ 및 내부 휨모멘트 $M(x)$에 대한 식을 구하라. 유도된 식을 사용하여 전단력도와 휨모멘트도를 작성하라.

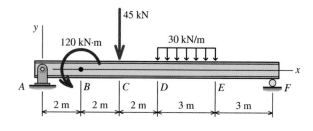

풀이 계획 단순지지점 A와 F에서 반력을 구한다. 표 7.2를 사용하여, 보에 발생하는 두 개의 반력뿐만 아니라 세 개의 하중에 대한 $w(x)$식을 작성한다. $w(x)$를 적분하여 전단력 $V(x)$에 대한 식을 구하고, $V(x)$를 적분하여 휨모멘트 $M(x)$에 대한 식을 구한다. 이 함수식을 작도하여 전단력도와 휨모멘트도를 작성한다.

풀이 지점 반력

보의 자유물체도는 오른쪽 그림과 같다. 평형방정식은 다음과 같다.

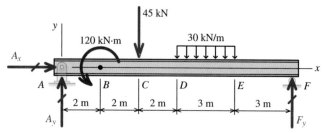

$$\sum F_x = A_x = 0$$

$$\sum F_y = A_y + F_y - 45 \text{ kN}$$
$$- (30 \text{ kN/m})(3 \text{ m}) = 0$$

$$\sum M_A = 120 \text{ kN·m} - (45 \text{ kN})(4 \text{ m})$$
$$- (30 \text{ kN/m})(3 \text{ m})(7.5 \text{ m}) + F_y(12 \text{ m}) = 0$$

이들 방정식으로부터 보의 반력은 다음과 같다.

$$A_y = 73.75 \text{ kN} \quad F_y = 61.25 \text{ kN}$$

불연속함수

반력 A_y: A에서의 상향 반력은 다음과 같다.

$$w(x) = A_y \langle x - 0 \text{ m} \rangle^{-1} = 73.75 \text{ kN} \langle x - 0 \text{ m} \rangle^{-1} \tag{a}$$

120 kN·m 집중모멘트: 표 7.2의 사례 1에서, $x = 2$ m 위치에 작용하는 120 kN·m 집중모멘트는 특이 함수로 다음과 같이 표현된다.

$$w(x) = -120 \text{ kN·m} \langle x - 2 \text{ m} \rangle^{-2} \tag{b}$$

음의 부호는 반시계방향의 모멘트 회전을 고려하기 위해 사용되었다.

45 kN 집중하중: 표 7.2의 사례 2에서, $x = 4$ m 위치에 작용하는 집중하중 45 kN은 특이 함수로 다음과 같이 표현된다.

$$w(x) = -45 \text{ kN} \langle x - 4 \text{ m} \rangle^{-1} \tag{c}$$

음의 부호는 집중하중 45 kN의 방향이 아래 방향임을 설명하기 위해 사용되었다.

30 kN/m 등분포하중: 등분포하중은 두 개의 항을 사용해야 한다. 제1항은 $x=6$ m인 점 D에 아래 방향으로 가해진 하중 30 kN/m를 표현한다.

$$w(x) = -30 \text{ kN/m}\langle x-6 \text{ m}\rangle^0$$

이 항으로 표현된 등분포하중은 $x=6$ m보다 큰 x의 값에 대하여 보에 계속 작용한다. 실제 보에 작용하는 하중을 고려해보면, 분포하중은 6 m $\leq x \leq$ 9 m 간격 내에서만 작용해야 한다. $x=9$ m에서 아래 방향으로 작용하는 분포하중을 제거하려면 제2항의 중첩이 필요하다. 제2항은 $x=9$ m인 E에서 시작하는 동일 크기의 위 방향으로 작용하는 등분포하중을 표현한다.

이 두 항을 추가하면 $x=6$ m에서 시작하여 $x=9$ m에서 끝나는 아래 방향의 분포하중 30 kN/m이 생성된다.

$$w(x) = -30 \text{ kN/m}\langle x-6 \text{ m}\rangle^0 + 30 \text{ kN/m}\langle x-9 \text{ m}\rangle^0 \tag{d}$$

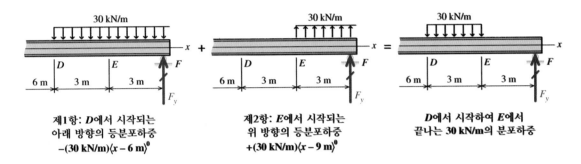

제1항: D에서 시작되는 아래 방향의 등분포하중 $-(30 \text{ kN/m})\langle x-6 \text{ m}\rangle^0$

제2항: E에서 시작되는 위 방향의 등분포하중 $+(30 \text{ kN/m})\langle x-9 \text{ m}\rangle^0$

D에서 시작하여 E에서 끝나는 30 kN/m의 분포하중

반력 F_y: F에서의 상향 반력은 다음과 같이 표현된다.

$$w(x) = F_y\langle x-12 \text{ m}\rangle^{-1} = 61.25 \text{ kN}\langle x-12 \text{ m}\rangle^{-1} \tag{e}$$

실제적으로 보면, 이 항은 필요가 없는데 이것은 식 (e)의 값은 $x \leq 12$ m일 때 모든 값에 대하여 0이기 때문이다. 보는 길이가 12 m이므로 $x > 12$ m인 값은 현재 상황에서는 의미가 없다. 그러나 이 항은 완전성과 일관성을 위해 유지하고자 한다.

보 하중함수의 완성: 식 (a)에서 (e)까지를 더하면, 전체 보에 대한 하중함수 $w(x)$가 다음과 같이 구해진다.

$$w(x) = 73.75 \text{ kN}\langle x-0 \text{ m}\rangle^{-1} - 120 \text{ kN} \cdot \text{m}\langle x-2 \text{ m}\rangle^{-2} - 45 \text{ kN}\langle x-4 \text{ m}\rangle^{-1}$$
$$- 30 \text{ kN/m}\langle x-6 \text{ m}\rangle^0 + 30 \text{ kN/m}\langle x-9 \text{ m}\rangle^0 + 61.25 \text{ kN}\langle x-12 \text{ m}\rangle^{-1} \tag{f}$$

전단력 방정식: 식 (7.11)에 주어진 적분 규칙을 사용하여 식 (f)를 적분하면 다음과 같은 보의 전단력 방정식이 유도된다.

$$V(x) = \int w(x)dx$$
$$= 73.75 \text{ kN}\langle x-0 \text{ m}\rangle^0 - 120 \text{ kN} \cdot \text{m}\langle x-2 \text{ m}\rangle^{-1} - 45 \text{ kN}\langle x-4 \text{ m}\rangle^0$$
$$- 30 \text{ kN/m}\langle x-6 \text{ m}\rangle^1 + 30 \text{ kN/m}\langle x-9 \text{ m}\rangle^1 + 61.25 \text{ kN}\langle x-12 \text{ m}\rangle^0 \tag{g}$$

휨모멘트 방정식: 마찬가지로, 방정식 (g)를 적분하면 다음과 같은 보의 휨모멘트 방정식이 유도된다.

$$M(x) = \int V(x)dx$$

$$= 73.75 \text{ kN}\langle x - 0 \text{ m}\rangle^1 - 120 \text{ kN·m}\langle x - 2 \text{ m}\rangle^0 - 45 \text{ kN}\langle x - 4 \text{ m}\rangle^1 \qquad \text{(h)}$$

$$- \frac{30 \text{ kN/m}}{2}\langle x - 6 \text{ m}\rangle^2 + \frac{30 \text{ kN/m}}{2}\langle x - 9 \text{ m}\rangle^2 + 61.25 \text{ kN}\langle x - 12 \text{ m}\rangle^1$$

함수의 작도

구간 0 m≤x≤12 m에서 식 (g) 및 (h)에 주어진 함수 $V(x)$ 및 $M(x)$를 작도하면, 그림과 같은 전단력도와 휨모멘트도가 작성된다.

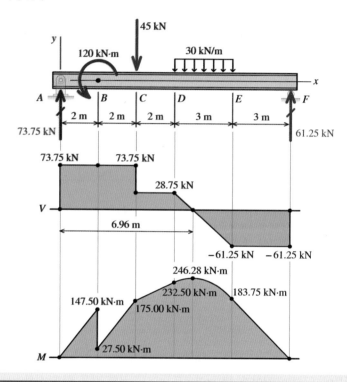

예제 7.11

불연속함수를 사용하여 보의 A와 B 사이에 작용하는 선형분포하중을 표현하는 하중함수를 유도하라.

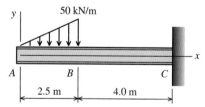

풀이 계획 표 7.2의 식은 왼쪽 그림에 있는 보의 예제에 의해서 설명된다.

풀이 표 7.2의 사례 4를 참고하면, 선형분포하중을 단일 항으로 표현할 수 있음을 직관적으로 알 수 있다.

$$w(x) = -\frac{50 \text{ kN/m}}{2.5 \text{ m}}\langle x - 0 \text{ m}\rangle^1$$

그러나 이 항은 그 자체로 x가 증가함에 따라 계속 증가하는 하중을 표현하고 있다. 이 선형하중이 B에서 끝나기 위해서는 선형분포하중의 대수적 역함수를 $w(x)$의 방정식에 더해 주면 된다.

$$w(x) = -\frac{50 \text{ kN/m}}{2.5 \text{ m}}\langle x - 0 \text{ m}\rangle^1 + \frac{50 \text{ kN/m}}{2.5 \text{ m}}\langle x - 2.5 \text{ m}\rangle^1$$

이 두 식의 합은 다음에 표시되는 하중을 나타낸다. 두 번째 표현식이 B에서부터 선형분포하중을 상쇄시켰지만, 등분포하중은 그대로 유지된다.

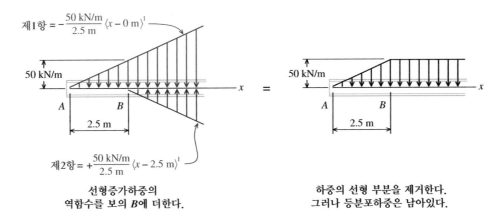

제1항 = $-\dfrac{50 \text{ kN/m}}{2.5 \text{ m}} \langle x - 0 \text{ m} \rangle^1$

50 kN/m

A B

2.5 m

제2항 = $+\dfrac{50 \text{ kN/m}}{2.5 \text{ m}} \langle x - 2.5 \text{ m} \rangle^1$

**선형증가하중의
역함수를 보의 B에 더한다.**

50 kN/m

A B

2.5 m

**하중의 선형 부분을 제거한다.
그러나 등분포하중은 남아있다.**

이 등분포하중을 소거하려면 B에서 시작하는 제3항이 필요하다.

$$w(x) = -\frac{50 \text{ kN/m}}{2.5 \text{ m}} \langle x - 0 \text{ m} \rangle^1 + \frac{50 \text{ kN/m}}{2.5 \text{ m}} \langle x - 2.5 \text{ m} \rangle^1 + 50 \text{ kN/m} \langle x - 2.5 \text{ m} \rangle^0$$

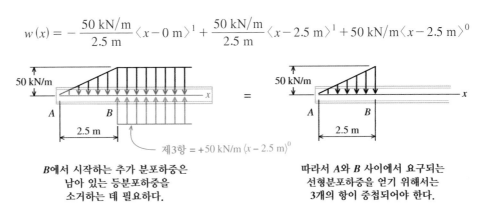

50 kN/m

A B

2.5 m

제3항 = $+50 \text{ kN/m} \langle x - 2.5 \text{ m} \rangle^0$

**B에서 시작하는 추가 분포하중은
남아 있는 등분포하중을
소거하는 데 필요하다.**

50 kN/m

A B

2.5 m

**따라서 A와 B 사이에서 요구되는
선형분포하중을 얻기 위해서는
3개의 항이 중첩되어야 한다.**

이 예제에서 보았듯이, A와 B 사이에서 작용하는 선형적으로 증가하는 하중을 표현하기 위해서는 세 개의 항이 필요하다. 표 7.2의 사례 6은 선형적으로 증가하는 하중에 대한 일반적인 불연속 식을 나타낸다. 선형적으로 감소하는 하중에 대해서는 표 7.2의 사례 7을 적용할 수 있다.

예제 7.12

불연속함수를 사용하여 그림과 같은 보의 내부 전단력 $V(x)$ 및 내부 휨모멘트 $M(x)$에 대한 식을 구하라. 유도된 식을 사용하여 전단력도와 휨모멘트도를 작성하라.

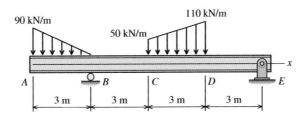

90 kN/m

110 kN/m

50 kN/m

A B C D E x

3 m 3 m 3 m 3 m

풀이 계획 단순지지점 B와 E에서 반력을 결정한다. 표 7.2를 사용하여 반력 및 A와 B 사이에서 선형적으로 감소하는 하중과 C와 D 사이에서 선형적으로 증가하는 하중에 대한 $w(x)$식을 유도한다. $w(x)$를 적분하여 전단력 $V(x)$에 대한 방정식을 구하고, $V(x)$를 적분하여 휨모멘트 $M(x)$에 대한 방정식을 구한다. 이 함수를 작도하여 전단력도와 휨모멘트도를 작성한다.

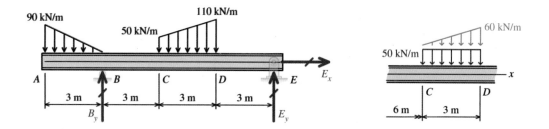

풀이 지지 반력

보의 자유물체도가 왼쪽에 주어져 있다. 시작에 앞서, C와 D 사이의 선형증가하중을 세분화하는 것이 편리하다.

(a) 50 kN/m의 크기를 가지는 등분포하중
(b) 60 kN/m의 최대 크기를 가지는 선형분포하중

따라서 보의 평형방정식은 다음과 같다.

$$\sum F_x = E_x = 0 \text{ (무용해)}$$

$$\sum F_y = B_y + E_y - \frac{1}{2}(90 \text{ kN/m})(3 \text{ m}) - (50 \text{ kN/m})(3 \text{ m}) - \frac{1}{2}(60 \text{ kN/m})(3 \text{ m}) = 0$$

$$\sum M_B = \frac{1}{2}(90 \text{ kN/m})(3 \text{ m})(2 \text{ m}) - (50 \text{ kN/m})(3 \text{ m})(4.5 \text{ m})$$

$$- \frac{1}{2}(60 \text{ kN/m})(3 \text{ m})(5 \text{ m}) + E_y(9 \text{ m}) = 0$$

이 방정식으로부터 보 반력은 다음과 같다.

$$B_y = 280 \text{ kN} \text{ 그리고 } E_y = 95 \text{ kN}$$

불연속함수

A와 B 사이에서 선형적으로 감소하는 분포하중: 표 7.2의 사례 7을 사용하여 90 kN/m 선형분포하중에 대하여 다음 식을 작성한다.

$$w(x) = -90 \text{ kN/m}\langle x - 0 \text{ m}\rangle^0 + \frac{90 \text{ kN/m}}{3 \text{ m}}\langle x - 0 \text{ m}\rangle^1 - \frac{90 \text{ kN/m}}{3 \text{ m}}\langle x - 3 \text{ m}\rangle^1 \tag{a}$$

반력 B_y: 점 B에서의 상향 반력은 표 7.2의 사례 2를 적용하여 표현한다.

$$w(x) = 280 \text{ kN}\langle x - 3 \text{ m}\rangle^{-1} \tag{b}$$

C와 D 사이의 등분포하중: 등분포하중에는 두 개의 항이 필요하다. 표 7.2의 사례 5에서 이 하중을 다음과 같이 표현한다.

$$w(x) = -50 \text{ kN/m}\langle x - 6 \text{ m}\rangle^0 + 50 \text{ kN/m}\langle x - 9 \text{ m}\rangle^0 \tag{c}$$

C와 D 사이에서 선형적으로 증가하는 분포하중: 표 7.2의 사례 6을 사용하여 선형분포 하중 60 kN/m에 대하여 다음과 같은 식으로 표현한다.

$$w(x) = -\frac{60 \text{ kN/m}}{3 \text{ m}} \langle x - 6 \text{ m} \rangle^1 + \frac{60 \text{ kN/m}}{3 \text{ m}} \langle x - 9 \text{ m} \rangle^1 - 60 \text{ kN/m} \langle x - 9 \text{ m} \rangle^0 \qquad \text{(d)}$$

반력 E_y: E에서의 상향 반력은 다음과 같이 표현된다.

$$w(x) = 95 \text{ kN} \langle x - 12 \text{ m} \rangle^{-1} \qquad \text{(e)}$$

실질적으로는, 식 (e)의 값은 $x \leq 12$ m의 모든 값에 대해 0이므로 이 항은 해답에 아무런 영향을 주지 않는다. 그러나 이 항은 완전성과 일관성을 위해 유지하고자 한다.

전체 보에 대한 하중함수: 식 (a)에서 식 (e)까지를 더하면, 전체 보에 대한 하중함수 $w(x)$는 다음과 같다.

$$
\begin{aligned}
w(x) = &-90 \text{ kN/m} \langle x - 0 \text{ m} \rangle^0 + \frac{90 \text{ kN/m}}{3 \text{ m}} \langle x - 0 \text{ m} \rangle^1 - \frac{90 \text{ kN/m}}{3 \text{ m}} \langle x - 3 \text{ m} \rangle^1 \\
&+ 280 \text{ kN} \langle x - 3 \text{ m} \rangle^{-1} - 50 \text{ kN/m} \langle x - 6 \text{ m} \rangle^0 + 50 \text{ kN/m} \langle x - 9 \text{ m} \rangle^0 \\
&- \frac{60 \text{ kN/m}}{3 \text{ m}} \langle x - 6 \text{ m} \rangle^1 + \frac{60 \text{ kN/m}}{3 \text{ m}} \langle x - 9 \text{ m} \rangle^1 \\
&- 60 \text{ kN/m} \langle x - 9 \text{ m} \rangle^0 + 95 \text{ kN} \langle x - 12 \text{ m} \rangle^{-1}
\end{aligned}
\qquad \text{(f)}
$$

전단력함수: 보에 대한 전단력함수를 유도하기 위해 식 (7.11)에 주어진 적분 규칙을 사용하여 식 (f)를 적분한다.

$$
\begin{aligned}
V(x) = &\int w(x) dx \\
= &-90 \text{ kN/m} \langle x - 0 \text{ m} \rangle^1 + \frac{90 \text{ kN/m}}{2(3 \text{ m})} \langle x - 0 \text{ m} \rangle^2 - \frac{90 \text{ kN/m}}{2(3 \text{ m})} \langle x - 3 \text{ m} \rangle^2 \\
&+ 280 \text{ kN} \langle x - 3 \text{ m} \rangle^0 - 50 \text{ kN/m} \langle x - 6 \text{ m} \rangle^1 + 50 \text{ kN/m} \langle x - 9 \text{ m} \rangle^1 \\
&- \frac{60 \text{ kN/m}}{2(3 \text{ m})} \langle x - 6 \text{ m} \rangle^2 + \frac{60 \text{ kN/m}}{2(3 \text{ m})} \langle x - 9 \text{ m} \rangle^2 \\
&- 60 \text{ kN/m} \langle x - 9 \text{ m} \rangle^1 + 95 \text{ kN} \langle x - 12 \text{ m} \rangle^0
\end{aligned}
\qquad \text{(g)}
$$

휨모멘트함수: 마찬가지로, 보에 대한 휨모멘트함수를 유도하기 위해 식 (g)를 적분한다.

$$
\begin{aligned}
M(x) = &\int V(x) dx \\
= &-\frac{90 \text{ kN/m}}{2} \langle x - 0 \text{ m} \rangle^2 + \frac{90 \text{ kN/m}}{6(3 \text{ m})} \langle x - 0 \text{ m} \rangle^3 - \frac{90 \text{ kN/m}}{6(3 \text{ m})} \langle x - 3 \text{ m} \rangle^3 \\
&+ 280 \text{ kN} \langle x - 3 \text{ m} \rangle^1 - \frac{50 \text{ kN/m}}{2} \langle x - 6 \text{ m} \rangle^2 + \frac{50 \text{ kN/m}}{2} \langle x - 9 \text{ m} \rangle^2 \\
&- \frac{60 \text{ kN/m}}{6(3 \text{ m})} \langle x - 6 \text{ m} \rangle^3 + \frac{60 \text{ kN/m}}{6(3 \text{ m})} \langle x - 9 \text{ m} \rangle^3 \\
&- \frac{60 \text{ kN/m}}{2} \langle x - 9 \text{ m} \rangle^2 + 95 \text{ kN} \langle x - 12 \text{ m} \rangle^1
\end{aligned}
\qquad \text{(h)}
$$

함수의 작도

0 m $\leq x \leq$ 12 m에 대해, 식 (g) 및 (h)에 주어진 $V(x)$ 및 $M(x)$ 함수를 작도하여 전단력도와 휨모멘트도

를 작성한다.

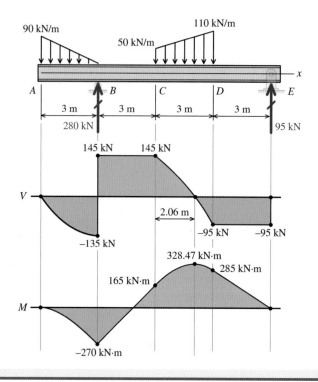

PROBLEMS

P7.56–P7.66 그림 P7.56 – P7.66에 주어진 하중을 받는 보에 대하여 다음 사항을 구하라.

(a) 불연속함수를 사용하여 $w(x)$에 대한 식을 유도하라. 이때, 함수식에 보의 반력을 포함하라.

(b) $V(x)$와 $M(x)$을 구하기 위해 $w(x)$를 두 번 적분하라.

(c) $V(x)$와 $M(x)$을 사용하여 전단력도와 휨모멘트도를 작도하라.

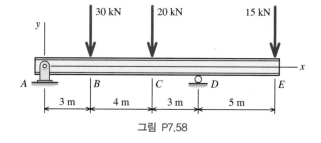

그림 P7.58

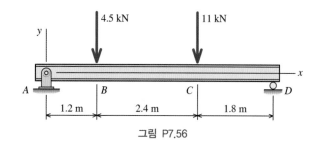

그림 P7.56

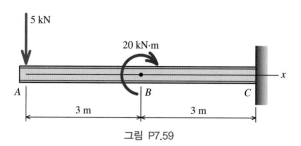

그림 P7.59

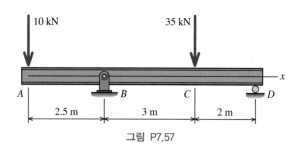

그림 P7.57

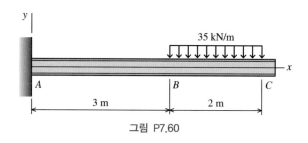

그림 P7.60

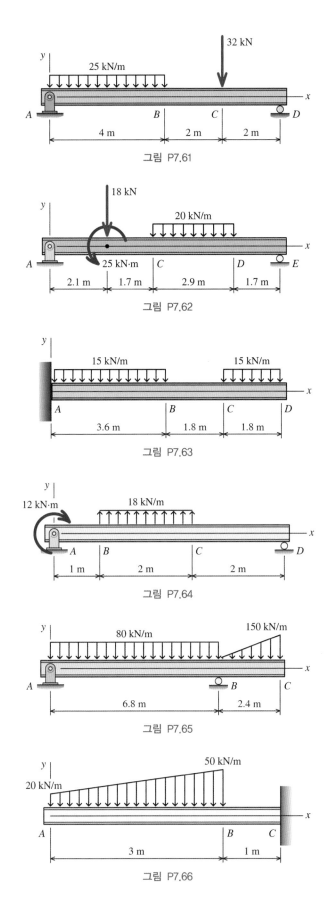

그림 P7.61

그림 P7.62

그림 P7.63

그림 P7.64

그림 P7.65

그림 P7.66

(a) 불연속함수를 사용하여 $w(x)$에 대한 식을 유도하라. 이때, 함수식에 보의 반력을 포함하라.

(b) $V(x)$와 $M(x)$를 구하기 위해 $w(x)$를 두 번 적분하라.

(c) 두 지점 사이에 발생하는 최대 휨모멘트를 구하라.

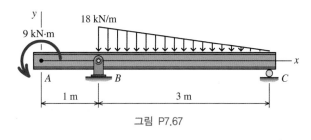

그림 P7.67

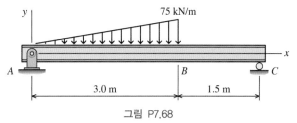

그림 P7.68

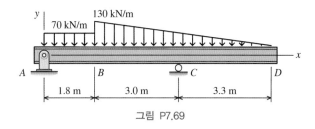

그림 P7.69

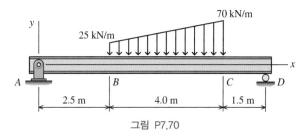

그림 P7.70

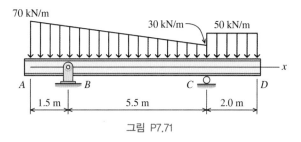

그림 P7.71

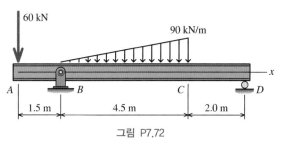

P7.67–P7.72 그림 P7.67 – P7.72에 주어진 하중을 받는 보에 대하여 다음 사항을 구하라.

그림 P7.72

보의 휨

8.1 개요

구조 부재 중 가장 일반적인 형태가 보(beam)이다. 실제 구조물과 기계에서 보는 다양한 크기와 형상 및 방향을 가진다. 보의 기본적인 응력 해석은 재료역학의 가장 흥미로운 측면 중 하나이다.

보는 일반적으로 단면적에 비하여 길고, 직선이며, 부재의 축방향에 수직으로 작용하는 횡하중(transverse loads)을 지지하는 프리즘 형태의 부재이다(그림 8.1a). 보에 가해지는 하중은 인장, 압축 또는 비틀림과 다르게 휨(bending 또는 flexure)이 일어난다. 작용 하중은 초기에 곧은 부재를 굽은 형상(그림 8.2b)으로 변형시키며, 이 굽은 형상을 처짐 곡선(deflection curve) 또는 탄성 곡선(elastic curve)이라고 한다.

이 절에서는 초기에 직선이고 길이방향으로 대칭면(longitudinal plane of symmetry)을 갖

횡방향(transverse)이라는 용어는 부재의 길이방향에 대하여 수직인 하중과 단면을 의미한다.

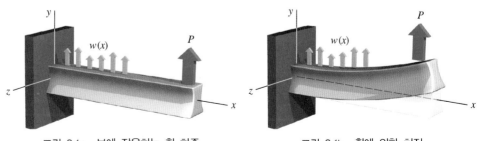

그림 8.1a 보에 작용하는 횡 하중   그림 8.1b 휨에 의한 처짐

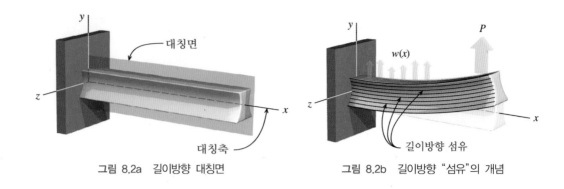

그림 8.2a 길이방향 대칭면   그림 8.2b 길이방향 "섬유"의 개념

는 보를 다룬다(그림 8.2a).

부재 단면, 지지 조건, 작용 하중은 대칭면에 대하여 대칭이다. 보에 사용되는 좌표축은 부재의 길이방향 축(longitudinal axis)을 x축으로 정의한다. y축은 x축에 수직으로 위쪽으로 향한다. z축은 $x-y-z$축이 오른손 좌표계를 형성하도록 정의한다. 그림 8.1b에서, $x-y$ 평면을 휨 평면(plane of bending)이라고 하며, 이것은 하중과 부재 처짐이 $x-y$ 평면에서 발생하기 때문이다. 휨은 z축에 대해 발생한다.

보의 거동을 고찰하고 이해하는 데 있어서, 보를 길이방향 축(또는 단순히 축(axis))과 평행하게 연결된 많은 길이방향 섬유의 묶음으로 간주하는 것이 편리하다. 이 용어는 보를 건설하는 데 가장 일반적으로 사용되었던 재료가 섬유로 이루어진 목재라는 것에서 기원한다. 강철 및 알루미늄과 같은 금속에는 섬유가 포함되어 있지 않지만, 그럼에도 불구하고 이 용어는 휨 거동을 설명하고 이해하는 데 매우 편리하다. 그림 8.2b에 보인 바와 같이, 휨은 보의 상단 부분의 섬유가 짧아지거나 압축되게 하고, 반면 하단 부분의 섬유는 인장으로 늘어나게 한다.

순수 휨

순수 휨(pure bending)은 일정한(즉, 동일한) 크기의 휨모멘트가 발생하는 보의 휨을 의미한다. 예를 들어, 그림 8.3에 나타낸 보의 B와 C구간은 일정한 크기의 휨모멘트 M이 발생하므로 이 구간을 순수 휨이라고 한다.

순수 휨은 횡방향 전단력 V가 0인 구간에서만 발생한다. 식 (7.2)를 상기해보면, $V = dM/dx$이다. 휨모멘트 M이 일정한 경우, $dM/dx = 0$이며 이는 $V = 0$을 의미한다. 순수 휨은 또한 보에 축력이 작용하지 않는다는 것을 의미한다.

그에 반해, 불균등 휨(nonuniform bending)은 전단력 V가 0이 아닌 휨을 말한다. $V \neq 0$이며, $dM/dx \neq 0$이며, 이것은 휨모멘트가 보의 길이에 따라 변한다는 의미이다.

다음 절에서는 순수 휨을 받는 보의 변형률과 응력을 살펴보려고 한다. 다행히 순수 휨으로부터 얻은 결과는 보가 단면치수에 비하여 상대적으로 길면, 즉 보가 "세장"한 경우, 불균등 휨을 갖는 보에도 적용될 수 있다.

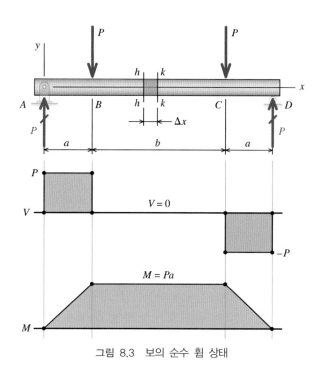

그림 8.3 보의 순수 휨 상태

8.2 휨 변형률

순수 휨을 받는 보에서 발생하는 변형률을 조사하기 위해, 그림 8.3에 나타낸 보의 미소 구간을 고려해보자. 단면 $h-h$와 단면 $k-k$ 사이에 위치한 미소 변형을 크게 확대하여 그림 8.4에 나타내었다. 보는 휨이 발생하기 전에 직선이며, 보 단면은 일정한 것으로 가정한다. (즉, 보는 프리즘형 부재이다.) 변형 전에 평면인 $h-h$ 및 $k-k$ 단면은 변형 후에도 평면을 유지한다.

보가 초기에 직선일 경우, 단면 $h-h$ 및 $k-k$ 구간 사이의 모든 섬유들은 초기의 동일한 길이 Δx를 갖는다. 휨이 발생한 후, 단면 상부의 섬유 길이가 짧아지고, 단면 하부의 섬유 길이는 늘어난다. 그러나 보의 상부면과 하부면 사이에 섬유 길이가 짧아지거나 늘어나지 않는 하나의 면이 존재한다. 이 면을 보의 중립면(neutral surface)이라고 하며, 이 중립면과 임의의 단면이 교차하는 선을 단면의 중립축(neutral axis)이라고 한다. 중립면의 한쪽에 있는 모든 섬유는 압축되고, 반대쪽에 있는 섬유는 늘어난다.

순수 휨을 받으면 보는 원호 형상으로 변형된다. 이 호의 중심 O는 곡률 중심(center of curvature)이라고 한다. 곡률 중심에서 보 중립면까지의 반경거리를 곡률 반경(radius of curvature)이라고 하며, 그리스 문자 ρ로 표기한다.

중립면 위의 임의의 거리 y에 위치한 길이방향 섬유를 고려해보자. 즉, y 좌표축의 원점은 중립면에 위치한다. 휨이 발생하기 이전의 섬유 길이는 Δx이다. 휨이 발생한 후, 더 짧아지고, 변형된 길이를 $\Delta x'$로 표현한다. 식 (2.1)에 주어진 수직변형률의 정의로부터, 길이방향 섬유의 수직변형률은 다음과 같이 표현된다.

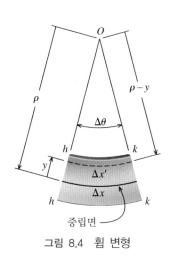

그림 8.4 휨 변형

$$\varepsilon_x = \frac{\delta}{L} = \lim_{\Delta x \to 0} \frac{\Delta x' - \Delta x}{\Delta x}$$

순수 휨을 받는 보의 미소구간은 원호 형상으로 휘어지고, 이 원호의 내부 각도는 $\Delta\theta$로 나타낸다. 그림 8.4에 표시한 기하학적 형상에 따라, 길이 Δx와 $\Delta x'$는 원호의 길이 항으로 표현할 수 있는데, 이것은 축방향 변형률 ε_x가 식 (8.1)과 같이 곡률 반경 ρ와 관련이 있기 때문이다.

$$\varepsilon_x = \lim_{\Delta x \to 0} \frac{\Delta x' - \Delta x}{\Delta x} = \lim_{\Delta\theta \to 0} \frac{(\rho - y)\Delta\theta - \rho\Delta\theta}{\rho\Delta\theta} = -\frac{1}{\rho}y \tag{8.1}$$

식 (8.1)은 임의의 섬유에서 발생되는 수직변형률이 중립면으로부터 섬유까지의 거리에 직접적으로 비례한다는 것을 나타낸다. 식 (8.1)은 재료가 탄성 또는 비탄성, 선형 또는 비선형 여부와 상관없이 모든 재료의 보에 대하여 유효하다. 보에 하중이 y방향으로 작용하고 보가 z축에 대하여 휨 변형을 하더라도, 여기서 결정된 변형률은 x방향으로 발생한다는 사실에 주목하라. 양의 ρ값에 대하여 식 (8.1)의 음의 부호는 압축변형률이 중립면 위의 섬유(즉, y의 양의 값)에서 발생하는 반면, 중립면의 아래 섬유(y의 음의 값)에서는 인장변형률이 발생함을 의미한다. ε_x에 대한 부호규약은 2장의 수직변형률에 대한 정의와 동일하다. 즉, 늘어남은 양($+$)이고, 줄어듦은 음($-$)이다.

곡률(curvature) κ는 보가 얼마나 급격하게 휘어졌는지를 나타내는 척도이며, 이것은 식 (8.2)와 같이 곡률 반경과 관련이 있다.

$$\kappa = \frac{1}{\rho} \tag{8.2}$$

보에 작용하는 하중이 작은 경우, 보의 처짐은 작고, 곡률 반경 ρ는 매우 커지며, 곡률 κ은 매우 작아진다. 반대로 보가 큰 처짐을 갖는다면, 곡률 반경 ρ는 작고, 곡률 κ는 크다. 여기에 사용된 $x-y-z$ 좌표계의 경우, 곡률 κ의 부호규약은 곡률 중심이 보의 상부에 위치할 때 곡률 κ의 부호를 양수로 정의한다. 그림 8.4에 표시된 미소요소의 곡률 중심 O는 보의 상부에 위치한다. 따라서 보는 양의 곡률 κ를 가지며, 식 (8.2)에 따라, 곡률 반경 ρ도 양의 값을 가져야 한다. 요약하면 κ와 ρ는 항상 같은 부호를 가진다. 곡률 중심이 보의 상부에 위치하면 둘 다 양의 값을 가지고, 곡률 중심이 보의 하부에 위치하면 둘 다 음의 값을 가진다.

횡방향 변형

보의 축방향 변형률 ε_x는 푸아송 효과에 의해 단면의 평면 변형(즉, y 및 z 방향의 변형률)을 동반한다. 대부분의 보는 단면이 작고 세장하므로 푸아송 효과로 인한 $y-z$ 평면에서의 변형량은 매우 작다. 보가 좌우 방향으로 자유롭게 변형될 수 있다면(일반적으로 그렇듯이), y 및 z 방향의 수직변형률은 횡방향 응력을 발생시키지 않는다. 이러한 현상은 인장 또는 압축 상태에 있는 균일단면 봉의 경우와 유사하다. 따라서 순수 휨을 받는 보의 길이방향 섬유는 일축응력(uniaxial stress) 상태에 있다.

8.3 보에서의 수직응력

순수 휨의 경우, 보에서 발생하는 축방향 변형률 ε_x는 보의 중립면으로부터 섬유까지의 거리에 비례하여 변화한다. 횡단면에 발생하는 수직응력 σ_x의 변화량은 보를 구성하는 재료에 대한 응력-변형률 곡선으로부터 결정될 수 있다. 공학 재료의 대부분은 인장 및 압축에 대한 응력-변형률 곡선이 탄성 구간에서는 동일하다. 비록 응력-변형률 곡선이 비탄성 범위에서 다소 차이가 발생하지만, 대부분의 경우에 그 차이는 무시될 수 있다. 이 책에서 다루는 보 문제의 경우에는, 인장 및 압축에 대한 응력-변형률 곡선은 동일한 것으로 가정한다.

공학에서 직면하는 가장 일반적인 응력-변형률 관계는 훅의 법칙(Hooke's Law: $\sigma = E\varepsilon$)으로 정의되는 선형 탄성재료에 대한 방정식이다. 식 (8.1)에 정의된 변형률 관계가 훅의 법칙과 결합되면, 중립면으로부터 거리 y에 따른 수직응력의 변화는 다음 식과 같이 표현된다.

$$\sigma_x = E\varepsilon_x = -\frac{E}{\rho}y = -E\kappa y \tag{8.3}$$

변형 전에 평면인 단면은 변형 후에도 평면을 유지하므로, 휨에 의해 발생하는 수직응력 σ_x는 z축 방향으로 균일하게 분포한다.

식 (8.3)은 보의 횡단면에 발생하는 수직응력이 중립면으로부터 거리 y에 선형적으로 비례하여 변하는 것을 보여준다. 휨모멘트 M에 의한 응력분포는 그림 8.5a에 나타나 있으며, 그림에서와 같이 중립면 위에는 압축응력이 발생하고, 중립면 아래에는 인장 응력이 발생한다.

식 (8.3)은 보의 깊이에 대한 수직응력의 변화를 나타내지만, 중립면의 위치를 알아야 유용하게 쓰일 수 있다. 또한, 일반적으로 곡률 반경 ρ은 알 수 없다. 이에 반하여 내부 휨모멘트 M은 전단력도와 휨모멘트도에서 쉽게 얻을 수 있다. 그러므로 식 (8.3)보다 더 유용한 관계식은 보에 발생된 수직응력을 내부 휨모멘트 M과 연관시키는 것이다. 이 식은 단면 깊이에 따라 발생하는 수직응력의 합력을 결정함으로써 완성될 수 있다.

일반적으로 보의 수직응력의 합력은 다음과 같이 두 가지 요소로 구성된다.

(a) x방향(즉, 길이방향)으로 작용하는 종방향 합력

(b) z축에 대하여 작용하는 모멘트 합력

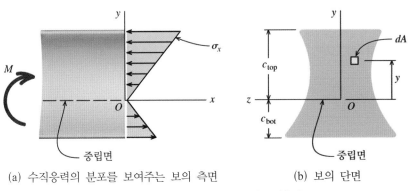

(a) 수직응력의 분포를 보여주는 보의 측면   (b) 보의 단면

그림 8.5 선형 탄성재료인 보의 수직응력

보가 순수 휨을 받는다면, 종방향의 합력은 0이 되어야 한다. 단면의 모멘트 합력은 내부 휨모멘트 M과 같아야 한다. 그림 8.5a의 응력분포로부터 두 개의 평형방정식, $\sum F_x = 0$, $\sum M_z = 0$을 사용할 수 있다.

이 두 방정식으로부터,

(a) 중립면의 위치를 결정할 수 있다.

(b) 휨모멘트와 수직응력 사이의 관계식을 구할 수 있다.

중립면의 위치

그림 8.5b에 보의 단면이 주어져 있다. 단면적 A의 미소요소인 dA를 고려해보자. 보는 균질하다고 가정하고, 임의의 곡률 반경 ρ에 대응하는 휨응력이 발생하였다 하자. 미소 면적 dA에서 중립면까지의 거리는 좌표 y로 측정된다.

미소 면적 dA에 작용하는 수직응력은 $\sigma_x dA$로 주어지는 합력 dF를 생성한다(힘은 응력과 단면적을 곱한 것임을 기억하라). 수평방향의 평형 조건을 만족시키기 위해서는, 그림 8.5a의 보에 대하여 힘 dF의 합은 0이어야 하며, 식으로 표현하면 다음과 같다.

$$\sum F_x = \int dF = \int_A \sigma_x dA = 0$$

σ_x에 대한 식 (8.3)을 위 식에 대입하면 다음과 같다.

$$\sum F_x = \int_A \sigma_x dA = -\int_A \frac{E}{\rho} y\, dA = -\frac{E}{\rho} \int_A y\, dA = 0 \tag{8.4}$$

식 (8.4)에서 고체 재료에 대한 탄성계수 E는 0이 될 수 없다. 곡률 반경은 무한대일 수 있지만, 이것은 보가 휘지 않는다는 것을 의미한다. 결과적으로 수직응력의 수평방향의 평형 조건은 다음 식일 경우에만 만족된다.

$$\int_A y\, dA = 0 \tag{a}$$

이 방정식은 z축에 대한 단면1차모멘트가 0이어야 함을 나타낸다. 정역학에서 수평축에 대한 단면의 도심은 다음과 같이 단면1차모멘트 항으로 표현된다.

$$\bar{y} = \frac{\displaystyle\int_A y\, dA}{\displaystyle\int_A dA} \tag{b}$$

식 (a)를 식 (b)에 대입하면, 평형 조건은 $\bar{y} = 0$만 만족될 수 있다는 것을 보여준다. 즉, 중립면으로부터 단면의 도심까지 측정된 거리 $\bar{y}$가 0일 때 만족된다. 따라서 순수 휨의 경우, 중립축은 단면의 도심을 통과해야 한다.

8.1절에서 논의된 것처럼, 여기서 제시된 휨에 대한 이론은 종방향 대칭 평면을 갖는 보에 적용된다. 따라서 y축은 도심을 통과해야 한다. 보 좌표계의 원점 O(그림 8.5b 참조)

는 단면의 도심에 위치한다. x축은 중립면의 평면에 위치하고, 부재의 길이방향 축과 일치한다. y축은 단면의 도심에 원점을 두고, 길이방향 대칭면에 위치하며, 수평 보에 대하여 수직으로 위로 향한다. z축은 단면의 도심에 원점을 두고, 방향은 오른손 $x-y-z$ 좌표계를 따른다.

모멘트-곡률 관계식

모멘트는 힘과 거리의 항으로 구성되어 있다. 일반적으로, 거리는 모멘트의 팔로 불린다. 미소면적 dA에 작용하는 힘은 $\sigma_x dA$이다. 모멘트의 팔은 y이며, 이것은 중립면으로부터 dA까지의 거리를 나타낸다.

두 번째 평형방정식은 모멘트 합력이 0이 되어야 한다는 것이다. 미소 단면적 dA와 그 위에 발생하는 수직응력을 다시 고려해보자(그림 8.5b). dA에 발생하는 합력 dF가 z축으로부터 y의 거리에 위치하기 때문에, z축에 대하여 미소 모멘트 dM을 발생시킨다. 합력은 $dF = \sigma_x dA$로 표현된다. 양의 y좌표에 위치하는 미소 단면적 dA에 작용하는 양의 수직응력 σ_x (즉, 인장 수직응력)은 z축에 대해 반시계방향으로 회전하는 음의 모멘트 dM을 발생시킨다. 따라서 증분 모멘트 dM은 $dM = -y\sigma_x dA$와 같이 표현된다.

단면에 작용하는 모멘트와 내부 휨모멘트 M에 의한 모든 모멘트 증분의 합은 z축에 대한 평형 조건을 만족하기 위해 0이 되어야 한다.

$$\sum M_z = -\int_A y\sigma_x dA - M = 0$$

식 (8.3)의 σ_x를 위 식에 대입하면 휨모멘트 M은 곡률 반경 ρ의 항으로 다음과 같이 표현된다.

$$M = -\int_A y\sigma_x dA = \frac{E}{\rho}\int_A y^2 dA \tag{8.5}$$

정역학으로부터, 식 (8.5)의 적분 항은 단면2차모멘트 또는 관성모멘트(area moment of inertia)이다.

재료역학에서는 단면2차모멘트를 간단히 관성모멘트라고 표현한다.

$$I_z = \int_A y^2 dA$$

하첨자 z는 z 중심축(즉, 휨모멘트 M이 작용하는 축)에 대해 결정된 관성모멘트를 나타낸다. 식 (8.5)에서 적분 항을 관성모멘트 I_z로 표현하면 다음과 같다.

곡률 반경 ρ는 곡률 중심에서 보의 중립면까지 측정된다. (그림 8.5b 참조)

$$M = \frac{EI_z}{\rho}$$

따라서 보의 곡률과 내부 휨모멘트의 관계는 다음과 같이 표현된다.

$$\kappa = \frac{1}{\rho} = \frac{M}{EI_z} \tag{8.6}$$

이 관계식을 모멘트-곡률식(moment-curvature equation)이라고 하며, 이 식은 보의 곡률은 휨모멘트에 비례하고, EI_z에 반비례한다는 것을 나타내고 있다. 일반적으로 EI는 휨 강성(flexural rigidity)으로 알려져 있으며, 이것은 보의 휨에 대한 저항 능력을 나타내는 척도가 된다.

휨 공식

수직응력 σ_x와 곡률의 관계식은 식 (8.3)과 같고, 곡률과 휨모멘트 M 사이의 관계식은 식 (8.6)과 같다. 이 두 관계를 결합하여 다음과 같은 식을 얻을 수 있다.

$$\sigma_x = -E\kappa y = -E\left(\frac{M}{EI_z}\right)y$$

따라서 휨모멘트로 인하여 보에 발생하는 응력은 다음과 같이 정의된다.

$$\sigma_x = -\frac{My}{I_z} \tag{8.7}$$

식 (8.7)은 탄성 휨 공식 또는 휨 공식으로 알려져 있다. 여기서 유도한 바와 같이 z축에 작용하는 휨모멘트 M은 보의 x축 방향(즉, 길이방향)으로 수직응력을 발생시킨다. 이 응력은 단면의 깊이에 따라 그 크기가 선형적으로 변화한다. 휨모멘트에 의해 보에 발생되는 수직응력을 일반적으로 휨응력(bending stress 또는 flexural stress)이라고 한다.

휨 공식에 의해 양의 휨모멘트가 중립축 위의 단면 부분(즉, 양의 y값)에서 음의 수직응력을 발생시키고, 중립면 아래의 단면 부분(음의 y값)에서 양의 수직응력을 발생시키는 것을 알 수 있다. 음의 휨모멘트에 대해서는 반대의 응력이 발생한다. 그림 8.6에는 양과 음의 휨모멘트에 대한 휨응력 분포를 나타내고 있다.

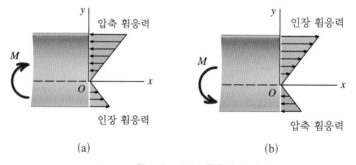

그림 8.6 휨모멘트 M과 휨응력의 관계

7장에서 양의 내부 휨모멘트는 다음과 같이 정의하였다.

- 보의 오른쪽 단면에서 반시계방향으로 작용할 때
- 보의 왼쪽 단면에서 시계방향으로 작용할 때

이 부호규약은 내부 휨모멘트에 의해 발생되는 휨응력을 고려하여 확장시킬 수 있다. 확장된 휨모멘트 부호규약을 그림 8.7에 나타내었다.

양의 내부 휨모멘트 M은 다음과 같은 응력과 곡률을 발생시킨다.
- 중립면 상부에 압축 휨응력
- 중립면 하부에 인장 휨응력
- 양의 곡률 κ

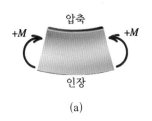

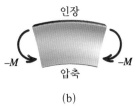

그림 8.7 확장된 휨모멘트 부호규약

음의 내부 휨모멘트 M은 다음과 같은 응력과 곡률을 발생시킨다.

• 중립면 상부에 인장 휨응력
• 중립면 하부에 압축 휨응력
• 음의 곡률 κ

단면에서의 최대 응력

휨응력 σ_x의 크기는 중립면으로부터의 거리 y에 따라 선형적으로 변하기 때문에[식 (8.3) 참조], 최대 휨응력 σ_{max}은 중립면으로부터 가장 멀리 떨어진 보의 상단면 또는 하단면에서 발생한다. 그림 8.5b에서 중립축으로부터 단면의 상단 또는 하단까지의 거리는 각각 c_{top}와 c_{bot}로 나타내었다. c_{top}와 c_{bot}은 각각 상단면과 하단면의 y좌표 절댓값이다. 해당 휨응력의 크기는 다음과 같다.

$$\sigma_{max} = \frac{Mc_{top}}{I_z} = \frac{M}{S_{top}} \quad \text{(보의 상단면에서)}$$

$$\sigma_{max} = \frac{Mc_{bot}}{I_z} = \frac{M}{S_{bot}} \quad \text{(보의 하단면에서)} \tag{8.8}$$

σ_x의 부호(인장 또는 압축)는 휨모멘트의 부호에 의해 결정된다. S_{top}와 S_{bot}은 단면계수(section modulus)라고 하며 다음과 같이 정의된다.

$$S_{top} = \frac{I_z}{c_{top}} \quad S_{bot} = \frac{I_z}{c_{bot}} \tag{8.9}$$

단면계수는 두 개의 중요한 단면 특성이 하나의 특성으로 표현되어 있기 때문에 보를 설계할 때 매우 중요한 요소이다.

그림 8.5의 보 단면은 y축에 대해 대칭이다. 만약, 보 단면이 z축에 대해서도 대칭이면 이중 대칭 단면(doubly symmetric cross section)이라고 한다. 이중 대칭 단면일 경우, $c_{top} = c_{bot} = c$이며, 단면의 상단과 하단에서의 휨응력 크기는 다음과 같이 서로 같다.

$$\sigma_{max} = \frac{Mc}{I_z} = \frac{M}{S} \quad \text{여기서} \quad S = \frac{I_z}{c} \tag{8.10}$$

여기서 식 (8.10)은 응력의 크기만을 나타낸다. σ_x의 부호는 (인장 또는 압축) 휨모멘트의 부호에 의해 결정된다.

불균등 휨

앞 절에서는 가늘고 균질하며, 단면적이 일정한 보가 순수 휨을 받는 것으로 가정하였다. 만약 보가 횡방향 전단력 V에 의해 발생하는 불균등한 휨을 받는다면, 이 전단력은 단면의 면외 뒤틀림을 발생시킨다. 엄밀히 말하면, 이러한 면외 뒤틀림의 발생은 휘어지기 전 평면인 단면이 휘어진 후에도 평면을 유지한다는 초기 가정에 위배된다. 그러나 횡방향 전단력에 의한 뒤틀림은 일반적인 보에 대해서는 중요하지 않으며 그 효과는 무시될 수 있다. 그러므로 이 절에서 유도된 방정식은 불균등한 휨을 받는 보의 휨응력을 계산하는 데 사용될 수 있다.

요약

보의 휨응력은 3단계 과정으로 평가된다.

1단계—내부 휨모멘트 M 결정: 휨모멘트가 주어질 수도 있지만 일반적으로 휨모멘트는 전단력도와 휨모멘트도를 작도하여 결정한다.

2단계—보 단면에 대한 특성 계산: 단면의 도심은 순수 휨에 대한 중립축을 정의하기 때문에, 먼저 도심의 위치가 결정되어야 한다. 다음으로, 단면의 관성모멘트가 휨모멘트 M에 부합하는 도심축에 대하여 계산되어야 한다. 휨모멘트 M이 z축에 대해 작용하면 z축에 대한 관성모멘트가 필요하다. 마지막으로 단면 내의 휨응력은 깊이에 따라 다르다. 따라서 휨응력을 계산하기 위한 y좌표를 정해야 한다.

3단계—휨응력 공식을 사용하여 휨응력 계산: 휨응력에 대한 두 개의 방정식이 다음과 같이 유도되었다.

$$\sigma_x = -\frac{My}{I_z} \tag{8.7}$$

$$\sigma_x = \frac{Mc}{I_z} = \frac{M}{S} \tag{8.10}$$

일반적으로 이러한 두 개의 방정식을 휨 공식이라고 한다. 첫 번째 공식은 보 단면의 상단 또는 하단 이외의 위치에서 휨응력을 계산할 때 유용하다. 이 공식의 사용에 있어서 M 및 y의 부호규약에 대한 세심한 주의가 필요하다. 두 번째 공식은 최대 휨응력 크기를 계산할 때 매우 유용하다. 휨응력이 인장응력 또는 압축응력 인지를 결정하는 것이 중요한 경우라면, 내부 휨모멘트 M의 부호규약을 사용하여 결정할 수 있다.

예제 8.1

그림과 같이 역 T형 단면을 갖는 보가 $M_z = 5\,\text{kN·m}$의 양의 휨모멘트를 받는다. 보의 단면치수는 그림과 같다. 다음을 결정하라.

(a) 도심의 위치, z축에 대한 관성모멘트 및 z축에 대한 단면계수

(b) 점 H와 K에서의 휨응력. 수직응력의 인장 또는 압축 여부를 설명하라.

(c) 단면에 발생하는 최대 휨응력을 구하고, 휨응력의 인장 또는 압축 여부를 설명하라.

풀이 계획 휨모멘트에 의해 발생되는 수직응력은 휨 공식[식 (8.7)]으로부터 구한다. 그러나 휨 공식을 적용하기 전에 보의 단면 특성 값을 계산해야 한다. 휨모멘트는 z축에 대하여 작용한다. 따라서 y방향에 대한 도심의 위치가 결정되어야 한다. 도심의 위치가 결정되면 z축에 대한 단면의 관성모멘트가 계산될 것이다. 도심의 위치와 도심축에 대한 관성모멘트가 구해지면, 휨응력은 휨 공식으로부터 쉽게 계산할 수 있다.

풀이 (a) 수평방향의 도심 위치는 대칭 조건만으로 결정될 수 있다. y방향의 도심 위치는 역 T형 단면 형상에서 결정되어야 한다. 역 T형 단면은 우선 직사각형 모양 (1)과 (2)로 세분되며, 각 모양에 대한 면적 A_i가 계산된다. 계산을 위해 기준 축을 임의로 설정한다. 이 예제에서는 기준 축을 역 T형 단면의 바닥면으로 설정한다. 기준 축으로부터 각 직사각형 단면 A_i의 도심까지의 수직방향의 거리 y_i를 결정하고, 단면1차모멘트로 알려진 y_iA_i를 계산한다. 기준 축으로부터 측정되는 도심의 위치 $\bar{y}$는 단면1차모멘트 y_iA_i의 합을 단면 A_i의 합으로 나누어서 산정된다. 역 T형 단면 형상에 대한 이러한 계산은 다음 표에 요약되어 있다.

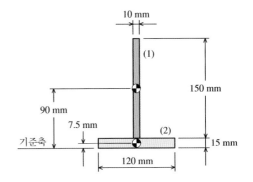

	A_i (mm²)	y_i (mm)	y_iA_i (mm³)
(1)	1500	90	135 000
(2)	1800	7.5	13 500
	3300		148 500

$$\bar{y} = \frac{\sum y_i A_i}{\sum A_i} = \frac{148500 \text{ mm}^3}{3300 \text{ mm}^2} = 45.0 \text{ mm}$$

z축에 대한 도심은 역 T형 단면의 기준축으로부터 45.0 mm 위에 위치한다. **답**

내부 휨모멘트는 z도심축에 대하여 작용하므로, 결과적으로 역 T형 단면에 대한 관성모멘트는 동일한 축에 대하여 결정되어야 한다. 면적 (1)과 면적 (2)의 도심이 전체 단면에 대한 z 도심축과 일치하지 않으므로 평행이동 정리공식을 사용하여 역 T형 단면에 대한 관성모멘트를 계산해야 한다.

각 직사각형 단면의 도심에 대한 관성모멘트 I_{ci}가 먼저 계산되어야 한다. 예를 들어, 단면 (1)에 대한 z도심축에 대한 면적 (1)의 관성모멘트는 $I_{ci} = bh^3/12 = (10 \text{ mm})(150 \text{ mm})^3/12 = 2812500 \text{ mm}^4$로 계산된다. 다음으로 역 T형 단면에 대한 z 도심축과 면적 A_i에 대한 z도심축 간의 수직 거리가 결정되어야 한다. d_i의 제곱에 A_i를 곱한 값은 I_{ci}와 합산되고, 이 값은 역 T형 단면의 z도심축에 대한 각 직사각형 단면의 관성모멘트가 된다. 모든 면적 A_i에 대한 결과는 도심축에 대한 단면의 관성모멘트를 결정하기 위해 합산된다. 전체 계산 절차는 다음 표에 요약되어 있다.

	I_{ci} (mm⁴)	$|d_i|$ (mm)	$d_i^2 A_i$ (mm⁴)	I_z (mm⁴)
(1)	2 812 500	45.0	3 037 500	5 850 000
(2)	33 750	37.5	2 531 250	2 565 000
				8 415 000

z도심축에 대한 단면의 관성모멘트는 $I_z = 8415000 \text{ mm}^4$이다. **답**

역 T형 단면은 z도심축에 대해 대칭이 아니므로 2개의 단면계수가 존재한다[식 (8.9) 참조]. z축으로부터 단면의 상단 표면까지의 거리는 c_{top}으로 표시한다.

이 수치로 계산된 단면계수는 다음과 같다.

$$S_{\text{top}} = \frac{I_z}{c_{\text{top}}} = \frac{8415000 \ \text{mm}^4}{120 \ \text{mm}} = 70136 \ \text{mm}^3$$

z축에서 단면의 하단 표면까지의 거리는 c_{bot}으로 표시한다. 해당 단면계수는 다음과 같다.

$$S_{\text{bot}} = \frac{I_z}{c_{\text{bot}}} = \frac{8415000 \ \text{mm}^4}{45 \ \text{mm}} = 187000 \ \text{mm}^3$$

지배적 단면계수는 두 가지 값 중에서 작은 값이다. 따라서 역 T형 단면의 단면계수는 다음과 같다.

$$S = 70125 \ \text{mm}^3 \qquad\qquad\qquad \text{답}$$

여기서 왜 더 작은 단면계수가 지배적이라고 하는가? 최대 휨응력은 다음과 같은 휨응력 공식으로부터 단면계수를 사용하여 계산된다[식 (8.10) 참조].

$$\sigma_{\max} = \frac{M}{S}$$

단면계수 S는 공식의 분모에 나타난다. 따라서 단면계수와 휨응력 사이에는 반비례 관계가 있다. S값이 가장 작은 위치에서 가장 큰 휨응력이 발생한다.

(b) 도심의 위치와 도심축에 대한 관성모멘트가 결정되었으므로 이제 휨 공식[식 (8.7)]을 사용하여 임의의 좌표 y에서의 휨응력을 결정할 수 있다(y좌표축은 도심을 원점으로 한다). 점 H는 $y = -30 \ \text{mm}$에 위치한다. 따라서 H에서의 휨응력은 다음과 같다.

$$\sigma_x = -\frac{My}{I_z} = -\frac{(5 \ \text{kN} \cdot \text{m})(-30 \ \text{mm})(1000 \ \text{N/kN})(1000 \ \text{mm/m})}{8415000 \ \text{mm}^4}$$
$$= 17.83 \ \text{MPa} = 17.83 \ \text{MPa (인장)} \qquad\qquad \text{답}$$

점 K는 $y = +80 \ \text{mm}$에 위치한다. 따라서 K에서의 휨응력은 다음과 같이 계산된다.

$$\sigma_x = -\frac{My}{I_z} = -\frac{(5 \ \text{kN} \cdot \text{m})(80 \ \text{mm})(1000 \ \text{N/kN})(1000 \ \text{mm/m})}{8415000 \ \text{mm}^4}$$
$$= -47.5 \ \text{MPa} = 47.5 \ \text{MPa (압축)} \qquad\qquad \text{답}$$

(c) 특정 단면 형상에 관계없이, 모든 보에서 가장 큰 휨응력은 보의 상단 표면 또는 하단 표면에서 발생한다. 단면이 휨 축에 대해 대칭이 아닌 경우, 임의의 주어진 모멘트 M에 대한 최대 휨응력의 크기는 중립축에서 가장 먼 위치, 즉 가장 큰 y를 갖는 지점에서 발생할 것이다. 역 T형 단면의 경우, 상부 표면에서 가장 큰 휨응력이 발생한다.

$$\sigma_x = -\frac{My}{I_z} = -\frac{(5 \ \text{kN} \cdot \text{m})(120 \ \text{mm})(1000 \ \text{N/kN})(1000 \ \text{mm/m})}{8415000 \ \text{mm}^4}$$
$$= -71.3 \ \text{MPa} = 71.3 \ \text{MPa (압축)} \qquad\qquad \text{답}$$

또는 단면계수 S를 식 (8.10)에 적용하여 최대 휨응력의 크기를 결정할 수 있다.

$$\sigma_{\max} = \frac{M}{S} = \frac{(5 \ \text{kN} \cdot \text{m})(1000 \ \text{N/kN})(1000 \ \text{mm/m})}{70125 \ \text{mm}^3}$$
$$= 71.3 \ \text{MPa} = 71.3 \ \text{MPa (압축)}$$

식 (8.10)을 사용하여 최대 휨응력을 계산하는 경우, 응력의 부호(인장 또는 압축)는 직관적인 관찰을 통해 결정해야 한다.

예제 8.2

보의 단면 치수는 다음 그림과 같다. 최대 허용 휨응력이 230 MPa인 경우 보에 의해 지지될 수 있는 최대 내부 휨 모멘트 M의 크기를 결정하라. (참고: 단면 특성의 계산에서 단면의 둥근 모서리는 무시할 수 있다.)

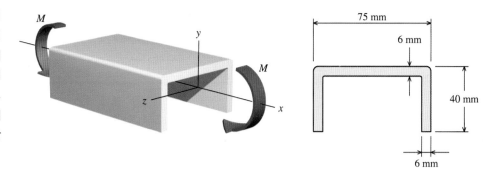

풀이 계획 보 단면의 도심의 위치와 관성모멘트가 계산되어야 한다. 단면 특성이 계산되면 휨 공식이 허용 휨응력 230 MPa를 초과하지 않고 적용가능한 최대 휨모멘트를 결정하기 위해 재배열된다.

풀이 수평방향에 대한 도심의 위치는 대칭으로부터 결정될 수 있다. 단면은 세 개의 직사각형 형상으로 세분될 수 있다. 예제 8.1에 설명된 절차에 따라, 이러한 형상에 대한 도심 계산은 다음 표에 요약되어 있다.

	A_i (mm²)	y_i (mm)	$y_i A_i$ (mm³)
(1)	450	37	16 650
(2)	204	17	3468
(3)	204	17	3468
	858		23 586

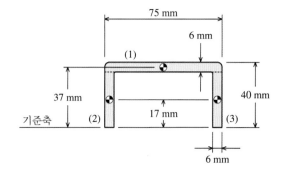

$$\bar{y} = \frac{\sum y_i A_i}{\sum A_i} = \frac{23586 \text{ mm}^3}{858 \text{ mm}^2} = 27.49 \text{ mm}$$

z 도심축은 단면의 기준축보다 27.49 mm 위에 있다. 이 축에 대한 관성모멘트 계산은 다음 표에 요약되어 있다.

답

	I_c (mm⁴)	$|d_i|$ (mm)	$d_i^2 A_i$ (mm⁴)	I_z (mm⁴)
(1)	1350	9.51	40 698.0	42 048.0
(2)	19 652	10.49	22 448.2	42 100.2
(3)	19 652	10.49	22 448.2	42 100.2
				126 248.4

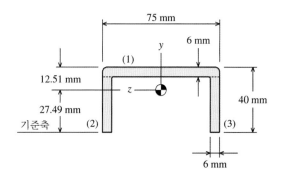

z 도심축에 대한 단면의 관성모멘트는

$I_z = 126248.4$ mm⁴ 이다.

모든 보에서 최대 휨응력은 보의 상단 또는 하단 표면에서 발생한다. 이 예제 단면의 경우, 보의 하단까지의 거리가 보의 상단까지의 거리보다 길다. 따라서 최대 휨응력은 $y = -27.49$ mm인 단면의 하단면에서 발생한다. 이런 경우, 휨응력 공식은 식 (8.10)의 휨응력 공식을 사용하여 $c = 27.49$ mm를 적용하는 것이 편리하다. 식 (8.10)은 보의 하단면에서 230 MPa의 휨응력을 발생시키는 휨모멘트 M을 구하기 위해 재배치될 수 있다.

$$M \leq \frac{\sigma_x I_z}{c} = \frac{(230 \text{ N/mm}^2)(126248.4 \text{ mm}^4)}{27.49 \text{ mm}}$$
$$= 1056280 \text{ N·mm} = 1056 \text{ N·m}$$

답

그림에 표시된 휨모멘트 방향에 대해 고찰해보면, 휨모멘트 $M = 1056$ N·m는 보의 하단면에 230 MPa의 압축응력을 발생시킬 것이다.

Mec Movies **MecMovies 예제 M8.4**

단면의 여러 부분에 발생하는 휨응력을 조사하고, 주어진 휨응력을 유발하는 내부 휨모멘트를 결정하라.

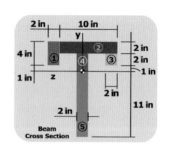

Mec Movies **MecMovies 예제 M8.5**

T 형상의 도심을 계산하는 과정에 대한 동영상 예제이다.

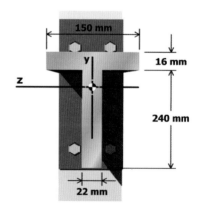

Mec Movies **MecMovies 예제 M8.6**

U 형상의 도심을 계산하는 과정에 대한 동영상 예제이다.

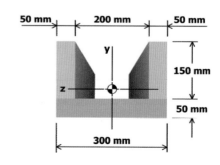

MecMovies 예제 M8.7

T 형상의 도심의 위치를 구하고 도심축에 대한 관성모멘트를 결정하라.

y
z
x

MecMovies 연습문제

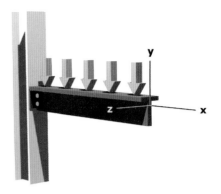

M8.1 도심 게임: 밧줄을 이용한 학습
게임에 대한 점수는 최소 90% 이상이어야 한다.

The Centroids Game
Learning the Ropes

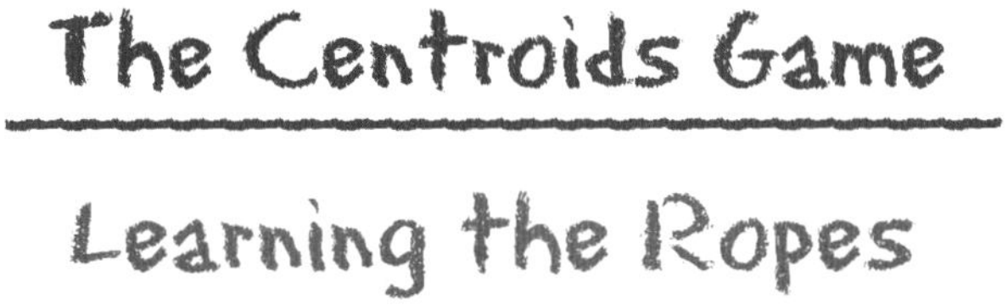

그림 M8.1

M8.2 관성모멘트 게임: 정사각형에서 시작
게임에 대한 점수는 최소 90% 이상이어야 한다.

The Moment of Inertia Game
Starting From Square One

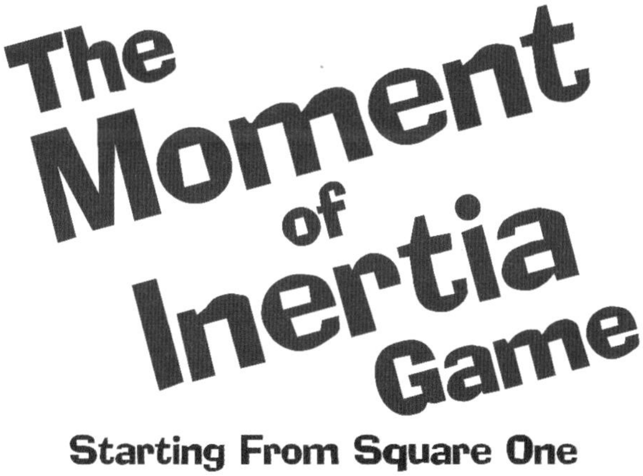

그림 M8.2

M8.3 휨 공식을 사용하여 플랜지 형상에서의 휨응력을 결정하라.

M
M

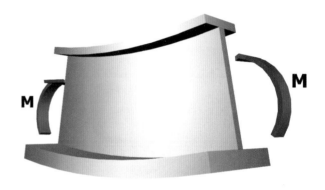

그림 M8.3

PROBLEMS

P8.1 적층 목재 아치를 제작하는 과정에서 폭 250 mm×두께 25 mm 더글러스 전나무[$E=13$ GPa] 판 중 하나가 곡률 반경 9 m로 휘어졌다. 판자에서 발생하는 최대 휨응력을 구하라.

P8.2 바깥지름이 80 mm이고 벽두께가 3 mm인 고강도 강재[$E=200$ GPa] 튜브가 곡률 반경 52 m인 원형 곡선으로 휘어졌다. 튜브에서 발생하는 최대 휨응력을 구하라.

P8.3 고강도 강재[$E = 200$ GPa] 띠 톱날이 지름 450 mm의 도르래를 감싸고 있다. 톱날에 발생하는 최대 휨응력을 구하라. 톱날은 폭 12 mm, 두께 1 mm이다.

P8.4 콘크리트 거푸집의 판재를 안지름이 10 m인 원형으로 구부려야 한다. 수직응력이 7 MPa를 초과하지 않아야 하는 경우 판재의 최대 두께는 얼마인가? 목재의 탄성계수는 12 GPa라고 가정한다.

P8.5 그림 P8.5a와 같이 T형 단면을 가진 보가 12 kN·m 휨모멘트를 받고 있다. 보의 단면 치수는 그림 P8.5b와 같다. 다음 사항을 구하라.

(a) 도심의 위치, z축에 대한 관성모멘트, z축에 대한 제어 단면계수.

(b) 지점 H에서의 휨응력 및 H에서의 수직응력. 이 응력이 인장 또는 압축인지 설명하라.

(c) 단면에서 발생하는 최대 휨응력. 이 응력이 인장 또는 압축인지 설명하라.

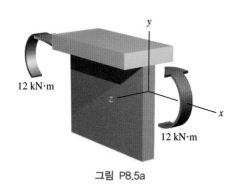

그림 P8.5a

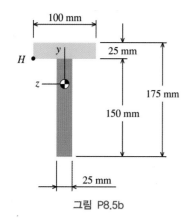

그림 P8.5b

P8.6 그림 P8.6a와 같이, 보가 2.5 kN·m 휨모멘트를 받고 있다. 보의 단면 치수는 그림 P8.6b와 같다. 다음 사항을 구하라.

(a) 도심의 위치, z축에 대한 관성모멘트 및 z축에 대한 제어 단면계수.

(b) z도심축으로부터 50 mm 하부 지점 H에서의 휨응력. H에서의 수직응력이 인장 또는 압축인지 설명하라.

(c) 단면에서 발생하는 최대 휨응력. 이 응력이 인장 또는 압축인

지 설명하라.

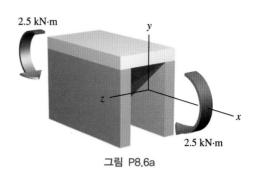

그림 P8.6a

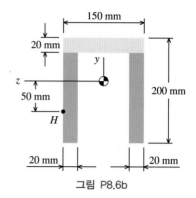

그림 P8.6b

P8.7 그림 P8.7a와 같이 보가 470 N·m 휨모멘트를 받고 있다. 보의 단면 치수는 그림 P8.7b와 같다. 다음 사항을 구하라.

(a) 도심의 위치, z축에 대한 관성모멘트 및 z축에 대한 제어 단면계수.

(b) 지점 H에서 휨응력. H에서의 수직응력이 인장 또는 압축인지 설명하라.

(c) 단면에 발생하는 최대 휨응력. 이 최대 응력이 인장 또는 압축인지 설명하라.

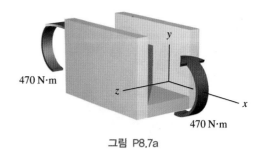

그림 P8.7a

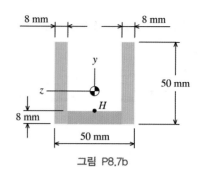

그림 P8.7b

P8.8 그림 P8.8a와 같이 보가 13.5 kN·m 휨모멘트를 받고 있다. 보의 단면 치수는 그림 P8.8b와 같다. 다음 사항을 구하라.

(a) 도심의 위치, z축에 대한 관성모멘트 및 z축에 대한 제어 단면계수.

(b) 지점 H에서 휨응력. H에서의 수직응력이 인장 또는 압축인지 설명하라.

(c) 지점 K에서 휨응력. K에서의 수직응력이 인장 또는 압축인지 설명하라.

(d) 단면에 발생하는 최대 휨응력. 이 최대 응력이 인장 또는 압축인지 설명하라.

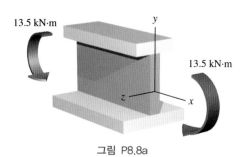

그림 P8.8a

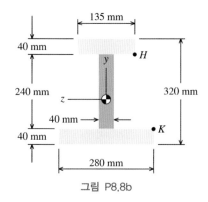

그림 P8.8b

P8.9 보의 단면 치수는 그림 P8.9와 같다.

(a) 지점 K에서의 휨응력이 43 MPa(압축)인 경우, 보의 z도심축에 대한 내부 휨모멘트 M_z를 구하라.

(b) 지점 H에서의 휨응력을 구하라. 또한 H에서의 수직응력이 인장 또는 압축인지 설명하라.

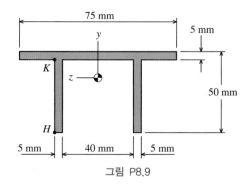

그림 P8.9

P8.10 그림 P8.10에 표시된 보의 단면 치수는 $d = 140$ mm, $b_f = 100$ mm, $t_f = 15$ mm, $t_w = 6$ mm이다.

(a) 지점 H에서의 휨응력이 50 MPa(인장)인 경우, 보의 z도심축에 대한 내부 휨모멘트 M_z를 구하라.

(b) 지점 K에서의 휨응력을 구하라. 또한 K에서의 수직응력이 인장 또는 압축인지 설명하라.

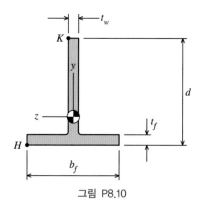

그림 P8.10

P8.11 그림 P8.11에 표시된 이중 상자 보의 단면 치수는 $b = 150$ mm, $d = 50$ mm, $t = 4$ mm이다. 최대 허용 휨응력이 17 MPa인 경우, 보에 적용할 수 있는 최대 내부 휨모멘트 M_z를 구하라.

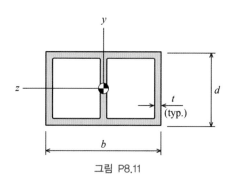

그림 P8.11

P8.12 보의 단면 치수는 그림 P8.12와 같다. z도심축에 대한 내부 휨모멘트 $M_z = +7.40$ kN·m이다. 다음 사항을 구하라.

(a) 보의 최대 인장 휨응력.

(b) 보의 최대 압축 휨응력.

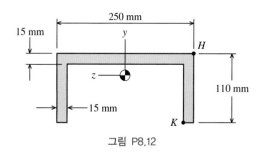

그림 P8.12

P8.13 보의 단면 치수는 그림 P8.13과 같다.

(a) 점 K에서의 휨응력이 35.0 MPa(인장)인 경우, 점 H에서 휨응력을 구하라. 또한 H에서의 수직응력이 인장 또는 압축인지 설명하라.

(b) 허용 휨응력이 165 MPa인 경우, 보에 의해 지지될 수 있는 최대 휨모멘트 M_z의 크기를 구하라.

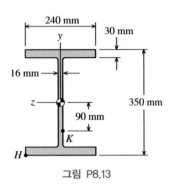

그림 P8.13

P8.14 보의 단면 치수는 그림 P8.14와 같다.

(a) 점 K에서의 휨응력이 9.0 MPa(인장)인 경우, 점 H에서 휨응력을 구하라. 또한 H에서의 수직응력이 인장 또는 압축인지 설명하라.

(b) 허용 휨응력이 165 MPa인 경우, 보에 의해 지지될 수 있는 최대 휨모멘트 M_z의 크기를 구하라.

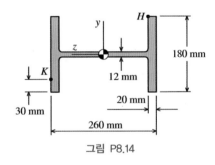

그림 P8.14

P8.15 그림 P8.15에 표시된 보의 단면 치수는 $a = 20$ mm, $b = 60$ mm, $d = 50$ mm, $t = 4$ mm이다. z도심축에 대한 내부 휨모멘트 $M_z = -1250$ N·m이다. 다음 사항을 구하라.

(a) 보의 최대 인장 휨응력.

(b) 보의 최대 압축 휨응력.

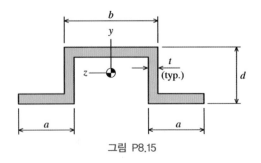

그림 P8.15

P8.16 그림 P8.16에 표시된 보의 단면 치수는 $a = 30$ mm, $b = 140$ mm, $d = 100$ mm, $t = 3$ mm이다. z도심축에 대한 내부 휨모멘트는 $M_z = +2600$ N·m이다. 다음 사항을 구하라.

(a) 보의 최대 인장 휨응력.

(b) 보의 최대 압축 휨응력.

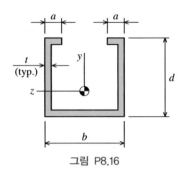

그림 P8.16

P8.17 그림 P8.17a와 같은 단순지지보에 두 개의 수직 하중이 작용하고 있으며, 단면 치수는 그림 P8.17b에 표시되어 있다. 보의 BC 구간에서 발생하는 최대 인장 및 압축 휨응력을 구하라.

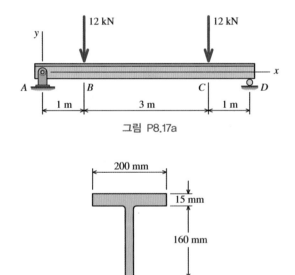

그림 P8.17a

그림 P8.17b

P8.18 그림 P8.18a와 같은 단순지지보에 두 개의 수직 하중 $P = 500$ N이 작용하고 있으며, 단면 치수는 그림 P8.18b에 표시되어 있다. $a = 600$ mm, $L = 2000$ mm, $b = 90$ mm, $d = 112$ mm, $t = 7$ mm를 사용하여 보의 BC 구간에서 발생하는 최대 인장 및 압축 휨응력을 계산하라.

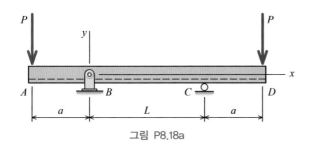

그림 P8.18a

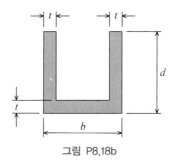

그림 P8.18b

8.4 보의 휨응력 해석

이 절에서는 휨 공식을 다양한 하중을 받는 정정보에 대한 휨응력 해석에 적용한다. 해석 과정은 주어진 스팬 및 하중에 대한 전단력도와 휨모멘트도를 작도하는 것으로 시작된다. 다음으로 보의 단면 특성 값이 계산된다. 필수적인 단면 특성 값은 다음과 같다.

(a) 단면의 도심
(b) 도심축에 대한 단면의 관성모멘트
(c) 도심축으로부터 보의 상단 및 하단 표면까지의 거리

이러한 단면 특성 값의 계산이 완료되면, 보의 임의 위치에서 휨응력은 휨 공식으로부터 계산할 수 있다.

보는 다양한 방법으로 하중을 받고 또한 지지될 수 있다. 결과적으로, 양과 음의 휨모멘트의 분포와 크기는 각 보마다 다르게 나타난다. 휨모멘트도는 휨응력과 연관되어 있으므로 그 중요성을 이해하는 것은 보의 해석에 있어 필수적이다. 예를 들어, 그림 8.8과 같은 철근 콘크리트 내민 보를 고려해보자. 콘크리트는 압축에 대해서는 높은 강도를 가지지만, 인장에는 매우 약한 재료이다. 콘크리트를 사용하여 보를 만드는 경우, 철근은 콘크리트를

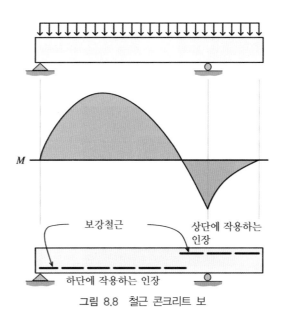

그림 8.8 철근 콘크리트 보

보강하기 위하여 인장응력이 발생하는 부분에 배치되어야 한다. 내민 보의 일부 영역에서는 인장 응력이 중립축 아래에서 발생할 수 있고, 다른 영역에서는 인장응력이 중립축 위에서 발생할 수 있다. 공학도는 철근이 필요한 곳에 배치될 수 있도록 이러한 인장응력의 영역을 정의할 수 있어야 한다. 요약하면, 공학도는 휨응력의 크기뿐만 아니라, 보의 지간에 걸쳐 양과 음의 휨모멘트에 따라 변화하고 중립축의 위와 아래에서 인장 또는 압축이 되는 응력의 성격에도 주의해야 한다.

보의 단면 형상

보는 정사각형, 직사각형, 충진 원형 및 둥근 파이프 또는 튜브 모양과 같은 여러 가지 단면 모양으로 제작될 수 있다. 다른 많은 형상이 강재, 알루미늄 및 섬유 강화 플라스틱으로 만들어진 구조물에 사용될 수 있으며, 이러한 표준 형상과 관련된 용어에 대하여 논의할 가치는 충분하다. 강재는 구조물에 사용되는 가장 보편적인 재료이므로, 이 논의는 그림 8.9에 나타낸 다섯 가지 표준 압연 구조강재의 형상에 초점을 맞추기로 한다.

보에 가장 일반적으로 사용되는 강재 형상은 광폭 플랜지 형(wide-flange shape)이다(그림 8.9a). 광폭 플랜지 형은 휨에 대하여 경제적으로 최적화되어 있다. 식 (8.10)에서와 같이, 보의 휨응력은 단면계수 S와 반비례 관계이다. 동일한 허용 응력을 갖는 두 형상 중에서 선택을 해야 한다면, 큰 S를 갖는 형상이 작은 S를 갖는 형상보다 큰 휨모멘트를 견딜 수 있기 때문에 좋은 선택이 된다. 보의 무게는 단면적에 비례하며, 일반적으로 보의 비용은 그 무게와 직접적으로 관련이 있다. 따라서 휨에 대해 최적화된 형상은 주어진 단면적의 재료에 대해 가능한 가장 큰 단면계수 S를 제공하도록 구성된다. 광폭 플랜지 형의 면적은 플랜지(flange)에 집중되어 있다. 두 플랜지를 연결하는 복부(web)의 면적은 상대적으

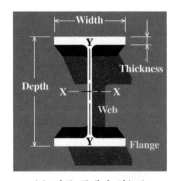

(a) 광폭 플랜지 형(W)

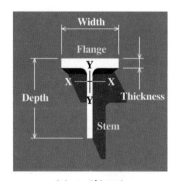

(b) T 형(WT)

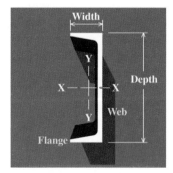

(c) 채널 형(C)

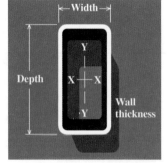

(d) 중공 구조 단면(HSS)

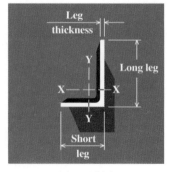

(e) L 형(L)

그림 8.9 표준 강재 형상

로 자다. 도심과 각 플랜지 사이의 거리를 증가시키면, $X-X$축에 대한 관성모멘트는 대략적으로 거리의 제곱에 비례하여 급격히 증가하게 된다. 결과적으로, 최소한의 면적을 증가시켜서 단면계수는 대폭적으로 증가시킬 수 있다.

광폭 플랜지 형상의 경우, $X-X$ 도심축(그림 8.9a 참조)에 대한 관성모멘트 I와 단면계수 S는 $Y-Y$ 도심축에 대한 I 및 S보다 훨씬 크다. 따라서 $X-X$ 축에 대하여 휨이 발생하면 **강축**(strong axis)에 대한 휨이라고 한다. 반면에 $Y-Y$축을 중심으로 휨이 발생한 것은 **약축**(weak axis)에 대한 휨이라고 한다.

SI 단위에서 광폭 플랜지 형은 문자 W로 표시되며, 그 다음에 밀리미터로 측정되는 공칭 깊이와 미터당 킬로그램으로 측정되는 길이당 질량으로 표시된다. 전형적인 SI 표기법은 W310×60이며, 이것은 "W310 by 60"으로 읽는다. 이 형은 공칭 깊이가 310 mm이며, 단위길이당 질량은 60 kg/m이다.

W 형은 고온 상태의 강철을 원하는 형상으로 점진적으로 변화시키기 위하여 정렬된 여러 개의 압연기를 통과시켜 제조된다. 압연기 사이의 간격을 변화시킴으로써 동일한 공칭 치수를 갖는 다수의 다른 형상을 만들 수 있고, 이것은 엔지니어에게 형상에 대한 세밀한 선택을 할 수 있게 한다. W 형을 만들 때, 플랜지 간의 거리는 일정하게 유지되는 한편, 플랜지 두께는 휨 능력을 다르게 하도록 조정될 수 있다. 따라서 W 형의 **실제 깊이**는 일반적으로 공칭 깊이와 동일하지 않다. 예를 들어, W310×60 형의 공칭 깊이는 310 mm이지만, 실제 깊이는 302 mm이다.

그림 8.9b는 플랜지와 복부(stem)로 구성된 T 형(tee shape)을 나타낸다. 그림 8.9c는 W 형과 유사한 채널 형(channel shape)을 나타내지만, 플랜지가 절단되어 하나의 평평한 수직면을 갖는다. T 형은 문자 WT로 표기하고, 채널 형은 문자 C로 표기한다. WT 및 C 형은 W 형과 비슷한 방식으로 이름 지어지고, 공칭 깊이와 길이당 질량이 지정된다. WT 형은 중간 깊이에서 W 형을 절단하여 제조된다. 따라서 WT 형의 공칭 깊이는 일반적으로 실제 깊이와 동일하지 않다. C 형은 실제 깊이가 공칭 깊이와 같아지도록 압연된다. WT 및 C 형은 모두 휨에 대하여 강축과 약축을 가진다.

그림 8.9d는 **중공 구조 단면**(hollow structural section, HSS)이라고 하는 직사각형의 튜브 형을 나타낸다. HSS 형은 전체 깊이, 바깥 쪽 너비, 벽두께의 순서로 표기된다. 예를 들어, HSS254×152.4×9.5는 깊이 254 mm, 너비 152.4 mm이며 벽두께는 9.5 mm이다.

그림 8.9e는 두 개의 다리(legs)로 구성된 L 형(angle shape)을 나타낸다. L 형은 문자 L로 표시되고, 긴 다리(long leg) 치수, **짧은 다리**(short leg) 치수 및 다리 두께의 순서로 표현된다(예를 들어, L127×76×9.5). L 형은 다양한 용도로 사용할 수 있는 다목적 부재이지만, 단일 L 형은 휨에 대하여 강하지 않고 또한 종방향 축에 대해 비틀어지는 경향이 있으므로 보 부재로는 거의 사용되지 않는다. 그러나 배면으로 맞대어 연결된 한 쌍의 앵글은 **이중 L 형**(double angle shape, 2L)이라고 하며, 휨 부재로 자주 사용된다.

표준 형상에 대한 단면 특성은 부록 B에 제시되어 있다. 규정된 플랜지와 복부의 치수로부터 W 형 또는 C 형의 면적과 관성모멘트를 계산할 수 있지만, 필렛과 같은 단면의 특정 세부 사항을 고려한 부록 B의 수치들이 선호된다.

예제 8.3

그림에서와 같은 플랜지를 가진 보 단면이 하중을 지지하고 있다. 형상의 치수는 주어져 있다. 보의 전체 길이 6 m를 고려하여 다음 사항을 구하라.

(a) 보의 전체 길이에서 최대 인장 휨응력

(b) 보의 전체 길이에서 최대 압축 휨응력

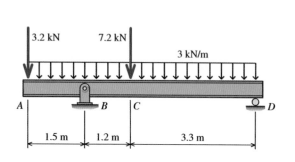

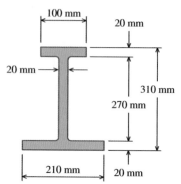

풀이 계획 휨 공식이 이 예제 보의 휨응력을 결정하는 데 사용된다. 그러나 보에 발생된 내부 휨모멘트 및 단면의 특성이 응력 계산을 수행하기 전에 결정되어야 한다. 7.3절에 제시된 도해적 방법을 사용하여 보의 전단력도와 휨모멘트도를 작도할 수 있다. 다음으로 보 단면의 도심과 관성모멘트를 계산한다. 휨 축에 대하여 단면이 대칭이 아니기 때문에 보 전체 길이에 따라 발생하는 가장 큰 양의 내부 휨모멘트와 가장 큰 음의 내부 휨모멘트에 대해 휨응력을 조사해야 한다.

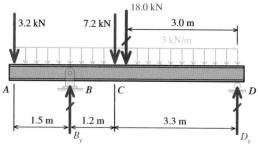

풀이 반력

보의 자유물체도는 그림과 같다. 보의 반력을 계산하기 위해 아래 방향으로 작용하는 3 kN/m 분포하중은 하중의 도심에서 아래 방향으로 작용하는 (3 kN/m)(6 m) = 18.0 kN의 합력으로 대체될 수 있다. 평형방정식은 다음과 같다.

$$\sum F_y = B_y + D_y - 3.2 \text{ kN} - 7.2 \text{ kN} - 18.0 \text{ kN}$$
$$= 0$$

$$\sum M_D = (3.2 \text{ kN})(6.0 \text{ m}) + (7.2 \text{ kN})(3.3 \text{ m})$$
$$+ (18.0 \text{ kN})(3.0 \text{ m}) - B_y(4.0 \text{ m})$$
$$= 0$$

이 평형방정식으로부터, 핀 지점 B와 롤러 지점 D의 보 반력은 다음과 같다.

$$B_y = 21.55 \text{ kN} \quad D_y = 6.85 \text{ kN}$$

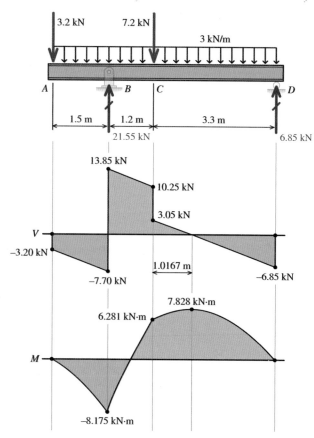

전단력도와 휨모멘트도 작성

전단력도와 휨모멘트도는 7.3절에 요약된 6가지 규칙을 사용하여 작도할 수 있다.

최대 양의 내부 휨모멘트는 점 C의 우측으로 1.0167 m에서 발생하고, $M = 7.828$ kN·m의 크기를 갖는다. 최대 음의 내부 휨모멘트는 핀 지점 B에서 발생하며 $M = -8.175$ kN·m의 크기를 갖는다.

도심 위치

수평 방향의 도심 위치는 대칭 조건만으로 결정될 수 있다. 수직 방향의 도심 위치를 결정하기 위해, 단면을 3개의 직사각형 모양으로 세분화한다. 계산을 위한 기준 축은 하부 플랜지의 바닥면으로 설정한다. 단면에 대한 도심 값 계산은 다음 표에 요약되어 있다.

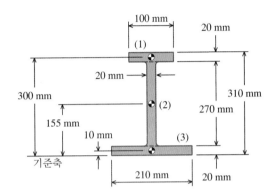

	A_i (mm²)	y_i (mm)	y_iA_i (mm³)
(1)	2000	300	600 000
(2)	5400	155	837 000
(3)	4200	10	42 000
	11 600		1 479 000

$$\bar{y} = \frac{\sum y_i A_i}{\sum A_i} = \frac{1479000 \text{ mm}^3}{11600 \text{ mm}^2} = 127.50 \text{ mm}$$

이 단면에 대한 z도심축 위치는 기준축으로부터 127.5 mm 위에 위치한다.

관성모멘트

면적 (1), (2), (3)의 도심이 전체 단면에 대한 z도심축과 일치하지 않기 때문에, 평행축 정리를 사용하여 이 축에 대한 단면의 관성모멘트를 계산해야 한다. 최종적인 계산은 다음 표에 정리되어 있다.

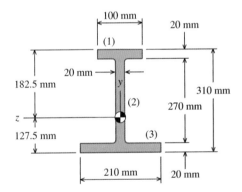

	I_c (mm⁴)	$|d_i|$ (mm)	$d_i{}^2A_i$ (mm⁴)	I_z (mm⁴)
(1)	66 667	172.5	59 512 500	59 579 167
(2)	32 805 000	27.5	4 083 750	36 888 750
(3)	140 000	117.5	57 986 250	58 126 250
				154 594 167

z도심축에 대한 단면의 관성모멘트는

$$I_z = 154.594 \times 10^6 \text{ mm}^4$$

이다.

휨 공식

양의 휨모멘트는 보의 상단에서는 압축응력을 발생시키고, 하단에서는 인장응력을 발생시킨다. 보 단면이 휨 축(즉, z축)에 대하여 대칭이 아니기 때문에, 보의 상단에서의 휨응력 크기는 보의 하단에서의 휨응력보다 크다.

최대 양의 내부 휨모멘트 $M = 7.828$ kN·m이다. 이 양의 휨모멘트에 대한 보의 상단(즉, $y = +182.5$ mm)에서 발생되는 압축 휨응력은 다음과 같이 계산된다.

$$\sigma_x = -\frac{My}{I_z} = -\frac{(7.828 \text{ kN} \cdot \text{m})(182.5 \text{ mm})(1000 \text{ N/kN})(1000 \text{ mm/m})}{154.594 \times 10^6 \text{ mm}^4}$$

$$= -9.24 \text{ MPa} = 9.24 \text{ MPa} \quad (\text{압축})$$

그리고 보의 하단($y = -127.5$ mm)에서 발생되는 인장 휨응력은 다음과 같이 계산된다.

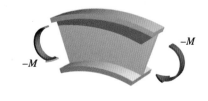

$$\sigma_x = -\frac{My}{I_z}$$

$$= -\frac{(7.828 \text{ kN} \cdot \text{m})(-127.5 \text{ mm})(1000 \text{ N/kN})(1000 \text{ mm/m})}{154.594 \times 10^6 \text{ mm}^4}$$

$$= +6.46 \text{ MPa} = 6.46 \text{ MPa} \text{ (인장)}$$

음의 휨모멘트는 보의 상단에서는 인장응력을 발생시키고, 하단에서는 압축응력을 발생시킨다. 최대 음의 내부 휨모멘트 $M = -8.175$ kN·m이다.

이 음의 휨모멘트에 대한 단면의 상단 ($y = +182.5$ mm)에서 발생되는 인장 휨응력은 다음과 같이 계산된다.

$$\sigma_x = -\frac{My}{I_z} = -\frac{(-8.175 \text{ kN} \cdot \text{m})(182.5 \text{ mm})(1000 \text{ N/kN})(1000 \text{ mm/m})}{154.594 \times 10^6 \text{ mm}^4}$$

$$= +9.65 \text{ MPa} = 9.65 \text{ MPa} \text{ (인장)}$$

그리고 보의 하단($y = -127.5$ mm)에서 발생되는 압축 휨응력은 다음과 같다.

$$\sigma_x = -\frac{My}{I_z} = -\frac{(-8.175 \text{ kN} \cdot \text{m})(127.5 \text{ mm})(1000 \text{ N/kN})(1000 \text{ mm/m})}{154.594 \times 10^6 \text{ mm}^4}$$

$$= -6.74 \text{ MPa} = 6.74 \text{ MPa} \text{ (압축)}$$

(a) 최대 인장 휨응력: 이 보에 대하여 최대 인장 휨응력은 최대 음의 휨모멘트가 발생하는 위치에서 보의 상단에서 발생한다. 최대 인장 휨응력은 $\sigma_x = 9.65$ MPa (인장)이다. **답**

(b) 최대 압축 휨응력: 이 보에 대하여 최대 압축 휨응력 또한 보의 상단에서 발생하지만, 최대 양의 휨모멘트 위치에서 발생한다. 최대 압축 휨응력은 $\sigma_x = 9.24$ MPa (압축)이다. **답**

예제 8.4

지름 40 mm의 충진 강재 샤프트가 그림과 같이 하중을 지지하고 있다. 샤프트에 발생하는 최대 휨응력의 크기와 위치를 결정하라.

참고: 이 해석에서, B의 베어링은 핀 지지로 가정하고, E의 베어링은 롤러 지지로 가정한다.

풀이 계획 7.3절에 제시된 도해적 방법을 통해 샤프트 및 주어진 하중에 대한 전단력도 및 휨모멘트도를 작도할 수 있다. 원형단면은 휨 축에 대하여 대칭이기 때문에 최대 휨응력은 최대 내부 휨모멘트 위치에서 발생한다.

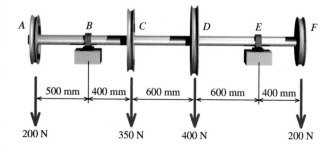

풀이 반력

보의 자유물체도는 그림과 같다. 이 자유물체도에 대한 평형방정식은 다음과 같다.

$$\sum F_y = B_y + E_y - 200 \text{ N} - 350 \text{ N} - 400 \text{ N} - 200 \text{ N} = 0$$

$$\sum M_B = (200 \text{ N})(500 \text{ mm}) - (350 \text{ N})(400 \text{ mm}) - (400 \text{ N})(1000 \text{ mm})$$
$$- (200 \text{ N})(2000 \text{ mm}) + E_y(1600 \text{ mm}) = 0$$

이 평형방정식으로부터, 핀 지지점 B와 롤러 지지점 E에서 보의 반력은 다음과 같다.

$$B_y = 625 \text{ N} \quad E_y = 525 \text{ N}$$

전단력도와 휨모멘트도 작성

전단력도와 휨모멘트는 7.3절에 요약된 여섯 가지 규칙에 따라 작성할 수 있다. 최대 내부 휨모멘트는 D에서 발생하며, $M = 115 \text{ N·m}$의 크기를 갖는다.

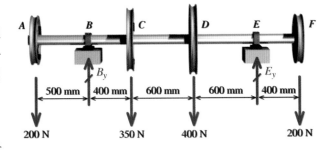

관성모멘트

지름 40 mm인 충진 강재 샤프트에 대한 관성모멘트는 다음과 같다.

$$I_z = \frac{\pi}{64} d^4 = \frac{\pi}{64} (40 \text{ mm})^4 = 125664 \text{ mm}^4$$

휨 공식

샤프트의 최대 휨응력은 D에서 발생한다. 원형단면은 휨 축에 대해 대칭이므로 인장 및 압축 휨응력은 그 크기가 동일하다. 이 경우에는, 식 (8.10)의 휨 공식이 휨응력 계산에 편리하다. 식 (8.10)에 사용된 거리 c는 단순히 샤프트의 반지름이다. 휨 공식으로부터 샤프트의 최대 휨응력 크기는 다음과 같다.

$$\sigma_{\max} = \frac{Mc}{I_z}$$
$$= \frac{(115 \text{ N·m})(20 \text{ mm})(1000 \text{ mm/m})}{125664 \text{ mm}^4}$$
$$= 18.30 \text{ MPa} \qquad \text{답}$$

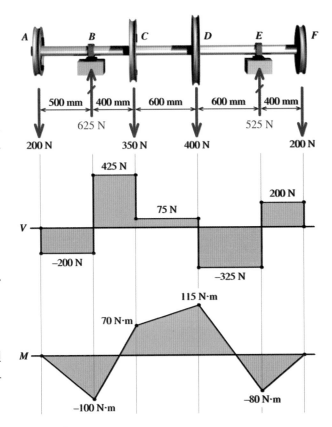

충진 원형단면의 단면계수

다른 방법으로, 샤프트의 최대 휨응력 크기를 단면계수로부터 계산할 수 있다. 충진 원형단면의 경우, 단면계수는 다음과 같이 유도될 수 있다.

$$S = \frac{I_z}{c} = \frac{(\pi/64)d^4}{d/2} = \frac{\pi}{32} d^3$$

이 예제에서 적용된 지름 40 mm의 충진 강재 샤프트의 단면계수는 다음과 같다.

$$S = \frac{\pi}{32} d^3 = \frac{\pi}{32} (40 \text{ mm})^3 = 6283 \text{ mm}^3$$

따라서 샤프트의 최대 휨응력 크기는 다음과 같이 계산할 수 있다.

$$\sigma_{max} = \frac{M}{S} = \frac{(115 \text{ N} \cdot \text{m})(1000 \text{ mm/m})}{6283 \text{ mm}^3} = 18.30 \text{ MPa}$$

답

Mec Movies MecMovies 예제 M8.9

T 형에 대한 휨모멘트도와 최대 인장 및 압축 휨응력을 구하라.

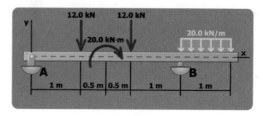 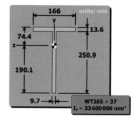

Mec Movies MecMovies 예제 M8.10

주어진 허용 인장 및 압축 휨응력을 만족하는 최대 휨모멘트를 구하라.

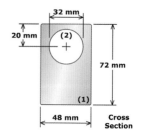

Mec Movies MecMovies 예제 M8.11

광폭 플랜지형으로 구성된 단순지지보의 휨모멘트도, 관성모멘트, 휨응력을 구하라.

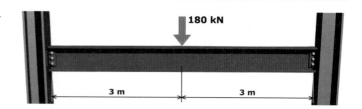

Mec Movies MecMovies 예제 M8.12

T 형으로 구성된 캔틸레버보의 휨모멘트도, 관성모멘트, 휨응력을 구하라.

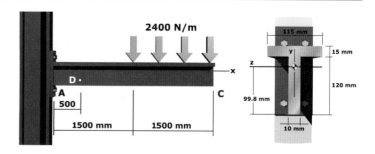

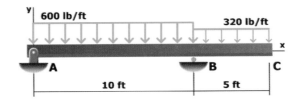

MecMovies 예제 M8.13

U 형 보로 구성된 단순지지보의 휨모멘트도, 도심의 위치, 관성모멘트, 휨응력을 구하라.

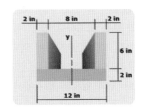

MecMovies 예제 M8.14

단순지지 내민 보로 사용되는 표준 강재의 휨모멘트도와 휨응력을 구하라.

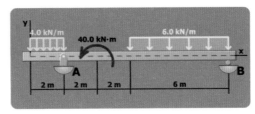

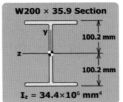

MecMovies 예제 M8.15

표준 강재 형상으로부터 제작된 형상의 관성모멘트를 구하라.

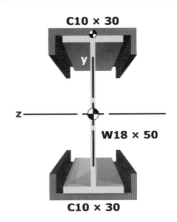

MecMovies 연습문제

M8.8 단일 대칭 단면에서 발생되는 인장 및 압축 휨응력을 계산하라.

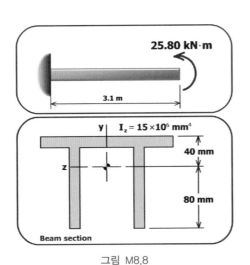

그림 M8.8

M8.9 휨모멘트도가 주어질 때, 보의 전체 스팬을 따라 발생하는 최대 인장 및 압축 휨응력을 계산하라.

M8.10 허용 인장 휨응력과 허용 압축 휨응력이 주어질 때, 보에 작용될 수 있는 최대 내부 휨모멘트 크기를 결정하라.

P8.19 WT230×26 표준 강재가 그림 P8.19a와 같은 하중 상태의 보를 지지하고 있다. 형상의 상단과 하단에서 도심축까지의 치수가 그림에 표시되어 있다(그림 P8.19b). 보의 전체 길이 4 m를 고려하여 다음 사항을 결정하라.

(a) 보의 임의의 위치에서 발생하는 최대 인장 휨응력
(b) 보의 임의의 위치에서 발생하는 최대 압축 휨응력

P8.21 강재 T 형이 그림 P8.21a와 같은 하중 상태의 보를 지지하고 있다. 그림 P8.21b에 표시된 형상의 치수는 $d = 450$ mm, $b_f = 300$ mm, $t_f = 25$ mm, $t_w = 16$ mm이다. 보의 전체 길이 7.5 m를 고려하여 다음 사항을 결정하라.

(a) 보의 임의의 위치에서 발생하는 최대 인장 휨응력
(b) 보의 임의의 위치에서 발생하는 최대 압축 휨응력

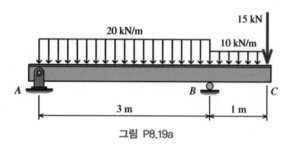

그림 P8.19a

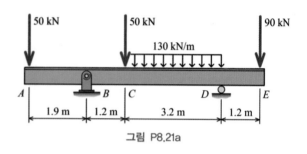

그림 P8.21a

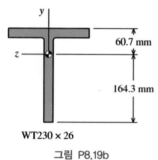

WT230 × 26

그림 P8.19b

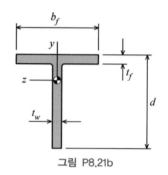

그림 P8.21b

P8.20 WT305×41 표준 강재가 그림 P8.20a와 같은 하중 상태의 보를 지지하고 있다. 형상의 상단과 하단에서 도심축까지의 치수가 그림에 표시되어 있다(그림 P8.20b). 보의 전체 길이 10 m를 고려하여 다음 사항을 결정하라.

(a) 보의 임의의 위치에서 발생하는 최대 인장 휨응력
(b) 보의 임의의 위치에서 발생하는 최대 압축 휨응력

P8.22 플랜지 형이 그림 P8.22a와 같은 하중 상태의 보를 지지하고 있다. 그림 P8.22b에 표시된 형상의 치수는 $d = 360$ mm, $b_1 = 300$ mm, $b_2 = 200$ mm, $t_f = 20$ mm, $t_w = 13$ mm이다. 보의 전체 길이 9.5 m를 고려하여 다음 사항을 결정하라.

(a) 보의 임의의 위치에서 발생하는 최대 인장 휨응력
(b) 보의 임의의 위치에서 발생하는 최대 압축 휨응력

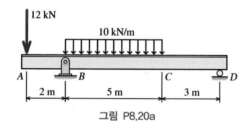

그림 P8.20a

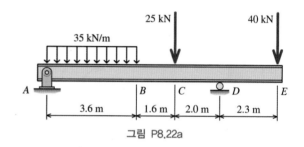

그림 P8.22a

WT305 × 41

그림 P8.20b

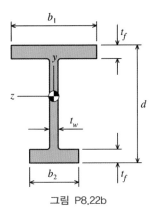

그림 P8.22b

P8.23 채널 형이 그림 P8.23a와 같은 하중 상태의 보를 지지하고 있다. 형상의 치수는 그림 P8.23b에 주어져 있다. 보의 전체 길이 2.5 m를 고려하여 다음 사항을 결정하라.

(a) 보의 임의의 위치에서 발생하는 최대 인장 휨응력

(b) 보의 임의의 위치에서 발생하는 최대 압축 휨응력

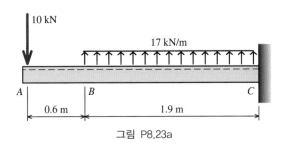

그림 P8.23a

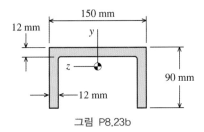

그림 P8.23b

P8.24 W360×72 표준 형이 그림 P8.24a와 같은 하중 상태의 보를 지지하고 있다. 단면의 형상은 그림 P8.24b와 같이 약축에 대하여 휨이 발생하도록 설계되어 있다. 보의 전체 길이 6 m를 고려하여 다음 사항을 결정하라.

(a) 보의 임의의 위치에서 발생하는 최대 인장 휨응력

(b) 보의 임의의 위치에서 발생하는 최대 압축 휨응력

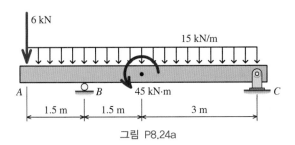

그림 P8.24a

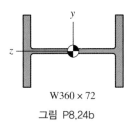

W360 × 72

그림 P8.24b

P8.25 지름 20 mm의 강재 샤프트가 그림 P8.25에서와 같이 하중 $P_A = 500$ N, $P_C = 1750$ N, $P_E = 500$ N을 지지하고 있다. $L_1 = 90$ mm, $L_2 = 260$ mm, $L_3 = 140$ mm, $L_4 = 160$ mm이다. 점 B의 베어링은 롤러 지지로 가정하고, 점 D의 베어링은 핀 지지로 가정하여, 샤프트에 발생하는 최대 휨응력의 크기와 위치를 결정하라.

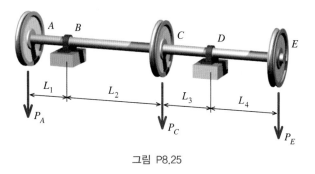

그림 P8.25

P8.26 그림 P8.26a/27a의 강재 보가 그림 P8.26b/27b에 표시된 단면 형상을 가지고 있다. 보 길이 $L = 6.0$ m이며, 단면 치수 $d = 350$ mm, $b_f = 205$ mm, $t_f = 14$ mm, $t_w = 8$ mm이다. 허용 휨응력이 200 MPa인 경우, 이 보가 지지할 수 있는 분포하중 w_0의 최대 크기를 계산하라.

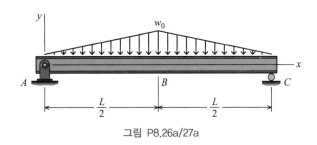

그림 P8.26a/27a

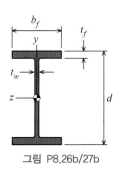

그림 P8.26b/27b

P8.27 그림 P8.26a/27a의 강재 보가 그림 P8.26b/27b에 표시된 단면 형상을 가지고 있다. 보 길이는 $L=6.4$ m이며, 단면 치수 $d=350$ mm, $b_f=200$ mm, $t_f=17$ mm, $t_w=9$ mm이다. w_0 $=70$ kN/m인 경우, 보의 최대 휨응력을 계산하라.

P8.28 HSS304.8×203.2×12.7 표준 강재가 그림 P8.28에서와 같은 하중 상태의 보를 지지하고 있다. 단면의 형상은 강축에 대하여 휨이 발생하도록 설계되어 있다. 보의 최대 휨응력의 크기와 위치를 결정하라.

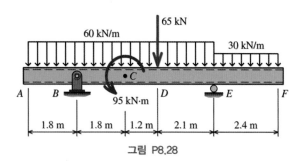

그림 P8.28

P8.29 W410×60 표준 강재가 그림 P8.29에서와 같은 하중 상태의 보를 지지하고 있다. 단면의 형상은 강축에 대하여 휨이 발생하도록 설계되어 있다. 보의 최대 휨응력의 크기와 위치를 결정하라.

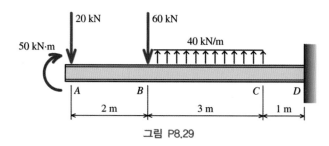

그림 P8.29

8.5 보의 설계

보는 최소한 허용 휨응력을 초과하지 않고 보에 작용하는 하중을 지지할 수 있도록 설계되어야 한다. 성공적인 설계는 재료를 낭비하지 않으면서 의도된 기능을 수행하는 경제적인 단면적의 결정을 포함한다. 기본적인 설계는 일반적으로 다음 사항을 포함한다.

(a) 직사각형 또는 원형단면과 같은 기본 형상에 대한 적절한 치수의 결정
(b) 선호되는 재료에 사용할 수 있는 만족스러운 표준 형상의 선택

완벽한 보 설계는 많은 주의를 요구한다. 그러나 여기에서는 허용 휨응력이 만족되게 함으로써 보에 작용하는 하중을 지지할 수 있는 충분한 강도를 확보할 수 있도록 단면을 결정하는 업무에 국한한다.

단면계수 S는 보의 설계에서 특히 편리한 특성치이다. 이중 대칭 형상에 대한 휨응력 공식의 한 유형은 다음과 같이 식 (8.10)에 주어져 있다.

$$\sigma_{max} = \frac{Mc}{I} = \frac{M}{S} \ \text{여기서} \ S = \frac{I}{c}$$

보 재료의 허용 휨응력이 정해지면, 휨응력 공식은 최소 요구 단면계수 S_{min}을 구하기 위해 다음과 같이 표현될 수 있다.

$$S_{min} \geq \left| \frac{M}{\sigma_{allow}} \right| \tag{8.11}$$

식 (8.11)을 사용하여 엔지니어는 다음 사항을 결정해야 한다.

(a) 최소 단면계수를 얻기 위해 필요한 단면 치수의 결정
(b) S_{min}보다 크거나 동등한 단면계수를 가진 표준 형상의 결정

보의 최대 휨모멘트는 휨모멘트도에서 구할 수 있다. 보의 단면이 이중 대칭인 경우, 최대 휨모멘트 크기(즉, 양 또는 음의 M)가 식 (8.11)에 사용되어야 한다. 경우에 따라서는 최대 양의 휨모멘트와 최대 음의 휨모멘트를 모두 조사해야할 필요가 있다. 한 예를 들면, T 형과 같이 이중대칭이 아닌 단면에서 허용인장응력과 허용압축응력이 다른 경우가 이에 해당한다.

하나의 치수에 대한 다른 치수의 비율을 형상비라고 한다. 직사각형 단면의 경우, 폭 b에 대한 높이 h의 비는 보의 형상비이다.

보가 원형, 정사각형, 또는 정해진 형상비를 갖는 직사각형 등과 같이 단순한 단면형상을 가지는 경우라면, 그 치수는 $S = I/c$의 공식에 의해 S_{min}으로부터 직접 결정될 수 있다. 광폭 플랜지와 같이 복잡한 형상이 사용되는 경우에는 부록 B에 제시된 것과 같은 단면 특성치의 표가 활용될 수 있다. 단면 특성치의 표로부터 경제적인 표준 형상을 선택하는 일반적인 과정은 표 8.1에 요약되어 있다.

표 8.1 보에 대한 표준 강재 형상의 선정

1단계: 주어진 스팬 및 하중에 필요한 최소 단면계수를 계산한다.

2단계: 부록 B에 제시된 것과 같은 단면 특성 표에서 단면계수를 찾는다. 일반적으로 보는 강축에 대해 휨이 발생하도록 방향이 지정된다. 따라서 강축(일반적으로 $X - X$ 축으로 지정됨)에 대한 S값에 해당하는 열을 찾는다.

3단계: 단면 특성표의 맨 아래에서 검색을 시작한다. 일반적으로 형상은 가장 무거운 것에서 가벼운 것으로 정렬되어 있다. 따라서 표의 아래쪽에 있는 형상은 일반적으로 가벼운 부재들이다. 단면계수가 S_{min}보다 약간 크거나 동등한 값이 발견될 때까지 열을 검색한다. 적절한 형상이 발견되면, 그 명칭을 적어 둔다.

4단계: 여러 가지 허용될 수 있는 형상이 결정될 때까지 위쪽으로 계속 검색한다.

5단계: 여러 가지 허용될 수 있는 형상이 결정된 후, 보 단면으로 사용할 형상을 하나 선택한다. 보의 비용은 보의 무게와 직접적으로 관련되기 때문에 일반적으로 가장 가벼운 단면이 선택된다. 그러나 다른 조건이 선택에 영향을 미칠 수 있다. 예를 들어, 보의 높이가 제한되는 경우라면, 높고 가벼운 형상 대신 짧고 무거운 단면이 요구될 수 있다.

예제 8.5

8 m 길이의 단순지지 목재 보가 스팬의 각각 4분의 1지점에 위치한 3개의 6 kN 집중하중을 받고 있다. 목재의 허용 휨응력은 11 MPa이다. 직사각형 목재 보의 형상비 $h/b = 2.0$인 경우, 보의 최소 허용 폭 b를 결정하라.

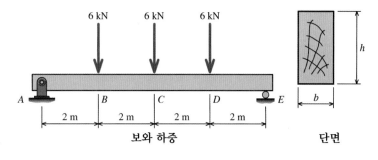

풀이 계획 7.3절에 제시된 도해적 방법에 의해, 먼저 보의 하중 상태에 대한 전단력도와 휨모멘트도를 작도한다.

최대 내부 휨모멘트 및 주어진 허용 휨응력을 적용하여 요구되는 단면계수를 휨 공식[식 (8.10)]으로부터 결정한다. 보 단면의 높이가 너비의 두 배가 되도록 보의 치수를 결정한다.

풀이 전단력도와 휨모멘트도의 작성

보 및 하중 상태에 대한 전단력도와 휨모멘트도는 그림과 같다. 최대 내부 휨모멘트는 C에서 발생한다.

필요 단면계수

허용 휨응력 11 MPa를 초과하지 않고 $M = 24$ kN·m 의 최대 내부 휨모멘트를 지지하는 데 필요한 최소 단면계수는 휨 공식으로부터 구할 수 있다.

$$\sigma_{max} = \frac{M}{S} \leq \sigma_{allow}$$

$$\therefore S \geq \frac{M}{\sigma_{allow}}$$

$$= \frac{(24 \text{ kN} \cdot \text{m})(1000 \text{ N/kN})(1000 \text{ mm/m})}{11 \text{ N/mm}^2}$$

$$= 2.1818 \times 10^6 \text{ mm}^3$$

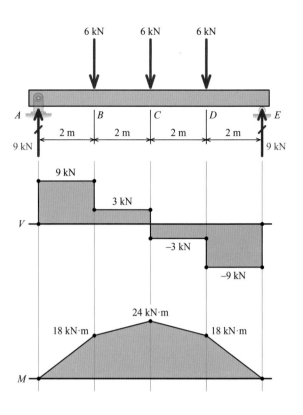

직사각형 단면의 단면계수

폭 b와 높이 h를 갖는 직사각형 단면의 경우, 단면계수에 대한 다음과 같은 공식을 유도할 수 있다.

$$S = \frac{I_z}{c} = \frac{bh^3/12}{h/2} = \frac{bh^2}{6}$$

이 문제에서 보에 주어진 형상비 $h/b = 2$이다. 따라서 $h = 2b$이다. 이 요구 조건을 단면계수 공식에 대입하면 다음과 같은 식이 유도된다.

$$S = \frac{bh^2}{6} = \frac{b(2b)^2}{6} = \frac{4}{6}b^3 = \frac{2}{3}b^3$$

보에 요구되는 최소 폭을 다음과 같이 결정할 수 있다:

$$\frac{2}{3}b^3 \geq 2.1818 \times 10^6 \text{ mm}^3 \quad \therefore b \geq 148.5 \text{ mm}$$ 답

예제 8.6

그림과 같은 보는 허용응력이 205 MPa인 표준 W 형으로 제작되었다.

(a) 이 보를 위해 사용 가능한 W 형의 목록을 작성하라. 가장 경제적인 W200, W250, W310, W360, W410, W460 형을 가능한 목록에 추가하라.

(b) 이 보에 대하여 가장 경제적인 W 형을 선택하라.

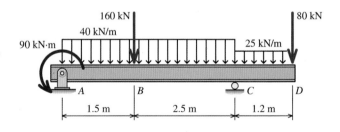

풀이 계획 7.3절에 제시된 도해적 방법에 의해, 먼저 보의 하중 상태에 대한 전단력도와 휨모멘트도를 작성한다. 최대 내부 휨모멘트 및 주어진 허용 휨응력을 적용하여 요구되는 단면계수를 휨 공식[식 (8.10)]으로부터 결정한다. 사용 가능한 표준 W 형은 부록 B에서 선택할 수 있고, 가장 가벼운 형상이 이 문제에서 요구하는 가장 경제적인 형상으로 선택될 수 있다.

풀이 반력

보의 자유물체도는 그림과 같다. 이 자유물체도로부터, 평형방정식은 다음과 같이 쓸 수 있다.

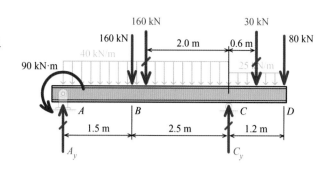

$$\sum F_y = A_y + C_y - 160 \text{ kN}$$
$$- 160 \text{ kN} - 30 \text{ kN} - 80 \text{ kN} = 0$$
$$\sum M_C = (160 \text{ kN})(2.5 \text{ m}) + (160 \text{ kN})(2.0 \text{ m})$$
$$- (30 \text{ kN})(0.6 \text{ m}) - (80 \text{ kN})(1.2 \text{ m})$$
$$+ 90 \text{ kN·m} - A_y(4.0 \text{ m}) = 0$$

이 평형방정식으로부터, 핀 지지점 A와 롤러 지지점 C에서의 보 반력은 다음과 같다.

$$A_y = 174.0 \text{ kN} \quad C_y = 256.0 \text{ kN}$$

전단력도와 휨모멘트도

보 및 하중 상태에 대한 전단력도와 휨모멘트도는 그림과 같다. 보의 최대 내부 휨모멘트 $M = 126.0$ kN·m이고, B에서 발생한다.

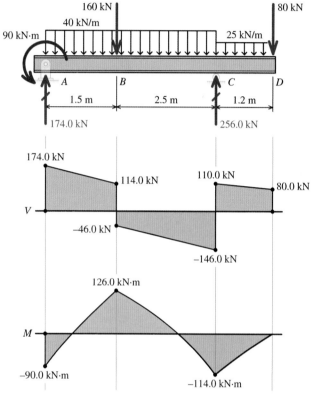

필요 단면계수

허용 휨응력 205 MPa를 초과하지 않으면서 최대 내부 휨모멘트를 지지하는 데 필요한 최소 단면계수는 휨 공식으로부터 계산할 수 있다.

$$\sigma_{max} = \frac{M}{S_z} \leq \sigma_{allow}$$

$$\therefore S \geq \frac{M}{\sigma_{allow}}$$

$$= \frac{(126.0 \text{ kN·m})(1000 \text{ N/kN})(1000 \text{ mm/m})}{205 \text{ N/mm}^2} = 614634 \text{ mm}^3$$

(a) 적용 가능한 강재 형상 선택: 선택된 표준 W 형의 단면 특성치는 부록 B에 제시되어 있다. 단면계수가 614634 mm^3와 같거나 그 이상인 W 형은 여기서 고려된 보 및 하중 상태에 대하여 사용할 수 있다. 강재 보의 비용은 무게에 비례하기 때문에 일반적으로 가장 가벼운 형상을 선택하는 것이 좋다.

표 8.1에 제시된 표준 형상을 선택하는 절차를 따르기 바란다. 이 과정을 통해 다음과 같은 형상이 이 문제의 보 및 하중 상태에 사용할 수 있는 것으로 확인된다.

$$\text{W200} \times 708, \quad S = 708 \times 10^3 \text{ mm}^3$$
$$\text{W250} \times 67, \quad S = 805 \times 10^3 \text{ mm}^3$$
$$\text{W310} \times 44.5, \quad S = 633 \times 10^3 \text{ mm}^3$$
$$\text{W360} \times 44, \quad S = 688 \times 10^3 \text{ mm}^3$$
$$\text{W410} \times 46.1, \quad S = 773 \times 10^3 \text{ mm}^3$$
$$\text{W460} \times 52, \quad S = 944 \times 10^3 \text{ mm}^3$$

(b) 가장 경제적인 W 형 선택: 가장 경제적인 W 형은 적용 가능한 목록에서 선택할 수 있다. 이 목록에서, W360×44 표준 W 형이 이 문제의 보 및 하중 상태에 대해 가장 가벼운 단면으로 확인된다. **답**

PROBLEMS

P8.30 그림 P8.30에 주어진 충진 강재샤프트가 하중 $P_A = 250$ N 및 $P_C = 620$ N을 지지하고 있다. $L_1 = 500$ mm, $L_2 = 700$ mm, $L_3 = 600$ mm이다. B에서의 베어링은 롤러 지지로 가정하고, D에서의 베어링은 핀 지지로 가정한다. 허용 휨응력이 105 MPa인 경우, 샤프트에 적용할 수 있는 최소 지름을 결정하라.

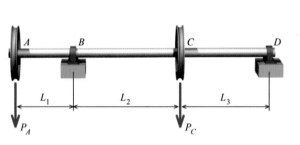

그림 P8.30

P8.31 그림 P8.31a/32a에서와 같이, $L = 5$ m의 스팬을 갖는 단순지지 목재 보가 $w_0 = 7$ kN/m의 등분포하중을 지지하고 있다. 목재의 허용 휨응력은 8 MPa이다. 그림 P8.31b/32b와 같이, 직사각형 목재 보의 형상비 $h/b = 2.0$으로 주어졌을 때, 보에 사용할 수 있는 최소 폭 b를 계산하라.

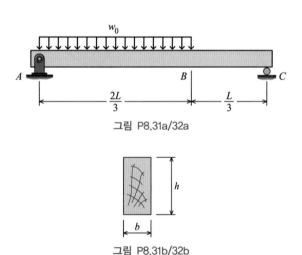

그림 P8.31a/32a

그림 P8.31b/32b

P8.32 그림 P8.31a/32a에서와 같이, $L = 5$ m의 스팬을 갖는 단순지지 목재 보가 등분포하중 w_0을 지지하고 있다. 보 폭 $b = 140$ mm이고 보 높이 $h = 260$ mm이다(그림 P8.31b/32b). 목재의 허용 휨응력은 9.5 MPa이다. 보에 의해 지지될 수 있는 최대 하중 w_0의 크기를 계산하라.

P8.33 그림 P8.33a/34a에서와 같이, $L = 3.6$ m의 스팬을 갖는 캔틸레버 목재 보가 최대 크기가 w_0인 선형 분포하중을 지지하고 있다. 보 폭 $b = 240$ mm이고 보 높이 $h = 180$ mm이다(그림 P8.33b/34b). 목재의 허용 휨응력은 7.6 MPa이다. 보에 의해 지지될 수 있는 최대 하중 w_0의 크기를 계산하라.

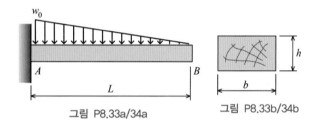

그림 P8.33a/34a

그림 P8.33b/34b

P8.34 그림 P8.33a/34a에서와 같이, $L = 5$ m의 스팬을 갖는 캔틸레버 목재 보가 최대 크기 $w_0 = 11$ kN/m인 선형 분포하중을 지지하고 있다. 목재의 허용 휨응력은 8 MPa이다. 직사각형 목재의 형상비 $h/b = 0.75$일 때(그림 P8.33b/34b), 보에 사용할 수 있는 최소 폭 b를 결정하라.

P8.35 그림 P8.35의 보는 허용응력이 205 MPa인 표준 W 형으로 제작되었다.

(a) 이 보에 사용할 수 있는 5가지의 형상 목록을 작성하라. 이 목록에는 가장 경제적인 W250, W310, W360, W410, W460의 형상을 포함하라.

(b) 이 보에 대하여 가장 경제적인 W 형을 선택하라.

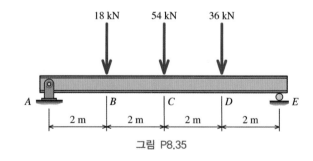

그림 P8.35

P8.36 그림 P8.36의 보는 허용응력이 165 MPa인 표준 W 형으로 제작되었다.

(a) 이 보에 사용할 수 있는 4가지의 형상 목록을 작성하라. 이 목록에는 가장 경제적인 W360, W410, W460, W530의 형상을 포함하라.

(b) 이 보에 대하여 가장 경제적인 W 형을 선택하라.

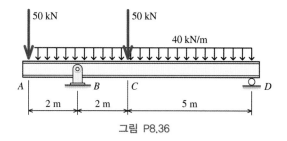

그림 P8.36

P8.37 그림 P8.37의 보는 허용응력이 165 MPa인 표준 W 형
으로 제작되었다.

(a) 이 보에 사용할 수 있는 4가지의 형상 목록을 작성하라. 이
    목록에는 가장 경제적인 W360, W410, W460, W530의 형
    상을 포함하라.

(b) 이 보에 대하여 가장 경제적인 W 형을 선택하라.

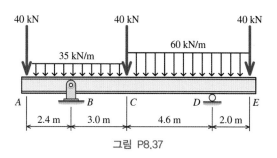

그림 P8.37

P8.38 그림 P8.38의 보는 허용응력이 165 MPa인 표준 W 형
으로 제작되었다.

(a) 이 보에 사용할 수 있는 4가지의 형상 목록을 작성하라. 이
    목록에는 가장 경제적인 W310, W360, W410, W460의 형
    상을 포함하라.

(b) 이 보에 대하여 가장 경제적인 W 형을 선택하라.

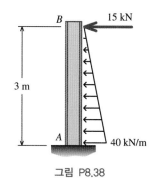

그림 P8.38

8.6 복합재료 보의 휨응력

　　많은 구조물에서 두 가지 재료로 만들어진 보가 사용된다. 이러한 유형의 보를 합성보
(composite beams)라고 한다. 상단 및 하단 표면에 강판으로 보강된 목재 보와 인장응력에
저항하도록 철근으로 보강된 철근 콘크리트 보가 이러한 사례이다. 엔지니어는 각각의 재
료가 장점을 효율적으로 발휘할 수 있도록 보를 설계한다.

　　휨 공식은 균질 보, 즉 탄성계수 E에 의해 특징 지어지는 하나의 균일한 재료로 구성된
보에 대해 유도되었다. 이런 이유로 휨 공식을 추가적으로 수정하지 않고는 합성보의 수직
응력을 산정하는 데 사용할 수 없다. 이 절에서는 두 가지 재료로 구성된 보 단면이 단일
재료로 구성된 등가 단면으로 변환될 수 있도록 하는 계산 방법을 개발할 것이다. 이러한
등가 균질 보를 적용하여 휨 공식은 합성보의 휨응력을 산정하는 데 사용될 수 있다.

등가 보

　　두 가지 재료로 만들어진 보를 고려하기 전에 먼저 두 가지 재료의 두 개의 보가 등가
로 고려되기 위해서는 무엇이 필요한지를 조사해보자.

　　$E_{alum} = 70$ GPa의 탄성계수를 갖는 작은 직사각형 알루미늄 막대가 순수 휨 상태의 보
로 사용된다고 가정하자(그림 8.10a).

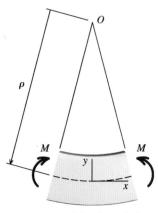

(a) 순수 휨을 받는 막대

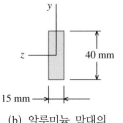

(b) 알루미늄 막대의
단면치수

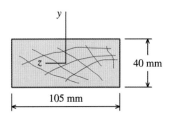

(c) 등가 목재 보의 단면치수

그림 8.10 알루미늄과 목재로
구성된 등가 보

막대에는 $M = 140000$ N·mm의 내부 휨모멘트가 발생하여 막대는 z축을 중심으로 휘어지게 된다. 막대의 폭은 15 mm이고 막대의 높이는 40 mm이다(그림 8.10b). 따라서 z축에 대한 관성모멘트 $I_{alum} = 80000$ mm^{4}이다. 이 보의 곡률 반경은 식 (8.6)으로부터 계산할 수 있다.

$$\frac{1}{\rho} = \frac{M}{EI_{alum}} = \frac{140000 \ \text{N} \cdot \text{mm}}{(70000 \ \text{N/mm}^2)(80000 \ \text{mm}^4)}$$
$$\therefore \ \rho = 40000 \ \text{mm}$$

휨모멘트에 의한 최대 휨 변형률은 식 (8.1)을 통해 구할 수 있다.

$$\varepsilon_x = -\frac{1}{\rho}y = -\frac{1}{40000 \ \text{mm}}(\pm 20 \ \text{mm}) = \pm 0.0005 \ \text{mm/mm}$$

다음으로, 알루미늄 막대를 10 GPa의 탄성계수를 갖는 목재로 대체하는 것으로 가정하자. 추가적으로 목재 보는 반드시 알루미늄 보와 등가이어야 한다고 가정하자. 의문 사항은 "알루미늄 보와 등가가 되기 위해서는 목재 보의 치수가 얼마가 되어야 하는가?"이다.

이 문맥에서 "등가"는 무엇을 의미하는가? 등가가 되기 위해서, 목재 보는 주어진 내부 휨모멘트 M에 대해 알루미늄 보와 동일한 곡률 반경 ρ과 휨 변형률 ε_x의 분포를 가져야 한다. 140 N·m의 휨모멘트에 대해 동일한 ρ 값을 생성하려면 목재 보의 관성모멘트를 다음과 같이 증가시켜야 한다.

$$I_{wood} = \frac{M}{E}\rho = \frac{140000 \ \text{N} \cdot \text{mm}}{10000 \ \text{N/mm}^2}(40000 \ \text{mm}) = 560000 \ \text{mm}^4$$

동일한 곡률 반경을 가지기 위해서, 목재 보는 반드시 알루미늄 막대보다 커야 한다. 그러나 등가성은 또한 목재 보에 대하여 동일한 변형률 분포를 요구한다. 변형률은 y에 직접 비례하므로, 목재 보는 반드시 알루미늄 막대와 동일한 y좌표를 가져야 한다. 즉, 목재 보의 높이도 40 mm이어야 한다.

목재 보의 관성모멘트는 알루미늄 막대의 관성모멘트보다 커야 하지만, 두 개의 보의 높이는 같아야 한다. 따라서 두 개의 보가 등가가 되기 위해서는 목재 보의 폭이 알루미늄 막대의 폭보다 넓어야 한다.

$$I_{wood} = \frac{bh^3}{12} = \frac{b_{wood}(40 \ \text{mm})^3}{12} = 560000 \ \text{mm}^4$$
$$\therefore \ b_{wood} = 105 \ \text{mm}$$

이 예제에서 폭 105 mm, 높이 40 mm인 목재 보는 폭 15 mm, 높이 40 mm인 알루미늄 막대와 등가이다(그림 8.10c). 두 재료의 탄성계수가 다르므로(이 경우 7배), E가 작은 목재 보는 E가 큰 알루미늄 막대보다 넓어야 하고, 이 경우에는 7배 넓다.

두 개의 보가 등가이면 휨응력은 동일한가? 알루미늄 보에 발생된 휨응력은 휨 공식으로부터 계산될 수 있다.

$$\sigma_{alum} = \frac{(140000 \ \text{N} \cdot \text{mm})(20 \ \text{mm})}{80000 \ \text{mm}^4} = 35 \ \text{MPa}$$

같은 방법으로, 목재 보의 휨응력은 다음과 같다.

$$\sigma_{\text{wood}} = \frac{(140000\,\text{N}\cdot\text{mm})(20\,\text{mm})}{560000\,\text{mm}^4} = 5\ \text{MPa}$$

목재 보의 휨응력은 알루미늄 막대의 응력의 1/7이다. 따라서 등가 보가 반드시 동일한 휨응력을 가질 필요는 없고, 단지 ρ와 ε가 동일하면 된다.

이 예제에서 탄성계수, 보 폭 및 휨응력은 모두 7배의 차이가 난다. 두 보의 모멘트－곡률 관계를 비교해보자.

$$\frac{1}{\rho} = \frac{M}{E_{\text{alum}} I_{\text{alum}}} = \frac{M}{E_{\text{wood}} I_{\text{wood}}}$$

관성모멘트를 각 보의 폭 b_{alum}과 b_{wood} 및 보의 공통 높이 h의 항으로 표현하면 다음과 같다.

$$\frac{M}{E_{\text{alum}}\left(\dfrac{b_{\text{alum}} h^3}{12}\right)} = \frac{M}{E_{\text{wood}}\left(\dfrac{b_{\text{wood}} h^3}{12}\right)}$$

정리하여 간단하게 표현하면 다음과 같다.

$$\frac{b_{\text{wood}}}{b_{\text{alum}}} = \frac{E_{\text{alum}}}{E_{\text{wood}}}$$

이러한 탄성계수의 비를 탄성계수 비(modular ratio)라고 부르며, 기호 n으로 표기한다. 여기에서 고려된 두 가지 재료의 경우, 탄성계수 비 n은 다음과 같다.

$$n = \frac{E_{\text{alum}}}{E_{\text{wood}}} = \frac{70\,\text{GPa}}{10\,\text{GPa}} = 7$$

따라서 예제에서 나타난 7배의 계수는 두 재료의 탄성계수 비에 기인한다. 목재 보의 필요한 폭은 탄성계수 비 n의 항으로 다음과 같이 나타낼 수 있다.

$$\frac{b_{\text{wood}}}{b_{\text{alum}}} = \frac{E_{\text{alum}}}{E_{\text{wood}}} = n \quad \therefore\ b_{\text{wood}} = n b_{\text{alum}} = 7(15\ \text{mm}) = 105\ \text{mm}$$

또한 두 보의 휨응력은 7배의 차이를 보인다. 알루미늄 막대와 목재 보가 등가이기 때문에 두 보의 휨 변형률은 동일하다.

$$(\varepsilon_x)_{\text{alum}} = (\varepsilon_x)_{\text{wood}}$$

응력은 훅의 법칙에 따라 변형률과 관련이 있다. 따라서 휨변형률은 다음과 같이 표현될 수 있다.

$$(\varepsilon_x)_{\text{alum}} = \left(\frac{\sigma}{E}\right)_{\text{alum}} \qquad (\varepsilon_x)_{\text{wood}} = \left(\frac{\sigma}{E}\right)_{\text{wood}}$$

두 재료에 대한 휨응력 사이의 관계식은 탄성계수 비 n의 항으로 표현할 수 있다.

$$\frac{\sigma_{\text{alum}}}{E_{\text{alum}}} = \frac{\sigma_{\text{wood}}}{E_{\text{wood}}} \quad \text{또는} \quad \frac{\sigma_{\text{alum}}}{\sigma_{\text{wood}}} = \frac{E_{\text{alum}}}{E_{\text{wood}}} = n$$

휨응력의 비는 탄성계수 비 n과 같은 양만큼 차이가 발생한다는 것을 확인할 수 있다.

요약하면, 하나의 재료로 만들어진 보는 단지 그 보의 폭을 변경함으로써 다른 재료의 보와 등가인 보로 변환된다. 두 재료 사이의 탄성계수 비는 등가를 만들기 위해 요구되는 폭의 변화량에 영향을 미친다. 등가 보에 대하여 휨응력은 동일하지 않고, 탄성계수 비만큼 차이를 가져온다.

변환 단면법

앞의 예제에서 소개한 개념을 사용하여 두 가지 재료로 구성된 보의 해석방법을 개발하는 데 사용할 수 있다. 기본 개념은 두 개의 다른 재료로 구성된 단면을 단지 하나의 재료로 구성된 등가 단면으로 변환하는 것이다.

일단 이러한 변환이 완료되면, 균질 보의 휨에 대하여 이전에 개발된 기술이 조합 보의 휨응력을 결정하는 데 사용될 수 있다.

두 개의 선형 탄성 재료(재료 1과 재료 2로 표시)로 구성되어 완벽하게 부착된 보 단면을 고려해보자(그림 8.11a). 이 조합 보는 8.2절에서 설명한 것처럼 휘게 될 것이다. 이 보에 휨모멘트가 작용하면 균질 보와 마찬가지로 전체 단면적은 휘어진 후에도 평면을 유지할 것이다. 이것은 수직 변형률은 중립면으로부터 측정된 y좌표에 대하여 선형적으로 변화하며 식 (8.1)은 유효함을 의미한다.

$$\varepsilon_x = -\frac{1}{\rho}y \tag{8.1}$$

이 과정에서, 재료 1은 변환을 위한 "공통화폐"로 간주 할 수 있다.

모든 단면적은 공통화폐에서 그들의 등가로 변환된다.

그러나 이러한 경우, 중립면은 조합 단면의 도심을 통과한다고 가정할 수는 없다.

재료 2를 재료 1과 동등한 양으로 변환하고, 전부 재료 1로 만들어진 새로운 단면을 정의하고자 한다. 이 변환 단면이 계산 목적에 유효하기 위해서는, 재료 1과 재료 2로 만들어진 실제 단면과 반드시 등가이어야 한다. 즉, 변환된 단면의 변형률과 곡률은 실제 단면의 변형률과 곡률과 반드시 같아야 한다.

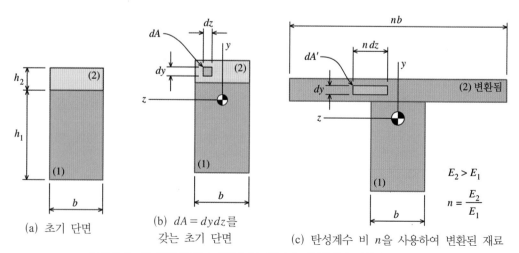

그림 8.11 두 개의 재료로 구성된 보: 단면의 기본형상과 변환된 형상

재료 1의 얼마만큼의 면적이 재료 2의 미소면적 dA와 등가일까? 재료 2가 재료 1보다 강성이 큰, 즉 $E_2 > E_1$인 두 재료로 구성된 단면을 고려해보자(그림 8.11b). 재료 2의 미소 면적요소 dA_2에 의해 전달되는 힘을 조사해보자. 미소요소 dA의 너비는 dz이고, 높이는 dy이다. 이 미소요소에 의해 전달되는 힘 dF는 $dF = \sigma x\, dz\, dy$로 주어진다. 훅의 법칙으로부터 응력은 탄성계수와 변형률의 곱으로 표현될 수 있으므로 다음과 같다.

$$dF = (E_2 \varepsilon)dz\, dy$$

재료 2는 강재와 같이 "단단한" 재료이고, 재료 1은 고무와 같이 "부드러운" 재료라고 가정하자. 고무와 강재의 두 재료에서 변형률이 같다면, 강재의 미소면적에 의해 전달되는 힘과 동등한 힘을 전달하기 위해서는 매우 큰 고무의 면적이 필요할 것이다.

재료 2가 재료 1보다 강성이 크므로, dF와 동일한 힘을 전달하기 위해서는 더 많은 재료 1의 면적이 요구된다. 변환 단면의 변형률 분포는 실제 단면의 변형률 분포와 동일해야 한다. 이러한 이유로, 변환된 단면의 y 치수(즉, 중립축에 수직인 치수)는 실제 단면의 y 치수와 동일해야 한다. 그러나 폭 치수(즉, 중립축에 평행한 치수)는 수정될 수 있다. 재료 1의 등가 면적 dA'는 높이 dy와 수정된 너비 $n\, dz$로 주어진다고 하자. 여기서, n은 결정되어야 할 인자이다(그림 8.11c).

재료 1의 등가면적에서 전달되는 힘은 다음 식과 같이 표현될 수 있다.

$$dF' = (E_1 \varepsilon)(n\, dz)dy$$

변환 단면이 실제 단면과 등가가 되기 위해서는 힘 dF'와 dF는 반드시 같아야 한다.

$$(E_1 \varepsilon)(n\, dz)dy = (E_2 \varepsilon)dz\, dy$$

따라서 다음과 같은 공식이 유도된다.

$$n = \frac{E_2}{E_1} \tag{8.12}$$

여기서, 비율 n을 탄성계수 비(modular ratio)라고 한다.

이 해석은 두 개의 재료로 구성된 실제 단면이 탄성계수 비를 사용하여 단일 재료로 구성된 등가 단면으로 변환될 수 있음을 보여준다. 실제 단면은 다음과 같은 방식으로 변환된다. 재료 1의 면적은 변경되지 않았으며, 이것은 원래 치수가 변경되지 않았음을 의미한다. 재료 2의 면적은 실제 너비(즉, 중립축에 평행한 치수)에 탄성계수 비 n을 곱하여 재료 1의 등가 면적으로 변환된다. 재료 2의 높이(즉, 중립축에 수직인 치수)는 동일하게 유지된다. 이 절차는 두 개의 재료로 구성된 실제 단면과 주어진 변형률 ε에 대하여 동일한 힘을 전달하는 재료 1로 전체를 구성한 변환 단면(transformed section)을 만들어 낸다.

변환 단면은 실제 단면과 마찬가지로, 동일한 중립축을 갖는가? 변환 단면이 실제 단면과 등가라면, 반드시 동일한 변형률 분포를 발생시켜야 한다. 따라서 두 단면의 중립축 위치가 동일해야 한다. 균질한 보의 경우, 중립축의 위치는 식 (8.4)의 x방향의 힘의 합으로부터 결정된다. 두 가지 재료로 만들어진 보에 대해 동일한 절차를 적용하면 다음 식과 같다.

$$\sum F_x = \int_{A_1} \sigma_{x1}dA + \int_{A_2} \sigma_{x2}dA = 0$$

여기서, σ_{x1}은 재료 1에서의 응력이며, σ_{x2}는 재료 2에서의 응력이다. 이 식에서 첫 번째 적분은 재료 1의 단면적에 대해 계산되고, 두 번째 적분은 재료 2의 단면적에 대해 계산된다. 식 (8.3)으로부터, 중립축으로부터 y 위치에서의 두 재료에 대한 수직응력은 다음과 같이 곡률 반경의 항으로 나타낼 수 있다.

$$\sigma_{x1} = -\frac{E_1}{\rho}y \quad \sigma_{x2} = -\frac{E_2}{\rho}y \tag{8.13}$$

σ_{x1}와 σ_{x2}에 대한 이 표현식을 상기 식에 대입하면 다음과 같다.

$$\sum F_x = -\int_{A_1} \frac{E_1}{\rho} y dA - \int_{A_2} \frac{E_2}{\rho} y dA = 0$$

곡률 반경은 식의 간략화를 위해 삭제하면 다음과 같이 표현된다.

$$E_1 \int_{A_1} y dA + E_2 \int_{A_2} y dA = 0$$

이 식에서, 적분은 중립축에 대한 단면의 두 부분의 단면1차모멘트를 나타낸다. 여기서 탄성계수 비를 도입하여 앞의 식을 n항으로 다시 쓸 수 있다.

$$E_1 \int_{A_1} y dA + E_2 \int_{A_2} y n dA = 0$$

위 식을 간략화하면 다음과 같이 표현된다.

$$\int_{A_1} y dA + \int_{A_2} y n dA = 0 \tag{8.14}$$

변환 단면의 면적은 다음과 같이 나타낼 수 있다.

$$\int_{A_1} dA + \int_{A_2} n dA = \int_{A_t} dA_t$$

식 (8.14)는 다음 식과 같이 간단하게 나타낸다.

$$\int_{A_t} y dA_t = 0 \tag{8.15}$$

따라서 중립축이 균질 보의 도심을 통과하는 것과 마찬가지로, 변환 단면에서도 도심을 통과한다.

변환 단면은 실제 단면과 마찬가지로, 동일한 모멘트–곡률 관계를 갖는가? 식 (8.13)의 관계로부터 두 가지 재료의 보에 대한 모멘트–곡률 관계는 다음과 같다.

$$M = -\int_A y \sigma_x dA$$

$$= -\int_{A_1} y \sigma_x dA - \int_{A_2} y \sigma_x dA$$

$$= \frac{1}{\rho} \left[\int_{A_1} y E_1 y^2 \, dA + \int_{A_2} E_2 y^2 \, dA \right]$$

탄성계수 비를 사용하여 재료 2의 탄성계수를 $E_2 = nE_1$로 표현하면, 앞의 식은 다음과 같이 간략하게 표현된다.

$$M = \frac{E_1}{\rho} \left[\int_{A_1} y^2 \, dA + \int_{A_2} y^2 n \, dA \right]$$

괄호 안의 항은 중립축(앞에서 보았듯이 도심을 통과하는 중립축)에 대한 변환 단면의 관성모멘트 I_t이다. 따라서 모멘트-곡률 관계는 다음과 같이 쓸 수 있다.

$$M = \frac{E_1 I_t}{\rho} \quad \text{여기서} \quad I_t = \int_{A_t} y^2 \, dA_t \tag{8.16}$$

따라서 변환 단면의 모멘트-곡률 관계식은 실제 단면의 곡률 관계식과 동일하다.

변환 단면 방법을 적용하여 두 가지 재료에 대한 휨응력은 어떻게 계산되는가? 식 (8.16)은 다음과 같이 나타낼 수 있다.

$$\frac{1}{\rho} = \frac{M}{E_1 I_t}$$

위 식을 식 (8.13)의 휨응력 관계식에 대입하면, 실제 단면에서 재료 1에 대응하는 위치에서 휨응력을 구할 수 있다.

$$\sigma_{x1} = -\frac{E_1}{\rho} y = -\left(\frac{M}{E_1 I_t} \right) E_1 y = -\frac{My}{I_t} \tag{8.17}$$

재료 1의 휨응력이 휨 공식으로부터 계산될 수 있음에 주목하라. 재료 1의 실제 면적은 변환단면을 만드는 과정에서 수정되지 않았음을 상기하라.

실제 단면에서 재료 2에 대응하는 위치에서의 휨응력은 다음 식으로 주어진다.

$$\sigma_{x2} = -\frac{E_2}{\rho} y = -\left(\frac{M}{E_1 I_t} \right) E_2 y = -\frac{E_2}{E_1} \frac{My}{I_t} = -n \frac{My}{I_t} \tag{8.18}$$

실제 단면에서 재료 2(즉, 변환된 재료)에 대응하는 위치에서의 휨응력을 계산하기 위하여 변환 단면 방법을 적용할 때, 휨 공식은 반드시 탄성계수 비 n을 곱해야 한다.

두 개의 재료로 구성된 단면의 경우(그림 8.12a), 휨모멘트로 인한 변형률은 균질한 보의 경우와 마찬가지로 단면 깊이에 따라 선형적으로 분포한다(그림 8.12b). 대응하는 수직응력 또한 선형적으로 분포한다. 그러나 두 재료의 교차점에는 불연속이 존재하는데(그림 8.12c), 이것은 재료들의 탄성계수가 다르기 때문에 발생한다. 변환 단면 방법에서, 변환된 재료(여기서는 재료 2)에 대한 수직응력은 휨 공식에 탄성계수 비 n을 곱하여 계산된다.

요약하면, 변환 단면 방법을 사용하여 휨응력을 계산하는 절차는 재료의 변환 여부에 따라 다음과 같이 계산된다.

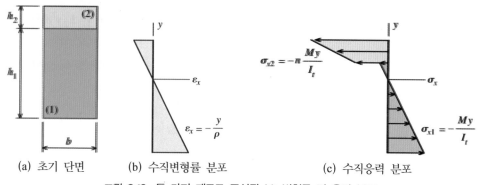

(a) 초기 단면   (b) 수직변형률 분포   (c) 수직응력 분포

그림 8.12 두 가지 재료로 구성된 보: 변형률 및 응력 분포

- 면적이 변환되지 않았다면, 휨 응력은 휨 공식으로부터 쉽게 계산된다.
- 면적이 변환된 경우에는, 휨응력은 휨 공식에 탄성계수비 n을 곱하여 계산된다.

이 논의에서 보의 실제 단면은 완전하게 재료 1로만 구성된 등가 단면으로 변환되었다. 물론 단면을 재료 2로 변환하는 것도 가능하다. 이 경우, 탄성계수 비 $n = E_1 / E_2$로 정의된다. 실제 단면의 재료 2에서의 휨응력은 변환 단면의 대응하는 위치에서의 휨응력과 같을 것이다. 실제 단면의 재료 1에 대응하는 위치에서의 휨응력은 휨 공식에 $n = E_1 / E_2$를 곱하여 구할 수 있다.

예제 8.7

3 m 길이의 캔틸레버보가 등분포하중 $w = 2200$ N/m 을 받고 있다. 보는 폭 90 mm×깊이 240 mm의 목재 (1)로 구성되어 있고, 상부 표면은 폭 90 mm× 두께 10 mm의 알루미늄 판 (2)로 보강되어 있다. 목재의 탄성계수 $E = 11.5$ GPa이고, 알루미늄 판의 탄성계수 $E = 69.0$ GPa이다. 목재 (1) 및 알루미늄 판 (2)에 발생하는 최대 휨응력을 구하라.

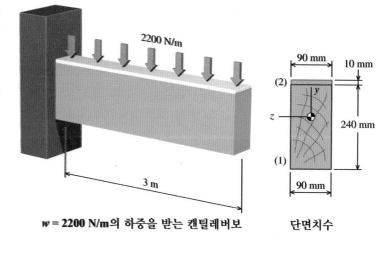

$w = 2200$ N/m의 하중을 받는 캔틸레버보   단면치수

풀이 계획 변환 단면 방법은 두 개의 재료로 구성된 단면을 하나의 재료로 구성된 등가 단면으로 변환하는 데 사용된다. 이 변환 단면이 계산 목적으로 사용된다. 변환 단면의 도심 위치와 도심에 대한 관성모멘트가 계산된다. 이러한 단면 특성을 사용하여, 휨 공식은 캔틸레버보 전체에서 발생되는 최대 내부 휨모멘트에 대한 목재와 알루미늄의 휨응력을 계산하는 데 사용될 수 있다.

풀이 탄성계수 비

변환 과정은 n으로 표기되는 두 가지 재료에 대한 탄성계수 비(modular ratio)를 바탕으로 한다. 탄성계수 비는 변환된 재료(transformed material)의 탄성계수를 기준 재료(reference material)의 탄성계수로 나눈 값으로 성의된다. 이 예제에서, 단단한 재료(즉, 알루미늄)는 덜 단단한 재료(즉, 목재)와 등가의 양으로 변환될 것이다. 따라서 목재는 기준재료로 사용된다. 이 변환에 대한 탄성계수 비는 다음과 같다.

$$n = \frac{E_{\text{trans}}}{E_{\text{ref}}} = \frac{E_2}{E_1}$$

$$= \frac{69.0 \text{ GPa}}{11.5 \text{ GPa}} = 6$$

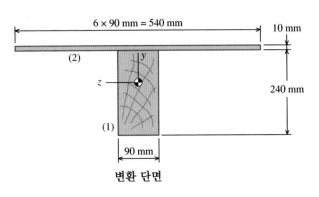

변환 단면

단면의 알루미늄 부분의 폭에는 탄성계수 비 n이 곱해진다. 나무로만 이루어진 변환 단면은 목재와 알루미늄으로 이루어진 실제 단면과 등가이다.

단면 특성치

변환 단면에 대한 도심의 위치가 그림에 나타나있다. z도심축에 대한 변환 단면의 관성모멘트 $I_t = 171.225 \times 10^6$ mm^{4}이다.

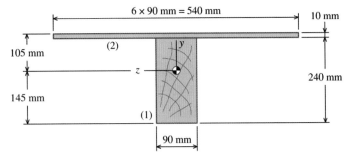

최대 휨모멘트

등분포하중 $w = 2200$ N/m를 받는 3 m 길이의 캔틸레버보에 대한 최대 휨모멘트는 다음과 같다.

$$M_{\max} = -\frac{wL^2}{2} = -\frac{(2200 \text{ N/m})(3 \text{ m})^2}{2} = -9900 \text{ N} \cdot \text{m}$$

휨 공식

휨 공식[식 (8.7)]은 임의의 좌표 위치 y에서의 휨응력을 계산해준다. 그러나 이 휨 공식은 보가 균질한 재료로 이루어진 경우에만 유효하다. 알루미늄 판을 등가의 목재로 대체하기 위해 사용된 변환과정은 휨 공식의 제한 조건을 만족시키는 균질 단면을 얻기 위해 필요하다.

전체가 목재로만 구성된 변환 단면은 실제 단면과 등가이다. 변환단면에 발생되는 휨 변형률은 실제 단면에서 발생된 변형률과 동일하기 때문에 변환 단면은 등가이다. 그러나 변환단면에서의 휨응력은 추가적인 조정이 필요하다. 단면의 초기 목재 부분[즉, 면적 (1)]에 대한 휨응력은 휨공식으로부터 정확하게 계산된다. 알루미늄 판에 대한 휨응력은 두 재료의 탄성계수의 차이를 반영하기 위하여 탄성계수 비 n을 곱해야 한다.

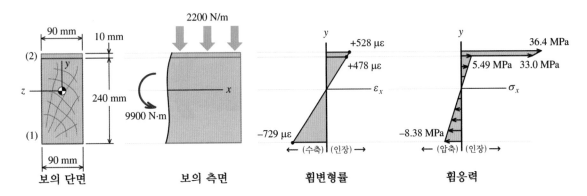

| 보의 단면 | 보의 측면 | 휨변형률 | 휨응력 |

목재에서의 최대 휨응력

단면의 목재 부분 (1)에서의 최대 휨응력은 보의 하부 표면에서 발생한다. 목재는 변환되지 않았으므로, 식 (8.17)이 최대 휨응력을 계산하는 데 사용된다.

$$\sigma_{x1} = -\frac{My}{I_t} = -\frac{(-9900 \text{ N} \cdot \text{m})(-145 \text{ mm})(1000 \text{ mm/m})}{171.225 \times 10^6 \text{ mm}^4} = -8.38 \text{ MPa} = 8.38 \text{ MPa (압축)} \qquad \textbf{답}$$

알루미늄의 최대 휨응력

단면의 알루미늄 부분은 해석에서 목재의 등가 폭으로 변환되었다. 변환 단면에 대한 변형률은 정확하지만, 변환된 재료에 대한 휨응력은 두 재료의 탄성계수 차이를 반영하기 위하여 탄성계수 비 n을 곱해야 한다. 단면의 알루미늄 부분 (2)에서의 최대 휨응력은 보의 상부 표면에서 발생하고, 식 (8.18)로부터 다음과 같이 계산된다.

$$\sigma_{x2} = -n\frac{My}{I_t} = -6\frac{(-9900 \text{ N} \cdot \text{m})(105 \text{ mm})(1000 \text{ mm/m})}{171.225 \times 10^6 \text{ mm}^4} = 36.4 \text{ MPa} = 36.4 \text{ MPa (인장)} \qquad \textbf{답}$$

두 가지 재료의 교차점에서의 휨응력

목재 (1)과 알루미늄 판 (2)사이의 접합은 $y = 95$ mm에서 발생한다. 이 위치에서 두 재료의 휨 변형률은 동일하며, 그 값은 $\varepsilon_x = +478$ $\mu\varepsilon$이다. 알루미늄의 탄성계수는 목재의 탄성계수보다 6배 크기 때문에, 알루미늄의 휨응력은 목재의 휨응력보다 6배 크게 계산된다.

$$\sigma_{x2} = -n\frac{My}{I_t} = -6\frac{(-9900 \text{ N} \cdot \text{m})(95 \text{ mm})(1000 \text{ mm/m})}{171.225 \times 10^6 \text{ mm}^4} = 33.0 \text{ MPa} = 33.0 \text{ MPa (인장)}$$

$$\sigma_{x1} = -\frac{My}{I_t} = -\frac{(-9900 \text{ N} \cdot \text{m})(95 \text{ mm})(1000 \text{ mm/m})}{171.225 \times 10^6 \text{ mm}^4} = 5.49 \text{ MPa} = 5.49 \text{ MPa (인장)}$$

이 결과는 또한 각 재료에 대한 훅의 법칙을 적용하여도 얻을 수 있다. $\varepsilon_x = +478$ $\mu\varepsilon$의 수직 변형률에 대하여, 목재 (1)의 수직응력은 훅의 법칙으로부터 다음과 같다.

$$\sigma_{x1} = E_1 \varepsilon_x = (11500 \text{ MPa})(478 \times 10^{-6} \text{ mm/mm}) = 5.49 \text{ MPa} = 5.49 \text{ MPa (인장)}$$

같은 방법으로, 알루미늄 판 (2)의 수직응력은 다음과 같다.

$$\sigma_{x2} = E_2 \varepsilon_x = (69000 \text{ MPa})(478 \times 10^{-6} \text{ mm/mm}) = 33.0 \text{ MPa} = 33.0 \text{ MPa (인장)}$$

MecMovies 예제 M8.16

변환 단면 방법을 사용하여 합성보의 휨응력을 구하라.

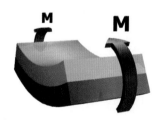
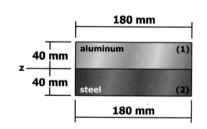

MecMovies 예제 M8.17

알루미늄 및 황동 재료에 대한 허용응력이 주어지는 경우, 보 단면의 z축에 대하여 발생할 수 있는 최대 허용 휨모멘트를 구하라.

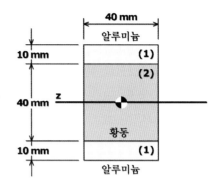

MecMovies 예제 M8.18

두 재료에 대한 허용응력이 주어지는 경우, 보 단면의 수평축에 대하여 작용할 수 있는 최대 허용 휨모멘트를 구하라.

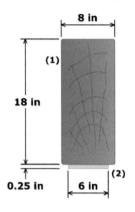

MecMovies 예제 M8.19

목재 및 강재에 대한 허용응력이 주어지는 경우, 그림과 같은 단순지지보에 가해질 수 있는 최대 허용 휨모멘트 및 최대 분포하중의 크기를 구하라.

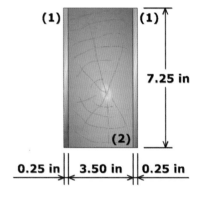

MecMovies 연습문제

M8.16 합성보 단면이 완전히 접합된 두 개의 직사각형 보로 만들어졌다. 이 보는 규정된 휨모멘트 M을 받는다. 다음을 구하라.

(a) 점 K로부터 도심축까지의 수직 거리

(b) 점 H에 발생하는 휨응력

(c) 점 K에 발생하는 휨응력

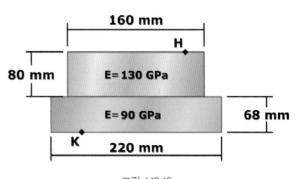

그림 M8.16

M8.17 합성보 단면이 완전히 접합된 두 개의 직사각형 보로 만들어졌다. 주어진 허용응력으로부터 다음을 구하라.

(a) 점 K으로부터 도심축까지의 수직 거리

(b) 최대 허용 휨모멘트(M)

(c) 점 H에 발생하는 휨응력

(d) 점 K에 발생하는 휨응력

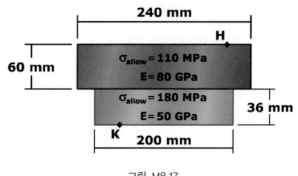

그림 M8.17

PROBLEMS

P8.39 그림 P8.39a에 나타낸 단순지지보는 $L = 6$ m이고, 지점으로부터 거리 $a = 1.5$ m 떨어진 지점에 두 개의 집중하중 P를 받고 있다. 이 보는 두 개의 목재 판자 사이에 강재 철판을 볼트로 고정하여 제조되었다(그림 P8.39b). 목재 판자의 치수는 각각 $b = 30$ mm 및 $d = 240$ mm이다. 강재 철판의 치수는 $t = 9.5$ mm, $d = 240$ mm이다. 목재와 강재의 탄성계수는 각각 12.5 GPa와 200 GPa이다.

(a) P = 8 kN일 때, 목재 판재와 강재 철판에 발생하는 최대 휨응력을 구하라.

(b) 목재 및 강재의 허용 휨응력이 각각 8.25 MPa 및 150 MPa 라고 가정하자. 이때, 허용 가능한 집중하중 P의 최대 크기를 구하라(보의 자중은 무시할 수 있다).

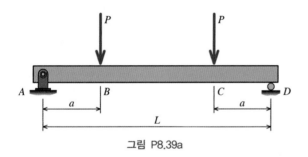

그림 P8.39a

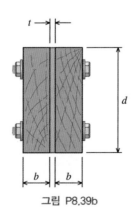

그림 P8.39b

P8.40 그림 P8.40에는 두께가 20 mm인 파티클 보드에 4 mm

두께의 유리 섬유면이 결합된 합성보의 단면을 보여주고 있다. 이 보는 z축에 대하여 55 N·m의 휨모멘트를 받고 있다. 유리 섬유와 파티클 보드의 탄성계수는 각각 30 GPa와 10 GPa이다. 다음을 구하라.

(a) 유리 섬유면과 파티클 보드에 발생하는 최대 휨응력

(b) 두 재료가 결합된 접합부에서 유리 섬유에 발생하는 휨응력

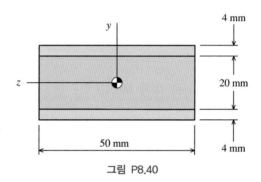

그림 P8.40

P8.41 합성보가 두 개의 알루미늄[$E = 70$ GPa] 막대에 두 개의 황동[$E = 110$ GPa] 막대를 결합하여 만들어졌다(그림 P8.41 참조). 이 보는 z축에 대하여 380 N·m의 휨모멘트를 받는다. 각각의 치수 $a = 5$ mm, $b = 40$ mm, $c = 10$ mm, $d = 25$ mm일 때, 다음을 구하라.

(a) 알루미늄 막대의 최대 휨응력

(b) 황동 막대의 최대 휨응력

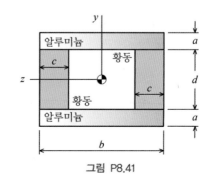

그림 P8.41

P8.42 알루미늄[$E = 70$ GPa] 막대를 강재[$E = 210$ GPa] 막대에 접착하여 합성보를 만들었다(그림 P8.42b/43b). 강재 막대의 두께 $t_s = 25$ mm이고, 알루미늄 막대의 두께 $t_a = 10$ mm이며, 두 막대의 폭 $b = 120$ mm이다. 이 합성보는 z축에 대하여 $M = +1300$ N·m의 휨모멘트를 받고 있다(그림 P8.42a/43b). 다음을 구하라.

(a) 알루미늄 및 강재 막대에 발생하는 최대 휨응력

(b) 두 재료가 결합된 접합부에서 두 재료의 휨응력

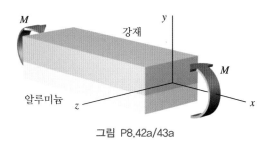

그림 P8.42a/43a

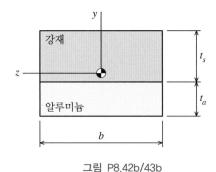

그림 P8.42b/43b

P8.43 알루미늄[$E = 70$ GPa] 막대를 강재[$E = 210$ GPa] 막대에 접착하여 합성보를 만들었다(그림 P8.42b/43b). 강재 막대의 두께 $t_s = 12$ mm이고, 알루미늄 막대의 두께 $t_a = 8$ mm이며, 두 막대의 폭 $b = 65$ mm이다. 알루미늄 및 강재의 허용 휨응력은 각각 100 MPa 및 150 MPa이다. 이 보에 작용할 수 있는 최대 휨모멘트 M을 구하라(그림 P8.42a/43a).

P8.44 그림 P8.44a/45a에 나타낸 단순지지보는 내민 구간 BC에 등분포하중 w를 받고 있다. 이 보는 소나무[$E = 12$ GPa]의 상부 표면에 강재[$E = 200$ GPa] 철판(그림 P8.44b/45b)으로 보강되었다. 보의 스팬 $L = 4$ m 및 $a = 1.25$ m이다. 목재의 치수 $b_w = 150$ mm 및 $d_w = 280$ mm이다. 강판 치수 $b_s = 230$ mm 및 $t_s = 6$ mm이다. 목재와 강재의 허용 휨응력은 각각 9 MPa와 165 MPa라고 가정하자. 분포하중 w에 대하여 허용 가능한 최대 크기를 구하라(보의 자중은 무시할 수 있다).

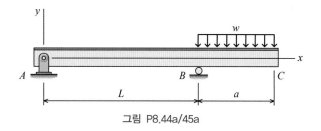

그림 P8.44a/45a

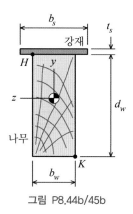

그림 P8.44b/45b

P8.45 그림 P8.44a/45a에 나타낸 단순지지보는 내민 구간 BC에 등분포하중 $w = 28$ kN/m를 받고 있다. 이 보는 소나무[$E = 12$ GPa]의 상부 표면에 강재[$E = 200$ GPa] 철판(그림 P8.44b/45b)으로 보강되었다. 보의 스팬 $L = 5.5$ m 및 $a = 1.75$ m이다. 목재의 치수 $b_w = 215$ mm 및 $d_w = 325$ mm이다. 강판 치수 $b_s = 250$ mm 및 $t_s = 10$ mm이다. (보의 자중은 무시할 수 있다.) 보의 최대 휨모멘트가 발생하는 위치에서 다음 사항을 구하라.

(a) 조합 보의 점 K으로부터 중립축까지의 수직 거리

(b) 점 H에서 강재의 휨응력

P8.46 $d_a = 90$ mm 및 $t = 6$ mm의 치수를 갖는 2개의 알루미늄 덧판으로 치수가 $b = 75$ mm 및 $d_w = 220$ mm인 목재 보를 보강하였다. 그림 P8.46에서와 같이, 조합 보가 z축에 대하여 대칭이 되도록 덧판은 목재 보의 양 측면에 보강되었다. z축에 대하여 $M_z = +4000$ N·m의 휨모멘트가 작용할 경우, 목재와 강재에 발생하는 최대 휨응력을 각각 구하라. 재료의 탄성계수 $E_w = 11.5$ GPa, $E_a = 69$ GPa라고 가정한다.

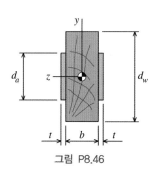

그림 P8.46

P8.47 집성 목재 보가 하부 표면에 탄소섬유강화플라스틱(CFRP)으로 보강되어 있다. 합성보의 단면은 그림 P8.47b에 주어져 있다. 목재 보의 치수 $b_w = 140$ mm, $d_w = 320$ mm이며, 탄성계수는 12 GPa이다. CFRP($E = 165$ GPa)의 치수 $b_c = 80$ mm 및 $t = 3$ mm이다. 단순지지보의 스팬 $L = 8$ m이며, 스팬의 1/4 지점에는 두 개의 집중하중 P가 작용하고 있다(그림 P8.47a). 목재와 CFRP의 허용 휨응력은 각각 9 MPa와 1000 MPa이다. 집중하중 P에 대하여 허용 가능한 최대 크기를 구하라(보의 자중은 무시할 수 있다).

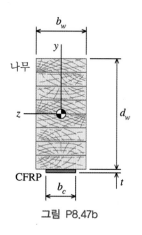

그림 P8.47b

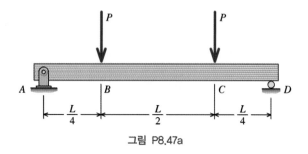

그림 P8.47a

8.7 편심하중에 의한 휨

1장, 4장, 5장에서 논의한 것처럼, 작용선이 단면의 도심을 통과하는 축하중[중심 축하중(centric axial load)으로 불린다]은 부재 단면적에 걸쳐 균일하게 분포된 수직응력을 발생시킨다. 편심 축하중(eccentric axial load)은 그 작용선이 단면의 도심을 통과하지 않는 하중을 말한다. 축력이 부재의 도심에서 벗어날 때, 부재에는 축력에 의한 수직응력 이외에 추가적으로 휨응력이 발생한다. 따라서 이러한 유형의 휨 해석에는 축 응력과 휨응력을 모두 고려해야 한다. 표지판, 클램프, 교각 등의 많은 구조물이 편심 축하중을 받고 있다.

그림 8.13a에 나타낸 물체에 대하여 C를 포함한 단면에 발생하는 수직응력을 구할 것이다. 여기의 해석에서 휨 부재는 대칭 평면을 가지며(그림 8.2a 참조), 모든 하중은 대칭 평면에 작용한다고 가정한다.

축력 P의 작용선은 도심 C를 통과하지 않는다. 따라서 이 물체(점 H와 점 K 사이)는 편심 축하중을 받는다. P의 작용선과 도심 C 사이의 편심(eccentricity)은 기호 e로 표시된다.

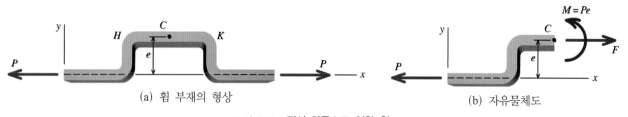

(a) 휨 부재의 형상   (b) 자유물체도

그림 8.13 편심 하중으로 인한 휨

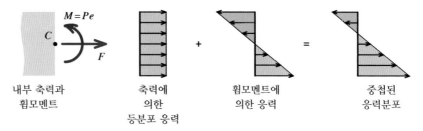

<table>
<tr><td>내부 축력과
휨모멘트</td><td>축력에
의한
등분포 응력</td><td>휨모멘트에
의한 응력</td><td>중첩된
응력분포</td></tr>
</table>

그림 8.14 편심 하중으로 인한 수직응력

단면에 작용하는 내부 힘은 C를 가로질러 절단한 자유물체도(그림 8.13b)에서와 같이, 단면의 도심에 작용하는 내부 축력 F와 대칭 평면에 작용하는 내부 휨모멘트 M으로 나타낼 수 있다.

내부 축력 F와 내부 휨모멘트 M은 수직응력을 발생시킨다(그림 8.14). 관심 단면에서 완전한 응력 분포를 결정하기 위해 이들 응력이 결합되어야 한다. 축력 F는 전체 단면에 걸쳐 균일하게 분포된 수직응력 $\sigma_x = F/A$를 발생시킨다. 휨모멘트 M은 단면의 깊이에 따라 선형으로 분포되는 휨 공식 $\sigma_x = -My/I_z$으로 주어진 수직응력을 발생시킨다. 완전한 응력 분포는 F와 M에 의해 발생된 응력을 중첩하여 다음과 같이 구한다.

$$\sigma_x = \frac{F}{A} - \frac{My}{I_z} \qquad (8.19)$$

F 및 M에 대한 부호규약은 앞 장에서 제시된 규약과 동일하다. 양의 내부 축력 F는 인장수직응력을 발생시킨다. 양의 내부 휨모멘트는 y의 양의 값에 압축수직응력을 발생시킨다.

축력의 작용선이 편심 e만큼 단면의 도심으로부터 벗어난 축력은 $M = P \times e$의 내부 휨모멘트를 발생시킨다. 따라서 편심 하중에 대하여 식 (8.19)는 다음과 같이 표현될 수 있다.

$$\sigma_x = \frac{F}{A} - \frac{(Pe)y}{I_z} \qquad (8.20)$$

중립축 위치

내부 축력 F와 동시에 내부 휨모멘트 M이 작용하는 경우, 더 이상 중립축은 단면의 도심에 위치하지 않는다. 사실, 내부 축력 F의 크기에 따라 중립축이 존재하지 않을 수도 있다. 단면 위의 모든 수직응력이 인장응력 또는 압축응력일 수 있다. 중립축의 위치는 식 (8.19)에서 $\sigma_x = 0$으로 놓고, 단면의 도심으로부터 측정한 거리 y를 계산하여 결정할 수 있다.

제한사항

이러한 접근법에 의해 결정된 응력은 휨 부재에서의 내부 휨모멘트가 초기의 변형되지 않은 부재 치수로부터 정확하게 계산될 수 있다는 가정에 근거한다. 즉, 내부 휨모멘트에 의한 처짐이 상대적으로 매우 작아야 한다. 휨 부재가 비교적 길고 세장한 경우, 편심 하중에 의해 발생되는 횡방향 처짐은 편심 e를 급격하게 증가시키며, 이것은 휨모멘트를 증폭시키는 결과를 가져온다.

식 (8.19)와 (8.20)의 사용은 생베낭의 원리와 부합되어야 한다. 실제적으로 이것은 그림 8.13a의 점 H와 K에서 응력을 정확하게 계산할 수 없다는 것을 의미한다.

예제 8.8

그림과 같이 폭이 240 mm이고, 깊이가 150 mm인 직사각형 부재가 450 kN의 집중하중을 지지하고 있다. 부재의 $a-a$ 단면에 발생하는 수직응력 분포를 구하라.

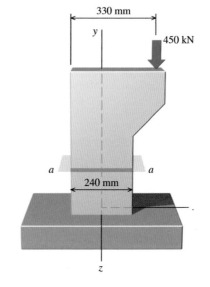

풀이 계획 단면 $a-a$에 작용하는 내부 힘이 먼저 결정되어야 한다. 등가 힘 시스템의 원리는 구조 부재의 상단에 작용하는 집중하중 450 kN과 등가인 관심 단면에서 작용하는 힘과 모멘트를 결정하는 데 사용된다. 등가 힘과 모멘트가 결정되면, 단면 $a-a$에 발생하는 응력을 계산할 수 있다.

풀이 등가 힘과 모멘트

부재의 $a-a$ 단면은 직사각형이다. 따라서 대칭조건에 의해 도심은 수직 부재의 왼쪽으로부터 120 mm 떨어진 위치에 있다. 450 kN의 집중하중은 부재의 왼쪽으로부터 330 mm 떨어진 위치에 있다. 결과적으로, 집중하중은 구조 부재의 도심축보다 오른쪽으로 210 mm 떨어진 곳에 위치한다. 하중의 작용선과 부재의 도심축 사이의 거리는 일반적으로 편심 e라고 한다. 이 예제의 경우, 하중은 $e=210$ mm만큼 편심으로 작용하고 있다.

하중의 작용선이 부재의 도심축과 일치하지 않기 때문에 450 kN의 하중은 축방향 압축력에 추가적으로 휨모멘트를 발생시킨다. 단면 $a-a$에서의 등가 힘은 하중 450 kN과 같다. 등가원리에 따라 단면 $a-a$에서의 휨모멘트는 하중에 편심 e를 곱한 것과 같다.

따라서 단면 $a-a$의 도심에 작용하는 $F=450$ kN의 축력과 $M=F \times e=(450\ \text{kN})(0.21\ \text{m})=94.5$ kN·m의 휨모멘트는 구조 부재의 상부에 작용하는 하중 450 kN과 등가이다.

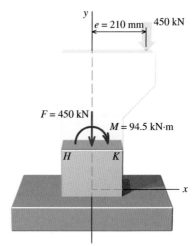

단면 특성

도심의 위치는 대칭으로부터 알 수 있다. 단면적 $A=(240\ \text{mm})(150\ \text{mm})=36 \times 10^3\ \text{mm}^2$이다. 휨모멘트 $M=94.5$ kN·m은 z축에 대해 작용한다. 따라서 휨응력을 계산하려면 z축에 대한 관성모멘트를 구해야 한다.

$$I_z = \frac{(150\ \text{mm})(240\ \text{mm})^3}{12} = 172.8 \times 10^6\ \text{mm}^4$$

축방향응력

단면 $a-a$에서, y도심축을 따라 작용하는 내부 힘 $F=450$ kN은 수직응력을 발생시키며, 이 수직응력은 수직방향(즉, y방향)으로 작용한다.

$$\sigma_{\text{axial}} = \frac{F}{A} = \frac{(450 \text{ kN})(1000 \text{ N/kN})}{36 \times 10^3 \text{mm}^2} = 12.5 \text{ MPa} \text{ (압축)}$$

축방향응력은 전체 단면에 균일하게 분포되는 압축수직응력이다.

휨응력

단면 $a-a$에서 최대 휨응력의 크기는 휨 공식으로부터 결정될 수 있다.

$$\sigma_{\text{bend}} = \frac{Mc}{I_z} = \frac{(94.5 \text{ kN} \cdot \text{m})(240 \text{ mm}/2)(1000 \text{ N/kN})(1000 \text{ mm/m})}{172.8 \times 10^6 \text{mm}^4} = 65.6 \text{ MPa}$$

휨응력은 수직방향(즉, y방향)으로 작용하고, 휨 축으로부터의 거리에 따라 선형적으로 증가한다. 이 문제에서 정의된 좌표계의 경우, 휨 축으로부터의 거리는 z축에서 x방향으로 측정된다.

휨응력에 대한 부호(인장 또는 압축)는 내부 휨모멘트 M의 방향을 관찰함으로써 쉽게 알 수 있다. 이 예제에서, 휨모멘트 M은 부재의 K면에 압축 휨응력을 발생시키고, H면에 인장 휨응력을 발생시킨다.

조합 수직응력

축방향응력 및 휨응력은 동일한 방향(즉, y 방향)으로 작용하는 수직응력이기 때문에, $a-a$ 단면에 작용하는 조합 응력은 두 응력을 직접 더하면 된다. 구조 부재의 H면에서의 조합 수직응력은 다음과 같다.

$$\sigma_H = \sigma_{\text{axial}} + \sigma_{\text{bend}} = -12.5 \text{ MPa} + 65.6 \text{ MPa}$$
$$= +53.1 \text{ MPa} = 53.1 \text{ MPa} \text{ (인장)} \qquad \text{답}$$

또한, K면에서의 조합 수직응력은 다음과 같다.

$$\sigma_K = \sigma_{\text{axial}} + \sigma_{\text{bend}} = -12.5 \text{ MPa} - 65.6 \text{ MPa} = -78.1 \text{ MPa} = 78.1 \text{ MPa} \text{ (압축)} \qquad \text{답}$$

중립축의 위치

편심 축 하중의 경우, 중립축(즉, 응력이 0인 위치)은 단면의 도심에 위치하지 않는다. 이 예제에서 요구하지는 않았지만, 응력이 0인 축의 위치는 조합 응력 분포로부터 구할 수 있다. 삼각형의 닮은꼴 원리를 사용하면, 조합 응력은 부재의 왼쪽으로부터 97.1 mm 떨어진 위치에서 0이다.

예제 8.9

그림과 같은 C-클램프가 인장 또는 압축에 대하여 324 MPa의 항복강도를 갖는 합금으로 만들어졌다. 안전계수 3.0이 요구되는 경우, 클램프가 발휘할 수 있는 허용체결력을 구하라.

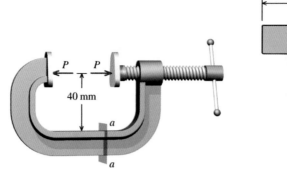

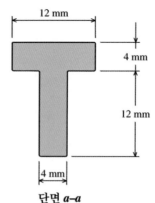

단면 a–a

풀이 계획 T 형의 단면에 대한 도심의 위치가 먼저 결정되어야 한다. 먼저 도심이 구해지면, 체결력 P의 편심(e)을 구할 수 있고, $a-a$ 단면에 작용하는 등가 힘과 모멘트가 결정될 수 있다. 미지의 힘 P 의 항으로 작성된 축방향응력 및 휨응력을 조합한 표현식은 허용 수직응력과 항등식으로 설정할 수 있다. 이 식으로부터 최대 허용 체결력을 결정할 수 있다.

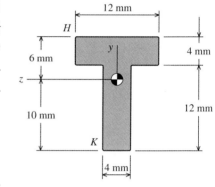

단면특성
T 형상의 단면에 대한 도심의 위치는 그림과 같다. 단면적 $A = 96$ mm^{2}이고 z도심축에 대한 관성모멘트 $I_z = 2176$ mm^{4}로 계산할 수 있다.

허용 수직응력
클램프에 사용되는 합금은 항복 강도가 324 MPa이다. 안전계수가 3.0이므로 이 재료의 허용 수직응력은 108 MPa 이다.

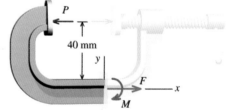

축력과 휨모멘트
단면 $a-a$에서 클램프를 절단하여 자유물체도를 그림에 나타내었다. 내부 축력 F는 체결력 P와 같다. 내부 휨모멘트 M은 체결력 P에 편심 e를 곱한 것과 같다. 여기서, 편심은 단면 $a-a$의 도심과 P의 작용선 사이의 거리를 말하며, 이 값은 $e = 40$ mm + 6 mm = 46 mm이다.

축방향응력
단면 $a-a$에서, 체결력 P와 동일한 내부 힘 F는 다음과 같이 수직응력을 발생시킨다.

$$\sigma_{\text{axial}} = \frac{F}{A} = \frac{P}{A} = \frac{P}{96 \text{ mm}^2}$$

이 수직응력은 전체 단면에 걸쳐 균일하게 분포한다. 관찰을 통해 이 축방향응력은 인장임을 알 수 있다.

휨응력
T 형상은 z축에 대하여 대칭이 아니므로 단면 $a-a$에서 플랜지 상단(점 H)의 휨응력은 복부 하단(점 K)의 휨응력과 다르다. 점 H에서 휨응력은 체결력 P의 항으로 다음과 같이 나타낼 수 있다.

$$\sigma_{\text{bend}, H} = \frac{My}{I_z} = \frac{P(46 \text{ mm})(6 \text{ mm})}{2176 \text{ mm}^4} = \frac{P}{7.88406 \text{ mm}^2}$$

관찰을 통해, 점 H에서의 휨응력은 인장이다.

점 K에서의 휨응력은 다음과 같이 표현될 수 있다.

$$\sigma_{\text{bend}, K} = \frac{My}{I_z} = \frac{P(46 \text{ mm})(10 \text{ mm})}{2176 \text{ mm}^4} = \frac{P}{4.73043 \text{ mm}^2}$$

관찰을 통해, 점 K에서의 휨응력은 압축이다.

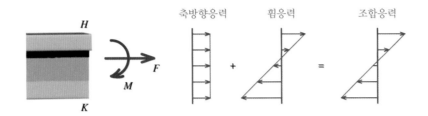

점 H에서 조합응력

점 H에서 조합응력은 미지의 체결력 P의 항으로 다음과 같이 표현될 수 있다.

$$\sigma_{\text{bend}, H} = \frac{P}{96 \text{ mm}^2} + \frac{P}{7.88406 \text{ mm}^2} = P \left[\frac{1}{96 \text{ mm}^2} + \frac{1}{7.88406 \text{ mm}^2} \right] = \frac{P}{7.28572 \text{ mm}^2}$$

축방향응력과 휨응력은 모두 인장응력이기 때문에 단순히 합산하였다. 이 표현식을 허용 수직응력과 항등식으로 놓고, 첫 번째 허용 가능한 P값을 얻을 수 있다.

$$\frac{P}{7.28572 \text{ mm}^2} \leq 108 \text{ MPa} = 108 \text{ N/mm}^2 \quad \therefore P \leq 787 \text{ N} \tag{a}$$

점 K에서 조합응력

점 K에서의 조합응력은 인장 축방향응력과 압축 휨응력의 합산이다.

$$\sigma_{\text{comg}, K} = \frac{P}{96 \text{ mm}^2} - \frac{P}{4.73043 \text{ mm}^2} = P \left[\frac{1}{96 \text{ mm}^2} - \frac{1}{4.73043 \text{ mm}^2} \right] = -\frac{P}{4.97560 \text{ mm}^2}$$

음의 부호는 K에서 조합응력이 압축 수직응력임을 의미한다. 두 번째 허용 가능한 P값은 다음 식으로부터 얻을 수 있다. 우리는 P의 크기에 관심이 있으므로, 음의 부호는 생략할 수 있다.

$$\frac{P}{4.97560 \text{ mm}^2} \leq 108 \text{ MPa} = 108 \text{ N/mm}^2 \quad \therefore P \leq 537 \text{ N} \tag{b}$$

체결력의 결정

허용 체결력은 식 (a) 및 (b)로부터 얻은 두 값 중에서 작은 값이다. 이 클램프의 최대 허용 체결력 $P = 537$ N이다.

그림의 *C*-클램프는 400 N의 최대 체결력을 발휘할 것으로 예상된다. 클램프 단면은 폭이 20 mm 이고, 두께가 10 mm이다. 클램프의 최대 인장 및 압축 응력을 구하라.

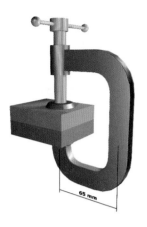

프리캐스트 콘크리트 보가 콘크리트 기둥에서 내민 코벨에 의해 지지되고 있다. 보 단부에서의 반력은 1200 kN이다. 이 반력은 기둥 중심선으로부터 240 mm 떨어진 위치에서 코벨에 작용한다. 기둥 하부의 점 *a*와 *b*에서의 응력을 구하라.

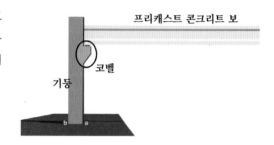

역T 형이 최대 5 kN의 하중을 들어 올릴 수 있는 벽 브라켓 크레인의 붐으로 사용되었다. 붐은 점 *A*에서 벽과 핀으로 지지되어 있다. 점 *B*에서 붐은 강봉 *BC*에 의해 지지된다. 점 *A*에서 핀은 역T 형의 도심축에 위치하지만, 점 *B*에서 강봉은 도심축 위로 65 mm 떨어진 위치에 연결되어 있다. 5 kN의 크레인 하중이 그림과 같은 위치에 작용할 때, 점 *A*로부터 1.0 m 떨어진 역-T의 최상단에 위치한 점 *H*에서 수직응력을 구하라.

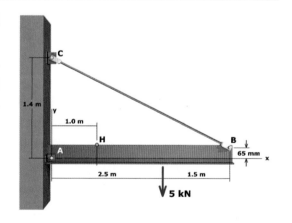

M8.20 *A*와 *B*에서 수직응력을 구하라.

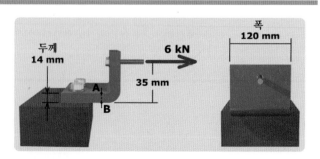

그림 M8.20

M8.21 A와 B에서 수직응력을 구하라.

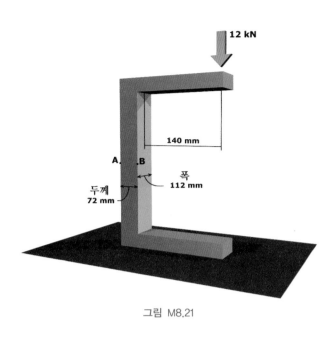

그림 M8.21

M8.22 그림과 같이 다양한 하중을 받는 구조물에 관한 10개의 질문에 답하라.

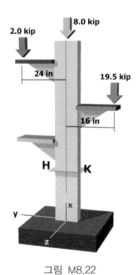

그림 M8.22

M8.23 파이프 AB(바깥지름 및 벽두께는 주어짐)가 등분포하중 w를 지지하고 있다. 핀 A의 반력을 구하고, 부재 (1)의 축력을 구하라. 또한, 핀 A로부터 지정된 거리에 위치한 점 H와 K에서의 수직응력을 구하라.

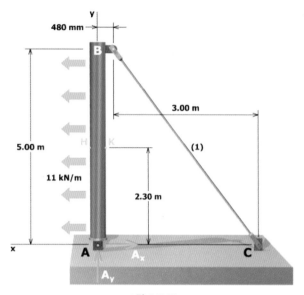

그림 M8.23

P8.48 강재로 조립된 파이프가 그림 P8.48에서와 같이 $P = 22$ kN 의 집중하중을 지지하고 있다. 파이프의 바깥지름은 142 mm이고, 두께는 6.5 mm이다. 점 H와 K에 발생되는 수직응력을 구하라.

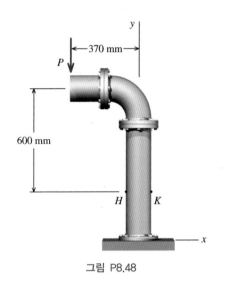

그림 P8.48

P8.49 클램프의 나사가 그림 P8.49에 표시된 나무 블록에 2300 N 의 압축력을 가하고 있다. 점 H와 K에 발생되는 수직응력을 구하라. 클램프의 단면 높이는 30 mm이고, 두께는 10 mm이다.

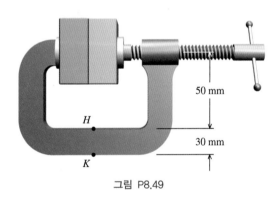

그림 P8.49

P8.50 지름 30 mm의 강재 막대가 그림 P8.50에 표시된 모양 의 기계 부품으로 사용된다. 부품의 끝 부분에 $P = 2500$ N의 하중이 가해졌다. 막대의 허용 수직응력이 40 MPa로 제한되는 경우, 부품에 적용할 수 있는 최대 편심 e는 얼마인가?

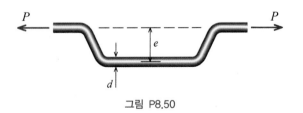

그림 P8.50

P8.51 그림 P8.51의 오프셋 링크는 $P = 7300$ N의 하중을 받고 있다. 링크는 단면 $a-a$에서 두께가 9 mm인 직사각형 단면을 갖는다. 이 링크에 대하여 최소 이격거리 $y = 40$ mm로 지정되어 있다. 단면 $a-a$에서 인장 수직응력이 125 MPa로 제한되는 경우, 링크에 필요한 최소 깊이 d를 계산하라.

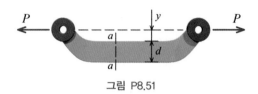

그림 P8.51

P8.52 그림 P8.52의 기계 부품은 깊이 100 mm, 두께 16 mm 의 직사각형 단면을 갖는다. 이 부품에는 $P = 30$ kN의 인장력이 가해지고 있다. 밀링 작업은 부품의 중앙 영역에서 단면의 일부를 제거하기 위하여 밀링 작업이 수행될 것이다. 단면 $a-a$에서 허용 인장응력이 200 MPa로 제한되는 경우, 제거 가능한 최대 깊이 y를 결정하라.

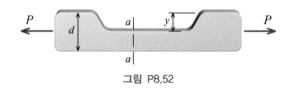

그림 P8.52

P8.53 강재 튜브 기둥 CD가 그림 P8.53과 같이 하중 $P = 7$ kN 과 $Q = 4$ kN을 받고있는 수평 캔틸레버보 ABC를 지지하고 있다. 기둥 CD의 바깥지름은 220 mm이고 두께는 12 mm이다. $a = 1.75$ m, $b = 2.25$ m, $c = 3.15$ m일 때, 기둥 CD의 하부면에 발생하는 최대 압축응력을 구하라.

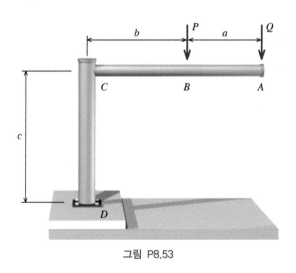

그림 P8.53

P8.54 WT305×41 표준 형상이 그림 P8.54와 같이 역-T 형의 바닥 표면에서 250 mm 떨어진 상부에 가해지는 인장력 P를 받

고 있다. WT 형의 상부 표면에서 인장 수직응력이 150 MPa로 제한되는 경우, 부재에 가해질 수 있는 허용 하중 P를 구하라.

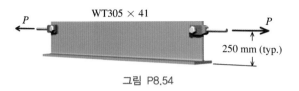

WT305 × 41

250 mm (typ.)

그림 P8.54

P8.55 핀 지지대가 폭이 60 mm이고, 두께가 10 mm인 수직 판으로 구성되어 있다. 핀은 1200 N의 하중을 지지하고 있다. 그림 P8.55에 표시된 구조물의 점 H과 점 K에 발생하는 수직응력을 구하라.

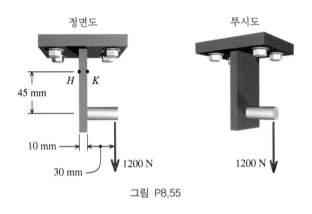

정면도 투시도

45 mm

H K

10 mm

30 mm

1200 N 1200 N

그림 P8.55

P8.56 그림 P8.56의 브라켓은 $P = 1100$ N의 하중을 받고 있다. 브라켓은 폭이 $b = 60$ mm이고 두께가 $t = 8$ mm인 직사각형 단면을 갖는다. 단면 $a-a$에서 인장 수직응력이 100 MPa로 제한되는 경우, 가능한 최대 오프셋 거리 y는 얼마인가?

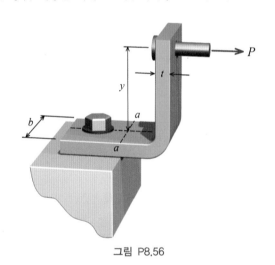

P

t

y

b

a

a

그림 P8.56

P8.57 그림 P8.57a와 같이, $P = 16$ kN의 하중이 직사각형 튜브 구조물의 종방향에 평행하게 작용하고 있다. 튜브 구조물의 단면 치수(그림 P8.57b)는 $d = 150$ mm, $b = 100$ mm, $t = 3$ mm이다. $a = 50$ mm, $L = 275$ mm인 경우, 점 H와 K에 발생되는 수직응력은 얼마인가?

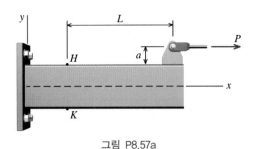

y

L

H

a

P

x

K

그림 P8.57a

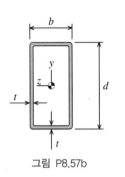

b

y

z

d

t

t

그림 P8.57b

P8.58 그림 P8.58a/59a의 T형 짧은 기둥이 $P = 50$ kN의 하중을 지지하고 있다. 그림 P8.58b/59b 에 표기된 T형 짧은 기둥의 단면 치수는 $d = 250$ mm, $b_f = 150$ mm, $t_f = 16$ mm, $t_w = 9$ mm 이다. 하중 P는 플랜지의 표면에서 80 mm 떨어져서 작용하고 있다. $L = 0.9$ m인 단면 $a-a$에서, 점 H와 K에서 수직응력을 구하라.

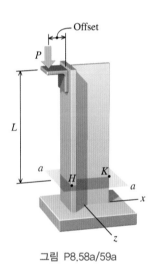

Offset

P

L

a

H

K

x

z

a

그림 P8.58a/59a

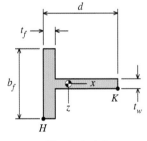

d

t_f

b_f

x

z

H

K

t_w

그림 P8.58b/59b

P8.59 그림 P8.58a/59a의 T형 짧은 기둥이 하중 P를 지지하고 있다. 그림 P8.58b/59b에 표기된 T형 짧은 기둥의 단면 치수는 $d = 250$ mm, $b_f = 150$ mm, $t_f = 16$ mm, $t_w = 9$ mm이다. 하중 P는 플랜지의 표면에서 130 mm 떨어져서 작용하고 있다. $L = 1.4$ m인 단면 $a-a$에서, 짧은 기둥의 인장 및 압축 수직응력이 각각 60 MPa와 40 MPa로 제한되어야 한다. 인장과 압축 응력의 제한사항을 모두 만족하는 하중 P의 최대 크기를 구하라.

P8.60 그림 P8.60b의 T형 단면은 그림 P8.60a와 같이, T 형의 플랜지로부터 400 mm 떨어져서 작용하는 $P = 25$ kN 하중을 지지하는 기둥으로 사용되고 있다. 기둥의 BC부분 내에서 발생하는 최대 인장 및 압축 수직응력의 크기와 위치를 구하라.

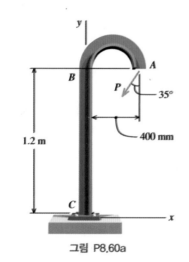

그림 P8.60a

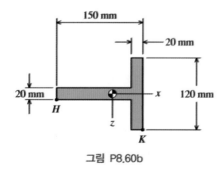

그림 P8.60b

P8.61 그림 P8.61의 강관은 바깥지름 195 mm, 두께 10 mm, 탄성계수 $E = 200$ GPa, 열팽창계수 $\alpha = 11.7 \times 10^{-6}/℃$이다. $a = 300$ mm, $b = 900$ mm, $\theta = 70°$인 경우에 대하여, $P = 40$ kN의 하중이 작용하고 강관의 온도가 25℃ 상승하였을 때 점 H 및 K에서 수직 변형률을 계산하라.

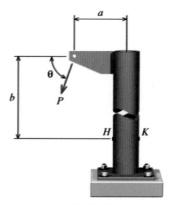

그림 P8.61

P8.62 그림 P8.62의 U형 알루미늄 막대는 작용한 하중 P의 크기를 결정하는 동력계로 사용된다. 알루미늄[$E = 70$ GPa] 막대는 $a = 30$ mm인 정사각형 단면이며, $b = 65$ mm이다. 막대의 표면에서 변형률을 측정하였으며 $955\mu\varepsilon$이었다. 하중 P의 크기는 얼마인가?

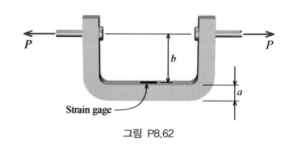

그림 P8.62

P8.63 그림 P8.63a/64a에서와 같이, 압연 강재[$E = 200$ GPa]의 짧은 기둥이 하중 P와 Q가 작용하는 강성 판을 지지하고 있다. 기둥 단면(그림 P8.63b/64b)은 깊이 $d = 200$ mm, 면적 $A = 3500$ mm², 관성모멘트 $I_Z = 23.9 \times 10^6$ mm⁴이다. 수직 변형률은 플랜지 외측면의 중심선에 부착된 스트레인 게이지 H 및 K로 측정된다. 하중 P는 165 kN이며, 게이지 H에서의 변형률은 $\varepsilon_H = +120 \times 10^{-6}$ mm/mm으로 측정되었다. $a = 135$ mm일 때, 다음 값을 구하라.
(a) 하중 Q의 크기
(b) 게이지 K에 대하여 예상되는 변형률

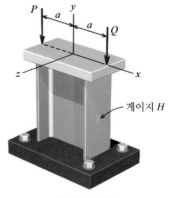

그림 P8.63a/64a

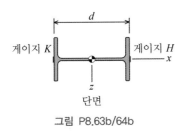

게이지 K 게이지 H

단면

그림 P8.63b/64b

의 짧은 기둥은 하중 P와 Q가 작용하는 강성 판을 지지하고 있다. 기둥 단면(그림 P8.63b/64b)은 깊이 $d = 200$ mm, 면적 $A = 3500$ mm^2, 관성모멘트 $I_Z = 23.9 \times 10^6$ mm^{4}이다. 수직 변형률은 플랜지 외측면의 중심선에 부착된 스트레인 게이지 H 및 K로 측정된다. 두 게이지에서 측정된 변형률은 각각 $\varepsilon_H = -530 \times 10^{-6}$ mm/mm 및 $\varepsilon_K = -310 \times 10^{-6}$ mm/mm이다. $a = 120$ mm 일 때, 하중 P와 Q의 크기를 구하라.

P8.64 그림 P8.63a/64a에서와 같이, 압연 강재[$E = 200$ GPa]

8.8 비대칭 휨

8.1절에서 8.3절까지 논의된 휨 이론은 단면적이 일정한 보에 대하여 전개되었다. 이 이론을 유도할 때, 보는 휨 평면이라고 하는 종방향 대칭면(그림 8.2a)을 가지는 것으로 가정하였다. 또한, 보에 작용하는 하중뿐만 아니라 결과적인 곡률 및 처짐도 휨 평면에서만 발생하는 것으로 가정하였다. 보 단면이 비대칭이거나 보에 대한 하중이 휨 평면 내에서 작용하지 않는다면, 8.1절에서 8.3절까지 전개된 휨 이론은 유효하지 않다. 다음과 같은 가상실험을 생각해보자. 그림 8.15a에 나타낸 Z 단면과 같은 비대칭 플랜지 단면이 z축에 대하여 동일한 크기의 휨모멘트(M_z)를 받고 있다. 또한, 보는 M_z에 응답하여 $x - y$ 평면에서만 휨이 발생하고, z축은 휨에 대한 중립축이라고 가정한다. 이 가정이 옳다면, 그림 8.15b에 나타난 휨응력이 Z 단면에서 발생할 것이다. 압축 휨응력이 z축 위에서 발생할 것이고, 인장 휨응력이 z축 아래에서 발생할 것이다.

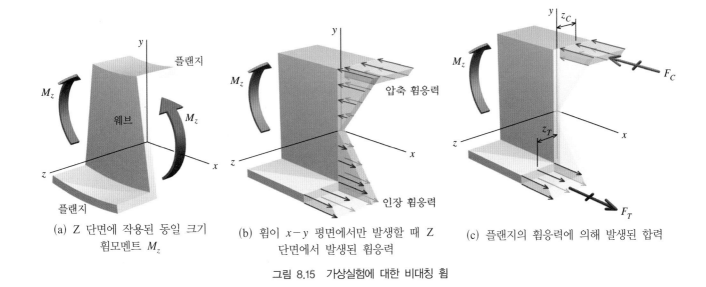

(a) Z 단면에 작용된 동일 크기
휨모멘트 M_z

(b) 휨이 $x - y$ 평면에서만 발생할 때 Z
단면에서 발생된 휨응력

(c) 플랜지의 휨응력에 의해 발생된 합력

그림 8.15 가상실험에 대한 비대칭 휨

다음으로, Z 단면의 플랜지에 발생하는 응력을 생각해보자. 휨응력은 각 플랜지 너비에 걸쳐 균일하게 분포할 것이다. 상단 플랜지에 발생하는 압축 휨응력의 내부 합력은 F_C(그림 8.15c)로 표기한다. 이 힘의 작용선은 y축으로부터 Z_c 만큼 떨어진 거리에서 수평방향으로 플랜지의 중간점을 통과한다. 마찬가지로, 하부 플랜지에 발생하는 인장 휨응력의 내부 합력은 F_T로 표기하며, 그 작용선은 y축으로부터 Z_T의 거리에 위치한다. 합력 F_C와 F_T는 크기가 같고 반대 방향으로 작용하며, y축에 대한 휨모멘트를 발생키는 우력을 형성한다. y축에 대한 이 내부 모멘트(즉, $x-z$ 평면에서 작용)는 외부 모멘트에 의해 대응되지 않는다(작용 모멘트 M_z는 z축에 대해서만 작용하기 때문에). 그러므로 평형은 만족되지 않는다. 결과적으로, 비대칭 보의 휨은 하중이 작용된 평면(즉, $x-y$ 평면)에서만 발생할 수 없다. 이 가상실험은 비대칭 보는 모멘트(M_z)가 작용하는 평면(즉, $x-y$ 평면)과 그 이외의 평면(즉, $x-z$ 평면) 모두에서 휘어져야 한다는 것을 보여준다.

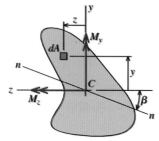

이 절에서, 임의 단면은 대칭축을 갖지 않는 형상을 의미한다.

그림 8.16 임의 단면을 가진 보의 휨

임의 단면을 가진 균일한 보

보다 일반적인 휨 이론이 임의 단면을 갖는 보에 대하여 필요하다. 보는 순수 휨을 받으며, 휨을 받기 전의 평면은 휨을 받은 후에도 평면으로 유지되고, 휨응력은 탄성을 유지한다고 가정하자. 보 단면은 그림 8.16과 같으며, 보의 종방향 축을 x축으로 정의한다. 이 과정에서, y축과 z축은 각각 수직방향 축과 수평방향 축으로 가정한다. 그러나 이들 축이 직교한다는 전제 하에, 임의의 방향으로 존재할 수 있다. 휨모멘트 M_y 및 M_z는 보에 작용하여 각각 $x-z$ 및 $x-y$ 평면에서 보의 곡률을 발생시키는 것으로 가정한다. 휨모멘트는 수직응력 σ_x를 발생시키고, 이 응력은 중립축 $n-n$을 기준으로 상부 및 하부에 선형으로 분포한다. 앞 절의 가상실험에서 보았듯이, 비대칭 보에 작용하는 하중은 하중평면 및 하중 수직평면 모두에서 휨이 발생할 수 있다. $1/\rho_z$는 $x-y$ 평면에서 보의 곡률을 표기하고, $1/\rho_y$는 $x-z$ 평면에서의 곡률로 표기하자. 휨이 발생하기 이전에 평면인 단면은 휨이 발생한 이후에도 평면을 유지하므로, 보 단면내의 임의의 위치 (y, z)에서의 종방향 수직 변형률 ε_x는 다음과 같이 표현될 수 있다.

$$\varepsilon_x = -\frac{y}{\rho_z} - \frac{z}{\rho_y}$$

휨이 탄성인 경우, 휨응력 σ_x는 휨 변형률에 비례하며, 단면에 걸친 응력 분포는 다음과 같이 정의할 수 있다.

$$\sigma_x = E\varepsilon_x = -\frac{Ey}{\rho_z} - \frac{Ez}{\rho_y} \tag{a}$$

평형 조건을 만족시키기 위해서는 모든 휨응력의 합력은 0이 되어야 한다.

$$\int_A \sigma_x \, dA = 0 \tag{b}$$

또한, 다음 모멘트 방정식을 만족시켜야 한다.

$$\int_A z\sigma_x \, dA = M_y \tag{c}$$

$$\int_A y\sigma_x\, dA = -M_z \tag{d}$$

식 (a)에 의해 주어진 σ_x 식을 식 (b)에 대입하여 다음 식을 얻는다.

$$\int_A \left(-\frac{Ey}{\rho_z} - \frac{Ez}{\rho_y} \right) dA = \int_A \left(\frac{y}{\rho_z} + \frac{z}{\rho_y} \right) dA$$
$$= \frac{1}{\rho_z}\int_A y\, dA + \frac{1}{\rho_y}\int_A z\, dA = 0 \tag{e}$$

이 방정식은 중립축 $n-n$이 단면의 도심을 통과하는 경우에만 만족될 수 있다. 식 (a)를 식 (c)에 대입하여 다음 식을 얻는다.

$$\int_A z\left(-\frac{Ey}{\rho_z} - \frac{Ez}{\rho_y} \right) dA = -\frac{E}{\rho_z}\int_A yz\, dA - \frac{E}{\rho_y}\int_A z^2\, dA = M_y \tag{f}$$

여기서, 적분 항은 각각 z축에 대한 단면의 관성모멘트와 관성 곱이다.

$$I_y = \int_A z^2\, dA \quad I_{yz} = \int_A yz\, dA$$

면적에 대한 관성모멘트와 관성 곱은 부록 A에서 확인할 수 있다.

따라서 식 (f)는 다음과 같이 다시 표현할 수 있다.

$$-\frac{EI_{yz}}{\rho_z} - \frac{EI_y}{\rho_y} = M_y \tag{g}$$

마찬가지로, 식 (a)를 식 (d)에 대입하여 다음과 같은 식을 얻는다.

$$-\frac{EI_z}{\rho_z} + \frac{EI_{yz}}{\rho_y} = M_z \tag{h}$$

여기서

$$I_z = \int_A y^2\, dA$$

방정식 (g)과 (h)를 연립하여 풀면, 휨모멘트 M_y와 M_z로 인한 $x-y$ 평면과 $x-z$ 평면에서의 곡률에 대한 식을 유도할 수 있다.

$$\frac{1}{\rho_z} = \frac{M_z I_y + M_y I_{yz}}{E(I_y I_z - I_{yz}^2)} \quad \frac{1}{\rho_y} = \frac{M_y I_z + M_z I_{yz}}{E(I_y I_z - I_{yz}^2)} \tag{i}$$

이러한 곡률 표현식을 식 (a)에 대입하여 휨모멘트 M_y 및 M_z를 받는 임의 단면의 균일한 보에서 발생하는 휨응력에 대한 일반식을 다음과 같이 구할 수 있다.

$$\sigma_x = -\frac{(M_z I_y + M_y I_{yz})y}{I_y I_z - I_{yz}^2} + \frac{(M_y I_z + M_z I_{yz})z}{I_y I_z - I_{yz}^2} \tag{8.21}$$

$$\sigma_x = \left(\frac{I_z z - I_{yz} y}{I_y I_z - I_{yz}^2}\right) M_y + \left(\frac{-I_y y + I_{yz} z}{I_y I_z - I_{yz}^2}\right) M_z \tag{8.22}$$

중립축의 방향

중립축의 방향은 수직응력이 최댓값 또는 최솟값을 갖는 단면상의 점을 찾기 위해 필요하다. 중립면에서 σ는 0이므로, 중립축의 방향은 식 (8.21)을 0으로 놓음으로써 구할 수 있다.

$$-(M_z I_y + M_y I_{yz})y + (M_y I_z + M_z I_{yz})z = 0$$

y축에 대해 풀면 다음과 같다.

$$y = \frac{M_y I_z + M_z I_{yz}}{M_z I_y + M_y I_{yz}} z$$

이것은 $y-z$ 평면 내에서 중립축의 방정식이다. 중립축의 기울기를 $dy/dz = \tan\beta$로 표현하면, 중립축의 방향은 다음과 같다.

$$\tan\beta = \frac{M_y I_z + M_z I_{yz}}{M_z I_y + M_y I_{yz}} \tag{8.23}$$

대칭 단면을 갖는 보

보 단면이 적어도 하나의 대칭축을 갖는다면, 단면에 대한 관성 곱 $I_{yz} = 0$이 된다. 이 경우, 식 (8.21)과 (8.22)는 다음과 같이 간단히 정리된다.

$$\sigma_x = \frac{M_y z}{I_y} - \frac{M_z y}{I_z} \tag{8.24}$$

그리고 중립축 방향은 다음과 같이 표현된다.

$$\tan\beta = \frac{M_y I_z}{M_z I_y} \tag{8.25}$$

하중이 보의 $x-y$ 평면에만 작용한다면, $M_y = 0$이고, 식 (8.24)는 다음과 같이 간략화된다.

$$\sigma_x = -\frac{M_z y}{I_z}$$

이것은 8.3절에서 논의된 탄성 휨 공식[식 (8.7)]과 일치한다. 식 (8.24)는 두 축(즉, M_y 및 M_z)에 대하여 휨을 받는 다양한 일반적인 단면(예를 들어, 직사각형, W 형, C 형, WT 형)의 휨 해석에 유용하다.

단면의 주축

주축은 직교하므로, y 또는 z축이 주축이라면 다른 축은 자동으로 주축이다.

앞의 유도과정에서, y축과 z축은 각각 수직하고 수평하다고 가정하였다. 그러나 임의의 직교축은 식 (8.21)부터 (8.25)를 사용하여 y축과 z축으로 취할 수 있다. 임의의 단면에 대하여, 관성 곱 $I_{yz} = 0$이 성립하는 두 개의 직교도심축이 항상 존재한다는 것은 입증되어 있다. 이 축을 단면의 **주축**(principal axes)이라고 하며, 이에 대응하는 보의 평면을 **휨의 주평면**(principal planes of bending)이라 한다. 주평면에 작용하는 휨모멘트의 경우, 휨은 항상 이 주평면 내에서만 발생한다. 보가 주평면이 아닌 평면에 대하여 휨모멘트를 받는다면, 그 휨모멘트는 항상 보의 두 주평면과 일치하는 성분으로 분해될 수 있다. 그 다음, 중첩의 원리를 사용하여 단면의 임의의 좌표(y, z)에서의 전체 휨응력은 각각의 모멘트 성분에 의해 발생된 응력을 대수적으로 더함으로써 얻을 수 있다.

제한사항

앞의 논의는 순수 휨에만 엄격하게 적용된다. 휨이 발생하는 동안, 단면에는 전단응력 및 전단변형이 발생할 것이다. 그러나 이러한 전단응력은 휨 작용에 큰 영향을 미치지 않으며, 식 (8.21)부터 식 (8.25)를 적용하여 휨응력을 계산할 때 무시할 수 있다.

예제 8.10

그림과 같이, C180×22 표준 C 형이 z축에 대해 13°의 각도로 $M = 5$ kN·m의 휨모멘트를 받고 있다. 점 H와 K에서 휨응력을 계산하고 중립축의 방향을 구하라.

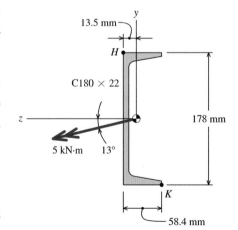

풀이 계획 C180×22 C 형의 단면 특성은 부록 B에서 얻을 수 있다. y 및 z 방향의 모멘트 성분은 주어진 휨모멘트의 크기 및 방향으로부터 계산될 수 있다. C 형은 하나의 대칭축을 갖기 때문에 점 H와 K에서의 휨응력은 식 (8.24)에서 계산될 수 있고, 중립축의 방향은 식 (8.25)에서 계산될 수 있다.

풀이 단면 특성치

부록 B에서, C180×22형의 관성모멘트는 $I_y = 570000$ mm^4

및 $I_z = 11.3 \times 10^6$ mm^{4}임을 알 수 있다. C 형은 하나의 대칭축을 가지므로 관성 곱은 $I_{yz} = 0$이다. C180×22 형상의 깊이와 플랜지 너비는 각각 $d = 178$ mm와 $b_f = 58.4$ mm이다. 또한, C 형의 후면으로부터 도심까지의 거리는 13.5 mm이다. 이 치수는 그림에 표시되어 있다.

점 H와 K의 좌표

점 H의 (y, z)좌표는 다음과 같다.

$$y_H = \frac{178 \text{ mm}}{2} = 89 \text{ mm} \quad z_H = 13.5 \text{ mm}$$

점 K의 (y, z)좌표는 다음과 같다.

$$y_K = -\frac{178 \text{ mm}}{2} = -89 \text{ mm} \quad z_K = 13.5 \text{ mm} - 58.4 \text{ mm} = -44.9 \text{ mm}$$

모멘트의 성분

y축과 z축에 대한 휨모멘트는 다음과 같다.

$$M_y = M \sin\theta = (5 \text{ kN·m}) \sin(-13°) = -1.12576 \text{ kN·m} = -1.12576 \times 10^6 \text{ N·mm}$$

$$M_z = M \cos\theta = (5 \text{ kN·m}) \cos(-13°) = 4.87185 \text{ kN·m} = 4.87185 \times 10^6 \text{ N·mm}$$

점 H와 K에서의 휨응력

C180×22형상은 하나의 대칭축을 갖기 때문에 점 H와 K에서의 휨응력은 식 (8.24)에서 계산할 수 있다. 점 H에서 휨응력은 다음과 같다.

$$\begin{aligned}
\sigma_H &= \frac{M_y z}{I_y} - \frac{M_z y}{I_z} \\
&= \frac{(-1.12576 \times 10^6 \text{ N·mm})(13.5 \text{ mm})}{570000 \text{ mm}^4} - \frac{(4.87185 \times 10^6 \text{ N·mm})(89 \text{ mm})}{11.3 \times 10^6 \text{ mm}^4} \\
&= -65.0 \text{ MPa} = 65.0 \text{ MPa (압축)}
\end{aligned}$$

답

점 K에서의 휨응력은 다음과 같이 계산된다.

$$\begin{aligned}
\sigma_K &= \frac{M_y z}{I_y} - \frac{M_z y}{I_z} \\
&= \frac{(-1.12576 \times 10^6 \text{ N·mm})(-44.9 \text{ mm})}{570000 \text{ mm}^4} - \frac{(4.87185 \times 10^6 \text{ N·mm})(-89 \text{ mm})}{11.3 \times 10^6 \text{ mm}^4} \\
&= +127.0 \text{ MPa} = 127.0 \text{ MPa (인장)}
\end{aligned}$$

답

중립축의 방향

중립축의 방향은 식 (8.25)에서 계산할 수 있다.

$$\begin{aligned}
\tan\beta &= \frac{M_y I_z}{M_z I_y} = \frac{(-1.12576 \text{ kN·m})(11.3 \times 10^6 \text{ mm}^4)}{(4.87185 \text{ kN·m})(570000) \text{ mm}^4} \\
&= -4.580949 \\
&\therefore \beta = -77.7°
\end{aligned}$$

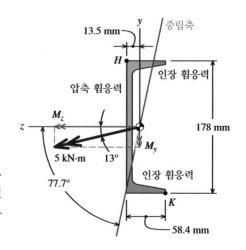

양의 각도는 z축으로부터 시계방향으로 회전한다는 의미이다. 따라서 중립축의 방향은 그림과 같다. 그림은 단면의 인장 및 압축 수직응력에 대한 영역을 나타내기 위해 음영으로 처리하였다.

예제 8.11

그림에서와 같이, 부등변 L 형이 $M = 1400$ N·m의 휨모멘트를 받고 있다. 점 H와 K에서 휨응력을 계산하고 중립축의 방향을 구하라.

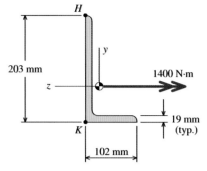

풀이 계획 계산을 시작하기 위해 먼저, L 형의 도심 위치를 찾아야 한다. 다음, 도심축에 대한 관성모멘트 I_y 및 I_z와 관성 곱을 계산해야 한다. 점 H와 K에서의 휨응력은 식 (8.21)에서 계산될 수 있고, 중립축의 방향은 식 (8.23)에서 계산될 수 있다.

풀이 단면 특성치

그림에서와 같이 L 형은 두 개의 영역 (1)과 (2)로 세분화될 수 있다(이 계산에서 필렛 부분은 무시할 수 있다). 그림에서와 같이 앵글의 모서리는 수평 및 수직방향의 계산을 위한 기준 위치로 사용될 수 있다. 수직방향으로의 도심의 위치는 다음과 같이 계산된다.

	A_i(mm²)	y_i(mm)	y_iA_i(mm³)
(1)	3857	101.5	391485.5
(2)	1577	9.5	14981.5
	5434		406467.0

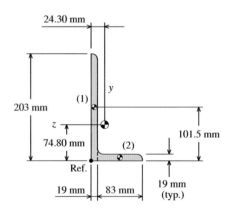

$$\bar{y} = \frac{\sum y_i A_i}{\sum A_i} = \frac{406467.0 \text{ mm}^3}{5434 \text{ mm}^2} = 74.80 \text{ mm}$$

같은 방법으로, 수평방향으로의 도심의 위치는 다음과 같이 계산된다.

	A_i(mm²)	z_i(mm)	z_iA_i(mm³)
(1)	3857	−9.5	−36641.5
(2)	1577	−60.5	−95408.5
	5434		−132050.0

$$\bar{z} = \frac{\sum z_i A_i}{\sum A_i} = \frac{-132050.0 \text{ mm}^3}{5434 \text{ mm}^2} = -24.30 \text{ mm}$$

L 형에 대한 도심의 위치가 그림에 표시되어 있다. 다음으로, L 형의 y 도심축에 대한 관성모멘트 I_y가 계산된다.

	A_i(mm²)	z_i(mm)	I_{yi}(mm⁴)	$|d_i|$(mm)	$d_i^2A_i$(mm⁴)	I_y(mm⁴)
(1)	3857	−9.5	116031.4	14.80	844837.3	960868.7
(2)	1577	−60.5	905329.4	36.20	2066563.9	2971893.3
						3932762.0

마찬가지로, z 도심축에 대한 관성모멘트 I_z는 다음과 같이 계산된다.

	A_i(mm²)	y_i(mm)	I_{zi}(mm⁴)	$|d_i|$(mm)	$d_i^2 A_i$(mm⁴)	I_z(mm⁴)
(1)	3857	101.5	13 245 259.4	26.70	2 749 616.7	15 994 876.2
(2)	1577	9.5	47 441.4	65.30	6 724 469.9	6 771 911.3
						22 766 787.5

도심축에 대한 관성 곱 I_{yz}는 다음과 같다.

	A_i (mm²)	y_i (mm)	z_i (mm)	$\bar{y} - y_i$ (mm)	$\bar{z} - z_i$ (mm)	$I_{yz} = (\bar{y} - y_i)(\bar{z} - z_i)A_i$ (mm⁴)
(1)	3857	101.5	−9.5	−26.70	−14.80	1 524 132.1
(2)	1577	9.5	−60.5	65.30	36.20	3 727 807.2
						5 251 939.3

점 H과 K의 좌표

점 H의 (y, z)좌표는 다음과 같다.

$$y_H = 203 \text{ mm} - 74.80 \text{ mm} = 128.20 \text{ mm} \quad z_H = 24.30 \text{ mm}$$

점 K의 (y, z)좌표는 다음과 같다.

$$y_K = -74.80 \text{ mm} \quad z_K = 24.30 \text{ mm}$$

모멘트 구성요소

휨모멘트는 z축에 대해 발생하며 다음과 같다.

$$M_z = -1400 \text{ N·m} = -1400000 \text{ N·mm} \quad M_y = 0$$

점 H와 K의 휨응력

L 형상은 대칭축을 가지지 않기 때문에 점 H와 K에서의 휨응력은 식 (8.21) 또는 식 (8.22)에서 계산되어야 한다. $M_y = 0$이므로, 이 예제는 두 식 중에서 식 (8.22)가 더 편리하다. 점 H에서의 휨응력은 식 (8.22)로부터 다음과 같이 계산된다.

$$\sigma_H = \left[\frac{I_z z - I_{yz} y}{I_y I_z - I_{yz}^2} \right] M_y + \left[\frac{-I_y y + I_{yz} z}{I_y I_z - I_{yz}^2} \right] M_z$$

$$= 0 + \left[\frac{-(3932762.0 \text{ mm}^4)(128.20 \text{ mm}) + (5251939.3 \text{ mm}^4)(24.30 \text{ mm})}{(3932762.0 \text{ mm}^4)(22766787.5 \text{ mm}^4) - (5251939.3 \text{ mm}^4)^2} \right] (-1400000 \text{ N·mm})$$

$$= +8.51 \text{ MPa} = 8.51 \text{ MPa} \text{ (인장)}$$

점 K에서의 휨응력은 다음과 같다.

$$\sigma_H = \left[\frac{I_z z - I_{yz} y}{I_y I_z - I_{yz}^2} \right] M_y + \left[\frac{-I_y y + I_{yz} z}{I_y I_z - I_{yz}^2} \right] M_z$$

$$= 0 + \left[\frac{-(3932762.0 \text{ mm}^4)(-74.80 \text{ mm}) + (5251939.3 \text{ mm}^4)(24.30 \text{ mm})}{(3932762.0 \text{ mm}^4)(22766787.5 \text{ mm}^4) - (5251939.3 \text{ mm}^4)^2} \right] (-1400000 \text{ N·mm})$$

$$= -9.53 \text{ MPa} = 9.53 \text{ MPa} \text{ (압축)}$$

중립축의 방향

중립축의 방향은 식 (8.23)으로부터 다음과 같이 계산할 수 있다.

$$\tan\beta = \frac{M_y I_z + M_z I_{yz}}{M_z I_y + M_y I_{yz}} = \frac{0 + (-1400\,\text{N}\cdot\text{m})(5251939.3\ \text{mm}^4)}{(-1400\,\text{N}\cdot\text{m})(3932762.0\ \text{mm}^4) + 0} = 1.3354$$

$$\therefore\ \beta = 53.2°$$

양의 β 각은 z축으로부터 시계방향으로 회전한다. 따라서 중립축의 방향은 그림과 같다. 그림은 단면의 인장 및 압축 수직응력에 대한 영역을 나타내기 위해 음영으로 처리하였다.

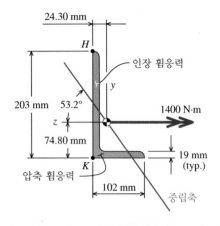

PROBLEMS

P8.65 그림 P8.65와 같이, 상자형 단면의 보가 수평축에 대하여 $30°$의 각도로 2100 N·m의 휨모멘트를 받고 있다. 다음을 구하라.

(a) 보 단면의 최대 인장 휨응력 및 최대 압축 휨응력

(b) z축에 대한 중립축의 방향을 구하라. 또한 중립축의 위치를 단면에 스케치하라.

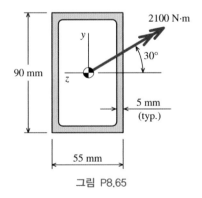

그림 P8.65

P8.66 그림 P8.66과 같이 T형 단면의 보가 $M = 30$ kN·m의 휨모멘트를 받고 있다. T형 단면의 치수는 $d = 230$ mm, $b_f = 175$ mm, $t_f = 30$ mm, $t_w = 19$ mm이다. 다음을 구하라.

(a) 점 H에서의 휨응력

(b) 점 K에서의 휨응력

(c) z축에 대한 중립축의 방향을 구하라. 또한 중립축의 위치를 단면에 스케치하라.

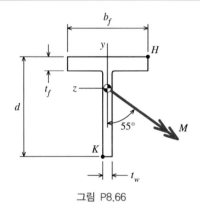

그림 P8.66

P8.67 그림 P8.67과 같이 상자형 단면의 보가 $M = 8500$ N·m의 휨모멘트를 받고 있다. 단면 치수는 $d = 100$ mm, $b = 150$ mm, $t = 9$ mm이다. 다음 사항을 구하라.

(a) 점 H에시의 휨응력

(b) 점 K에서의 휨응력

(c) 보 단면의 최대 인장 휨응력 및 최대 압축 휨응력

(d) z축에 대한 중립축의 방향을 구하라. 또한 중립축의 위치를 단면에 스케치하라.

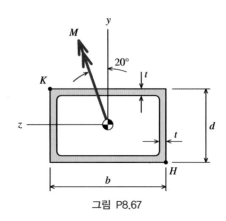

그림 P8.67

P8.68 그림 P8.68/69와 같이 W 형 보가 $M = 12$ kN·m의 휨모멘트를 받고 있다. 다음 사항을 구하라.

(a) 점 H에서의 휨응력

(b) 점 K에서의 휨응력

(c) z축에 대한 중립축의 방향을 구하라. 또한 중립축의 위치를 단면에 스케치하라.

P8.69 그림 P8.68/69의 W 형 보에서 단면에 발생하는 휨응력이 165 MPa를 초과하지 않도록 하는 휨모멘트 M의 최댓값을 구하라.

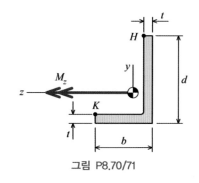

그림 P8.70/71

P8.71 그림 P8.70/71에 표현된 부등변 L 형의 단면 치수는 $d = 75$ mm, $b = 60$ mm, $t = 7$ mm이다. 이 단면에 발생하는 휨응력이 205 MPa를 초과하지 않도록 하는 휨모멘트 M_z의 최대 크기를 구하라.

P8.72 그림 P8.72와 같이 Z 형 단면의 보가 $M = 40$ kN·m의 휨모멘트를 받고 있다. 다음 사항을 구하라.

(a) 점 H에서의 휨응력

(b) 점 K에서의 휨응력

(c) z축에 대한 중립축의 방향을 구하라. 또한 중립축의 위치를 단면에 스케치하라.

(d) 보 단면의 최대 인장 휨응력 및 최대 압축 휨응력

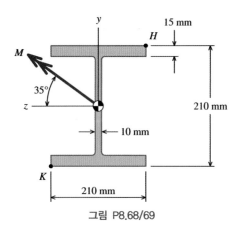

그림 P8.68/69

P8.70 그림 P8.70/71에서와 같이 부등변 L 형 단면의 보가 $M_z = 1500$ N·m의 휨모멘트를 받고 있다. 단면 치수는 $d = 75$ mm, $b = 60$ mm, $t = 7$ mm이다. 다음 사항을 구하라.

(a) 점 H에서의 휨응력

(b) 점 K에서의 휨응력

(c) z축에 대한 중립축의 방향을 구하라. 또한 중립축의 위치를 단면에 스케치하라.

(d) 보 단면의 최대 인장 휨응력 및 최대 압축 휨응력

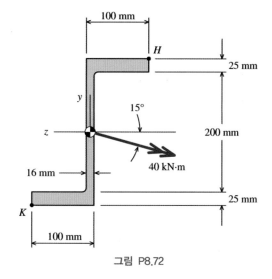

그림 P8.72

P8.73 그림 P8.73과 같이 부등변 L 형 단면의 보가 $M = 14$ kN·m의 휨모멘트를 받고 있다. 다음 사항을 구하라.

(a) 점 H에서의 휨응력

(b) 점 K에서의 휨응력

(c) z축에 대한 중립축의 방향을 구하라. 또한 중립축의 위치를 단면에 스케치하라.

(d) 보 단면의 최대 인장 휨응력 및 최대 압축 휨응력

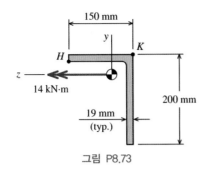

그림 P8.73

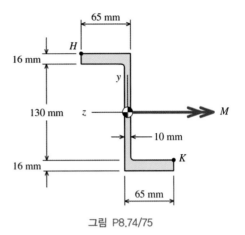

그림 P8.74/75

P8.75 그림 P8.74/75에 표현된 Z 형 보가 단면에 발생하는 휨 응력이 205 MPa를 초과하지 않도록 하는 휨모멘트 M의 최대 크기를 구하라.

P8.74 그림 P8.74/75와 같이 Z 형 단면의 보가 $M = 5500$ N·m의 휨모멘트를 받고 있다. 다음 사항을 구하라.

(a) 점 H에서의 휨응력

(b) 점 K에서의 휨응력

(c) z축에 대한 중립축의 방향을 구하라. 또한 중립축의 위치를 단면에 스케치하라.

(d) 보 단면의 최대 인장 휨응력 및 최대 압축 휨응력

8.9 휨 재하에서의 응력 집중

5.7절에서 축하중을 받는 부재에 원형 구멍이나 다른 기하학적 불연속이 존재하는 경우에는 불연속 근처에서 응력이 크게 증가한다는 것을 알 수 있었다. 마찬가지로, 비틀림을 받는 원형 샤프트의 지름이 감소하는 부분에서도 응력의 증가가 발생하였다. **응력 집중**(stress concentration)이라고 하는 이 현상은 휨 부재에서도 발생한다. 8.3절에서, 순수 휨 영역에서 균일한 단면을 갖는 보의 수직응력의 크기는 다음과 같이 식 (8.10)에 의해 주어진다.

$$\sigma_{\max} = \frac{Mc}{I_z} \tag{8.10}$$

식 (8.10)으로부터 계산된 휨응력은 응력 집중 현상을 감안한 것이 아니기 때문에 공칭 응력(nominal stress)이라고 한다. 노치, 홈, 필렛 또는 단면의 갑자스런 변화 근처에서 휨으로 인한 수직응력은 급작스럽게 증가할 수 있다. 불연속 부분에서의 최대 휨응력과 식 (8.10)으로부터 계산된 공칭 응력 사이의 관계식은 응력집중계수 K로 다음과 같이 표현된다.

식사각형 보에서 식 (8.26)에 직용된 공칭 휨응력은 최소 깊이에서의 응력이다. 원형 샤프트에 대해서는 공칭 휨응력이 최소 지름에 대하여 계산된다.

$$K = \frac{\sigma_{\max}}{\sigma_{\text{nom}}} \tag{8.26}$$

식 (8.26)에서 사용된 공칭 응력은 불연속 위치에서의 휨 부재의 최소 깊이 또는 지름에 대해 계산된 휨응력이다. K 계수는 부재의 형상에만 의존하므로, 응력집중계수 K 곡

선은 관련된 매개 변수의 비율에 따라 표시할 수 있다. 순수 휨을 받는 직사각형 단면의 노치 및 필렛에 대한 곡선은 그림 8.17과 8.18[1])에 도시되어 있다. 순수 휨을 받는 원형 샤프트의 홈과 필렛에 대한 유사한 곡선은 그림 8.19와 8.20[2])에 도시되어 있다.

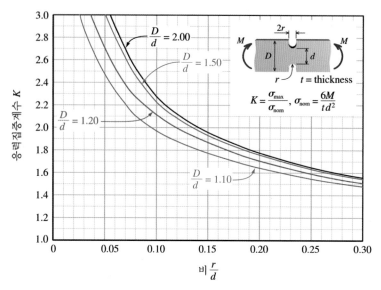

그림 8.17 양쪽에 U-형 노치가 있는 평판의 휨에 대한 응력집중계수 K

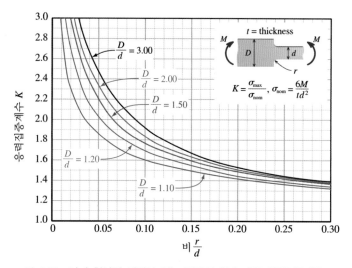

그림 8.18 어깨 형상의 필렛이 있는 평판의 휨에 대한 응력집중계수 K

1) Walter D. Pilkey, *Peterson's Stress Concentration Factors*, 2nd ed. (New York: John Wiley & Sons, Inc., 1997)에서 인용.
2) 전과 동일.

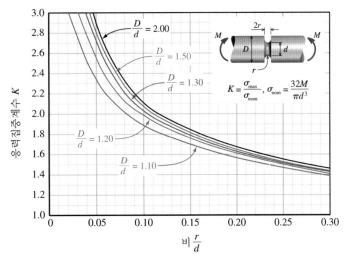

그림 8.19 U-형상의 홈이 있는 원형 샤프트의 휨에 대한 응력집중계수 K

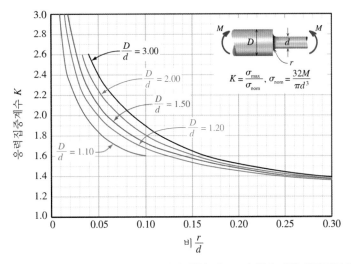

그림 8.20 어깨 형상의 필렛이 있는 계단형 원형 샤프트의 휨에 대한 응력집중계수 K

예제 8.12

그림에 보인 캔틸레버 스프링은 SAE 4340 열처리 강으로 제작되었으며, 그 두께는 50 mm이다. 그림에서 알 수 있듯이, 직사각형 단면의 깊이는 변곡 구간에서 필렛을 이용하여 80 mm에서 40 mm로 줄어든다. 스프링의 파괴에 대한 안전 계수는 2.5로 주어졌다. 스프링의 최대 안전 모멘트 M을 다음의 조건에 따라 결정하라.

(a) 필렛 반지름 r은 4 mm이다.

(b) 필렛 반지름 r은 12 mm이다.

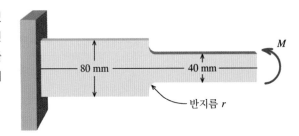

풀이 열처리된 SAE 4340 강재(특성에 대해서는 부록 D 참조)에 대한 극한강도 σ_U는 1030 MPa이다. 따라서 스프링에 대한 허용 응력은 다음과 같다.

$$\sigma_{\text{allow}} = \frac{\sigma_U}{FS} = \frac{1034 \text{ MPa}}{2.5} = 413.6 \text{ MPa}$$

스프링의 최소 깊이에서의 관성모멘트 I는 다음과 같다.

$$I = \frac{(50 \text{ mm})(40 \text{ mm})^3}{12} = 266667 \text{ mm}^4$$

허용 휨모멘트의 크기는 식 (8.26)으로부터 응력집중계수 K의 항으로 다음과 같이 얻을 수 있다.

$$M_{\text{allow}} = \frac{\sigma_{\text{allow}}I}{Kc} = \frac{413.6 \text{ N/mm}^2 (266667 \text{ mm}^4)}{K (20 \text{ mm})} = \frac{5514574 \text{ N} \cdot \text{mm}}{K} = \frac{5515 \text{ N} \cdot \text{m}}{K}$$

그림 8.18에서 사용된 표기법을 참조하면, 감소된 깊이 d에 대한 최대 스프링 깊이 D의 비율 $D/d = 80/40 = 2.0$이다.

(a) 필렛 반지름 $r = 4$ mm

$D/d = 2.0$ 및 $r/d = 4/40 = 0.10$에 대하여 그림 8.18로부터 응력집중계수 $K = 1.84$를 얻을 수 있다. 따라서 최대 허용 휨모멘트는 다음과 같다.

$$M = \frac{5515 \text{ N} \cdot \text{m}}{K} = \frac{5515 \text{ N} \cdot \text{m}}{1.84} = 2997 \text{ N·m} \qquad \text{답}$$

(b) 필렛 반지름 $r = 12$ mm

필렛 반지름이 12 mm일 때, $r/d = 12/40 = 0.30$이다. 따라서 그림 8.18로부터 대응하는 응력집중계수는 $K = 1.38$이다. 결과적으로 최대 허용 휨모멘트는 다음과 같다.

$$M = \frac{5515 \text{ N} \cdot \text{m}}{K} = \frac{5515 \text{ N} \cdot \text{m}}{1.38} = 3996 \text{ N·m} \qquad \text{답}$$

PROBLEMS

P8.76 그림 P8.76/77에 도시된 스테인리스강 스프링은 두께가 19 mm이고, 단면 B에서 $D = 50$ mm에서 $d = 32$ mm로 깊이가 변하고 있다. 두 단면 사이에서 필렛 반지름은 $r = 4$ mm이다. 스프링에 작용하는 휨모멘트가 $M = 250$ N·m인 경우, 스프링에 발생하는 최대 수직응력을 결정하라.

P8.78 그림 P8.78/79에 도시된 노치를 가진 막대가 $M = 300$ N·m 휨모멘트를 받는다. 막대의 최대 너비는 $D = 75$ mm이고, 노치 부분의 최소 너비는 $d = 50$ mm이며, 각 노치의 반지름은 $r = 10$ mm 이다. 막대에 발생하는 최대 휨응력이 90 MPa를 초과하지 않도록 하는 막대의 최소 두께 b를 결정하라.

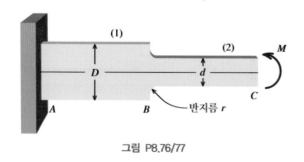

그림 P8.76/77

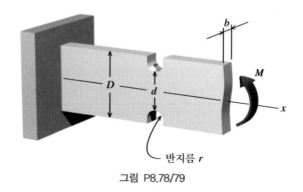

그림 P8.78/79

P8.77 그림 P8.76/77에 도시된 합금강 스프링은 두께가 25 mm이고, 단면 B에서 $D = 75$ mm에서 $d = 50$ mm로 깊이가 변하고 있다. 두 단면 사이에서 필렛 반지름은 $r = 8$ mm이다. 스프링에서 발생되는 최대 휨응력이 120 MPa를 초과하지 않도록 하는 스프링의 최대 휨모멘트의 크기를 구하라.

P8.79 그림 P8.78/79에 도시된 기계 부품은 냉간 압연 18-8 스테인리스강으로 만들어졌다(재료 특성값은 부록 D 참조). 막대의 최대 너비는 $D = 55$ mm이고, 노치 부분의 최소 너비는 d

=30 mm, 각 노치의 반지름은 $r=5$ mm, 막대 두께는 $b=8$ mm 이다. 항복 파괴에 대한 안전계수가 3.0인 경우, 막대에 적용될 수 있는 최대 안전 모멘트 M을 결정하라.

P8.80 그림 P8.80/81에 도시된 샤프트는 자동 정렬 베어링에 의해 단부가 지지되어 있다. 샤프트의 최대 지름은 $D=75$ mm이 고, 최소 지름은 $d=50$ mm이며, 최대 지름과 최소 지름 사이의 필렛 반지름은 $r=7$ mm이다. 샤프트의 길이는 $L=800$ mm이 며, 필렛은 $x=300$ mm 및 $x=500$ mm에 위치한다. 최대 수직 응력이 250 MPa로 제한되는 경우, 샤프트에 적용될 수 있는 최 대 하중 P를 결정하라.

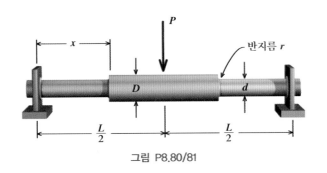

그림 P8.80/81

P8.81 그림 P8.80/81에 도시된 C86100 청동(재료 특성값은 부록 D 참조) 샤프트는 자동 정렬 베어링에 의해 단부가 지지되 어 있다. 샤프트의 최대 지름은 $D=40$ mm이고, 최소 지름은 $d=25$ mm이며, 최대 지름과 최소 지름 사이의 필렛 반지름은 $r=5$ mm이다. 샤프트의 길이는 $L=500$ mm이며, 필렛은 $x=150$ mm 및 $x=350$ mm에 위치한다. 항복 파괴에 대한 안전계수가 3.0인 경우, 샤프트에 적용될 수 있는 최대 하중 P를 결정하라.

P8.82 그림 P8.82/83에 도시된 샤프트는 1020 냉간 압연 강으 로 만들어졌다(재료 특성값은 부록 D 참조). 샤프트의 최대 지름 은 $D=30$ mm이고, 최소 지름은 $d=16$ mm이며, 최대 지름과 최소 지름 사이의 필렛 반지름은 $r=3$ mm이다. 필렛은 점 C로 부터 $x=90$ mm에 위치한다. 점 C에 하중이 $P=700$ N이 가해

지는 경우, 필렛 점 B에서 항복 파괴에 대한 안전계수를 결정하 라.

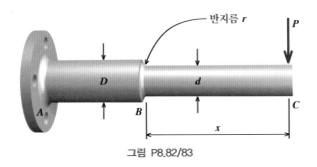

그림 P8.82/83

P8.83 그림 P8.82/83에 도시된 샤프트는 1020 냉간 압연 강으 로 만들어졌다(재료 특성값은 부록 D를 참조). 샤프트의 최대 지 름은 $D=30$ mm이고, 최소 지름은 $d=20$ mm이며, 최대 지름과 최소 지름 사이의 필렛 반지름은 $r=3$ mm이다. 필렛은 점 C로 부터 $x=90$ mm에 위치한다. 필렛 B점에서 항복 파괴에 대한 안 전계수가 1.5로 주어졌을 때, 샤프트 점 C에 작용할 수 있는 최 대 하중 P를 결정하라.

P8.84 그림 P8.84에 도시된 홈을 가진 샤프트는 C86100 청동 으로 만들어졌다(재료 특성값은 부록 D 참조). 샤프트의 최대 지 름은 $D=50$ mm이고, 홈 부분의 최소 지름은 $d=34$ mm이며, 홈의 반지름은 $r=4$ mm이다. 항복 파괴에 대한 안전계수가 1.5 로 주어졌을 때, 샤프트에 작용할 수 있는 최대 허용 모멘트 M을 결정하라.

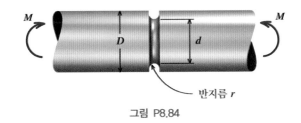

그림 P8.84

보의 전단응력

9.1 개요

순수 휨을 받는 보의 경우 인장 및 압축 수직응력만이 휨부재에서 발생한다. 그러나 대부분의 경우 보에 작용하는 하중들은 불균등 휨을 유발한다. 즉 내부 휨모멘트는 내부 전단력을 수반한다. 불균등 휨의 결과로서, 보에서는 수직응력뿐만 아니라 전단응력이 발생된다. 이 장에서는 불균등 휨으로 인해 발생되는 전단응력을 구하는 방법을 유도한다. 이 방법은 또한 여러 부품이 개별 고정장치에 의해 서로 결합되어 제작된 보에 적용될 것이다.

9.2 휨응력에 의한 합력

보의 전단응력을 나타내는 식을 유도하기 전에 보 단면의 일부에서 휨응력에 의해 발생하는 합력들을 좀 더 자세히 고려하는 것이 좋을 것이다. 그림 9.1에 주어진 2 m 길이 지간의 중앙에 $P = 9000$ N의 집중하중이 작용하는 단순지지보를 생각해보자. 이 지간 및 하

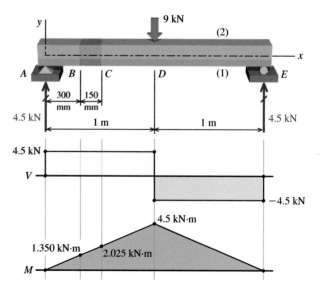

그림 9.1 지간의 중앙에 집중하중을 받는 단순지지보

중에 대한 전단력도와 휨모멘트도는 그림 9.1과 같다.

여기에서는 임의로 그림 9.1에서와 같이 왼쪽 지점으로부터 300 mm 떨어진 곳에 위치한 150 mm 길이의 보의 세그먼트 BC를 고려한다. 보는 두 개의 나무 판자로 구성되어 있으며 각각은 동일한 탄성계수를 가지고 있다. 하부판은 부재 (1)로 표기하고 상부판은 부재 (2)로 표기한다. 보의 단면 치수는 그림 9.2에 주어져 있다.

이 검토의 목적은 단면 B와 C에서 부재 (1)에 작용하는 힘을 구하기 위한 것이다.

휨모멘트도로부터 단면 B와 C에서의 내부 휨모멘트는 각각 $M_b = 1.350$ kN·m, $M_c = 2.025$ kN·m이다. 두 모멘트 모두 양의 값을 갖는다. 따라서 보의 세그먼트 BC는 그림 9.3a와 같이 변형될 것이다. 보 단면의 상반부에는 압축 수직응력이, 하반부에는 인장 수직응력이 발생할 것이다. 이 두 위치에서의 단면 깊이에 따른 휨응력 분포는 z 도심축에 대한 관성모멘트 $I_z = 33750000$ mm⁴를 이용하여 휨 공식으로부터 결정될 수 있다. 휨응력의 분포는 그림 9.3b와 같다.

부재 (1)에 작용하는 힘을 결정하기 위하여 점 b와 c(단면 B) 사이 그리고 점 e와 f(단면 C) 사이에 작용하는 수직응력만을 고려한다. 단면 B에서 휨응력은 점 b에서 1.0 MPa (인장)으로부터 점 c에서 3.0 MPa (인장)으로 변한다. 단면 C에서 휨응력은 점 e에서 1.5 MPa (인장)으로부터 점 f에서 4.5 MPa (인장)으로 변한다.

그림 9.2로부터 부재 (1)의 단면적은 다음과 같다.

$$A_1 = (50 \text{ mm})(120 \text{ mm}) = 6000 \text{ mm}^2$$

이 면적에 작용하는 단면 B에서의 합력을 결정하기 위하여 응력 분포는 두 개의 성분으로 나뉘는데, 1.0 MPa의 크기를 갖는 균일하게 분포된 부분과 (3.0 MPa − 1.0 MPa) = 2.0 MPa의 최대 강도를 갖는 삼각형 부분으로 나뉜다. 이 방법에 의해 단면 B에서 부재 (1)에 작용하는 합력은 다음과 같이 계산될 수 있다.

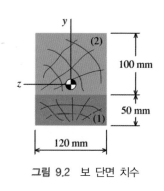

그림 9.2 보 단면 치수

$$\text{합력 } F_B = (1.0 \text{ N/mm}^2)(6000 \text{ mm}^2) + \frac{1}{2}(2.0 \text{ N/mm}^2)(6000 \text{ mm}^2)$$

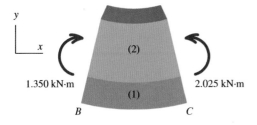

(a) 내부 휨모멘트

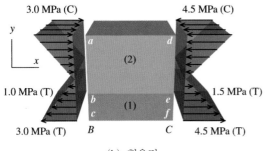

(b) 휨응력

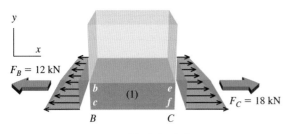

(c) 휨응력의 합력

그림 9.3 보의 세그먼트 BC에 작용하는 모멘트, 응력, 힘

$$= 12000 \text{ N} = 12 \text{ kN}$$

휨응력은 인장응력이므로 합력은 단면 B에서 인장력으로 작용한다.

마찬가지로 단면 C에서의 응력 분포는 1.5 MPa의 크기를 갖는 균일하게 분포된 부분과 (4.5 MPa − 1.5 MPa) = 3.0 MPa의 최대 강도를 갖는 삼각형 부분의 두 개의 성분으로 나뉜다. 단면 C에서 부재 (1)에 작용하는 합력은 다음과 같다.

$$합력 \ F_C = (1.5 \text{ N/mm}^2)(6000 \text{ mm}^2) + \frac{1}{2}(3.0 \text{ N/mm}^2)(6000 \text{ mm}^2)$$
$$= 18000 \text{ N} = 18 \text{ kN}$$

부재 (1)에서의 휨응력에 의한 합력은 그림 9.3c에 주어져 있다. 주목할 점은 합력의 크기가 같지 않다는 것이다. 왜 이 합력들은 같지 않은가? 내부 휨모멘트 M_C가 M_B보다 크기 때문에 단면 C에서의 합력은 단면 B에서의 합력보다 크다. 합력 F_B와 F_C는 내부 휨모멘트가 단면 B와 C에서 동일할 때에만 크기가 동일하다. 보의 세그먼트 BC의 부재 (1)은 평형상태인가? $\sum F_x \neq 0$이므로 평형상태가 아니다. 평형상태를 만족시키기 위해서는 얼마만큼의 추가적인 힘이 필요한가? 부재 (1)이 평형상태가 되기 위해서는 수평방향으로 6 kN의 추가적인 힘이 필요하다. 이 추가적인 힘은 어디에 위치하여야 하는가? 두 개의 수직면($b-c$와 $e-f$)에 작용하는 모든 수직응력들은 F_B와 F_C에 대한 계산에서 고려되었다. 하단 수평면 $c-f$는 응력이 작용하지 않는 자유면이므로 평형상태를 만족시키기 위해 요구되는 추가적인 6 kN의 수평력은 그림 9.4와 같이 수평면 $b-e$에 위치하여야 한다. 이 면은 부재 (1)과 부재 (2) 사이의 경계면이다. 그 작용선에 평행한 면에 작용하는 힘을 무엇이라고 하는가? 면 $b-e$에 작용하는 6 kN의 수평방향 힘은 전단력(shear force)이라고 한다. 6 kN 힘은 휨응력의 합력과 동일한 방향인 x축과 평행한 방향으로 작용한다.

간단하게 살펴본 과정에서 무엇을 얻을 수 있는가? 내부 휨모멘트가 일정하지 않은 보의 지간에서 단면에 작용하는 합력들은 크기가 같지 않다. 이러한 부분들의 평형은 보의 내부에서 추가적으로 발생하는 전단력에 의해서만 만족될 수 있다.

다음 절에서 평형을 만족시키기 위해 필요한 추가적인 내부 전단력이 두 가지 방법으로 유도될 수 있음을 알게 될 것이다. 내부 전단력은 보에서 발생되는 전단응력의 합력일 수

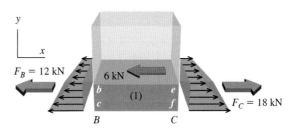

그림 9.4 부재 (1)의 자유물체도

도 있고 또는 볼트, 못이나 나사와 같은 개별 고정장치들로부터 주어질 수도 있다.

예제 9.1

보의 세그먼트는 그림과 같은 내부 휨모멘트를 받고 있다. 보의 단면 치수는 그림과 같이 주어져 있다.

(a) 보 세그먼트의 측면도를 그리고, 단면 A와 B에 작용하는 휨응력의 분포를 그려라. 또한 그림에 주요 휨응력들의 크기를 표시하라.

(b) 단면 A와 B에서 면적 (2)에 x방향으로 작용하는 합력을 구하고 그림에 합력을 표시하라.

(c) x 방향으로 작용하는 힘에 대하여 주어진 면적이 평형상태에 있는가? 그렇지 않다면 주어진 면적에 대하여 평형을 만족시키기 위해 필요한 수평방향 힘을 구하고 그림에 이 힘의 위치와 방향을 표시하라.

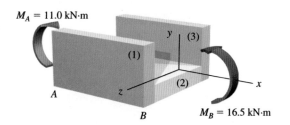

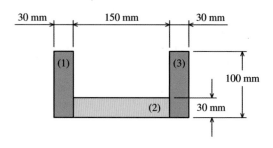

풀이 계획 단면 특성을 계산한 후, 휨모멘트에 의해 발생되는 수직응력을 휨 공식으로부터 계산한다. 특히, 면적 (2)에 작용하는 휨응력을 계산한다. 이 응력들로부터 보 세그먼트의 각 끝단에서 수평방향으로 작용하는 합력을 계산한다.

풀이 (a) z방향의 도심 위치는 대칭조건으로부터 구할 수 있다. y방향의 도심 위치는 U-형상 단면에 대하여 결정되어야 한다. U-형상은 직사각형 형상 (1), (2), (3)으로 나누어지며, y 도심 위치는 다음과 같이 계산된다.

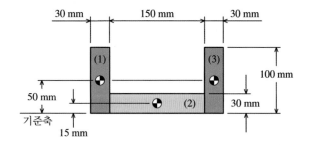

	A_i (mm²)	y_i (mm)	$y_i A_i$ (mm³)
(1)	3000	50	150 000
(2)	4500	15	67 500
(3)	3000	50	150 000
	10 500		367 500

$$\bar{y} = \frac{\sum y_i A_i}{\sum A_i} = \frac{367500 \text{ mm}^3}{10500 \text{ mm}^2} = 35.0 \text{ mm}$$

z 도심축은 U-형상 단면에 대해 기준축보다 35.0 mm 위에 위치한다. 다음으로 z 도심축에 대한 관성모멘트를 계산한다. U-형상에 대해서 면적 (1), (2), (3)의 도심이 U-형상에 대한 z 도심축과 일치하지 않기 때문에 평행이동축 정리가 필요하다. 전체 계산은 다음 표에 요약되어 있다.

	I_{ci} (mm⁴)	$|d_i|$ (mm)	$d_i^2 A_i$ (mm⁴)	I_z (mm⁴)
(1)	2 500 000	15.0	675 000	3 175 000
(2)	337 500	20	1 800 000	2 137 500
(3)	2 500 000	15.0	675 000	3 175 000
				8 487 500

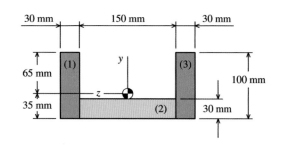

z도심축에 대한 U-형상 단면의 관성모멘트는 I_z $=8487500$ mm^{4}이다.

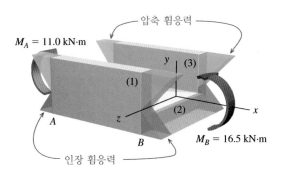

그림과 같이 보 세그먼트에 작용하는 양의 휨 모멘트 M_A와 M_B에 의하여 압축 수직응력이 z도심축 위에서 발생하고 인장 수직응력이 z도심축 아래에서 발생한다. 임의의 좌표 위치 y에서의 휨 응력은 휨 공식[식 (8.7)]에 의해 계산된다(y좌표 축은 도심에서 원점을 갖는다). 예를 들면, 단면 A에서 면적 (1)의 상단에서의 휨응력은 $y=+65$ mm를 사용하여 계산된다.

$$\sigma_x = -\frac{My}{I_z} = -\frac{(11 \text{ kN·m})(65 \text{ mm})(1000 \text{ N/kN})(1000 \text{ mm/m})}{8487500 \text{ mm}^4}$$

$$= -84.2 \text{ MPa} = 84.2 \text{ MPa (수축)}$$

단면 A와 B에서의 최대 인장 휨 응력과 압축 휨응력은 오른쪽 그림에 도시되어 있다.

(b) 이 예제에서 특히 흥미로운 것은 U-형상 단면의 면적 (2)에 작용하는 휨응력이다. 면적 (2)에 작용하는 수직응력은 다음의 그림에 주어져 있다.

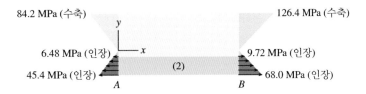

면적 (2)에 작용하는 휨응력의 합력은 단면 A와 단면 B에서 결정되어야 한다. 면적 (2)에 작용하는 수직응력들은 모두 동일한 방향(인장)이며, 이 응력들은 y방향으로 선형적으로 분포되므로 평균응력의 크기만 결정하면 된다. 응력은 면적 (2)의 z차원에 대하여 균일하게 분포된다. 그러므로 면적 (2)에 작용하는 합력은 평균 수직응력과 작용하는 면적의 곱으로부터 결정될 수 있다. 면적 (2)는 폭이 150 mm 이고 높이는 30 mm이다. 따라서 $A_2=4500$ mm^{2}이다. 단면 A에서 x 방향의 합력은 다음과 같다.

$$F_A = \frac{1}{2}(6.48 \text{ MPa} + 45.4 \text{ MPa})(4500 \text{ mm}^2) = 116730 \text{ N} = 116.7 \text{ kN}$$

그리고 단면 B에서 수평방향 합력은 다음과 같다.

$$F_B = \frac{1}{2}(9.72 \text{ MPa} + 68.0 \text{ MPa})(4500 \text{ mm}^2) = 174870 \text{ N} = 174.9 \text{ kN}$$

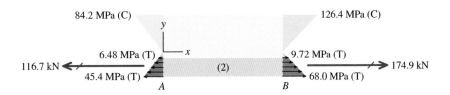

(c) 면적 (2)의 평형상태를 고려한다. x 방향으로의 두 합력의 합은 다음과 같다.

$$\sum F_x = 174.9 \text{ kN} - 116.7 \text{ kN} = 58.2 \text{ kN} \neq 0$$

면적 (2)는 평형상태에 있지 않다. 이 상황으로부터 어떤 점을 유추할 수 있는가? 보의 세그먼트가 불균등 휨을 받을 경우에는(보의 지간을 따라 휨모멘트가 작용하는 경우) 종방향으로 평형이 되도록 보 단면의 부분들에 추가적인 힘들이 필요하다. 이러한 추가 힘들은 면적 (2)의 어디에 작용될 수 있는가?

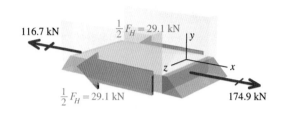
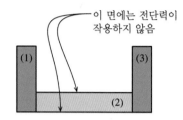

평형상태를 만족시키기 위해 요구되는 수평방향의 추가적인 힘 F_H는 면적 (2)의 상단 및 하단의 면으로부터 나올 수 없다. 왜냐하면 이 면들은 자유면이기 때문이다. 그러므로 F_H는 면적 (1)과 면적 (2) 사이, 그리고 면적 (2)와 면적 (3) 사이의 경계에 작용하여야 한다. 대칭에 의해 수평방향 힘의 절반이 각 면에 작용할 것이다. F_H는 면적 (2)의 수직 측면을 따라 작용하기 때문에 전단력이라고 한다.

Mec Movies MecMovies 예제 M9.1

휨 부재에서 발생되는 수평 전단력을 논하라.

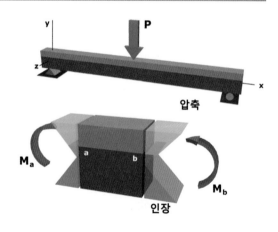

PROBLEMS

다음의 문제들에 대해서 단면 A와 B에서 내부 휨모멘트가 작용하는 보 세그먼트가 단면 치수와 같이 주어져 있다. 각 문제에 대해 다음에 답하라.

(a) 보 세그먼트의 측면도를 그리고 단면 A와 B에 작용하는 휨응력의 분포를 그려라. 그림에 주요 휨응력들의 크기를 표시하라.

(b) 단면 A와 B의 주어진 면적에서 x 방향으로 작용하는 합력을 구하고 그림에 이 합력들을 표시하라.

(c) 주어진 면적은 x 방향으로 작용하는 힘들에 대하여 평형상태인가? 그렇지 않다면 주어진 면적에 대하여 평형을 만족시키는 데 필요한 수평방향 힘을 구하고 이 힘의 위치와 방향을 그림에 표시하라.

P9.1 그림 P9.1a에 주어진 0.5 m 길이의 보 세그먼트는 $M_A = 32$ kN·m와 $M_B = 38$ kN·m의 내부 휨모멘트를 받고 있다. 그림 P9.1b의 면적 (1)을 고려한다.

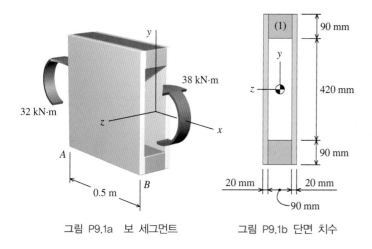

그림 P9.1a 보 세그먼트

그림 P9.1b 단면 치수

P9.2 그림 P9.2a에 주어진 0.4 m 길이의 보 세그먼트는 $M_A =$ 4.2 kN·m와 $M_B = 2.8$ kN·m의 내부 휨모멘트를 받고 있다. 그림 P9.2b의 면적 (1)을 고려한다.

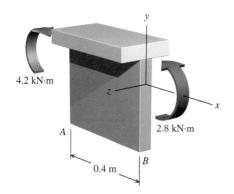

그림 P9.2a 보 세그먼트

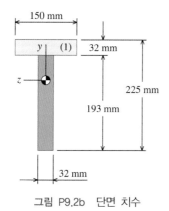

그림 P9.2b 단면 치수

P9.3 그림 P9.3a에 주어진 0.5 m 길이의 보 세그먼트는 $M_A =$ -5.8 kN·m와 $M_B = -3.2$ kN·m의 내부 휨모멘트를 받고 있다. 그림 P9.3b의 면적 (1)을 고려한다.

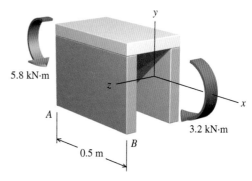

그림 P9.3a 보 세그먼트

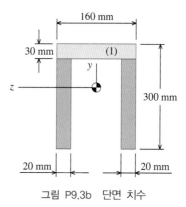

그림 P9.3b 단면 치수

P9.4 그림 P9.4a에 주어진 0.4 m 길이의 보 세그먼트는 $M_A =$ -18 kN·m와 $M_B = -23$ kN·m의 내부 휨모멘트를 받고 있다. 그림 P9.4b의 면적 (1)을 고려한다.

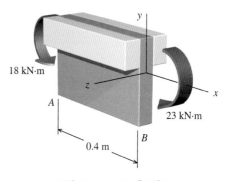

그림 P9.4a 보 세그먼트

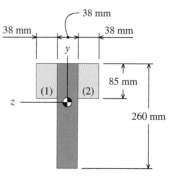

그림 P9.4b 단면 치수

P9.5 그림 P9.5a/6a에 주어진 0.25 m 길이의 보 세그먼트는 $M_A = -5$ kN·m와 $M_B = -4$ kN·m의 내부 휨모멘트를 받고 있다. 그림 P9.5b/6b의 면적 (1)을 고려한다.

P9.5 그림 P9.5a/6a에 주어진 0.25 m 길이의 보 세그먼트는 $M_A = 7.5$ kN·m와 $M_B = 8.0$ kN·m의 내부 휨모멘트를 받고 있다. 그림 P9.7b/8b의 면적 (1)을 고려한다.

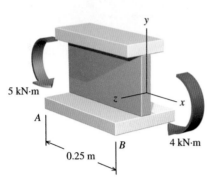

그림 P9.5a/6a 보 세그먼트

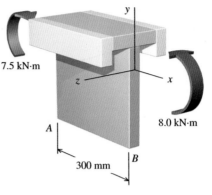

그림 P9.7a/8a 보 세그먼트

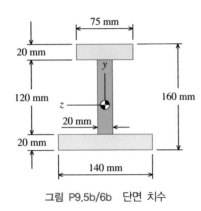

그림 P9.5b/6b 단면 치수

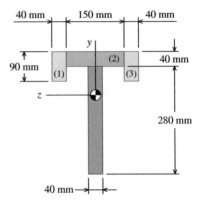

그림 P9.7b/8b 단면 치수

P9.6 그림 P9.5a/6a에 주어진 0.25 m 길이의 보 세그먼트는 $M_A = -5$ kN·m와 $M_B = -4$ kN·m의 내부 휨모멘트를 받고 있다. 그림 P9.5b/6b의 면적 (2)를 고려한다.

P9.7 그림 P9.7a/8a에 주어진 300 mm 길이의 보 세그먼트는

P9.8 그림 P9.7a/8a에 주어진 300 mm 길이의 보 세그먼트는 $M_A = 7.5$ kN·m와 $M_B = 8.0$ kN·m의 내부 휨모멘트를 받고 있다. 그림 P9.7b/8b의 면적 (1), (2), (3)을 고려한다.

9.3 전단응력공식

이 절에서는 균질한 선형 탄성 재료로 만들어진 단면적이 일정하고 곧은 보에서 발생되는 전단응력을 구하는 방법을 유도한다. 그림 9.5a와 같이 다양한 하중을 받는 보를 고려한다. 보의 단면은 그림 9.5b에 주어져 있다. 이 유도 과정에서 A'으로 표시되는 단면 부분에 특별히 주의를 기울인다.

길이가 Δx이고 원점으로부터 거리 x만큼 떨어진 위치에서의 보의 자유물체도를 살펴볼 것이다(그림 9.6a). 자유물체도의 왼쪽 측면(단면 $a-b-c$)에서의 내부 전단력과 휨모멘트는 각각 V와 M으로 표시된다. 자유물체도의 오른쪽 측면(단면 $d-e-f$)에서의 내부 전단력과 휨모멘트는 $V+\Delta V$와 $M+\Delta M$으로 약간 다르다. 여기에서는 수평 x방향의 평형이 고려된다. 내부 전단력 V와 $V+\Delta V$ 그리고 분포하중 $w(x)$는 수직방향으로 작용한다.

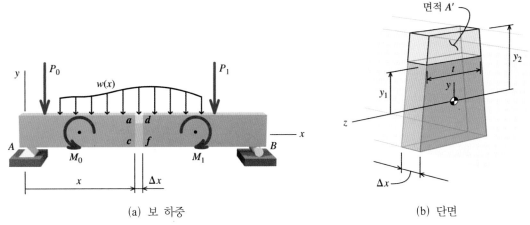

(a) 보 하중　　　　　　　　　　　　　　(b) 단면

그림 9.5　불균등 휨을 받는 단면적이 일정하고 곧은 보

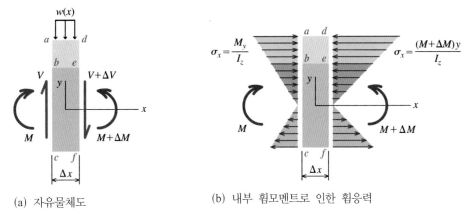

(a) 자유물체도　　　　　　　　(b) 내부 휨모멘트로 인한 휨응력

그림 9.6　보 세그먼트의 자유물체도

그 결과 x 방향의 평형에는 영향을 미치지 않으며 이후 해석에서는 생략할 수 있다.

이 자유물체도(그림 9.6b)에 작용하는 수직응력들은 휨 공식에 의해 결정될 수 있다. 자유물체도의 왼쪽 측면에서 내부 휨모멘트 M으로 인한 휨응력은 My/I_z이고, 오른쪽 측면에서 내부 휨모멘트 $M+\Delta M$는 $(M+\Delta M)y/I_z$의 휨응력을 발생시킨다. 휨응력과 관련된 부호는 관찰에 의해 결정될 수 있다. 중립축 위에서는 내부 휨모멘트가 자유물체도에 표시된 방향으로 작용하는 압축 수직응력을 발생시킨다.

보가 평형상태에 있다면, 고려하고 있는 보의 임의의 부분 역시 평형상태에 있어야 한다. 그림 9.6에 주어진 단면 $b-e\,(y=y_1)$에서 시작하여 중립축으로부터 뻗어나가(이 경우에는 위쪽으로) 단면의 가장 바깥쪽 경계$(y=y_2)$까지의 자유물체도의 한 부분을 고려한다. 이것은 그림 9.5b에서 A'으로 표시된 단면의 일부분이다. 면적 A'의 자유물체도가 그림 9.7에 주어져 있다.

$y=y_1$에서 시작하여 수직으로 뻗어나가 $y=y_2$에서의 단면 상단까지의 단면적의 일부분을 포함하는 면적 A'에 작용하는 수직응력을 적분하면 단면 $a-b$와 $d-e$에 가해지는 합력을 구할 수 있다(그림 9.5b 참조). 단면 $a-d$에는 작용하는 힘이 없다. 따라서 내부 수평방향 힘 F_H가 단면 $b-e$에 있다고 가정해야 한다. x방향으로 면적 A'에 작용하는 힘의 합에 대한 평형방정식은 다음과 같이 쓸 수 있다.

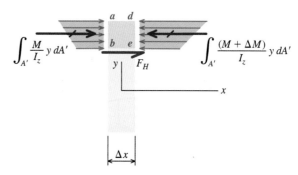

그림 9.7 면적 A'의 자유물체도(단면도)

$$\sum F_x = \int_{A'} \frac{M}{I_z} y dA' - \int_{A'} \frac{(M + \Delta M)}{I_z} y dA' + F_H = 0 \tag{a}$$

각 항의 부호는 그림 9.7의 관찰에 의해 결정된다. 식 (a)에서의 적분항은 다음과 같이 확장될 수 있다.

$$\sum F_x = \int_{A'} \frac{M}{I_z} y dA' - \int_{A'} \frac{M}{I_z} y dA' - \int_{A'} \frac{\Delta M}{I_z} y dA' + F_H = 0 \tag{b}$$

항들을 삭제하고 다시 정렬하면 다음과 같다.

$$F_H = \int_{A'} \frac{\Delta M}{I_z} y dA' \tag{c}$$

면적 A'에 대하여 ΔM과 I_z는 모두 상수이다. 그러므로 식 (c)는 다음과 같이 간략화될 수 있다.

$$F_H = \frac{\Delta M}{I_z} \int_{A'} y dA' \tag{d}$$

식 (9.1)에 있는 관성모멘트 항은 보의 전체 높이와 특히 면적 A'에 걸쳐 작용하는 휨응력을 결정하는 데 사용되는 휨 공식에서 비롯된다. 이러한 이유로 I_z는 z축에 대한 전체 단면의 관성모멘트이다.

식 (d)에서의 적분항은 단면의 중립축에 대한 면적 A'의 1차 모멘트이다. 이 분량은 Q로 표시된다. Q의 계산에 대한 자세한 사항은 9.4절에서 다루어진다. 적분항을 기호 Q로 대체하면 식 (d)는 다음과 같이 쓸 수 있다.

$$F_H = \frac{\Delta M Q}{I_z} \tag{9.1}$$

식 (9.1)의 중요성은 무엇인가? 보에서 내부 휨모멘트가 일정하지 않다면($\Delta M \neq 0$), 평형을 만족시키기 위해 내부 수평 진단력 F_H가 $y = y_1$에 존재해야 한다. 또한 Q항은 면적 A'에 분명하게 관련된다는 것을 명심해야 한다(그림 9.5b 참조). Q의 값은 면적 A'에 따라 변하기 때문에 F_H도 역시 변한다. 다시 말하면 단면 내에서 가능한 모든 y 값에서 평형에 필요한 내부 전단력 F_H는 유일하다.

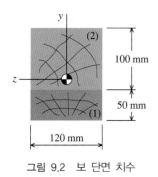

그림 9.2 보 단면 치수

계속하기에 앞서 9.2절에서 논의된 문제에 식 (9.1)을 적용해 보는 것이 도움이 될 것이다. 이 문제에서 보 세그먼트(길이 $\Delta x = 150$ mm)의 오른쪽과 왼쪽 측면에서의 내부 휨모멘트는 각각 $M_B = 1.350$ kN·m와 $M_C = 2.025$ kN·m이다. 이 두 모멘트로부터 $\Delta M = 2.025$ kN·m $- 1.350$ kN·m $= 0.675$ kN·m $= 675$ kN·mm이다. 관성모멘트 I_z는 $I_z = 33750000$ mm^{4}으로 주어져 있다.

이 문제와 관련된 면적 A'은 단순히 단면의 아래쪽에 있는 50 mm × 120 mm 판인 부재 (1)의 면적이다. 단면 1차 모멘트 Q는 $\int y\,dA'$으로부터 계산된다. 부재 (1)의 폭은 b로 표시한다. 이 폭은 일정하므로 미소 면적 dA'은 $dA' = b\,dy$로 편리하게 표현될 수 있다. 이 경우 면적 A'는 $y = -25$ mm에서 시작하여 중립축으로부터 $y = -75$ mm인 가장 바깥 경계까지 아래 방향으로 뻗어나간다. $b = 120$ mm일 때 단면 1차 모멘트 Q는 다음과 같이 계산된다.

$$Q = \int_{y=-25}^{y=-75} by\,dy = b\frac{1}{2}\left[y^2\right]_{y=-25}^{y=-75} = 300000 \text{ mm}^3$$

그리고 식 (9.1)로부터 부재 (1)을 평형상태로 유지하는 데 필요한 수평 전단력 F_H는 다음과 같다.

$$F_H = \frac{\Delta M Q}{I_z} = \frac{(675 \text{ kN} \cdot \text{mm})(300000 \text{ mm}^3)}{33750000 \text{ mm}^4} = 6 \text{ kN}$$

이 결과는 9.2절에서 결정된 수평방향 힘과 일치한다.

보의 전단응력

식 (9.1)은 불균등 휨을 받는 보에서 발생되는 전단응력을 정의하기 위해 사용될 수 있다. F_H가 작용하는 면의 길이는 Δx이다. 보 단면의 형상에 따라 면적 A'의 폭은 변할 수 있으며, $y = y_1$에서 면적 A'의 폭은 변수 t로 표시될 것이다(그림 9.5b 참조). 응력은 힘을 면적으로 나눈 것으로 정의되므로 수평 단면 $b - e$에 작용하는 평균 수평 전단응력은 식 (9.1)에 주어진 F_H를 이 힘이 작용하는 면의 면적 $t\Delta x$로 나누어주면 유도할 수 있다.

$$\tau_{H,\text{avg}} = \frac{F_H}{t\Delta x} = \frac{\Delta M Q}{t\Delta x I_z} = \frac{\Delta M}{\Delta x}\frac{Q}{I_z t} \tag{e}$$

이 식에는 전단응력이 임의의 위치 y에서 단면의 폭에 걸쳐 일정하다는 가정이 내포되어 있다. 즉 임의의 주어진 위치 y에서의 전단응력은 모든 z위치에 대하여 일정하다. 그리고 이 유도과정에서 전단응력 τ은 단면의 수직 측면(y축)에 평행하다고 가정한다.

$\Delta x \to 0$인 극한에서 $\Delta M / \Delta x$는 미분항 dM/dx으로 표현될 수 있으므로 식 (e)는 보의 지간을 따라 위치 x에서 작용하는 수평 전단응력을 구하는 식이 될 수 있다.

$$\tau_H = \frac{dM}{dx}\frac{Q}{I_z t} \tag{f}$$

식 (f)는 보에서의 수평 전단응력을 정의한다. 전단응력은 휨모멘트가 일정하지 않은 ($dM/dx \ne 0$) 위치에서 보에 존재한다는 것에 유념해야 한다. 앞서 기술한 바와 같이 단면 1차 모멘트 Q는 보 단면에서 가능한 모든 y에 대해 값이 변한다. 또한 단면의 형상에 따라 폭 t는 y에 따라 변할 수 있다. 결과적으로 수평 전단응력은 보 지간을 따라 임의의 위치 x에서 단면의 깊이에 따라 변한다.

9.2절에 제시된 간단한 관찰과 이 절에서 유도된 식들은 보의 전단응력을 이해하는 데 필수적인 개념을 보여주고 있다.

결과적으로 수평 전단력과 수평 전단응력은 보 지간을 따라 내부 휨모멘트가 변하는 위치에 있는 휨부재에서 발생한다. 단면의 한 부분에 작용하는 휨응력의 합력의 불균형은 평형을 위한 내부 수평 전단력을 필요로 한다.

식 (f)는 보에서 발생하는 수평 전단응력에 대한 표현식이다. dM/dx 항은 보에서 전단응력의 근원을 명확히 하는 데 도움이 되지만, 계산 목적으로는 다소 어색하다. dM/dx에 대한 등가의 표현식이 있는가? 7.3절에서 내부 전단력과 내부 휨모멘트 사이의 관계를 유도하였다. 식 (7.2)는 다음 관계식을 정의한다.

$$\frac{dM}{dx} = V \tag{7.2}$$

다시 말하면, 휨모멘트가 변하는 곳에서는 내부 전단력 V가 존재한다. 식 (f)에서의 dM/dx 항은 내부 전단력 V로 대체될 수 있고 사용하기 쉬운 τ_H에 대한 식을 얻을 수 있다.

$$\tau_H = \frac{VQ}{I_z t} \tag{g}$$

수평 전단응력과 횡방향 전단응력의 항은 모두 보 전단응력에 대한 기준으로 사용된다. 직교하는 평면들에서의 전단응력들은 크기가 동일해야 하므로, 이 두 항들은 모두 동일한 수치의 전단응력 값을 나타내는 효과적인 동의어이다.

1.6절에서는 전단응력이 한 면에서만 작용하지 않는다는 것을 보여주었다. 보에서 수평면에 전단응력 τ_H가 존재하면 수직면에도 동일한 크기의 전단응력 τ_V가 존재한다(그림 9.8). 수평 전단응력과 수직 전단응력이 같으므로 $\tau_H = \tau_V = \tau$으로 놓을 수 있다. 따라서 식 (g)는 일반적으로 전단응력공식(shear stress formula)으로 알려진 형태로 단순화될 수 있다.

$$\tau = \frac{VQ}{I_z t} \tag{9.2}$$

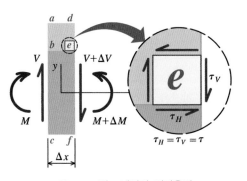

그림 9.8 점 e에서의 전단응력

Q는 면적 A'에 따라 변하므로 τ의 값은 단면의 깊이에 따라 변한다. 난면의 싱부 및 하부 경계(그림 9.8에서의 점 a, c, d, f)에서 면적 A'은 0이기 때문에 Q의 값은 0이다. Q의 최댓값은 단면의 중립축에서 발생한다. 따라서 가장 큰 전단응력 τ은 일반적으로 중립축에 위치하지만 반드시 그런 것은 아니다. 식 (9.2)에서 내부 전단력 V와 관성모멘트 I_z는 지간을 따라 임의의 특정 위치 x에서 일정하다. Q의 값은 고려하고 있는 특정 좌표 y에 따라 분명히 달라진다. 식 (9.2)의 분모에 있는 t항 (특정 위치 y에서의 z방향으로의 단면 폭) 역시 단면 깊이에 따라 달라질 수 있다. 따라서 최대 수평 전단응력 τ은 가장 큰 Q/t값을 갖는 y좌표에서 발생한다. 대부분의 경우 Q/t의 최댓값은 중립축에서 발생하지만 반드시 그런 것은 아니다.

횡방향 평면에 작용하는 전단응력의 방향은 내부 전단력의 방향과 동일하다. 그림 9.8에서 보여주는 것과 같이 내부 전단력은 단면 $d-e-f$에서 아래쪽으로 작용한다. 전단응력은 수직면에서도 같은 방향으로 작용한다. 한 면에서의 전단응력의 방향이 결정되면 다른 면에 작용하는 전단응력을 알 수 있다.

식 (9.2)에 의해 구해진 응력은 보에서의 특정 점과 연관되어 있지만, 두께 t에 대한 평균이므로 t가 너무 크지 않은 경우에만 정확하다. 높이가 폭의 2배인 직사각형 단면의 경우, 보다 정밀한 방법으로 계산된 최대 응력은 식 (9.2)에 의해 계산된 것보다 약 3% 더 크다. 단면이 정사각형인 경우, 오차는 약 12%이다. 폭이 높이의 4배인 경우, 오차는 거의 100%이다! 또한, 삼각형 단면과 같이 보의 면들이 평행하지 않은 단면에 전단응력공식을 적용하면, 면들이 평행하지 않은 경우 응력의 횡방향 변화가 더 커지기 때문에 평균 응력에는 추가적인 오차가 부가된다.

9.4 단면 1차 모멘트 Q

보 단면의 특정 위치 y에 대한 단면 1차 모멘트 Q의 계산은 처음에는 휨부재에서의 전단응력과 연관된 가장 복잡한 것 중 하나이다. 특정 단면에 대하여 유일한 Q값이 없고 다양한 Q값을 갖기 때문에 혼란스러울 수 있다. 예를 들어 그림 9.9a에 주어진 상자 모양의 단면을 고려한다. 점 a, b, c에서 내부 전단력 V와 관련된 전단응력을 계산하기 위해서는 세 가지 다른 Q값이 결정되어야 한다.

Q는 무엇인가? Q는 단면 1차 모멘트라고 불리는 수학적 추상 개념이다. 단면 1차 모멘트 항은 도심을 정의하는 식에서 분자로 나타난다.

$$\bar{y} = \frac{\displaystyle\int_A y\,dA}{\displaystyle\int_A dA} \tag{a}$$

Q는 전체 단면적 A의 한 부분인 면적 A'만의 1차 모멘트이다. 식 (a)는 전체 면적 A 대신에 A' 항으로 다시 쓰일 수 있고, Q에 대한 유용한 공식을 얻기 위해 다시 정리할 수 있다.

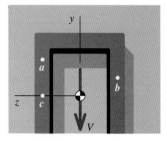

(a) 상자 모양

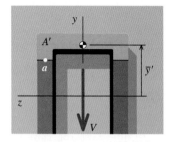

(b) 점 a에 대한 면적 A'

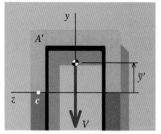

(c) 점 b에 대한 면적 A'

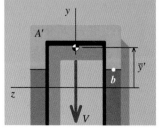

(d) 점 c에 대한 면적 A'

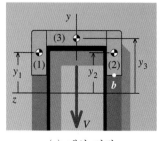

(e) 계산 과정

그림 9.9 상자 모양 단면의 여러 위치에서의 Q 계산

$$Q = \int_{A'} y\, dA' = \bar{y}' \int_{A'} dA' = \bar{y}' A' \tag{9.3}$$

여기서 $\bar{y}'$는 단면의 중립축으로부터 면적 A'의 도심까지의 거리이다.

그림 9.9a에서 점 a에 대한 Q를 결정하기 위해 단면적을 a에서 나누고 중립축에 평행하게(내부 전단력 V의 방향에 수직하게) 자른다. 면적 A'은 이 절단선에서 시작하여 중립축으로부터 보의 자유면까지 뻗어나간다(앞의 유도 과정에서 면적 A'의 수평방향 평형을 평가하기 위해 사용된 그림 9.7의 자유물체도를 상기한다). 점 a에 대해 Q를 계산할 때 사용되는 면적 A'이 그림 9.9b에 강조 표시되어 있다. 중립축(이 경우 z축)을 기준으로 강조 표시된 면적의 도심을 결정하고, 이 도심 거리와 단면의 음영 부분의 면적의 곱으로부터 Q를 계산한다.

유사한 과정이 점 b에 대한 Q를 계산하는 데 사용된다. 상자 모양은 b에서 중립축과 평행하게 나눈다(참고: V는 항상 해당하는 중립축에 수직이다). 면적 A'은 그림 9.9c에서와 같이 이 절단선에서 시작하여 중립축으로부터 자유면까지 뻗어나간다. 중립축에 대한 강조 표시된 면적의 도심 위치 $\bar{y}'$를 결정하고 $Q = \bar{y}' A'$로부터 Q를 계산한다.

점 c는 상자 모양의 중립축에 위치한다. 따라서 면적 A'는 중립축에서 시작된다(그림 9.9d). 점 a와 점 b에 대해서는 어느 방향이 "중립축에서 멀어지는가"가 명확했다. 그러나 이 경우에 c는 실제로 중립축 상에 있으며 이는 면적 A'이 중립축 위로 아니면 중립축 아래로 확장되어야 하는가?라는 의문을 제기한다. 답은 어느 쪽 방향이든 점 c에서 같은 Q가 주어진다 이다. 중립축 위에 있는 면적이 그림 9.9d에서 강조 표시되어 있지만 중립축 아래에 있는 면적도 동일한 결과를 준다. 중립축에 대한 강조 표시된 면적의 도심 위치 $\bar{y}'$를 결정하고 $Q = \bar{y}' A'$으로부터 Q를 계산한다.

중립축에 대한 전체 단면적 A의 1차 모멘트는 (중립축의 정의에 의해) 0이어야 한다. 여기에 주어진 설명에서는 점 a, b, c 위의 면적 A'을 사용하여 Q를 계산할 수 있는 방법을 보여주는 것이지만, 점 a, b, c 아래의 면적의 1차 모멘트는 단순히 음수이다. 다시 말하면 점 a, b, c 아래의 면적 A'을 사용하여 계산한 Q의 값은 점 a, b, c 위의 면적 A'으로부터 계산한 Q와 같은 크기를 가져야 한다. 일반적으로 중립축에서 뻗어나가는 면적 A'을 사용하여 Q를 계산하는 것이 더 쉽지만 예외도 있다.

점 b에 대한 Q의 계산(그림 9.9c)을 좀 더 자세히 살펴본다. 면적 A'은 $A' = A_1 + A_2 + A_3$이 되도록 세 개의 직사각형 면적(그림 9.9e)으로 나눌 수 있다. 강조 표시된 면적의 도심 위치 $\bar{y}'$는 중립축을 기준으로 다음과 같이 계산될 수 있다.

일반적으로 관심점이 중립축 위에 있다면, 그 점에서 시작하여 위쪽으로 확장되는 면적 A'을 고려하는 것이 편리하다. 관심점이 중립축 아래에 있다면, 그 점에서 시작하여 아래쪽으로 확장되는 면적 A'을 고려한다.

$$\bar{y}' = \frac{y_1 A_1 + y_2 A_2 + y_3 A_3}{A_1 + A_2 + A_3}$$

점 b와 관련된 Q의 값은 다음과 같이 계산된다.

$$Q = y'A' = \frac{y_1 A_1 + y_2 A_2 + y_3 A_3}{A_1 + A_2 + A_3}(A_1 + A_2 + A_3) = y_1 A_1 + y_2 A_2 + y_3 A_3$$

이 결과는 많은 경우에 편리하고 보다 직접적인 계산 절차를 제시한다. i개의 형상으로 이루어진 단면에 대한 Q는 다음과 같은 합으로 계산될 수 있다.

$$Q = \sum_i y_i A_i \tag{9.4}$$

여기서 y_i는 중립축과 i번째 형상의 도심 사이의 거리이고, A_i는 i번째 형상의 면적이다.

9.5 직사각형 단면 보의 전단응력

보의 높이에 따라 전단응력이 어떻게 분포되는지를 이해하기 위하여 직사각형 단면 보를 고려한다. 내부 전단력 V를 받는 보를 고려한다. 9.3절에서 언급한 것과 같이 전단력은 내부 휨모멘트가 일정하지 않은 경우에만 존재하며, 이는 보에 전단응력을 발생시키는 지간에 따른 휨모멘트의 변화이다. 그림 9.10a의 직사각형 단면은 폭 b와 높이 h를 갖는다. 따라서 전체 단면적은 $A = bh$이다. 대칭조건에 의해 직사각형의 도심은 중간 높이에 위치한다. z 도심축(중립축)에 대한 관성모멘트는 $I_z = bh^3/12$이다.

보에서의 전단응력은 식 (9.2)에 의해 결정된다. 단면에 걸친 τ 분포를 살펴보기 위하여 중립축으로부터 임의의 높이 y에서의 전단응력을 계산한다(그림 9.10b). 강조 표시된 면적 A'에 대한 1차 모멘트 Q는 다음과 같다.

$$Q = \bar{y}'A' = \left[y + \frac{1}{2}\left(\frac{h}{2} - y\right)\right]\left(\frac{h}{2} - y\right)b = \frac{1}{2}\left(\frac{h^2}{4} - y^2\right)b \tag{a}$$

전단응력 τ는 수직 좌표 y의 함수로 전단 공식으로부터 구해질 수 있다:

$$\tau = \frac{VQ}{I_z t} = \frac{V}{\left(\frac{1}{12}bh^3\right)b} \times \frac{1}{2}\left(\frac{h^2}{4} - y^2\right)b = \frac{6V}{bh^3}\left(\frac{h^2}{4} - y^2\right) \tag{9.5}$$

식 (9.6)의 정확도는 단면의 높이와 폭의 비율에 따라 달라진다. 높이가 폭보다 매우 큰 보의 경우, 식 (9.6)은 정확한 것으로 간주될 수 있다. 단면이 정사각형 모양에 가까워지면 실제 최대 수평 전단응력은 식 (9.6)에 의해 주어진 결과보다 다소 더 크다.

식 (9.5)는 τ가 y에 대해 포물선으로 분포됨을 보여주는 2차 방정식이다(그림 9.10c). $y = \pm h/2$에서 $\tau = 0$이다. 이 위치에서 $A' = 0$이므로 단면의 끝단에서 전단응력은 사라지고 결과적으로 $Q = 0$이다. 보의 자유면에는 전단응력이 없다. 최대 수평전단응력은 중립축 위치인 $y = 0$에서 발생한다. 중립축에서 직사각형 단면의 최대 수평전단응력은 다음과 같이 주어진다.

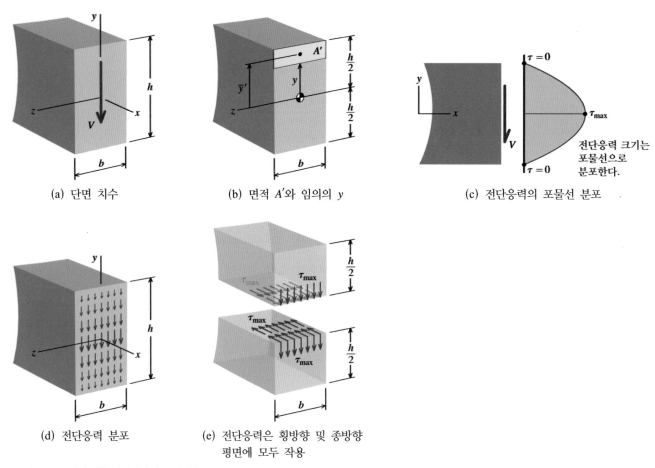

(a) 단면 치수　　　(b) 면적 A'와 임의의 y　　　(c) 전단응력의 포물선 분포

전단응력 크기는 포물선으로 분포한다.

(d) 전단응력 분포　　(e) 전단응력은 횡방향 및 종방향 평면에 모두 작용

그림 9.10 직사각형 단면에서의 전단 분포

$$\tau_{max} = \frac{VQ}{I_z t} = \frac{V}{\left(\frac{1}{12}bh^3\right)b} \times \frac{1}{2}\left(\frac{h}{2}\right)\frac{bh}{2} = \frac{3V}{2bh} = \frac{3}{2}\frac{V}{A} \tag{9.6}$$

　식 (9.6)은 직사각형 단면에 대해서만 최대 수평전단응력을 제공한다는 점이 중요하다. 중립축에서의 최대 수평전단응력은 $\tau = V/A$에 의해 주어진 전체 평균 전단응력보다 50% 더 크다는 것에 유의한다.

　요약하면 직사각형 단면에서의 내부 전단력 V와 관련된 전단응력 크기는 중립축에 수직인 방향(y방향)으로 포물선으로 분포되고, 중립축에 평행한 방향(z방향)으로는 균등하게 분포된다(그림 9.10d). 전단응력은 직사각형 단면의 상부 및 하부 가장자리에서 사라지고 중립축 위치에서 가장 크게 된다. 전단응력은 횡방향 평면과 종방향 평면 모두에 작용한다는 것을 기억하는 것이 중요하다(그림 9.10e).

　보 전단응력과 관련하여 "최대 전단응력"이라는 표현은 문제가 있다. 12장에서 응력 변환에 대한 주제는 임의의 점에 존재하는 응력 상태가 응력이 작용하는 평면의 방향에 따라 다양한 수직응력과 전단응력의 조합으로 표현될 수 있음을 보여줄 것이다 (이 개념은 축부재에 관한 1.5절과 비틀림 부재에 관한 6.4절에서 이미 소개되었다). 따라서 보에 적용되는 "최대 전단응력"이라는 표현은 다음 중 하나의 의미로 해석될

수 있다.

(a) 단면의 임의의 좌표 y에 대한 $\tau = VQ/It$의 최댓값 또는

(b) 단면의 특정점을 통과하는 모든 가능한 평면을 고려한 단면의 특정점에서의 최대 전단응력

이 장에서는 모호성을 배제하기 위하여 "최대 수평 전단응력"이라는 표현은 단면의 모든 좌표 y에 대한 $\tau = VQ/It$의 최댓값을 구하는 것을 의미할 때 사용한다. 직교 평면들에서의 전단응력은 크기가 같기 때문에, 이러한 목적으로 "최대 횡방향 전단응력"이라는 표현을 사용하는 것도 적절할 것이다. 12장에서 특정점에서의 최대 전단응력은 응력 변환의 개념을 사용하여 결정될 것이고, 15장에서 보의 특정점에서의 최대 수직응력과 전단응력이 보다 자세히 논의될 것이다.

MecMovies 예제 M9.2

전단응력공식의 유도

예제 9.2

단순지지되어 있는 3.2 m 길이의 적층 목재 보가 그림과 같이 8개의 40 mm × 180 mm 널빤지와 함께 접착되어 폭 180 mm와 높이 320 mm의 단면을 가지고 있다. 보는 지간 중간에서 45 kN의 집중하중을 받고 있다. 지점 A로부터 0.8 m 떨어진 곳에 있는 단면 $a-a$에서 다음을 구하라.

(a) b, c, d의 접합부에서의 평균 전단응력

(b) 단면에서의 최대 평균 전단응력

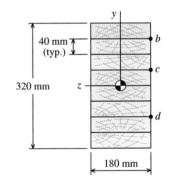

풀이 계획 단면 $a-a$에서 작용하는 횡방향 전단력 V는 단순지지보에 대한 전단력도로부터 결정될 수 있다. 표시된 접합부에서의 전단응력을 결정하기 위해 각 위치에 해당하는 면적의 1차 모멘트 Q를 계산하여야 한다. 그리고 평균 전단응력은 식 (9.2)에 주어진 전단응력공식에 의해 결정될 것이다.

풀이 단면 $a-a$에서의 내부 전단력
단순지지보에 대한 전단력도 및 휨모멘트도는 쉽게 작성될 수 있다. 전단력도로부터 단면 $a-a$에 작용하는 내부 전단력 V는 22.5 kN이다.

단면 속성
직사각형 단면에 대한 도심 위치는 대칭조건으로부터 결정될 수 있다. z 도심축에 대한 단면의 관성모멘트는 다음과 같다.

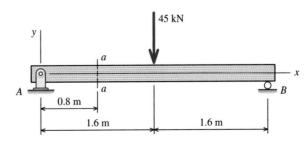

$$I_z = \frac{(180 \text{ mm})(320 \text{ mm})^3}{12}$$
$$= 491.520 \times 10^6 \text{ mm}^4$$

(a) 접합부에서의 평균 수평 전단응력
전단응력공식은 다음과 같다.

$$\tau = \frac{VQ}{I_z t}$$

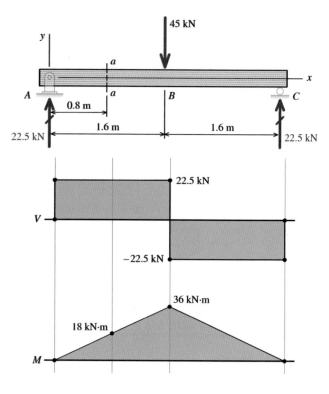

전단응력공식에 의한 b, c, d의 접합부에서의 평균 전단응력을 결정하기 위해 각 위치에 대해 단면 1차 모멘트 Q와 응력을 받는 면의 폭 t가 결정되어야 한다.

접합부 b에서의 전단응력: Q를 구하기 위해 고려되어야 할 단면의 부분은 점 b에서 시작하여 중립축에서 먼 쪽으로 확장된다. 중립축에 대한 이 단면 1차 모멘트는 Q로 표시된다. 접합부 b에 대하여 고려되어야 할 면적은 오른쪽에 강조 표시되어 있다. 강조 표시된 영역의 면적은 (180 mm) (40 mm) = 7200 mm^{2}이다. 중립축에서 강조 표시된 면적의 도심까지의 거리는 140 mm이다. 접합부 b에 해당하는 단면 1차 모멘트 Q는 다음과 같이 계산된다.

$$Q_b = (180 \text{ mm})(40 \text{ mm})(140 \text{ mm}) = 1.008 \times 10^6 \text{ mm}^3$$

접합부의 폭은 $t = 180$ mm이다. 전단응력공식으로부터 접합부 b에서의 평균 수평 전단응력은 다음과 같이 계산한다.

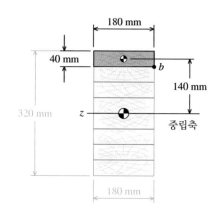

$$\tau_b = \frac{VQ_b}{I_z t_b} = \frac{(22.5 \text{ kN})(1.008 \times 10^6 \text{ mm}^3)(1000 \text{ N/kN})}{(491.520 \times 10^6 \text{ mm}^4)(180 \text{ mm})}$$
$$= 0.256 \text{ MPa} = 256 \text{ kPa} \qquad \text{답}$$

(참고: 전단응력이 실제로 단면의 180 mm 폭에 걸쳐 크기가 변하기 때문에 전단응력공식에 의해 결정된 전단응력은 평균 전단응력이다. 이 변화는 상대적으로 짧고 넓은 단면에서 더 두드러진다.)

접합부 c에서의 전단응력: 접합부 c에서 고려되어야 할 면적은 오른쪽 그림에서 강조 표시된 부분으로 c에서 시작하여 중립축에서 먼 쪽으로 확장된다. 접합부 c에 해당하는 단면 1차 모멘트 Q는 다음과 같이 계산된다.

$$Q_c = (180 \text{ mm})(120 \text{ mm})(100 \text{ mm}) = 2.160 \times 10^6 \text{ mm}^3$$

집착제 접합부의 폭은 $t = 180$ mm이다. 전단응력공식으로부터 접합부 c에서의 평균 수평 전단응력은 다음과 같이 계산된다.

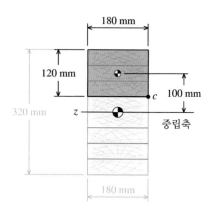

$$\tau_c = \frac{VQ_c}{I_z t_c} = \frac{(22.5 \text{ kN})(2.160 \times 10^6 \text{ mm}^3)(1000 \text{ N/kN})}{(491.520 \times 10^6 \text{ mm}^4)(180 \text{ mm})}$$
$$= 0.549 \text{ MPa} = 549 \text{ kPa}$$

답

접합부 d에서의 전단응력: 접합부 d에서 고려되어야 할 면적은 오른쪽 그림에서 강조 표시된 부분으로 d 에서 시작하여 중립축에서 먼 쪽으로 확장된다. 그러나 이 경우에 면적은 d로부터 z축에서 멀어지는 아래 쪽으로 확장된다. 접합부 d에 해당하는 단면 1차 모멘트 Q는 다음과 같이 계산된다.

$$Q_d = (180 \text{ mm})(80 \text{ mm})(120 \text{ mm}) = 1.728 \times 10^6 \text{ mm}^3$$

접합부 d에서의 평균 수평 전단응력은 다음과 같이 계산된다.

$$\tau_d = \frac{VQ_d}{I_z t_d} = \frac{(22.5 \text{ kN})(1.728 \times 10^6 \text{ mm}^3)(1000 \text{ N/kN})}{(491.52 \times 10^6 \text{ mm}^4)(180 \text{ mm})}$$
$$= 0.439 \text{ MPa} = 439 \text{ kPa}$$

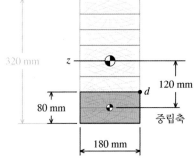

(b) 단면에서의 최대 수평 전단응력

직사각형 단면에서의 최대 수평 전단응력은 중립축에서 발생한다. Q를 계산하기 위하여 다음 두 그림에서와 같이 z축에서 시작하여 위쪽으로 확장되거나 아래쪽으로 확장되는 면적이 사용될 수 있다.

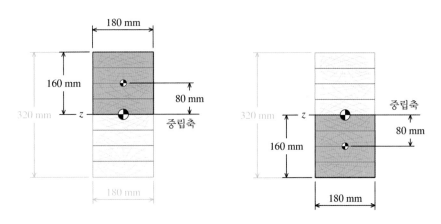

각 면적에 대한 Q는 다음과 같이 계산된다.

$$Q_{\max} = (180 \text{ mm})(160 \text{ mm})(80 \text{ mm}) = 2.304 \times 10^6 \text{ mm}^3$$

Q의 최댓값은 항상 중립축 위치에서 발생한다. 또한 최대 수평 전단응력도 일반적으로 중립축에서 발생한다. 그러나 응력을 받는 면의 폭 t가 단면의 높이에 걸쳐 변하는 경우가 있다. 이러한 경우 최대 수평 전단응력은 중립축 이외의 위치에서 발생할 수도 있다.

직사각형 단면에서의 최대 수평 전단응력은 다음과 같이 계산된다.

$$\tau_{\max} = \frac{VQ_{\max}}{I_z t} = \frac{(22.5 \text{ kN})(2.304 \times 10^6 \text{ mm}^3)(1000 \text{ N/kN})}{(491.520 \times 10^6 \text{ mm}^4)(180 \text{ mm})} = 0.586 \text{ MPa} = 586 \text{ kPa}$$

답

P9.9 1.6 m 길이의 캔틸레버보가 그림 P9.9a와 같이 7.2 kN의 집중하중을 받고 있다. 보는 그림 P9.9b와 같이 폭 120 mm, 높이 280 mm의 직사각형 목재로 만들어져 있다. 보의 상면에서 35 mm, 70 mm, 105 mm, 140 mm 아래에 위치한 점에서의 최대 수평 전단응력을 계산하라. 이 결과들로부터 보의 상단에서 하단까지의 전단응력의 분포를 보여주는 그래프를 도시하라.

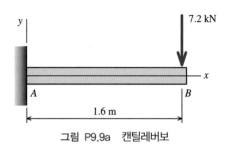

그림 P9.9a 캔틸레버보

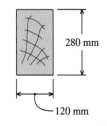

그림 P9.9b 단면 치수

P9.10 3.4 m 길이의 단순지지된 목재 보가 그림 P9.10a와 같이 지간 중간에서 42 kN의 집중하중을 받고 있다. 보의 단면 치수는 그림 P9.10b에 주어져 있다.

(a) 단면 $a-a$에서, 점 H에서의 보의 전단응력 크기를 구하라.

(b) 단면 $a-a$에서, 점 K에서의 보의 전단응력 크기를 구하라.

(c) 3.4 m 지간 길이 내의 임의의 위치에서 보에서 발생하는 최대 수평 전단응력을 구하라.

(d) 3.4 m 지간 길이 내의 임의의 위치에서 보에서 발생하는 최대 인장 휨응력을 구하라.

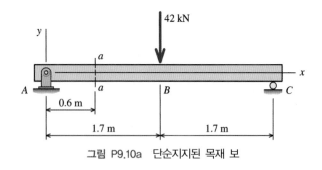

그림 P9.10a 단순지지된 목재 보

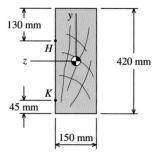

그림 P9.10b 단면 치수

P9.11 5 m 길이의 단순지지된 목재 보가 그림 P9.11a와 같이 12 kN/m의 등분포하중을 받고 있다. 보의 단면 치수는 그림 P9.11b에 주어져 있다.

(a) 단면 $a-a$에서, 점 H에서의 보의 전단응력 크기를 구하라.

(b) 단면 $a-a$에서, 점 K에서의 보의 전단응력 크기를 구하라.

(c) 5 m 지간 길이 내의 임의의 위치에서 보에서 발생하는 최대 수평 전단응력을 구하라.

(d) 5 m 지간 길이 내의 임의의 위치에서 보에서 발생하는 최대 압축 휨응력을 구하라.

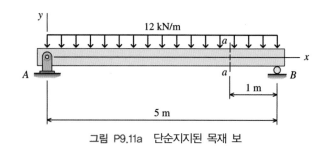

그림 P9.11a 단순지지된 목재 보

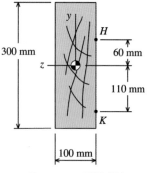

그림 P9.11b 단면 치수

P9.12 5 m 길이의 단순지지된 목재 보가 그림 P9.12a와 같이 두 개의 집중하중을 받고 있다. 보의 단면 치수는 그림 P9.12b에 주어져 있다.

(a) 단면 $a-a$에서, 점 H에서의 보의 전단응력 크기를 구하라.

(b) 단면 $a-a$에서, 점 K에서의 보의 전단응력 크기를 구하라.

(c) 5 m 지간 길이 내의 임의의 위치에서 보에서 발생하는 최대 수평 전단응력을 구하라.

(d) 5 m 지간 길이 내의 임의의 위치에서 보에서 발생하는 최대 압축 휨응력을 구하라.

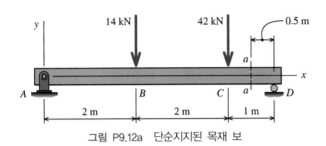

그림 P9.12a 단순지지된 목재 보

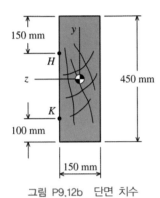

그림 P9.12b 단면 치수

P9.13 그림 P9.13a에 주어진 적층 목재 보는 단순지지되어 있고 $L = 9$ m의 지간을 갖는다. 이 보는 전체 지간에 걸쳐 등분포하중을 받고 있다. 보 단면(그림 P9.13b)은 직사각형 단면을 형성하기 위해 8개의 널빤지를 함께 붙여 만들어졌다. 각 널빤지의 치수는 $b = 160$ mm이고 $d = 60$ mm이다. 전체 단면 높이는 $h = 480$ mm이다. 접착제의 허용전단강도는 850 kPa이다.

(a) 접착제 전단강도만을 고려하면 이 보가 지지할 수 있는 최대 등분포하중 w은 얼마인가?

(b) 보의 바닥에서 $2d$의 거리에 있고 왼쪽 지점으로부터 $x = 1.125$ m의 거리에 있는 H에서 접합부에서의 전단응력을 계산하라. 보는 (a)에서 결정된 하중 w를 받는다고 가정한다.

(c) (a)의 하중이 작용할 때 보에서의 최대 인장 휨응력을 구하라.

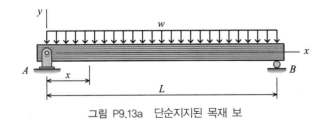

그림 P9.13a 단순지지된 목재 보

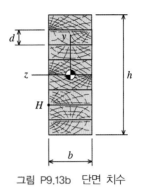

그림 P9.13b 단면 치수

P9.14 $L = 2.6$ m의 길이의 단순지지된 목재 보가 그림 P9.14a와 같이 집중하중 P를 받고 있다. 보의 단면 치수(그림 P9.14b)는 $b = 140$ mm이고 $h = 220$ mm이다. 목재의 허용 전단 강도가 700 kPa인 경우 지간 중간에서 가할 수 있는 최대 하중 P를 구하라. 보 자체 무게의 영향은 무시한다.

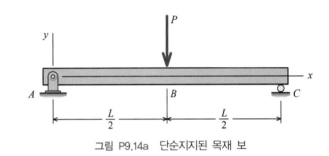

그림 P9.14a 단순지지된 목재 보

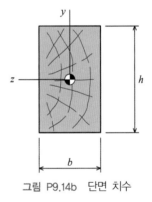

그림 P9.14b 단면 치수

P9.15 그림 P9.15a에 주어진 목재 보가 하중을 지지하고 있다. 보의 단면 치수는 그림 P9.15b에 주어져 있다. 다음의 크기와 위치를 구하라.

(a) 보에서의 최대 수평 전단응력

(b) 보에서의 최대 인장 휨응력

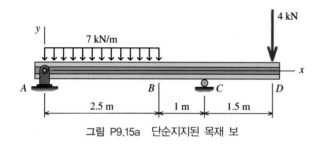

그림 P9.15a　단순지지된 목재 보

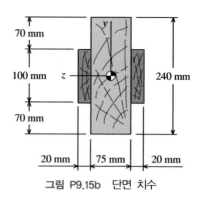

그림 P9.15b　단면 치수

9.6 원형단면 보의 전단응력

원형단면을 갖는 보에서의 횡방향 전단응력은 단면의 전체 높이에 걸쳐 y축에 평행하게 작용하지 않는다. 따라서 전단응력공식은 일반적으로 원형단면에 대해서는 적용할 수 없다. 그러나 식 (9.2)는 중립축에서 작용하는 전단응력을 결정하는 데에는 사용될 수 있다.

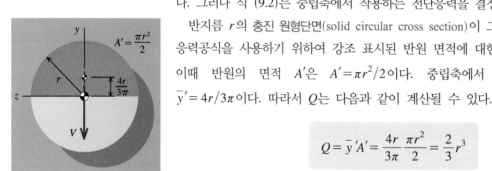

그림 9.11　충진 원형단면

반지름 r의 충진 원형단면(solid circular cross section)이 그림 9.11에 주어져 있다. 전단응력공식을 사용하기 위하여 강조 표시된 반원 면적에 대한 Q의 값이 결정되어야 한다. 이때 반원의 면적 A'은 $A' = \pi r^2/2$이다. 중립축에서 반원의 도심까지의 거리는 $\bar{y}' = 4r/3\pi$이다. 따라서 Q는 다음과 같이 계산될 수 있다.

$$Q = \bar{y}'A' = \frac{4r}{3\pi}\frac{\pi r^2}{2} = \frac{2}{3}r^3 \tag{9.7}$$

이 식을 지름 $d = 2r$으로 표시하면 다음과 같다.

$$Q = \frac{1}{12}d^3 \tag{9.8}$$

중립축에서의 원형단면의 폭은 $t = 2r$이고, z축에 대한 관성모멘트는 $I_z = \pi r^4/4 = \pi d^4/64$이다. 이러한 관계식들을 전단응력공식에 대입하면 충진 원형단면의 중립축에서의 $\tau_{\max}$에 대한 다음 식을 얻을 수 있다.

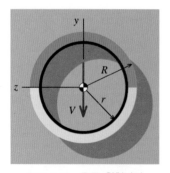

그림 9.12　중공 원형단면

$$\tau_{\max} = \frac{VQ}{I_z t} = \frac{V}{\pi r^4/4} \times \frac{2}{3}r^3 \times \frac{1}{2r} = \frac{4V}{3\pi r^2} = \frac{4V}{3A} \tag{9.9}$$

바깥지름 R과 안지름 r을 갖는 중공 원형단면(hollow circular cross section)이 그림 9.12에 주어져 있다. 식 (9.7)과 (9.8)이 중립축 위의 강조 표시된 면적에 대한 Q를 결정하는 데 사용될 수 있다.

$$Q = \frac{2}{3}[R^3 - r^3] = \frac{1}{12}[D^3 - d^3] \tag{9.10}$$

중립축에서의 중공 원형단면의 폭 t는 벽두께의 2배 또는는 $t = 2(R-r) = D-d$이다. z축에 대한 중공 원형 형상의 관성모멘트는 다음과 같다.

$$I_z = \frac{\pi}{4}[R^4 - r^4] = \frac{\pi}{64}[D^4 - d^4]$$

9.7 I형 보 복부의 전단응력

전단응력공식을 유도하는 데 사용된 기본 이론은 I형 보의 복부에서 발생하는 전단응력만을 결정하는 경우에는 적합하다(보가 강축을 중심으로 휜다고 가정할 경우). W 형상이 그림 9.13에 주어져 있다. 단면의 복부에 위치한 점 a에서 전단응력을 구하기 위한 Q의 계산은 중립축 z에 대한 두 개의 강조 표시된 면적 (1)과 (2)의 1차 모멘트를 구하는 것으로 이루어진다(그림 9.13b). 플랜지를 갖는 형상의 전체 면적 중 대부분은 플랜지에 집중되어 있고 이에 따라 z축에 대한 면적 (1)의 1차 모멘트는 Q에서 큰 비율을 차지한다. y값이 감소함에 따라 Q가 증가하는 반면에, 그 변화는 직사각형 단면에서 나타나는 것과는 달리 플랜지를 갖는 형상에서는 뚜렷하지 않다. 따라서 복부의 깊이에 따른 전단응력 크기의 분포는 여전히 포물선이지만 상대적으로 균일하다(그림 9.13a). 최소 수평 전단응력은 복부와 플랜지 사이의 연결지점에서 발생하고, 최대 수평 전단응력은 중립축에서 발생한다. W 형상 보에서 최대와 최소 복부 전단응력의 차이는 일반적으로 10~60% 범위에 있다.

전단응력공식을 유도하는 과정에서 보의 폭(z방향)에 걸친 전단응력은 일정한 것으로 간주될 수 있다고 가정하였다. 이 가정은 보의 플랜지에 대해서는 유효하지 않다. 그러므로 상부 및 하부 플랜지에 대하여 식 (9.2)로 계산되고 그림 9.13a에 도시된 전단응력은 실제와 다르다. 전단응력은 W 형상 보의 플랜지 (1)에서 발생하지만, x와 y 방향이 아닌 x와 z방향으로 작용한다. W 형상과 같은 얇은벽 부재에서의 전단응력은 9.9절에서 보다 자세히 논의될 것이다.

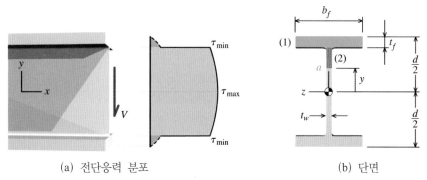

(a) 전단응력 분포   (b) 단면

그림 9.13 W 형상 보에서의 전단응력 분포

예제 9.3

그림과 같이 $P = 36$ kN의 집중하중이 파이프의 상단 끝에 가해지고 있다. 파이프의 바깥지름은 $D = 220$ mm이고, 안지름은 $d = 200$ mm이다. 파이프 벽의 y-z 평면에서의 수직 전단응력을 구하라.

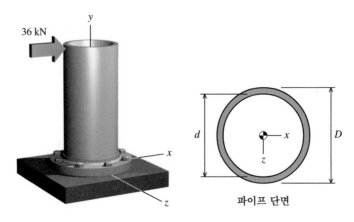

파이프 단면

풀이 계획 파이프 형상에서의 전단응력은 식 (9.10)으로 계산된 단면 1차 모멘트 Q를 사용한 전단응력공식[식 (9.2)]으로부터 결정될 수 있다.

풀이 단면 속성

파이프 형상 단면에 대한 도심 위치는 대칭조건으로부터 결정될 수 있다. z 도심축에 대한 단면의 관성모멘트는 다음과 같다.

$$I_z = \frac{\pi}{64}[D^4 - d^4] = \frac{\pi}{64}[(220 \text{ mm})^4 - (200 \text{ mm})^4] = 36\,450\,329 \text{ mm}^4$$

식 (9.10)은 파이프 형상에 대한 단면 1차 모멘트 Q를 계산하는 데 사용된다.

$$Q = \frac{1}{12}[d^3 - d^3] = \frac{1}{12}[(220 \text{ mm})^3 - (200 \text{ mm})^3] = 220\,667 \text{ mm}^3$$

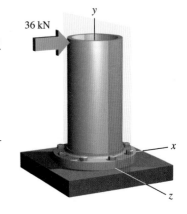

전단응력공식

이 파이프에서의 최대 수직 전단응력은 y-z 평면과 파이프 벽의 교차부를 따라 발생한다. 이 경우에서는 y-z 평면은 x방향으로 작용하는 전단력 V의 방향에 수직하다는 것을 유념해야 한다. 전단응력이 작용하는 두께 t는 $t = D - d = 20$ mm와 동일하다. 이 평면에서의 최대 전단응력은 전단응력공식으로부터 다음과 같이 계산된다.

$$\tau_{\max} = \frac{VQ}{I_z t} = \frac{(36\,000 \text{ N})(220\,667 \text{ mm}^3)}{(36\,450\,329 \text{ mm}^4)(20 \text{ mm})} = 10.90 \text{ MPa} \quad \textbf{답}$$

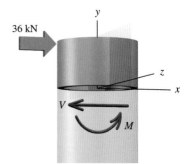

파이프의 자유물체도

추가 설명

처음에는 파이프 형상에서 작용하는 전단응력을 시각화하는 것이 어려울 것이다. 이 상황에서 전단응력의 원인을 더 잘 이해하기 위하여 하중 작용점 근처에서 파이프의 짧은 부분의 자유물체도를 고려한다. 36 kN의 외부 하중은 각각 파이프의 $-x$와 $+x$ 부분에 인장과 압축 수직응력을 발생시키는 내부 휨모멘트 M을 생성한다. 그리고 파이프 절반의 평형을 살펴본다.

압축 수직응력은 내부 휨모멘트 M에 의해 파이프 오른쪽 절반에서 발생된다.

압축 수직응력

파이프의 오른쪽 절반에 작용하는 응력

y방향의 평형은 압축 수직응력에 의해 생성되는 상향의 힘에 저항하기 위해 아래로 작용하는 합력을 필요로 한다. 이 하향의 합력은 파이프의 벽에서 수직으로 작용하는 전단응력에 기인한다. 여기서 고려된 예제에서는 전단응력은 $\tau = 10.90$ MPa의 크기를 갖는다.

예제 9.4

캔틸레버보에 2000 N의 집중하중이 가해지고 있다. 이중 T 형상 단면의 단면 치수가 그림에 주어져 있다. 다음을 구하라.

(a) 이중 T 형상의 도심으로부터 17 mm 아래에 위치한 점 H에서의 전단응력

(b) 이중 T 형상의 도심으로부터 5 mm 위에 위치한 점 K에서의 전단응력

(c) 이중 T 형상에서의 최대 수평 전단응력

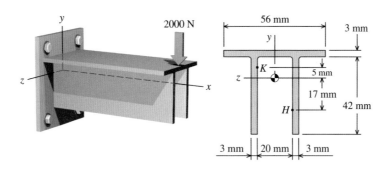

풀이 계획 이중 T 형상에서의 전단응력은 전단응력공식[식 (9.2)]으로부터 결정될 수 있다. 이 예제의 관건은 각각 계산에서 적절한 Q의 값을 구하는 것에 달려 있다.

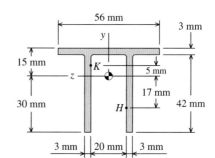

풀이 단면 속성

우선 이중 T 형상 단면에 대한 도심 위치가 결정되어야 한다. 결과는 오른쪽 그림에 주어져 있다. z도심축에 대한 단면의 관성모멘트는 $I_z = 88200$ mm^{4}이다.

(a) 점 H에서의 전단응력

τ의 계산을 수행하기 전에 휨 부재에서 발생하는 전단응력의 근원을 시각화하는 것이 도움이 된다. 캔틸레버보의 자유단 근처에서 절단한 자유물체도를 고려한다. 2000 N의 외부 집중하중은 $V = 2000$ N의 내부 전단력과 캔틸레버보의 지간을 따라 변하는 내부 휨모멘트 M을 발생시킨다. 이중 T 형상 단면에서 발생하는 전단응력을 살펴보기 위하여 이 자유물체는 9.3절에서 제시된 유도과정과 유사한 방법으로 보다 더 분할된다.

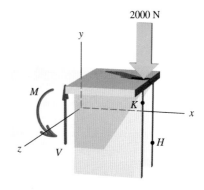

H에 작용하는 전단응력은 그림의 자유물체도를 절단하면 드러난다. 내부 휨모멘트 M은 이중 T 형상의 복부에 걸쳐 선형으로 분포하는 압축 휨응력을 발생시킨다. 이러한 압축 수직응력의 합력은 이중 T 형상의 복부를 양의 x방향으로 미는 경향이 있다. 수평방향의 평형을 만족시키기 위해서는 H에서 드러난 수평면에 전단응력 τ가 작용해야 한다. 이 전단응력들의 크기는 전단응력공식[식 (9.2)]으로부터 구해진다.

전단응력공식에서 사용할 단면 1차 모멘트 Q의 적절한 값을 구할 때에는 이러한 자유물체도를 염두에 두는 것이 도움이 된다.

점 H에서의 Q 계산: 이중 T 형상의 단면이 오른쪽 그림에 주어져 있다. 전체 단면의 일부만이 Q 계산에서 고려된다. 적절한 면적을 결정하기 위하여, 점 H에서 휨 축에 평행한 단면으로 자르고 H에서 시작하여 중립축에서 먼 쪽으로 확장되는 단면의 부분을 고려한다. 휨 축에 평행한 단면으로 자르는 것은 내부 전단력 V의 방향에 수직한 단면으로 자르는 것과 마찬가지란 점을 유념해야 한다.

점 H에 대한 Q 계산에서 고려되어야할 면적은 단면에서 강조 표시되어 있다(이것은 9.3절에 있는 전단응력공식의 유도과정에서 A'으로 표시되는, 특히 그림 9.5와 9.7에서의 면적이다). 점 H에 대한 Q는 z 도심축(휨이 발생하는 중립축)에 대한 (1) 및 (2)의 단면 1차 모멘트이다. 단면의 그림으로부터 Q_H는 다음과 같이 계산된다.

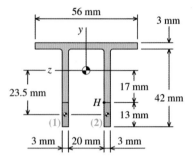

$$Q_H = 2[(3 \text{ mm})(13 \text{ mm})(23.5 \text{ mm})] = 1833 \text{ mm}^3$$

전단응력공식을 사용하여 H에 작용하는 전단응력을 계산할 수 있다.

$$\tau_H = \frac{VQ_H}{I_z t} = \frac{(2000 \text{ N})(1833 \text{ mm}^3)}{(88\,200 \text{ mm}^4)(6 \text{ mm})} = 6.93 \text{ MPa} \qquad \textbf{답}$$

전단응력공식에서 항 t는 점 H를 통과하도록 자유물체도를 절단할 때 드러나는 면의 폭이라는 것을 유념해야 한다. 이중 T 형상의 두 복부를 절단할 때 폭 6 mm의 면이 드러난다. 따라서 $t = 6$ mm이다.

(b) 점 K에서의 전단응력

캔틸레버보의 자유단 근처에서 절단된 자유물체도를 다시 고려한다. 이 자유물체도를 오른쪽 그림에서와 같이 점 K에서 시작하여 중립축에서 먼 쪽으로 확장되게 잘라서 보다 세분화되게 한다. 내부 휨 모멘트 M은 이중 T 형상의 플랜지와 복부에 걸쳐 선형으로 분포되는 인장 휨응력을 발생시킨다. 이러한 인장 수직응력의 합력은 단면의 해당 부분을 $-x$ 방향으로 당기는 경향이 있다. 전단응력 τ는 수평방향의 평형을 만족시키기 위해 K에서 드러난 수평면에 작용해야 한다.

점 K에서의 Q 계산: 점 K에 대한 Q 계산에서 고려되어야할 면적은 단면에서 강조 표시되어 있다. 점 K에 대한 Q는 z 도심축에 대한 (3), (4), (5)의 단면 1차 모멘트이다.

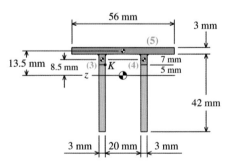

$$Q_K = 2[(3 \text{ mm})(7 \text{ mm})(8.5 \text{ mm})]$$
$$+ (56 \text{ mm})(3 \text{ mm})(13.5 \text{ mm}) = 2625 \text{ mm}^3$$

점 K에 작용하는 전단응력은 다음과 같다.

$$\tau_K = \frac{VQ_K}{I_z t} = \frac{(2000 \text{ N})(2625 \text{ mm}^3)}{(88\,200 \text{ mm}^4)(6 \text{ mm})} = 9.92 \text{ MPa} \qquad \textbf{답}$$

(c) 최대 수평 전단응력

Q의 최댓값은 중립축에서 시작하여 중립축에서 멀어지는 면적에 해당한다. 그러나 이 위치의 경우 중립축에서 먼 쪽으로 확장된다는 것은 중립축 위의 면적 또는 중립축 아래의 면적을 의미할 수 있다. 두 경우

모두 Q에 대한 값은 같다. 이중 T 단면의 경우 중립축 아래의 강조 표시된 면적을 고려하면 Q에 대한 계산은 다소 간단하다.

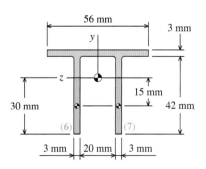

$$Q_{max} = 2\,[(3\text{ mm})(30\text{ mm})(15\text{ mm})] = 2700\text{ mm}^3$$

이중 T 형상에서의 최대 수평 전단응력은 다음과 같다.

$$\tau_{max} = \frac{VQ_{max}}{I_z t} = \frac{(2000\text{ N})(2700\text{ mm}^3)}{(88\,200\text{ mm}^4)(6\text{ mm})} = 10.20\text{ MPa} \qquad 답$$

Mec Movies MecMovies 예제 M9.4

그림과 같이 WT265×37 표준 형상으로 구성된 단순지지보에 대하여 점 H와 K에서의 전단응력을 구하라.

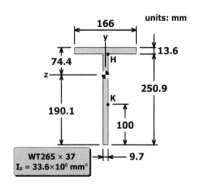

Mec Movies MecMovies 예제 M9.5

T 형상에서 발생되는 전단응력의 분포를 구하라.

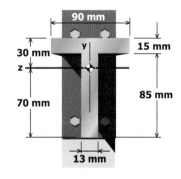

Mec Movies MecMovies 예제 M9.6

단순지지된 W 형상 보에서의 최대 수평 전단응력을 구하라.

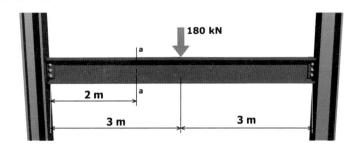

MecMovies 예제 M9.7

그림과 같이 구조용 튜브로 구성된 캔틸레버 기둥에 대해서 점 H에서 전단응력을 구하라.

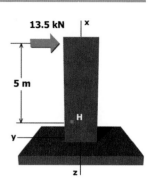

MecMovies 예제 M9.8

W 형상에 대해 도심축보다 3인치 위에 위치한 점 H에서의 수직응력과 전단응력을 구하라.

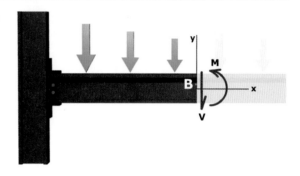

MecMovies 연습문제

M9.3 Q-타일: Q 단면 속성 게임. Q 타일 게임에서 90% 이상을 득점하라.

그림 M9.3

M9.4 내부 전단력 V가 가해지는 W 형상에 대하여 점 H와 K에서 작용하는 전단응력을 구하라.

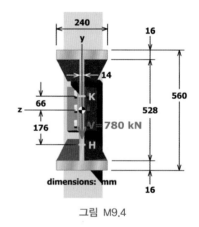

그림 M9.4

PROBLEMS

P9.16 지름 50 mm의 충진 강재샤프트가 그림 P9.16과 같이 하중 $P_A = 1.5$ kN와 $P_C = 3.0$ kN을 지지하고 있다. $L_1 = 150$ mm, $L_2 = 300$ mm, $L_3 = 225$ mm이라고 가정한다. B에서의 베어링은 롤러 지지로 이상화될 수 있으며 D에서의 베어링은 핀 지지로 이상화될 수 있다. 다음의 크기와 위치를 구하라.

(a) 샤프트에서의 최대 수평 전단응력
(b) 샤프트에서의 최대 인장 휨응력

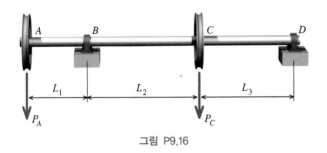

그림 P9.16

P9.17 지름 20 mm의 충진 강재샤프트가 그림 P9.17과 같이 하중 $P_A = 900$ N와 $P_D = 1200$ N을 지지하고 있다. $L_1 = 50$ mm, $L_2 = 120$ mm, $L_3 = 90$ mm이라고 가정한다. B에서의 베어링은 핀 지지로 이상화될 수 있으며 C에서의 베어링은 롤러 지지로 이상화될 수 있다. 다음의 크기와 위치를 구하라.

(a) 샤프트에서의 최대 수평 전단응력

(b) 샤프트에서의 최대 압축 휨응력

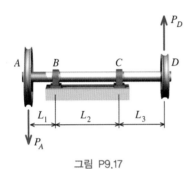

그림 P9.17

P9.18 지름 25 mm의 충진 강재샤프트가 그림 P9.18과 같이 하중 $P_A = 1000$ N, $P_C = 3200$ N, $P_E = 800$ N을 지지하고 있다. $L_1 = 80$ mm, $L_2 = 200$ mm, $L_3 = 100$ mm, $L_4 = 125$ mm이라고 가정한다. B에서의 베어링은 롤러 지지로 이상화될 수 있으며 D에서의 베어링은 핀 지지로 이상화될 수 있다. 다음의 크기와 위치를 구하라.

(a) 샤프트에서의 최대 수평 전단응력

(b) 샤프트에서의 최대 인장 휨응력

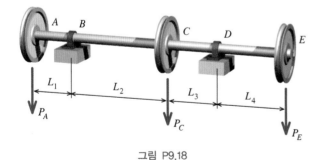

그림 P9.18

P9.19 그림 P9.19b/20b의 80 mm 표준 강관($D = 89$ mm, $d = 78$ mm)이 그림 P9.19a/20a와 같이 $P = 7.5$ kN의 집중하중을 받고 있다. 캔틸레버보의 지간 길이는 $L = 0.6$ m이다. 다음의 크기를 구하라.

(a) 강관에서의 최대 수평 전단응력

(b) 강관에서의 최대 인장 휨응력

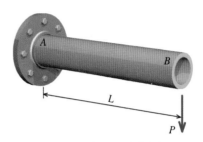

그림 P9.19a/20a 캔틸레버보

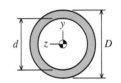

그림 P9.19b/20b 파이프의 단면

P9.20 그림 P9.19b/20b의 강관($D = 170$ mm, $d = 150$ mm)이 그림 P9.19a/20a와 같이 집중하중 P를 받고 있다. 캔틸레버보의 지간 길이는 $L = 1.2$ m이다.

(a) 강관의 Q 값을 계산하라.

(b) 강관에 대한 허용전단응력이 75 MPa인 경우, 캔틸레버보에 가할 수 있는 최대 하중 P는 얼마인가?

P9.21 그림 P9.21a/22a의 캔틸레버보는 $P = 350$ kN의 집중하중을 받고 있다. W 형상의 단면 치수는 그림 P9.21b/22b에 주어져 있다. 다음을 구하라.

(a) W 형상의 도심으로부터 120 mm 아래에 위치한 점 H에서의 전단응력

(b) W 형상에서의 최대 수평 전단응력

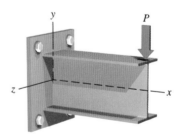

그림 P9.21a/22a

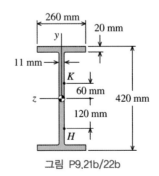

그림 P9.21b/22b

P9.22 그림 P9.21a/22a의 캔틸레버보는 집중하중 P를 받고 있다. W 형상의 단면 치수는 그림 P9.21b/22b에 주어져 있다.

(a) W 형상의 도심으로부터 60 mm 위에 위치한 점 K에 대한 Q의 값을 계산하라.

(b) W 형상에 대한 허용전단응력이 100 MPa인 경우, 캔틸레버보에 가할 수 있는 최대 집중하중 P는 얼마인가?

P9.23 그림 P9.23a/24a의 캔틸레버보는 집중하중 P를 받고 있다. 직사각형 튜브 형상의 단면 치수는 그림 P9.23b/24b에 주어져 있다.

(a) 직사각형 튜브 형상의 도심으로부터 90 mm 위에 위치한 점 H에 대한 Q의 값을 계산하라.

(b) 직사각형 튜브 형상에 대한 허용전단응력이 125 MPa인 경우, 캔틸레버보에 가할 수 있는 최대 집중하중 P는 얼마인가?

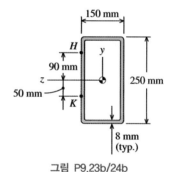

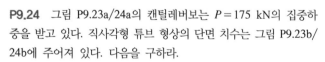

그림 P9.23a/24a

그림 P9.23b/24b

P9.24 그림 P9.23a/24a의 캔틸레버보는 $P = 175$ kN의 집중하중을 받고 있다. 직사각형 튜브 형상의 단면 치수는 그림 P9.23b/24b에 주어져 있다. 다음을 구하라.

(a) 직사각형 튜브 형상의 도심으로부터 50 mm 아래에 위치한 점 K에서 전단응력

(b) 직사각형 튜브 형상에서의 최대 수평 전단응력

P9.25 알루미늄 보의 어느 단면에서의 내부 전단력 V는 8 kN이다. 보의 단면이 그림 P9.25와 같은 경우 다음을 구하라.

(a) T 형상의 바닥면으로부터 30 mm 위에 위치한 점 H에서의 전단응력

(b) T 형상에서의 최대 수평 전단응력

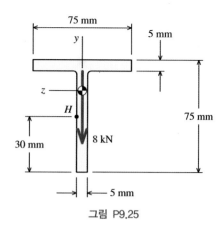

그림 P9.25

P9.26 강재 보의 어느 단면에서 내부 전단력 V는 80 kN이다. 보의 단면이 그림 P9.26과 같은 경우 다음을 구하라.

(a) W 형상의 도심으로부터 30 mm 아래에 위치한 지점 H에서의 전단응력

(b) W 형상에서의 최대 수평 전단응력

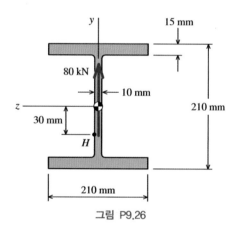

그림 P9.26

P9.27 보의 어느 단면에서 내부 전단력 V는 36 kN이다. 보의 단면이 그림 P9.27과 같은 경우 다음을 구하라.

(a) I 형상의 상부면으로부터 30 mm 아래에 위치한 지점 H와 관련된 Q의 값

(b) I 형상에서의 최대 수평 전단응력

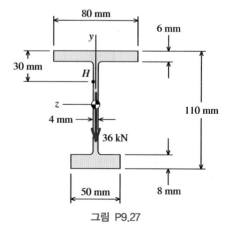

그림 P9.27

P9.28 단순지지보의 100 mm 길이 세그먼트를 고려한다(그림 P9.28a). 세그먼트의 왼쪽과 오른쪽의 내부 휨모멘트는 각각 75 kN·m과 80 kN·m이다. I 형상의 단면 치수는 그림 P9.28b에 주어져 있다. 이 위치에서 보의 최대 수평 전단응력을 구하라.

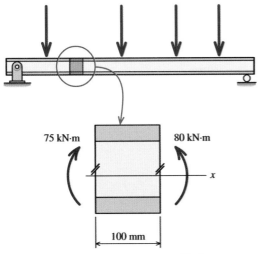

그림 P9.28a 보 세그먼트(측면)

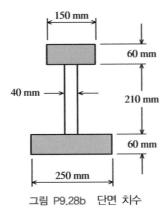

그림 P9.28b 단면 치수

P9.29 $a = 1.5$ m, $b = 5.5$ m의 지간을 갖는 단순지지보가 그림 P9.29a에서와 같이 $w = 40$ kN/m, $P = 30$ kN의 하중을 지지하고 있다. W 형상의 단면 치수는 그림 P9.29b에 주어져 있다.

(a) 보에서의 최대 전단력을 구하라.

(b) 최대 전단력이 발생하는 단면에서 W 형상의 중립축보다 $c = 75$ mm 아래에 위치한 점 H에서의 단면에서의 전단응력을 구하라.

(c) 최대 전단력이 발생하는 단면에서 단면에서의 최대 수평전단 응력을 구하라.

(d) 보에서의 최대 휨응력의 크기를 구하라.

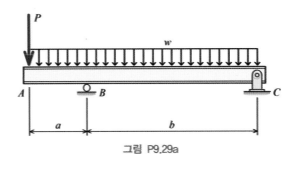

그림 P9.29a

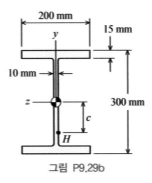

그림 P9.29b

P9.30 캔틸레버보가 그림 P9.30a에서와 같이 하중을 지지하고 있다. 단면 치수는 그림 P9.30b에 주어져 있다. 다음을 구하라.

(a) 최대 수직 전단응력

(b) 최대 압축 휨응력

(c) 최대 인장 휨응력

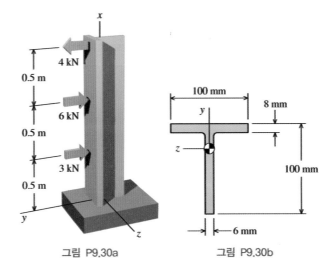

그림 P9.30a   그림 P9.30b

P9.31 강화 플라스틱으로 제작된 단순지지보가 그림 P9.31a에서와 같이 하중을 지지하고 있다. 플라스틱 W 형상의 단면 치수는 그림 P9.31b에 주어져 있다.

(a) 보에서의 최대 전단력의 크기를 구하라.

(b) 최대 전단력이 발생하는 단면에서 W 형상의 바닥면으로부터 60 mm 위에 위치한 점 H에서의 단면에서의 전단응력 크기를 구하라.

(c) 최대 전단력이 발생하는 단면에서 단면에서의 최대 수평 전

단응력의 크기를 구하라.

(d) 보에서의 최대 압축 휨응력의 크기를 구하라. 이 응력은 지간
의 어디에서 발생하는가?

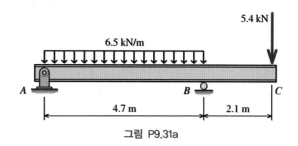

그림 P9.31a

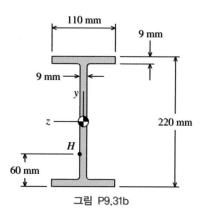

그림 P9.31b

9.8 조립부재에서의 전단흐름

표준 형상들이나 기타 특별하게 구성된 단면들이 보를 제작하는 데 자주 사용되지만, 특수한 목적에 따라 나무 판자 또는 금속 판과 같은 요소로 보를 제작해야 하는 경우가 있다. 9.2절에서 기술했던 것과 같이 불균등 휨은 단면의 각 부분에서 수평방향 힘들(보의 종방향 축에 평행한 힘)을 생성한다. 평형을 만족시키려면 이들 사이에 추가적인 수평방향 힘이 내부적으로 생겨야 한다. 개별 요소들로 만들어진 단면의 경우, 개별 조각들이 하나의 통합된 휨 부재처럼 거동하도록 못, 나사, 볼트 또는 기타 개별 연결부품과 같은 고정장치들이 추가되어야 한다(그림 9.14a).

조립된 휨 부재의 단면이 그림 9.14a에 주어져 있다. 못은 네 개의 나무 판자를 연결하여 하나의 통합된 휨 부재처럼 거동하도록 한다. 9.3절에서와 같이 불균등 휨을 받는 길이 Δx의 보를 고려한다(그림 9.14b). 다음으로 종방향(x 방향)으로 작용하는 힘들을 평가하기 위해 단면의 부분 A'을 살펴본다. 이 경우에서는 판자 (3)을 영역 A'으로 고려한다. 판자 (3)의 자유물체도가 그림 9.14c에 주어져 있다. 9.3절에 제시된 유도과정과 유사한 접근방법을 사용하면, 식 (9.1)은 길이 Δx에 걸쳐 내부 휨모멘트의 변화량 ΔM이 면적 A'에 대한 평형을 만족시키기 위해 필요한 수평방향 힘과 관련됨을 보여준다.

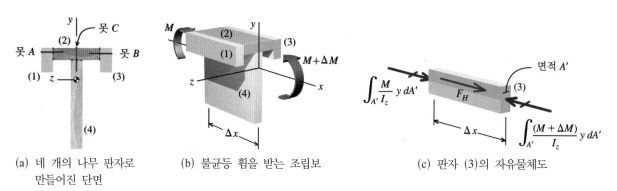

(a) 네 개의 나무 판자로 만들어진 단면

(b) 불균등 휨을 받는 조립보

(c) 판자 (3)의 자유물체도

그림 9.14 조립보의 수평방향 평형

식 (9.1), (9.11), (9.12)에서의 항 I_z는 항상 z 도심축에 대한 전체 단면의 관성모멘트이다.

$$F_H = \frac{\Delta M Q}{I_z} \qquad (9.1)$$

내부 휨모멘트의 변화량은 $\Delta M = (dM/dx)\Delta x = V\Delta x$로 표현될 수 있으며, 이에 따라 식 (9.1)을 내부 전단력 V의 항으로 다음과 같이 쓸 수 있다.

$$F_H = \frac{VQ}{I_z}\Delta x \qquad (9.11)$$

식 (9.11)은 보의 내부 전단력 V이 단면의 특정 부분(면적 A')을 평형상태로 유지하기 위해 필요한 수평방향 힘 F_H와 관련됨을 보여준다. 항 Q는 중립축에 대한 A'의 단면 1차 모멘트이고 I_z는 중립축에 대한 전체 단면의 관성모멘트이다.

판자 (3) (면적 A')을 평형상태로 유지하기 위해 필요한 힘 F_H는 그림 9.14a의 못 B에 의해 주어져야 하며, 이것이 조립 휨 부재 설계의 특징인 개별 고정장치들(못 등)이 있어야 하는 이유이다. 조립 휨 부재의 설계자는 휨 공식과 전단응력공식을 사용하여 휨응력과 전단응력을 고려하여야할 뿐만 아니라 조각들을 하나로 연결하는 데 사용되는 고정장치들이 평형을 유지하기 위해 필요한 수평방향 힘들을 전달하는 데 적합한지 확인해야 한다.

이러한 유형의 해석을 용이하게 하기 위하여 전단흐름(shear flow)으로 알려진 물리량을 도입하는 것이 편리하다. 식 (9.11)의 양변을 Δx로 나누면 전단흐름 q는 다음과 같이 정의될 수 있다.

전단흐름은 보 지간을 따라 변하는 내부 휨모멘트에 의해 생성되는 수직응력으로 인한 것임을 이해하는 것이 중요하다. 항 V는 dM/dx를 대체함으로써 식 (9.12)에 나타난다. 전단흐름은 보의 종방향 축에 평행하게 작용한다. 즉 휨응력들과 동일한 방향으로 작용한다.

$$\frac{F_H}{\Delta x} = q = \frac{VQ}{I_z} \qquad (9.12)$$

전단흐름 q는 단면의 특정 부분에 대한 수평방향 평형을 만족시키기 위해 필요한 보 지간의 단위 길이당 전단력이다. 식 (9.12)는 전단흐름 공식(shear flow formula)이라고 한다.

고정장치의 해석 및 설계

조립 단면은 못, 나사, 볼트와 같은 개별 고정장치들을 사용하여 여러 요소들을 하나의 통합된 휨 부재로 연결한다. 조립 단면의 한 예가 그림 9.14a에 주어져 있으며, 다른 여러 예들은 그림 9.15에 주어져 있다. 이러한 예들은 못으로 연결된 나무 판자들로 구성되어 있지만, 원리는 보의 재료나 고정장치의 종류와 관계없이 동일하다.

고정장치들의 고려사항은 일반적으로 다음 목적 중 하나를 포함한다.

- 보의 내부 전단력 V와 고정장치의 전단력 용량이 주어지면, 보 지간을(종방향 x) 따라 고정장치의 적절한 간격은 얼마인가?
- 고정장치의 지름과 간격 s가 주어지면, 보에서 주어진 전단력 V에 대해 각 고정장치에서 발생되는 전단응력 τ_f는 얼마인가?
- 고정장치의 지름, 간격 s, 허용전단응력이 주어지면, 조립 부재가 받을 수 있는 최대 전단력 V는 얼마인가?

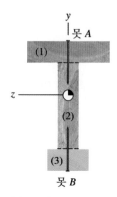

(a) I 형상 목재 보
단면

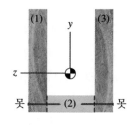

(b) U-형상 목재 보
단면

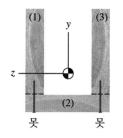

(c) 다른 U-형상
목재 보 단면

그림 9.15 조립 휨 부재
들의 예

이러한 목적에 부응하기 위해 고정장치의 저항력과 면적 A'을 평형상태로 유지하는 데 필요한 수평방향 힘 F_H를 연결하는 식 (9.12)으로부터 새로운 식이 유도될 수 있다. 식 (9.12)의 길이 항 Δx은 보의 x축을 따라 설치된 고정장치의 간격 s와 같게 설정된다. 전단흐름 q의 관점에서 볼 때, 보 간격 s에 걸쳐 연결된 요소들 사이에 전달되어야 하는 수평방향 힘 F_H는 다음과 같이 표현될 수 있다.

$$F_H = qs \tag{a}$$

내부 수평방향 힘 F_H는 반드시 고정장치에 의해 판자들 또는 판들 사이에 전달되어야 한다(주의: 연결된 요소들 사이의 마찰 효과는 무시한다). 하나의 고정장치(예: 못, 나사, 볼트)가 전달할 수 있는 전단력은 V_f로 표시된다. 간격 s 안에서 한 개 이상의 고정장치가 사용될 수 있기 때문에 간격 내에 있는 고정장치의 수는 n_f로 표시된다. n_f개의 고정장치에 의한 저항력은 연결된 요소들을 수평방향으로 평행을 유지하는 데 필요한 수평방향 힘 F_H보다 크거나 같아야 한다.

$$F_H \leq n_f V_f \tag{b}$$

식 (a)와 식 (b)를 조합하면, 전단흐름 q, 고정장치 간격 s, 하나의 고정장치에 의해 전달될 수 있는 전단력 V_f 사이의 관계를 얻을 수 있다. 이 식을 고정장치의 힘-간격 관계식 (fastener force – spacing relationship)이라고 한다.

$$qs \leq n_f V_f \tag{9.13}$$

고정장치에서 발생된 평균 전단응력 τ_f은 다음과 같이 표현될 수 있다.

$$\tau_f = \frac{V_f}{A_f} \tag{c}$$

여기서 고정장치에는 단일전단이 발생하고 A_f는 고정장치의 단면적으로 가정한다. 이 관계식을 사용하면 식 (9.13)은 고정장치에서의 전단응력의 항으로 나타낼 수 있다. 이 식을 고정장치의 응력-간격 관계식(fastener stress – spacing relationship)이라고 한다.

$$qs \leq n_f \tau_f A_f \tag{9.14}$$

Q에 대한 적절한 면적의 설정

특별한 응용을 위해 전단흐름 q를 해석하는 경우, 결정에 있어서 가장 혼란스러운 것은 Q 계산에 단면의 어느 부분이 포함되어야 하는지에 관한 것이다. 적절한 면적 A'을 선택하기 위한 핵심은 단면의 어느 부분이 고정장치에 의해 고정되어 있는지를 결정하는 것이다.

그림 9.14a와 그림 9.15에 몇 가지 조립 목재 보 단면들이 주어져 있다. 각각의 경우,

못들은 나무 판자들을 일체화된 휨 부재로 연결하는 데 사용된다. 수직방향 내부 전단력 V가 보의 각 단면에 작용한다고 가정한다.

그림 9.14a의 T 형상의 경우, 판자 (1)은 못 A에 의해 고정되어 있다. 못 A를 해석하기 위해 설계자는 판자 (1)과 단면의 나머지 부분 사이에서 전달되는 전단흐름 q를 결정해야 한다. 이를 수행하기 위한 적절한 Q는 z 도심축에 대한 판자 (1)의 단면 1차 모멘트이다. 마찬가지로 못 B와 관련된 전단흐름은 중립축에 대해 판자 (3)에 대한 Q를 필요로 한다. 못 C는 판자 (1), (2), (3)에서 발생하는 전단흐름을 T 형상의 복부로 전달해야 한다. 결과적으로 적절한 Q는 판자 (1), (2), (3)을 포함한다.

그림 9.15a는 플랜지 판자 (1)과 플랜지 판자 (3)을 복부 판자 (2)에 못질하여 제작한 I형 단면을 보여준다. 못 A는 판자 (1)을 단면의 나머지 부분에 연결한다. 따라서 못 A와 관련된 전단흐름 q는 z축에 대한 판자 (1)의 단면 1차 모멘트 Q를 기초로 한다. 못 B는 판자 (3)을 단면의 나머지 부분에 연결한다. 판자 (3)은 판자 (1)보다 작고 z축에서 더 멀리 떨어져 있기 때문에 Q 값이 달라지고, 이에 따라 판자 (3)에 대한 q값도 달라진다. 결과적으로 못 B의 간격 s는 못 A의 간격 s와 다를 수 있다. 두 경우 모두에서 I_z는 z 도심축에 대한 전체 단면의 관성모멘트이다.

그림 9.15b와 9.15c는 판자 (2)가 두 개의 못으로 단면의 나머지 부분에 연결된 U 형상 단면에 대한 다른 형상을 보여준다. 못으로 고정된 요소는 두 형상에서 모두 판자 (2)이다. 두 가지 다른 형상은 동일한 치수, 동일한 단면적 그리고 동일한 관성모멘트를 갖는다. 그러나 그림 9.15b의 판자 (2)에 대해 계산된 Q의 값은 그림 9.15c의 판자 (2)에 대한 Q보다 작다. 따라서 첫 번째 형상에 대한 전단흐름은 두 번째 형상에 대한 전단흐름보다 작을 것이다.

예제 9.5

돌출부가 있는 단순지지보가 D에서 2000 N의 집중하중을 받고 있다. 보는 보 길이를 따라 150 mm 간격으로 배치된 래그 나사로 고정된 2개의 40 mm×235 mm 나무 판자로 제작되었다. 제작된 단면의 도심 위치는 그림에 표시되어 있으며, z도심 축에 대한 단면의 관성모멘트는 $I_z = 133.372 \times 10^6$ mm⁴이다. 래그 나사에 작용하는 전단력을 구하라.

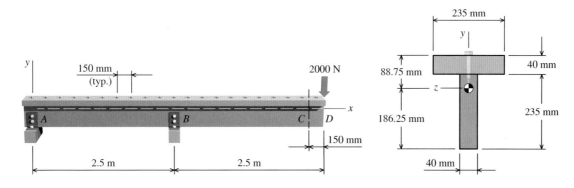

풀이 계획 단면이 개별 고정장치(못, 나사, 볼트 등)를 포함할 경우, 전단흐름공식[식 (9.12)]과 관련된 고정장치의 힘-간격 관계식[식 (9.13)]은 의도한 목적을 위한 고정장치의 적합성을 평가하는 데 도움이 될 것이다. 고정장치에 작용하는 전단력을 결정하기 위해서는 먼저 고정장치로 고정된 단면의 부분들을 확인해야 한다. 여기서 고려되는 기본 T 형상 단면의 경우, 상단 플랜지 판자는 래그 나사에 의해 복부 판자에 고정되어 있다. 전체 단면이 평형상태에 있다면, 플랜지 판자에서 수평방향으로 작용하는 합력은 고정장치에서의 전단력에 의해 복부 판자로 전달되어야 한다. 해석에서는 평형을 이루기 위해 각 고정장치에 의해 주어져야 하는 전단력을 결정하는 데에 래그 나사의 간격과 동일한 짧은 길이의 보가 고려될 것이다.

풀이 *C*에서의 자유물체도

고정장치의 기능을 더 잘 이해하려면 돌출부 끝에서 150 mm 떨어진 단면 *C*에서 절단된 자유물체도 (FBD)를 고려한다. 이 자유물체도는 하나의 래그 나사를 포함한다. 2000 N의 외부 집중하중은 내부 전단력 $V = 2000$ N과 그림에 방향이 주어진 *C*에 작용하는 내부 휨모멘트 $M = 300$ N·m를 발생시킨다.

내부 휨모멘트 $M = 300$ N·m는 중립축(도심축) 위에서 인장 휨응력을 발생시키고 중립축 아래에서 압축 휨응력을 발생시키다. 플랜지와 복부에 작용하는 주요 수직응력은 휨 공식을 사용하여 계산할 수 있다. 이 응력들은 그림에 표시되어 있다.

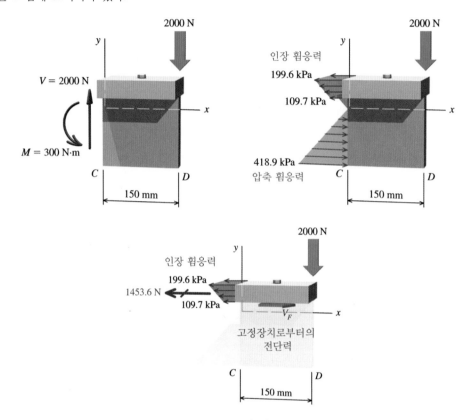

9.2절에 요약된 접근방법은 플랜지에 작용하는 인장 휨응력에 의해 생성된 수평방향 합력을 계산하는 데 사용될 수 있다. 합력은 1453.6 N의 크기를 가지며, $-x$ 방향으로 플랜지를 당긴다. 플랜지가 평형상태에 있다면, $+x$ 방향으로 작용하는 추가적인 힘이 존재해야 한다. 이 추가적인 힘은 래그 나사의 전단 저항력으로부터 나온다. 이 힘을 V_f로 표기하면, 수평방향의 평형으로부터 $V_f = 1453.6$ N임을 알 수 있다.

다시 말하면 플랜지의 평형은 복부로부터 1453.6 N의 저항력이 플랜지로 래그 나사를 통해 흐를 때만 만족될 수 있다. 여기서 결정된 V_f의 크기는 보의 150 mm 길이 세그먼트에만 적용될 수 있다. 150 mm 보다 긴 세그먼트를 고려할 경우, 내부 휨모멘트 M이 더 커져서 더 큰 휨응력과 더 큰 크기의 합력이 발생된다. 결과적으로 연결된 부분으로 흐르는 힘의 양을 단위 길이의 보에서 요구되는 수평방향 저항력의 항으로 표현하는 것이 편리하다. 이 경우의 전단흐름은 다음과 같다.

$$q = \frac{1453.6 \text{ N}}{150 \text{ mm}} = 9.691 \text{ N/mm} \tag{a}$$

앞의 논의는 조립보의 거동을 설명하기 위한 것이다. 이러한 유형의 휨 부재에 포함된 힘과 응력에 대한 기본적인 이해는 조립 휨 부재에서 고정장치를 해석하고 설계하기 위한 전단흐름공식[식 (9.12)]과 고정장치의 힘-간격 관계식[식 (9.13)]의 적절한 사용을 용이하게 한다.

전단흐름공식
전단흐름공식은 다음과 같이 다시 쓸 수 있다.

$$q = \frac{VQ}{I_z} \qquad \text{(b)}$$

$$qs \le n_f V_f \qquad \text{(c)}$$

그리고 조립보의 래그 나사에서 발생되는 전단력 V_f를 결정하기 위하여 고정장치의 힘-간격 관계식이 사용될 것이다. 이제 이 식들에 나타나는 항들에 대한 적절한 값을 구한다.

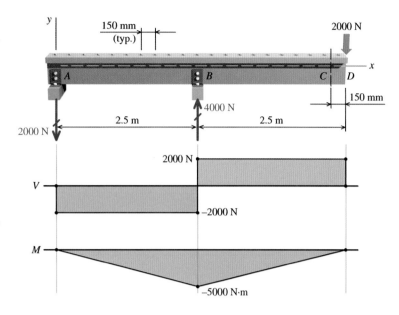

보 내부 전단력 V: 단순지지보에 대한 전단력도와 휨모멘트도가 주어져 있다. 전단력도는 내부 전단력이 전체 보 지간에 걸쳐 $V = 2000$ N으로 일정한 크기를 갖는 것을 보여준다.

단면 1차 모멘트 Q: 래그 나사로 연결된 단면의 일부분에 대하여 Q가 계산된다. 결과적으로 이 경우에 Q는 플랜지 판자에 대하여 계산된다.

$$Q = (235 \text{ mm})(40 \text{ mm})(68.75 \text{ mm}) = 646.250 \times 10^3 \text{ mm}^3$$

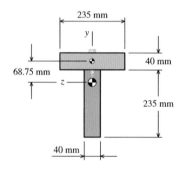

고정장치 간격 s: 래그 나사는 지간을 따라 150 mm 간격으로 설치된다. 그러므로 $s = 150$ mm이다.

전단흐름 q: 고정장치를 통해 복부로부터 플랜지로 전달되어야 하는 전단흐름은 전단흐름공식으로부터 계산될 수 있다.

$$q = \frac{VQ}{I_z} = \frac{(2000 \text{ N})(646.250 \times 10^3 \text{ mm}^3)}{133.372 \times 10^6 \text{ mm}^4} = 9.691 \text{ N/mm} \qquad \text{(d)}$$

전단흐름공식으로부터 식 (d)에서 얻어지는 결과는 식 (a)에서 얻어지는 결과와 동일하다는 것에 주목한다. 전단흐름공식은 계산을 위한 편리한 형식을 제공하지만, 이 식에 의해 다루어지는 근본적인 휨 거동을 명확하게 이해하는 것은 쉽지 않을 수 있다. C에서 보의 자유물체도를 사용하는 앞의 방법은 이러한 거동에 대한 이해를 높이는 데 도움이 될 수 있다.

고정장치 전단력 V_f: 고정장치에 의해 주어지는 전단력은 고정장치의 힘-간격 관계식으로부터 계산될 수 있다. 보는 150 mm 간격으로 하나의 래그 나사가 설치되어 제작된다. 따라서 $n_f = 1$이다.

$$qs \le n_f V_f$$

$$\therefore V_f = \frac{qs}{n_f} = \frac{(9.691 \text{ N/mm})(150 \text{ mm})}{1 \text{ 고정장치}} = 1453.6 \text{ N(고정장치당)} \qquad \text{답}$$

예제 9.6

예제 9.5의 단순지지보에 대하여 다른 단면이 주어져 있다. 대안 설계에서 보는 40 mm×195 mm 플랜지 판자에 2개의 20 mm ×275 mm 나무 판자를 못으로 박아 제작되었다. 제작된 단면의 도심 위치가 그림에 표시되어 있으며, z 도심축에 대한 단면의 관성모멘트는 $I_z = 133.372×10^6$ mm⁴이다. 각 못의 허용 전단 저항이 425 N인 경우, 조립보에 적용 가능한 최대 간격 s 를 구하라.

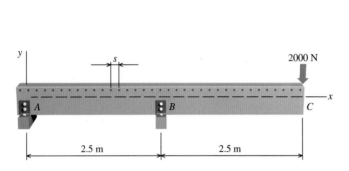

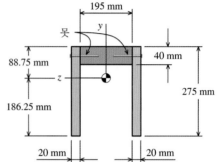

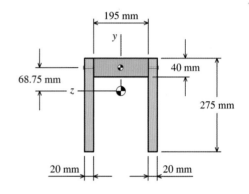

풀이 계획 최대 간격 s 를 결정하기 위하여 전단흐름공식[식 (9.12)]과 고정장치의 힘-간격 관계식[식 (9.13)]이 필요할 것이다. 40 mm×195 mm의 플랜지 판자가 못으로 고정되어 있기 때문에 단면 1차 모멘트 Q 와 전단흐름 q 는 단면의 이 영역을 기초로 하여 구한다.

풀이 보 내부 전단력 V

단순지지보에 대한 전단력도와 휨모멘트도는 예제 9.5에 주어져 있다. 전단력 V 는 전체 보 지간에 걸쳐 $V = 2000$ N으로 일정한 크기를 가진다.

단면 1차 모멘트 Q: 못에 의해 고정된 단면의 일부분인 40 mm×195 mm 플랜지 판자에 대해 Q 가 계산된다.

$$Q = (195 \text{ mm})(40 \text{ mm})(68.75 \text{ mm}) = 536.250 × 10^3 \text{ mm}^3$$

전단흐름 q: 한 쌍의 못을 통해 전달되어야 하는 전단흐름은 다음과 같다.

$$q = \frac{VQ}{I_z} = \frac{(2000 \text{ N})(536.250 × 10^6 \text{ mm}^3)}{133.372 × 10^6 \text{ mm}^4} = 8.041 \text{ N/mm}$$

최대 못 간격: 못의 최대 간격은 고정장치의 힘-간격 관계식[식 (9.13)]으로부터 계산될 수 있다. 보는 각 간격에서 설치된 두 개의 못으로 제작된다. 그러므로 $n_f = 2$ 이다.

$$qs \leq n_f V_f$$

$$\therefore s \leq \frac{n_f V_f}{q} = \frac{(2 \text{ nails})(425 \text{ N/못})}{8.041 \text{ N/mm}} = 105.7 \text{ mm} \qquad \text{답}$$

설치된 한 쌍의 못들에 대한 간격은 105.7 mm보다 작거나 같아야 한다. 실제로 못은 100 mm 간격으로 설치된다.

두 가지의 못 배열로 제작된 두 가지 나무 상자형 보의 허용 전단력을 구하라.

나무 판자로 U 형상 보를 제작할 때 사용할 수 있는 최대 못 간격을 구하라.

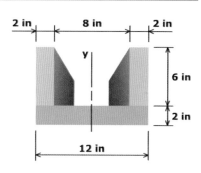

50 kip의 전단력을 지지하는 데 필요한 최대 종방향 볼트 간격을 구하라.

마주보는 두 개의 ㄷ형상을 연결하는 데 사용되는 볼트에서 발생하는 전단응력을 구하라.

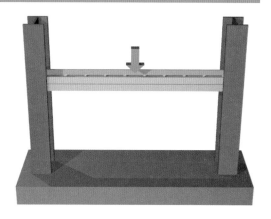

상자형 보를 제작하는 데 사용되는 볼트에서의 전단응력을 구하라.

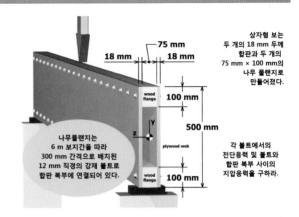

상자형 보는
두 개의 18 mm 두께
합판과 두 개의
75 mm × 100 mm의
나무 플랜지로
만들어졌다.

75 mm
18 mm   18 mm

wood
flange   100 mm

y
z   500 mm

plywood web

나무플랜지는
6 m 보지간을 따라
300 mm 간격으로 배치된
12 mm 직경의 강재 볼트로
합판 복부에 연결되어 있다.

wood
flange   100 mm

각 볼트에서의
전단응력 및 볼트와
합판 복부 사이의
지압응력을 구하라.

M9.9 조립보 단면에 대한 Q의 계산과 관련된 5개의 객관 식 문제

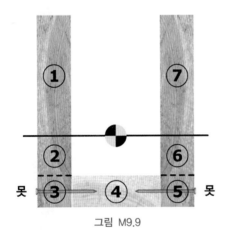

그림 M9.9

M9.10 조립보 단면에서의 전단흐름과 관련된 5개의 객관 식 문제

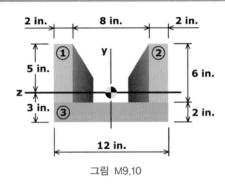

2 in.   8 in.   2 in.

① ②

5 in.   6 in.

z

3 in.   2 in.
③

12 in.

그림 M9.10

M9.11 조립보 단면에서의 전단흐름과 관련된 4개의 객관 식 문제

125 mm

그림 M9.11

PROBLEMS

P9.32 그림 P9.32/33의 I 형상 보 단면을 형성하기 위해 3개의 목재로 보를 제작하였다. 직접전단으로 600 N의 힘을 안전하게 전달할 수 있는 못으로 보의 플랜지를 복부에 고정한다. 보는 단순지지이고 4 m 지간의 중앙에서 3600 N 하중을 받는 경우 다음을 구하라.

(a) 250 mm 길이 보의 세그먼트에서 각 플랜지로부터 복부로 전 달되는 수평방향 힘

(b) 주어진 못에 대하여 요구되는 최대 간격 s(보의 길이를 따라)

(c) I 형상 보에서의 최대 수평 전단응력

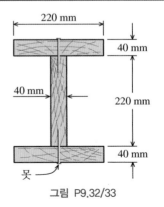

220 mm

40 mm

40 mm   220 mm

40 mm

못

그림 P9.32/33

P9.33 그림 P9.32/33의 I 형상 보 단면을 형성하기 위해 3개의 목재로 보를 제작하였다. I 형상 보는 6 m 지간의 중앙에서 집중하중 P를 받는 단순지지보로 사용된다. 목재의 허용 휨응력은 8 MPa이고, 허용전단응력은 625 kPa이다. 직접전단으로 600 N의 힘을 안전하게 전달할 수 있는 못으로 보의 플랜지를 복부에 고정한다.

(a) 못이 지간을 따라 $s = 150$ mm의 간격으로 균등하게 배치되어 있다면, 보가 지지할 수 있는 최대 집중하중 P는 얼마인가? P에 의해 발생되는 최대 휨응력과 최대 전단응력이 적절한지 설명하라.

(b) 지간에서 허용 휨응력($\sigma_x = 8$ MPa)을 발생시키는 하중 P의 크기를 구하라. 이 크기의 하중을 지지하기 위해 필요한 못 간격은 얼마인가? P에 의해 발생되는 최대 수평 전단응력이 적절한지 설명하라.

P9.34 상자형 보는 그림 P9.34b와 같이 네 개의 판자를 못으로 고정하여 제작된다. 못은 $s = 125$ mm 간격으로 설치되며(그림 P9.34a), 각 못은 $V_f = 500$ N의 저항력을 가지고 있다. 상자형 보가 설치되어 z축에 대해 휨이 발생한다. 못을 박은 연결부의 전단력 용량을 기준으로 상자형 보가 지지할 수 있는 최대 전단력 V를 구하라.

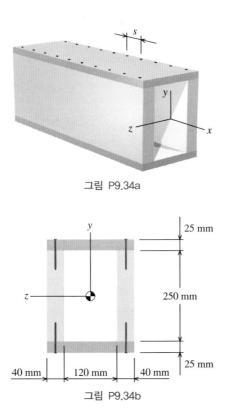

그림 P9.34a

라(그림 P9.35a 참조).

그림 P9.35a

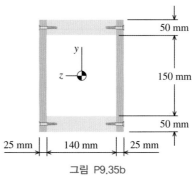

그림 P9.35b

P9.35 상자형 보를 그림 P9.35b와 같이 네 개의 판자를 나사로 고정하여 제작하였다. 각 나사는 800 N의 저항력을 가지고 있다. 상자형 보가 설치되어 z축에 대해 휨이 발생하고 보에서의 최대 전단력은 9 kN이다. 나사에 대하여 허용되는 최대 간격 s를 구하

P9.36 그림 P9.36과 같이 폭이 40 mm이고 높이가 90 mm인 4개의 나무 판자를 32 mm×400 mm 합판 복부에 붙여 보를 제작하였다. 허용 휨응력이 6 MPa, 합판에서의 허용전단응력이 640 kPa, 접착 접합부에서의 허용전단응력이 250 kPa일 때, 이 단면이 지지할 수 있는 최대 허용 전단력 및 최대 허용 휨모멘트를 구하라.

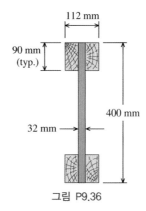

그림 P9.36

P9.37 그림 P9.37과 같이 세 개의 판자로 이중 T 형상 단면을 형성하도록 보를 제작하였다. 보 플랜지는 못으로 복부에 고정된다. 각 못은 직접전단으로 750 N의 힘을 안전하게 전달할 수 있다. 목재의 허용전단응력은 520 kPa이다.

(a) 못이 지간을 따라 $s = 120$ mm의 간격으로 균일하게 배치되어 있다면, 이중 T 형상 단면이 지지할 수 있는 최대 내부 전단력 V는 얼마인가?

(b) 전단에서 이중 T 형상의 전체 강도를 사용하기 위해 필요한

못 간격 s는 얼마인가? (전체 강도는 이중 T 형상에서 최대 수평 전단응력이 목재의 허용전단응력과 같을 때를 의미한다.)

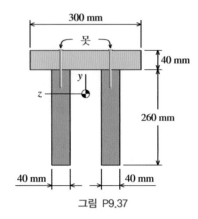

그림 P9.37

P9.38 상자형 보를 상부 및 하부 플랜지에서 나무 판자에 고정된 두 개의 합판 복부로 제작하였다(그림 P9.38b/39b). 보는 4.4 m 지간의 중앙에서 $P = 25$ kN의 집중하중을 지지하고 있다(그림 P9.38a/39a). 볼트(지름 10 mm)는 지간을 따라 $s = 250$ mm의 간격으로 합판 복부와 목재 플랜지를 연결한다. 지점 A와 C는 각각 핀과 롤러로 이상화될 수 있다. 다음을 구하라.

(a) 합판 복부에서의 최대 수평 전단응력
(b) 볼트에서의 평균 전단응력
(c) 목재 플랜지에서의 최대 휨응력

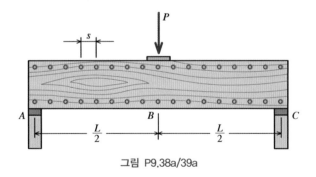

그림 P9.38a/39a

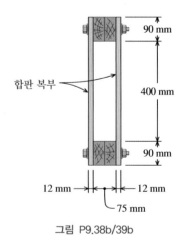

그림 P9.38b/39b

P9.39 상자형 보를 상부 및 하부 플랜지에서 나무 판자에 고정된 두 개의 합판 복부로 제작하였다(그림 P9.38b/39b). 목재의 허용 휨응력은 8.6 MPa이다. 합판의 허용전단응력은 1.9 MPa이다. 볼트의 지름은 12 mm이고, 허용전단응력이 40 MPa이며, 볼트가 $s = 400$ mm 간격으로 배치되어 있다. 보 지간은 $L = 5.2$ m이다(그림 P9.38a/39a). 지점 A는 핀 지지로 가정하고 지점 C는 롤러 지지로 이상화될 수 있다.

(a) 지간 중앙에서 보에 가할 수 있는 최대 하중 P를 구하라.
(b) (a)에서 구한 하중 P에 대해서 목재에서의 휨응력, 합판에서의 전단응력 및 볼트에서의 평균 전단응력을 구하라.

P9.40 그림 P9.40b와 같이 나사로 고정된 3개의 판자로 보를 제작하였다. 나사는 150 mm 간격으로 보 지간을 따라 균일하게 배치되어 있다(그림 P9.40a). 보가 설치되어 z축에 대해 휨이 발생한다. 보의 최대 휨모멘트는 $M_z = -4.50$ kN·m이며 보의 최대 전단력은 $V_y = -2.25$ kN이다. 다음을 구하라.

(a) 보에서의 최대 수평 전단응력의 크기
(b) 각 나사에서의 전단력
(c) 보에서의 최대 휨응력의 크기

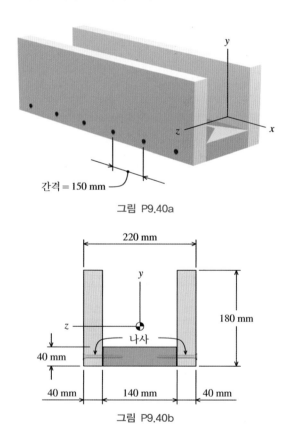

그림 P9.40a

그림 P9.40b

P9.41 보가 그림 P9.41a/42a와 같이 볼트로 고정된 3개의 목재 부재로 제작된다. 단면 치수는 그림 P9.41b/42b에 주어져 있다. 지름 8 mm 볼트가 보의 x축을 따라 $s = 200$ mm의 간격으로 배치되어 있다. 보의 내부 전단력이 $V = 7$ kN일 때, 각 볼트에서의 전단응력을 구하라.

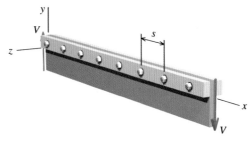

그림 P9.41a/42a

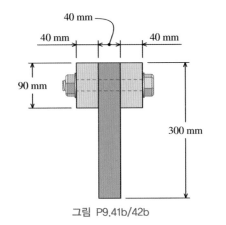

그림 P9.41b/42b

P9.42 보가 그림 P9.41a/42a와 같이 볼트로 고정된 3개의 목재 부재로 제작된다. 단면 치수는 그림 P9.41b/42b에 주어져 있다. 목재의 허용전단응력은 850 kPa이고, 10 mm 지름 볼트의 허용전단응력은 40 MPa이다. 다음을 구하라.

(a) 목재에서의 허용전단응력에 기초한 단면이 견딜 수 있는 최대 내부 전단력 V

(b) (a)에서 계산된 내부 전단력을 발생시키는 데 필요한 최대 볼트 간격 s

P9.43 캔틸레버 휨 부재가 그림 P9.43a와 같이 두 개의 동일한 냉간 압연 강재를 볼트로 연속하여 체결함으로써 제작된다. 캔틸레버보는 $L = 1600$ mm의 지간을 가지며, $P = 600$ N의 집중하중을 지지하고 있다. 조립 형상의 단면 치수는 그림 P9.43b에 표시되어 있다. 둥근 모서리의 효과는 조립 형상의 단면 특성을 결정할 때 무시될 수 있다.

(a) 4 mm 지름의 볼트를 $s = 75$ mm의 간격으로 설치하는 경우, 볼트에서 발생되는 평균 전단응력은 얼마인가?

(b) 볼트의 허용 평균 전단응력이 96 MPa인 경우, $s = 400$ mm의 간격에 대하여 필요한 최소 볼트 지름을 구하라.

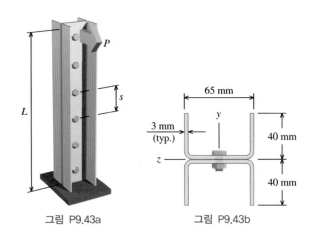

그림 P9.43a   그림 P9.43b

P9.44 기존 구조물에서의 W360×51 강재 보(부록 B 참조)를 그림 P9.44와 같이 하부 플랜지에 폭이 200 mm이고 두께가 25 mm인 덮개 판을 추가하여 보강하고자 한다. 덮개 판은 보 지간을 따라 s의 간격으로 배치된 24 mm 지름의 볼트 쌍들에 의해 하부 플랜지에 부착된다. 휨은 z 도심축에 대해 발생한다.

(a) 허용 볼트 전단응력이 96 MPa인 경우 $V = 85$ kN의 보에서 내부 전단력을 지지하는 데 필요한 최대 볼트 간격을 구하라.

(b) 허용 휨응력이 150 MPa인 경우 기존의 W360×51 형상에 대한 허용 휨모멘트, 덮개 판이 추가된 W360×51 형상에 대한 허용 휨모멘트, 덮개 판이 추가되어 얻어지는 모멘트 용량의 증가율을 구하라.

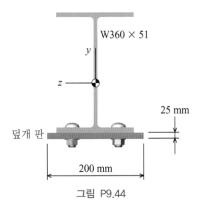

그림 P9.44

P9.45 W410×60 강재 보(부록 B 참조)가 양 끝단에서 단순지지되며 7 m 지간의 중앙에서 집중하중 P를 받고 있다. W410×60 형상은 그림 P9.45/46과 같이 폭이 250 mm이고 두께가 16 mm인 두 개의 덮개 판을 플랜지들에 추가하여 보강된다. 각 덮개 판은 보 지간을 따라 s의 간격으로 20 mm 지름의 볼트 쌍들에 의해 플랜지에 부착된다. 허용 휨응력은 150 MPa이고, 볼트에서의 허용 평균 전단응력은 96 MPa이며, 휨은 z 도심축에 대해 발생한다.

(a) 허용 휨응력이 150 MPa인 경우 2개의 덮개 판이 있는 W410×60 강재 보에 대하여 7 m 지간의 중앙에 가할 수 있는 최대 집중하중 P을 구하라.

(b) (a)에서 구한 집중하중 P와 관련된 내부 전단력 V에 대하여

덮개 판을 플랜지에 부착하는 볼트에 대하여 필요한 최대 간격 s를 계산하라.

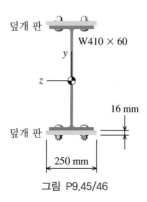

그림 P9.45/46

P9.46 W410×60 강재 보(부록 B 참조)가 양 끝단에서 단순지지되며 7 m 지간의 중앙에서 집중하중 $P=420$ kN을 받고 있다. W410×60 형상은 그림 P9.45/46과 같이 폭이 250 mm이고 두께가 16 mm인 두 개의 덮개 판을 플랜지들에 추가하여 보강된다. 각 덮개 판은 보 지간을 따라 $s=250$ mm의 간격으로 배치된 볼트 쌍들에 의해 플랜지에 부착된다. 볼트에서의 허용 평균 전단응력은 96 MPa이고, 휨은 z 도심축에 대해 발생한다. 볼트에 대한 최소 요구 지름을 구하라.

P9.47 W310×60 강재 보(부록 B 참조)의 상부 플랜지에 그림 P9.47/48과 같이 C250×45 ㄷ형상이 볼트로 고정되어 있다. 보

는 양 끝단에서 단순지지되어 있고, 6 m 지간의 중앙에서 집중하중 100 kN을 받고 있다. 24 mm 지름의 볼트 쌍들이 보를 따라 간격 s로 배치되어 있다. 볼트에서의 허용 평균 전단응력이 125 MPa로 제한되어야 한다면, 볼트에 대하여 사용할 수 있는 최대 간격 s은 얼마인가?

그림 P9.47/48

P9.48 W310×60 강재 보(부록 B 참조)의 상부 플랜지에 그림 P9.47/48과 같이 C250×45 ㄷ형상이 볼트로 고정되어 있다. 보는 양 끝단에서 단순지지되어 있고, 8 m 지간의 중앙에서 집중하중 90 kN을 받고 있다. 한 쌍의 볼트가 보를 따라 600 mm 간격으로 배치된 경우 다음을 구하라.
(a) 각 볼트에 의해 전달되는 전단력
(b) 볼트에서의 평균 전단응력이 75 MPa로 제한되어야 하는 경우 필요한 볼트 지름

9.9 얇은벽 부재에서의 전단응력과 전단흐름

조립보에 대한 앞의 논의에서 특정 부분의 수평방향 평형을 위해 필요한 내부 전단력 F_H와 휨부재의 길이는 식 (9.11)에 의해 표현된다.

$$F_H = \frac{VQ}{I_z} \Delta x \tag{9.11}$$

그림 9.14에 도시된 것과 같이 힘 F_H는 휨응력에 평행하게(x 방향) 작용한다. 전단흐름 q는 단면의 특정 부분에 대한 수평방향 평형을 만족시키는 데 필요한 보 지간의 단위길이당 전단력을 표현하기 위하여 식 (9.12)에서 유도되었다. 이 절에서 이러한 개념들은 W형상 보 단면과 같이 얇은벽 부재에서의 평균 전단응력 및 전단흐름의 해석에 활용될 것이다.

$$\frac{F_H}{\Delta x} = q = \frac{VQ}{I_z} \tag{9.12}$$

얇은벽 단면에서의 전단응력

그림 9.16a에 주어진 W 형상 보의 길이 dx의 세그먼트를 고려한다. 휨모멘트 M과 $M+dM$은 부재의 상부 플랜지에서 압축 휨응력을 발생시킨다. 다음으로 그림 9.16b와 같이 상부 플랜지의 일부분인 요소 (1)의 자유물체도를 고려한다. 보 세그먼트의 후면에서 휨모멘트 M은 플랜지 요소 (1)의 $-x$면에 작용하는 압축 수직응력을 발생시킨다. 이 수직응력들의 합력은 수평방향 힘 F가 된다. 마찬가지로 보 세그먼트의 전면에 작용하는 휨모멘트 $M+dM$은 플랜지 요소 (1)의 $+x$면에 작용하는 압축 수직응력을 발생시키고, 이러한 응력들의 합력은 수평방향 힘 $F+dF$가 된다. 요소 (1)의 전면에 작용하는 합력이 후면에 작용하는 합력보다 크기 때문에, 평형을 만족시키기 위해서는 추가적인 힘 dF가 요소 (1)에 작용하여야 한다. 이 힘 dF는 드러난 면 BB'에서만 작용할 수 있다(다른 모든 면에서는 응력이 없기 때문이다). 식 (9.11)을 얻는 데 사용된 것과 유사한 유도과정에 의하여 dF는 다음과 같이 미분 형태로 표현될 수 있다.

$$dF = \frac{VQ}{I_z} dx \tag{9.15}$$

여기서 Q는 보 단면의 중립축에 대한 요소 (1)의 단면 1차 모멘트이다. 면 BB'의 면적은 $dA = tdx$이므로 종방향 단면 BB'에 작용하는 평균 전단응력은 다음과 같다.

$$\tau = \frac{dF}{dA} = \frac{VQ}{I_z t} \tag{9.16}$$

이 경우 τ는 z 평면[요소 (1)의 수직면 BB']에 작용하는 수평 x방향의 전단응력의 평균값인 τ_{zx}를 나타낸다. 플랜지가 얇기 때문에 평균 전단응력 τ_{zx}는 플랜지의 두께 t에 걸쳐 크게 변하지 않을 것이다. 결과적으로 τ_{zx}는 일정하다고 가정할 수 있다. 수직면에 작

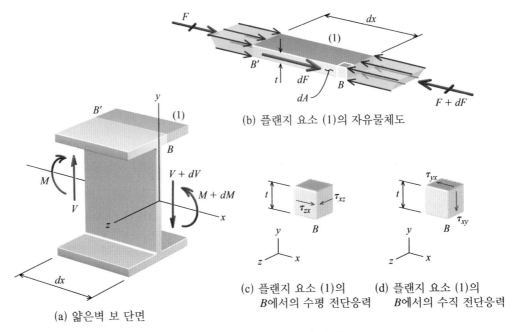

(b) 플랜지 요소 (1)의 자유물체도

(a) 얇은벽 보 단면

(c) 플랜지 요소 (1)의 B에서의 수평 전단응력

(d) 플랜지 요소 (1)의 B에서의 수직 전단응력

그림 9.16 얇은벽 W 형상 보의 전단응력

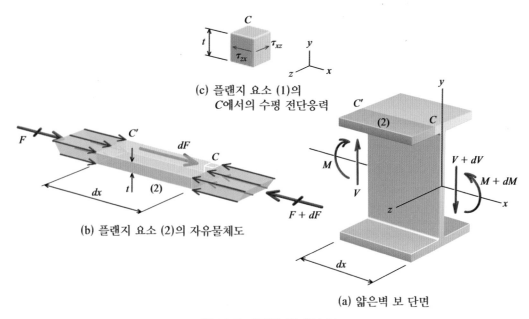

(c) 플랜지 요소 (1)의
C에서의 수평 전단응력

(b) 플랜지 요소 (2)의 자유물체도

(a) 얇은벽 보 단면

그림 P9.17 얇은벽 *W* 형상 보

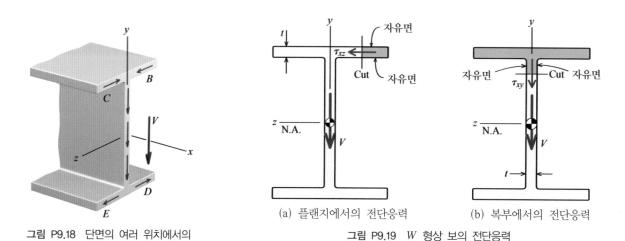

그림 P9.18 단면의 여러 위치에서의
전단응력의 방향

(a) 플랜지에서의 전단응력

(b) 복부에서의 전단응력

그림 P9.19 *W* 형상 보의 전단응력

용하는 전단응력은 동일해야 하므로(1.6절 참조), z방향으로 x면에 작용하는 전단응력 τ_{xz}는 플랜지의 임의의 점에서 τ_{zx}와 동일해야 한다(그림 9.16c). 따라서 플랜지의 횡방향 단면의 임의의 점에서의 수평 전단응력 τ_{xz}는 식 (9.16)으로부터 얻을 수 있다.

플랜지 요소의 점 B에서 수직인 y방향으로 x면에 작용하는 전단응력 τ_{xy}는 그림 9.16d 에 주어져 있다. 플랜지의 상면과 하면은 자유면이다. 따라서 $\tau_{yx} = 0$이다. 플랜지가 얇고 플랜지 요소의 상단과 하단에서 전단응력이 0이므로 플랜지 두께를 통과하는 전단응력 τ_{xy}는 매우 작아서 무시될 수 있다. 따라서 얇은벽 단면의 자유면에 평행하게 작용하는 전 단응력(그리고 전단흐름)만이 중요하다.

다음으로 그림 9.17a에서 있는 보 세그먼트의 상부 플랜지에서의 섬 C를 고려한다. 플 랜지 요소 (2)의 자유물체도가 그림 9.17b에 주어져 있다. 점 B에 대하여 사용된 것과 동 일한 접근방법을 사용하면 그림 9.17c에 표시된 방향으로 전단응력 τ_{xz}가 작용하여야 함 을 알 수 있다. 단면의 하부 플랜지에서의 점 D와 E에 대한 유사한 해석은 전단응력 τ_{xz}

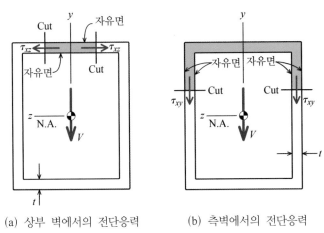

(a) 상부 벽에서의 전단응력 (b) 측벽에서의 전단응력

그림 P9.20 상자형 보 단면에서의 전단응력

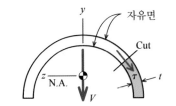

그림 P9.21 반원형 파이프 단면에서의
전단응력

가 그림 9.18에서 표시된 방향으로 작용함을 보여준다.

전단력 V가 단면에 대한 대칭축을 따라 작용한다면, 식 (9.16)은 W 형상의 플랜지(그림 9.19a)와 복부(그림 9.19b), 상자형 보(그림 9.20a 및 9.20b), 반원형 파이프(그림 9.21) 그리고 기타 얇은벽 형상에서의 전단응력을 구하는 데 사용될 수 있다. 각 형상에 대해 자유물체도의 절단면은 부재의 자유면에 수직이어야 한다. 자유면에 평행하게 작용하는 전단응력은 식 (9.16)으로부터 계산될 수 있다(앞서 논의한 것과 같이 자유면에 수직으로 작용하는 전단응력은 요소의 두께가 얇고 인접한 자유면이 근접해 있기 때문에 무시할 수 있다.)

얇은벽 단면에서의 전단흐름

그림 9.22a에 주어진 W 형상의 상부 플랜지를 지나는 전단흐름을 살펴본다. 얇은벽 형상의 임의의 점에서의 전단응력과 그 점에서의 두께 t의 곱은 전단흐름 q와 동일하다.

$$\tau t = \left(\frac{VQ}{I_z t}\right)t = \frac{VQ}{I_z} = q \tag{9.17}$$

주어진 단면에 대해 식 (9.17)에서 전단력 V와 관성모멘트 I_z는 일정하다. 따라서 얇은벽 형상의 임의의 위치에서의 전단흐름은 단면 1차 모멘트 Q에만 의존한다. 플랜지의 끝에서부터 수평 거리 s에 위치하는 음영 면적에 작용하는 전단흐름을 고려한다. s에서 작용하는 전단흐름은 다음과 같이 계산될 수 있다.

$$q = \frac{VQ}{I_z} = \frac{V}{I_z}\left(st\frac{d}{2}\right) = \frac{Vtd}{2I_z}s \tag{a}$$

Q는 중립축에 대한 음영 면적의 1차 모멘트이다. 식 (a)를 살펴보면 상부 플랜지를 지나는 전단흐름의 분포는 s에 대한 선형 함수임을 알 수 있다. 플랜지에서의 최대 전단흐름은 $s = b/2$에서 발생한다.

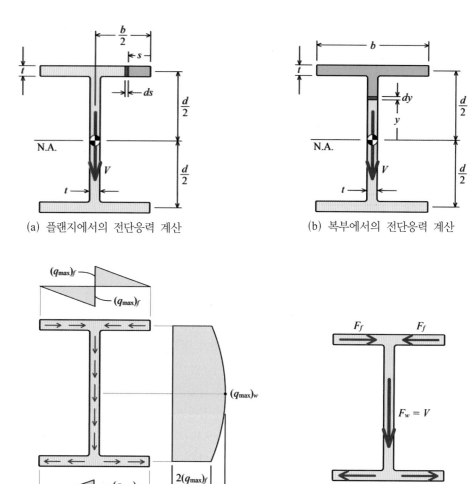

(a) 플랜지에서의 전단응력 계산

(b) 복부에서의 전단응력 계산

(c) 플랜지와 복부에서의 전단응력 분포

(d) 플랜지와
복부에서의 힘과 방향

그림 P9.22 플랜지와 복부의 두께가 같은 W 형상

$$(q_{max})_f = \frac{Vtd}{2I_z}\left(\frac{b}{2}\right) = \frac{Vbtd}{4I_z} \tag{b}$$

여기서 $s = b/2$는 단면의 중심선이다. 단면은 얇은벽으로 가정되므로 플랜지와 복부에 대한 중심선 치수가 계산에 사용될 수 있다. 이 근사적인 절차는 계산을 단순화하고 얇은 벽 단면에 대하여 적절하다. 대칭조건으로부터 다른 세 개의 플랜지 요소에 대한 유사한 해석은 $(q_{max})_f$에 대하여 동일한 결과를 준다. 플랜지에서의 전단흐름의 선형 변화는 그림 9.22c에 주어져 있다.

그림 9.22a의 상단 좌측의 플랜지에 생성된 총 힘은 식 (a)의 적분에 의해 결정될 수 있다. 미소요소 ds에 대한 힘은 $dF = qds$이다. 따라서 상단 좌측의 플랜지 요소에 작용하는 총 힘은 다음과 같다.

$$F_f = \int q\, ds = \int_0^{b/2} \frac{Vtd}{2I_z} s\, ds = \frac{Vb^2 td}{16I_z}$$

전단흐름 q는 길이당 힘의 분포이기 때문에, 그림 9.22c의 삼각형 분포 아래의 면적을 계산하면 동일한 결과를 얻을 수 있다.

$$F_f = \frac{1}{2}(q_{\max})_f \frac{b}{2} = \frac{1}{2}\left(\frac{Vbtd}{4I_z}\right)\frac{b}{2} = \frac{Vb^2td}{16I_z}$$

대칭조건에 기초하여 각 플랜지 요소에서의 힘 F_f는 동일하다. 이러한 플랜지에서의 힘과 방향이 그림 9.22d에 주어져 있다. 이러한 힘들의 방향으로부터 단면의 수평방향 힘의 평형이 유지되는 것이 확인할 수 있다.

다음으로 그림 9.22b와 같은 얇은벽 단면의 복부를 고려한다. 복부에서 전단흐름은 다음과 같다.

$$q = \frac{V}{I_z}\left[\frac{btd}{2} + \frac{1}{2}\left(\frac{d}{2}+y\right)\left(\frac{d}{2}-y\right)t\right]$$

$$= \frac{Vbtd}{2I_z} + \frac{Vt}{2I_z}\left(\frac{d^2}{4}-y^2\right)$$

(c)

식 (b)에서 유도된 $(q_{\max})_f$에 대한 식을 사용하면, 식 (c)는 플랜지에서의 전단흐름과 복부 깊이에 걸친 전단흐름 변화의 합으로 정리될 수 있다.

$$q = 2(q_{\max})_f + \frac{Vt}{2I_z}\left(\frac{d^2}{4}-y^2\right)$$

복부에서의 전단흐름은 $y=d/2$에서 최솟값 $(q_{\min})_w = 2(q_{\max})_f$로부터 $y=0$에서의 최댓값 $(q_{\max})_w = 2(q_{\max})_f + \frac{Vtd^2}{8I_z}$까지 포물선으로 증가한다.

여기서 전단흐름 표현은 단면의 중심선 치수에 기초한 것임을 유념해야 한다.

복부에서의 힘을 결정하기 위해서는 식 (c)를 적분해야 한다. 중심선 경계 $y=\pm d/2$에서 복부에서의 힘은 다음과 같이 표현될 수 있다.

$$F_w = \int q\,dy = \int_{-d/2}^{d/2}\frac{Vt}{2I_z}\left[bd + \frac{d^2}{4} - y^2\right]dy$$

$$= \frac{Vt}{2I_z}\left[bdy + \frac{d^2}{4}y - \frac{1}{3}y^3\right]_{-d/2}^{d/2}$$

$$= \frac{Vt}{2I_z}\left[bd^2 + \frac{d^3}{6}\right]$$

또는

$$F_w = \frac{V}{I_z}\left[2bt\left(\frac{d}{2}\right)^2 + \frac{td^3}{12}\right]$$

(d)

얇은벽 플랜지 형상에 대한 관성모멘트 I_z는 다음과 같다.

$$I_z = I_{flanges} + I_{web} = 2\left[\frac{bt^3}{12} + bt\left(\frac{d}{2}\right)^2\right] + \frac{td^3}{12}$$

t가 작기 때문에 괄호 안의 첫 번째 항은 무시될 수 있다.

$$I_z = 2bt\left(\frac{d}{2}\right)^2 + \frac{td^3}{12}$$

이 식을 식 (d)에 대입하면 예상한 것과 같이 $F_w = V$가 된다(그림 9.22d 참조).

파이프 연결망에서 유체 흐름을 시각화하는 것과 동일한 방식으로 전단흐름을 시각화하는 것이 유용하다. 그림 9.22c에서 2개의 상부 플랜지 요소에서의 전단흐름 q는 가장 바깥쪽 가장자리에서 복부 방향으로 향한다. 복부와 플랜지의 교차점에서 이러한 전단흐름은 모서리를 돌아 복부를 통하여 아래로 흐른다. 하부 플랜지에서 전단흐름은 다시 나누어져 플랜지 끝을 향해 바깥쪽으로 이동한다. 이 흐름은 어떠한 구조의 단면에서도 항상 연속적이기 때문에 전단응력의 방향을 결정하는 편리한 방법으로 사용된다. 예를 들어 그림 9.22a의 보 단면에서 전단력이 아래로 작용하면 복부의 전단흐름이 아래로 작용해야 한다는 것을 바로 알 수 있다. 전단흐름은 단면을 통해 연속이어야 하므로, (a) 상부 플랜지에서의 전단흐름은 복부 쪽으로 이동해야 하며 (b) 하부 플랜지에서의 전단흐름은 복부로부터 멀어지도록 이동해야 한다는 것을 유추할 수 있다. 전단흐름과 전단응력들의 방향을 알아내는 간단한 방법을 사용하는 것이 그림 9.16b과 그림 9.17b에서와 같이 요소에 작용하는 힘의 방향을 시각화하는 것보다 쉽다.

앞의 해석과정은 얇은벽 단면에서의 전단응력과 전단흐름을 계산할 수 있는 방법을 보여준다. 이는 전단력이 가해지는 보에서 전단응력이 어떻게 분포하는지를 보다 완벽하게 이해하게 해준다(9.7절에서 W 형상 단면에서의 전단응력은 복부에 대해서만 결정되어 있다). 이 해석으로부터 세 가지 중요한 결론이 도출될 수 있다.

1. 전단흐름 q는 Q의 값에 의존하고, Q는 단면 전체에 걸쳐서 변할 것이다. 전단력 V의 방향에 수직인 보 단면 요소의 경우, q와 τ의 크기는 선형적으로 변할 것이다. q와 τ 모두 V 방향으로 평행하거나 기울어진 단면 요소에서 포물선으로 변할 것이다.
2. 전단흐름은 항상 단면 요소의 자유면에 평행하게 작용할 것이다.
3. 전단흐름은 전단력이 가해지는 임의의 단면 형상에서 항상 연속이다. 이러한 흐름 패턴의 시각화는 형상에서의 q와 τ의 방향 모두를 정하는 데 이용될 수 있다. 다양한 단면 요소에서의 전단흐름은 수평방향과 수직방향 평형을 모두 만족시키면서 V에 기여한다.

얇은벽 폐단면

W 형상(그림 9.19)과 T 형상과 같은 플랜지 형상은 개방단면으로 분류되지만, 상자형(그림 9.20)과 원형 파이프형은 폐단면으로 분류된다. 개방단면과 폐단면의 차이점은 폐단면 형상들은 전단흐름이 중단되지 않는 연속된 모양을 가지고, 개방단면 형상들은 그렇지 않다는 것이다. 다음 두 가지 조건을 만족하는 보 단면을 고려한다. (a) 단면에 적어도 하나의 종방향 대칭 평면이 있고 (b) 보 하중이 이 대칭 평면 안에 작용한다. 이러한 조건을 만족하는 플랜지 형상과 같은 개방단면의 경우, 전단흐름과 전단응력은 플랜지의 끝에서 확실하게 0이어야 한다. 상자형이나 파이프형과 같은 폐단면의 경우, 전단흐름과 전단응력이 사라지는 위치는 쉽게 드러나지 않는다.

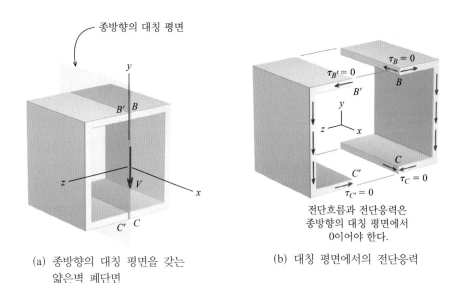

(a) 종방향의 대칭 평면을 갖는
얇은벽 폐단면

(b) 대칭 평면에서의 전단응력

전단흐름과 전단응력은
종방향의 대칭 평면에서
0이어야 한다.

그림 P9.23 얇은벽 상자형 단면에서의 전단응력

전단력 V가 가해지는 얇은벽 상자형 단면이 그림 9.23a에 주어져 있다. 이 단면은 그림 9.23b의 종방향 대칭 평면을 따라 수직으로 분할된다. 상자형의 수직 벽에서의 전단흐름은 내부 전단력 V와 평행하게 흐르며, 이에 따라 상자형의 상단과 하단 벽에서의 전단흐름은 그림에 주어진 방향으로 작용해야 한다. 대칭 평면에서 점 B와 점 B'에서의 전단응력은 같아야 한다. 그러나 전단흐름은 반대방향으로 작용한다. 마찬가지로 점 C와 점 C'에서의 전단응력은 같아야 하지만 반대방향으로 작용한다. 결과적으로 이러한 제약조건들을 만족시킬 수 있는 전단응력의 유일한 값은 $\tau = 0$이다. $q = \tau t$이므로 이 점들에서 전단흐름은 반드시 0이어야 한다. 이 해석으로부터 얇은벽 보 폐단면에 대한 전단흐름과 전단응력은 종방향의 대칭 평면에서 0이어야 한다는 결론을 얻을 수 있다.

예제 9.7

그림과 같이 얇은벽 역 T 형 단면의 보가 $V = 37$ kN의 수직 전단력을 받고 있다. 중립축의 위치는 그림에 주어져 있으며, 중립축에 대한 역 T 형의 관성모멘트는 I = 11219700 mm⁴이다. T 복부의 점 a, b, c, d에서의 전단응력과 플랜지의 점 e와 f에서의 전단응력을 구하라. 복부와 플랜지에서의 전단응력의 분포를 도시하라.

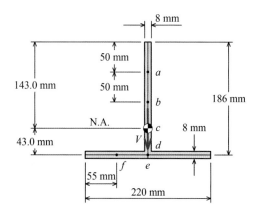

풀이 계획 중립축의 위치와 중립축에 대한 역 T 형의 관성모멘트는 주어져 있다. 각 점과 관련된 Q의 값은 단면적의 적용 가능한 부분 A'에 대해 $Q = \bar{y}' A'$로부터 결정된다. Q가 결정된 후 전단응력은 식 (9.16)으로부터 계산된다.

풀이 점 a, b, c는 역 T 형의 복부에 위치해 있다. 복부의 벽에 수직한 수평 절단면은 면적 A'의 경계를 정의한다. 이 위치들에 대한 면적 A'은 절단면에서 시작하여 복부의 상단까지 위로 올라간다. 점 d는 복부와 플랜지의 교차점에 위치한다. 이 위치의 경우 면적 A'은 간단하게 플랜지 면적이다. 점 e도 복부와 플랜지의 교차점이지만 점 e에서는 플랜지의 전단응력을 구하고자 한다. 점 e에 대한 면적 A'은 플랜지의 왼쪽 끝으로부터 복부의 중심선에 위치한 수직 절단면까지 확장된다(얇은벽 형상이기 때문에 절단면에 대한 중심선 위치는 용인될 수 있다). 플랜지에서의 점 f에 대해 수직 절단면은 절단면으로부터 플랜지의 바깥쪽 가장자리까지 수평으로 확장되는 면적 A'의 경계를 결정한다. 모든 점들에 대하여 1차 모멘트 Q는 역 T 형의 중립축에 대한 면적 A'의 모멘트이다. 각 점에서의 전단응력은 다음 식으로부터 계산된다.

$$\tau = \frac{VQ}{It}$$

여기서 $V = 37$ kN이고, I $= 11219700$ mm^{4}이다. 두께 t는 각 위치에서 8 mm이다. 해석 결과는 다음 표에 요약되어 있다.

점	그림	$\bar{y}'$ (mm)	A' (mm^2)	Q (mm^3)	τ (MPa)
a		118.0	400	47200	19.46
b		93.0	800	74400	30.67
c		71.5	1144	81796	33.72
d		43.0	1760	75680	31.20

e	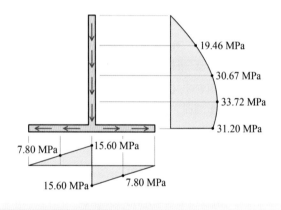 (top part)	43.0	880	37 840	15.60
f		43.0	440	18 920	7.80

역 T 형에서의 전단응력의 방향과 크기는 그림에 주어져 있다. T 복부에서의 전단응력은 포물선으로 분포하고 플랜지에서의 전단응력은 선형으로 분포한다. 복부와 플랜지의 교차점에서 전단응력의 크기는 바깥쪽으로 향하는 두 개의 반대방향 전단흐름으로 인하여 절반으로 줄어든다.

예제 9.8

얇은벽 강재 튜브가 오른쪽 그림과 같이 $V = 350$ kN의 수직 전단력을 받고 있다. 튜브의 바깥지름은 $D = 285$ mm이고, 안지름은 $d = 261$ mm이다. 튜브에서의 전단응력 분포를 도시하라.

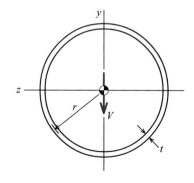

풀이 계획 얇은벽 튜브에서의 전단응력 분포는 전단응력공식 $\tau = VQ/It$로부터 계산된다. 먼저 얇은벽 튜브의 관성모멘트에 대한 식을 유도한다. 얇은벽 폐단면에서의 전단응력에 대한 이전 논의로부터 Q의 계산을 위해 고려되어야 하는 자유물체도는 xy 평면에 대하여 대칭이어야 한다. 이 자유물체도를 바탕으로 튜브 벽에서의 임의의 위치에 해당하는 단면 1차 모멘트 Q가 산출되고 전단응력의 변화가 구해질 것이다.

풀이 튜브에서의 전단응력은 전단응력공식 $\tau = VQ/It$로부터 결정된다. I와 Q의 값은 극좌표를 사용한 적분을 통하여 결정될 수 있다. 얇은벽 튜브이므로 튜브의 반지름 r은 튜브 벽의 중앙까지의 반지름으로 간주할

수 있다. 따라서,

$$r = \frac{D+d}{4}$$

얇은벽 튜브의 경우 반지름 r은 벽두께 t보다 훨씬 크다(즉, $r \gg t$).

관성모멘트

오른쪽 그림으로부터 z축에서 튜브 벽의 미소 면적 dA까지의 거리 y는 $y = r\sin\phi$로 표현될 수 있다. 미소 면적 dA는 미소 길이 ds와 튜브 두께 t의 곱으로 표현될 수 있다. 따라서 $dA = tds$이다. 또한 미소 길이 ds는 $ds = rd\phi$로 표현될 수 있다. 결과적으로 미소 면적은 극좌표 r과 ϕ를 이용하여 $dA = rtd\phi$로 나타낼 수 있다. y와 dA에 대한 이러한 관계식들을 사용하면, 얇은벽 튜브의 관성모멘트를 다음과 같이 구할 수 있다.

$$I_z = \int y^2 dA = \int_0^{2\pi} (r\sin\phi)^2 trd\phi = r^3 t \int_0^{2\pi} \sin^2\phi d\phi$$

$$= r^3 t \left[\frac{1}{2}\phi - \frac{1}{2}\sin\phi\cos\phi \right]_0^{2\pi}$$

$$= \pi r^3 t$$

단면1차모멘트 Q

Q의 값은 극좌표계에서의 적분으로 결정될 수도 있다. 오른쪽 그림으로부터 θ와 $\pi - \theta$로 정의되는 임의로 선택된 단면 위의 단면적에 대한 Q값을 결정한다. Q의 계산을 위하여 고려되어야 할 자유물체도는 xy 평면에 대해 대칭이어야 한다.

Q의 정의로부터 중립축(N.A.)에 대한 면적 dA의 1차 모멘트는 $dQ = ydA$으로 표현될 수 있다. y와 dA에 대한 이전 표현식을 이 정의에 대입하면 r과 ϕ에 대한 dQ의 식을 얻을 수 있다.

$$dQ = ydA = (r\sin\phi)rt\,d\phi$$

각 ϕ는 θ와 $\pi - \theta$의 대칭 한계 사이에서 변한다. 다음 적분은 Q에 대한 일반적인 표현식의 유도과정을 보여준다.

$$Q = \int_\theta^{\pi-\theta} dQ = \int_\theta^{\pi-\theta} r^2 t \sin\phi \, d\phi$$

$$= r^2 t \left[-\cos\phi \right]_\theta^{\pi-\theta}$$

$$= 2r^2 t \cos\theta$$

전단응력 표현식

전단응력 τ의 변화는 이제 각 θ의 형태로 표현될 수 있다.

$$\tau = \frac{VQ}{It} = \frac{V(2r^2 t \cos\theta)}{(\pi r^3 t)(2t)} = \frac{V}{\pi rt}\cos\theta$$

전단응력 식에서 두께 항 t는 자유물체도를 절단할 때 드러나는 면의 총 폭이다. θ와 $\pi - \theta$에서의 단면들 사이에서 고려되는 자유물체도는 벽두께의 두 배인 총 폭을 나타낸다. 이에 따라 $2t$항이 위의 전단응력 식에 나타난다.

$r \gg t$인 얇은벽 튜브의 경우, 단면적은 $A \cong 2\pi rt$으로 근사할 수 있다. 따라서 전단응력 τ는 다음과 같이 표현될 수 있다.

$$\tau = \frac{V}{A/2} \cos \theta = \frac{2V}{A} \cos \theta$$

그리고 최대 전단응력은 $\theta = 0$에서 다음과 같이 구해진다.

$$\tau_{max} = \frac{2V}{A}$$

전단응력 분포의 계산

주어진 강재 튜브의 반지름 r은 다음과 같다.

$$r = \frac{D+d}{4} = \frac{285 \text{ mm} + 261 \text{ mm}}{4} = 136.5 \text{ mm}$$

따라서 전단응력 분포는 다음과 같이 계산될 수 있다.

$$\tau = \frac{V}{\pi rt} \cos \theta = \frac{(350 \text{ kN})(1000 \text{ N/kN})}{\pi (136.5 \text{ mm})(12 \text{ mm})} \cos \theta$$

$$= (68.015 \text{ MPa}) \cos \theta$$

전단응력의 방향은 각 θ의 함수로서 전단응력 크기의 그래프와 함께 다음 그림에 주어져 있다.

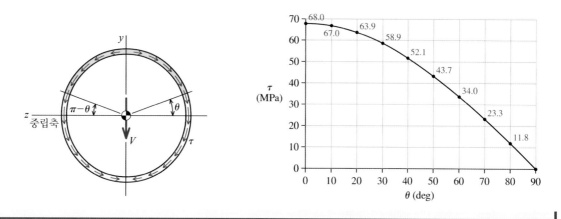

9.10 얇은벽 개방단면의 전단중심

8.1절에서 8.3절까지 단면적이 일정하고 곧은 보에 대한 휨 이론을 살펴보았다. 이 이론을 유도할 때, 보는 종방향의 대칭 평면(그림 8.2a)을 가지고 있다고 가정하였고 보에 작용하는 하중들뿐만 아니라 이에 따른 곡률과 변형은 휨 평면에서만 작용한다고 가정하였다. 대칭조건이 필요 없는 유일한 경우가 8.8절에 주어져 있다. 이 경우 하중이 순수 휨(전단력 없음)이라면 휨모멘트는 단면의 주축에 대한 모멘트 성분들로 분해될 수 있음을 보여주었다. 그러나 전단력이 존재하는 비대칭 휨 형상은 고려하지 않았다.

휨 평면에 하중이 가해지고 단면이 휨 평면에 대하여 대칭이면, 보의 비틀림은 발생하지 않는다. 그러나 (a) 휨의 종방향 평면에 대하여 대칭이 아니고 (b) 휨모멘트와 함께 횡방향 전단력을 받는 보의 휨을 고려한다고 하자. 이와 같은 보의 경우 횡방향 하중에 의해 발생되는 전단응력의 합력은 하중 평면에는 평행하지만 하중 평면에서 벗어난 평면에 작용한다. 전단력의 합력이 하중이 작용하는 평면에 작용하지 않을 때에는 보는 중립축에 대해 휠뿐만 아니라 종방향 축을 중심으로 비틀린다. 그러나 횡방향 하중이 전단중심을 통과한다면 비틀림 없이 휨만 발생할 수 있다. 전단중심은 단면의 비틀림을 피하기 위해 횡방향 하중들이 놓여야 하는 위치로 (보의 종방향 축의 측면으로) 간단히 정의할 수 있다. 즉 전단중심을 통해 가해지는 횡방향 하중은 보에 비틀림을 발생시키지 않는다.

전단중심 위치를 결정하는 것은 보의 설계에서 중요한 요소이다. 보 단면은 일반적으로 최대한으로 재료의 경제성을 확보하도록 구성된다. 이에 따라 보 단면은 빈번하게 최종 형상이 휨에 강하도록 얇은 판으로 구성된다. W 형상과 ㄷ 형상은 대부분의 재료가 중립축에서 가장 먼 실제 거리에 집중되도록 설계된 것이다. 이러한 배치는 보 재료의 대부분이 휨응력이 큰 위치인 플랜지에 배치되기 때문에 휨에 효율적인 형상이 된다. 휨응력이 작은 중립축 근처의 복부에서 사용되는 재료는 적다. 복부는 주로 전단력을 전달하는 역할을 하며 동시에 플랜지를 제 위치에 고정시킨다. 얇은 판 요소로 만들어진 개방단면은 휨에는 강할 수 있지만 비틀림에는 매우 약하다. 보가 휘어지면서 비틀린다면, 비틀림 전단응력이 단면에서 발생하며, 일반적으로 이러한 전단응력은 크기가 매우 크다. 이러한 이유로 보 설계자는 보에 비틀림이 발생하지 않도록 하중을 주는 것이 중요하다. 이는 외부 하중이 단면의 전단중심을 통해 작용할 때 달성될 수 있다.

단면의 전단중심은 항상 대칭축에 위치한다. 2개의 대칭축을 갖는 보 단면에 대한 전단중심은 단면의 도심과 일치한다. 한 축 또는 두 축에 대하여 비대칭인 단면의 경우, 전단중심은 계산 또는 관찰에 의해 결정되어야 한다. 얇은벽 단면에 대한 해결 방법은 개념적으로 간단하다. 먼저 보 단면이 휘어지지만 비틀리지 않는다고 가정한다. 이 가정에 기초하여 얇은벽 형상에서의 내부 전단력의 합력은 형상에서 발생하는 전단흐름을 고려하여 결정된다. 외부 하중과 내부 합력 사이의 평형은 유지되어야 한다. 이 요구조건으로부터 평형을 만족시키는 데 필요한 외부 하중의 위치를 구할 수 있다.

두꺼운 두께의 비대칭 단면에 대한 전단중심의 정확한 위치는 찾기가 어려우며 몇 가지 경우에 대해서만 알려져 있다.

ㄷ형상에 대한 전단중심

그림 9.24a와 같이 캔틸레버보로 사용되는 얇은벽 ㄷ형상을 고려한다. 단면의 도심을 통과하여 작용하는 수직 외부 하중 P는 그림 9.24b에서 묘사된 것처럼 보를 휘어지게 하거나 비틀리게 한다. ㄷ형상을 비틀리게 하는 원인을 더 잘 이해하기 위해서 작용하는 하중 P에 대한 응답으로 보에서 발생되는 내부 전단흐름을 살펴보는 것이 유익할 것이다.

그림 9.24의 보는 그림 9.25의 뒤쪽에서 본 것이다. 외부 하중 P에 대한 응답으로 단면 $A-A'$에서 발생되는 전단흐름을 살펴본다.

그림 9.26a와 같이 하중을 받는 캔틸레버보에 대하여 상향의 내부 전단력 V는 하향의 외부 하중 P와 같아야 한다. 전단력 V는 복부와 플랜지에서 그림에 표시된 방향으로 작용하는 전단흐름 q를 발생시킨다.

각 플랜지의 두께는 ㄷ형상의 전체 높이 d에 비하여 얇다. 따라서 각 플랜지에 의해 전달하는 수직 전단력은 작아서 무시될 수 있다(그림 9.16 참조). 결과적으로 복부에서의 전단흐름을 적분하여 구해지는 합력인 전단력 F_w는 V와 같아야 한다. 전단흐름에 의해 각

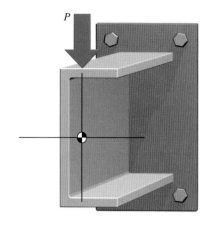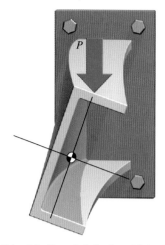

(a) 도심을 통해 작용하는 수직 하중 P　　　　(b) 작용하는 하중에 따른 휨과 비틀림

그림 9.24　캔틸레버보의 휨과 비틀림

그림 9.25　캔틸레버보의 배면도

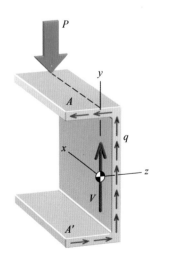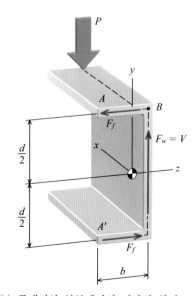

(a) ㄷ형상에서의 전단흐름　　　　(b) 플랜지와 복부에서의 전단력 합력

그림 P9.26　단면 $A-A'$에 작용하는 내부 전단흐름과 합력

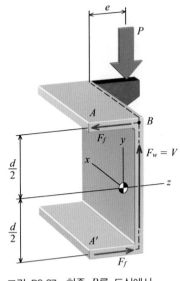

그림 P9.27 하중 P를 도심에서
바깥쪽으로 이동

플랜지에 생성되는 합력인 전단력 F_f는 ㄷ형상 플랜지의 폭 b에 걸쳐서 q를 적분함으로써 결정될 수 있다. 플랜지와 복부에서 생성되는 합력인 전단력의 방향은 그림 9.26b에 주어져 있다. 힘 F_f들은 크기는 동일하지만 반대방향으로 작용하기 때문에 종방향 축 x에 대해 ㄷ형상을 비틀리게 하는 경향이 있는 우력을 발생시킨다. 플랜지들에서의 합력인 전단력들로 인해 발생하는 이 우력은 그림 9.24b와 같이 ㄷ형상이 휘어질 때 ㄷ형상을 비틀리게 한다.

그림 9.27에서 플랜지 힘들 F_f에 의해 생성된 우력은 ㄷ형상이 반시계방향으로 비틀리게 한다. 이 비틀림을 상쇄시키려면 시계방향의 동일한 비틀림 모멘트가 필요하다. 비틀림 모멘트는 외부 하중 P를 도심에서 멀리 이동시킴으로써(그림 9.27에서 오른쪽으로) 생성될 수 있다. 점 B(ㄷ형상 복부의 상단에 있는)에 대하여 모멘트는 평형이기 때문에, 시계방향 모멘트 Pe와 반시계방향 모멘트 $F_f d$가 같을 때에는 보는 더 이상 비틀리지 않는다. ㄷ형상 복부의 중심선으로부터 측정된 거리 e는 전단중심 O의 위치를 정의한다. 또한 예제 9.9에서 볼 수 있듯이 전단중심의 위치는 단면 형상

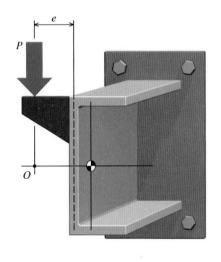

(a) 전단중심 O를 통해 작용하는
외부 하중 P

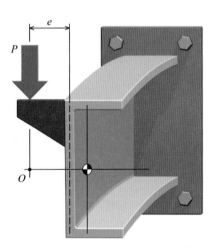

(b) 작용하는 하중에 따른 비틀림
없는 휨

그림 9.28 비틀림 없는 캔틸레버보의 휨

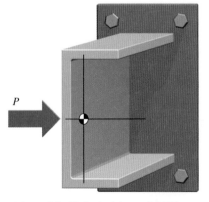

(a) 도심을 통해 수평으로 작용하는
외부 하중 P

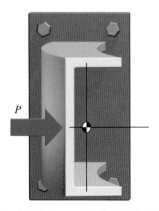

(b) 비틀림 없는 캔틸레버보의 휨

그림 9.29 대칭 평면에 작용하는 외부 하중

과 치수의 함수이며, 작용하는 하중의 크기에 영향을 받지 않는다.

결론적으로 외부 하중이 전단중심을 통해 작용하는 경우 보는 비틀리지 않고 휘어질 것이다. 이 요구조건이 충족되면 보에서의 응력을 휨 공식으로부터 결정할 수 있다.

전단중심 위치의 결정

비대칭 형상에 대한 전단중심의 위치는 다음과 같은 절차에 따라 계산된다.

- 단면의 여러 부분에서 전단흐름이 어떻게 흐르는지 결정한다.
- 전단흐름 식 $q = VQ/I$로부터 단면의 각 부분에 대한 전단흐름 q의 분포를 결정한다. 단면 요소의 길이를 따라 q를 적분하여 전단흐름을 합력으로 변환한다. 전단흐름 q는 (a) 내부 전단력 V의 방향에 수직인 요소에서 선형으로 변하고 (b) V의 방향으로 평행하거나 기울어진 요소에서 포물선으로 변할 것이다.
- 대안으로 전단응력 식 $\tau = VQ/It$로부터 전단응력 τ의 분포를 결정하고 단면 요소의 면적에 걸쳐 τ를 적분하여 전단응력을 합력으로 변환한다.
- 단면의 각 요소에 작용하는 전단력의 합력들을 그린다.
- 단면 위의 임의의 점(예로 점 B)에 대한 모멘트를 합하여 전단중심 위치를 결정한다. 모멘트 평형방정식으로부터 최대한 많은 합력들을 제거할 수 있도록 점 B의 위치를 선택한다.
- 전단력들의 회전 방향을 살펴보고, 모멘트 Pe의 방향이 합력인 전단력들에 의해 발생하는 것과 반대가 되도록 점 B로부터 편심 e에 외력 P를 위치시킨다.
- 점 B에 대한 모멘트들을 합산하고 편심 e를 계산한다.
- 단면에 대칭축이 있다면, 전단중심은 이 축이 외부 하중의 작용선과 교차하는 점에 놓인다. 형상에 대칭축이 없다면, 단면을 $90°$ 회전시키고 외부 하중에 대한 다른 작용선을 얻기 위한 과정을 반복한다. 전단중심은 이 두 선의 교차점에 놓인다.

예제 9.9

주어진 ㄷ형상에 대한 전단중심 O의 위치의 식을 유도하라.

풀이 계획 전단흐름의 개념으로부터 각 ㄷ형상 플랜지에 생성된 수평 전단력을 결정한다. 이러한 힘들에 의해 생성된 비틀림 모멘트는 ㄷ형상 복부의 중심선으로부터 거리 e에 작용하는 수직 외부 하중 P에 의해 생성된 모멘트에 대응한다.

풀이 작용하는 하중 P가 전단중심 O에 작용한다고 가정하였기 때문에 ㄷ형상은 z축(중립축)에 대하여 휘어지지만, x축에 대한 비틀림은 발생하지 않는다. 얇은벽 ㄷ형상에서 비틀림을 일으키는 힘들과 이 비틀림에 대응하는 힘들을 더 잘 이해하려면, ㄷ형상 단면의 뒷면을 고려한다.

내부 전단력 V는 복부와 플랜지에서의 전단흐름 q를 발생시키며, 다음과 같이 표현된다.

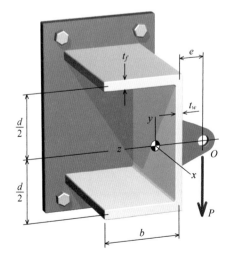

$$q = \frac{VQ}{I_z}$$

전단력 V와 전단흐름 q는 왼쪽 그림에서의 방향으로 작용한다. 얇은벽 형상의 모든 위치에서 전단흐름은 단면 1차 모멘트 Q에만 의존한다.

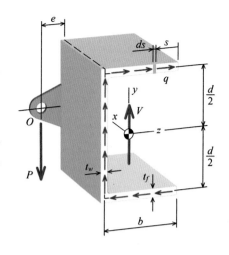

플랜지의 끝에서부터 수평 거리 s에 위치한 음영 지역에 작용하는 상부 플랜지에서의 전단흐름을 고려한다. s에 작용하는 전단흐름은 다음과 같이 계산될 수 있다.

$$q = \frac{VQ}{I_z} = \frac{V}{I_z}\left(st_f \frac{d}{2}\right) = \frac{Vdt_f}{2I_z}s \qquad (9.18)$$

전단흐름의 크기는 $s = 0$인 플랜지 끝의 자유면으로부터 $s = b$인 복부의 최댓값까지 선형으로 변한다. 상부 플랜지에 작용하는 총 수평방향 힘은 상부 플랜지의 폭에 걸친 전단흐름을 적분함으로써 결정된다.

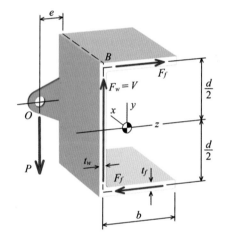

$$F_f = \int q\,ds = \int_0^b \frac{Vt_f d}{2I_z}s\,ds = \frac{Vb^2dt_f}{4I_z} \qquad \text{(a)}$$

하부 플랜지에서의 힘 F_f는 크기가 같다. 그러나 반대방향으로 작용하여 z 방향의 평형을 유지할 것이다. 플랜지 힘들 F_f에 의해 생성된 우력은 오른쪽 그림에서와 같이 시계방향으로 ㄷ형상을 비틀 것이다.

각 플랜지의 두께 t_f는 ㄷ형상의 전체 높이 d에 비하여 얇다. 따라서 각 플랜지에 의해 전달되는 수직 전단력은 작아서 무시될 수 있다(그림 9.16 참조). 결과적으로 복부에서의 전단흐름의 합력 F_w는 V와 같아야 한다. 또한 상향의 내부 전단력 V는 y방향의 평형을 만족시키기 위하여 하향의 외부 하중 P와 같아야 한다. 따라서 $P = V$이다.

e의 거리만큼 떨어져 있는 힘 P와 V는 반시계방향으로 ㄷ형상을 비트는 우력을 생성한다. 점 B에 대한 모멘트 평형방정식은 다음과 같이 쓸 수 있다.

$$M_B = -F_f d + Pe = 0$$

이 식에 $P = V$를 대입하고 F_f를 식 (a)에서 유도된 식으로 대체하면 다음 식을 얻을 수 있다.

$$Ve = \left(\frac{Vb^2 dt_f}{4I_z}\right)d$$

이로부터 e를 구한다.

$$e = \frac{b^2 d^2 t_f}{4I_z} \qquad (9.19) \ \text{답}$$

ㄷ형상 복부의 중심선으로부터의 거리 e는 전단중심 O의 위치를 결정한다. 전단중심 위치는 단면의 치수와 형상에만 의존한다는 것에 명심해야 한다.

예제 9.10

예제 9.9의 ㄷ형상에 대해 $d = 225$ mm, $b = 75$ mm, $t_f = 3$ mm, $t_w = 3$ mm라고 가정한다. 전단중심에 $P = 3800$ N의 하중이 가해질 때, ㄷ형상에서 발생되는 전단응력의 분포를 구하라.

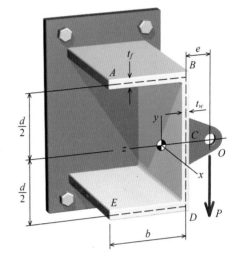

풀이 계획 얇은벽 ㄷ형상의 관성모멘트를 결정한다. 각 ㄷ형상 플랜지에서 생성된 전단응력은 선형으로 분포한다. 따라서 점 B와 점 D에서 발생하는 최댓값만 결정한다. 플랜지에서의 전단응력 분포는 포물선으로 분포하며 최솟값은 점 B와 D에서 발생하고 최댓값은 점 C에서 발생한다.

풀이 관성모멘트

ㄷ형상에 대한 관성모멘트는 다음과 같이 표현될 수 있다.

$$I_z = \frac{t_w d^3}{12} + 2\left[\frac{bt_f^3}{12} + \left(\frac{d}{2}\right)^2 bt_f\right]$$

얇은벽 형상이기 때문에 중심선 치수가 이 계산에서 사용될 수 있다. 또한 t_f^3을 포함하는 항은 매우 작기 때문에 무시될 수 있다. 따라서 관성모멘트는 다음과 같이 계산된다.

$$\begin{aligned}
I_z &= \frac{t_w d^3}{12} + \frac{t_f b d^2}{2} \\
&= \frac{(3 \text{ mm})(225 \text{ mm})^3}{12} + \frac{(3 \text{ mm})(75 \text{ mm})(225 \text{ mm})^2}{2} \\
&= 8.543 \times 10^6 \text{ mm}^4
\end{aligned}$$

플랜지의 전단응력

플랜지에서의 전단응력은 플랜지 끝(A 및 E)에서의 0으로부터 플랜지와 복부의 접합부(B 및 D)에서의 최댓값까지 선형으로 분포될 것이다. 점 B에 대한 단면 1차 모멘트 Q는 다음과 같이 계산될 수 있다.

$$\begin{aligned}
Q_B &= (bt_f)\frac{d}{2} \\
&= (75 \text{ mm})(3 \text{ mm})\left(\frac{225 \text{ mm}}{2}\right) = 25313 \text{ mm}^3
\end{aligned}$$

그리고 점 B에서의 전단응력 τ은 다음과 같다.

$$\begin{aligned}
\tau_B &= \frac{VQ_B}{I_z t_f} \\
&= \frac{(3800 \text{ N})(25313 \text{ mm}^3)}{(8.543 \times 10^6 \text{ mm}^4)(3 \text{ mm})} = 3.75 \text{ MPa}
\end{aligned}$$

복부에서의 전단응력

복부에서의 전단응력은 점 B와 D에서의 최솟값에서 점 C에서의 최 댓값까지 포물선으로 분포된다. 복부의 점 B에서의 전단응력은 다음 과 같다.

$$\tau_B = \frac{VQ_B}{I_z t_w}$$

$$= \frac{(3800 \text{ N})(25313 \text{ mm}^3)}{(8.543 \times 10^6 \text{ mm}^4)(3 \text{ mm})} = 3.75 \text{ MPa}$$

점 C에 대한 단면 1차 모멘트 Q는 다음과 같이 계산될 수 있다.

$$Q_c = (bt_f)\frac{d}{2} + \left(t_w \frac{d}{2}\right)\frac{d}{4}$$

$$= 25313 \text{ mm}^3 + (3 \text{ mm})\left(\frac{225 \text{ mm}}{2}\right)\left(\frac{225 \text{ mm}}{4}\right) = 44297 \text{ mm}^3$$

그리고 점 C에서의 전단응력은 다음과 같다.

$$\tau_c = \frac{VQ_c}{I_z t_w}$$

$$= \frac{(3800 \text{ N})(44297 \text{ mm}^3)}{(8.543 \times 10^6 \text{ mm}^4)(3 \text{ mm})} = 6.57 \text{ MPa}$$

전단응력의 분포

전체 ㄷ형상에 대한 전단응력의 분포가 오른쪽 그림에 도시되어 있다.

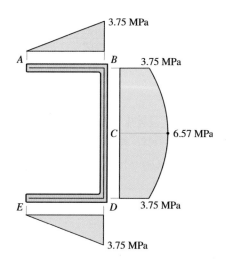

예제 9.11

예제 9.10의 ㄷ형상에 대해 응력 집중을 무시하고 하중 $P = 3800$ N이 복부 중심선의 왼쪽으로 15 mm에 위치한 단면의 도 심에 작용한다면, ㄷ형상에서 생성되는 최대 전단응력을 구하라.

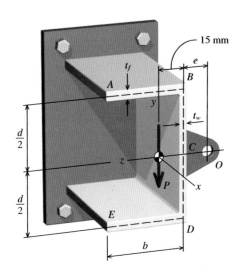

풀이 계획 이 예제에서는 외부 하중이 전단중심을 통해 작용하지 않아 비틀림이 발생할 경우 ㄷ형상에서 생성되는 전단응력이 상당함을 보여준다. ㄷ형상 중심에서 전단중심 O까지의 거리가 계산되고 단면에 작용하는 토크의 크기를 결정하는 데 사용된다. 이 토크에 의해 생성된 전단응력은 식 (6.25)로부터 계산된다. 총 전단응력은 식 (9.10)에서 구한 휨으로 인한 전단응력과 비틀림으로 인한 전단응력의 합이 된다.

풀이 전단중심

식 (9.19)로부터 ㄷ형상에 대한 전단중심 O의 위치는 다음과 같이 계산된다.

$$e = \frac{b^2 d^2 t_f}{4 I_z} = \frac{(75 \text{ mm})^2 (225 \text{ mm})^2 (3 \text{ mm})}{4 (8.543 \times 10^6 \text{ mm}^4)} = 25 \text{ mm}$$

등가 하중

하중 P가 전단중심 O에 가해지면 ㄷ형상은 비틀리지 않고 휘어진다는 것을 알고 있다. 또한 전단중심에 작용하는 하중에 대한 ㄷ형상에서의 전단응력을 구하는 방법을 알고 있다. 따라서 전단중심에 작용하는 등가 하중을 결정하는 것이 중요하다. 이 등가 하중은 (a) 휨과 (b) 비틀림을 일으키는 하중 성분으로 분리될 수 있다.

실제 하중의 작용선은 오른쪽 그림 (a)에서와 같이 도심을 통과한다. 전단중심에서의 등가 하중은 그림

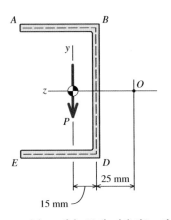

(a) 도심을 통해 작용하는 하중

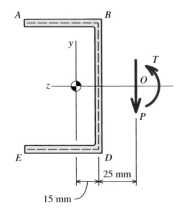

(b) 전단중심에서의 등가 하중

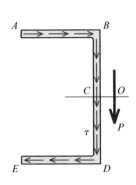

(c) 휨으로 인한 최대 전단응력

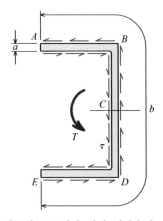

(d) 비틀림으로 인한 최대 전단응력

(b)와 같이 힘과 집중된 모멘트로 구성된다. O에서의 등가 힘은 단순히 가해진 하중 P와 같다. 집중된 모멘트는 다음 크기의 토크가 된다.

$$T = (3800 \text{ N})(15 \text{ mm} + 25 \text{ mm}) = 152000 \text{ N·mm}$$

휨으로 인한 전단응력

3800 N의 하중에 의해 야기된 휨으로 인한 최대 전단응력은 예제 9.10에서 구하였다. 전단응력의 흐름은 그림 (c)에 주어져 있다. 이 하중으로 인한 최대 전단응력은 수평 대칭축에서 발생하고 다음과 같은 값을 갖는다.

$$\tau_c = 6.57 \text{ MPa}$$

비틀림으로 의한 전단응력

토크 T는 부재를 비틀리게 하고, 전단응력은 단면의 가장자리를 따라 최대가 된다. 원형이 아닌 단면(특히 폭이 좁은 직사각형 단면)의 비틀림은 6.11절에서 논의되었다. 이 논의는 균일한 두께와 임의 형상을 갖는 부재에 대한 최대 전단응력과 전단응력 분포가 형상비가 큰 직사각형 단면에 대한 것과 동일하다는 것을 밝혔다(그림 6.20 참조). 여기서 고려되는 ㄷ형상에 대하여 전단응력은 식 (6.25)로부터 계산될 수 있다.

$$a = 3 \text{ mm}$$
$$b = 75 \text{ mm} + 225 \text{ mm} + 75 \text{ mm} = 375 \text{ mm}$$
$$\tau_{\max} = \frac{3T}{a^2 b} = \frac{3(152000 \text{ N·mm})}{(3 \text{ mm})^2 (375 \text{ mm})} = 135.1 \text{ MPa}$$

최대 조합 전단응력

휨과 비틀림의 조합으로 인한 최대 응력은 복부의 내부 면 위의 중립축(지점 C)에서 발생한다. 이 조합 전단응력의 값은 다음과 같다.

$$\tau_{\max} = \tau_{\text{bend}} + \tau_{\text{twist}} = 6.57 \text{ MPa} + 135.1 \text{ MPa} = 141.7 \text{ MPa}$$ **답**

예제 9.12

주어진 반원형 얇은벽 단면에 대한 전단중심 O를 찾아라.

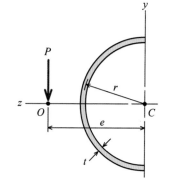

풀이 계획 가해진 하중 P에 대하여 반원형단면 벽에 전단응력이 발생된다. 단면이 비틀리지 않고 휘어진다면, 얇은벽 단면의 중심 C에 대한 전단응력들에 의해 생성되는 모멘트는 중심 C에 대한 하중 P의 모멘트와 동일해야 한다. 벽의 면적 dA에 작용하는 모멘트의 차이 dM에 대한 식을 유도한다. 그리고 전단응력에 의해 생성된 총 비틀림 모멘트를 결정하기 위하여 dM을 적분하고 그 식을 전단중심 O에 작용하는 외부 하중 P에 의해 생성된 모멘트와 같다고 놓는다. 이로부터 전단중심 O의 위치가 얻어질 수 있다.

풀이 관성모멘트

그림에서 z축에서 벽의 미소 면적 dA까지의 거리 y는 $y = r\cos\phi$로 나타낼 수 있다. 미소 면적 dA는 미소 길이 ds와 두께 t의 곱으로 표현될 수 있다. 따라서 $dA = t\,ds$이다. 또한 미소 길이는 $ds = r\,d\phi$로 표현될 수 있다. 결과적으로 미소 면적은 극좌표 r과 ϕ를 이용하여 $dA = rt\,d\phi$로 나타낼 수 있다. y와 dA에 대한 이러한 관계식으로부터 반원형 얇은벽 단면의 관성모멘트는 다음과 같이 유도될 수 있다.

$$I_z = \int y^2 dA = \int_0^\pi (r\cos\phi)^2 rt\,d\phi = r^3 t \int_0^\pi \cos^2\phi\,d\phi$$

$$= r^3 t\left[\frac{1}{2}\phi + \frac{1}{2}\sin\phi\cos\phi\right]_0^\pi$$

$$= \frac{\pi r^3 t}{2}$$

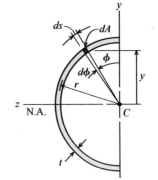

단면 1차 모멘트 Q

Q의 값은 극좌표계에서 적분을 통하여 얻어질 수도 있다. 오른쪽 그림으로부터 임의로 선정된 각도 θ 위의 단면적에 대한 Q의 값이 결정되어야 한다.

Q의 정의로부터 중립축(N.A.)에 대한 면적 dA의 1차 모멘트는 $dQ = ydA$로 표현될 수 있다. y와 dA에 대한 이전 표현식을 이 정의에 대입하면 dQ의 표현식을 다음과 같이 r과 ϕ의 항으로 표현할 수 있다.

$$dQ = ydA = (r\cos\phi)\,rt\,d\phi$$

$\phi = 0$과 $\phi = \theta$ 사이의 dQ를 적분하면 Q에 대한 일반적인 표현식을 얻을 수 있다.

$$Q = \int_0^\theta dQ = \int_0^\theta r^2 t\cos\phi\,d\phi$$

$$= r^2 t\,[\sin\phi]_0^\theta$$

$$= r^2 t\sin\theta$$

전단응력

전단응력 τ의 변화는 이제 각도 ϕ의 항으로 표현될 수 있다.

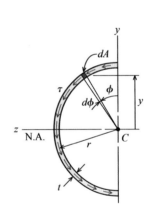

$$\tau = \frac{VQ}{It} = \frac{V(r^2 t\sin\phi)}{\left(\dfrac{\pi r^3 t}{2}\right)t} = \frac{2V}{\pi rt}\sin\phi$$

C에 대한 모멘트

면적 dA의 요소에 작용하는 합력 dF는 다음과 같이 표현된다.

$$dF = \tau dA = \tau\,(rt\,d\phi)$$

또는

$$dF = \frac{2rtV}{\pi rt}\sin\phi\,d\phi = \frac{2V}{\pi}\sin\phi\,d\phi$$

C점에 대한 dF의 모멘트는 다음과 같다.

$$dM_C = r\,dF = \frac{2rV}{\pi}\sin\phi\,d\phi$$

$\phi = 0$과 $\phi = \pi$ 사이에서 이 식을 적분하여 전단응력에 의해 생성되는 모멘트를 구한다.

$$M_C = \int dM_C = \int_0^\pi \frac{2rV}{\pi}\sin\phi\,d\phi = \frac{4rV}{\pi}$$

모멘트 평형을 만족시키려면 얇은벽 단면의 중심 C에 대한 전단응력 τ의 모멘트 M_C와 동일한 점에 대한 하중 P의 모멘트가 동일해야 한다.

$$M_C = Pe$$

전단응력의 합력은 전단력 V이며, 전단력 V는 수직 평형을 만족시키기 위하여 작용 하중 P와 같아야 한다. 따라서 전단중심까지의 거리 e가 다음과 같이 얻어진다.

$$e = \frac{M_C}{P} = \frac{M_C}{V} = \frac{4r}{\pi} \cong 1.27r \qquad \textbf{답}$$

이 결과는 전단중심 O가 반원형단면 외부에 위치함을 보여준다.

두 개의 교차하는 얇은 직사각형으로 구성된 단면

다음으로 두 개의 교차하는 직사각형으로 만들어진 얇은벽의 개방단면을 고려한다. 그림 9.30과 같은 레그 길이가 같은 ㄴ 형상을 고려한다. 수직 전단력 V가 단면에 가해지면 그림 9.30a와 같이 전단흐름 q는 각 레그의 중심선을 따라 ㄴ 형상의 벽에 평행한 방향을 갖는다. 두 레그에서의 전단력의 합력은 그림 9.30b에서와 같이 F_1과 F_2이다. 수평방향의 평형이 만족되어야 하므로 F_1과 F_2의 수평방향 힘 성분들의 합은 0이 되어야 한다. 따라서 힘 F_1과 F_2는 크기가 같아야 한다. F_1과 F_2의 수직방향 힘 성분들의 합은 보에 작용하는 수직 전단력과 동일해야 한다.

전단중심을 통해 가해지는 횡방향 하중이 보의 비틀림을 일으키지 않는다면, 보가 비틀리지 않기 위해서는 수직 하중이 어디에 배치되어야 하는가? 하중은 힘 F_1과 F_2의 교차

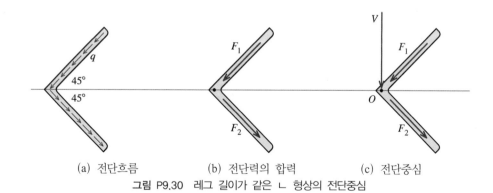

(a) 전단흐름   (b) 전단력의 합력   (c) 전단중심

그림 P9.30 레그 길이가 같은 ㄴ 형상의 전단중심

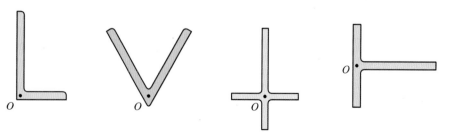

그림 9.31 두 개의 얇은 직사각형으로 구성된 다양한 단면들

섬에 놓여야 한다. F_1과 F_2의 힘 성분들 및 전단력 V의 모멘트 합이 0이기 때문에 두 레그에 대한 중심선의 교차점이 전단중심이 되어야 한다.

유사한 추론이 그림 9.31과 같이 두 개의 교차하는 얇은 직사각형으로 구성된 모든 단면에 적용될 수 있다. 각 경우에서 전단력의 합력은 직사각형의 중심선을 따라 작용해야 한다. 결과적으로 이 두 중심선의 교차점이 전단중심 O의 위치가 된다.

PROBLEMS

P9.49 그림 P9.49/50에 주어진 것과 같이 $V = 260$ kN의 전단력이 직사각형 튜브 형상에 작용하고 있다. 점 A와 B에서의 전단흐름의 크기를 구하라.

(b) 복부의 점 C

(c) 하부 플랜지 점 F

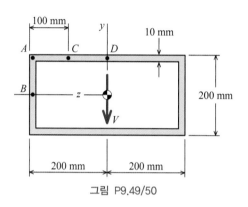

그림 P9.49/50

P9.50 그림 P9.49/50에 주어진 것과 같이 $V = 375$ kN의 전단력이 직사각형 튜브 형상에 작용하고 있다. 점 C와 D에서의 전단흐름의 크기를 구하라.

P9.51 $V = 18$ kN의 전단력이 그림 P9.51과 같은 얇은벽 단면에 작용하고 있다. $a = 50$ mm, $b = 80$ mm, $h = 100$ mm, $t = 6$ mm (여기서 두께 t는 전체 단면에 대해 일정)의 치수를 사용하여 점 A, B, C에서의 전단흐름의 크기를 구하라.

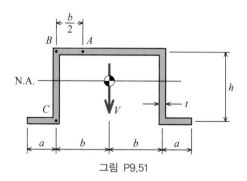

그림 P9.51

P9.52 그림 P9.52에 주어진 얇은벽 단면은 $t = 11$ mm의 일정한 벽두께를 갖고 있다. $b_1 = 300$ mm, $b_2 = 160$ mm, $h = 260$ mm이라고 가정한다. 단면에 작용하는 전단력이 음의 y 방향으로 향하고 $V = 18$ kN이라면, 다음 위치에서 전단흐름을 구하라.

(a) 상부 플랜지의 점 B

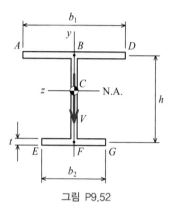

그림 P9.52

P9.53 수직 전단력 V가 그림 P9.53에 주어진 것과 같이 얇은 벽 단면에 작용하고 있다. 단면에 대한 전단흐름도를 그려라. 단면의 벽두께는 일정하다고 가정한다.

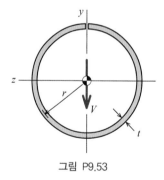

그림 P9.53

P9.54 그림 P9.54와 같은 ㄴ 형상이 $V = 21$ kN의 수직 전단력을 받고 있다. 레그 AB를 따라 전단흐름의 분포를 그려라. 모든 정점(피크)에서 수치를 표시하라.

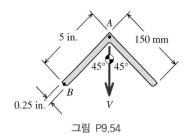

그림 P9.54

P9.55 그림 P9.55와 같은 ㄷ형상이 $V = 31$ kN의 수직 전단력을 받고 있다. 점 A에서의 수평 전단응력 τ_A와 점 B에서의 수직 전단응력 τ_B를 구하라.

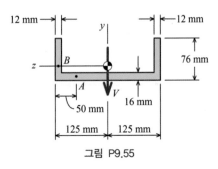

그림 P9.55

P9.56 그림 P9.56과 같은 ㄷ형상이 $V = 36$ kN의 수직 전단력을 받고 있다. 점 A에서의 수평 전단응력 τ_A와 점 B에서의 수직 전단응력 τ_B를 구하라.

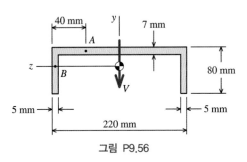

그림 P9.56

P9.57 그림 P9.57에 주어진 단면에 대한 전단중심 O의 위치를 구하라.

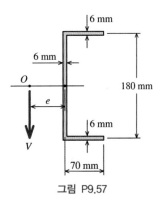

그림 P9.57

P9.58 압출된 보의 단면이 그림 P9.58과 같다. (a)전단중심 O의 위치와 (b) $V = 30$ kN의 전단력에 의해 생성된 전단응력의 분포를 구하라.

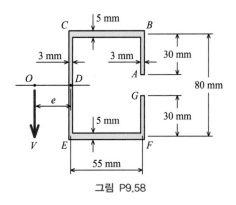

그림 P9.58

P9.59 압출된 보의 단면이 그림 P9.59와 같다. $b = 30$ mm, $h = 36$ mm, $t = 5$ mm의 치수를 사용하여 전단중심 O의 위치를 구하라.

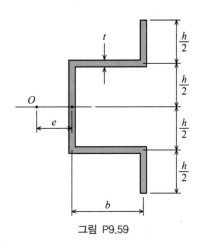

그림 P9.59

P9.60 압출된 보의 단면이 그림 P9.60과 같다. 단면의 치수 $b = 50$ mm, $h = 40$ mm, $t = 3$ mm를 사용하면 전단중심 O까지의 거리 e는 얼마인가?

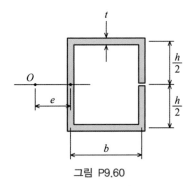

그림 P9.60

P9.61 압출된 보의 단면이 그림 P9.61과 같다. 단면의 치수 $b = 45$ mm, $h = 75$ mm, $t = 4$ mm를 사용한다. 두께 t가 단면의 모든 부분에 대해 일정하다고 가정하면 가장 왼쪽 요소로부터 전단중심 O까지의 거리 e는 얼마인가?

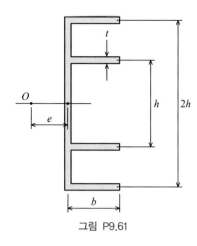

그림 P9.61

P9.62 그림 P9.62에 주어진 단면에 대한 전단중심의 위치를 구하라. $a = 50$ mm, $b = 100$ mm, $h = 300$ mm, $t = 5$ mm의 치수를 사용한다. 두께 t는 단면의 모든 부분에 대해 일정하다고 가정한다.

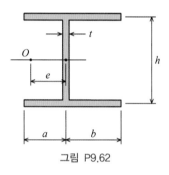

그림 P9.62

P9.63 그림 P9.63에 주어진 단면에 대한 전단중심의 위치를 표시하라. 복부 두께와 플랜지 두께는 같다고 가정한다.

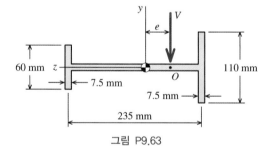

그림 P9.63

P9.64 그림 P9.64에 주어진 z 형상 단면에 대한 전단중심이 단면의 도심에 위치함을 보여라.

P9.65–P9.69 그림 P9.65–P9.69에 주어진 단면을 갖는 균일한 두께의 얇은벽 보의 전단중심 O의 위치를 구하라.

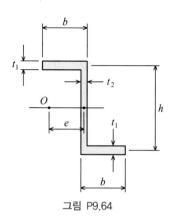

그림 P9.64

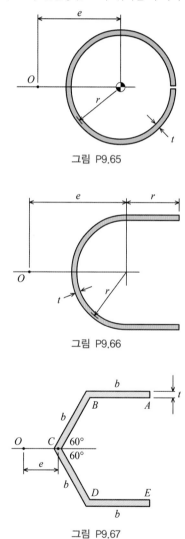

그림 P9.65

그림 P9.66

그림 P9.67

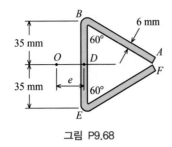

그림 P9.68

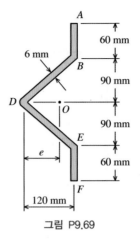

그림 P9.69

보의 처짐

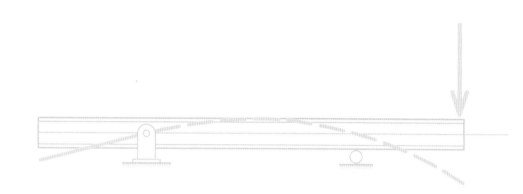

10.1 개요

작용하는 하중과 보에서 발생되는 수직응력 및 전단응력 사이의 중요한 관계가 8장과 9장에서 소개되었다. 그러나 일반적으로 특정한 하중에 대해 보의 처짐이 결정되기 전까지는 설계가 끝나지 않는다. 보통 처짐은 그 자체로 위험을 초래하지는 않지만, 과다한 보의 처짐은 다른 방식으로 구조물의 완벽한 기능에 손상을 일으킬 수 있다. 과다한 처짐은 건축물의 시공에서 벽이나 천장에 균열을 일으킬 수 있다. 문짝이나 창문이 제대로 닫히지 않을 수 있다. 사람들이 걸어가면 바닥이 처지거나 진동이 발생할 수도 있다. 많은 기계들에서 보나 휨 요소들은 기어나 기타 부품들이 적절하게 접촉하도록 주어진 범위 내에서 처짐이 발생하여야 한다. 요약하자면 만족스러운 휨 요소의 설계를 위해서는 일반적으로 지지할 수 있는 하중의 최소 용량과 더불어 최대 처짐이 지정되어야 한다.

보의 처짐은 재료의 강성도와 보의 단면 치수뿐만 아니라 작용 하중과 지점의 구성에 따라 달라진다. 보의 처짐을 계산하기 위한 세 가지 일반적인 방법이 이 장에 제시되어 있다. (1) 적분법, (2) 불연속함수를 사용하는 방법, (3) 중첩법이 그것이다.

설명에서는 세 개의 좌표가 사용될 것이다. 그림 10.1에서와 같이 x축(오른쪽이 양의 방향)은 원래 직선인 보의 종방향 축으로 뻗어 있다. x좌표는 변형 전에 폭 dx를 갖는 미소 보 요소의 위치를 정하는 데 사용된다. v축은 x축에서 양의 방향인 위쪽으로 뻗어 있다. v좌표는 보 중립면의 변위를 나타낸다. 세 번째 좌표 y는 보 단면의 중립면에 원점을 가진 국부 좌표계이다. y좌표는 위쪽이 양의 방향이며, 보 단면 내의 특정한 위치를 정하는 데 사용된다. x와 y좌표는 8장의 휨 공식을 유도할 때 사용된 좌표와 동일하다.

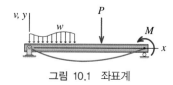

그림 10.1 좌표계

10.2 모멘트-곡률 관계식

직선 보가 하중을 받고 탄성 거동을 하는 경우, 보의 종방향 도심축은 곡선을 이루며 이를 탄성곡선(elastic curve)이라고 한다. 내부 휨모멘트와 탄성곡선의 곡률 사이의 관계는 8.4절에서 다루었다. 식 (8.6)은 모멘트-곡률(moment-curvature) 관계식을 나타낸다.

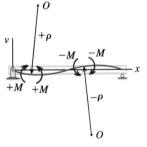

그림 10.2 M의 부호에 따른 곡률반지름 ρ

$$\kappa = \frac{1}{\rho} = \frac{M}{EI_z} \tag{8.6}$$

이 식은 보 중립면의 곡률반지름 ρ와 내부 휨모멘트 M(z축에 대한), 재료의 탄성계수 E, 단면의 관성모멘트 I_z와의 관계이다. E와 I_z는 항상 양의 값을 가지므로 ρ의 부호는 휨모멘트의 부호와 일치한다. 그림 10.2에서와 같이 양의 휨모멘트 M은 보 위쪽으로(양의 v 방향) 연장되는 곡률반지름 ρ를 만든다. M이 음의 값을 갖는 경우 ρ는 음의 v 방향인 보의 아래쪽으로 연장된다.

10.3 탄성곡선의 미분방정식

휨모멘트와 곡률반지름 사이의 관계는 휨 요소에서 휨모멘트 M이 일정한 경우에 적용될 수 있다. 그러나 대부분의 보에서 휨모멘트는 지간을 따라 변하며, 처짐 v을 좌표 x의 함수로 표현하기 위해서는 좀 더 일반적인 표현식이 필요하다.

미적분학으로부터 곡률 κ는 다음과 같이 정의된다.

$$\kappa = \frac{1}{\rho} = \frac{d^2v/dx^2}{[1+(dv/dx)^2]^{3/2}}$$

전형적인 보의 경우 기울기 dv/dx는 매우 작으며, 그 제곱은 단위값과 비교하면 무시될 수 있다. 이러한 근사로 곡률 표현식은 다음과 같이 단순화된다.

$$\kappa = \frac{1}{\rho} = \frac{d^2v}{dx^2}$$

그리고 식 (8.6)은 다음과 같이 된다.

$$EI\frac{d^2v}{dx^2} = M(x) \tag{10.1}$$

이 식은 보에 대한 탄성곡선의 미분방정식(differential equation of the elastic curve)이다. 일반적으로 휨모멘트 M은 보의 지간을 따르는 위치 x의 함수이다.

탄성곡선의 미분방정식은 그림 10.3과 같은 보의 처짐 형상으로부터 얻어질 수 있다. 탄성곡선 위의 점 A에서의 처짐 v가 그림 10.3a에 주어져 있다. 점 A는 원점으로부터 거

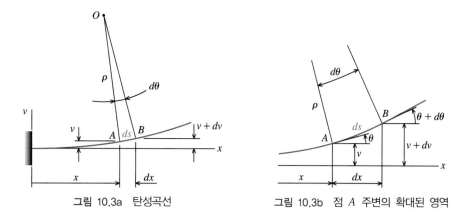

그림 10.3a 탄성곡선   그림 10.3b 점 A 주변의 확대된 영역

리 x에 위치해 있다. 두 번째 점 B는 원점에서 $x+dx$ 떨어진 거리에 있으며 처짐은 $v+dv$이다.

보가 휘어지면 보를 따라 점들도 처지고 회전한다. 그림 10.3b의 확대된 그림에서 점 A에 대하여 나타낸 것과 같이 탄성곡선의 처짐각(angle of rotation) θ는 x축과 탄성곡선의 접선과의 사잇각이다. 마찬가지로 점 B에서의 처짐각은 $\theta+d\theta$이고, $d\theta$는 점 A와 점 B 사이의 처짐각의 증가량이다.

탄성곡선의 기울기는 처짐 v의 일차 도함수 dv/dx이다. 그림 10.3b에서 기울기는 점 A와 B 사이의 수직 증분 dv를 수평 증분 dx로 나눈 것으로 정의할 수 있다. dv와 dx가 무한히 작아지면, 일차 도함수 dv/dx는 처짐각 θ와 다음과 같은 관계를 갖게 된다.

$$\frac{dv}{dx} = \tan\theta \tag{a}$$

기울기 dv/dx는 탄성곡선의 접선이 오른쪽 위로 기울어진 경우 양의 값을 가진다는 것을 유념해야 한다.

그림 10.3b에서 점 A와 B 사이의 탄성곡선의 거리는 ds로 표시되고, 호의 길이는 정의로부터 $ds=\rho\,d\theta$로 표시된다. 처짐각 θ가 매우 작다면(작은 처짐을 갖는 보의 경우처럼), 그림 10.3b의 탄성곡선의 거리 ds는 기본적으로 x축상의 증분 dx와 같다. 따라서 $dx=\rho\,d\theta$ 또는

$$\frac{1}{\rho} = \frac{d\theta}{dx} \tag{b}$$

작은 각도에서는 $\tan\theta \approx \theta$이므로 식 (a)는 다음과 같이 근사될 수 있다.

$$\frac{dv}{dx} \approx \theta \tag{c}$$

따라서 보의 처짐이 작다면 보의 처짐각 θ(단위: radian)와 기울기 dv/dx는 동일하다.

식 (c)를 x에 대하여 미분하면 다음과 같다.

$$\frac{d^2v}{dx^2} = \frac{d\theta}{dx} \tag{d}$$

식 (b)로부터 $d\theta/dx = 1/\rho$이다. 또한 식 (8.6)은 M과 ρ의 관계를 나타낸다. 이 식들을 조합하면 다음과 같다.

$$\frac{d^2v}{dx^2} = \frac{d\theta}{dx} = \frac{1}{\rho} = \frac{M}{EI} \tag{e}$$

또는

$$EI\frac{d^2v}{dx^2} = M(x) \tag{10.1}$$

일반적으로 휨모멘트 M은 보의 지간을 따르는 위치 x의 함수이다.

부호규약

위쪽이 오목한
양의 내부 모멘트

아래쪽이 오목한
음의 내부 모멘트

그림 10.4 휨모멘트 부호규약

7.3절(그림 10.4 참조)에서 설정한 휨모멘트에 대한 부호규약이 식 (10.1)에 그대로 사용된다. E와 I는 모두 양의 값이므로 휨모멘트와 2차 도함수의 부호는 일치해야 한다. 그림 10.5와 같은 좌표축을 사용하면 보의 기울기는 A와 B 사이에서 양에서 음으로 바뀐다. 따라서 2차 도함수는 음의 값을 가지며, 이는 7.3절의 부호규약과 일치한다. 세그먼트 BC에 대한 d^2v/dx^2와 M은 모두 양의 값을 갖는다.

그림 10.5를 주의 깊게 살펴보면 x가 오른쪽으로 양의 값을 갖고, v가 위쪽으로 양의 값을 갖는 원점을 선택한다면, 휨모멘트와 2차 도함수의 부호가 일치한다는 것을 알 수 있다. 그러나 v가 아래쪽으로 양의 값을 갖는다면, 부호는 일치하지 않을 것이다. 결과적으로 이 책에서 수평 보에 대한 v는 항상 위쪽이 양의 방향이 되도록 할 것이다.

도함수들의 관계식

식 (10.1)의 해를 구하기 전에 탄성곡선 처짐 v의 도함수들과 보 거동에서 나타내는 물리량들과의 관계를 정리해두는 것이 좋을 것이다.

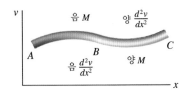

그림 10.5 d^2v/dx^2와 M 부호의 관계

처짐 $= v$

기울기 $= \dfrac{dv}{dx} = \theta$

모멘트 $M = EI\dfrac{d^2v}{dx^2}$ (식 10.1)

전단력 $V = \dfrac{dM}{dx} = EI\dfrac{d^3v}{dx^3}$ (*EI*가 일정한 경우)

분포하중 $w = \dfrac{dV}{dx} = EI\dfrac{d^4v}{dx^4}$ (*EI*가 일정한 경우)

여기서 부호들은 7.2절과 7.3절에서 정의된 것과 동일하다.

하중곡선으로부터 시작하여 전단력도 V와 모멘트도 M을 구하는 미분 관계들에 기초한 방법이 7.3절에서 다루어졌다. 이 방법은 기울기선도 θ와 보의 처짐곡선 v를 구하는 데 바로 적용될 수 있다. 식 (e)로부터 다음을 얻을 수 있다.

$$\frac{d\theta}{dx} = \frac{M}{EI} \tag{f}$$

이 식은 다음과 같이 적분될 수 있다.

$$\int_{\theta_A}^{\theta_B} d\theta = \int_{x_A}^{x_B} \frac{M}{EI}dx \qquad \therefore \ \theta_B - \theta_A = \int_{x_A}^{x_B} \frac{M}{EI}dx$$

이 식은 보에서의 임의의 두 점 사이의 모멘트도 아래의 면적(EI는 추가적으로 고려)은 동일한 두 점 사이의 기울기 변화를 나타낸다. 마찬가지로 보에서의 두 점 사이의 기울기선도 아래의 면적은 동일한 두 점 사이의 처짐 변화를 나타낸다. 이러한 관계들은 지간 중앙에서 집중하중을 받는 단순지지보에 대하여 그림 10.6에 주어진 일련의 선도를 작성하는 데 사용된다. 보의 기하학적 형상으로부터 해석을 위한 출발점이 되는 기울기 또는 처짐이 0이 되는 점을 구한다. 보의 처짐을 계산하기 위해 사용되는 좀 더 일반적인 방법들은 후속 절에 제시될 것이다.

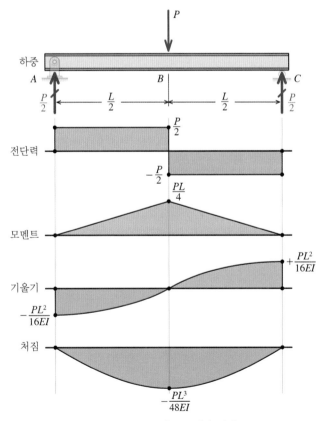

그림 10.6 보 선도들 간의 관계

가정들의 요점 정리

보의 처짐을 계산하는 특정한 방법들을 계속하여 진행하기 전에 탄성곡선의 미분방정식을 유도하는 데 사용된 가정들을 정리해두는 것이 좋을 것이다. 휨 공식은 식 (10.1)의 유도에 사용되었기 때문에 휨 공식에 적용되는 모든 제한 사항들은 처짐의 계산에도 적용된다. 추가적인 가정은 다음과 같다.

1. 보의 기울기의 제곱은 단위값에 비하여 무시될 수 있다. 이 가정은 보의 처짐이 상대적으로 작아야 한다는 것을 의미한다.
2. 보의 단면은 보에 처짐이 발생하여도 평면을 유지한다. 이 가정은 전단응력으로 인한 보의 처짐은 무시될 수 있다는 것을 의미한다.
3. E와 I의 값은 보를 따라 모든 세그먼트에서 일정하다. E 또는 I가 보 지간을 따라 변하고 이러한 변화가 보에서의 거리 x의 함수로 표현될 수 있다면, 이러한 변화를 고려하여 식 (10.1)의 해를 구할 수 있다.

10.4 모멘트의 적분에 의한 처짐 해석

앞 절에서의 가정들이 만족되고 휨모멘트가 x에 대한 적분 함수로 바로 표현될 수 있다면, 식 (10.1)로부터 보의 지간을 따라 임의의 위치 x에서의 탄성곡선의 처짐 v를 구할 수 있다. 그 과정은 평형조건에 기초한 휨모멘트함수 $M(x)$의 유도로부터 시작된다. 전체 지간에 적용할 수 있는 단일함수를 유도하거나 보 지간의 특정한 영역에만 적용 가능한 여러 개의 함수를 유도하는 것이 필요할 수 있다. 모멘트함수를 식 (10.1)에 대입하여 미분방정식을 결정한다. 이러한 미분방정식은 적분을 통해 해석될 수 있다. 식 (10.1)을 적분하면 보의 기울기 dv/dx를 정의하는 식을 얻을 수 있다. 다시 적분하면 탄성곡선의 처짐 v를 정의하는 식이 얻어진다. 이렇게 탄성곡선식을 구하는 이 방법을 이중적분법(double-integration method)이라고 한다.

각 적분 단계에서 적분상수가 생성되며, 이 상수는 알고 있는 기울기 또는 처짐 조건으로부터 구해져야 한다. v와 dv/dx의 값을 알고 있는 조건의 유형들은 경계조건, 연속조건, 대칭조건의 세 가지 범주로 나눌 수 있다.

경계조건

경계조건은 보 지간을 따라 특정한 위치에서 알고 있는 처짐 v 또는 기울기 dv/dx의 값을 의미한다. 이 용어가 의미하는 것과 같이 경계조건은 고려되는 구간의 하한과 상한에서 주어진다. 예를 들면 휨모멘트 방정식 $M(x)$이 $x_1 \leq x \leq x_2$ 구간 내의 특정 보에 대하여 유도되었다면 경계조건은 $x = x_1$과 $x = x_2$에서 찾아질 것이다.

경계조건은 휨모멘트 방정식 $M(x)$의 한계들에서 알고 있는 기울기와 처짐이다. "경계"라는 용어는 $M(x)$의 경계를 의미하며, 반드시 보의 경계를 의미하는 것은 아니

$v = 0$
핀 지지

$v = 0$
롤러 지지

$v = 0$
핀 지지

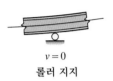

$v = 0$
롤러 지지

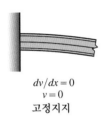

$dv/dx = 0$
$v = 0$
고정지지

$V = 0$
$M = 0$
자유단

그림 10.7 경계조건들

다. 비록 경계조건은 보 지점에서 나타나지만, $M(x)$ 구간 내의 지점만을 경계조건으로 사용할 수 있다.

그림 10.7은 여러 가지 지점 조건을 나타내며, 각 지점 조건에 따른 경계조건이 주어져 있다. 핀 지지 또는 롤러 지지는 보가 횡방향으로(수평 보에 대하여 상향 또는 하향으로) 처지는 것을 제한하는 단순지지이다. 결과적으로 핀 지지 또는 롤러 지지에서 보의 처짐은 $v = 0$이 되어야 한다. 그러나 핀이나 롤러는 보의 회전을 제한하지 못하므로 결과적으로 단순지지에서 보의 기울기는 경계조건이 될 수 없다. 고정지지에서 보는 처짐과 회전 모두에 대해 제한된다. 따라서 고정지지에서 $v = 0$이고 $dv/dx = 0$이다.

처짐 v와 기울기 dv/dx를 포함하는 경계조건들은 일반적으로 지점에서 0이지만, 엔지니어들은 지점 변위가 보에 미치는 영향을 해석해야 하는 경우가 있을 수 있다. 예를 들면 기초 아래의 지반의 압축으로 지점이 아래쪽으로의 변위를 일으키는 지점 침하(support settlement)의 가능성은 일반적인 설계 관심사항이다. 이러한 가능성을 검토하기 위해 가끔 0이 아닌 경계조건을 사용할 수 있다.

하나의 경계조건은 오직 하나의 적분상수를 결정하는 데 사용될 수 있다.

연속조건

많은 보들은 집중하중, 반력, 분포하중 크기의 갑작스런 변화와 같이 보를 따라 급격한 하중의 변화를 받는다. 급격한 변화의 바로 왼쪽 영역에 대한 $M(x)$ 식은 바로 오른쪽 영역에 대한 $M(x)$ 식과 다를 것이다. 그 결과로 전체 보 길이에 유효한 휨모멘트(일반적인 대수함수 형태)에 대한 식을 하나의 식으로 유도할 수 없다. 이것은 보의 각 세그먼트에 대해 휨모멘트 방정식을 작성하여 해결할 수 있다. 세그먼트는 하중의 급격한 변화에 의해 나누어지지만, 보 자체는 그 위치에서 연속적이다. 결과적으로 인접한 두 세그먼트의 접점에서 처짐과 기울기는 일치해야 한다. 이를 연속조건(continuity condition)이라고 한다.

대칭조건

보 지점들과 작용 하중들이 지간에 대해 대칭이 되도록 구성되는 경우가 있다. 대칭이 존재하면 어느 위치에서 보 기울기의 값을 알 수 있다. 예를 들면 균일분포하중을 받는 단순지지보는 대칭이다. 대칭조건으로부터 지간 중앙에서 보의 기울기는 0이어야 한다. 대칭조건은 탄성곡선이 지간의 절반에 대해서만 구해지면 된다는 점에서 처짐 해석을 줄일 수 있다.

각각의 경계조건, 연속조건, 대칭조건은 하나 이상의 적분상수를 포함하는 수식을 생성한다. 이중적분법에서는 각 보 세그먼트에 대해 두 개의 상수가 생성된다. 따라서 이 상수들을 구하기 위해서는 두 조건이 필요하다.

이중적분법의 절차

이중적분법에 의한 보의 처짐 계산은 여러 단계를 포함하며, 다음과 같은 절차를 따르기를 강력하게 권장한다.

1. **스케치**: 지점, 하중, $x-v$ 좌표계를 포함하는 보를 그린다. 개략적인 탄성곡선을 그린다. 지점에서의 보의 기울기와 처짐에 각별히 주의한다.

2. **지점 반력**: 일부 보의 경우에는 특정한 보 세그먼트의 해석에 앞서 지점 반력을 구할 필요가 있다. 이러한 경우 보 전체의 평형을 고려하여 보 반력들을 결정한다. 보 스케치에 구한 반력들을 적절한 방향과 같이 표시한다.

3. **평형**: 고려할 보의 세그먼트 또는 세그먼트들을 선택한다. 각 세그먼트에 대해 원점으로부터 거리 x만큼 떨어진 위치에서 보 세그먼트를 자르는 자유물체도(자유물체도)를 그린다. 자유물체도에 작용하는 모든 하중을 표시한다. 보에 분포하중이 작용하면, 자유물체도에 작용하는 해당 분포하중이 표시되어야 한다. 보의 절단면에 작용하는 내부 휨모멘트 M을 포함하고 M은 항상 양의 방향으로 표시한다(그림 10.5 참조). 그리해야 휨모멘트 방정식이 올바른 부호를 갖는다. 자유물체로부터 적용 가능한 구간(예: $x_1 \leq x \leq x_2$)에 주의하면서 휨모멘트 방정식을 유도한다.

4. **적분**: 각 세그먼트에 대해 휨모멘트 방정식과 $EI d^2v/dx^2$을 등식으로 놓는다. 이 미분방정식을 두 번 적분하여 기울기식 dv/dx, 처짐식 v 그리고 두 개의 적분상수를 얻는다.

5. **경계조건과 연속조건**: 휨모멘트 방정식에 적용할 수 있는 경계조건들을 열거한다. 해석에 두 개 이상의 보 세그먼트가 포함되는 경우에는 연속조건도 열거한다. 각 보 세그먼트에서 생성된 두 개의 적분상수를 구하려면 두 개의 조건이 필요하다는 것을 유념해야 한다.

6. **상수 결정**: 경계조건과 연속조건을 사용하여 모든 적분상수를 구한다.

7. **탄성곡선식 및 기울기식**: 4단계에서의 적분상수를 6단계에서 경계조건과 연속조건으로부터 구한 값으로 대체한다. 최종식에서 차원의 동일성을 확인한다.

8. **특정한 점에서의 처짐과 기울기**: 필요한 경우 특정한 점에서 처짐을 계산한다.

다음 예제들은 보의 처짐을 계산하기 위한 이중적분법의 사용 방법을 보여준다.

예제 10.1

그림과 같이 캔틸레버보가 자유단에서 집중하중 P를 받고 있다. 탄성곡선식 및 A에서의 보의 처짐과 기울기를 구하라. 보에서 EI는 일정하다고 가정한다.

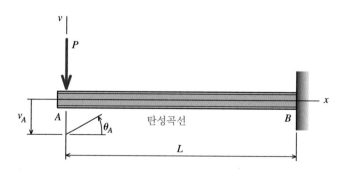

풀이 계획 캔틸레버보의 자유단으로부터 거리 x만큼 떨어진 위치에서 보를 절단한 자유물체도를 고려한다. 모멘트의 합에 대한 평형방정식을 작성한다. 이로부터 x에 따라 변하는 휨모멘트 M에 대한 식을 구한다. 식 (10.1)에 M을 대입하고 두 번 적분한다. 캔틸레버의 고정단에서 알고 있는 경계조건들을 사용하여 적분상수를 구한다.

풀이 평형

원점으로부터 임의의 거리 x에서 보를 절단하고, 내부 모멘트 M이 양의 방향으로 표시되도록 주의하면서 자유물체도를 그린다. 단면 $a-a$에 대한 모멘트 합에 대한 평형방정식은 다음과 같다.

$$\sum M_{a-a} = Px + M = 0$$

따라서 이 보에 대한 휨모멘트 방정식은 다음과 같다.

$$M = -Px \qquad \text{(a)}$$

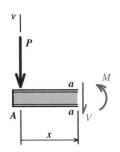

모멘트 방정식 (a)는 이 특정한 보에 대해서는 x의 모든 값에 대하여 유효하다. 즉 식 (a)는 구간 $0 \le x \le L$에서 유효하다. 식 (10.1)에 M에 대한 식을 대입하면 다음과 같다.

$$EI\frac{d^2v}{dx^2} = -Px \qquad \text{(b)}$$

적분

식 (b)를 두 번 적분한다. 첫 번째 적분은 보 기울기 dv/dx에 대한 일반식을 준다.

$$EI\frac{dv}{dx} = -\frac{Px^2}{2} + C_1 \qquad \text{(c)}$$

여기서 C_1은 적분상수이다. 두 번째 적분은 탄성곡선 v에 대한 일반식을 준다.

$$EIv = -\frac{Px^3}{6} + C_1 x + C_2 \qquad \text{(d)}$$

여기서 C_2는 두 번째 적분상수이다. 기울기식과 탄성곡선식을 완성하기 위하여 상수 C_1과 C_2를 구해야 한다.

경계조건

경계조건은 보 지간을 따라 특정한 위치에서 알고 있는 처짐 v 또는 기울기 dv/dx의 값이다. 이 보의 경우에는 식 (a)의 휨모멘트 방정식 M은 구간 $0 \le x \le L$에서 유효하다. 따라서 경계조건은 $x=0$ 또는 $x=L$에서 주어진다.

이 보와 하중에 대해서 구간 $0 \le x \le L$을 고려한다. $x=0$에서 보는 지지되어 있지 않다. 보는 아래쪽으로 처지고 이로 인하여 보의 기울기는 더 이상 0이 아니다. 결과적으로 처짐 v나 기울기 dv/dx는 $x=0$에서 알 수 없다. $x=L$에서 보는 고정지지되어 있다. B에서의 고정지지는 처짐과 회전을 제한한다. 따라서 $x=L$에서 $v=0$이고 $dv/dx=0$이라는 당연하고 확실한 두 개의 정보를 얻을 수 있다. 이 정보들이 C_1과 C_2의 적분상수를 구하는 데 사용될 두 개의 경계조건이 된다.

상수 결정

식 (c)에 $x=L$에서의 경계조건 $dv/dx=0$을 대입하여 상수 C_1을 구한다.

$$EI\frac{dv}{dx} = -\frac{Px^2}{2} + C_1 \Rightarrow EI(0) = -\frac{P(L)^2}{2} + C_1 \qquad \therefore C_1 = -\frac{PL^2}{2}$$

다음으로 C_1의 값과 $x=L$에서의 경계조건 $v=0$을 식 (d)에 대입하여 두 번째 적분상수 C_2를 구한다.

$$EIv = -\frac{Px^3}{6} + C_1x + C_2 \Rightarrow EI(0) = -\frac{P(L)^3}{6} + \frac{PL^2}{2}(L) + C_2 \qquad \therefore \; C_2 = -\frac{PL^3}{3}$$

탄성곡선식

앞에서 구한 C_1과 C_2를 식 (d)에 대입하여 탄성곡선식을 완성한다.

$$EIv = -\frac{Px^3}{6} + \frac{PL^2}{2}x - \frac{PL^3}{3} \qquad v = \frac{P}{6EI}[-x^3 + 3L^2x - 2L^3] \tag{e}$$

마찬가지로 기울기식은 앞에서 구한 C_1과 식 (c)로부터 유도된 식으로부터 완성될 수 있다.

$$EI\frac{dv}{dx} = -\frac{Px^2}{2} + \frac{PL^2}{2} \qquad \frac{dv}{dx} = \frac{P}{2EI}[L^2 - x^2] \tag{f}$$

A에서의 처짐과 기울기

식 (e)와 (f)에서 $x=0$으로 설정하면 A에서의 보의 처짐과 기울기가 얻어진다. 캔틸레버의 자유단에서의 보의 처짐과 기울기는 다음과 같다.

$$v_A = -\frac{PL^3}{3EI} \quad \text{그리고} \quad \left(\frac{dv}{dx}\right)_A = \frac{PL^2}{2EI} \qquad \text{답}$$

![Mec Movies] MecMovies 예제 M10.2

탄성곡선식을 유도하고 B에서의 보의 기울기와 처짐에 대한 식을 구하라. 이중 적분법을 사용하라.

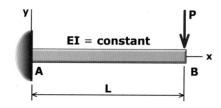

예제 10.2

단순지지보가 그림과 같이 선형분포하중을 받고 있다. 이때 탄성곡선식을 구하라. 그리고 지간 중앙 B에서의 보의 처짐과 지점 A에서의 보의 기울기를 구하라. 보에서 EI는 일정하다고 가정한다.

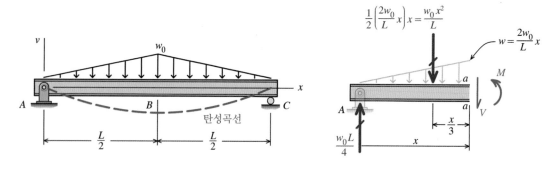

풀이 계획 일반적으로 전체 지간에 걸쳐 M의 변화를 정의하기 위해서는 두 개의 모멘트 방정식이 필요할 것이다.

그러나 이 경우에는 보와 하중이 대칭이다. 대칭조건으로부터 구간 $0 \leq x \leq L/2$에서의 탄성곡선만 구하면 될 것이다. 이 구간에서의 경계조건은 핀 지점 A와 지간 중앙 B에서 찾을 수 있다.

풀이 지점 반력

보가 대칭으로 지지되어 있고 대칭으로 하중을 받고 있으므로 A와 C에서의 지점 반력은 동일하다.

$$A_y = C_y = \frac{w_0 L}{4}$$

x 방향으로 하중이 작용하지 않으므로 $A_x = 0$이다.

평형

원점으로부터 임의의 거리 x에서 보를 절단하고, 내부 모멘트 M이 양의 방향으로 표시되도록 주의하면서 자유물체도를 그린다. 단면 $a-a$에 대한 모멘트 합에 대한 평형방정식은 다음과 같다.

$$\sum M_{a-a} = \frac{1}{2}\left(\frac{2w_0 x}{L}\right)x\left(\frac{x}{3}\right) - \left(\frac{w_0 L}{4}\right)x + M = 0$$

따라서 이 보에 대한 휨모멘트 방정식은 다음과 같다.

$$M = \frac{w_0 L x}{4} - \frac{w_0 x^3}{3L} \quad (0 \leq x \leq L/2\text{에서 유효}) \tag{a}$$

M에 대한 이 식을 식 (10.1)에 대입하면 다음과 같다.

$$EI\frac{d^2 v}{dx^2} = \frac{w_0 L x}{4} - \frac{w_0 x^3}{3L} \tag{b}$$

적분

탄성곡선식을 얻기 위하여 식 (b)를 두 번 적분한다. 첫 번째 적분 결과는 다음과 같다.

$$EI\frac{dv}{dx} = \frac{w_0 L x^2}{8} - \frac{w_0 x^4}{12L} + C_1 \tag{c}$$

여기서 C_1은 적분상수이다. 두 번째 적분 결과는 다음과 같다.

$$EIv = \frac{w_0 L x^3}{24} - \frac{w_0 x^5}{60L} + C_1 x + C_2 \tag{d}$$

여기서 C_2은 두 번째 적분상수이다.

경계조건

모멘트 방정식 (a)는 구간 $0 \leq x \leq L/2$에서만 유효하다. 따라서 경계조건은 이와 동일한 구간에서 찾아야 한다. $x = 0$에서 보는 핀 지지되어 있다. 따라서 $x = 0$에서 $v = 0$이다.

이러한 유형의 문제에서의 일반적인 실수는 두 번째 경계조건으로 C에서의 롤러지지를 사용하려고 하는 것이다. C에서의 보의 처짐이 0이 되는 것은 분명하지만, 이 문제의 경계조건으로 $x = L$에서의 $v = 0$을 사용할 수 없다. 왜냐하면 모멘트 방정식의 범위(구간 $0 \leq x \leq L/2$) 내에서 경계조건을 찾아야 하기 때문이다.

　적분상수의 결정에 필요한 두 번째 경계조건은 대칭조건으로부터 찾을 수 있다. 보는 대칭으로 지지되어 있으며 하중은 지간에 대칭으로 배치되어 있다. 따라서 $x = L/2$에서의 보의 기울기는 $dv/dx = 0$이어야 한다.

상수 결정

$x = 0$에서의 경계조건 $v = 0$을 식 (d)에 대입하면 $C_2 = 0$이다.

　다음으로 C_2의 값과 $x = L/2$에서의 경계조건 $dv/dx = 0$을 식 (c)에 대입하여 적분상수 C_1을 구한다.

$$EI\frac{dv}{dx} = \frac{w_0Lx^2}{8} - \frac{w_0x^4}{12L} + C_1 \quad \Rightarrow \quad EI(0) = \frac{w_0L(L/2)^2}{8} - \frac{w_0(L/2)^4}{12L} + C_1$$

$$\therefore C_1 = -\frac{5w_0L^3}{192}$$

탄성곡선식

앞에서 구한 C_1과 C_2를 식 (d)에 대입하여 탄성곡선식을 완성한다.

$$EIv = \frac{w_0Lx^3}{24} - \frac{w_0x^5}{60L} - \frac{5w_0L^3}{192}x$$

$$v = \frac{w_0x}{960EI}\left[40Lx^2 - \frac{16x^4}{L} - 25L^3\right]$$

(e)

마찬가지로 보 기울기식은 앞에서 구한 C_1과 식 (c)로부터 완성될 수 있다.

$$EI\frac{dv}{dx} = \frac{w_0Lx^2}{8} - \frac{w_0x^4}{12L} - \frac{5w_0L^3}{192}$$

$$\frac{dv}{dx} = \frac{w_0x}{192EI}\left[24Lx^2 - \frac{16x^4}{L} - 5L^3\right]$$

(f)

지간 중앙에서의 보의 처짐

지간 중앙 B에서의 보의 처짐은 식 (e)에서 $x = L/2$로 설정함으로써 얻어진다.

$$EIv_B = \frac{w_0L(L/2)^3}{24} - \frac{w_0(L/2)^5}{60L} - \frac{5w_0L^3}{192}(L/2)$$　　　　**답**

$$\therefore v_B = -\frac{16w_0L^4}{1,920EI} = -\frac{w_0L^4}{120EI}$$

A에서의 보의 기울기

A에서의 보의 기울기는 식 (f)에서 $x = 0$으로 설정하면 얻어진다.

$$EI\left(\frac{dv}{dx}\right)_A = \frac{w_0L(0)^2}{8} - \frac{w_0(0)^4}{12L} - \frac{5w_0L^3}{192} \quad \therefore \left(\frac{dv}{dx}\right)_A = -\frac{5W_0L^3}{192}$$　　　　**답**

예제 10.3

캔틸레버보가 그림과 같이 등분포하중 w을 받고 있다. 탄성곡선식과 캔틸레버의 자유단에서의 보의 처짐 v_B와 보의 처짐각 θ_B를 구하라. 보에서 EI는 일정하다고 가정한다.

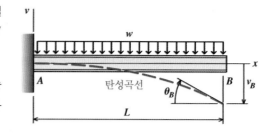

풀이 계획 이 예제에서는 간단한 좌표 변환이 어떻게 해석을 단순화할 수 있는지를 보여주기 위해 캔틸레버 끝단의 자유물체도를 고려한다.

풀이 평형

탄성곡선식을 구하기 전에 휨모멘트의 변화를 나타내는 식을 유도해야 한다. 다음의 그림과 같이 보의 왼쪽 부분에 대한 자유물체도(자유물체도)를 그리면서 이 과정을 시작한다. 그러나 이 자유물체도를 완성하기 위해서는 수직 반력 A_y와 모멘트 반력 M_A를 구해야 한다. 캔틸레버 오른쪽 부분의 자유물체도를 고려하면 고정단 A에서의 반력이 자유물체도에 나타나지 않기 때문에 캔틸레버 오른쪽 부분의 자유물체도를 고려하는 것이 더 간편하다.

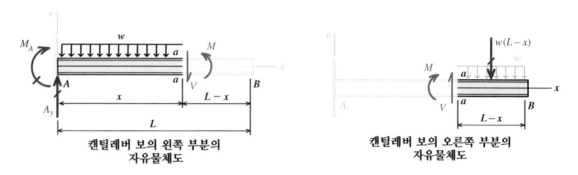

**캔틸레버 보의 왼쪽 부분의
자유물체도**

**캔틸레버 보의 오른쪽 부분의
자유물체도**

캔틸레버보의 오른쪽 부분의 자유물체도가 도시되어 있다. 이 단계에서의 일반적인 실수는 단면 $a-a$와 B 사이의 보 길이를 x로 정의하는 것이다. $x-v$ 좌표계의 원점은 지점 A에 있으며 양의 x는 오른쪽으로 향한다. 정의된 좌표계와의 일관성을 갖기 위해서는 보 세그먼트의 길이는 $L-x$로 놓아야 한다. 이 간단한 좌표 변환이 이러한 유형의 문제를 푸는 주요한 열쇠이다.

단면 $a-a$에서 보를 절단하고 단면 $a-a$와 캔틸레버의 자유단인 B 사이의 보와 하중을 고려한다. 단면 $a-a$에서 시계방향의 내부 모멘트 M이 보 세그먼트에 작용한다는 것을 유념해야 한다. 휨 요소의 왼쪽 면에 작용하는 내부 모멘트에 대하여 시계방향이 양의 방향이며, 이 방향은 그림 10.5에 주어진 부호 규약과 일치한다.

$a-a$에 대한 모멘트 합에 대한 평형방정식은 다음과 같다.

$$\sum M_{a-a} = -w(L-x)\left(\frac{L-x}{2}\right) - M = 0$$

따라서 이 보에 대한 휨모멘트방정식은 다음과 같다.

$$M = -\frac{w}{2}(L-x)^2 \tag{a}$$

이 식은 구간 $0 \leq x \leq L$에 대해 유효하다는 것을 유념해야 한다. M에 대한 식을 식 (10.1)에 대입하면 다음과 같다.

$$EI\frac{d^2v}{dx^2} = -\frac{w}{2}(L-x)^2 \qquad\text{(b)}$$

적분

식 (b)의 첫 번째 적분은 다음과 같다.

$$EI\frac{dv}{dx} = +\frac{w}{6}(L-x)^3 + C_1 \qquad\text{(c)}$$

여기서 C_1은 적분상수이다. 첫 번째 항에서 부호 변경이 있음을 유념해야 한다. 두 번째 적분은 다음과 같다.

$$EIv = -\frac{w}{24}(L-x)^4 + C_1 x + C_2 \qquad\text{(d)}$$

여기서 C_2은 두 번째 적분상수이다.

경계조건

캔틸레버보에 대한 경계조건은 다음과 같다.

$$x=0,\ v=0 \quad\text{and}\quad x=0,\ dv/dx=0$$

상수 결정

식 (c)에 $x=0$에서의 경계조건 $dv/dx=0$을 대입하여 상수 C_1을 구한다.

$$EI\frac{dv}{dx} = \frac{w}{6}(L-x)^3 + C_1 \quad\Rightarrow\quad EI(0) = \frac{w}{6}(L-0)^3 + C_1 \qquad \therefore\ C_1 = -\frac{wL^3}{6}$$

다음으로 C_1의 값과 $x=0$에서의 경계조건 $v=0$을 식 (d)에 대입하고 두 번째 적분상수 C_2를 구한다.

$$EIv = -\frac{w}{24}(L-x)^4 + C_1 x + C_2 \quad\Rightarrow\quad EI(0) = -\frac{w}{24}(L-0)^4 - \frac{wL^3}{6}(0) + C_2 \qquad \therefore\ C_2 = \frac{wL^4}{24}$$

탄성곡선식

앞에서 구한 C_1과 C_2를 식 (d)에 대입하여 탄성곡선식을 완성한다.

$$EIv = -\frac{w}{24}(L-x)^4 - \frac{wL^3}{6}x + \frac{wL^4}{24},$$
$$v = -\frac{wx^2}{24EI}(6L^2 - 4Lx + x^2) \qquad\text{(e)}$$

마찬가지로 보 기울기식은 앞에서 구한 C_1과 식 (c)로부터 완성될 수 있다.

$$EI\frac{dv}{dx} = \frac{w}{6}(L-x)^3 - \frac{wL^3}{6},$$
$$\frac{dv}{dx} = -\frac{wx}{6EI}(3L^2 - 3Lx + x^2) \qquad\text{(f)}$$

B에서의 보의 처짐

캔틸레버의 끝단에서 $x = L$이다. 이 값을 식 (e)에 대입하면 다음과 같다.

$$EIv_B = -\frac{w}{24}[L - (L)]^4 - \frac{wL^3}{6}(L) + \frac{wL^4}{24} \qquad \therefore \ v_B = -\frac{wL^4}{8EI}$$

답

B에서의 보의 처짐각

보의 처짐이 작다면, 처짐각 θ는 기울기 dv/dx와 같다. 식 (f)에 $x = L$을 대입하면 다음과 같다.

$$EI\left(\frac{dv}{dx}\right)_B = \frac{w}{6}[L - (L)]^3 - \frac{wL^3}{6} \qquad \therefore \ \left(\frac{dv}{dx}\right)_B = -\frac{wL^3}{6EI} = \theta_B$$

답

예제 10.4

단순지지보가 왼쪽과 오른쪽 지점으로부터 각각 거리 a와 b인 곳에서 집중하중 P을 받고 있다. 탄성곡선식을 구하라. 그리고 지점 A와 C에서의 보 기울기를 구하라. 보에서 EI는 일정하다고 가정한다.

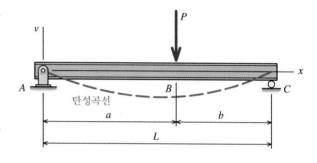

풀이 계획 이 보와 하중에 대하여 두 개의 탄성곡선식이 필요하다. 곡선 하나는 구간 $0 \le x \le a$에 적용되고, 다른 하나는 구간 $a \le x \le L$에 적용된다. 두 식의 이중적분으로 인하여 네 개의 적분상

수가 생성된다. 이 상수들 중에 두 개는 보 지점에서 알 수 있는 보 처짐($x = 0$에서 $v = 0$이고 $x = L$에서 $v = 0$인) 경계조건들로부터 구할 수 있다. 나머지 두 적분상수는 연속조건으로부터 구할 수 있다. 보는 연속이므로 두 탄성곡선이 만나는 $x = a$에서 두 식들은 동일한 보 기울기와 처짐을 가져야 한다.

풀이 지점 반력

보 전체의 평형으로부터 핀 A와 롤러 C에서의 반력은 다음과 같다.

$$A_x = 0 \qquad A_y = \frac{Pb}{L} \qquad C_y = \frac{Pa}{L}$$

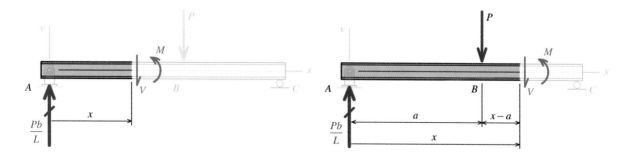

평형

이 예제에서는 휨모멘트가 보의 각 세그먼트에 대해 한 개씩 주어져 총 두 개의 식으로 표현된다. 주어진 자유물체도에 기초한 보에 대한 휨모멘트 방정식은 다음과 같다.

$$M = \frac{Pbx}{L} \qquad (0 \le x \le a) \tag{a}$$

$$M = \frac{Pbx}{L} - P(x-a) \qquad (a \le x \le L) \tag{b}$$

구간 $0 \le x \le a$에 대한 적분

식 (a)를 식 (10.1)에 대입하면 다음과 같다.

$$EI\frac{d^2v}{dx^2} = \frac{Pbx}{L} \tag{c}$$

식 (c)를 두 번 적분하면 다음과 같다.

$$EI\frac{dv}{dx} = \frac{Pbx^2}{2L} + C_1 \tag{d}$$

$$EIv = \frac{Pbx^3}{6L} + C_1 x + C_2 \tag{e}$$

구간 $a \le x \le L$에 대한 적분

식 (b)를 식 (10.1)에 대입하면 다음과 같다.

$$EI\frac{d^2v}{dx^2} = \frac{Pbx}{L} - P(x-a) \tag{f}$$

적분

식 (f)를 두 번 적분하면 다음과 같다.

$$EI\frac{dv}{dx} = \frac{Pbx^2}{2L} - \frac{P}{2}(x-a)^2 + C_3 \tag{g}$$

$$EIv = \frac{Pbx^3}{6L} - \frac{P}{6}(x-a)^3 + C_3 x + C_4 \tag{h}$$

식 (d), (e), (g), (h)는 4개의 적분상수를 포함하고 있다. 따라서 상수들을 구하기 위해서는 4개의 경계조건과 연속조건이 필요하다.

연속조건

보는 하나의 연속 부재이다. 결과적으로 두 식들은 $x = a$에서 동일한 기울기와 동일한 처짐을 가져야 한다. 기울기식 (d)와 (g)를 고려한다. $x = a$에서 이 두 식은 같은 기울기를 가져야 한다. 따라서 두 식의 변수 x에 a를 대입하고 두 식을 등식으로 놓으면 다음과 같다.

$$\frac{Pb(a)^2}{2L} + C_1 = \frac{Pb(a)^2}{2L} - \frac{P}{2}[(a)-a]^2 + C_3 \quad \therefore \ C_1 = C_3 \tag{i}$$

마찬가지로 처짐식 (e)와 (h)는 $x = a$에서 동일한 처짐 v를 가져야 한다. $x = a$를 대입하고 두 식을 등식으로 놓으면 다음과 같다.

$$\frac{Pb(a)^3}{6L} + C_1(a) + C_2 = \frac{Pb(a)^3}{6L} - \frac{P}{6}[(a) - a]^3 + C_3(a) + C_4 \quad \therefore \ C_2 = C_4 \tag{j}$$

경계조건

$x = 0$에서 보는 핀 지지되어 있다. 결과적으로 $x = 0$에서 $v = 0$이다. 이 경계조건을 식 (e)에 대입하면 다음과 같다.

$$EIv = \frac{Pbx^3}{6L} + C_1x + C_2 \quad \Rightarrow \quad EI(0) = \frac{Pb(0)^3}{6L} + C_1(0) + C_2 \quad \therefore \ C_2 = 0$$

식 (j)로부터 $C_2 = C_4$이므로

$$C_2 = C_4 = 0 \tag{k}$$

$x = L$에서 보는 롤러 지지되어 있다. 결과적으로 $x = L$에서 $v = 0$이다. 이 경계조건을 식 (h)에 대입하면 다음과 같다.

$$EIv = \frac{Pbx^3}{6L} - \frac{P}{6}(x - a)^3 + C_3x + C_4 \quad \Rightarrow \quad EI(0) = \frac{Pb(L)^3}{6L} - \frac{P}{6}(L - a)^3 + C_3(L) + C_4$$

$(L - a) = b$이므로 이 식을 단순화하여 다음 식을 얻을 수 있다.

$$EI(0) = \frac{PbL^2}{6} - \frac{Pb^3}{6} + C_3L \quad \therefore \ C_3 = -\frac{PbL^2}{6L} + \frac{Pb^3}{6L} = -\frac{Pb(L^2 - b^2)}{6L}$$

$C_1 = C_3$이므로

$$C_1 = C_3 = -\frac{Pb(L^2 - b^2)}{6L} \tag{l}$$

탄성곡선식

앞에서 구한 적분상수[식 (k)와 (l)]를 식 (e)와 (h)에 대입하여 탄성곡선식을 완성한다.

$$EIv = \frac{Pbx^3}{6L} - \frac{Pb(L^2 - b^2)}{6L}x \ \text{로부터}$$

$$v = -\frac{Pbx}{6LEI}[L^2 - b^2 - x^2] \quad (0 \le x \le a) \tag{m}$$

그리고

$$EIv = \frac{Pbx^3}{6L} - \frac{P}{6}(x - a)^3 - \frac{Pb(L^2 - b^2)}{6L}x \ \text{로부터}$$

$$v = -\frac{Pbx}{6LEI}[L^2 - b^2 - x^2] - \frac{P(x - a)^3}{6EI} \quad (a \le x \le L) \tag{n}$$

보의 두 부분에 대한 기울기는 C_1과 C_3에 대한 값을 식 (d)와 (g)에 각각 대입하여 구할 수 있다.

$$EI\frac{dv}{dx} = -\frac{Pbx^2}{2L} - \frac{Pb(L^2-b^2)}{6L}$$

$$\therefore \frac{dv}{dx} = -\frac{Pb}{6LEI}(L^2-b^2-3x^2) \quad (0 \le x \le a)$$

(o)

그리고

$$EI\frac{dv}{dx} = \frac{Pbx^2}{2L} - \frac{P}{2}(x-a)^2 - \frac{Pb(L^2-b^2)}{6L}$$

$$\therefore \frac{dv}{dx} = -\frac{Pb}{6LEI}(L^2-b^2-3x^2) - \frac{P(x-a)^2}{2EI} \quad (a \le x \le L)$$

(p)

처짐 v와 기울기 dv/dx는 식 (m), (n), (o), (p)로부터 보 지간을 따라 임의의 위치 x에 대해 구할 수 있다.

지점에서의 보 기울기

각 지점에서의 보의 기울기는 식 (o)와 (p)로부터 구할 수 있다. 핀 지점 A에서의 보 기울기는 $x=0$과 a $=L-b$를 사용하여 식 (o)로부터 구할 수 있다.

$$\left(\frac{dv}{dx}\right)_A = -\frac{Pb}{6LEI}(L^2-b^2) = -\frac{Pb}{6LEI}(L-b)(L+b) = \frac{Pab(L+a)}{6LEI}$$ 답

롤러 지점 C에서의 보 기울기는 $x=L$을 사용하여 식 (p)로부터 구할 수 있다.

$$\left(\frac{dv}{dx}\right)_C = -\frac{Pb}{6LEI}(L^2-b^2-3L^2) - \frac{P(L-a)^2}{2EI}$$

$$= \frac{Pb(2L^2-3bL+b^2)}{6LEI} = \frac{Pab(L+a)}{6LEI}$$ 답

MecMovies 연습문제

M10.1 보 경계조건 게임. 이중적분법에서의 적분상수를 결정하는 데 필요한 적절한 경계조건을 구하라.

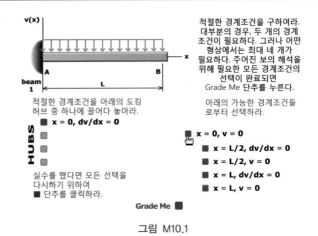

적절한 경계조건을 구하여라. 대부분의 경우, 두 개의 경계조건이 필요하다. 그러나 어떤 형상에서는 최대 네 개가 필요하다. 주어진 보의 해석을 위해 필요한 모든 경계조건의 선택이 완료되면 Grade Me 단추를 누른다.

적절한 경계조건을 아래의 도킹 허브 중 하나에 끌어다 놓아라.

x = 0, dv/dx = 0

실수를 했다면 모든 선택을 다시하기 위하여 단추를 클릭하라.

아래의 가능한 경계조건들로부터 선택하라.

x = 0, v = 0
x = L/2, dv/dx = 0
x = L/2, v = 0
x = L, dv/dx = 0
x = L, v = 0

Grade Me

그림 M10.1

PROBLEMS

P10.1–P10.3 그림 P10.1 – P10.3에 주어진 하중에 대해 이중 적분법을 사용하여 다음을 구하라. 각 보에서 EI는 일정하다고 가정한다.

(a) 캔틸레버보에 대한 탄성곡선식

(b) 자유단에서의 처짐

(c) 자유단에서의 기울기

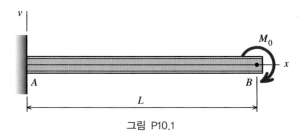

그림 P10.1

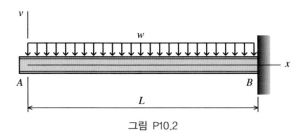

그림 P10.2

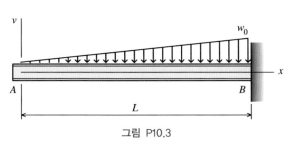

그림 P10.3

P10.4 그림 P10.4에 주어진 보와 하중에 대해 이중적분법을 사용하여 다음을 구하라. 보에서 EI는 일정하다고 가정한다.

(a) 보의 세그먼트 AB에 대한 탄성곡선식

(b) B에서의 처짐

(c) A에서의 기울기

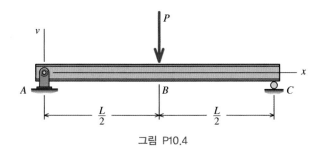

그림 P10.4

P10.5 그림 P10.5에 주어진 보와 하중에 대해 이중적분법을 사용하여 다음을 구하라. 보에서 EI는 일정하다고 가정한다.

(a) 보에 대한 탄성곡선식

(b) A에서의 기울기

(c) B에서의 기울기

(d) 지간 중앙에서의 처짐

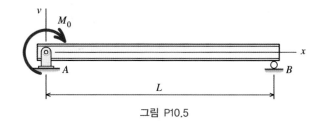

그림 P10.5

P10.6 그림 P10.6에 주어진 보와 하중에 대해 이중적분법을 사용하여 다음을 구하라. 보에서 EI는 일정하다고 가정한다.

(a) 보에 대한 탄성곡선식

(b) 최대 처짐

(c) A에서의 기울기

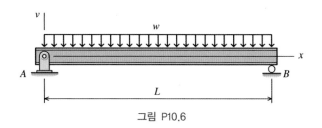

그림 P10.6

P10.7 그림 P10.7에 주어진 보와 하중에 대해 이중적분법을 사용하여 다음을 구하라. 보에서 EI는 일정하다고 가정한다.

(a) 보의 세그먼트 AB에 대한 탄성곡선식

(b) 두 지점 중앙에서의 처짐

(c) A에서의 기울기

(d) B에서의 기울기

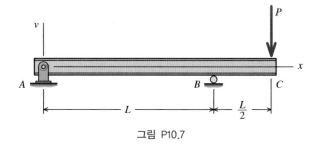

그림 P10.7

P10.8 그림 P10.8에 주어진 보와 하중에 대해 이중적분법을 사용하여 다음을 구하라. 보에서 EI는 일정하다고 가정한다.

(a) 보의 세그먼트 BC에 대한 탄성곡선식

(b) B와 C 중앙에서의 처짐

(c) C에서의 기울기

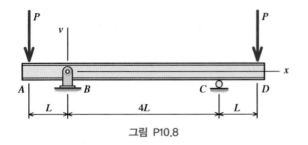

그림 P10.8

P10.9 그림 P10.9에 주어진 보와 하중에 대해 이중적분법을 사용하여 다음을 구하라. 보에서 EI는 일정하다고 가정한다.

(a) 보의 세그먼트 AB에 대한 탄성곡선식

(b) A와 B 중앙에서의 처짐

(c) B에서의 기울기

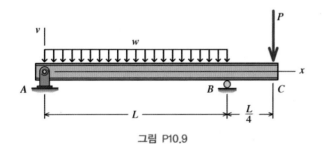

그림 P10.9

P10.10 그림 P10.10에 주어진 보와 하중에 대해 이중적분법을 사용하여 다음을 구하라. 보에서 EI는 일정하다고 가정한다.

(a) 보의 세그먼트 AC에 대한 탄성곡선식

(b) B에서의 처짐

(c) A에서의 기울기

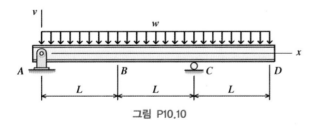

그림 P10.10

P10.11 그림 P10.11에 주어진 단순지지된 강재 보[$E=200$ GPa; $I=129\times10^6$ mm⁴]에 대하여 이중적분법을 사용하여 B에서의 처짐을 구하라. $L=4$ m, $P=60$ kN, $w=40$ kN/m이라고 가정한다.

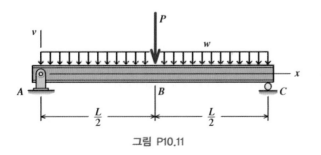

그림 P10.11

P10.12 그림 P10.12에 주어진 캔틸레버 강재 보[$E=200$ GPa; $I=129\times10^6$ mm⁴]에 대하여 이중적분법을 사용하여 A에서의 처짐을 구하라. $L=2.5$ m, $P=50$ kN, $w=30$ kN/m이라고 가정한다.

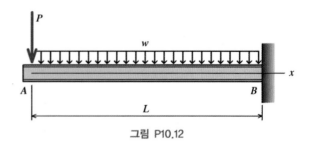

그림 P10.12

P10.13 그림 P10.13에 주어진 캔틸레버 강재 보[$E=200$ GPa; $I=129\times10^6$ mm⁴]에 대하여 이중적분법을 사용하여 B에서의 처짐을 구하라. $L=3$ m, $M_0=70$ kN·m, $w=15$ kN/m이라고 가정한다.

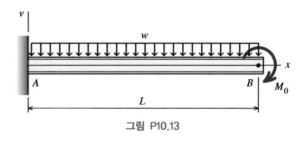

그림 P10.13

P10.14 그림 P10.14에 주어진 캔틸레버 강재 보[$E=200$ GPa; $I=129\times10^6$ mm⁴]에 대하여 이중적분법을 사용하여 A에서의 처짐을 구하라. $L=2.5$ m, $P=50$ kN, $w=90$ kN/m이라고 가정한다.

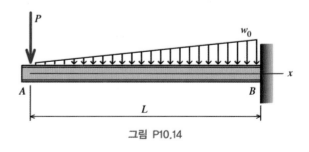

그림 P10.14

P10.15 그림 P10.15에 주어진 보와 하중에 대해 이중적분법을 사용하여 다음을 구하라. 보에서 EI는 일정하다고 가정한다.

(a) 캔틸레버보에 대한 탄성곡선식

(b) 자유단에서의 처짐

(c) 자유단에서의 기울기

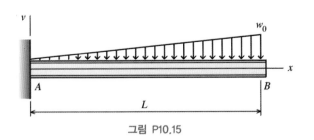

그림 P10.15

P10.16 그림 P10.16에 주어진 보와 하중에 대해 이중적분법을 사용하여 다음을 구하라. 보에서 EI는 일정하다고 가정한다.

(a) 캔틸레버보에 대한 탄성곡선식
(b) 자유단에서의 처짐
(c) 자유단에서의 기울기

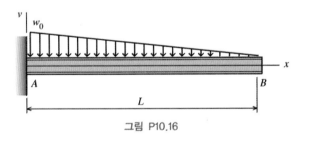

그림 P10.16

P10.17 그림 P10.17에 주어진 보와 하중에 대해 이중적분법을 사용하여 다음을 구하라. 보에서 EI는 일정하다고 가정한다.

(a) 캔틸레버보에 대한 탄성곡선식
(b) B에서의 처짐
(c) 자유단에서의 처짐
(d) 자유단에서의 기울기

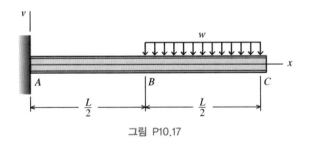

그림 P10.17

P10.18 그림 P10.18에 주어진 보와 하중에 대해 이중적분법을 사용하여 다음을 구하라. 보에서 EI는 일정하다고 가정한다.

(a) 보에 대한 탄성곡선식
(b) B에서의 처짐

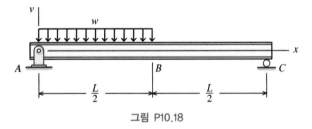

그림 P10.18

P10.19 그림 P10.19에 주어진 보와 하중에 대해 이중적분법을 사용하여 다음을 구하라. 보에서 EI는 일정하다고 가정한다.

(a) 보 전체에 대한 탄성곡선식
(b) C에서의 처짐
(c) B에서의 기울기

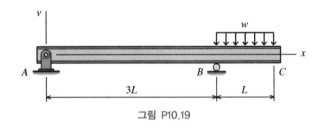

그림 P10.19

P10.20 그림 P10.20에 주어진 보와 하중에 대해 이중적분법을 사용하여 다음을 구하라. 보에서 EI는 일정하다고 가정한다.

(a) 보에 대한 탄성곡선식
(b) 최대 처짐이 발생하는 위치
(c) 보의 최대 처짐

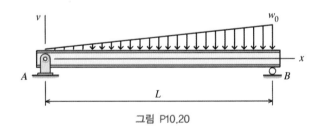

그림 P10.20

10.5 전단력과 하중의 적분에 의한 처짐 해석

10.3절에서 탄성곡선식은 미분방정식을 적분하고 적절한 경계조건을 적용하여 두 개의 적분상수를 결정함으로써 얻어졌다.

$$EI\frac{d^2v}{dx^2} = M \qquad (10.1)$$

유사한 방법으로 탄성곡선식은 전단력 또는 하중 식으로부터 얻어질 수 있다. 처짐 v와 전단력 V, 처짐 v와 하중 w에 대한 관계를 나타내는 미분방정식은 다음과 같다.

$$EI\frac{d^3v}{dx^3} = V \qquad (10.2)$$

$$EI\frac{d^4v}{dx^4} = w \qquad (10.3)$$

여기서 V와 w는 모두 x의 함수이다. 식 (10.1)을 사용하면 탄성곡선식을 구할 때 두 번의 적분이 필요하지만, 식 (10.2) 또는 (10.3)을 사용하여 탄성곡선식을 구할 때에는 세 번 또는 네 번의 적분이 필요하다. 이러한 추가적인 적분은 추가적인 적분상수를 발생시킨다. 하지만 경계조건에는 기울기와 처짐에 대한 조건들 이외에도 전단력과 휨모멘트에 대한 조건들이 포함된다. 어느 미분방정식을 선택할 것인지의 문제는 일반적으로 수학적 편리성이나 개인적인 취향에 달려 있다. 하중에 대한 식이 모멘트에 대한 식보다 작성하기 쉬운 경우에는 식 (10.3)이 식 (10.1)보다 선호된다. 다음 예제는 식 (10.3)을 사용하여 보 처짐 계산을 하는 방법을 보여준다.

예제 10.5

보가 그림과 같이 하중을 받으며 지지되어 있다. 보에서 EI는 일정하다고 가정한다. 다음을 구하라.

(a) w_0, L, x, E, I의 항으로 표현된 탄성곡선식

(b) 보의 오른쪽 끝단의 처짐

(c) 보의 왼쪽 끝단에서의 지점 반력 A_y와 M_A

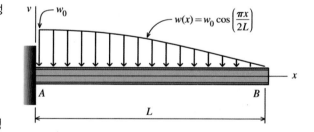

풀이 계획 분포하중에 대한 식이 주어져 있고 모멘트 방정식을 유도하는 것은 쉽지 않으므로 식 (10.3)을 사용하여 처짐을 구한다.

풀이 분포하중은 위로 향하는 방향이 양의 방향이므로 식 (10.3)은 다음과 같이 된다.

$$EI\frac{d^4v}{dx^4} = w(x) = -w_0 \cos\left(\frac{\pi x}{2L}\right) \qquad (a)$$

적분

탄성곡선식을 얻기 위해 식 (a)를 4번 적분한다.

$$EI\frac{d^3v}{dx^3} = V(x) = -\left(\frac{2w_0L}{\pi}\right)\sin\left(\frac{\pi x}{2L}\right) + C_1 \qquad (b)$$

$$EI\frac{d^2v}{dx^2} = M(x) = \left(\frac{4w_0 L^2}{\pi^2}\right)\cos\left(\frac{\pi x}{2L}\right) + C_1 x + C_2 \qquad\text{(c)}$$

$$EI\frac{dv}{dx} = EI\theta = \left(\frac{8w_0 L^3}{\pi^3}\right)\sin\left(\frac{\pi x}{2L}\right) + C_1\frac{x^2}{2} + C_2 x + C_3 \qquad\text{(d)}$$

$$EIv = -\left(\frac{16w_0 L^4}{\pi^4}\right)\cos\left(\frac{\pi x}{2L}\right) + C_1\frac{x^3}{6} + C_2\frac{x^2}{2} + C_3 x + C_4 \qquad\text{(e)}$$

경계조건과 상수

경계조건을 적용하여 4개의 적분상수를 구한다.

$$x = 0\text{에서, } v = 0; \qquad \text{따라서 } C_4 = \frac{16w_0 L^4}{\pi^4}$$

$$x = 0\text{에서, } \frac{dv}{dx} = 0; \qquad \text{따라서 } C_3 = 0$$

$$x = L\text{에서, } V = 0; \qquad \text{따라서 } C_1 = \frac{2w_0 L}{\pi}$$

$$x = L\text{에서, } M = 0; \qquad \text{따라서 } C_2 = \frac{2w_0 L^2}{\pi}$$

탄성곡선식

적분상수에 대한 식을 식 (e)에 대입하여 탄성곡선식을 완성한다.

$$v = -\frac{w_0}{3\pi^4 EI}\left[48L^4\cos\left(\frac{\pi x}{2L}\right) - \pi^3 Lx^3 + 3\pi^3 L^2 x^2 - 48L^4\right] \qquad \text{답}$$

보의 오른쪽 끝단에서의 보 처짐

B에서의 보의 처짐은 탄성곡선식에 $x = L$를 대입하여 구한다.

$$v_B = -\frac{w_0}{3\pi^4 EI}\left[-\pi^3 L^4 + 3\pi^3 L^4 - 48L^4\right] = -\frac{(2\pi^3 - 48)w_0 L^4}{3\pi^4 EI} = -0.04795\frac{w_0 L^4}{EI} \qquad \text{답}$$

A에서 지점 반력

지점으로부터 임의의 거리 x에서의 전단력 V와 휨모멘트 M은 식 (b)와 식 (c)로부터 다음과 같이 구해진다.

$$V(x) = \frac{2w_0 L}{\pi}\left[1 - \sin\left(\frac{\pi x}{2L}\right)\right]$$

$$M(x) = \frac{2w_0 L}{\pi^2}\left[2L\cos\left(\frac{\pi x}{2L}\right) + \pi x - \pi L\right]$$

따라서 보의 왼쪽 끝단($x = 0$)에서의 지점 반력은 다음과 같다.

$$A_y = V_A = \frac{2w_0 L}{\pi} \qquad \text{답}$$

$$M_A = -\frac{2(\pi-2)w_0 L^2}{\pi^2}$$

PROBLEMS

P10.21 그림 P10.21에 주어진 보와 하중에 대해 하중 분포를 적분하여 다음을 구하라. 보에서 EI는 일정하다고 가정한다.
(a) 보에 대한 탄성곡선식
(b) 보에서의 최대 처짐

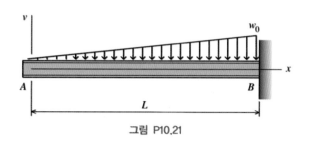

그림 P10.21

P10.22 그림 P10.22에 주어진 보와 하중에 대해 하중 분포를 적분하여 다음을 구하라. 보에서 EI는 일정하다고 가정한다.
(a) 보에 대한 탄성곡선식
(b) 두 지점 중앙에서의 처짐

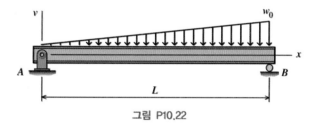

그림 P10.22

P10.23 그림 P10.23에 주어진 보와 하중에 대해 하중 분포를 적분하여 다음을 구하라. 보에서 EI는 일정하다고 가정한다.
(a) 탄성곡선식
(b) 보의 왼쪽 끝단에서의 처짐
(c) 지점 반력 B_y와 M_B

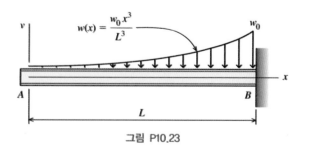

그림 P10.23

P10.24 그림 P10.24에 주어진 보와 하중에 대해 하중 분포를 적분하여 다음을 구하라. 보에서 EI는 일정하다고 가정한다.
(a) 탄성곡선식
(b) 두 지점 중앙에서의 처짐
(c) 지점 반력 A_y와 B_y

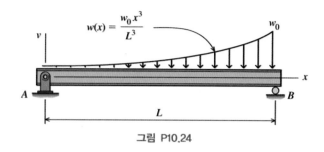

그림 P10.24

P10.25 그림 P10.25에 주어진 보와 하중에 대해 하중 분포를 적분하여 다음을 구하라. 보에서 EI는 일정하다고 가정한다.
(a) 탄성곡선식
(b) 보의 왼쪽 끝단에서의 처짐
(c) 지점 반력 B_y와 M_B

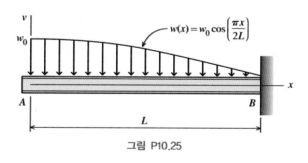

그림 P10.25

P10.26 그림 P10.26에 주어진 보와 하중에 대해 하중 분포를 적분하여 다음을 구하라. 보에서 EI는 일정하다고 가정한다.
(a) 탄성곡선식
(b) 두 지점 중앙에서의 처짐
(c) 보의 왼쪽 끝단에서의 기울기
(d) 지점 반력 A_y와 B_y

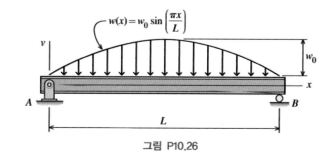

그림 P10.26

P10.27 그림 P10.27에 주어진 보와 하중에 대해 하중 분포를 적분하여 다음을 구하라. 보에서 EI는 일정하다고 가정한다.

(a) 탄성곡선식
(b) 두 지점 중앙에서의 처짐
(c) 보의 왼쪽 끝단에서의 기울기
(d) 지점 반력 A_y와 B_y

P10.28 그림 P10.28에 주어진 보와 하중에 대해 하중 분포를 적분하여 다음을 구하라. 보에서 EI는 일정하다고 가정한다.

(a) 탄성곡선식
(b) 보의 왼쪽 끝단에서의 기울기
(c) 지점 반력 B_y와 M_B

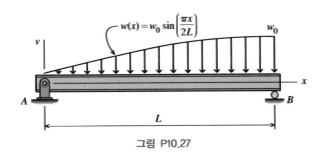

그림 P10.27

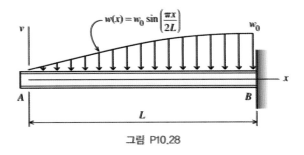

그림 P10.28

10.6 불연속함수를 사용한 처짐 해석

보의 전체 길이에 걸쳐 작용하는 보 하중을 하나의 연속함수로 표현할 수 있다면 탄성 곡선식을 유도하기 위해 적분을 사용하는 것이 상대적으로 간단하다. 그러나 10.4절과 10.5절에서 논의된 방법은 보가 여러 개의 집중하중이나 부분적으로 분포하중들을 받고 있다면 매우 복잡하고 지루할 수 있다. 예를 들면 예제 10.4의 보는 하나의 집중하중을 받고 있다. 이러한 비교적 단순한 보와 하중에 대하여 탄성곡선을 구하기 위해 두 개의 보 세그먼트에 대해 모멘트 방정식을 유도하였다. 이 두 모멘트 방정식의 이중적분으로 네 개의 적분상수가 생성되었고, 이를 계산하기 위해 경계조건과 연속조건을 사용하였다. 여러 개의 집중하중이나 부분적으로 분포하중들을 받는 보와 같이 더 복잡한 경우에는, 필요한 모든 식들을 유도하고 모든 적분상수들을 구하는 데 상당히 긴 시간이 걸릴 수 있다. 불연 속함수를 사용하면 이 과정은 매우 단순해진다. 이 절에서는 불연속함수를 사용하여 여러 개의 하중을 받는 보에 대한 탄성곡선을 구할 것이다. 이 함수들은 일정한 휨강도 EI를 가지는 정정보나 부정정 보에 대한 처짐을 계산하는 데 있어서 다양하고 효율적인 방법을 제공한다. 부정정 보에 대하여 불연속함수를 사용하는 방법은 11.4절에서 논의될 것이다.

7.4절에서 논의된 바와 같이 불연속함수는 보에 작용하는 하중들이 연속이 아니라도 보에 작용하는 모든 하중을 보의 전체 길이에 대해 연속인 하나의 하중함수 $w(x)$로 나타낼 수 있도록 해준다. $w(x)$는 연속함수이므로 연속조건이 필요 없어서 계산 과정이 단순해진다. 보의 반력과 모멘트가 $w(x)$에 포함되어 있다면, $V(x)$와 $M(x)$에서의 적분상수는 경계조건을 참고할 필요 없이 자동으로 결정된다. 그러나 탄성곡선 $v(x)$를 구하기 위한 $M(x)$의 이중적분에서 추가적인 적분상수가 생성된다. 각 적분은 하나의 적분상수를 생성하며, 이 두 개의 적분상수는 보의 경계조건들을 사용하여 구해야 한다. 식 (10.1)의 모멘트-곡률 관계식으로부터 시작하여, $M(x)$를 적분하여 $EIv'(x)$가 구해지고 $C_1 = EIv'(0)$의 값을 갖는 적분상수가 생성된다. 두 번째 적분으로 $EIv(x)$가 구해지고 적분상수는 $C_2 = EIv(0)$

의 값을 갖는다. $x=0$에서 기울기나 처짐 또는 기울기와 처짐 모두를 알 수 있는 보의 경우에는 C_1 또는 C_2를 쉽게 결정할 수 있다. 핀 지지, 롤러 지지 또는 고정지지와 같은 경계조건이 $x=0$이 아닌 곳에 위치하는 경우가 더 많다. 이러한 보의 미지의 적분상수 C_1과 C_2를 포함하는 식을 풀기 위하여 두 개의 경계조건을 사용해야 한다. C_1과 C_2를 구하기 위해 이 식들을 연립하여 풀어야 한다.

불연속함수를 사용한 보의 기울기와 처짐을 계산하는 방법이 다음 예제들에 설명되어 있다.

예제 10.6

주어진 보에 대해 불연속함수를 사용하여 다음 위치에서의 보의 처짐을 구하라. 보에서 $EI=17\times10^3$ kN·m²의 값은 일정하다고 가정한다.

(a) A

(b) C

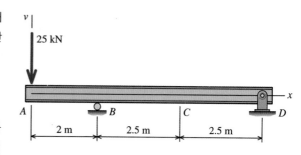

풀이 계획 단순 지점 B와 D에서의 반력을 구한다. 표 7.2를 이용하여 25 kN의 집중하중과 두 지점 반력에 대한 $w(x)$식을 작성한다. $w(x)$를 네 번 적분하여 보 기울기와 처짐에 대한 식을 구한다. 알고 있는 지점에서의 경계조건을 사용하여 적분상수를 결정한다.

풀이 지점 반력

보의 자유물체도가 왼쪽에 주어져 있다. 이 자유물체도를 바탕으로 보 반력을 다음과 같이 계산할 수 있다.

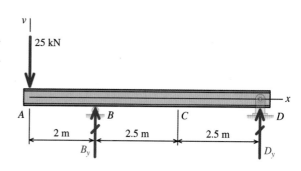

$$\sum M_B = (25 \text{ kN})(2 \text{ m}) + D_y(5 \text{ m}) = 0$$
$$\therefore D_y = -10 \text{ kN}$$
$$\sum F_y = B_y + D_y - 25 \text{ kN} = 0$$
$$\therefore B_y = 35 \text{ kN}$$

불연속함수

25 kN 집중하중: 표 7.2의 case 2를 사용하여 25 kN 집중하중에 대한 식을 작성한다.

$$w(x) = -25 \text{ kN}\langle x - 0 \text{ m}\rangle^{-1}$$

반력 B_y와 D_y: B와 D에서의 상향의 반력은 표 7.2의 case 2를 사용하여 표현한다.

$$w(x) = 35 \text{ kN}\langle x - 2 \text{ m}\rangle^{-1} - 10 \text{ kN}\langle x - 7 \text{ m}\rangle^{-1}$$

문제에서 보의 길이가 7 m이므로 반력 D_y에 대한 항은 항상 0의 값을 가진다는 것에 유념해야 한다. 따라서 여기서는 이 항이 생략된다.

보 하중함수의 적분: 보에 대한 하중함수 $w(x)$를 적분하여 전단력함수 $V(x)$를 구한다.

$$w(x) = -25 \text{ kN}\langle x - 0 \text{ m}\rangle^{-1} + 35 \text{ kN}\langle x - 2 \text{ m}\rangle^{-1}$$

$$V(x) = \int w(x)dx = -25 \text{ kN}\langle x - 0 \text{ m}\rangle^0 + 35 \text{ kN}\langle x - 2 \text{ m}\rangle^0$$

다시 적분하여 휨모멘트함수 $M(x)$를 구한다.

$$M(x) = \int V(x)dx = -25 \text{ kN}\langle x - 0 \text{ m}\rangle^1 + 35 \text{ kN}\langle x - 2 \text{ m}\rangle^1$$

$w(x)$는 하중과 반력 모두의 항으로 표현되므로 여기까지의 계산에는 적분상수가 필요하지 않다. 그러나 다음 두 번의 적분(보 기울기와 처짐에 대한 함수의 생성)에서는 적분상수가 필요하며, 이 적분상수들은 보 경계조건들로 구해져야 한다.

식 (10.1)로부터 다음 식을 작성할 수 있다.

$$EI\frac{d^2v}{dx^2} = M(x) = -25 \text{ kN}\langle x - 0 \text{ m}\rangle^1 + 35 \text{ kN}\langle x - 2 \text{ m}\rangle^1$$

모멘트함수를 적분하여 보 기울기에 대한 식을 얻는다.

$$EI\frac{dv}{dx} = -\frac{25 \text{ kN}}{2}\langle x - 0 \text{ m}\rangle^2 + \frac{35 \text{ kN}}{2}\langle x - 2 \text{ m}\rangle^2 + C_1 \tag{a}$$

보 처짐 함수를 구하기 위해 다시 적분한다.

$$EIv = -\frac{25 \text{ kN}}{6}\langle x - 0 \text{ m}\rangle^3 + \frac{35 \text{ kN}}{6}\langle x - 2 \text{ m}\rangle^3 + C_1 x + C_2 \tag{b}$$

경계조건을 사용하여 상수 결정: 경계조건은 보 지간을 따라 특정한 위치에서 알고 있는 처짐 v 또는 기울기 dv/dx의 값이다. 이 보의 경우 롤러 지지($x = 2$ m)와 핀 지지($x = 7$ m)에서 처짐 v를 알고 있다. 식 (b)에 $x = 2$ m에서의 경계조건 $v = 0$을 대입한다.

$$-\frac{25 \text{ kN}}{6}(2 \text{ m})^3 + \frac{35 \text{ kN}}{6}(0 \text{ m})^3 + C_1(2 \text{ m}) + C_2 = 0 \tag{c}$$

다음으로 $x = 7$ m에서의 경계조건 $v = 0$을 식 (b)에 대입한다.

$$-\frac{25 \text{ kN}}{6}(7 \text{ m})^3 + \frac{35 \text{ kN}}{6}(5 \text{ m})^3 + C_1(7 \text{ m}) + C_2 = 0 \tag{d}$$

두 적분상수 C_1과 C_2에 대해 식 (c)와 (d)를 연립하여 푼다.

$$C_1 = 133.3333 \text{ kN}\cdot\text{m}^2 \quad \text{and} \quad C_2 = -233.3333 \text{ kN}\cdot\text{m}^3$$

보 기울기와 탄성곡선식이 완성된다.

$$EI\frac{dv}{dx} = -\frac{25 \text{ kN}}{2}\langle x - 0 \text{ m}\rangle^2 + \frac{35 \text{ kN}}{2}\langle x - 2 \text{ m}\rangle^2 + 133.3333 \text{ kN}\cdot\text{m}^2$$

$$EIv = -\frac{25 \text{ kN}}{6}\langle x - 0 \text{ m}\rangle^3 + \frac{35 \text{ kN}}{6}\langle x - 2 \text{ m}\rangle^3 + (133.3333 \text{ kN}\cdot\text{m}^2)x - 233.3333 \text{ kN}\cdot\text{m}^3$$

(a) A에서의 보 처짐

$x=0$ m인 돌출부 끝에서의 보의 처짐은 다음과 같다.

$$EIv_A = -\frac{25 \text{ kN}}{6}\langle x - 0 \text{ m}\rangle^3 + \frac{35 \text{ kN}}{2}\langle x - 2 \text{ m}\rangle^3 + (133.3333 \text{ kN·m}^2)x - 233.3333 \text{ kN·m}^3$$

$$= -233.3333 \text{ kN·m}^3$$

$$\therefore v_A = -\frac{233.3333 \text{ kN·m}^3}{17 \times 10^3 \text{ kN·m}^2} = -0.013725 \text{ m} = 13.73 \text{ mm} \downarrow \qquad \text{답}$$

(b) C에서의 보 처짐

$x=4.5$ m인 C에서의 보의 처짐은 다음과 같다.

$$EIv_C = -\frac{25 \text{ kN}}{6}(4.5 \text{ m})^3 + \frac{35 \text{ kN}}{6}(2.5 \text{ m})^3 + (133.3333 \text{ kN·m}^2)(4.5 \text{ m}) - 233.3333 \text{ kN·m}^3$$

$$= 78.1249 \text{ kN·m}^3$$

$$\therefore v_C = \frac{78.1249 \text{ kN·m}^3}{17 \times 10^3 \text{ kN·m}^2} = 0.004596 \text{ m} = 4.60 \text{ mm} \uparrow \qquad \text{답}$$

예제 10.7

주어진 보에 대해 불연속함수를 사용하여 다음 위치에서의 값을 구하라. 보에서 $EI = 125 \times 10^3$ kN·m^{2}의 값은 일정하다고 가정한다.

(a) A에서의 보의 기울기

(b) B에서의 보의 처짐

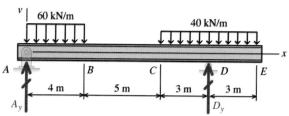

풀이 계획 단순 지점 A와 D에서 반력을 구한다. 표 7.2를 이용하여 두 개의 등분포하중과 두 지점 반력에 대한 $w(x)$식을 작성한다. $w(x)$를 네 번 적분하여 보 기울기와 처짐에 대한 식을 구한다. 알고 있는 지점에서의 경계조건을 사용하여 적분 상수를 결정한다.

풀이 지점 반력

보의 자유물체도가 왼쪽에 주어져 있다. 이 자유물체도로부터 보의 반력을 다음과 같이 계산할 수 있다.

$$\sum M_A = -(60 \text{ kN/m})(4 \text{ m})(2 \text{ m}) - (40 \text{ kN/m})(6 \text{ m})(12 \text{ m}) + D_y(12 \text{ m}) = 0$$

$$\therefore D_y = 280 \text{ kN}$$

$$F_y = A_y + D_y - (60 \text{ kN/m})(4 \text{ m}) - (40 \text{ kN/m})(6 \text{ m}) = 0$$

$$\therefore A_y = 200 \text{ kN}$$

불연속함수

A와 B 사이의 등분포하중: 표 7.2의 case 5를 사용하여 60 kN/m의 등분포하중에 대한 다음 식을 작성한다.

$$w(x) = -60 \text{ kN/m}\langle x - 0 \text{ m}\rangle^0 + 60 \text{ kN/m}\langle x - 4 \text{ m}\rangle^0$$

식에서 두 번째 항은 $x > 4$ m에 대하여 첫 번째 항을 제거하기 위하여 필요하다는 점을 유념한다.

C와 E 사이의 등분포하중: 다시 표 7.2의 case 5를 사용하여 40 kN/m의 등분포하중에 대한 다음 식을 작성한다.

$$w(x) = -40 \text{ kN/m}\langle x - 9 \text{ m}\rangle^0 + 40 \text{ kN/m}\langle x - 15 \text{ m}\rangle^0$$

보의 길이가 15 m이므로 이 식에서 두 번째 항은 아무런 영향을 미치지 않는다. 그러므로 이 항은 더 이상 고려하지 않고 생략된다.

반력 A_y와 D_y: A와 D에서의 상향의 반력은 표 7.2의 case 2를 사용하여 표현한다.

$$w(x) = 200 \text{ kN}\langle x - 0 \text{ m}\rangle^{-1} + 280 \text{ kN}\langle x - 12 \text{ m}\rangle^{-1}$$

보 하중함수의 적분: 보에 대한 하중함수 $w(x)$는 다음과 같다.

$$w(x) = 200 \text{ kN}\langle x - 0 \text{ m}\rangle^{-1} - 60 \text{ kN/m}\langle x - 0 \text{ m}\rangle^0 + 60 \text{ kN/m}\langle x - 4 \text{ m}\rangle^0$$
$$- 40 \text{ kN/m}\langle x - 9 \text{ m}\rangle^0 + 280 \text{ kN}\langle x - 12 \text{ m}\rangle^{-1}$$

$w(x)$를 적분하여 전단력함수 $V(x)$를 구한다.

$$V(x) = \int w(x)dx = 200 \text{ kN}\langle x - 0 \text{ m}\rangle^0 - 60 \text{ kN/m}\langle x - 0 \text{ m}\rangle^1 + 60 \text{ kN/m}\langle x - 4 \text{ m}\rangle^1$$
$$- 40 \text{ kN/m}\langle x - 9 \text{ m}\rangle^1 + 280 \text{ kN}\langle x - 12 \text{ m}\rangle^0$$

다시 적분하여 휨모멘트함수 $M(x)$를 구한다.

$$M(x) = \int V(x)dx = 200 \text{ kN}\langle x - 0 \text{ m}\rangle^1 - \frac{60 \text{ kN/m}}{2}\langle x - 0 \text{ m}\rangle^2 + \frac{60 \text{ kN/m}}{2}\langle x - 4 \text{ m}\rangle^2$$
$$- \frac{40 \text{ kN/m}}{2}\langle x - 9 \text{ m}\rangle^2 + 280 \text{ kN}\langle x - 12 \text{ m}\rangle^1$$

$w(x)$에 대한 식에 반력들이 포함되어 있어 여기까지의 계산에서 적분상수는 자동으로 구해진다. 그러나 다음 두 번의 적분(보 기울기와 처짐에 대한 함수의 생성)에서는 적분상수가 필요하며, 이 적분상수들은 보 경계조건들로 구해져야 한다.

식 (10.1)로부터 다음 식을 작성할 수 있다.

$$EI\frac{d^2v}{dx^2} = M(x) = 200 \text{ kN}\langle x - 0 \text{ m}\rangle^1 - \frac{60 \text{ kN/m}}{2}\langle x - 0 \text{ m}\rangle^2 + \frac{60 \text{ kN/m}}{2}\langle x - 4 \text{ m}\rangle^2$$
$$- \frac{40 \text{ kN/m}}{2}\langle x - 9 \text{ m}\rangle^2 + 280 \text{ kN}\langle x - 12 \text{ m}\rangle^1$$

함수를 적분하여 보 기울기에 대한 식을 얻는다.

$$EI\frac{dv}{dx} = \frac{200 \text{ kN}}{2}\langle x - 0 \text{ m}\rangle^2 - \frac{60 \text{ kN/m}}{6}\langle x - 0 \text{ m}\rangle^3 + \frac{60 \text{ kN/m}}{6}\langle x - 4 \text{ m}\rangle^3$$
$$- \frac{40 \text{ kN/m}}{6}\langle x - 9 \text{ m}\rangle^3 + \frac{280 \text{ kN/m}}{2}\langle x - 12 \text{ m}\rangle^2 + C_1 \tag{a}$$

보 처짐 함수를 구하기 위해 다시 적분한다.

$$EIv = \frac{200 \text{ kN}}{6} \langle x - 0 \text{ m} \rangle^3 - \frac{60 \text{ kN/m}}{24} \langle x - 0 \text{ m} \rangle^4 - \frac{60 \text{ kN/m}}{24} \langle x - 4 \text{ m} \rangle^4$$

$$- \frac{40 \text{ kN/m}}{24} \langle x - 9 \text{ m} \rangle^4 + \frac{280 \text{ kN/m}}{3} \langle x - 12 \text{ m} \rangle^3 + C_1 x + C_2 \qquad \text{(b)}$$

경계조건을 사용하여 상수 결정: 경계조건은 보 지간을 따라 특정한 위치에서 알고 있는 처짐 v 또는 기울기 dv/dx의 값이다. 이 보의 경우 핀 지지($x = 0$ m)와 롤러 지지($x = 12$ m)에서 처짐 v를 알고 있다. 식 (b)에 $x = 0$ m에서의 경계조건 $v = 0$을 대입하여 다음을 구한다.

$$C_2 = 0$$

다음으로 $x = 12$ m에서의 경계조건 $v = 0$을 식 (b)에 대입하여 C_1을 구한다.

$$\frac{200 \text{ kN}}{6}(12 \text{ m})^3 - \frac{60 \text{ kN/m}}{24}(12 \text{ m})^4 + \frac{60 \text{ kN/m}}{24}(8 \text{ m})^4 - \frac{40 \text{ kN/m}}{24}(3 \text{ m})^4 + C_1(12 \text{ m}) = 0$$

$$\therefore C_1 = -1322.0833 \text{ kN} \cdot \text{m}^2$$

보 기울기 및 탄성곡선식이 완성된다.

$$EI\frac{dv}{dx} = \frac{200 \text{ kN}}{2} \langle x - 0 \text{ m} \rangle^2 - \frac{60 \text{ kN/m}}{6} \langle x - 0 \text{ m} \rangle^3 - \frac{60 \text{ kN/m}}{6} \langle x - 4 \text{ m} \rangle^3$$

$$- \frac{40 \text{ kN/m}}{6} \langle x - 9 \text{ m} \rangle^3 + \frac{280 \text{ kN}}{2} \langle x - 12 \text{ m} \rangle^2 - 1322.0833 \text{ kN} \cdot \text{m}^2$$

$$EIv = \frac{200 \text{ kN}}{6} \langle x - 0 \text{ m} \rangle^3 - \frac{60 \text{ kN/m}}{24} \langle x - 0 \text{ m} \rangle^4 - \frac{60 \text{ kN/m}}{24} \langle x - 4 \text{ m} \rangle^4$$

$$- \frac{40 \text{ kN/m}}{24} \langle x - 9 \text{ m} \rangle^4 + \frac{280 \text{ kN}}{3} \langle x - 12 \text{ m} \rangle^3 - (1322.0833 \text{ kN} \cdot \text{m}^2)x$$

(a) A에서의 보 기울기

$A(x = 0$ m)에서의 보의 기울기는 다음과 같다.

$$EI\left(\frac{dv}{dx}\right)_A = -1322.0833 \text{ kN} \cdot \text{m}^2$$

$$\therefore \left(\frac{dv}{dx}\right)_A = -\frac{1322.0833 \text{ kN} \cdot \text{m}^2}{125 \times 10^3 \text{ kN} \cdot \text{m}^2} = -0.01058 \text{ rad} \qquad \text{답}$$

(b) B에서의 보 처짐

$B(x = 4$ m)에서의 보의 처짐은 다음과 같다.

$$EIv_B = \frac{200 \text{ kN}}{6}(4 \text{ m})^3 - \frac{60 \text{ kN/m}}{24}(4 \text{ m})^4 - (1322.0833 \text{ kN} \cdot \text{m}^2)(4 \text{ m}) = -3795 \text{ kN} \cdot \text{m}^3$$

$$\therefore v_B = -\frac{3795 \text{ kN} \cdot \text{m}^3}{125 \times 10^3 \text{ kN} \cdot \text{m}^2} = -0.030360 \text{ m} = 30.4 \text{ mm} \downarrow \qquad \text{답}$$

예제 10.8

주어진 보에 대해 불연속함수를 사용하여 D에서의 보의 처짐을 구하라. 보에서 $EI = 80000$ kN·m^{2}의 값은 일정하다고 가정한다.

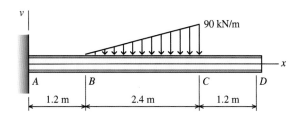

풀이 계획 고정단 A에서 반력을 구한다. 표 7.2를 이용하여 선형분포하중과 두 지점 반력에 대한 $w(x)$ 식을 작성한다. $w(x)$를 네 번 적분하여 보 기울기와 처짐에 대한 식을 구한다. 알고 있는 고정단에서의 경계조건을 사용하여 적분상수를 결정한다.

풀이 지점 반력

보의 자유물체도가 왼쪽에 주어져 있다. 이 자유물체도로부터 보 반력을 다음과 같이 계산할 수 있다.

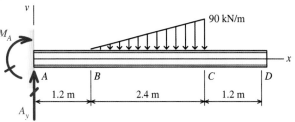

$$\sum F_y = A_y - \frac{1}{2}(90 \text{ kN/m})(2.4 \text{ m}) = 0$$

$$\therefore A_y = 108 \text{ kN}$$

$$\sum F_y = -M_A - \frac{1}{2}(90 \text{ kN/m})(2.4 \text{ m})\left(1.2 \text{ m} + \frac{2(2.4 \text{ m})}{3}\right) = 0$$

$$\therefore M_A = -302.4 \text{ kN} \cdot \text{m}$$

불연속함수

B와 C 사이의 분포하중: 표 7.2의 case 6을 사용하여 분포하중에 대한 다음 식을 작성한다.

$$w(x) = -\frac{90 \text{ kN/m}}{2.4\text{m}}\langle x - 1.2 \text{ m}\rangle^1 + \frac{90 \text{ kN/m}}{2.4 \text{ m}}\langle x - 3.6 \text{ m}\rangle^1 + 90 \text{ kN/m}\langle x - 3.6 \text{ m}\rangle^0$$

반력 A_y와 M_A: A에서의 반력은 표 7.2의 case 1과 2를 사용하여 표현한다.

$$w(x) = -302.4 \text{ kN} \cdot \text{m}\langle x - 0 \text{ m}\rangle^{-2} + 108 \text{ kN}\langle x - 0 \text{ m}\rangle^{-1}$$

보 하중함수의 적분: 보에 대한 하중함수 $w(x)$는 다음과 같다.

$$w(x) = -302.4 \text{ kN} \cdot \text{m}\langle x - 0 \text{ m}\rangle^{-2} + 108 \text{ kN}\langle x - 0 \text{ m}\rangle^{-1}$$
$$-\frac{90 \text{ kN/m}}{2.4 \text{ m}}\langle x - 1.2 \text{ m}\rangle^1 + \frac{90 \text{ kN/m}}{2.4 \text{ m}}\langle x - 3.6 \text{ m}\rangle^1 + 90 \text{ kN/m}\langle x - 3.6 \text{ m}\rangle^0$$

$w(x)$를 적분하여 전단력함수 $V(x)$를 구한다.

$$V(x) = \int w(x)dx = -302.4 \text{ kN} \cdot \text{m}\langle x - 0 \text{ m}\rangle^{-1} + 108 \text{ kN}\langle x - 0 \text{ m}\rangle^0$$
$$-\frac{90 \text{ kN/m}}{2(2.4 \text{ m})}\langle x - 1.2 \text{ m}\rangle^2 + \frac{90 \text{ kN/m}}{2(2.4 \text{ m})}\langle x - 3.6 \text{ m}\rangle^2 + 90 \text{ kN/m}\langle x - 3.6 \text{ m}\rangle^1$$

다시 적분하여 휨모멘트함수 $M(x)$를 구한다.

$$M(x) = \int V(x)dx = -302.4 \text{ kN} \cdot \text{m}\langle x - 0 \text{ m}\rangle^0 + 108 \text{ kN}\langle x - 0 \text{ m}\rangle^1$$

$$-\frac{90\ \text{kN/m}}{6(2.4\ \text{m})}\langle x-1.2\ \text{m}\rangle^3 + \frac{90\ \text{kN/m}}{6(2.4\ \text{m})}\langle x-3.6\ \text{m}\rangle^3 + \frac{90\ \text{kN/m}}{2}\langle x-3.6\ \text{m}\rangle^2$$

$w(x)$에 대한 식에 반력들이 포함되어 있어 여기까지의 계산에서 적분상수는 자동으로 구해진다. 그러나 다음 두 번의 적분(보 기울기와 처짐에 대한 함수의 생성)에서는 적분상수가 필요하며, 이 적분상수들은 보 경계조건들로부터 구해져야 한다.

식 (10.1)로부터 다음 식을 작성할 수 있다.

$$EI\frac{d^2v}{dx^2}=M(x)=-302.4\ \text{kN}\cdot\text{m}\langle x-0\ \text{m}\rangle^0 + 108\ \text{kN}\langle x-0\ \text{m}\rangle^1$$
$$-\frac{90\ \text{kN/m}}{6(2.4\ \text{m})}\langle x-1.2\ \text{m}\rangle^3 + \frac{90\ \text{kN/m}}{6(2.4\ \text{m})}\langle x-3.6\ \text{m}\rangle^3 + \frac{90\ \text{kN/m}}{2}\langle x-3.6\ \text{m}\rangle^2$$

모멘트함수를 적분하여 보 기울기에 대한 식을 얻는다.

$$EI\frac{dv}{dx}=-302.4\ \text{kN}\cdot\text{m}\langle x-0\ \text{m}\rangle^1 + \frac{108\ \text{kN}}{2}\langle x-0\ \text{m}\rangle^2$$
$$-\frac{90\ \text{kN/m}}{24(2.4\ \text{m})}\langle x-1.2\ \text{m}\rangle^4 + \frac{90\ \text{kN/m}}{24(2.4\ \text{m})}\langle x-3.6\ \text{m}\rangle^4 + \frac{90\ \text{kN/m}}{6}\langle x-3.6\ \text{m}\rangle^3 + C_1 \tag{a}$$

보 처짐 함수를 구하기 위해 다시 적분한다.

$$EIv=-\frac{302.4\ \text{kN}\cdot\text{m}}{2}\langle x-0\ \text{m}\rangle^2 + \frac{108\ \text{kN}}{6}\langle x-0\ \text{m}\rangle^3$$
$$-\frac{90\ \text{kN/m}}{120(2.4\ \text{m})}\langle x-1.2\ \text{m}\rangle^5 + \frac{90\ \text{kN/m}}{120(2.4\ \text{m})}\langle x-3.6\ \text{m}\rangle^5 + \frac{90\ \text{kN/m}}{24}\langle x-3.6\ \text{m}\rangle^4 + C_1 x + C_2 \tag{b}$$

경계조건을 사용하여 상수 결정: 이 보의 경우 $x=0$ m에서의 보 기울기와 처짐을 알고 있다. 식 (a)에 $x=0$ m에서의 경계조건 $dv/dx=0$을 대입하여 다음을 구한다.

$$C_1=0$$

다음으로 $x=0$ m에서의 경계조건 $v=0$을 식 (b)에 대입하여 C_2를 구한다.

$$C_2=0$$

보 기울기 및 탄성곡선식이 완성된다.

$$EI\frac{dv}{dx}=-302.4\ \text{kN}\cdot\text{m}\langle x-0\ \text{m}\rangle^1 + \frac{108\ \text{kN}}{2}\langle x-0\ \text{m}\rangle^2$$
$$-\frac{90\ \text{kN/m}}{24(2.4\ \text{m})}\langle x-1.2\ \text{m}\rangle^4 + \frac{90\ \text{kN/m}}{24(2.4\ \text{m})}\langle x-3.6\ \text{m}\rangle^4 + \frac{90\ \text{kN/m}}{6}\langle x-3.6\ \text{m}\rangle^3$$
$$EIv=-\frac{302.4\ \text{kN}\cdot\text{m}}{2}\langle x-0\ \text{m}\rangle^2 + \frac{108\ \text{kN}}{6}\langle x-0\ \text{m}\rangle^3$$
$$-\frac{90\ \text{kN/m}}{120(2.4\ \text{m})}\langle x-1.2\ \text{m}\rangle^5 + \frac{90\ \text{kN/m}}{120(2.4\ \text{m})}\langle x-3.6\ \text{m}\rangle^5 + \frac{90\ \text{kN/m}}{24}\langle x-3.6\ \text{m}\rangle^4$$

D에서의 보 처짐

$D(x=4.8$ m)에서의 보의 처짐은 다음과 같이 계산된다.

$$EIv_D = -\frac{302.4 \text{ kN} \cdot \text{m}}{2}(4.8 \text{ m})^2 + \frac{108 \text{ kN}}{6}(4.8 \text{ m})^3 - \frac{90 \text{ kN/m}}{120(2.4 \text{ m})}(3.6 \text{ m})^5$$

$$+ \frac{90 \text{ kN/m}}{120(2.4 \text{ m})}(1.2 \text{ m})^5 + \frac{90 \text{ kN/m}}{24}(1.2 \text{ m})^4$$

$$= -1673.3952 \text{ kN} \cdot \text{m}^3$$

$$\therefore v_D = -\frac{1673.3952 \text{ kN} \cdot \text{m}^3}{80000 \text{ kN} \cdot \text{m}^2} = -0.020917 \text{ m} = 20.9 \text{ mm} \downarrow \qquad \text{답}$$

PROBLEMS

P10.29 그림 P10.29에 주어진 보와 하중에 대해 불연속함수를 사용하여 D에서의 보의 처짐을 계산하라. 보에서 $EI = 750$ kN·m^{2}의 값은 일정하다고 가정한다.

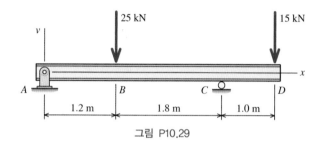

그림 P10.29

P10.30 그림 P10.30에 주어진 지름 30 mm의 강재[$E = 200$ GPa] 샤프트는 두 개의 도르래를 지지하고 있다. 주어진 하중에 대하여 불연속함수를 사용하여 다음을 계산하라.

(a) 도르래 B에서의 샤프트의 처짐

(b) 도르래 C에서의 샤프트의 처짐

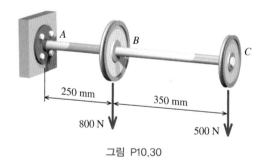

그림 P10.30

P10.31 그림 P10.31에 주어진 보와 하중에 대해 불연속함수를 사용하여 다음을 계산하라. 보에서 $EI = 560 \times 10^6$ N·mm^{2}의 값은 일정하다고 가정한다.

(a) C에서의 보의 기울기

(b) C에서의 보의 처짐

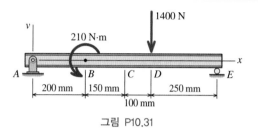

그림 P10.31

P10.32 그림 P10.32에 주어진 지름 30 mm의 강재[$E = 200$ GPa] 샤프트는 두 개의 도르래를 지지하고 있다. A에서의 베어링은 핀 지지로 이상화될 수 있고 E에서의 베어링은 롤러 지지로 이상화될 수 있다고 가정한다. 주어진 하중에 대하여 불연속함수를 사용하여 다음을 계산하라.

(a) 도르래 B에서의 샤프트의 처짐

(b) 도르래 C에서의 샤프트의 처짐

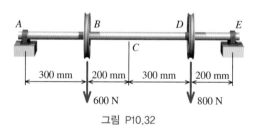

그림 P10.32

P10.33 그림 P10.33에 주어진 캔틸레버보는 W530×74의 구조용 W 형상[$E = 200$ GPa; $I = 410 \times 10^6$ mm^4]으로 구성되어 있다. 불연속함수를 사용하여 주어진 하중에 대한 C에서의 보의 처짐을 계산하라.

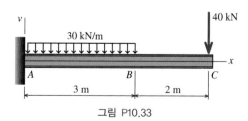

그림 P10.33

P10.34 그림 P10.34에 주어진 캔틸레버보는 W530×74의 구조용 W 형상[$E = 200$ GPa; $I = 410 \times 10^6$ mm^4]으로 구성되어 있다. 불연속함수를 사용하여 주어진 하중에 대한 D에서의 보의 처짐을 계산하라.

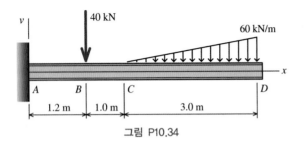

그림 P10.34

P10.35 그림 P10.35에 주어진 단순지지보는 W410×85의 구조용 W 형상[$E = 200$ GPa; $I = 316 \times 10^6$ mm^4]으로 구성되어 있다. 주어진 하중에 대해 불연속함수를 사용하여 다음을 계산하라.
(a) A에서의 보의 기울기
(b) 지간 중앙에서의 보의 처짐

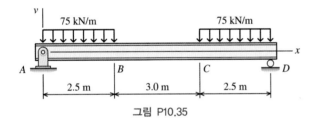

그림 P10.35

P10.36 그림 P10.36에 주어진 단순지지보는 W360×51의 구조용 W 형상[$E = 200$ GPa; $I = 142 \times 10^6$ mm^4]으로 구성되어 있다. 주어진 하중에 대해 불연속함수를 사용하여 다음을 계산하라.
(a) A에서의 보의 기울기
(b) 지간 중앙에서의 보의 처짐

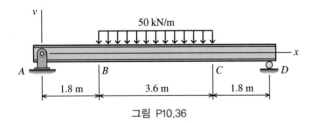

그림 P10.36

P10.37 그림 P10.37에 주어진 단순지지보는 W530×92의 구조용 W 형상[$E = 200$ GPa; $I = 554 \times 10^6$ mm^4]으로 구성되어 있다. 주어진 하중에 대해 불연속함수를 사용하여 다음을 계산하라.
(a) A에서의 보의 기울기
(b) B에서의 보의 처짐

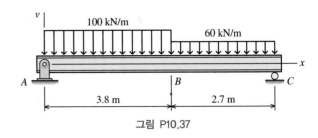

그림 P10.37

P10.38 그림 P10.38에 주어진 단순지지보는 W200×59의 구조용 W 형상[$E = 200$ GPa; $I = 60.8 \times 10^6$ mm^4]으로 구성되어 있다. 주어진 하중에 대해 불연속함수를 사용하여 다음을 계산하라.
(a) C에서의 보의 처짐
(b) F에서의 보의 처짐

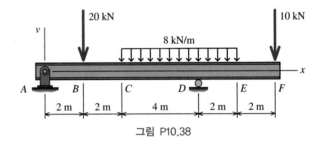

그림 P10.38

P10.39 그림 P10.39에 주어진 단순지지보는 W410×75의 구조용 W 형상[$E = 200$ GPa; $I = 274 \times 10^6$ mm^4]으로 구성되어 있다. 주어진 하중에 대해 불연속함수를 사용하여 다음을 계산하라.
(a) E에서의 보의 기울기
(b) C에서의 보의 처짐

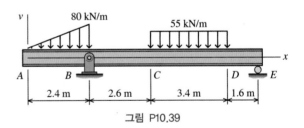

그림 P10.39

P10.40 그림 P10.40에 주어진 보와 하중에 대해 불연속함수를 사용하여 다음을 계산하라. 보에서 $EI = 1500$ kN·m^{2}의 값은 일정하다고 가정한다.
(a) A에서의 보의 처짐
(b) 지간 중앙($x = 2.5$ m)에서의 보의 처짐

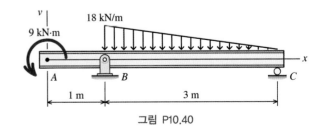

그림 P10.40

P10.41 그림 P10.41에 주어진 보와 하중에 대해 불연속함수를 사용하여 다음을 계산하라. 보에서 $EI = 55000 \text{ kN·m}^2$의 값은 일정하다고 가정한다.

(a) B에서의 보의 기울기

(b) A에서의 보의 처짐

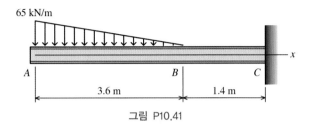

그림 P10.41

P10.42 그림 P10.42에 주어진 보와 하중에 대해 불연속함수를 사용하여 다음을 계산하라. 보에서 $EI = 19820 \text{ kN·m}^2$의 값은 일정하다고 가정한다.

(a) B에서의 보의 기울기

(b) C에서의 보의 처짐

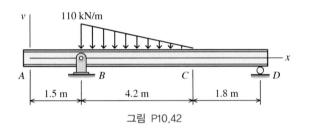

그림 P10.42

P10.43 그림 P10.43에 주어진 보와 하중에 대해 불연속함수를 사용하여 다음을 계산하라. 보에서 $EI = 51000 \text{ kN·m}^2$의 값은 일정하다고 가정한다.

(a) A에서의 보의 기울기

(b) B에서의 보의 처짐

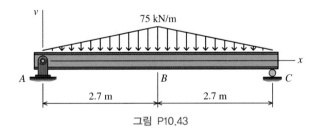

그림 P10.43

P10.44 그림 P10.44에 주어진 보와 하중에 대해 불연속함수를 사용하여 다음을 계산하라. 보에서 $EI = 110000 \text{ kN·m}^2$의 값은 일정하다고 가정한다.

(a) B에서의 보의 기울기

(b) B에서의 보의 처짐

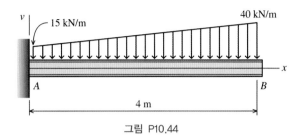

그림 P10.44

P10.45 그림 P10.45에 주어진 보와 하중에 대해 불연속함수를 사용하여 다음을 계산하라. 보에서 $EI = 24000 \text{ kN·m}^2$의 값은 일정하다고 가정한다.

(a) A에서의 보의 처짐

(b) C에서의 보의 처짐

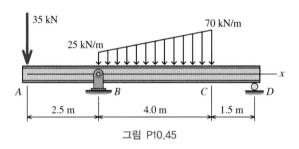

그림 P10.45

P10.46 그림 P10.46에 주어진 보와 하중에 대해 불연속함수를 사용하여 다음을 계산하라. 보에서 $EI = 54000 \text{ kN·m}^2$의 값은 일정하다고 가정한다.

(a) B에서의 보의 기울기

(b) A에서의 보의 처짐

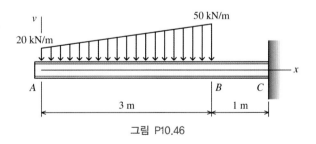

그림 P10.46

10.7 중첩법

중첩법은 보 처짐을 구하는데 실용적이고 편리한 방법이다. 물체에 여러 개의 하중이 동시에 작용하여 나타나는 조합된 효과는 각각의 하중이 개별적으로 작용하여 나타나는 효과의 합으로부터 계산할 수 있다는 것이 **중첩의 원리**(principle of superposition)이다. 이 원리를 보의 처짐을 계산하는 데 어떻게 사용할 수 있는가? 등분포하중과 자유단에 집중하중을 받는 캔틸레버보를 고려한다. B에서의 처짐(그림 10.8a)을 구하기 위해 별개의 두 번의 처짐 계산이 수행될 것이다. 먼저 등분포하중 w만을(그림 10.8b) 고려한 B에서의 캔틸레버보 처짐을 계산한다. 다음으로 집중하중 P만으로(그림 10.8c) 발생하는 처짐을 계산한다. 이 두 계산 결과를 산술적으로 합하면 전체 하중에 대한 B에서의 처짐이 구해진다.

일반적인 지점 및 하중에 대한 보의 처짐식과 기울기식들은 공학 핸드북이나 다른 참고서들에 빈번하게 수록되어 있다. 자주 사용되는 단순지지보와 캔틸레버보에 대한 식들은 부록 C의 표에 제시되어 있다(이 표를 보통 빔 테이블(beam table)이라고도 한다). 이러한 식들을 적절하게 활용하면 다양한 지지조건과 하중에 대한 보의 처짐을 구할 수 있다.

중첩의 원리가 보의 처짐 계산에 유효하려면 몇 가지 조건들이 만족되어야 한다.

1. 처짐은 하중과 선형 관계를 가지고 있어야 한다. 부록 C에 있는 식들을 살펴보면 식들은 모든 하중 변수(w, P, M)에 대한 1차식임을 알 수 있다.
2. 재료는 훅의 법칙을 따라야 한다. 이는 응력과 변형률의 관계가 선형으로 유지되어야 함을 의미한다.
3. 보의 원래 형상이 하중에 의해 크게 변하지 않아야 한다. 이 조건은 보의 처짐이 작은 경우에 만족한다.
4. 각 경우의 합으로부터 나타나는 경계조건들은 원래 보의 경계조건들과 같아야 한다. 이러한 맥락에서 볼 때 경계조건은 일반적으로 보 지점에서의 처짐 또는 기울기 값들이다.

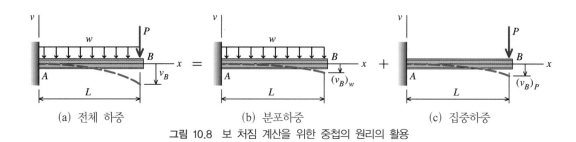

(a) 전체 하중   (b) 분포하중   (c) 집중하중

그림 10.8 보 처짐 계산을 위한 중첩의 원리의 활용

두 개의 기본적인 예제(캔틸레버보 예제와 단순지지보 예제)를 사용하여 중첩법을 소개한다.

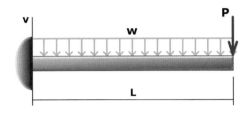
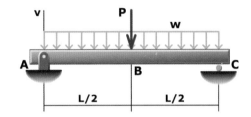

중첩법 적용

중첩법은 보의 처짐을 계산하기 위한 빠르고 강력한 방법이 될 수 있다. 그러나 이 방법을 처음 적용할 때에는 공학계산보다 기교에 더 가까운 것처럼 보일 수 있다. 시작하기 전에 전형적인 보와 하중에 자주 사용되는 다양한 계산 기술들을 검토해 보는 것이 도움이 될 것이다.

기술 1 ― 처짐 계산을 위한 기울기 사용: 위치 B에서의 보 처짐을 계산하기 위하여 위치 A에서의 보 기울기가 필요할 수 있다.

기술 2 ― 처짐 계산을 위한 처짐과 기울기 사용: 위치 B에서의 보 처짐을 계산하기 위하여 위치 A에서의 보 기울기와 처짐이 모두 필요할 수 있다.

기술 3 ― 탄성곡선의 사용: 캔틸레버보의 자유단과 단순지지보의 지간 중앙과 같은 주요 위치에서의 보 기울기와 처짐에 대한 식이 빔 테이블에 주어져 있다. 그러나 많은 경우에 다른 위치에서의 처짐이 구해져야 한다. 이러한 경우에는 탄성곡선식으로부터 처짐을 계산할 수 있다.

기술 4 ― 캔틸레버보와 단순지지보의 식 모두 사용: 돌출부가 있는 단순지지보에서 돌출부 자유단에서의 처짐을 계산하기 위해서는 캔틸레버보와 단순지지보의 식이 모두 필요하다.

기술 5 ― 하중 상쇄: 지간의 일부에만 분포하중이 작용하는 보의 경우에는 전체 지간에 작용하는 분포하중을 먼저 고려하는 것이 편리할 수 있다. 그리고 반대 하중(크기는 같고 방향이 반대인 하중)을 더하여 지간의 일부에서 하중을 상쇄시킬 수 있다. 이 기술은 선형분포하중(삼각형 하중)을 포함하는 경우에도 유용할 수 있다.

기술 6 ― 미지의 힘 또는 모멘트 계산을 위한 특정한 위치에서 알고 있는 처짐 사용: 이 기술은 부정정 보의 해석에 특히 유용하다.

기술 7 ― 미지의 힘 또는 모멘트 계산을 위한 특정한 위치에서 알고 있는 기울기 사용: 이 기술은 부정정 보의 해석에 유용하다.

기술 8 ― 보와 하중을 한 가지 이상의 방법으로 분할하여 구성: 주어진 보와 하중은 여러 가지 방법으로 원래의 보 구성과 동일한 경계조건들(지점들에서의 처짐 및/또는 기울기)을 가지도록 분할되거나 추가될 수 있다. 다른 접근방법을 사용하면 동일한 결과를 얻기 위한 계산이 적어질 수 있다.

앞의 설명된 기술들은 예제 그리고 MecMovies M10.3과 M10.4(8가지 기술들: Part I과 II), MecMovies M10.5(중첩법 워밍업)의 대화식 문제와 같이 제시된다.

8가지 기술들: Part I, II

 Mec Movies MecMovies 예제 M10.5

중첩법 워밍업: 보 처짐 문제에 중첩법을 잘 적용하기 위해 필요한 기본적인 기술을 보여주는 일련의 예제와 연습.

예제 10.9

캔틸레버보가 구조용 W 형상[$E = 200$ GPa; $I = 650 \times 10^6$ mm^4]으로 구성되어 있다. 주어진 하중에 대해 다음을 구하라.

(a) B에서의 보의 처짐

(b) C에서의 보의 처짐

풀이 계획 이 문제를 풀기 위해 주어진 하중은 (1) 캔틸레버보에 작용하는 등분포하중과 (2) 캔틸레버보의 자유단에 작용하는 집중모멘트 두 가지로 나누어질 수 있다. 이 두 경우에 대한 적절한 식들이 부록 C의 빔 테이블에 주어져 있다. Case 1의 경우 B와 C에서의 보 처짐을 구하기 위해 캔틸레버의 자유단에서의 처짐과 처짐각에 대한 식들이 사용된다. Case 2의 경우 두 위치에서 보 처짐을 계산하기 위해 탄성곡선식이 사용된다.

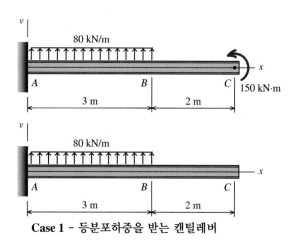

Case 1 – 등분포하중을 받는 캔틸레버

풀이 이 보의 경우 탄성계수는 $E = 200$ GPa이고, 관성모멘트는 $I = 650 \times 10^6$ mm^{4}이다. 모든 식에 EI항이 나타나므로 이 값을 먼저 계산하고 시작하는 것이 도움이 될 것이다.

$$EI = (200\,\text{GPa})(650 \times 10^6\,\text{mm}^4) = 130 \times 10^{12}\,\text{N} \cdot \text{mm}^2$$
$$= 130 \times 10^3\,\text{kN} \cdot \text{m}^2$$

계산 전반에 걸쳐 일관된 단위를 사용하는 것이 필수적이다. 이는 중첩법에서 특히 중요하다. 빔 테이블에서 얻은 다양한 식들에 수치를 대입할 때 단위에 혼돈이 있을 수 있다. 이러한 일이 발생한다면, 3 m에 불과한 지간을 가지는 보에서 1,000,000 mm의 처짐이 계산되는 것과 같은 터무니없는 일이 일어날 수 있다. 이런 상황을 피하려면 항상 각 변수와 관련된 단위를 파악하고 모든 단위의 일관성을 확인하여야 한다.

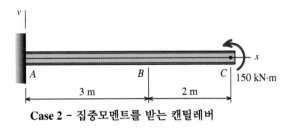

Case 2 - 집중모멘트를 받는 캔틸레버

Case 1 — 등분포하중을 받는 캔틸레버보
부록 C의 빔 테이블로부터 전체 지간에 걸쳐 등분포하중을 받는 캔틸레버보의 자유단에서의 처짐은 다음과 같이 주어진다.

$$v_{\text{max}} = -\frac{wL^4}{8EI} \tag{a}$$

이 식을 사용하여 B에서의 보 처짐을 계산할 수 있다. 그러나 C에서의 처짐을 계산하기 위해서는 이 식만으로는 충분하지 않을 것이다. 여기에서 고려되는 보는 등분포하중이 A와 B 사이에만 작용한다. 보의 B와 C 사이에는 작용하는 하중이 없고, 이것은 이 영역에서 보에 휨모멘트가 없다는 것을 의미한다. 모멘트가 없으

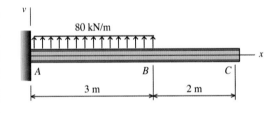

므로 보는 휘어지지 않고(곡선이 아니고) B와 C 사이의 기울기는 일정할 것이다. 보는 연속이므로 B와 C 사이의 기울기는 등분포하중으로 인한 B에서의 보의 처짐각과 동일해야 한다. (참고: 처짐은 작다고 가정하기 때문에 보 기울기 dv/dx는 처짐각 θ와 같으며 "기울기"와 "처짐각"이라는 용어는 같은 의미로 사용된다.)

부록 C의 빔 테이블로부터 이 캔틸레버보의 자유단에서의 기울기는 다음과 같이 주어진다.

$$\theta_{\text{max}} = -\frac{wL^3}{6EI} \tag{b}$$

C에서의 보 처짐은 두 식 (a)와 (b)로부터 계산된다.

문제풀이 도움: 계산을 시작하기 전에 보의 처짐 형상을 그리는 것이 도움이 된다. 다음으로 해석하고 하는 특정한 보에 대하여 표준식에 나타나는 변수들의 목록을 변수들의 값들과 함께 만든다. 이때 모든 단위의 일관성을 확인한다. 예를 들어 이 예제에서는 모든 힘 단위는 킬로뉴턴(kN)으로 하고, 모든 길이 단위는 미터(m)로 한다. 식에 나타나는 변수들의 간단한 목록을 작성하면 문제를 제대로 풀 확률이 크게 높아지고, 계산과정을 검토할 때 많은 **시간을 절약**할 수 있을 것이다.

*B*에서의 보 처짐: *B*에서의 보 처짐을 계산하기 위해 식 (a)가 사용된다. 이 보에서는

$$w = -80 \text{ kN/m}$$
$$L = 3 \text{ m}$$
$$EI = 130 \times 10^3 \text{ kN} \cdot \text{m}^2$$

참고: 보에서의 분포하중이 빔 테이블에 표시된 방향과 반대로 작용하기 때문에 이 경우 분포하중 w는 음수이다. 등분포하중이 작용하는 구간의 길이는 3 m이므로 캔틸레버 지간 길이 L은 3 m로 한다.

이 값을 식 (a)에 대입하면 다음을 얻을 수 있다.

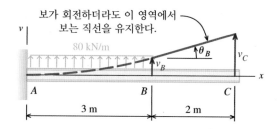

$$v_B = -\frac{wL^4}{8EI} = -\frac{(-80 \text{ kN/m})(3 \text{ m})^4}{8(130 \times 10^3 \text{ kN} \cdot \text{m}^2)} = 6.231 \times 10^{-3} \text{ m} = 6.231 \text{ mm}$$

예상한 것과 같이 양의 값은 상향의 처짐을 의미한다.

C에서의 보 처짐: C에서의 보 처짐은 B에서의 보 처짐에 B와 C 사이의 보 기울기에 의한 추가적인 처짐을 더한 것과 동일하다. 앞에서와 같은 변수를 사용하면 B에서의 보의 처짐각은 식 (b)로부터 얻을 수 있다.

$$\theta_B = -\frac{wL^3}{6EI} = -\frac{(-80 \text{ kN/m})(3 \text{ m})^3}{6(130 \times 10^3 \text{ kN} \cdot \text{m}^2)} = 2.769 \times 10^{-3} \text{ rad}$$

C에서의 처짐은 v_B, 그리고 θ_B 및 B와 C 사이의 보의 길이로부터 계산된다.

$$v_C = v_B + \theta_B(2 \text{ m}) = (6.231 \times 10^{-3} \text{ m}) + (2.769 \times 10^{-3} \text{ rad})(2 \text{ m})$$
$$= 11.769 \times 10^{-3} \text{ m} = 11.769 \text{ mm}$$

양의 값은 상향의 처짐을 의미한다.

Case 2 — 집중모멘트를 받는 캔틸레버보
부록 C의 빔 테이블로부터 자유단에 집중모멘트를 받는 캔틸레버보의 탄성곡선식은 다음과 같이 주어진다.

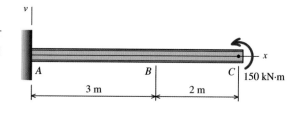

$$v = -\frac{Mx^2}{2EI} \qquad \text{(c)}$$

B에서의 보 처짐: 이 경우에 대한 B와 C 모두에서의 보 처짐은 탄성곡선식을 사용하여 계산한다. 이 보의 경우,

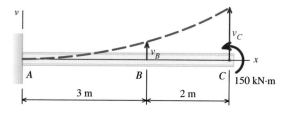

$$M = -150 \text{ kN} \cdot \text{m}$$
$$EI = 130 \times 10^3 \text{ kN} \cdot \text{m}^2$$

참고: 집중모멘트 M은 빔 테이블에 표시된 것과 반대방향으로 작용하므로 음수이다.

이 값들을 식 (c)에 대입하고 $x = 3$ m로 놓으면 B에서의 보 처짐을 계산할 수 있다.

$$v_B = -\frac{Mx^2}{2EI} = -\frac{(-150 \text{ kN} \cdot \text{m})(3 \text{ m})^2}{2(130 \times 10^3 \text{ kN} \cdot \text{m}^2)} = 5.192 \times 10^{-3} \text{ m} = 5.192 \text{ mm}$$

C에서의 보 처짐: 동일한 값들을 식 (c)에 대입하고 $x = 5$ m로 놓으면 C에서의 보 처짐을 계산할 수 있다.

$$v_C = -\frac{Mx^2}{2EI} = -\frac{(-150 \text{ kN} \cdot \text{m})(5 \text{ m})^2}{2(130 \times 10^3 \text{ kN} \cdot \text{m}^2)} = 14.423 \times 10^{-3} \text{ m} = 14.423 \text{ mm}$$

두 case의 조합

B와 C에서의 처짐은 Case 1과 Case 2의 합으로부터 구해진다.

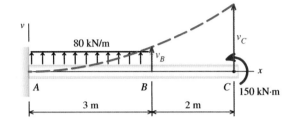

$$v_B = 6.231 \text{ mm} + 5.192 \text{ mm} = 11.42 \text{ mm} \quad \text{답}$$

$$v_C = 11.769 \text{ mm} + 14.423 \text{ mm} = 26.2 \text{ mm} \quad \text{답}$$

Mec Movies MecMovies 예제 M10.8

캔틸레버보의 최대 처짐을 구하라. 보에서 EI는 일정하다고 가정한다.

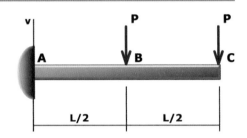

Mec Movies MecMovies 예제 M10.9

주어진 보에서 C에서의 처짐을 구하라. 보에서 EI는 일정하다고 가정한다.

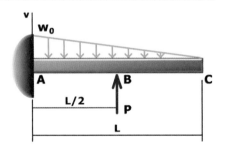

예제 10.10

주어진 단순지지보는 W410×60의 구조용 W 형상 [$E = 200$ GPa; $I = 216 \times 10^6$ mm^4]으로 구성되어 있다. 주어진 하중에 대해 C에서의 보의 처짐을 구하라.

풀이 계획 빔 테이블에 주어진 표준 형상 중의 하나는 지간의 중앙이 아닌 위치에 집중하중이 작용하는 단순지지보이다. 이 표준 형상의 탄성곡선식이 여기에서 고려하는 두 개의 집중하중을 받는

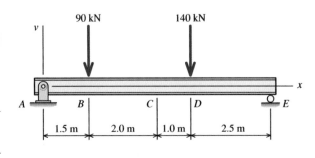

보의 처짐을 계산하는 데 사용될 것이다. 그러나 주어진 탄성곡선식은 전체 지간의 일부에만 적용될 수 있기 때문에 각 하중에 대하여 다르게 적용되어야 한다.

풀이 이 보 처짐 문제의 해를 구하기 위해 두 가지 case로 나누어질 수 있다. Case 1에서는 단순지지보에 작용하는 140 kN의 하중이 고려된다. Case 2에서는 90 kN의 하중이 고려된다. 지간의 중앙이 아닌 위치에 하나의 집중하중을 받는 단순지지보에 대한 탄성곡선식은 빔 테이블에 다음과 같이 주어져 있다.

$$v = -\frac{Pbx}{6LEI}(L^2 - b^2 - x^2) \quad \text{for} \quad 0 \le x \le a \tag{a}$$

이 보의 경우 탄성계수는 $E = 200$ GPa이고, 관성모멘트는 $I = 216 \times 10^6$ mm^{4}이다. 모든 계산에 나타나는 EI항의 값은 다음과 같다.

$$EI = (2\,000\,000 \text{ N/mm}^2)(216 \times 10^6 \text{ mm}^4) = 43.2 \times 10^{12} \text{ N} \cdot \text{mm}^2 = 43\,200 \text{ kN} \cdot \text{m}^2$$

Case 1 — 단순 지간에서의 140 kN 하중

탄성곡선식이 적용될 수 있는 구간을 아는 것이 필수적이다. 식 (a)는 원점에서 집중하중이 작용하는 식 a로 표시되는 위치 사이의 거리 x에서의 보 처짐을 나타낸다. 이 보에서 $a = 4.5$ m이다. 점 C는 $x = 3.5$ m의 위치에 있으므로 이 경우에는 탄성곡선식이 적용될 수 있다.

보의 처짐 형상이 주어져 있다. 탄성곡선식에 나타나는 변수들과 해당 값들을 나열하면 다음과 같다.

$$P = 140 \text{ kN}$$
$$b = 2.5 \text{ m}$$
$$L = 7.0 \text{ m}$$
$$EI = 43\,200 \text{ kN} \cdot \text{m}^2$$

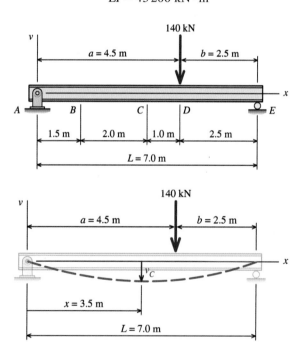

C에서의 보 처짐: C점에서 $x = 3.5$ m이다. 그러므로 C에서의 보 처짐은 다음과 같다.

$$v_C = -\frac{Pbx}{6LEI}(L^2 - b^2 - x^2)$$

$$= -\frac{(140\ \text{kN})(2.5\ \text{m})(3.5\ \text{m})}{6(7.0\ \text{m})(43\,200\ \text{kN}\cdot\text{m}^2)}\left[(7.0\ \text{m})^2 - (2.5\ \text{m})^2 - (3.5\ \text{m})^2\right]$$

$$= -20.59 \times 10^{-3}\ \text{m} = -20.59\ \text{mm}$$

Case 2 — 단순 지간에서의 90 kN 하중

다음으로 90 kN의 하중만을 받는 단순지지보를 고려한다. 그림으로부터 원점에서 90 kN 하중의 작용점까지의 거리 a가 $a = 1.5$ m임을 알 수 있다. C가 $x = 3.5$ m의 위치에 있으므로 이 경우에는 $x > a$이 되어 탄성곡선식을 적용할 수 없다.

그러나 간단한 변환을 한다면 이 경우에도 탄성곡선식을 적용할 수 있다. $x-v$ 좌표축의 원점을 보의 오른쪽 끝단에 옮기고, 양의 x방향을 지간 왼쪽 끝단의 핀 지지 쪽으로 향하도록 다시 정의한다. 이러한 변환을 통해 $x < a$이 되어 탄성곡선식을 사용할 수 있다.

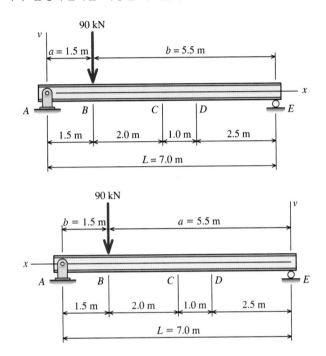

탄성곡선식에 나타나는 변수들과 해당 값들은 다음과 같다.

$$P = 90\ \text{kN}$$
$$b = 1.5\ \text{m}$$
$$L = 7.0\ \text{m}$$
$$EI = 43\,200\ \text{kN}\cdot\text{m}^2$$

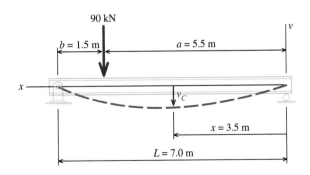

C에서의 보 처짐: C점에서 $x = 3.5$ m이고, C에서의 보 처짐은 다음과 같다.

$$v_C = -\frac{Pbx}{6LEI}(L^2 - b^2 - x^2)$$

$$= -\frac{(90\text{ kN})(1.5\text{ m})(3.5\text{ m})}{6(7.0\text{ m})(43\,200\text{ kN}\cdot\text{m}^2)}\left[(7.0\text{ m})^2 - (1.5\text{ m})^2 - (3.5\text{ m})^2\right]$$

$$= -8.98 \times 10^{-3}\text{ m} = -8.98\text{ mm}$$

두 case의 조합

C에서의 처짐은 Case 1과 Case 2의 합으로부터 구해진다.

$$v_C = -20.59\text{ mm} - 8.98\text{ mm} = -29.6\text{ mm} \qquad \textbf{답}$$

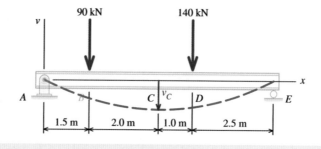

예제 10.11

주어진 단순지지보는 W610×101의 구조용 W 형상[$E = 200$ GPa; $I = 762 \times 10^6$ mm^4]으로 구성되어 있다. 주어진 하중에 대해 다음을 구하라.

(a) 점 A에서의 보 처짐

(b) 점 C에서의 보 처짐

(c) 점 E에서의 보 처짐

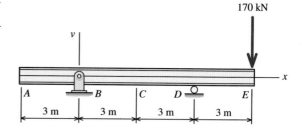

풀이 계획 이 문제를 풀기에 앞서 탄성곡선의 처짐 형상을 그린다. 170 kN의 하중으로 보는 E에서 아래로 휘어지고, 이로 인하여 보는 두 지점들 사이에서 위로 휘어질 것이다. B는 핀 지지이므로 B에서의 보의 처짐은 0이고 기울기는 0이 아닐 것이다.

B와 C 사이의 보 지간을 더 자세히 살펴본다. 무엇이 보가 이 부분에서 위로 휘어지게 하는가? 물론 170 kN의 하중이 관련되어 있지만, 더 정확

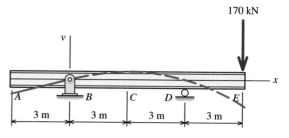

하게는 170 kN의 하중이 휨모멘트를 발생시키고 이 휨모멘트가 보를 위로 휘어지게 한다. 이러한 이유로 단순지지된 지간의 한쪽 끝에 작용하는 집중모멘트의 영향은 점 C에서의 보 처짐을 계산할 때에만 고려되어야 한다.

다음으로 A와 B 사이의 돌출된 지간을 고려한다. 보의 이 구간에는 휨모멘트가 작용하지 않는다. 따라서 보는 휘어지지 않지만 중앙 지간에 부착되어 있기 때문에 회전을 한다. 돌출부 AB는 중앙 지간의 왼쪽 끝단에서 발생하는 처짐각 θ_B와 같은 각도로 회전한다. 돌출부 AB의 처짐은 전적으로 이 회전에 의한 것이다. 따라서 A에서의 보 처짐은 중앙 지간의 처짐각 θ_B로부터 계산될 수 있다.

마지막으로 D와 E 사이의 돌출된 지간을 고려한다. E에서의 처짐은 두 효과의 조합이다. 더 명백한 효

과는 집중하중에 의한 캔틸레버보의 자유단에서의 처짐이다. 그러나 이 처짐이 E에서의 모든 처짐을 의미하지는 않는다. 부록 C에 있는 표준 캔틸레버보 경우들은 고정단에서 보는 회전하지 않는다고 가정한다. 즉 캔틸레버보의 지점은 강체라고 가정한다. 그러나 돌출부 DE는 강체 지지로 되어 있지 않다. 유연한 중앙 지간 BD에 연결되어 있다. 중앙 지간이 휘어지면 돌출부는 아래로 회전하고, 이것이 E에서 처짐을 일으키는 두 번째 효과이다. E에서의 보 처짐을 계산하기 위해서는 캔틸레버보와 단순지지보의 경우 모두를 고려해야 한다.

풀이 이 보의 경우 탄성계수는 $E = 200$ GPa이고, 관성모멘트는 $I = 762 \times 10^6$ mm^{4}이다. 모든 계산에 나타나는 EI항의 값은 다음과 같다.

$$EI = (200\,000 \text{ N/mm}^2)(762 \times 10^6 \text{ mm}^4) = 152.4 \times 10^{12} \text{ N} \cdot \text{mm}^2 = 152\,400 \text{ kN} \cdot \text{m}^2$$

170 kN 하중에 의해 D에서 발생하는 휨모멘트는 $M = (170 \text{ kN})(3 \text{ m}) = 510$ kN·m이다.

Case 1 — 중앙 지간의 상향 처짐
중앙 지간에서 점 C에서의 상향 처짐은 D에서 집중모멘트를 받는 단순지지보에 대한 탄성곡선식으로부터 계산된다.

$$v = -\frac{Mx}{6LEI}(x^2 - 3Lx + 2L^2) \tag{a}$$

C에서의 보 처짐: 다음 값을 식 (a)에 대입한다.

$M = -510 \text{ kN} \cdot \text{m}$
$x = 3 \text{ m}$
$L = 6 \text{ m}$
$EI = 152\,400 \text{ kN} \cdot \text{m}^2$

이 값들을 사용하여 C에서의 보 처짐을 계산한다.

$$v_C = -\frac{Mx}{6LEI}(x^2 - 3Lx + 2L^2)$$
$$= -\frac{(-510 \text{ kN} \cdot \text{m})(3 \text{ m})}{6(6 \text{ m})(152\,400 \text{ kN} \cdot \text{m}^2)}\left[(3 \text{ m})^2 - 3(6 \text{ m})(3 \text{ m}) + 2(6 \text{ m})^2\right] = +7.53 \times 10^{-3} \text{ m} = +7.53 \text{ mm} \quad \textbf{답}$$

Case 2 — 돌출부 AB의 하향 처짐
돌출된 지간에서 점 A에서의 하향 처짐은 D에 작용하는 집중모멘트에 의해 중앙 지간의 지점 B에서 발생하는 처짐각으로부터 계산된다. 빔 테이블에서 집중모멘트와 반대인 지간 끝단에서의 처짐각의 크기는 다음과 같이 주어진다.

$$\theta = \frac{ML}{6EI} \tag{b}$$

앞에서 정의된 값들에 의해 B의 처짐각 크기는 다음과 같다.

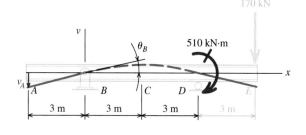

$$\theta_B = \frac{ML}{6EI} = \frac{(510 \text{ kN} \cdot \text{m})(6\text{m})}{6(152\,400 \text{ kN} \cdot \text{m}^2)} = 0.003\,346 \text{ rad}$$

A에서의 보 처짐: 잘 살펴보면 B에서의 처짐각은 양의 값을 가져야 한다. 즉 보의 기울기는 핀 지점에서 오른쪽 위로 향한다. 돌출된 지간 AB에서 휨모멘트가 없으므로 보는 A와 B 사이에서 휘어지지 않는다. 기울기는 일정하고 θ_B와 같다. A에서의 보 처짐의 크기는 보 기울기로부터 계산된다.

$$v_A = \theta_B L_{AB} = (0.003\,346 \text{ rad})(3 \text{ m}) = 10.04 \times 10^{-3} \text{ m} = 10.04 \text{ mm}$$

잘 살펴보면 돌출부는 A에서 아래로 처진다. 따라서,

$$v_A = -10.04 \text{ mm}$$
답

Case 3 — 돌출부 DE의 하향 처짐

돌출된 지간에서 점 E에서의 하향 처짐은 두 가지를 고려하여 계산된다. 먼저 자유단에서 집중하중을 받는 캔틸레버보를 고려한다. 캔틸레버의 끝단에서의 처짐은 다음 식에 의해 주어진다.

$$v_{\max} = -\frac{PL^3}{3EI} \tag{c}$$

다음 값들로부터 E에서의 보 처짐의 한 성분을 계산할 수 있다.

$$P = 170 \text{ kN}$$
$$L = 3 \text{ m}$$
$$EI = 152\,400 \text{ kN} \cdot \text{m}^2$$

$$v_E = -\frac{PL^3}{3EI} = -\frac{(170 \text{ kN})(3 \text{ m})^3}{3(152\,400 \text{ kN} \cdot \text{m}^2)} = -10.04 \times 10^{-3} \text{ m} = -10.04 \text{ mm} \tag{d}$$

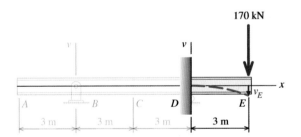

앞서 논의한 바와 같이 이 캔틸레버보가 E에서의 모든 처짐을 나타내지는 않는다. 식 (c)에서는 캔틸레버보가 지점에서 회전하지 않는다고 가정한다. 중앙 지간 BD가 유연하기 때문에 중앙 지간이 휘어지고 이에 따라 돌출부 DE는 아래로 회전한다. 집중모멘트 M에 의해 발생되는 중앙 지간의 처짐각 크기는 다음 식으로부터 계산될 수 있다.

$$\theta = \frac{ML}{3EI} \tag{e}$$

주의: 식 (e)는 한쪽 끝단에 집중모멘트가 가해지는 단순지지보에 대한 M 위치에서의 보 처짐각이다. Case 2에 대해 정의된 값을 사용하여 D에서의 중앙 지간의 처짐각은 다음과 같이 계산될 수 있다.

$$\theta_D = \frac{ML}{3EI} = \frac{(510 \text{ kN} \cdot \text{m})(6 \text{ m})}{3(152400 \text{ kN} \cdot \text{m}^2)} = 0.006\,693 \text{ rad}$$

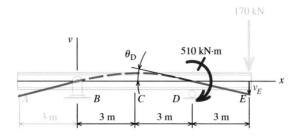

잘 살펴보면 D에서의 처짐각은 음의 값을 가져야 한다. 즉 보의 기울기는 롤러 지점에서 오른쪽 아래로 향한다. D에서의 중앙 지간의 회전에 의해 일어나는 E에서의 보 처짐의 크기는 보 기울기와 돌출부 DE의 길이로부터 계산된다.

$$v_E = \theta_D\, L_{DE} = (0.006\,693 \text{ rad})(3 \text{ m}) = 20.079 \times 10^{-3} \text{ m} = 20.08 \text{ mm}$$

잘 살펴보면 돌출부는 E에서 아래로 처진다. 결과적으로 이 처짐 성분은 다음과 같다.

$$v_E = -20.08 \text{ mm} \tag{f}$$

E에서의 총 처짐은 처짐 (d)와 (f)의 합이 된다.

$$v_E = -10.04 \text{ mm} - 20.08 \text{ mm} = -30.1 \text{ mm} \qquad\qquad \textbf{답}$$

Mec Movies   MecMovies 예제 M10.10

주어진 보의 끝단 C에서의 기울기 θ_C와 처짐 v_C에 대한 식을 구하라. 보에서 EI는 일정하다고 가정한다.

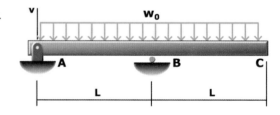

예제 10.12

주어진 단순지지보는 W410×60의 구조용 W 형상[$E = 200$ GPa; $I = 216 \times 10^6$ mm^4]으로 구성되어 있다. 주어진 하중에 대해 다음을 구하라.

(a) 점 A에서의 보 처짐
(b) 점 C에서의 보 처짐
(c) 점 E에서의 보 처짐

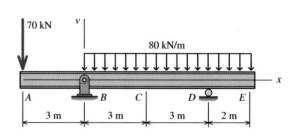

풀이 계획   이 예제에서는 하중이 조금 더 복잡하기는 하지만, 예제 10.8에서 사용된 것과 같은 동일한 일반적인 방법이 사용될 것이다. 하중은 세 가지 경우로 나누어질 것이다.

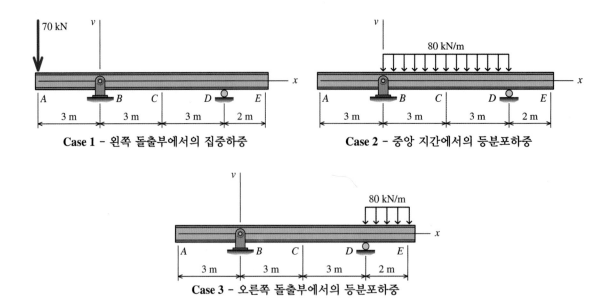

Case 1 - 왼쪽 돌출부에서의 집중하중

Case 2 - 중앙 지간에서의 등분포하중

Case 3 - 오른쪽 돌출부에서의 등분포하중

부록 C의 처짐과 기울기에 대한 표준을 사용하여 각 case에 대한 A, C, E에서의 보 처짐을 계산한다. Case 1과 Case 3은 단순지지보와 캔틸레버보 모두에 대해 식을 필요로 하는 반면, Case 2는 단순지지보 식만 필요로 한다. 세 가지 case에 대한 모든 계산을 수행한 후 결과들을 더하여 세 위치에서의 최종 처짐을 구한다.

풀이 이 보의 경우 탄성계수는 $E = 200$ GPa이고, 관성모멘트는 $I = 216 \times 10^6$ mm⁴이다. 따라서

$$EI = (200 \text{ GPa})(216 \times 10^6 \text{ mm}^4) = 43.2 \times 10^{12} \text{ N} \cdot \text{mm}^2 = 43.2 \times 10^3 \text{ kN} \cdot \text{m}^2$$

Case 1 — 왼쪽 돌출부에서의 집중하중

A에서의 처짐 계산을 위해서는 단순지지보와 캔틸레버보 식이 모두 필요하지만, C와 E에서의 보 처짐 계산을 위해서는 단순지지보 식만 필요하다.

A에서의 보 처짐: 3 m 길이 돌출부의 A에서의 캔틸레버보 처짐을 고려한다. 부록 C로부터 끝단에 집중하중이 가해지는 캔틸레버보의 최대 처짐은 다음과 같이 주어진다.

$$v_{\max} = -\frac{PL^3}{3EI} \tag{a}$$

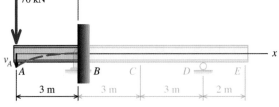

식 (a)는 A에서의 보 처짐의 일부를 계산하는 데 사용된다.

다음 값들로부터 A에서의 캔틸레버보 처짐은 다음과 같다.

$$P = 70 \text{ kN}$$

$$L = 3 \text{ m}$$

$$EI = 43.2 \times 10^3 \text{ kN} \cdot \text{m}^2$$

$$v_A = -\frac{PL^3}{3EI} = -\frac{(70 \text{ kN})(3 \text{ m})^3}{3(43.2 \times 10^3 \text{ kN}\cdot\text{m}^2)} = -14.583 \times 10^{-3} \text{ m} = -14.583 \text{ mm}$$

이 계산은 암시적으로 보가 B에서 강체 지지로 고정되어 있다고 가정한다. 그러나 돌출부는 B에서 강체 지지로 되어 있지 않고, 70 kN 하중에 의해 발생되는 모멘트에 대한 응답으로 회전하는 유연한 보에 연결되어 있다. B에서의 돌출부의 회전은 A에서의 처짐을 구할 때 고려되어야 한다.

70 kN 하중으로 인한 B에서의 모멘트는 $M = (70 \text{ kN})(3 \text{ m}) = 210 \text{ kN}\cdot\text{m}$이며, 그림과 같이 반시계방향으로 작용한다. 집중모멘트를 받는 단순지지보의 지간 끝단에서의 처짐각들은 부록 C로부터 얻을 수 있다.

$$\theta_1 = -\frac{ML}{3EI} \quad (M\text{이 작용하는 끝단에서}) \tag{b}$$

$$\theta_2 = +\frac{ML}{6EI} \quad (M\text{이 작용하는 끝단의 반대편에서}) \tag{c}$$

A에서의 처짐을 구하기 위해 B에서의 처짐각이 필요하다. D에서의 처짐각은 뒤에서 E에서의 처짐을 계산하는 데 사용될 것이다.

변수의 값들을 사용하여 B에서의 처짐각을 식 (b)로부터 구할 수 있다.

$$M = -210 \text{ kN}\cdot\text{m}$$
$$L = 6 \text{ m} \quad (\text{중앙 지간의 길이})$$
$$EI = 43.2 \times 10^3 \text{ kN}\cdot\text{m}^2$$
$$\theta_B = -\frac{ML}{3EI} = -\frac{(-210 \text{ kN}\cdot\text{m})(6 \text{ m})}{3(43.2 \times 10^3 \text{ kN}\cdot\text{m}^2)} = 9.722 \times 10^{-3} \text{ rad}$$

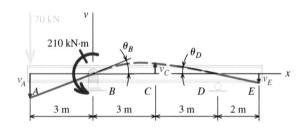

A에서의 보 처짐은 처짐각 θ_B와 돌출부 길이로부터 계산된다.

$$v_A = \theta_B \, x_{AB} = (9.722 \times 10^{-3} \text{ rad})(-3 \text{ m}) = -29.167 \times 10^{-3} \text{ m} = -29.167 \text{ mm}$$

C에서의 보 처짐: 이 경우에 대한 C에서의 보 처짐은 한쪽 끝단에 집중모멘트가 작용하는 단순지지보에 대한 탄성곡선식으로부터 얻을 수 있다. 부록 C로부터 탄성곡선식은 다음과 같다.

$$v = -\frac{Mx}{6LEI}(x^2 - 3Lx + 2L^2) \tag{d}$$

변수의 값들을 사용하여 C에서의 보 처짐을 식 (d)로부터 구할 수 있다.

$$M = -210 \text{ kN}\cdot\text{m}$$
$$x = 3 \text{ m}$$
$$L = 6 \text{ m} \quad (\text{중앙 지간의 길이})$$

$$EI = 43.2 \times 10^3 \text{ kN} \cdot \text{m}^2$$

$$v_C = -\frac{Mx}{6LEI}(x^2 - 3Lx + 2L^2)$$

$$= -\frac{(-210 \text{ kN} \cdot \text{m})(3 \text{ m})}{6(6 \text{ m})(43.2 \times 10^3 \text{ kN} \cdot \text{m}^2)}\left[(3 \text{ m})^2 - 3(6 \text{ m})(3 \text{ m}) + 2(6 \text{ m})^2\right]$$

$$= 10.938 \times 10^{-3} \text{ m} = 10.938 \text{ mm}$$

E에서의 보 처짐: 이 case의 경우 지간 오른쪽 끝의 돌출부에는 휨모멘트가 없다. 따라서 보는 휘어지지 않는다. 식 (c)에 의해 주어진 D의 처짐각과 돌출부 길이가 E에서의 처짐을 계산하는 데 사용된다. 변수의 값들을 사용하여 D에서의 처짐각을 식 (c)로부터 구한다.

$$M = -210 \text{ kN} \cdot \text{m}$$

$$L = 6 \text{ m} \quad \text{(중앙 지간의 길이)}$$

$$EI = 43.2 \times 10^3 \text{ kN} \cdot \text{m}^2$$

$$\theta_D = +\frac{ML}{6EI} = \frac{(-210 \text{ kN} \cdot \text{m})(6 \text{ m})}{6(43.2 \times 10^3 \text{ kN} \cdot \text{m}^2)} = -4.861 \times 10^{-3} \text{ rad}$$

E에서의 보 처짐은 처짐각 θ_D와 돌출부 길이로부터 계산된다.

$$v_E = \theta_D x_{DE} = (-4.861 \times 10^{-3} \text{ rad})(2 \text{ m}) = -9.722 \times 10^{-3} \text{ m} = -9.722 \text{ mm}$$

Case 2 — 중앙 지간에서의 등분포하중

중앙 지간에 작용하는 등분포하중에 대하여 중앙 지간에서의 최대 처짐과 지간 양 끝단에서의 기울기에 대한 식이 필요하다.

A에서의 보 처짐: 등분포하중은 지점 사이에서만 작용하므로 돌출된 지간에서 휨모멘트는 없다. A에서의 처짐을 계산하기 위하여 단순지지 지간의 끝단에서 기울기부터 계산한다. 부록 C로부터 지간 끝단에서의 처짐각은 다음과 같이 주어진다.

$$\theta_1 = -\theta_2 = -\frac{wL^3}{24EI} \tag{e}$$

변수의 값들을 사용하여 식 (e)로부터 처짐각 θ_B를 구한다.

$$w = 80 \text{ kN/m}$$

$$L = 6 \text{ m}$$

$$EI = 43.2 \times 10^3 \text{ kN} \cdot \text{m}^2$$

$$\theta_B = -\frac{wL^3}{24EI} = -\frac{(80 \text{ kN/m})(6 \text{ m})^3}{24(43.2 \times 10^3 \text{ kN} \cdot \text{m}^2)} = -16.667 \times 10^{-3} \text{ rad}$$

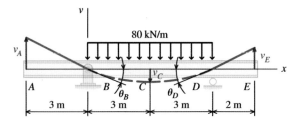

A에서의 보 처짐은 처짐각 θ_B와 돌출부 길이로부터 계산된다.

$$v_A = \theta_B x_{AB} = (-16.667 \times 10^{-3} \text{ rad})(-3 \text{ m}) = 50.001 \times 10^{-3} \text{ m} = 50.001 \text{ mm}$$

C에서의 보 처짐: 부록 C로부터 등분포하중을 받는 단순지지보 지간 중앙에서의 처짐에 대한 식을 얻을 수 있다.

$$v_{\max} = -\frac{5wL^4}{384EI} \tag{f}$$

식 (f)로부터 Case 2에 대한 C에서의 처짐은 다음과 같다.

$$v_C = -\frac{5wL^4}{384EI} = -\frac{5(80 \text{ kN/m})(6 \text{ m})^4}{384(43.2 \times 10^3 \text{ kN} \cdot \text{m}^2)} = -31.250 \times 10^{-3} \text{ mm} = -31.250 \text{ mm}$$

E에서의 보 처짐: D에서의 처짐각은 식 (e)로부터 계산된다.

$$\theta_D = \frac{wL^3}{24EI} = \frac{(80 \text{ kN/m})(6 \text{ m})^3}{24(43.2 \times 10^3 \text{ kN} \cdot \text{m}^2)} = 16.667 \times 10^{-3} \text{ rad}$$

E에서의 보 처짐은 처짐각 θ_D와 돌출부 길이로부터 계산된다.

$$v_E = \theta_D x_{DE} = (16.667 \times 10^{-3} \text{ rad})(2 \text{ m}) = 33.334 \times 10^{-3} \text{ m} = 33.334 \text{ mm}$$

Case 3 — 오른쪽 돌출부에서의 등분포하중

E에서의 처짐 계산을 위해서는 단순지지보와 캔틸레버보 식이 모두 필요하지만, A와 C에서의 보 처짐 계산을 위해서는 단순지지보 식만 필요하다.

E에서의 보 처짐: 2 m 길이 돌출부의 E에서의 캔틸레버보 처짐을 고려한다. 부록 C로부터 등분포하중을 받는 캔틸레버보의 최대 처짐은 다음과 같이 주어진다.

$$v_{\max} = -\frac{wL^4}{8EI} \tag{g}$$

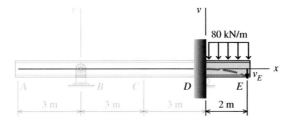

다음 값들로부터 식 (g)를 사용하여 E에서의 보 처짐의 일부를 계산한다.

$$w = -80 \text{ kN/m}$$
$$L = 2 \text{ m}$$
$$EI = 43.2 \times 10^3 \text{ kN} \cdot \text{m}^2$$
$$v_E = -\frac{wL^4}{8EI} = -\frac{(80 \text{ kN/m})(2 \text{ m})^4}{8(43.2 \times 10^3 \text{ kN} \cdot \text{m}^2)} = -3.704 \times 10^{-3} \text{ mm} = -3.704 \text{ mm}$$

이 계산은 암시적으로 보가 D에서 강체 지지로 고정되어 있다고 가정한다. 그러나 돌출부는 D에서 강체 지지로 되어 있지 않고, 80 kN/m 등분포하중에 의해 발생되는 모멘트에 대한 응답으로 회전하는 유연한 보에 연결되어 있다. D에서의 돌출부의 회전은 E에서의 처짐을 구할 때 고려되어야 한다.

80 kN/m 분포하중으로 인한 D에서의 모멘트는 $M = (0.5)(80 \text{ kN/m})(2 \text{ m})^2 = 160$ kN·m이며, 그림과 같이 시계방향으로 작용한다. 집중모멘트를 받는 단순지지보의 지간 양 끝단에서의 처짐각들은 식 (b)와 (c)로 주어진다. 변수의 값들을 사용하여 식 (b)로부터 D에서의 처짐각을 구할 수 있다.

$$M = -160 \text{ kN} \cdot \text{m}$$
$$L = 6 \text{ m} \quad \text{(중앙 지간의 길이)}$$
$$EI = 43.2 \times 10^3 \text{ kN} \cdot \text{m}^2$$
$$\theta_D = \frac{ML}{3EI} = -\frac{(-160 \text{ kN} \cdot \text{m})(6 \text{ m})}{3(43.2 \times 10^3 \text{ kN} \cdot \text{m}^2)} = -7.407 \times 10^{-3} \text{ rad}$$

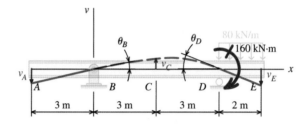

E에서의 보 처짐은 처짐각 θ_D와 돌출부 길이로부터 계산된다.

$$v_E = \theta_D x_{DE} = (-7.407 \times 10^{-3} \text{ rad})(2 \text{ m}) = -14.814 \times 10^{-3} \text{ m} = -14.814 \text{ mm}$$

C에서의 보 처짐: 이 경우에 대한 C에서의 보 처짐은 한쪽 끝단에 집중모멘트가 작용하는 단순지지보에 대한 탄성곡선식 [식 (d)]으로부터 얻을 수 있다. 변수의 값들을 사용하여 C에서의 보 처짐을 식 (d)로부터 구할 수 있다.

$$M = -160 \text{ kN} \cdot \text{m}$$
$$x = 3 \text{ m}$$
$$L = 3 \text{ m} \quad \text{(중앙 지간의 길이)}$$
$$EI = 43.2 \times 10^3 \text{ kN} \cdot \text{m}^2$$
$$v_C = -\frac{Mx}{6LEI}(x^2 - 3Lx + 2L^2)$$
$$= -\frac{(-160 \text{ kN} \cdot \text{m})(3 \text{ m})}{6(6 \text{ m})(43.2 \times 10^3 \text{ kN} \cdot \text{m}^2)}\left[(3 \text{ m})^2 - 3(6 \text{ m})(3 \text{ m}) + 2(6 \text{ m})^2\right]$$
$$= 8.333 \times 10^3 \text{ m} = 8.333 \text{ mm}$$

A에서의 보 처짐: B에서의 처짐각을 식 (c)로부터 구한다.

$$\theta_B = -\frac{ML}{6EI} = -\frac{(-160 \text{ kN} \cdot \text{m})(6 \text{ m})}{6(43.2 \times 10^3 \text{ kN} \cdot \text{m}^2)} = 3.704 \times 10^{-3} \text{ rad}$$

A에서의 보 처짐은 처짐각 θ_B와 돌출부 길이로부터 계산된다.

$$v_A = \theta_B x_{AB} = (3.704 \times 10^{-3} \text{ rad})(-3 \text{ m}) = -11.112 \times 10^{-3} \text{ m} = -11.112 \text{ mm}$$

중첩 Case	v_A (mm)	v_C (mm)	v_E (mm)
Case 1—왼쪽 돌출부에서의 집중하중	−14.583 −29.167	10.938	−9.722
Case 2—중앙 지간에서의 등분포하중	50.001	−31.250	33.334
Case 3—오른쪽 돌출부에서의 등분포하중	−11.112	8.333	−3.704 −14.814
총 처짐	**−4.86**	**−11.98**	**5.09**

답

Mec Movies MecMovies 예제 M10.11

지간 *BD*의 중앙에서의 보의 처짐에 대한 식을 구하라. 모든 지간에 걸쳐 보에 대한 *EI*는 일정하다고 가정한다.

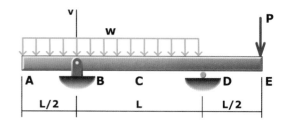

Mec Movies MecMovies 예제 M10.12

중첩법을 사용하여 *A*에서의 보의 처짐을 구하라. 보에서 *EI*는 일정하다고 가정한다.

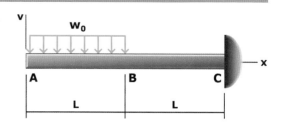

Mec Movies MecMovies 예제 M10.13

중첩법을 사용하여 *B*에서의 보의 처짐이 0이 되기 위해 필요한 힘 *P*의 크기를 구하라. 보에서 *EI*는 일정하다고 가정한다.

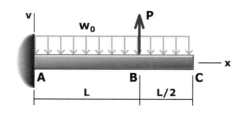

Mec Movies MecMovies 예제 M10.14

*A*에서의 보 기울기가 0이 되기 위한 최대 모멘트 M_0를 구하라. 보에서 *EI*는 일정하다고 가정한다.

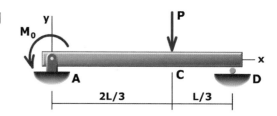

M10.3 8가지 기술들. Part I: 기술 1-4. 중첩법으로 보 처짐 문제를 푸는 데 필요한 일련의 기술들.

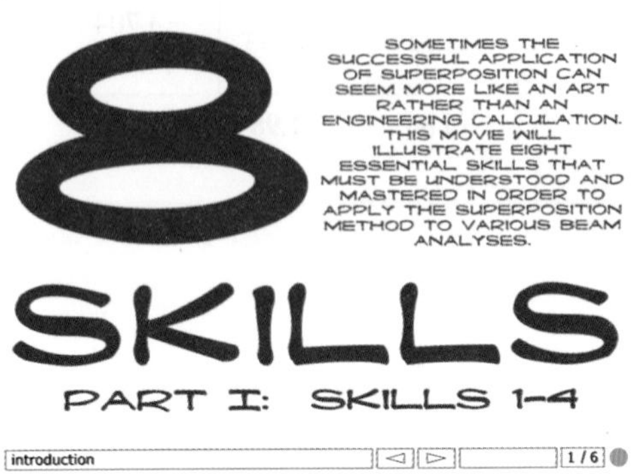

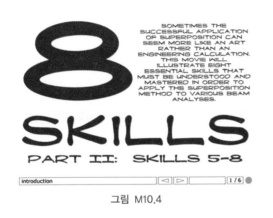

그림 M10.3

M10.4 8가지 기술들. Part II: 기술 5-8. 중첩법으로 보 처짐 문제를 푸는 데 필요한 일련의 기술들.

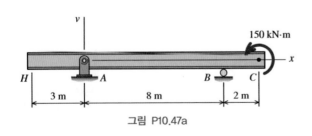

그림 M10.4

M10.5 중첩법 워밍업. 중첩법에서의 네 가지 기본 기술과 관련된 예제 및 개념 체크 포인트.

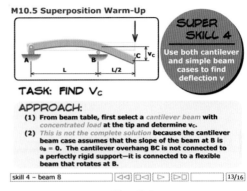

그림 M10.5

M10.6 하나의 단순 보, 하나의 하중, 3가지 경우. 2개의 돌출부가 있는 단순지지보에서 여러 지점에서의 보 처짐의 수치를 구한다. 모든 처짐은 세 가지 이내의 기본 처짐 경우들을 중첩함으로써 구해질 수 있다.

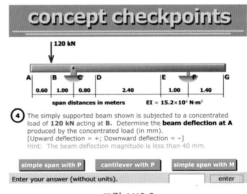

그림 M10.6

PROBLEMS

P10.47 그림 P10.47a – d에 주어진 보와 하중에 대해 H에서의 보 처짐을 구하라. 각 보에서 $EI = 8 \times 10^4$ kN·m²는 일정하다고 가정한다.

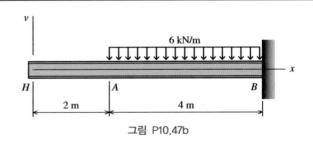

그림 P10.47a

그림 P10.47b

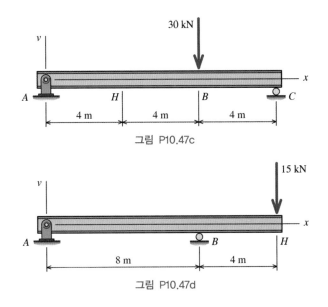

그림 P10.47c

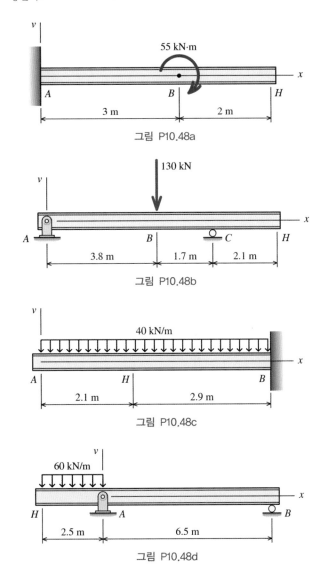

그림 P10.47d

P10.48 그림 P10.48a – d에 주어진 보와 하중에 대해 H에서의 보 처짐을 구하라. 각 보에서 $EI = 32000$ kN·m^{2}는 일정하다고 가정한다.

그림 P10.48a

그림 P10.48b

그림 P10.48c

그림 P10.48d

P10.49 그림 P10.49a – d에 주어진 보와 하중에 대해 H에서의 보 처짐을 구하라. 각 보에서 $EI = 6 \times 10^4$ kN·m^{2}는 일정하다고 가정한다.

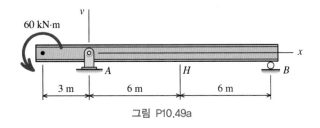

그림 P10.49a

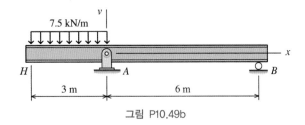

그림 P10.49b

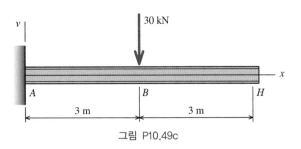

그림 P10.49c

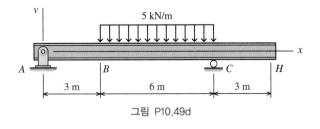

그림 P10.49d

P10.50 그림 P10.50a – d에 주어진 보와 하중에 대해 H에서의 보 처짐을 구하라. 각 보에서 $EI = 9000$ kN·m^{2}는 일정하다고 가정한다.

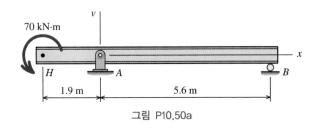

그림 P10.50a

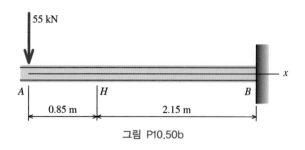

그림 P10.50b

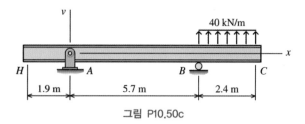

그림 P10.50c

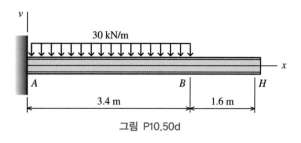

그림 P10.50d

P10.51 그림 P10.51에 주어진 단순지지보는 W460×82의 구조용 W 형상[$E=200$ GPa; $I=370×10^6$ mm^4]으로 구성되어 있다. 주어진 하중에 대하여 C점에서의 보 처짐을 구하라.

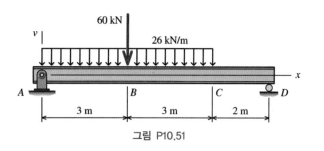

그림 P10.51

P10.52 그림 P10.52에 주어진 단순지지보는 W410×60의 구조용 W 형상[$E=200$ GPa; $I=216×10^6$ mm^4]으로 구성되어 있다. 주어진 하중에 대하여 B점에서의 보 처짐을 구하라.

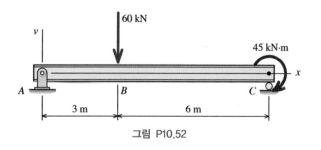

그림 P10.52

P10.53 그림 P10.53에 주어진 캔틸레버보는 사각형 구조용 강재 튜브[$E=200$ GPa; $I=400×10^6$ mm^4]로 구성되어 있다. 주어진 하중에 대하여 다음을 구하라.
(a) 점 A에서의 보 처짐
(b) 점 B에서의 보 처짐

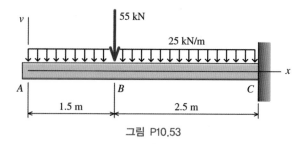

그림 P10.53

P10.54 그림 P10.54에 주어진 지름 30 mm의 강재[$E=200$ GPa] 샤프트는 두 개의 도르래를 지지하고 있다. 주어진 하중에 대하여 다음을 구하라.
(a) 점 B에서의 보 처짐
(b) 점 C에서의 보 처짐

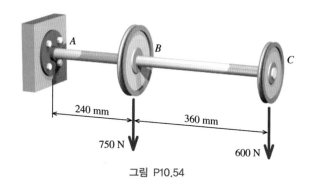

그림 P10.54

P10.55 그림 P10.55에 주어진 캔틸레버보는 사각형 구조용 강재 튜브[$E=200$ GPa; $I=109×10^6$ mm^4]로 구성되어 있다. 주어진 하중에 대하여 다음을 구하라.
(a) 점 A에서의 보 처짐
(b) 점 B에서의 보 처짐

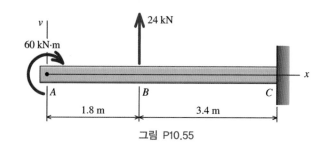

그림 P10.55

P10.56 그림 P10.56에 주어진 단순지지보는 W410×85의 구조용 W 형상[$E=200$ GPa; $I=316×10^6$ mm^4]으로 구성되어 있다. 주어진 하중에 대하여 다음을 구하라.

(a) 점 *A*에서의 보 처짐

(b) 점 *C*에서의 보 처짐

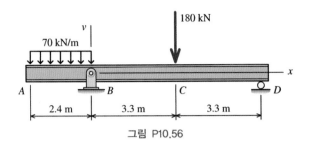

그림 P10.56

P10.57 그림 P10.57에 주어진 단순지지보는 W530×66의 구조용 W 형상[$E = 200$ GPa; $I = 351 \times 10^6$ mm^4]으로 구성되어 있다. 주어진 하중에 대하여 다음을 구하라.

(a) 점 *B*에서의 보 처짐

(b) 점 *D*에서의 보 처짐

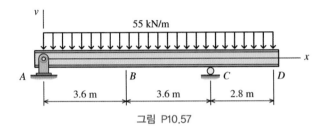

그림 P10.57

P10.58 그림 P10.58에 주어진 단순지지보는 W460×74의 구조용 W 형상[$E = 200$ GPa; $I = 333 \times 10^6$ mm^4]으로 구성되어 있다. $w = 90$ kN/m의 하중에 대하여 다음을 구하라.

(a) 점 *A*에서의 보 처짐

(b) 점 *C*에서의 보 처짐

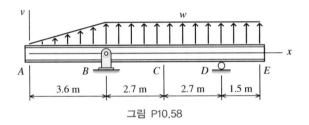

그림 P10.58

P10.59 그림 P10.59에 주어진 단순지지보는 W460×74의 구조용 W 형상[$E = 200$ GPa; $I = 333 \times 10^6$ mm^4]으로 구성되어 있다. $w = 110$ kN/m의 하중에 대하여 다음을 구하라.

(a) 점 *C*에서의 보 처짐

(b) 점 *E*에서의 보 처짐

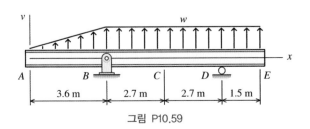

그림 P10.59

P10.60 그림 P10.60에 주어진 지름 30 mm의 강재[$E = 200$ GPa] 샤프트는 두 개의 도르래를 지지하고 있다. *B*에서의 베어링은 롤러 지지로 이상화될 수 있고 *D*에서의 베어링은 핀 지지로 이상화될 수 있다고 가정한다. 주어진 하중에 대하여 다음을 구하라.

(a) 도르래 *A*에서의 샤프트 처짐

(b) 도르래 *C*에서의 샤프트 처짐

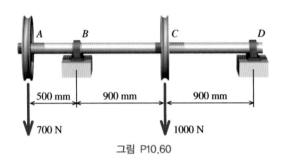

그림 P10.60

P10.61 그림 P10.61에 주어진 캔틸레버보는 W530×92의 구조용 W 형상[$E = 200$ GPa; $I = 552 \times 10^6$ mm^4]으로 구성되어 있다. 주어진 하중에 대하여 다음을 구하라.

(a) 점 *A*에서의 보 처짐

(b) 점 *B*에서의 보 처짐

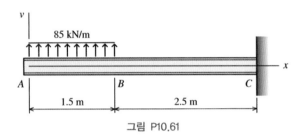

그림 P10.61

P10.62 그림 P10.62/63에 주어진 지름 30 mm의 강재[$E = 200$ GPa] 샤프트는 두 개의 도르래를 지지하고 있다. *A*에서의 베어링은 핀 지지로 이상화될 수 있고 *E*에서의 베어링은 롤러 지지로 이상화될 수 있다고 가정한다. 주어진 하중에 대하여 도르래 *B*에서의 샤프트 처짐을 구하라.

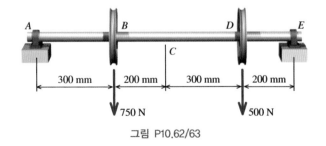

그림 P10.62/63

P10.63 그림 P10.62/63에 주어진 지름 30 mm의 강재[$E = 200$ GPa] 샤프트는 두 개의 도르래를 지지하고 있다. *A*에서의 베어링은 핀 지지로 이상화될 수 있고 *E*에서의 베어링은 롤러 지지로 이상화될 수 있다고 가정한다. 주어진 하중에 대하여 도르래

D에서의 샤프트 처짐을 구하라.

P10.64 그림 P10.64/65에 주어진 단순지지보는 W410×60의 구조용 W 형상[$E=200$ GPa; $I=216\times10^6$ mm^4]으로 구성되어 있다. 주어진 하중에 대하여 점 B에서의 보 처짐을 구하라.

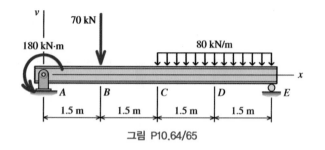

그림 P10.64/65

P10.65 그림 P10.64/65에 주어진 단순지지보는 W410×60의 구조용 W 형상[$E=200$ GPa; $I=216\times10^6$ mm^4]으로 구성되어 있다. 주어진 하중에 대하여 점 C에서의 보 처짐을 구하라.

P10.66 그림 P10.66/67에 주어진 단순지지보는 W530×66의 구조용 W 형상[$E=200$ GPa; $I=351\times10^6$ mm^4]으로 구성되어 있다. $w=80$ kN/m의 하중에 대하여 다음을 구하라.
(a) 점 A에서의 보 처짐
(b) 점 C에서의 보 처짐

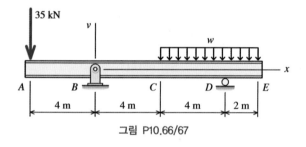

그림 P10.66/67

P10.67 그림 P10.66/67에 주어진 단순지지보는 W530×66의 구조용 W 형상[$E=200$ GPa; $I=351\times10^6$ mm^4]으로 구성되어 있다. $w=90$ kN/m의 하중에 대하여 다음을 구하라.
(a) 점 C에서의 보 처짐
(b) 점 E에서의 보 처짐

P10.68 그림 P10.68에 주어진 캔틸레버보는 사각형 구조용 강재 튜브[$E=200$ GPa; $I=170\times10^6$ mm^4]로 구성되어 있다. 주어진 하중에 대하여 다음을 구하라.
(a) 점 A에서의 보 처짐
(b) 점 B에서의 보 처짐

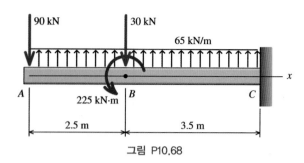

그림 P10.68

P10.69 그림 P10.69에 주어진 단순지지보는 사각형 구조용 강재 튜브[$E=200$ GPa; $I=350\times10^6$ mm^4]로 구성되어 있다. 주어진 하중에 대하여 다음을 구하라.
(a) 점 C에서의 보 처짐
(b) 점 E에서의 보 처짐

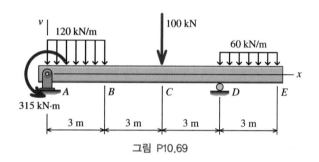

그림 P10.69

P10.70 그림 P10.70/71에 주어진 캔틸레버보는 사각형 구조용 강재 튜브[$E=200$ GPa; $I=95\times10^6$ mm^4]로 구성되어 있다. 주어진 하중에 대하여 점 B에서의 보 처짐을 구하라.

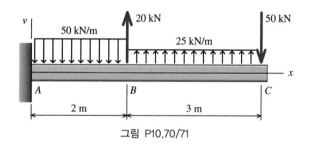

그림 P10.70/71

P10.71 그림 P10.70/71에 주어진 캔틸레버보는 사각형 구조용 강재 튜브[$E=200$ GPa; $I=95\times10^6$ mm^4]로 구성되어 있다. 주어진 하중에 대하여 점 C에서의 보 처짐을 구하라.

P10.72 그림 P10.72에 주어진 단순지지보는 W250×80의 구조용 W 형상[$E=200$ GPa; $I=126\times10^6$ mm^4]으로 구성되어 있다. 주어진 하중에 대하여 다음을 구하라.
(a) 점 A에서의 보 처짐
(b) 점 C에서의 보 처짐

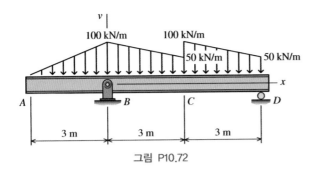

그림 P10.72

P10.73 그림 P10.73에 주어진 단순지지보는 W460×74의 구조용 W 형상[$E = 200$ GPa; $I = 333 \times 10^6$ mm^4]으로 구성되어 있다. 주어진 하중에 대하여 다음을 구하라.
(a) 점 A에서의 보 처짐
(b) 점 C에서의 보 처짐

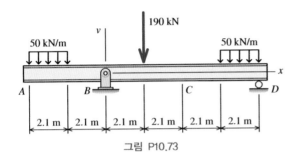

그림 P10.73

P10.74 그림 P10.74/75에 주어진 단순지지보는 W530×66의 구조용 W 형상[$E = 200$ GPa; $I = 351 \times 10^6$ mm^4]으로 구성되어 있다. $w = 85$ kN/m의 하중에 대하여 점 B에서의 보 처짐을 구하라.

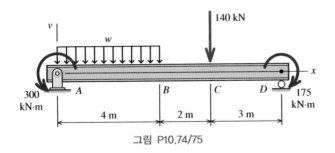

그림 P10.74/75

P10.75 그림 P10.74/75에 주어진 단순지지보는 W530×66의 구조용 W 형상[$E = 200$ GPa; $I = 351 \times 10^6$ mm^4]으로 구성되어 있다. $w = 115$ kN/m의 하중에 대하여 점 C에서의 보 처짐을 구하라.

P10.76 8 m 길이의 보(버팀기둥)가 굴착 부지에서 지반 유지 시스템의 핵심 구성 요소로 사용된다. 보는 그림 P10.76과 같이 8 kN/m에서 4 kN/m까지 선형으로 분포된 지반 하중을 받고 있다. 보는 A에 고정된 캔틸레버로 이상화할 수 있다. 보에 25 kN의 힘을 가하는 앵커를 B에 지점으로 추가한다. 점 C에서의 보의 수평 처짐을 구하라. $EI = 4000$ kN·m^{2}라고 가정한다.

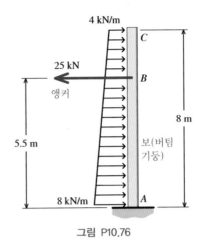

그림 P10.76

P10.77 8 m 길이의 보(버팀기둥)가 굴착 부지에서 지반 유지 시스템의 핵심 구성 요소로 사용된다. 보는 그림 P10.76과 같이 4 kN/m의 등분포 지반 하중을 받고 있다. 보는 A에 고정된 캔틸레버로 이상화할 수 있다. 보에 20 kN의 힘을 가하는 앵커를 B에 지점으로 추가한다. 점 C에서의 보의 수평 처짐을 구하라. $EI = 4000$ kN·m^{2}라고 가정한다.

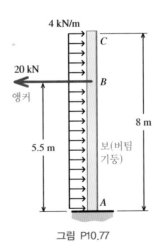

그림 P10.77

부정정 보

11.1 개요

    미지의 지점 반력 개수가 평형방정식의 개수를 초과하는 보를 부정정 보로 분류한다. 이 경우, 하중이 가해진 보의 변형을 이용하여 미지의 반력(또는 미지의 힘)을 구하기 위한 추가 관계식을 유도한다. 적합방정식을 구성하기 위해 10장에서 제시된 계산법과 함께 지점에서 알고 있는 처짐각과 처짐(또는 다른 제약조건)을 활용한다. 이와 함께 적합방정식과 평형방정식은 모든 보의 반력을 결정하는 데 필요한 기본 정보를 제공한다. 보에 재하된 모든 하중을 알게 되면 7장에서 10장까지 제시된 방법들을 이용하여 보의 응력과 변형을 구할 수 있다.

11.2 부정정 보의 종류

    부정정 보는 전형적으로 지점의 배치로 확인할 수 있다. 그림 11.1a는 일단고정 일단롤러 보(propped cantilever beam)를 보여주고 있다. 이런 형태의 보는 한쪽에는 고정지지를 가지고 있으며 다른 쪽에는 롤러지지를 가지고 있다. 고정지지는 3개의 지점 반력이 있다: 수평 및 수직방향의 반력 A_x, A_y와 회전에 대한 반력 M_y. 롤러지지는 수직방향 변위를 억제한다(B_y). 결과적으로 일단고정 일단롤러 보는 미지의 반력이 4개이다. 이 보에 대해서

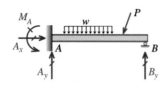

(a) 하중과 반력이 있는 실제 보

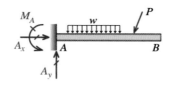

(b) B_y가 불필요한 것으로
선정된 경우 해제 보

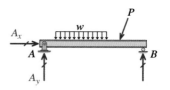

(c) M_A가 불필요한 것으로
선정된 경우 해제 보

그림 11.1 일단고정 일단롤러 보

는 3개의 평형방정식을 구성할 수 있다($\sum F_x = 0$, $\sum F_y = 0$, $\sum M = 0$). 평형방정식보다 많은 반력이 존재하므로 일단고정 일단롤러 보를 부정정 보(statically indeterminate)로 구분한다. 평형방정식 수를 초과하는 반력의 개수를 부정정차수(degree of static indeterminacy)라고 한다. 그래서 일단고정 일단롤러 보를 1차 부정정이라고 한다. 초과 반력은 보의 평형을 유지하는 데 있어 필수적이지 않기 때문에 잉여 반력(redundant reactions) 또는 여력(redundants)이라고 한다.

일반적으로 부정정 보의 해석과정은 잉여 반력을 선택하고 재하된 보의 변형 형상에 기초해서 각 여력에 적절한 방정식을 구성하는 과정을 포함한다. 이러한 기하학적 방정식을 구성하기 위해서 여력을 보에서 선정하고 제거해야 한다. 그 여력을 제거하고 남은 보를 해제 보(released beam)라고 한다. 해제 보는 (하중을 견딜 수 있는) 안정성(stable)을 확보하면서 평형방정식으로부터 반력을 구할 수 있도록 정정이어야 한다. 잉여 반력이 가지는 효과는 그 지점에서 발생하는 변위나 회전에 대한 정보를 통해 별도로 기술한다. 예를 들면, 잉여 지점 B_y는 위나 아래로 보의 처짐이 발생하지 않도록 구속하기 때문에 B에서 보의 처짐이 발생하지 않는다는 것을 확실히 알고 있다.

앞 단락에서 언급했다시피, 해제 보는 안정적이며 정정이어야 한다. 예를 들어, 일단고정 일단롤러 보에서 롤러 반력 B_y를 제거해도 여전히 하중을 견딜 수 있는 캔틸레버보가 된다(그림 11.1b). 다시 말해 캔틸레버보는 안정성을 확보하고 있다. 다른 대안으로 일단고정 일단롤러 보에서 모멘트 반력 M_A를 제거하면(그림 11.1c) A에는 힌지, B에는 롤러 받침이 있는 단순 보가 된다. 이와 같이 해제된 보 역시 안정성을 확보하고 있다.

만일 보에 작용하는 모든 하중이 보의 축방향에 수직이라면 특별한 경우가 발생한다. 그림 11.2의 일단고정 일단롤러 보는 수직 하중만 가해진다. 이 경우, 평형식 $\sum F_x = A_x = 0$이 필요 없게 되며 따라서 A에서 수평반력이 없어지고 세 개의 미지 반력 A_x, B_y, M_A만 남게 된다. 이 경우에서도 평형방정식은 단 2개만 사용 가능하므로 보는 여전히 1차 부정정이다.

또 다른 부정정 보의 형태로 고정단 보(fixed−end beam) 또는 고정-고정 보(fixed−

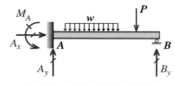

그림 11.2   수직 하중만 가해진
일단고정 일단롤러 보

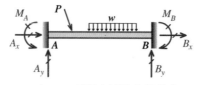

그림 11.3   하중과 반력이 존재하는
고정단 보

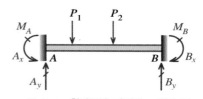

그림 11.4   횡하중만 가해진 고정단 보

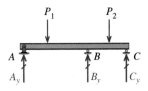

그림 11.5a 세 개의 지점을
가진 연속 보

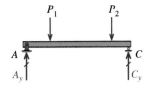

그림 11.5b 여력 B_y를 제거한
해제 보

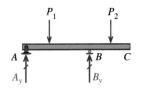

그림 11.5c 여력 C_y를 제거한
해제 보

fixed beam)가 있다(그림 11.3). A와 B의 고정단에서 각각 세 개의 반력이 존재한다. 평형방정식은 세 개밖에 없기 때문에 이 보는 3차 부정정 보이다. 수평하중만 가해지는 특별한 경우(그림 11.4), 고정단 보에는 4개의 반력이 발생하지만 평형방정식은 두 개만 적용할 수 있다. 따라서 그림 11.4의 고정단 보는 2차 부정정이다.

그림 11.5a와 같은 보는 한 개 이상의 지간을 갖고 내부 지점에서 불연속이 아니기 때문에 연속 보(continuous beam)로 불린다. 이 보에 횡하중만 가해진다면 1차 부정정이다. 이 보를 정정으로 해제하는 방법에는 두 가지가 있다. 그림 11.5b에서 B의 내부 롤러 지점을 제거하여 A와 C로 지지되는 단순 보가 될 수 있다. 그림 11.5c에서는 C의 외부 지점을 제거한다. 해제 보는 역시 단순 보가 된다. 그러나 이 보는 B에서 C까지 돌출부를 갖게 된다. 그럼에도 불구하고 이 보는 안정적인 모양을 갖는다.

다음 절에서는 부정정 보를 해석하는 세 가지 방법을 알아볼 것이다. 각각의 경우에서 첫 번째 목적은 잉여 반력의 크기를 결정하는 것이다. 그 다음으로 평형방정식을 이용하여 남은 반력을 결정한다. 모든 반력을 구한 다음에는 7~10장에서 배운 방법을 이용하여 보의 전단력, 휨모멘트, 휨응력과 전단응력, 횡변위를 구한다.

11.3 적분법

정정 보에서 알고 있는 회전각과 변형은 경계조건 및 연속조건을 얻기 위해 사용되고 그로부터 탄성곡선식의 적분상수를 계산할 수 있다. 부정정 보에서도 과정은 동일하다. 다만, 평형방정식에서는 구할 수 없는 반력이나 하중들이 초기 단계에서 유도된 휨모멘트식에 포함된다. 그러한 각각의 미지 반력을 계산하기 위해 추가적인 경계조건이 필요하다. 예를 들어 4개의 미지 반력을 가진 횡하중을 받는 보를 이중적분법으로 푼다고 하자. 휨모멘트식을 두 번 적분하면서 두 개의 적분상수가 나타난다. 결과적으로 이 경우는 6개의 미지수를 갖는 부정정 보가 된다. 횡하중을 받는 보는 단지 두 개의 평형방정식만 사용할 수 있다. 4개의 추가적인 방정식을 경계조건이나 연속조건에서부터 유도해야 한다. 두 개의 적분상수를 구하기 위해 두 개의 경계(연속)조건이 필요하고 두 개의 미지 반력을 구하기 위해 추가적으로 두 개의 경계(연속)조건이 필요하다. 다음 예제가 그 방법을 설명한다.

그림과 같이 일단고정 일단롤러 보가 하중을 받고 있다. EI는 일정하다고 가정하자. 지점 A와 B에서 반력을 구하라.

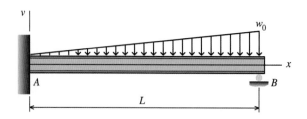

풀이 계획 우선, 전체 보의 자유물체도를 그리고 4개의 미지 반력 A_x, A_y, B_y, M_A를 이용하여 세 개의 평형방정식을 유도한다. 다음으로 원점에서 x만큼 떨어진 곳을 절단하여 자유물체도를 그린다. 모멘트 합에 대한 평형방정식을 쓰고 이로부터 x가 변함에 따라 휨모멘트 M의 식을 만든다. M을 식 (10.4)에 대입하여 두 번 적분하면 두 개의 상수가 만들어진다. 이때 6개의 미지수가 생기며 풀이를 위해서 6개의 방정식이 필요하다. 세 개의 평형방정식 외에, 세 개의 경계조건으로부터 세 개의 추가식을 얻을 수 있다. 여섯 개의 식을 풀어 적분상수와 미지의 반력을 구할 수 있다.

풀이 평형방정식

전체 보에 대한 자유물체도를 생각하자. x방향 하중이 없기 때문에 수평방향 힘의 합에 대한 방정식은 불필요하다.

$$\sum F_x = A_x = 0$$

수직방향 힘의 합을 구하면 다음 식을 얻는다.

$$\sum F_y = A_y + B_y - \frac{1}{2}w_0L = 0 \tag{a}$$

롤러지점 B에 대한 모멘트 합으로부터 다음 식을 만든다.

$$\sum M_B = \frac{1}{2}w_0L\left(\frac{L}{3}\right) - A_yL - M_A = 0 \tag{b}$$

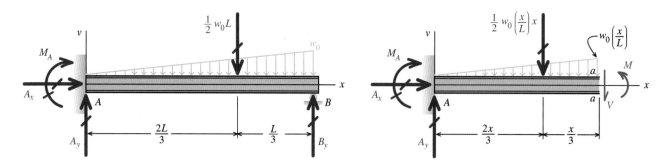

다음으로, 원점에서 x만큼 떨어진 위치에서 보를 자르고 양의 방향 내부모멘트 M이 노출된 보의 표면에 작용하도록 자유물체도를 그린다. 단면 $a-a$에 대한 모멘트합의 평형방성식은 다음과 같다.

$$\sum M = \frac{1}{2}w_0\left(\frac{x}{L}\right)x\left(\frac{x}{3}\right) - A_yx - M_A + M = 0$$

이로부터 휨모멘트 식은 다음과 같이 표현할 수 있다.

$$M = -\frac{w_0}{6L}x^3 + A_y x + M_A \qquad (0 \le x \le L) \tag{c}$$

M을 식 (10.4)에 대입하면 다음 식을 얻을 수 있다.

$$EI\frac{d^2v}{dx^2} = -\frac{w_0}{6L}x^3 + A_y x + M_A \tag{d}$$

적분

식 (d)를 두 번 적분하면 다음 식을 차례로 얻는다.

$$EI\frac{dv}{dx} = -\frac{w_0}{24L}x^4 + \frac{A_y}{2}x^2 + M_A x + C_1 \tag{e}$$

$$EIv = -\frac{W_0}{120L}x^5 + \frac{A_y}{6}x^3 + \frac{M_A}{2}x^2 + C_1 x + C_2 \tag{f}$$

경계조건

이 보에서 식 (c)의 휨모멘트 식 M은 $0 \le x \le L$ 구간에서 유효하다. 그래서 경계조건은 $x=0$, $x=L$에서 구한다. A의 고정지지에서 경계조건은 $x=0$, $dv/dx=0$이고 $x=0$, $v=0$이다. 롤러지지 B에서 경계조건은 $x=L$, $v=0$이다.

적분상수 결정

경계조건 $x=0$, $dv/dx=0$을 식 (e)에 적용하면 $C_1=0$을 구할 수 있다. $x=0$, $dv/dx=0$ 경계조건을 식 (f)에 적용하면 $C_2=0$을 구할 수 있다. 다음으로 C_1과 C_2값, 그리고 $x=L$, $v=0$ 경계조건을 식 (f)에 대입하면 다음 식을 얻는다.

$$EI(0) = -\frac{w_0}{120L}(L)^5 + \frac{A_y}{6}(L)^3 + \frac{M_A}{2}(L)^2$$

위 식을 반력 A_y의 항을 이용하여 M_A에 대하여 정리하면

$$M_A = \frac{w_0 L^2}{60} - \frac{A_y L}{3} \tag{g}$$

평형방정식 (b)로부터 M_A는 다음과 같이 쓸 수 있다.

$$M_A = \frac{w_0 L^2}{6} - A_y L \tag{h}$$

반력 계산

식 (g)와 (h)를 같다고 놓으면

$$\frac{w_0 L^2}{60} - \frac{A_y L}{3} = \frac{w_0 L^2}{6} - A_y L$$

A에서 수직반력에 대하여 풀면

$$A_y = \frac{27}{120} w_0 L = \frac{9}{40} w_0 L \qquad \text{답}$$

이 결과를 다시 식 (g)나 (h)에 대입하여 M_A를 구하면

$$M_A = -\frac{7}{120} w_0 L^2 \qquad \text{답}$$

롤러지점 B에서의 반력을 결정하기 위해 A_y를 식 (a)에 대입하여 B_y를 구하면

$$B_y = \frac{33}{120} w_0 L = \frac{11}{40} w_0 L \qquad \text{답}$$

예제 11.2

그림과 같은 지지조건과 하중을 받는 보가 있다. EI를 상수로 가정하여 A와 C에서의 반력을 구하라.

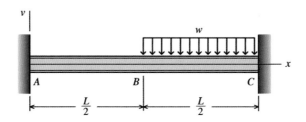

풀이 계획 우선, 전체 보에 대한 자유물체도를 그리고 A_y, C_y, M_A, M_C 등 네 개의 미지 반력으로 두 개의 평형방정식을 구한다. 두 개의 탄성곡선식을 보와 하중에 대하여 유도한다. 한 개의 탄성곡선은 $0 \le x \le L/2$ 구간에서 적용하고, 두 번째 곡선은 $L/2 \le x \le L$ 구간에 적용한다. 두 식을 두 번 적분하면 네 개의 적분상수가 생긴다. 따라서, 모두 8개의 미지수를 결정해야 한다. 8개의 미지수를 구하기 위해서는 8개의 방정식이 필요하다. 네 개의 방정식은 변위와 회전각을 알 수 있는 지점으로부터 얻을 수 있다. 두 구간의 경계인 $x = L/2$ 위치에서 연속조건을 적용하면 두 개의 방정식을 얻을 수 있다. 마지막으로 전체 보의 평형조건으로부터 두 개의 유효한 방정식을 얻을 수 있다. 여덟 개의 방정식을 풀면 적분상수와 미지의 반력을 구할 수 있다.

풀이 평형방정식

전체 보에 대한 자유물체도를 그린다. 수평방향으로 작용하는 하중이 없기 때문에 반력 A_x, C_x는 생략된다. 두 개의 평형방정식을 아래와 같이 쓴다.

$$\sum F_y = A_y + C_y - \frac{wL}{2} = 0 \qquad \text{(a)}$$

$$\sum M_C = \frac{wL}{2}\left(\frac{L}{4}\right) - A_y L - M_A + M_C = 0 \qquad \text{(b)}$$

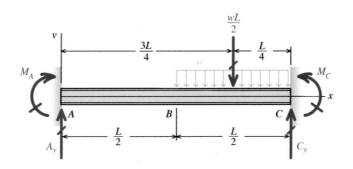

이 보에서 전체 지간에 대한 휨모멘트를 기술하기 위해서는 두 개의 방정식이 필요하다. 두 개의 자유물체도를 그린다. 하나는 A와 B 사이의 보를 자른 것이고 두 번째는 B와 C 사이를 자른 것이다. 두 개의 자유물체도로부터 휨모멘트 방정식을 유도하고 다시 탄성곡선의 미분방정식을 만든다.

A와 B 사이 $0 \le x \le L/2$ 구간

$$M = A_y x + M_A$$

이로부터 얻을 수 있는 미분방정식은

$$EI \frac{d^2v}{dx^2} = A_y x + M_A \tag{c}$$

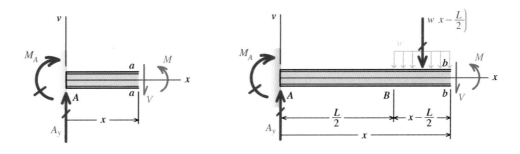

적분

식 (c)를 두 번 적분하여 다음의 식을 얻는다.

$$EI \frac{dv}{dx} = \frac{A_y}{2} x^2 + M_A x + C_1 \tag{d}$$

$$EIv = \frac{A_y}{6} x^3 + \frac{M_A}{2} x^2 + C_1 x + C_2 \tag{e}$$

B와 C사이 $L/2 \le x \le L$ 구간

$$M = -\frac{w}{2}\left(x - \frac{L}{2}\right)^2 + A_y x + M_A$$

이로부터 다음의 미분방정식을 얻는다.

$$EI \frac{d^2v}{dx^2} = -\frac{w}{2}\left(x - \frac{L}{2}\right)^2 + A_y x + M_A \tag{f}$$

적분

식 (f)를 두 번 적분하여 다음을 차례로 얻는다.

$$EI\frac{dv}{dx} = -\frac{w}{6}\left(x-\frac{L}{2}\right)^3 + \frac{A_y}{2}x^2 + M_A x + C_3 \tag{g}$$

$$EIv = -\frac{w}{24}\left(x-\frac{L}{2}\right)^4 + \frac{A_y}{6}x^3 + \frac{M_A}{2}x^2 + C_3 x + C_4 \tag{h}$$

경계조건

이 보에는 4개의 경계조건이 있다. 식 (d)에 $x=0$, $dv/dx=0$을 대입하면 $C_1=0$이 되고, 식 (e)에 $x=0$, $v=0$을 대입하면 $C_2=0$이 된다. 다음으로, 식 (g)에 $x=L$, $dv/dx=0$의 경계조건을 대입하면 C_3에 대한 다음 식을 얻는다.

$$C_3 = \frac{wL^3}{48} - \frac{A_y L^2}{2} - M_A L$$

마지막으로 $x=L$, $v=0$의 경계조건과 C_3를 식 (h)에 대입하면 C_4를 다음과 같이 얻을 수 있다.

$$C_4 = -\frac{7wL^4}{384} + \frac{A_y L^3}{3} + \frac{M_A L^2}{2}$$

연속조건

이 보는 하나의 연속 부재이다. 결과적으로 두 세트의 식은 $x=L/2$에서 동일한 경사와 처짐을 보여주어야 한다. 경사에 대한 식 (d)와 (g)를 고려하자. $x=L/2$에서 두 식은 동일한 경사값을 주어야 한다. 그래서 두 식을 같다고 하고 x 대신 $L/2$을 대입하면 다음과 같다.

$$\frac{A_y}{2}\left(\frac{L}{2}\right)^2 + M_A\left(\frac{L}{2}\right) = -\frac{w}{6}(0)^3 + \frac{A_y}{2}\left(\frac{L}{2}\right)^2 + M_A\left(\frac{L}{2}\right) + C_3$$

이 식은 다음과 같이 간단히 정리된다.

$$0 = C_3 = \frac{wL^3}{48} - \frac{A_y L^2}{2} - M_A L \qquad \therefore \frac{A_y L^2}{2} + M_A L = \frac{wL^3}{48} \tag{i}$$

마찬가지로 처짐 식 (e)와 (h)는 $x=L/2$에서 동일한 처짐을 산정해야 한다.

$$\frac{A_y}{6}\left(\frac{L}{2}\right)^3 + \frac{M_A}{2}\left(\frac{L}{2}\right)^2 = -\frac{w}{24}(0)^4 + \frac{A_y}{6}\left(\frac{L}{2}\right)^3 + \frac{M_A}{2}\left(\frac{L}{2}\right)^2 + C_3\left(\frac{L}{2}\right) + C_4$$

이 식은 다음과 같이 간단히 정리된다.

$$C_4 = -C_3\left(\frac{L}{2}\right) \qquad \therefore -\frac{7wL^4}{384} + \frac{A_y L^3}{3} + \frac{M_A L^2}{2} = -\left[\frac{wL^3}{48} - \frac{A_y L^2}{2} - M_A L\right]\left(\frac{L}{2}\right) \tag{j}$$

반력 계산

식 (j)로부터 반력 A_y를 구하면 다음과 같다.

$$A_y = \frac{36wL}{384} = \frac{3wL}{32}$$

답

반력 A_y를 식 (i)에 대입하여 점 A에서 모멘트를 구한다.

$$M_A = \frac{wL^2}{48} - \frac{A_y L}{2} = \frac{wL^2}{48} - \frac{3wL^2}{64} = -\frac{10wL^2}{384} = -\frac{5wL^2}{192}$$

답

반력 A_y를 식 (a)에 대입하여 반력 C_y를 구한다.

$$C_y = \frac{wL}{2} - A_y = \frac{wL}{2} - \frac{3wL}{32} = \frac{13wL}{32}$$

답

마지막으로 식 (b)에서 모멘트반력 M_C를 구한다.

$$M_C = M_A + A_y L - \frac{wL^2}{8} = -\frac{10wL^2}{384} + \frac{3wL^2}{32} - \frac{wL^2}{8} = -\frac{22wL^2}{384} = -\frac{11wL^2}{192}$$

답

PROBLEMS

P11.1 하중과 경계조건이 그림 P11.1과 같은 보가 있다. 왼쪽 끝에서 경사가 0이 되도록 만드는 데 필요한 모멘트 M_0를 이중 적분법을 이용하여 구하라.

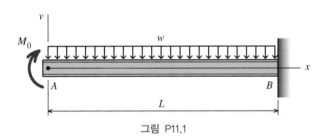

그림 P11.1

P11.2 그림 P11.2의 캔틸레버보 왼쪽 끝단에 모멘트 M_0가 작용할 때 A에서 보의 경사가 0이다. 이중적분법을 사용하여 모멘트 M_0의 크기를 구하라.

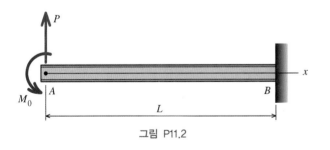

그림 P11.2

P11.3 그림 P11.3의 캔틸레버보 오른쪽 끝단에 하중 P가 작용할 때 보 오른쪽 끝단의 처짐이 0이다. 이중적분법을 이용하여 하중 P의 크기를 구하라.

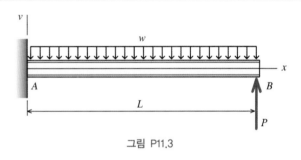

그림 P11.3

P11.4 하중과 경계조건이 그림 P11.4와 같은 보가 있다. 이중 적분법을 이용하여 지점 A와 B에서 반력을 구하라.

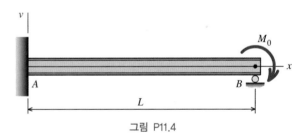

그림 P11.4

P11.5 하중과 경계조건이 그림 P11.5와 같은 보가 있다.
(a) 이중적분법을 이용하여 지점 A와 B에서 반력을 구하라.
(b) 이 보에 대하여 전단력도와 모멘트도를 그려라.

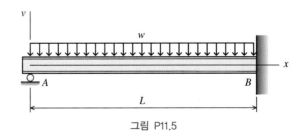

그림 P11.5

P11.6 하중과 경계조건이 그림 P11.6과 같은 보가 있다. 이중 적분법을 이용하여 지점 A와 B에서 반력을 구하라.

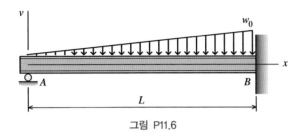

그림 P11.6

P11.7 하중과 경계조건이 그림 P11.7과 같은 보가 있다. 4차적 분법을 이용하여 롤러 지점 B에서 반력을 구하라.

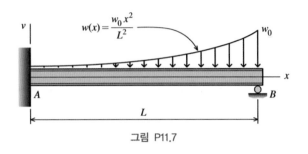

그림 P11.7

P11.8–P11.9 하중과 경계조건이 그림 P11.8 및 P11.9와 같은 보가 있다. 4차 적분법을 이용하여 롤러 지점 A에서 반력을 구하라.

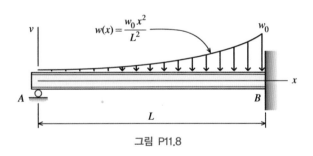

그림 P11.8

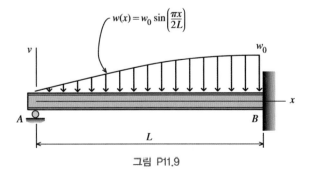

그림 P11.9

P11.10 하중과 경계조건이 그림 P11.10과 같은 보가 있다. 4차 적분법을 이용하여 지점 A와 B에서 반력을 구하라.

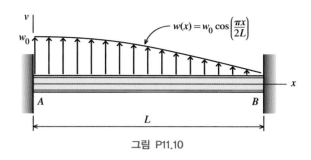

그림 P11.10

P11.11 하중과 경계조건이 그림 P11.11과 같은 보가 있다. 4차 적분법을 이용하여 지점 A와 B에서 반력을 구하라.

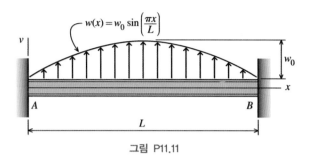

그림 P11.11

P11.12 하중과 경계조건이 그림 P11.12와 같은 보가 있다.
(a) 이중적분법을 이용하여 지점 A와 C에서 반력을 구하라.
(b) 이 보에 대하여 전단력도와 모멘트도를 그려라.
(c) 지간 중앙에서 처짐을 구하라.

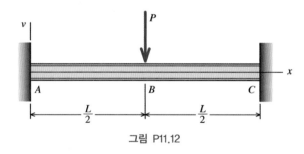

그림 P11.12

P11.13 하중과 경계조건이 그림 P11.13과 같은 보가 있다.
(a) 이중적분법을 이용하여 지점 A와 B에서 반력을 구하라.
(b) 이 보에 대하여 전단력도와 모멘트도를 그려라.
(c) 지간 중앙에서 처짐을 구하라.

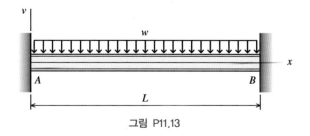

그림 P11.13

P11.14 하중과 경계조건이 그림 P11.14와 같은 보가 있다.
(a) 이중적분법을 이용하여 지점 A와 C에서 반력을 구하라.
(b) 지간 중앙에서 처짐을 구하라.

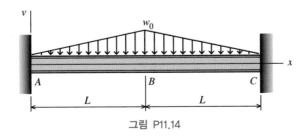

그림 P11.14

P11.15 하중과 경계조건이 그림 P11.15와 같은 보가 있다.
(a) 이중적분법을 이용하여 지점 A와 C에서 반력을 구하라.
(b) 이 보에 대하여 전단력도와 모멘트도를 그려라.
(c) 지간 중앙에서 처짐을 구하라.

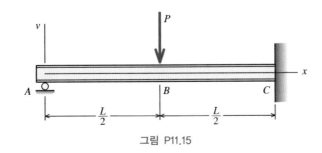

그림 P11.15

P11.16–P11.17 하중과 경계조건이 그림 P11.16 및 P11.17과 같은 보가 있다.
(a) 이중적분법을 이용하여 지점 A와 C에서 반력을 구하라.
(b) 이 보에 대하여 전단력도와 모멘트도를 그려라.

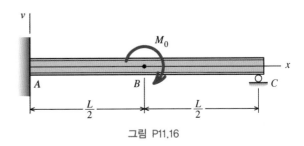

그림 P11.16

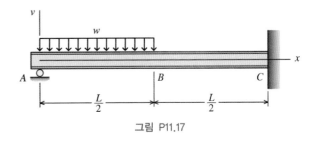

그림 P11.17

11.4 불연속함수를 이용한 부정정 보 해석

7장과 10장에서 불연속함수를 이용한 정정보의 해석 방법을 알아보았다. 7.4절에서는 불연속함수를 이용하여 보의 전단력도 및 모멘트도를 함수식으로 유도하였다. 10.6절에서는 불연속함수를 이용하여 정정보의 처짐을 계산하였다. 두 절에서 반력과 모멘트는 평형방정식에서 미리 구하고 이때 구한 값을 계산과정의 초기부터 하중함수 $w(x)$에 포함시키도록 하였다. 부정정 보의 해석에서 어려운 점은 평형방정식만으로 이러한 반력들을 구할 수 없으므로 반력과 모멘트를 $w(x)$에 포함시킬 수 없는 것이다.

부정정 보에서 반력과 모멘트는 하중함수 $w(x)$에서 초기에 미지의 양으로 표현된다. 10.6절에 제시된 바와 같이 적분을 적용하면 두 개의 적분상수 C_1과 C_2가 나타난다. 미지의 보 반력뿐만 아니라 이 적분상수들은 탄성곡선방정식을 만족해야 한다. C_1과 C_2가 포함된 식은 경계조건들로부터 유도하며 이 식들은 보의 평형방정식과 함께 동시에 풀어서 보의 반력과 모멘트 그리고 C_1과 C_2를 동시에 구한다. 다음 예제가 그 해석 과정을 보여준다.

예제 11.3

그림과 같은 부정정 보에서 불연속함수를 이용하여 다음을 구하라.

(a) A와 D에서 반력과 모멘트

(b) C에서 보의 처짐

이 보에 대하여 $EI = 120,000 \text{ kN·m}^2$으로 가정한다.

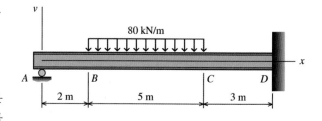

풀이 계획 보가 부정정이다. 따라서, A와 D에서 반력은 평형방정식만으로 결정할 수 없다. 보의 자유물

체도에서 두 개의 유효한 평형방정식을 유도할 수 있다. 그러나 부정정 보이기 때문에 반력과 모멘트를 미지수로만 표현할 수 있다. 미지의 반력뿐만 아니라 보에 작용하는 분포하중을 불연속함수로 표현할 것이다. 보의 휨모멘트함수를 얻기 위해 하중함수를 두 번 적분할 것이다. 휨모멘트함수는 다시 두 번 적분하여 탄성곡선방정식을 얻을 것이다. 두 번의 적분에서 적분상수를 고려하여야 한다. A와 D에서 알 수 있는 세 개의 경계조건과 두 개의 유효한 평형방정식은 다섯 개의 식을 만들며 이것을 동시에 풀면 세 개의 미지 반력과 두 개의 적분상수를 구할 수 있다. 이 값들을 구한 뒤에 어떤 위치에서 보의 처짐은 탄성곡선식으로부터 계산할 수 있다.

풀이 (a) 지점 반력

오른쪽에 자유물체도를 보여주고 있다. x방향으로 작용하는 힘이 없으므로 $\sum F_x$ 식은 여기에서 고려하지 않는다. 자유물체도상에서 보의 반력은 다음의 관계로 표현될 수 있다.

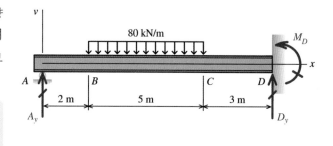

$$\sum F_y = A_y + D_y - (80 \text{ kN/m})(5 \text{ m}) = 0$$
$$\therefore A_y + D_y = 400 \text{ kN}$$

(a)

$$\sum M_D = -A_y(10 \text{ m}) + (80 \text{ kN/m})(5 \text{ m})(5.5 \text{ m}) + M_D = 0$$
$$\therefore M_D - A_y(10 \text{ m}) = -2200 \text{ kN·m}$$

(b)

불연속함수

B와 C 사이의 분포하중: 표 7.2의 Case 5를 이용하여 분포하중에 대한 식을 다음과 같이 쓴다.

$$w(x) = -80 \text{ kN/m} \langle x - 2 \text{ m} \rangle^0 + 80 \text{ kN/m} \langle x - 7 \text{ m} \rangle^0$$

반력 A_y, D_y, M_A: 보가 부정정이므로 A와 D에서 반력은 현 시점에서 미지수로만 표현한다.

$$w(x) = A_y \langle x - 0 \text{ m} \rangle^{-1} + D_y \langle x - 10 \text{ m} \rangle^{-1} - M_D \langle x - 10 \text{ m} \rangle^{-2}$$

보가 10 m 밖에 되지 않기 때문에 반력 D_y와 M_D항은 이 예제에서 항상 0의 값을 가진다. 따라서, 이 항들은 여기서 제외시킨다.

보 하중함수 적분: 완성된 하중함수는 다음과 같다.

$$w(x) = A_y \langle x - 0 \text{ m} \rangle^{-1} - 80 \text{ kN/m} \langle x - 2 \text{ m} \rangle^0 + 80 \text{ kN/m} \langle x - 7 \text{ m} \rangle^0$$

함수 $w(x)$를 적분하여 전단력함수 $V(x)$를 다음과 같이 구한다.

$$V(x) = \int w(x)dx = A_y \langle x-0 \text{ m} \rangle^0 - 80 \text{ kN/m} \langle x-2 \text{ m} \rangle^1 + 80 \text{ kN/m} \langle x-7 \text{ m} \rangle^1$$

A에서 미지 반력이 함수에 포함되어 있기 때문에 적분상수는 여기에서 필요하지 않다. 전단력함수를 적분하면 다음과 같은 휨모멘트함수를 얻는다.

$$M(x) = \int V(x)dx = A_y \langle x-0 \text{ m} \rangle^1 - \frac{80 \text{ kN/m}}{2} \langle x-2 \text{ m} \rangle^2 + \frac{80 \text{ kN/m}}{2} \langle x-7 \text{ m} \rangle^2$$

앞에서와 같이 적분상수는 이 식에서 필요하지 않다. 그러나 (보의 경사와 처짐에 대한 함수를 만드는) 다음 두 번의 적분에는 적분상수가 필요하며 이것은 경계조건에서 구한다.

식 (10.1)로부터 다음과 같이 쓸 수 있다.

$$EI \frac{d^2 v}{dx^2} = M(x) = A_y \langle x-0 \text{ m} \rangle^1 - \frac{80 \text{ kN/m}}{2} \langle x-2 \text{ m} \rangle^2 + \frac{80 \text{ kN/m}}{2} \langle x-7 \text{ m} \rangle^2$$

휨모멘트함수를 적분하여 다음과 같은 보 경사식을 얻는다.

$$EI \frac{dv}{dx} = \frac{A_y}{2} \langle x-0 \text{ m} \rangle^2 - \frac{80 \text{ kN/m}}{6} \langle x-2 \text{ m} \rangle^3 + \frac{80 \text{ kN/m}}{6} \langle x-7 \text{ m} \rangle^3 + C_1 \tag{c}$$

다시 한번 적분하여 보 처짐식을 얻는다.

$$EIv = \frac{A_y}{6} \langle x-0 \text{ m} \rangle^3 - \frac{80 \text{ kN/m}}{24} \langle x-2 \text{ m} \rangle^4 + \frac{80 \text{ kN/m}}{24} \langle x-7 \text{ m} \rangle^4 + C_1 x + C_2 \tag{d}$$

경계조건으로 상수 결정: 이 보에서는 $x=0$ m에서 처짐을 알 수 있다. 식 (d)에 $x=0$ m에서 $v=0$이라는 경계조건을 적용하면 C_2를 결정할 수 있다.

$$C_2 = 0 \tag{e}$$

다음으로 식 (d)에 $x=10$ m에서 $v=0$이라는 경계조건을 적용하면:

$$0 = \frac{A_y}{6}(10 \text{ m})^3 - \frac{80 \text{ kN/m}}{24}(8 \text{ m})^4 + \frac{80 \text{ kN/m}}{24}(3 \text{ m})^4 + C_1(10 \text{ m})$$

$$\therefore (166.6667 \text{ m}^3)A_y + (10 \text{ m})C_1 = 13\,383.3333 \text{ kN} \cdot \text{m}^3 \tag{f}$$

마지막으로 식 (c)에 $x=10$ m에서 $dv/dx=0$이라는 경계조건을 적용하면:

$$0 = \frac{A_y}{2}(10 \text{ m})^2 - \frac{80 \text{ kN/m}}{6}(8 \text{ m})^3 + \frac{80 \text{ kN/m}}{6}(3 \text{ m})^3 + C_1$$

$$\therefore (50 \text{ m}^2)A_y + C_1 = 6466.6667 \text{ kN} \cdot \text{m}^2 \tag{g}$$

식 (f)와 (g)를 동시에 풀면 C_1과 A_y를 구할 수 있다.

$$C_1 = -1225.8333 \text{ kN} \cdot \text{m}^3, \qquad A_y = 153.85 \text{ kN} \qquad\qquad \text{답}$$

A_y를 구했기 때문에 반력 D_y와 M_D는 식 (a)와 (b)로부터 구할 수 있다.

$$D_y = 400 \text{ kN} - A_y = 400 \text{ kN} - 153.85 \text{ kN} = 246.15 \text{ kN} \qquad \text{답}$$

$$M_D = A_y(10 \text{ m}) - 2200 \text{ kN} \cdot \text{m} = (153.85 \text{ kN})(10 \text{ m}) - 2200 \text{ kN} \cdot \text{m}$$

$$= -661.50 \text{ kN} \cdot \text{m} \qquad \text{답}$$

보 경사에 대한 식 (c)와 탄성곡선에 대한 식 (d)를 완성할 수 있다.

$$EI\frac{dv}{dx} = \frac{153.85 \text{ kN}}{2}\langle x - 0 \text{ m}\rangle^2 - \frac{80 \text{ kN/m}}{6}\langle x - 2 \text{ m}\rangle^3 + \frac{80 \text{ kN/m}}{6}\langle x - 7 \text{ m}\rangle^3 \qquad \text{(h)}$$
$$- 1225.8333 \text{ kN} \cdot \text{m}^3$$

$$EIv = \frac{153.85 \text{ kN}}{6}\langle x - 0 \text{ m}\rangle^3 - \frac{80 \text{ kN/m}}{24}\langle x - 2 \text{ m}\rangle^4 + \frac{80 \text{ kN/m}}{24}\langle x - 7 \text{ m}\rangle^4 \qquad \text{(i)}$$
$$- (1225.8333 \text{ kN} \cdot \text{m}^3)x$$

(b) C에서 보의 처짐

식 (i)로부터, $C(x = 7 \text{ m})$에서 보의 처짐은 다음과 같이 계산된다.

$$EIv_C = \frac{153.85 \text{ kN}}{6}(7 \text{ m})^3 - \frac{80 \text{ kN/m}}{24}(5 \text{ m})^4 - (1225.8333 \text{ kN} \cdot \text{m}^3)(7 \text{ m})$$

$$= -1869.075 \text{ kN} \cdot \text{m}^3$$

$$\therefore v_C = -\frac{1869.075 \text{ kN} \cdot \text{m}^3}{120\,000 \text{ kN} \cdot \text{m}^2} = -0.015\,576 \text{ m} = 15.58 \text{ mm} \downarrow \qquad \text{답}$$

예제 11.4

그림과 같은 부정정 보에 대하여 불연속함수를 이용하여 다음을 구하라.

(a) B, D, E에서 반력
(b) A에서 보의 처짐
(c) C에서 보의 처짐

EI는 상수로 가정하며 120,000 kN·m²을 사용한다.

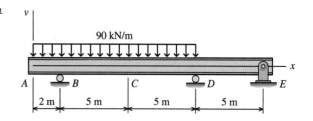

풀이 계획 이 보는 부정정이다. 그래서 평형방정식만을 고려해서는 반력을 구할 수 없다. 보의 자유물체도로부터 두 개의 유효한 평형방정식을 유도할 수 있다. 그러나 보가 부정정이기 때문에 반력은 미지수로만 표현할 수 있다. 미지의 반력뿐만 아니라 보에 작용하는 분포하중은 불연속함수로 표현될 것이다. 이 하중함수는 휨모멘트함수를 얻기 위해서 두 번 적분해야 한다. 이 과정에서 두 번의 적분에는 적분상수를 필요로 하지 않는다. 그런 다음 탄성곡선식을 얻기 위해 휨모멘트함수를 두 번 더 적분한다. 이러한 두 번의 적분에 적분상수를 고려해야 한다. 두 개의 유효한 평형방정식과 함께 B, D, E에서 알려진 세 개의 경계조건은 다섯 개의 방정식을 만들어내며 이것을 동시에 풀어 세 개의 반력과 두 개의 적분상수를 결정한다. 이 값들이 계산된 후에는 탄성곡선식을 이용하여 어떤 위치에서라도 보의 처짐을 계산할 수 있다.

풀이 (a) 지점 반력

그림과 같이 자유물체도가 있다. x방향에 가해지는 힘이 없기 때문에 $\sum F_x$ 방정식은 여기서 생략한다. 자유물체로부터 보의 반력은 다음의 관계식으로 표현할 수 있다.

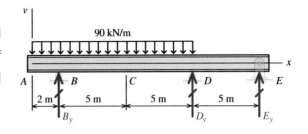

$$\sum F_y = B_y + D_y + E_y - (90 \text{ kN/m})(12 \text{ m}) = 0 \qquad \therefore B_y + D_y + E_y = 1080 \text{ kN} \qquad \text{(a)}$$

$$\sum M_E = -B_y(15 \text{ m}) - D_y(5 \text{ m}) + (90 \text{ kN/m})(12 \text{ m})(11 \text{ m}) = 0 \qquad \text{(b)}$$
$$\therefore B_y(15 \text{ m}) + D_y(5 \text{ m}) = 11880 \text{ kN} \cdot \text{m}$$

불연속함수

A에서 D 사이의 분포하중: 표 7.2의 Case 5를 써서 분포하중에 대한 다음의 식을 쓸 수 있다.

$$w(x) = -90 \text{ kN/m}\langle x - 0 \text{ m}\rangle^0 + 90 \text{ kN/m}\langle x - 12 \text{ m}\rangle^0$$

반력 B_y, D_y, E_y: 보가 부정정이므로 B, D, E에서의 반력은 이 시점에서 미지의 양으로 표현한다.

$$w(x) = B_y\langle x - 2 \text{ m}\rangle^{-1} + D_y\langle x - 12 \text{ m}\rangle^{-1} + E_y\langle x - 17 \text{ m}\rangle^{-1}$$

이 예제에서 보는 17 m에 불과하므로 반력 E_y항은 항상 0의 값을 가진다. 따라서, 이 항은 생략한다.

보 하중함수의 적분: 보에 대한 완전한 하중함수 $w(x)$는 다음과 같다.

$$w(x) = -90 \text{ kN/m}\langle x - 0 \text{ m}\rangle^0 + B_y\langle x - 2 \text{ m}\rangle^{-1} + 90 \text{ kN/m}\langle x - 12 \text{ m}\rangle^0 + D_y\langle x - 12 \text{ m}\rangle^{-1}$$

함수 $w(x)$를 적분하면 전단력함수 $V(x)$를 얻을 수 있다.

$$V(x) = \int w(x)dx = -90 \text{ kN/m}\langle x - 0 \text{ m}\rangle^1 + B_y\langle x - 2 \text{ m}\rangle^0 + 90 \text{ kN/m}\langle x - 12 \text{ m}\rangle^1 + D_y\langle x - 12 \text{ m}\rangle^0$$

전단력함수를 적분하면 휨모멘트함수 $M(x)$를 얻을 수 있다.

$$M(x) = \int V(x)dx = -\frac{90 \text{ kN/m}}{2}\langle x - 0 \text{ m}\rangle^2 + B_y\langle x - 2 \text{ m}\rangle^1 + \frac{90 \text{ kN/m}}{2}\langle x - 12 \text{ m}\rangle^2 + D_y\langle x - 12 \text{ m}\rangle^1$$

이 함수들에는 반력이 포함되어 있기 때문에 적분상수는 아직까지 필요하지 않다. 그러나, (보의 경사와 처짐에 대한 함수를 만드는) 다음 두 번의 적분에서는 적분상수가 필요하고 경계조건으로 이를 구할 수 있다.

식 (10.1)로부터 다음과 같이 쓸 수 있다.

$$EI\frac{d^2v}{dx^2} = M(x) = -\frac{90 \text{ kN/m}}{2}\langle x - 0 \text{ m}\rangle^2 + B_y\langle x - 2 \text{ m}\rangle^1 + \frac{90 \text{ kN/m}}{2}\langle x - 12 \text{ m}\rangle^2 + D_y\langle x - 12 \text{ m}\rangle^1$$

휨모멘트함수를 적분하면 다음과 같이 보 경사에 대한 식을 얻을 수 있다.

$$EI\frac{dv}{dx} = -\frac{90 \text{ kN/m}}{6}\langle x - 0 \text{ m}\rangle^3 + \frac{B_y}{2}\langle x - 2 \text{ m}\rangle^2 + \frac{90 \text{ kN/m}}{6}\langle x - 12 \text{ m}\rangle^3$$
$$+ \frac{D_y}{2}\langle x - 12 \text{ m}\rangle^2 + C_1 \tag{c}$$

한번 더 적분하여 보의 처짐식을 구하면 다음과 같다.

$$EIv = -\frac{90 \text{ kN/m}}{24}\langle x - 0 \text{ m}\rangle^4 + \frac{B_y}{6}\langle x - 2 \text{ m}\rangle^3 + \frac{90 \text{ kN/m}}{24}\langle x - 12 \text{ m}\rangle^4$$
$$+ \frac{D_y}{6}\langle x - 12 \text{ m}\rangle^3 + C_1 x + C_2 \tag{d}$$

경계조건을 이용한 상수 계산: 이 보에 대하여 $x = 2$에서 $v = 0$의 경계조건을 식 (d)에 적용한다.

$$0 = -\frac{90 \text{ kN/m}}{24}(2 \text{ m})^4 + C_1(2 \text{ m}) + C_2$$
$$\therefore C_1(2 \text{ m}) + C_2 = 60 \text{ kN} \cdot \text{m}^3 \tag{e}$$

다음으로, $x = 12$에서 $v = 0$의 경계조건을 식 (d)에 적용한다.

$$0 = -\frac{90 \text{ kN/m}}{24}(12 \text{ m})^4 + \frac{B_y}{6}(10 \text{ m})^3 + C_1(12 \text{ m}) + C_2$$
$$\therefore B_y(166.6667 \text{ m}^3) + C_1(12 \text{ m}) + C_2 = 77\,760 \text{ kN} \cdot \text{m}^3 \tag{f}$$

마지막으로, $x = 17$에서 $v = 0$의 경계조건을 식 (d)에 적용한다.

$$0 = -\frac{90 \text{ kN/m}}{24}(17 \text{ m})^4 + \frac{B_y}{6}(15 \text{ m})^3 + \frac{90 \text{ kN/m}}{24}(5 \text{ m})^4 + \frac{D_y}{6}(5 \text{ m})^3 + C_1(17 \text{ m}) + C_2$$
$$\therefore B_y(562.5 \text{ m}^3) + D_y(20.8333 \text{ m}^3) + C_1(17 \text{ m}) + C_2 = 310\,860 \text{ kN} \cdot \text{m}^3 \tag{g}$$

B, D, E에서 보의 반력과 적분상수 C_1 및 C_2를 구하기 위해 다섯 개의 식들을 — 식 (a), (b), (e), (f), (g) — 동시에 풀어야 한다.

$$C_1 = -1880 \text{ kN} \cdot \text{m}^2 \quad \text{and} \quad C_2 = 3820 \text{ kN} \cdot \text{m}^3$$
$$B_y = 579 \text{ kN} \qquad D_y = 639 \text{ kN} \qquad E_y = -138 \text{ kN} \qquad \qquad \textbf{답}$$

보의 경사에 대한 식 (c)와 탄성곡선식 (d)는 다음과 같이 완성된다.

$$EI\frac{dv}{dx} = -\frac{90 \text{ kN/m}}{6}\langle x - 0 \text{ m}\rangle^3 + \frac{579 \text{ kN}}{2}\langle x - 2 \text{ m}\rangle^2 + \frac{90 \text{ kN/m}}{6}\langle x - 12 \text{ m}\rangle^3$$
$$+ \frac{639 \text{ kN}}{2}\langle x - 12 \text{ m}\rangle^2 - 1880 \text{ kN} \cdot \text{m}^2 \tag{h}$$

$$EIv = -\frac{90 \text{ kN/m}}{24}\langle x - 0 \text{ m}\rangle^4 + \frac{579 \text{ kN}}{6}\langle x - 2 \text{ m}\rangle^3 + \frac{90 \text{ kN/m}}{24}\langle x - 12 \text{ m}\rangle^4$$

$$+ \frac{639 \text{ kN}}{6}\langle x - 12 \text{ m}\rangle^3 - (1880 \text{ kN}\cdot\text{m}^2)x + 3820 \text{ kN}\cdot\text{m}^3 \tag{i}$$

(b) A에서 보의 처짐

$A(x=0)$에서 보의 처짐은 식 (i)를 이용하여 계산한다.

$$EIv_A = 3820 \text{ kN}\cdot\text{m}^3$$

$$\therefore v_A = \frac{3820 \text{ kN}\cdot\text{m}^3}{120\,000 \text{ kN}\cdot\text{m}^2} = 0.031\,833 \text{ m} = 31.8 \text{ mm} \uparrow \qquad \text{답}$$

(c) C에서 보의 처짐

식 (i)에서 $C(x=7 \text{ m})$ 위치에 대한 보의 처짐은 다음과 같다.

$$EIv_C = -\frac{90 \text{ kN/m}}{24}(7 \text{ m})^4 + \frac{579 \text{ kN}}{6}(5 \text{ m})^3 - (1880 \text{ kN}\cdot\text{m}^2)(7 \text{ m}) + 3820 \text{ kN}\cdot\text{m}^3$$

$$= -6281.250 \text{ kN}\cdot\text{m}^3$$

$$\therefore v_C = -\frac{6281.250 \text{ kN}\cdot\text{m}^3}{120\,000 \text{ kN}\cdot\text{m}^2} = -0.052\,344 \text{ m} = 52.3 \text{ mm} \downarrow \qquad \text{답}$$

PROBLEMS

P11.18 일단고정 일단롤러 보가 그림 P11.18과 같은 하중을 받는다. $EI = 200,000$ kN·m²으로 가정하고 불연속함수를 이용하여 다음을 구하라.

(a) A와 C에서 반력

(b) B에서 보의 처짐

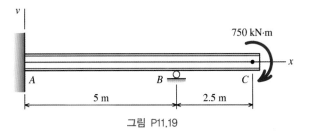

그림 P11.19

P11.20 일단고정 일단롤러 보가 그림 P11.20과 같은 하중을 받는다. $EI = 44,000$ kN·m²으로 가정하고 불연속함수를 이용하여 다음을 구하라.

(a) A와 E에서 반력

(b) C에서 보의 처짐

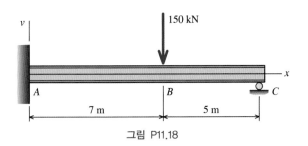

그림 P11.18

P11.18 일단고정 일단롤러 보가 그림 P11.19와 같은 하중을 받는다. $EI = 200,000$ kN·m²으로 가정하고 불연속함수를 이용하여 다음을 구하라.

(a) A와 B에서 반력

(b) C에서 보의 처짐

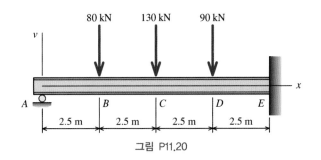

그림 P11.20

P11.21 일단고정 일단롤러 보가 그림 P11.21과 같은 하중을 받는다. $EI = 44,000$ kN·m^{2}으로 가정하고 불연속함수를 이용하여 다음을 구하라.

(a) A와 B에서 반력

(b) $x = 1.8$ m에서 보의 처짐

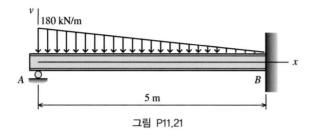

그림 P11.21

P11.22 일단고정 일단롤러 보가 그림 P11.19와 같은 하중을 받는다. $EI = 200,000$ kN·m^{2}으로 가정하고 불연속함수를 이용하여 다음을 구하라.

(a) A와 B에서 반력

(b) C에서 보의 처짐

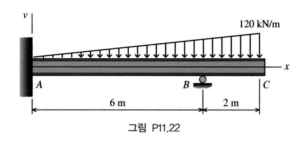

그림 P11.22

P11.23 그림 P11.23의 보에 대하여 $EI = 200,000$ kN·m^{2}으로 가정하고 불연속함수를 이용하여 다음을 구하라.

(a) A, C, D에서 반력

(b) B에서 보의 처짐

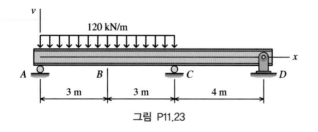

그림 P11.23

P11.24 그림 P11.23의 보에 대하여 $EI = 51,000$ kN·m^{2}으로 가정하고 불연속함수를 이용하여 다음을 구하라.

(a) A, C, D에서 반력

(b) B에서 보의 처짐

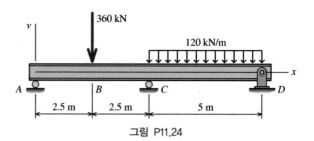

그림 P11.24

P11.25 그림 P11.25의 일단고정 일단롤러 보에 대하여 $EI = 33,000$ kN·m^{2}으로 가정하고 불연속함수를 이용하여 다음을 구하라.

(a) B와 D에서 반력

(b) C에서 보의 처짐

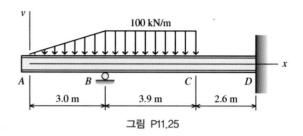

그림 P11.25

P11.26–P11.27 그림 P11.26과 P11.27의 보에 대하여 $EI = 200,000$ kN·m^{2}으로 가정하고 불연속함수를 이용하여 다음을 구하라.

(a) B, C, D에서 반력

(b) A에서 보의 처짐

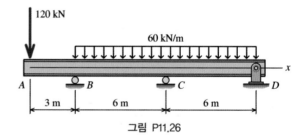

그림 P11.26

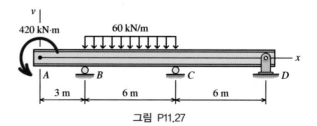

그림 P11.27

11.5 중첩법

잉여 반력과 해제 보의 개념을 11.2절에 소개하였다. 이러한 개념들을 중첩의 원리와 결합하면 부정정 보의 지점 반력을 구하기 위한 매우 강력한 방법을 만들 수 있다. 일반적인 접근 방법은 다음과 같이 요약할 수 있다.

- 부정정 보에 작용하는 잉여 지점 반력을 확인한다.
- 선택한 여력을 구조물에서 제거하여 구조적으로 안정하며 정정인 해제 보를 만든다.
- 하중이 작용하는 해제 보를 고려한다. 여력이 작용하는 위치에서 보의 처짐이나 회전 (여력의 특성에 따라 다름)을 결정한다.
- 다음으로, (작용하는 하중이 없는) 해제 보에 여력 중의 하나가 작용하는 보 – 하중 조합에 대하여 여력 위치에서 처짐이나 회전을 구한다. 두 개 이상의 여력이 존재한다면 이 과정을 각 여력에 대하여 반복한다.
- 중첩의 원리에 의하여 실제 하중을 받는 보는 이러한 개별 하중을 받는 각각의 보에 대한 결과를 더하는 것과 같다.
- 여력을 구하기 위해서 여력이 작용하는 위치에서 변형형태방정식을 구한다. 여력의 크기를 이 식으로부터 구한다.
- 여력을 구한 후 평형방정식을 이용하여 다른 반력을 구한다.

이 방법을 분명하게 하기 위하여, 그림 11.6a의 일단고정 일단롤러 보를 고려하자. 이 보(그림 11.6b)에 대한 자유물체도를 보면 네 개의 미지 반력이 있다. 이 보에 대하여 세 개의 평형방정식 ($\sum F_x = 0$, $\sum F_y = 0$, $\sum M = 0$)을 얻을 수 있다. 그러므로 이 보는 1차 부정정이다. 일단고정 일단롤러 보의 반력을 구하기 위해서는 하나의 식을 추가해야 한다.

롤러 반력 B_y를 여력으로 선정한다. 이 반력을 보에서 제거하여 캔틸레버가 해제 보가 되도록 한다. 해제 보가 안정하며 정정이 됨을 알 수 있다. 다음으로 두 개의 하중에 대하

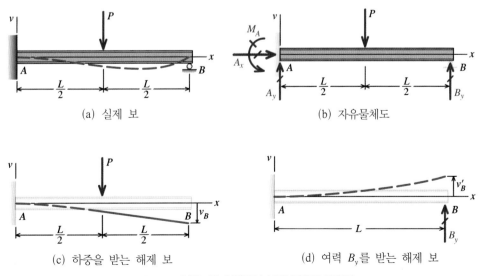

(a) 실제 보   (b) 자유물체도

(c) 하중을 받는 해제 보   (d) 여력 B_y를 받는 해제 보

그림 11.6   일단고정 일단롤러 보에 적용된 중첩법

여 여력 위치에서 해제 보의 처짐을 해석한다. 첫 번째 케이스는 하중 P를 가한 캔틸레버 보의 여력 위치에서 아래 방향 처짐 v_B이다.(그림 11.6c) 두 번째 케이스는 잉여 반력 B_y를 캔틸레버보에 가했을 때 B_y에 의해 발생한 위 방향 처짐 $v_B{'}$이다.(그림 11.6d)

중첩의 원리에 의하면, 만일 v_B와 $v_B{'}$의 합이 B에서 실제 보의 처짐과 같다면 이러한 두 개의 하중 케이스(그림 11.6c 및 그림 11.6d)의 합이 실제 보(그림 11.6a)와 같게 된다. B에서 실제 보의 처짐은 미리 알 수 있다. 이 보는 B에서 롤러로 지지되기 때문에 처짐은 0이다. 이 사실로부터, 변형형태방정식은 두 하중 케이스의 결과 값을 이용하여 B에 대해 쓸 수 있다.

$$v_B + v_B' = 0 \tag{a}$$

처짐 v_B와 $v_B{'}$은 부록 C의 보에 대한 표에서 찾을 수 있다.

$$v_B = -\frac{5PL^3}{48EI} \quad \text{and} \quad v_B' = \frac{B_y L^3}{3EI} \tag{b}$$

처짐 공식은 식 (a)에 대입하여 보의 처짐 형상에 대한 식을 얻을 수 있고 여기에는 미지 반력 B_y를 포함한다. 이러한 적합방정식을 풀어 여력을 구할 수 있다.

$$-\frac{5PL^3}{48EI} + \frac{B_y L^3}{3EI} = 0 \qquad \therefore B_y = \frac{5}{16}P \tag{c}$$

일단 B_y 값을 구한 후에는 나머지 반력들을 평형방정식에서 구할 수 있다. 그 결과들은 다음과 같다.

$$A_x = 0 \qquad A_y = \frac{11}{16}P \qquad M_A = \frac{3}{16}PL \tag{d}$$

만일 주요 보가 안정적이라면 여력을 어떤 것으로 할 것인지는 임의로 결정할 수 있다. 네 개의 반력(그림 11.6b)을 가진 앞의 일단고정 일단롤러 보(그림 11.6a)를 생각하자. B_y 대신에 모멘트반력 M_A를 여력으로 선택하면 단순 지간이 해제 보로 남게 된다. M_A를 없애면 보는 A에서 자유롭게 회전할 수 있다. 그래서 회전각 θ_A는 하중 P에 대하여 해제 보에서 구해야 한다(그림 11.7b). 다음으로, 단순 지간에 여력 M_A만 가해지고 이로 인한 회전각 $\theta_A{'}$를 결정한다(그림 11.2c).

앞의 경우처럼, 만일 두 가지 분리된 하중 케이스에 의해 생성된 회전을 더한 것이 A에서 실제 보의 값과 같다면 이 두 가지 하중 케이스(그림 11.7b 및 그림 11.7c)의 합이 실제 보와 같다. 실제 보는 A에서 완전 고정이므로 회전각은 0이어야 하며 다음의 변형형태방정식이 성립한다.

$$\theta_A + \theta_A' = 0 \tag{e}$$

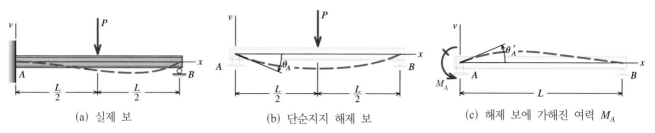

| (a) 실제 보 | (b) 단순지지 해제 보 | (c) 해제 보에 가해진 여력 M_A |

그림 11.7 단순지지 해제 보를 이용한 일단고정 일단롤러 보에 적용된 중첩법

부록 C의 보에 대한 표에서 다시 한 번 두 케이스에 대한 회전각을 찾으면 다음과 같다.

$$\theta_A = -\frac{PL^2}{16EI} \quad \text{and} \quad \theta'_A = \frac{M_A L}{3EI} \tag{f}$$

이 식들을 식 (e)에 대입하면 다음의 적합방정식을 구할 수 있고 이로부터 여력을 구할 수 있다.

$$-\frac{PL^2}{16EI} + \frac{M_A L}{3EI} = 0 \qquad \therefore M_A = \frac{3}{16}PL \tag{g}$$

M_A값은 앞에서 구한 값과 동일하다. 일단 M_A를 구한 후에는 평형방정식으로부터 나머지 반력들을 구할 수 있다.

다음 예제들은 부정정 보에 반력을 결정하기 위한 중첩법을 적용한 사례들이다.

Mec Movies MecMovies 예제 M11.3

롤러 A에서 반력을 구하기 위해 서로 다른 두 가지 방법의 중첩법을 사용하라.

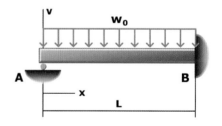

예제 11.5

그림의 보와 하중에 대하여 지점 B에서 반력에 대한 식을 유도하라. 이 보에서 EI는 일정하다고 가정한다.

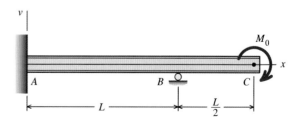

풀이 계획 일단고정 일단롤러 보는 미지 반력들을 가지고 있다.(고정 지점 A에서 수평 및 수직반력, A에서 모멘트 반력, 롤러 B에서 수직반력). 보에 대해 사용할 수 있는 평형방정식이 세 개이므로 문제를 풀기 위해서 하나의 추가 식이 필요하다. 하나의 추가 식은 보의 변형 형상, 특히 롤러지점 B에서 처짐을 고려하여 만들 수 있다. 롤러지점 B를 여력으로 선택한다. 그러면 해제 보는 A에서 지지를 받는 캔틸레버가 된다. 해석은 두 가지 케이스 문제로 구분된다. 첫 번째 케이스에서는 집중 모멘트 M_0를 가하여 생긴 B에서 처짐을 구한다. 두 번째 케이스는 캔틸레버보 B에서 미지의 롤러 반력이 가해지고 이때 B에서 발생하는 처짐을 식으로 유도한다. 이 두 가지 처짐을 합한 것이 B에서 전체 보의 적합방정식을 만들고 B에서 롤러에 의해 지지되기 때문에 이 값은 0이 된다. 적합방정식으로부터 B에서 롤러에 의한 반력을 구할 수 있다.

풀이 이 보는 두 가지 캔틸레버보 문제로 해석할 수 있다. 두 가지 모두에서 B의 롤러는 제거되며 일단고정 일단롤러 보가 캔틸레버보로 축소된다. 첫 번째 경우, 캔틸레버보 끝단에서 집중 모멘트 M_0를 고려한다. 두 번째 경우에서는 B에서 롤러 반력에 의한 처짐을 고려한다.

Case 1 — 캔틸레버 끝단의 집중모멘트
B에서 롤러지지를 없애고 캔틸레버보 ABC를 고려하자. 부록 C를 보면 끝단에 집중모멘트가 작용하는 캔틸레버보의 탄성곡선방정식은 다음과 같다.

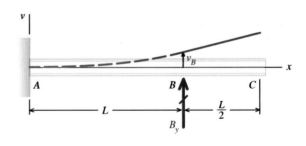

$$v = -\frac{Mx^2}{2EI} \qquad \text{(a)}$$

탄성곡선방정식을 이용하여 B에서 보의 처짐을 계산하자. 식 (a)에서 $M = M_0$, $x = L$을 대입하고 EI가 일정하다고 가정하자. 이 값들을 대입하여 B에서 보의 처짐을 구하면 다음과 같다.

$$v_B = -\frac{M_0 L^2}{2EI} \qquad \text{(b)}$$

Case 2 — 롤러지점에서 집중하중
캔틸레버보에 여력 B_y를 적용함으로써 B에서 처짐 식을 유도할 수 있다. 부록 C에서 캔틸레버 끝단에 집중하중을 가했을 때 최대 처짐은 다음과 같다.

$$v_{max} = -\frac{PL^3}{3EI} \qquad \text{(c)}$$

식 (c)에서 $P = -B_y$, $L = L$로 하자. 보 표에서 가정한 방향과 반대인 위로 작용하므로 B_y는 음의 값임을 유의하자. 이 값들을 식 (c)에 대입하여 미지 반력 B_y에 대한 처짐 식을 구한다.

$$v_B = -\frac{(-B_y)L^3}{3EI} = \frac{B_y L^3}{3EI} \qquad \text{(d)}$$

적합방정식
B에서 처짐에 대한 두 가지 식[식 (b), (c)]을 유도하였다. 이 두 식을 더하고 그 결과가 B에서 보의 처짐이 되도록 하자. 그 처짐은 롤러지점에서 0이다.

$$v_B = -\frac{M_0 L^2}{2EI} + \frac{B_y L^3}{3EI} = 0 \qquad \text{(e)}$$

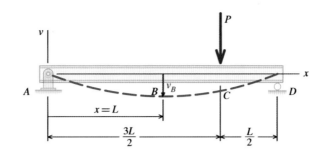

EI가 두 항에 모두 있기 때문에 소거된다. 이 보에서 EI값은 롤러 반력 값에 영향을 주지 않는다. 적합방 정식에서 유일한 미지수는 롤러 반력 B_y이므로 롤러 반력은 다음과 같다.

$$B_y = \frac{3M_0}{2L}$$

답

일단 B에서 반력을 구하면 보는 더 이상 부정정이 아니다. 고정단 A에서 세 가지 남은 반력들은 평형방 정식에서 구할 수 있다.

예제 11.6

그림과 같은 보와 하중에 대하여 지점 B에서 반력에 대한 식을 유도하라. 단, EI는 상수로 가정한다.

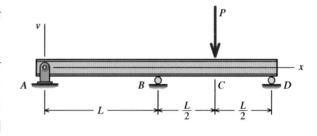

풀이 계획   여기서 고려하는 보는 네 개의 미지 반력을 가 지고 있다.(핀 A에서 수평 및 수직 반력, 롤러 B와 D에서 수직 반력) 평형방정식은 세 개이 므로 네 번째 방정식을 만들어야 한다. 네 번째 방정식을 유도하기 위한 방법은 다양하지만 우 리는 그 중에서 롤러 B에 집중할 것이다. B의 롤러를 잉여 반력으로 선정한다. 이 여력을 제거하면 A와 D에서 지지되는 단순 보가 된다. 그러면 두 가지 경우를 해석해야 한다. 첫 번째 경우는 하중 P가 있는 단순 보 AD이다. 두 번째 경우는 미지의 롤러 반력이 B에서 가해지는 단순 보 AD이다. 두 경우 모두 B 에서의 처짐 식을 구해야 한다. B에서 처짐이 0이라는 사실을 이용하여 두 처짐 식을 더하면 적합방정식 을 얻을 수 있다. 적합방정식으로부터 B에서 미지의 반력을 구하는 식을 유도할 수 있다.

풀이   Case 1 — C에 집중하중이 가해지는 단순 보

B의 롤러지지를 제거하라. 그리고 C에서 집중하중이 가해진 단순 보 AD를 고려하자. B에서 이 보의 처 짐을 구한다. 부록 C에 탄성곡선식이 다음과 같이 주어져 있다.

$$v = -\frac{Pbx}{6LEI}(L^2 - b^2 - x^2)$$ (a)

이 식에서 다음 값이 사용된다.

$$P = P$$
$$b = L/2$$
$$x = L$$

$$L = 2L$$

$$EI = \text{상수}$$

이 값들을 식 (a)에 대입하여 B에서 처짐을 유도한다.

$$v_B = -\frac{P(L/2)(L)}{6(2L)EI}\left[(2L)^2 - (L/2)^2 - (L)^2\right] = -\frac{PL}{24EI}\left[\frac{11}{4}L^2\right] = -\frac{11PL^3}{96EI} \tag{b}$$

Case 2 — B에 미지의 반력이 있는 단순지지보

미지의 집중하중이 B에 가해진 단순지지보 AD를 고려하자. 부록 C로부터, 지간 중앙에 집중하중이 가해진 단순지지보의 최대 처짐은 다음과 같다.

$$v_{\max} = -\frac{PL^3}{48EI} \tag{c}$$

이 보에 다음을 적용하자.

$P = -B_y$ (B_y가 위로 작용하므로 음의 값)

$L = 2L$

$EI = \text{상수}$

이 값들을 식 (c)에 적용하여 B에서 보의 처짐을 다음과 같이 구한다.

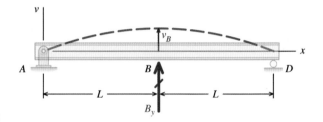

$$v_B = -\frac{(-B_y)(2L)^3}{48EI} = \frac{B_y L^3}{6EI} \tag{d}$$

적합방정식

식 (b)와 식 (d)를 더하여 B에서 보의 처짐에 대한 식을 얻는다. B는 롤러지지이기 때문에 이 위치에서 처짐은 0이다.

$$v_B = -\frac{11PL^3}{96EI} + \frac{B_y L^3}{6EI} = 0 \tag{e}$$

앞의 예제와 같이, EI가 모든 항에 있으므로 소거시킨다. 특정 EI 값이 롤러지지 B의 반력에 영향을 끼치지 않는다. 적합방정식으로부터 미지의 반력 B_y를 다음과 같이 표현할 수 있다.

$$B_y = \frac{11}{16}P \qquad\qquad \text{답}$$

예제 11.7

예제 11.6의 보와 하중을 고려하자. 이 보는 W530×66 형상[$E = 200$ GPa; $I = 351 \times 10^6$ mm^4]의 구조용 강재로 구성되어 있다. $P = 240$ kN, $L = 5$ m로 가정하자. 다음을 구하라.

(a) 롤러지점 B에서 반력

(b) 롤러지점에서 5 mm 지점침하가 생길 경우 B의 반력

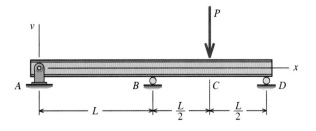

풀이 계획 문제 (a)에 답을 하기 위해서 예제 11.6에서 구한 B_y에 대한 식을 이용하여 반력을 구하자. 문제 (b)의 중앙 롤러가 5 mm 침하한다는 것은 롤러지지가 아래로 5 mm 움직인다는 것이다. 예제 11.6의 적합방정식은 B에서 처짐이 영이라는 가정을 통해 구한 것이다. 그러나 이번 예제에서 적합방정식은 아래 방향으로 5 mm 이동한다는 것을 감안하여 수정하여야 한다.

풀이 (a) 예제 11.6으로부터 이 보와 하중에 대한 B에서 반력은 다음과 같다.

$$B_y = \frac{11}{16}P$$

$P = 240$ kN이므로 B에서 반력은 $B_y = 165$ kN이다.

(b) 예제 11.6에서 유도한 적합방정식은 다음과 같다.

$$v_B = -\frac{11PL^3}{96EI} + \frac{B_yL^3}{6EI} = 0$$

이 방정식은 롤러지점 B에서 보의 처짐이 0이라는 가정에 근거하여 구한 것이다. 그러나 문제 (b)에서는 지지점이 아래로 5 mm 침하될 가능성을 검토하는 것이다. 이것은 매우 실질적인 고려사항이다. 모든 구조물은 기초 위에 놓여 있다. 만일 이러한 기초가 견고한 암반 위에 건설된다면 처짐은 없거나 매우 적을 것이다. 그러나, 흙이나 모래 위에 놓인 기초는 어느 정도는 항상 침하가 발생할 수 있다. 만일 모든 지지점에서 같은 양의 침하가 발생한다면 구조물은 강체운동으로 움직이고 구조물의 내력이나 내부모멘트에 영향이 없을 것이다. 그러나 만일 어느 한 지지점이 다른 곳보다 많이 침하한다면 반력과 구조물의 내력이 영향을 받을 것이다. 문제 (b)에서는 만일 롤러 지지 B에서 지점 A와 C에서보다 5 mm 더 아래로 침하가 발생한다면 생길 수 있는 반력의 변화를 검토하는 것이다. 이 상황을 부등침하라 한다.

롤러지점 B는 5 mm 침하한다. 보는 이 지지점에 연결되어 있다. 그래서 B에서 보의 처짐은 $v_B = -5$ mm이다. 예제 11.6에서 구한 적합방정식을 수정하여 B에서 생기는 처짐을 고려하도록 하면 다음과 같다.

$$v_B = -\frac{11PL^3}{96EI} + \frac{B_yL^3}{6EI} = -5 \text{ mm}$$

그리고 B에서 반력은 다음과 같이 유도할 수 있다.

$$B_y = \frac{6EI}{L^3}\left[-4 \text{ mm} + \frac{11PL^3}{96EI}\right] \tag{a}$$

앞의 예제와 달리 이 식에서 EI는 소거할 수 없다. B_y값은 지점 침하량뿐만 아니라 보의 휨 특성에도 영향을 받는다. 이 식에서 다음의 값들을 사용한다.

$$P = 240 \text{ kN} = 240\,000\text{N}$$
$$L = 5 \text{ m} = 5000 \text{ mm}$$
$$I = 351 \times 10^6 \text{ mm}^4$$
$$E = 200 \text{ GPa} = 200\,000 \text{ MPa}$$

이 값들을 식 (a)에 대입하고 B_y를 계산한다. 각 변수와 관련된 단위에 특별히 유의하고 계산과정에서 차원이 일관되도록 한다. 이 예제에서 모든 힘들은 뉴턴으로 변환하고 길이단위는 밀리미터로 표현한다.

$$B_y = \frac{6(200\,000\ \text{N/mm}^2)(351 \times 10^6\ \text{mm}^4)}{(5000\ \text{mm})^3}\left[-5\ \text{mm} + \frac{11(240\,000\ \text{N})(5000\ \text{mm})^3}{96(200\,000\ \text{N/mm}^2)(351 \times 10^6\ \text{mm}^4)}\right]$$

$$= (3369.6\ \text{N/mm})[-5\ \text{mm} + 48.967\ \text{mm}]$$

$$= 148.152 \times 10^3\ \text{N} = 148.2\ \text{kN} \qquad\qquad \text{답}$$

지지점 B에서 발생한 5 mm 침하는 반력 B_y를 165 kN에서 148.2 kN으로 감소시킨다. 지지점의 침하로 인해 보의 휨모멘트도 변한다. 만일 롤러지점 B가 침하하지 않는다면 보의 최대 정모멘트가 243.75 kN·m이고 최대 부모멘트는 −112.5 kN·m이다. 롤러 B의 5 mm 침하는 최대 정모멘트를 264.81 kN·m(8.6% 증가)로 최대 부모멘트를 −70.38 kN·m(37% 감소)로 변화시킨다. 이 값들은 상대적으로 작은 부등침하가 보에서 발생하는 휨모멘트에 상당한 변화를 유발할 수 있다는 것을 보여준다. 엔지니어는 이러한 잠재적 변화에 대해 주의를 기울여야 한다.

예제 11.8

강관[$E = 200$ GPa, $I = 300 \times 10^6$ mm^4]보가 등분포하중 40 kN/m를 지지하고 있다. 보의 왼쪽이 고정되어 있고 30 mm 지름의 9 m 길이 고체알루미늄[$E_1 = 70$ GPa] 타이로드(연접봉)로 지지되어 있다. 타이로드의 장력과 B에서 보의 처짐을 구하라.

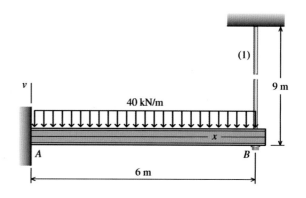

풀이 계획 타이로드가 B에서 캔틸레버보를 지지하고 있다. 롤러지지와 다르게 타이로드는 강체가 아니고 내부 장력에 의해 늘어난다. 이러한 지지를 탄성지지라고 한다. 이러한 예에서 B에서 보의 처짐은 0이 아니다. 정확히 말하면 보의 처짐은 타이로드의 늘어난 길이와 같다. 이 보를 해석하기 위해, 타이로드에 의한 반력을 잉여 반력으로 선정한다. 이 여력을 제거하면 캔틸레버는 해제 보가 된다. 그렇다면 두 개의 캔틸레버보를 고려해야 한다. 첫 번째 경우는 분포하중에 의해 B에서 발생하는 캔틸레버보의 하향 처짐을 계산한다. 두 번째 경우는 보의 내력에 의해 발생하는 B에서 보의 상향 처짐을 고려한다. 이 두 식을 적합방정식에서 합하면 그 합은 보의 끝단에서 발생하는 하향 처짐이 되고 결국 이 값은 타이로드가 늘어난 길이가 된다. 보이 늘어난 길이는 내력에 따라 달라지므로 적합방정식에는 봉의 미지 힘을 포함한 두 개의 항이 생기게 된다. 적합방정식에서 일단 타이로드의 힘을 계산하면 B에서 보의 처짐을 계산할 수 있다.

풀이 Case 1 — 등분포하중을 받는 캔틸레버보

B에서 타이로드에 의한 잉여 반력을 제거하고 등분포하중을 받는 캔틸레버보를 고려하자. 이 보의 처짐은 B에서 계산하여야 한다. 부록 C에서 (B에서 발생하는) 최대 처짐은 다음과 같다.

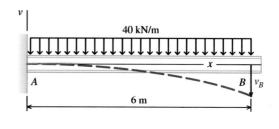

$$v_{\text{max}} = v_B = -\frac{wL^4}{8EI} \qquad\qquad \text{(a)}$$

Case 2 — 집중하중을 받는 캔틸레버보

타이로드는 B에서 캔틸레버보에 반력을 제공한다. 이러한 상향 반력 B_y를 받는 캔틸레버보를 고려하자. 부록 C에서 캔틸레버보 끝단의 집중하중에 의해 (B에서 발생하는) 최대 처짐은 다음과 같다.

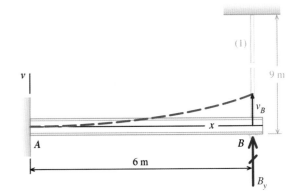

$$v_{\max} = v_B = -\frac{PL^3}{3EI} = -\frac{(-B_y)L^3}{3EI} \qquad \text{(b)}$$
$$= \frac{B_yL^3}{3EI}$$

적합방정식

두 경우에서 구한 v_B 식[식 (a), (b)]은 적합방정식으로 다음과 같이 묶는다.

$$v_B = -\frac{wL^4}{8EI} + \frac{B_yL^3}{3EI} \neq 0 \qquad \text{(c)}$$

그러나 이 예에서 B에서 처짐은 롤러지지가 있을 때처럼 0이 아니다. 이 보는 신축성이 있는 축부재에 의해 지지되어 있다. 결과적으로 우리는 이 상황에서 얼마나 타이로드가 늘어날 것인지를 결정해야 한다.

알루미늄 타이로드의 자유물체도를 고려하자. 일반적으로 봉 (1)에서 발생하는 늘음량은 다음과 같다.

$$\delta_1 = \frac{F_1L_1}{A_1E_1}$$

봉 (1)이 발생하는 힘에 의해 늘어나기 때문에 봉의 밑단에서 처짐은 아래로 발생한다. 보가 봉에 의해 지지되기 때문에 보 역시 이 점에서 아래로 처짐이 발생한다. 적합방정식[식 (c)]은 타이로드의 늘음을 고려할 수 있도록 조정해야 한다.

$$v_B = -\frac{wL^4}{8EI} + \frac{B_yL^3}{3EI} = \frac{B_yL_1}{A_1E_1} \qquad \text{(d)}$$

이 식은 옳지 않다. 오차는 매우 미묘하지만 중요하다. 어떻게 식 (d)가 **틀렸을까**?

보의 처짐에서 위쪽이 양의 방향으로 정의되었다. 타이로드(1)이 늘어날 때 B점(봉의 아랫단)은 아래로 움직인다. 적합방정식이 보의 처짐에 관련되어 있기 때문에 오른쪽의 타이로드 항은 음의 값이 되어야 한다.

$$v_B = -\frac{wL^4}{8EI} + \frac{B_y L^3}{3EI} = -\frac{B_y L_1}{A_1 E_1} \tag{e}$$

이 식에서 유일한 미지 항은 타이로드의 힘, 즉 B_y이다. 이 식을 다시 정리하여 다음 식을 얻을 수 있다.

$$B_y \left[\frac{L^3}{3EI} + \frac{L_1}{A_1 E_1} \right] = \frac{wL^4}{8EI} \tag{f}$$

계산을 하기에 앞서 L_1, A_1, E_1 항들에 대해 특별히 주의해야 한다. 이들은 보가 아닌 타이로드의 특성 값들이다. 이러한 유형의 문제에서 흔한 실수가 보의 탄성계수 값 E를 보와 봉에 모두 사용하는 것이다.

다음의 값들을 이용하여 타이로드에 의해 보에 가해지는 반력을 계산한다.

보의 물성	타이로드 물성
$w = 40 \text{ kN/m} = 40 \text{ N/mm}$	$L_1 = 9 \text{ m} = 9{,}000 \text{ mm}$
$L = 6 \text{ m} = 6{,}000 \text{ mm}$	$d_1 = 30 \text{ mm}$
$I = 300 \times 10^6 \text{ mm}^4$	$A_1 = 706.858 \text{ mm}^2$
$E = 200 \text{ GPa} = 200{,}000 \text{ N/mm}^2$	$E_1 = 70 \text{ GPa} = 70{,}000 \text{ N/mm}^2$

이 값들을 식 (f)에 대입하여 계산하면 $B_y = 78153.8\text{N} = 78.2$ kN.

그래서 타이로드의 내부 축력은 78.2 kN이다. **답**

B에서 보의 처짐은 식 (e)로부터 다음과 같이 계산할 수 있다.

$$v_B = -\frac{B_y L_1}{A_1 E_1} = -\frac{(78\,153.8\text{ N})(9000\text{ mm})}{(706.858\text{ mm}^2)(70\,000\text{ N/mm}^2)} = -14.22\text{ mm} = 14.22\text{ mm} \downarrow \quad \textbf{답}$$

예제 11.9

8 m 길이의 W250×67 강재 보가 오른쪽 그림에 보이는 것과 같이 양 끝단에 단순핀과 롤러, 중앙에 목재 보로 지지되어 있다. 강재 보[E= 200 GPa]는 (1) 55 kN/m의 등분포하중을 지지하고 있다. 목재 보[E= 12.5 GPa]는 C와 E 사이의 3 m 경간으로 되어 있다. 강재 보는 3 m 길이의 중앙에서 목재 보의 위에 놓여 있다. 목재 보의 단면은 폭 160 mm, 깊이 270 mm이다. 다음을 결정하라.

(1) D점에서 목재 보에 의해 강재 보에 전달되는 반력
(2) D점의 처짐

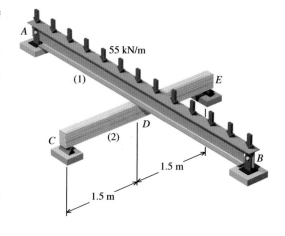

풀이 계획 목재 보는 강재 보에 탄성지지로 작용한다. 강재 보가 목재 보에 작용하는 힘에 따라 얼마나 아래로 처짐이 발생하느냐에 의해 이 시스템의 최종 처짐이 결정된다는 것을 의미한다. 목재 보에 의해 발생하는 반력을 제거하여 해제 보가 등분포하중을 받는 단순지지보가 되도록 한다. 이때 하향 처짐에 대한 식을 구한다. 다음으로, D점에서 목재 보에 의해 생긴 상향의 미지 반력만 받는 해제 보를 고려한다. 중앙에 집중하중을 받는 단순지지 강재 보의 상향 처짐 식을 구한다. 다

음으로 목재 보를 고려한다. 목재 보에 의해 강재 보에 전달되는 상향 반력은 목재 보의 하향 처짐을 유발한다. 이 미지의 반력 때문에 발생하는 목재 보의 하향 처짐 식을 구한다. D점에서의 처짐에 대한 이들 세 가지 식을 조합하여 적합방정식을 만들고 반력에 대해 푼다. 반력을 알게 되면 D점에서 처짐을 계산할 수 있다.

풀이 Case 1 — 등분포하중을 받는 단순지지 강재 보
목재 보(2)를 제거하고 단순지지 강재 보(1)이 55 kN/m의 등분포하중을 받고 있다고 하자. 이 보의 처짐은 D에서 결정해야 한다. 부록 C 에서 보(1) 중앙에서 처짐은 다음과 같다.

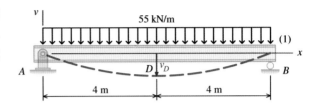

$$v_D = -\frac{5wL_1^4}{384E_1I_1} \qquad (a)$$

Case 2 — 집중하중을 받는 단순지지 강재 보
목재 보(2)는 D에서 강재 보에 상향 반력을 전달한다. 강재 보(1)이 이 상향 반력 D_y를 받는다. 부록 C에서, 중앙에 집중하중을 받는 단순지지보의 중앙부 처짐은 다음과 같다.

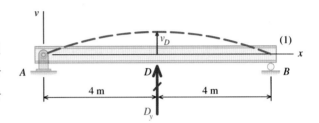

$$v_D = -\frac{PL_1^3}{48E_1I_1} = -\frac{(-D_y)L_1^3}{48E_1I_1} = \frac{D_yL_1^3}{48E_1I_1} \qquad (b)$$

Case 3 — 집중하중을 가진 단순지지 목재 보
목재 보(2)는 D에서 강재 보에 상향력을 가한다. 역으로 강재 보(1)은 같은 크기의 힘을 목재 보에 전달하여 하향 처짐을 유발한다. 반력 D_y 에 의해 발생한 보(2)의 하향 처짐은 다음과 같다.

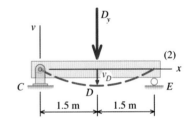

$$v_D = -\frac{D_yL_2^3}{48E_2I_2} \qquad (c)$$

적합방정식
분포하중에 의한 강재 보의 하향 처짐[식 (a)]과 목재 보에 의해 생긴 반력으로 만들어진 상향 처짐[식 (b)]의 합은 목재 보의 하향 처짐[식 (c)]과 같아야 한다. D의 처짐에 대한 이들 세 식을 조합하면 다음의 적합방정식이 된다.

$$-\frac{5wL_1^4}{384E_1I_1} + \frac{D_yL_1^3}{48E_1I_1} = -\frac{D_yL_2^3}{48E_2I_2} \qquad (d)$$

이 식에서 유일한 미지수는 반력 D_y이다. 이 식을 다시 정리하면 다음과 같다.

$$D_y\left[\frac{L_1^3}{48E_1I_1} + \frac{L_2^3}{48E_2I_2}\right] = \frac{5wL_1^4}{384E_1I_1} \qquad (e)$$

계산을 시작하기 전에 강재 보에 적용하는 물성(예: L_1, I_1, E_1)과 목재 보에 적용하는 물성(예: L_2, I_2, E_2)을 잘 구별하여야 한다. 예를 들면, 휨 강성 EI가 각 항에 보이지만 목재 보의 EI값은 강재 보의 EI 값과는 상당히 다르다.

다음의 값을 이용하여 강재 보(1)에 작용하는 반력을 계산하라.

강재 보의 물성

$w = 55$ kN/m

$L_1 = 8$ m

$I_1 = 103 \times 10^6$ mm^4 (부록 B for W250×67)

$E_1 = 200$ GPa

목재 보의 물성

$L_2 = 3$ m

$I_2 = \dfrac{(160 \text{ mm})(270 \text{ mm})^3}{12} = 262.440 \times 10^6$ mm^4

$E_2 = 12.5$ GPa

이 값들을 식 (c)에 대입하여 계산하면 $D_y = 206589$ N = 207 kN   답

식 (c)로부터 계산한 D에서 이 시스템의 처짐은 다음과 같다.

$$v_D = -\frac{D_y L_2^3}{48 E_2 I_2} = -\frac{(206{,}589 \text{ N})(3 \text{ m})^3 (1{,}000 \text{ mm/m})^3}{48(12{,}500 \text{ N/mm}^2)(262.440 \times 10^6 \text{ mm}^4)} = -35.423 \text{ mm} = 35.4 \text{ mm} \downarrow \qquad 답$$

Mec Movies MecMovies 예제 M11.4

지간 중앙에 탄성지지를 갖는 단순지지보에 대한 반력을 구하라.

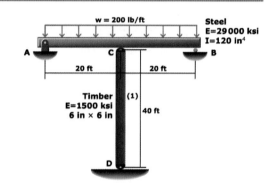

Mec Movies MecMovies 연습문제

M11.1 일단고정 일단롤러 보. 일단고정 일단롤러 보에 대한 롤러 반력을 구하라. 각 형상에서 롤러 반력은 두 개의 캔틸레버보 경우에 대한 중첩을 이용하여 결정한다: 집중하중 P가 있는 캔틸레버보와 분포하중 w가 있는 캔틸레버보.

concept checkpoints

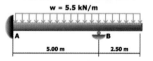

1. The propped cantilever beam shown is subjected to a uniformly distributed load of **w = 5.5 kN/m.** Determine the magnitude of the reaction force acting at **B** (in kN). Assume EI is constant for the beam.
Hint: The reaction force is greater than 26 kN and less than 36 kN.

[cantilever with w]   [cantilever with P]

Enter your answer (without units).   [   ] [enter]

그림 M11.1

M11.2 세 개의 지지점 위의 보. 중첩법을 이용하여 세 개의 지지점 위에 있는 단순지지보의 하나의 롤러 반력을 구하라.

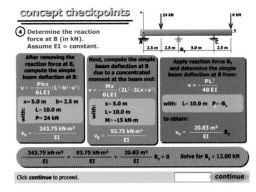

그림 M11.2

PROBLEMS

P11.28 그림과 같은 보와 하중에 대하여, $EI = 3.0 \times 10^4$ kN·m² 는 상수로 가정하라.

(a) 그림 P11.28a의 보에 대하여 B점에서 보의 최종 처짐이 0이 되기 위해 필요한 상향의 집중하중 P를 구하라.(즉, $v_B = 0$)

(b) 그림 P11.28b의 보에 대하여 A점에서 회전각이 0이 되기 위해 필요한 집중모멘트 M을 구하라. (즉, $\theta_A = 0$)

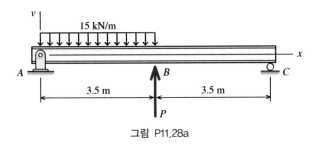

그림 P11.28a

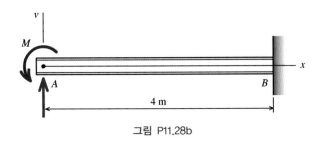

그림 P11.28b

P11.29 그림과 같은 보와 하중에 대하여, $EI = 5.0 \times 10^4$ kN·m² 는 상수로 가정하라.

(a) 그림 P11.29a의 보에 대하여 B점에서 보의 최종 처짐이 0이 되기 위해 필요한 하향의 집중하중 P를 구하라.(즉, $v_B = 0$)

(b) 그림 P11.29b의 보에 대하여 A점에서 회전각이 0이 되기 위해 필요한 집중모멘트 M을 구하라. (즉, $\theta_A = 0$)

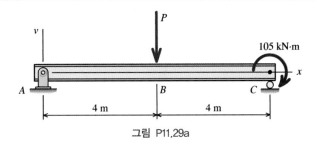

그림 P11.29a

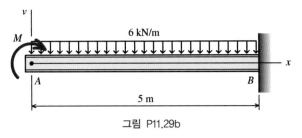

그림 P11.29b

P11.30–P11.34 그림 P11.30–P11.34의 보와 하중에 대하여 지지점 A와 B에서 반력에 대한 식을 유도하라. 이 보에서 EI는 상수로 가정한다.

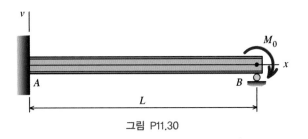

그림 P11.30

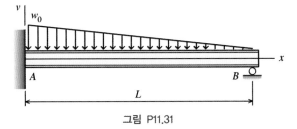

그림 P11.31

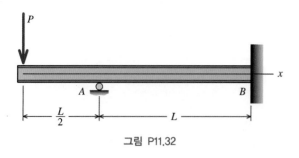

그림 P11.32

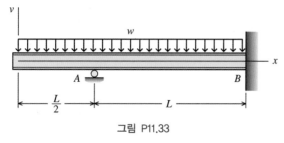

그림 P11.33

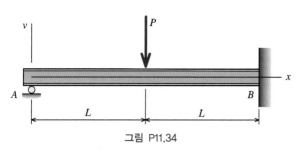

그림 P11.34

P11.35–P11.36 그림 P11.35와 P11.36의 보와 하중에 대하여 지지점 A와 C에서 반력에 대한 식을 유도하라. 이 보에서 EI는 상수로 가정한다.

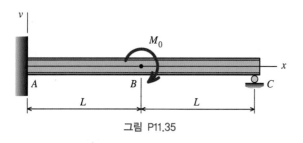

그림 P11.35

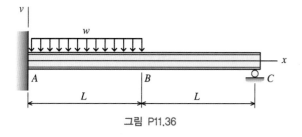

그림 P11.36

P11.37 그림 P11.37의 보와 하중에 대하여 A, C, D에서 반력에 대한 식을 유도하라. 이 보에서 EI는 상수로 가정한다. (참고: 롤러 기호는 상향 및 하향 변위가 구속됨을 의미한다.)

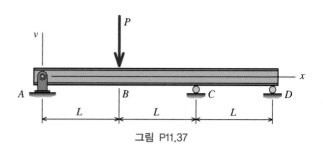

그림 P11.37

P11.38–P11.42 그림 P11.38 – P11.42의 보와 하중에 대하여 B에서 반력에 대한 식을 유도하라. 이 보에서 EI는 상수로 가정한다. (참고: 롤러 기호는 상향 및 하향 변위가 구속됨을 의미한다.)

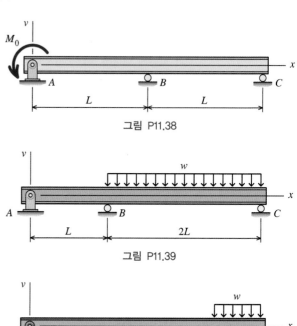

그림 P11.38

그림 P11.39

그림 P11.40

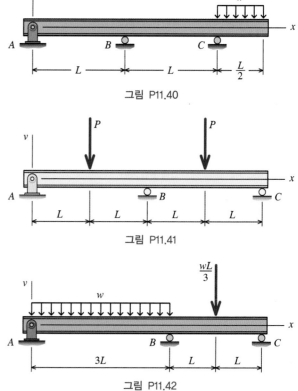

그림 P11.41

그림 P11.42

P11.43 그림 P11.43의 보는 W360×79 구조용 W 형상[$E = 200$ GPa; $I = 225 \times 10^6$ mm⁴]으로 이루어져 있다. 그림과 같은 하중이 작용할 때 다음을 구하라.

(a) A, B, C에서 반력

(b) 보의 최대 휨응력

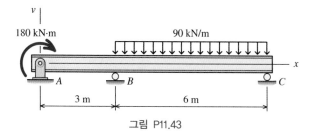

그림 P11.43

P11.44 그림 P11.44의 보는 W610×140 구조용 W 형상[$E = 200$ GPa; $I = 1120 \times 10^6$ mm⁴]으로 이루어져 있다. 그림과 같은 하중이 작용할 때 다음을 구하라.

(a) A, B, D에서 반력

(b) 보의 최대 휨응력

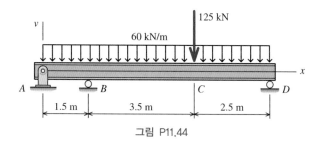

그림 P11.44

P11.45 그림 P11.45와 같이 하중을 받고 있는 일단고정 일단롤러보가 있다. $EI = 82,000$ kN·m²으로 가정하여 다음을 구하라.

(a) B와 C에서 반력

(b) A에서 보의 처짐

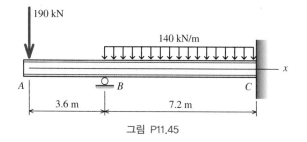

그림 P11.45

P11.46 그림 P11.46과 같이 하중을 받고 있는 일단고정 일단롤러 보가 있다. $EI = 86.4$ N·mm²으로 가정하여 다음을 구하라.

(a) A와 C에서 반력

(b) B에서 보의 처짐

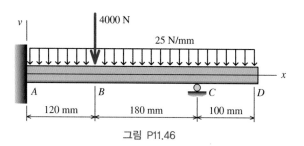

그림 P11.46

P11.47 그림 P11.47의 보는 W610×82 구조용 W 형상[$E = 200$ GPa; $I = 562 \times 10^6$ mm⁴]으로 이루어져 있다. 그림과 같은 하중이 작용할 때 다음을 구하라.

(a) C에서 반력

(b) A에서 보의 처짐

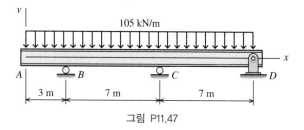

그림 P11.47

P11.48 그림 P11.48의 보는 W610×113 구조용 W 형상[$E = 200$ GPa; $I = 874 \times 10^6$ mm⁴]으로 이루어져 있다. 그림과 같은 하중이 작용할 때 다음을 구하라.

(a) A와 D에서 반력

(b) 보의 최대 휨응력

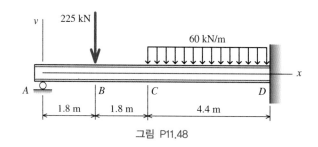

그림 P11.48

P11.49 그림 P11.49의 지름 20 mm 강재샤프트[$E = 200$ GPa]은 두 개의 벨트바퀴를 지지하고 있다. A의 베어링을 핀지지로, C와 E의 베어링을 롤러지지로 각각 이상화할 수 있다고 가정하자. 그림과 같은 하중이 작용할 때 다음을 구하라.

(a) 베어링 A, C, E에서 반력

(b) 축 내의 최대 휨응력

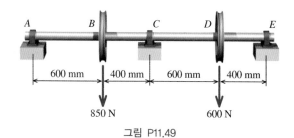

그림 P11.49

P11.50 그림 P11.50의 지름 30 mm 강재샤프트[$E = 200$ GPa]는 두 개의 벨트바퀴를 지지하고 있다. A의 베어링을 핀지지로, C와 E의 베어링을 롤러지지로 이상화할 수 있다고 가정하자. 그림과 같은 하중이 작용할 때 다음을 구하라.

(a) 베어링 A, C, E에서 반력

(b) 축 내의 최대 휨응력

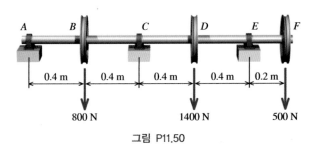

그림 P11.50

P11.51 그림 P11.51의 지름 30 mm 강재샤프트[$E = 200$ GPa]는 두 개의 벨트바퀴를 지지하고 있다. E의 베어링을 핀지지로, B와 C의 베어링을 롤러지지로 이상화할 수 있다고 가정하자. 그림과 같은 하중이 작용할 때 다음을 구하라.

(a) 베어링 B, C, E에서 반력

(b) 축 내의 최대 휨응력

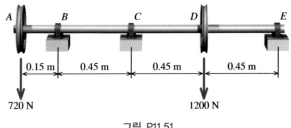

그림 P11.51

P11.52 그림 P11.52의 보는 W360×101 구조용 W 형상[$E = 200$ GPa; $I = 301 \times 10^6$ mm^4]으로 이루어져 있다. 그림과 같은 하중이 작용할 때 다음을 구하라.

(a) A와 B에서 반력

(b) 보의 최대 휨응력

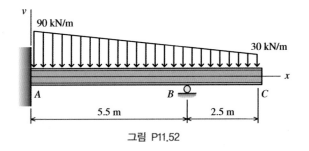

그림 P11.52

P11.53 W530×92 구조용 W 형상[$E = 200$ GPa; $I = 554 \times 10^6$ mm^4]이 그림 P11.53과 같은 하중 및 지지조건을 갖고 있다. 다음을 구하라.

(a) A와 C에서 반력 및 반력모멘트

(b) 보의 최대 휨응력

(c) B에서 보의 처짐

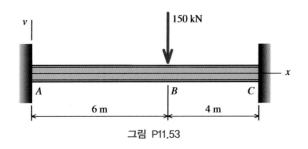

그림 P11.53

P11.54 W530×92 구조용 W 형상[$E = 200$ GPa; $I = 554 \times 10^6$ mm^4]이 그림 P11.54와 같은 하중 및 지지조건을 갖고 있다. 다음을 구하라.

(a) A와 C에서 반력 및 반력모멘트

(b) 보의 최대 휨응력

(c) B에서 보의 처짐

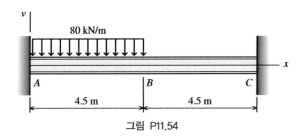

그림 P11.54

P11.55 목재 보[$E = 12.4$ GPa]가 그림 P11.55와 같은 하중, 지지 조건을 갖고 있다. 보의 단면은 폭이 120 mm, 높이가 200 mm이다. 보는 B점에서 20 mm 지름의 강 봉[$E = 200$ GPa]에 의해 지지되고 있고 분포하중이 보에 작용하기 전까지는 이 봉에 아무런 하중이 작용하지 않고 있다. 보에 16 kN/m의 분포하중이 작용한 이후, 다음을 구하라.

(a) 강 봉에 걸리는 힘

(b) 보에서 발생하는 최대 휨응력

(c) B에서 보의 처짐

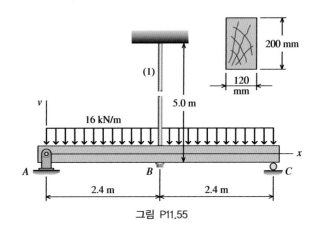

그림 P11.55

P11.56 W360×72 구조용 W 형상[$E=200$ GPa]이 그림 P11.56과 같은 하중 및 지지조건을 갖고 있다. 보는 B점에서 20 mm 지름의 알루미늄 봉[$E=70$ GPa]에 의해 지지되고 있다. 40 kN의 집중하중이 캔틸레버 끝단에 가해진 이후, 다음을 구하라.

(a) 알루미늄 봉에 생성된 힘

(b) 보에서 발생하는 최대 휨응력

(c) B에서 보의 처짐

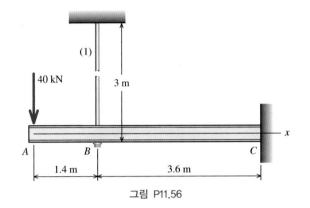

그림 P11.56

P11.57 W250×32.7 구조용 W 형상[$E=200$ GPa]이 그림 P11.57과 같은 하중 및 지지조건을 갖고 있다. 16 kN/m의 등분포하중이 보에 작용하여 B의 롤러지지에서 15 mm의 하향 침하가 발생하였다. 다음을 구하라.

(a) A, B, C에서 반력

(b) 보에서 발생하는 최대 휨응력

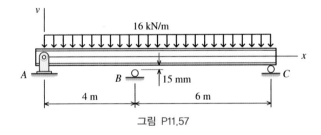

그림 P11.57

P11.58 W250×67 구조용 W 형상[$E=200$ GPa]이 그림 P11.58과 같은 하중 및 지지조건을 갖고 있다. 이 보는 C에서 단면적 10,000 mm²의 목재[$E=12.4$ GPa] 기둥에 의해 지지되고 있다. 90 kN의 집중하중이 보에 작용한 이후, 다음을 구하라.

(a) A와 C에서 반력

(b) 보에서 발생하는 최대 휨응력

(c) C에서 보의 처짐

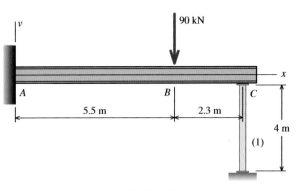

그림 P11.58

P11.59 목재[$E=12$ GPa] 보가 그림 P11.59와 같은 하중 및 지지조건을 갖고 있다. 이 보의 단면은 폭이 100 mm, 높이가 300 mm이다. 이 보는 B에서 지름 12 mm의 강[$E=200$ GPa]봉에 의해 지지되고 있으며 보에 분포하중이 작용하기 전에는 강봉에 하중이 걸리지 않는다. 7 kN/m의 분포하중이 보에 작용한 이후, 다음을 구하라.

(a) 강 봉에 걸리는 힘

(b) 보에서 발생하는 최대 휨응력

(c) B에서 보의 처짐

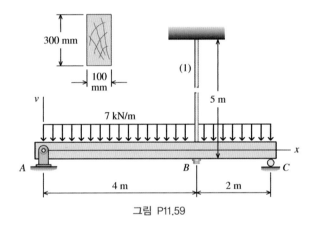

그림 P11.59

P11.60 W360×72 구조용 W 형상[$E=200$ GPa]이 그림 P11.60과 같은 하중 및 지지조건을 갖고 있다. 이 보는 B에서 단면적 20,000 mm²의 목재[$E=12$ GPa] 기둥에 의해 지지되고 있다. 50 kN/m의 등분포하중이 보에 작용한 이후, 다음을 구하라.

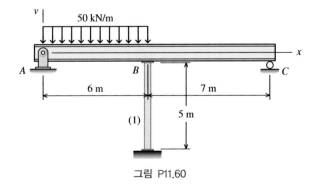

그림 P11.60

(a) A, B, C에서 반력

(b) 보에서 발생하는 최대 휨응력

(c) B에서 보의 처짐

P11.61 목재[$E = 12.4$ GPa] 보가 그림 P11.61과 같은 하중 및 지지조건을 갖고 있다. 이 보의 단면은 폭 120 mm, 높이 200 mm 이다. 이 보는 B에서 지름 25 mm의 알루미늄[$E = 70$ GPa] 봉에 의해 지지되고 있으며 보에 분포하중이 작용하기 전에는 이 봉에 하중이 걸리지 않는다. 16 kN/m의 분포하중이 보에 작용한 이후, 다음을 구하라.

(a) 알루미늄 봉에 걸리는 힘

(b) 보에서 발생하는 최대 휨응력

(c) B에서 보의 처짐

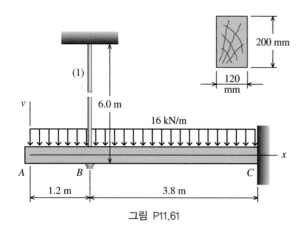

그림 P11.61

P11.62 W530×66 구조용 W 형상[$E = 200$ GPa]이 그림 P11.62와 같은 하중 및 지지조건을 갖고 있다. 70 kN/m의 등분포하중이 보에 작용하여 B에서 롤러지지가 아래 방향으로 10 mm 움직였다. 다음을 구하라.

(a) A와 B에서 반력

(b) 보에서 발생하는 최대 휨응력

(c) B에서 보의 처짐

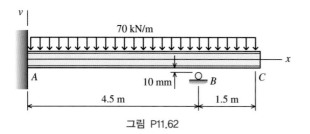

그림 P11.62

P11.63 그림 P11.63/64와 같이 $P = 85$ kN의 집중하중이 강재 보 (1)의 중앙에 작용한다. 강재 보는 A와 B에서 변형이 발생하지 않도록 지지되며 중앙부에 단순지지된 목재 보 (2)에 의해 지지되고 있다. 하중이 없는 조건에서 강재 보 (1)는 목재 보 (2)와 닿아 있으나 힘을 전달하지는 않는다. 강재 보는 길이가 $L_1 = 10$ m,

휨강성이 $EI_1 = 20,400$ kN·m²이다. 목재 보는 길이가 $L_2 = 6$ m, 휨강성이 $EI_2 = 2,790$ kN·m²이다. 다음에 작용하는 수직반력을 구하라.

(a) A에서 강재 보에 작용하는 반력

(b) C에서 목재 보에 작용하는 반력

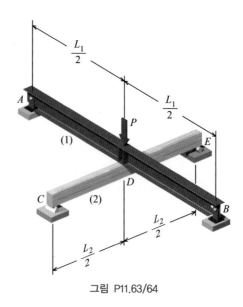

그림 P11.63/64

P11.64 그림 P11.63/64와 같이 $P = 50$ kN의 집중하중이 W360 ×39 강재 보 (1)의 중앙에 작용한다. 강재 보는 A와 B에서 변형이 발생하지 않도록 지지되며 중앙부에 단순지지된 폭 150 mm 높이 300 mm의 단면으로 된 목재 보 (2)에 의해 지지되고 있다. 하중이 없는 조건에서 강재 보 (1)은 목재 보 (2)와 닿아 있으나 힘을 전달하지는 않는다. 강재 보는 길이가 $L_1 = 10$ m, 탄성계수가 $E_1 = 200$ GPa이다. 목재 보는 길이가 $L_2 = 7$ m, 탄성계수가 $E_2 = 12.4$ GPa이다. 최대 휨응력을 다음의 위치에서 구하라.

(a) 강재 보

(b) 목재 보

(c) 목재 보가 제거되었을 때의 강재 보

P11.65 그림 P11.65/66과 같이 두 개의 보가 $P = 45$ kN의 집중하중을 지지하고 있다. 보 (1)은 A에서 고정단에 의해, 그리고 D에서 단순지지보 (2)에 의해 각각 지지되어 있다. 하중이 작용하지 않을 때 보 (1)은 보 (2)에 접촉하고 있지만 힘을 가하지는 않는다. 보의 길이는 $a = 4.0$ m, $b = 1.5$ m, $L_2 = 6$ m이다. 보의 휨 강성은 각각 $EI_1 = 40,000$ kN·m², $EI_2 = 14,000$ kN·m²이다.

(a) D와 (b) B에서 보 (1)의 처짐을 구하라.

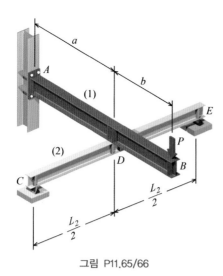

그림 P11.65/66

P11.66 그림 P11.65/66과 같이 두 개의 보가 $P = 60$ kN의 집중하중을 지지하고 있다. 보 (1)은 A에서 고정단에 의해, 그리고 D에서 단순지지보 (2)에 의해 각각 지지되어 있다. 하중이 작용하지 않을 때 보 (1)은 보(2)에 접촉하고 있지만 힘을 가하지는 않는다. 보의 길이는 $a = 5.0$ m, $b = 2.0$ m, $L_2 = 8$ m이다. 보의 휨 강성은 각각 $EI_1 = 40,000$ kN·m^2, $EI_2 = 25,000$ kN·m^{2}이다. 다음을 구하라.

(a) A에서 보 (1)에 작용하는 반력

(b) C에서 보 (2)에 작용하는 반력

P11.67 그림 P11.67/68과 같이 두 개의 보가 $w = 30$ kN/m의 분포하중을 지지하고 있다. 보 (1)은 A에서 고정단에 의해, 그리고 D에서 단순지지보 (2)에 의해 각각 지지되어 있다. 하중이 작용하지 않을 때 보 (1)은 보 (2)에 접촉하고 있지만 힘을 가하지는 않는다. 보 (1)의 단면은 높이가 400 mm, 관성모멘트가 $I_1 = 130 \times 10^6$ mm^4, 길이가 3.5 m, 탄성계수가 $E_1 = 200$ GPa이다.

보 (2)의 단면은 폭이 175 mm, 높이가 300 mm이다. 목재의 탄성계수는 $E_2 = 13$ GPa, 길이가 $L_2 = 5$ m이다. 다음에서 최대 휨 응력을 구하라.

(a) 강재 보 (1)

(b) 목재 보 (2)

(c) 목재 보가 없을 때 강재 보 (1)

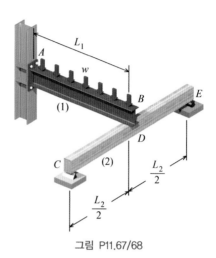

그림 P11.67/68

P11.68 그림 P11.67/68과 같이 두 개의 보가 $w = 40$ kN/m의 분포하중을 지지하고 있다. 보 (1)은 A에서 고정단에 의해, 그리고 D에서 단순지지보 (2)에 의해 각각 지지되어 있다. 하중이 작용하지 않을 때 보 (1)은 보 (2)에 접촉하고 있지만 힘을 가하지는 않는다. 보 (1)은 길이가 $L_1 = 3$ m, 탄성계수가 $E_1 = 200$ GPa인 W310×60형상으로 되어 있다. 보 (2)는 폭 150 mm, 높이가 300 mm인 단면을 가진다. 목재의 탄성계수는 $E_2 = 12$ GPa, 길이가 $L_2 = 4$ m이다. 다음을 구하라.

(a) A에서 보 (1)에 작용하는 반력

(b) C에서 보 (2)에 작용하는 반력

응력 변환

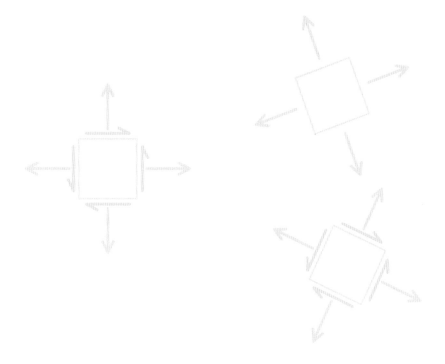

12.1 개요

앞 장에서 축하중을 받는 막대, 원형샤프트, 보 등의 특정 평면에 작용하는 수직응력과 전단응력에 대한 공식을 유도하였다. 축하중을 받는 막대에 대해서는, 1.5절에서 막대 내부의 경사면에 작용하는 수직응력[식 (1.8)]과 전단응력[식 (1.9)]에 대한 추가 식을 유도하였다. 이를 통해서 최대 수직응력이 횡방향 평면에서 발생하고 최대 전단응력이 막대 축과 45° 를 이루는 평면에서 발생한다는 것을 알았다(그림 1.4 참고). 원형샤프트에 작용하는 순수 비틀림의 경우 유사한 식을 유도하였다. 최대 전단응력[식 (6.9)]이 비틀림 부재에서는 횡방향 평면에서 발생한다는 것을 보였다. 그러나, 최대 인장 및 압축응력[식 (6.10)]이 부재 축과 45° 를 이루는 평면에 발생하였다(그림 6.9 참고). 축 부재와 비틀림 부재의 특정 평면에 작용하는 수직 및 전단응력은 자유물체도를 이용하여 구할 수 있다. 이 방법은 비록 유익하고 응력 해석에서 종종 필요하기는 하지만 최대 수직 및 전단응력을 결정하기에 충분하지 않다. 이 장에서 다음을 결정하기 위한 보다 강력한 방법들을 유도할 것이다.

(a) 관심있는 점을 지나는 특정 평면상의 수직 및 전단응력
(b) 관심있는 점에서 임의의 방향에 작용하는 최대 수직 및 전단응력

12.2 임의 하중을 받는 물체의 일반적인 위치에서의 응력

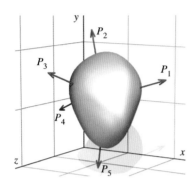

그림 12.1 평형상태의 물체

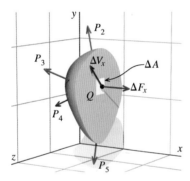

그림 12.2a 면적 ΔA에 작용하는 합력

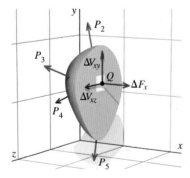

그림 12.2b 면적 ΔA에 작용하는 합력의 x, y 및 z 성분

1장에서 축하중을 받는 막대의 한 부분에서 평형을 만족시키는 내력 분포를 이용하여 응력의 개념을 소개하였다. 하중 분포의 특성이 막대 내의 횡방향 평면상의 균등한 수직 및 전단응력을 만든다(1.5절 참고). 보다 복잡한 구조부재나 기계부품에서 응력분포는 임의의 내부 평면에서 균등하지 않을 것이다. 그래서 한 점에서 응력상태에 대한 좀 더 일반적인 개념이 필요하다.

여러 하중 P_1, P_2 등이 작용하는 상태에서 평형상태에 있는 임의 형상의 물체를 고려하자(그림 12.1). 임의 내부 점 Q에서 생성된 응력의 특성은 그 물체를 Q점에서 그림 12.2a에서 보는 것과 같이 $y-z$ 평면과 평행한 단면으로 절단하여 알아볼 수 있다. 이 자유물체는 노출된 평면에 연직력과 전단력이 분포하고 있을 뿐만 아니라 최초 하중(P_1, P_2 등)을 받고 있다. 우리는 노출된 평면의 일부인 ΔA에 집중하고자 한다. ΔA에 작용하는 합력은 평면에 직각인 성분과 평행한 성분으로 분해할 수 있다. 직각인 성분은 수직 힘 ΔF_x이고 평행한 성분은 전단력 ΔV_x이다. 하첨자 x는 법선이 x방향인 평면(x 평면)에 작용한다는 것을 나타낸다.

수직력 ΔF_x가 비록 잘 정의되어 있지만 전단력 ΔV_x는 x 평면상에서 어느 방향으로도 향할 수 있다. 그래서 전단력 ΔV_x는 두 가지 힘 성분 ΔV_{xy}, ΔV_{xz}로 분해할 것이다. 여기서 두 번째 하첨자는 전단력이 x 평면 내에서 각각 y 방향과 z 방향으로 작용함을 의미한다. ΔA에 작용하는 수직 및 전단력의 x, y, z 성분은 그림 12.2b에서 보여주고 있다.

만일 각 하중 성분을 면적 ΔA로 나누면 단위 면적당 평균 힘을 구할 수 있다. ΔA를 점점 작게 만들면 Q점에서 세 개의 응력 성분을 정의할 수 있다.

$$\sigma_x = \lim_{\Delta A \to 0} \frac{\Delta F_x}{\Delta A} \qquad \tau_{xy} = \lim_{\Delta A \to 0} \frac{\Delta V_{xy}}{\Delta A} \qquad \tau_{xz} = \lim_{\Delta A \to 0} \frac{\Delta V_{xz}}{\Delta A} \tag{12.1}$$

σ_x, τ_{xy}, τ_{xz}의 첫 번째 하첨자는 법선이 x방향인 평면에 이 응력이 작용한다는 것을 의미한다. τ_{xy}와 τ_{xz}에 있는 두 번째 하첨자는 전단응력이 x평면상에서 작용하는 방향을 나타낸다.

다음으로 원래 물체(그림 12.1)가 $x-z$평면에 나란한 절단면을 통과한다고 가정하자. 이 절단면은 법선이 y방향인 표면을 노출시킨다(그림 12.4). 앞의 방법에 따르면 y평면의 Q점에서 세 개의 응력을 얻을 수 있다: y방향으로 작용하는 수직응력 σ_y, y평면에서 x방향으로 작용하는 전단응력 τ_{yx}, y평면에서 z방향으로 작용하는 전단응력 τ_{yz}.

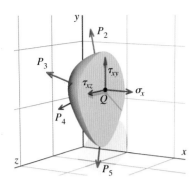

그림 12.3 물체 내 Q점에서 평면 x에 작용하는 응력

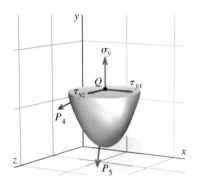

그림 12.4 물체 내 Q점에서 평면 y에 작용하는 응력

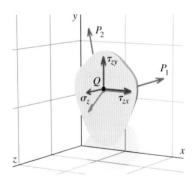

그림 12.5 물체 내 Q점에서 평면 z에 작용하는 응력

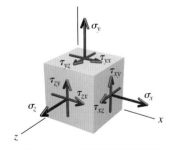

그림 12.6 한 점에서 응력상태를 나타내는 응력요소

마지막으로 $x-y$평면에 평행한 절단면이 원래 물체를 통과할 때 법선이 z방향인 표면을 노출시킨다(그림 12.5). 다시, z평면 위의 Q점에서 세 개의 응력을 얻을 수 있다. z방향으로 작용하는 수직응력 σ_z, z평면에서 x방향으로 작용하는 전단응력 τ_{zx}, z평면에서 y방향으로 작용하는 전단응력 τ_{zy}.

앞의 설명에서 다른 좌표계(말하자면 $x'-y'-z'$)를 선택했다면, Q점에서 구한 응력들은 x, y, z평면에서 결정한 것과는 다를 것이다. 그러나 $x'-y'-z'$ 좌표계에서의 응력들은 $x-y-z$좌표계의 것들과 응력변환(stress transformation)이라고 하는 수학적 절차를 통해 관련되어 있고 응력들은 하나의 좌표계에서 다른 좌표계로 변환될 수 있다. 만일 x, y, z평면상의 Q점에서 수직 및 전단응력들을 알고 있다면(그림 12.3, 12.4, 12.5), Q점을 지나는 어떤 평면상의 수직 및 전단응력들도 결정할 수 있다. 이러한 이유로 평면상의 응력들을 어떤 점에서의 응력상태(state of stress)라 한다. 응력상태는 서로 직교하는 세 개의 각 평면에 작용하는 세 개의 성분으로 고유하게 정의할 수 있다.

(앞의 그림에서 Q와 같은)한 점에서 응력상태는 응력요소(stress element)라고 불리는 극소로 작은 입면체에 작용하는 응력 성분으로 편리하게 표현할 수 있다(그림 12.6). 응력요소는 샤프트나 보와 같은 개체 안에서 관심있는 한 점을 상징적인 그림으로 표현한 것이다. 입면체 요소의 여섯 개 면은 각각 면에서 밖으로 수직하게 향하는 법선으로 구분된다. 예를 들면 양의 x면은 밖으로 향하는 법선이 양의 x방향으로된 면이다. 좌표축 x, y, z는 오른손 법칙에 따라 배열된다.

응력성분 σ_x, σ_y, σ_z는 각각 x, y, z축과 수직인 평면에 작용하는 수직응력들이다. 입면체 요소에 작용하는 전단응력들은 6개가 있다: τ_{xy}, τ_{xz}, τ_{yx}, τ_{yz}, τ_{zx}, τ_{zy}. 그러나 이어서 증명되겠지만 이 전단력들 중 세 개만 독립이다. 응력성분과 연관된 특정값들은 좌표축의 방향에 따라 달라진다. 만일 좌표축이 회전한다면 그림 12.6의 응력상태는 다른 응력성분의 조합으로 표현될 것이다.

응력의 부호규약

수직응력은 σ기호로 나타내며 응력이 작용하는 평면을 가리키는 하나의 하첨자를 사용한다. 만일 수직응력이 밖으로 수직한 방향으로 향한다면 응력요소의 한 면에 작용하는 수직응력은 양이다. 다시 말해, 만일 재료에 인장력을 유발하면 그 수직응력을 양으로 본다. 압축 수직응력은 음이다.

전단응력은 τ기호와 두 개의 하첨자를 써서 표시한다. 첫 번째 첨자는 전단응력이 작용하고 있는 평면을 나타낸다. 두 번째 첨자는 응력이 작용하는 방향을 나타낸다. 예를 들어, τ_{xz}는 x면에서 z방향으로 작용하는 전단응력이다. 전단응력의 양 또는 음을 구분하기 위해서는 두 가지 고려사항이 있다: (1) 전단응력이 작용하고 있는 응력요소의 면과 (2) 그 응력이 작용하는 방향.

전단응력은 다음의 경우 양이다.
- 응력요소의 양의 면에서 양의 좌표방향으로 작용할 때
- 응력요소의 음의 면에서 음의 좌표방향으로 작용할 때

예를 들어, 어떤 전단응력이 양의 x면에서 양의 z방향으로 작용하면 양의 전단응력이다. 이와 마찬가지로, 어떤 전단응력이 음의 y면에서 음의 x방향으로 작용하면 역시 양의 값이다. 그림 12.6의 응력요소에서 보여주는 응력들은 모두 양이다.

12.3 응력요소의 평형

그림 12.7a는 폭 dx, 높이 dy 크기의 응력요소가 2차원으로 투영된 모습을 보여주고 있다. $x-y$평면에 수직인 응력요소의 두께는 dz이다. 응력요소는 실제 물체의 아주 작은 일부를 대표하여 보여준다. 한 물체가 평형상태에 있다면 아무리 작은 크기라도 그 물체의 어떤 부분을 떼어내도 평형상태에 있어야 한다. 결과적으로 응력요소는 평형상태에 있어야 한다.

평형은 응력이 아니라 힘에 관한 것이다. 그림 12.7a의 응력요소 평형에 대해 알아보기 위해, 각 면에 작용하는 응력에 의해 만들어진 힘을 구하기 위해서 각 면에 작용하는 응력과 해당 면의 면적을 곱한다. 이 힘들은 그 요소의 자유물체도상에 표시할 수 있다.

응력요소는 극소로 작은 크기를 갖기 때문에 응력요소의 반대면에 작용하는 수직응력 σ_x와 σ_y는 크기는 같고 나란한 방향으로 짝을 짓고 있다고 할 수 있다. 결과적으로 수직응력에서 오는 힘들은 서로 상쇄되고 병진($\sum F = 0$)과 회전($\sum M = 0$)에 관해서 평형이 성립한다.

다음으로 응력요소의 x와 y면에 작용하는 전단응력을 고려하자(그림 12.7b). 응력요소의 양의 x면에 양의 전단응력 τ_{xy}가 작용한다고 가정하자. 이 응력에 의해 x면에서 y방향으로 발생하는 전단력은 $V_{xy} = \tau_{xy}(dy\,dz)$(여기서 dz는 이 요소의 두께)이다. y방향의 평형($\sum F_y = 0$)을 만족시키기 위해서 $-x$면에서 전단응력은 $-y$방향으로 작용해야 한다. 마찬가지로, 응력요소의 양의 y면에 작용하는 양의 전단응력 τ_{yx}는 x방향으로 $V_{yx} = \tau_{yx}(dx\,dz)$라는 전단력을 만든다. x방향의 평형($\sum F_x = 0$)을 만족시키기 위해서 $-y$면에서 전단응력은 $-x$방향으로 작용해야 한다. 그래서 그림 12.7에 표시된 전단응력은 x와 y방향의 평형을 만족시킨다.

전단응력에 의해 만들어진 모멘트도 역시 평형조건을 만족시켜야 한다. 응력요소의 왼쪽 아래에 위치한 O점을 중심으로 생성된 모멘트를 고려하자. $-x$와 $-y$면상에 작용하는

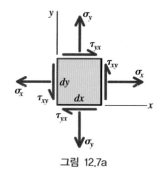

그림 12.7a

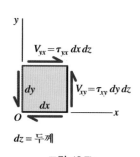

dz = 두께

그림 12.7b

전단력의 작용선은 O점을 통과한다. 그래서 이 힘들은 모멘트를 유발하지 않는다. $+y$면(점 O와 dy만큼 떨어짐)에 작용하는 전단력 V_{yx}는 시계방향 모멘트 $V_{yx}dy$를 만든다. $+x$면(점 O와 dx만큼 떨어짐)에 작용하는 전단력 V_{xy}는 반시계방향 모멘트 $V_{yx}dx$를 만든다. 평형조건 $\sum M_O = 0$을 적용하면 다음과 같다.

$$\sum M_O = V_{xy}dx - V_{yx}dy = \tau_{xy}(dy\,dz)dx - \tau_{yx}(dx\,dz)dy = 0$$

이 식은 다음과 같이 정리된다.

$$\tau_{yx} = \tau_{xy} \tag{12.2}$$

이러한 단순한 평형해석의 결과로 다음의 중요한 결론을 도출할 수 있다.

만일 전단력이 어떤 면에 존재한다면 그 면과 직교하는 면(수직인 면)에 같은 크기의 전단응력이 반드시 있어야 한다.

이 결론으로부터 다음과 같이 쓸 수 있다.

$$\tau_{yx} = \tau_{xy} \qquad \tau_{yz} = \tau_{zy} \qquad \tau_{xz} = \tau_{zx}$$

이러한 것은 결국 전단응력의 하첨자 간에는 교환법칙이 성립한다는 것을 보여주는 것이며 하첨자의 순서를 맞바꿀 수 있다는 의미이다. 그러므로 그림 12.6의 입체요소에 작용하는 여섯 개의 전단응력 성분 중에서 단 세 개만이 독립이다.

12.4 평면응력

2차원 응력 즉, 평면응력(plane stress) 상태에 대한 것을 알아봄으로써 한 물체 내부의 응력 특성에 대하여 자세히 이해할 수 있다. 이를 위하여 그림 12.6의 응력요소에서 두 개의 평행한 면에 응력이 없다고 가정한다. 해석을 위해서, z축과 수직인 면(즉, $+z$, $-z$면)에 응력이 없다고 가정하자. 그러면 다음이 성립한다.

$$\sigma_z = \tau_{zx} = \tau_{zy} = 0$$

식 (12.2)로부터 평면응력 가정은 또한 다음도 의미한다.

$$\tau_{xz} = \tau_{yz} = 0$$

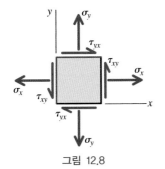

그림 12.8

직교하는 평면에 작용하는 전단응력의 크기가 같기 때문이다. 그래서 평면응력 해석에서는 σ_x, σ_y 그리고 $\tau_{xy} = \tau_{yx}$ 응력성분만 남게 된다. 편의상 이러한 응력상태를 그림 12.8과 같은 2차원 형태의 그림으로 표시한다. 그러나 이러한 형태의 그림이 비록 2차원 정사각형으로 표현되고 있지만 두께를 갖는 3차원 블록을 나타내고 있다는 것을 유념해야 한다.

공학설계에서 일반적으로 발견되는 많은 부재들은 평면응력상태에 있다. 보의 복부, 플랜지와 같은 얇은 판 요소들은 평면 내에서 하중을 받는다. 평면응력은 또한 구조요소와 기계부재의 모든 자유표면에 대한 응력상태를 표현하기도 한다.

이 장의 12.6절에서 12.11절까지는 다음을 구하기 위한 응력변환에 관하여 다룬다.

(a) 관심있는 점을 통과하는 임의의 평면상에 작용하는 수직 및 전단응력

(b) 관심있는 점에서 가능한 임의의 방향에 작용하는 최대 수직 및 전단응력

이 방법들을 논의함에 있어서, 그림 12.8에서 보인 것과 같이 물체 내부의 어떤 특정점에서 응력상태를 응력요소로 표현하는 것이 편리하다. 응력요소가 편리한 표현법이지만 학생들이 응력요소의 개념을 보에서 발생하는 축하중이나 휨모멘트에 의한 수직응력, 비틀림이나 횡전단에 의한 전단응력 등과 같이 앞 장에서 제시된 주제들을 연관시키는 것이 처음에는 어려울 수 있다. 응력변환을 위해 사용되는 방법들을 더 알아보기 전에, 응력요소 위에 나타나는 응력들을 어떻게 결정하는지를 알아보는 것이 도움이 될 것이다. 이 절에서는 어느 단면에 여러 개의 내력이나 모멘트가 동시에 작용하는 부재들에 대해서 집중해서 알아본다. 한 점에 작용하는 다양한 응력을 조합하기 위하여 중첩법을 이용할 것이며 그 결과들을 하나의 응력요소에 요약하여 표현할 것이다.

한 부재의 단면에 작용하는 여러 개의 내력 또는 모멘트를 조합하중(combined loadings)이라 한다. 15장에서 조합하중을 보다 자세히 다룰 것이다. 예를 들어, 15장에서는 다중 외부하중이 작용하는 구조물들을 3차원 형상과 하중을 가진 부재들과 함께 다룰 것이다. 그 장에서도 응력변환을 해석에 활용할 것이다. 이 절은 특정 점에서 응력상태를 평가하는 과정을 독자들에게 단순히 소개하고자 하는 의도로 기술되었다. 기하학적으로 단순한 부재와 기본하중을 사용해서 응력요소를 완성하는 과정을 보여주도록 한다.

예제 12.1

바깥지름이 $D = 114$ mm, 안지름이 $d = 102$ mm인 수직 파이프 기둥이 그림과 같이 하중을 지지하고 있다. 점 H에 작용하는 수직 및 전단응력을 구하고 이 응력들을 응력요소 위에 표시하라.

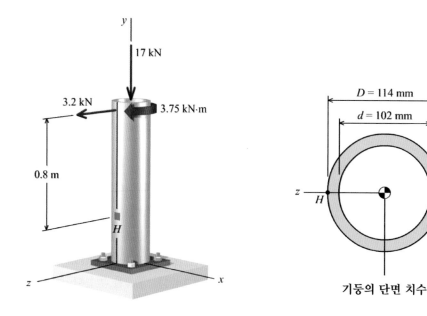

기둥의 단면 치수

풀이 계획 파이프 기둥에 대해 단면특성을 계산한다. 각각의 작용하중을 차례대로 고려한다. 점 H에서 발생되는 각각의 수직 및 전단응력을 계산한다. 응력의 크기와 방향을 계산하고 응력요소의 적절한 면에 표시한다. 중첩법의 원리를 이용하여 응력들을 조합하고, H에서 응력상태를 간결하게 합산하여 응력요소 위에 표시한다.

풀이 바깥지름이 $D = 114$ mm, 안지름이 $d = 102$ mm이다. 단면의 면적, 관성모멘트, 극관성모멘트는 다음과 같다.

$$A = \frac{\pi}{4}[D^2 - d^2] = \frac{\pi}{4}[(114 \text{ mm})^2 - (102 \text{ mm})^2] = 2035.752 \text{ mm}^2$$

$$I = \frac{\pi}{64}[D^4 - d^4] = \frac{\pi}{64}[(114 \text{ mm})^4 - (102 \text{ mm})^4] = 2\,977\,287 \text{ mm}^4$$

$$J = \frac{\pi}{32}[D^4 - d^4] = \frac{\pi}{32}[(114 \text{ mm})^4 - (102 \text{ mm})^4] = 5\,954\,575 \text{ mm}^4$$

점 H에서 응력

점 H에서 발생하는 응력의 종류, 크기 및 방향을 계산하기 위하여 관심 단면에 작용하는 힘과 모멘트를 순서대로 고려한다.

17 kN의 축력은 y방향으로 압축 수직응력을 유발한다.

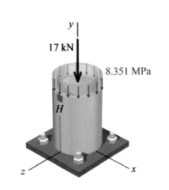

$$\sigma_y = \frac{F_y}{A} = \frac{17000 \text{ N}}{2035.752 \text{ mm}^2} = 8.351 \text{ MPa (압축)}$$

양의 z방향으로 작용하는 3.2 kN의 힘은 파이프의 절단면에 수평 전단응력(즉, $\tau = VQ/It$)을 만든다. 그러나 점 H에서 수평 전단응력의 크기는 영이다.

양의 z방향으로 작용하는 3.2 kN의 힘은 또한 점 H가 있는 단면에서 휨모멘트를 만든다. 휨모멘트의 크기는 다음과 같다.

$$M_x = (3.2 \text{ kN})(0.8 \text{ m}) = 2.56 \text{ kN} \cdot \text{m}$$

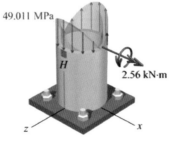

그림을 보면 x축에 대한 휨모멘트가 점 H에서 응력요소의 수평면에 압축 수직응력을 생성시킨다는 것을 알 수 있다.

$$\begin{aligned}\sigma_y &= \frac{M_x c}{I_x} \\ &= \frac{(2.56 \text{ kN} \cdot \text{m})(57 \text{ mm})(1000 \text{ mm/m})(1000 \text{ N/kN})}{2\,977\,287 \text{ mm}^4} \\ &= 49.011 \text{ MPa (압축)}\end{aligned}$$

y축에 대해 작용하는 3.75 kN·m의 토크는 점 H에 전단응력을 유발한다. 이 전단응력의 크기는 탄성비틀림공식으로부터 다음과 같이 계산할 수 있다.

$$\begin{aligned}\tau &= \frac{Tc}{J} \\ &= \frac{(3.75 \text{ kN} \cdot \text{m})(57 \text{ mm})(1000 \text{ mm/m})(1000 \text{ N/kN})}{5\,954\,575 \text{ mm}^4} \\ &= 35.897 \text{ MPa}\end{aligned}$$

점 H에서 조합응력

점 H에 작용하는 수직 및 전단응력을 응력요소 위에 요약하여 표현할 수 있다. 점 H에서 비틀림 전단응력은 응력요소의 $+y$면에서 $-x$방향으로 작용함을 주의하자. 한 면에서 적절한 전단응력이 완성된 후에는 다른 세 면에서 전단응력의 방향을 알 수 있다.

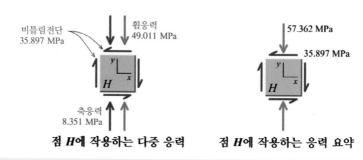

점 H에 작용하는 다중 응력   점 H에 작용하는 응력 요약

PROBLEMS

P12.1 지름 25 mm 충진 샤프트가 그림 P12.1과 같이 $T = 150$ N·m의 토크와 $P = 13$ kN의 축인장력을 동시에 받고 있다. 점 H에 작용하는 수직응력과 전단응력을 구하고, 이 응력들을 응력요소 위에 표시하라.

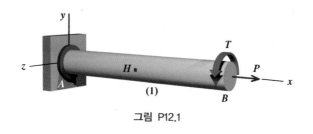

그림 P12.1

P12.2 바깥지름 142 mm, 안지름 128 mm인 속이 빈 샤프트가 그림 P12.2와 같이 $T = 7$ kN·m의 토크와 $P = 90$ kN의 축인장력을 받고 있다. 점 H에 작용하는 수직응력과 전단응력을 구하고, 이 응력들을 응력요소 위에 표시하라.

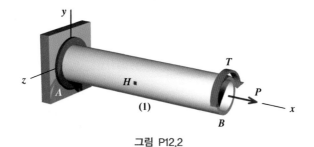

그림 P12.2

P12.3 지름 40 mm의 세그먼트 (1)과 지름 25 mm인 세그먼트 (2)로 구성된 충진 샤프트가 있다. 이 샤프트가 그림 P12.3과 같은 방향으로 $P = 22$ kN의 축인장력과 $T_B = 725$ N·m, $T_C = 175$ N·m의 토크를 받고 있다. 다음 위치에서 수직응력과 전단응력을 구하라.
(a) 점 H
(b) 점 K
각 점에 대해서 이 응력들을 응력요소 위에 표시하라.

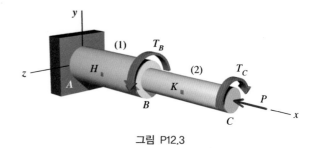

그림 P12.3

P12.4 T자 모양의 휨 부재(그림 P12.4b)가 그림 P12.4a와 같이 17 kN의 내부 축력, 11 kN의 내부 전단력, 9 kN·m의 내부 휨모멘트를 받고 있다. T자 모양 상부면에서부터 35 mm 아래에 있는 점 H에 작용하는 수직응력과 전단응력을 구하고, 이 응력들을 응력요소 위에 표시하라.

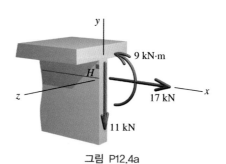

그림 P12.4a

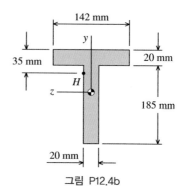

그림 P12.4b

P12.5 플랜지 모양의 휨 부재(그림 P12.5a)가 그림 P12.5a와 같이 12.7 kN의 내부 축력, 9.4 kN의 내부 전단력, 1.6 kN·m의 내부 휨모멘트를 받고 있다. 그림 P12.5b의 점 H와 K에 작용하는 수직응력과 전단응력을 구하고, 이 응력들을 응력요소 위에 표시하라.

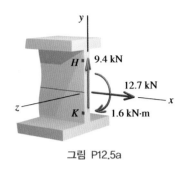

그림 P12.5a

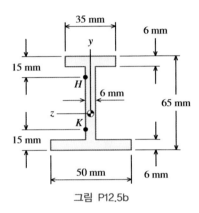

그림 P12.5b

P12.6 구조용 중공형상(그림 P12.6b)이 그림 P12.6a와 같이 $P = 55$ kN의 하중을 받고 있다. 이 하중은 점 H와 K를 포함하는 단면으로부터 위쪽으로 $L = 800$ mm 거리에 위치하고 있다. 그림 P12.6b의 점 H와 K에 작용하는 수직응력과 전단응력을 구하고, 이 응력들을 응력요소 위에 표시하라.

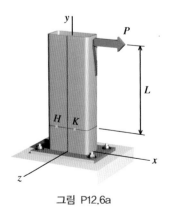

그림 P12.6a

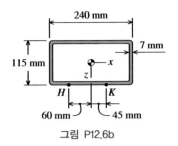

그림 P12.6b

P12.7 기계부품이 4700 N의 하중을 받고 있다. 그림 P12.7a와 P12.7b의 점 H에 작용하는 수직응력과 전단응력을 구하고, 이 응력들을 응력요소 위에 표시하라.

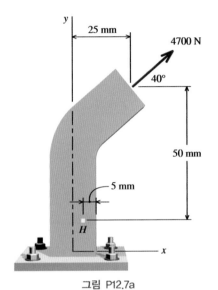

그림 P12.7a

그림 P12.7b 점 H에서 단면

P12.8 6100 N의 하중이 그림 P12.8a와 같이 기계부품에 작용한다. 기계부품은 15 mm의 균일한 두께로 되어 있다(즉 z방향으로 두께가 15 mm). 그림 P12.8b에 자세히 설명되어 있는 점 H와 K에서 수직응력과 전단응력을 구하라. 각 점에 대해서 이 응력들을 응력요소 위에 표시하라.

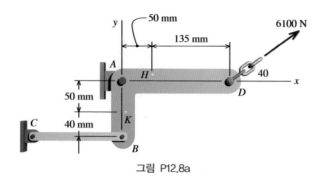

그림 P12.8a

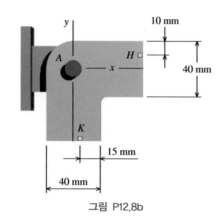

그림 P12.8b

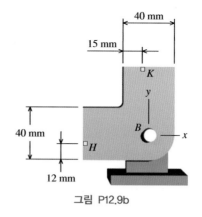

그림 P12.9b

P12.9 2700 N의 하중이 그림 P12.9a와 같이 기계부품에 작용한다. 기계부품은 12 mm의 균일한 두께로 되어 있다(즉 z방향으로 두께가 12 mm). 그림 P12.9b에 자세히 설명되어 있는 점 H와 K에서 수직응력과 전단응력을 구하라. 각 점에 대해서 이 응력들을 응력요소 위에 표시하라.

P12.10 지름 60 mm 알루미늄 기둥이 그림 P12.10과 같이 V = 25 kN의 수평력, P = 70 kN의 수직력, T = 3.25 kN·m의 집중토크를 받고 있다. 다음 위치에서 수직 및 전단응력을 구하라.
(a) 점 H
(b) 점 K
각 점에서 이들 응력을 응력요소 위에 표시하라.

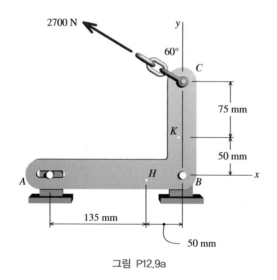

그림 P12.9a

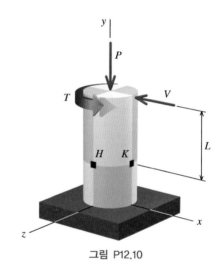

그림 P12.10

P12.11 지름 30 mm 충진 샤프트가 그림 P12.11과 같이 P = 4000 N의 수직력, V = 2200 N의 수평력, T = 100 N·m의 집중토크를 받고 있다. L = 125 mm로 가정하여 다음 위치에서 수직 및 전단응력을 구하라.
(a) 점 H
(b) 점 K
각 점에서 이들 응력을 응력요소 위에 표시하라.

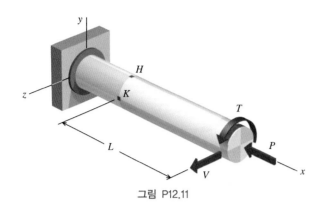

그림 P12.11

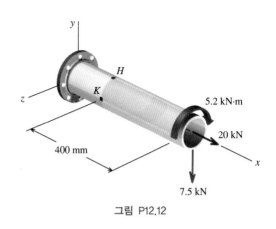

(b) 점 *K*

각 점에서 이들 응력을 응력요소 위에 표시하라.

5.2 kN·m

20 kN

400 mm

7.5 kN

그림 P12.12

P12.12 바깥지름 114 mm, 안지름 102 mm의 강재 파이프가 그림 P12.12와 같은 하중들을 지지하고 있다. 다음 위치에서 수직 및 전단응력을 구하라.

(a) 점 *H*

12.6 평면응력 변환을 위한 평형법

1.5절과 11.2절에서 살펴보았듯이, 응력은 단순한 벡터량이 아니다. 응력은 작용하고 있는 평면의 방향에 따라 달라진다. 12.2절에서 보았듯이 평면응력상태에 있는 재료 내부의 한 점에서 응력상태는 $x-y$좌표축에 대하여 정의된 두 개의 직교평면 x와 y에 작용하는 세 개의 성분(σ_x, σ_y, τ_{xy})으로 완전하게 정의될 수 있다. 한 점에서 똑같은 응력상태를 x와 y평면을 기준으로 회전한 또 다른 직교 평면 n과 t에 작용하는 다른 응력성분(σ_n, σ_t, τ_{nt})으로 표현할 수 있다. 다시 말해, 한 점에서의 응력상태는 유일하게 하나만 존재하지만 응력상태는 사용한 축의 방향에 따라 서로 다른 방법으로 표기할 수 있다. 하나의 좌표축에서 다른 좌표축으로 응력을 변환하는 과정을 응력변환(stress transformation)이라 한다.

어떤 면에서는 응력변환의 개념이 벡터의 합과 유사하다. x와 y축에 나란한 방향으로 두 개의 힘의 성분 F_x와 F_y가 있다고 가정하자(그림 12.9). 이 두 벡터의 합은 합력 F_R이다. $n-t$ 좌표계에서 정의된 두 개의 다른 힘의 성분 F_n과 F_t를 합쳐 동일한 합력 F_R을 만들 수 있다. 다시 말해, 합력 F_R을 성분 $x-y$좌표계에서 F_x와 F_y의 합으로도, 또는 $n-t$ 좌표계에서 성분 F_n과 F_t의 합으로도 표현할 수도 있다. 두 개의 좌표계에서 성분들은 다르지만 양측의 성분은 동일한 합력을 갖는다.

이러한 벡터합을 이용한 설명에서, 하나의 좌표계($x-y$좌표계)에서 다른 회전 좌표계($n-t$ 좌표계)로의 힘의 변환은 각 힘 성분의 크기와 방향을 고려해야 한다. 그러나 응력 성분의 변환은 벡터의 합보다 더 복잡하다. 응력을 고려할 때, 응력의 크기와 방향은 물론이고 응력성분이 작용하는 면의 방향까지도 설명해야 한다.

보다 일반적인 응력변환법은 12.7절에서 다룰 것이다. 그러나 처음에는 임의 평면에 작용하는 수직 및 전단응력을 결정하기 위해서 평형에 대한 고려를 하는 것이 이해에 도움이 된다. 여기서 사용되는 풀이방법은 경사진 축 부재 단면에 작용하는 응력을 설명하기

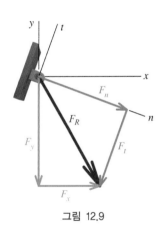

그림 12.9

위해 1.5절에서 소개된 것과 유사하다. 다음 예제에서는 이 방법을 평면응력 조건에 적용하고 있다.

예제 12.2

기계 요소 내부의 한 점에 작용하는 응력이 다음과 같다: 수직면에서 150 MPa (인장), 수평면에서 30 MPa (압축), 전단응력 없음. 수직 3, 수평 4의 기울기를 갖는 평면상에 있는 동일한 점에서 응력을 구하라.

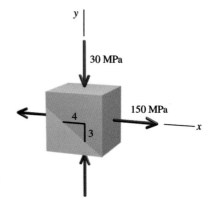

풀이 계획 응력요소의 일부분인 쐐기모양의 자유물체도를 고려한다. 주어진 응력과 쐐기면의 면적으로부터 수직면과 수평면에 작용하는 힘들을 유도한다. 응력요소의 일부분인 쐐기모양이 평형을 만족시켜야 하므로 경사면에 작용하는 수직 및 전단응력을 결정할 수 있다.

풀이 응력요소의 일부분인 쐐기모양에 대한 자유물체도를 그린다. 3:4 경사면으로부터 수직면과 경사면 사이의 각이 53.13° 임을 알 수 있다. 경사면의 면적을 dA로 표시한다. 따라서, 수직면의 면적은 $dA \cos 53.13°$ 이고 수평면의 면적은 $dA \sin 53.13°$ 이다. 이 면에 작용하는 힘들은 주어진 응력과 면적을 곱하여 구할 수 있다.

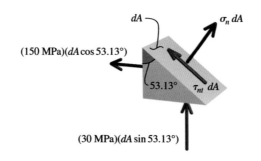

쐐기의 수직 및 수평면에 작용하는 힘들은 n방향(경사면과 수직인 방향)과 t방향(경사면에 평행 또는 접선 방향)으로 작용하는 성분들로 분해할 수 있다.

이러한 힘 성분들로부터, 경사면에 수직방향으로 작용하는 힘의 합을 다음과 같이 구할 수 있다.

$$\sum F_n = \sigma_n \, dA + (30\,\text{MPa})(dA \sin 53.13°)\sin 53.13°$$
$$- (150\,\text{MPa})(dA \cos 53.13°)\cos 53.13° = 0$$

면적 dA가 각 항에 나타나기 때문에 결과적으로 식에서 소거할 수 있다. 이 평형방정식으로부터, n방향으로 작용하는 수직응력을 다음과 같이 구할 수 있다.

$$\sigma_n = 34.80\,\text{MPa} \quad (\text{인장}) \qquad\qquad \text{답}$$

힘들을 t방향으로 더하면 평형방정식은 다음과 같다.

$$\sum F_t = \tau_{nt} \, dA + (30\,\text{MPa})(dA \sin 53.13°)\cos 53.13°$$
$$+ (150\,\text{MPa})(dA \cos 53.13°)\sin 53.13° = 0$$

그래서 쐐기의 n면에서 t방향으로 작용하는 전단응력은 다음과 같다.

$$\tau_{nt} = -86.4\,\text{MPa} \qquad\qquad \text{답}$$

음의 부호는 전단응력이 n면에서 음의 t방향으로 작용한다는 의미이다. 수직응력이 인장 또는 압축응력으로 표시되어야 한다는 것을 유의해야 한다. 수평 및 수직 평면 위에서 전단응력이 조금이라도 존재했더라면 자유물체도상에서 단지 두 개의 힘을 더 필요로 했을 것이다: 하나는 수직면에 평행하고 다른 하나는 수평면에 평행했을 것이다. 그러나 어떠한 두 개의 직교 평면상에서도 전단응력의 크기는 같음을 유의해야 한다.

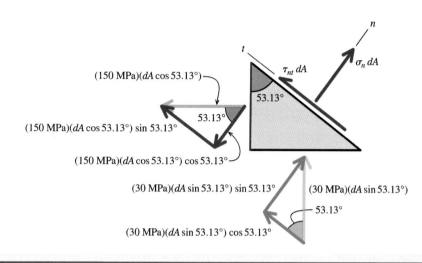

PROBLEMS

P12.13–P12.20 그림 P12.13 – P12.20은 응력을 받을 물체의 한 점에 작용하는 응력을 보여주고 있다. 평형방정식을 이용하여 그림의 경사면상에 있는 한 점에 작용하는 수직 및 전단응력을 구하라.

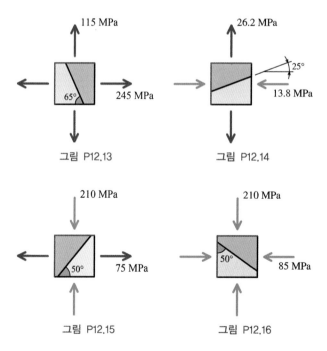

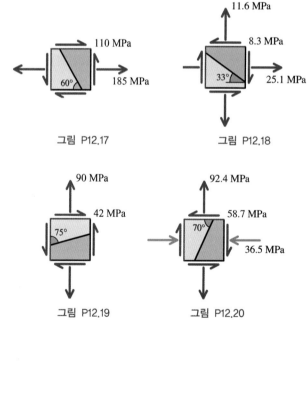

12.7 평면응력 변환의 일반식

MecMovies 12.1은 응력변환의 필요성을 애니메이션으로 설명해준다.

성공적인 설계를 위해서 엔지니어는 재료 내부의 임의 관심점에서 임계응력을 구할 수 있어야 한다. 축 부재, 비틀림 부재, 보에 대하여 전개한 재료역학 이론에 의하면 재료 내부의 한 점에서 수직 및 전단응력은 $x-y$좌표계와 같은 특정 좌표계상에서 계산할 수 있다. 그러나 그러한 좌표계는 구조 부재로 사용되는 재료에 대한 본질적인 중요성은 가지고 있지 않다. 재료의 파괴는 물체 내에서 성장한 최대의 응력에 반응하여 발생되는 것이며 임계응력이 작용하는 방향과는 관계가 없다. 예를 들면, W 형상 보의 복부 내 한 점에서 계산된 수평 휨응력이 그 점에서 가능한 최대의 응력이 될지는 확신할 수 없다. 재료 내부의 한 점에서 임계응력을 찾기 위해서는, 가능한 모든 방향으로 작용하는 응력들을 검토할 수 있는 방법을 개발해야 한다.

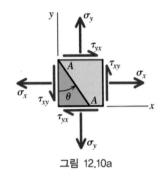

그림 12.10a

그림 12.10a에서 보는 바와 같이 σ_x, σ_y, $\tau_{xy}=\tau_{yx}$ 응력들이 작용하는 평면응력요소로 대표되는 응력상태를 고려하자. 응력요소라는 것은 물체(샤프트나 보) 내부의 특정 관심 위치에서 응력상태를 나타내기 위해 사용되는 단지 편리한 도해적 표현이라는 점을 명심하라. 임의 방향에 대해 적용할 수 있는 식을 유도하기 위하여, 기준 축 x와 θ만큼의 각으로 기울어진 $A-A$평면을 정의하고 시작하자. $A-A$평면에 수직인 것을 n축이라 하고 $A-A$평면에 평행한 축을 t축이라 하자. z축은 응력요소의 평면 밖으로 뻗어 나간다. $x-y-z$와 $n-t-z$축들은 오른손 법칙으로 배열되어 있다. x와 y면에 작용하는 응력 σ_x, σ_y, $\tau_{xy}=\tau_{yx}$에 대하여 n면으로 알려진 $A-A$면에 작용하는 수직 및 전단응력을 구하려고 한다. 하나의 좌표축($x-y-z$)에서 다른 좌표축($n-t-z$)으로 응력을 변환하는 과정을 응력변환이라 한다.

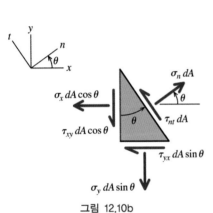

그림 12.10b

그림 12.10b는 경사면($A-A$면)의 면적이 dA, 수직면(x면)의 면적이 $dA\cos\theta$, 수평면(y면)의 면적이 $dA\sin\theta$인 쐐기모양 요소의 자유물체도이다. n방향으로 힘의 합에 대한 평형방정식은 다음과 같다.

$$\sum F_n = \sigma_n\, dA - \tau_{yx}(dA\sin\theta)\cos\theta - \tau_{xy}(dA\cos\theta)\sin\theta$$
$$- \sigma_x(dA\cos\theta)\cos\theta - \sigma_y(dA\sin\theta)\sin\theta = 0$$

$\tau_{yx}=\tau_{xy}$이므로 이 식은 쐐기요소의 n면에 작용하는 수직응력에 대한 다음 식으로 간단히 정리된다.

$$\sigma_n = \sigma_x\cos^2\theta + \sigma_y\sin^2\theta + 2\tau_{xy}\sin\theta\cos\theta \qquad (12.3)$$

그림 12.10b의 자유물체도에서 t방향 힘의 합에 대한 평형방정식은 다음과 같다.

$$\sum F_t = \tau_{nt}dA - \tau_{xy}(dA\cos\theta)\cos\theta + \tau_{yx}(dA\sin\theta)\sin\theta$$
$$+ \sigma_x(dA\cos\theta)\sin\theta - \sigma_y(dA\sin\theta)\cos\theta = 0$$

역시 $\tau_{yx}=\tau_{xy}$이므로, 이 식은 쐐기요소의 n면에서 t방향으로 작용하는 전단응력에 대한 다음 식으로 간단히 정리된다.

$$\tau_{nt} = -(\sigma_x - \sigma_y)\sin\theta\cos\theta + \tau_{xy}(\cos^2\theta - \sin^2\theta) \tag{12.4}$$

다음의 삼각함수 배각 공식을 대입하여 두 식을 하나의 등각 형태로 쓸 수 있다.

$$\cos^2\theta = \frac{1}{2}(1 + \cos 2\theta)$$

$$\sin^2\theta = \frac{1}{2}(1 - \cos 2\theta)$$

$$2\sin\theta\cos\theta = \sin 2\theta$$

이 배각 공식을 사용하여 식 (12.3)을 다시 쓰면 다음과 같다.

MecMovies 12.6은 애니메이션으로 평면응력 변환식 유도과정을 설명해준다.

$$\sigma_n = \frac{\sigma_x + \sigma_y}{2} + \frac{\sigma_x - \sigma_y}{2}\cos 2\theta + \tau_{xy}\sin 2\theta \tag{12.5}$$

식 (12.4)는 다음과 같이 쓸 수 있다.

$$\tau_{nt} = -\frac{\sigma_x - \sigma_y}{2}\sin 2\theta + \tau_{xy}\cos 2\theta \tag{12.6}$$

식 (12.3), (12.4), (12.5), (12.6)을 평면응력 변환식(plane stress transformation)이라 한다. 이 식들은 법선이 아래와 같은 조건을 갖는 임의 평면상에서 수직응력과 전단응력을 결정하는 데 활용될 수 있다.

(a) z축에 수직인 평면

(b) 기준좌표 x축과 각 θ를 이루는 평면

변환식들은 단지 평형 조건만을 고려하여 유도하였기 때문에, 재료가 선형이거나 비선형이거나, 탄성이거나 비탄성이거나에 상관 없이 모든 재료의 응력에 적용할 수 있다.

응력 불변량

그림 12.11에서 보는 바와 같이 응력요소의 n면에 작용하는 수직응력은 식 (12.5)로부터 구할 수 있다. t면에 작용하는 수직응력 또한 식 (12.5)에 θ 대신 $\theta + 90°$를 대입하여 구할 수 있고 이는 다음과 같다.

$$\sigma_t = \frac{\sigma_x + \sigma_y}{2} - \frac{\sigma_x - \sigma_y}{2}\cos 2\theta - \tau_{xy}\sin 2\theta \tag{12.7}$$

식 σ_n과 σ_t[식 (12.5), (12.7)]를 더하면 다음의 관계를 얻을 수 있다.

$$\sigma_n + \sigma_t = \sigma_x + \sigma_y \tag{12.8}$$

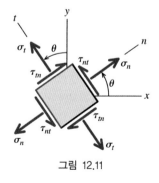

그림 12.11

이 식은 응력요소의 직교하는 두 면에 작용하는 수직응력 합계는 각 θ에 관계없이 상수라는 것을 보여준다. 이러한 수학적 응력 특성을 응력불변성(stress invariance)이라 한다. 응력은 특정 좌표계를 기준으로 표현한다. 응력변환식은 같은 응력상태를 표현하더라도

MecMovies 12.5는 응력
변환에 사용된 용어를 애니
메이션으로 설명해준다.

$n-t$성분이 $x-y$성분과 다르다는 것을 말해준다. 그러나 응력성분의 어떤 함수는 좌표계의 방향에 따라 달라지지 않는다. 이러한 함수들을 응력불변량(stress invariants)이라 하며 사용하는 좌표계에 관계 없이 같은 양을 가진다. 평면응력에서 두 개의 불변량 I_1 및 I_2가 존재한다.

$$I_1 = \sigma_x + \sigma_y \qquad (\text{또는 } I_1 = \sigma_n + \sigma_t)$$
$$I_2 = \sigma_x\sigma_y - \tau_{xy}^2 \qquad (\text{또는 } I_2 = \sigma_n\sigma_t - \tau_{nt}^2) \qquad (12.9)$$

부호규약

응력변환식을 유도할 때 사용한 부호규약은 엄격하게 따라야 한다. 부호규약은 다음과 같이 요약할 수 있다.

MecMovies 12.2는 각 θ
를 적절하게 결정하는 것에
초점을 둔 대화형 활동을
제공한다.

1. 인장 수직응력은 양이다; 압축 수직응력은 음이다. 그림 12.11에 보이는 모든 수직응력들은 양이다.
2. 다음의 경우 전단응력은 양이다.
   - 응력요소의 양의 평면상에서 양의 좌표방향으로 작용할 때
   - 응력요소의 음의 평면상에서 음의 좌표방향으로 작용할 때

   그림 12.11에서 보여 주는 모든 전단응력들은 양이다. 반대방향으로 향하는 전단응력들은 음이다.

   전단응력 부호규약을 기억하기 쉬운 방법은 두 하첨자와 관련된 방향을 사용하는 것이다. 첫 번째 하첨자는 전단응력이 작용하는 평면을 가리킨다. 이것은 양의 면($+$)이나 음의 면($-$) 둘 중에 하나이다. 두 번째 하첨자는 응력이 작용하는 방향을 가리키며 양의 방향($+$)이거나 음의 방향($-$)이 된다.
   - 양의 전단응력은 양-양 또는 음-음의 하첨자로 표시된다.
   - 음의 전단응력은 양-음 또는 음-양의 하첨자로 표시된다.

MecMovies 12.3은 응력변
환식의 부호규약과 그 사용
법을 이해하고 있는지 테스
트하는 게임을 제공한다.

3. 기준축 x로부터 반시계방향의 각을 가지면 양이다. 반대로, 기준축 x로부터 시계방향의 각을 가지면 음이다.
4. $n-t-z$축들은 $x-y-z$축들과 동일한 순서를 갖는다. 두 좌표축 세트 모두 오른손 좌표계를 따른다.

예제 12.3

평면응력을 받는 구조 부재의 한 점에서 그 점을 통과하는 수평면과 수직면상에 수직 및 전단응력이 그림과 같이 존재한다. 응력변환식을 이용하여 표시한 평면상의 수직 및 전단응력을 구하라.

풀이 계획 이런 형식의 문제는 쉽게 풀 수 있다. 그러나 성공적인 결과를 얻기 위해서는 응력변환식을 유도할 때 사용한 부호규약을 따라야 한다. 평면의 경사각 θ를 적절히 규정하는 데 있어 주의를 기울여야 한다.

풀이 x면에 작용하는 수직응력은 요소에 인장을 일으킨다. 그래서 응력

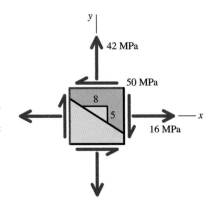

변환식에서 양의 수직응력($\sigma_x = +16$ MPa)으로 고려한다. 이처럼 y면에 작용하는 수직응력은 양의 값 $\sigma_y = +42$ MPa을 갖는다.

50 MPa의 전단응력이 양의 x면에서 음의 y방향으로 작용한다. 따라서 이 전단응력은 응력변환식에 사용할 때 음의 값으로 적용한다($\tau_{xy} = -50$ MPa). 수평면상의 전단응력 역시 음의 값이다. 양의 y면에서 전단응력이 음의 x방향으로 작용한다. 그 때문에 $\tau_{yx} = -50$ MPa $= \tau_{xy}$이다.

이 예제에서는 -5(수직)대 8(수평)의 경사를 갖는 평면에 대한 수직 및 전단응력을 계산해야 한다. 이 경사 정보를 이용하여 응력변환식에 사용하는 θ로 변환해야 한다.

θ를 결정하기 편한 방법은 수직평면과 경사면 사이의 각을 찾는 것이다. 이 각은 x축과 n축 사이의 각과 항상 같을 것이다. 여기에 표시된 면에 대해서, 수직평면과 경사면의 사잇각은 다음과 같다.

$$\tan \theta = \frac{8}{5} \qquad \therefore \ \theta = 58°$$

앞의 계산은 단지 각의 크기만을 결정하였다는 점을 유의하자. θ에 대한 적절한 부호는 검토를 통해 결정한다. 만일 수직 평면에서부터 경사면까지의 각이 반시계방향이면 θ값은 양이다. 그래서 이 예제에서는 $\theta = +58°$가 된다.

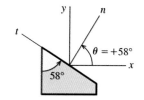

σ_x, σ_y, τ_{xy}, θ 등의 값을 적절히 구했기 때문에, 경사면에 작용하는 수직 및 전단응력을 구할 수 있다. n방향 수직응력은 식 (12.3)으로부터 다음과 같이 계산한다.

$$\begin{aligned}
\sigma_n &= \sigma_x \cos^2 \theta + \sigma_y \sin^2 \theta + 2\tau_{xy} \sin \theta \cos \theta \\
&= (16 \text{ MPa})\cos^2 58° + (42 \text{ MPa})\sin^2 58° + 2(-50 \text{ MPa})\sin 58° \cos 58° \\
&= -10.24 \text{ MPa}
\end{aligned}$$

식 (12.5)도 역시 같은 결과를 준다.

$$\begin{aligned}
\sigma_n &= \frac{\sigma_x + \sigma_y}{2} + \frac{\sigma_x - \sigma_y}{2} \cos 2\theta + \tau_{xy} \sin 2\theta \\
&= \frac{(16 \text{ MPa}) + (42 \text{ MPa})}{2} + \frac{(16 \text{ MPa}) - (42 \text{ MPa})}{2} \cos 2(58°) + (-50 \text{ MPa}) \sin 2(58°) \\
&= -10.24 \text{ MPa}
\end{aligned}$$

경사면에 작용하는 수직응력을 계산할 때 식 (12.3)이나 식 (12.5) 둘 중에 어떤 것을 사용하느냐는 개인적 선호도의 문제이다.

n면에서 t방향으로 작용하는 전단응력은 식 (12.4)로부터 다음과 같이 계산한다.

$$\begin{aligned}
\tau_{nt} &= -(\sigma_x - \sigma_y) \sin \theta \cos \theta + \tau_{xy}(\cos^2 \theta - \sin^2 \theta) \\
&= -[(16 \text{ MPa}) - (42 \text{ MPa})]\sin 58° \cos 58° + (-50 \text{ MPa})[\cos^2 58° - \sin^2 58°] \\
&= +33.6 \text{ MPa}
\end{aligned}$$

다른 방법으로, 식 (12.6)을 사용하면 다음과 같다.

$$\begin{aligned}
\tau_{nt} &= -\frac{\sigma_x - \sigma_y}{2} \sin 2\theta + \tau_{xy} \cos 2\theta \\
&= -\frac{(16 \text{ MPa}) - (42 \text{ MPa})}{2} \sin 2(58°) + (-50 \text{ MPa}) \cos 2(58°) \\
&= +33.6 \text{ MPa}
\end{aligned}$$

문제를 마무리하기 위해서, 경사면에 작용하는 응력들을 그린다. σ_n은 음의 값이기 때문에 n방향으로 작용하는 수직응력을 압축응력으로 그린다. τ_{nt}값이 양이기 때문에 응력 화살표가 n면에서 t방향으로 향한다. 화살표에는 응력 크기를 라벨로 붙인다(절댓값). 응력의 부호는 화살표 방향으로 나타낸다.

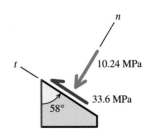

예제 12.4

그림의 응력들은 기계요소 표면의 한 점에 작용하는 것이다. 이 위치에서 수직응력 σ_x와 σ_y, 전단응력 τ_{xy}를 구하라.

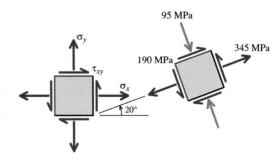

풀이 계획 응력변환식은 σ_x, σ_y, τ_{xy}의 항으로 쓰여져 있다. 그러나 x와 y방향은 반드시 수평 및 수직방향일 필요는 없다. 직교하는 임의의 두 방향이 오른손 법칙을 따른다면 x와 y방향으로 간주할 수 있다. 이 문제를 풀기 위해서, 회전된 요소에 맞추어 x와 y축을 다시 정의할 것이다. 회전되지 않은 요소의 면들을 n과 t면으로 다시 정의할 것이다.

풀이 x와 y방향을 다시 정의하여 회전요소에 맞추도록 한다. 회전하지 않은 요소의 축을 n과 t방향으로 정의한다.

따라서, 회전요소에 작용하는 응력들은 다음으로 정의된다.

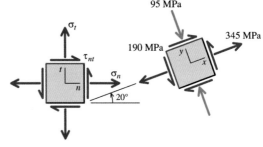

$$\sigma_x = +345\,\text{MPa}$$
$$\sigma_y = -95\,\text{MPa}$$
$$\tau_{xy} = +190\,\text{MPa}$$

새로 정의한 x축에서부터 n축까지의 각은 시계방향으로 20°이다. 그래서, $\theta = -20°$.

회전하지 않은 요소의 수직면에 작용하는 수직응력은 식 (12.3)으로 다음과 같이 구할 수 있다.

$$\sigma_n = \sigma_x \cos^2\theta + \sigma_y \sin^2\theta + 2\tau_{xy}\sin\theta\cos\theta$$
$$= (345\,\text{MPa})\cos^2(-20°) + (-95\,\text{MPa})\sin^2(-20°) + 2(190\,\text{MPa})\sin(-20°)\cos(-20°)$$
$$= +171.4\,\text{MPa}$$

회전하지 않은 요소의 수평면에 작용하는 수직응력은 각을 $\theta = -20° + 90° = 70°$로 바꾸고 식 (12.3)을 적용하여 구할 수 있다.

$$\sigma_t = \sigma_x \cos^2\theta + \sigma_y \sin^2\theta + 2\tau_{xy}\sin\theta\cos\theta$$
$$= (345\,\text{MPa})\cos^2 70° + (-95\,\text{MPa})\sin^2 70° + 2(190\,\text{MPa})\sin 70°\cos 70°$$
$$= +78.6\,\text{MPa}$$

회전하지 않은 요소의 전단응력은 식 (12.4)를 이용하여 구할 수 있다.

$$\tau_{nt} = -(\sigma_x - \sigma_y)\sin\theta\cos\theta + \tau_{xy}(\cos^2\theta - \sin^2\theta)$$
$$= -[(345 \text{ MPa})$$
$$- (-95 \text{ MPa})]\sin(-20°)\cos(-20°)$$
$$+ (190 \text{ MPa})[\cos^2(-20°) - \sin^2(-20°)]$$
$$= +287 \text{ MPa}$$

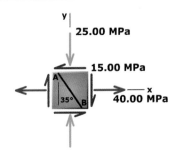

수평 및 수직 평면에 작용하는 응력들은 그림과 같다.

Mec Movies MecMovies 예제 M12.7

그림에 표시한 평면에 작용하는 수직 및 전단응력을 구하라.

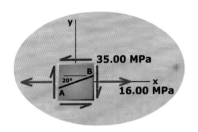

Mec Movies MecMovies 예제 M12.8

그림에 표시한 평면에 작용하는 수직 및 전단응력을 구하라.

Mec Movies MecMovies 연습문제

M12.1 놀라운 응력 카메라. 응력변환에 대한 주제를 소개하는 대화형 체험 프로그램

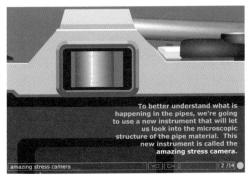

그림 M12.1

M12.2 시계를 위-아래로 움직여라. θ를 결정하는 적절한 방법을 가르쳐주는 애니메이션. 8개의 다중선택형 문제

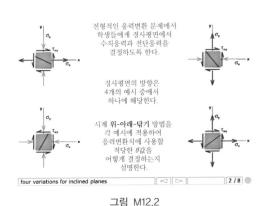

그림 M12.2

M12.3 부호, 부호, 모든 곳의 부호. 응력변환식에서 필요로 하는 올바른 부호규약을 다루는 게임. σ_n과 τ_{nt} 두 계산을 맞추면 이기는 게임이다.

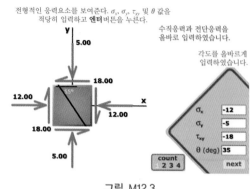

전형적인 응력요소를 보여준다. σ_x, σ_y, τ_{xy} 및 θ 값을 적당히 입력하고 엔터버튼을 누른다.

수직응력과 전단응력을 올바로 입력하였습니다.

각도를 올바르게 입력하였습니다.

그림 M12.3

PROBLEMS

P12.21–P12.28 그림 P12.21 – P12.28에 표시한 응력들은 물체 내부의 한 점에 작용하는 것이다. 그림에 표시한 경사면상의 수직 및 전단응력을 구하라.

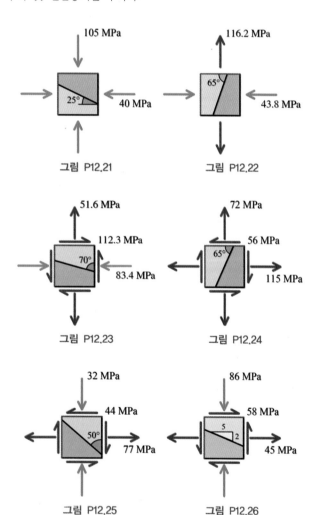

그림 P12.21

그림 P12.22

그림 P12.23

그림 P12.24

그림 P12.25

그림 P12.26

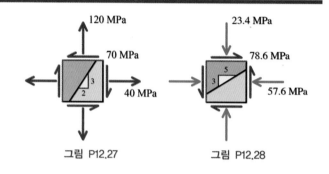

그림 P12.27

그림 P12.28

P12.29 그림 P12.29의 응력들은 물체의 자유표면상의 한 점에 작용하는 것들이다. 이들이 그림 P12.29b와 같이 회전된 응력요소에 작용한다고 가정했을 때 수직응력 σ_n, σ_t, 전단응력 τ_{nt}를 구하라.

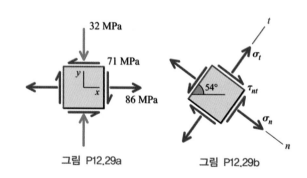

그림 P12.29a

그림 P12.29b

P12.30–P12.31 그림 P12.30과 그림 P12.31의 응력들은 기계 요소의 자유표면상의 한 점에 작용하는 것들이다. 이 점에서 수직응력 σ_x, σ_y, 전단응력 τ_{xy}를 구하라.

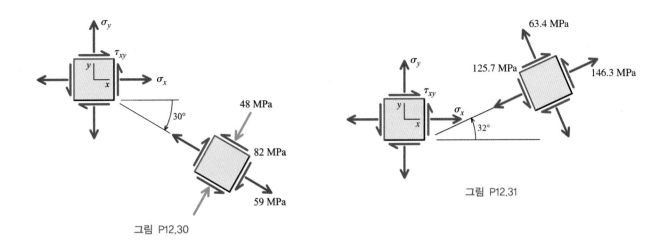

그림 P12.30

그림 P12.31

12.8 주응력과 최대 전단응력

평면응력에 대한 변환식[식 (12.3), (12.4), (12.5), (12.6)]을 이용하면 한 물체 내에서 어떤 점을 통과하는 임의의 평면에 작용하는 수직응력 σ_n과 전단응력 τ_{nt}을 얻을 수 있다. 설계시, 어떤 위치에서 임계응력은 종종 최대 및 최소 수직응력과 최대 전단응력이다. 응력변환식을 이용하면 다음에 나열한 것을 추가로 알아낼 수 있다.

(a) 최대 및 최소 수직응력이 발생하는 평면의 방향

(b) 최대 및 최소 수직응력의 크기

(c) 최대 전단응력의 크기

(d) 최대 전단응력이 발생하는 평면의 방향

12.2절에서 평면응력에 대한 변환식을 유도하였다. 수직응력 σ_n과 전단응력 τ_{nt}은 다음과 같다.

$$\sigma_n = \sigma_x \cos^2 \theta + \sigma_y \sin^2 \theta + 2\tau_{xy}\sin \theta \cos \theta \tag{12.3}$$

$$\tau_{nt} = -(\sigma_x - \sigma_y)\sin \theta \cos \theta + \tau_{xy}(\cos^2 \theta - \sin^2 \theta) \tag{12.4}$$

이 식들을 삼각함수 배각 항을 이용하여 다음과 같이 쓸 수 있다.

$$\sigma_n = \frac{\sigma_x + \sigma_y}{2} + \frac{\sigma_x - \sigma_y}{2}\cos 2\theta + \tau_{xy}\sin 2\theta \tag{12.5}$$

$$\tau_{nt} = -\frac{\sigma_x - \sigma_y}{2}\sin 2\theta + \tau_{xy}\cos 2\theta \tag{12.6}$$

주응력면

주어진 평면응력에 대해, 응력성분 σ_x, σ_y, τ_{xy}는 상수이다. 종속변수 σ_n과 τ_{nt}는 사실상 유일한 독립변수 θ의 함수이다. 수직응력 σ_n이 최대 또는 최소가 되는 θ값은 식 (12.5)를 θ에 관해 미분한 후 그 미분을 영과 같다고 하여 구할 수 있다.

$$\frac{d\sigma_n}{d\theta} = -\frac{\sigma_x - \sigma_y}{2}(2\sin 2\theta) + 2\tau_{xy}\cos 2\theta = 0 \tag{12.10}$$

이 식을 풀면 최대 또는 최소 수직응력이 발생하는 평면의 방향 $\theta = \theta_p$를 구할 수 있다.

$$\tan 2\theta_p = \frac{\tau_{xy}}{(\sigma_x - \sigma_y)/2} \tag{12.11}$$

주어진 응력성분 σ_x, σ_y, τ_{xy}에 대해, 식 (12.11)을 만족하는 $2\theta_p$값은 두 개이며 이 두 값은 $180°$만큼 떨어져 있다. 따라서, θ_p는 $90°$ 차이가 난다. 이 결과로부터 다음의 결론을 도출할 수 있다.

(a) 최대 또는 최소 수직응력이 발생하는 평면은 단 두 개뿐이다.

(b) 이 두 개의 평면은 $90°$ 차이가 난다.(즉, 서로 직교함)

식 (12.10)에서 $d\sigma_n/d\theta$와 식 (12.6)에서 τ_{nt} 사이에는 유사성이 존재한다. σ_n의 미분을 영으로 설정하는 것과 τ_{nt}를 영으로 하는 것이 유사하다. 그래서 식 (12.11)의 해인 θ_p값은 식 (12.6)의 $\tau_{nt} = 0$을 만든다. 이로부터 또 다른 중요한 결론을 도출할 수 있다.

최대 또는 최소 수직응력이 발생하는 평면에서 전단응력은 사라진다.

전단응력이 없는 평면을 **주응력면**(principal planes)이라 한다. 이러한 평면에 작용하는 수직응력들 — 최대 및 최소 수직응력 — 을 **주응력**(principal stresses)이라 한다.

식 (12.11)을 만족시키는 두 θ_p값을 **주 각도**(principal angles)라 한다. $\tan 2\theta_p$가 양일 때 θ_p가 양이고 θ_p에 의해 정의된 주응력면은 기준축 x축으로부터 반시계방향으로 회전한다. $\tan 2\theta_p$가 음일 때 회전은 시계방향이다. 하나의 θ_p값이 양과 음의 $45°$ (포함) 사이에 존재하고 두 번째 값은 $90°$ 차이가 난다는 사실을 관찰할 수 있다.

주응력의 크기

한 물체 내의 점에서 주응력면에 작용하는 수직응력을 주응력이라 한다. 한 점에 작용하는 최대 수직응력(즉, 대수적으로 가장 양의 값)을 σ_{p1}으로 표시하고 최소 수직응력(즉, 대수적으로 가장 음의 값)을 σ_{p2}로 나타낸다. 주응력면에 작용하는 수직응력의 크기를 계산하는 방법에는 두 가지가 있다.

방법 1. 첫 번째 방법은 단순히 각 θ_p값을 식 (12.3)이나 식 (12.5)에 대입하여 해당 수직응력을 계산하는 것이다. 이 방법은 주응력값을 계산하는 것 이외에도 주응력의 크기와 각각의 주 각도를 직접 연결시켜주는 장점이 있다.

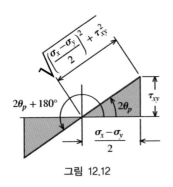

그림 12.12

방법 2. σ_{p1}과 σ_{p2} 두 값 모두를 계산하기 위해 일반식을 유도할 수 있다. 일반식을 유도하기 위해 $2\theta_p$값을 식 (12.5)에 대입해야 한다. 식 (12.11)은 그림 12.12와 같이 삼각형을 이용한 기하학적 방법으로 표현할 수 있다. 이 그림에서, τ_{xy}와 $(\sigma_x - \sigma_y)$는 모두 양이거나 모두 임의 값을 가진다고 가정한다. 삼각형으로부터, 식 (12.5)를 풀기 위해 필요한 두 항인 $\sin 2\theta$와 $\cos 2\theta$에 대한 식을 만들 수 있다.

$$\sin 2\theta_p = \frac{\tau_{xy}}{\sqrt{\left(\dfrac{\sigma_x - \sigma_y}{2}\right)^2 + \tau_{xy}^2}} \qquad \cos 2\theta_p = \frac{(\sigma_x - \sigma_y)/2}{\sqrt{\left(\dfrac{\sigma_x - \sigma_y}{2}\right)^2 + \tau_{xy}^2}}$$

이들 $2\theta_p$의 함수를 식 (12.5)에 대입하고 간단히 정리하면 다음을 얻을 수 있다.

$$\sigma_{p1} = \frac{\sigma_x + \sigma_y}{2} + \sqrt{\left(\frac{\sigma_x - \sigma_y}{2}\right)^2 + \tau_{xy}^2}$$

이 과정을 주 각도 $2\theta_p + 180°$를 이용하여 반복하면 σ_{p2}에 대해서도 비슷한 식을 얻을 수 있다.

$$\sigma_{p2} = \frac{\sigma_x + \sigma_y}{2} - \sqrt{\left(\frac{\sigma_x - \sigma_y}{2}\right)^2 + \tau_{xy}^2}$$

이 두 식을 하나의 식으로 정리하여 두 개의 면내 주응력 σ_{p1}와 σ_{p2}로 정리하면 다음과 같다.

$$\sigma_{p1, p2} = \frac{\sigma_x + \sigma_y}{2} \pm \sqrt{\left(\frac{\sigma_x - \sigma_y}{2}\right)^2 + \tau_{xy}^2} \tag{12.12}$$

식 (12.12)는 σ_{p1}와 σ_{p2} 중에서 어느 것이 각각의 주 각도와 연관되었는지를 직접적으로 나타내지는 않지만 이것은 중요한 내용이다. 식 (12.11)은 항상 $+45°$와 $-45°$(를 포함한) 사이에 존재하는 θ_p를 알려준다. 이 θ_p값과 연관된 주응력은 다음의 두 가지 규칙으로 결정할 수 있다.

- $(\sigma_x - \sigma_y)$항이 양이라면 σ_p는 σ_{p1}의 방향을 가리킨다.
- $(\sigma_x - \sigma_y)$항이 음이라면 σ_p는 σ_{p2}의 방향을 가리킨다.

다른 주응력은 θ_p와 수직을 이룬다.

식 (12.12)로 결정한 주응력이 모두 양이거나, 모두 음이거나, 또는 서로 다른 부호를 가질 수도 있다. 주응력을 명명할 때 σ_{p1}이 대수적으로 더 양의 값이다. 만일 식 (12.12)로 구한 하나 또는 두 개 주응력 모두 음이라면, σ_{p1}의 절대값은 σ_{p2}의 절대값보다 더 작다.

주응력면에서 전단응력

앞에서 살펴본 바와 같이 식 (12.11)의 해인 θ_p값은 식 (12.6)에서 $\tau_{nt} = 0$이 되게 한다.

그래서 주응력면에서 전단응력은 항상 영이다. 이것이 매우 중요한 결론이다.

주응력면의 이러한 특징을 다음과 같이 정리할 수 있다.

만일 어떤 평면이 주응력면이면 그 평면에 작용하는 전단응력은 영이어야 한다.

이 문장을 역으로 하면 다음이 성립한다.

만일 전단응력이 한 평면에서 영이면 그 평면은 주응력면이다.

많은 경우, (특정 점에서 응력 상태를 표현하는)응력요소는 x면과 y면에 작용하는 수직응력만을 가진다. 이러한 예에서, x면과 y면은 전단응력이 작용하지 않기 때문에 주응력면이어야 한다는 결론을 내릴 수 있다.

평면응력 상태는 이 문장을 적용할 수 있는 또 다른 중요한 사례이다. 12.4절에서 알아보았듯이, 평면응력 상태는 $x-y$평면 내에서 z방향으로 작용하는 응력이 없다. 그래서,

$$\sigma_z = \tau_{zx} = \tau_{zy} = 0$$

만일 z면에서 전단응력이 영이면 z면이 주응력면이라고 결론을 내릴 수 있다. 결론적으로, z면에 작용하는 수직응력이 (세 번째)주응력이 되어야 한다.

세 번째 주응력

한 평면의 법선이 $x-y$평면에 놓이게 되면 그 평면에 작용하는 응력들을 면내 응력이라 한다.

앞에서 주응력면과 주응력을 평면응력 상태에 대하여 구하였다. 식 (12.11)에서 구한 두 개의 주응력면은 기준이 되는 x축과 θ_p 및 $\theta_p \pm 90°$의 각을 이룬다. 그리고 그것들의 외부법선은 z축과 수직을 이룬다. 식 (12.12)에서 구한 이에 상응하는 주응력을 면내 주응력(in-plane principal stresses)이라 한다.

응력요소를 2차원 정사각형으로 표현하는 것이 편리할지라도, 그것은 x, y, z면을 가진 3차원 입면체이다. 평면응력 상태에 대하여, z면에 작용하는 응력 — σ_z, τ_{zx} 및 τ_{zy} — 는 영이다. z면에 작용하는 전단응력이 영이므로 z면에 작용하는 수직응력은 비록 크기가 영이더라도 주응력이어야 한다. 평면응력을 받는 어느 한 점은 그래서 세 개의 주응력을 가지고 있다. 두 개의 면내 주응력 σ_x와 σ_y, 그리고 크기가 영이며 면외 방향으로 작용하는 세 번째 주응력 σ_{p3}.

최대 면내 전단응력의 방향

최대 면내 전단응력 τ_{max}가 발생하는 면을 찾기 위해서 식 (12.6)을 θ에 관해 미분한 후 영으로 설정하면 다음과 같다.

$$\frac{d\tau_{nt}}{d\theta} = -(\sigma_x - \sigma_y)\cos 2\theta - 2\tau_{xy}\sin 2\theta = 0 \tag{12.13}$$

이 식을 풀면 전단응력이 최대 또는 최소가 되는 방향 $\theta = \theta_s$를 다음과 같이 얻을 수 있다.

$$\tan 2\theta_s = -\frac{(\sigma_x - \sigma_y)/2}{\tau_{xy}} \qquad (12.14)$$

이 식으로부터 서로 $180°$ 떨어진 두 개의 각 $2\theta_s$를 구할 수 있다. 그래서 두 θ_s값은 $90°$ 차이가 난다. 식 (12.14)와 (12.11)을 비교하면 두 tan 함수는 서로 음의 역수임을 알 수 있다. 그 때문에 식 (12.11)을 만족하는 $2\theta_p$값이 식 (12.14)의 해인 $2\theta_s$와 $90°$ 떨어진 것이다. 결과적으로 θ_p와 θ_s는 $45°$ 차이가 난다. 이것은 최대 면내 전단응력이 발생하는 면이 주응력면과 $45°$ 떨어져 있다는 것을 의미한다.

최대 면내 전단응력의 크기

주응력과 마찬가지로 최대 면내 전단응력 $\tau_{\max}$를 계산하는 방법에는 두 가지가 있다.

방법 1. 첫 번째 방법은 단순히 θ_s값 중의 하나를 식 (12.4)나 식 (12.6)에 대입하여 이에 상응하는 전단응력을 계산하는 것이다. 최대 면내 전단응력을 구하는 것 외에도 전단응력의 크기(적절한 부호를 포함)와 각 θ_s를 직접적으로 연관시킬 수 있는 장점이 있다. 직교 평면상의 전단응력들이 같아야 하기 때문에 단 하나의 θ_s각에 대한 응력을 결정하기만 하면 두 평면상의 전단응력을 결정하는 데 충분하다.

주응력과 면내 최대 전단응력을 모두 구해야 하기 때문에 최대 면내 전단응력의 크기와 방향을 모두 구하기 위한 효율적인 계산법을 다음에 설명하였다.

(a) 식 (12.11)에서 특정 θ_p값을 알 수 있다.

(b) θ_p의 부호에 따라 다르겠지만 θ_p와 θ_s가 $45°$ 떨어져 있기 때문에, 최대 면내 전단응력 방향 θ_s를 구하기 위해 여기에 $45°$를 더하거나 뺀다. 양의 θ_p값에서 $45°$를 빼거나 음의 θ_p값에 $45°$를 더하여 $+45°$와 $-45°$(포함) 사이의 각 θ_s를 구한다.

(c) 이 θ_s값을 식 (12.4)나 식 (12.6)에 대입하고 상응하는 전단응력을 계산한다. 그 결과는 최대 면내 전단응력 $\tau_{\max}$가 된다.

(d) 식 (12.4)와 식 (12.6)에서 θ_s에 대해 구한 결과는 최대 면내 전단응력 $\tau_{\max}$의 크기와 부호 모두를 제공한다. 방법 2에서는 $\tau_{\max}$의 부호를 직접적으로 구해주지 않기 때문에 이 방법에서 부호를 얻는다는 것은 특별한 가치를 가진다.

방법 2. 식 (12.14)에서 얻은 각에 대한 함수를 식 (12.6)에 대입하면 $\tau_{\max}$의 크기를 얻는 일반식을 유도할 수 있다.

$$\tau_{\max} = -\frac{\sigma_x - \sigma_y}{2}\left[\frac{\pm(\sigma_x - \sigma_y)/2}{\sqrt{\left(\dfrac{\sigma_x - \sigma_y}{2}\right)^2 + \tau_{xy}^2}}\right] + \tau_{xy}\left[\frac{\mp\tau_{xy}}{\sqrt{\left(\dfrac{\sigma_x - \sigma_y}{2}\right)^2 + \tau_{xy}^2}}\right]$$

간단히 하면 다음과 같다.

$$\tau_{\max} = \mp\sqrt{\left(\frac{\sigma_x - \sigma_y}{2}\right)^2 + \tau_{xy}^2} \qquad (12.15)$$

식 (12.15)가 식 (12.12)의 두 번째 항과 같은 크기를 갖는다는 것을 유의하자.

식 (12.15)에서 τ_{max}의 부호는 모호하다. 최대 전단응력은 최소 전단응력과 단지 부호만 다르다. 인장응력 또는 압축응력 둘 중에 하나인 수직응력과는 달리 최대 면내 전단응력의 물체의 재료적 거동에 있어 물리적인 중요성을 가지지 않는다. 부호는 단지 특정 평면에서 전단응력이 작용하는 방향을 나타낸다.

식 (12.12)에서 두 개의 면내 주응력을 빼고 식 (12.15)의 무리식 값을 대입하면 주응력과 최대 면내 전단응력 사이에 유용한 관계를 다음과 같이 얻을 수 있다.

$$\tau_{max} = \frac{\sigma_{p1} - \sigma_{p2}}{2} \tag{12.16}$$

다시 말해, 최대 면내 전단응력 τ_{max}는 두 개의 면내 주응력 차이의 절반 크기와 같다.

최대 면내 전단응력 면에서 수직응력

전단응력이 없는 주응력면과 달리, τ_{max}가 작용하는 면은 보통 수직응력을 가지고 있다. 식 (12.14)에서 구한 각 함수를 식 (12.5)에 대입한 후 간단히 하면 최대 면내 전단응력 면에 작용하는 수직응력을 다음과 같이 구할 수 있다.

$$\sigma_{avg} = \frac{\sigma_x + \sigma_y}{2} \tag{12.17}$$

수직응력 σ_{avg}는 두 개의 τ_{max} 평면에서 동일하다.

절대최대 전단응력

식 (12.5)에서 평면응력을 받는 물체의 최대 전단응력 크기를 산정하는 식을 유도하였다. 또한, 최대 면내 전단응력 τ_{max}가 두 개의 면내 주응력 차이 값의 절반과 같다[식 (12.17)]는 것도 알게 되었다. 세 방향으로 응력을 받는 물체 내의 한 점을 간단히 고려하여 "보다 일반적인 응력상태에 대한 최대 전단응력은 어떻게 되는가?"라는 질문에 답해보자. 한 점을 통과하는 면에서 최대 전단응력의 크기를 $\tau_{abs\,max}$로 표기하여 최대 면내 전단응력 τ_{max}와 구별하도록 한다. 어떤 물체 내에서 관심 있는 한 점에서 전단응력이 없는 세 개의 직교 면 — 주응력면(12.11절 참조) — 이 존재할 것이다. 이러한 면에 작용하는 수직응력들을 주응력이라 칭하고 일반적으로 이들은 각각의 고유한 값을 가진다(즉, $\sigma_{p1} \neq \sigma_{p2} \neq \sigma_{p3}$). 그러므로 하나의 주응력이 대수적으로 최대(σ_{max})가 될 것이고, 또 하나의 응력이 최소(σ_{min})가 될 것이며, 세 번째 주응력은 이들 두 극값 사이의 값을 가질 것이다. 절대최대 전단응력 $\tau_{abs\,max}$은 최대 주응력과 최소 주응력 값 차이의 절반과 같다.

$$\tau_{abs\,max} = \frac{\sigma_{max} - \sigma_{min}}{2} \tag{12.18}$$

더욱이, $\tau_{abs\,max}$는 최대 주응력면과 최소 주응력면 사이의 각을 이등분하는 면에 작용

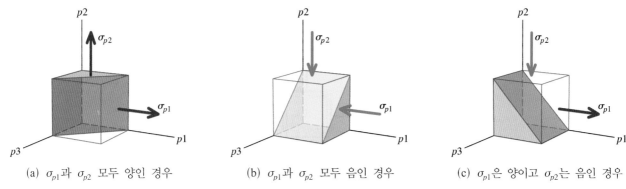

(a) σ_{p1}과 σ_{p2} 모두 양인 경우   (b) σ_{p1}과 σ_{p2} 모두 음인 경우   (c) σ_{p1}은 양이고 σ_{p2}는 음인 경우

그림 12.13   평면응력에 대한 절대최대 전단응력 평면

한다.

평면응력상태에서는 응력요소의 면외에 작용하는 수직 및 전단응력은 모두 영이다. 그 중 작용하는 전단응력이 영이라는 것은, 그 평면 밖의 면이 또 하나의 주응력면이 되고 여기에 작용하는 주응력이 σ_{p3}가 된다. 그래서, 두 개의 주응력 σ_{p1}과 σ_{p2}는 해당 응력면에 작용하고, 면외 방향으로 작용하는 세 번째 응력은 $\sigma_{p3} = 0$이 된다. 그래서 평면응력에서는 절대최대 전단응력은 다음의 세 가지 조건으로부터 계산할 수 있다.

예를 들어, 응력이 $x-y$평면에서만 작용하면 응력요소의 z면은 주응력면이 된다.

(a) σ_{p1}과 σ_{p2}가 양이라면

$$\tau_{\text{abs max}} = \frac{\sigma_{p1} - \sigma_{p3}}{2} = \frac{\sigma_{p1} - 0}{2} = \frac{\sigma_{p1}}{2}$$

(b) 만일 σ_{p1}과 σ_{p2}가 음이라면

$$\tau_{\text{abs max}} = \frac{\sigma_{p3} - \sigma_{p2}}{2} = \frac{0 - \sigma_{p2}}{2} = -\frac{\sigma_{p2}}{2}$$

(c) 만일 σ_{p1}이 양이고 σ_{p2}가 음이라면

$$\tau_{\text{abs max}} = \frac{\sigma_{p1} - \sigma_{p2}}{2}$$

이상의 세 가지 가능한 경우를 그림 12.13에 그렸으며 최대 전단응력이 작용하는 두 개의 직교 평면 중 하나를 밝게 표시하였다. 세 가지 모든 경우 $\sigma_{p3} = 0$임을 유의하자.

절대최대 전단응력의 방향은 최대 및 최소 주응력을 갖는 면과 평행한 두 개의 면, 그리고 이 두 개의 면과 $45°$의 각을 이루는 세 번째 면을 갖는 쐐기 모양 블록을 그려서 결정할 수 있다. 최대 전단응력의 방향은 두 주응력 중에 더 큰 값과 반대이어야 한다.

응력불변성

식 (12.12)에서 주어진 두 주응력을 더하면 그림 12.14와 같이 주응력과 직교면에 작용하는 수직응력 사이의 유용한 관계를 얻을 수 있다. 그 결과는 다음과 같다.

$$\sigma_{p1} + \sigma_{p2} = \sigma_x + \sigma_y \tag{12.19}$$

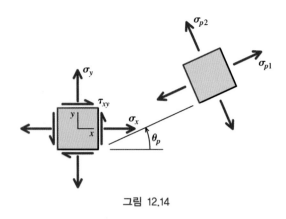

그림 12.14

이를 말로 표현하면, 평면응력상태에서 물체 내 한 점을 통과하는 임의의 직교하는 두 평면상에서 수직응력의 합은 항상 일정하며 각 θ에도 독립적이다.

12.9 응력변환 결과의 제시

주응력과 최대 면내 전단응력 결과는 모든 응력의 방향을 나타내는 그림으로 제시해야 한다. 일반적으로 두 가지 형식이 있다.

(a) 두 개의 정사각형 응력요소

(b) 한 개의 쐐기모양 요소

두 개의 정사각형 응력요소

그림 12.15에 두 개의 정사각형 요소가 그려져 있다. 하나의 응력요소는 주응력의 방향과 크기를 보여주며 두 번째 요소는 최대 면내 전단응력의 크기를 수직응력과 함께 보여주고 있다.

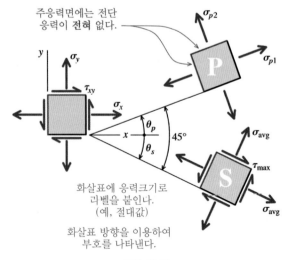

그림 12.15

주응력요소

- 식 (12.11)에서 계산한 $+45°$와 $-45°$(포함) 사이의 각 θ_p만큼 회전한 주응력요소를 보여준다.

$$\tan 2\theta_p = \frac{\tau_{xy}}{(\sigma_x - \sigma_y)/2} \tag{12.11}$$

- θ_p가 양이면 응력요소를 기준 x축으로부터 반시계방향으로 회전시킨다. θ_p가 음이면 회전은 시계방향이다.
- 식 (12.11)에서 계산한 각이 반드시 σ_{p1}면에 대한 것은 아니다. σ_{p1}나 σ_{p2} 둘 중의 하나가 θ_p면에 작용한다. θ_p방향의 주응력은 다음의 규칙으로 결정한다.
  - 만일 $\sigma_x - \sigma_y$가 양이면 θ_p는 σ_{p1}의 방향을 가리킨다.
  - 만일 $\sigma_x - \sigma_y$가 음이면 θ_p는 σ_{p2}의 방향을 가리킨다.
- 다른 하나의 주응력은 응력요소의 수직면에 표시한다.
- 그림에서 주응력이 인장응력인지 압축응력인지 표시하기 위하여 화살표를 사용한다. 화살표에 σ_{p1}나 σ_{p2}의 절댓값으로 이름표(라벨)를 단다.
- 주응력면에는 전단응력이 결코 발생하지 않는다. 따라서 주응력요소에는 어떠한 전단응력 화살표도 그리지 않는다.

최대 면내 전단응력요소

- 주응력요소와 $45°$ 각을 이루도록 최대 전단응력요소를 그린다.
- 만일 주응력요소가 기준 x축으로부터 반시계방향(양의 θ_p)으로 회전한다면 최대 전단응력요소는 주응력요소로부터 시계방향으로 $45°$ 회전시켜야 한다. 따라서 최대 전단응력요소는 기준 x축으로부터 $\theta_s = \theta_p - 45°$ 방향으로 그려야 한다.
- 만일 주응력요소가 기준 x축으로부터 시계방향(음의 θ_p)으로 회전한다면 최대 전단응력요소는 주응력요소로부터 반시계방향으로 $45°$ 회전시켜야 한다. 따라서 최대 전단응력요소는 기준 x축으로부터 $\theta_s = \theta_p + 45°$ 방향으로 그려야 한다.
- θ_s를 식 (12.4) 또는 (12.6)에 대입하여 $\tau_{\max}$를 계산한다.
- 만일 $\tau_{\max}$가 양이면, θ_s면에 전단응력 화살표를 그리되 응력요소를 반시계방향으로 회전시키는 쪽으로 향하게 한다. 만일 $\tau_{\max}$가 음이면, θ_s면에 전단응력 화살표를 그리되 응력요소를 시계방향으로 회전시키는 쪽으로 향하게 한다. 화살표에 $\tau_{\max}$의 절댓값을 써 넣는다.
- 일단 전단응력 화살표를 θ_s면에 작성하였으면 다른 세 개의 면에 적절히 전단응력 화살표를 그린다.
- 식 (12.17)에서 최대 면내 전단응력 면에 작용하는 평균 수직응력을 계산한다.
- 4개의 모든 면에 작용하는 화살표와 함께 평균 수직응력을 그린다. 평균 수직응력이 인장인지 압축인지 알 수 있도록 화살표 방향을 사용한다. 이 응력의 크기로 화살표에 라벨을 단다.
- 일반적으로 최대 면내 전단응력 요소는 4개의 모든 면에 수직 및 전단응력 화살표를 포함한다.

쐐기모양 응력요소

주응력과 최대 면내 전단응력 결과를 하나의 요소에 제시할 때 그림 12.16과 같이 쐐기모양 응력요소를 사용한다.

- 쐐기요소의 두 직교면은 주응력의 방향과 크기를 제시할 때 사용한다.
- 쐐기요소의 두 직교면에 작용하는 주응력을 명시하기 위해 앞에서 주응력요소를 위해 사용한 절차를 따른다. 이 두 면이 주응력면이기 때문에 어떤 면에도 전단응력이 있어서는 안 된다.
- 쐐기면의 경사면은 두 직교면과 $45°$의 각을 이루며 최대 면내 전단응력과 수직응력을 표시하기 위해 사용된다.
- 경사면에 전단응력 화살표를 그리고 식 (12.15)에서 구한 최대 면내 전단응력의 크기로 라벨을 붙인다.
- 최대 면내 응력 화살표에 대한 적절한 방향을 결정하기 위한 몇 가지 방법이 있다. 적절한 그림을 완성하기 위한 쉬운 방법은 다음과 같다: 쐐기의 σ_{p1}면에 전단응력 화살표의 꼬리를 그리기 시작하고 쐐기의 σ_{p2}면으로 화살표가 향하도록 한다.
- 식 (12.17)로부터 최대 면내 전단응력면에 작용하는 평균 수직응력을 계산한다.
- 쐐기의 경사면에 평균 수직응력을 그린다. 평균 수직응력이 인장인지 압축인지에 따라 화살표 방향을 사용한다. 평균 수직응력의 크기로 화살표에 라벨을 붙인다.

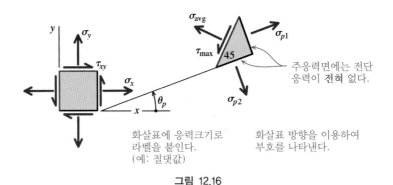

화살표에 응력크기로 라벨을 붙인다.
(예: 절댓값)

화살표 방향을 이용하여 부호를 나타낸다.

주응력면에는 전단응력이 전혀 없다.

그림 12.16

예제 12.5

평면응력 상태에 있는 구조 부재의 한 점을 고려하자. 이 점에서 수평 및 수직면상의 수직 및 전단응력이 그림과 같다.

(a) 이 점에 작용하는 주응력과 최대 면내 전단응력을 구하라.

(b) 이 응력들을 적절한 그림으로 나타내라.

(c) 이 점에서 절대최대 전단응력을 구하라.

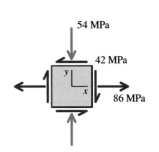

풀이 계획 앞 절에서 유도한 응력변환식을 이용하여 주응력과 최대 전단응력을 구한다.

풀이 (a) 주어진 응력으로부터 응력변환식에 사용하는 값들은 $\sigma_x = +86$ MPa, $\sigma_y = -54$ MPa, $\tau_{xy} = -42$ MPa이다. 면내 주응력의 크기는 식 (12.12)로부터 다음과 같이 구한다.

$$\sigma_{p1,p2} = \frac{\sigma_x + \sigma_y}{2} \pm \sqrt{\left(\frac{\sigma_x - \sigma_y}{2}\right)^2 + \tau_{xy}^2}$$

$$= \frac{(86\,\text{MPa}) + (-54\,\text{MPa})}{2} \pm \sqrt{\left(\frac{(86\,\text{MPa}) - (-54\,\text{MPa})}{2}\right)^2 + (-42\,\text{MPa})^2}$$

$$= 97.6\,\text{MPa}, \ -65.6\,\text{MPa},$$

따라서

$$\sigma_{p1} = 97.6\,\text{MPa} = 97.6\,\text{MPa}\ (인장)$$

$$\sigma_{p2} = -65.6\,\text{MPa} = 65.6\,\text{MPa}\ (압축)$$

식 (12.15)를 이용하여 최대 면내 전단응력을 다음과 같이 구한다.

$$\tau_{\max} = \pm\sqrt{\left(\frac{\sigma_x - \sigma_y}{2}\right)^2 + \tau_{xy}^2} = \pm\sqrt{\left(\frac{(86\,\text{MPa}) - (-54\,\text{MPa})}{2}\right)^2 + (-42\,\text{MPa})^2}$$

$$= \pm 81.6\,\text{MPa}$$

최대 면내 전단응력면에서 수직응력은 식 (12.17)에 의해 평균 수직응력이 된다.

$$\sigma_{\text{avg}} = \frac{(\sigma_x + \sigma_y)}{2} = \frac{(86\,\text{MPa}) + (-54\,\text{MPa})}{2} = 16\,\text{MPa} = 16\,\text{MPa}\ (인장)$$

(b) 주응력과 최대 면내 전단응력을 적절한 그림으로 제시해야 한다. 각 θ_p는 기준 x면에 대해 주응력면이 가지는 방향을 가리킨다. 식 (12.11)로부터

$$\tan 2\theta_p = \frac{\tau_{xy}}{(\sigma_x - \sigma_y)/2} = \frac{-42\,\text{MPa}}{[(86\,\text{MPa}) - (-54\,\text{MPa})]/2} = \frac{-42\,\text{MPa}}{70\,\text{MPa}}$$

$$\therefore \theta_p = -15.5°$$

θ_p가 음수이므로 각은 시계방향으로 향한다. 다시 말해, 주응력면의 법선은 기준 x축 아래로 $15.5°$ 회전한다. 면내 주응력 (σ_{p1} 또는 σ_{p1}) 중의 하나가 이 주응력면에 작용한다. 어떤 주응력이 $\theta_p = -15.5°$에 작용하는지 결정하기 위해 다음의 규칙을 사용한다.

- 만일 $\sigma_x - \sigma_y$가 양이면 θ_p는 σ_{p1}의 방향을 가리킨다.
- 만일 $\sigma_x - \sigma_y$가 음이면 θ_p는 σ_{p2}의 방향을 가리킨다.

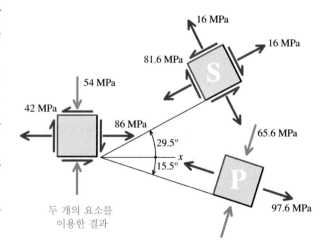

두 개의 요소를 이용한 결과

이 문제에서 $\sigma_x - \sigma_y$가 양이므로 θ_p는 $\sigma_{p1} = 97.6$ MPa의 방향을 가리킨다. 다른 주응력 $\sigma_{p2} = -65.6$ MPa은 수직면에 작용한다. 위 그림에서 면내 주응력은 P라는 라벨이 붙은 요소로 보여준다. 주응력면에는 절대로 전단응력이 작용하지 않음을 유의한다.

최대 면내 전단응력면은 주응력면과 항상 $45°$ 떨어져 있다. 그래서, $\theta_s = +29.5°$이다. 식 (12.15)으로 최대 면내 전단응력을 계산하지만 θ_s로 정의되는 면에 작용하는 전단응력의 방향을 알려주지는 않

는다. 전단응력의 방향을 결정하기 위해서, $\sigma_x = +86$ MPa, $= -54$ MPa, $\tau_{xy} = -42$ MPa 및 $\theta = \theta_s = +29.5°$ 값들을 식 (12.4)에 대입하여 τ_{nt}에 대하여 푼다.

$$\begin{aligned}\tau_{nt} &= -(\sigma_x - \sigma_y)\sin\theta\cos\theta + \tau_{xy}(\cos^2\theta - \sin^2\theta)\\ &= -[(86 \text{ MPa}) - (-54 \text{ MPa})]\sin 29.5°\cos 29.5° + (-42 \text{ MPa})[\cos^2 29.5° - \sin^2 29.5°]\\ &= -81.6 \text{ MPa}\end{aligned}$$

τ_{nt}가 음이므로 전단응력은 양의 n면에서 음의 t방향으로 작용한다. 한쪽 면에서 전단응력의 방향이 결정되면 응력요소상의 모든 면에서 전단응력 방향을 알 수 있다. S라벨을 가진 응력요소에 최대 면내 전단응력과 평균 수직응력을 그린다. 주응력요소와 달리 최대 면내 전단응력면에는 수직응력이 존재한다.

오른쪽에서 보는 것처럼 하나의 쐐기모양 요소에 주응력과 최대 면내 전단응력을 제시할 수 있다.

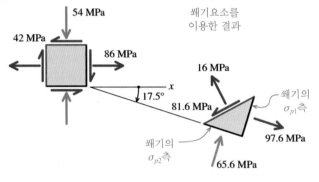

최대 면내 전단응력의 방향과 관련해서는 두 요소를 그리는 것보다 이 형식을 사용하는 것이 약간 더 쉬울 수 있다. 주응력면과 45° 각을 이루는 쐐기의 경사면에 최대 면내 전단응력과 평균 수직응력이 그려져 있다. 이 면에 있는 전단응력 화살표는 항상 쐐기의 σ_{p1}에서 시작하고 σ_{p2}로 향한다. 다시 한번, 주응력면에는 전단응력이 없다는 점을 강조한다 (쐐기의 σ_{p1}과 σ_{p2}면).

(c) 여기에 제시된 예제와 같은 평면응력에 대해서, z면에는 응력이 없다. z면은 주응력 $\sigma_{p3} = \sigma_z = 0$을 갖는 주응력면이다. 절대최대 전단응력(단순히 z축과 수직인 법선을 갖는 편이 아니라 모든 가능한 면을 고려한)은 세 개의 주응력 $\sigma_{p1} = 97.6$ MPa, $\sigma_{p2} = -65.6$ MPa, $\sigma_{p3} = 0$ 으로부터 구할 수 있다. 최대 주응력(대수적 의미에서)은 $\sigma_{max} = 97.6$ MPa이고 최소 주응력은 $\sigma_{min} = -65.6$ MPa이다. 절대최대 전단응력은 식 (12.18)로부터 다음과 같다.

$$\tau_{abs\ max} = \frac{\sigma_{max} - \sigma_{min}}{2} = \frac{97.6 \text{ MPa} - (-65.6 \text{ MPa})}{2} = 81.6 \text{ MPa}$$

이 예제에서 절대최대 전단응력은 최대 면내 전단응력과 같다. 이것은 σ_{p1}이 양의 값이고 σ_{p2}가 음의 값을 갖는 모든 경우에 대해 항상 성립한다. σ_{p1}과 σ_{p2}가 모두 양이거나 모두 음이면 절대최대 전단응력은 최대 면내 전단응력보다 크다.

예제 12.6

평면응력 상태에 있는 구조 부재 내의 한 점을 고려하자. 이 점에서 수평 및 수직면에 작용하는 수직 및 전단응력이 그림과 같다.

(a) 이 점에 작용하는 주응력과 최대 면내 전단응력을 구하라.

(b) 이 응력들을 적절한 그림으로 나타내라.

(c) 이 점에서 절대최대 전단응력을 구하라.

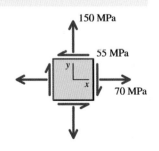

풀이 계획 앞 절에서 유도한 응력변환식을 이용하여 주응력과 최대 전단응력을 구한다.

풀이 (a) 주어진 응력으로부터 응력변환식에 사용하는 값들은 $\sigma_x = +70$ MPa, $\sigma_y = +150$ MPa, $\tau_{xy} = -55$ MPa이다. 면내 주응력의 크기는 식 (12.12)로부터 다음과 같이 구한다.

$$\sigma_{p1,p2} = \frac{\sigma_x + \sigma_y}{2} \pm \sqrt{\left(\frac{\sigma_x - \sigma_y}{2}\right)^2 + \tau_{xy}^2}$$

$$= \frac{70\,\text{MPa} + 150\,\text{MPa}}{2} \pm \sqrt{\left(\frac{70\,\text{MPa} - 150\,\text{MPa}}{2}\right)^2 + (-55\,\text{MPa})^2}$$

$$= 178.0\,\text{MPa},\ 42.0\,\text{MPa}$$

식 (12.15)를 이용하여 최대 면내 전단응력을 다음과 같이 구한다.

$$\tau_{\max} = \pm \sqrt{\left(\frac{\sigma_x - \sigma_y}{2}\right)^2 + \tau_{xy}^2} = \pm \sqrt{\left(\frac{70\,\text{MPa} - 150\,\text{MPa}}{2}\right)^2 + (-55\,\text{MPa})^2}$$

$$= \pm 68.0\,\text{MPa}$$

최대 면내 전단응력면에서 수직응력은 식 (12.17)에 의해 평균 수직응력이 된다.

$$\sigma_{\text{avg}} = \frac{\sigma_x + \sigma_y}{2} = \frac{70\,\text{MPa} + 150\,\text{MPa}}{2} = 110\,\text{MPa} = 110\,\text{MPa (T)}$$

(b) 주응력과 최대 면내 전단응력을 적절한 그림으로 제시해야 한다. 각 θ_p는 기준 x면에 대해 주응력면이 가지는 방향을 가리킨다. 식 (12.11)로부터

$$\tan 2\theta_p = \frac{\tau_{xy}}{(\sigma_x - \sigma_y)/2} = \frac{-55\,\text{MPa}}{(70\,\text{MPa} - 150\,\text{MPa})/2} = \frac{-55\,\text{MPa}}{-40\,\text{MPa}}$$

$$\therefore \theta_p = 27.0°$$

θ_p가 양수이다. 따라서 기준 x축으로부터 반시계방향으로 돈다. $\sigma_x - \sigma_y$가 음의 값을 가지므로 θ_p는 $\sigma_{p2} = 42.0$ MPa의 방향을 가리킨다. 다른 주응력 $\sigma_{p1} = 178.0$ MPa은 수직한 면에 작용한다. 면내 주응력은 오른쪽의 그림에서 볼 수 있다.

주응력면과 45° 각을 이루는 쐐기의 경사면에 최대 면내 전단응력과 평균 수직응력이 그려져 있다. 전단응력 화살표는 항상 쐐기의 σ_{p1}에서 시작하고 σ_{p2}로 향한다는 사실을 주의하자.

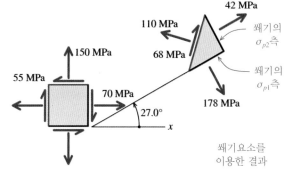

(c) σ_{p1}과 σ_{p2}가 모두 양의 값을 갖기 때문에 절대최대 전단응력은 최대 면내 전단응력보다 크다. 이 예제에서 세 개의 주응력은 $\sigma_{p1} = 178$ MPa, $\sigma_{p2} = 42$ MPa, $\sigma_{p3} = 0$이다. 최대 주응력은 $\sigma_{\max} = 178$ MPa이고 최소 주응력은 $\sigma_{\min} = 0$이다. 절대최대 전단응력은 식 (12.18)로부터 다음과 같다.

$$\tau_{\text{abs max}} = \frac{\sigma_{\max} - \sigma_{\min}}{2} = \frac{178\,\text{MPa} - 0}{2} = 89.0\,\text{MPa} \qquad \text{답}$$

절대최대 전단응력은 법선이 $x - y$평면에 있지 않은 평면에 작용한다.

MecMovies 예제 M12.9

응력변환 학습 툴

사용자가 정의한 응력 값에 대해서 어떤 특정한 평면에 작용하는 응력, 주응력, 최대 면내 전단응력 상태를 결정하기 위해 응력변환식을 올바르게 사용하는 법을 설명한다.

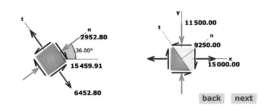

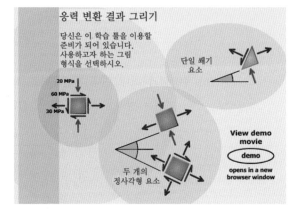

 MecMovies 연습문제

M12.4 응력변환 결과 그리기. 대화형 활동(학습툴)에서 최소 100점을 받도록 한다.

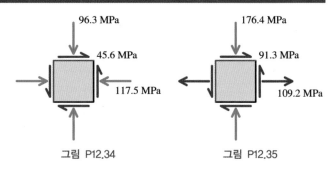

그림 M12.4

PROBLEMS

P12.32–P12.35 평면응력을 받는 구조부재의 한 점을 고려하자. 이 점에서 수평 및 수직 평면에 작용하는 수직 및 전단응력은 그림 P12.32 – P12.35와 같다.

(a) 이 점에 작용하는 주응력과 최대 면내 전단응력을 구하라.

(b) 이 응력들을 그려라(그림 12.15 또는 그림 12.16 참고).

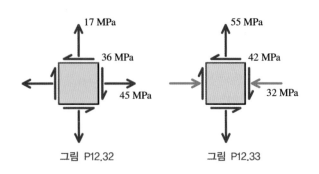

P12.36–P12.39 평면응력을 받는 구조 부재의 한 점을 고려하자. 이 점에서 수평 및 수직 평면에 작용하는 수직 및 전단응력은 그림 P12.36 – P12.39와 같다.

(a) 이 점에 작용하는 주응력과 최대 면내 전단응력을 구하라.

(b) 이 응력들을 그려라(그림 12.15 또는 그림 12.16 참고).

(c) 이 점에서 절대최대 전단응력을 구하라.

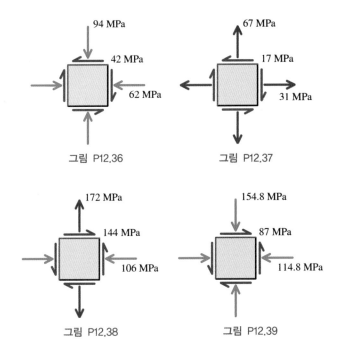

그림 P12.36   그림 P12.37

그림 P12.38   그림 P12.39

P12.42 그림 P12.42의 평면 응력상태에 대하여 다음을 구하라.
(a) 최대 면내 전단응력이 55 MPa과 같거나 작게 하는 최대의 σ_y
(b) 상응하는 주응력

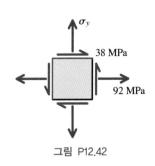

그림 P12.42

P12.40 응력을 받는 물체 표면의 한 점에서 64 MPa (압축)의 수직응력과 미지의 양의 전단응력이 수평면상에 존재한다. 이 점에서 하나의 주응력은 8 MPa (압축)이다. 이 점에서 절대최대 전단응력은 95 MPa이다. 이 점에서 수평면과 수직면상의 미지 응력, 미지 주응력을 구하라.

P12.41 응력을 받는 물체 표면의 한 점에서 74 MPa (인장)의 수직응력과 미지의 음의 전단응력이 수평면상에 존재한다. 이 점에서 하나의 주응력은 200 MPa (인장)이다. 이 점에서 절대최대 전단응력은 85 MPa이다. 이 점에서 수직면상의 미지 응력, 미지의 주응력, 절대최대 전단응력을 구하라.

P12.43 그림 P12.43의 평면 응력상태에 대하여 다음을 구하라.
(a) 최대 면내 전단응력이 150 MPa과 같거나 작게 하는 최대의 τ_{xy}
(b) 상응하는 주응력

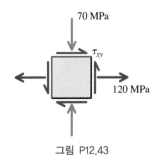

그림 P12.43

12.10 평면응력에 대한 모어 원

MecMovies 12.15는 모어 원 응력변환식의 유도과정을 애니메이션으로 보여준다.

하나의 좌표축 조합(예, $x-y-x$)에서 또 다른 좌표축 조합(예, $n-t-z$)으로 응력을 바꾸는 과정을 응력 변환이라 하며 평면응력에 대한 일반식을 12.7절에서 소개하였다. 응력을 받는 물체 내 한 점에서 주응력과 최대 면내 전단응력을 계산하는 식들은 12.8절에서 다루었다. 이 절에서는 평면응력 변환에 대한 도해적인 과정을 전개할 것이다. 12.7절과 12.8절에서 유도한 다양한 식들과의 비교해보면 도해적인 방법이 기억하기 더 쉽고 한 점에서 여러 평면상의 응력성분 사이의 관계를 잘 설명해준다.

독일의 토목공학자인 Otto Christian Mohr(1835-1918)는 응력변환식을 도해적으로 해석한 유용한 방법을 개발하였다. 이 방법은 Mohr 원(모어 원)으로 알려져 있다. 여기에서는 비록 평면응력에 대해 사용되겠지만 모어 원 방법은 면적 관성모멘트, 질량 관성모멘트, 변형률 변환, 삼차원 응력변환 등과 같이 수학적으로 유사한 다른 변환에 대해서도 적용이 가능하다.

원의 식 유도

평면응력에 대한 모어 원은 수평 축을 따라 수직응력 σ를 그리고 수직축에 따라 전단응력 τ를 그려서 완성한다. 원 위의 각 점이 응력을 받는 물체 내의 한 점에서 특정 평면에 작용하는 수직응력 σ와 전단응력 τ의 조합을 나타내는 방식으로 원을 그린다. 배각 삼각함수로 표현되는 일반적인 평면응력 변환식은 12.7에서 다음과 같이 제시된 바 있다.

$$\sigma_n = \frac{\sigma_x + \sigma_y}{2} + \frac{\sigma_x - \sigma_y}{2}\cos 2\theta + \tau_{xy}\sin 2\theta \tag{12.5}$$

$$\tau_{nt} = -\frac{\sigma_x - \sigma_y}{2}\sin 2\theta + \tau_{xy}\cos 2\theta \tag{12.6}$$

식 (12.5)와 (12.6)은 2θ를 포함한 항을 오른쪽으로 남겨 두고 다음과 같이 다시 쓸 수 있다.

$$\sigma_n - \frac{\sigma_x + \sigma_y}{2} = \frac{\sigma_x - \sigma_y}{2}\cos 2\theta + \tau_{xy}\sin 2\theta$$

$$\tau_{nt} = -\frac{\sigma_x - \sigma_y}{2}\sin 2\theta + \tau_{xy}\cos 2\theta$$

두 식을 제곱한 후 더하면 다음과 같이 간단히 정리된다.

$$\left(\sigma_n - \frac{\sigma_x + \sigma_y}{2}\right)^2 + \tau_{nt}^2 = \left(\frac{\sigma_x - \sigma_y}{2}\right)^2 + \tau_{xy}^2 \tag{12.20}$$

Mec Movies

MecMovies 12.16은 평면응력에 대해서 모어 원을 완성하는 각 단계를 보여준다.

이 식은 변수 σ_n과 τ_{nt}로 된 원의 방정식이다. 이 원의 중심은 σ축($\tau = 0$) 상에 있으며 그 값은

$$C = \frac{\sigma_x + \sigma_y}{2} \tag{12.21}$$

원의 반지름은 식 (12.20)의 오른쪽 항으로부터 다음과 같이 주어진다.

$$R = \sqrt{\left(\frac{\sigma_x - \sigma_y}{2}\right)^2 + \tau_{xy}^2} \tag{12.22}$$

식 (12.20)을 C와 R을 이용하여 다시 쓰면 다음과 같다.

$$(\sigma_n - C)^2 + \tau_{nt}^2 = R^2 \tag{12.23}$$

이 식은 C와 R이 사용된 원의 표준방정식이다.

MecMovies 12.17은 모어 원으로 주응력과 주응력면 을 찾는 방법을 보여준다.

모어 원의 유용성

모어 원의 응력체 내의 한 점에서 여러 평면에 작용하는 응력들을 시각적으로 보여주는 매우 유용한 도구이다. 모어 원을 이용하면 한 점을 지나는 임의의 면에 작용하는 응력을 구할 수 있다. 주응력과 최대 전단응력(면내 값이며 절대 최댓값)을 구하기도 매우 편리하 다. 만일 모어 원을 축적에 따라 그린다면 그 그림에서 직접 측정함으로써 응력값을 구할 수도 있다. 그러나 한 점에서 응력의 크기와 방향을 해석적으로 결정해야 하는 기술자에게 있어서는 시각적인 이해에 도움을 준다는 유용성이 가장 크다고 하겠다.

모어 원을 그릴 때 사용하는 부호규약

MecMovies 12.18은 모어 원으로 최대 면내 전단응력 을 찾는 방법을 설명한다.

모어 원을 그릴 때, 수직응력은 수평축으로 하고 전단응력을 수직축으로 한다. 결과적으 로 수평축을 σ축으로, 수직축을 τ축으로 한다. 다시 반복하지만, 평면응력에서 모어 원은 수직응력 σ와 전단응력 τ만으로 그리는 원이다.

수직응력 인장 수직응력을 τ축의 오른쪽에 그리고 압축 수직응력을 τ축 왼쪽에 그린다. 다시 말하면, 인장 수직응력을 양의 값으로, 압축 수직응력을 음의 값으로 취급한다.

전단응력 특정 전단응력을 σ축 위에 그릴지 아래에 그릴지를 결정하기 위해 전단응력 부호규약이 필요하다. x면상에 작용하는 전단응력 τ_{xy}는 y면에 작용하는 전단응력 τ_{yx}와 항상 같아야 한다. 만일 양의 전단응력이 응력요소의 x면에 작용한다면 양의 전단응력이 y면상에 작용할 것이고 반대도 성립한다. 그래서 전단응력에 대해서는 일반적인 부호규약 (양의 τ를 σ축 위에 그리고 음의 τ를 σ축 아래에 그리는 규약)이 충분하지 않으며 다음 과 같이 그 이유를 들 수 있다.

(a) x와 y면 모두에 작용하는 전단응력은 항상 같은 부호를 가진다.

(b) 모어 원의 중심은 σ축 위에 있어야 한다.[식 (12.20) 참조]

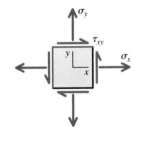

전단응력을 어떻게 그릴 것인지 결정하기 위해서, 전단응력이 작용하는 면과 작용하는 방향을 모두 고려해야 한다.

- 만일 응력요소의 한 면에 작용하는 전단응력이 응력요소를 시계방향으로 회전시키려 한다면 전단응력을 σ축 위에 그린다.
- 만일 응력요소의 한 면에 작용하는 전단응력이 응력요소를 반시계방향으로 회전시키 려 한다면 전단응력을 σ축 아래에 그린다.

모어 원의 기본 작도법

모어 원을 그리는 방법에는 어떤 응력을 알고 있으며 어떤 응력을 구해야 하는지에 따 라서 다양하게 존재한다. 평면응력에 대한 모어 원의 기본 작도법을 설명하기 위해 σ_x, σ_y 및 τ_{xy}를 알고 있다고 가정하자. 다음의 과정으로 원을 그릴 수 있다.

1. 한 점에서 직교하는 평면에 작용하는 응력을 확인한다. 일반적으로는 응력요소의 x 와 y면에 작용하는 σ_x, σ_y, τ_{xy}이다. 모어 원을 그리기 전에 응력요소를 그리는 것

이 도움이 된다.

2. 한 쌍의 좌표축을 그린다. σ축은 수평이다. τ축은 수직이다. 모어 원을 축적에 따라 그리는 것이 의무사항은 아니지만 도움이 된다. 자료에 대한 적당한 응력 간격을 선정하고 σ와 τ에 동일한 간격을 사용한다.

τ축 상단에 시계방향 화살표를 표시하고 하단에는 반시계방향 화살표를 표시한다. 이 표시는 전단응력 그릴 때 사용되는 부호규약을 기억하는 데 도움을 줄 것이다.

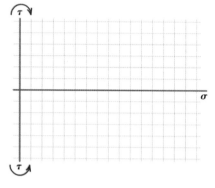

3. x면에 작용하는 응력상태를 그린다. 만일 σ_x가 양(인장)이면 τ축의 오른쪽에 그린다. 반대로 음의 σ_x는 τ축 왼쪽에 그린다.

시계방향/반시계방향 부호규약을 이용하면 τ_{xy}를 올바르게 그리는 것이 더 쉽다. x면에 있는 전단응력 화살표를 보라. 만일 이 화살표가 응력요소를 시계방향으로 회전시키려 한다면 이 점을 σ축 위에 그려라. 이 문제의 응력요소에서는 x면에 작용하는 전단응력이 응력요소를 반시계방향으로 회전시키려 한다. 따라서 이 응력점은 σ축 아래에 그려야 한다.

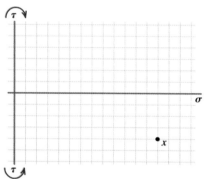

4. 이 점에 x라고 표시한다. 이 점은 특정 평면, 즉 응력요소 x면상의 수직응력과 전단응력 조합을 나타낸다. 모어 원을 그리는 데 사용되는 좌표는 일반적으로 그리게 되는 거리 x, y와 같은 공간적 좌표가 아니라는 점을 유의해야 한다. 정확히 말하면, 모어 원의 좌표는 σ와 τ의 좌표이다. 모어 원을 이용하여 특정 평면의 방향을 설정하기 위해서 응력요소의 x면 위의 응력상태를 나타내는 x와 같은 어떤 점을 기준으로 각을 결정해야 한다. 결과적으로 그릴 때 그 점에 표시를 하는 것이 중요하다.

5. y면에 작용하는 응력상태를 그린다. 앞의 그림에서 응력요소의 y면에 작용하는 전단응력 화살표를 보자. 이 화살표는 요소를 시계방향으로 회전시키려 한다. 그래서 σ축 위에 점을 그린다. 이 점이 응력요소의 y면에 작용하는 수직 및 전단응력의 조합을 나타내므로 이 점을 y로 표시한다.

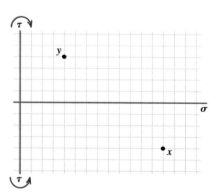

x와 y점이 하나는 σ축 위에 하나는 σ축 아래에 있지만 σ축으로부터 떨어져 있는 거리가 같다는 것에 주목하자. x와 y면에 작용하는 전단응력의 크기는 항상 같기 때문에 이것은 항상 성립한다.[12.3절, 식 (12.2) 참고]

6. x와 y점을 연결하는 선을 긋는다. 이 선이 σ축과 만나는 위치에 모어 원의 중심 C로 표시한다.

모어 원의 반지름 R은 중심 C에서 x 또는 y점까지의 거리이다.

식 (12.23)에서와 같이 모어 원의 중심 C는 항상 σ축상에 있다.

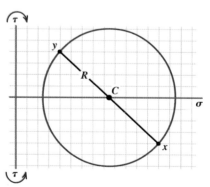

7. 중심 C와 반지름 R을 이용하여 하나의 원을 그려라. 원 위의 모든 점들은 어떤 방향으로 존재하는 σ와 τ의 조합을 나타낸다.

모어 원을 유도하기 위해 사용한[식 (12.5), (12.6)]은 배각 삼각함수의 항으로 표시된 바 있다. 결과적으로 모어 원의 모든 각은 배각 2θ이다. $x-y$ 좌표계에서는 $90°$ 떨어진 두 점 x와 y는 모어 원의 $\sigma-\tau$ 좌표계에서는 $180°$ 떨어져 있다. 모든 지름의 양 끝에 있는 점들은 $x-y$ 좌표계에서 직교

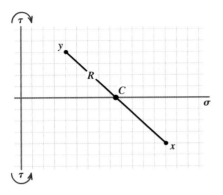

평면상에 있는 응력을 나타낸다.

8. 모어 원의 몇몇 점들은 특별히 관심을 가져야 한다. x와 y방향으로 작용하는 응력조합 σ_x, σ_y, τ_{xy}가 주어지면 그 응력체 내에 존재하는 수직응력의 극값이 주응력이다. 극값 σ는 원이 σ축을 통과하는 두 점에서 발생한다는 것을 모어 원으로부터 알 수 있다. 양의 방향 극값이 σ_{p1}이고 음의 방향 극값이 σ_{p2}이다.

두 점에서 전단응력 τ는 영이다. 앞에서 보았듯이, 수직응력이 최대 또는 최소가 되는 평면에서 전단응력 τ는 항상 영이다.

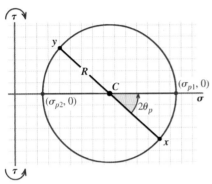

9. 모어 원의 형상을 이용하여 주응력의 방향을 결정할 수 있다. 원의 형상으로부터, 점 x와 주응력 중의 하나 사이의 각을 결정할 수 있다. 점 x와 주응력 중의 하나 사이의 각은 $2\theta_p$이다. $2\theta_p$의 크기 외에도, 원으로부터 각의 방향(시계방향 또는 반시계방향)을 알 수 있다. 점 x로부터 주응력점까지 $2\theta_p$만큼의 회전방향을 확인한다.

응력요소의 $x-y$좌표계에서 응력요소 x면과 주응력면 사이의 각이 θ_p이고 $x-y$좌표계에서 θ_p만큼 회전하는 방향은 모어 원이 $2\theta_p$ 만큼 회전하는 방향과 같다.

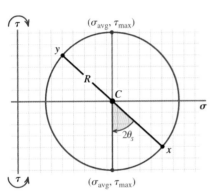

10. 모어 원 상에서 두 개의 추가 관심점은 전단응력의 극값들이다. 최대 전단응력 크기는 원의 맨 위와 맨 아래에 두 점에서 발생한다. 원의 중심 C가 항상 σ축 위에 존재하므로 최대 가능 값 τ는 반지름 R과 같다. 이 두 점은 중심 C의 바로 위와 아래에 위치한다. 전단응력이 영인 주응력면과는 대조적으로 최대 전단응력면에서는 일반적으로 수직응력이 존재한다. 이 수직응력의 크기는 원의 중심 C의 σ좌표와 같다.

11. 주응력점과 최대 전단응력점 사이의 각은 $90°$이다. 모어 원의 각이 실제 각의 두 배이기 때문에 주응력면과 최대 전단응력면 사이의 각은 항상 $45°$이다.

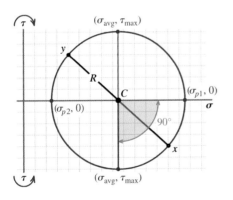

12.7 및 12.8절에서 소개된 응력변환식들과 여기에서 제시된 모어 원 작도법은 두 가지 방법이지만 같은 결과를 준다. 모어 원의 장점은 응력체 내의 임의 점에서 가능한 모든 응력 조합을 시각적으로 요약해서 보여준다는 것이다. 원의 기하학과 기본 삼각함수 등을 이용하여 모든 응력의 계산이 가능하므로 응력 해석에서 기억하기 쉬운 도구를 제공하는 셈이다. 응력 해석에 숙달되어 가는 동안에 12.7 및 12.8절에서 제시된 응력변환식과 모어 원 작도법을 혼용해서 사용하지 않는 것이 혼란을 줄이는 방법이다. 응력변환식을 모어 원에 통합시키려고 하지 말고 원의 기하학을 이용해서 모든 원하는 응력을 계산함으로써 모어 원의 장점을 활용하도록 한다.

모어 코치의 응력 원

모어 원을 작성하고 이용하여 주응력과 주응력면에서 적절한 방향을
구하도록 배운다.

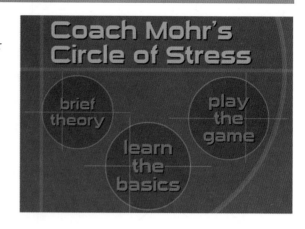

예제 12.7

주응력과 최대 면내 전단응력

평면응력을 받는 구조 부재 내의 한 점을 고려하자. 이 점에서 수평 및 수직 평면에 작용하는 수
직 및 전단응력은 그림과 같다.

(a) 이 점에 작용하는 주응력과 최대 면내 전단응력을 구하라.

(b) 이 응력들을 적절한 방법으로 그려라.

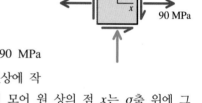

풀이 응력요소의 x면에 작용하는 수직 및 전단응력을 우선 고려한다. $\sigma_x = 90$ MPa

가 인장응력이므로 이 점은 모어 원상의 τ축 오른 쪽에 그린다. x면상에 작

용하는 전단응력은 응력요소를 시계방향으로 회전시키려 한다. 따라서 모어 원 상의 점 x는 σ축 위에 그
린다.

y면에서 수직응력 $\sigma_y = -50$ MPa은 τ축 왼쪽에 그린다. y면에 작용하는 전단응력은 응력요소를 반시
계방향으로 회전시키므로 모어 원에서는 점 y를 σ축 아래에 그린다.

주의: 점 x와 y에서 τ값에 양이나 음의 부호를 붙이는 것은 모어 원 응력 해석에서 어떤 유용한 정보
를 주지는 않는다. 일단 원이 완성되면 모든 계산은 부호에 관계없이 원의 기하학에 근거한다. 초보자를
위한 이 예제에서는 x점에 작용하는 전단응력에 대하여 하첨자 cw를 추가하여 전단응력이 요소를 시계방
향으로 회전시킨다는 점을 강조하고 있다. 마찬가지로, 하첨자 ccw는 y면에 작용하는 전단응력이 요소를
반시계방향으로 회전시킨다는 점을 강조한다.

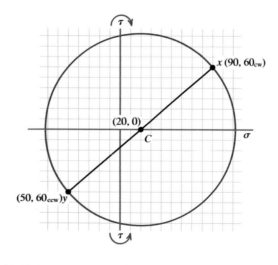

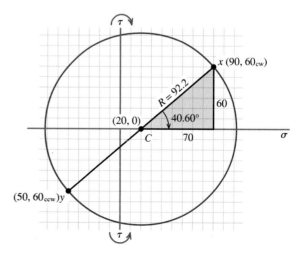

점 x와 y가 σ축 위 아래로 같은 거리에 있기 때문에 x와 y면에 작용하는 수직응력의 평균이 모어 원의 중심이 된다.

$$C = \frac{\sigma_x + \sigma_y}{2} = \frac{90\ \text{MPa} + (-50\ \text{MPa})}{2} = +20\ \text{MPa}$$

모어 원의 중심은 항상 σ축상에 있다.

원의 기하학을 이용하여 반지름을 계산할 수 있다. 점 x와 중심 C의 (σ, τ)좌표를 알고 있다. 이 좌표와 피타고라스 정리를 이용하여 색칠한 삼각형의 빗변을 구할 수 있다.

$$R = \sqrt{(90\ \text{MPa} - 20\ \text{MPa})^2 + (60\ \text{MPa} - 0)^2}$$
$$= \sqrt{70^2 + 60^2} = 92.2\ \text{MPa}$$

선분 $x-y$와 σ축 사이의 각은 $2\theta_p$이며 tan함수를 이용하여 계산할 수 있다.

$$\tan 2\theta_p = \frac{60}{70} \qquad \therefore\ 2\theta_p = 40.60°$$

이 각은 x점에서 σ축으로 시계방향으로 잰 각이다.

σ의 최댓값(양의 방향으로)은 P_1에서 발생하고 이 점에서 모어 원은 σ축과 만난다. 원의 기하학으로부터 이 값은 다음과 같이 계산할 수 있다.

$$\sigma_{p1} = C + R = 20\ \text{MPa} + 92.2\ \text{MPa} = +112.2\ \text{MPa}$$

σ의 최솟값(음의 방향으로)은 P_2에서 발생하고 이 점에서 모어 원은 σ축과 만난다. 원의 기하학으로부터 이 값은 다음과 같이 계산할 수 있다.

$$\sigma_{p2} = C - R = 20\ \text{MPa} - 92.2\ \text{MPa} = -72.2\ \text{MPa}$$

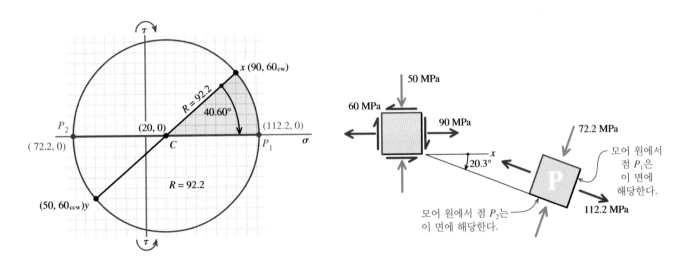

점 x와 점 P_1 사이의 각은 $2\theta_p = 40.60°$로 계산되었다. 모어 원의 각은 실제 각의 두 배이다. $x-y$좌표계에서 주응력면의 방향을 결정하기 위해서는 이 값을 2로 나눈다. 그래서 주응력 σ_{p1}는 응력요소의 x면에서 $20.3°$ 회전한 평면에 작용한다. $x-y$ 좌표계에서 $20.3°$는 모어 원의 $2\theta_p$와 같은 방향으로 회전한다. 이 예제에서는 $20.3°$ 회전은 x축으로부터 시계방향이다.

주응력면의 방향과 함께 주응력을 그림으로 그린다.

τ의 최댓값은 S_1과 S_2에서 발생하며 모어 원상의 맨 아래와 맨 위에 위치한다. 이 점들에서 전단응력의 크기는 단순히 원의 반지름 R과 같다. S_1과 S_2에서 수직응력이 0이 아님을 유의한다. 자세히 말하면 이 점에서 수직응력 σ는 원의 중심 C와 같다.

점 P_1과 S_2 사이의 각은 90°이다. 점 x와 점 P_1 사이의 각이 40.60°로 계산되었기 때문에 점 x와 S_2는 49.40°이다. 이 각은 반시계방향으로 회전한다.

최대 면내 전단응력이 작용하는 평면은 x면과 24.7°의 각을 이루고 있다. 이 전단응력의 크기는 원의 반지름과 같아서 다음과 같다.

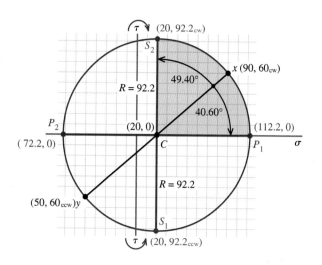

$$\tau_{\max} = R = 92.2 \text{ MPa}$$

이 면에 작용하는 전단응력 화살표의 방향을 결정하기 위해서, 점 S_2가 σ축 위쪽으로 상반원상에 있음을 상기하자. 결론적으로 이 면에 작용하는 전단응력은 응력요소를 시계방향으로 회전시킨다. 일단 한 면에 작용하는 전단응력 방향이 결정되면 다른 세 면에 작용하는 전단응력의 방향을 알 수 있다.

주응력과 최대 면내 전단응력 그리고 각 면에서의 방향을 그림과 같이 그릴 수 있다.

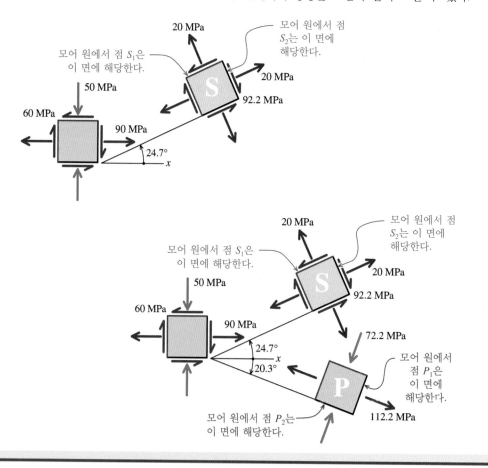

예제 12.8

주응력과 최대 면내 전단응력

평면응력을 받는 구조 부재 내의 한 점을 고려하자. 이 점에서 수평 및 수직 평면에 작용하는 수직 및 전단응력은 그림과 같다.

(a) 이 점에 작용하는 주응력과 최대 면내 전단응력을 구하라.

(b) 이 응력들을 적절한 방법으로 그려라.

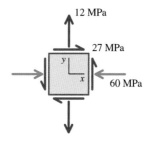

풀이 응력요소의 x면에 작용하는 수직 및 전단응력을 우선 고려한다. 수직응력은 $\sigma_x = 60$ MPa (압축)이고 x면상에 작용하는 전단응력은 응력요소를 반시계방향으로 회전시키려 한다. 그래서 모어 원상의 점 x는 τ축 왼쪽, σ축 아래에 위치한다. y면에서 수직응력은 $\sigma_y = 12$ MPa (인장)이며 y면에 작용하는 전단응력은 응력요소를 시계방향으로 회전시킨다. 그래서 점 y는 τ축 오른쪽 σ축 위에 위치한다.

주의: 초보자를 위한 이 예제에서는 x점에 작용하는 전단응력에 대하여 하첨자 ccw를 추가하여 전단응력이 요소를 반시계방향으로 회전시킨다는 점을 재차 강조하고 있다. 마찬가지로, 하첨자 cw는 y면에 작용하는 전단응력이 요소를 시계방향으로 회전시킨다는 점을 강조한다.

x와 y면에 작용하는 수직응력을 평균하면 모어 원의 중심을 구할 수 있다.

$$C = \frac{\sigma_x + \sigma_y}{2} = \frac{(-60 \text{ MPa}) + 12 \text{ MPa}}{2} = -24 \text{ MPa}$$

원의 반지름은 색칠한 삼각형의 빗변으로 다음과 같이 구할 수 있다.

$$R = \sqrt{[(-60 \text{ MPa}) - (-24 \text{ MPa})]^2 + (27 \text{ MPa} - 0)^2}$$
$$= \sqrt{36^2 + 27^2} = 45 \text{ MPa}$$

선분 $x-y$와 σ축 사이의 각은 $2\theta_p$이며 tan함수를 이용하여 계산할 수 있다.

$$\tan 2\theta_p = \frac{27}{36} \qquad \therefore 2\theta_p = 36.86°$$

이 각은 x점에서 σ축으로 시계방향으로 잰 각이다.

주응력은 원의 중심 C의 위치와 반지름 R을 이용하여 다음과 같이 구한다.

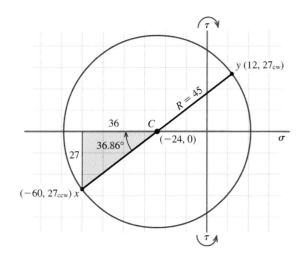

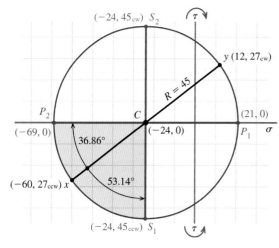

$$\sigma_{p1} = C + R = -24 \text{ MPa} + 45 \text{ MPa} = +21 \text{ MPa}$$

$$\sigma_{p2} = C - R = -24 \text{ MPa} - 45 \text{ MPa} = -69 \text{ MPa}$$

τ의 최댓값은 S_1과 S_2에서 발생하며 모어 원상의 맨 아래와 맨 위에 위치한다. 이 점들에서 전단응력의 크기는 단순히 원의 반지름 R과 같고 이 점에서 수직응력 σ는 원의 중심 C와 같다.

점 P_2와 S_2 사이의 각은 $90°$이다. 점 x와 점 P_2 사이의 각이 $36.86°$로 계산되었기 때문에 점 x와 S_1은 $53.14°$이다. 검토 결과 이 각은 반시계방향으로 회전한다.

점 x와 점 P_2 사이의 각은 $2\theta_p = 36.86°$로 계산되었다. $x-y$좌표계에서 주응력면의 방향은 응력요소의 x면으로부터 $18.43°$이다.

점 x와 S_1사이의 각은 $53.14°$이다; 그래서 $x-y$좌표계에서 최대 면내 주응력면의 방향은 응력요소의 x면으로부터 반시계방향으로 $26.57°$ 회전한다.

이 면에 작용하는 전단응력 화살표의 방향을 결정하기 위해서, σ축 아래 하반원상에 점 S_1이 있음을 상기하자. 결론적으로 이 면에 작용하는 전단응력은 응력요소를 반시계방향으로 회전시킨다. 주응력과 최대 면내 전단응력 그리고 각 면에서의 방향을 그림과 같이 그릴 수 있다.

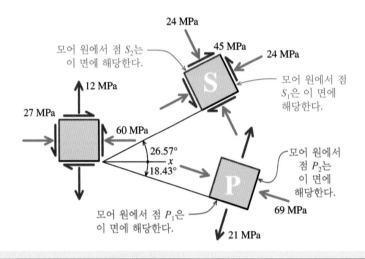

예제 12.9

경사 평면상의 응력

응력을 받는 물체의 자유표면상의 한 점에서 그림과 같은 응력이 존재한다.

(a) 이 점에 작용하는 주응력과 최대 면내 전단응력을 구하라.

(b) 이 응력들을 적절한 방법으로 그려라.

(c) 회전된 응력요소에 작용하는 수직응력 σ_n, σ_t, τ_{nt}를 구하라.

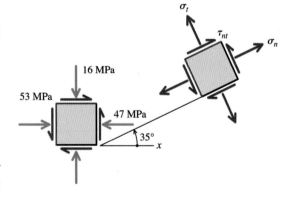

풀이 모어 원 그리기

응력요소의 x와 y면에 작용하는 수직 및 전단응력을 이용하여 모어 원을 그림과 같이 그릴 수 있다. 모어 원의 중심은 다음과 같다.

$$C = \frac{-47 + (-16)}{2} = -31.5 \text{ MPa}$$

색칠한 삼각형의 빗변이 반지름이므로

$$R = \sqrt{15.5^2 + 53^2} = 55.22 \text{ MPa}$$

선분 $x-y$와 σ축 사이의 각은 $2\theta_p$이며 다음과 같이 계산할 수 있다.

$$\tan 2\theta_p = \frac{53}{15.5} \qquad \therefore 2\theta_p = 73.7° \text{ (cw)}$$

주응력과 최대 전단응력

주응력은 원의 중심 C의 위치와 반지름 R을 이용하여 다음과 같이 구한다.

$$\sigma_{p1} = C + R = -31.5 + 55.22 = +23.72 \text{ MPa}$$
$$\sigma_{p2} = C - R = -31.5 - 55.22 = -86.72 \text{ MPa}$$

최대 면내 전단응력은 모어 원 상에서 점 S_1 및 S_2에 해당되는 응력이다. 그래서 최대 면내 전단응력의 크기는 다음과 같다.

$$\tau_{\max} = R = 55.22 \text{ MPa}$$

그리고 최대 전단응력면에 작용하는 수직응력은 다음과 같다.

$$\sigma_{\text{avg}} = C = -31.5 \text{ MPa}$$

주응력과 최대 면내 전단응력 그리고 각 면에서의 방향은 아래의 그림과 같다.

σ_n, σ_t, τ_{nt} 계산

아래 그림과 같이 x방향으로부터 반시계방향으로 35° 회전한 응력요소에 작용하는 수직응력 σ_n, σ_t, 전단응력 τ_{nt}를 구한다.

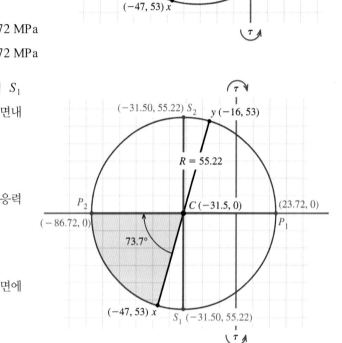

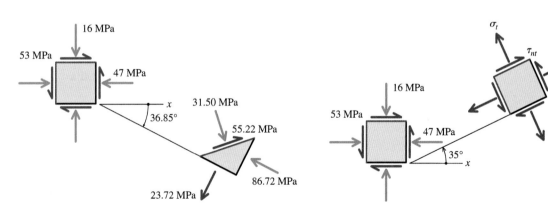

모어 원상의 x점에서 풀이를 시작하자. 이 문장은 분명해 보이지만 이런 형태의 문제를 풀 때 가장 흔히 겪는 실수이다.

$x-y$ 좌표계에서 35°라는 각은 수평축에서 반시계방향으로 잰 각이다. 모어 원상으로 이 각을 표시하

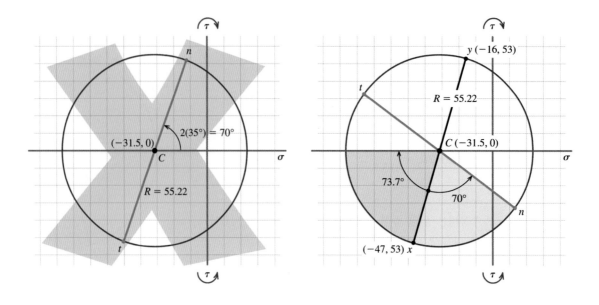

기 때문에 자연스럽게 수평축으로부터 $2(35°) = 70°$를 반시계방향으로 회전한 곳에 지름을 그리려 할 것이다. 그러나 이것은 잘못된 것이다.

모어 원은 수직응력 σ와 τ값의 조합으로 평면상에 그린 원이라는 점을 기억하자. 모어 원의 수평축은 응력요소의 x면과 반드시 일치하는 것은 아니다. 모어 원 위에서 점 x는 응력요소의 x면에 해당한다.(그렇기 때문에 모어 원을 그릴 때 x라는 표시를 하는 것이 매우 중요하다.)

x면에서 $35°$ 회전한 평면에 작용하는 응력을 구하기 위해 x점에서부터 반시계방향으로 $2(35°) = 70°$ 회전한 곳에 지름을 긋는다. x점에서부터 $70°$ 떨어진 점에 n이라 표시한다. 이 점의 좌표는 회전한 응력요소의 n면에 작용하는 수직응력과 전단응력이다. 지름의 반대편에 점은 t로 표시하고 이 좌표는 회전 응력요소의 t면에 작용하는 σ와 τ값이다.

모어 원의 x점에서 시작하자. 응력요소의 n면은 x면으로부터 반시계방향으로 $35°$ 회전한 것이다. 모어 원상의 각은 두 배이기 때문에 점 n은 점 x로부터 원 위에서 반시계방향으로 $2(35°) = 70°$ 회전한다. 점 n의 좌표는 (σ_n, σ_t)이다. 이 좌표는 원의 기하학을 이용하여 구한다.

그림을 보면 σ축과 점 n 사이의 각은 $180° - 73.7° - 70° = 36.6°$이다. 모어 원의 좌표가 σ와 τ인 점을 감안한다면 원의 중심 C와 점 n 사이의 선분의 수평성분은 다음과 같다.

$$\varDelta\sigma = R\cos 36.3° = (55.22\,\text{MPa})\cos 36.3° = 44.50\,\text{MPa}$$

그리고 수직성분은 다음과 같다.

$$\varDelta\tau = R\sin 36.3° = (55.22\,\text{MPa})\sin 36.3° = 32.69\,\text{MPa}$$

회전 응력요소의 n면에서 수직응력은 원의 중심 C의 좌표와 $\varDelta\sigma$를 이용하여 다음과 같이 구할 수 있다.

$$\sigma_n = -31.5\,\text{MPa} + 44.50\,\text{MPa} = +13.0\,\text{MPa}$$

전단응력도 이와 같이 구할 수 있다.

$$\tau_{nt} = 0 + 32.69\,\text{MPa} = 32.69\,\text{MPa}$$

점 n이 σ축 아래에 있기 때문에 n면에 작용하는 전단응력은 응력요소를 반시계방향으로 회전시킨다.

유사한 과정을 통해 t점에서의 응력을 구할 수 있다. 원의 중심 C를 기준으로 응력성분은 동일하다: $\varDelta\sigma = 44.50$ MPa과 $\varDelta\tau = 32.69$ MPa. 회전응력요소의 t면에서 수직응력은 다음과 같다.

$$\sigma_t = -31.5\ \text{MPa} - 44.50\ \text{MPa} = -76.0\ \text{MPa}$$

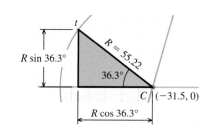

물론 t면에 작용하는 전단응력은 n면에 작용하는 전단응력의 크기와 같다. 점 t가 σ축 위에 있기 때문에 t면에 작용하는 전단응력은 응력요소를 시계방향으로 회전시킨다.

응력불변성의 개념을 이용하여 t면에 작용하는 수직응력을 구할 수 있다. 식 (12.8)은 평면응력 요소의 직교하는 두 면에 작용하는 응력의 합이 일정한 값을 가진다는 것을 보여준다.

$$\sigma_n + \sigma_t = \sigma_x + \sigma_y$$

그러므로

$$
\begin{aligned}
\sigma_t &= \sigma_x + \sigma_y - \sigma_n \\
&= -47\ \text{MPa} + (-16\ \text{MPa}) - 13\ \text{MPa} \\
&= -76\ \text{MPa}
\end{aligned}
$$

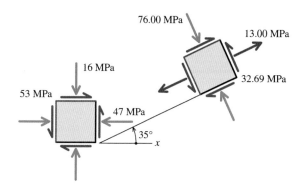

회전 응력요소에 수직 및 전단응력을 그림과 같이 그린다.

예제 12.10

경사 평면 위의 응력

그림은 응력을 받는 자유표면상의 한 점에 작용하는 응력을 보여주고 있다. 경사 평면에 작용하는 수직응력 σ_n과 전단응력 τ_{nt}를 구하라.

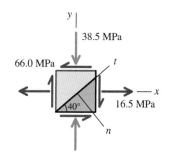

풀이 응력요소의 x와 y면에 작용하는 수직 및 전단응력을 이용하여 모어 원을 그림과 같이 그릴 수 있다.

경사 평면의 방향을 어떻게 결정할까?

우선, x면의 법선과 경사 평면(n축)의 법선 사이의 각을 구해야 한다. x와 n축 사이의 사잇각은 $50°$이다. 결과적으로 경사 평면은 x면으로부터 시계방향으로 $50°$의 각을 이룬다.

모어 원상에서 점 n은 점 x로부터 시계방향으로 $100°$의 각을 이룬다.

점 x와 원의 중심 C의 좌표를 이용하여 점 x와 σ축의 사잇각이 $67.38°$임을 알 수 있다.

결과적으로 점 n과 σ축 사잇각은 $32.68°$이다.

원의 중심 C와 점 n을 연결하는 선분의 수평 성분은 다음과 같다.

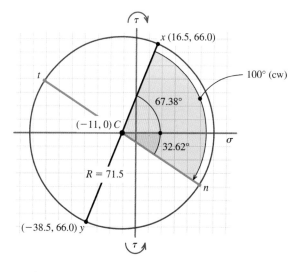

$$\Delta \sigma = R \cos 32.62° = (71.5\ \text{MPa}) \cos 32.62° = 60.22\ \text{MPa}$$

그리고 수직성분은 다음과 같다.

$$\Delta \tau = R \sin 32.62° = (71.5\ \text{MPa}) \sin 32.62° = 38.54\ \text{MPa}$$

원의 중심 C의 좌표와 $\Delta\sigma$를 이용하면 회전된 응력요소의 n면에 작용하는 수직응력을 구할 수 있다.

$$\sigma_n = -11.0\ \text{MPa} + 60.22\ \text{MPa} = +49.22\ \text{MPa}$$

마찬가지로 전단응력은 다음과 같다.

$$\tau_{nt} = 0 + 38.54\ \text{MPa} = 38.54\ \text{MPa}$$

모어 원상에 점 n은 σ축 아래에 있기 때문에 전단응력은 응력요소를 반시계방향으로 회전시키는 방향이다.

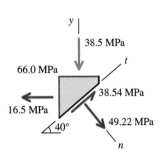

![Mec Movies] **MecMovies 예제 M12.19**

모어 원 학습 툴

사용자가 지정한 응력값에 대하여 특정 면에 작용하는 응력, 주응력, 및 최대 면내 전단응력 등을 결정하기 위해 모어 원을 어떻게 이용하는지를 설명한다. 자세한 사용법이 수록됨.

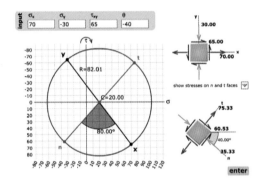

예제 12.11

절대최대 전단응력

평면응력 상태인 두 요소는 그림과 같다. 각 요소의 절대최대 전단응력을 구하라.

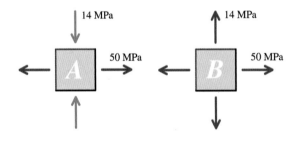

풀이 12.8절에서 최대 및 최소 수직응력이 작용하는 평면에는 전단응력이 작용하지 않는다는 것을 확인하였다. 더욱이, 다음의 문장은 항상 옳다.

만일 어떤 평면에서 전단응력이 0이면 그 평면은 주응력면이다.

두 요소 A와 B의 x와 y면에 모두 전단응력이 없기 때문에 이 요소들에 작용하는 응력이 주응력이라고 결론내릴 수가 있다.

요소 A: 요소 A에 대한 모어 원은 그림과 같이 그릴 수 있다. 점 x는 주응력 σ_{p1}이며 점 y는 주응력

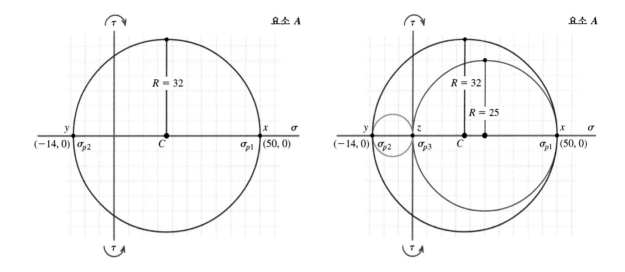

σ_{p2}이다. 이 원은 $\sigma - \tau$평면에서 발생 가능한 모든 σ와 τ의 조합을 보여준다.

$x - y$평면이라는 것이 무엇을 의미하는가? 이것은 법선이 z축과 수직인 평면을 일컫는다.

요소 A의 최대 면내 전단응력은 단순히 모어 원의 반지름과 같다. 따라서 $\tau_{\max} = 32$ MPa.

문제에서 요소 A가 평면응력을 받는 한 점이라고 했다. 12.4절에서 평면응력이라는 것은 응력요소의 면외 평면에는 어떤 응력도 작용하지 않는다는 것을 배웠다. 다시 말해, z면에는 응력이 없다. 그래서, $\sigma_z = 0$, $\tau_{zx} = 0$, $\tau_{zy} = 0$이다. 또한 정의에 의해 전단응력이 없는 평면이 주응력면이라는 것도 알고 있다. 즉, 응력요소의 z면은 주응력면이고 이 평면에 작용하는 주응력은 세 번째 주응력이다: $\sigma_z = \sigma_{p3} = 0$.

z면에서 응력 상태를 모어 원상에 그릴 수 있고 두 개의 원을 더 그릴 수 있다.

- σ_{p1}과 σ_{p3}로 정의된 원은 (법선이 y축과 수직인) $x - z$ 평면상에서 가능한 모든 $\sigma - \tau$의 조합을 보여준다.
- σ_{p2}와 σ_{p3}로 정의된 원은 (법선이 x축과 수직인) $y - z$ 평면상에서 가능한 모든 $\sigma - \tau$의 조합을 보여준다.

$x - z$ 평면에서 최대 전단응력은 x와 z점을 연결하는 모어 원의 반지름과 같으며 $y - z$ 평면에서 최대 전단응력은 y와 z점을 연결하는 모어 원의 반지름과 같다. 그림에서 두 원 모두 $x - y$ 원보다 작다. 결론적으로, (가능한 모든 평면에서 발생할 수 있는 최대 전단응력인) 절대최대 전단응력은 요소 A의 최대 면내 전단응력과 같다.

요소 A에서 절대최대 전단응력은 $\tau_{\mathrm{abs\,max}} = 32$ MPa이다.

요소 B: 요소 B에 대한 모어 원을 그림과 같이 그릴 수 있다. 이 원은 $x - y$평면에서 발생 가능한 모든 σ와 τ의 조합을 보여준다.

요소 B의 최대 면내 전단응력은 모어 원의 반지름과 같다; 따라서 $\tau_{\max} = 18$ MPa.

요소 A에서 했던 것처럼 요소 B의 z면 역시 주응력면이다. 즉, $\sigma_z = \sigma_{p3} = 0$.

두 개의 추가 원을 그릴 수 있다. $x - z$평면에서 최대 전단응력은 x와 z점을 연결하는 모어 원의 반지름과 같고, $y - z$ 평면에서 최대 전단응력은 y와 z점을 연결하는 모어 원의 반지름과 같다.

그림을 보면 이 두 원 중에서 더 큰 $x - z$원은 $x - y$원보다 반지름이 더 크다. 결론적으로 요소 B의 절대최대 전단응력은 $\tau_{\mathrm{abs\,max}} = 25$ MPa이다. 요소 B에서 절대최대 전단응력은 면내 최대 전단응력보다 더 크다.

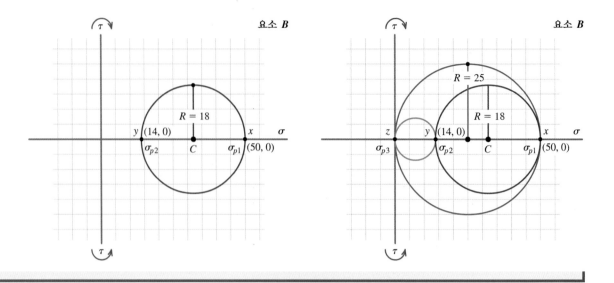

MecMovies 예제 M12.13

모어 원을 이용하여 한 점에서 3차원 응력상태를 대화 형식으로 둘러 본다.

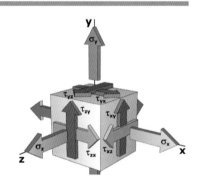

MecMovies 연습문제

M12.10 모어 코치의 응력원. 주응력 방향과 주응력을 구하기 위해 모어 원을 그리고 사용하는 법을 배운다.

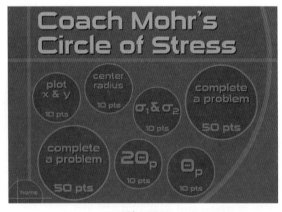

그림 M12.10

M12.11 모어의 원 게임. 모어 원을 정확히 이해하고 있는지를 알아보는 퀴즈 게임에서 450점 중에 최소 400점을 받도록 한다.

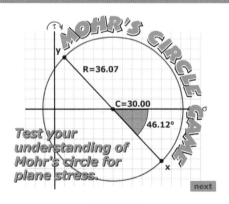

그림 M12.11

M12.12 모어의 원 게임. 주어진 모어 원에 해당하는 주응력요소와 최대 면내 응력요소를 잘 이해하고 있는지 물어보는 퀴즈 게임에서 2000점 중에서 최소 1800점을 받도록 한다.

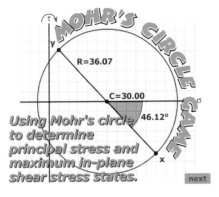

그림 M12.12

M12.13 주어진 응력상태에 대하여 주응력 크기, 최대 면내 전단응력 크기, 절대최대 전단응력 등을 구하라.

M12.14 응력변환 결과 그리기. 대화형 활동을 통해 최소 100점을 얻도록 한다.

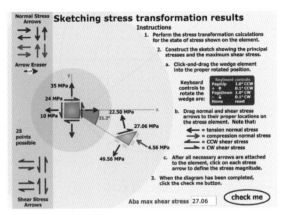

그림 M12.14

PROBLEMS

P12.44–P12.47 그림 P12.44 – P12.47은 평면응력을 받는 물체 내의 한 점에 대한 모어 원을 보여주고 있다.

(a) σ_x, σ_y 및 τ_{xy}를 구하고 응력요소상에 그려라.

(b) 이 점에 작용하는 주응력, 최대 면내 전단응력 등을 구하고 이 응력들을 그림으로 나타내라(그림 12.15 또는 12.16 참고).

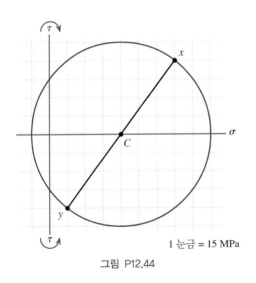

1 눈금 = 15 MPa

그림 P12.44

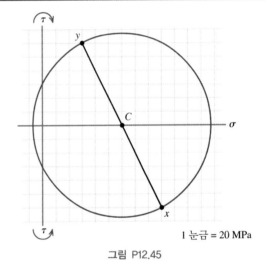

1 눈금 = 20 MPa

그림 P12.45

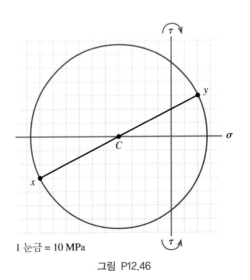

1 눈금 = 10 MPa

그림 P12.46

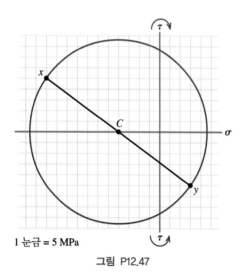

τ
x
C
σ
y
τ
1 눈금 = 5 MPa

그림 P12.47

P12.48–P12.49 그림 P12.48과 P12.49는 평면응력을 받는 물체 내의 한 점에 대한 모어 원을 보여주고 있다.

(a) σ_x, σ_y, τ_{xy}를 구하고 응력요소상에 그려라.

(b) σ_n, σ_t, τ_{nt}를 구하고 $x-y$ 요소로부터 적절히 회전한 응력요소 위에 그려라. 그림에 x와 n면 사잇각의 크기와 회전 방향(시계방향 또는 반시계방향)을 표시하라.

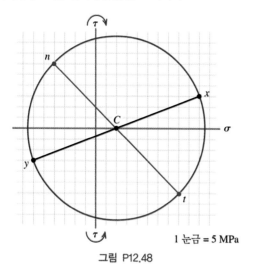

τ
n
x
C
σ
y
t
τ
1 눈금 = 5 MPa

그림 P12.48

τ
x
n
σ
C
t
y
1 눈금 = 5 MPa
τ

그림 P12.49

P12.50–P12.53 평면응력을 받는 구조 부재 내의 한 점을 고려하자. 그림 P12.50–P12.53는 이 점에서 수평 및 수직 평면에 작용하는 수직응력 및 전단응력을 보여준다.

(a) 이 응력상태에 대한 모어 원을 그려라.

(b) 모어 원을 이용하여 이 점에 작용하는 주응력과 최대 면내 전단응력을 구하라.

(c) 이 응력들을 그림으로 나타내라.(그림 12.15 또는 12.16 참고)

62.4 MPa
54.6 MPa
72 MPa
55°

그림 P12.50

60 MPa
70.4 MPa
36.4 MPa

그림 P12.51

100 MPa
60 MPa

그림 P12.52

23.6 MPa
16.5 MPa
3
4
37.8 MPa

그림 P12.53

P12.54–P12.57 평면응력을 받는 구조 부재 내의 한 점을 고려하자. 그림 P12.54–P12.57은 이 점에서 수평 및 수직 평면에 작용하는 수직응력 및 전단응력을 보여준다.

(a) 이 응력상태에 대한 모어 원을 그려라.

(b) 모어 원을 이용하여 이 점에 작용하는 주응력과 최대 면내 전단응력을 구하라.

(c) 이 응력들을 그림으로 나타내라(그림 12.15 또는 12.16 참고).

(d) 이 점에서 절대최대 전단응력을 구하라.

126 MPa
66 MPa
96 MPa

그림 P12.54

8.4 MPa
44.8 MPa
60.5 MPa

그림 P12.55

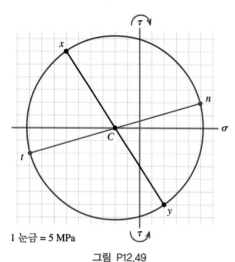

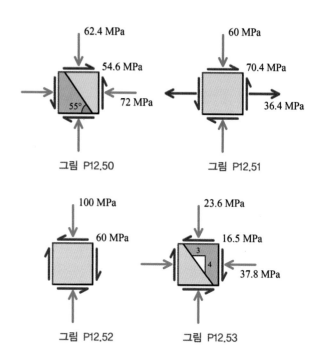

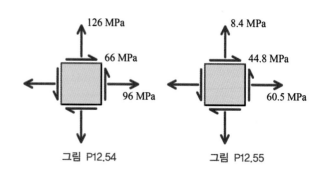

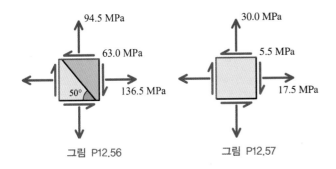

그림 P12.56   그림 P12.57

P12.58–P12.61 평면응력을 받는 구조 부재 내의 한 점을 고려하자. 그림 P12.58 – P12.61은 이 점에서 수평 및 수직 평면에 작용하는 수직응력 및 전단응력을 보여준다.

(a) 이 응력상태에 대한 모어 원을 그려라.

(b) 모어 원을 이용하여 이 점에 작용하는 주응력과 최대 면내 전단응력을 구하고 그림으로 나타내라(그림 12.15 또는 12.16 참고).

(c) 경사 평면상의 수직응력과 전단응력을 구하고 그림으로 나타내라.

(d) 이 점에서 절대최대 전단응력을 구하라.

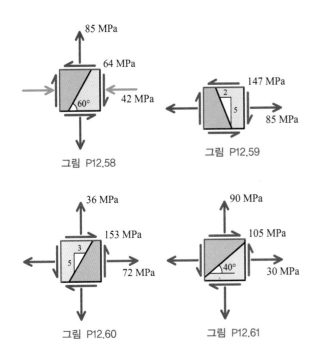

그림 P12.58   그림 P12.59

그림 P12.60   그림 P12.61

P12.62–P12.63 응력을 받는 물체 내에서 주응력이 그림 P12.62 및 P12.63과 같다. 모어 원을 이용하여 다음을 구하라.

(a) $a-a$평면상의 응력

(b) 이 점에서 수평 및 수직면에 작용하는 응력

(c) 이 점에서 절대최대 전단응력

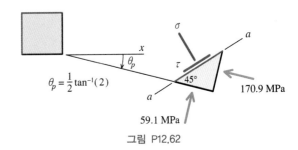

그림 P12.62

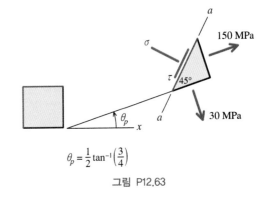

그림 P12.63

12.11 한 점에서의 일반적 응력상태

12.2절에서 한 점에서의 일반적인 3차원 응력상태를 살펴보았다. 이 응력상태에는 그림 12.17에서와 같이 3개의 수직응력 성분과 6개의 전단응력 성분이 있다. 그러나, 그림 12.17의 전단응력 성분은 다음의 관계가 있기 때문에 모두 독립적인 것은 아니다.

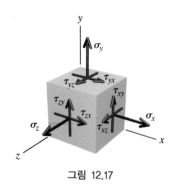

그림 12.17

$$\tau_{yx} = \tau_{xy} \qquad \tau_{yz} = \tau_{zy} \qquad \tau_{xz} = \tau_{zx}$$

그림 12.17의 응력은 12.2절에서 설명한 수직응력 및 전단응력 부호규약에 따라 모두 양의 값들이다.

수직 및 전단응력

그림 12.18a와 같은 자유물체도를 이용하면 이 점을 통과하는 임의의 경사 평면에서 응력식들을 기준 x, y, z평면에 대한 응력의 항으로 만들 수 있다. n축은 색칠한 경사면에 수직이다. n축의 방향은 그림 12.18b와 같이 α, β, γ의 세 각을 이용하여 정의할 수 있다. 사면체 요소의 경사면 면적은 dA로 정의한다. 그러면 x, y, z면의 면적은 각각 $dA\cos\alpha$, $dA\cos\beta$, $dA\cos\gamma$가 된다.[1] 경사면에서 합력 F는 SdA이며 여기서 S는 이 면에서 합 응력이다. 합 응력 S는 다음 식에 의한 경사면의 응력 성분이다.

$$S = \sqrt{\sigma_n^2 + \tau_{nt}^2} \tag{12.24}$$

x, y, z면에서 힘들은 세 가지 성분으로 볼 수 있으며 각각의 크기는 면적과 적절한 응력의 곱이 된다. 만일 $\cos\alpha$, $\cos\beta$, $\cos\gamma$를 l, m, n으로 표현한다면 힘의 평형식은 x, y, z방향별로 다음과 같다.

아래 항목들
$$l = \cos\alpha$$
$$m = \cos\beta$$
$$n = \cos\gamma$$
을 방향코사인이라 한다.

$$F_x = S_x\,dA = \sigma_x\,dA \cdot l + \tau_{yx}\,dA \cdot m + \tau_{zx}\,dA \cdot n$$
$$F_y = S_y\,dA = \sigma_y\,dA \cdot m + \tau_{zy}\,dA \cdot n + \tau_{xy}\,dA \cdot l$$
$$F_z = S_z\,dA = \sigma_z\,dA \cdot n + \tau_{xz}\,dA \cdot l + \tau_{yz}\,dA \cdot m$$

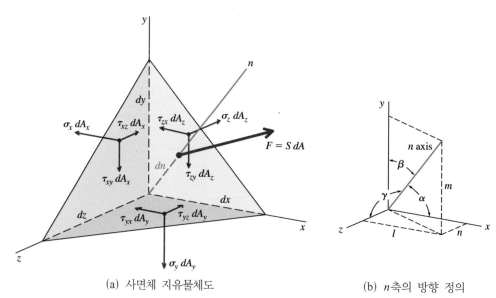

(a) 사면체 지유물체도   (b) n축의 방향 정의

그림 12.18 경사평면에서 주응력을 유도하기 위한 사면체

---

[1] 그림 12.18a의 사면체 부피를 고려하면 이 관계를 얻을 수 있다. 사면체의 부피는 $V = 1/3\,dn\,dA = 1/3\,dx\,dA_x = 1/3\,dy\,dA_y = 1/3\,dz\,dA_z$로 표현할 수 있다. 그러나 원점에서 경사면까지의 거리는 $dn = dx\cos\alpha = dy\cos\beta = dz\cos\gamma$로 표현된다. 따라서 사면체의 면적을 $dn = dx\cos\alpha = dy\cos\beta = dz\cos\gamma$로 표현할 수 있다.

이로부터 합 응력의 세 가지 직교 성분들은 다음과 같다.

$$S_x = \sigma_x \cdot l + \tau_{yx} \cdot m + \tau_{zx} \cdot n$$
$$S_y = \tau_{xy} \cdot l + \sigma_y \cdot m + \tau_{zy} \cdot n \qquad \text{(a)}$$
$$S_z = \tau_{xz} \cdot l + \tau_{yz} \cdot m + \sigma_z \cdot n$$

합 응력 S의 수직성분 σ_n은 $S_x \cdot l + S_y \cdot m + S_z \cdot n$과 같다; 그래서, 이 점을 지나는 임의의 경사면상의 수직응력은 식 (a)로부터 다음과 같이 얻을 수 있다.

$$\sigma_n = \sigma_x l^2 + \sigma_y m^2 + \sigma_z n^2 + 2\tau_{xy} lm + 2\tau_{yz} mn + 2\tau_{zx} nl \qquad \text{(12.25)}$$

$S^2 = \sigma_n^2 + \tau_{nt}^2$의 관계로부터 경사면의 전단응력 τ_{nt}를 얻을 수 있다. 이 문제에서 식 (a)와 (12.25)를 이용하여 S와 σ_n값들을 구할 수 있다.

주응력의 크기와 방향

앞에서 주응력면은 전단응력 τ_{nt}가 0인 평면으로 정의하였다. 그러한 면에서 수직응력 σ_n은 주응력 σ_p로 정의하였다. 만일 그림 12.18의 경사면이 주응력면이라면 $S = \sigma_p$이고 $S_x = \sigma_p l$, $S_y = \sigma_p m$, $S_z = \sigma_p n$이다. 이 성분들을 식 (a)에 대입하면 방향코사인 l, m, n을 이용하여 다음의 동질 선형식을 만들 수 있다.

$$(\sigma_x - \sigma_p)l + \tau_{yx} m + \tau_{zx} n = 0$$
$$(\sigma_y - \sigma_p)m + \tau_{zy} n + \tau_{xy} l = 0 \qquad \text{(b)}$$
$$(\sigma_z - \sigma_p)n + \tau_{xz} l + \tau_{yz} m = 0$$

이 연립방정식이 0이 아닌 해를 가지려면 l, m, n의 계수행렬에 대한 판별식이 영이어야 한다. 따라서

$$\begin{vmatrix} (\sigma_x - \sigma_p) & \tau_{yx} & \tau_{zx} \\ \tau_{xy} & (\sigma_y - \sigma_p) & \tau_{zy} \\ \tau_{xz} & \tau_{yz} & (\sigma_z - \sigma_p) \end{vmatrix} = 0 \qquad \text{(12.26)}$$

판별식을 전개하면 주응력에 대한 3차방정식을 얻을 수 있다.

$$\sigma_p^3 - I_1 \sigma_p^2 + I_2 \sigma_p - I_3 = 0 \qquad \text{(12.27)}$$

여기서

$$I_1 = \sigma_x + \sigma_y + \sigma_z$$
$$I_2 = \sigma_x \sigma_y + \sigma_y \sigma_z + \sigma_z \sigma_x - \tau_{xy}^2 - \tau_{yz}^2 - \tau_{zx}^2 \qquad \text{(12.28)}$$
$$I_3 = \sigma_x \sigma_y \sigma_z + 2\tau_{xy} \tau_{yz} \tau_{zx} - (\sigma_x \tau_{yz}^2 + \sigma_y \tau_{zx}^2 + \sigma_z \tau_{xy}^2)$$

식 (12.27)의 해는 식의 왼편을 σ에 대한 함수형태로 그래프를 그려서 바로 추정할 수 있다.

상수 I_1, I_2, I_3는 응력불변량이다. 이 응력불변량에 대해서는 12.7절의 식 (12.9)에 그 값을 제시하였으며 이때 $\sigma_z = \tau_{yz} = \tau_{zx} = 0$을 적용하였다. 식 (12.27)은 항상 세 개의 실근을 가지며 그 값들은 한 점에서 주응력들이다. 식 (12.27)의 근은 다양한 수치해석법을 이용하여 찾을 수 있다.

식 (12.27)을 이용하면 주어진 σ_x, σ_y, $\cdots$, τ_{zx}에 대하여 세 개의 주응력 σ_{p1}, σ_{p2}, σ_{p3}의 값을 구할 수 있다. σ_p값을 차례로 식 (b)에 대입하고 다음의 관계를 이용하면

$$l^2 + m^2 + n^2 = 1 \tag{c}$$

세 개의 주응력면 법선에 대한 방향코사인 조합을 얻을 수 있다. 이와 같은 사실은 일반적인 응력상태에 대하여 세 개의 서로 수직인 주응력면이 존재한다는 사실을 증명해 주는 것이다.

식 (b)를 행렬식 형태로 다시 쓰면 다음과 같다.

$$\begin{bmatrix} (\sigma_x - \sigma_p) & \tau_{yx} & \tau_{zx} \\ \tau_{xy} & (\sigma_y - \sigma_p) & \tau_{zy} \\ \tau_{xz} & \tau_{yz} & (\sigma_z - \sigma_p) \end{bmatrix} \begin{Bmatrix} l \\ m \\ n \end{Bmatrix} = \begin{Bmatrix} 0 \\ 0 \\ 0 \end{Bmatrix}$$

방향코사인은 식 (c)를 만족해야 하기 때문에 이 식은 자명한 해($l = m = n = 0$)를 가질 수 없다. 표준 고유치 문제로서 이 식을 풀어야 한다. 세 고유값은 주응력 σ_{p1}, σ_{p2}, σ_{p3}이다. 각 고유값에 해당하는 고유벡터는 주응력면 법선벡터의 방향코사인 $\{l, m, n\}$으로 구성된다. 최대 및 최소 주응력에 대한 식을 유도함에 있어 $\tau_{xy} = \tau_{yz} = \tau_{zx} = 0$인 특별한 경우를 고려할 수 있다. 이 특별한 경우라는 것은 기준 좌표축 x, y, z를 주응력 방향과 일치하도록 방향을 재조정하면 되기 때문에 일반성을 상실하지 않고 고려할 수 있다. 이제 x, y, z 평면이 주응력면이기 때문에 세 응력 σ_x, σ_y, σ_z는 σ_{p1}, σ_{p2}, σ_{p3}가 된다. 식 (a)를 방향코사인에 대하여 풀면 다음과 같다.

S는 그림 12.19a의 경사평면 상에 작용하는 합응력이다. S_x, S_y, S_z는 합응력 S의 직교 성분들이다.

$$l = \frac{S_x}{\sigma_{p1}} \qquad m = \frac{S_y}{\sigma_{p2}} \qquad n = \frac{S_z}{\sigma_{p3}}$$

이 값들을 식 (c)에 대입하여 다음 식을 얻는다.

$$\frac{S_x^2}{\sigma_{p1}^2} + \frac{S_y^2}{\sigma_{p2}^2} + \frac{S_z^2}{\sigma_{p3}^2} = 1 \tag{d}$$

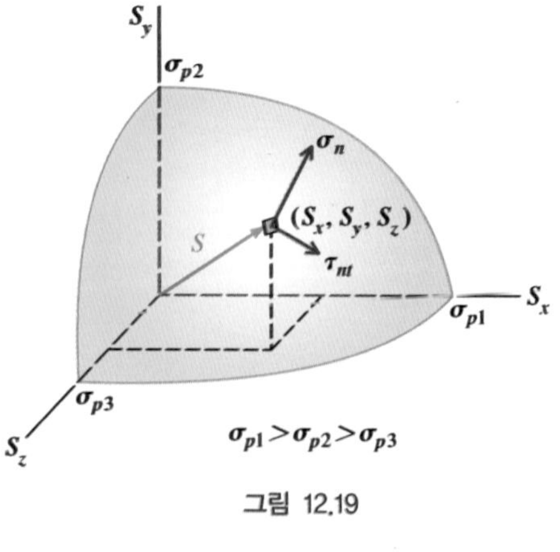

$\sigma_{p1} > \sigma_{p2} > \sigma_{p3}$

그림 12.19

식 (d)를 그림으로 나타내면 그림 12.19와 같은 타원체가 된다. 그림에서 σ_n의 크기는 S가 σ_{p1}, σ_{p2}, σ_{p3}가 되는 교차점을 제외하고는 모두 S보다 작다($S^2 = \sigma_n^2 + \tau_{nt}^2$이므로)는 것을 알 수 있다. 수응력 중 2개(그림 12.19의 σ_{p1}과 σ_{p3})가 이 점에서 최대 및 최소 수직응력이라는 결론을 얻을 수 있다. 세 번째 주응력은 그 중간값을 가지며 특별히 중요한 의미를 갖지는 않는다. 이런 내용으로 알 수 있는 것은 주응력 조합에는 최대 및 최소 수직응력을 포함한다는 것이다.

σ_x, σ_y, σ_z가 주응력인 특별한 경우를 계속 고려하면, 이 점에서 최대 전단응력에 대한 식을 만들 수 있다. 경사면에서 응력 합 S는 다음의 식을 만족한다.

$$S^2 = S_x^2 + S_y^2 + S_z^2$$

전단응력이 0인 상태에서 식 (a)를 대입하면 다음 식을 얻을 수 있다.

$$S^2 = \sigma_x^2 l^2 + \sigma_y^2 m^2 + \sigma_z^2 n^2 \tag{e}$$

식 (12.25)는 다음과 같이 쓸 수 있다.

$$\sigma_n^2 = (\sigma_x l^2 + \sigma_y m^2 + \sigma_z n^2)^2 \tag{f}$$

$S^2 = \sigma_n^2 + \tau_{nt}^2$이므로 식 (e)와 (f)를 이용하면 경사면 상의 전단응력을 다음과 같이 구할 수 있다.

$$\tau_{nt} = \sqrt{\sigma_x^2 l^2 + \sigma_y^2 m^2 + \sigma_z^2 n^2 - (\sigma_x l^2 + \sigma_y m^2 + \sigma_z n^2)^2} \tag{12.29}$$

식 (12.29)를 l, m, n에 대하여 미분하면 최대 및 최소 전단응력이 발생하는 평면을 구할 수 있다. 식 (c)를 n^2으로 나타내고 이것을 식 (12.29)에 대입하는 방법으로 이 식에 있는 방향코사인 중 하나(예: n)를 소거할 수 있다. 그러면

$$\begin{aligned} \tau_{nt} = \{ & (\sigma_x^2 - \sigma_z^2) l^2 + (\sigma_y^2 - \sigma_z^2) m^2 + \sigma_z^2 \\ & - [(\sigma_x - \sigma_z) l^2 + (\sigma_y - \sigma_z) m^2 + \sigma_z]^2 \}^{1/2} \end{aligned} \tag{g}$$

식 (g)를 처음에는 l에 대하여, 다음에는 m에 대하여 편미분하여 0으로 놓으면 최대 및 최소 전단응력을 갖는 평면과 관련된 방향코사인을 구할 수 있는 다음의 식을 유도할 수 있다.

$$l \left[\frac{1}{2}(\sigma_x - \sigma_z) - (\sigma_x - \sigma_z) l^2 - (\sigma_y - \sigma_z) m^2 \right] = 0 \tag{h}$$

$$m \left[\frac{1}{2}(\sigma_y - \sigma_z) - (\sigma_x - \sigma_z) l^2 - (\sigma_y - \sigma_z) m^2 \right] = 0 \tag{i}$$

이 식들이 가지는 하나의 해는 분명히 $l = m = 0$이다. 그러므로 식 (c)로부터, $n = \pm 1$이다. 물론 이 연립방정식에 대한 0이 아닌 해도 존재한다. 예를 들면, $m = 0$의 값을 갖는 방향코사인의 평면을 고려하자. 식 (h)로부터, $l = \pm\sqrt{1/2}$이고 식 (c)로부터 $n = \pm\sqrt{1/2}$이다. 그래서 이 평면의 법선은 x축 및 z축과 모두 45°의 각을 이루고 y축과는 수직이다. 이 평면은 법선이 y축과 수직인 모든 평면에서 최대 전단응력을 갖는다. 다음으로, 법선이

표 12.1 최대 및 최소 전단응력 평면에 대한 방향코사인

	Minimum			Maximum		
	1	2	3	4	5	6
l	±1	0	0	$\pm\sqrt{1/2}$	$\pm\sqrt{1/2}$	0
m	0	±1	0	$\pm\sqrt{1/2}$	0	$\pm\sqrt{1/2}$
n	0	0	±1	0	$\pm\sqrt{1/2}$	$\pm\sqrt{1/2}$

x축과 수직을 이루는 평면을 고려하자. 즉, 방향코사인 값으로 $l=0$이다. 식 (i)로부터, $m=\pm\sqrt{1/2}$이고 식 (c)로부터, $n=\pm\sqrt{1/2}$이다. 이 면의 법선은 y축 및 z축과 모두 $45°$의 각을 갖는다. 이 평면은 법선이 x축과 수직인 모든 평면에서 최대 전단응력을 갖는다. 식 (g)에서 l과 m을 차례로 지워가면서 이 같은 과정을 반복하면 전단응력을 최대 및 최소로 만드는 방향코사인 값들을 얻을 수 있다. 가능한 모든 조합을 표 12.1에 나열하였다. 각 열의 방향코사인에 해당하는 평면을 표의 마지막 행의 그림에 색으로 표시하였다. 각 경우에서, 두 가지 가능한 평면 중 하나만을 보여주고 있다.

표 12.1의 첫 세 개의 행은 최소 전단응력 평면의 방향코사인을 보여주고 있다. 주어진 σ_x, σ_y, σ_z가 주응력인 특별한 경우를 고려하기 때문에 1, 2, 3 행은 단순히 전단응력이 0인 주응력면이다. 그러므로 최소 전단응력은 $\tau_{nt}=0$이다.

최대 전단응력을 결정하기 위하여 표 12.1의 방향코사인을 식 (12.29)에 대입하고 σ_x, σ_y, σ_z를 σ_{p1}, σ_{p2}, σ_{p3}로 바꾼다. 표 12.1의 4열에 있는 방향코사인을 이용하면 최대 전단응력 식을 다음과 같이 구할 수 있다.

$$\tau_{\max} = \sqrt{\frac{1}{2}\sigma_{p1}^2 + \frac{1}{2}\sigma_{p2}^2 + 0 - \left(\frac{1}{2}\sigma_{p1} + \frac{1}{2}\sigma_{p2}\right)^2} = \frac{\sigma_{p1} - \sigma_{p2}}{2}$$

이와 같이 5열 및 6열의 방향코사인을 이용하면 다음의 결과를 얻을 수 있다.

$$\tau_{\max} = \frac{\sigma_{p1} - \sigma_{p3}}{2} \qquad 및 \qquad \tau_{\max} = \frac{\sigma_{p2} - \sigma_{p3}}{2}$$

위 세 개의 결과 중에서 가장 큰 값이 $\tau_{\text{abs max}}$이다. 따라서 절대최대 전단응력을 다음과 같이 표현할 수 있다.

$$\tau_{\text{abs max}} = \frac{\sigma_{\max} - \sigma_{\min}}{2} \tag{12.30}$$

이것은 절대최대 전단응력에 관한 식 (12.18)을 다시 확인하는 것이다. 최대 전단응력은 최대 및 최소 주응력 사이의 각을 양분하는 면에 작용한다.

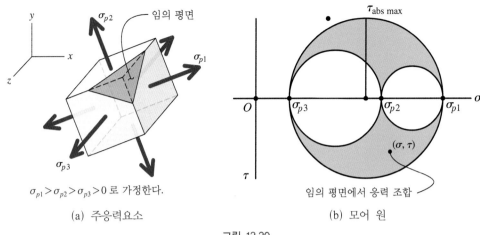

$\sigma_{p1} > \sigma_{p2} > \sigma_{p3} > 0$ 로 가정한다.

(a) 주응력요소

(b) 모어 원

그림 12.20

모어 원을 이용한 3차원 응력 해석

그림 12.20a는 한 점에서 주응력 σ_{p1}, σ_{p2}, σ_{p3}이 응력요소에 작용하는 모습을 보여 주고 있다. 주응력의 크기가 $\sigma_{p1} > \sigma_{p2} > \sigma_{p3}$이고 모두 0보다 크다고 가정하자. 더욱이, 응력 요소에 의해 표현되는 주응력이 $x-y-z$축에 대하여 회전한다고 하자. 이 주응력에 대하여 모어 원은 한 점에서 가능한 다양한 응력조합을 시각적으로 보여준다(그림 12.20b). 모든 가능한 평면에 대한 응력조합은 그림의 원 중에 하나의 위에 또는 색칠할 부분의 영역에 존재한다. 식 (12.30)이 모어 원상에서 절대최대 전단응력 크기를 나타낸다는 사실을 명백히 알 수 있다.

PROBLEMS

P12.64 응력을 받는 물체의 한 점에서 응력상태가 $\sigma_x = 40$ MPa (인장), $\sigma_y = 20$ MPa (압축), $\sigma_z = 20$ MPa (인장), $\tau_{xy} = +40$ MPa, $\tau_{yz} = 0$, $\tau_{zx} = +30$ MPa이다. 다음을 결정하라.
(a) 외향법선이 x, y, z축과 각각 40°, 75°, 54°의 각을 이루는 평면상에서 수직응력과 전단응력
(b) 이 점에서 주응력과 절대최대 전단응력

P12.65 응력을 받는 물체의 한 점에서 응력상태가 $\sigma_x = 60$ MPa (인장), $\sigma_y = 90$ MPa (인장), $\sigma_z = 60$ MPa (인장), $\tau_{xy} = +120$ MPa, $\tau_{yz} = +75$ MPa, $\tau_{zx} = +90$ MPa이다. 다음을 결정하라.
(a) 외향법선이 x, y, z축과 각각 60°, 70°, 37.3°의 각을 이루는 평면상에서 수직응력과 전단응력
(b) 이 점에서 주응력과 절대최대 전단응력

P12.66 응력을 받는 물체의 한 점에서 응력상태가 $\sigma_x = 72$ MPa (인장), $\sigma_y = 32$ MPa (압축), $\sigma_z = 0$, $\tau_{xy} = +21$ MPa, $\tau_{yz} = 0$, $\tau_{zx} = +21$ MPa이다. 다음을 결정하라.

(a) 외향법선이 x, y, z축과 모두 같은 각을 이루는 평면상에서 수직응력과 전단응력
(b) 이 점에서 주응력과 절대최대 전단응력

P12.67 응력을 받는 물체의 한 점에서 응력상태가 $\sigma_x = 60$ MPa (인장), $\sigma_y = 50$ MPa (압축), $\sigma_z = 40$ MPa (인장), $\tau_{xy} = +40$ MPa, $\tau_{yz} = -50$ MPa, $\tau_{zx} = +60$ MPa이다. 다음을 결정하라.
(a) 외향법선이 x, y, z축과 각각 30°, 80°, 62°의 각을 이루는 평면상에서 수직응력과 전단응력
(b) 이 점에서 주응력과 절대최대 전단응력

P12.68 응력을 받는 물체의 한 점에서 응력상태가 $\sigma_x = 60$ MPa (인장), $\sigma_y = 40$ MPa (압축), $\sigma_z = 20$ MPa (인장), $\tau_{xy} = +40$ MPa, $\tau_{yz} = +20$ MPa, $\tau_{zx} = +30$ MPa이다. 다음을 결정하라.
(a) 이 점에서 주응력과 절대최대 전단응력
(b) 최대 인장응력이 작용하는 평면의 방향

변형률 변환

13.1 개요

2장에서 언급한 변형률은 변형의 척도로서의 변형률 개념을 소개하는 데 유용하였다. 그러나 그것은 오직 일축 재하에 대해서만 적합한 것이었다. 구조물이나 기계 부품의 설계에 관련된 많은 실제적인 경우에 있어 2차원 또는 3차원적인 형상과 재하로 인하여 변형률이 2차원 또는 3차원적으로 발생한다.

하중을 받고 있는 임의의 한 점에서의 변형률의 모든 성분은 그 점을 둘러싸고 있는 작은 물질의 체적과 관련된 변형을 고려함으로써 결정될 수 있다. 편의상 체적은 변형률요소 (strain element)라고 하는 블록 모양을 가지고 있다고 가정한다. 변형 전의 상태에서 변형률 요소의 면은 그림 13.1a에서 보는 바와 같이 기준 좌표계의 x, y, z축과 직교하는 방향이다. 변형률 요소가 매우 작으므로 변형은 균일하다고 가정한다. 이것은 다음 사항들을 의미한다.

(a) 초기 상호 간에 평행한 평면은 변형 후에도 평행을 유지하며,
(b) 변형 전의 직선들은 그림 13.1b에서 보는 바와 같이 변형 후에도 직선을 유지한다.

변형된 요소의 최종 크기는 dx', dy', dz'의 세 모서리의 길이에 의해 결정된다. 요소의 뒤틀린 형상은 면 사이의 각도 θ'_{xy}, θ'_{yz}, θ'_{zx}에 의해서 결정된다.

한 점에서 변형률의 데카르트 성분은 2.2절에서 설명한 수직변형률 및 전단변형률의 개념을 사용하여 변형의 항으로 표시될 수 있다.

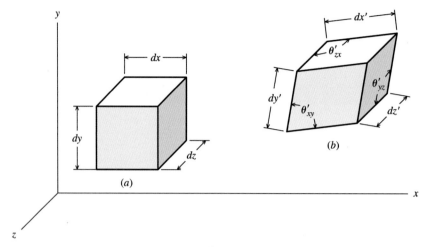

그림 13.1

$$\varepsilon_x = \frac{dx' - dx}{dx} \qquad \gamma_{xy} = \frac{\pi}{2} - \theta'_{xy}$$

$$\varepsilon_y = \frac{dy' - dy}{dy} \qquad \gamma_{yz} = \frac{\pi}{2} - \theta'_{yz} \qquad (13.1)$$

$$\varepsilon_z = \frac{dz' - dz}{dz} \qquad \gamma_{zx} = \frac{\pi}{2} - \theta'_{zx}$$

같은 방법으로 임의의 n방향으로 위치한 미소 선분의 수직변형률 성분과 변형 전의 변형률 요소에서 직교하는 n과 t방향으로 위치한 두 개의 미소 선분의 전단변형률은 각각 다음과 같이 정의된다.

$$\varepsilon_n = \frac{dn' - dn}{dn} \qquad \gamma_{nt} = \frac{\pi}{2} - \theta'_{nt} \qquad (13.2)$$

13.2 평면변형률

2차원 변형률 또는 평면변형률(plane strain)으로 알려진 변형률 상태를 고려함으로써 변형률의 속성을 잘 이해할 수 있다. 이 상태에 관한 기준 평면으로 $x-y$평면이 사용된다. 그림 13.1에서 길이 dz는 변하지 않으며, θ'_{yz}와 θ'_{zx}의 각은 90°로 유지된다. 그러므로 평면변형률의 조건은 $\varepsilon_z = \gamma_{xz} = \gamma_{yz} = 0$이다.

만일 $x-y$평면에서의 변형만 있다면, 그때는 3개의 변형률 성분만 존재한다. 그림 13.2에서 dx와 dy는 미소 크기의 선분이며, 점 O의 변형률을 성의하는 데 사용된다. 그림 13.2a에서 양의 수직변형률 ε_x가 발생한 미소요소는 수평방향으로 $\varepsilon_x dx$만큼 늘어난다. 양의 수직변형률 ε_y가 발생한다면, 미소요소는 수직방향으로 $\varepsilon_y dy$만큼 늘어난다(그림 13.2b). 양의 수직변형률은 재료의 인장을 의미하고, 음의 수직변형률은 재료의 수축을 의미한다.

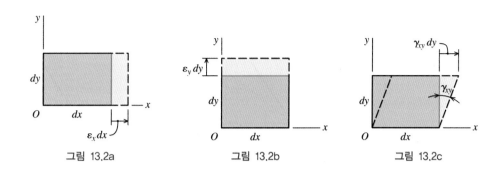

| 그림 13.2a | 그림 13.2b | 그림 13.2c |

그림 13.2c에서 보여준 전단변형률 γ_{xy}는 초기에 직교하는 미소 선분요소 dx와 dy 사이의 각도의 변화를 측정한 것이다. 전단변형률은 두 축 사이의 각도가 감소할 때를 양으로, 각도가 증가할 때를 음으로 간주한다.

변형률에 관한 부호규약은 응력의 부호규약과 일치한다. x방향의 양의 수직응력(즉, 인장 수직응력)은 양의 수직변형률 ε_x(즉, 늘음, 그림 13.2a)를 발생시키며, y방향의 수직응력은 양의 수직변형률 ε_y를 생성하며(그림 13.2b), 양의 전단응력은 양의 전단변형률 γ_{xy}를 만든다(그림 13.2c).

13.3 평면변형률의 변환식

점 O에서의 평면변형률의 상태는 3개의 변형률 성분 ε_x, ε_y, γ_{xy} 등에 의해서 결정된다. 임의 각도 θ로 회전된 직교하는 축에 대한 점 O에서의 수직변형률과 전단변형률을 결정하기 위하여 변환방정식이 사용된다.

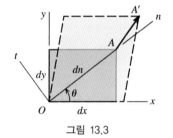

그림 13.3

$x-y$축의 수직변형률 및 전단변형률을 임의의 직교축의 성분으로 변환시키는 식이 유도될 수 있다. 유도 과정을 간소화하기 위하여 요소의 치수는 요소의 대각선 OA와 n축이 일치하도록 선택한다(그림 13.3 참고). 편의상 모서리 O는 고정되어 있고 x축과 일치하는 요소의 모서리는 회전하지 않는다고 가정한다.

3개의 변형률 성분(ε_x, ε_y, γ_{xy})이 동시에 발생할 때(그림 13.3), 요소의 모서리 A는 A'으로 표시된 새로운 위치로 이동한다. 명확하게 하기 위해 변형을 과장하여 표시하였다.

수직변형률의 변환식

그림 13.3에서 A에서 A'까지의 변위벡터는 따로 분리하여 그림 13.4에서 확대하였다. 벡터 AA'의 수평 성분은 ε_x(그림 13.2a)와 γ_{xy}(그림 13.2c)에 의한 변위로 구성되어 있다. AA'의 수직 성분은 ε_y에 의하여 발생한다(그림 13.2b).

여기서 변위벡터 AA'을 n방향 성분과 t방향 성분으로 분해한다. n방향과 t방향의 단위벡터는 다음과 같다.

$$\mathbf{n} = \cos\theta\,\mathbf{i} + \sin\theta\,\mathbf{j} \qquad \mathbf{t} = -\sin\theta\,\mathbf{i} + \cos\theta\,\mathbf{j}$$

n방향의 변위 성분은 내적으로부터 결정될 수 있으며 다음과 같다.

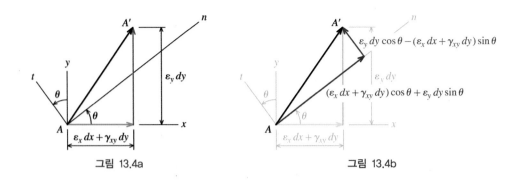

그림 13.4a   그림 13.4b

$$\mathbf{AA'} \cdot \mathbf{n} = (\varepsilon_x \, dx + \gamma_{xy} \, dy)\cos \theta + \varepsilon_y \, dy \sin \theta \tag{a}$$

t방향의 변위 성분은 다음과 같다.

$$\mathbf{AA'} \cdot \mathbf{t} = \varepsilon_y \, dy \cos \theta - (\varepsilon_x \, dx + \gamma_{xy} \, dy)\sin \theta \tag{b}$$

n방향과 t방향의 변위는 그림 13.4b에 나타내고 있다.

n방향의 변위는 수직변형률 ε_x, ε_y, 전단변형률 γ_{xy}에 의해서 대각선 OA의 인장량(그림 13.3)을 나타낸다. n방향 변형률은 식 (a)에서 주어진 인장량을 대각선의 초기 길이 dn으로 나눔으로써 구해진다.

$$\begin{aligned}
\varepsilon_n &= \frac{(\varepsilon_x \, dx + \gamma_{xy} \, dy)\cos \theta + \varepsilon_y \, dy \sin \theta}{dn} \\
&= \left(\varepsilon_x \frac{dx}{dn} + \gamma_{xy} \frac{dy}{dn}\right)\cos \theta + \varepsilon_y \frac{dy}{dn}\sin \theta
\end{aligned} \tag{c}$$

그림 13.3에서 $dx/dn = \cos \theta$이며, $dy/dn = \sin \theta$이다. 이들 관계식을 식 (c)에 대입하면, n방향의 변형률은 다음과 같이 표현된다.

$$\varepsilon_n = \varepsilon_x \cos^2\theta + \varepsilon_y \sin^2\theta + \gamma_{xy} \sin \theta \cos \theta \tag{13.3}$$

다음의 2배각 삼각함수 정리를 사용하여

$$\cos^2\theta = \frac{1}{2}(1 + \cos 2\theta)$$

$$\sin^2\theta = \frac{1}{2}(1 - \cos 2\theta)$$

$$2 \sin \theta \cos \theta = \sin 2\theta$$

식 (13.3)은 다음과 같이 표현된다.

$$\varepsilon_n = \frac{\varepsilon_x + \varepsilon_y}{2} + \frac{\varepsilon_x - \varepsilon_y}{2}\cos 2\theta + \frac{\gamma_{xy}}{2}\sin 2\theta \tag{13.4}$$

전단변형률의 변환식

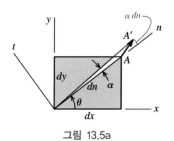

그림 13.5a

변위벡터 AA'의 t 방향의 성분[식 (b)]은 대각선 OA가 O를 중심으로 회전하면서 만든 원호의 길이이다. 이 회전각을 α라 하면, 반지름 dn과 연관된 원호의 길이는 다음과 같이 표현될 수 있다.

$$\alpha\, dn = \varepsilon_y\, dy \cos\theta - (\varepsilon_x\, dx + \gamma_{xy}\, dy)\sin\theta$$

그러므로 대각선 OA는 다음의 각도로 반시계방향으로 회전한다.

$$\alpha = \varepsilon_y \frac{dy}{dn}\cos\theta - \left(\varepsilon_x \frac{dx}{dn} + \gamma_{xy}\frac{dy}{dn}\right)\sin\theta$$
$$= \varepsilon_y \sin\theta\cos\theta - \varepsilon_x \sin\theta\cos\theta - \gamma_{xy}\sin^2\theta \tag{d}$$

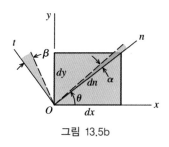

그림 13.5b

OA와 직각인 선 요소(즉, 그림 13.5b에서 t방향으로)의 회전각 β는 식 (d)에서 θ 대신 $\theta + 90°$를 대입하면 결정된다.

$$\beta = -\varepsilon_y \sin\theta\cos\theta + \varepsilon_x \sin\theta\cos\theta - \gamma_{xy}\cos^2\theta \tag{e}$$

β의 회전은 시계방향이다. α와 β 모두 양의 방향은 반시계방향이므로 n과 t축에 의해 만들어진 직각의 감소량인 전단변형률 γ_{nt}는 다음과 같다.

$$\gamma_{nt} = \alpha - \beta = 2\varepsilon_y \sin\theta\cos\theta - 2\varepsilon_x \sin\theta\cos\theta - \gamma_{xy}\sin^2\theta + \gamma_{xy}\cos^2\theta$$

이 식을 간단히 하면 다음과 같다.

$$\gamma_{nt} = -2(\varepsilon_x - \varepsilon_y)\sin\theta\cos\theta + \gamma_{xy}(\cos^2\theta - \sin^2\theta) \tag{13.5}$$

식 (13.5)를 2배각 삼각함수의 항으로 표현하면 다음과 같다.

$$\frac{\gamma_{nt}}{2} = -\frac{\varepsilon_x - \varepsilon_y}{2}\sin 2\theta + \frac{\gamma_{xy}}{2}\cos 2\theta \tag{13.6}$$

응력 변환식과 비교

여기서 유도된 변형률 변환식은 12장에서 유도된 응력 변환식과 비교된다. 두 가지의 변환식에서 사용된 서로 상응하는 변수들은 표 13.1과 같다.

표 13.1 응력과 변형률 변환식에 상응하는 변수

응력	변형률
σ_x	ε_x
σ_y	ε_y
τ_{xy}	$\gamma_{xy}/2$
σ_n	ε_n
τ_{nt}	$\gamma_{nt}/2$

변형률 불변성

t방향의 수직변형률은 식 (13.4)에서 θ 대신 $\theta + 90°$를 대입함으로써 다음과 같이 구할 수 있다.

$$\varepsilon_t = \frac{\varepsilon_x + \varepsilon_y}{2} - \frac{\varepsilon_x - \varepsilon_y}{2}\cos 2\theta - \frac{\gamma_{xy}}{2}\sin 2\theta \tag{13.7}$$

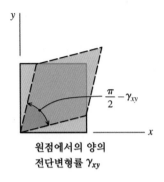

원점에서의 양의
전단변형률 γ_{xy}

만일 ε_n(식 13.4)와 ε_t(식 13.7)을 더하면 다음과 같은 관계식이 얻어진다.

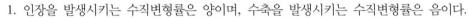

$$\varepsilon_n + \varepsilon_t = \varepsilon_x + \varepsilon_y \tag{13.8}$$

이 식은 두 개의 직교하는 방향에서의 수직변형률의 합은 각도 θ에 관계없이 일정하다는 것을 의미한다.

부호규약

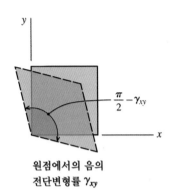

원점에서의 음의
전단변형률 γ_{xy}

식 (13.3)과 식 (13.4)는 $x-y$평면에서 임의의 n방향으로 위치한 선분의 수직변형률 ε_n을 결정하는 데 사용된다. 식 (13.5)와 식 (13.6)은 $x-y$평면에서 n과 t방향으로 직교하는 두 개의 선분의 전단변형률 γ_{nt}를 결정하도록 한다. 이들 식을 활용할 때, 다음의 부호규약을 준수해야 한다.

1. 인장을 발생시키는 수직변형률은 양이며, 수축을 발생시키는 수직변형률은 음이다.
2. 전단변형률은 좌표축의 원점에서 두 선분의 사잇각을 감소시키면 양이다.
3. 기준 좌표계의 x축으로부터 반시계방향으로 측정된 각도는 양이다. 반대로 x축으로부터 시계방향으로 측정된 각도는 음이다.
4. $n-t-z$ 좌표계는 $x-y-z$ 좌표계와 같은 순서를 갖는다. 두 개의 좌표계는 오른손규칙을 따른다.

예제 13.1

점 O에서 재료의 변형요소가 $\varepsilon_x = +600\ \mu\varepsilon$, $\varepsilon_y = -300\ \mu\varepsilon$, $\gamma_{xy} = +400\ \mu\,\mathrm{rad}$의 평면변형률 상태에 있다. 이들 변형률에 의해 변형된 변형요소의 형상은 그림과 같다. 원래 위치로부터 반시계방향으로 $40°$만큼 회전한 변형요소의 O점에서의 변형률을 결정하라.

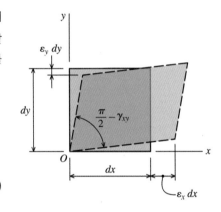

풀이 계획 변형률 변환식을 이용하여 ε_n, ε_t, γ_{nt}를 계산한다.

풀이 다음의 변형률 변환식을 이용하여 수직변형률 ε_n, ε_t를 계산한다.

$$\varepsilon_n = \varepsilon_x \cos^2\theta + \varepsilon_y \sin^2\theta + \gamma_{xy}\sin\theta\cos\theta \tag{13.3}$$

반시계방향의 각도는 양이므로 이 문제에서 사용될 각도는 $\theta = +40°$이다. ε_n은 다음과 같이 계산된다.

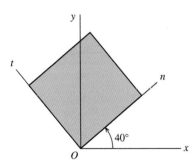

$$\varepsilon_n = (600)\cos^2(40°) + (-300)\sin^2(40°) + (400)\sin(40°)\cos(40°)$$
$$= 425\ \mu\varepsilon$$

수직변형률 ε_t를 계산하기 위하여 식 (13.3)에 각도 $\theta = 40° + 90° = +130°$를 대입한다.

$$\varepsilon_t = (600)\cos^2(130°) + (-300)\sin^2(130°) + (400)\sin(130°)\cos(130°)$$

$$= -125 \, \mu\varepsilon$$

전단변형률 γ_{nt}를 계산하기 위해 식 (13.5)에 각도 θ $= +40°$를 대입한다.

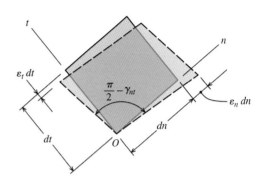

$$\gamma_{nt} = -2[600 - (-300)]\sin(40°)\cos(40°) + (400)$$
$$[\cos^2(40°) - \sin^2(40°)]$$
$$= -817 \, \mu\text{rad}$$

오른쪽에서 보는 바와 같이 계산된 변형률은 변형요소를 찌그러지게 하는 경향이 있다. 양의 수직변형률 ε_x는 n 방향으로 변형요소를 인장하는 것을 의미한다. ε_t의 음의 값은 t방향에서의 변형요소의 수축을 의미한다. 음의 전단변형률 $\gamma_{nt} = -817 \, \mu\text{rad}$는 점 O에서 n축과 t축이 이루는 각도를 90° 보다 커지게 한다.

MecMovies 예제 M13.1

얇은 직사각형 판이 균일하게 변형되어 $\varepsilon_x = -700 \, \mu\varepsilon$, $\varepsilon_y = -500 \, \mu\varepsilon$, $\gamma_{xy} = +900 \, \mu\text{rad}$ 변형률 분포를 가질 때, 다음의 수직변형률을 결정하라.

(a) 대각선 AC 방향
(b) 대각선 BD 방향

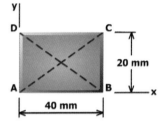

MecMovies 예제 M13.2

얇은 직사각형 판이 균일하게 변형되어 $\varepsilon_x = +900 \, \mu\varepsilon$, $\varepsilon_y = -600 \, \mu\varepsilon$, $\gamma_{xy} = -850 \, \mu\text{rad}$ 변형률 분포를 나타내고 있다. $\theta = +50°$에 의하여 정의된 $n-t$좌표계에서 수직변형률 ε_n, ε_t, γ_{nt}를 결정하라.

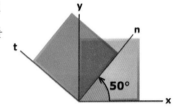

MecMovies 예제 M13.3

얇은 삼각형 판이 균일하게 변형되었으며 변형 후의 삼각형의 각 모서리는 $AB = 300.30$ mm, $BC = 299.70$ mm, $AC = 360.45$ mm로 측정되었다. 판의 변형률 ε_x, ε_y, γ_{xy}를 결정하라.

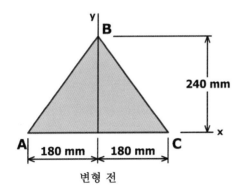

변형 전

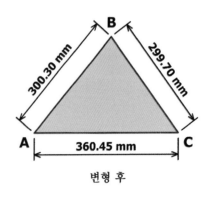

변형 후

13.4 주변형률과 최대 전단변형률

평면변형률에 관한 식 (13.3), (13.4), (13.5), (13.6)과 평면응력에 관한 식 (12.5), 식 (12.6), (12.7), (12.8)의 유사성을 고려하다면, 평면응력에 대해 유도된 모든 관계식들을 표 13.1에 주어진 변수를 치환해 대입하여 평면변형률의 해석에 적용할 수 있다. 평면 내에서 주변형률 방향, 평면 내 주변형률, 최대 전단변형률은 다음과 같이 표현할 수 있다.

$$\tan 2\theta_p = \frac{\gamma_{xy}}{(\varepsilon_x - \varepsilon_y)} \tag{13.9}$$

$$\varepsilon_{p1,p2} = \frac{\varepsilon_x + \varepsilon_y}{2} \pm \sqrt{\left(\frac{\varepsilon_x - \varepsilon_y}{2}\right)^2 + \left(\frac{\gamma_{xy}}{2}\right)^2} \tag{13.10}$$

$$\frac{\gamma_{\max}}{2} = \pm \sqrt{\left(\frac{\varepsilon_x - \varepsilon_y}{2}\right)^2 + \left(\frac{\gamma_{xy}}{2}\right)^2} \tag{13.11}$$

식 (13.9), (13.10), (13.11) 등은 식 (12.11), (12.12), (12.15) 등과 동일한 형태를 갖는다. 물론 응력 관계식에서의 τ_{xy}는 변형률 관계식에서 $\gamma_{xy}/2$로 대치된다. 응력 해석과 변형률 해석을 오갈 때, 2 라는 인수를 놓치지 않도록 유의해야 한다.

앞의 식들에서 인장(즉, 인장응력에 의해서 생성된 늘어남)을 일으키는 수직변형률은 양이다. 양의 전단변형률은 좌표의 변형요소의 두 면 사이의 각도를 감소시킨다.(그림 13.3 참조)

평면응력의 변환에서와 마찬가지로 식 (13.10)은 주변형률 ε_{p1} 또는 ε_{p2} 중에 어느 것이 두 개의 주변형률 각과 관련되는지는 알 수 없다. 식 (13.9)의 해인 θ_p는 항상 $+45°$에서 $-45°$ 사이의 값을 갖는다. θ_p의 값과 관련된 주변형률은 다음의 두 개의 규칙으로부터 결정될 수 있다.

- 만일 $\varepsilon_x - \varepsilon_y$가 양이면, θ_p는 ε_{p1}의 방향을 가리킨다.
- 만일 $\varepsilon_x - \varepsilon_y$가 음이면, θ_p는 ε_{p2}의 방향을 가리킨다.

나머지의 주변형률은 θ_p와 직교하는 방향을 가리킨다.

식 (13.10)에 의해 결정된 두 개의 주변형률은 모두 양이거나, 모두 음이거나, 아니면 하나는 양이고 하나는 음인 3가지 경우에 속한다. 주변형률 중에서 ε_{p1}은 대수적으로 더 큰 양의 값이다. 만일 식 (13.10)의 주변형률 중의 하나 이상이 음이라면 ε_{p1}은 ε_{p2}보다 작은 절댓값을 가질 수 있다.

절대최대 전단변형률

평면변형 상태에서 ε_x, ε_y, γ_{xy}가 0이 아닌 값을 가질 수 있다. 그러나 z방향의 변형률은 0이다. 즉 $\varepsilon_z = 0$, $\gamma_{xz} = \gamma_{yz} = 0$이다. 식 (13.10)은 두 개의 평면 내 주변형률과 세 번째의 주변형률 $\varepsilon_{p3} = \varepsilon_z = 0$을 준다. 식 (13.10)과 식 (13.11)로부터 면내 최대 전단변형률이 두 개의 평면 내 주변형률의 차이와 같다는 것을 알 수 있다.

$$\gamma_{\max} = \varepsilon_{p1} - \varepsilon_{p2} \qquad\qquad (13.12)$$

그러나 평면변형의 변형요소에서 주변형률의 상대적 크기와 부호에 따라 절대최대 전단변형률의 크기가 면내 최대 전단변형률보다 클 수도 있다. 절대최대 전단변형률은 표 13.2의 3가지 조건 중에 하나로부터 결정된다.

표 13.2 절대최대 전단변형률

	주변형률 요소	절대최대 전단변형률 요소
(a) 만일 ε_{p1}과 ε_{p2}가 모두 양이면, $\gamma_{\text{abs max}} = \varepsilon_{p1} - \varepsilon_{p3}$ $= \varepsilon_{p1} - 0$ $= \varepsilon_{p1}$		
(b) 만일 ε_{p1}과 ε_{p2}가 모두 음이면, $\gamma_{\text{abs max}} = \varepsilon_{p3} - \varepsilon_{p2}$ $= 0 - \varepsilon_{p2}$ $= -\varepsilon_{p2}$		
(c) 만일 ε_{p1}가 양이고, ε_{p2}가 음이면, $\gamma_{\text{abs max}} = \varepsilon_{p1} - \varepsilon_{p2}$		

이들의 조건은 평면변형률 상태에서만 적용되며, 13.7절과 13.8절에 보여줄 것처럼, 세 번째 주변형률은 평면응력 상태에서 0이 되지 않는다.

주변형률과 면내 최대 전단변형률의 결과는 모든 변형률 성분의 방향이 나타나는 그림으로 표시할 수 있다. 변형률의 결과는 하나의 변형요소에 간편하게 보여줄 수 있다.

식 (13.9)에서 계산된 각도 θ_p ($+45°$에서 $-45°$ 사이의 값)로 회전된 요소를 그린다.

$$\tan 2\theta_p = \frac{\gamma_{xy}}{(\varepsilon_x - \varepsilon_y)} \tag{13.9}$$

- θ_p가 양이면, 변형요소는 기준 좌표계의 x축으로부터 반시계방향으로 회전된 것이며, θ_p가 음수이면 시계방향으로 회전한 것이다.
- 식 (13.9)로부터 계산된 각도는 반드시 ε_{p1}의 방향을 가리키지는 않는다. ε_{p1}와 ε_{p2}는 식 (13.9)에서 주어진 θ_p방향으로 작용한다. θ_p로 회전된 주변형률은 다음과 같은 2가지 규칙에 의해서 결정된다.
  - 만일 $\varepsilon_x - \varepsilon_y$가 양이면, θ_p는 ε_{p1}의 방향을 가리킨다.
  - 만일 $\varepsilon_x - \varepsilon_y$가 음이면, θ_p는 ε_{p2}의 방향을 가리킨다.
- 두 개의 직교하는 방향으로 작용하는 주변형률에 따라 변형요소를 사각형으로 인장시키거나 수축시킨다. 만일 주변형률이 양이면, 변형요소는 그 방향으로 인장한다. 만일 주변형률이 음이면 변형요소는 그 방향으로 수축한다.
- 변형요소의 각 모서리에 관련된 변형률의 크기와 함께 화살표(인장 또는 압축)를 기입한다.
- 전단변형률에 의한 찌그러짐을 가시화하기 위하여 사각형의 주변형률의 변형요소의 내부에 다이아몬드 모양을 그린다. 다이아몬드 꼭짓점들은 사각형의 각 변의 중간점에 위치해야 한다.
- 식 (13.11) 또는 식 (13.12)로부터 계산된 면내 최대 전단변형률은 양의 값을 가질 것이다. 양의 전단변형률은 두 축 사이의 각도를 감소시키므로 $\pi/2 - \gamma_{max}$ 값을 갖는 예각들 중의 하나로 표시한다.

예제 13.2

어느 물체의 한 점에 평면변형 상태에서 변형률 성분이 $\varepsilon_x = -680\ \mu\varepsilon$, $\varepsilon_y = +320\ \mu\varepsilon$, $\gamma_{xy} = -980\ \mu\,\text{rad}$을 받고 있다. 이들 변형률 성분을 받고 있는 변형요소의 형상이 그림에 나타나 있다. 점 O에서 주변형률, 면내 최대 전단변형률, 절대최대 전단변형률을 결정하라. 그리고 주변형률에 의한 변형과 면내 최대 전단변형률에 의한 찌그러짐을 그림으로 나타내라.

풀이 식 (13.10)으로부터 면내 주변형률은

$$\varepsilon_{p1,p2} = \frac{\varepsilon_x + \varepsilon_y}{2} \pm \sqrt{\left(\frac{\varepsilon_x - \varepsilon_y}{2}\right)^2 + \left(\frac{\gamma_{xy}}{2}\right)^2}$$

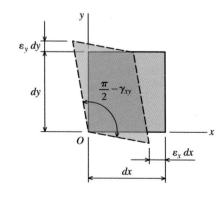

$$= \frac{-680+320}{2} \pm \sqrt{\left(\frac{-680-320}{2}\right)^2 + \left(\frac{-980}{2}\right)^2}$$

$$= -180 \pm 700$$

$$= +520\,\mu\varepsilon,\ -880\,\mu\varepsilon$$　　　　　　　　답

그리고 식 (13.11)로부터 면내 최대 전단응력은

$$\frac{\gamma_{\max}}{2} = \pm\sqrt{\left(\frac{\varepsilon_x - \varepsilon_y}{2}\right)^2 + \left(\frac{\gamma_{xy}}{2}\right)^2}$$

$$= \pm\sqrt{\left(\frac{-680-320}{2}\right)^2 + \left(\frac{-980}{2}\right)^2}$$

$$= 700\,\mu\,\mathrm{rad}$$

$$\therefore\ \gamma_{\max} = 1400\,\mu\,\mathrm{rad}$$　　　　　　　　답

면내 주변형률은 식 (13.9)로부터 결정된다.

$$\tan 2\theta_p = \frac{\gamma_{xy}}{(\varepsilon_x - \varepsilon_y)} = \frac{-980}{-680-320} = \frac{-980}{-1000} \qquad 참고:\ \varepsilon_x - \varepsilon_y < 0$$

$$\therefore\ 2\theta_p = 44.42° \quad 즉,\quad \theta_p = 22.21°$$

$\varepsilon_x - \varepsilon_y < 0$이므로 각도 θ_p는 x축과 ε_{p2} 방향 사이의 각도이다.

　문제는 평면변형률 조건이다. 그러므로 z축 방향의 수직변형률 $\varepsilon_z = 0$은 세 번째 주변형률 ε_{p3}이다. ε_{p1}은 양이고 ε_{p2}는 음이므로 절대최대 전단변형률은 면내 최대 전단변형률이다. 그러므로 절대최대 전단변형률 크기는

$$\gamma_{\mathrm{abs\ max}} = \varepsilon_{p1} - \varepsilon_{p2} = 1400\,\mu\,\mathrm{rad}$$

변형과 찌그러짐의 스케치

주변형률은 x방향으로부터 반시계방향으로 22.21° 회전되었다. 이 방향에 해당하는 주변형률은 $\varepsilon_{p2} = -880\,\mu\varepsilon$이다. 그러므로 요소는 22.21° 방향과 평행하게 수축한다. 직교 방향에서 주응력은 $\varepsilon_{p1} = 520\,\mu\varepsilon$이며, 요소를 인장시킨다.

　면내 최대 전단변형률에 의해 발생된 찌그러짐을 나타내기 위하여, 다이아몬드를 생성하는 사각형의 각 모서리 중간 지점을 연결한다. 이 다이아몬드의 두 개의 내부 각은 예각(즉, 90° 보다 작은 각)이고, 두 내각은 둔각(즉, 90° 보다 큰 각)이다. 예각의 내부 각을 $\pi/2 - \gamma_{\max}$로 표시하기

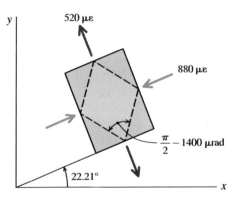

위하여 식 (13.11)로부터 구한 $\gamma_{\max}$를 이용한다. 둔각의 내부 각은 $\pi/2 + \gamma_{\max}$의 크기를 가질 것이다. 다이아몬드(또는 임의의 사각형)의 4개의 각도의 합은 2π 라디안(또는 $360°$)이 되어야 한다.

P13.1 그림 P13.1/2에서 얇은 직사각형 판이 균일하게 변형되어 $\varepsilon_x = 230\,\mu\varepsilon$, $\varepsilon_y = -480\,\mu\varepsilon$, $\gamma_{xy} = -760\,\mu\text{rad}$이다. 치수 $a = 20$ mm, $b = 25$ mm를 이용하여 다음에 정의된 방향에서 판에서의 수직변형률을 결정하라.

(a) 점 O와 A

(b) 점 O와 C

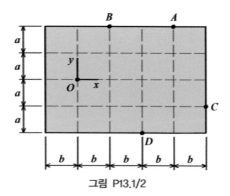

그림 P13.1/2

P13.2 그림 P13.1/2에서 얇은 직사각형 판이 균일하게 변형되어 $\varepsilon_x = -360\,\mu\varepsilon$, $\varepsilon_y = 770\,\mu\varepsilon$, $\gamma_{xy} = 940\,\mu\text{rad}$이다. 치수 $a = 25$ mm, $b = 40$ mm를 이용하여 다음에 정의된 방향에서 판에서의 수직변형률을 결정하라.

(a) 점 O와 B

(b) 점 O와 D

P13.3 그림 P13.3/4에서 얇은 직사각형 판이 균일하게 변형되어 $\varepsilon_x = 120\,\mu\varepsilon$, $\varepsilon_y = -860\,\mu\varepsilon$, $\gamma_{xy} = 1100\,\mu\text{rad}$이다. $a = 25$ mm일 때, 다음을 결정하라.

(a) 판에서 수직변형률 ε_n

(b) 판에서 수직변형률 ε_t

(c) 판에서 전단변형률 γ_{nt}

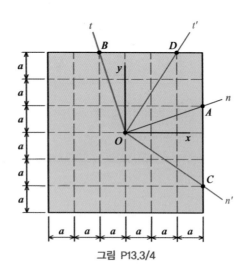

그림 P13.3/4

P13.4 그림 P13.3/4에서 얇은 직사각형 판이 균일하게 변형되어 $\varepsilon_x = -890\,\mu\varepsilon$, $\varepsilon_y = 440\,\mu\varepsilon$, $\gamma_{xy} = -310\,\mu\text{rad}$이다. $a = 50$ mm일 때, 다음을 결정하라.

(a) 판에서 수직변형률 ε_n

(b) 판에서 수직변형률 ε_t

(c) 판에서 전단변형률 γ_{nt}

P13.5 그림 P13.5/6에서 얇은 정사각형 판이 균일하게 변형되어 $\varepsilon_n = 660\,\mu\varepsilon$, $\varepsilon_t = 910\,\mu\varepsilon$, $\gamma_{nt} = 830\,\mu\text{rad}$이다. 다음을 결정하라.

(a) 판에서 수직변형률 ε_x

(b) 판에서 수직변형률 ε_y

(c) 판에서 전단변형률 γ_{xy}

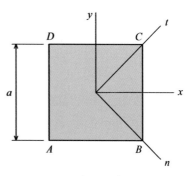

그림 P13.5/6

P13.6 그림 P13.5/6에서 얇은 정사각형 판이 균일하게 변형되어 $\varepsilon_x = 0\,\mu\varepsilon$, $\varepsilon_y = 0\,\mu\varepsilon$, $\gamma_{xy} = -1850\,\mu\text{rad}$이다. $a = 650$ mm를 이용하여 (a) 대각선 AC (b) 대각선 BD의 변형된 길이를 결정하라.

P13.7–P13.12 평면변형률을 받는 물체의 어느 점에서 변형률 ε_x, ε_y, γ_{xy}가 주어졌다. 그림 P13.7 또는 그림 P13.8에 보여준 것과 같이 각도 θ의 크기와 방향으로 $x-y$축에 관하여 $n-t$축으로 회전되었다면, 이때 변형률 ε_n, ε_t, γ_{nt}를 결정하라. 그리고 요소의 변형된 형상을 스케치하라.

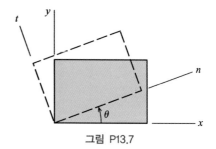

그림 P13.7

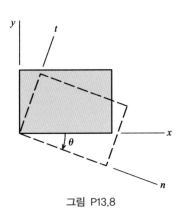

그림 P13.8

P13.13-P13.22 평면변형률을 받는 물체의 어느 점에서 변형률 ε_x, ε_y, γ_{xy}가 주어졌다. 그 점에서 주변형률, 면내 최대 전단변형률, 절대최대 전단변형률을 결정하라. 각도 θ_p, 주변형률의 변형, 면내 최대 전단변형률의 찌그러짐을 스케치하라.

문제	ε_x	ε_y	γ_{xy}
13.13	$-550\ \mu\varepsilon$	$-285\ \mu\varepsilon$	$940\ \mu\text{rad}$
13.14	$940\ \mu\varepsilon$	$-360\ \mu\varepsilon$	$830\ \mu\text{rad}$
13.15	$-270\ \mu\varepsilon$	$510\ \mu\varepsilon$	$1150\ \mu\text{rad}$
13.16	$1150\ \mu\varepsilon$	$1950\ \mu\varepsilon$	$-1800\ \mu\text{rad}$
13.17	$-215\ \mu\varepsilon$	$-1330\ \mu\varepsilon$	$890\ \mu\text{rad}$
13.18	$670\ \mu\varepsilon$	$-280\ \mu\varepsilon$	$-800\ \mu\text{rad}$
13.19	$-210\ \mu\varepsilon$	$615\ \mu\varepsilon$	$-420\ \mu\text{rad}$
13.20	$960\ \mu\varepsilon$	$650\ \mu\varepsilon$	$350\ \mu\text{rad}$
13.21	$560\ \mu\varepsilon$	$-340\ \mu\varepsilon$	$-1475\ \mu\text{rad}$
13.22	$1340\ \mu\varepsilon$	$-380\ \mu\varepsilon$	$1240\ \mu\text{rad}$

문제	그림	ε_x	ε_y	γ_{xy}	θ
P13.7	P13.7	$-1050\ \mu\varepsilon$	$400\ \mu\varepsilon$	$1360\ \mu\text{rad}$	$36°$
P13.8	P13.8	$-350\ \mu\varepsilon$	$1650\ \mu\varepsilon$	$720\ \mu\text{rad}$	$14°$
P13.9	P13.7	$940\ \mu\varepsilon$	$515\ \mu\varepsilon$	$185\ \mu\text{rad}$	$18°$
P13.10	P13.8	$2180\ \mu\varepsilon$	$1080\ \mu\varepsilon$	$325\ \mu\text{rad}$	$28°$
P13.11	P13.7	$-1375\ \mu\varepsilon$	$-1825\ \mu\varepsilon$	$650\ \mu\text{rad}$	$15°$
P13.12	P13.8	$590\ \mu\varepsilon$	$-1670\ \mu\varepsilon$	$-1185\ \mu\text{rad}$	$23°$

13.6 평면변형률에 대한 모어 원

일반적으로 변형률 변환식은 13.3절에 소개한 것처럼 2배각 함수로 표시된다.

$$\varepsilon_n = \frac{\varepsilon_x + \varepsilon_y}{2} + \frac{\varepsilon_x - \varepsilon_y}{2}\cos 2\theta + \frac{\gamma_{xy}}{2}\sin 2\theta \tag{13.4}$$

$$\frac{\gamma_{nt}}{2} = -\frac{\varepsilon_x - \varepsilon_y}{2}\sin 2\theta + \frac{\gamma_{xy}}{2}\cos 2\theta \tag{13.6}$$

식 (13.4)에서 식의 우변이 2θ만 포함되게 정리할 수 있다.

$$\varepsilon_n - \frac{\varepsilon_x + \varepsilon_y}{2} = \frac{\varepsilon_x - \varepsilon_y}{2}\cos 2\theta + \frac{\gamma_{xy}}{2}\cos 2\theta$$

$$\frac{\gamma_{nt}}{2} = -\frac{\varepsilon_x - \varepsilon_y}{2}\sin 2\theta + \frac{\gamma_{xy}}{2}\cos 2\theta$$

두 식을 제곱하여 더하면 다음과 같은 식이 된다.

$$\left(\varepsilon_n - \frac{\varepsilon_x + \varepsilon_y}{2}\right)^2 + \left(\frac{\gamma_{nt}}{2}\right)^2 = \left(\frac{\varepsilon_x - \varepsilon_y}{2}\right)^2 + \left(\frac{\gamma_{xy}}{2}\right)^2 \tag{13.13}$$

이것은 변수 ε_n과 $\gamma_{nt}/2$에 관한 방정식이다. 이것은 응력에 대한 모어 원의 기본식인

식 (12.21)과 유사하다.

평면변형률에 대한 모어 원은 평면응력에 대한 모어 원과 매우 유사한 방법으로 구성하고 사용된다. 수평축은 ε축이고, 수직축은 $\gamma/2$이다. 원의 중심은 ε축에서 C위치이며,

$$C = \frac{\varepsilon_x + \varepsilon_y}{2}$$

그리고 다음과 같은 반지름을 갖는다.

$$R = \sqrt{\left(\frac{\varepsilon_x - \varepsilon_y}{2}\right)^2 + \left(\frac{\gamma_{xy}}{2}\right)^2}$$

응력에 대한 모어 원과 비교하면, 변형률에 대한 모어 원은 구성과 사용에서 주의해야 할 두 개의 차이점이 있다. 첫 번째로 변형률에 관한 모어 원의 수직축은 $\gamma/2$이다. 고로 모어원을 그리기 전에 전단변형률은 2로 나누어야 한다. 두 번째로 수직변형률을 그리기 위한 부호규약은 수직응력을 그릴 때와 유사하다. 그러나 전단변형률을 그릴 때의 추가 설명이 필요하다.

모어 원 작도에 사용되는 부호규약

인장 수직변형률은 $\gamma/2$축의 오른쪽에, 압축 수직변형률은 왼쪽에 그려진다. 다시 말하면, 인장 수직변형률은 양의 값으로, 압축 수직변형률은 음의 값으로 그려진다.

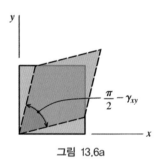

그림 13.6a

전단변형률 모어 원에 전단변형률 값을 그리기 위해서는 전단변형률 γ_{xy}을 받는 요소의 변형된 형상을 정확히 그려야 한다. 양의 γ_{xy} 값이 작용하는 하나의 요소를 고려해보자. 이 요소의 변형된 형상은 그림 13.6a에 보여주고 있다. 양의 γ_{xy} 값은 변형된 물체에서 x와 y축 사이의 각이 감소함을 의미한다. 이 경우에는 x축과 평행한 요소의 수평 모서리는 반시계방향으로 회전하려는 경향이 있다. 이것은 수직변형률 ε_x에 의해서 늘음되거나 수축되는 모서리이다. x방향으로 표현된 모어 원의 점은 수평축 아래에 그려진다. 양의 γ_{xy}는 또한 변형요소의 수직 모서리가 시계방향으로 회전한다는 것을 의미한다. 이것은 수직변형률 ε_y에 의해 인장 또는 수축이 발생하는 요소의 모서리이다. 모어 원에서의 y점은 수평 축의 위에 그려진다. 그러므로 전단변형을 그리기 위한 부호규약은 다음과 같이 요약할 수 있다.

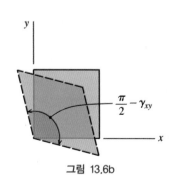

그림 13.6b

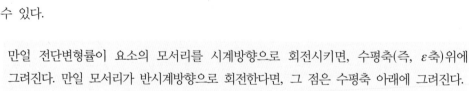
만일 전단변형률이 요소의 모서리를 시계방향으로 회전시키면, 수평축(즉, ε축)위에 그려진다. 만일 모서리가 반시계방향으로 회전한다면, 그 점은 수평축 아래에 그려진다.

음의 γ_{xy} 값이 작용하는 요소를 고려해보자. 이 요소의 변형된 형상은 그림 13.6b에 나타나 있다. x와 y축 사이의 각은 전단변형률 γ_{xy}가 음의 값을 가질 때 증가한다. 이 경우에는 x축과 평행한 요소의 수평 모서리는 시계방향으로 회전하려는 경향이 있다. 그러므로 점 x는 수평축 위에 그려진다. 음의 γ_{xy}는 또한 요소의 y모서리를 반시계방향으로 회전시킨다는 것을 의미한다. 모어 원에서의 y점은 수평축 아래에 그려진다.

이 부호규약은 평면응력에 대한 모어 원을 작도하는 데 사용된 전단응력의 부호규약과 일치한다.

예제 13.3

평면변형을 받고 있는 물체의 한 점에서의 변형률 성분은 $\varepsilon_x = +435\,\mu\varepsilon$, $\varepsilon_y = -135\,\mu\varepsilon$, $\gamma_{xy} = -642\,\mu\,\mathrm{rad}$ 이다. 이들의 변형률을 받는 요소의 변형된 형상은 그림에 나타나 있다. 점 O에서 주변형률, 면내 최대 전단변형률, 절대최대 전단변형률을 결정하라. 그리고 주변형률 변형과 면내 최대 전단변형률 찌그러짐을 스케치하여 나타내라.

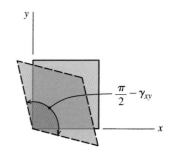

풀이 x방향의 변형률과 관련된 모어 원에서 점은 $\gamma/2$축의 오른쪽에 위치한다. 변형된 요소의 그림으로부터 $\gamma_{xy} = -642\,\mu\,\mathrm{rad}$의 전단변형률은 x축과 평행한 요소의 모서리를 시계방향으로 아래쪽으로 회전시킨다는 것을 유의해야 한다. 그러므로 모어 원에서의 x점은 ε축 아래에 그려진다.

ε_y가 음수이므로 y점은 $\gamma/2$축의 왼쪽에 위치한다. 변형된 요소의 그림은 음의 전단변형률의 결과로서 반시계방향으로 왼쪽으로 회전하는 요소의 모서리 y를 보여준다. 그러므로 모어 원의 y점은 ε축 아래에 그려진다.

x점과 y점은 ε축의 위나 아래에 항상 같은 동일한 거리에 있으므로, 모어 원의 중심은 x와 y방향에 작용하는 수직변형률을 평균함으로써 구할 수 있다.

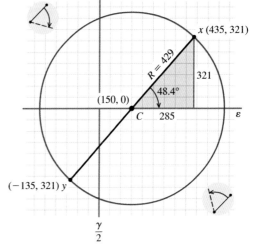

$$C = \frac{\varepsilon_x + \varepsilon_y}{2} = \frac{435 + (-135)}{2} = +150\,\mu\varepsilon$$

모어 원의 중심은 항상 ε축상에 있다.

원의 반지름은 기하학으로부터 계산할 수 있다. x점과 중심 C의 좌표$(\varepsilon,\ \gamma/2)$는 알 수 있다. 음영된 삼각형의 빗변을 계산하기 위해 이들 좌표와 피타고라스 정리를 이용한다.

$$R = \sqrt{(435 - 150)^2 + (321 - 0)^2}$$
$$= \sqrt{285^2 + 321^2} = 429\,\mu$$

모어 원을 그릴 때에 수직 좌표는 $\gamma/2$이라는 것에 유의해야 한다. 주어진 전단변형률은 $\gamma_{xy} = -642\,\mu\,\mathrm{rad}$이므로 모어 원을 그리는 데 수직 좌표는 $321\,\mu\,\mathrm{rad}$이다. $x-y$선분과 ε축이 이루는 각은 $2\theta_p$이고 그 크기는 $\tan$ 함수로 계산할 수 있다.

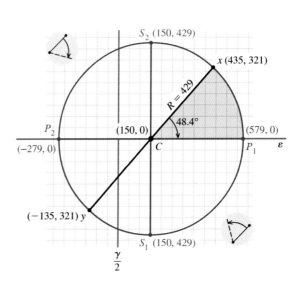

$$\tan 2\theta_p = \frac{321}{285} \qquad \therefore\ 2\theta_p = 48.4°$$

이 각은 x점으로부터 ε축으로 시계방향으로 회전하는 것임을 유의해야 한다.

주변형률은 원의 중심 C와 원의 반지름 R의 위치로부터 결정된다.

$$\varepsilon_{p1} = C + R = 150\,\mu\varepsilon + 429\,\mu\varepsilon = 579\,\mu\varepsilon$$

$$\varepsilon_{p2} = C - R = 150\,\mu\varepsilon - 429\,\mu\varepsilon = -279\,\mu\varepsilon$$

γ의 최댓값은 모어 원의 바닥과 꼭대기에 위치한 점 S_1과 S_2에서 발생한다. 이들 점에서 전단변형률의 크기는 원의 반지름의 2배와 같다. 그러므로 면내 최대 전단변형률은 다음과 같다.

$$\gamma_{\max} = 2R = 2\,(429\,\mu) = 858\,\mu\,\mathrm{rad}$$

면내 최대 전단변형률과 관련된 수직응력은 원의 중심 C에 의해 구해진다.

$$\varepsilon_{\mathrm{avg}} = C = 150\,\mu\varepsilon$$

이 문제는 평면변형 상태이므로, 평면 외의 수직변형률($\varepsilon_z = 0$)은 세 번째 주변형률 ε_{p3}이다. ε_{p1}은 양수이고, ε_{p2}는 음수이므로, 절대최대 전단변형률은 면내 최대 전단변형률과 같다. 그러므로 절대최대 전단변형률의 크기(표 13.2 참조)는 다음과 같다.

$$\gamma_{\mathrm{abs\,max}} = \varepsilon_{p1} - \varepsilon_{p2} = 858\,\mu\,\mathrm{rad}$$

답

주변형률, 면내 최대 전단변형률, 각 방향의 위치를 나타낸 완성된 그림은 보는 바와 같다. 실선 사각형으로 표시된 주변형률은 ε_{p1} 방향으로 인장되고($\varepsilon_{p1} = +579\,\mu\varepsilon$), ε_{p2} 방향으로 수축한다($\varepsilon_{p2} = -279\,\mu\varepsilon$).

면내 최대 전단변형률이 초래한 찌그러짐은 주변형률 요소에서의 4개의 중간점을 잇는 다이아몬드 모양을 보여준다. 모어 원의 반지름 $R = 429\,\mu$이므로, 면내 최대 전단변형률은 $\gamma_{\max} = 2R = \pm 858\,\mu\,\mathrm{rad}$

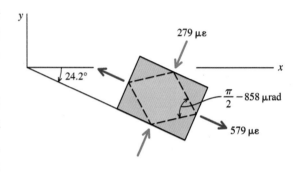

이다. 그림 13.6을 참조하여 양의 γ값은 요소의 인접한 모서리 사이의 각도를 감소시켜 예각으로 만든다. 그러므로 찌그러진 다이아몬드 형상에서 예각 중의 하나는 $\gamma_{\max}$의 양의 값 $\pi/2 - 858\,\mu\,\mathrm{rad}$이다.

MecMovies 예제 M13.4

변형률에 대한 모어 원의 학습
주변형률과 주변형률의 방향의 적절한 위치를 결정하기 위하여 모어 원의 구성과 사용 방법을 익혀라.

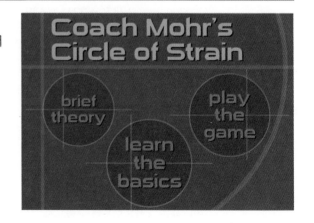

M13.4 변형률에 대한 모어 원의 학습

주변형률과 주변형률의 방향의 적절한 위치를 결정하기 위하여 모어 원의 구성과 사용 방법을 익혀라.

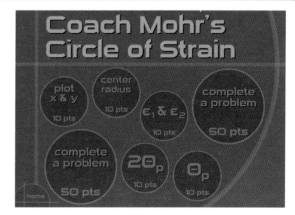

그림 M13.4

PROBLEMS

P13.23–P13.26 평면변형률을 받는 물체의 어느 점에서 주변형률이 주어졌다. 모어 원을 그리고, 그것을 이용하여 다음 문제들을 풀어라.

(a) 변형률 ε_x, ε_y, γ_{xy}를 결정하라($\varepsilon_x > \varepsilon_y$ 가정).

(b) 면내 최대 전단변형률, 절대최대 전단변형률을 결정하라.

(c) 각도 θ_p, 주변형률의 변형, 면내 최대 전단변형률의 찌그러짐을 스케치하라.

문제	ε_{p1}	ε_{p2}	θ_p
13.23	1590 με	−540 με	−23.55°
13.24	530 με	−1570 με	14.29°
13.25	780 με	590 με	35.66°
13.26	−350 με	−890 με	−19.50°

P13.27–P13.38 평면변형률을 받는 물체의 어느 점에서 변형률 ε_x, ε_y, γ_{xy}가 주어졌다. 그 점에서 주변형률, 면내 최대 전단변형률, 절대최대 전단변형률을 결정하라. 각도 θ_p, 주변형률의 변형, 면내 최대 전단변형률의 찌그러짐을 스케치하라.

문제	ε_x	ε_y	γ_{xy}
13.27	−185 με	655 με	−500 μrad
13.28	−940 με	−1890 με	2000 μrad
13.29	−140 με	160 με	1940 μrad
13.30	380 με	−770 με	−650 μrad
13.31	760 με	590 με	−360 μrad
13.32	−1570 με	−430 με	−950 μrad
13.33	920 με	1125 με	550 μrad
13.34	515 με	−265 με	−1030 μrad
13.35	475 με	685 με	−150 μrad
13.36	670 με	455 με	−900 μrad
13.37	0 με	320 με	260 μrad
13.38	−180 με	−1480 με	425 μrad

13.7 변형률 측정과 스트레인 로제트

많은 구조 부품은 축력, 비틀림, 휨 등의 조합 하중을 받는다. 이러한 각각의 하중에 의하여 발생하는 응력을 계산하기 위한 이론과 절차들은 이 책에서 전개되었다. 그러나 이론적인 해석만으로 확증하기에는 하중조합이 너무 복잡하거나 불확실한 경우도 있다. 이러한 경우에는 실제 응력을 구하기 위해서나 또는 후속 해석에서 사용될 수치 모형을 검증하기 위해서나 부재응력을 실험적으로 해석할 필요가 있다. 응력은 수학적으로 추상적인 개념이며, 측정할 수 없다. 반면에 변형률은 잘 구성된 실험 절차를 통해서 직접 측정할 수 있다. 부재에서 변형률이 측정되면, 이에 상응하는 응력은 훅의 법칙인 응력-변형률 관계로부터 구할 수 있다.

스트레인 게이지

변형률은 스트레인 게이지(strain gauge)라는 간단한 도구로 측정할 수 있다. 스트레인 게이지는 전기적인 저항의 형태이다. 대부분 스트레인 게이지는 기계 또는 구조 요소의 표면에 접착되는 얇은 금속 박편 격자이다. 하중이 작용할 때 물체는 인장하거나 수축하며 수직변형률을 생성한다. 스트레인 게이지가 물체에 접착되어 있으므로 물체와 같은 변형률을 가지게 된다. 금속 박판 격자의 전기적 저항은 변형률과 비례하여 변한다. 결국 게이지의 저항의 변화를 정밀히 측정하는 것은 간접적으로 변형률을 측정하는 것이 된다. 게이지의 저항의 변화는 매우 작아서 일반적인 저항계로는 측정하기 어렵다. 따라서 휘트스톤 브릿지라는 전기회로의 특별한 종류를 이용하여 정밀히 측정할 수 있다. 각 게이지의 종류에 대한 변형률과 저항 변화의 관계는 제조사에서 수행하는 보정 과정을 통하여 결정된다. 게이지 제작사는 게이지 인자라는 이 특성치를 알려주며, 이는 길이 L의 단위 길이의 변화량에 대한 저항 R의 단위 저항의 변화량의 비로 정의된다.

$$GF = \frac{\Delta R/R}{\Delta L/L} = \frac{\Delta R/R}{\varepsilon_{\text{avg}}}$$

이 식에서 ΔR은 저항의 변화이고, ΔL은 스트레인 게이지의 길이의 변화이다. 게이지 인자는 일반적인 작은 저항 변화의 범위에서 상수이며, 대부분의 게이지는 약 2의 게이지 인자를 갖는다. 만일 화학적 손상이나 환경 조건(온도나 습도)과 물리적 손상으로부터 적절히 보호된다면 스트레인 게이지는 매우 정확하고, 저렴하며 내구성을 가진다. 스트레인 게이지는 정적 및 동적 변형률에 있어서 1×10^{-6}까지의 수직변형률을 측정할 수 있다.

금속 박판 격자를 만들기 위하여 사용되는 포토에칭은 게이지의 크기, 격자의 형태를 매우 다양하게 만들 수 있다. 전형적인 단일 스트레인 게이지를 그림 13.7에 보여주고 있다. 박판 자체는 깨지기 쉽고, 찢어지기 쉬우므로, 격자는 얇은 플라스틱 필름 보강재로 접착되었는데, 이는 스트레인 게이지와 테스트하고자 하는 물체 사이에서 강도와 전기적인 절연성을 제공해 준다. 범용 스트레인 게이지를 적용하기 위해서는 인성과 신축성이 있는 폴리이미드 플라스틱이 뒤판으로 사용된다. 가지런하게 적절히 설치가 가능하도록 뒤판에 기준 표시를 추가한다. 리드 선은 게이지의 납땜으로 붙어 있으므로 저항의 변화는 적절한 기기 시스템으로 관찰할 수 있다.

실험적인 응력 해석의 목적은 시험 대상인 물체의 특별한 점에서의 응력의 상태를 결정하는 것이다. 다시 말하면, 실험을 수행하는 사람은 궁극적으로 어느 점에서 σ_x, σ_y, τ_{xy}를 결정하기를 원한다. 이를 위하여 스트레인 게이지는 ε_x, ε_y, γ_{xy}를 결정하기 위해 사용되며, 응력을 계산하기 위해 응력-변형률 관계식이 사용된다. 그러나 스트레인 게이지는 단지 한 방향의 수직변형률을 측정할 수 있다. 그러므로 "단지 한 방향의 수직변형률 ε의 측정한 성분을 가지고 어떻게 3개의 성분(ε_x, ε_y, γ_{xy})을 결정할 수 있는가?"라는 문제가 발생한다.

임의의 방향 θ에서의 수직변형률 ε_n에 대한 변형률 변환식은 13.3절에서 유도하였다.

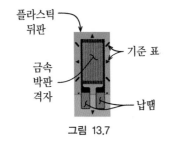

플라스틱 뒤판

기준 표

금속 박판 격자

납땜

그림 13.7

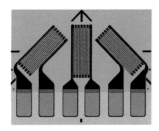

그림 13.8 전형적인 스트레인 로제트

$$\varepsilon_n = \varepsilon_x \cos^2\theta + \varepsilon_y \cos^2\theta + \gamma_{xy} \sin\theta \cos\theta \qquad (13.3)$$

ε_n이 알고 있는 각도 θ만큼 회전된 스트레인 게이지에서 측정된다고 가정하자. 3개의 미지 변수(ε_x, ε_y, γ_{xy})는 식 (13.3)에서 남는다. 이들 3개의 미지수를 구하기 위하여 ε_x, ε_y, γ_{xy}에 관한 3개의 방정식이 필요하다. 이들 방정식은 3개의 스트레인 게이지를 조합하여 구 할 수 있으며, 각 스트레인 게이지는 각각 다른 방향의 변형률을 측정한다. 이러한 스트레인 게이지의 조합을 스트레인 로제트(strain rosette)라고 한다.

스트레인 로제트

그림 13.8의 스트레인 로제트는 사각형 로제트라 불리는데 그 이유는 게이지 사이의 각도가 45°이기 때문이다. 사각형 로제트가 가장 널리 사용된다.

전형적인 스트레인 로제트는 그림 13.8에 보여주고 있다. 게이지는 3개의 게이지의 사이의 각을 알 수 있도록 되어 있다. 로제트를 시험할 물체에 부착할 때, 3개의 게이지 중에 하나는 물체의 기준 축에 일치시킨다. 예를 들면, 보나 축의 종방향으로 하나를 배치한다. 실험 중에는 변형률이 각각 3개의 게이지로부터 측정된다. 변형률 변환식은 그림 13.9에 명시된 대로 3개의 스트레인 게이지 각각에 대하여 다음과 같이 쓸 수 있다.

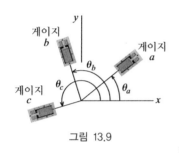

게이지 b

게이지 a

게이지 c

θ_b θ_c θ_a

그림 13.9

$$\begin{aligned}
\varepsilon_a &= \varepsilon_x \cos^2\theta_a + \varepsilon_y \sin^2\theta_a + \gamma_{xy} \sin\theta_a \cos\theta_a \\
\varepsilon_b &= \varepsilon_x \cos^2\theta_b + \varepsilon_y \sin^2\theta_b + \gamma_{xy} \sin\theta_b \cos\theta_b \\
\varepsilon_c &= \varepsilon_x \cos^2\theta_c + \varepsilon_y \sin^2\theta_c + \gamma_{xy} \sin\theta_a \cos\theta_c
\end{aligned} \qquad (13.14)$$

이 책에서는 각 로제트 게이지의 방향을 정하기 위한 각도는 기준 x축으로부터 반시계 방향으로 측정할 것이다.

식 (13.14)의 3개의 변형률 변환식을 연립으로 풀어서 ε_x, ε_y, γ_{xy}의 값을 구할 수 있다. 일단 ε_x, ε_y, γ_{xy}가 결정되면, 식 (13.9), (13.10), (13.11)을 이용하거나 모어 원을 이용하여 어느 점에서의 면내 주변형률, 회전각, 면내 최대 전단변형률을 결정할 수 있다.

평면 외 방향에서의 변형률

로제트는 물체의 표면에 부착되었고, 물체의 자유표면에 평면 외 방향(평면에 수직한 방향)에서의 응력은 항상 0이다. 결과적으로 로제트는 평면응력 상태에 놓이게 된다. 평면 변형 상태에서 평면 외 방향의 변형률은 0이지만, 평면응력 상태에서 평면 외 방향의 변형률은 0이 아니다.

주변형률 $\varepsilon_z = \varepsilon_{p3}$는 측정된 평면 내 데이터로부터 다음 식에 의해 결정된다.

$$\varepsilon_z = -\frac{v}{1-v}(\varepsilon_x + \varepsilon_y) \qquad (13.15)$$

여기서 v는 푸아송 비이다. 이 식의 유도는 다음 절의 일반화된 훅의 법칙에서 다룰 것이다. 평면외 주변형률은 중요하다. 왜냐하면 어느 점에서 주변형률의 크기와 부호에 따라 그 점에서의 절대최대 전단력이 $(\varepsilon_{p1} - \varepsilon_{p2})$, $(\varepsilon_{p1} - \varepsilon_{p3})$, 또는 $(\varepsilon_{p3} - \varepsilon_{p2})$ 중에 하나이기 때문이다(13.4절 참조).

예제 13.4

그림과 같이 3개의 스트레인 게이지로 구성된 스트레인 로제트가 강재 기계 부품의 표면에 부착되어 있다($v = 0.30.$). 하중 작용 상태에서 다음과 같은 변형률이 측정되었다.

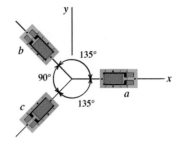

$$\varepsilon_a = -600\,\mu\varepsilon, \quad \varepsilon_b = -900\,\mu\varepsilon, \quad \varepsilon_c = +700\,\mu\varepsilon$$

그 점에서 주변형률과 최대 전단변형률을 결정하라. 그리고 주변형률에 대한 변형과 면내 최대 전단변형률에 의한 찌그러짐을 스케치하라.

풀이 계획 주변형률과 면내 최대 전단변형률을 계산하기 위하여 변형률 ε_x, ε_y, γ_{xy}가 결정되어야 한다. 이들 수직변형률과 전단변형률은 각 게이지에 대한 변형률 변환식으로부터 유도된 3개의 방정식에 로제트 데이터를 대입하여 풀이함으로써 구할 수 있다. x축과 일직선인 a는 수직변형률 ε_x를 측정한다. 따라서 스트레인 게이지 데이터가 줄어들어 ε_y, γ_{xy}에 대한 2개의 방정식만을 푸는 것과 같다.

풀이 3개의 게이지에 대한 각도 θ_a, θ_b, θ_c가 결정되어야 한다. 비록 이것이 절대적인 요구 사항은 아니지만, 만일 모든 각도 θ가 x축에 관하여 반시계방향으로 측정된다면 스트레인 로제트 문제를 해결하기가 더 쉽다. 이 문제에서 로제트의 3개의 각도는 $\theta_a = 0°$, $\theta_b = 135°$, $\theta_c = 225°$이다. 이들 각도를 이용하여 각 게이지에 대한 변형률 변환식은 다음과 같다. 여기서 ε_n는 실험에서 측정된 변형률 값이다.

게이지 a에 대한 변환식:

$$-600 = \varepsilon_x\cos^2(0°) + \varepsilon_y\sin^2(0°) + \gamma_{xy}\sin(0°)\cos(0°)$$

(a)

게이지 b에 대한 변환식:

$$-900 = \varepsilon_x\cos^2(135°) + \varepsilon_y\sin^2(135°) + \gamma_{xy}\sin(135°)\cos(135°)$$

(b)

게이지 c에 대한 변환식:

$$+700 = \varepsilon_x\cos^2(225°) + \varepsilon_y\sin^2(225°) + \gamma_{xy}\sin(225°)\cos(225°)$$

(c)

$\sin(0°) = 0$ 이기 때문에 식 (a)에서 $\varepsilon_x = -600\,\mu\varepsilon$이다. 이 결과를 식 (b)와 식 (c)에 대입하고 방정식의 왼쪽에 상수를 모으면 다음과 같다.

$$-600 = 0.5\,\varepsilon_y - 0.5\,\gamma_{xy}$$
$$+1000 = 0.5\,\varepsilon_y - 0.5\,\gamma_{xy}$$

일반적으로 통상적인 로제트 형식에 사용되는 게이지 방향은 이들 두 방정식의 형태와 유사한 쌍을 이루기 때문에 연립을 풀기 쉽게 만들어준다. ε_y를 구하기 위하여 두 방정식을 더하여 $\varepsilon_y = +400\,\mu\varepsilon$을 구한다. 두 방정식을 빼면 $\gamma_{xy} = +1600\,\mu\text{rad}$을 얻는다. 그러므로 강재 기계 부품의 어느 점에서의 응력 상태는 $\varepsilon_x = -600\,\mu\varepsilon$, $\varepsilon_y = +400\,\mu\varepsilon$, $\gamma_{xy} = +1600\,\mu\text{rad}$로 요약할 수 있다. 이들 변형률은 주변형률과 면내 최대 전단변형률을 결정하는 데 사용될 것이다.

식 (13.10)으로부터 주변형률은 다음과 같이 계산할 수 있다.

$$\varepsilon_{p,p2} = \frac{\varepsilon_x + \varepsilon_y}{2} \pm \sqrt{\left(\frac{\varepsilon_x - \varepsilon_y}{2}\right)^2 + \left(\frac{\gamma_{xy}}{2}\right)^2}$$

$$= \frac{-600 + 400}{2} \pm \sqrt{\left(\frac{-600 - 400}{2}\right)^2 + \left(\frac{1600}{2}\right)^2}$$

$$= -100 \pm 943$$

$$= +843\,\mu\varepsilon,\ -1043\,\mu\varepsilon \qquad\qquad\text{답}$$

식 (13.11)로부터 면내 최대 전단변형률은 다음과 같다.

$$\frac{\gamma_{\max}}{2} = \pm\sqrt{\left(\frac{\varepsilon_x - \varepsilon_y}{2}\right)^2 + \left(\frac{\gamma_{xy}}{2}\right)^2}$$

$$= \pm\sqrt{\left(\frac{-600 - 400}{2}\right)^2 + \left(\frac{1600}{2}\right)^2}$$

$$= 943.4\,\mu\,\text{rad}$$

$$\therefore \gamma_{\max} = 1887\,\mu\,\text{rad} \qquad\qquad\text{답}$$

면내 주방향은 식 (13.9)로부터 결정될 수 있다.

$$\tan 2\theta_p = \frac{\gamma_{xy}}{(\varepsilon_x - \varepsilon_y)} = \frac{1600}{-600 - 400} = \frac{1600}{-1000} \qquad \text{Note: } \varepsilon_x - \varepsilon_y < 0$$

$$\therefore 2\theta_p = -58° \qquad 즉, \qquad \theta_p = -29.0°$$

$\varepsilon_x - \varepsilon_y < 0$이므로 θ_p는 x방향과 ε_{p2}방향 사이의 각도이다.

스트레인 로제트는 기계 부품의 표면에 부착되어 있으므로, 평면응력 조건이다. 따라서 면외 수직변형률 ε_z은 0이 되지 않는다. 세 번째 주변형률 ε_{p3}는 식 (13.15)로부터 계산할 수 있다.

$$\varepsilon_{p3} = \varepsilon_z = -\frac{\upsilon}{1 - \upsilon}(\varepsilon_x + \varepsilon_y) = -\frac{0.3}{1 - 0.3}(-600 + 400) = +85.7\,\mu\varepsilon$$

$\varepsilon_{p2} < \varepsilon_{p3} < \varepsilon_{p1}$(표 13.2 참조)이므로, 절대최대 전단변형률은 면내 최대 전단변형률과 같다.

$$\gamma_{\text{abs max}} = \varepsilon_{p1} - \varepsilon_{p2} = 843\,\mu\varepsilon - (-1043\,\mu\varepsilon) = 1887\,\mu\,\text{rad}$$

변형과 찌그러짐 스케치

주변형률은 x방향으로부터 시계방향으로 29.0° 회전된 위치에 있다. $\varepsilon_x - \varepsilon_y < 0$이므로 이 방향에 해당하는 주변형률은 $\varepsilon_{p2} = -1043\,\mu\varepsilon$이다. 이 방향으로 요소는 수축한다. 직교방향으로는 주변형률은 $\varepsilon_{p1} = 843\,\mu\varepsilon$ 이며, 이는 요소가 인장함을 의미한다.

면내 최대 전단변형률에 의한 찌그러짐은 그림에서 사각형의 각 모서리의 중앙점을 연결한 다이아몬드로 나타내었다.

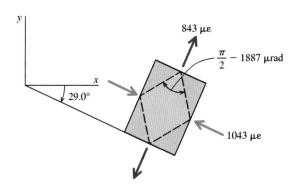

기계 부품의 자유 표면의 한 점에서의 수직변형률의 데이터를 얻기 위해 그림에 보인 스트레인 로제트를 사용하였다. 다음을 결정하라.

(a) 그 점에서 변형률 성분 ε_x, ε_y, γ_{xy}

(b) 그 점에서 주변형률과 최대 전단변형률

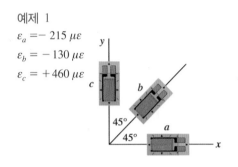

예제 1
$\varepsilon_a = -215 \, \mu\varepsilon$
$\varepsilon_b = -130 \, \mu\varepsilon$
$\varepsilon_c = +460 \, \mu\varepsilon$

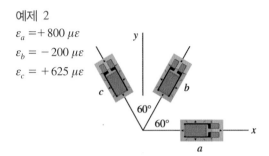

예제 2
$\varepsilon_a = +800 \, \mu\varepsilon$
$\varepsilon_b = -200 \, \mu\varepsilon$
$\varepsilon_c = +625 \, \mu\varepsilon$

Mec Movies MecMovies 연습문제

M13.5 로제트에 의한 변형률 측정

기계 부품의 자유 표면의 한 점에서의 수직변형률의 데이터를 얻기 위해 그림에 보인 스트레인 로제트를 사용하였다. 수직변형률, 전단변형률, $x-y$평면에서의 주변형률을 결정하라.

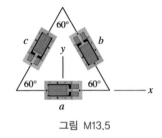

그림 M13.5

PROBLEMS

P13.39–P13.48 그림 P13.39–P13.48에 보인 스트레인 로제트는 기계의 자유 표면의 어느 점에서의 수직변형률을 얻기 위하여 사용되었다.

(a) 그 점에서 변형률 ε_x, ε_y, γ_{xy}를 결정하라.

(b) 그 점에서 주변형률, 면내 최대 전단변형률을 결정하라.

(c) 각도 θ_p, 주변형률의 변형, 면내 최대 전단변형률의 찌그러짐을 스케치하라.

(d) 절대최대 전단변형률의 크기를 결정하라.

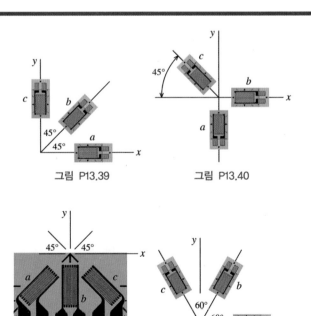

그림 P13.39

그림 P13.40

그림 P13.41

그림 P13.42

문제	ε_a	ε_b	ε_c	ν
13.39	410 με	−540 με	−330 με	0.30
13.40	215 με	−710 με	−760 με	0.12
13.41	510 με	415 με	430 με	0.33
13.42	−960 με	−815 με	−505 με	0.33
13.43	−360 με	−230 με	815 με	0.15
13.44	775 με	−515 με	415 με	0.30
13.45	−830 με	−1090 με	−200 με	0.15
13.46	1480 με	2460 με	1075 με	0.33
13.47	625 με	1095 με	−345 με	0.12
13.48	−185 με	−390 με	−60 με	0.30

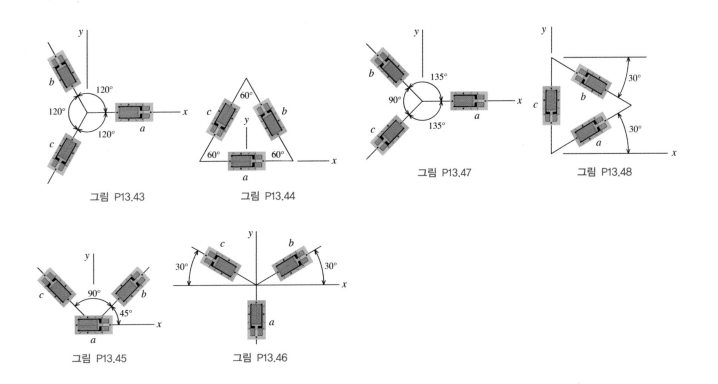

그림 P13.43 그림 P13.44 그림 P13.47 그림 P13.48

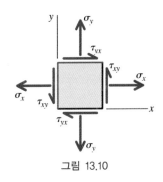

그림 P13.45 그림 P13.46

13.8 등방성 재료에 대한 일반화된 훅의 법칙

그림 13.10

훅의 법칙[식 (3.4) 참조]은 공학 분야에서 자주 2차원(그림 13.10)과 3차원(그림 13.11) 응력상태를 포함하도록 확장될 수 있다. 방향과 무관한 성질(예를 들면, 탄성계수 E와 푸아송 비 v)을 갖는 등방성 재료를 고려한다. 다시 말하면, E와 v는 등방성 재료에서 모든 방향으로 같은 값을 갖는다.

그림 13.12는 3개의 다른 수직응력 σ_x, σ_y, σ_z을 받는 재료 요소를 보여준다. 그림 13.12a에서 양의 수직응력 σ_x는 x방향으로 양의 수직변형률을 생성시킨다.

$$\varepsilon_x = \frac{\sigma_x}{E}$$

비록 응력이 x방향으로만 작용하지만 푸아송 효과 때문에 수직변형률은 y방향과 z방향으로 수직변형률이 발생한다.

$$\varepsilon_y = -v\frac{\sigma_x}{E} \qquad \varepsilon_z = -v\frac{\sigma_x}{E}$$

수평 방향에서 이들 변형률은 음(수축)이 된다는 것에 유의해야 한다. 만약 x방향으로 요소가 인장되면 수평 방향으로는 수축되며, 반대의 경우도 성립된다.

마찬가지로 수직응력 σ_y는 y방향뿐만 아니라 수평 방향으로도 변형률을 생성시킨다(그림 13.12b).

$$\varepsilon_y = \frac{\sigma_y}{E} \qquad \varepsilon_x = -v\frac{\sigma_y}{E} \qquad \varepsilon_z = -v\frac{\sigma_y}{E}$$

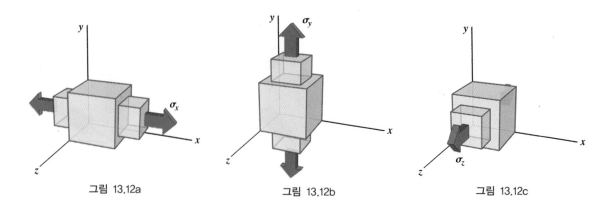

그림 13.12a   그림 13.12b   그림 13.12c

같은 방법으로, 수직응력 σ_z은 다음의 변형률은 생성시킨다(그림 13.12c).

$$\varepsilon_z = \frac{\sigma_z}{E} \qquad \varepsilon_x = -v\frac{\sigma_z}{E} \qquad \varepsilon_y = -v\frac{\sigma_z}{E}$$

만약 3개의 수직응력 σ_x, σ_y, σ_z가 동시에 미소요소에 작용하면, 이 요소의 변형은 각 수직응력에 의해 생성된 변형의 합으로 결정할 수 있다. 이러한 과정은 중첩의 원리(principle of superposition)를 기초로 하고 있으며, 이는 각 하중의 영향은 대수적으로 더할 수 있다는 것이다. 이를 위해 2가지 조건을 만족해야 한다.

1. 각각의 결과는 이를 발생시킨 하중과 선형적인 관계이다.
2. 첫 번째 하중의 결과는 두 번째 하중의 결과에 큰 변화를 주지 않는다.

만약 응력이 재료의 비례한도를 초과하지 않으면 첫 번째 조건은 만족된다. 만약 변형이 작아서 요소 각 면 면적의 작은 변화가 응력의 변화에 영향을 크게 미치지 않는다면 두 번째 조건이 만족된다.

중첩의 원리를 이용하여, 수직변형률과 수직응력과의 관계는 다음과 같이 쓸 수 있다.

$$\varepsilon_x = \frac{1}{E}[\sigma_x - v(\sigma_y + \sigma_z)]$$
$$\varepsilon_y = \frac{1}{E}[\sigma_y - v(\sigma_x + \sigma_z)] \qquad\qquad (13.16)$$
$$\varepsilon_z = \frac{1}{E}[\sigma_z - v(\sigma_x + \sigma_y)]$$

전단응력 τ_{xy}, τ_{yz}, τ_{xz}에 의해 요소에 발생한 변형은 그림 13.13a – c에 나타내고 있다. 푸아송 효과는 전단변형률과 상관이 없으므로 전단변형률과 전단응력의 관계는 다음과 같다.

$$\gamma_{xy} = \frac{1}{G}\tau_{xy} \qquad \gamma_{yz} = \frac{1}{G}\tau_{yz} \qquad \gamma_{zx} = \frac{1}{G}\tau_{zx} \qquad\qquad (13.17)$$

여기서 G는 전단탄성계수이며, 탄성계수 E와 푸아송 비 v와는 다음과 같은 관계식을 갖는다.

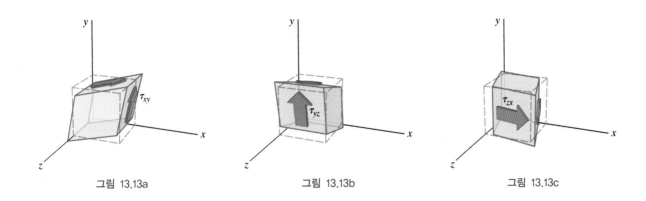

그림 13.13a   그림 13.13b   그림 13.13c

$$G = \frac{E}{2(1+v)} \tag{13.18}$$

식 (13.16)과 식 (13.17)은 등방성 재료에 대한 일반화된 훅의 법칙(generalized Hooke's law)이라 한다. 전단응력은 수직변형률에 영향을 주지 않으며, 수직응력은 전단변형률에 영향을 주지 않는다. 그러므로 수직과 전단의 관계는 상호 독립적이다. 더구나 식 (13.17)의 전단변형률은 3개의 수직응력 모두가 포함된 식 (13.16)에서의 수직변형률과 달리 상호 독립적이다. 예를 들면, 전단변형률 γ_{xy}은 단지 전단응력 τ_{xy}의 영향만을 받는다.

추가적으로 식 (13.16)과 식 (13.17)은 다음과 같이 변형률 항에 관한 식으로 응력을 풀 수 있다.

$$\sigma_x = \frac{E}{(1+v)(1-2v)}\left[(1-v)\varepsilon_x + v(\varepsilon_y + \varepsilon_z)\right]$$

$$\sigma_y = \frac{E}{(1+v)(1-2v)}\left[(1-v)\varepsilon_y + v(\varepsilon_x + \varepsilon_z)\right] \tag{13.19}$$

$$\sigma_z = \frac{E}{(1+v)(1-2v)}\left[(1-v)\varepsilon_z + v(\varepsilon_x + \varepsilon_y)\right]$$

그리고

$$\tau_{xy} = G\gamma_{xy} \qquad \tau_{yz} = G\gamma_{yz} \qquad \tau_{zx} = G\gamma_{zx} \tag{13.20}$$

평면응력의 특별한 경우

응력이 단지 $x-y$평면에 작용하면(그림 13.10), $\sigma_z = 0$, $\tau_{yz} = \tau_{zx} = 0$이다. 결국 식 (13.16)은 다음과 같이 된다.

$$\varepsilon_x = \frac{1}{E}(\sigma_x - v\sigma_y)$$

$$\varepsilon_y = \frac{1}{E}(\sigma_y - v\sigma_x) \tag{13.21}$$

$$\varepsilon_z = -\frac{v}{E}(\sigma_x + \sigma_y)$$

MecMovies 13.7은 2축 응력에 대한 일반화된 훅의 법칙 방정식의 유도를 동영상으로 보여준다.

그리고 식 (13.17)은 간략하게

$$\gamma_{xy} = \frac{1}{G}\tau_{xy} \tag{13.22}$$

식 (13.21)을 변형률 항으로 된 응력을 풀면 다음과 같다.

$$\sigma_x = \frac{E}{1-v^2}(\varepsilon_x + v\varepsilon_y)$$

$$\sigma_y = \frac{E}{1-v^2}(\varepsilon_y + v\varepsilon_x) \tag{13.23}$$

식 (13.23)은 측정되거나 계산된 수직변형률로부터 수직응력을 계산하기 위해 사용될 수 있다.

평면외 수직변형률 ε_z은 평면응력 조건에서 일반적으로 0이 아니다. ε_x와 ε_y의 항으로 표현된 ε_z은 식 (13.15)에 주어져 있다. 이 방정식은 식 (13.23)을 다음 식에 대입하여 유도할 수 있다.

$$\varepsilon_z = -\frac{v}{E}(\sigma_x + \sigma_y)$$

ε_z을 구하는 식은 다음과 같다.

$$\begin{aligned}
\varepsilon_z &= -\frac{v}{E}(\sigma_x + \sigma_y) = -\frac{v}{E}\frac{E}{1-v^2}\left[(\varepsilon_x + v\varepsilon_y) + (\varepsilon_y + v\varepsilon_x)\right] \\
&= -\frac{v}{(1-v)(1+v)}\left[(1+v)\varepsilon_x + (1+v)\varepsilon_y\right] \\
&= -\frac{v}{(1-v)}(\varepsilon_x + \varepsilon_y)
\end{aligned} \tag{13.24}$$

예제 13.5

알루미늄 부품[$E = 73$ GPa; $v = 0.33$]의 자유표면에 3개의 스트레인 게이지가 그림과 같이 배열되었으며 다음과 같은 변형률이 측정되었다.

$$\varepsilon_a = -1130\ \mu\varepsilon, \ \varepsilon_b = 1650\ \mu\varepsilon, \ \varepsilon_c = 775\ \mu\varepsilon.$$

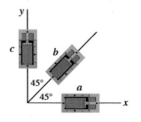

게이지 b의 축(양의 x축에 대해 $\theta = 45°$의 각도를 이루는 곳)을 따라 작용하는 수직응력을 결정하라.

풀이 계획 문제를 대략적으로 보면, 게이지 b에 측정된 변형률과 탄성계수 E를 사용하여 특정한 방향으로 작용하는 수직응력을 계산하고자 할 수 있다. 그러나 이 문제는 일축응력이 작용하는 경우가 아니기 때문에 이 생각은 옳지 않다. 다른 말로 하면, 45° 방향으로 작용하는 수직응력은 이 재료에 작용하는 유일한 응력이 아니다. 이 문제를 풀기 위하여 첫 번째로 스트레인 로제트의 데이터를 사용하여 ε_x, ε_y, γ_{xy}값을 구한다. 식 (13.23)과 식 (13.22)로부터 응력 σ_x, σ_y, τ_{xy}가 계산될 수 있다. 마지막으로 특정한 방향에서의 수직응력은 응력 변환식으로 계산할 수 있다.

풀이 로제트의 기하학으로부터 게이지 a는 x방향의 변형률을 측정하고, 게이지 c는 y방향의 변형률을 측정한다. 그러므로 $\varepsilon_x = -1130 \ \mu\varepsilon$, $\varepsilon_y = 1650 \ \mu\varepsilon$이다. γ_{xy}를 계산하기 위하여 게이지 b에 대한 변형률 변환식을 이용한다.

$$1650 = \varepsilon_x \cos^2(45°) + \varepsilon_y \sin^2(45°) + \gamma_{xy} \sin(45°)\cos(45°)$$

여기서 γ_{xy}에 대해 풀면

$$1650 = (-1130)\cos^2(45°) + (775)\sin^2(45°) + \gamma_{xy}\sin(45°)\cos(45°)$$

$$\therefore \gamma_{xy} = \frac{1650 + (1130)(0.5) - (775)(0.5)}{0.5} = 3655 \ \mu\,\mathrm{rad}$$

스트레인 로제트가 알루미늄 부품의 표면에 부착되어 있으므로 이것은 평면응력 상태이다. 식 (13.23)의 일반화된 훅의 법칙과 재료 특성치인 $E = 73$ GPa, $v = 0.33$를 이용하여 수직변형률 ε_x, ε_y로부터 수직응력 σ_x, σ_y를 계산할 수 있다.

$$\sigma_x = \frac{E}{1-v^2}(\varepsilon_x + v\varepsilon_y) = \frac{73\,000 \ \mathrm{MPa}}{1-(0.33)^2}\left[(-1130 \times 10^{-6}) + 0.33(775 \times 10^{-6})\right] = -71.62 \ \mathrm{MPa}$$

$$\sigma_y = \frac{E}{1-v^2}(\varepsilon_y + v\varepsilon_x) = \frac{73\,000 \ \mathrm{MPa}}{1-(0.33)^2}\left[(775 \times 10^{-6}) + 0.33(-1130 \times 10^{-6})\right] = 32.94 \ \mathrm{MPa}$$

주의: 이러한 계산을 할 때 측정된 마이크로 변형률($\mu\varepsilon$)은 무차원양(즉, mm/mm)으로 변환시켜야 한다.
전단응력 τ_{xy}를 계산하기 전에 알루미늄의 전단탄성계수 G는 식 (13.18)로부터 계산할 수 있다.

$$G = \frac{E}{2(1+v)} = \frac{73\,000 \ \mathrm{MPa}}{2(1+0.33)} = 27443.61 \ \mathrm{MPa}$$

전단응력 τ_{xy}는 식 (13.22)로부터 계산할 수 있다. 이 식을 정리하여 응력을 풀 수 있다.

$$\tau_{xy} = G\gamma_{xy} = (27443.61 \ \mathrm{MPa})(3655 \times 10^{-6}) = 100.31 \ \mathrm{MPa}$$

마지막으로 $\theta = 45°$ 방향으로 작용하는 수직응력은 식 (12.5)와 같은 응력 변환식으로부터 계산할 수 있다.

$$\sigma_n = \sigma_x \cos^2\theta + \sigma_y \sin^2\theta + 2\tau_{xy}\sin\theta\cos\theta$$

$$= (-71.62 \ \mathrm{MPa})\cos^2 45° + (32.94 \ \mathrm{MPa})\sin^2 45° + 2(100.31 \ \mathrm{MPa})\sin 45°\cos 45°$$

$$= 81.0 \ \mathrm{MPa} \quad (인장) \tag{답}$$

예제 13.6

얇은 강재 판[$E = 210$ GPa; $G = 80$ GPa]이 2축 응력을 받고 있다. x방향으로의 수직응력은 $\sigma_x = 70$ MPa이다. 판의 자유 표면에서 지정된 방향으로 스트레인 게이지에 의하여 측정된 수직응력은 $+230 \ \mu\varepsilon$이다.

(a) 판에 작용하는 σ_y의 크기를 결정하라.

(b) 판에서의 주변형률, 면내 최대 전단변형률을 결정하라. 주변형률에 의한 변형과 면내 최대 전단변형률에 의한 찌그러짐을 스케치하라.

(c) 판에서 절대최대 전단변형률의 크기를 결정하라.

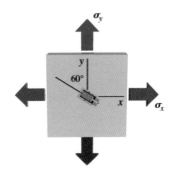

풀이 계획 문제를 풀기 위하여 그림의 스트레인 게이지의 각도에 대한 변형률 변환식을 고려한다. 이 식은 x방향과 y방향의 변형률에 대하여 게이지에 의해 측정된 변형률 ε_n으로 표현될 것이다. 판에 작용하는 전단력은 없으므로 전단변형률 γ_{xy}는 0이고, 변형률 변환식은 오직 ε_x와 ε_y에 관한 식이다. σ_x와 σ_y의 항으로 된 ε_x와 ε_y에 대한 일반화된 훅의 법칙으로부터 식 (13.21)은 변형률 변환식에 대입될 수 있으며, 미지수가 오직 σ_y뿐인 방정식을 만든다. σ_y를 구한 후에 식 (13.21)은 ε_x, ε_y, ε_z를 계산하는 데 사용된다. 이들 값은 판에서의 주변형률, 면내 최대 전단변형률, 절대최대 전단변형률을 결정하는 데 사용된다.

풀이 (a) 수직응력 σ_y

스트레인 게이지는 $\theta = 150°$ 각도로 놓여 있다. 이 각을 이용하여 게이지의 변형률 변환식을 고려한다. 여기서 변형률 ε_n는 게이지에 의해서 측정된 값이다.

$$+230\,\mu\varepsilon = \varepsilon_x \cos^2(150°) + \varepsilon_y \sin^2(150°) + \tau_{xy}\sin(150°)\cos(150°)$$

전단변형률 γ_{xy}은 식 (13.22)의 전단응력 τ_{xy}와 관계되어 있다.

$$\tau_{xy} = \frac{1}{G}\tau_{xy}$$

$\tau_{xy} = 0$이므로 전단변형률 γ_{xy}은 항상 0이 되어야 하며, 변형률 변환식은 다음과 같다.

$$+230\,\mu\varepsilon = 230\times10^{-6}\,\text{mm/mm} = \varepsilon_x \cos^2(150°) + \varepsilon_y \sin^2(150°)$$

일반화된 훅의 법칙으로부터 식 (13.21)은 평면응력 상태에서 응력과 변형률 관계를 다음과 같이 정의하고 있다.

$$\varepsilon_x = \frac{1}{E}(\varepsilon_x - v\sigma_y) \qquad \text{and} \qquad \varepsilon_y = \frac{1}{E}(\sigma_y - v\sigma_x)$$

이 식들을 변형률 변환식에 대입하여 정리한다.

$$230\times10^{-6}\,\text{mm/mm} = \varepsilon_x \cos^2(150°) + \varepsilon_y \sin^2(150°)$$
$$= \frac{1}{E}(\sigma_x - v\sigma_y)\cos^2(150°) + \frac{1}{E}(\sigma_y - v\sigma_x)\sin^2(150°)$$
$$= \frac{1}{E}\left[\sigma_x \cos^2(150°) - v\sigma_x \sin^2(150°)\right] + \frac{1}{E}\left[\sigma_y \sin^2(150°) - v\sigma_y \cos^2(150°)\right]$$
$$= \frac{\sigma_x}{E}\left[\cos^2(150°) - v\sin^2(150°)\right] + \frac{\sigma_y}{E}\left[\sin^2(150°) - v\cos^2(150°)\right]$$

미지 응력 σ_y에 대해 풀면 다음과 같다.

$$(230\times10^{-6}\,\text{mm/mm})E - \sigma_x\left[\cos^2(150°) - v\sin^2(150°)\right] = \sigma_y\left[\sin^2(150°) - v\cos^2(150°)\right]$$
$$\therefore \sigma_y = \frac{(230\times10^{-6}\,\text{mm/mm})E - \sigma_x\left[\cos^2(150°) - v\sin^2(150°)\right]}{\sin^2(150°) - v\cos^2(150°)}$$

수직응력 σ_y를 계산하기 전에 탄성계수 E와 전단탄성계수 G로부터 푸아송 비의 값을 계산해야 한다.

$$G = \frac{E}{2(1+v)} \qquad \therefore v = \frac{E}{2G} - 1 = \frac{210\,\text{GPa}}{2(80\,\text{GPa})} - 1 = 0.3125$$

수직응력 σ_y은 계산할 수 있다.

$$\sigma_y = \frac{(230 \times 10^{-6}\,\text{mm/mm})(210\,000\,\text{MPa}) - (70\,\text{MPa})\left[\cos^2(150°) - (0.3125)\sin^2(150°)\right]}{\sin^2(150°) - (0.3125)\cos^2(150°)}$$

$$= 81.2\,\text{MPa} \qquad\qquad 답$$

(b) 주변형률과 면내 최대 전단변형률

x, y, z방향의 수직변형률은 식 (13.21)로부터 계산할 수 있다.

$$\varepsilon_x = \frac{1}{E}(\sigma_x - v\sigma_y) = \frac{1}{210\,000\,\text{MPa}}[70\,\text{MPa} - (0.3125)(81.2\,\text{MPa})] = 212.5 \times 10^{-6}\,\text{mm/mm}$$

$$\varepsilon_y = \frac{1}{E}(\sigma_y - v\sigma_x) = \frac{1}{210\,000\,\text{MPa}}[81.2\,\text{MPa} - (0.3125)(70\,\text{MPa})] = 282.5 \times 10^{-6}\,\text{mm/mm}$$

$$\varepsilon_z = -\frac{v}{E}(\sigma_x + \sigma_y) = -\frac{0.3125}{210\,000\,\text{MPa}}[81.2\,\text{MPa} + 70\,\text{MPa}] = -225 \times 10^{-6}\,\text{mm/mm}$$

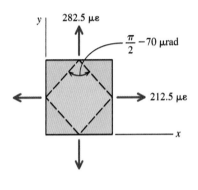

$\gamma_{xy} = 0$이므로 변형률 ε_x와 ε_y은 또한 주변형률이다. 그 이유는 주변형률 방향에서 전단변형률이 존재하지 않으며, 궁극적으로 전단변형률이 0인 방향은 주변형률 방향이 되기 때문이다. 그러므로

$$\varepsilon_{p1} = 282.5\,\mu\varepsilon \qquad \varepsilon_{p2} = 212.5\,\mu\varepsilon \qquad \varepsilon_{p3} = -225\,\mu\varepsilon \qquad 답$$

식 (13.12)로부터 면내 최대 전단변형률은 ε_{p1}과 ε_{p2}로부터 결정된다.

$$\gamma_{\max} = \varepsilon_{p1} - \varepsilon_{p2} = 282.5 - 212.5 = 70\,\mu\text{rad} \qquad 답$$

면내 주변형률에 의한 변형과 면내 최대 전단변형률에 의한 찌그러짐은 다음과 같이 스케치할 수 있다.

(c) 절대최대 전단변형률

절대최대 전단변형률 결정하기 위하여 3가지 가능성을 고려해야 한다(표 13.2 참조).

$$\gamma_{\text{abs max}} = \varepsilon_{p1} - \varepsilon_{p2} \qquad\qquad\text{(i)}$$

$$\gamma_{\text{abs max}} = \varepsilon_{p1} - \varepsilon_{p3} \qquad\qquad\text{(ii)}$$

$$\gamma_{\text{abs max}} = \varepsilon_{p2} - \varepsilon_{p3} \qquad\qquad\text{(iii)}$$

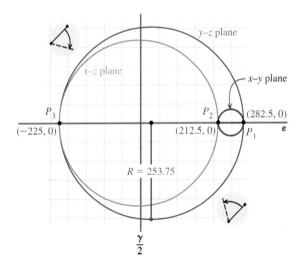

이러한 가능성은 변형률에 대한 모어 원을 통하여 쉽게 시각화할 수 있다. $x-y$평면에서 ε과 γ의 조합은 점 p_1(y방향을 의미한다.)과 점 p_2(x방향을 의미한다.) 사이의 작은 원에 의해 표시된다. 원의 반지름은 상대적으로 작기 때문에 $x-y$평면에서 최대 전단변형률은 작다($\gamma_{\max} = 70\,\mu\text{rad}$). 이 문제에서 강판은 평면응력을 받으며, 결과적으로 수직응력 $\sigma_{p3} = \sigma_z = 0$이다. 그러나 z방향의 수직변형률은 0이 아니다. 이 문제에서는 $\varepsilon_{p3} = \varepsilon_z = -225\,\mu\varepsilon$이다. 주변형률을 모어 원(즉, 점 p_3)에 표시할 때, 평면외 전단변형률은 $x-y$평면에서 변형률보다 더 큰 값을 갖는다는 것은 명확하다.

최대 전단변형률은 평면외 방향에서 발생할 것이며, 이 경우에 $y-z$평면에서 찌그러짐이다. 따라서 절대최대 전단변형률은 다음과 같이 된다.

$$\gamma_{\text{abs max}} = \varepsilon_{p1} - \varepsilon_{p3} = 282.5 - (-225) = 507.5\ \mu\,\text{rad}$$ **답**

예제 13.7

구리 합금[$E = 115$ GPa; $v = 0.307$]으로 만들어진 기계 부품의 자유표면 위에 3개의 스트레인 게이지를 그림과 같이 배열하여 측정된 변형률은 다음과 같다.

$$\varepsilon_a = +350\,\mu\varepsilon, \quad \varepsilon_b = +900\,\mu\varepsilon, \quad \varepsilon_c = +900\,\mu\varepsilon$$

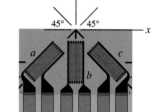

(a) 그 점에서의 변형률 성분 ε_x, ε_y, γ_{xy}를 결정하라.

(b) 그 점에서의 주변형률과 면내 최대 전단변형률을 결정하라.

(c) (b)에서의 결과를 사용하여 주응력과 면내 최대 전단응력을 결정하라. 그리고 이들 응력을 주평면의 방향과 면내 최대 전단응력 평면을 가리키는 적절한 스케치를 표시하라.

(d) 그 점에서의 절대최대 전단응력의 크기를 결정하라.

풀이 계획 이 문제를 풀기 위해, 스트레인 로제트 데이터를 이용하여 ε_x, ε_y, γ_{xy}를 결정해야 한다. 식 (13.9), (13.10), (13.11)을 사용하여 주변형률, 면내 최대 전단변형률과 이들 변형률의 방향을 결정한다. 주응력은 식 (13.23)을 사용하여 주변형률로부터 계산할 수 있으며, 식 (13.22)로부터 면내 최대 전단응력이 계산된다.

풀이 (a) 변형률 성분 ε_x, ε_y, γ_{xy}

스트레인 로제트 데이터를 변환시키기 위하여 3개의 게이지 각도 θ_a, θ_b, θ_c를 결정해야 한다. 이 문제에서 사용된 로제트의 3개의 각도는 $\theta_a = 45°$, $\theta_b = 90°$, $\theta_c = 315°$이다(대안으로는 각도 $\theta_a = 225°$, $\theta_b = 270°$, $\theta_c = 135°$가 사용될 수 있다). 이들 각도를 사용하여 각 게이지에 대한 변형률 변환식을 작성한다. 단, 변형률 ε_n은 실험에서 측정된 값이다. 그러므로

> **게이지 *a*에 대한 변환식:**
> $$+350 = \varepsilon_x \cos^2(45°) + \varepsilon_y \sin^2(45°) + \gamma_{xy} \sin(45°)\cos(45°)$$

(a)

> **게이지 *b*에 대한 변환식:**
> $$+990 = \varepsilon_x \cos^2(90°) + \varepsilon_y \sin^2(90°) + \gamma_{xy} \sin(90°)\cos(90°)$$

(b)

> **게이지 *c*에 대한 변환식:**
> $$+900 = \varepsilon_x \cos^2(135°) + \varepsilon_y \sin^2(135°) + \gamma_{xy} \sin(135°)\cos(135°)$$

(c)

$\cos(90°) = 0$이므로, 식 (b)에서 $\varepsilon_y = +990\,\mu\varepsilon$이다. 이 결과를 식 (a), (b)에 대입하고 방정식의 좌변으로 상수를 모으면

$$-145 = 0.5\,\varepsilon_x + 0.5\,\gamma_{xy}$$

$$+405 = 0.5\,\varepsilon_x - 0.5\,\gamma_{xy}$$

ε_x를 구하기 위해 두 방정식을 더하면 $\varepsilon_x = +260\,\mu\varepsilon$를 얻는다. 두 방정식을 빼면 $\gamma_{xy} = -550\,\mu\,\mathrm{rad}$을 얻는다. 그러므로 구리 합금 기계 부품의 그 점에 존재하는 변형률 상태는 $\varepsilon_x = +260\,\mu\varepsilon$, $\varepsilon_y = +990\,\mu\varepsilon$, $\gamma_{xy} = -550\,\mu\mathrm{rad}$이 된다. 이들 변형률은 주변형률과 면내 최대 전단변형률을 결정하는 데 사용된다. **답**

(b) 주변형률과 면내 최대 전단변형률
식 (13.10)으로부터 주변형률은 다음과 같이 계산된다.

$$\varepsilon_{p1,p2} = \frac{\varepsilon_x + \varepsilon_y}{2} \pm \sqrt{\left(\frac{\varepsilon_x - \varepsilon_y}{2}\right)^2 + \left(\frac{\gamma_{xy}}{2}\right)^2}$$

$$= \frac{260 + 990}{2} \pm \sqrt{\left(\frac{260 - 990}{2}\right)^2 + \left(\frac{-550}{2}\right)^2}$$

$$= 625 \pm 457$$

$$= +1082\,\mu\varepsilon,\ +168\,\mu\varepsilon \qquad\qquad\text{**답**}$$

그리고 식 (13.11)로부터 면내 최대 전단변형률은

$$\frac{\gamma_{\max}}{2} = \pm\sqrt{\left(\frac{\varepsilon_x - \varepsilon_y}{2}\right)^2 + \left(\frac{\gamma_{xy}}{2}\right)^2}$$

$$= \pm\sqrt{\left(\frac{260 - 990}{2}\right)^2 + \left(\frac{-550}{2}\right)^2}$$

$$= 457\,\mu\mathrm{rad}$$

$$\therefore\ \gamma_{\max} = 914\,\mu\,\mathrm{rad} \qquad\qquad\text{**답**}$$

면내 주방향은 식 (13.9)로부터 계산된다.

$$\tan 2\theta_p = \frac{\gamma_{xy}}{(\varepsilon_x - \varepsilon_y)} = \frac{-550}{260 - 990} = \frac{-550}{-730} \qquad \text{Note: } \varepsilon_x - \varepsilon_y < 0$$

$$\therefore\ 2\theta_p = +37.0° \qquad \text{즉,} \qquad \theta_p = +18.5°$$

$\varepsilon_x - \varepsilon_y < 0$이므로, θ_p는 x방향과 ε_{p2}방향의 사잇각이다.

스트레인 로제트는 구리 합금 표면에 부착되어 있으므로 평면응력 상태가 된다. 결과적으로 평면외 수직변형률 ε_z은 0이 아니다. 세 번째의 주변형률 ε_{p3}는 식 (13.15)로부터 계산된다.

$$\varepsilon_{p3} = \varepsilon_z = -\frac{v}{1-v}(\varepsilon_x + \varepsilon_y) = -\frac{0.307}{1 - 0.307}(260 + 990) = -554\,\mu\varepsilon \qquad\text{**답**}$$

절대최대 전단변형률은 3가지 가능성으로부터 얻어진 가장 큰 값이다(표 13.2 참조).

$$\gamma_{\mathrm{abs\,max}} = \varepsilon_{p1} - \varepsilon_{p2} \qquad \text{또는} \qquad \gamma_{\mathrm{abs\,max}} = \varepsilon_{p1} - \varepsilon_{p3} \qquad \text{또는} \qquad \gamma_{\mathrm{abs\,max}} = \varepsilon_{p2} - \varepsilon_{p3}$$

이 경우에 절대최대 전단변형률은

$$\gamma_{\mathrm{abs\,max}} = \varepsilon_{p1} - \varepsilon_{p3} = 1082 - (-554) = 1636\,\mu\,\mathrm{rad}$$

이 경우에 있어서 $\gamma_{\mathrm{abs\,max}}$가 어떻게 결정되는지를 좀 더 이해하기 위해서 변형률에 대한 모어 원을 그리는 것이 도움이 된다. $x - y$평면에서의 변형률은 중심이 $C = 625\,\mu\varepsilon$, 반지름 $R = 457\,\mu$인 실선으로 그린 원으로 표시된다. $x - y$평면에서의 주변형률은 $\varepsilon_{p1} = 1082\,\mu\varepsilon$과 $\varepsilon_{p2} = 168\,\mu\varepsilon$이다.

변형률의 측정은 구리 합금 부품의 자유 표면에서 실행되었으며 이것은 **평면응력** 조건이다. 평면응력 조건에서는 세 번째의 주응력 σ_{p3}(평면외 방향에서 주응력)은 0이 되지만 세 번째 변형률 ε_{p3}(평면외 방향에서 주변형률)는 푸아송 효과로 인하여 0이 아니다.

이 경우에서 세 번째 주변형률은 $\varepsilon_{p3} = -554 \, \mu\varepsilon$ 이다. 이 점이 ε축에 표시되고 추가로 두 개의 모어 원이 그려진다. 그림에서 보는 바와 같이 ε_{p3}와 ε_{p1}으로 정의된 원이 가장 큰 원이 된다. 이 결과는 절대최대 전단변형률 $\gamma_{\text{abs max}}$가 $x-y$ 평면에서 발생되지 않음을 나타낸다.

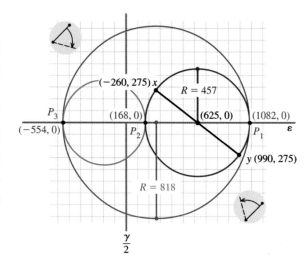

(c) 주응력과 면내 최대 전단응력

일반화된 훅의 법칙은 식 (12.23)에서 방향 x와 y에 관하여 표시되지만 이들 식은 직교하는 모든 두 방향에 대하여 적용될 수 있다. 이 경우에는 주방향이 사용된다. 재료의 특성치 $E = 115$ GPa와 $v = 0.307$이 주어졌기 때문에 주응력 σ_{p1}과 σ_{p2}는 주변형률 ε_{p1}과 ε_{p2}로부터 계산할 수 있다.

$$\sigma_{p1} = \frac{E}{1-v^2}(\varepsilon_{p1} + v\varepsilon_{p2}) = \frac{115\,000 \text{ MPa}}{1-(0.307)^2}\left[(1082 \times 10^{-6}) + 0.307(168 \times 10^{-6})\right] = 143.9 \text{ MPa} \qquad \text{답}$$

$$\sigma_{p2} = \frac{E}{1-v^2}(\varepsilon_{p2} + v\varepsilon_{p1}) = \frac{115\,000 \text{ MPa}}{1-(0.307)^2}\left[(168 \times 10^{-6}) + 0.307(1082 \times 10^{-6})\right] = 63.5 \text{ MPa} \qquad \text{답}$$

참고: 마이크로 변형률($\mu\varepsilon$)로 측정된 변형률은 계산을 위하여 무차원양(즉 mm/mm)으로 변환되어야 한다.

면내 최대 전단응력 τ_{max}를 계산하기 전에 식 (13.18)로부터 구리합금 재료의 전단탄성계수 G를 계산하여야 한다.

$$G = \frac{E}{2(1+v)} = \frac{115\,000 \text{ MPa}}{2(1+0.307)} = 44\,000 \text{ MPa}$$

면내 최대 전단응력 τ_{max}는 식 (13.22)로부터 계산되며, 응력을 재배열하여 푼다.

$$\tau_{\text{max}} = G\gamma_{\text{max}} = (44\,000 \text{ MPa})(914 \times 10^{-6}) = 40.2 \text{ MPa} \qquad \text{답}$$

다른 방법으로 면내 최대 전단응력 τ_{max}는 주응력으로부터 계산할 수 있다.

$$\tau_{\text{max}} = \frac{\sigma_{p1} - \sigma_{p2}}{2} = \frac{143.9 - 63.5}{2} = 40.2 \text{ MPa} \qquad \text{답}$$

면내 최대 전단응력 평면에서 수직응력은 다음과 같다.

$$\sigma_{\text{avg}} = \frac{\sigma_{p1} + \sigma_{p2}}{2} = \frac{143.9 + 63.5}{2} = 103.7 \text{ MPa}$$

면내 주응력, 면내 최대 전단응력, 이들 평면에서 방향 등을 그림에서 적절히 나타내었다.

(d) 절대최대 전단응력

절대최대 전단응력 $\tau_{\text{abs max}}$은 절대최대 전단변형률로부터 계산된다.

$$\tau_{abs\,max} = G\gamma_{abs\,max} = (44\,000\text{ MPa})(1636 \times 10^{-6}) = 72.0\text{ MPa}$$

답

다른 방법으로 $\tau_{abs\,max}$은 주응력으로부터 구할 수 있지만, 구리합금 기계 부품의 자유 표면에서 $\sigma_{p3} = \sigma_z = 0$임에 유의하여야 한다.

$$\tau_{abs\,max} = \frac{\sigma_{p1} - \sigma_{p3}}{2} = \frac{143.9 - 0}{2} = 72.0\text{ MPa}$$

답

Mec Movies MecMovies 예제 M13.6

그림에서 보여준 스트레인 로제트를 이용하여 알루미늄 판[$E = 70$ GPa; $v = 0.33$]에서 자유 표면의 한 점에서 수직변형률 데이터를 다음과 같이 얻었다: $\varepsilon_a = +770\ \mu\varepsilon$, $\varepsilon_b = +1180\ \mu\varepsilon$, $\varepsilon_c = -350\ \mu\varepsilon$.

(a) 그 점에서의 응력 성분 σ_x, σ_y, τ_{xy}를 결정하라.

(b) 그 점에서의 주변형률을 결정하라.

(c) 주응력을 적절한 스케치를 표시하라.

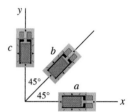

Mec Movies MecMovies 연습문제

M13.6   로제트 데이터로부터 주응력

스트레인 로제트를 이용하여 강판[$E = 200$ GPa; $v = 0.32$]에서 자유 표면의 한 점에서 수직변형률 데이터를 얻었다. $x - y$평면에서의 수직변형률, 전단변형률, 주응력을 결정하라.

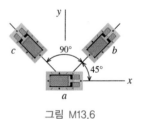

그림 M13.6

PROBLEMS

P13.49   두께 8 mm인 청동 판[$E = 83$ GPa; $v = 0.33$]이 2축 응력 $\sigma_x = 180$ MPa, $\sigma_y = 65$ MPa을 받고 있다. 판의 치수는 $b = 350$ mm, $h = 175$ mm이다(그림 P13.49 참조). 다음을 결정하라.

(a) 끝단 AB와 AD 길이의 변화

(b) 대각선 AC 길이의 변화

(c) 판 두께의 변화

P13.50   두께 20 mm인 폴리머 제품[$E = 3200$ MPa; $v = 0.37$]이 그림 P13.50에 보여준 것과 2축 응력 $\sigma_x = 10.6$ MPa, $\sigma_y = 34.8$ MPa을 받고 있다. 제품의 치수는 $b = 350$ mm, $h = 225$ mm이다. 다음을 결정하라.

(a) 끝단 AB와 AD 길이의 변화

(b) 대각선 AC 길이의 변화

(c) 판 두께의 변화

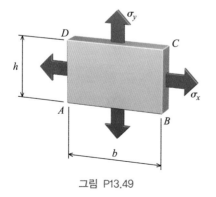

그림 P13.49

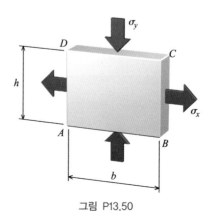

그림 P13.50

P13.51 스테인리스 판[$E = 190$ GPa; $v = 0.12$]이 2축 응력을 받고 있다(그림 P13.51/52). 판에서 측정된 변형률은 $\varepsilon_x = 3,500$ $\mu\varepsilon$, $\varepsilon_y = 2,850$ $\mu\varepsilon$이다. σ_x, σ_y를 결정하라.

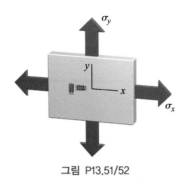

그림 P13.51/52

P13.52 금속 판이 인장 응력 $\sigma_x = 128$ MPa, $\sigma_y = 103$ MPa을 받고 있다(그림 P13.51/52). 판에서 측정된 변형률은 $\varepsilon_x = 930$ $\mu\varepsilon$, $\varepsilon_y = 620$ $\mu\varepsilon$이다. 금속의 푸아송 비 v와 탄성계수 E를 결정하라.

P13.53 얇은 알루미늄 판[$E = 69$ GPa; $G = 26$ GPa]이 2축 응력을 받고 있다(그림 P13.53/54). 판에서 측정된 변형률은 $\varepsilon_x = 810$ $\mu\varepsilon$, $\varepsilon_z = 1350$ $\mu\varepsilon$이다. σ_x, σ_z를 결정하라.

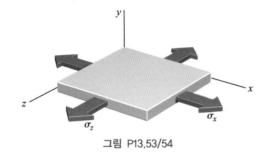

그림 P13.53/54

P13.54 얇은 스테인리스 판[$E = 190$ GPa; $G = 86$ GPa]이 2축 응력을 받고 있다(그림 P13.53/54). 판에서 측정된 변형률은 $\varepsilon_x = 275$ $\mu\varepsilon$, $\varepsilon_z = 1,150$ $\mu\varepsilon$이다. σ_x, σ_z를 결정하라.

P13.55 그림 P13.55/56에서 얇은 청동 봉[$E = 115$ GPa; $v = 0.307$]이 수직응력 $\sigma_x = 185$ MPa을 받고 있다. 그림에 보인 것처럼, 스트레인 게이지는 $\theta = 25°$ 회전하여 부착하였다. 응력에 상응하는 스트레인 게이지에 읽히는 변형률은 얼마인가?

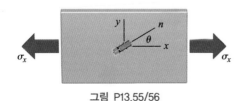

그림 P13.55/56

P13.56 스트레인 게이지는 그림 P13.55/56에 보인 것처럼 $\theta = 35°$ 회전한 얇은 청동 봉[$E = 83$ GPa; $v = 0.33$]에서의 값이다. 만약 측정된 수직변형률이 $\varepsilon_n = 860 \mu\varepsilon$이면, 수직응력의 크기 σ_x는 얼마인가?

P13.57 그림 P13.57/58에서 얇은 청동 판[$E = 100$ GPa; $G = 39$ GPa]이 2축 응력을 받고 있다. y방향의 수직응력은 $\sigma_y = 160$ MPa이다. $\theta = 35°$로 부착된 스트레인 게이지로 측정된 수직변형률이 920 $\mu\varepsilon$이다. 판에 작용하는 응력의 크기 σ_x는 얼마인가?

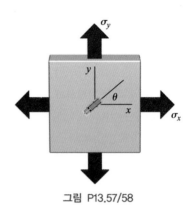

그림 P13.57/58

P13.58 얇은 청동 판[$E = 113$ GPa; $G = 43$ GPa]이 2축 응력을 받고 있다(그림 P13.57/58). x방향 수직응력은 y방향 수직응력의 2배이다. $\theta = 50°$ 회전한 스트레인 게이지로 측정된 수직변형률이 $783 \mu\varepsilon$이다. 판에 작용하는 수직응력의 크기 σ_x, σ_y를 결정하라.

P13.59 알루미늄 부품[$E = 73$ GPa; $v = 0.33$]의 자유 표면에서 그림 P13.59에 보여준 스트레인 로제트에 의해 다음의 수직변형률 데이터를 얻었다: $\varepsilon_a = 325$ $\mu\varepsilon$, $\varepsilon_b = 910$ $\mu\varepsilon$, $\varepsilon_c = 640$ $\mu\varepsilon$. 다음을 결정하라.

(a) 수직응력 σ_x

(b) 수직응력 σ_y

(c) 전단응력 τ_{xy}

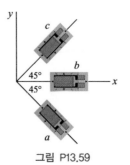

그림 P13.59

P13.60 알루미늄 부품[$E = 70$ GPa; $v = 0.35$]의 자유 표면에서 그림 P13.60에 보여준 스트레인 로제트에 의해 다음의 수직변형률 데이터를 얻었다: $\varepsilon_a = -300\,\mu\varepsilon$, $\varepsilon_b = 735\,\mu\varepsilon$, $\varepsilon_c = 410\,\mu\varepsilon$. 다음을 결정하라.

(a) 수직응력 σ_x

(b) 수직응력 σ_y

(c) 전단응력 τ_{xy}

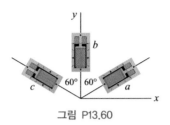

그림 P13.60

P13.61 강재[$E = 207$ GPa; $v = 0.29$] 부품의 자유 표면에서 그림 P13.61에서 점 A의 스트레인 로제트에 의해 다음의 수직변형률 데이터를 얻었다: $\varepsilon_a = 133\,\mu\varepsilon$, $\varepsilon_b = -92\,\mu\varepsilon$, $\varepsilon_c = -319\,\mu\varepsilon$. 만약 $\theta = 50°$ 이면, 점 A에 작용하는 σ_n, σ_t, τ_{nt}를 결정하라.

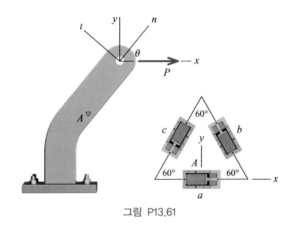

그림 P13.61

P13.62–P13.66 기계 부품의 자유면에서 변형률 ε_x, ε_y, γ_{xy}가 주어졌다. 점에서 σ_x, σ_y, τ_{xy}를 결정하라.

문제	ε_x	ε_y	γ_{xy}	E	ν
P13.62	525 $\mu\varepsilon$	−325 $\mu\varepsilon$	675 μrad	193 GPa	0.12
P13.63	−860 $\mu\varepsilon$	510 $\mu\varepsilon$	370 μrad	73 GPa	0.30
P13.64	620 $\mu\varepsilon$	−470 $\mu\varepsilon$	1130 μrad	105 GPa	0.34
P13.65	−470 $\mu\varepsilon$	−1150 $\mu\varepsilon$	−880 μrad	190 GPa	0.10
P13.66	1330 $\mu\varepsilon$	240 $\mu\varepsilon$	−560 μrad	100 GPa	0.11

P13.67–P13.72 그림 P13.67 – P13.72에 보여준 변형 로제트는 기계 부품의 자유 표면의 어느 점에서 수직변형률을 얻기 위해 사용되었다. 주어진 ε_a, ε_b, ε_c, E, v를 고려하여 다음을 결정

하라.

(a) 점에서 응력조합 σ_x, σ_y, τ_{xy}

(b) 점에서 주응력, 최대 평면내 전단응력: 주응력의 회전각과 최대 평면내 전단응력의 평면을 적절히 스케치하라.

(c) 점에서 절대최대 전단응력의 크기

문제	ε_a	ε_b	ε_c	E	ν
P13.67	−750 $\mu\varepsilon$	−1030 $\mu\varepsilon$	190 $\mu\varepsilon$	73 GPa	0.33
P13.68	220 $\mu\varepsilon$	−340 $\mu\varepsilon$	145 $\mu\varepsilon$	100 GPa	0.28
P13.69	1820 $\mu\varepsilon$	1935 $\mu\varepsilon$	1025 $\mu\varepsilon$	193 GPa	0.12
P13.70	−115 $\mu\varepsilon$	750 $\mu\varepsilon$	−15 $\mu\varepsilon$	210 GPa	0.31
P13.71	340 $\mu\varepsilon$	−280 $\mu\varepsilon$	−490 $\mu\varepsilon$	179 GPa	0.27
P13.72	−80 $\mu\varepsilon$	170 $\mu\varepsilon$	−90 $\mu\varepsilon$	96 GPa	0.33

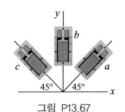

그림 P13.67

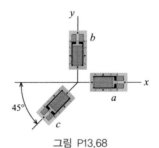

그림 P13.68

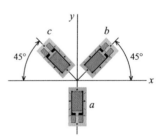

그림 P13.69

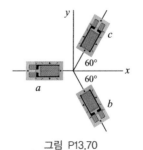

그림 P13.70

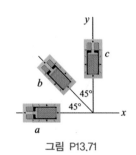

그림 P13.71

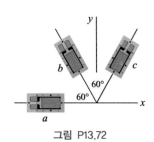

그림 P13.72

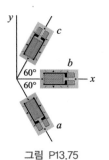

그림 P13.75

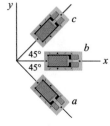

그림 P13.76

P13.73–P13.76 그림 P13.73–P13.76에 보여준 스트레인 로제트는 기계 부품의 자유 표면의 어느 점에서 수직변형률을 얻기 위해 사용되었다. 주어진 ε_a, ε_b, ε_c, E, v의 값은 주어졌다.

(a) 점에서 변형률 ε_x, ε_y, γ_{xy}를 결정하라.

(b) 점에서 주응력, 최대 평면내 전단응력을 결정하라. 주응력의 회전각과 최대 평면내 전단응력의 평면을 적절히 스케치하라.

(c) 점에서 절대최대 전단응력의 크기를 결정하라.

문제	ε_a	ε_b	ε_c	E	v
P13.73	210 µε	−250 µε	−490 µε	84 GPa	0.22
P13.74	295 µε	−90 µε	680 µε	103 GPa	0.28
P13.75	−1210 µε	1760 µε	605 µε	207 GPa	0.3
P13.76	55 µε	−110 µε	−35 µε	212 GPa	0.30

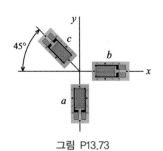

그림 P13.73

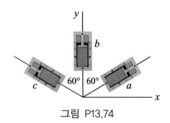

그림 P13.74

P13.77 지름 18 mm인 축부재가 축력 P를 받고 있다. 축부재는 알루미늄으로 제작되었다[$E = 70$ GPa; $v = 0.33$]. 그림 P13.77에 보여준 것이 스트레인 게이지는 회전되어 부착되었다.

(a) 만약 $P = 14.7$ kN이면, 게이지에 읽히는 값을 결정하라.

(b) 만약 게이지의 변형률 값이 $\varepsilon = 810\ \mu\varepsilon$이면, 축부재에 작용하는 축력 P를 결정하라.

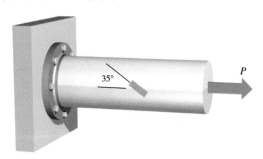

그림 P13.77

P13.78 바깥지름이 57 mm, 안지름이 47 mm인 중공관이 비틀림 모멘트 T를 받고 있다. 중공관은 알루미늄으로 제작되었다[$E = 70$ GPa; $v = 0.33$]. 그림 P13.78에 보인 것 같이 스트레인 게이지는 회전되어 부착되었다.

(a) 만약 $T = 900$ N·m이면, 게이지에 읽히는 값을 결정하라.

(b) 만약 게이지의 변형률 값이 $\varepsilon = -1400\mu\varepsilon$이면, 중공관에 작용하는 축력 T를 결정하라.

그림 P13.78

얇은벽 압력용기

14.1 개요

압력용기는 비교적 높은 압력으로 저장하여야 하는 액체나 가스 등의 유체를 수용하기 위해 사용된다. 압력용기는 화학공장, 항공기, 발전소, 잠수정 및 제조공장과 같은 곳에서 찾아볼 수 있다. 보일러, 가스저장탱크, 펄프 침전기, 항공기 동체, 급수탑, 고무보트, 증류탑, 팽창 탱크, 압력관 등등이 그 예이다.

압력용기는 벽두께에 대한 내부 반지름의 비가 충분히 커서 반지름방향 수직응력이 용기 벽을 따라 균일하게 분포할 때 얇은벽(thin walled)이라고 표현할 수 있다. 실제 수직응력은 내부 표면에서의 최댓값으로부터 용기 벽 외부 면에서의 최솟값까지 변화한다. 그러나 벽두께에 대한 내부 반지름의 비가 10보다 크다면, 최대 수직응력은 평균 수직응력보다 5% 이상 크지 않다는 것을 증명할 수 있다. 그러므로 만약 벽두께에 대한 내부 반지름의 비가 10보다 크다면(즉, $\gamma/t > 10$) 그 용기는 얇은벽으로 분류될 수 있다.

얇은벽 압력용기는 쉘 구조(shell structures)로 분류된다. 쉘 구조는 구조물 자체의 모양으로부터 강도를 상당히 얻는다. 쉘 구조는 쉘 면에서 평면 내 방향으로 두 개 혹은 그 이상의 방향에서 발생되는 응력을 통해서 하중 또는 압력을 견디는 곡면의 구조로 정의될 수 있다.

압력 p인 유체를 담고 있는 얇은벽 용기와 관련된 문제는 용기의 단면과 그 안에 포함된 유체의 자유물체도를 이용해서 쉽게 풀 수 있다. 구형 및 원통형 압력용기는 다음 절에 다룬다.

압력용기의 벽은 때때로 쉘로 불린다.

14.2 구형 압력용기

그림 14.1a는 전형적인 얇은벽 구형 압력용기를 보여준다. 만약 가스와 용기의 중량을 무시하면(일반적인 상황), 하중과 기하학적 형상이 대칭이므로 응력이 구의 중심을 가로지르는 단면에서의 응력은 균일하여야 한다. 따라서 그림 14.1a에 나타낸 것 같은 작은 요소에서 $\sigma_x = \sigma_y = \sigma_n$이다. 뿐만 아니라 전단응력을 유발시키는 하중이 없기 때문에 그 평면에서 전단응력도 없다. 구에서 수직응력 성분은 축응력(axial stress)이라고 하며, 보통 σ_a로 표기한다.

그림 14.1b의 자유물체도는 압력 p, 내부 반지름 r, 구형 압력용기의 두께 t의 항으로 $\sigma_x = \sigma_y = \sigma_n = \sigma_a$를 계산하기 위해 사용될 수 있다. 구를 중심을 통과하는 면으로 잘라 반구를 자유물체화하였고 그 안에는 유체로 채워져 있다. 유체압력 p는 반구 안에 채워진 유체의 원형 면적에 대하여 수평으로 작용한다. 내부 압력으로부터의 합력 P는 유체압력 p와 구의 내부 단면적의 곱이다.

$$P = p\pi r^2$$

여기서 r는 구의 내부 반지름이다.

유체압력과 구의 벽은 x축에 대해서 대칭이기 때문에 벽에서 발생하는 수직응력 σ_a는 원주에서 균일하다. 얇은벽 용기에서 구의 노출부 면적은 내부 원주($2\pi r$)와 구의 벽두께 t의 곱으로 근사화될 수 있다. 구의 벽의 내부응력 R은 다음과 같이 표현될 수 있다.

$$R = \sigma_a(2\pi rt)$$

x방향의 힘의 평형으로부터

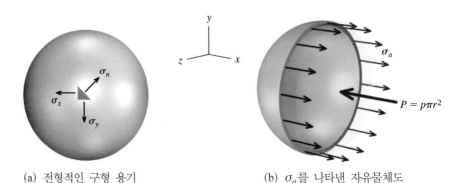

(a) 전형적인 구형 용기   (b) σ_a를 나타낸 자유물체도

그림 14.1 구형 압력 용기

$$\sum F_x = R - P = \sigma_a (2\pi rt) - p\pi r^2 = 0$$

평형조건식으로부터 구벽의 축응력에 대한 표현식은 내부 반지름 r 또는 안지름 d에 대한 식으로 유도될 수 있다.

$$\sigma_a = \frac{pr}{2t} = \frac{pd}{4t} \tag{14.1}$$

여기서, t는 용기의 벽두께이다.

대칭성에 의해서 압력을 받는 구는 모든 방향에서 균일한 수직응력 σ_a를 받는다.

외부 면에서의 응력

일반적으로 용기에 표시된 압력은 대기압 상태에서 측정된 압력이라는 의미의 계기 압력(gage pressure)이다. 만약 대기압 상태에서 용기가 내부 계기 압력을 받는다면, 용기의 외부 압력은 0이고 내부 압력은 계기 압력과 같다. 구형 압력용기 속의 내부 압력은 쉘의 원주 방향으로 작용하는 수직응력 σ_a를 발생시킨다. 구의 외부에는 대기압(즉, 계기 압력 0)이 작용하기 때문에 반지름방향으로 응력이 발생하지 않을 것이다.

구 내부의 압력은 전단응력을 발생시키지 않는다. 그러므로 주응력은 $\sigma_{p1} = \sigma_{p2} = \sigma_a$이다. 뿐만 아니라 구의 자유면에도 전단응력이 존재하지 않는데, 이것은 반지름방향(쉘 벽에 수직)에서 어떠한 수직응력도 주응력이 된다는 것을 의미한다. 구의 외부 압력이 0이기 때문에(구가 대기압으로 둘러싸여 있다고 가정할 때), 외부 압력에 기인한 반지름방향의 수직응력은 0이다. 그러므로 3번째 주응력은 $\sigma_{p3} = \sigma_{radial} = 0$이다. 결론적으로 구의 외부 면(그림 14.2)은 여기서 2축 응력으로 표현하는 평면응력이다.

구형 압력용기(내부 계기 압력을 받는)의 외부 면에 대한 모어 원이 그림 14.3에 있다. 구벽의 평면에서의 응력을 표현하는 모어 원은 하나의 점이다. 그러므로 구벽의 평면에서의 최대 전단응력은 0이다. 면외 최대 전단응력은 다음과 같다.

$$\tau_{abs\,max} = \frac{1}{2}(\sigma_a - \sigma_{radial}) = \frac{1}{2}\left(\frac{pr}{2t} - 0\right) = \frac{pr}{4t} \tag{14.2}$$

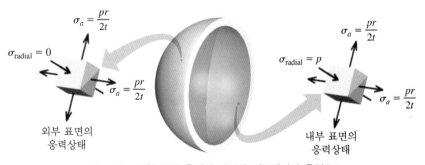

그림 14.2 구형 압력 용기의 내부와 외부에서의 응력요소

내부 면에서의 응력

구형 압력용기의 내부 면에서의 응력 σ_a는 얇은벽 용기의 외부 면의 응력 σ_a와 같다. 압력은 용기의 내부에 존재하며, 이 압력은 구의 벽을 밀어서 반지름 방향으로 수직응력을 발생시킨다. 반지름 방향의 수직응력은 압력 $\sigma_{radial} = -p$와 같다. 그러므로 내부 면은 3축 응력(triaxial stresse) 상태이다.

구형 압력용기(내부 계기 압력을 받는)의 내부 면에 대한 모어 원은 그림 14.4에 보여진다. 면내 최대 전단응력은 0이다. 그러나 내부 면상의 면외 최대 전단응력은 압력에 의해 발생하는 반지름 방향의 응력은 증가한다.

$$\tau_{abs\,max} = \frac{1}{2}(\sigma_a - \sigma_{radial}) = \frac{1}{2}\left[\frac{pr}{2t} - (-p)\right] = \frac{pr}{4t} + \frac{p}{2} \tag{14.3}$$

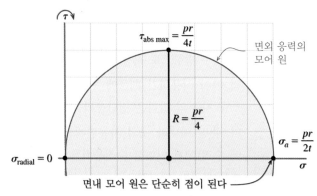

그림 14.3 구형 외부 표면에서의 모어 원

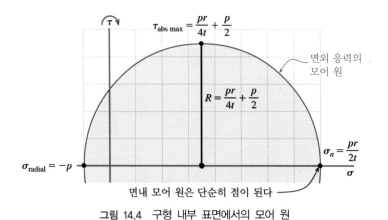

그림 14.4 구형 내부 표면에서의 모어 원

14.3 원통형 압력용기

그림 14.5a는 전형적인 얇은벽 원통형 압력용기를 보여준다. 횡단면상의 수직응력 성분은 축응력(σ_a) 또는 보다 보편적으로 σ_{long} 혹은 간단히 σ_l로 표기되는 축응력(longitudinal

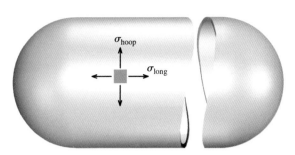

그림 14.5a 원통형 압력 용기

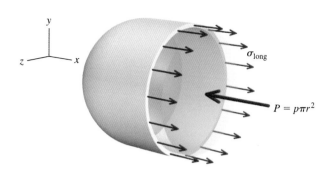

그림 14.5b σ_{long}을 보여주는 자유물체도

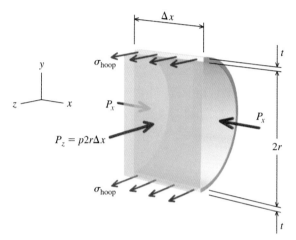

그림 14.5c σ_{hoop}를 보여주는 자유물체도

stress)으로 알려져 있다. 축단면상의 수직응력 성분은 후프(hoop) 혹은 원주응력(circumferential stress)으로 알려져 있고, σ_{hoop} 또는 σ_h로 표기한다. 횡단면이나 종단면상에서 압력으로 인한 전단응력은 없다.

축응력을 결정하기 위해 사용되는 자유물체도(그림 14.5b)는 구에 대해 사용된 그림 14.1b 와 유사하며, 그 결과는 다음과 같다.

$$\sigma_{\text{long}} = \frac{pr}{2t} = \frac{pd}{4t} \tag{14.4}$$

원통형 압력용기의 원주 방향으로 작용하는 응력을 계산하기 위하여 그림 14.5c에서 보여준 자유물체도를 이용한다. 이 자유물체도는 원통 벽의 종단면을 보여준다.

자유물체도 반원 끝에 작용하는 압력에 의해 유발된 x방향으로 작용하는 두 개의 합력 P_x가 있다. 이 힘들의 크기는 같지만 방향은 반대이기 때문에 서로 상쇄된다.

횡방향(즉, z방향)에서 $2r\Delta x$의 내부 면에 작용하는 압력 p에 기인하는 합력 P_z는 다음과 같다.

$$P_z = p2r\Delta x$$

여기서 Δx는 자유물체도에서 임의로 선택한 부분의 길이이다.

축방향 단면에 의해 드러난(즉, 드러난 z 면) 원통 벽의 넓이는 $2t\Delta x$이다. 원통의 내부 압력은 드러난 면에 원주 방향으로 작용하는 수직응력에 의해 지지된다. 이러한 원주응력으로부터 z방향의 총 합력은 다음과 같다.

$$R_z = \sigma_{\text{hoop}}(2t\Delta x)$$

z방향으로의 힘의 합은 다음과 같다.

$$\sum F_z = R_z - P_z = \sigma_{\text{hoop}}(2t\Delta x) - p2r\Delta x = 0$$

이러한 평형조건식으로부터 원통벽에서의 원주응력에 대한 표현은 내부 반지름 r 또는 안지름 d에 대한 식으로 유도될 수 있다.

$$\sigma_{\text{hoop}} = \frac{pr}{t} = \frac{pd}{2t} \qquad\qquad (14.5)$$

원통형 압력용기에서 원주응력 σ_{hoop}는 축응력 σ_{long}의 2배이다.

외부 면에서의 응력

원통형 압력용기 속의 압력은 축방향과 원주방향 응력을 발생시킨다. 만약 원통 외부에 대기압(즉, 계기 압력 0)이 존재한다면, 원통 벽에서는 반지름방향으로 어떠한 응력도 작용하지 않는다.

용기 속의 압력은 축방향 면이나 원주방향 면에 어떠한 전단응력도 발생시키지 않기 때문에 축응력과 원주응력은 주응력($\sigma_{p1} = \sigma_{\text{hoop}}$ 및 $\sigma_{p2} = \sigma_{\text{long}}$)이 된다. 뿐만 아니라 원통의 자유면상에 어떠한 전단응력도 존재하지 않기 때문에 반지름방향(원통 벽에 수직)의 수직응력 역시 모두 주응력이다. 원통 외부의 압력이 0(대기압 가정)이기 때문에 외부 압력에 의한 반지름 방향의 수직응력은 0이다. 그러므로 3번째 주응력은 $\sigma_{p3} = \sigma_{\text{radial}} = 0$이다. 원통의 외부면(그림 14.6)은 2축 응력(biaxial stress)이라 할 수 있는 평면응력(plane stress) 상태이다.

내부 압력이 있는 원통형 압력용기의 외부 면에 대한 모어 원은 그림 14.7과 같다. 면내 최대 전단응력(in-plane shear stresses)(즉 원통 벽 평면에서의 응력)은 반지름방향에 대해서 45° 회전한 면에서 발생한다. 모어 원으로부터 이 전단응력의 크기는 같다는 것을 알 수 있다.

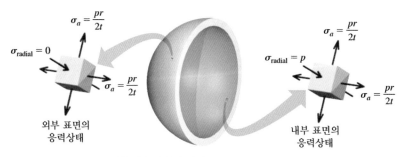

그림 14.6 원통형 압력 용기의 내부 및 외부에서의 응력상태

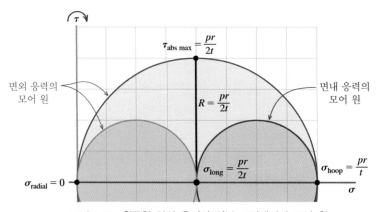

그림 14.7 원통형 압력 용기의 외부 표면에서의 모어 원

$$\tau_{\max} = \frac{1}{2}(\sigma_{\text{hoop}} - \sigma_{\text{long}}) = \frac{1}{2}\left(\frac{pr}{t} - \frac{pr}{2t}\right) = \frac{pr}{4t} \qquad (14.6)$$

면외 최대 전단응력은 다음과 같다.

$$\tau_{abs\,\max} = \frac{1}{2}(\sigma_{\text{hoop}} - \sigma_{\text{radial}}) = \frac{1}{2}\left(\frac{pr}{t} - 0\right) = \frac{pr}{2t} \qquad (14.7)$$

내부 면에서의 응력

응력 σ_{long}과 σ_{hoop}는 원통형 압력용기의 내부 면에 작용하며, 용기는 얇은벽을 갖는 것으로 가정(그림 14.6)하였기 때문에 외부 면에 작용하는 응력은 같다. 용기의 내부 압력은 원통 벽을 밀어내어 내부 압력과 크기가 같은 반지름방향의 수직응력을 발생시킨다. 결과적으로 내부면은 3축 응력(triaxial stress) 상태이고, 세 번째 주응력은 $\sigma_{p3} = \sigma_{radial} = -p$와 같다.

원통형 압력용기(내부 계기 압력을 받는)의 내부 면에 대한 모어 원은 그림 14.8과 같다. 내부 면상의 면내 최대 전단응력은 외부 면상의 값과 같다. 그러나 내부 면상의 면외 최대 전단응력은 압력에 의해 생긴 반지름 응력 때문에 증가한다.

$$\tau_{abs\,\max} = \frac{1}{2}(\sigma_{\text{hoop}} - \sigma_{\text{radial}}) = \frac{1}{2}\left[\frac{pr}{t} - (-p)\right] = \frac{pr}{2t} + \frac{p}{2} \qquad (14.8)$$

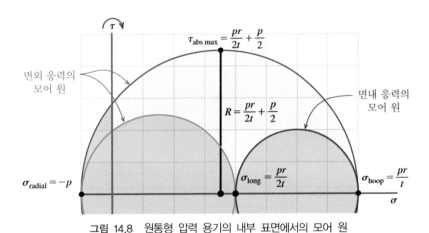

그림 14.8 원통형 압력 용기의 내부 표면에서의 모어 원

14.4 압력용기의 변형률

압력용기는 2축 응력(외부면) 또는 3축 응력(내부면)을 받기 때문에 응력과 변형률을 관련시키기 위해 일반화된 훅의 법칙(13.8절)이 사용되어야 한다. 구형 압력용기의 외부 면에 대해서 식 (13.21)은 축응력 σ_a 항으로 다시 쓸 수 있다.

$$\varepsilon_a = \frac{1}{E}(\sigma_a - v\sigma_a) = \frac{1}{E}\left(\frac{pr}{2t} - v\frac{pr}{2t}\right) = \frac{pr}{2tE}(1-v) \tag{14.9}$$

원통형 압력용기의 외부 면에 대해서 식 (13.21)은 축응력과 원주응력에 대한 식으로 다시 쓸 수 있다.

$$\varepsilon_{\text{long}} = \frac{1}{E}(\sigma_{\text{long}} - v\sigma_{\text{hoop}}) = \frac{1}{E}\left(\frac{pr}{2t} - v\frac{pr}{t}\right) = \frac{pr}{2tE}(1-2v) \tag{14.10}$$

$$\varepsilon_{\text{hoop}} = \frac{1}{E}(\sigma_{\text{hoop}} - v\sigma_{\text{long}}) = \frac{1}{E}\left(\frac{pr}{t} - v\frac{pr}{2t}\right) = \frac{pr}{2tE}(2-v) \tag{14.11}$$

이러한 식들은 압력용기가 E와 v로 묘사될 수 있는 등방성, 균질 재료로 제작되었다는 가정을 근거로 한다.

Mec Movies MecMovies 예제 M14.1

구형 압력용기 내의 압력에 의한 축응력에 대한 식의 유도

Mec Movies MecMovies 예제 M14.2

원통형 압력용기 내의 압력에 의한 축응력과 원주응력에 대한 식의 유도

예제 14.1

안지름이 2.75 m인 급수탑에 비중이 1,000 kg/m³인 물이 채워져 있다. 물기둥의 높이는 9 m이고, 인출관의 바깥지름은 168 mm, 안지름은 154 mm이다.

(a) 인출관의 B점에서 축응력과 원주응력을 결정하라.

(b) 만약 급수탑의 A점에서 최대 원주응력이 50 MPa로 제한된다면, 급수탑으로 사용될 수 있는 최소 벽두께를 결정하라.

> **풀이 계획** 점 A와 점 B에서 유체압력은 유체의 비중과 높이로부터 찾는다. 일단 압력을 알고 있다면, 축응력과 원주응력에 대한 식은 인출관에서의 응력과 급수관이 요구하는 최소 벽두께를 결정하기 위해 사용된다.
>
> **풀이** 유체압력

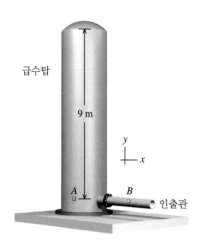

유체의 압력은 유체의 비중과 높이의 곱이다.

$$p = \rho g h = (1000 \text{ kg/m}^3)(9.80665 \text{ m/s}^2)(9 \text{ m}) = 88.260 \times 10^3 \text{ N/m}^2 = 88.26 \text{ kPa}$$

인출관의 응력

유체압력으로부터 원통 내부에 발생되는 축응력과 원주응력은 다음과 같다.

$$\sigma_{\text{long}} = \frac{pd}{4t} \qquad \sigma_{\text{hoop}} = \frac{pd}{2t}$$

여기서 d는 원통의 안지름이고, t는 벽두께이다. 인출관에 대해서 벽두께는 $t = (168 \text{ mm} - 154 \text{ mm})/2 = 7 \text{ mm}$이다.

인출관의 축응력은

$$\sigma_{\text{long}} = \frac{pd}{4t} = \frac{(88.26 \text{ kPa})(154 \text{ mm})}{4(7 \text{ mm})} = 485 \text{ kPa}$$ 답

원주응력은 축응력의 2배이다.

$$\sigma_{\text{hoop}} = \frac{pd}{2t} = \frac{(88.26 \text{ kPa})(154 \text{ mm})}{2(7 \text{ mm})} = 970 \text{ kPa}$$ 답

점 B에서 응력요소

인출관의 축방향은 x축과 일치한다. 그러므로 점 B에서 축응력은 수평 방향으로 작용하고, 원주응력은 수직 방향으로 작용한다.

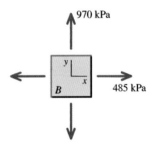

인출관의 최소 벽두께

급수탑의 최대 원주응력은 50 MPa로 제한되어 있다.

$$\sigma_{\text{hoop}} = \frac{pd}{2t} \leq 50 \text{ MPa} = 50,000 \text{ kPa}$$

최소 벽두께에 대해 풀기 위해 관계식을 재정리한다.

$$t \geq \frac{pd}{2\sigma_{\text{hoop}}} = \frac{(88.26 \text{ kPa})(2750 \text{ mm})}{2(50000 \text{ kPa})} = 2.43 \text{ mm}$$ 답

예제 14.2

반지름이 900 mm인 원통형 압력용기가 15 mm 두께의 강판으로 나선형으로 감싸있으며, 강판의 경계부는 맞대기 용접으로 제작되었다. 맞대기 용접 경계는 실린더를 통해 횡방향 평면으로 30°의 각도로 형성된다. 용기의 내부 압력이 2.2 MPa일 때, 용접부에 수직인 수직응력 σ와 용접부와 평행인 전단응력 τ를 결정하라.

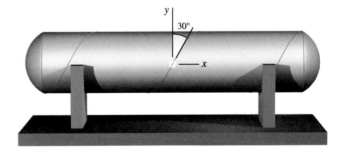

풀이 계획 원통 벽에서 축응력과 원주응력을 계산한 후, 용접부에 수직인 수직응력과 용접부에 수평인 전단응력을 결정하기 위하여 응력 변환식이 사용된다.

풀이 유체압력에 의해 원통에 발생된 축응력과 원주응력은 다음과 같이 주어진다.

$$\sigma_{\text{long}} = \frac{pd}{4t} \qquad \sigma_{\text{hoop}} = \frac{pd}{2t}$$

여기서 d는 원통의 안지름이고, t는 벽두께이다. 원통의 안지름은 $d =$ 900 mm $- 2(15 \text{ mm}) = 870$ mm이다. 탱크의 축응력은

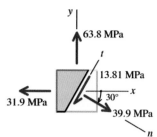

$$\sigma_{\text{long}} = \frac{pd}{4t} = \frac{(2.2 \text{ MPa})(870 \text{ mm})}{4(15 \text{ mm})} = 31.9 \text{ MPa}$$

원주응력은 축응력의 2배이다.

$$\sigma_{\text{hoop}} = \frac{pd}{2t} = \frac{(2.2 \text{ MPa})(870 \text{ mm})}{2(15 \text{ mm})} = 63.8 \text{ MPa}$$

용접 경계는 그림에서 보여준 것처럼 30° 각도로 주어졌다. 용접 경계에 수직인 수직응력은 식 (12.3)에서 $\theta = -30°$를 사용해서 결정될 수 있다.

$$\begin{aligned}
\sigma_n &= \sigma_x \cos^2\theta + \sigma_y \sin^2\theta + 2\tau_{xy}\sin\theta\cos\theta \\
&= (31.9 \text{ MPa})\cos^2(-30°) + (63.8 \text{ MPa})\sin^2(-30°) \\
&= 39.9 \text{ MPa}
\end{aligned}$$

답

용접 경계와 평행한 전단응력은 식 (12.4)로부터 결정될 수 있다.

$$\begin{aligned}
\tau_{nt} &= -(\sigma_x - \sigma_y)\sin\theta\cos\theta + \tau_{xy}(\cos^2\theta - \sin^2\theta) \\
&= -(31.9 \text{ MPa} - 63.8 \text{ MPa})\sin(-30°)\cos(-30°) \\
&= -13.81 \text{ MPa}
\end{aligned}$$

답

▣ MecMovies 예제 M14.3

그림에서 보는 바와 같이 바깥지름이 200 mm, 벽두께가 5 mm인 압력탱크가 있다. 탱크는 횡방향 평면에 $\beta = 25°$의 각도로 맞대기 용접 경계부를 갖고 있다. 내부 계기 압력 $p = 1500$ kPa에 대하여 용접부에 수직인 수직응력과 용접부에 평행인 전단응력을 결정하라.

MecMovies 예제 M14.4

원통형 강판 탱크 속에 계기 압력을 결정하기 위해 그림과 같이 스트레인 게이지가 사용되었다. 탱크의 바깥지름은 1250 mm, 벽두께 15 mm이며 강판으로 제작되었다[$E = 200$ GPa; $v = 0.32$]. 게이지는 탱크의 축방향에 대하여 30° 각도로 기울어져 있다. 스트레인 게이지의 표시 값이 290 $\mu\varepsilon$에 해당하는 탱크 속의 압력을 결정하라.

MecMovies 예제 M14.5

원통형 강판 탱크[$E = 200$ GPa; $v = 0.3$)]에 유체가 채워져 압력을 받고 있다. 강판의 극한강도는 300 MPa이고, 안전계수는 4가 요구된다. 원통에서 전단응력이 허용전단응력을 초과하지 않게 하기 위해서 유체압력은 조심스럽게 제어되어야 한다. 탱크를 관찰하기 위하여 스트레인 게이지가 탱크의 축방향 변형률을 기록한다. 탱크의 안전한 사용을 위해 넘지 말아야 하는 임계 스트레인 게이지 표시 값을 결정하라.

MecMovies 연습문제

M14.3 표시된 내부 계기 압력에 대하여 용접부와 수직인 수직응력과 용접부와 평행인 전단응력을 결정하라.

M14.4 그림과 같이 스트레인 게이지가 원통형 강관 탱크 [$E = 200$ GPa; $v = 0.32$)]의 계기 압력을 결정하기 위해 사용된다. 탱크의 바깥지름과 벽두께가 명시되어 있다. 명시된 내부 탱크압력에 대한 스트레인 게이지 표시 값을 결정하라.

M14.5 유체로 채워진 구형강관[$E = 210$ GPa; $v = 0.32$]의 변형률을 관찰하기 위해 스트레인 게이지가 사용된다. 강관의 극한강도는 560 MPa이다. 스트레인 게이지 표시 값이 명시된다고 할 때, 전단 극한강도에 대한 안전계수를 결정하라.

그림 M14.4

그림 M14.5

P14.1 바깥지름이 185 mm, 두께가 3 mm인 공이 내부 압력 80 kPa을 받고 있다. 공의 수직응력을 결정하라(그림 P14.1).

그림 P14.1

P14.2 안지름이 6.5 m인 구형 가스 저장탱크가 내부 압력 1.25 MPa 하에 있다. 탱크는 항복강도가 420 MPa인 강재로 되어 있다. 항복강도에 대한 안전계수는 3이 요구될 때, 구형 탱크에 요구되는 최소 두께를 결정하라.

P14.3 안지름이 9 m인 구형 가스 저장탱크가 내부 압력 1.6 MPa 하에 있다. 탱크는 항복강도가 340 MPa인 강재로 되어 있다. 항복강도에 대한 안전계수는 3이 요구될 때, 구형 탱크에 요구되는 최소 두께를 결정하라.

P14.4 안지름이 6 m, 두께가 15 mm인 구형 압력 용기가 있다. 이 용기는 항복강도가 340 MPa인 강재[$E = 200$ GPa; $v = 0.29$]로 되어 있다. 내부 압력이 1750 kPa일 때, 다음을 결정하라.
(a) 용기 벽에서 수직응력
(b) 항복강도에 관한 안전계수
(c) 구형 용기에서 수직변형률
(d) 용기의 바깥지름의 증가

P14.5 구형 압력 용기의 외부 표면에서 측정된 수직변형률은 780 $\mu\varepsilon$이다. 구형 용기는 바깥지름이 1800 mm, 두께가 10 mm이고, 알루미늄합금[$E = 69$ GPa; $v = 0.33$]으로 제작되었다. 다음을 결정하라.
(a) 용기 벽에서 수직응력
(b) 용기에서의 내부 압력

P14.6 그림 P14.6은 전형적인 알루미늄합금의 스쿠버 탱크이다. 용기는 바깥지름이 175 mm, 두께가 12 mm이다. 탱크의 공기 압력이 18 MPa일 때, 다음을 결정하라.
(a) 탱크 벽에서 종축응력과 횡축응력
(b) 원통 벽의 평면에서 최대 전단응력
(c) 원통 벽의 외부 표면에서 절대최대 전단응력

그림 P14.6

P14.7 바깥지름이 2.75 m, 두께가 32 mm인 원통형 보일러가 항복강도가 340 MPa인 강재합금으로 되어 있다. 다음을 결정하라.
(a) 내부 압력 2.3 MPa에 의해 발생한 최대 수직응력
(b) 항복강도에 관해 안전계수 2.5가 요구될 때의 최대 허용압력

P14.8 그림 P14.8에 높이 12 m인 급수탑에 물이 채워져 있다. 급수탑의 바깥지름이 4.6 m이고, 두께는 8.5 mm이다. 급수탑 하단의 외부 표면에서 최대 수직응력과 절대최대 전단응력을 결정하라. (물의 비중은 1000 kg/m³이다.)

그림 P14.8

P14.9 상부 덮개가 없는 원형 파이프(그림 P14.9)가 안지름이 2750 mm이고, 두께는 6 mm이다. 기둥에는 물이 채워져 있으며, 물의 비중은 1000 kg/m³이다.
(a) 원형 파이프의 벽에 원주응력이 16 MPa 발생한다면 물의 높이는 얼마인가?
(b) 물의 압력에 의한 원형 파이프의 벽에서 축응력은 얼마인가?

그림 P14.9

P14.10 그림 P14.10/11과 같은 압력 탱크가 금속판을 나선형으로 감아서 제작되었으며, 그림과 같이 $\beta = 40°$로 회전된 금속판의 경계는 용접되었다. 탱크의 안지름은 480 mm, 두께는 8 mm이다. 용접된 경계에 연직 방향으로 허용 수직응력이 100 MPa, 용접부와 평행한 허용전단응력이 25 MPa일 때, 탱크의 내부에 작용할 수 있는 최대 계기 압력을 결정하라.

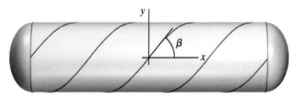

그림 P14.10/11

P14.11 그림 P14.10/11과 같은 압력 탱크가 금속판을 나선형으로 감아서 제작되었으며, 그림과 같이 $\beta = 40°$로 회전된 금속판의 경계는 용접되었다. 탱크의 안지름은 720 mm, 두께는 8 mm이다. 계기 압력이 2.15 MPa일 때, 다음을 결정하라.
(a) 용접된 경계의 연직 방향에서 허용수직응력
(b) 용접부와 평행한 허용전단응력

P14.12 그림 P14.12/13과 같은 압력 탱크가 금속판을 나선형으로 감아서 제작되었으며, 그림과 같이 $\beta = 40°$로 회전된 금속판의 경계는 용접되었다. 탱크의 안지름은 1800 mm, 두께는 12 mm이다. 계기 압력이 1.75 MPa일 때, 다음을 결정하라.
(a) 용접된 경계의 연직 방향에서 허용수직응력
(b) 용접부와 평행한 허용전단응력

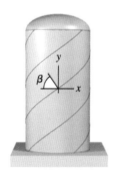

그림 P14.12/13

P14.13 그림 P14.12/13과 같은 압력 탱크가 금속판을 나선형으로 감아서 제작되었으며, 그림과 같이 $\beta = 55°$로 회전된 금속판의 경계는 용접되었다. 탱크의 안지름은 1800 mm, 두께는 5.5 mm이다. 용접된 경계에 연직 방향으로 허용수직응력이 85 MPa, 용접부와 평행한 허용전단응력이 50 MPa일 때, 탱크의 내부에 작용할 수 있는 최대 계기 압력을 결정하라.

P14.14 그림 P14.14와 같이 변형 게이지가 얇은벽 보일러의 외부 표면에 부착되었다. 보일러는 안지름이 1800 mm, 두께가 20 mm이고, 스테인리스[$E = 193$ GPa; $v = 0.27$]로 만들어졌다. 다음을 결정하라.
(a) 변형 게이지의 값이 190 $\mu\varepsilon$일 때, 보일러의 내부 압력
(b) 보일러 벽의 평면에서 최대 전단변형률
(c) 보일러 외부 표면에서 절대최대 전단변형률

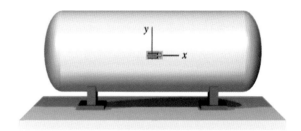

그림 P14.14

P14.15 압력 액체가 채워진 밀폐된 원통 탱크가 안지름이 830 mm이고, 두께는 10 mm이다. 탱크 벽의 회전된 요소에 작용하는 응력은 그림 P14.15에 보여준 것과 같다. 탱크에서 유체 압력은 얼마인가?

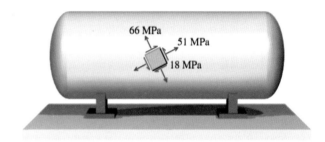

그림 P14.15

P14.16 밀폐된 원통 용기(그림 P14.16)에 압력이 5.0 MPa인 유체가 저장되어 있다. 바깥지름이 2500 mm이고, 두께는 20 mm인 원통 용기는 스테인리스[$E = 193$ GPa; $v = 0.27$]로 만들어졌다. 원통 용기의 길이 및 지름의 증가량을 결정하라.

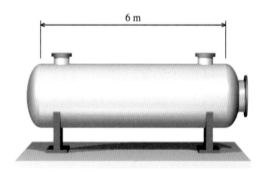

그림 P14.16

P14.17 그림 P14.17/18과 같이 스트레인 게이지가 원형 압력 용기의 종축을 기준으로 각도 $\theta = 20°$로 부착되었다. 압력 용기는 알루미늄[$E = 69$ GPa; $v = 0.33$]으로 제작되었으며, 안지름은 1400 mm, 두께는 6.5 mm이다. 만약 스트레인 게이지에 540 $\mu\varepsilon$가 측정되었을 때, 다음을 결정하라.
(a) 원통 용기의 내부 압력
(b) 원통 용기의 외부 표면에서 절대최대 전단응력
(c) 원통 용기의 내부 표면에서 절대최대 전단변형률

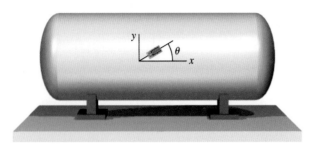

그림 P14.17/18

P14.20 그림 P14.20/21과 같은 원통 압력 용기에서 안지름이 610 mm, 두께가 30 mm이다. 원통 용기는 탄성계수 $E = 70$ GPa, 전단탄성계수 $G = 26.3$ GPa인 알루미늄합금으로 만들어졌다. 두 개의 스트레인 게이지가 각각 다른 각도로 원통 외부 표면에 부착되었으며, 각도 θ는 알지 못한다. 만약 두 개의 게이지로 측정된 변형률이 $\varepsilon_a = 360$ $\mu\varepsilon$, $\varepsilon_b = 975$ $\mu\varepsilon$이면, 용기에서 압력은 얼마인가? (직교하는 두 개의 변형률이 측정되었다면, 수직응력을 결정하는 데 각도는 필요 없음에 유의하라.)

P14.18 그림 P14.17/18과 같이 스트레인 게이지가 원형 압력 용기의 종축을 기준으로 각도 $\theta = 20°$로 부착되었다. 압력 용기는 알루미늄[$E = 69$ GPa; $v = 0.33$]으로 제작되었으며, 안지름은 1600 mm, 두께는 11 mm이다. 만약 내부 압력이 2.5 MPa이라고 할 때, 다음을 결정하라.

(a) 기대되는 스트레인 게이지의 읽기 값($\mu\varepsilon$)

(b) 원통 용기의 외부 표면에서 주변형률, 최대 전단변형률, 절대 최대 전단변형률

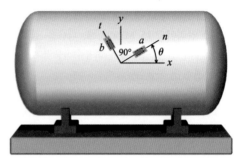

그림 P14.20/21

P14.19 그림 P14.19에서와 같이 압력 용기가 강재 판을 나선형으로 감아서 제작되었으며, 그림과 같이 $\beta = 35°$로 회전된 금속판의 경계는 용접되었다. 압력 용기의 안지름은 540 mm, 두께는 10 mm이다. 압력 용기의 양단은 강판(rigid plate)으로 씌워졌다. 내부 계기 압력은 4.25 MPa이고, 압축 축력 $P = 215$ kN이 양 끝단에 작용할 때, 다음을 결정하라.

(a) 용접 경계의 연직 방향에서 수직응력

(b) 용접 경계에 평행한 허용전단응력

(c) 원통 용기에서 절대최대 전단응력

P14.21 그림 P14.20/21과 같은 원통 압력 용기에서 안지름이 900 mm, 두께가 12 mm이다. 원통 용기는 탄성계수 $E = 70$ GPa, 전단탄성계수 $G = 26.3$ GPa인 알루미늄합금으로 만들어졌다. 두 개의 스트레인 게이지가 각각 다른 각도로 원통 외부 표면에 부착되었으며, 각도 $\theta = 25°$이다. 만약 용기의 압력이 1.75 MPa일 때, 다음을 결정하라.

(a) x, y방향에 작용하는 변형률

(b) 게이지 a, b에 기대되는 변형률

(c) 수직응력 σ_n, σ_t

(d) 전단응력 τ_{nt}

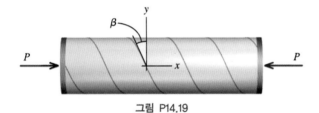

그림 P14.19

조합 하중

15.1 개요

세 가지 기본적인 하중(축력, 비틀림, 휨)에 의해서 발생된 응력과 변형률을 앞선 장들에서 해석하였다. 많은 기계나 구조 부품들은 하중들이 조합되어 가해지고, 그에 따라 발생하는 응력을 특정 단면의 한 점에서 계산하기 위한 방법이 요구된다. 한 가지 방법은 원하는 단면에 작용하는 힘과 모멘트를 정역학적으로 등가 힘 시스템을 갖는 힘과 모멘트로 치환하는 것이다. 등가 힘 시스템은 어느 점에서 생성된 응력의 크기와 형태를 결정하기 위하여 체계적으로 평가할 수 있고, 이러한 응력들은 앞 장에서 기술된 방법으로 계산될 수 있다. 만약 조합 응력이 비례한도를 초과하지 않는다면 조합된 결과는 중첩의 원리로부터 얻어질 수 있다. 이러한 방법으로 해석할 수 있는 다양한 하중의 조합은 다음 절에서 설명된다.

15.2 축하중과 비틀림 하중의 조합

축 등의 기계부품은 많은 경우 축하중과 비틀림하중을 동시에 받는다. 예를 들면 우물을 파는 드릴링 축이나 선박의 추진축이다. 반지름방향 및 원주방향의 수직응력은 0이기 때문에 축하중과 비틀림하중 조합은 물체 내의 모든 점에서 평면응력 상태를 유지한다. 축 방향 수직응력이 단면의 모든 점에서 동일하지만 비틀림 전단응력은 축 바깥 표면에서 가장 크다. 이러한 이유로 임계응력은 일반적으로 축의 바깥 표면에서 나타난다.

다음의 예제에서는 축하중과 비틀림하중이 조합하여 작용하는 부재의 해석을 설명하고자 한다.

예제 15.1

바깥지름이 127 mm이고 벽두께가 4.5 mm인 중공 원형파이프가 그림과 같이 하중을 받고 있다. 점 H 와 점 K에서 주응력 및 최대 전단응력을 결정하라.

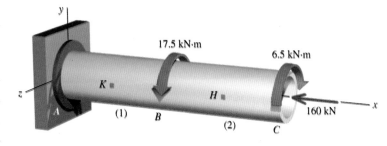

풀이 계획 파이프 축에서 필요한 단면의 특성치를 계산한 후, 점 H에 작용하는 등가 힘이 결정된다. 내부 축력과 비틀림 모멘트로부터 발생하는 수직응력과 전단응력을 계산하고, 한 응력요소에서 적절한 방향으로 표현한다. 점 H의 응력요소인 주응력과 최대 전단응력을 결정하기 위해 응력 변환 계산이 사용된다.

풀이 단면 특성치

파이프의 바깥지름 D는 127 mm이고, 벽두께는 4.5 mm이다. 그러므로 안지름은 $d = 118$ mm이다. 파이프의 단면적은 축력에 의해 발생하는 수직응력을 계산하기 위해 필요하다.

$$A = \frac{\pi}{4}[D^2 - d^2] = \frac{\pi}{4}[(127 \text{ mm})^2 - (118 \text{ mm})^2] = 1731.80 \text{ mm}^2$$

그리고 단면 극관성 모멘트는 파이프의 내부 비틀림 모멘트로부터 발생하는 전단응력을 계산하기 위해 필요하다.

$$J = \frac{\pi}{32}[D^4 - d^4] = \frac{\pi}{32}[(127 \text{ mm})^4 - (118 \text{ mm})^4] = 6.5057 \times 10^6 \text{ mm}^4$$

점 H에서 등가 힘

점 H에서 응력요소의 바로 오른쪽에서 파이프를 자르고, 단면에 작용하는 등가 힘들과 모멘트들을 결정한다. 점 H에서 등가 힘은 160 kN의 축력이고 등가의 비틀림 모멘트는 점 C에 작용하는 6.5 kN·m와 같다.

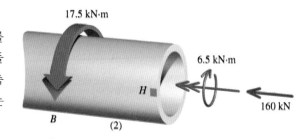

점 H에서의 수직응력과 전단응력

점 H에서의 수직응력과 전단응력은 그림에서의 등가 힘으로부터 계산된다. 160 kN의 축력은 다음과 같은 압축 수직응력을 발생시킨다.

$$\sigma_{\text{axial}} = \frac{F}{A} = \frac{(160 \text{ kN})(1000 \text{ N/kN})}{1731.80 \text{ mm}^2} = 92.39 \text{ MPa (C)}$$

6.5 kN·m의 비틀림 모멘트에 의해 발생하는 전단응력은 탄성비틀림공식으로 계산된다.

$$\tau = \frac{T_C}{J} = \frac{(6.5 \text{ kN} \cdot \text{m})(127 \text{ mm}/2)(1000 \text{ N/kN})(1000 \text{ mm/m})}{6.5057 \times 10^6 \text{ mm}^4} = 63.44 \text{ MPa}$$

한 점에 작용하는 수직응력과 전단응력들은 응력의 변환 계산이 시작하기 전의 응력요소를 나타낸다. 적절한 공식으로부터 응력의 크기를 구하고, 검증을 통하여 응력들의 방향을 결정하는 것이 때로는 매우 효율적이다.

축응력은 160 kN의 힘이 작용하는 방향으로 발생한다. 그러므로 92.39 MPa의 축응력은 x방향으로 압축으로 작용한다.

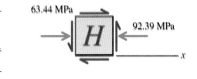

원하는 점에서 비틀림 전단응력의 방향을 결정하는 데 혼란이 올 수 있다. 파이프에서 실례를 조사해 보면, 점 H에 작용하는 등가의 비틀림 모멘트를 주목하자. 응력요소의 $+x$표면에서 전단응력 화살표는 비틀림 모멘트와 같은 방향으로 작용한다. 그러므로 63.44 MPa 전단응력은 응력요소의 $+x$면의 위 방향으로 작용한다. 한쪽 표면의 전단응력의 방향이 확정되면 다른 세 개의 면에 작용하는 전단응력의 방향이 결정된다.

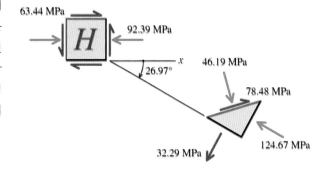

점 H에서 응력의 변환 결과

점 H에서 주응력과 최대 전단응력은 12장에서 상세히 설명한 과정과 응력 변환식으로부터 결정된다. 이러한 계산 결과들을 위 그림에 제시하였다.

점 K에서 등가 힘

점 K의 응력요소 바로 오른쪽에서 파이프를 절단하고, 원하는 단면에 작용하는 등가 힘과 모멘트를 결정한다. 등가 힘이 160 kN의 축력이고, 점 K에서 등가 비틀림 모멘트는 점 B와 점 C에서 파이프 축에 가해진 비틀림 모멘트의 합이다. 이 단면에서의 비틀림 모멘트는 11 kN·m이다.

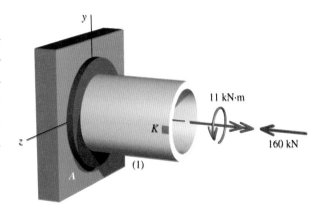

점 K에서의 수직응력과 전단응력

점 K에서의 수직응력과 전단응력은 그림에 나타난 등가 힘으로부터 계산된다. 160 kN의 축력은 92.39 MPa의 압축 수직응력을 발생시킨다. 11 kN·m의 비틀림 모멘트는 다음과 같은 전단응력을 발생시킨다.

$$\tau = \frac{T_C}{J} = \frac{(11 \text{ kN} \cdot \text{m})(127 \text{ mm}/2)(1000 \text{ N/kN})(1000 \text{ mm/m})}{6.5057 \times 10^6 \text{ mm}^4} = 107.37 \text{ MPa}$$

점 H에서 92.39 MPa의 축응력은 x방향으로 압축으로 작용한다. 점 K에서 등가 비틀림 모멘트는 응력요소 $+x$표면에서 아래 방향으로 작용하는 전단응력을 발생시킨다. 그림에 점 K의 적절한 응력요소가 나타나 있다.

점 K에서 응력의 변환 결과
점 K에서 주응력과 최대 전단응력은 오른쪽 그림에 제
시하는 바와 같다.

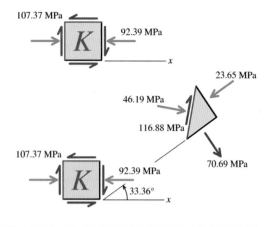

MecMovies 예제 M15.1

바깥지름 $D = 114$ mm이고, 안지름 $d = 102$ mm인 관이 $T = 5$ kN·m의 비틀림 모멘트와 $P = 40$ kN
의 축하중을 동시에 받고 있다. 축 표면의 임의의 점에서 주응력과 전단응력을 결정하라.

PROBLEMS

P15.1 그림 P15.1/2에서 지름 41 mm인 충진 샤프트가 비틀림
모멘트 $T = 270$ N·m와 축하중 $P = 35000$ N을 받고 있다.
(a) 샤프트의 표면의 점 H에서 주응력과 최대 전단응력을 결정
하라.
(b) (a)에서 결정한 응력과 방향을 적절한 스케치로 표시하라.

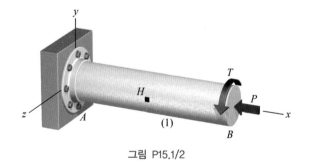

그림 P15.1/2

P15.2 그림 P15.1/2에서 지름 19 mm인 알루미늄합금[$E = 70$ GPa; $v = 0.33$] 충진 샤프트가 비틀림 모멘트 $T = 60$ N·m와
축하중 $P = 15$ kN을 받고 있다. 샤프트의 바깥면의 점 H에서 다
음을 결정하라.
(a) 변형률 ε_x, ε_y, γ_{xy}

(b) 주응력 ε_{p1}, ε_{p2}
(c) 절대최대 전단변형률

P15.3 그림 P15.3/4에서 바깥지름 36 mm, 벽두께 3 mm인 중
공 청동[$E = 105$ GPa; $v = 0.34$] 샤프트가 비틀림 모멘트 $T = 350$ N·m와 축하중 $P = 13000$ N을 받고 있다. 샤프트의 바깥면
의 점 H에서 다음을 결정하라.
(a) 변형률 ε_x, ε_y, γ_{xy}
(b) 주응력 ε_{p1}, ε_{p2}
(c) 절대최대 전단변형률

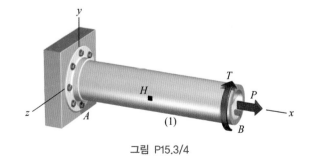

그림 P15.3/4

P15.4 그림 P15.3/4에서 바깥지름 80 mm, 두께 5 mm인 중공 청동 샤프트가 비틀림 모멘트 $T = 620$ N·m와 축하중 $P = 9500$ N 을 받고 있다.

(a) 관 표면의 점 H에서 주응력과 최대 전단응력을 결정하라.

(b) (a)에서 결정한 응력과 방향을 적절한 스케치로 표시하라.

P15.5 지름 40 mm인 충진 샤프트가 1600 rpm에서 100 kW를 프로펠러에 전달하는 항공기의 엔진으로 사용된다. 이 프로펠러 에는 추진력 12 kN이 발생한다. 샤프트의 바깥면의 임의의 점에 서 발생하는 주응력과 최대 전단응력을 결정하라.

P15.6 지름 60 mm인 충진 샤프트는 축인장하중 40 kN을 지지 하고 있으며, 미지의 크기의 비틀림 모멘트를 전달하고 있다. 만 일 샤프트 표면의 인장 주응력이 100 MPa을 초과하지 않는다면, 비틀림 모멘트의 최대 허용 값을 결정하라.

P15.7 바깥지름 150 mm, 안지름 130 mm인 중공 샤프트가 그 림 P15.7/8에 보여준 방향으로 작용하는 축인장하중 $P = 75$ kN, 비틀림 모멘트 $T_B = 16$ kN·m와 $T_C = 7$ kN·m를 받고 있다.

(a) 샤프트 표면의 점 H에서 주응력과 최대 전단응력을 결정 하라.

(b) 이 응력들을 적절한 스케치로 표시하라.

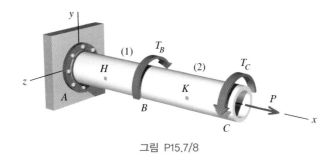

그림 P15.7/8

P15.8 바깥지름 150 mm, 안지름 130 mm인 중공 샤프트가 그 림 P15.7/8에 보여준 방향으로 작용하는 축인장하중 $P = 75$ kN, 비틀림 모멘트 $T_B = 16$ kN·m와 $T_C = 7$ kN·m를 받고 있다.

(a) 샤프트 표면의 점 K에서 주응력과 최대 전단응력을 결정 하라.

(b) 이 응력들을 적절한 스케치로 표시하라.

P15.9 그림 P15.9/10에서 2개의 파이프 세그먼트로 구성된 관이 있다. 세그먼트 (1)은 바깥지름이 220 mm이고 벽두께가 10 mm이며, 세그먼트 (2)는 바깥지름이 140 mm이고 벽두께가 15 mm이다. 그림 P15.9/10에 보여준 방향으로 작용하는 축 압축 하중 $P = 100$ kN, 비틀림 모멘트 $T_B = 8$ kN·m, $T_C = 12$ kN·m를 받고 있다.

(a) 관 표면의 점 K에서 주응력과 최대 전단응력을 결정하라.

(b) 이 응력들을 적절한 스케치로 표시하라.

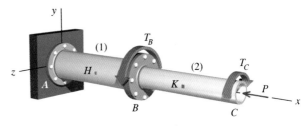

그림 P15.9/10

P15.10 그림 P15.9/10에 보여준 것처럼, 2개의 파이프 세그먼 트로 구성된 관이 있다. 세그먼트 (1)은 바깥지름 220 mm, 벽두께 10 mm이며, 세그먼트 (2)는 바깥지름 140 mm, 벽두께 15 mm 이다. 그림 P15.9/10에 보여준 방향으로 작용하는 축 압축 하중 $P = 100$ kN, 비틀림 모멘트 $T_B = 8$ kN·m와 $T_C = 12$ kN·m를 받 고 있다.

(a) 샤프트 표면의 점 H에서 주응력과 최대전단응력을 결정 하라.

(b) 이들 응력을 적절한 스케치로 표시하라.

P15.11 그림 P15.11에 보여준 방향으로 강재 판이 나선형으로 용접된 실린더가 있다. 이 실린더는 바깥지름 275 mm, 벽두께 8 mm이다. 실린더의 끝은 2개의 강체 판으로 감싸있다. 실린더 는 인장 축하중 $P = 45$ kN, 비틀림 모멘트 $T = 60$ kN·m를 받고 있다. 하중 작용 방향은 그림에 나타내었다. 다음을 결정하라.

(a) 용접 이음부와 수직한 수직응력

(b) 용접 이음부와 평행한 전단응력

(c) 실린더에서 절대최대 전단응력

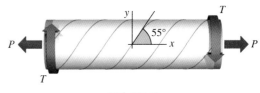

그림 P15.11

P15.12 그림 P15.12에 보여준 방향으로 강재 판이 나선형으 로 용접된 실린더가 있다. 이 실린더는 안지름 480 mm, 벽두께 10 mm이다. 실린더의 끝은 2개의 강체 판으로 감싸있다. 실린더 는 인장 축하중 $P = 640$ kN, 비틀림 모멘트 $T = 225$ kN·m를 받 고 있다. 하중 작용 방향은 그림과 같다. 다음을 결정하라.

(a) 용접 이음부와 수직한 수직응력

(b) 용접 이음부와 평행한 전단응력

(c) 실린더의 표면에서의 주응력과 최대 전단응력

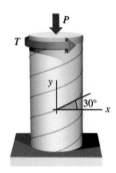

그림 P15.12

P15.13 그림 P15.13에서 중공 샤프트는 축하중 P와 비틀림 모멘트 T를 받는다. 관은 동[$E = 105$ GPa; $v = 0.34$]으로 만들어졌으며, 바깥지름 55 mm, 안지름 45 mm이다. 그림 15.13에 나타낸 것처럼, 스트레인 게이지는 샤프트의 종방향 축을 기준으로 각도 $\theta = 40°$로 고정되었다.

(a) 만약 $P = 13000$ N, $T = 260$ N·m이면, 게이지에 읽히는 변형률은 얼마인가?

(b) 축하중 $P = 6200$ N이 작용할 때, 스트레인 게이지 값이 -195 $\mu\varepsilon$이라면, 관에 작용한 비틀림 모멘트 T는 얼마인가?

그림 P15.13

P15.14 그림 P15.14에서 중공 샤프트는 축하중 P와 비틀림 모멘트 T를 받는다. 샤프트는 청동[$E = 105$ GPa; $v = 0.34$]으로 만들어졌으며, 바깥지름 55 mm, 안지름 45 mm이다. 그림에 나타낸 것처럼, 스트레인 게이지 a, b는 샤프트의 원점에 대하여 각도 $\theta = 25°$로 고정되었다.

(a) 만약 $P = 17$ kN, $T = 1500$ N·m이면, 게이지에 읽히는 변형률은 얼마인가?

(b) 만일 스트레인 게이지 값이 $\varepsilon_a = -1550$ $\mu\varepsilon$와 $\varepsilon_b = 920$ $\mu\varepsilon$가 읽혔다면, 샤프트에 작용한 축하중 P와 비틀림 모멘트 T는 얼마인가?

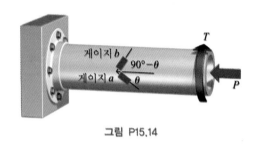

그림 P15.14

15.3 휨 부재에서의 주응력

보의 임계단면의 위치(즉, 최대 전단력 V와 최대 휨모멘트 M)를 구하는 방법은 7장에서 다루었다. 보의 어떤 점의 휨응력을 계산하는 방법은 8.3절과 8.4절에서 다루었다. 보의 수평 전단응력과 수직 전단응력을 계산하는 방법은 9.5절에서 9.7절에 걸쳐 다루었다. 그러나 최대 전단력과 최대 휨모멘트가 작용하는 위치에서 발생하는 주응력과 최대 전단응력에 대한 고려 없이 보의 응력을 논하는 것은 충분하지 않다.

휨에 의해서 발생된 수직응력은 보의 윗면과 아랫면 둘 중에서 가장 큰 값이고, 그 위치에서 수평 전단응력과 수직 전단응력은 0이다. 결과적으로 윗면과 아랫면에서의 인장과 압축 수직응력은 주응력이고, 해당 최대 전단응력은 휨응력의 1/2이다(즉, $\tau_{max} = (\sigma_p - 0)/2$]. 중립면에서 휨에 의한 수직응력은 0이다. 그러나 가장 큰 수평 및 수직 전단응력은 보통 중립면에서 발생한다. 이 경우 주응력과 최대 전단응력은 모두 수평 전단응력과 동일하다. 이러한 양 끝단 사이의 점들에서 발생하는 주응력이 끝단에서 발생하는 주응력보다 더 큰 주응력을 발생시키는 수직응력과 전단응력의 조합이 있는지는 잘 알 수 없다. 불행히도 단면적을 통한 주응력의 크기는 단순히 위치 함수로 모든 단면을 표현할 수 없다. 그러나 현재의 구조해석 소프트웨어를 사용하면 색깔로 구분된 등고선 그림을 통하여 주응력의 분포를 이해할 수 있게 하여 준다.

직사각형 단면

직사각형 단면을 갖는 보에서 가장 큰 주응력은 보통 보의 윗면과 아랫면에서 발생하는 최대 휨응력이다. 최대 전단응력은 보통 같은 위치에서 발생하며, 휨응력의 1/2 크기를 갖는다. 비록 더 작은 빈도이지만, 중립면에서의 수평 전단응력($\tau = \dfrac{VQ}{It}$로 계산됨)은 특히 목재 보와 같은 수평면에 약한 재료에 대해서 상당히 고려해야 한다.

플랜지 단면

만약 보의 단면이 플랜지 형상이면, 플랜지와 복부 사이의 연결부에서 주응력이 검토되어야 한다. 큰 전단력 V와 큰 휨모멘트 M의 조합 하중을 받을 때, 플랜지와 복부의 연결부에서 발생하는 휨응력과 수직 전단응력은 플랜지의 가장 바깥 지점에서 최대 휨응력보다 큰 주응력을 자주 발생시킨다. 일반적으로 보의 어떤 점에서 t가 작고, 큰 V, M, Q, y의 조합을 가지면 그 점에서 주응력의 확인이 필요하다. 그렇지 않으면 최대 휨응력이 주응력일 가능성이 크며, 면내 최대 전단응력은 아마도 같은 점에서 발생할 것이다.

응력 궤적

주응력 방향에 대한 지식은 취성재료(콘크리트)에서 균열의 방향을 예측하는데 도움을 주고, 인장응력에 견딜 수 있도록 보강하는 설계에 도움을 준다. 주응력 방향의 각 점에서 그것들의 접선들로 그려진 곡선을 응력 궤적이라 한다. 일반적으로 각 점(평면응력)에서 0이 아닌 두 개의 주응력이 있기 때문에, 각 점을 통과하는 두 개의 응력 궤적이 있다. 주응력은 수직이기 때문에 이 곡선들은 서로 직각을 이룬다. 곡선의 한 세트는 최대 응력을 나타내고 있으며, 반면에 다른 한 세트 곡선은 최소 응력을 나타낸다. 그림 15.1에 보여준 것은 보의 중앙에 집중하중을 받는 직사각형 단면을 갖는 단순지지보의 응력 궤적이다. 점선들은 압축응력의 방향을 나타내고, 실선은 인장응력의 방향을 나타낸다. 응력 집중은 하중과 반력들의 주변에 존재하고, 결과적으로 응력 궤적은 그들 부근에서 더욱 복잡하게 된다. 그림 15.1에서는 응력 집중의 영향을 생략하였다.

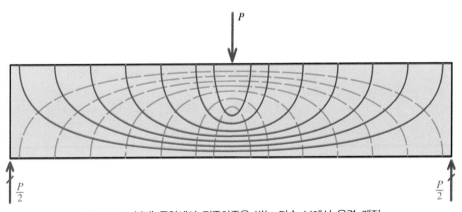

그림 15.1 부재 중앙에서 집중하중을 받는 단순 보에서 응력 궤적

일반적인 계산 절차

보의 특정한 점에서 주응력과 최대 전단응력을 구하기 위해서는 아래와 같은 절차가 유용하다.

1. 보의 반력과 반력모멘트를 계산하라(만약 있다면).
2. 원하는 단면에서 작용하는 축력(해당된다면), 전단력, 휨모멘트를 결정하라. 내력을 결정하기 위해서는 보에 대한 전단력도 및 모멘트도를 그리는 것이 편리하다. 때로는 보에서 원하는 단면을 잘라내 자유물체도를 그리는 것으로 충분하다.
3. 일단 내력 힘과 모멘트를 알았다면, 원하는 특정한 점에서 발생하는 수직응력과 전단응력을 결정한다.
   a. 내부 축력 F와 휨모멘트 M에 의해 수직응력이 발생한다. 축응력의 크기는 $\sigma = F/A$로 구해지고, 휨응력의 크기는 휨 공식 $\sigma = -My/I$으로부터 구해진다.
   b. 불균일 휨에 의해 발생하는 전단응력은 $\tau = VQ/It$로부터 계산된다.
4. 응력 요소에 계산된 응력 결과를 표시하라. 각 응력에 대하여 적절한 방향을 찾도록 주의해야 한다.
   a. F와 M에 의해 발생하는 수직응력은 보의 종방향으로 작용하며, 인장 또는 압축을 받는다.
   b. 불균일한 휨에 의해 발생하는 전단응력 τ에 대한 적절한 방향은 때때로 어려울 수 있다. 원하는 점에서 횡단면에 작용하는 전단력 V의 방향을 결정하라(그림 15.2). 이 단면에서 횡전단응력의 방향은 같은 방향으로 작용한다. 응력요소의 한 단면에서 전단응력의 방향이 결정되면, 다른 네 개의 면에서 전단응력의 방향을 알 수 있다.
   c. 응력 요소에 작용하는 수직응력과 전단응력의 방향을 설정하기 위한 검사(inspection)를 통하여 신뢰도를 높일 수 있다. 그림 15.2에 보여준 양의 내부 전단력 V를 고려한다(양의 V는 보의 오른쪽 면에서 아래 방향으로 작용하고, 왼쪽 면에서는 위 방향으로 작용한다는 것을 상기하라). 전단력 V가 양(positive)이더라도, 이에 해당하는 전단응력 τ_{xy}은 응력변환식에서 사용된 부호규약에 따라 음(negative)으로 취급된다.
5. 일단 점을 통과하는 직교 평면에서 모든 응력들을 구하고, 이들을 응력요소에 표현하였다면, 12장의 방법에 의하여 그 점에서 주응력과 최대 전단응력을 계산할 수 있다.

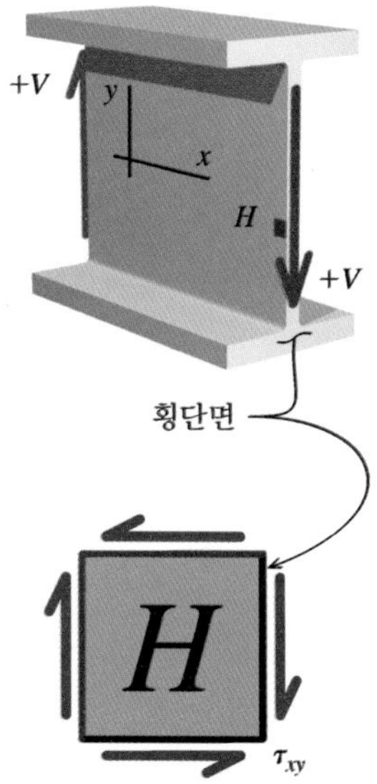

아래의 예제는 그 과정을 설명한다.

그림 15.2 V와 τ 방향 간의 대응

예제 15.2

단순지지된 W 형상 보가 그림과 같은 하중을 받고 있다. 점 H와 K에서 주응력과 최대전단응력을 결정하라. 적절히 회전한 응력요소에 이 응력들을 나타내라.

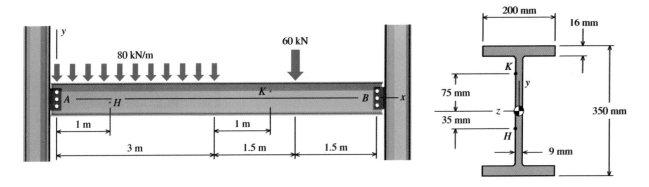

풀이 계획   W 형상의 단면2차모멘트는 단면의 치수로부터 계산된다. 단순지지보의 전단력도와 휨모멘트도를 그린다. 이 선도로부터 원하는 점의 내부 전단력과 내부 모멘트가 결정된다. 휨 공식과 전단응력공식을 각 점에 작용하는 수직응력과 전단응력을 계산하는 데 사용한다. 이러한 응력들은 각 점의 응력요소에 표시하고, 응력변환식을 이용하여 H점에서 응력요소의 주응력과 최대 전단응력을 결정한다. 이 과정을 점 K에 작용하는 응력에도 반복한다.

풀이   단면2차모멘트

W 형상 단면의 단면2차모멘트는 다음과 같이 계산된다.

$$I_z = \frac{(200 \text{ mm})(350 \text{ mm})^3}{12} - \frac{(191 \text{ mm})(318 \text{ mm})^3}{12} = 202.74 \times 10^6 \text{ mm}^4$$

전단력도와 휨모멘트도

단순지지보에서 전단력도와 휨모멘트도는 다음 그림과 같다.

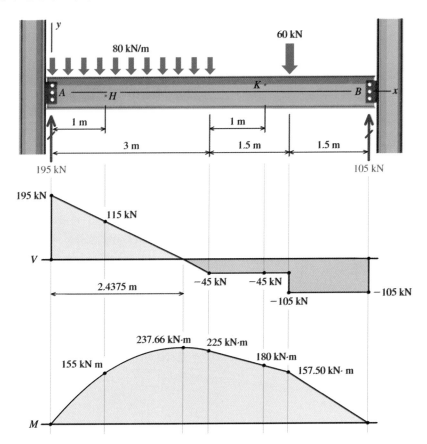

점 H에서 전단력과 휨모멘트

점 H의 위치에서 전단력 $V = 115$ kN이고, 휨모멘트는 $M = 155$ kN·m이다. 이러한 내력들은 오른쪽 그림에 표시한 방향으로 작용한다.

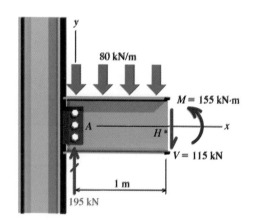

점 H에서의 수직응력과 전단응력

점 H는 도심축 z에서 아래로 35 mm만큼 떨어진 지점에 위치한다. 그러므로 $y = -35$ mm이다. 점 H에서 휨응력은 휨 공식으로 계산할 수 있다.

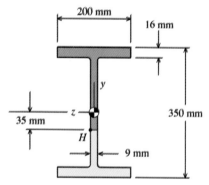

$$\sigma_x = -\frac{My}{I_z}$$

$$= -\frac{(155 \text{ kN·m})(-35 \text{ mm})(1000 \text{ N/kN})(1000 \text{ mm/m})}{202.74 \times 10^6 \text{ mm}^4}$$

$$= 26.76 \text{ MPa} = 26.76 \text{ MPa (T)}$$

이 인장 수직응력은 보의 종방향과 평행하게 작용한다는 것에 주목하라. 즉 x축이다. 점 H에서 전단응력을 계산하기 전에 그림에 색깔로 표시된 면적에 대한 Q를 계산해야 한다. 도심축 z에 대한 그림에서 색깔로 표시된 면적의 1차모멘트 $Q = 642652$ mm^{3}이다. 보의 휨에 의한 점 H에서의 전단응력은 다음과 같이 계산할 수 있다.

$$\tau = \frac{VQ}{I_z t} = \frac{(115 \text{ kN})(642652 \text{ mm}^3)(1000 \text{ N/kN})}{(202.74 \times 10^6 \text{ mm}^4)(9 \text{ mm})} = 40.50 \text{ MPa}$$

이 전단응력은 내부 전단력 V와 같은 방향으로 작용한다. 그러므로 그 응력요소의 오른쪽 면에 전단응력 τ는 아래 방향으로 작용한다.

점 H에서의 응력요소

휨모멘트에 의한 인장 수직응력은 응력요소의 x면에 작용한다. 전단응력은 응력요소의 x면에 아래 방향으로 작용한다. 전단응력 방향이 한 면에서 적절하게 결정되면, 다른 세 면에서의 전단응력 방향을 알 수 있다.

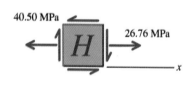

점 H에서의 응력변환 결과

점 H에서 주응력과 최대전단응력은 응력변환식으로 결정할 수 있으며, 과정은 12장에서 자세히 기술하였다. 이러한 계산 결과를 오른쪽 그림에 제시하였다.

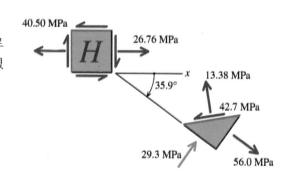

점 K에서 전단력과 휨모멘트

점 K의 위치에서 전단력 $V = -45$ kN이고, 내부 휨모멘트는 $M = 180$ kN·m이다. 이러한 내력은 오른쪽 그림에 표시한 방향으로 작용한다.

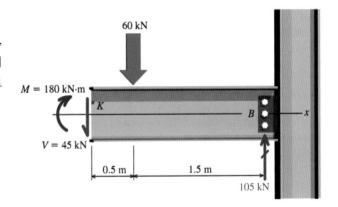

점 K에서의 수직응력과 전단응력

점 K는 도심축 z에서 아래로 75 mm만큼 떨어진 지점에 위치한다. 그러므로 $y = 75$ mm이다. 점 K에서 휨모멘트는 휨 공식으로 계산할 수 있다.

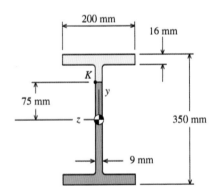

$$\sigma_x = -\frac{My}{I_z}$$

$$= -\frac{(180 \text{ kN·m})(75 \text{ mm})(1000 \text{ N/kN})(1000 \text{ mm/m})}{202.74 \times 10^6 \text{ mm}^4}$$

$$= -66.6 \text{ MPa} = 66.6 \text{ MPa (C)}$$

이 압축 수직응력은 보의 종방향과 평행하게 작용한다는 것에 주목하라. 즉 x축이다. 점 K에서 전단응력을 계산하기 위하여 그림에 색깔로 표시된 면적에 대한 Q를 계산해야 한다. 도심축 z에 대한 그림에서 색깔로 표시된 면적의 1차모멘트 $Q = 622852$ mm³이다. 보의 휨에 의한 점 K에서의 전단응력은 다음과 같이 계산할 수 있다.

$$\tau = \frac{VQ}{I_z t} = \frac{(45 \text{ kN})(622852 \text{ mm}^3)(1000 \text{ N/kN})}{(202.74 \times 10^6 \text{ mm}^4)(9 \text{ mm})}$$

일반적으로 V의 크기는 이 계산으로 결정하고 전단응력의 방향은 점검에 의하여 결정한다. 이 전단응력은 내부 전단력 V와 같은 방향으로 작용한다. 그러므로 응력요소의 왼쪽 면에 전단응력 τ는 아래 방향으로 작용한다.

점 K에서의 응력요소

압축 휨응력은 응력요소의 x면에 작용하고, 전단응력은 응력요소의 $-x$면에 아래 방향으로 작용한다. 전단응력 방향이 한 면에서 적절하게 결정되면, 다른 세 면에서의 전단응력 방향을 알 수 있다.

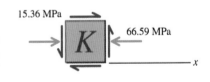

점 K에서의 응력변환 결과

점 K에서의 주응력과 최대전단응력은 오른쪽 그림에 제시한 바와 같다.

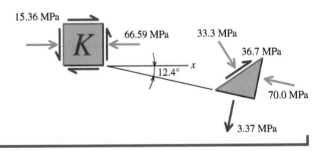

외팔보가 2 kips/ft 등분포하중을 받고 있다. 보의 단면은 T형 모양이다. 고정 지점으로부터 1 ft 떨어진 거리에서 T형 단면의 바닥에서 위쪽으로 4 in 떨어진 D에서의 주응력과 최대전단응력을 결정하라.

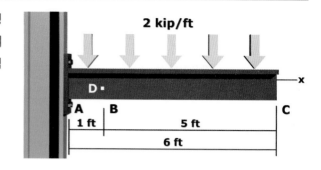

사각 강관이 그림에 보여준 것과 같은 하중을 받는 보로 사용된다. 핀으로 지지된 A점에서 오른쪽으로 1 m에 위치한 점 H에서의 주응력과 최대전단응력을 결정하라.

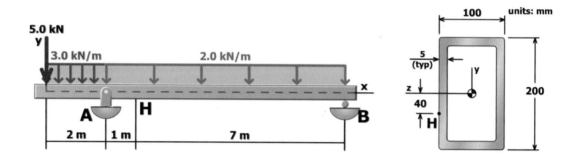

W 형상 보가 어떤 위치에서 전단력 $V = 60$ kips와 휨모멘트 $M = 150$ kips-ft를 발생시키는 하중을 받고 있다. 도심에서 위쪽으로 3 in 떨어진 강재의 표면에 위치한 B점에서 수직응력과 전단응력을 결정하라.

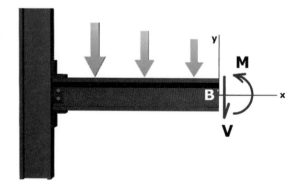

예제 15.3

중공형상(HHS)이 그림과 같이 점 A에서 핀으로 연결되고 점 B에서 경사진 강봉으로 지지되어 있다. 115 kN의 집중하중이 보의 점 C에 작용한다. 점 H에 작용하는 주응력과 최대전단응력을 구하라.

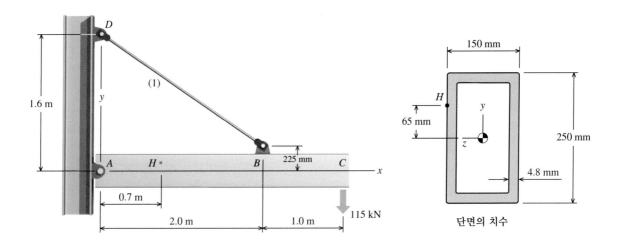

단면의 치수

풀이 계획 단축 하중을 받는 경사진 봉 (1)은 점 B에서 보에 수직반력을 일으킨다. 봉이 경사져 있기 때문에 점 A와 점 B 사이의 구간에는 보에 압축 축력을 발생시킨다. 봉은 중공형상(HHS)의 중심선 위로 225 mm 위치에 연결되었고, 이 편심은 추가적으로 보에 휨모멘트를 발생시킨다. 지점 A와 B의 반력을 구하는 것으로 해석을 시작한다. 일단 이러한 힘들이 결정되면, 점 H에서 보를 절단한 자유물체도(FBD)에 원하는 단면에 작용하는 평형 힘들을 나타내 그린다. 평형 힘들에 의한 발생한 수직응력과 전단응력을 계산하고, 점 H의 응력요소로 나타낸다. 응력 변환을 통하여 점 H에서 주응력과 최대 전단응력을 계산한다.

풀이 보의 반력

보의 자유물체도(FBD)는 점 A에서 핀 연결에 의한 수평 및 수직 반력과 경사진 봉 (1)의 축력으로 나타낸다. 봉 (1)의 각도는 중공형상(HSS)의 중심선에서 봉의 연결 지점까지 225 mm 떨어져 있다는 것을 유의하라.

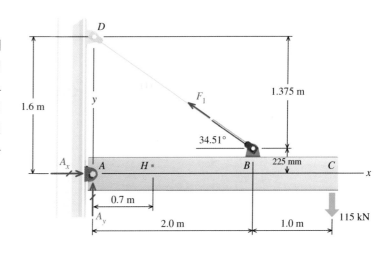

$$\tan \theta = \frac{1600 \text{ mm} - 225 \text{ mm}}{2000 \text{ mm}}$$

$$= 0.6875$$

$$\therefore \ \theta = 34.51°$$

다음의 평형방정식은 자유물체도로부터 유도할 수 있다.

$$\sum F_x = A_x - F_1 \cos(34.51°) = 0 \tag{a}$$

$$\sum F_y = A_y - F_1 \sin(34.51°) - 115 \text{ kN} = 0 \tag{b}$$

$$\sum M_A = F_1 \sin(34.51°)(2.0 \text{ m}) + F_1 \cos(34.51°)(0.225 \text{ m})$$
$$- (115 \text{ kN})(3.0 \text{ m}) = 0 \tag{c}$$

식 (c)로부터, 봉 (1)의 내부 축력은 $F_1 = 261.67$ kN으로 계산할 수 있다. 이 결과는 식 (a)와 (b)에 대입하여 핀 A의 반력을 구할 수 있다. $A_x = 215.63$ kN, $A_y = -33.24$ kN. A_y로 계산된 값이 음이기 때문에 이 반력은 실제로는 초기에 가정한 방향과 반대로 작용한다.

점 H에서 내력을 나타내는 자유물체도

점 H가 포함된 단면을 잘라 자유물체도를 그린다. 그림에 핀 A에 작용하는 외부 반력을 포함한 자유물체도를 보였다. 원하는 단면에 작용하는 내력은 이 자유물체도로부터 계산할 수 있다.

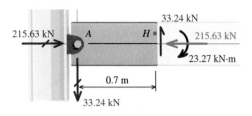

점 H에서의 자유물체도

축력은 압축력 $F = 261.67$ kN이다. 전단력은 $V = 33.24$ kN 이고, 자유물체도의 오른쪽 면(+x면)에서 위쪽으로 작용한다. 휨모멘트는 점 H를 포함한 중공형상의 중심선에 대한 모멘트의 합으로부터 계산할 수 있다.

$$\sum M_H = (33.24 \text{ kN})(0.7 \text{ m}) - M = 0 \quad \therefore \ M = 23.27 \text{ kN} \cdot \text{m} \tag{d}$$

단면 특성치

중공형상의 단면적은

$$A = (150 \text{ mm})(250 \text{ mm}) - (140.4 \text{ mm})(240.4 \text{ mm})$$
$$= 3747.84 \text{ mm}^2$$

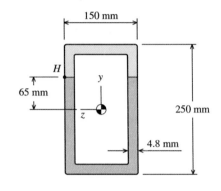

도심축 z에 대한 단면2차모멘트는

$$I_z = \frac{(150 \text{ mm})(250 \text{ mm})^3}{12} - \frac{(140.4 \text{ mm})(240.4 \text{ mm})^3}{12}$$
$$= 32.7616 \times 10^6 \text{ mm}^4$$

점 H가 포함된 단면에 대한 1차모멘트 Q는 색깔로 표시된 면적으로 계산할 수 있다.

$$Q_H = 2(4.8 \text{ mm})(60 \text{ mm})(95 \text{ mm}) + (140.4 \text{ mm})(4.8 \text{ mm})(122.6 \text{ mm})$$
$$= 137342.59 \text{ mm}^3$$

응력 계산

F로 인한 축응력: 축력 $F = 215.63$ kN은 x축 방향으로 작용하는 균일한 압축 수직응력을 발생시킨다. 응력의 크기는 다음과 같이 계산된다.

$$\sigma_{\text{axial}} = \frac{F}{A} = \frac{(215.63 \text{ kN})(1000 \text{ N/kN})}{3747.84 \text{ mm}^2} = 57.53 \text{ MPa} \ (C)$$

M으로 인한 휨응력: 그림에서 같이 23.27 kN·m의 휨모멘트는 중공형상의 도심축 z 위쪽으로 인장 수직응력을 발생시킨다. 휨 공식을 이용하여 휨응력을 계산할 수 있으며, 휨모멘트의 크기는 $M = -23.27$ kN·m이고, H점에서 $y = 65$ mm이다.

$$\sigma_{\text{bend}} = -\frac{My}{I_z} = -\frac{(23.27 \text{ kN} \cdot \text{m})(65 \text{ mm})(1000 \text{ N/kN})(1000 \text{ mm/m})}{32.7616 \times 10^6 \text{ mm}^4}$$
$$= 46.17 \text{ MPa} \ (T)$$

V로 인한 전단응력: 전단력 33.24 kN와 관련된 점 H에서의 전단응력은 전단응력식으로부터 계산할 수 있다.

$$\tau_H = \frac{VQ}{I_z t} = \frac{(33.24 \text{ kN})(137342.59 \text{ mm}^3)(1000 \text{ N/kN})}{(32.7616 \times 10^6 \text{ mm}^4)(2 \times 4.8 \text{ mm})}$$

= 14.52 MPa

응력요소: 점 H에서 수직응력과 전단응력을 응력요소에 나타내었다. 축력과 휨모멘트에 의한 수직응력은 x방향으로 작용한다.

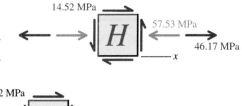

점 H에서 응력변환의 결과:
점 H에서 주응력과 최대전단응력은 응력 변환식으로 결정할 수 있으며, 과정은 12장에서 자세히 기술하였다. 이러한 계산 결과들은 오른쪽 그림에 제시하였다.

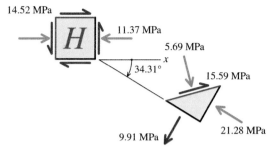

MecMovies 연습문제

M15.2 그림과 같이 역 T형 단면이 연직 전단력 V와 휨모멘트 M를 받는다. H점에 작용하는 휨응력, 전단응력, 주응력, 최대 전단응력을 결정하라.

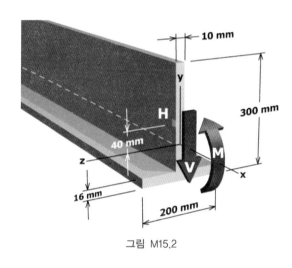

그림 M15.2

M15.3 사각 튜브에 그림과 같이 전단력 V, 휨모멘트 M이 작용한다. 점 H에 작용하는 휨응력, 전단응력, 주응력, 최대 전단응력을 결정하라.

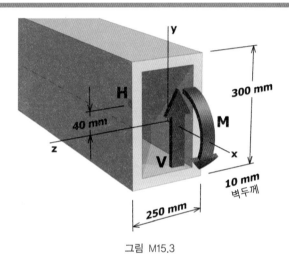

그림 M15.3

M15.4 W 형상 보에 그림과 같이 전단력 V, 휨모멘트 M이 작용한다. 점 H에 작용하는 휨응력, 전단응력, 주응력, 최대 전단응력을 결정하라.

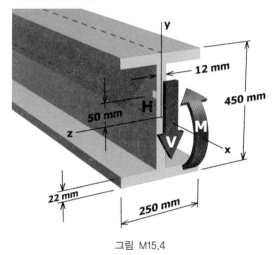

그림 M15.4

P15.15 플랜지 형태의 휨 부재가 그림 P15.15a에서 축력 $P = 11.8$ kN, 전단력 $V = 21.3$ kN, 휨모멘트 $M = 4.7$ kN·m를 받고 있다. 그림 P15.15b에 보여준 부재의 단면의 치수는 $b_1 = 42$ mm, $b_2 = 80$ mm, $t_f = 6$ mm, $d = 90$ mm, $t_w = 6$ mm, $a = 20$ mm이다. 점 H과 점 K에 작용하는 휨응력, 전단응력, 주응력, 최대전단응력을 결정하라. 그리고 각 점에서 결정한 응력을 적절히 스케치하여 나타내라.

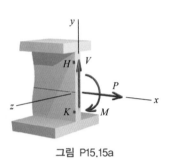

그림 P15.15a

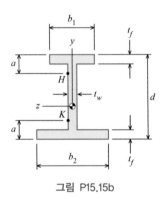

그림 P15.15b

P15.16 강재 중공 휨부재(그림 P15.16b)가 그림 P15.16a에 보인 것처럼 축력 $P = 115$ kN을 받고 있다. 그림 P15.16b에 보인 부재의 단면의 치수는 $d = 300$ mm, $b = 200$ mm, $t = 6$ mm, $x_H = 95$ mm, $x_K = 70$ mm이다. $a = 425$ mm일 때, 점 H와 점 K에 작용하는 주응력 및 최대 전단응력을 결정하라. 그리고 각 점에서 결정한 응력을 적절히 스케치하여 나타내라.

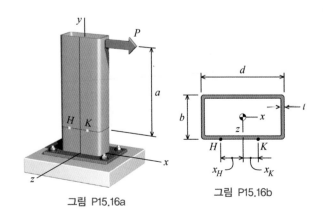

그림 P15.16a   그림 P15.16b

P15.17 그림 P15.17a/18a에 보인 것처럼, 단순지지보가 등분포하중 $w = 75$ kN/m를 받고 있다. 그림 P15.17b/18b에서 부재의 단면의 치수는 $b_f = 280$ mm, $t_f = 20$ mm, $d = 460$ mm, $t_w = 12$ mm, $y_H = 110$ mm이다. 점 H에 작용하는 주응력 및 최대 전단응력을 결정하라. 그리고 각 점에서 결정한 응력을 적절히 스케치하여 나타내라.

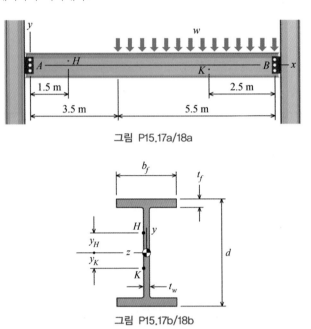

그림 P15.17a/18a

그림 P15.17b/18b

P15.17 그림 P15.17a/18a에서 단순지지보가 등분포하중 $w = 75$ kN/m를 받고 있다. 그림 P15.17b/18b에서 부재의 단면의 치수는 $b_f = 280$ mm, $t_f = 20$ mm, $d = 460$ mm, $t_w = 12$ mm, $y_K = 80$ mm이다. 점 K에 작용하는 주응력 및 최대전단응력을 결정하라. 그리고 각 점에서 결정한 응력을 적절히 스케치하여 나타내라.

P15.19 그림 P15.19a/20a에서 단순지지보가 2개의 집중하중 $P_1 = 42$ kN, $P_2 = 138$ kN를 받고 있다. 그림 P15.19b/20b에 보여준 부재의 단면의 치수는 $b_f = 250$ mm, $t_f = 16$ mm, $d = 400$ mm, $t_w = 10$ mm, $y_H = 150$ mm이다. $a = 3$ m와 $x_H = 1.7$ m일 때, 점 H에 작용하는 주응력 및 최대 전단응력을 결정하라. 그리고 각 점에서 결정한 응력을 적절히 스케치하여 나타내라.

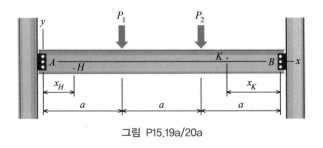

그림 P15.19a/20a

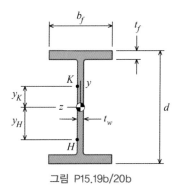

그림 P15.19b/20b

P15.20 그림 P15.19a/20a에서 단순지지보가 2개의 집중하중 $P_1 = 42$ kN, $P_2 = 138$ kN를 받고 있다. 그림 P15.19b/20b에 보인 부재의 단면의 치수는 $b_f = 250$ mm, $t_f = 16$ mm, $d = 400$ mm, $t_w = 10$ mm, $y_K = 40$ mm이다. $a = 3$ m와 $x_K = 2.2$ m일 때, 점 K에 작용하는 주응력 및 최대 전단응력을 결정하라. 그리고 각 점에서 결정한 응력을 적절히 스케치하여 나타내라.

P15.21 그림 P15.21a/22a에서 단순지지보가 지점 A와 지점 B 사이에 등분포하중 $w = 4.2$ kN/m와 끝의 점 C에 집중하중 $P = 2.9$ kN를 받고 있다. 그림 P15.21b/22b에서 부재의 단면의 치수는 $b_f = 235$ mm, $t_f = 40$ mm, $d = 275$ mm, $t_w = 40$ mm이다. $L = 3.6$ m와 $x_K = 0.4$ m일 때, 점 K에 작용하는 주응력 및 최대 전단응력을 결정하라. 점 K는 T형 단면의 하단으로부터 $a = 120$ mm 위쪽 위치에 있다. 각 점에서 결정한 응력을 적절히 스케치하여 나타내라.

P15.22 그림 P15.21a/22a에서 단순지지보가 지점 A와 지점 B 사이에 등분포하중 $w = 4.2$ kN/m와 끝의 점 C에 집중하중 $P = 2.9$ kN를 받고 있다. 그림 P15.21b/22b에서 부재의 단면의 치수는 $b_f = 235$ mm, $t_f = 40$ mm, $d = 275$ mm, $t_w = 40$ mm이다. $L = 3.6$ m와 $x_H = 0.75$ m일 때, 점 H에 작용하는 주응력 및 최대 전단응력을 결정하라. 점 K는 T형 단면의 하단으로부터 $a = 120$ mm 위쪽 위치에 있다. 각 점에서 결정한 응력을 적절히 스케치하여 나타내라.

P15.23 그림 P15.23a과 P15.23b에 보인 구조물에서 수평 AB 부재의 점 H와 점 K에서의 주응력 및 최대 전단응력을 결정하라. 그리고 각 점에서 결정한 응력을 적절히 스케치하여 나타내라.

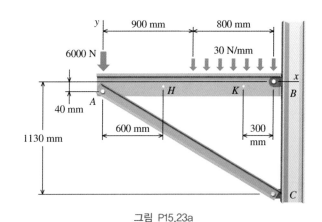

그림 P15.23a

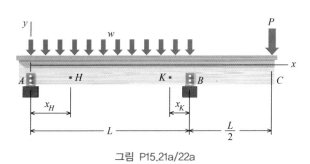

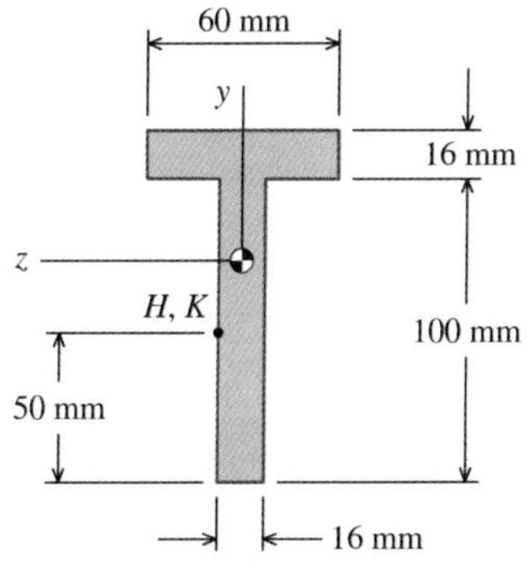

그림 P15.21a/22a

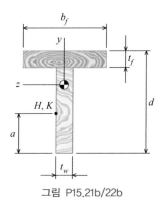

그림 P15.21b/22b

그림 P15.23b

P15.24 그림 P15.24a과 P15.24b에 보인 구조물에서 수평 AB 부재의 점 H와 점 K에서의 주응력 및 최대 전단응력을 결정하라. 그리고 각 점에서 결정한 응력을 적절히 스케치하여 나타내라.

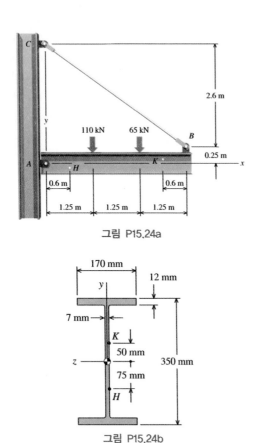

그림 P15.24a

그림 P15.24b

P15.25 그림 P15.25a에 보인 보는 점 B에서 인장부재와 점 C는 핀으로 연결되어 지지되고 있다. 보의 길이 $L = 7$ m이고, 등분포하중 $w = 22$ kN/m를 받고 있다. 점 B에서 인장 부재의 각 $\theta = 25°$이다. 그림 P15.25b에 보인 보의 단면 치수는 $b_f = 130$ mm, $t_f = 12$ mm, $d = 360$ mm, $t_w = 6$ mm, $y_H = 50$ mm이다. 점 H에 작용하는 주응력 및 최대 전단응력을 결정하라. 이들 응력을 적절히 스케치하여 나타내라.

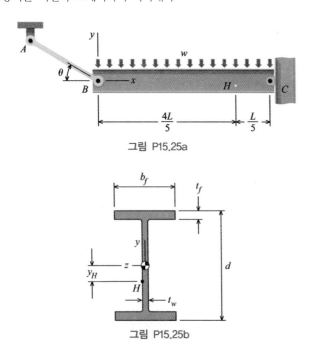

그림 P15.25a

그림 P15.25b

P15.26 그림 P15.26a에서 기계의 한 부분에 하중 $P = 1800$ N이 작용한다. 하중이 작용하는 부분의 두께는 6 mm로 일정하다 (즉, z방향으로 6 mm 두께). 그림 P15.26b에 상세하게 보인 보의 점 H와 점 K에서의 주응력 및 최대 전단응력을 결정하라. 그리고 각 점에서 결정한 응력을 적절히 스케치하여 나타내어라.

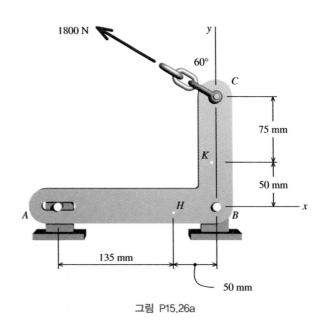

그림 P15.26a

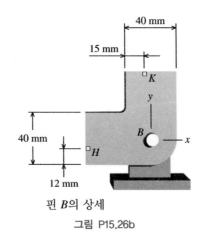

핀 B의 상세

그림 P15.26b

P15.27 그림 P15.27a에 보인 목재 보가 그림 P15.27b에 나타낸 단면을 갖고 있다. 점 H에서 허용압축 주응력은 2800 kPa이고, 최대 허용 면내 전단응력은 900 kPa이다. 보에 작용할 수 있는 최대 허용하중 P를 결정하라.

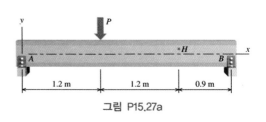

그림 P15.27a

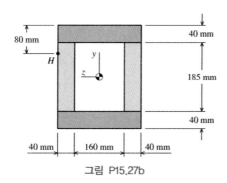

80 mm

40 mm

H

y

z

185 mm

40 mm

40 mm 160 mm 40 mm

그림 P15.27b

15.4 일반적인 조합 하중

많은 산업현장에서 기계부품은 축하중, 비틀림하중, 휨하중을 동시에 받는다. 이러한 하중들의 조합으로 인한 영향을 해석하여 부품에 발생하는 임계 응력을 결정하여야 한다. 숙련된 엔지니어는 큰 응력이 발생할 가능성이 있는 하나 또는 여러 점을 예측할 수 있지만, 어떤 특정 단면에서 가장 혹독한 응력이 어느 점에서 발생하는지가 분명하지 않을 수 있다. 결과적으로 부품의 임계 응력을 알기 전에 일반적으로 하나 이상의 점에서 응력 해석을 하는 것이 필요하다.

계산 절차

축력, 비틀림, 휨, 압력을 받는 부품의 특정한 위치에서 주응력과 최대 전단응력을 결정하기 위해서는 아래와 같은 절차가 유용하다.

1. 원하는 단면에 작용하는 정역학적인 등가 힘과 모멘트를 결정하라. 이 단계에서 복잡한 3차원 부품이나 다중 하중을 받는 구조는 원하는 단면에서 3개 이하의 힘과 3개 이하의 모멘트를 받는 단순한 부재로 변환된다.

   a. 정역학적 등가 힘과 모멘트를 찾을 때, 원하는 단면에서 구조의 자유단까지를 고려하는 것이 편리하다. 원하는 단면에서의 정역학적 등가 힘들은 구조의 이 일부분에 작용하는 하중의 합으로 구한다(즉, $\sum F_x$, $\sum F_y$, $\sum F_z$). 이들의 합에는 반력이 포함되지 않는다는 것에 유의하라.

   b. 정역학적 등가 모멘트는 하중의 크기와 거리가 모멘트 성분을 만들기 때문에 정확히 결정하기는 정역학적 등가 힘의 결정보다는 더 어려울 수 있다. 한 가지 접근 방법은 각 하중을 순서대로 고려하는 것이다. 모멘트의 크기, 모멘트가 작용하는 축, 모멘트의 부호는 각 하중에 대하여 평가되어야 한다. 추가로 하나의 하중은 두 개의 축에 별도의 모멘트를 발생시킨다. 모든 모멘트 성분들을 결정한 후에, 원하는 단면에서의 정역학적 등가 모멘트는 각 방향의 모멘트 성분의 합으로 구해진다(즉, $\sum M_x$, $\sum M_y$, $\sum M_z$).

   c. 구조의 기하학적 형상과 하중이 복잡한 경우에는 종종 등가 모멘트를 계산하기 위해 위치 벡터와 힘 벡터를 이용하는 것이 더 쉽다. 원하는 단면에서 하중이 작

벡터적은 교환법칙이 성립하지 않는다. 그러므로 모멘트 벡터는 $F \times r$이 아닌 $M = r \times F$로 계산되

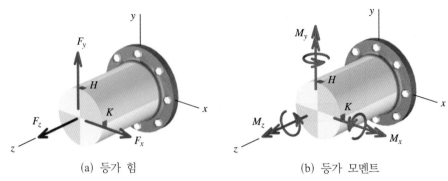

(a) 등가 힘   (b) 등가 모멘트

그림 15.3 관심 단면에서의 정역학적 등가 힘과 모멘트

어야 한다.

단면2차모멘트는 전단력과 관계된 전단응력을 계산하기 위해 사용된다. 이러한 전단응력들은 보에서의 불균일휨에 의해 발생한다.

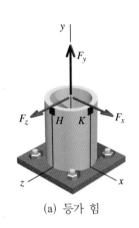

(a) 등가 힘

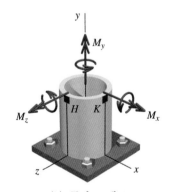

(b) 등가 모멘트

그림 15.4 관심 단면에서의 정역학적 등가 힘과 모멘트

용하는 특정한 점까지의 위치 벡터 **r**은 그 점에 작용하는 힘 벡터 **F**와 함께 결정된다. 모멘트 벡터 **M**은 위치 벡터와 힘 벡터 곱으로 계산된다. 즉 $\mathbf{M} = \mathbf{r} \times \mathbf{F}$. 만약 하중이 구조물에 하나 이상 작용하면, 그만큼 많은 벡터 곱으로 계산되어야 한다.

2. 원하는 단면에서 정역학적 등가 힘과 모멘트를 결정한 후에, 원하는 단면에 작용하는 모든 힘과 모멘트의 크기와 방향을 보여주는 두 개의 그림을 준비한다. 그림 15.3과 그림 15.4에 전형적인 그림을 보여주고 있다. 이들 그림은 응력을 계산하기 전에 결과들을 정리하고 명확하게 하는 데 도움이 된다.

3. 각 등가 힘들에 의해 발생한 응력을 결정한다.

   a. 축력(그림 15.3a에서 힘 F_z와 그림 15.4a에서 힘 F_y)은 $\sigma = F/A$로부터 결정되는 인장(압축) 수직응력을 발생시킨다.

   b. 전단응력식 $\tau = VQ/It$으로 계산되는 전단응력은 전단력(그림 15.3a에서 힘 F_x, F_y와 그림 15.4a에서 힘 F_x, F_z)과 관련 있다. 응력요소에 τ의 방향을 정하기 위하여 원하는 단면에서 전단력의 화살표 방향을 이용한다. 전단력과 관련된 τ는 단면에서 포물선 형태로 분포한다는 것을 기억하라(그림 9.10 참조). 원형단면에 대해서, Q는 충진 단면인 경우 식 (9.7), (9.8)로부터 계산되고 중공 단면인 경우 식 (9.10)으로 계산된다.

4. 등가 모멘트에 의해 발생되는 응력을 결정한다.

   a. 원하는 단면에서 부품의 종방향 축에 대한 모멘트가 **비틀림 모멘트**이다. 그림 15.3b에서는 M_z가 비틀림 모멘트이지만, 그림 15.4b에서는 M_y가 비틀림 모멘트이다. 비틀림 모멘트는 $\tau = Tc/J$로 계산되는 전단응력을 발생시킨다. 여기서 J는 **단면극관성모멘트**이다. 원형단면에서 단면극관성모멘트는 다음과 같이 계산된다.

   $$J = \frac{\pi}{32} d^4 \qquad \text{(충진 단면)}$$

   $$J = \frac{\pi}{32}[D^4 - d^4] \qquad \text{(중공 단면)}$$

   원하는 점에서 응력요소의 측면에 작용하는 τ의 방향을 결정하기 위해 비틀림 모멘트의 방향을 사용한다.

   b. 휨모멘트는 휨 축에 대해 선형적으로 분포하는 수직응력을 발생시킨다. 그림 15.3b에서는 M_x와 M_y가 휨모멘트이지만, 그림 15.4b에서는 M_x와 M_z이 휨모멘

트이다. 휨응력의 크기는 $\sigma = My/I$로 계산한다. 여기서 I는 **단면2차모멘트**이다. 원형단면의 단면2차모멘트는 다음과 같이 계산된다.

$$I = \frac{\pi}{64}d^4 \qquad \text{(충진 단면)}$$

$$I = \frac{\pi}{64}[D^4 - d^4] \qquad \text{(중공 단면)}$$

응력의 방향(압축 또는 인장)은 검증에 의해 결정된다. 휨응력은 휨 부재의 종방향 축에 평행하게 작용한다. 그러므로 그림 15.3b에서 휨응력은 z방향으로 작용하지만, 그림 15.4b에서는 휨응력이 y방향으로 작용한다.

5. 만약 부품이 내부 압력을 받는 원형 충진 단면이면, 종방향과 원주방향으로 수직응력이 발생한다. 종방향 응력은 $\sigma_{long} = pd/4t$로 계산한다. 그리고 원주방향 응력은 $\sigma_{long} = pd/2t$로 계산한다. 여기서 d는 안지름이다. 이 두 식에서 t는 파이프나 튜브의 두께를 나타낸다. 전단응력식 $\tau = VQ/It$에 포함된 t는 다른 의미를 갖는다. 파이프에서 $\tau = VQ/It$의 t는 실제로 **벽두께의 2배**이다.

6. 중첩의 원리를 사용하여 응력요소에 응력을 표시한다. 이때, 각 응력 성분들에 대한 적절한 방향을 부여하는 데 세심한 주의가 필요하다. 이전에 언급한 것처럼, 응력요소에 작용하는 수직응력과 전단응력의 방향을 정하기 위한 검사를 하는 것이 일반적으로 더 신뢰를 준다.

7. 어느 점을 통과하는 직교하는 면에 작용하는 응력들을 알고 있고, 응력요소에 나타낸다면, 12장에서 상술한 방법으로 그 점에서의 주응력과 최대 전단응력을 계산할 수 있다.

다음의 예제들은 탄성 조합 하중 문제에 대한 풀이 절차를 보여준다.

중첩원리는 비례한도 이하의 응력에서 특정 위치에서의 동일한 유형의 응력들을 더할 수 있도록 한다. 예를 들면, 응력요소의 x면에 작용하는 모든 수직응력은 대수적으로 더해질 수 있다.

예제 15.4

그림과 같이 $P = 70\,kN$의 하중을 받고 있는 짧은 기둥이 있다. 기둥의 a, b, c, d 모서리에 발생하는 수직응력을 결정하라.

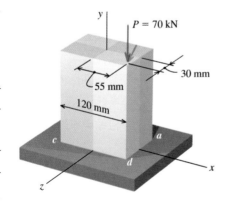

풀이 계획 $P = 70\,kN$의 하중은 기둥의 모서리에서 3가지의 방법으로 수직응력을 발생시킨다. 축력 P는 단면에 균일하게 분포한 압축 수직응력을 발생시킨다. P는 x 도심축으로부터 30 mm 떨어진 곳에 작용하고, z 도심축으로부터 55 mm 떨어진 곳에 작용하기 때문에 P는 이들 2축에 대한 휨모멘트를 발생시킨다. x축에 대한 모멘트는 기둥의 80 mm 폭에 선형적으로 분포하는 인장과 압축 수직응력을 발생시킨다. z축에 대한 모멘트는 단면의 120 mm 깊이에 선형적으로 분포하는 인장과 압축 수직응력을 발생시킨다.

축력과 휨모멘트에 의해 발생된 수직응력은 네 개의 모서리에서 각각 구할 수 있고, 그 결과를 중첩하여 a, b, c, d에서 수직응력을 구한다.

풀이 단면 특성치

기둥의 단면적은

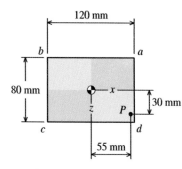

단면의 치수와 작용하중위치

$$A = (80 \text{ mm})(120 \text{ mm}) = 9600 \text{ mm}^2$$

x 도심축에 대한 단면2차모멘트는

$$I_x = \frac{(120 \text{ mm})(80 \text{ mm})^3}{12} = 5.120 \times 10^6 \text{ mm}^4$$

z 도심축에 대한 단면2차모멘트는

$$I_z = \frac{(80 \text{ mm})(120 \text{ mm})^3}{12} = 11.52 \times 10^6 \text{ mm}^4$$

그림의 좌표축에서 $I_z > I_x$이므로, x축은 약축(weak axis)이라 칭하고, z축은 강축(strong axis)이라 칭한다.

기둥의 등가 힘

x축으로부터 30 mm, z축으로부터 55 mm 떨어진 위치에 수직력 $P = 70$ kN은 축력 $F = 70$ kN, 휨모멘트 M_x = 2.10 kN·m와 M_z = 3.85 kN·m와 정역학적으로 등가이다. 각 내력에 의해 발생된 응력들을 차례대로 고려한다.

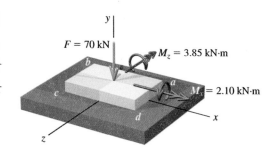

F로 인한 축응력

축력 $F = 70$ kN은 전체의 단면에 균일한 분포의 압축응력을 발생시킨다. 응력의 크기는 다음과 같이 계산된다.

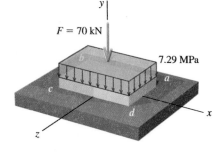

$$\sigma_{\text{axial}} = \frac{F}{A} = \frac{(70 \text{ kN})(1000 \text{ N/kN})}{9600 \text{ mm}^2} = 7.29 \text{ MPa (C)}$$

M_x로 인한 휨응력

그림에서 보여준 것처럼, x축에 작용하는 휨모멘트는 기둥의 cd면에 압축 수직응력을 발생시키고, ab면에 인장 수직응력을 발생시킨다. 최대 휨응력은 중립축(M_x에 대한 x도심축)으로부터 $z = \pm 40$ mm 떨어진 위치에서 발생한다. 최대 휨응력의 크기는 다음과 같이 계산할 수 있다.

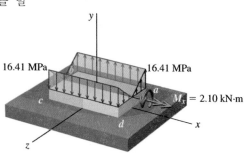

$$\sigma_{\text{bend}} = \frac{M_x z}{I_x}$$

$$= \frac{(2.10 \text{ kN·m})(\pm 40 \text{ mm})(1000 \text{ N/kN})(1000 \text{ mm/m})}{5.120 \times 10^6 \text{ mm}^4}$$

$$= \pm 16.41 \text{ MPa}$$

M_z로 인한 휨응력

그림에서 보여준 것처럼, z축에 작용하는 휨모멘트는 기둥의 ad면에 압축 수직응력을 발생시키고, bc면에 인장 수직응력을 발생시킨다. 최대 휨응력은 중립축(M_z에 대한 z도심축)으로부터 $x = \pm 60$ mm 떨어진 위치에서 발생한다. 최대 휨응력의 크기는 다음과 같이 계산할 수 있다.

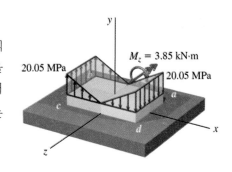

$$\sigma_{\text{bend}} = \frac{M_z x}{I_z}$$

$$= \frac{(3.85 \text{ kN} \cdot \text{m})(\pm 60 \text{ mm})(1000 \text{ N/kN})(1000 \text{ mm/m})}{11.52 \times 10^6 \text{ mm}^4}$$

$$= \pm 20.05 \text{ MPa}$$

모서리 a, b, c, d에서의 수직응력

기둥의 네 개의 모서리에 작용하는 수직응력은 앞에서 구한 결과들을 중첩하여 결정할 수 있다.

모서리 a:

$$\sigma_a = 7.29 \text{ MPa (압축)} + 16.41 \text{ MPa (인장)} + 20.05 \text{ MPa (압축)}$$

$$= -7.29 \text{ MPa} + 16.41 \text{ MPa} - 20.05 \text{ MPa}$$

$$= -10.93 \text{ MPa} = 10.93 \text{ MPa (압축)} \qquad \qquad \textbf{답}$$

모서리 b:

$$\sigma_b = 7.29 \text{ MPa (압축)} + 16.41 \text{ MPa (인장)} + 20.05 \text{ MPa (인장)}$$

$$= -7.29 \text{ MPa} + 16.41 \text{ MPa} + 20.05 \text{ MPa}$$

$$= 29.17 \text{ MPa} = 29.17 \text{ MPa (인장)} \qquad \qquad \textbf{답}$$

모서리 c:

$$\sigma_c = 7.29 \text{ MPa (압축)} + 16.41 \text{ MPa (압축)} + 20.05 \text{ MPa (인장)}$$

$$= -7.29 \text{ MPa} - 16.41 \text{ MPa} + 20.05 \text{ MPa}$$

$$= -3.65 \text{ MPa} = 3.65 \text{ MPa (압축)} \qquad \qquad \textbf{답}$$

모서리 d:

$$\sigma_d = 7.29 \text{ MPa (압축)} + 16.41 \text{ MPa (압축)} + 20.05 \text{ MPa (압축)}$$

$$= -7.29 \text{ MPa} - 16.41 \text{ MPa} - 20.05 \text{ MPa}$$

$$= -43.75 \text{ MPa} = 43.75 \text{ MPa (압축)} \qquad \qquad \textbf{답}$$

그림과 같이 단면이 80 mm×45 mm인 캔틸레버보에 두 개의 하중이 작용한다. 점 *H*에서의 수직응력과 전단응력을 결정하라.

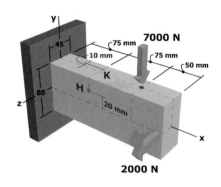

MecMovies 예제 M15.6

사각 기둥의 단면의 치수가 높이 200 mm, 폭 80 mm이다. 이 기둥은 $x-y$ 평면상에 수직면과 60° 방향으로 10 kN의 집중하중을 받고 있다. 기둥의 앞면에서 종방향 중심선의 왼쪽으로 10 mm 떨어져 위치한 *B*점에서 *x*방향과 *y*방향으로 작용하는 응력을 결정하라.

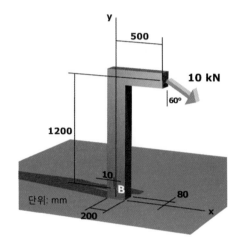

예제 15.5

그림과 같이 지름 36 mm의 충진 축이 640 N의 하중을 받고 있다. 점 *H*와 점 *K*에서 주응력과 최대 전단응력을 결정하라.

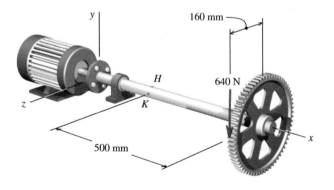

풀이 계획 기어에 작용하는 640 N의 하중은 원하는 단면에서 축에 연직 전단력, 비틀림 모멘트, 휨 모멘트를 발생시킨다. 이들 내부 힘들은 점 *H*와 점 *K*에서 수직응력과 전단응력을 발생시키지만, 점 *H*는 축의 상단에 위치하고, 점 *K*는 축의 측면에 위치하기 때문에 응력의 상태는 두 점에서 다르다.

원하는 단면에서 기어의 톱니에 작용하는 640 N의 하중과 정역적으로 등가로 작용하는 힘과 모멘트의 시스템을 결정하는 것으로 풀이를 시작한다. 이 등가 힘들의 시스템에 의해 발생된 수직응력과 전단응력은 점 *H*와 점 *K*에 대해서 계산할 수 있으며, 응력요소에 적절한 방향과 함께 표시할 수 있다. 응력 변환 계산은 각 응력요소에 대한 주응력과 최대 전단응력을 결정하는 데 사용된다.

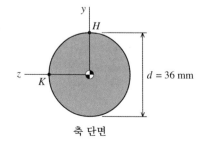

축 단면

풀이 등가 힘 시스템

원하는 단면에서 640 N의 하중과 정역적으로 등가인 힘과 모멘트의 시스템은 쉽게 결정할 수 있다. 이 단면에서 등가 힘은 기어에 작용하는 640 N의 하중과 같다. 640 N의 하중의 작용선이 점 H와 점 K를 포함하는 단면을 통과하지 않기 때문에 이 하중에 의해 발생된 모멘트를 결정해야 한다.

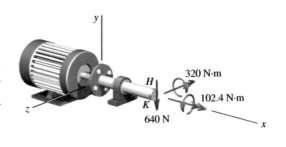

x축에 대한 모멘트(즉, 비틀림 모멘트)는 힘의 크기와 원하는 단면에서 기어 톱니까지의 z방향의 거리의 곱이다($M_x = (640\ \text{N})(160\ \text{mm}) = 102400\ \text{N·mm} = 102.4\ \text{N·m}$). 마찬가지로 z축에 대한 모멘트는 힘의 크기와 원하는 단면에서 기어 톱니까지의 x방향의 거리의 곱이다($M_z = (640\ \text{N})(500\ \text{mm}) = 320000\ \text{N·mm} = 320\ \text{N·m}$). 검사에 의해 이들 모멘트는 그림의 방향으로 작용함을 알 수 있다.

다른 방법: 이 문제의 기하학은 비교적 간단하다. 그러므로 등가 모멘트는 검사에 의하여 쉽게 결정할 수 있다. 더 복잡한 상황에서는 위치 벡터와 힘 벡터로부터 등가 모멘트를 결정하는 것이 때때로 더 쉽다.

원하는 단면에서 하중 작용점까지의 위치 벡터 $\mathbf{r}$은 $\mathbf{r} = 500\ \text{mm}\,\mathbf{i} + 160\ \text{mm}\,\mathbf{k}$이다. 기어의 톱니에 작용하는 하중은 힘의 벡터 $\mathbf{F} = -640\ \text{N}\,\mathbf{j}$로 표현할 수 있다. 등가 모멘트 벡터 $\mathbf{M}$은 $\mathbf{M} = \mathbf{r} \times \mathbf{F}$로부터 결정할 수 있다.

$$\mathbf{M} = \mathbf{r} \times \mathbf{F} = \begin{vmatrix} \mathbf{i} & \mathbf{j} & \mathbf{k} \\ 500 & 0 & 160 \\ 0 & -640 & 0 \end{vmatrix} = 102400\ \text{N·mm}\,\mathbf{i} - 320000\ \text{N·mm}\,\mathbf{k}$$

여기서 사용된 좌표계는 x방향으로 축의 종방향과 일치한다. 그러므로 모멘트 벡터의 $\mathbf{i}$-성분은 비틀림 모멘트이고, $\mathbf{k}$-성분은 단순한 휨모멘트이다.

단면 특성치

축의 지름은 36 mm이다. 단면극관성모멘트는 축의 내부 비틀림 모멘트에 의한 전단응력을 계산하기 위해 필요하다.

$$J = \frac{\pi}{32}d^4 = \frac{\pi}{32}(36\ \text{mm})^4 = 164896\ \text{mm}^4$$

z 도심축에 대한 축의 단면2차모멘트는

$$I_z = \frac{\pi}{64}d^4 = \frac{\pi}{64}(36\ \text{mm})^4 = 82448\ \text{mm}^4$$

점 H에서의 수직응력

z축에 작용하는 320 N·m의 휨모멘트는 축의 깊이방향으로 다른 수직응력을 발생시킨다.

점 H에서 휨응력은 다음과 같은 휨 공식에 의해 계산될 수 있다.

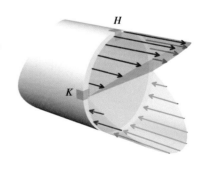

$$\sigma_x = \frac{Mc}{I_z} = \frac{(320000\ \text{N·mm})(18\ \text{mm})}{82448\ \text{mm}^4} = 69.9\ \text{MPa}\ \ (\text{T})$$

점 H에서의 전단응력

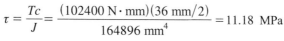

x축에 작용하는 102.4 N·m의 비틀림 모멘트는 점 H에 전단응력을 발생시킨다. 이 전단응력의 크기는 탄성비틀림공식으로 계산할 수 있다.

$$\tau = \frac{Tc}{J} = \frac{(102400 \text{ N} \cdot \text{mm})(36 \text{ mm}/2)}{164896 \text{ mm}^4} = 11.18 \text{ MPa}$$

점 H에서 전단력 640 N과 관련된 전단응력은 0이다.

점 H에서의 조합응력

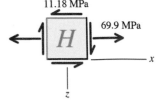

점 H에 작용하는 수직응력과 전단응력은 그림과 같이 응력요소에 정리할 수 있다.

점 H에서 응력변환 결과

점 H에서 주응력과 최대 전단응력은 다음의 그림에 표시하였다.

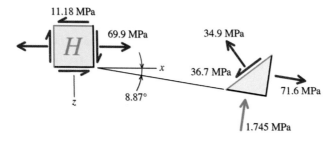

점 K에서의 수직응력

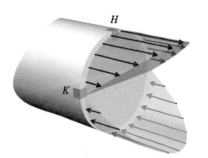

z축에 작용하는 320 N·m의 휨모멘트는 축의 깊이방향으로 다른 수직응력을 발생시킨다. 그러나 점 K는 휨모멘트가 작용하는 중립축인 z축에 위치한다. 결국 점 K에서의 휨응력은 0이다.

점 K에서의 전단응력

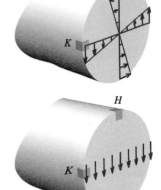

x축에 작용하는 102.4 N·m의 비틀림 모멘트는 점 K에 전단응력을 발생시킨다. 점 K에서 이 전단응력의 크기는 점 H에서의 응력 크기와 같다(τ = 11.18 MPa).

이 단면에서 수직으로 작용하는 전단력 640 N은 점 K에서의 전단응력과 관련된다. 식 (9.8)로부터 충진 원형단면의 단면1차모멘트 Q는

$$Q = \frac{d^3}{12} = \frac{(36 \text{ mm})^3}{12} = 3888 \text{ mm}^3$$

전단응력공식[식 (9.2)]을 전단응력 계산에 사용한다.

$$\tau = \frac{VQ}{I_z t} = \frac{(640 \text{ N})(3888 \text{ mm}^3)}{(82448 \text{ mm}^4)(36 \text{ mm})} = 0.838 \text{ MPa}$$

점 K에서의 조합응력

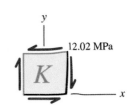

점 K에 작용하는 수직응력과 전단응력을 응력요소에 표시하면 그림과 같다. 점 K에서의 전단응력은 모두 응력요소의 $+x$면에 아래 방향으로 작용함을 알 수 있다. 한 면의 전단응력의 방향이 결정되면, 다른 3면의 전단응력의 방향을 알 수 있다.

점 *K*에서의 응력변환 결과

점 *K*에서 주응력과 최대전단응력은 응력변환식과 12장에서 상세히 기술한 절차로부터 계산할 수 있다. 이 계산 결과는 오른쪽 그림과 같다.

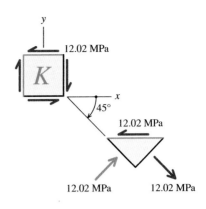

예제 15.6

바깥지름 $D = 245\ mm$이고, 안지름 $d = 232\ mm$인 수직 파이프 기둥이 그림과 같은 하중을 받고 있다. 점 *K*와 점 *H*에서의 주응력과 최대전단응력을 결정하라.

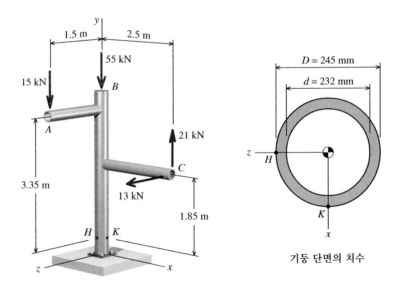

기둥 단면의 치수

풀이 계획 구조물에 여러 하중이 작용하므로 복잡해 보인다. 그러나 4개의 힘을 원하는 단면에서의 정역학적 등가 힘과 모멘트 시스템으로 바꾸면 해석을 단순화할 수 있다. 이 등가 힘 시스템에 의해 발생한 주응력과 전단응력을 계산할 수 있으며, 점 *K*와 점 *H*에 대한 응력요소에 그들의 적절한 방향을 나타낼 수 있다. 응력변환 계산을 통하여 각 응력요소에서 주응력과 최대전단응력을 구할 수 있다.

풀이 등가 힘 시스템

점 *A*, 점 *B*, 점 *C*에 작용하는 4개의 하중에 정역학적으로 등가인 힘과 모멘트 시스템은 원하는 단면에서 쉽게 결정할 수 있다.

등가 힘은 작용하는 하중과 같다. *x*방향으로 작용하는 힘은 없다. *y*방향으로 작용하는 힘의 합은

$$\sum F_y = -15\ kN - 55\ kN + 21\ kN = -49\ kN$$

*z*방향으로 작용하는 힘은 단지 점 *C*에 작용하는 13 kN이다. 단면에 작용하는 등가 힘은 오른쪽 그림과 같다.

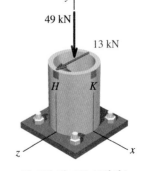

점 *H*와 점 *K*를 포함하는 면에서의 등가 힘

원하는 단면에 작용하는 등가 모멘트는 각 하중에 대하여 순차적으로 고려하여 결정할 수 있다.

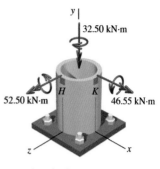

점 *H*와 점 *K*를 포함하는 면에서의 등가 모멘트

- 점 *A*에 작용하는 하중 15 kN은 +*x*축에 작용하는 모멘트 $(15\ kN)(1.5\ m)$ $= 22.5\ kN{\cdot}m$를 발생시킨다.
- 하중 55 kN이 작용하는 선상에 원하는 단면을 통과하기 때문에 점 *K*와 점 *H*에서의 모멘트는 0이다.
- 점 *C*에 수직으로 작용하는 하중 21 kN은 +*z*축에 작용하는 모멘트 $(21\ kN)(2.5\ m) = 52.5\ kN{\cdot}m$ 발생시킨다.
- 점 *C*에 수평으로 작용하는 하중 13 kN은 두 개의 모멘트 성분을 발생시킨다.
  - 하나의 모멘트 성분은 −*y*축에 작용하고, 크기는 $(13\ kN)(2.5\ m) = 32.5\ kN{\cdot}m$이다.
  - 다른 하나의 모멘트 성분은 +*x*축에 작용하고, 크기는 $(13\ kN)(1.85\ m) = 24.05\ kN{\cdot}m$이다.
- *x*축에 작용하는 모멘트의 등가 모멘트를 결정하기 위해 합해져야 한다.

$$M_x = 22.5\ kN{\cdot}m + 24.05\ kN{\cdot}m = 46.55\ kN{\cdot}m$$

여기서 사용된 좌표계에서 파이프 기둥의 축은 *y*방향의 연장이다. 그러므로 *y*축에 작용하는 모멘트 성분은 비틀림 모멘트 성분이고, *x*축과 *z*축의 성분은 휨모멘트이다.

다른 방법: 4개의 하중 시스템에 등가인 모멘트는 위치 벡터와 힘 벡터를 사용하여 체계적으로 계산할 수 있다. 원하는 단면에서 점 *A*까지의 위치 벡터 **r**은, m의 단위로 표시되며, $\mathbf{r}_A = 3.35\mathbf{j} + 1.5\mathbf{k}$이다. 점 *A*에서 하중(in kN)은 힘의 벡터 $\mathbf{F}_A = -15\mathbf{j}$로 표현할 수 있다. 하중 15 kN에 의해 생성된 모멘트(kN·m)는 벡터 곱 $\mathbf{M}_A = \mathbf{r}_A \times \mathbf{F}_A$로부터 결정할 수 있다.

$$\mathbf{M}_A = \mathbf{r}_A \times \mathbf{F}_A = \begin{vmatrix} \mathbf{i} & \mathbf{j} & \mathbf{k} \\ 0 & 3.35 & 1.5 \\ 0 & -15 & 0 \end{vmatrix} = 22.5\mathbf{i}$$

점 *C*에서 하중은 $\mathbf{F}_C = 21\mathbf{j} + 13\mathbf{k}$로 표현할 수 있다. 원하는 단면에서 점 *C*까지의 위치 벡터는 $\mathbf{r}_C = 2.5\mathbf{i} + 1.85\mathbf{j}$이다. 모멘트는 벡터 곱 $\mathbf{M}_C = \mathbf{r}_C \times \mathbf{F}_C$로부터 결정할 수 있다.

$$\mathbf{M}_C = \mathbf{r}_C \times \mathbf{F}_C = \begin{vmatrix} \mathbf{i} & \mathbf{j} & \mathbf{k} \\ 2.5 & 1.85 & 0 \\ 0 & 21 & 13 \end{vmatrix} = 24.05\mathbf{i} - 32.5\mathbf{j} + 52.5\mathbf{k}$$

원하는 단면에서 등가 모멘트는 $\mathbf{M}_A$와 $\mathbf{M}_C$의 합으로 구해진다.

$$\mathbf{M} = \mathbf{M}_A + \mathbf{M}_C = 46.55\mathbf{i} - 32.5\mathbf{j} + 52.5\mathbf{k}\ kN{\cdot}m$$

단면 특성치

파이프 기둥의 바깥지름은 $D = 245\ mm$이고, 안지름 $d = 232\ mm$이다. 단면적, 단면2차모멘트, 단면극관성모멘트는 각각 다음과 같다.

$$A = \frac{\pi}{4}[D^2 - d^2] = \frac{\pi}{4}[(245\ mm)^2 - (232\ mm)^2] = 4870.25\ mm^2$$

$$I = \frac{\pi}{64}[D^4 - d^4] = \frac{\pi}{64}[(245\ mm)^4 - (232\ mm)^4] = 34.6546 \times 10^6\ mm^4$$

$$J = \frac{\pi}{32}[D^4 - d^4] = \frac{\pi}{32}[(245\ \text{mm})^4 - (232\ \text{mm})^4] = 69.3092 \times 10^6\ \text{mm}^4$$

점 H에서의 응력

원하는 단면에 작용하는 등가 힘과 모멘트로부터 점 H에 발생하는 응력의 형태, 크기 및 방향을 순차적으로 구한다.

축력 49 kN은 압축 수직응력을 발생시키고 y방향으로 작용한다.

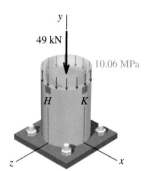

$$\sigma_y = \frac{F_y}{A} = \frac{(49\ \text{kN})(1000\ \text{N/kN})}{4870.25\ \text{mm}^2} = 10.06\ \text{MPa (C)}$$

비록 전단응력은 전단력 13 kN과 관계되지만, 점 H에서 전단응력은 0이다.

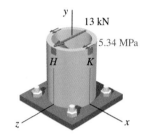

x축에 대한 모멘트 46.55 kN·m은 점 H에 압축 수직응력을 발생시킨다.

$$\sigma_y = \frac{M_x c}{I_x}$$

$$= \frac{(46.55\ \text{kN} \cdot \text{m})(245\ \text{mm}/2)(1000\ \text{N/kN})(1000\text{mm/m})}{34.6546 \times 10^6\ \text{mm}^4}$$

$$= 164.55\ \text{MPa (C)}$$

y축에 대한 비틀림 모멘트 32.50 kN·m는 점 H에 전단응력을 발생시킨다. 전단응력의 크기는 탄성비틀림공식으로 계산할 수 있다.

$$\tau = \frac{Tc}{J}$$

$$= \frac{(32.50\ \text{kN} \cdot \text{m})(245\ \text{mm}/2)(1000\ \text{N/kN})(1000\text{mm/m})}{69.3092 \times 10^6\ \text{mm}^4}$$

$$= 57.44\ \text{MPa}$$

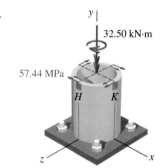

z축에 대한 휨모멘트 52.50 kN·m은 원하는 단면에서 휨응력을 발생시킨다. 그러나 점 H는 이 휨모멘트의 중립축에 위치하기 때문에 결국 H점에서 휨응력은 0이다.

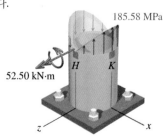

점 H에서의 조합응력

점 H에 작용하는 수직응력과 전단응력을 응력요소에 표시하면 그림과 같다. 점 H에서 비틀림 전단응력은 응력요소의 $+y$면에 $-x$방향으로 작용한다. 한 면에서 적절한 전단응력의 방향이 결정되면, 다른 3면의 전단응력의 방향은 알 수 있다.

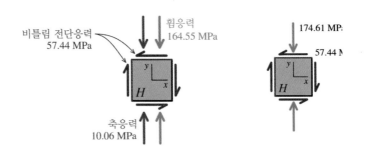

점 *H*에서의 응력변환 결과

점 *H*에서의 주응력과 최대 전단응력은 응력변환식과 12장에서 상세히 기술한 절차로 계산할 수 있다. 이들 계산 결과는 다음 그림과 같다.

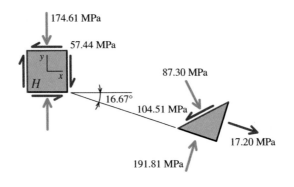

점 *K*에서의 응력

원하는 단면에 작용하는 등가 힘과 모멘트로부터 점 *K*에 발생하는 응력의 형태, 크기 및 방향을 순차적으로 구한다.

축력 49 kN은 압축 수직응력을 발생시키고 *y*방향으로 작용한다.

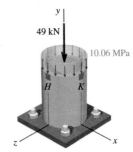

$$\sigma_y = \frac{F_y}{A} = \frac{(49\ \text{kN})(1000\ \text{N/kN})}{4870.25\ \text{mm}^2} = 10.06\ \text{MPa} \ (\text{C})$$

원하는 단면에 수평하게 작용하는 전단력 13 kN은 또한 점 *K*의 전단응력과 관계된다. 식 (9.10)으로부터 중공 원형단면의 단면1차모멘트 *Q*는

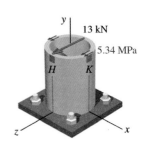

$$Q = \frac{1}{12}[D^3 - d^3] = \frac{1}{12}[(245\ \text{mm})^3 - (232\ \text{mm})^3] = 184913.08\ \text{mm}^3$$

전단응력을 계산하는 데 전단응력식[식 (9.2)]을 사용한다.

$$\tau = \frac{VQ}{I_x t} = \frac{(13\ \text{kN})(184913.08\ \text{mm}^3)(1000\ \text{N/kN})}{(34.6546 \times 10^6\ \text{mm}^4)(245\ \text{mm} - 232\ \text{mm})} = 5.34\ \text{MPa}$$

*x*축에 대한 휨모멘트 46.55 kN·m은 이 단면에 휨응력을 발생시킨다. 그러나 점 *K*는 이 휨모멘트의 중립축에 위치하기 때문에 결국 점 *K*에서 휨응력은 0이다.

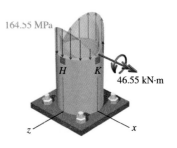

y축에 대한 비틀림 모멘트 32.50 kN·m은 점 K에 전단응력을 발생시킨다. 전단응력의 크기는 탄성비틀림공식으로 계산할 수 있다.

$$\tau = \frac{Tc}{J} = \frac{(32.50 \text{ kN}\cdot\text{m})(245 \text{ mm}/2)(1000 \text{ N/kN})(1000\text{mm/m})}{69.3092 \times 10^6 \text{ mm}^4}$$
$$= 57.44 \text{ MPa}$$

z축에 대한 휨모멘트 52.50 kN·m은 점 K에 수직응력을 발생시킨다.

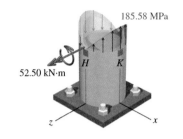

$$\sigma_y = \frac{M_z c}{I_z} = \frac{(52.50 \text{ kN}\cdot\text{m})(245 \text{ mm}/2)(1000 \text{ N/kN})(1000\text{mm/m})}{34.6546 \times 10^6 \text{ mm}^4}$$
$$= 185.58 \text{ MPa (T)}$$

점 K에서의 조합응력

점 K에 작용하는 수직응력과 전단응력을 응력요소에 표시하면 그림과 같다.

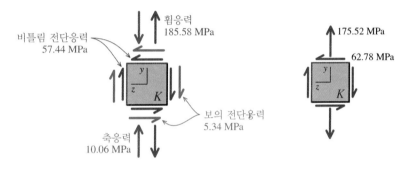

점 K에서의 응력변환 결과

점 K에서의 주응력과 최대 전단응력은 다음 그림과 같다.

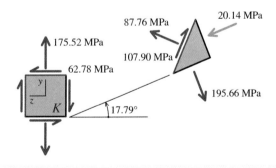

예제 15.7

그림의 파이프 시스템이 내부 압력이 1500 kPa인 유체를 이송하기 위하여 사용되었다. 유체 압력에 더하여 플랜지 A에서 수직방향으로 9 kN과 수평방향으로 13 kN(+x방향으로 작용)이 작용한다. 파이프의 바깥지름은 $D = 200$ mm이고, 안지름은 $d = 176$ mm이다. 점 H와 점 K에서 주응력, 최대 전단응력, 절대최대 전단응력을 결정하라.

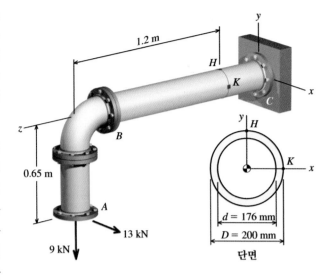

풀이 계획 해석은 점 H와 점 K가 포함된 단면에서 내적으로 작용하는 정역학적 등가 힘과 모멘트를 결정하는 것으로 시작한다. 이 등가 힘 시스템에 의해 발생하는 수직응력과 전단응력을 계산할 수 있으며, 점 H와 점 K에 대한 응력요소에 적절한 방향을 표시할 수 있다. 내부의 유체 압력은 또한 파이프 벽에 종방향과 원주방향으로 작용하는 수직응력을 발생시킨다. 이들 응력을 구하고 점 H와 점 K에 대한 응력요소에 더한다. 응력변환 계산에 대하여 각 응력요소에 대해 주응력, 최대 전단응력과 절대최대 전단응력을 결정한다.

풀이 등가 힘 시스템

플랜지 A에 작용하는 하중에 상응하는 정역학적 등가의 힘과 모멘트 시스템을 원하는 단면에서 구한다.

등가 힘은 작용하는 하중과 같다. 힘 13 kN은 +x방향으로 작용하고, 힘 9 kN는 -y방향으로 작용하며, z방향으로 작용하는 힘은 없다.

원하는 단면에 작용하는 등가 모멘트는 순차적으로 각 하중을 고려하여 결정할 수 있다. 점 A에 작용하는 하중 9 kN는 +x방향으로 작용하는 $(9 \text{ kN})(1.2 \text{ m}) = 10.8 \text{ kN·m}$의 모멘트를 발생시킨다. 점 H에 수평으로 작용하는 하중 13 kN은 두 개의 모멘트 성분을 발생시킨다.

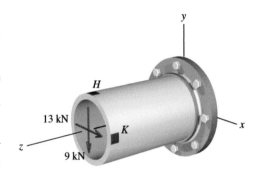

점 H와 점 K를 포함하는 면에서의 등가 모멘트

- 하나의 모멘트 성분은 +y축에 작용하고, 크기는 $(13 \text{ kN})(1.2 \text{ m}) = 15.6 \text{ kN·m}$이다.
- 다른 하나의 모멘트 성분은 +z축에 작용하고, 크기는 $(13 \text{ kN})(0.65 \text{ m}) = 8.45 \text{ kN·m}$이다.

여기서 사용된 좌표계에서 파이프의 종방향 축은 z방향의 연장이다. 그러므로 z축에 작용하는 모멘트 성분은 비틀림 모멘트 성분이고, x축과 z축의 성분은 휨모멘트이다.

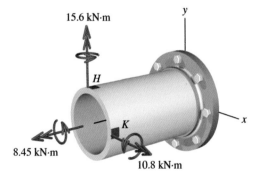

점 H와 점 K를 포함하는 면에서의 등가 모멘트

다른 방법: 점 A의 2개 하중에 대한 등가 모멘트는 위치 벡터와 힘 벡터를 사용하여 체계적으로 계산할 수 있다. 원하는 단면에서 점 A까지의 위치 벡터 $\mathbf{r}$은 $\mathbf{r}_A = -0.65 \text{ m}\mathbf{j} + 1.2 \text{ m}\mathbf{k}$이다. 점 A에서 하중은 힘의 벡터 $\mathbf{F}_A = 13 \text{ kN}\mathbf{i} - 9 \text{ kN}\mathbf{j}$로 표현할 수 있다. $\mathbf{F}_A$로 생성된 모멘트는 벡터 곱 $\mathbf{M}_A = \mathbf{r}_A \times \mathbf{F}_A$로부터 결정할 수 있다.

$$\mathbf{M}_A = \mathbf{r}_A \times \mathbf{F}_A = \begin{vmatrix} \mathbf{i} & \mathbf{j} & \mathbf{k} \\ 0 & -0.65 & 1.2 \\ 13 & -9 & 0 \end{vmatrix}$$

$$= 10.8 \text{ kN} \cdot \text{m} \, \mathbf{i} + 15.6 \text{ kN} \cdot \text{m} \, \mathbf{j} + 8.45 \text{ kN} \cdot \text{m} \, \mathbf{k}$$

단면 특성치

파이프 기둥의 바깥지름은 $D = 200$ mm이고, 안지름 $d = 176$ mm이다. 단면2차모멘트와 단면극관성모멘트는 각각 다음과 같다.

$$I = \frac{\pi}{64}[D^4 - d^4] = \frac{\pi}{64}[(200 \text{ mm})^4 - (176 \text{ mm})^4] = 31439853 \text{ mm}^4$$

$$J = \frac{\pi}{32}[D^4 - d^4] = \frac{\pi}{32}[(200 \text{ mm})^4 - (176 \text{ mm})^4] = 62879706 \text{ mm}^4$$

점 H에서의 응력

원하는 단면에 작용하는 등가 힘과 모멘트로부터 점 H에 발생하는 응력의 형태, 크기, 방향을 순차적으로 구한다. 수평 전단응력은 원하는 단면에 $+x$방향으로 작용하는 전단력 13 kN에 관련된다. 식 (9.10)으로부터 중공 원형단면의 단면1차모멘트 Q는

$$Q = \frac{1}{12}[D^3 - d^3] = \frac{1}{12}[(200 \text{ mm})^3 - (176 \text{ mm})^3] = 212352 \text{ mm}^3$$

전단응력은 전단응력식[식 (9.2)]을 이용하여 계산한다.

$$\tau = \frac{VQ}{I_y t} = \frac{(13 \text{ kN})(212352 \text{ mm}^3)(1000 \text{ N/kN})}{(31439853 \text{ mm}^4)(200 \text{ mm} - 176 \text{ mm})}$$

$$= 3.659 \text{ MPa}$$

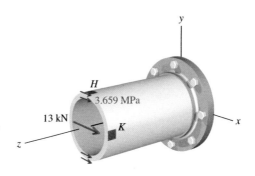

비록 전단응력은 $-y$방향으로 작용하는 전단력 9 kN과 관계되지만, 점 H에서 전단응력은 0이다.

x축에 대한 휨모멘트 10.8 kN·m는 점 H에 인장 수직 응력을 발생시킨다.

$$\sigma_z = \frac{M_x c}{I_x} = \frac{(10.8 \times 10^6 \text{ N} \cdot \text{mm})(100 \text{ mm})}{31439853 \text{ mm}^4}$$

$$= 34.351 \text{ MPa (T)}$$

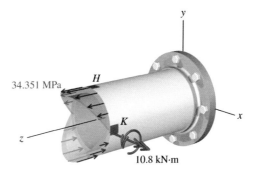

y축에 대한 휨모멘트 15.6 kN·m는 원하는 단면에 휨응력을 발생시킨다. 그러나 점 H는 이 휨모멘트의 중립축에 위치하기 때문에 결국 점 H에서 휨응력은 0이다.

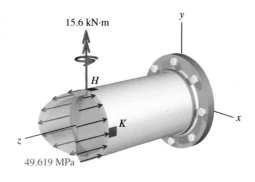

z축에 대한 비틀림 모멘트 8.45 kN·m는 점 H에 전단 응력을 발생시킨다. 이 전단응력의 크기는 탄성비틀림공식으로 계산할 수 있다

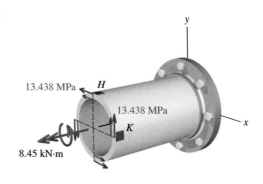

$$\tau = \frac{Tc}{J} = \frac{(8.45 \times 10^6 \text{ N} \cdot \text{mm})(100 \text{ mm})}{62879706 \text{ mm}^4} = 13.438 \text{ MPa}$$

내부의 유체압력 1500 kPa은 12 mm 두께의 파이프 벽에 인장 수직응력을 발생시킨다. 파이프 벽의 종방향의 응력은

$$\sigma_{\text{long}} = \frac{pd}{4t} = \frac{(1500 \text{ kPa})(176 \text{ mm})}{4(12 \text{ mm})}$$
$$= 5500 \text{ MPa} = 5.500 \text{ MPa (T)}$$

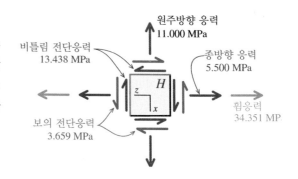

그리고 원주방향 응력은

$$\sigma_{\text{hoop}} = \frac{pd}{2t} = \frac{(1500 \text{ kPa})(176 \text{ mm})}{2(12 \text{ mm})}$$
$$= 11000 \text{ kPa} = 11.000 \text{ MPa (T)}$$

종길이 방향 응력은 z방향이고, 점 H에서 원주방향은 x방향이다.

점 H에서의 조합응력

점 H에 작용하는 수직응력과 전단응력을 응력요소에 표시하면 그림과 같다. 점 H에서의 비틀림 전단응력은 응력요소의 $+z$면에 $-x$방향으로 작용한다. 전단력 13 kN에 의한 전단응력은 반대 방향으로 작용한다.

원주방향 응력 11.000 MPa
비틀림 전단응력 13.438 MPa
종방향 응력 5.500 MPa
보의 전단응력 3.659 MPa
휨응력 34.351 MP

점 H에서의 응력변환 결과

점 H에서의 주응력과 최대 전단응력은 응력변환식과 12장에서 상세히 기술한 절차로 계산할 수 있다. 이들 계산 결과는 오른쪽 그림과 같다.

점 H에서 절대최대 전단응력은 21.43 MPa 이다.

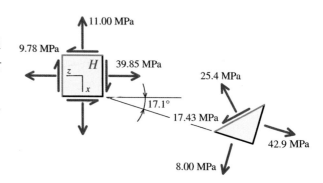

점 K에서의 응력

비록 전단력 13 kN에 의한 전단응력이 $-y$방향으로 작용하지만, 점 K에서의 전단응력은 0이다.

원하는 단면에서 $-y$방향으로 작용하는 전단력 9 kN은 수직 전단응력과 관련된다. 전단응력은 전단응력식[식 (9.2)]을 이용하여 계산한다.

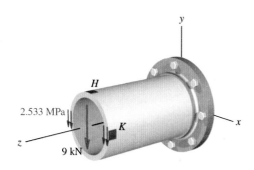

$$\tau = \frac{VQ}{I_y t} = \frac{(9 \text{ kN})(212352 \text{ mm}^3)(1000 \text{ N/kN})}{(31439853 \text{ mm}^4)(200 \text{ mm} - 176 \text{ mm})}$$
$$= 2.533 \text{ MPa}$$

x축에 대한 휨모멘트 10.8 kN·m은 원하는 단면에서 휨응력을 발생시킨다. 그러나 점 K는 이 휨모멘트의 중립축에 위치하기 때문에 결국 점 K에서 휨응력은 0이다.

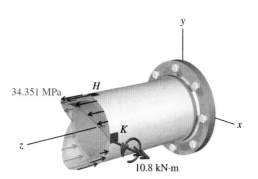

y축에 대한 휨모멘트 15.6 kN·m은 점 K에 압축 수직응력을 발생시킨다.

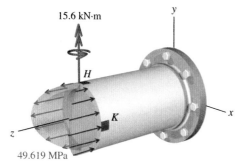

$$\sigma_z = \frac{M_x c}{I_x} = \frac{(1.56 \times 10^6 \text{ N} \cdot \text{mm})(100 \text{ mm})}{31439853 \text{ mm}^4}$$
$$= 46.619 \text{ MPa (C)}$$

z축에 대한 비틀림 모멘트 8.45 kN·m은 점 K에 전단응력을 발생시킨다. 이 전단응력의 크기는 탄성비틀림공식으로 계산할 수 있다

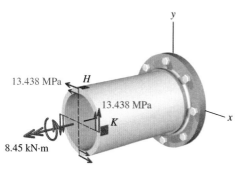

$$\tau = \frac{Tc}{J} = \frac{(8.45 \times 10^6 \text{ N} \cdot \text{mm})(100 \text{ mm})}{62879706 \text{ mm}^4} = 13.438 \text{ MPa}$$

내부의 유체압력 1500 kPa은 12 mm 두께의 파이프 벽에 인장 수직응력을 발생시킨다. 파이프 벽의 종방향의 응력은

$$\sigma_{\text{long}} = \frac{pd}{4t} = \frac{(1500 \text{ kPa})(176 \text{ mm})}{4(12 \text{ mm})} = 5500 \text{ kPa} = 5.500 \text{ MPa (T)}$$

그리고 원주방향 응력은

$$\sigma_{\text{hoop}} = \frac{pd}{2t} = \frac{(1500 \text{ kPa})(176 \text{ mm})}{2(12 \text{ mm})} = 11000 \text{ kPa} = 11.000 \text{ MPa (T)}$$

종방향 응력은 z방향으로 작용하고, 점 K에서 원주방향은 y방향이다.

점 K에서의 조합응력

점 K점에 작용하는 수직응력과 전단응력을 응력요소에 표시하면 그림과 같다. 점 K에서 비틀림 전단응력은 응력요소의 $+z$면에 $+y$방향으로 작용한다. 전단력 9 kN에 관련된 횡방향 전단응력은 반대 방향으로 작용한다.

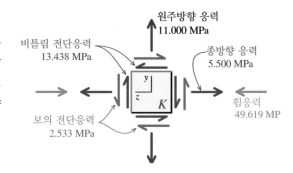

점 K에서의 응력변환 결과

점 K점에서 주응력과 최대 전단응력은 응력변환식과 12장에서 상세히 기술한 절차로 계산할 수 있다. 이들 계산 결과는 오른쪽 그림과 같다.

점 K에서 절대최대 전단응력은 29.64 MPa 이다.

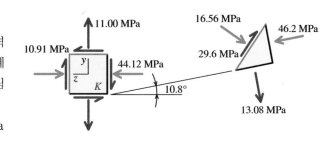

Mec Movies **MecMovies 예제 M15.7**

그림과 같은 부재에 12 kN의 힘이 작용한다. 단면 $a-a$에 작용하는 내력을 결정하라.

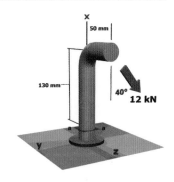

Mec Movies **MecMovies 연습문제**

M15.5 보의 점 K에 작용하는 응력을 결정하라.

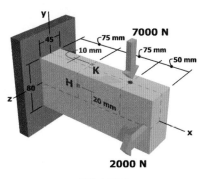

그림 M15.5

M15.6 평면 내·외부에서 힘을 받는 부재의 특정한 위치에서의 내력(축력, 전단력, 비틀림 모멘트, 휨모멘트)을 결정하라.

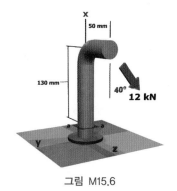

그림 M15.6

P15.28 그림 P15.28a에서 사각 단면을 갖는 짧은 기둥에 압축 하중 $P = 15$ kN이 작용한다. 하중 P가 작용하는 기둥의 상단의 위치는 그림 P15.28b와 같다. 기둥의 단면 치수는 $b = 120$ mm, $d = 200$ mm이다. 하중 P의 작용점은 기둥의 중심으로부터 $y_P = 76$ mm, $z_P = 40$ mm이다. 기둥의 모서리 A, B, C, D에서의 수직응력을 결정하라.

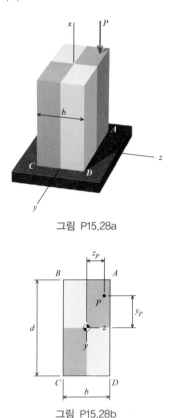

그림 P15.28a

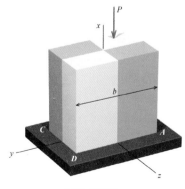

그림 P15.28b

P15.29 그림 P15.29a에서 사각 단면을 갖는 짧은 기둥에 압축 하중 $P = 35$ kN이 작용한다. 하중 P가 작용하는 기둥의 상단의 위치는 그림 P15.29b와 같다. 기둥의 단면 치수는 $b = 240$ mm, $d = 160$ mm이다. 하중 P의 작용점은 기둥의 중심으로부터 $y_P = 60$ mm, $z_P = 50$ mm이다. 기둥의 모서리 A, B, C, D에서의 수직응력을 결정하라.

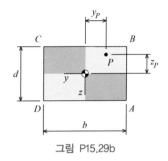

그림 P15.29b

P15.30 그림 P15.30a에서 사각 단면을 갖는 짧은 기둥에 압축 하중 $P = 34$ kN, $Q = 18$ kN이 작용한다. 하중 P와 Q가 작용하는 기둥의 상단의 위치는 그림 P15.30b와 같다. 기둥의 모서리 A, B, C, D에서의 수직응력을 결정하라.

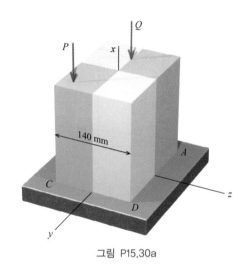

그림 P15.30a

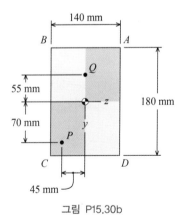

그림 P15.30b

P15.31 그림 P15.31a에서 사각 단면을 갖는 짧은 기둥에 하중 이 작용한다. 단면의 치수는 그림 P15.31b와 같다. 다음을 결정하라.

(a) 점 H에서 수직응력 및 전단응력

(b) 점 H에서 주응력 및 최대 면내 전단응력, 그리고 적절한 스케치에 이들 응력의 방향을 표시하라.

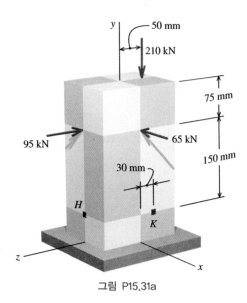

그림 P15.31a

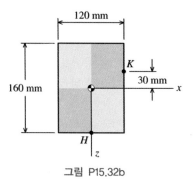

그림 P15.32b

P15.33 캔틸레버보에 그림 P15.33a/34a와 같은 방향과 위치에 집중하중 $P_x = 160$ kN, $P_y = 110$ kN, $P_z = 90$ kN이 작용한다. 보의 단면은 그림 P15.33b/34b와 같으며, 치수는 $b = 240$ mm, $h = 100$ mm이다. $a = 180$ mm일 때, 점 H에서의 수직응력 및 전단응력을 결정하라. 그리고 응력요소에 이들 응력을 표시하라.

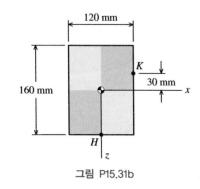

그림 P15.31b

P15.32 그림 P15.32a에서 사각 단면을 갖는 짧은 기둥에 하중이 작용한다. 단면의 치수는 그림 P15.32b와 같다. 다음을 결정하라.

(a) 점 K에서의 수직응력 및 전단응력

(b) 점 K에서의 주응력 및 최대 면내 전단응력, 그리고 적절한 스케치에 이들 응력의 방향을 표시하라.

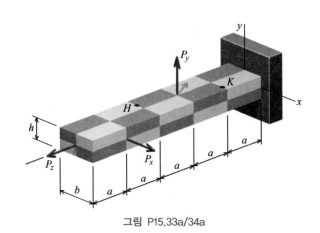

그림 P15.33a/34a

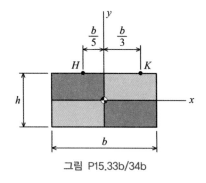

그림 P15.33b/34b

P15.34 캔틸레버보에 그림 P15.33a/34a와 같은 방향과 위지에 집중하중 $P_x = 160$ kN, $P_y = 110$ kN, $P_z = 90$ kN이 작용한다. 보의 단면은 그림 P15.33b/34b와 같으며, 치수는 $b = 240$ mm, $h = 100$ mm이다. $a = 180$ mm일 때, 점 K에서의 수직응력 및 전단응력을 결정하라. 그리고 응력요소에 이들 응력을 표시하라.

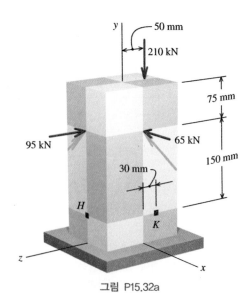

그림 P15.32a

P15.35 그림 P15.35a/36a의 캔틸레버보에 대하여, 점 K에 발생하는 수직응력 및 전단응력을 결정하라. 보의 단면 치수와 점 K의 위치는 그림 P15.35b/36b와 같다. 다음의 값을 이용하라. $a = 2.15$ m, $b = 0.85$ m, $P_y = 13$ kN, $P_z = 6$ kN.

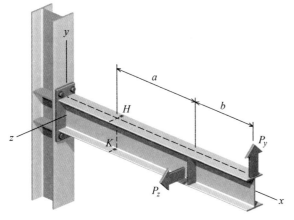

그림 P15.35a/36a

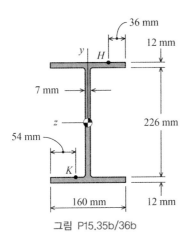

그림 P15.35b/36b

P15.36 그림 P15.35a/36a의 캔틸레버보에 대하여, 점 H에 발생하는 수직응력 및 전단응력을 결정하라. 보의 단면 치수와 H점의 위치는 그림 P15.35b/36b와 같다. 다음의 값을 이용하라. $a = 2.15$ m, $b = 0.85$ m, $P_y = 13$ kN, $P_z = 6$ kN

P15.37 지름이 40 mm인 충진 봉부재가 그림 P15.37에 보인 방향으로 축력 $P = 2600$ N, 연직하중 $V = 1700$ N, 비틀림 모멘트 $T = 60$ N·m를 받고 있다. $L = 130$ mm라고 가정하여, (a) 점 H 및 (b) 점 K에서의 수직응력 및 전단응력을 결정하라.

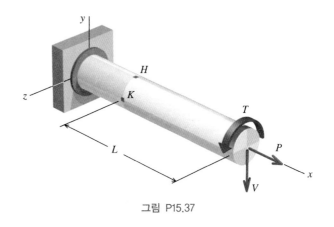

그림 P15.37

P15.38 바깥지름 95 mm, 안지름 85 mm인 강재 파이프가 그림 P15.38/39에 보인 하중을 받고 있다. 다음을 구하라.
(a) 파이프 표면의 점 H에서의 수직응력 및 전단응력
(b) 점 H에서의 주응력과 최대 평면 내 전단응력의 크기. 그리고 적절한 스케치에 이들 응력의 방향을 표시하라.

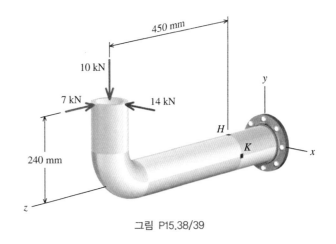

그림 P15.38/39

P15.39 바깥지름 95 mm, 안지름 85 mm인 강재 파이프가 그림 P15.38/39에 보인 하중을 받고 있다. 다음을 구하라.
(a) 파이프 표면의 점 K에서의 수직응력 빛 전단응력
(b) 점 K에서의 주응력과 최대 면내 전단응력의 크기. 그리고 적절한 스케치에 이들 응력의 방향을 표시하라.

P15.40 그림 P15.40/41에 보인 중공 크랭크는 바깥지름 35 mm, 안지름 25 mm이다. 부재의 길이는 $a = 60$ mm, $b = 120$ mm, $c = 80$ mm이다. 하중이 $P_y = 2700$ N, $P_z = 1100$ N이 작용할 때, 크랭크 측면의 점 K에서의 수직응력 및 전단응력을 구하라.

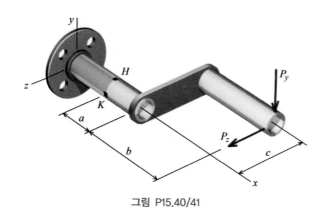

그림 P15.40/41

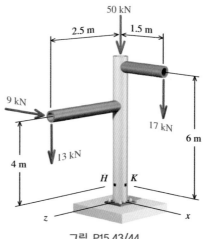

그림 P15.43/44

P15.41 그림 P15.40/41에 보인 중공 크랭크는 바깥지름 35 mm, 안지름 25 mm이다. 부재의 길이는 $a = 60$ mm, $b = 120$ mm, $c = 80$ mm이다. 하중이 $P_y = 2700$ N, $P_z = 1100$ N이 작용할 때, 크랭크 상단의 점 H에서의 수직응력 및 전단응력을 구하라.

P15.42 자중 $P_y = 9$ kN인 신호등이 바깥지름 325 mm, 두께 12.5 mm인 구조 파이프에 의해 지지되고 있다. 그림 P15.42에서와 같이 바람에 의한 합력 $P_z = 21$ kN이 신호판에 작용한다. 부재의 길이가 $a = 5.2$ m, $b = 6.4$ m일 때, 다음을 결정하라.
(a) 점 H에서의 수직응력 및 전단응력
(b) 점 K에서의 수직응력 및 전단응력

P15.44 바깥지름이 325 mm, 벽두께 10 mm인 연직 파이프 기둥이 그림 P15.43/44에 보인 하중을 지지하고 있다. 점 K에서의 주응력과 최대 전단응력을 구하라.

P15.45 바깥지름이 27 mm인 강재 봉부재가 끝단이 베어링으로 지지되고 있다. 두 개의 도르래는 봉부재에 고정되어 연결되었다. 그림 P15.45에 보인 것처럼 도르래는 벨트의 인장력을 받고 있다. 다음을 구하라.
(a) 봉부재의 상단 표면의 점 H에서의 수직응력 및 전단응력
(b) 봉부재의 측면의 점 K에서의 수직응력 및 전단응력

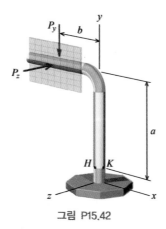

그림 P15.42

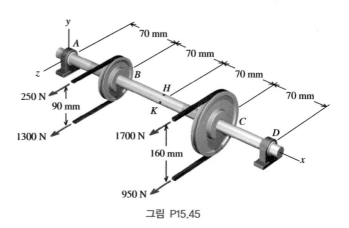

그림 P15.45

P15.43 바깥지름이 325 mm, 벽두께 10 mm인 연직 파이프 기둥이 그림 P15.43/44에 보인 하중을 지지하고 있다. 점 H에서의 주응력과 최대 전단응력을 결정하라.

P15.46 바깥지름이 30 mm인 강재 봉부재가 끝단이 베어링으로 지지되고 있다. 두 개의 도르래는 봉부재에 고정되어 연결되었다. 그림 P15.46에 보인 것처럼 도르래는 벨트의 인장력을 받고 있다. 다음을 구하라.
(a) 봉부재의 상단 표면의 점 H에서의 수직응력 및 전단응력
(b) 봉부재의 측면의 점 K에서의 수직응력 및 전단응력

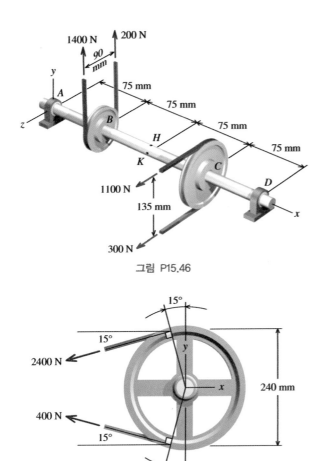

그림 P15.46

에서와 같이 벨트에 인장력이 2400 N과 400 N이 작용한다.

(a) 봉부재의 상단 표면의 점 K에서의 수직응력 및 전단응력을 구하라.

(b) 점 K에서의 주응력과 최대 평면 내 전단응력을 구하고, 적절한 스케치에 이들 응력의 방향을 표시하라.

P15.49 바깥지름이 355 mm, 벽두께 10 mm인 양단이 밀폐된 파이프가 그림 P15.49에 보인 것처럼 축력 $P = 22$ kN, 비틀림 모멘트 $T = 7.3$ kN·m를 받고 있다. 파이프의 내부 압력이 1500 kPa 일 때, 파이프의 외부 표면에서의 주응력, 최대 면내 전단응력, 절대최대 전단응력을 구하라.

그림 P15.49

P15.50 바깥지름이 220 mm, 벽두께 8 mm인 파이프가 그림 P15.50/51에 보인 하중을 받고 있다. 하중은 축력 $P_x = 0$ kN, $P_y = 0$ kN, $P_z = 15$ kN를 받고, 부재의 길이는 $a = 1.9$ m, $b = 1.3$ m이다. 파이프의 내부 압력은 2000 kPa이다. 파이프의 양단 은 밀폐되었다. 파이프의 외부 표면 다음 각 점에서의 수직응력과 전단응력을 구하라.

(a) 점 H

(b) 점 K

P15.47 바깥지름이 36 mm인 강재 봉부재가 지름이 240 mm인 도르래를 지지하고 있다(그림 P15.47a/48a). 그림 P15.47b/48b 에서와 같이 벨트에 인장력이 2400 N과 400 N이 작용한다.

(a) 봉부재의 상단 표면의 점 H에서의 수직응력 및 전단응력을 구하라.

(b) 점 H에서의 주응력과 최대 평면 내 전단응력을 구하고, 적절한 스케치에 이들 응력의 방향을 표시하라.

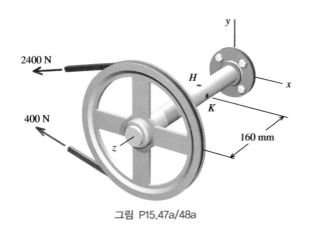

그림 P15.47a/48a

P15.48 바깥지름이 36 mm인 강재 봉부재가 지름이 240 mm인 도르래를 지지하고 있다(그림 P15.47a/48a). 그림 P15.47b/48b

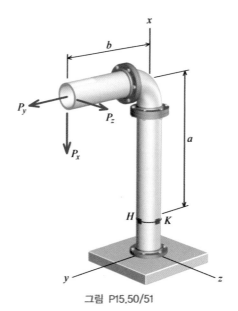

그림 P15.50/51

P15.51 바깥지름이 220 mm, 벽두께 8 mm인 파이프가 그림 P15.50/51에 보인 하중을 받고 있다. 하중은 축력 $P_x = 17.2$ kN, $P_y = 0$ kN, $P_z = 8.4$ kN를 받고, 부재의 길이는 $a = 2.3$ m, $b = $

1.6 m이다. 파이프의 내부 압력은 1500 kPa이다. 파이프의 양단은 밀폐되었다. 파이프의 외부 표면 다음 각 점에서의 수직응력과 전단응력을 구하라.

(a) 점 H

(b) 점 K

P15.52 바깥지름이 220 mm, 벽두께 5 mm인 파이프가 그림 P15.52/53에 보인 하중을 받고 있다. 파이프의 내부 압력은 2000 kPa이다. 파이프의 양단은 밀폐되었다. 파이프의 외부 표면 점 H에서의 수직응력과 전단응력을 구하라.

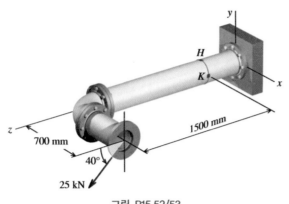

그림 P15.52/53

P15.53 바깥지름이 220 mm, 벽두께 5 mm인 파이프가 그림 P15.52/53에 보인 하중을 받고 있다. 파이프의 내부압력은 2000 kPa이다. 파이프의 양단은 밀폐되었다. 파이프의 외부 표면 점 K에서의 수직응력과 전단응력을 구하라.

P15.54 바깥지름이 216 mm, 벽두께 7 mm인 파이프가 그림 P15.54/55에 보인 것처럼 하중 19 kN을 받고 있다. 파이프의 내부 압력은 2.4 MPa이다. 파이프의 양단은 밀폐되었다. 다음을 구하라.

(a) 파이프 표면의 점 H에서의 수직응력 및 전단응력

(b) 점 H에서의 주응력과 최대 면내 전단응력, 그리고 적절한 스케치에 이들 응력의 방향을 표시하라.

(c) 점 H에서의 절대최대 전단응력

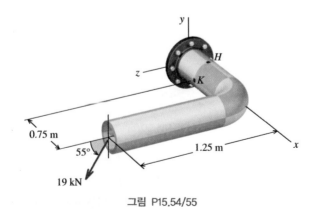

그림 P15.54/55

P15.55 바깥지름이 216 mm, 벽두께 7 mm인 파이프가 그림 P15.54/55에 보인 것처럼 하중 19 kN을 받고 있다. 파이프의 내부 압력은 2.4 MPa이다. 파이프의 양단이 밀폐되었을 때 다음을 구하라.

(a) 파이프 표면의 점 K에서의 수직응력 및 전단응력

(b) 점 K에서의 주응력과 최대 평면 내 전단응력, 그리고 적절한 스케치에 이들 응력의 방향을 표시하라.

(c) 점 K에서의 절대최대 전단응력

P15.56 바깥지름이 244 mm, 벽두께 9 mm인 파이프가 그림 P15.56에 나타낸 하중을 받고 있다. 하중은 축력 $P_x = 12.8$ kN, $P_z = 24.3$ kN을 받고, 부재의 길이는 $a = 3.8$ m, $b = 2.6$ m, $c = 3.2$ m이다. 파이프의 내부 압력은 1500 kPa이다. 파이프의 양단은 밀폐되었다. 파이프의 외부 표면 다음 각 점에서의 수직응력과 전단응력을 구하라.

(a) 점 H

(b) 점 K

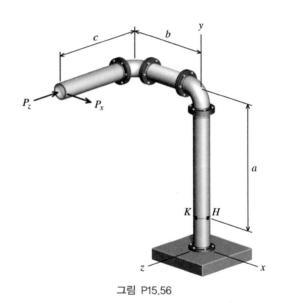

그림 P15.56

P15.57 바깥지름이 140 mm, 벽두께 6.5 mm인 파이프가 그림 P15.57에 보인 하중을 받고 있다. 하중은 축력 $P_x = 2300$ N, $P_y = 3100$ N, $P_z = 1600$ N를 받고, 부재의 길이는 $a = 2.6$ m, $b = 1.8$ m, $c = 1.2$ m이다. 파이프의 내부 압력은 1750 kPa이다. 파이프의 양단은 밀폐되었다. 파이프의 외부 표면 다음 각 점에서의 수직응력과 전단응력을 구하라.

(a) 점 H

(b) 점 K

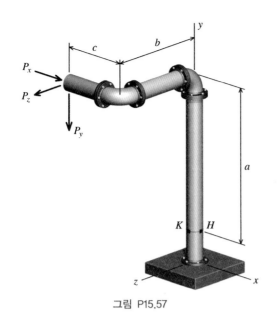

그림 P15.57

15.5 파괴 이론

단축 하중을 받는 인장 시험은 쉽게 할 수 있으며, 다양한 형태의 재료에 대한 시험 결과도 잘 알려져 있다. 어떤 부재가 파단되었을 때, 파단은 주응력(즉, 축응력), 축 변형률, 축응력의 1/2인 최대 전단응력, 재료의 단위 체적당 변형에너지 등이 특정한 값에 도달했을 때 발생한다. 이러한 모든 한계는 축 하중에 대해 동시에 도달하기 때문에 동일한 재료의 또 다른 축하중 부재에서 파단을 예측하기 위해 어떠한 기준(응력, 변형률, 에너지)을 사용하여도 그 결과는 같다.

그러나 2축 또는 3축 하중을 받는 요소에서는 수직응력, 수직변형률, 변형에너지 등이 파단 시에 동시에 도달하지 않기 때문에 상황은 더욱 복잡해진다. 다시 말하면, 일반적으로 정확한 파단의 원인은 알려져 있지 않다. 이러한 경우에 파단을 예측하기 위한 조건을 결정하는 것이 매우 중요하다. 왜냐하면 시험 결과들을 얻기가 어렵고, 가능한 하중의 조합은 끝이 없다. 많은 조합 하중을 받는 다양한 재료의 파단을 예측하는 몇몇 이론들이 제안되었다. 불행히도, 어떤 이론도 모든 종류의 재료와 모든 조합 하중의 시험 데이터와 일치하지는 않는다. 이 절에서는 몇몇 파단이론을 소개하고 간단히 설명한다.

연성재료

최대 전단응력 이론(Maximum-Shear-Stress Theory)[1] 연강과 같은 연성재료의 납작한 봉 부재를 단축 인장시험할 때, 재료의 항복은 봉 부재 표면에 선이 나타나는 현상을 동반한다. 뤼더 선(Lüder's lines)으로 알려진 이 선은 재료를 이루는 무작위로 정렬된 결정의 평면을 따라 발생하는 미끄러짐(slipping, 미시적 스케일에서)에 의해 발생한다. 뤼더 선은

---

1) 1773년에 Coulomb이 처음으로 이 이론을 발표하여, 종종 Coulomb 이론이라고 불린다. 좀 더 흔하게 Tresca 이론이나 Tresca-Guest 항복표면이라고 하는데, 1900년 영국에서 J. J. Guest의 도움을 받은 프랑스인 탄성학자 H. E. Tresca의 작품이기 때문이다.

그림 15.5 연성재료 시편의
인장시험 Lüder 선

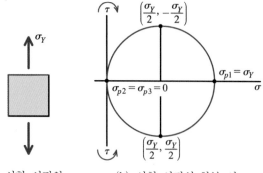

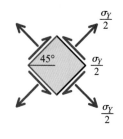

(a) 시험 시편의
항복시 응력 상태

(b) 시험 시편의 항복 시
모어 원

(c) 최대 전단응력 요소

그림 15.6 단축 인장시험에 대한 응력 상태

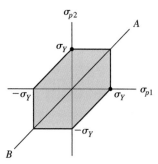

● 인장시험에서의 실험데이터

그림 15.7 최대 전단응력 이론

주응력의 명명된 규칙(즉, $\sigma_{p1} > \sigma_{p2}$)를 따른다면, σ_{p1}과 σ_{p2}의 모든 조합은 그림 15.7에서와 같이 선 AB의 오른쪽 또는 아래에 그려진다.

시편의 종방향에 대해서 $45°$로 발생한다(그림 15.5). 그러므로 미끄러짐이 재료의 항복에 관련된 파괴 메커니즘이라고 가정하면, 미끄러짐이 발생하는 평면에서의 전단응력이 이 파괴의 특성을 가장 잘 나타낸 응력이다. 단축인장시험에서 항복할 때의 응력 상태는 그림 15.6a에서 보여준 것처럼 응력요소에 의해 나타낼 수 있다. 이 응력 상태에 관한 모어 원을 그림 15.6b에 보여주고 있다. 모어 원은 뤼더 선처럼 단축시험 시편에서 하중방향(그림 15.6c)에 대하여 $45°$ 방향으로 최대 전단응력이 발생한다는 것을 보여준다.

이러한 관찰을 기초로 하여 최대 전단응력 이론은 어느 점에서 최대 전단응력이 재료의 파괴 전단응력 $\tau_f = \sigma_Y/2$에 도달한 부품(즉, 조합 하중을 받는 부품)에서 파괴가 발생한다고 예측한다. 여기서 σ_Y는 동일한 재료의 인장 또는 압축 시험에서 결정된다. 연성 재료의 뒤틀림 시험(순수 전단)에서 결정되는 전단탄성한계는 인장탄성한계의 절반보다 크다 (τ_f의 평균값은 $0.57\,\sigma_Y$이다). 최대 전단응력 이론은 단축시험에서 얻어진 σ_Y를 기초로 하기 때문에 보수적인 경향이 있다.

최대 전단응력 이론은 2축 주응력(평면응력)을 받는 요소에 대해 그림 15.7에 시각적으로 보여주고 있다. 1사분면과 3사분면에서 σ_{p1}과 σ_{p2}는 같은 부호를 갖는다. 그러므로 절대최대 전단응력은 평면에 수직한 방향으로 작용하고, 그 크기는 12.7절[식 (12.18)]에 설명한 것처럼 σ_{p1}과 σ_{p2} 중에서 수치적으로 더 큰 것의 절반과 같다. 2사분면과 4사분면에서 σ_{p1}과 σ_{p2}는 정반대 부호를 가지며, 최대 전단응력은 두 주응력의 합의 절반과 같다 (즉, 평면 내 모어 원의 반지름).

그러므로 평면 내의 주응력 σ_{p1}과 σ_{p2}를 갖는 **평면 응력** 상태에 적용되는 최대 전단응력 이론은 다음의 조건 하에서 항복 파괴가 발생한다고 예측한다.

- σ_{p1}과 σ_{p2}가 같은 부호를 가진 경우, $|\sigma_{p1}| \geq \sigma_Y$ 또는 $|\sigma_{p2}| \geq \sigma_Y$이면 파괴된다.
- σ_{p1}이 양수이고 σ_{p2}가 음수의 경우, $\sigma_{p1} - \sigma_{p2} \geq \sigma_Y$이면 파괴된다.

최대 비틀림에너지 이론(Maximum-Distortion-Energy Theory)[2] 최대 비틀림에너지 이론은 변형률에너지(strain energy)의 개념을 기초로 하고 있다. 단위 체적당 총 변형에너지는

---

[2] 이것은 1904년 폴란드의 M. T. Huber에 의해 제안되었고, 이와는 독립적으로 1913년 독일의 R. von Mises에 의해 제안되었기 때문에 흔히 Huber-von Mises-Hencky 이론 또는 von Mises 항복이론으로 불린다. 이 이론은 H. Hencky와 von Mises에 의해 더욱 발전되었다.

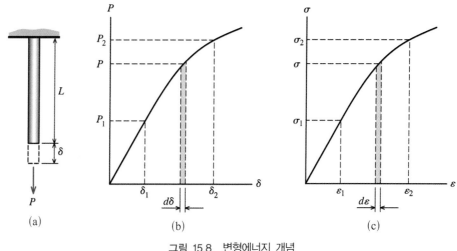

그림 15.8 변형에너지 개념

어떤 조합 하중을 받는 시편에 대해 결정할 수 있다. 더욱이 총 변형에너지는 두 가지 부류로 구분할 수 있다. 시편의 체적의 변화에 관련된 변형에너지와 시편의 형태의 변화(뒤틀림)에 관련된 변형에너지이다. 이 이론은 변형을 초래한 변형에너지가 동일 재료의 인장 또는 압축 시험에서 얻어진 파괴 시 변형에너지와 같은 크기에 도달했을 때 파괴가 발생한다고 예측한다. 이를 입증하는 증거들은 균질 재료가 매우 높은 정수압 상태(세 개의 직교 방향에서 수직응력이 동일한 상태)에서 항복 없이 견디어 내는 실험으로부터 얻을 수 있다. 이러한 관찰을 기초로 하여 최대 비틀림에너지 이론은 형상을 변하게 하는 변형에너지가 재료의 파괴 원인이라고 가정한다. 비틀림의 변형에너지는 응력을 받고 있는 총 변형에너지를 구하고 체적 변화와 관련된 변형에너지를 빼는 것으로 대부분 쉽게 계산된다.

그림 15.8에 변형에너지의 개념을 나타내고 있다. 축력 P를 천천히 받고 있는 균일한 단면의 봉 부재를 그림 15.8a에 보여주고 있다. 봉 부재의 하중-변형선도는 그림 15.8b에 나타나 있다. δ_2 만큼 늘어나는 동안 봉 부재가 한 일은

하중의 부과와 연관된 어떤 운동에너지도 배제하기 위하여 하중 P는 천천히 적용되어야 한다. P에 의한 모든 일은 변형된 보에 변형에너지로 축적된다.

$$W = \int_0^{\delta_2} P\, d\delta \qquad\qquad \text{(a)}$$

이다. 여기서 P는 δ의 함수이다. 봉 부재의 한 일은 재료의 에너지 변화와 같아야 하고,[3] 이 에너지 변화는 재료의 형태의 변화를 포함하기 때문에 이것을 **변형에너지**라한다. 만약 δ를 축방향 변형률로 표현하고($\delta = L\varepsilon$), P가 축방향 응력으로 표현한다면($P = A\sigma$), 식 (a)는 다음과 같다.

$$W = U = \int_0^{\varepsilon_2} (\sigma)(A)(L)d\varepsilon = AL \int_0^{\varepsilon_2} \sigma\, d\varepsilon \qquad\qquad \text{(b)}$$

여기서 σ는 ε의 함수이다(그림 15.8c 참조). 만약 훅의 법칙을 적용하면,

$$\varepsilon = \sigma/E \qquad d\varepsilon = d\sigma/E$$

---

3) 프랑스 공학자 B. P. E. Clapeyron(1799–1864)이 발표한 이후로 *Clapeyron* 이론이라고 알려졌다.

식 (b)는

$$U = \left(\frac{AL}{E}\right) \int_0^{\sigma_2} \sigma \, d\sigma$$

또는

$$U = AL\left(\frac{\sigma_2^2}{2E}\right) \tag{c}$$

가 된다. 식 (c)는 훅의 법칙을 따르는 축하중을 받는 재료의 **탄성변형에너지**(일반적으로 회복 가능)[4]이다. 괄호 안의 값 $\sigma_2^2/(2E)$는 단위 체적당 인장 또는 압축에 관한 탄성변형에너지 u이고, 재료의 비례한도 내의 응력 σ에서 **변형에너지 밀도**이다. 따라서

$$u = \frac{\sigma^2}{2E} = \frac{\sigma\varepsilon}{2} \tag{15.1}$$

이다. 전단 하중에서, 이 식은 σ가 τ로 바뀌고, ε이 γ로, E가 G로 바뀌는 것만 제외하면 동일하다.

탄성변형에너지의 개념은 $\sigma\varepsilon/2$인 변형에너지 밀도 u의 표현을 쓰고, 각각의 응력에 기인한 에너지들을 합산함으로써 2축 또는 3축 하중을 포함하도록 확장할 수 있다. 에너지가 양의 스칼라이기 때문에 합산은 단순히 에너지의 대수를 더하는 것이다. 3축 주응력 시스템에서 σ_{p1}, σ_{p2}, σ_{p3} 등의 총 탄성에너지 밀도는 다음과 같다.

$$u = (1/2)\sigma_{p1}\varepsilon_{p1} + (1/2)\sigma_{p2}\varepsilon_{p2} + (1/2)\sigma_{p3}\varepsilon_{p3} \tag{d}$$

13.8절의 식 (13.6)에서 응력에 관한 변형률에 대한 일반화된 훅의 법칙을 식 (d)에 대입하면, 결과는

$$u = \frac{1}{2E}\{\sigma_{p1}[\sigma_{p1} - \nu(\sigma_{p2} + \sigma_{p3})] + \sigma_{p2}[\sigma_{p2} - \nu(\sigma_{p3} + \sigma_{p1})] + \sigma_{p3}[\sigma_{p3} - \nu(\sigma_{p1} + \sigma_{p2})]\}$$

이고, 이로부터 u는 다음과 같다.

$$u = \frac{1}{2E}[\sigma_{p1}^2 + \sigma_{p2}^2 + \sigma_{p3}^2 - 2\nu(\sigma_{p1}\sigma_{p2} + \sigma_{p2}\sigma_{p3} + \sigma_{p3}\sigma_{p1})] \tag{15.2}$$

총 변형에너지는 그림 15.9a-c에 나타낸 것처럼 두 세트의 응력으로 이루어진 주응력을 고려함으로써 체적 변화(u_v)와 비틀림(u_d)과 관련된 요소로 분해할 수 있다. 그림 15.9c에 묘사된 응력상태는 다른 세 개의 수직응력이 0이면 단지 비틀림만을 가져올 수 있다(체적 변화 없이). 이는

$$E(\varepsilon_{p1} + \varepsilon_{p2} + \varepsilon_{p3})_d = [(\sigma_{p1} - p) - \nu(\sigma_{p2} + \sigma_{p3} - 2p)]$$

---

4) 탄성이력현상은 불필요하게 문제를 복잡하게 만들기 때문에 여기서는 무시한다.

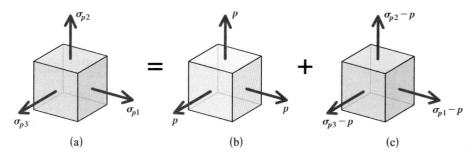

그림 15.9 체적 변화와 뒤틀림에 관한 응력 상태

$$+\left[(\sigma_{p2}-p)-v(\sigma_{p3}+\sigma_{p1}-2p)\right]$$
$$+\left[(\sigma_{p3}-p)-v(\sigma_{p1}+\sigma_{p2}-2p)\right]=0$$

이다. 여기서 p는 정수 응력이다. 이 식은 다음과 같이 줄일 수 있다.

$$(1-2v)(\sigma_{p1}+\sigma_{p2}+\sigma_{p3}-3p)=0$$

그러므로 정수 응력 p는 다음과 같다.

$$p=\frac{1}{3}(\sigma_{p1}+\sigma_{p2}+\sigma_{p3})$$

정수 응력 p에 의한 세 개의 수직변형률은 식 (13.16)으로부터 다음과 같고,

$$\varepsilon_v=\frac{1}{E}(1-2v)p$$

정수 응력으로부터 초래된 에너지(즉, 체적의 변화)는 다음과 같다.

$$u_v=3\left(\frac{p\varepsilon_v}{2}\right)=\frac{3}{2}\frac{1-2v}{E}p^2=\frac{(1-2v)}{6E}(\sigma_{p1}+\sigma_{p2}+\sigma_{p3})^2$$

비틀림으로부터 초래된 에너지(즉, 형상 변화)는 다음과 같으며,

$$u_d=u-u_v$$
$$=\frac{1}{6E}\left[3(\sigma_{p1}^2+\sigma_{p2}^2+\sigma_{p3}^2)-6v(\sigma_{p1}\sigma_{p2}+\sigma_{p2}\sigma_{p3}+\sigma_{p3}\sigma_{p1})-(1-2v)(\sigma_{p1}+\sigma_{p2}+\sigma_{p3})^2\right]$$

괄호 안의 3번째 항을 확장하여 식을 다시 정리하면 다음과 같다.

$$u_d=\frac{1+v}{6E}\left[(\sigma_{p1}^2-2\sigma_{p1}\sigma_{p2}+\sigma_{p2}^2)+(\sigma_{p2}^2-2\sigma_{p2}\sigma_{p3}+\sigma_{p3}^2)+(\sigma_{p3}^2-2\sigma_{p3}\sigma_{p1}+\sigma_{p1}^2)\right]$$
$$=\frac{1+v}{6E}\left[(\sigma_{p1}-\sigma_{p2})^2+(\sigma_{p2}-\sigma_{p3})^2+(\sigma_{p3}-\sigma_{p1})^2\right] \tag{e}$$

최대 비틀림에너지 이론에서 파괴는 식 (e)로 구한 에너지가 인장시험으로부터 얻어진 한계를 초과하여 비탄성 작용이 일어난 경우를 가정한다. 인장시험에서 단지 주응력 중에 하나만 0이 아니고, 그 응력이 σ_Y라 하면 u_d의 값은 다음과 같다.

$$(u_d)_Y = \frac{1+v}{3E}\sigma_Y^2$$

그리고 이 값을 식 (e)에 대입하면, 최대 비틀림에너지 이론의 파괴 기준은 항복에 의한 파괴로 다음과 같이 표현된다.

$$\sigma_Y^2 = \frac{1}{2}[(\sigma_{p1} - \sigma_{p2})^2 + (\sigma_{p2} - \sigma_{p3})^2 + (\sigma_{p3} - \sigma_{p1})^2] \qquad (15.3)$$

또는

$$\sigma_Y^2 = \sigma_{p1}^2 + \sigma_{p2}^2 + \sigma_{p3}^2 - (\sigma_{p1}\sigma_{p2} + \sigma_{p2}\sigma_{p3} + \sigma_{p3}\sigma_{p1})$$

최대 비틀림에너지 이론의 파괴 기준은 임의의 3개 수직 평면에서의 수직응력과 전단응력에 관해서 다음과 같이 표현할 수 있다.

$$\sigma_Y^2 = \frac{1}{2}[(\sigma_x - \sigma_y)^2 + (\sigma_y - \sigma_z)^2 + (\sigma_x - \sigma_z)^2 + 6(\tau_{xy}^2 + \tau_{yz}^2 + \tau_{xz}^2)] \qquad (15.4)$$

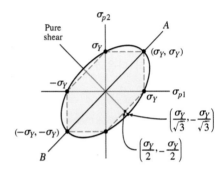

● 인장시험에서의 실험데이터

그림 15.10 최대 변형에너지 이론

평면응력 상태일 때(즉, $\sigma_{p3} = 0$), 식 (15.3)은 다음과 같다.

$$\sigma_Y^2 = \sigma_{p1}^2 - \sigma_{p1}\sigma_{p2} + \sigma_{p2}^2 \qquad (15.5)$$

마지막 식은 그림 15.10에 보인 것처럼 $\sigma_{p1} - \sigma_{p2}$평면에서 $\sigma_{p1} = \sigma_{p2}$를 주축으로 하는 타원 방정식이다. 비교하기 위하여 최대 전단응력 항복이론의 파손 육각형을 그림 15.10에 점선으로 나타내었다. 두 이론 모두 육각형의 여섯 꼭지점에서 파괴가 일어날 것으로 예측하고 있으나, 최대 전단응력 이론은 항복을 일으키는 데 요구되는 응력을 보수적으로 평가하고 있다. 즉 다른 모든 조합응력에 대하여 육각형이 타원 안에 있다.

주응력의 명명된 규칙(즉, $\sigma_{p1} > \sigma_{p2}$)를 따른다면, 그림 15.10에서와 같이 선분 AB의 오른쪽 또는 아래에 그려진다.

Mises 등가 응력 최대 비틀림에너지 이론을 사용하는 편리한 방법은 식 (15.3)의 오른쪽 항의 제곱근을 등가응력 σ_M으로 구성하는 것이다. 응력 σ_M은 Mises 등가응력(또는 von Mises 등가응력)이라 한다.

$$\sigma_M = \frac{\sqrt{2}}{2}[(\sigma_{p1} - \sigma_{p2})^2 + (\sigma_{p2} - \sigma_{p3})^2 + (\sigma_{p3} - \sigma_{p1})^2] \qquad (15.6)$$

마찬가지로 식 (15.4)는 Mises 등가응력을 계산하는 데 사용될 수 있다.

$$\sigma_M = \frac{\sqrt{2}}{2}[(\sigma_x - \sigma_y)^2 + (\sigma_y - \sigma_z)^2 + (\sigma_x - \sigma_z)^2 + 6(\tau_{xy}^2 + \tau_{yz}^2 + \tau_{xz}^2)]^{1/2} \qquad (15.7)$$

평면응력의 경우, Mises 등가응력은 식 (15.5)로부터 다음과 같이 표현할 수 있다.

$$\sigma_M = [\sigma_{p1}^2 - \sigma_{p1}\sigma_{p2} + \sigma_{p2}^2]^{1/2} \qquad (15.8)$$

또는 $\sigma_z = \tau_{yz} = \tau_{xz} = 0$으로 하면 식(15.4)는 다음과 같이 된다.

$$\sigma_M = [\sigma_x^2 - \sigma_x\sigma_y + \sigma_y^2 + 3\tau_{xy}^2]^{1/2} \qquad (15.9)$$

Mises 등가응력을 사용하기 위해 σ_M은 응력을 받는 어떤 요소의 특별한 점에 대해서 계산되었다. σ_M의 값은 인장 항복응력 σ_Y와 비교되고, 만약 $\sigma_M > \sigma_Y$이면 재료는 최대 뒤틀림응력 이론에 따라서 파괴된 것이라고 예측된다.

취성재료

연성재료와 다르게 취성재료는 항복이 거의 없이 균열이 발생하면서 갑자기 파괴된다. 따라서 취성재료의 적절한 한계응력은 항복응력이라기 보다 파괴응력(또는 극한강도)이다. 그리고 취성재료의 인장강도는 종종 압축강도와 다르다.

최대 수직응력 이론[5] 최대 수직응력 이론은 시편의 어느 점에서 최대 수직응력이 같은 재료 인장 또는 압축 시험에서 결정된 파괴응력에 도달하는 조합 하중을 받을 때에 시편에 파괴가 발생한다고 예측한다.

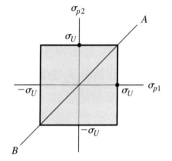

$p1$과 $p2$의 2축 주응력을 받는 요소에 대한 최대 수직이론은 그림 15.11에 시각적으로 표시되었다. 한계응력 σ_U는 축하중을 받는 재료의 파괴 응력이다. 그림 15.11의 사각형 내부의 점에 상응하는 2축 주응력 σ_{p1}과 σ_{p2}의 모든 조합은 이 이론에 따르면 안전하다. 반면 이 이론에 따르면, 사각형 밖의 점에 해당하는 모든 응력 조합은 파괴를 유발한다.

모어의 파괴이론 많은 취성재료에서 극한 인장이나 압축의 강도는 다르고, 이 같은 경우에는 최대 수직응력 이론은 사용되지 않는다. 이를 대체할 파괴이론은 독일 엔지니어인 Otto 모어에 의해 제안된 모어 파괴이론이다. 이 파괴이론을 사용하기 위해서는 재료의 극한인장강도 σ_{UT}와 극한압축강도 σ_{UC}를 각각 구하기 위한 일축 인장시험 및 일축 압축시험을 수행해야 한다. 인장시험과 압축시험에 대한 모어 원에 그림 15.12a에 나타내고 있다. 모어 이론은 물체 내의 한 점에서 응력 조합의 모어 원이 인장시험과 압축시험의 모어 원에 의해 정의된 영역(그림 15.12의 음영 부분)을 초과할 때 재료의 파괴가 일어난다고 제안했다.

평면응력 상태에서 모어 파괴이론은 $\sigma_{p1} - \sigma_{p2}$평면에 주응력의 그래프로 표시된다(그림 15.12). 그림 15.12a에서 σ축에 중심을 갖고, 점선에 접하는 모든 모어 원의 주응력은 그림 15.12b의 $\sigma_{p1} - \sigma_{p2}$평면에서 점선을 따라 각 점들이 그려질 것이다.

모어파괴이론은 평면 내 주응력 σ_{p1}과 σ_{p2}를 갖는 평면응력상태(plane stress state)에 적용할 수 있고, 다음과 같은 조건 하에서 파괴가 발생할 것으로 예측한다.

- σ_{p1}과 σ_{p2}가 모두 양수(즉, 인장)인 경우, $\sigma_{p1} \geq \sigma_{UT}$이면 파괴가 발생할 것이다.
- σ_{p1}과 σ_{p2}가 모두 음수(즉, 압축)인 경우, $\sigma_{p2} \leq -\sigma_{UC}$이면 파괴가 발생할 것이다.

● 인장시험에서의 실험데이터

그림 15.11 최대 법선응력 이론

주응력의 명명된 규칙(즉, $\sigma_{p1} > \sigma_{p2}$)를 따른다면, 그림 15.11에서와 같이 선분 AB의 오른쪽 또는 아래에 그려진다.

5) 스코틀랜드 Glasgow 대학의 저명한 공학교육자 W. J. M. Rankine(1820-1872) 이후로 종종 Rankine 이론이라 불린다.

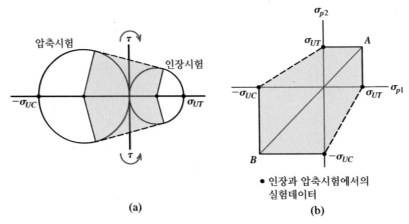

그림 15.12 모어의 파괴이론(평면 응력)

주응력의 관습에 따르면(즉, $\sigma_{p1} > \sigma_{p2}$), 모든 σ_{p1}과 σ_{p2}의 조합은 오른쪽이나 그림 15.12b에 나타낸 AB선 아래에 그려진다. $\sigma_{p1} > 0$, $\sigma_{p2} < 0$의 응력상태이면 그림 15.12b의 4사분면이 된다. 이러한 경우에 Mohr 파괴이론은 그들의 응력조합이 점선 위에 있을 때에 파괴가 발생할 것으로 예측한다. 다시 말하면, 다음의 조건 하에서 파괴가 발생한다.

- σ_{p1}이 양수이고, σ_{p2}가 음수인 경우, $\dfrac{\sigma_{p1}}{\sigma_{UT}} - \dfrac{\sigma_{p2}}{\sigma_{UC}} \geq 1$이면 파괴가 발생할 것이다.

만약 비틀림 시험 데이터를 이용할 수 있다면, 4사분면의 점선은 이 실험데이터를 포함하기 위하여 수정될 것이다.

다음의 예제는 부재의 하중 수용능력을 예측하는 데 있어서 파괴이론을 적용하는 예를 보여준다.

예제 15.8

기계 부품의 자유 표면에 응력이 그림의 응력요소에 보인 바와 같다. 부품은 항복강도 $\sigma_Y =$ 270 MPa인 6061 − T6 알루미늄으로 만들어졌다.

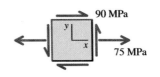

(a) 그림에 보인 응력상태에서 최대 전단응력 이론에 의해 예측한 안전계수는 얼마인가? 이 이론에 따르면 부품은 파괴되었는가?
(b) 주어진 평면응력 상태에서 Mises 등가응력은 얼마인가?
(c) 최대 비틀림에너지 이론의 파괴이론에 의해 예측된 안전계수는 얼마인가?

풀이 계획 주응력은 주어진 응력상태에서 결정된다. 이 응력들은 최대 전단응력 이론과 최대 비틀림에너지 이론으로 파괴 가능성을 조사하는 데 사용된다.

풀이 주응력은 12.9절에 설명한 것처럼, 응력변환식[식 (12.12)] 또는 모어 원으로부터 계산할 수 있으며, 여기서 식 (12.12)는 사용된다. 응력요소로부터 응력변환식에 사용되는 값들은 $\sigma_x = +75\,\mathrm{MPa}$, $\sigma_y = 0\,\mathrm{MPa}$, $\tau_{xy} = +90\,\mathrm{MPa}$이다. 평면 내의 주응력은 다음과 같이 계산된다.

$$\sigma_{p1,p2} = \frac{\sigma_x + \sigma_y}{2} \pm \sqrt{\left(\frac{\sigma_x - \sigma_y}{2}\right)^2 + \tau_{xy}^2}$$

$$= \frac{75\,\text{MPa} + 0\,\text{MPa}}{2} \pm \sqrt{\left(\frac{75\,\text{MPa} - 0\,\text{MPa}}{2}\right)^2 + (90\,\text{MPa})^2}$$
$$= 135.0\,\text{MPa} - 60.0\,\text{MPa}$$

(a) 최대 전단응력 이론

σ_{p1}이 양수이고, σ_{p2}가 음수이기 때문에, $\sigma_{p1} - \sigma_{p2} \geq \sigma_Y$이면 파괴가 발생한다. 부품의 주응력은

$$\sigma_{p1} - \sigma_{p2} = 135.0\,\text{MPa} - (-60.0\,\text{MPa}) = 195.0\,\text{MPa} < 270\,\text{MPa}$$

그러므로 최대 전단응력 이론에 따르면, 부품은 파괴가 발생하지 않는다. 이 응력 상태에 관련된 안전계수는 다음과 같이 계산된다.

$$\text{FS} = \frac{270\,\text{MPa}}{195.0\,\text{MPa}} = 1.385 \qquad\qquad\text{답}$$

(b) Mises 등가응력

최대 비틀림에너지 이론에 관련된 Mises 등가응력 σ_M은 여기서 고려된 평면응력 상태에 대하여 식 (15.8)로부터 계산될 수 있다.

$$\sigma_M = \left[\sigma_{p1}^2 - \sigma_{p1}\,\sigma_{p2} + \sigma_{p2}^2\right]^{1/2}$$
$$= \left[(135.0\,\text{MPa})^2 - (135.0\,\text{MPa})(-60.0\,\text{MPa}) + (-60.0\,\text{MPa})^2\right]^{1/2}$$
$$= 173.0\,\text{MPa} \qquad\qquad\text{답}$$

(c) 최대 비틀림에너지 이론의 안전계수

최대 비틀림에너지 이론의 안전계수는 Mises 등가응력으로부터 계산될 수 있다.

$$\text{FS} = \frac{270\,\text{MPa}}{173.0\,\text{MPa}} = 1.561 \qquad\qquad\text{답}$$

최대 비틀림에너지 이론에 따르면, 부품은 파괴가 발생하지 않는다.

예제 15.9

기계 부품의 자유 표면에 응력이 그림의 응력요소에 보인 바와 같다. 부품은 극한인장강도 200 MPa, 극한압축강도 500 MPa인 취성재료로 만들어졌다. 모어 파괴이론을 이용하여 그림에서 보여준 응력상태에서 부품이 안전한지 여부를 결정하라.

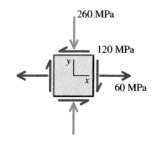

풀이 계획 주응력은 주어진 응력 상태에서 결정된다. 이 응력들은 모어 파괴이론으로 파괴 가능성을 조사하는 데 사용된다.

풀이 주응력은 식 (12.12)로부터 계산될 수 있다.

$$\sigma_{p1,p2} = \frac{\sigma_x + \sigma_y}{2} \pm \sqrt{\left(\frac{\sigma_x - \sigma_y}{2}\right)^2 + \tau_{xy}^2}$$
$$= \frac{60\,\text{MPa} + (-260\,\text{MPa})}{2} \pm \sqrt{\left(\frac{60\,\text{MPa} - (-260\,\text{MPa})}{2}\right)^2 + (-120\,\text{MPa})^2}$$
$$= 100\,\text{MPa}, \ -300\,\text{MPa}$$

모어 파괴이론

σ_{p1}이 양수이고, σ_{p2}가 음수이기 때문에, 다음의 교차방정식이 1보다 크거나 같으면 파괴가 발생할 것이다.

$$\frac{\sigma_{p1}}{\sigma_{UT}} - \frac{\sigma_{p2}}{\sigma_{UC}} \geq 1$$

부품에서의 주응력은

$$\frac{\sigma_{p1}}{\sigma_{UT}} - \frac{\sigma_{p2}}{\sigma_{UC}} = \frac{100\,\text{MPa}}{200\,\text{MPa}} - \frac{(-300\,\text{MPa})}{500\,\text{MPa}} = 0.5 - (-0.6) = 1.1 > 1 \qquad \text{답}$$

그러므로 모어 파괴이론에 따르면, 부품은 파괴가 발생한다.

PROBLEMS

P15.58 충진 청동으로 제작된 부품의 표면에서의 응력이 그림 P15.58에 보인 것과 같다. 청동의 항복강도는 $\sigma_Y = 345\,\text{MPa}$이다.

(a) 그림에서 보여준 응력상태에서 최대 전단응력 이론에 의해 예측한 안전계수는 얼마인가? 이 이론에 따르면 부품은 파괴되었는가?

(b) 주어진 평면응력 상태에서 Mises 등가응력은 얼마인가?

(c) 최대 비틀림에너지 이론의 파괴이론에 의해 예측된 안전계수는 얼마인가? 이 이론에 따르면 부품은 파괴되었는가?

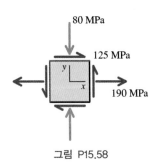

그림 P15.58

P15.59 충진 청동으로 제작된 부품의 표면에서의 응력이 그림 P15.59에 보인 것과 같다. 청동의 항복강도는 $\sigma_Y = 345\,\text{MPa}$이다.

(a) 그림에서 보여준 응력상태에서 최대 전단응력 이론에 의해 예측한 안전계수는 얼마인가? 이 이론에 따르면 부품은 파괴되었는가?

(b) 주어진 평면응력 상태에서 Mises 등가응력은 얼마인가?

(c) 최대 비틀림에너지 이론의 파괴이론에 의해 예측된 안전계수는 얼마인가? 이 이론에 나르면 부품은 파괴되었는가?

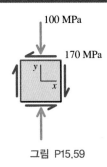

그림 P15.59

P15.60 알루미늄합금($\sigma_Y = 410\,\text{MPa}$)으로 만들어진 축부재에 대하여, 다음의 이론에 따른 항복을 유발시키는 최대 비틀림 전단응력을 결정하라.

(a) 최대 전단응력 이론

(b) 최대 비틀림에너지 이론

P15.61 그림 P15.61에서 충진 샤프트는 바깥지름이 75 mm이고, 알루미늄합금($\sigma_Y = 340\,\text{MPa}$)으로 만들어졌다. 다음의 이론에 따른 축에 적용할 수 있는 최대 허용 비틀림 모멘트 T를 결정하라.

(a) 최대 전단응력 이론

(b) 최대 비틀림에너지 이론

그림 P15.61

P15.62 샤프트가 두 개의 강재 파이프 세그먼트로 구성되었다. 세그먼트 (1)은 바깥지름이 165 mm, 벽두께가 9.5 mm이다. 세그먼트(2)는 바깥지름이 114 mm, 벽두께가 9.5 mm이다. 축 부재는 축 압축력 $P = 145$ kN, 비틀림 모멘트 $T_B = 38$ kN·m와 $T_C = 12$ kN·m를 그림 P15.62에 보여준 방향으로 받고 있다. 강재의 항복강도가 $\sigma_Y = 250$ MPa이고, 최소 안전율 $FS_{min} = 1.67$이 요구된다. 점 H와 점 K에 대하여 다음의 이론에 따라 관이 안전한지를 결정하라.

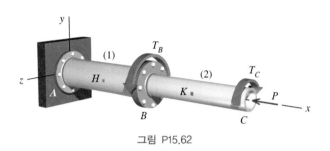

그림 P15.62

P15.63 중공강재 휨부재(그림 P15.63b)가 그림 P15.63a에 보인 것과 같은 하중을 받고 있다. 강재의 항복강도는 $\sigma_Y = 320$ MPa이다.

(a) 최대 전단응력 이론에 의한 점 H와 점 K에서의 예측한 안전계수

(b) 점 H와 점 K에서의 Mises 등가응력

(c) 최대 비틀림에너지 이론의 의한 점 H와 점 K에서의 예측된 안전계수

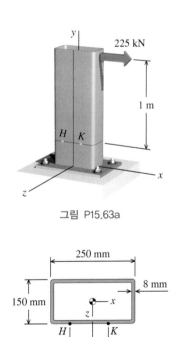

그림 P15.63a

그림 P15.63b

P15.64 지름 65 mm인 충진 알루미늄 기둥이 수평력 $V = 40$ kN, 수직력 $P = 90$ kN과 $T = 5.5$ kN·m를 그림 P15.64에 보인 방향으로 받고 있다. $L = 90$ mm라고 가정한다. 알루미늄의 항복강도가 $\sigma_Y = 345$ MPa이고, 최소 안전율 $FS_{min} = 1.67$이 요구된다. 점 H와 점 K에 대하여 다음의 이론에 따라 알루미늄 기둥이 안전한지를 결정하라.

(a) 최대 전단응력 이론

(b) 최대 비틀림에너지 이론

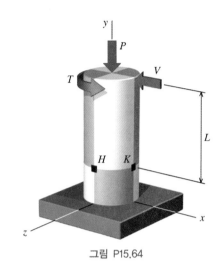

그림 P15.64

P15.65 바깥지름 20 mm인 강재 봉부재가 끝단이 휨 베어링으로 지지되고 있다. 두 개의 도르래는 봉부재에 고정되어 연결되었다. 그림 P15.65에 보인 것처럼 도르래는 벨트의 인장력을 받고 있다. 강재의 항복강도가 $\sigma_Y = 350$ MPa이다. 다음을 결정하라.

(a) 최대 전단응력 이론에 의한 점 H와 점 K에서의 예측한 안전계수

(b) 점 H와 점 K에서의 Mises 등가응력

(c) 최대 비틀림에너지 이론의 의한 점 H와 점 K에서의 예측된 안전계수

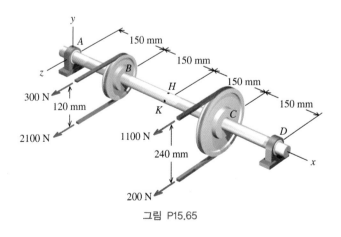

그림 P15.65

P15.66 바깥지름 20 mm인 강재 봉부재가 끝단이 휨 베어링으로 지지되고 있다. 두 개의 도르래는 봉부재에 고정되어 연결되었다. 그림 P15.66에 보인 것처럼 도르래는 벨트의 인장력을 받고 있다. 강재의 항복강도가 $\sigma_Y = 350$ MPa이다. 다음을 결정하라.

(a) 최대 전단응력 이론에 의한 점 H와 점 K에서의 예측한 안전계수

(b) 점 H와 점 K에서의 Mises 등가응력

(c) 최대 비틀림에너지 이론의 의한 점 H와 점 K에서의 예측된 안전계수

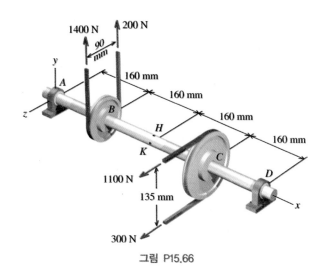

그림 P15.66

P15.67 바깥지름 140 mm, 벽두께가 7 mm인 강재 파이프가 그림 P15.67에 나타낸 것처럼 하중 16 kN을 받고 있다. 파이프의 내부 압력이 2.5 MPa이고 파이프의 끝단이 막혀 있다. 강재의 항복강도가 $\sigma_Y = 240$ MPa이다. 다음을 결정하라.

(a) 최대 전단응력 이론에 의한 점 H와 점 K에서의 예측한 안전계수

(b) 점 H와 점 K에서의 Mises 등가응력

(c) 최대 비틀림에너지 이론의 의한 점 H와 점 K에서의 예측된 안전계수

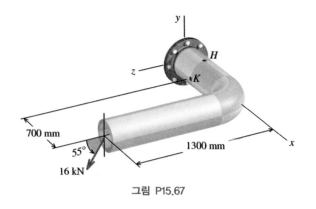

그림 P15.67

P15.68 알루미늄합금이 4 Hz로 22 kW를 전달하는 구동축으로 사용된다. 알루미늄합금의 항복강도는 $\sigma_Y = 225$ MPa이다. 항복에 관하여 안전율 FS = 3.0이 요구될 때, 다음의 이론에 의한 샤프트의 가장 작은 지름을 결정하라.

(a) 최대 전단응력 이론

(b) 최대 비틀림에너지 이론

P15.69 기계 부품의 표면에서 응력은 그림 P15.69에 나타낸 것과 같다. 이 재료의 극한인장강도는 200 MPa이고, 극한압축강도는 600 MPa이다. 그림과 같은 응력상태에서 모어 파괴이론을 이용하여 부품의 안전을 결정하라. 적절한 풀이 과정을 기술하라.

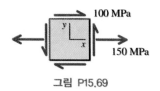

그림 P15.69

P15.70 기계 부품의 표면에서 응력이 그림 P15.70과 같다. 이 재료의 극한 인장강도는 200 MPa이고, 극한 압축강도는 600 MPa이다. 그림과 같은 응력상태에서 모어 파괴이론을 이용하여 부품의 안전을 결정하라. 적절한 풀이 과정을 기술하라.

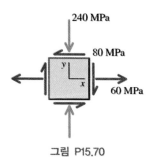

그림 P15.70

P15.71 그림 P15.71과 같은 원형 충진 샤프트가 바깥지름 50 mm이고, 극한인장강도는 260 MPa이고, 극한 압축강도는 440 MPa인 합금으로 제작되었다. 모어 파괴이론에 의한 샤프트에 적용할 수 있는 최대 허용 비틀림 모멘트 T를 결정하라.

그림 P15.71

P15.72 지름 32 mm인 충진 샤프트가 축력 $P = 37$ kN, 수평력 $V = 6.5$ kN과 집중 비틀림 모멘트 $T = 300$ N·m를 그림 P15.72에 보인 방향으로 받고 있다. $L = 160$ mm라고 가정한다. 이 재료의 극한인장강도는 250 MPa이고, 극한압축강도는 345 MPa이다. 모어 파괴이론을 이용하여 부품의 점 H와 점 K에서 안전을 평가하라. 적절한 풀이 과정을 기술하라.

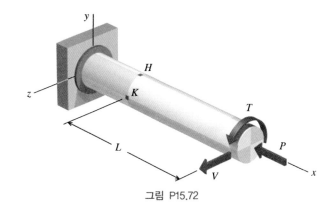

그림 P15.72

기둥

16.1 개요

가장 단순한 형태의 기둥은 축방향 압축력을 받는 길고 직선형의 균일단면 막대이다. 기둥이 직선으로 유지되는 한, 1장의 방법으로 분석될 수 있다. 그러나 기둥이 옆으로 변형되기 시작하면 휨에 의한 처짐이 커져서 갑작스러운 파괴로 이어질 수 있다. 좌굴 (buckling)이라고 하는 이 현상은 구조물에 변형이 거의 일어나지 않는 선에서 가해졌던 하중이 약간 증가함으로써 발생하는 구조물의 급격한 큰 변형으로 정의할 수 있다.

기둥을 표현할 수 있는 얇은자를 이용한 간단한 좌굴실험을 통해 이 현상을 설명할 수 있다. 기둥 끝단에 작은 축방향 압축력이 가해지면 거의 변화가 없다. 그러나 기둥의 끝 부분에 가해지는 압축력의 크기를 점차적으로 증가시키면 일부 임계하중에서는 기둥이 갑자기 옆으로 휘게 될 것이다. 이러한 상태를 기둥의 좌굴 상태라 한다. 일단 좌굴이 발생하면 상대적으로 작은 압축력의 증가는 상대적으로 큰 수평 방향의 처짐을 발생시켜 추가적인 휨을 일으킨다. 그러나 압축력을 없애면 기둥은 원래의 직선 모양으로 되돌아간다. 이 실험에서 보여지는 좌굴의 파괴는 재료의 파괴가 아니다. 사실 그 압축력이 제거된 후 기둥이 다시 똑바로 되어 재료가 탄성을 유지한다는 것을 보여준다. 즉, 기둥의 응력이 재료의 비례 한도를 초과하지 않은 경우에 좌굴 파괴는 재료 파괴가 아닌 안정 파괴(stability failure)다. 즉 기둥이 안정평형 상태에서 불안정한 상태로 전환되는 것을 의미한다.

평형의 안정성

기둥에 대한 평형 안정성의 개념을 그림 16.1a에 표시된 기본 기둥좌굴 모델로 설명하도록 한다. 그림에서 기둥은 두 개의 완전 직선 강체 막대 AB와 BC가 핀으로 연결되어 있다. 이 기둥 모델은 다음과 같다.

A와 C에서는 회전과 수평이동을 방지하는 핀으로 지지되어 있지만 C는 수직방향으로 자유롭게 움직일 수 있다. B에서는 핀 이외에 스프링 상수 K를 갖는 회전 스프링에 의해 연결되어 있다. 막대는 축방향 하중 P가 가해지기 전에 수직으로 완벽하게 정렬되어 있는 직선 모델이라고 가정한다.

하중 P가 수직으로 작용하고 기둥 모델이 처음에는 직선이므로 하중 P가 작용될 때 핀 B가 옆으로 움직이는 경향이 없어야 하고, 회전 스프링의 효과도 없어야 한다. 그러나 상식적으로 이것은 불가능하다. 약간의 하중 P에 의하여 B의 핀이 옆으로 움직이게 된다. 그림 16.1b에서 B의 핀은 오른쪽으로 약간 옮겨져 각 막대가 수직과 작은 각 $\varDelta\theta$을 이룬다. 또한, B의 회전 스프링과 각도 $2\varDelta\theta$를 이룬다.

회전 스프링은 막대 AB와 BC를 초기 수직방향으로 복원시키려는 경향이 있다.

축방향 하중 P에 의하여 초기 상태로 되돌아 오거나 핀 B가 더 먼 곳으로 이동하는지 여부가 이 모델의 문제이다. 기둥 모델이 초기 상태로 돌아가면 시스템은 안정된 상태이고, 핀 B가 오른쪽으로 더 멀리 이동하면 시스템이 불안정하다라고 한다.

이 질문에 답하기 위해, 막대 BC의 자유물체도를 그림 16.1c에 나타내었다. 변형된 상태의 막대 BC의 B와 C에 작용하는 짝 힘 P는 핀 B가 초기 위치에서 더 멀리 이동하게 하는 경향이 있다. 이때의 모멘트를 전복모멘트(upsetting moment)라고 하며 회전스프링은 초기상태로 만들려는 복원모멘트(restoring moment) M을 만든다.

이때 회전 스프링에 의해 생성된 모멘트는 스프링 상수 K와 B에서의 각 회전 $2\varDelta\theta$를 곱한 값이다. 따라서, 회전 스프링은 $M = K(2\varDelta\theta)$의 복원모멘트를 만든다. 만약 복원모멘

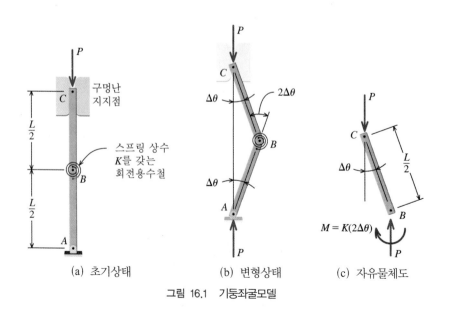

(a) 초기상태   (b) 변형상태   (c) 자유물체도

그림 16.1 기둥좌굴모델

트가 전복모멘트보다 크다면 구조물은 초기상태로 돌아올 것이다. 그러나 만약 전복모멘트가 더 크다면 구조물은 불안정상태가 되고 B에는 더 큰 변위가 생겨서 붕괴될 것이다. 복원모멘트와 전복모멘트가 같아지는 축하중 P의 크기를 임계하중(critical load) P_{cr}이라 한다. 기둥의 임계하중을 구하기 위하여 막대 BC의 모멘트 평형방정식을 생각해보자. 하중 P를 P_{cr}로 놓으면 식 (a)와 같다.

$$\sum M_B = P_{cr}(L/2)\sin \Delta\theta - K(2\Delta\theta) = 0 \tag{a}$$

B의 횡방향 변위가 작다고 가정하면 $\sin \Delta\theta \approx \Delta\theta$이므로 식 (a)는 간단히 아래와 같이 된다.

$$P_{cr}(L/2)\Delta\theta = K(2\Delta\theta)$$
$$\therefore P_{cr} = \frac{4K}{L} \tag{b}$$

하중 P가 P_{cr}보다 작다면 복원모멘트가 전복모멘트보다 크고 구조물은 안정한 상태이다. 그러나 하중 P가 P_{cr}보다 크다면 불안정상태가 된다. 즉, $P = P_{cr}$를 기점으로 불안정상태이거나 안정상태가 되고 $P = P_{cr}$인 상태를 중립평형(neutral equilibrium)이라고 한다. 식 (b)를 살펴보면 임계하중은 $\Delta\theta$와는 상관이 없는 것을 알 수 있고 스프링 상수 K나 부재의 길이 L의 변화에 의해서 변하는 것을 알 수 있다.

안정과 불안정의 개념을 다음과 같이 간단히 정의할 수 있다.

안정 – 작은 변화가 작은 효과를 발생시킨다.
불안정 – 작은 변화가 큰 효과를 발생시킨다.

이러한 평형상태의 개념은 그림 16.2와 같이 3개의 다른 표면에 있는 공으로 표현될 수 있다. 공이 1위치에 있을 때 3가지 상태 모두 평형상태이다. 그림 16.2a에서는 공을 아주 짧은 거리인 dx만큼 떨어진 위치로 이동시킬 경우 다시 1의 위치로 돌아온다. 즉 그림 16.2a는 안정평형(stable equilibrium)이고 작은 변화가 작은 효과를 발생시킨다. 그림 16.2b에서는 공을 아주 짧은 거리인 dx만큼 떨어진 위치로 이동시킬 경우 다시 1의 위치로 돌아오지 못하고 계속 멀어질 것이다. 즉 그림 16.2b는 불안정평형(unstable equilibrium)을 의미하고 작은 변화가 큰 효과를 발생시킨다. 그림 16.2c에서는 공을 이동시켜도 이동된 그 자리에 머물게 된다. 이러한 상태를 중립평형(neutral equilibrium)이라 한다.

기둥에 가해진 압축 하중이 0에서부터 점진적으로 증가하기 전에, 기둥은 초기에 안정된 평형 상태에 있다. 이 상태에서는 기둥에 아주 약간의 수평방향 변위가 발생하더라도 하중이 제거되면 초기 상태로 돌아온다. 그러나 하중이 증가하여 임계하중에 도달하면 갑작스럽게 수평방향 처짐이 크게 발생하고 이때를 안정평형에서 불안정평형으로 전이되는 단계라고 한다. 안정평형에서의 최대압축하중을 임계좌굴하중(critical buckling load)이라고 한다. 압축하중은 가중이 수평방향으로 복원되기 전까지 임계좌굴하중 값보다 증가할 수 없다. 길고 가는 기둥의 경우, 임계좌굴하중은 재료의 비례한도보다 훨씬 낮은 응력 수준에서 발생한다. 이러한 좌굴 유형은 탄성 현상이다.

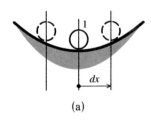
(a)

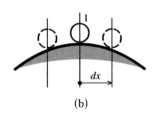
(b)

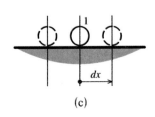
(c)

그림 16.2 평형의 개념
(a) 안정 (b) 불안정 (c) 중립

그림 16.3a와 같이 핀으로 지지된 길고 가는 기둥을 해석함으로써 실제 기둥의 안정성을 설명하도록 한다. 압축하중 P는 단면의 도심에 재하되고 양 끝단의 핀에 마찰은 없으며, 핀에 의해 기둥에 하중이 가해진다. 기둥은 그 자체로 완벽한 직선이고 재료는 선형탄성 거동을 하며 훅의 법칙을 따른다. 기둥은 초기결함이 없이 완벽한 직선인 이상화된 기둥(ideal column)이다. 그림 16.3a의 이상화된 기둥은 $x-y$ 평면에 대칭이며 처짐은 $x-y$ 평면에서 발생한다고 가정한다.

좌굴 형태

압축하중 P가 임계하중 P_{cr}보다 작으면, 기둥은 직선을 유지하며 균일한 압축 축방향 응력 $\sigma = P/A$에 대응하여 길이가 줄어든다. $P < P_{cr}$이면 안정평형이다. 압축하중 P가 임계하중 P_{cr}에 도달하면, 기둥은 안정평형과 불안정평형 사이의 전이 점에 놓이며, 이를 중립평형이라고 한다. $P = P_{cr}$에서 변형된 형태(그림 16.3b) 또한 평형을 만족시킨다. 임계하중 P_{cr}의 값과 좌굴된 기둥의 형태는 이 변형된 형태를 분석하여 결정하도록 한다.

좌굴 기둥의 평형

좌굴된 전체 기둥의 자유물체도가 그림 16.3c에 나와 있다. 그림 16.3c의 자유물체에 작용하는 힘들에 대한 평형방정식을 이용하여 $A_x = P$, $A_y = 0$ 그리고 $B_y = 0$임을 알 수 있다.

다음으로, 그림 16.3d의 자유물체도를 살펴보면 잘린 단면에는 단면력(축력, 전단력, 휨모멘트)가 발생하고 A의 반력과 단면력들이 평형을 이루기 위해서는 평형방정식을 만족

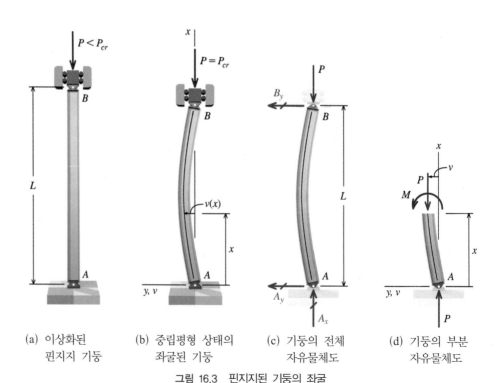

| (a) 이상화된
핀지지 기둥 | (b) 중립평형 상태의
좌굴된 기둥 | (c) 기둥의 전체
자유물체도 | (d) 기둥의 부분
자유물체도 |

그림 16.3 핀지지된 기둥의 좌굴

해야 한다. 따라서 단면에 발생하는 축력($V = 0$), 전단력($Ay = 0$) 그리고 휨모멘트(M)가 구해진다.

기둥좌굴의 미분방정식

그림 16.3d의 좌굴된 기둥에서의 기둥 처짐(변형) v와 내부 휨모멘트 M을 양의 방향으로 표시하였다. 10.2절에서 정의한 바와 같이, 휨모멘트 M은 양의 곡률을 만든다. 그림 16.3d의 자유물체도에서 A에 대한 모멘트평형방정식은 아래 식과 같다.

$$\sum M_A = M + Pv = 0 \tag{a}$$

식 (10.1)로부터 모멘트−곡률 관계식(미소처짐 가정)이 다음 식과 같고

$$M = EI \frac{d^2v}{dx^2} \tag{b}$$

식 (a)에 식 (b)를 대입함으로써 아래 식이 유도된다.

$$EI \frac{d^2v}{dx^2} + Pv = 0 \tag{16.1}$$

식 (16.1)은 이상화된 핀지지 기둥의 처짐 형상을 나타내는 미분방정식이다. 이 방정식은 $v(0) = 0$, $v(L) = 0$의 경계조건을 갖는 상수계수로 이루어진 2계 선형 동차 상미분방정식이다.

미분방정식 풀이

식 (16.1)과 같은 미분방정식을 풀기 위하여 일반적인 방법을 사용할 수 있다. 먼저 식 (16.1)을 EI로 나누어 간단히 해준다.

$$\frac{d^2v}{dx^2} + \frac{P}{EI}v = 0$$

P/EI를 k^2로 정의한다.

$$k^2 = \frac{P}{EI} \tag{16.2}$$

그러면 식 (16.1)은 아래의 식과 같이 되고

$$\frac{d^2v}{dx^2} + k^2v = 0$$

이 동차방정식의 일반해는 다음과 같다.

$$v = C_1 \sin kx + C_2 \cos kx \tag{16.3}$$

여기서 C_1과 C_2는 상수로서 경계조건을 이용하여 구할 수 있다. 경계조건 $v(0)=0$를 사용하면 아래와 같고

$$0 = C_1 \sin(0) + C_2 \cos(0) = C_1(0) + C_2(1)$$
$$\therefore C_2 = 0 \tag{c}$$

$v(L)=0$의 경계조건을 이용하면 다음과 같은 식이 구해진다.

$$0 = C_1 \sin(kL) \tag{d}$$

식 (d)에서 $C_1 = 0$이면 자명한 해이므로 $\sin(kL)=0$을 만족하여야 한다. 사인함수가 0이기 위해서는 kL은 아래와 같은 값이어야 한다.

$$kL = n\pi \qquad n = 1, 2, 3, \cdots \tag{e}$$

식 (16.2)의 k는 아래와 같이 표현될 수 있고

$$k = \sqrt{\frac{P}{EI}}$$

k를 식 (e)에 대입하면 아래와 같다.

$$\sqrt{\frac{P}{EI}}\, L = n\pi$$

이 식을 P에 대하여 정리하면 다음 식을 얻을 수 있다.

$$P = \frac{n^2 \pi^2 EI}{L^2} \qquad n = 1, 2, 3, \cdots \tag{16.4}$$

오일러좌굴하중과 좌굴모드

이 해석의 목적은 기둥 좌굴을 발생시키는 최소하중 P를 결정하는 것이다. 식 (f)에서 P가 최소가 되려면 $n=1$이어야 하고 그 때의 핀지지된 기둥의 임계좌굴하중을 P_{cr}이라고 한다.

$$P_{cr} = \frac{\pi^2 EI}{L^2} \tag{16.5}$$

이상적인 기둥의 임계하중은 오일러좌굴하중(Euler buckling load)으로 알려져 있다. 스위스 수학자 Leonhard Euler(1707 – 1783)가 처음으로 길고 가는 기둥의 좌굴 해를 1757년에 발표한 이후로 식 (16.5)는 오일러 공식(Euler's formula)으로도 알려져 있다.

식 (e)를 식 (16.3)에 대입하면 좌굴 기둥의 변형된 형상을 구할 수 있다.

$$v = C_1 \sin kx = C_1 \sin\left(\frac{n\pi}{L}x\right) \qquad n = 1, 2, 3, \cdots \qquad (16.6)$$

축방향 압축 하중 P를 받는 이상화된 기둥이 그림 16.4a에 있다. 축하중이 식 (16.5)에 주어진 오일러좌굴하중이 되었을 때 좌굴된 기둥의 형상이 그림 16.4b에 나와 있다. 상수 C_1의 값은 좌굴된 기둥의 정확한 위치가 알려지지 않았으므로 얻을 수 없다. 그러나 처짐이 작다고 가정되어 왔다. 이러한 처짐 형태를 모드 형상(mode shape)이라 하고, 식 (16.6)의 $n = 1$에 해당하는 좌굴 형상을 1차 좌굴모드(first buckling mode)라고 한다(그림 16.4b). 식 (16.4)와 (16.6)에서 n의 더 높은 값을 고려함으로써, 이론적으로는 무수히 많은 임계하중 및 해당 모드 형상을 얻을 수 있다. 2차 좌굴모드의 임계하중 및 모드 형상은 그림 16.4c에 나타나 있다. 2차 모드에 대한 임계하중은 1차 모드의 임계하중보다 4배 더 크다. 그러나 기둥이 가장 낮은 임계하중 값에 도달할 때 좌굴이 발생하기 때문에 더 높은 모드의 좌굴은 실질적으로 중요하지 않다. 더 높은 모드 형태는 기둥이 1차 모드로 좌굴됨을 방지하기 위해 중간 위치에서 측면을 구속함으로써 얻을 수 있다.

오일러좌굴응력

임계하중이 재하될 때 기둥 단면에 발생하는 수직응력은

$$\sigma_{cr} = \frac{P_{cr}}{A} = \frac{\pi^2 EI}{AL^2} \qquad (f)$$

단면의 성질 중 하나인 회전반경(radius of gyration r)은 아래와 같이 정의된다.

$$r^2 = \frac{I}{A} \qquad (16.7)$$

관성모멘트 I를 Ar^2로 하여 식 (f)에 대입하면 아래와 같다.

$$\sigma_{cr} = \frac{\pi^2 E(Ar^2)}{AL^2} = \frac{\pi^2 Er^2}{L^2} = \frac{\pi^2 E}{(L/r)^2} \qquad (16.8)$$

L/r를 세장비(slenderness ratio)라고 하며 휨이 발생하는 축에 대하여 정의된다. 수평방향 처짐을 제어하는 구속이 없는 이상화된 핀지지 기둥의 경우 관성모멘트가 최소인 축(회전반경이 최소인 축)으로 휨이 발생한다.

오일러 좌굴은 탄성 거동임에 주의하라. 만일 좌굴 발생 이후 축 하중이 제거되면 이상적인 기둥은 원래 직선의 초기형상으로 복원될 것이다. 따라서 오일러 좌굴에서 임계응력은 재료의 비례한계를 넘지 못한다.

구조용 강재나 알루미늄 합금에 대한 오일러 좌굴 응력 그래프[식 (16.8)]가 그림 16.5에 나와있다. 오일러 좌굴은 탄성 거동이고 훅의 법칙에 근거하여 유도되었기 때문에 식 (16.8)은 임계응력이 재료의 비례한계 보다 작을 때 유효하다. 그러므로 그림 16.5에서 구조용 강재에 대해서는 비례한계응력 25 MPa, 알루미늄합금에 대해서는 비례한계응력 414 MPa에서 수평선이 그어지고 그에 대응되는 오일러응력곡선은 버려진다.

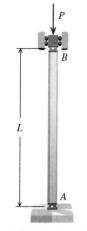

(a) 정의되지 않은 기둥
($n = 0$)

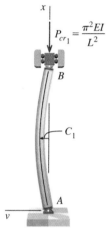

(b) 1차 좌굴모드
($n = 1$)

(c) 2차 좌굴모드
($n = 2$)

그림 16.4 좌굴모드의
두 가지 예

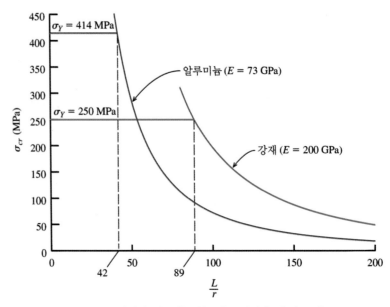

그림 16.5 강재와 알루미늄 합금의 오일러좌굴응력 그래프

오일러 좌굴 시사점

식 (16.5)와 (16.8)로부터 이상화된 핀지지 기둥의 좌굴에 대한 몇 가지 시사점들을 알 수 있다.

- 오일러좌굴하중은 기둥 길이의 제곱에 반비례한다. 따라서 좌굴 하중은 기둥의 길이 가 증가함에 따라 급속히 감소한다.
- 식 (16.5) 및 (16.8)에 나타나는 유일한 재료 특성은 탄성계수 E이며 탄성계수는 재 료의 강성(stiffness)을 의미한다. 주어진 기둥이 하중을 견딜 수 있는 능력을 증가시 키는 한 가지 방법은 보다 높은 E를 갖는 재료를 사용하는 것이다.
- 최소 관성모멘트(최소 회전반경에 해당함)에 해당하는 단면 축에 대해 좌굴이 발생한 다. 따라서 일반적으로 기둥으로 사용하기 위해 최대 관성모멘트와 최소 관성모멘트 의 차이가 큰 단면은 선택하지 않는 것이 바람직하다. 다만 단면의 두 축에 대한 관성 모멘트의 차이가 큰 단면을 사용하여야 한다면 약축에 수평방향 보강을 하여야 할 것 이다.
- 오일러좌굴하중은 단면의 관성모멘트 I와 직접적으로 관련이 있기 때문에 단면적을 증가시키지 않은 얇은 관모양의 단면을 이용하여 기둥의 하중 저항 능력을 향상시킬 수 있다. 원형 파이프 및 정사각형 속이 빈 단면은 이와 관련하여 특히 효과적이다. 식 (16.7)에서 정의된 회전반경은 단면의 관성모멘트와 단면적 사이의 비율을 나타낸 다. 따라서 같은 단면적의 단면을 기둥에 사용한다면 더 큰 회전반경을 갖는 단면이 더 많은 하중을 견딜 수 있다.
- 오일러좌굴하중 방정식 [식 (16.5)] 및 오일러좌굴응력 방정식 [식 (16.8)]은 기둥 길 이(L), 재료의 강성(E), 및 단면 특성(I)와 관련이 있다. 임계좌굴하중은 재료의 강 도와는 무관하다. 예를 들어, 동일한 직경과 길이를 갖지만 강도가 다른 두 가지 기둥 의 경우 재료의 강도가 달라도 E, I 그리고 L이 같으므로 두 기둥의 오일러좌굴하 중은 동일하다. 결과적으로, 좌굴 하중을 높이기 위하여 비싼 고강도 강재를 사용할

필요가 없다.

식 (16.5)에 의한 오일러좌굴하중은 강재를 사용한 단면의 세장비 L/r이 140을 초과하는 기둥(장주)에 대하여는 실험과 잘 일치한다. 반면 짧은 기둥(단주)의 경우는 1장에서 설명한 바와 같이 단지 압축을 받는 부재로 해석이 가능하다. 그러나 가장 실용적인 기둥의 길이는 장주와 단주의 중간이므로 이러한 기둥은 다음 절에서 설명할 경험적 공식에 의하여 해석된다. 세장비는 기둥을 길이에 따라 구분하는 데 사용되는 주요 매개 변수이다.

예제 16.1

15 mm×25 mm 직사각형 단면의 알루미늄 막대가 650 mm 길이의 긴 압축 부재로 사용되고 있다. 양 단부는 핀지점이다. 이 압축 부재에 대한 세장비와 오일러좌굴하중을 구하라. $E=70$ GPa라고 가정한다.

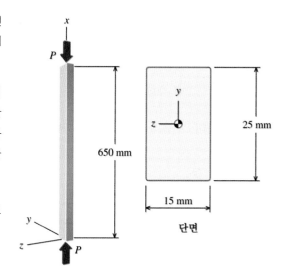

풀이 계획 압축 부재인 알루미늄 막대는 단면의 두 축 중에서 약축에 대하여 좌굴이 발생한다. 단면에 대한 작은 관성모멘트는 y축에 대해 발생한다. 따라서 임계좌굴하중 P_{cr}에 의한 압축부재의 휨은 $x-z$ 평면 내에 발생할 것이다.

풀이 단면의 단면적 $A = (15 \text{ mm})(25 \text{ mm}) = 375 \text{ mm}^2$이고 y축에 대한 관성모멘트는 다음과 같다.

$$I_y = \frac{(25 \text{ mm})(15 \text{ mm})^3}{12} = 7031.25 \text{ mm}^4$$

세장비는 기둥의 길이를 회전반경으로 나눈 값이다. 단면의 y축에 대한 회전반경은 아래와 같다.

$$r_y = \sqrt{\frac{I_y}{A}} = \sqrt{\frac{7031.25 \text{ mm}^4}{375 \text{ mm}^2}} = 4.330 \text{ mm}$$

따라서 좌굴이 발생하는 y축에 대한 세장비는

$$\frac{L}{r_y} = \frac{650 \text{ mm}}{4.330 \text{ mm}} = 150.1$$

답

참고: 오일러좌굴하중을 구하는 데 세장비가 반드시 필요한 것은 아니다. 그러나 경험적 기둥 공식을 사용하는 데 있어서 아주 중요한 변수이다.

이 압축 부재에 대한 오일러좌굴하중은 식 (16.5)에 의하여

$$P_{cr} = \frac{\pi^2 EI}{L^2} = \frac{\pi^2 (70\,000 \text{ N/mm}^2)(7031.25 \text{ mm}^4)}{(650 \text{ mm})^2} = 11\,498 \text{ N}$$
$$= 11.50 \text{ kN}$$

답

압축 부재에 좌굴이 발생할 때 그림과 같이 $x-z$ 평면에서 휨이 발생한다.

예제 16.2

길이가 12 m인 기둥은 레이싱바로 연결된 두 개의 C250×
22.8 채널단면 표준 강재(부록 B 참조)로 제작되어 있다.
기둥의 양단은 핀지점이다. 오일러좌굴하중을 구하라. E
=200 GPa라고 가정한다.

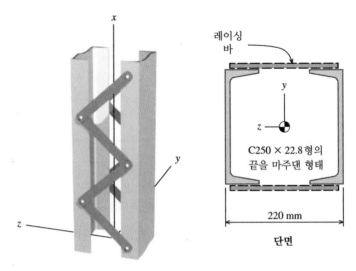

풀이 계획 기둥의 단면은 두 개의 채널단면으로
이루어져 있으며 레이싱바는 두 단면을
하나의 단면으로 연결해주는 역할만을
한다. 따라서 두 채널단면의 전체 도심
에 대한 두 축의 관성모멘트들 중 작은
관성모멘트의 축으로 좌굴이 발생할 것
이므로 작은 관성모멘트를 구하고 약축
에 대한 오일러좌굴하중을 구할 것이다.

풀이 부록 B에 있는 단면 제원은 아래와 같다.

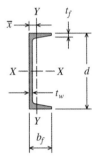

$$A = 2890 \text{ mm}^2$$

$$I_x = 28.0 \times 10^6 \text{ mm}^4$$

$$I_y = 0.945 \times 10^6 \text{ mm}^4$$

$$\bar{x} = 16.1 \text{ mm}$$

부록 B로 부터

부록 B에 따르면 $X-X$축이 강축이고 $Y-Y$축이 약축이다. 이 문제에서 정의한 축
에 따르면 부록 B의 $X-X$축은 z'축이고 $Y-Y$축은 y'축이다.

두 개의 채널단면으로 연결된 기둥의 전체 단면적은 부록 B의 채널단면적에 두 배이다.

$$A = 2(2890 \text{ mm}^2) = 5780 \text{ mm}^2$$

z축에 대한 기둥 단면의 관성모멘트는 하나의 채널단면의 관성모멘트에 두 배를 한 값과 같다. 그 이유는
z축에 대한 기둥 단면의 도심과 채널 각각의 x축에 대한 도심이 같기 때문이다. 다시 말해 모두 동일한
기준 축에 대한 관성모멘트이기 때문이다.

$$I_z = 2(28.0 \times 10^6 \text{ mm}^4) = 56.0 \times 10^6 \text{ mm}^4$$

y축에 대한 관성모멘트는 기둥 전체 단면의 관성모멘트의 기준
축의 위치와 하나의 채널단면의 관성모멘트의 기준 축의 위치가
다르므로 위와 같이 단순하게 두 배의 관성모멘트 값이 기둥의 관
성모멘트 값이 아니다. 이러한 경우 평행축 이동정리를 이용하여
아래와 같이 계산된다.

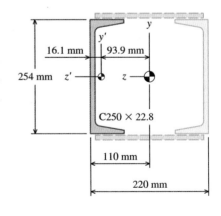

$$I_y = 2\left[0.945 \times 10^6 \text{ mm}^4 + (93.9 \text{ mm})^2(2890 \text{ mm}^2)\right]$$
$$= 52.8535 \times 10^6 \text{ mm}^4$$

$I_y < I_z$이므로 이 기둥은 약축인 y축에 대하여 좌굴이 발생할 것이고, 오일러좌굴하중은 식 (16.5)에 의하

여 아래와 같이 계산된다.

$$P_{cr} = \frac{\pi^2 EI}{L^2} = \frac{\pi^2 (200\,000 \text{ N/mm}^2)(52.8535 \times 10^6 \text{ mm}^4)}{[(12 \text{ m})(1000 \text{ mm/m})]^2} = 724\,504 \text{ N} = 725 \text{ kN}$$

답

PROBLEMS

P16.1 길이 1 m, 탄성계수 $E = 10$ GPa인 둥근 원목 기둥에 대한 세장비와 오일러좌굴하중을 구하라.

(a) 지름 16 mm

(b) 지름 25 mm

P16.2 바깥지름이 90 mm이고 벽두께가 8 mm인 알루미늄합금 관을 사용하여 길이 4.5 m의 기둥을 제작하였다. 탄성계수 $E = 70$ GPa, 기둥 양단의 경계조건이 힌지조건이라 가정할 때, 기둥의 세장비와 오일러좌굴하중을 구하라.

P16.3 WT205×30 구조용 강재 단면(단면 물성치는 부록 B 참조)을 사용하여 길이 6.5 m 기둥을 제작하였다. 기둥 양단의 경계조건이 힌지조건이라 가정할 때, 다음을 구하라.

(a) 세장비

(b) 오일러좌굴하중 (강재의 탄성계수 $E = 200$ GPa)

(c) 오일러좌굴하중이 가해질 때 기둥의 축방향 응력

P16.4 HSS254×152.4×12.7 구조용 강재 단면(단면 물성치는 부록 B 참조)을 사용하여 길이 9 m 기둥을 제작하였다. 안전계수 1.92, 강재의 탄성계수 $E = 200$ GPa, 기둥 양단의 경계조건이 힌지 조건이라 가정할 때, 이 기둥이 견딜 수 있는 최대 압축 하중을 구하라.

P16.5 두 개의 C310×45 구조용 강재 단면 부재(단면 물성치는 부록 B 참조)를 사용하여 길이 12 m 기둥을 제작하였다. 강재

의 탄성계수 $E = 200$ GPa, 기둥 양단의 경계조건이 힌지조건이라 할 때, 다음 경우에 대해서 두 개 부재의 좌굴이 발생되는 전체 하중을 구하라.

(a) 두 개의 C310×45 구조용 강재 단면 부재가 각각 독립적으로 압축하중을 지지

(b) 그림 P16.5와 같이 두 개의 C310×45 구조용 강재 단면 부재가 격자형으로 조립

P16.6 두 개의 L102×76×9.5 구조용 강재 단면 부재(단면 물성치는 부록 B 참조)를 사용하여 길이 4.5 m인 압축 부재를 제작하였다. 그림 P16.6과 같이 스페이서 블록(spacer block)을 사이에 두고 두 개의 앵글이 일체 거동을 하도록 볼트로 서로 연결되어 있다. 강재의 탄성계수 $E = 200$ GPa, 기둥 양단의 경계조건이 힌지 조건이라 가정할 때, 이 압축 부재의 오일러좌굴하중을 구하라.

(a) 스페이서 블록(spacer block)의 두께 5 mm

(b) 스페이서 블록(spacer block)의 두께 20 mm

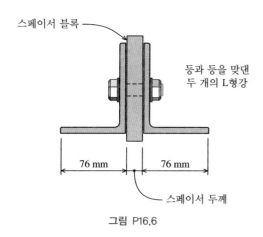

스페이서 블록

등과 등을 맞댄 두 개의 L형강

76 mm   76 mm

스페이서 두께

그림 P16.6

P16.7 지름 16 mm인 속이 꽉 찬 원형 강재 막대가 그림 P16.7과 같이 지점 A와 B에 힌지로 연결되어 있다. 길이 $L = 750$ mm, 탄성계수 $E = 200$ GPa, 열팽창계수 $\alpha = 11.7 \times 10^{-6}/\text{℃}$인 이 막대에 좌굴을 일으킬 수 있는 온도상승량 ΔT를 구하라.

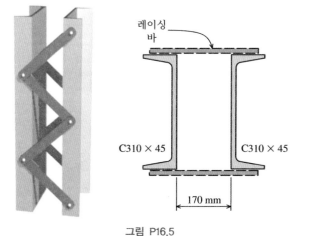

레이싱 바

C310 × 45   C310 × 45

170 mm

그림 P16.5

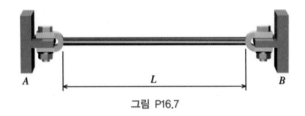

그림 P16.7

P16.8 그림 P16.8/9와 같이 강체 보 ABC가 지점 A에서 핀으로 연결되어 있으며 지점 D에서 핀으로 지지된 나무 기둥은 지점 B에서 핀으로 강체 보와 연결되어 있다. 강체 보 ABC에 등분포 하중 $w=30$ kN/m가 작용하고 있으며 길이 $x_1=2.4$ m, $x_2=1.8$ m 이다. 정사각형 단면으로 제작된 나무 기둥의 길이가 $L=4$ m, 탄성계수 $E=12.4$ GPa, 안전계수는 2.0일 때 나무 기둥에 좌굴이 발생하지 않는 최소 폭을 구하라.

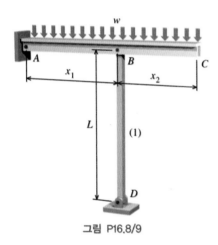

그림 P16.8/9

P16.9 그림 P16.8/9와 같이 강체 보 ABC가 지점 A에서 핀으로 연결되어 있으며 지점 D에서 핀으로 지지된 나무 기둥(180 mm ×180 mm 정사각형 단면)은 지점 B에서 핀으로 강체 보와 연결되어 있다. 강체 보의 길이 $x_1=3.6$ m , $x_2=2.8$ m이다. 나무 기둥의 길이 $L=4$ m, 탄성계수 $E=12$ GPa, 안전계수 2.0일 때, 나무 기둥에 좌굴이 발생하지 않도록 강체 보에 작용시킬 수 있는 최대 등분포하중 w의 크기를 구하라.

P16.10 그림 P16.10a와 같이 강체 보 ABC가 지점 C에서 핀으로 연결되어 있으며 지점 D에서 핀으로 지지된 경사진 버팀재 (strut)가 지점 B에서 핀으로 강체 보와 연결되어 있다. 버팀재 (strut)는 두 개의 강재 판$[E=200$ GPa$]$으로 각각 폭 70 mm, 두께 15 mm로 제작되었으며 그림 P16.10b와 같이 두께가 25 mm 인 두 개의 스페이서 블록(spacer block)으로 조립되어 있다. 다음을 구하라.
(a) 강체 보에 작용하는 하중(90 kN)에 의해 발생되는 버팀재 (strut) BD의 압축력
(b) 강축과 약축에 대한 버팀재(strut) BD의 세장비
(c) 좌굴에 대한 버팀재(strut) BD의 최소 안전계수

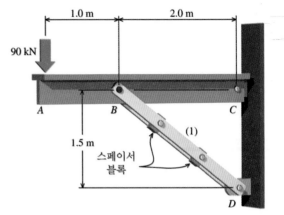

그림 P16.10a

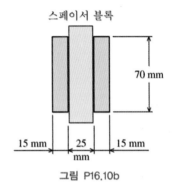

그림 P16.10b

P16.11 그림 P16.11a와 같이 강체 보가 지점 B에서 핀으로 연결되어 있으며 지점 C에서 핀으로 지지된 경사진 버팀재(strut)가 지점 A에서 핀으로 강체 보와 연결되어 있다. 버팀재(strut)는 두 개의 강재[$E=200$ GPa] 앵글 L102×76×9.5를 사용하여 그림 P16.11b와 같이 두께가 30 mm인 스페이서 블록(spacer block)과 볼트로 조립(long legs back−to−back 연결)되어 있다. 다음을 구하라.
(a) 강체 보에 작용하는 하중에 의해 발생되는 버팀재(strut)의 압축력
(b) 강축과 약축에 대한 버팀재(strut)의 세장비
(c) 좌굴에 대한 버팀재(strut)의 최소 안전계수

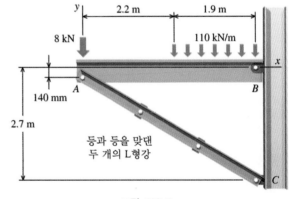

그림 P16.11a

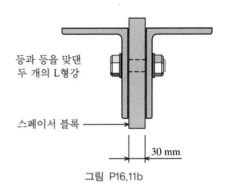

등과 등을 맞댄
두 개의 L형강

스페이서 블록

30 mm

그림 P16.11b

P16.12 그림 P16.12와 같이 강체 막대 *ABC*는 핀으로 연결된 막대 (1)에 의해 지지되고 있다. 막대 (1)은 폭 50 mm, 두께 25 mm이고, 탄성계수 *E* = 70 GPa인 알루미늄으로 제작되었다. 막대 (1)에 좌굴이 발생되지 않는 최대 하중 *P*를 구하라.

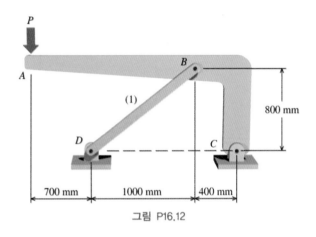

그림 P16.12

P16.13 타이로드 (1)과 파이프 버팀재 (2)로 구성된 구조체가 점 *B*에 작용하는 450 kN 하중을 지지하고 있다. 버팀재 (2)는 바깥지름이 260 mm이고 벽두께가 12 mm인 핀 연결된 강재 [*E* = 200 GPa] 파이프이다. 버팀재 (2)의 좌굴에 대한 안전계수를 구하라.

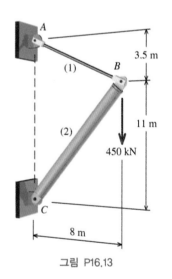

그림 P16.13

P16.14 타이로드 (1)과 WT형상의 강 부재 (2)로 구성된 구조체가 그림 P16.14와 같이 하중 *P*를 지지하고 있다. 타이로드 (1)은 지름 44 mm인 속이 꽉 찬 원형 강재 막대이고 강 부재 (2)는 스템(stem)이 위를 향하는 WT230×30 단면(단면 물성치는 부록 B 참조)이다. 타이로드 (1)과 WT형상의 강 부재(2)는 탄성계수 200 GPa, 항복강도 340 MPa를 갖는다. 항복에 대한 안전계수 2.0, 좌굴에 대한 안전계수 3.0일 때, 이 구조체가 지지할 수 있는 최대 하중 *P*를 구하라.

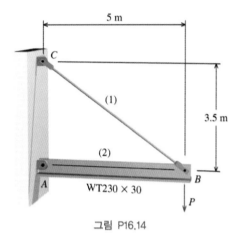

그림 P16.14

P16.15 그림 P16.15와 같이 트러스가 하중을 받고 있다. 모든 트러스 부재는 바깥지름이 100 mm이고 벽두께가 5 mm인 알루미늄[*E* = 70 GPa] 파이프 단면이다. 모든 압축 부재의 좌굴을 고려하여 트러스의 최소 안전계수를 구하라.

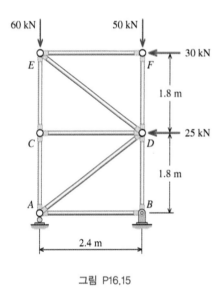

그림 P16.15

P16.16 목재 트러스가 그림 P16.16과 같이 하중을 받고 있다. 트러스의 부재는 탄성계수가 *E* = 11 GPa이며 150 mm×150 mm 정사각형 목재이다. 모든 압축 부재의 좌굴을 고려하여 트러스의 최소 안전계수를 구하라.

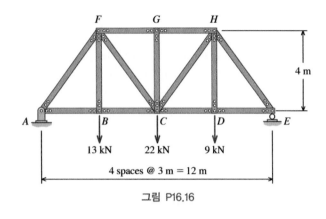

그림 P16.16

P16.17 그림 P16.17과 같이 트러스가 하중을 받고 있다. 트러스의 모든 부재는 바깥지름이 50 mm이고 벽두께가 5 mm인 알루미늄(탄성계수 70 GPa, 항복강도 250 MPa) 파이프 단면이다. 항복에 대한 안전계수 2.0, 좌굴에 대한 안전계수 3.0일 때, 이 트러스가 지지할 수 있는 최대 하중 P를 구하라.

P16.18 그림 P16.18과 같이 트러스가 하중을 받고 있다. 트러스의 모든 부재는 바깥지름이 140 mm이고 벽두께가 10 mm인 강재(탄성계수 200 GPa, 항복강도 250 MPa) 파이프 단면이다. 항복에 대한 안전계수 2.0, 좌굴에 대한 안전계수 3.0일 때, 이 트러스가 지지할 수 있는 최대 하중 P를 구하라.

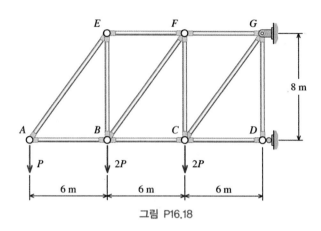

그림 P16.18

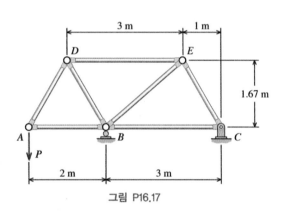

그림 P16.17

16.3 기둥 좌굴에 미치는 단부 조건의 영향

식 (16.5) 또는 식 (16.8)로 표현된 오일러 좌굴 방정식은 양 단부가 핀으로 지지된 이상화된 기둥에 대해 유도되었다. (즉, 단부에서 축방향 반력은 발생하지만 모멘트 반력은 0이다). 기둥은 일반적으로 다른 조건의 지지점을 갖는다. 이러한 다른 지지조건은 임계좌굴하중에 큰 영향을 미친다. 이 절에서는 이상화된 단부 조건들(idealized end conditions)이 기둥의 임계좌굴하중에 미치는 영향을 조사한다.

다양한 지지조건에 대한 기둥의 임계좌굴하중을 유도하기 위하여 16.2절에서 다룬 핀으로 지지된 기둥의 좌굴해석과 같은 방법으로 접근할 것이다. 좌굴이 발생한 부분적인 자유물체도를 이용하여 평형방정식을 세워 단면에 발생하는 내력 중 휨모멘트와 축력의 관계를 도출하고 모멘트-곡률방정식(식 10.1)을 이용하여 지배 미분 방정식을 유도할 것이다. 유도된 미분방정식은 경계조건을 이용하여 일반해를 구할 것이며 그 결과 임계좌굴하중과 좌굴 형상이 결정된다.

이 접근법을 설명하기 위해 그림 16.6a에 표시된 고정-핀으로 지지된 기둥이 분석될

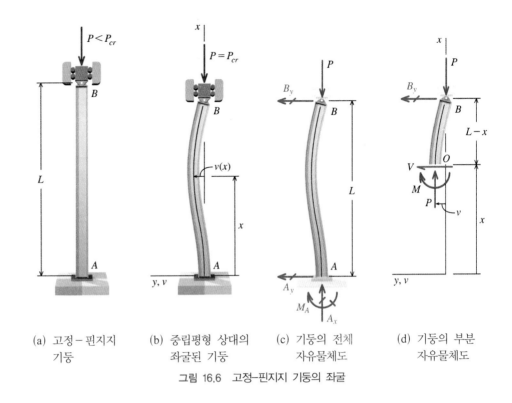

(a) 고정−핀지지   (b) 중립평형 상대의   (c) 기둥의 전체   (d) 기둥의 부분
    기둥   좌굴된 기둥   자유물체도   자유물체도

그림 16.6 고정−핀지지 기둥의 좌굴

것이고, 유효길이 개념(effective length concept)을 소개할 것이다. 이 개념은 다양한 지지 조건에 대한 기둥의 임계좌굴하중을 결정하는 데 편리한 방법을 제시한다.

좌굴 조건

고정지지된 A에서는 축방향 변위와 회전변위가 발생하지 않는다. 핀지지된 B에서는 y방향 변위가 발생하지 않으며 회전변위는 발생한다. 좌굴이 발생하면 A에서는 모멘트 반력이 발생하고 이러한 조건으로 인하여 그림 16.6b와 같은 좌굴 형상이 발생한다. 이러한 변형된 형상으로부터 임계좌굴하중과 좌굴 형상이 구해질 것이다.

좌굴된 기둥의 평형

좌굴된 전체 기둥의 자유물체도가 그림 16.6c에 나와 있다. A점에 발생하는 반력 A_x는 평형방정식으로 구해지며 그 값은 P이다. A에서는 모멘트 반력 M_A가 발생하고 이 모멘트 반력과 평형을 유지하기 위하여 y방향 반력이 발생한다. 그림 16.6d는 부분적인 자유물체도를 보여주고 있다. 기둥의 하부 또는 상부를 고려할 수 있지만, 여기에서 추가 분석을 위해 기둥의 상부를 고려할 것이다.

기둥 좌굴에 대한 미분방정식

그림 16.6d의 좌굴 기둥에서, 기둥의 처짐 v과 휨모멘트 M은 양의 방향으로 보여진다. 그림 16.6d의 자유물체도에서 O위치에 대한 모멘트의 합은 아래 식과 같다.

$$\sum M_O = -M - Pv + B_y(L-x) = 0 \tag{a}$$

모멘트－곡률 식 (10.1)에 의하여 아래와 같이 표현된다.

$$M = EI\frac{d^2v}{dx^2} \tag{b}$$

식 (b)를 식 (a)에 대입하면

$$EI\frac{d^2v}{dx^2} + Pv = B_y(L-x) \tag{16.9}$$

이다. 식 (16.9)를 양변에 EI로 나누고 $k^2 = P/EI$로 치환하면

$$\frac{d^2v}{dx^2} + k^2v = \frac{B_y}{EI}(L-x) \tag{16.10}$$

이다. 식 (16.10)은 상수계수를 갖는 2계 비동차 미분방정식이고, 경계조건은 $v(0)=0$, $v'(0)=0$, $v(L)=0$이다.

미분방정식의 풀이

식 (16.10)의 일반해는 다음과 같다.

$$v = C_1 \sin kx + C_2 \cos kx + \frac{B_y}{P}(L-x) \tag{16.11}$$

위 식에서 앞의 두 항은 일반 해(핀－핀으로 지지된 기둥의 일반 해와 같다)이고 세번째 항은 특수 해이다. 상수 C_1과 C_2는 경계조건을 이용하여 구해진다.

$v(0)=0$을 이용하면 아래 식과 같이 되고

$$0 = C_1 \sin(0) + C_2 \cos(0) + \frac{B_y}{P}(L) = C_2 + \frac{B_y L}{P} \tag{c}$$

$v(L)=0$을 이용하면 아래 식이 얻어진다.

$$0 = C_1 \sin(kL) + C_2 \cos(kL) + \frac{B_y}{P}(L-L)$$

위 식을 간단히 하면 아래와 같다.

$$0 = C_1 \tan(kL) + C_2 \tag{d}$$

식 (16.11)을 x에 관하여 미분하면

$$\frac{dv}{dx} = C_1 k \cos kx - C_2 k \sin kx - \frac{B_y}{P}$$

$v(0) = 0$으로부터 아래의 식이 된다.

$$0 = C_1 k \cos(0) - C_2 k \sin(0) - \frac{B_y}{P} = C_1 k - \frac{B_y}{P} \tag{e}$$

자명하지 않은 해를 구하기 위하여 식 (c)에 B_y로 정리한 식 (e)를 대입하면 아래와 같은 식이 얻어진다.

$$C_2 = -\frac{B_y L}{P} = -\frac{C_1 k P L}{P} = -C_1 k L \tag{f}$$

이 결과를 식 (d)에 대입하면

$$0 = C_1 \tan(kL) + C_2 = C_1 \tan(kL) - C_1 k L$$

이것을 정리하면

$$\tan(kL) = kL \tag{16.12}$$

식 (16.12)의 해는 고정−핀지지 기둥의 임계좌굴하중 값을 준다. 위 식을 만족하는 kL은 아래와 같다.

$$kL = 4.4934 \tag{g}$$

여기서는 식 (16.12)를 만족하는 가장 작은 값에만 관심이 있다. 따라서 $k^2 = P/EI$에 식 (g)를 적용하면

$$\sqrt{\frac{P}{EL}}\, L = 4.4934$$

그러므로 임계좌굴하중 P_{cr}은 다음과 같다.

$$P_{cr} = \frac{20.1907\, EI}{L^2} = \frac{2.0457\, \pi^2 \, EI}{L^2} \tag{16.13}$$

좌굴된 기둥의 방정식은 식 (16.11)에 식 (f)의 C_2와 식 (e)를 대입함으로써 얻을 수 있다.

$$\begin{aligned} v &= C_1 \sin kx - C_1 k L \cos kx + C_1 k(L-x) \\ &= C_1 [\sin kx - kL \cos kx + k(L-x)] \\ &= C_1 \left\{ \sin\left(\frac{4.4934x}{L}\right) + 4.4934\left[1 - \frac{x}{L} - \cos\left(\frac{4.4934x}{L}\right)\right] \right\} \end{aligned} \tag{16.14}$$

위의 식은 고정−핀지지된 기둥의 1차 모드의 좌굴 형상을 나타내주는 함수이다. C_1은 구해질 수 없으므로 위의 형상함수는 곡선의 진폭은 정의할 수 없다.

유효길이 개념

핀－핀지지된 오일러좌굴하중은 아래와 같다.

$$P_{cr} = \frac{\pi^2 EI}{L^2} \qquad (16.5)$$

고정－핀지지된 임계좌굴하중은 아래와 같다.

$$P_{cr} = \frac{2.0457\pi^2 EI}{L^2} \qquad (16.13)$$

이 두 식을 비교해 보면 고정－핀지지된 임계좌굴하중 식은 오일러좌굴하중 식과 거의 근본적으로 비슷함을 알 수 있다. 두 방정식은 단지 상수 값만 다르다. 이러한 유사성은 기타 다른 지지조건의 경우에도 오일러좌굴하중과 연관이 있음을 제시한다.

동일한 조건에 대하여 고정－핀지지된 임계좌굴하중은 핀－핀지지된 오일러좌굴하중보다 큼을 알 수 있다.

L을 고정－핀지지된 기둥의 길이라 놓고 같은 임계좌굴하중의 L_e를 등가의 핀－핀지지된 기둥의 길이라고 한다면 두 임계하중의 계산은

$$\frac{2.0457\pi^2 EI}{L^2} = \frac{\pi^2 EI}{L_e^2}$$

이거나

$$L_e = 0.7L$$

그러므로 오일러 좌굴 방정식에 사용된 기둥의 길이가 유효길이(effective length) $L_e = 0.7L$로 수정된다면 식 (16.5)로 계산된 임계하중은 식 (16.13)의 실제 기둥 길이로 계산된 임계하중과 동일하다. 다양한 지지조건을 갖는 오일러좌굴하중의 임계좌굴하중과 관련된 개념이 유효길이 개념(effective length concept)이다.

어떠한 기둥에 대해서 유효길이 L_e는 핀－핀지지된 기둥의 동등한 길이로 정의된다. 이 문맥에서 동등한(equivalent)의 의미는 무엇일까? 동등한 핀－핀지지된 기둥은 같은 임계좌굴하중을 갖고 실제 기둥의 전체 또는 부분적으로 처짐형상이 같다.

유효 기둥 길이를 표현하는 또 다른 방법은 내력 중 휨모멘트가 0이 되는 포인트를 고려하는 것이다. 핀－핀지지된 기둥의 양단의 휨모멘트는 0이다. 그러므로 오일러 좌굴 방정식의 길이 L은 휨모멘트가 영인 점들 사이의 거리이다. 그러므로 다른 지지조건의 기둥에서 유효길이를 휨모멘트가 0인 점들 사이의 거리로 정의할 수 있다. 휨모멘트가 0인 점은 변곡점(inflection point)이라고 한다.

그림 16.7에 4가지 기둥의 유효길이가 보여지고 있다. 그림 16.7a는 핀－핀지지된 기둥을 보여주고 있고 이 기둥의 유효좌굴 길이는 실제길이와 같다. 고정－핀지지된 기둥인 그림 16.7b의 유효길이 $L_e = 0.7L$이다.

그림 16.7c는 양단이 고정지지된 기둥을 보여주고 있고 처짐곡선이 대칭이기 때문에 변

유효세장비는 아래와 같다.

$$(KL/r)_z = \frac{(12 \text{ m})(1000 \text{ mm/m})}{86.9 \text{ mm}} = 138.1$$

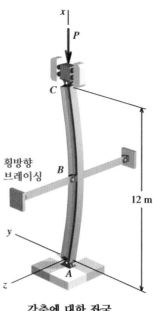

강축에 대한 좌굴

약축에 대한 좌굴
약축에 대한 좌굴은 그림과 같이 $x-z$ 평면에 발생한다. 이때의 유효길이는 6 m이므로,

$$P_{cr} = \frac{\pi^2 EI_y}{(KL)_y^2} = \frac{\pi^2 (200\,000 \text{ N/mm}^2)(7.62 \times 10^6 \text{ mm}^4)}{[(6 \text{ m})(1000 \text{ mm/m})]^2} = 471\,813 \text{ N}$$

유효세장비는 아래와 같다.

$$(KL/r)_y = \frac{(6 \text{ m})(1000 \text{ mm/m})}{40.9 \text{ mm}} = 146.7$$

임계하중은 두 값 중 작은 값이므로

$$P_{cr} = 417\,813 \text{ N} = 417.813 \text{ kN}$$

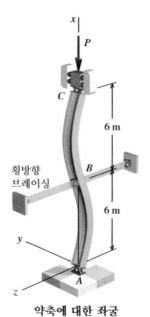

약축에 대한 좌굴

임계응력
앞에서 언급했듯이 식 (16.16)의 임계하중은 기둥에 사용된 재료가 선형탄성 거동을 할 경우에 한정되어 있다. 만약 임계좌굴응력이 재료의 항복응력을 초과한다면 좌굴에 의한 파괴가 아니라 재료에 의한 파괴가 발생하므로 임계좌굴응력과 항복응력의 비교가 필요하다.

임계응력은 임계하중을 단면적으로 나누어 구할 수도 있고 바로 식에 적용하여 구할 수도 있다. 임계좌굴응력은 아래와 같다.

$$\sigma_{cr} = \frac{\pi^2 E}{(KL/r)^2} = \frac{\pi^2 (200\,000 \text{ MPa})}{(146.7)^2} = 91.7 \text{ MPa}$$

임계좌굴응력(91.7 MPa)이 재료의 항복응력(345 MPa)보다 작으므로 구한 임계좌굴응력은 유효하다.

허용 축 하중
안전율이 1.67이라고 하였으므로 허용 축 하중은 아래와 같다.

$$P_{\text{allow}} = \frac{417.813 \text{ kN}}{1.67} = 250 \text{ kN}$$

답

예제 16.4

W310×60 구조용 강재(단면제원은 부록 B 참조)가 9 m 길이의 기둥으로 사용되었다. A지점은 고정이고 B지점은 $x-z$ 평면에 처짐이 발생하지 않도록 보강되어 있다. 임계좌굴하중을 구하라. $E=200$ GPa, $\sigma_Y=250$ MPa로 가정한다.

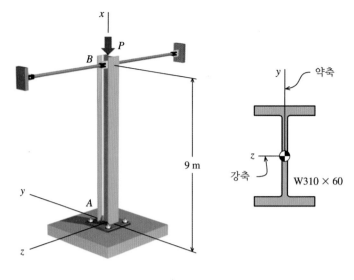

풀이 계획 좌굴은 휨이 발생하기 쉬운 즉, 단면2차모멘트가 작은 축에 대하여 발생한다. 이 문제의 경우 약축에 대하여 횡방향으로 보강이 되어 있으므로 보강된 약축에 대한 임계좌굴하중과 보강되지 않은 강축에 대한 임계좌굴하중을 모두 구하여 그 중 작은 값에 의하여 좌굴이 발생한다.

풀이 단면제원

단면제원은 부록 B에서 얻을 수 있다.

$$I_z = 128 \times 10^6 \text{ mm}^4 \qquad r_z = 130 \text{ mm}$$
$$I_y = 18.4 \times 10^6 \text{ mm}^4 \qquad r_y = 49.3 \text{ mm}$$

아래 첨자는 해당하는 축을 의미한다.

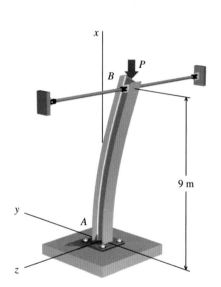

강축에 대한 좌굴

강축에 대하여 기둥은 그림과 같이 $x-y$ 평면에 발생한다. 이 경우 유효길이계수 K_z는 2.0이므로 유효길이 $(KL)_z=(2.0)(9 \text{ m})=18$ m이다. 그러므로 임계좌굴하중은

$$P_{cr} = \frac{\pi^2 EI_z}{(KL)_z^2} = \frac{\pi^2 (200\,000 \text{ N/mm}^2)(128 \times 10^6 \text{ mm}^4)}{[(2.0)(9 \text{ m})(1000 \text{ mm/m})]^2}$$
$$= 779\,821 \text{ N} = 780 \text{ kN}$$

유효세장비는

$$(KL/r)_z = \frac{(2.0)(9 \text{ m})(1000 \text{ mm/m})}{130 \text{ mm}} = 138.5$$

약축에 대한 좌굴

약축에 대한 좌굴은 그림과 같이 $x-z$ 평면에 발생한다. 이 경우 유효길이계수는 0.7이므로 유효길이 $(KL)_z=(0.7)(9 \text{ m})=6.3$ m이다. 그러므로 임계좌굴하중은

$$P_{cr} = \frac{\pi^2 EI_y}{(KL)_y^2} = \frac{\pi^2 (200\,000 \text{ N/mm}^2)(18.4 \times 10^6 \text{ mm}^4)}{[(0.7)(9 \text{ m})(1000 \text{ mm/m})]^2}$$
$$= 915\,096 \text{ N} = 915 \text{ kN}$$

유효세장비는

$$(KL/r)_y = \frac{(0.7)(9\ \text{m})(1000\ \text{mm/m})}{49.3\ \text{mm}} = 127.8$$

임계하중은 두 값 중 작은 값이므로

$$P_{cr} = 780\ \text{kN} \qquad \text{답}$$

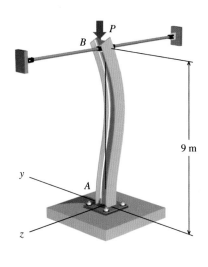

임계응력

앞에서 언급했듯이 식 (16.16)의 임계하중은 기둥에 사용된 재료가 선형탄성 거동을 할 경우에 한정되어 있다. 만약 임계좌굴응력이 재료의 항복응력을 초과한다면 좌굴에 의한 파괴가 아니라 재료에 의한 파괴가 발생하므로 임계좌굴응력과 항복응력의 비교가 필요하다.

임계응력은 임계하중을 단면적으로 나누어 구할 수도 있고 바로 식에 적용하여 구할 수도 있다. 임계좌굴 응력은 아래와 같다.

$$\sigma_{cr} = \frac{\pi^2 E}{(KL/r)^2} = \frac{\pi^2(200\,000\ \text{MPa})}{(138.5)^2} = 102.9\ \text{MPa} < 250\ \text{MPa} \quad \text{O.K.}$$

임계좌굴응력(102.9 MPa)이 재료의 항복응력(250 MPa)보다 작으므로 구한 임계좌굴응력은 유효하다

PROBLEMS

P16.19 바깥지름이 220 mm이고 벽두께가 8 mm인 강재[$E = 200\text{GPa}$] 파이프 단면으로 제작된 길이 9 m인 기둥이 있다. 기둥은 양 끝단에서만 지지되어 있으며 어떠한 방향으로든 좌굴이 발생할 수 있다. 다음과 같은 양단 경계조건에 대한 임계하중 P_{cr} 을 구하라.

(a) 핀 − 핀
(b) 고정단 − 자유단
(c) 고정단 − 핀
(d) 고정단 − 고정단

P16.20 HSS152.4×101.6×6.4 구조용 강재[$E = 200$ GPa] 단면(단면 물성치는 부록 B 참조)을 사용하여 길이 6 m 기둥을 제작하였다. 기둥은 양 끝단에서만 지지되어 있으며 어떠한 방향으로든 좌굴이 발생할 수 있다. 안전계수 2.0에 대해 다음과 같은 양단 경계조건에서 기둥이 견딜 수 있는 최대 하중을 구하라.

(a) 핀 − 핀
(b) 고정단 − 자유단
(c) 고정단 − 핀
(d) 고정단 − 고정단

P16.21 W250×80 구조용 강재[$E = 200$ GPa] 단면(단면 물성치는 부록 B 참조)을 사용하여 길이 $L = 12$ m 기둥을 제작하였다. 기둥은 양 끝단에서만 지지되어 있으며 어떠한 방향으로든 좌굴이 발생할 수 있다. 그림 P16.21과 같이 기둥의 하단은 고정지지, 상단은 핀지지되어 있다. 안전계수 2.5에 대해 기둥이 견딜 수 있는 최대 하중 P를 구하라.

그림 P16.21

P16.22 W310×74 구조용 강재[$E = 200$ GPa] 단면(단면 물성치는 부록 B 참조)을 사용하여 길이 $L = 5$ m 기둥을 제작하였다. 기둥은 그림 P16.22와 같이 하단은 고정지지되어 있으며 상단은 자유단이다. 안전계수 2.5에 대해 기둥이 견딜 수 있는 최대 하중 P를 구하라.

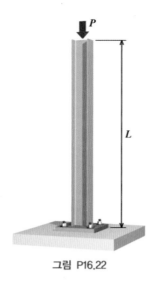

그림 P16.22

P16.23 그림 P16.23b와 같은 길고 가는 I형 구조용 알루미늄 [$E = 70\,\text{GPa}$] 단면을 사용하여 길이 7 m 기둥을 제작하였다. 그림 P16.23a와 같이 기둥의 양 끝단 A와 C에서 y축과 z축에 대해 모두 핀 지지되었다. 기둥의 중간지점인 B점에 z축 방향으로의 횡 지지점이 존재하여 $x-z$평면 내 변위는 구속되나 $x-y$평면 내 변위는 구속되지 않는다. 안전계수 2.5에 대해 기둥이 견딜 수 있는 최대 하중 P를 구하라. (힌트: 좌굴은 강축인 z축 또는 약축인 y축에 대해 모두 발생할 수 있다.)

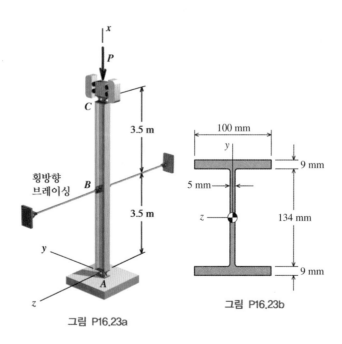

그림 P16.23a

그림 P16.23b

P16.24 HSS203.2×101.6×9.5 구조용 강재[$E = 200\,\text{GPa}$] 단면(단면 물성치는 부록 B 참조)을 사용하여 길이 10 m 기둥을 제작하였다. 그림 P16.24와 같이 기둥의 양 끝단 A와 C에서 y과 z축에 대해 모두 핀 지지되었다. 기둥의 중간 지점인 점 B에 z축 방향으로의 횡 지지점이 존재하여 $x-z$평면 내 변위는 구속되나 $x-y$평면 내 변위는 구속되지 않는다. 안전계수 1.67에 대

해 기둥이 견딜 수 있는 최대 하중 P를 구하라. (힌트: 좌굴은 강축인 z축 또는 약축인 y축에 대해 모두 발생할 수 있다.)

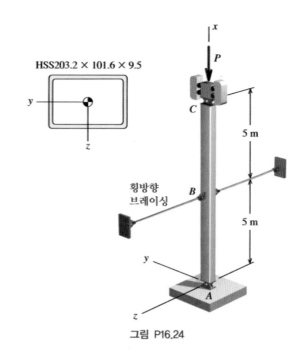

HSS203.2 × 101.6 × 9.5

그림 P16.24

P16.25 사각형 균일단면을 가지는 황동 막대 AB가 그림 P16.25와 같이 지지되어 있다. 수평축(사각형 단면의 강축)에 대해서는 회전이 허용되는 핀 연결이나 수직축(사각형 단면의 약축)에 대해서는 회전이 구속된다. 다음을 구하라.

(a) $L = 400\,\text{mm}$, $b = 6\,\text{mm}$, $h = 14\,\text{mm}$ 및 $E = 100\,\text{GPa}$일 때 황동 막대 AB의 임계좌굴하중

(b) 강축 및 약축에 대한 임계좌굴하중이 동일하게 되는 사각형 단면의 b/h

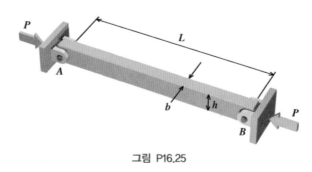

그림 P16.25

P16.26 그림 P16.26과 같이 사각형 알루미늄 단면으로 제작된 기둥이 하중 P를 지지하고 있다. 기둥 하단은 고정지지되어 있다. 기둥 상단은 $x-y$평면 내(강축에 대한 휨)에 대해서는 회전이 허용되는 핀 연결이나 $x-z$평면 내(약축에 대한 휨)에 내해서는 회전이 구속된다. 다음을 구하라.

(a) $L = 1400\,\text{mm}$, $b = 16\,\text{mm,}$, $h = 25\,\text{mm}$ 및 $E = 70\,\text{GPa}$일 때 기둥의 임계좌굴하중

(b) 강축 및 약축에 대한 임계좌굴하중이 동일하게 되는 사각형

단면의 b/h

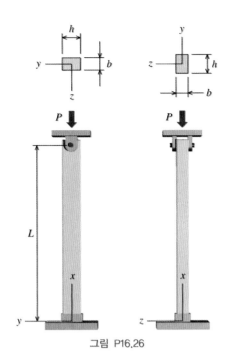

그림 P16.26

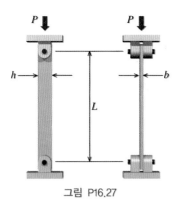

그림 P16.27

P16.27 그림 P16.27과 같이 사각형 강재 단면으로 제작된 기둥이 하중 P를 지지하고 있다. 사각형 단면의 강축에 대해서는 회전이 허용되나 사각형 단면의 약축에 대해서는 회전이 구속된다. 기둥의 허용 압축하중을 구하라. (단, $L = 1200$ mm, $b = 15$ mm, $h = 40$ mm 및 $E = 200$ GPa)

P16.28 바깥지름이 100 mm이고 벽두께가 8 mm인 스테인리스 관이 그림 P16.28에서와 같이 점 A 및 B에 고정지지되어 있다. 길이 $L = 8$ m, 탄성계수 $E = 190$ GPa, 열팽창계수 $\alpha = 17.3 \times 10^{-6}/℃$인 이 관에 좌굴을 일으킬 수 있는 온도상승량 $\varDelta T$를 구하라.

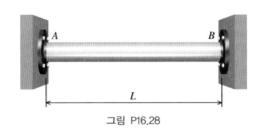

그림 P16.28

16.4 시컨트 공식

실제 기둥의 대부분은 초기결함(불완전성)으로 인하여 완벽한 직선이 아니기 때문에 오일러 공식에 의해 예측대로 거동하지 않는다. 이 절에서 초기결함에 대하여 편심하중을 고려하여 알아보고자 한다. 그림 16.8a와 같이 핀 - 핀지지된 변형되지 않은 기둥단면의 중심선에서 편심 e로 작용하는 압축력을 받는 경우에 대하여 살펴보자. (참고: 지지방식점의 기호는 그림의 명확성을 위해 삭제되었다.) 편심이 0이 아니면 기둥에 대한 자유물체도는 그림 16.8b와 같다. 이 자유물체도에서 임의 단면의 휨모멘트는 모멘트 평형방정식에 의하여 다음과 같이 표현할 수 있다.

$$\sum M_A = M + Pv + Pe = 0$$
$$\therefore M = -Pv - Pe$$

응력이 선형한계를 초과하지 않고 처짐이 아주 작다면 탄성곡선식은 아래와 같은 미분방정식으로 표현된다.

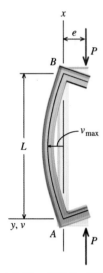

(a) 핀－핀지지 기둥

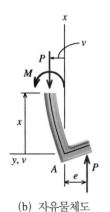

(b) 자유물체도

그림 16.8 편심하중을 받는 핀－핀지지된 기둥

$$EI\frac{d^2v}{dx^2} + Pv = -Pe$$

또는

$$\frac{d^2v}{cx^2} + \frac{P}{EI}v = -\frac{P}{EI}e$$

식 (16.2)와 같이 P/EI를 k^2로 놓으면 아래와 같다.

$$\frac{d^2v}{dx^2} + k^2v = -k^2e$$

위 방정식의 해는 아래와 같은 형태를 갖는다.

$$v = C_1 \sin kx + C_2 \cos kx - e \qquad \text{(a)}$$

핀지지인 A에서 $v(0)=0$인 경계조건을 이용하면

$$v(0) = 0 = C_1 \sin k(0) + C_2 \cos k(0) - e$$

$$\therefore C_2 = e$$

핀지지인 B에서 $v(L)=0$인 경계조건을 이용하면

$$v(L) = 0 = C_1 \sin kL + C_2 \cos kL - e = C_1 \sin kL - e(1 - \cos kL)$$

$$\therefore C_1 = e\left[\frac{1 - \cos kL}{\sin kL}\right]$$

삼각함수 항등식을 이용하면

$$1 - \cos\theta = 2\sin^2\frac{\theta}{2}, \qquad \sin\theta = 2\sin\frac{\theta}{2}\cos\frac{\theta}{2}$$

식 (a)는 아래와 같이 다시 표현된다.

$$C_1 = e\left[\frac{2\sin^2(kL/2)}{2\sin(kL/2)\cos(kL/2)}\right] = e\tan\frac{kL}{2}$$

위의 C_1을 식 (a)에 적용하면

$$v = e\tan\frac{kL}{2}\sin kx + e\cos kx - e$$

$$= e\left[\tan\frac{kL}{2}\sin kx + \cos kx - 1\right] \qquad (16.18)$$

$x = L/2$일 때 최대 처짐 $v_{\max}$이 발생하므로 위 식에 $x = L/2$를 대입하면

$$v_{\max} = e\left[\tan\frac{kL}{2}\sin\frac{kL}{2} + \cos\frac{kL}{2} - 1\right]$$

$$= e\left[\frac{\sin^2(kL/2)}{\cos(kL/2)} + \frac{\cos^2(kL/2)}{\cos(kL/2)} - 1\right] \qquad \text{(b)}$$

$$= e\left[\frac{1}{\cos(kL/2)} - 1\right] = e\left[\sec\frac{kL}{2} - 1\right]$$

$k^2 = P/EI$이므로 식 (b)는 하중 P와 휨강성 EI로 나타낼 수 있다.

$$v_{\max} = e\left[\sec\left(\frac{L}{2}\sqrt{\frac{P}{EI}}\right) - 1\right] \qquad \text{(c)}$$

이는 편심 $e > 0$ 즉, 약간의 편심이라도 존재하면 아주 작은 P에 의해서도 횡방향 처짐이 발생할 수 있음을 알 수 있다.

$$\sec\left(\frac{L}{2}\sqrt{\frac{P}{EI}}\right) - 1$$

시컨트 함수의 독립변수가 $\pi/2$, $3\pi/2$, $5\pi/2$, $\cdots$,로 증가함에 따라서 처짐 v가 증가함을 알 수 있다. 이는 임계하중이 시컨트 함수의 값과 관계가 있음을 보여준다. 가장 작은 하중을 의미하는 $\pi/2$를 적용하면

$$\frac{L}{2}\sqrt{\frac{P}{EI}} = \frac{\pi}{2}$$

또는

$$\sqrt{\frac{P}{EI}} = \frac{\pi}{L}$$

따라서

$$P_{cr} = \frac{\pi^2 EI}{L^2} \qquad \text{(16.19)}$$

결국 16.2절의 오일러 공식과 같다.

오일러 기둥과 다르게 편심을 갖는 P가 오일러좌굴하중에 도달하지 않아도 아주 작은 P에 의하여 횡방향 처짐이 발생한다. 식 (16.19)에 의한 식 (b)로부터 E, I, L을 제거하여 $EI = P_{cr}L^2/\pi^2$을 적용하여 P와 P_{cr}.로 표현하면 아래와 같다.

$$v_{\max} = e\left[\sec\left(\frac{1}{2}\sqrt{\frac{P}{EI}}\right) - 1\right] = e\left[\sec\left(\frac{L}{2}\sqrt{\frac{P}{P_{cr}}\frac{\pi^2}{L^2}}\right) - 1\right] = e\left[\sec\left(\frac{\pi}{2}\sqrt{\frac{P}{P_{cr}}}\right) - 1\right] \quad \text{(d)}$$

이 식에 의하면 최대 처짐량은 P가 오일러좌굴하중에 가까워질수록 무한히 증가함을 알 수 있다.

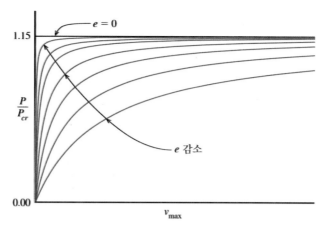

그림 16.9 편심하중을 받는 기둥의 하중-처짐 곡선

그러나 많은 처짐량이 발생하면 이 절 초기에 가정했던 처짐이 작다고 하였던 가정에 위배되고 따라서 정확한 처짐량을 얻기 위해서는 비선형을 고려한 미분방정식을 이용하여야 한다.

다양한 편심 e에 대한 식 (d)의 그래프가 그림 16.9에 나타나 있다. 이 곡선은 e가 작아짐에 따라 v_{max}도 아주 작아짐을 보여주고 있다. $e = 0$이 되면 좌굴이 발생하지 않은 기둥의 상태 $(P < P_{cr})$와 좌굴이 발생한 기둥의 상태$(P = P_{cr})$ 두 가지로 표현되고 이는 바로 오일러 기둥 좌굴이다.

시컨트 공식

탄성곡선식에서 응력은 선형한계를 초과하지 않는다고 가정하였다. 따라서 편심을 받는 기둥의 최대 응력은 축응력과 최대 휨 수직응력의 합으로 표현할 수 있고, 최대 휨 수직응력은 최대 휨모멘트로부터 구해진다. 따라서 최대 압축응력 값은

$$\sigma_{max} = \frac{P}{A} + \frac{M_{max}c}{I} = \frac{P}{A} + \frac{P(e + v_{max})c}{Ar^2} \qquad (e)$$

식 (c)를 휨이 발생하는 축에 대한 단면의 회전반경 r로 표현하면

$$v_{max} = e \left[\sec\left(\frac{L}{2} \sqrt{\frac{P}{EI}} \right) - 1 \right]$$

$e + v_{max}$로 정리하면

$$e + v_{max} = e \sec\left(\frac{L}{2} \sqrt{\frac{P}{EI}} \right)$$

위 식을 식 (e)에 적용하면

$$\sigma_{max} = \frac{P}{A} \left[1 + \frac{ec}{r^2} \sec\left(\frac{L}{2} \sqrt{\frac{P}{EI}} \right) \right]$$

$I = Ar^2$을 이용하여 더 간단히 표현하면 최대 압축응력은

$$\sigma_{max} = \frac{P}{A}\left[1 + \frac{ec}{r^2}\sec\left(\frac{L}{2r}\sqrt{\frac{P}{EA}}\right)\right] \tag{16.20}$$

최대 압축응력 σ_{max}는 기둥의 중 간 단면의 오목한 쪽에서 발생한 다.

식 (16.20)이 **시컨트 공식**(secant formula)이다. 이 공식은 기둥의 최대응력 σ_{max}을 발생시키는 단위면적당 평균하중 P/A가 기둥의 길이와 단면, 재료 그리고 편심과 관련이 있다는 것을 나타낸다. L/r는 세장비로서 오일러좌굴응력 공식[식 (16.8)]의 세장비와 동일하다. 따라서 양단의 지지조건이 서로 다른 기둥(16.3절 참조)에서 시컨트 공식은 아래와 같이 표현될 수 있다.

$$\sigma_{max} = \frac{P}{A}\left[1 + \frac{ec}{r^2}\sec\left(\frac{KL}{2r}\sqrt{\frac{P}{EA}}\right)\right] \tag{16.21}$$

ec/r^2를 **편심률**(eccentricity ratio)이라 하고 이것은 편심량과 기둥의 제원에 따라 변화한다. 하중이 도심에 작용한다면 $e = 0$이고 σ_{max}는 P/A이다. 기둥의 초기변형이나 재료의 결함, 일정하지 않은 단면 등과 같은 이유로 실질적으로 모든 편심효과를 없앨 수는 없다.

편심을 고려한 최대 압축력을 구하기 위해서는 최대 압축응력을 항복응력과 같다고 놓고 결정하여야 한다. 식 (16.20)의 P/A와 L/r의 관계를 편심률에 따라서 그림 16.10에 나타내었다. 그림 16.10은 탄성계수가 200 GPa이고 항복응력이 250 GPa인 구조용 강재에 대한 것이다.

그림 16.10의 모든 그래프는 $P/A = 250$ MPa의 직선과 오일러 곡선 안에 있다. 오일러 곡선이 250 MPa에서 잘려져 있는 이유는 재료의 최대 허용응력을 초과할 수 없기 때문이다. 그림 16.10의 곡선들은 편심이 증가함에 따라 최대 허용응력이 줄어들고 있음을 보여

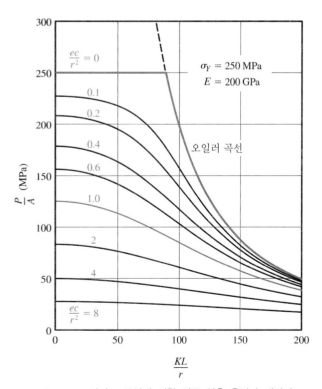

그림 16.10 시컨트 공식에 의한 평균 압축 응력과 세장비

주고, 그 영향은 세장비가 126보다 작은 기둥에서 더 큰 비율로 감소하고 있음을 보여준다. 세장비가 큰 경우는 편심에 의한 변화가 크지 않고 오일러 곡선과 근접한 값을 보이고 있으므로 세장비가 큰 기둥의 경우는 여전히 오일러 공식이 유효함을 알 수 있다.

PROBLEMS

P16.29 그림 P16.29와 같이 지름이 30 mm인 속이 꽉 찬 원형 단면으로 제작된 강 부재 AB가 축방향 하중 P를 받고 있다. 길이 $L = 1.5\,\text{m}$, 하중 $P = 18\,\text{kN}$ 그리고 하중의 편심거리 $e = 3.0\,\text{mm}$인 경우 다음을 구하라. (단, 탄성계수 $E = 200\,\text{GPa}$)
(a) A와 B의 중간 지점에서의 횡방향 변위
(b) 부재 AB의 최대 응력

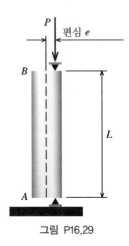

그림 P16.29

P16.30 알루미늄 합금으로 만들어진 사각 튜브 모양의 기둥이 그림 P16.30과 같이 도심으로부터의 편심거리 $e = 120\,\text{mm}$ 위치에 압축하중 P를 받고 있다. 사각 튜브의 폭은 75 mm이고 벽두께는 3 mm이다. 기둥의 하단은 바닥에 고정되어 있고 상단은 자유단이다. 기둥의 길이는 $L = 2.7\,\text{m}$이고 하중 $P = 4\,\text{kN}$일 때 다음을 구하라. (단, 탄성계수 $E = 70\,\text{GPa}$)
(a) 기둥 상단에서의 횡방향(y축) 변위
(b) 사각형 튜브의 최대 응력

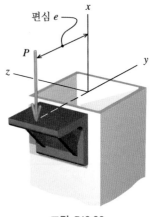

그림 P16.30

P16.31 바깥지름이 130 mm이고 두께가 12.5 mm인 강관 기둥이 압축하중 $P = 25\,\text{kN}$을 받고 있다. 압축하중은 그림 P16.31/32와 같이 강관 단면의 도심으로부터의 편심거리 $e = 175\,\text{mm}$에 작용하고 있다. 기둥의 길이는 $L = 4.0\,\text{mm}$이고 기둥의 하단은 고정단이고 상단은 자유단일 때 다음을 구하라. (단, 탄성계수 $E = 200\,\text{GPa}$)
(a) 기둥 상단에서의 횡방향(z축) 변위
(b) 파이프의 최대 응력

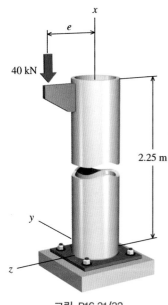

그림 P16.31/32

P16.32 바깥지름이 170 mm이고 두께가 7 mm인 강관[$E = 200\,\text{GPa}$] 기둥이 그림 P16.31/32와 같이 강관 단면의 도심으로부터의 편심거리 $e = 150\,\text{mm}$에 작용하는 압축하중 P를 받고 있다. 기둥의 길이는 $L = 4.0\,\text{mm}$이고 기둥의 하단은 고정단이고 상단은 자유단일 때 다음을 구하라. (단, 강관의 허용압축응력 $\sigma_{\text{max}} = 80\ \text{MPa}$)
(a) 허용가능한 편심하중 P(시행착오법 또는 반복수치해석법 적용)
(b) (a)에서 계산된 하중 P가 작용할 때 기둥 상단의 횡방향 변위

P16.33 그림 P16.33/34와 같이 H형 단면으로 제작된 길이가 $L = 3.6\,\text{mm}$인 강재[$E = 200\,\text{GPa}$] 기둥의 하단은 고정단이고 상단은 자유단이다. 기둥 상단에 작용하는 압축하중 $P = 215\,\text{kN}$은 H형 단면의 도심으로부터의 편심거리 $e = 175\,\text{mm}$에 작용하고 있다. H형 단면의 치수는 $d = 210\,\text{mm}$, $b_f = 200\ \text{mm}$, $t_f = 14\ \text{mm}$ 및 $t_w = 9\,\text{mm}$이다. 다음을 구하라.

(a) 기둥에 발생되는 최대 응력

(b) 기둥 상단에서의 횡방향 변위

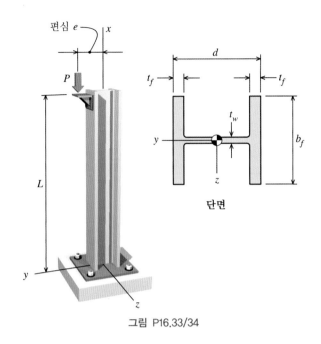

그림 P16.33/34

P16.34 그림 P16.33/34와 같이 H형 단면으로 제작된 길이가 $L = 3.6$ m인 강재[$E = 200$GPa] 기둥의 하단은 고정단이고 상단은 자유단이다. 기둥 상단에 작용하는 압축하중 P는 H형 단면의 도심으로부터의 편심거리 $e = 150$ mm에 작용하고 있다. H형 단면의 치수는 d$= 210$ mm, $b_f = 200$ mm, $t_f = 14$ mm 및 $t_w = 9$ mm 이다. 다음을 구하라. (단, 강재의 항복응력 $\sigma_Y = 340$ MPa)

(a) 기둥에 작용할 수 있는 최대 하중 P

(b) (a)에서 계산된 하중 P가 작용할 때 기둥 상단의 횡방향 변위

P16.35 강재[$E = 200$GPa] 튜브로 제작된 3 m 길이의 기둥이 그림 P16.35/36과 같이 편심하중 P를 받고 있다. 강재 튜브의 바깥지름은 75 mm이고 두께는 6 mm이며 편심량 $e = 8$ mm일 때 다음을 구하라.

(a) 기둥 AB의 중간 지점의 수평 변위가 12 mm일 때의 하중 P

(b) (a)에서 계산된 하중 P가 작용할 때 튜브에 발생하는 최대 응력

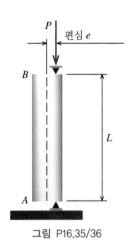

그림 P16.35/36

P16.36 강재[$E = 200$GPa, $\sigma_Y = 250$MPa] 튜브로 제작된 $L = 1400$ mm 길이의 기둥이 그림 P16.35/36과 같이 편심하중 P를 받고 있다. 강재 튜브의 바깥지름은 60 mm이고 두께는 5 mm이며 편심량 $e = 9$ mm일 때 다음을 구하라.

(a) 튜브의 좌굴이나 항복을 일으키지 않고 작용할 수 있는 최대 하중 P

(b) (a)에서 계산된 하중 P가 작용할 때 기둥 AB의 중간 지점의 최대 변위

16.5 기둥 경험 공식 — 중심 재하

이상적인 기둥의 임계좌굴하중[식 (16.16)]과 임계좌굴응력[식 (16.17)]에 대한 오일러 좌굴 공식이 유도되었다. 이상적인 기둥은 완벽한 직선이고 압축하중이 정확히 도심에 작용하여야 하며 기둥의 응력은 재료의 선형한계를 초과하지 않아야 한다. 그러나 실제로 그러한 이상적 기둥은 존재하지 않는다. 오일러 방정식이 길고 가는 기둥에 대하여 합리적인 결과를 제시할지라도 이전의 연구자들은 짧거나 중간 길이의 기둥에 대해서는 오일러 공식의 결과와 다르다는 것을 알아냈다. 방대한 양의 기둥 실험 결과를 그림 16.11에서 보여 주고 있다. 짧은 세장비를 포함하여 실용적인 크기인 중간 정도의 세장비를 갖는 기둥의 경우 이론 값보다 상당히 낮은 값에서 좌굴이 발생함을 볼 수 있다. 결과적으로 실용적인 기둥 설계는 실제 실험 결과와 근접한 경험적인 공식에 의하여 이루어져야 한다. 이러한 경험 공식은 안전률, 유효길이계수 그리고 다른 수정 계수들을 적당히 포함하고 있다.

기둥의 강도와 파괴는 유효길이와 큰 연관이 있다. 강재 기둥의 거동을 예를 들어 살

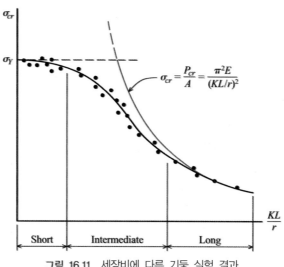

그림 16.11 세장비에 다른 기둥 실험 결과

퍼보자.

짧은 강재 기둥 아주 짧은 강재 기둥은 항복응력에 도달할 때까지 하중을 견딜 것이다. 결과적으로 아주 짧은 기둥은 좌굴이 발생하지 않는다. 이러한 부재의 강도는 압축과 인장에 대하여 동일한 축강도를 갖는다. 그러나 이러한 기둥들은 실용적이지 못하다.

중간 강재 기둥 대부분의 실용적인 기둥이 이 범주에 해당한다. 유효길이(또는 세장비)에 따라서 파괴원인이 더 복잡하다. 특히 압연형강기둥의 경우 하중재하에 의하여 발생하는 응력이 선형한계를 초과할 수 있다. 이때 기둥은 재료의 항복과 동시에 좌굴에 의하여 파괴된다. 이러한 기둥좌굴을 비탄성 좌굴이라 한다. 압연형강의 경우 특히 잔류응력의 영향이 크다. 잔류응력은 복부판과 플랜지가 접합부보다 빨리 식으면서 발생하고 이렇게 발생한 응력은 지속적으로 단면에 존재하게 된다. 잔류응력과 다른 여러 요인들 때문에 중간 기둥은 실험결과에 근거한 경험적 공식을 적용한다.

긴 강재 기둥 길고 가는 강재 기둥은 재료의 탄성한계 내에서 좌굴이 발생한다. 오일러 좌굴응력이 선형한계 밑이기 때문이다(잔류응력을 고려한다 해도). 결과적으로 오일러좌굴 공식은 길고 가는 기둥의 좌굴에 대하여 믿을 만한 공식이다. 그러나 오일러좌굴응력이 강재의 선형한계보다 너무 작기 때문에 효율적이지는 않다.

강재, 알루미늄 그리고 목재를 사용한 기둥의 경험적 공식을 적용한 설계에 대하여 알아보자.

구조용 강재 기둥

구조용 강재 기둥은 미국 강구조 학회 AISC(American Institute for Steel Construction)에서 발간된 상세에 따라 설계한다. AISC의 허용응력설계법[1]은 짧고 중간 길이의 기둥과 긴 기둥의 두 가지 범주로 나누고 있다. 두 범주의 경계는 유효세장비 값으로 정의하고 있다.

$$\frac{KL}{r} = 4.71 \sqrt{\frac{E}{\sigma_Y}}$$

---

1) *Specification for Structural Steel Buildings*, ANSI/AISC 360-10, American Institute of Steel Construction, Chicago, 2010.

이 값은 $0.44\sigma_Y$의 오일러좌굴응력에 해당하는 유효세장비이다.

짧거나 중간 길이 기둥의 경우 유효세장비는 $4.71\sqrt{E/\sigma_Y}$ 보다 작거나 같고, 임계압축응력에 대한 AISC 식은 아래와 같다.

$$\sigma_{cr} = \left[0.658^{\frac{\sigma_Y}{\sigma_e}}\right]\sigma_Y \qquad \text{여기서,} \quad \frac{KL}{r} \leq 4.71\sqrt{\frac{E}{\sigma_Y}} \tag{16.22}$$

σ_c는 탄성좌굴응력(오일러응력)이고 다음과 같다.

$$\sigma_e = \frac{\pi^2 E}{\left(\dfrac{KL}{r}\right)^2} \tag{16.23}$$

긴 기둥의 경우 유효세장비는 $4.71\sqrt{E/\sigma_Y}$ 보다 크고, AISC 식은 초기결함을 고려하여 단순히 오일러좌굴응력에 0.877을 곱하여 제시되고 있다. 임계압축응력에 대한 AISC 식은 아래와 같다.

$$\sigma_{cr} = 0.877\,\sigma_e \qquad \text{여기서,} \quad \frac{KL}{r} > 4.71\sqrt{\frac{E}{\sigma_Y}} \tag{16.24}$$

AISC에서는 유효세장비가 200을 초과하지 못하게 권고하고 있다.

기둥에 대한 허용압축응력은 임계압축응력을 안전율 1.67로 나눈 값이다.

$$\sigma_{\text{allow}} = \frac{\sigma_{cr}}{1.67} \tag{16.25}$$

알루미늄 합금 기둥

알루미늄 합금 기둥은 알루미늄 협회에서 발간된 상세에 따라 설계한다. 오일러 공식에 근거를 이루고 있으며 아래와 같이 3가지 범주로 나누었다. 알루미늄 협회[2]의 설계식은 알루미늄 합금과 다듬질된 제품에 따라 좌우된다. 가장 일반적인 구조용으로 사용되는 합금인 6061 − T6에 대한 기둥 설계식이 아래에 주어져 있다. 각 설계식은 안전률을 포함하고 있다.

짧은 기둥의 경우 유효세장비는 9.5보다 작거나 같다.

$$\sigma_{\text{allow}} = 131\,\text{MPa} \qquad \text{여기서,} \quad \frac{KL}{r} \leq 9.5 \tag{16.26}$$

중간 기둥의 경우 유효세장비는 9.5와 66 사이의 값이다.

---

2) *Specifications for Aluminum Structures*, Aluminum Association, Inc., Washington, D.C., 1986.

$$\sigma_{\text{allow}} = [139 - 0.868\,(KL/r)]\ \text{MPa} \qquad \text{여기서, } 9.5 < \frac{KL}{r} \le 66 \qquad (16.27)$$

긴 기둥의 경우 유효세장비는 66보다 크다.

$$\sigma_{\text{allow}} = \frac{351\,000}{(KL/r)^2}\ \text{MPa} \qquad \text{여기서, } \frac{KL}{r} > 66 \qquad (16.28)$$

목재 기둥

구조용 목재부재의 설계는 미국 삼림 및 종이 협회에서 출판된 목재건축에 대한 설계시방서 및 관련 매뉴얼(National Design Specification for Wood Construction)의 법규를 따른다.[3] 제시된 설계식의 형태는 강재와 알루미늄의 설계식과 다소 다르다. 유효세장비를 KL/d로 사용하고 d는 좌굴평면 내의 단면의 깊이이다. 목재 기둥의 경우 유효세장비가 $KL/d \le 50$보다 작거나 같아야 한다.

$$\sigma_{\text{allow}} = F_c \left\{ \frac{1 + (F_{cE}/F_c)}{2c} - \sqrt{\left[\frac{1 + (F_{cE}/F_c)}{2c}\right]^2 - \frac{F_{cE}/F_c}{c}} \right\} \qquad (16.29)$$

F_c = 목재 결에 평행한 허용압축응력

$F_{cE} = \dfrac{K_{cE}E}{(KL/d)^2}$ = 감소된 오일러좌굴응력

E = 탄성계수

K_{cE} = 육안 등급 목재에 대하여 0.30

c = 제재목에 대하여 0.8

유효세장비 KL/d는 KL/d_1와 KL/d_2 중 큰 값을 택한다. d_1와 d_2는 단면의 두 가지 깊이이다.

국부 불안정

지금까지는 기둥의 전체 안정성에 대하여 논의되었다. 국부 불안정은 플랜지나 복부판과 같은 요소의 단면이 압축을 받을 때 국부적으로 좌굴이 발생한다. 앵글이나 채널 같은 열린단면의 경우, 특히 박판 같은 부재의 경우 국부 불안정에 민감하다. 국부 불안정을 해결하기 위하여 설계 상세에서는 다양한 단면에 대하여 폭－두께비의 한계를 두고 있다.

예제 16.5

L76×51×6.4로 이루어진 압축을 받는 부재가 그림과 같다. 두 개의 L 형상이 등을 맞대고 10 mm의 간격재로 연결되어 있다. 다음에 주어진 유효길이에 대하여 허용축하중을 구하라. 단 간격재는 하중에 저항하지 않는다.

(a) $KL = 2.25$ m

---

3) *National Design Specification for Wood Construction*, American Forest & Paper Association, Washington, D.C., 1997.

(b) $KL = 3.75$ m

AISC식을 이용하고 $E = 200$ GPa, $\sigma_Y = 250$ MPa로 가정한다.

풀이 계획 단면성질을 계산한 후, AISC 허용응력 설계식[식 (16.22)에서 (16.25)]을 이용하여 허용축하중을 계산한다.

풀이 단면성질

L76×51×6.4의 단면 재원은 부록 B에서 얻을 수 있다.

$$A = 768 \text{ mm}^2 \qquad I_z = 454000 \text{ mm}^4$$

$$r_z = 24.2 \text{ mm} \qquad I_y = 162000 \text{ mm}^4$$

51 mm   51 mm

76 mm

등과 등을 맞댄
두 개의 L형강

z

스페이서
블록

10 mm

아래 첨자는 해당하는 축을 의미한다.

z축에 대한 전체 단면의 성질: 전체 단면의 도심을 통과하는 z축에 대한 단면2차모멘트(관성모멘트)는 두개의 L 형상의 도심의 위치와 동일하므로 단순히 두 배를 하면 된다. 따라서 $I_z = 2(454000 \text{ mm}^4) = 908000 \text{ mm}^4$. z축에 대한 회전반경은 하나의 L 형상의 회전반경과 동일하므로 $r_z = 24.2$ mm이다.

y축에 대한 전체 단면의 성질: 전체 단면의 도심을 통과하는 y축에 대한 단면 2차모멘트(관성모멘트)는 L 형상의 도심의 위치와 다르므로 평행축이론을 이용하여 구하면 아래와 같다.

$$I_y = 2\left[162000 \text{ mm}^4 + \left(\frac{10 \text{ mm}}{2} + 12.4 \text{ mm}\right)^2 (768 \text{ mm}^2)\right] = 789039 \text{ mm}^4$$

y축에 대한 회전반경은 y축에 대한 단면2차모멘트와 전체 면적으로 아래와 같이 구할 수 있다.

$$r_y = \sqrt{\frac{I_y}{A}} = \sqrt{\frac{789039 \text{ mm}^4}{1536 \text{ mm}^2}} = 22.665 \text{ mm}$$

세장비 선택: $r_y < r_z$이므로 y축에 대하여 좌굴이 발생한다.

AISC 허용응력 설계식

AISC 허용응력 설계식은 짧은/중간 기둥과 긴 기둥 중 어디에 해당하는지 결정하기 위하여 아래의 유효 세장비를 이용한다.

$$\frac{KL}{r} = 4.71\sqrt{\frac{E}{\sigma_Y}}$$

항복응력과 탄성계수를 이용하여 경계 값을 계산하면 아래와 같다.

$$4.71\sqrt{\frac{E}{\sigma_Y}} = 4.71\sqrt{\frac{200000 \text{ MPa}}{250 \text{ MPa}}} = 133.2$$

(a) $KL = 2.25$ m에 대한 허용축하중 P_{allow}: $KL = 2.25$ m인 경우, 유효세장비는 아래와 같고

$$\frac{KL}{r} = \frac{KL}{r_y} = \frac{(2.25 \text{ m})(1000 \text{ mm/m})}{22.665 \text{ mm}} = 99.27$$

이 값이 133.2보다 작으므로 중간 기둥에 해당한다. 따라서 임계압축응력은 식 (16.22)을 이용하여 구할 수 있다. 이 세장비에 대한 오일러좌굴응력을 계산하면 아래와 같다.

$$\sigma_e = \frac{\pi^2 E}{\left(\dfrac{KL}{r}\right)^2} = \frac{\pi^2 (200000 \text{ MPa})}{(99.27)^2} = 200.3 \text{ MPa}$$

식 (16.22)에 의하여 임계압축응력은

$$\sigma_{cr} = \left[0.658^{\frac{\sigma_Y}{\sigma_e}}\right]\sigma_Y = \left[0.658^{\left(\frac{250 \text{ MPa}}{200.3 \text{ MPa}}\right)}\right](250 \text{ MPa}) = 148.3 \text{ MPa}$$

이다. 식 (16.25)에 의한 허용압축응력은 다음과 같다.

$$\sigma_{\text{allow}} = \frac{\sigma_{cr}}{1.67} = \frac{148.3 \text{ MPa}}{1.67} = 88.8 \text{ MPa}$$

허용 축하중을 구하기 위하여 허용압축응력에 단면적을 곱하면 아래와 같다.

$$P_{\text{allow}} = \sigma_{\text{allow}}A = (88.8 \text{ N/mm}^2)(1536 \text{ mm}^2) = 136\,397 \text{ N} = 136.4 \text{ kN}$$ **답**

(b) $KL = 3.75$ m에 대한 허용축하중 P_{allow}: $KL = 3.75$ m인 경우, 유효세장비는 아래와 같고

$$\frac{KL}{r} = \frac{KL}{r_y} = \frac{(3.75 \text{ m})(1000 \text{ mm/m})}{22.665 \text{ mm}} = 165.45$$

오일러좌굴응력을 계산하면 아래와 같다.

$$\sigma_e = \frac{\pi^2 E}{\left(\dfrac{KL}{r}\right)^2} = \frac{\pi^2 (200\,000 \text{ MPa})}{(165.45)^2} = 72.11 \text{ MPa}$$

$KL/r_y > 133.2$이므로 긴 기둥에 해당하고 식 (16.24)을 이용하여 임계압축응력을 계산한다.

$$\sigma_{cr} = 0.877\,\sigma_e = 0.877(72.11 \text{ MPa}) = 63.24 \text{ MPa}$$

허용압축응력은 아래와 같고

$$\sigma_{\text{allow}} = \frac{\sigma_{cr}}{1.67} = \frac{63.24 \text{ MPa}}{1.67} = 37.87 \text{ MPa}$$

$KL = 3.75$ m에 대한 허용축하중은 다음과 같다.

$$P_{\text{allow}} = \sigma_{\text{allow}} A = (37.87 \text{ N/mm}^2)(1536 \text{ mm}^2) = 58\,168 \text{ N} = 58.2 \text{ kN}$$ **답**

예제 16.6

6061 − T6 알루미늄 합금으로 된 사각형 관이 그림과 같다. 알루미늄 협회 기둥 설계식을 이용하여 다음에 주어진 유효길이에 대하여 허용축하중을 구하라.

(a) $KL = 1500$ mm

(b) $KL = 2750$ mm

풀이 계획 사각형 관의 단면 성질을 계산한 후에 식 (16.26)에서 식 (16.28)를 이용하여 각각의 유효길이에 대한 허용

하중을 계산한다.

풀이 단면 성질

사각형 관의 단면적은

$$A = (70 \text{ mm})^2 - (64 \text{ mm})^2 = 804 \text{ mm}^2$$

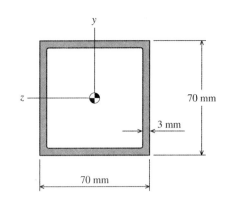

도심을 통과하는 y축과 z축에 대한 관성모멘트는

$$I_y = I_z = \frac{(70 \text{ mm})^4}{12} - \frac{(64 \text{ mm})^4}{12} = 602\,732 \text{ mm}^4$$

도심을 통과하는 y축과 z축에 대한 회전반경은

$$r_y = r_z = \sqrt{\frac{602\,732 \text{ mm}^4}{804 \text{ mm}^2}} = 27.38 \text{ mm}$$

(a) $KL = 1500$ mm에 대한 허용축하중 P_{allow}: $KL = 1500$ mm인 경우, 유효세장비는 아래와 같고

$$\frac{KL}{r} = \frac{1500 \text{ mm}}{27.38 \text{ mm}} = 54.8$$

세장비가 9.5보다 크고 66보다 작으므로 식 (16.27)을 적용하여 허용압축응력 σ_{allow}를 구해야 한다.

$$\sigma_{\text{allow}} = [139 - 0.868\,(KL/r)] \text{ MPa} = [139 - 0.868\,(548)] = 91.43 \text{ MPa}$$

허용응력에 단면적을 곱하여 허용축하중을 계산하면

$$P_{\text{allow}} = \sigma_{\text{allow}} A = (91.43 \text{ N/mm}^2)(804 \text{ mm}^2) = 73\,510 \text{ N} = 73.5 \text{ kN}$$ **답**

(b) $KL = 2750$ mm에 대한 허용축하중 P_{allow}: $KL = 2750$ mm인 경우, 유효세장비는 아래와 같고

$$\frac{KL}{r} = \frac{2750 \text{ mm}}{27.38 \text{ mm}} = 100.4$$

이 값이 66보다 크므로 식 (16.28)에 의하여 허용압축응력은 다음과 같다.

$$\sigma_{\text{allow}} = \frac{351\,000}{(KL/r)^2} \text{ MPa} = \frac{351\,000}{(100.4)^2} = 34.82 \text{ MPa}$$

따라서, 허용축하중은 다음과 같다.

$$P_{\text{allow}} = \sigma_{\text{allow}} A = (34.82 \text{ N/mm}^2)(804 \text{ mm}^2) = 27\,995 \text{ N} = 28.0 \text{ kN}$$ **답**

예제 16.7

가문비 소나무를 절단하여 제재목으로 그림과 같은 사각형 단면으로 제작하였다. 축하중을 받는 부재로 사용 시 구조용 목재 부재의 설계식을 이용하여 허용압축하중을 구하라. $F_c = 6.7$ MPa이고, $E = 7.50$ GPa이다. 목재기둥의 길이가 4.75 m이고 핀으로 지지되어 있다. 기둥을 지지하는 허용축하중 P_{allow}를 구하기 위해 NEPA NDS 기둥 설계 공식을 이용한다.

풀이 계획 식 (16.29)에 주어진 NEPA NDS 기둥 설계 공식을 이용하여 계산한다.

풀이 NEPA NDS 기둥 설계 공식은 다음과 같다.

$$\sigma_{\text{allow}} = F_c \left\{ \frac{1 + (F_{cE}/F_c)}{2c} - \sqrt{\left[\frac{1 + (F_{cE}/F_c)}{2c} \right]^2 - \frac{(F_{cE}/F_c)}{c}} \right\}$$

여기서,

$$F_c = \text{목재 결에 평행한 허용압축응력}$$

$$F_{cE} = \frac{K_{cE}E}{(KL/d)^2} = \text{감소된 오일러좌굴응력}$$

$$E = \text{탄성계수}$$

$$K_{cE} = \text{육안 등급 목재에 대하여 } 0.30$$

$$c = \text{제재목에 대하여 } 0.8$$

KL/d를 결정하기 위하여 작은 값인 185 mm를 사용하고 핀–핀지지이므로 유효길이는 1.0이다. 따라서

$$\frac{KL}{d} = \frac{(1.0)(4.75 \text{ m})(1000 \text{ mm/m})}{185 \text{ mm}} = 25.68$$

감소된 오일러좌굴응력 F_{cE}는 다음과 같다.

$$F_{cE} = \frac{K_{cE}E}{(KL/d)^2} = \frac{(0.30)(7500 \text{ MPa})}{(25.68)^2} = 3.412 \text{ MPa}$$

F_{cE}/F_c는 다음과 같다.

$$\frac{F_{cE}}{F_c} = \frac{3.412 \text{ MPa}}{6.7 \text{ MPa}} = 0.5093$$

$F_c = 6.7$ MPa이고 $c = 0.8$(제재목에 대하여)이므로 허용압축응력은

$$\sigma_{\text{allow}} = F_c \left\{ \frac{1 + (F_{cE}/F_c)}{2c} - \sqrt{\left[\frac{1 + (F_{cE}/F_c)}{2c} \right]^2 - \frac{F_{cE}/F_c}{c}} \right\}$$

$$= (6.7 \text{ MPa}) \left\{ \frac{1 + (0.5093)}{2(0.8)} - \sqrt{\left[\frac{1 + (0.5093)}{2(0.8)} \right]^2 - \frac{0.5093}{0.8}} \right\}$$

$$= (6.7 \text{ MPa}) \left\{ 0.9433 - \sqrt{0.9433^2 - 0.6366} \right\}$$

$$= 2.949 \text{ MPa}$$

허용축하중 P_{allow}는

$$P_{\text{allow}} = \sigma_{\text{allow}} A = (2.949 \text{ N/mm}^2)(185 \text{ mm})(235 \text{ mm}) = 128\,208 \text{ N} = 128.2 \text{ kN} \qquad \text{답}$$

강재기둥

P16.37 AISC 기준을 적용하여 HSS152.4×101.6×6.4 강재 단면으로 제작된 기둥의 허용 축하중 P_{allow}를 구하라. (단, 탄성 계수 $E=200\,GPa$, 강재의 항복응력 $\sigma_Y=320\,MPa$)

(a) $KL=3.75\,m$

(b) $KL=7.5\,m$

P16.38 AISC 기준을 적용하여 W310×86 강재 단면으로 제작된 기둥의 허용 축하중 P_{allow}를 구하라. (단, 탄성계수 $E=200\,GPa$, 강재의 항복응력 $\sigma_Y=250\,MPa$)

(a) $KL=7.0\,m$

(b) $KL=10.0\,m$

P16.39 AISC 기준을 적용하여 강관(바깥지름 168 mm, 두께 11 mm)으로 제작된 기둥의 허용 축하중 P_{allow}를 구하라. 기둥의 하 단은 고정단이고 상단은 자유단이다. (단, 탄성계수 $E=200\,GPa$, 강재의 항복응력 $\sigma_Y=250\,MPa$)

(a) $L=3\ m$

(b) $L=4\ m$

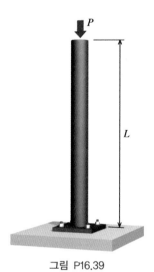

그림 P16.39

P16.40 HSS304.8×203.2×9.5(단면 물성치는 부록 B 참조) 강재 단면으로 제작된 길이가 10 m인 기둥이 그림 P16.40과 같 이 기둥 하단부 점 A에서 단면의 강축 및 양축에 대한 휨이 모두 구속 지지 되었다. 기둥의 상단부 점 B에서 $x-z$ 평면 내의 회전 변위와 병진변위(단면의 약축에 대한 휨)가 모두 구속되어 있으 나 $x-y$ 평면 내에서는 병진변위만이 구속되었다.(단면의 강축에 대한 회전은 자유) AISC 기준을 적용하여 다음 조건에 대한 기 둥의 허용 하중 P_{allow}를 구하라. (단, 탄성계수 $E=200\,GPa$, 강 재의 항복응력 $\sigma_Y=320\,MPa$)

(a) $x-y$ 평면 내의 좌굴

(b) $x-z$ 평면 내의 좌굴

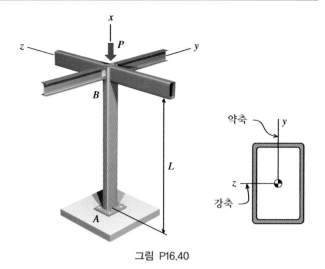

그림 P16.40

P16.41 그림 P16.41과 같이 두 개의 C310×45 구조용 강재 단면 부재(단면 물성치는 부록 B 참조)를 격자 막대(lacing bar) 로 연결하여 기둥을 제작하였다. 다음을 구하라. (단, AISC 기준을 적용하고 탄성계수 $E=200\,GPa$, 강재의 항복응력 $\sigma_Y=340\,MPa$)

(a) 두 개의 주축(principal axes)에 대한 단면 2차 모멘트가 같아 지기 위한 거리 d

(b) (a)에서 결정된 d의 값을 사용하고 기둥의 유효길이가 KL $=9.5\ m$일 때 기둥의 허용 하중 P_{allow}

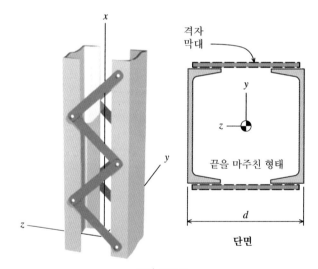

그림 P16.41

P16.42 그림 P16.42와 같이 두 개의 C230×30 구조용 강재 단면 부재를 격자 막대(lacing bar)로 연결하여 유효길이가 12 m 인 기둥을 제작하였다. AISC 기준을 적용하여 기둥의 허용 하중 P_{allow}를 구하라. (단, 탄성계수 $E=200\,GPa$, 강재의 항복응력 σ_Y $=250\ MPa$, $d=100\ mm$)

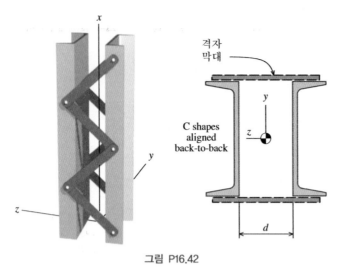

그림 P16.42

P16.43 두 개의 강재 앵글 L127×76×12.7을 그림 P16.43과 같이 스페이서 블록(spacer block)과 볼트로 조립(LLBB연결, long legs back−to−back 연결)하여 압축 부재를 제작하였다. AISC 기준을 적용하여 다음을 구하라. (단, 탄성계수 $E=200$ GPa, 강재의 항복응력 $\sigma_Y = 340$ MPa)

(a) 두 개의 주축(principal axes)에 대한 단면2차모멘트가 같아지기 위한 스페이서 블록(spacer block)의 두께

(b) (a)에서 결정된 스페이서 블록(spacer block)의 두께를 사용하고 압축 부재의 유효길이가 $KL=7$ m일 때 허용 하중 P_{allow}

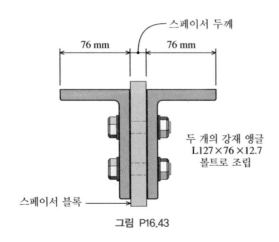

그림 P16.43

P16.44 양단이 단순지지되고 길이가 6 m인 기둥이 압축하중 230 kN을 받고 있다. 이 기둥의 단면으로 사용할 수 있는 3개의 WT 단면(부록 B를 참고하여 WT205, WT230, WT265 단면 종류 중에서 가장 경제적인 단면)을 AISC 기준인 식 (16.25)을 적용하여 구하라. (단, 탄성계수 $E=200$ GPa, 강재의 항복응력 $\sigma_Y = 340$ MPa)

알루미늄 기둥

P16.45 양단이 단순지지된 6061−T6 알루미늄합금 관의 바깥

지름은 42 mm이고 벽두께는 3.5 mm이다. 다음에 주어진 유효길이에 대해 허용압축하중 P_{allow}를 구하라.

(a) $KL=625$ mm

(b) $KL=1250$ mm

P16.46 그림 P16.46과 같은 6061−T6 알루미늄합금 I형 단면 ($d=203$ mm, $b_f=127$ mm, $t_f=10$ mm 및 $t_w=6$ mm)으로 압축 부재를 제작하였다. 식 (16.26)부터 식 (16.28)을 적용하여 허용압축하중 P_{allow}를 구하라.

(a) $KL=1600$ mm

(b) $KL=4750$ mm

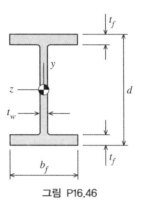

그림 P16.46

P16.47 그림 P16.47/48과 같은 6061−T6 알루미늄합금 튜브로 길이가 2.5 m인 압축 부재를 제작하였다. 압축 부재의 양단이 고정지지된 경우 식 (16.26)부터 식 (16.28)을 적용하여 허용압축하중 P_{allow}를 구하라.

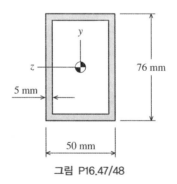

그림 P16.47/48

P16.48 그림 P16.47/48과 같은 6061−T6 알루미늄합금 튜브로 길이가 3.6 m인 기둥을 제작하였다. z축에 대한 좌굴에 대해서는 기둥 양단은 핀으로 지지되었으나 y축에 대한 좌굴에 대해서는 기둥 양난은 고정지지되어 있다. 식 (16.26)부터 식 (16.28)을 적용하여 허용압축하중 P_{allow}를 구하라.

P16.49 그림 P16.49와 같이 사각형 알루미늄 단면으로 제작된 기둥이 하중 P를 지지하고 있다. 기둥 하단은 고정지지되어 있다. 기둥 상단은 $x-y$ 평면 내(강축에 대한 휨)에 대해서는 회전이

허용되는 핀 연결이나 $x-z$ 평면 내(약축에 대한 휨)에 대해서는 회전이 구속되었다. 식 (16.26)부터 식 (16.28)을 적용하여 허용압축하중 P_{allow}를 구하라. (단, $L=1800$ mm, $b=30$ mm, $h=40$ mm)

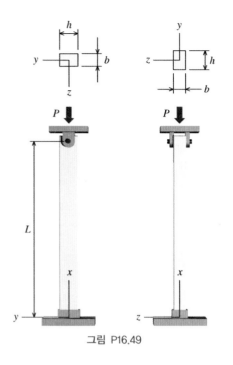

그림 P16.49

P16.50 그림 P16.50b와 같은 6061-T6 알루미늄합금 I형 단면으로 길이가 $L=4.2$ m인 기둥(그림 P16.50a)을 제작하였다. 기둥의 하단부 점 A는 고정지지 되었으며 핀 연결되는 수평방향 브레이스(lateral brace)가 기둥의 상단부 점 B에 연결되어 있다. $x-z$ 평면 내에서 점 B의 변위는 구속되지만 $x-y$ 평면 내에서는 구속되지 않는다. 식 (16.26)부터 식 (16.28)을 적용하여 허용압축하중 P_{allow}를 구하라.

그림 P16.50a   그림 P16.50b

목재 기둥

P16.51 그림 P16.51과 같은 목재 사각형 단면을 사용하여 압축부재를 제작하였다. 사각형 단면의 제원은 $b=140$ mm이고 $h=185$ mm이다. 압축부재의 양단은 핀 연결되어 있다고 가정할 때 식 (16.29)을 적용하여 허용압축하중 P_{allow}를 구하라. (단, 탄성계수 $E=8.25$ GPa, 나뭇결방향으로의 허용압축응력 $F_c=7.25$ MPa)

(a) $L=3$ m

(b) $L=4.5$ m

(c) $L=6$ m

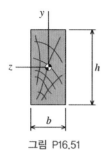

그림 P16.51

P16.52 그림 P16.52와 같은 목재 사각형 단면을 사용하여 길이가 $L=4.5$ m인 기둥을 제작하였다. 사각형 단면의 제원은 $b=75$ mm이고 $h=185$ mm이다. 기둥의 하단부 점 A는 고정지지 되었으며 핀 연결되는 수평방향 브레이스(lateral brace)가 기둥의 상단부 점 B에 연결되어 있다. $x-z$ 평면 내에서 B점의 변위는 구속되지만 $x-y$ 평면 내에서는 구속되지 않는다. 식 (16.29)을 적용하여 허용압축하중 P_{allow}를 구하라. (단, 탄성계수 $E=11$ GPa, 나뭇결방향으로의 허용압축응력 $F_c=10.3$ MPa)

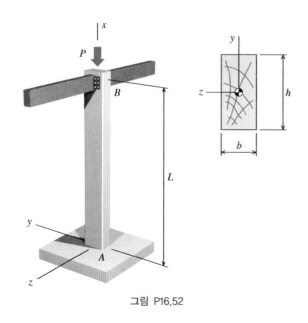

그림 P16.52

P16.53 정사각형 단면(130 mm×130 mm)의 목재 부재를 사용한 트러스가 그림 P16.53과 같이 하중을 받고 있다. 다음을 구하라. (단, 탄성계수 $E=11$ GPa, 나뭇결방향으로의 허용압축응

력 $F_c = 7.9$ MPa)

(a) 부재 AF, FG, GH, EH, BG, DG에 발생하는 축력 P_{actual}

(b) 식 (16.29)를 적용하여 각 부재의 허용압축하중 P_{allow}

(c) 각 부재에 대한 P_{allow}/P_{actual} 비율

한 트러스가 그림 P16.54와 같이 하중을 받고 있다. 다음을 구하라. (단, 탄성계수 $E = 7.5$ GPa, 나뭇결방향으로의 허용압축응력 $F_c = 6.7$ MPa)

(a) 부재 AE, EF, DF, BF에 발생하는 축력 P_{actual}

(b) 식 (16.29)을 적용하여 각 부재의 허용압축하중 P_{allow}

(c) 각 부재에 대한 P_{allow}/P_{actual} 비율

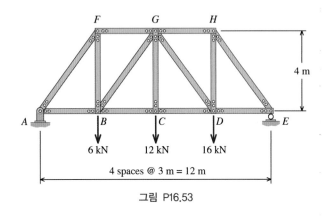

그림 P16.53

P16.54 정사각형 단면(90 mm×90 mm)의 목재 부재를 사용

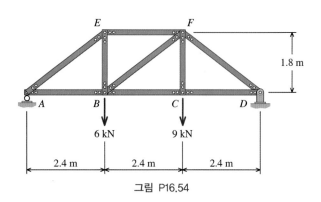

그림 P16.54

16.6 편심 재하 기둥

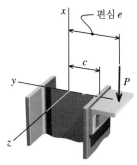

그림 16.12 편심하중 P가 재하된 기둥

단면의 도심에 재하되는 축하중에 대하여 충분이 견딜 수 있도록 설계된 기둥이라 할지라도 때로는 편심하중이 재하된다. 예를 들어 건물의 바닥을 지지하고 있는 보는 양 끝의 기둥에 그림 16.12와 같이 연결되고 기둥은 편심하중을 받게 된다. 이러한 편심하중은 기둥의 단면에 축력과 휨모멘트를 발생시키고 각각의 내력은 축응력과 휨 수직응력을 발생시킨다. 이 절에서는 편심하중을 받는 기둥의 3가지 해석 방법에 대하여 소개 하고자 한다.

시컨트 공식

시컨트 공식[식 (16.20)]은 초기 편심을 갖는 하중에 대하여 유도되었다. 편심량을 알고 있다면 시컨트 공식을 이용하여 파괴하중을 구할 수 있다. 이전에도 언급했듯이 실제로 편심이 존재하지 않을 수는 없다. 특정한 최대 압축응력을 구하기 위하여 시컨트 공식을 P/A에 대하여 푸는 과정이 쉬운 일은 아니다. 그러나 컴퓨터를 사용하여 수치해석을 수행한다면 가능하다.

허용응력법

편심을 갖는 축하중에 의한 휨에 대한 것은 8.7절에서 다루었다. 축하중과 휨모멘트에 의하여 발생하는 응력의 분포와 복합적인 효과에 의한 응력분포가 그림 8.14에 나타나 있다. 식 (8.19)는 축력과 휨모멘트에 의한 수직응력을 구하는 식이다.

8.7절에서는 좌굴을 고려하지 않았지만, 여기에서는 식 (8.19)를 이용할 것이다.

허용응력법은 간단히 편심에 의하여 단면에 발생하는 압축응력과 휨 압축응력의 합이

허용압축응력을 초과하지 않도록 하는 것이다.

식 (8.19)를 다시 쓰면 아래와 같다.

$$\sigma_x = \frac{P}{A} + \frac{Mc}{I} \leq \sigma_{\text{allow}} \tag{16.30}$$

식 (16.30)에서는 압축을 양의 값으로 정의하고 있다. σ_{allow}는 16.5절에 나온 경험적 설계식 중 하나로 계산된 것이다. 그 식에 사용된 유효세장비는 휨이 발생하는 축과 상관 없이 가장 큰 유효세장비 값을 사용하였다. 그러나 식 (16.30)의 c와 I는 휨이 발생하는 축에 대한 값들이다. 허용응력법과 식 (16.30)은 보수적인 설계방법이다.

상관법

편심하중을 받는 기둥에 발생하는 응력 중 대부분은 휨에 의한 것이다. 그러나 일반적으로 허용휨응력은 허용축응력보다 크다. 그렇다면 이러한 축응력과 휨응력의 균형을 어떻게 처리할 것인가? 축응력 $\sigma_a = P/A$를 생각해보자. 단면적이 A_a인 단면에 작용하는 허용축응력을 $(\sigma_{\text{allow}})_a$라 하고 축력이 P이면 아래와 같이 표현할 수 있다.

$$A_a = \frac{P}{(\sigma_{\text{allow}})_a}$$

다음으로 $\sigma_b = Mc/I$인 휨응력을 고려해보자. 관성모멘트 I는 단면적과 회전반경을 이용하여 $I = Ar^2$와 같이 쓸 수 있다. 여기서 r은 휨이 발생하는 평면에 대한 것이다. 허용휨응력을 $(\sigma_{\text{allow}})_b$이라 하면 주어진 휨모멘트 M에 대한 면적 A_b는 아래와 같이 쓸 수 있다.

$$A_b = \frac{Mc}{r^2(\sigma_{\text{allow}})_b}$$

그러므로 축력과 휨모멘트에 대한 기둥에 필요한 전체 단면적은 다음과 같이 쓸 수 있다.

$$A = A_a + A_b = \frac{P}{(\sigma_{\text{allow}})_a} + \frac{Mc}{r^2(\sigma_{\text{allow}})_b}$$

$Ar^2 = I$를 이용하여 다시 정리하면

$$\frac{P/A}{(\sigma_{\text{allow}})_a} + \frac{Mc/I}{(\sigma_{\text{allow}})_b} = 1 \tag{16.31}$$

기둥이 축하중만을 받는다면(축하중이 도심에 작용하는 경우) 휨모멘트는 없을 것이고 식 (16.31)은 허용축응력에 대한 값을 나타낼 것이다. 또한 축하중이 없이 순수휨을 받고 있다면 축력은 발생하지 않고 식 (16.31)은 허용휨응력을 나타낼 것이다. 이러한 두 가지 극단적인 상황 사이에서 식 (16.31)은 복합 하중에 의한 수직응력들의 상관관계를 설명한다. 식 (16.31)은 상관공식(interaction formula)으로 알려져 있고 이러한 접근방법은 기둥의 축하중과 휨의 조합 효과를 고려할 수 있는 일반적인 방법이다.

식 (16.31)의 $(\sigma_{\text{allow}})_a$는 16.5절의 경험적 기둥 설계식에 의하여 구해진 허용축응력이고 $(\sigma_{\text{allow}})_b$는 허용휨응력이다. AISC 조건표는 조합된 압축하중과 휨에 대한 해석에 식 (16.31)의 형태를 이용하고 있다. 그러나 $(P/A)/(\sigma_{\text{allow}})_a$가 0.2보다 크거나 작을 경우 정계수를 추가하였다. 이 절에서는 상관법에 대한 설명이 목적이기 때문에 AISC의 강재 기둥의 설계법에 대해서는 다루지 않는다.

예제 16.8

밑단이 고정되고 위는 자유단인 W310×86 단면(부록 B 참조)을 사용한 구조용 강재 기둥이 그림과 같다. 단면의 도심으로부터 350 mm의 편심으로 하중 P가 재하될 때 AISC의 허용응력법을 이용하라. $E = 200$ GPa, $\sigma_Y = 250$ MPa로 가정한다.

(a) 축하중 $P = 110$ kN일 때 $\sigma_x/\sigma_{\text{allow}}$를 이용하여 안전한지 판단하라.

(b) 허용응력법에 근거하여 재하할 수 있는 최대 P를 결정하라.

(c) 휨 허용응력이 165 MPa에 대하여 축하중 $P = 110$ kN 일 때 상관법을 이용하여 안전한지 판단하라.

(d) 상관법에 근거하여 재하할 수 있는 최대 P를 결정하라.

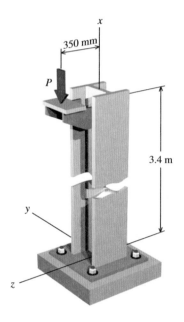

풀이 계획 부록 B를 참조하여 W310×86 단면 제원을 얻고 $P = 100$ kN에 의한 축력과 휨모멘트로 인해 발생하는 압축응력을 계산한다. 그리고 AISC ASD 식을 이용하여 허용압축응력을 계산한다. 제시된 허용휨응력에 따라 위에서 구한 값들을 식 (16.30)과 식 (16.31)에 적용한다. 마지막으로 식 (16.31)을 이용하여 최대 P를 계산한다.

풀이 단면 성질

W310×86의 단면 제원은 부록 B에서 얻을 수 있다.

$$A = 11\,000 \text{ mm}^2 \qquad I_z = 198 \times 10^6 \text{ mm}^4 \qquad r_z = 134 \text{ mm}$$

$$I_y = 44.5 \times 10^6 \text{ mm}^4 \qquad r_y = 63.8 \text{ mm}$$

아래 첨자는 해당하는 축을 의미한다. 추가적으로 W310×86의 플랜지 폭(b_f)는 254 mm이다.

축응력 계산

110 kN 하중에 의한 축응력

$$\sigma_{\text{axial}} = \frac{P}{A} = \frac{(110 \text{ kN})(1000 \text{ N/kN})}{11\,000 \text{ mm}^2} = 10.00 \text{ MPa} \tag{a}$$

휨응력 계산

편심 $e = 350$ mm에서 재하된 편심하중 P는 W 형강의 y축(즉, 약축)에 대해 휨모멘트 $M_y = Pe$를 발생시킨다. 휨응력은 $\sigma_{\text{bend}} = M_y c / I_y$ 식에 의하여 계산되고, c는 플랜지 폭 절반의 값에 해당한다. $P = 110$ kN의 축방향이 가해지면 최대 휨응력은 다음과 같다.

$$\sigma_{\text{bend}} = \frac{M_y c}{I_y} = \frac{Pec}{I_y} = \frac{(110 \text{ kN})(350 \text{ mm})(127 \text{ mm})(1000 \text{ N/kN})}{44.5 \times 10^6 \text{ mm}^4} = 109.88 \text{ MPa} \tag{b}$$

휨모멘트에 의한 휨응력은 압축과 인장이 발생하지만, 여기서는 압축 수직응력만이 중요하다.

AISC 허용응력식

AISC 허용응력 설계식은 아래의 유효세장비를 이용한다.

$$4.71\sqrt{\frac{E}{\sigma_Y}} = 4.71\sqrt{\frac{200\,000\text{ MPa}}{250\text{ MPa}}} = 133.2$$

그림 16.7을 보면 본 예제에 사용된 기둥의 유효세장비계수는 $K_y = K_z = 2.0$이다. 따라서 약축과 강축에 대한 유효세장비는

$$\frac{K_z L}{r_z} = \frac{(2.0)(3.4\text{ m})(1000\text{ mm/m})}{134\text{ mm}} = 50.75 \qquad \frac{K_y L}{r_y} = \frac{(2.0)(3.4\text{ m})(1000\text{ mm/m})}{63.8\text{ mm}} = 106.58$$

따라서 둘 중 큰 값(106.58)이 유효하고 이 값은 133.2보다 작으므로 이 기둥은 중간 기둥임을 알 수 있다. 임계압축응력은 식 (16.22)에 의하여 구하면 된다. 탄성좌굴응력 σ_e은 식 (16.23)에 의하여

$$\sigma_e = \frac{\pi^2 E}{\left(\dfrac{KL}{r}\right)^2} = \frac{\pi^2 (200\,000\text{ MPa})}{(106.58)^2} = 173.77\text{ MPa}$$

식 (16.22)에 의하여

$$\sigma_{cr} = \left[0.658^{\frac{\sigma_Y}{\sigma_e}}\right]\sigma_Y = \left[0.658^{\left(\frac{250\text{ MPa}}{173.77\text{ MPa}}\right)}\right](250\text{ MPa}) = 136.91\text{ MPa}$$

결국 허용압축응력은 식 (16.25)에 의하여

$$\sigma_{\text{allow}} = \frac{\sigma_{cr}}{1.67} = \frac{136.91\text{ MPa}}{1.67} = 81.98\text{ MPa} \tag{c}$$

(a) $P = 110$ kN인 경우에 허용응력법에 따르면 안전한가?: 허용응력법에 따르면 단순하게 압축 축응력과 휨 압축응력의 합이 허용압축응력보다 작으면 안전하다. 압축 축응력과 휨 압축응력의 합은

$$\sigma_x = 10.00\text{ MPa} + 109.88\text{ MPa} = 119.88\text{ MPa (C)} \tag{d}$$

σ_x은 허용압축응력 81.98 MPa보다 크므로 $P = 110$ kN에 대하여 안전하지 않다. 실제 발생한 응력과 허용응력의 비는 아래와 같다.

$$\frac{\sigma_x}{\sigma_{\text{allow}}} = \frac{119.88\text{ MPa}}{81.98\text{ MPa}} = 1.46 > 1 \qquad \text{N.G.} \qquad\qquad \textbf{답}$$

(b) 허용응력법에 근거한 최대 편심하중 P: 축력과 휨모멘트에 의한 응력식에서 P를 미지수로 식을 세우면

$$\sigma_x = \frac{P}{A} + \frac{Pec}{I_y} = P\left[\frac{1}{A} + \frac{ec}{I_y}\right] \tag{e}$$

위 식의 응력값이 허용압축응력 81.98 MPa을 넘으면 안되므로 아래와 같이 식을 세울 수 있다.

$$81.98\text{ MPa} = P\left[\frac{1}{A} + \frac{ec}{I_y}\right] = P\left[\frac{1}{11\,000\text{ mm}^2} + \frac{(350\text{ mm})(127\text{ mm})}{44.5 \times 10^6\text{ mm}^4}\right] = P\left[1.089\,785 \times 10^{-3}\text{ mm}^{-2}\right]$$

$$\therefore P = 75\,226 \text{ N} = 75.2 \text{ kN}$$ **답**

(c) 상관법에 근거하여 $P = 110$ kN안전한가?: 상관법에서 축응력은 허용압축응력으로 나뉘고, 휨응력은 허용휨응력으로 나뉜다. 이 두 개의 항의 합이 1을 넘지 않아야 한다.

$$\frac{P/A}{(\sigma_{\text{allow}})_a} + \frac{M_y c / I_y}{(\sigma_{\text{allow}})_b} = 1$$

축응력과 휨응력은 식 (a)과 식 (b)에 의하여 계산되어 있다. $(\sigma_{\text{allow}})_a$은 식 (c)로 계산되어 있고, $(\sigma_{\text{allow}})_b$ =165 MPa로 문제에 주어져있다. 이 값들을 위 식에 적용하면 아래와 같다.

$$\frac{10.00 \text{ MPa}}{81.98 \text{ MPa}} + \frac{109.88 \text{ MPa}}{165 \text{ MPa}} = 0.1220 + 0.6659 = 0.7879 < 1 \quad \text{O.K.}$$ **답**

계산된 값은 0.7879로서 1보다 작다. 따라서 상관법에 따르면 $P = 110$ kN에 대하여 기둥은 안전한 것으로 판단된다.

(d) 상관법에 근거한 최대 편심하중 P: 상관법 식에서 P를 미지수로 하여 정리하면 아래와 같고

$$\frac{P}{A(\sigma_{\text{allow}})_a} + \frac{Pec}{I_y(\sigma_{\text{allow}})_b} = P\left[\frac{1}{A(\sigma_{\text{allow}})_a} + \frac{ec}{I_y(\sigma_{\text{allow}})_b}\right] = 1 \tag{f}$$

상관법에 근거한 재하 가능한 최대 P는

$$P\left[\frac{1}{(11\,000 \text{ mm}^2)(81.98 \text{ N/mm}^2)} + \frac{(350 \text{ mm})(127 \text{ mm})}{(44.5 \times 10^6 \text{ mm}^4)(165 \text{ N/mm}^2)}\right] = 1$$

$$P\left[7.162\,715 \times 10^{-6} \text{ N}^{-1}\right] = 1$$

$$\therefore P = 139\,612 \text{ N} = 139.6 \text{ kN}$$ **답**

예제 16.9

6061 – T6 알루미늄 합금 관(바깥지름이 130 mm이고 벽두께는 12.5 mm이다.)이 편심 e의 $P = 40$ kN의 하중을 받고 있다. 2.25 m 길이인 이 기둥의 밑단은 고정되어 있고 위는 자유단이다. 16.5절에 주어진 알루미늄 협회식을 이용하라. 허용휨응력이 150 MPa일 때 아래 두 가지 방법으로 최대 편심량을 구하라.

(a) 허용응력법
(b) 상관법

풀이 계획 관의 단면 성질을 계산하고 알루미늄 협회식을 이용하여 허용압축응력을 계산한 후 두 가지 방법을 만족시키는 최대 편심량을 구한다.

풀이 단면 성질

관의 안쪽 지름은 $d = 130$ mm $- 2(12.5$ mm$) = 105$ mm이다.
따라서 관의 단면적은

$$A = \frac{\pi}{4}\left[(130 \text{ mm})^2 - (105 \text{ mm})^2\right] = 4614.2 \text{ mm}^2$$

z축과 y축에 대한 관성모멘트는 동일하고

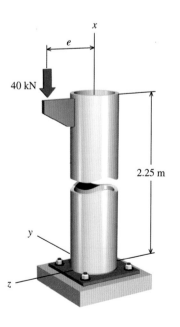

$$I_y = I_z = I = \frac{\pi}{64} \left[(130 \text{ mm})^4 - (105 \text{ mm})^4 \right] = 8\,053\,246 \text{ mm}^4$$

회전반경 또한 두 축에 대하여 동일하다.

$$r_y = r_z = r = \sqrt{\frac{8\,053\,246 \text{ mm}^4}{4614.2 \text{ mm}^2}} = 41.78 \text{ mm}$$

허용압축응력

그림 16.7에서 유효길이계수는 $K = 2.0$이므로 유효세장비는

$$\frac{KL}{r} = \frac{(2.0)(2250 \text{ mm})}{41.78 \text{ mm}} = 107.7$$

이 기둥의 세장비가 66보다 크므로 허용압축응력은 식 (16.24)에 의하여

$$\sigma_{\text{allow}} = \frac{351\,000}{(KL/r)^2} \text{ MPa} = \frac{351\,000}{(107.7)^2} = 30.26 \text{ MPa} \tag{a}$$

(a) 허용응력법에 근거한 최대 편심량: 축력과 휨모멘트에 의한 응력식은 아래와 같다.

$$\sigma_x = \frac{P}{A} + \frac{Pec}{I} = P \left[\frac{1}{A} + \frac{ec}{I} \right] \tag{b}$$

여기서 c는 관의 바깥 반지름이므로 $c = 130 \text{ mm}/2 = 65 \text{ mm}$이다. 식 (b)를 허용압축응력과 같다고 놓으면 최대 편심량이 구해진다.

$$30.26 \text{ MPa} = (40\,000 \text{ N}) \left[\frac{1}{4614.2 \text{ mm}^2} + \frac{(65 \text{ mm})e}{8\,053\,246 \text{ mm}^4} \right]$$

$$\frac{30.26 \text{ N/mm}^2}{40\,000 \text{ N}} - \frac{1}{4614.2 \text{ mm}^2} = \left[\frac{65 \text{ mm}}{8\,053\,246 \text{ mm}^4} \right] e$$

$$\therefore e_{\max} = 66.9 \text{ mm} \qquad \qquad 답$$

(b) 상관법에 근거한 최대 편심량: 상관공식은 아래와 같다.

$$\frac{P}{A(\sigma_{\text{allow}})_a} + \frac{Pec}{I(\sigma_{\text{allow}})_b} = P \left[\frac{1}{A(\sigma_{\text{allow}})_a} + \frac{ec}{I(\sigma_{\text{allow}})_b} \right] = 1 \tag{c}$$

식 (a)에서 계산된 $(\sigma_{\text{allow}})_a = 30.26$ MPa이고 $(\sigma_{\text{allow}})_b = 150$ MPa로 문제에 주어져 있으므로 상관법에 의한 최대 편심량을 구하면

$$P \left[\frac{1}{A(\sigma_{\text{allow}})_a} + \frac{ec}{I(\sigma_{\text{allow}})_b} \right] = 1$$

$$(40\,000 \text{ N}) \left[\frac{1}{(4614.2 \text{ mm}^2)(30.26 \text{ N/mm}^2)} + \frac{(65 \text{ mm})e}{(8\,053\,246 \text{ mm}^4)(150 \text{ N/mm}^2)} \right] = 1$$

$$\left[\frac{(65 \text{ mm})}{(8\,053\,246 \text{ mm}^4)(150 \text{ N/mm}^2)} \right] e = \frac{1}{40\,000 \text{ N}} - \frac{1}{(4614.2 \text{ mm}^2)(30.26 \text{ N/mm}^2)}$$

$$\therefore e_{\max} = 332 \text{ mm} \qquad \qquad 답$$

관의 유효세장비가 상대적으로 크기 때문에 식 (a)에 의하여 계산된 허용응력 값이 상대적으로 작다. 이 허용응력에 근거한 허용응력법으로 인하여 최대 편심량이 66.9 mm로 계산되었고 이 값은 보수적인 값이다. 상관법에서는 단지 축응력 항만이 직접적으로 작은 허용압축응력에 영향을 받는다. 전체 응력에서 중요한 부분인 휨응력성분은 150 MPa의 허용휨응력으로 나누어진다. 따라서 상관법에 따른 최대 편심량은 허용응력법에 의한 값보다 크다.

PROBLEMS

P16.55 그림 P16.55와 같이 지름이 40 mm인 속이 꽉 찬 원형 단면으로 제작된 강 부재 *AB*(양단의 경계조건은 핀 연결)가 축방향 하중 *P*를 받고 있다. 길이는 *L* = 1200 mm이고 하중의 편심거리 *e* = 10 mm인 경우 허용응력법(allowable stress method)을 사용하여 최대 편심하중 *P*를 구하라. (단, 탄성계수 *E* = 200 GPa, 항복응력 σ_Y = 415 MPa, 16.5절에 주어진 AISC 기준 사용)

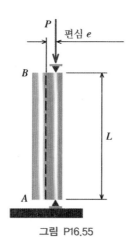

그림 P16.55

P16.56 HSS254 × 101.6 × 9.5 구조용 강재 단면(단면 물성치는 부록 B 참조)을 사용하여 제작한 기둥에 편심 축하중 *P*가 작용하고 있다. 길이가 2 m인 기둥의 하단은 고정지지이며 상단은 자유단이다. 기둥의 상단(그림 P16.56/57)에 작용하는 하중 *P*의 편심거리는 *e* = 225 mm이다. 16.5절에 주어진 AISC 기준을 적용

하여 다음을 구하라. (단, 탄성계수 *E* = 200 GPa, 항복응력 σ_Y = 320 MPa)

(a) 편심 축하중 *P* = 115 kN가 작용할 때의 응력 비율 $\sigma_x / \sigma_{allow}$ 과 안전여부

(b) 기둥에 가해질 수 있는 최대 하중 *P*

P16.57 HSS203.2 × 101.6 × 9.5 구조용 강재 단면(단면 물성치는 부록 B 참조)을 사용하여 제작한 기둥에 편심거리 *e*의 위치에 편심 축하중 *P*가 작용하고 있다. 길이가 2 m인 기둥의 하단은 고정지지이며 상단은 자유단이다. 편심 축하중의 다음과 같을 때 16.5절에 주어진 AISC 기준을 적용하여 최대 편심거리 *e*를 구하라. (단, 탄성계수 *E* = 200 GPa, 항복응력 σ_Y = 320 MPa)

(a) *P* = 80 kN

(a) *P* = 160 kN

P16.58 그림 P16.58/59와 같이 H형 단면으로 제작된 길이가 *L* = 4.5 m인 강재 기둥의 하단은 고정단이고 상단은 자유단이다. 기둥 상단에 작용하는 압축하중 *P*는 H형 단면의 도심으로부터의 편심거리 *e* = 270 mm에 작용하고 있다. H형 단면의 치수는 *d* = 310 mm, b_f = 250 mm, t_f = 16 mm 및 t_w = 9 mm이다. 16.5

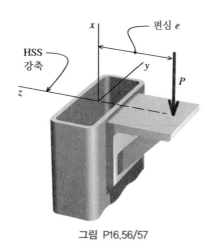

그림 P16.56/57

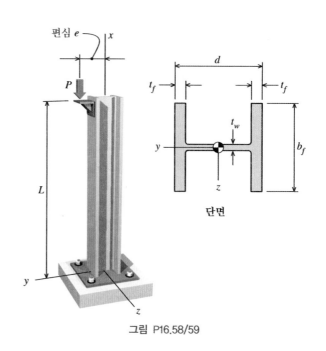

단면

그림 P16.58/59

절에 주어진 AISC 기준을 적용하여 다음을 구하라. (단, 탄성계수 $E = 200$ GPa, 강재의 항복응력 $\sigma_Y = 250$ MPa)

(a) 편심 축하중 $P = 200$ kN가 작용할 때의 응력 비율 $\sigma_x / \sigma_{\text{allow}}$ 과 안전여부

(b) 기둥에 가해질 수 있는 최대 하중 P

P16.59 그림 P16.58/59와 같이 H형 단면으로 제작된 길이가 $L = 4.5$ m인 강재 기둥의 하단은 고정단이고 상단은 자유단이다. 기둥 상단에 작용하는 압축하중 P는 H형 단면의 도심으로부터의 편심거리 e에 작용하고 있다. H형 단면의 치수는 $d = 310$ mm, $b_f = 250$ mm, $t_f = 16$ mm 및 $t_w = 9$ mm이다. 편심 축하중의 다음과 같을 때 16.5절에 주어진 AISC 기준을 적용하여 최대 편심거리 e를 구하라. (단, 탄성계수 $E = 200$ GPa, 강재의 항복응력 $\sigma_Y = 340$ MPa)

(a) $P = 180$ kN

(a) $P = 300$ kN

P16.60 W200×46.1 구조용 강재 단면(단면 물성치는 부록 B 참조)을 사용하여 제작한 기둥에 편심 축하중 P가 작용하고 있다. 길이가 3.6 m인 기둥의 하단은 고정지지이며 상단은 자유단이다. 기둥의 상단(그림 P16.60)에 작용하는 하중 P의 편심거리는 $e = 170$ mm이다. 16.5절에 주어진 AISC 기준을 적용하여 다음을 구하라. (단, 탄성계수 $E = 200$ GPa, 항복응력 $\sigma_Y = 250$ MPa)

(a) 편심 축하중 $P = 125$ kN가 작용할 때의 응력 비율 $\sigma_x / \sigma_{\text{allow}}$ 과 안전여부

(b) 기둥에 가해질 수 있는 최대 하중 P

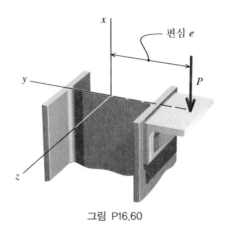

그림 P16.60

P16.61 그림 P16.61/62와 같이 두 개의 C250×30 구조용 강재 단면(단면 물성치는 부록 B 참조)을 사용하여 기둥을 제작하였다. 두 개의 단면은 서로 25 mm 간격으로 조립되었다. 기둥의 하단은 고정지지되어 있다. 기둥의 상단에서 y축 방향으로의 병진 변위는 구속되지 않으나 하단에서 z축 방향으로의 병진변위는 구속되었다. 기둥 상단에 작용하는 하중 P는 그림 P16.61/62와 같은 편차거리(offset distance)에 위치한다. 편심 축하중의 다음과 같을 때 16.5절에 주어진 AISC 기준을 적용하여 최대 편차거

리(offset distance)를 구하라. (단, 탄성계수 $E = 200$ GPa, 강재의 항복응력 $\sigma_Y = 250$ MPa)

(a) $P = 125$ kN

(a) $P = 200$ kN

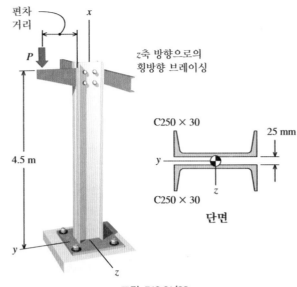

그림 P16.61/62

P16.62 그림 P16.61/62와 같이 두 개의 C250×30 구조용 강재 단면(단면 물성치는 부록 B 참조)을 사용하여 기둥을 제작하였다. 두 개의 단면은 서로 25 mm 간격으로 조립되었다. 기둥의 하단은 고정지지되어 있다. 기둥의 상단에서 y축 방향으로의 병진 변위는 구속되지 않으나 하단에서 z축 방향으로의 병진 변위는 구속되었다. 기둥 상단에 작용하는 하중 P는 그림 P16.61/62와 같은 편차거리(offset distance) 500 mm에 위치한다. 16.5절에 주어진 AISC 기준을 적용하여 다음을 구하라. (단, 탄성계수 $E = 200$ GPa, 항복응력 $\sigma_Y = 250$ MPa, $(\sigma_{\text{allow}})_b = 150$ MPa)

(a) 편심 축하중 $P = 75$ kN가 작용할 때의 상관공식과 안전 여부

(b) 기둥에 가해질 수 있는 최대 하중 P

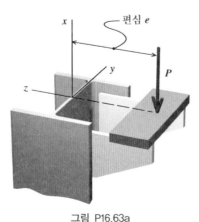

그림 P16.63a

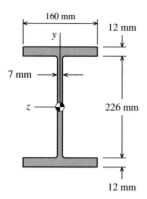

그림 P16.63b

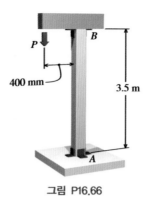

그림 P16.66

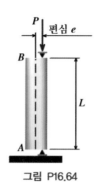

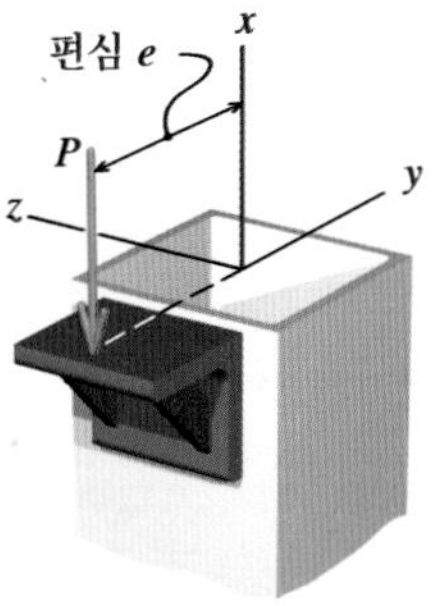

그림 P16.64

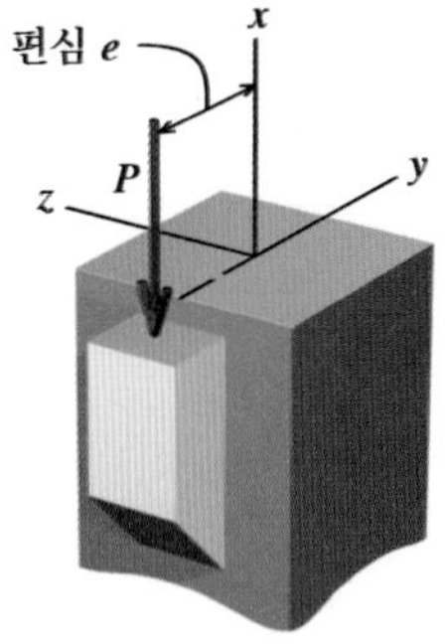

그림 P16.67

그림 P16.65

에너지법

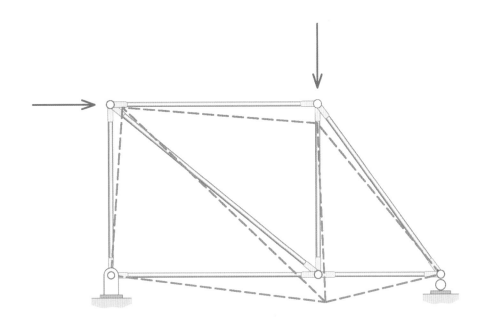

17.1 개요

　물체에 하중이 작용하여 변형이 발생하면, 이 하중에 의한 일이 수행된다. 작용한 하중이 물체에 외부에 있기 때문에, 이 일을 외적 일(external work)이라고 정의한다. 이 물체에 변형이 발생함에 따라 변형에너지(strain energy)라고 하는 내적 일(internal work)이 물체에 포텐셜에너지로서 저장된다. 재료의 비례한도를 넘어서지 않는 경우, 에너지 소산은 일어나지 않고 모든 변형에너지는 완전히 회복 가능한 형태로 존재한다. 이 경우, 에너지 보존의 원리는 다음과 같이 설명이 가능하다. 정적 평형상태에서 외력에 의해 탄성체에 수행된 일은 이 물체 내에 저장된 변형에너지와 같다.

　이 원리로부터, 물체의 변형은 물체에 작용하는 외력과 관계를 지어 설명이 가능하다. 축방향력, 휨모멘트, 비틀림 모멘트, 전단력 등과 관련한 에너지들이 다음에서 설명될 것이다.

　에너지 원리는 어떠한 보존계에서도 적용되나, 본 장에서 기술되는 에너지 원리에 기반한 하중 – 변형관계는 선형탄성시스템에 한정하여 기술된다. 이러한 관계는 탄성체, 특히 정적 부정정 구조물, 트러스, 프레임, 보 구조물 등의 해석에 매우 효과적인 방법을 적용할 수 있게 한다. 에너지법은 물체에 대한 동적 하중 효과의 분석에도 매우 유용하다.

임의의 하중조합을 받는 정적 평형 상태의 시스템에서의 전체 에너지는 이 시스템에 저장되는 각 하중 유형의 결과로서 이 시스템에 저장되는 변형에너지들의 합과 같다. 결과적으로 에너지법은 여러 하중이 가해지는 고체의 전체 변형을 손쉽게 결정할 수 있게 한다. 이러한 상황은 엔지니어링 실무에서 종종 만나게 된다.

17.2 일과 변형에너지

힘에 의한 일

일(work) W는 작용하는 힘과 이 힘의 작용방향으로 힘이 이동한 거리의 곱으로 정의된다. 그림 17.1의 두 힘을 받는 물체를 예로 보자. 작용하는 외력에 의해 물체가 (a)에서 (b)로 움직일 때, 힘 F_1은 점 A에서 A'로 d_1만큼 움직이고 힘 F_2는 점 B에서 B'로 d_2만큼 움직인다.

힘 F_1이 d_1만큼 움직였다 해도, 외력에 의한 일은 이 힘과 힘의 작용방향과 같은 방향으로 움직인 거리 간의 곱으로 정의되기 때문에 힘 F에 의한 일은 $W_1 = F_1 s_1$으로 정의된다. 마찬가지로 힘 F_2에 의한 일 역시 $W_2 = F_2 s_2$가 된다. 일은 양의 값 또는 음의 값이 될 수 있다. 양의 일(positive work)은 힘이 작용하는 방향과 같은 방향으로 움직일 때 발생한다. 음의 일(negative work)은 힘이 작용하는 방향과 반대 방향으로 움직일 때 발생한다. 그림 17.1에서 물체가 (a)에서 (b)로 움직일 때 F_1과 F_2에 의한 일은 양의 값이 된다. 반대로, 물체가 (b)에서 (a)로 움직일 때 두 힘에 의한 일은 음의 값이 된다.

그림 17.2과 같이 외력 P가 받는 길이 L의 균일단면 봉(prismatic bar)에 대해 살펴보자. 작용하는 힘 P가 매우 천천히 작용한다면(0부터 최대 크기 P까지 매우 천천히 증가), 이 물체에는 어떠한 동적 또는 관성효과는 배제될 수도 있다. 하중이 작용함에 따라 봉은 점진적으로 늘어나고 작용하는 외력이 최대 크기인 P에 도달할 때 최대 변형이 발생한다. 그 후, 하중과 변형은 변하지 않는다.

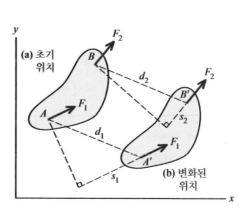

그림 17.1 위치가 변화하는 물체에 작용하는 힘

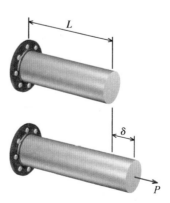

그림 17.2 정적 힘 P를 받는 균일단면 봉

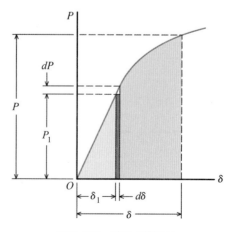

그림 17.3 하중-변형곡선

외력에 의한 일은 작용하는 힘과 힘의 이동 거리의 곱이다. 그러나, 이 경우에 힘의 크기는 0에서부터 최댓값인 P까지 증가한다. 봉이 늘어남에 따라 외력에 의한 일은 힘과 이와 연관된 변형이 달라지는 특성에 따라 변화한다. 이러한 특성은 그림 17.3과 같이 하중-변형곡선(load-deformation diagram)에 요약된다. 이 곡선의 형태는 대상인 재료의 특성에 따라 달라진다.

0과 최댓값 P 사이의 임의의 힘의 크기 P_1이 작용할 경우에 대해 검토해보자. 이 하중이 작용할 때 봉에 발생하는 변형은 δ_1이다. 이 상태에서 추가적인 힘의 증분 dP는 $d\delta$ 만큼의 변형의 증분을 만든다. 이 변형의 증분이 생성될 때 힘 P_1 역시 움직이고 이때 P_1에 의한 일의 증분 dW는 $P_1 d\delta$가 된다. 이 일은 그림 17.3의 하중-변형 곡선 아래 음영 처리된 면적에 해당한다. 외력이 0에서 P까지 증가할 때까지 외력에 의한 전체 일은 미소 증분 면적을 모두 더한 것으로 다음과 같이 표현된다.

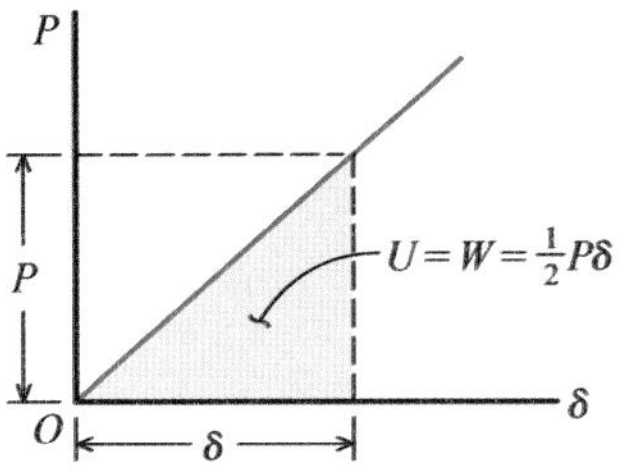

$$W = \int_0^\delta P d\delta$$

만약 그림 17.4와 같이 하중과 변형의 관계가 선형이라면 외력 P에 의한 일은 다음과 같이 표현되고 이는 $P-\delta$ 곡선에서 아래 면적에 해당한다.

$$W = \frac{1}{2}P\delta \tag{17.1}$$

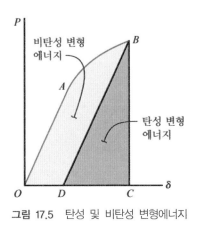

그림 17.4 선형 하중-변형선도

변형에너지

그림 17.2의 봉에 외력 P_1이 작용하면 일이 수행되고 에너지가 소비된다. 이 일은 외력에 의해 수행되기 때문에 이것은 일반적으로 **외적 일**(external work)이라고 한다. 이 외력은 봉의 변형을 야기하고 변형이 진행되는 동안 봉의 변형률을 만들어낸다. 에너지 보존 원리에 따르면 닫힌 시스템에서 에너지는 생성되거나 소멸되지 않고 다만 하나의 상태에서 다른 상태로 변환된다. 그렇다면, 외력 P_1에 속한 일에 의해 소비되는 에너지는 어떻게 변환되는가? 이 에너지는 봉의 변형률 안에 내부 에너지로 변환된다. 이러한 과정 동안 봉에 의해 흡수되는 에너지를 **변형에너지**(strain energy)라고 한다. 다시 말해, 변형에너지는 물체의 변형의 결과로서 재료 본체에 저장되는 에너지이다. 열의 형태로 에너지가 손실되지 않는다면, 변형에너지 U는 외적 일 W와 같다.

변형에너지는 외력에 의한 일과 내력에 의한 일을 구분해주기 위해 내력에 의한 일로 간주되기도 한다.

$$U = W = \int_0^{\delta_1} P d\delta \tag{17.2}$$

외적 일은 양일 수도 있고 음일 수도 있으나, 변형에너지는 항상 양의 값을 갖는다.

식 (17.2)에 따르면, 일과 에너지는 같은 단위(힘과 거리의 곱)를 갖는다. SI 단위체계에서 일과 에너지는 줄(J=1 Nm)의 단위를 갖는다.

저장된 에너지로 인해 그림 17.2의 봉은 외력이 제거된 후 변형 전 상태로 회귀하기 위한 일을 할 수 있다. 탄성한계를 초과하지 않은 경우, 봉은 원래 길이로 회복할 수 있다. 만약 그림 17.5와 같이 탄성한계를 초과한 경우, 외력이 완전히 제거

그림 17.5 탄성 및 비탄성 변형에너지

되어도 잔류 변형률이 존재하게 된다. 전체 변형에너지는 항상 하중－변형곡선 아래의 면적과 같다(면적 $OABCDO$). 그러나 이 중에서 탄성변형에너지(삼각형 면적 BCD)만이 회복 가능하다. 이를 제외한 나머지 영역은(면적 $OABDO$) 해당 재료의 영구적 변형생성에 소비되는 변형에너지를 의미한다. 이 에너지는 열의 형태로 소산된다.

일축 수직응력 상태에서의 변형에너지 밀도

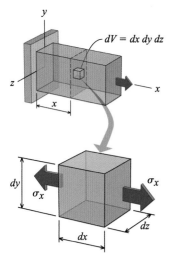

그림 17.6 일축 인장 상태에서의 체적 요소

탄성봉의 축방형 변형 특성은 변형에너지의 개념을 쉽게 설명하는 데에 효과적이다. 좀 더 복잡한 상황의 이해를 위해서 축적된 변형에너지가 변형된 물체 내에 어떻게 분포하는지를 먼저 이해할 필요가 있다. 이러한 경우에 있어서 변형에너지 밀도(strain－energy density)라는 정량적 물리량이 유용하게 사용된다. 변형에너지 밀도는 재료의 단위 부피 당 변형에너지로 정의된다.

그림 17.6의 축방향력을 받는 선형탄성 봉의 임의의 미소 체적 dV를 예로 들어보자. 이 요소에서 x축에 수직한 면에 작용하는 힘 dF_x는 $\sigma_x dy dz$와 같다. 이 힘이 그림 17.2의 P_1과 같이 점진적으로 작용한다면 요소에 작용하는 힘은 0부터 dF_x까지 증가하고 이때 이 힘을 받는 요소의 길이방향으로 늘어나는 양 $d\delta_x$은 $\varepsilon_x dx$와 같다. 식 (17.1)에 의해 dF_x에 의한 일은 다음과 같이 표현된다.

$$dW = \frac{1}{2}(\sigma_x dy dz)\varepsilon_x dx$$

또한, 에너지 보존 법칙에 의해 이 물체에 저장되는 변형에너지는 외적 일과 같아야 한다.

$$dU = dW = \frac{1}{2}(\sigma_x dy dz)\varepsilon_x dx$$

이 요소의 체적 dV는 $dx dy dz$이므로 이 요소에 저장되는 변형에너지는 다음과 같이 표현된다.

$$dU = \frac{1}{2}\sigma_x \varepsilon_x dV$$

수직응력과 수직변형률은 항상 같은 방향으로 작용하고 발생하므로(예: 인장응력과 늘어남 변형, 압축응력과 축소 변형) 변형에너지는 항상 양의 값을 갖는다.

변형에너지 밀도 u는 변형에너지 dU를 dV로 나눔으로써 정의할 수 있다.

$$u = \frac{dU}{dV} = \frac{1}{2}\sigma_x \varepsilon_x \tag{17.3}$$

만약 이 재료가 선형탄성이라면, $\sigma_x = E\varepsilon_x$이고 따라서 변형에너지 밀도는 다음과 같이 응력의 항으로 표현하거나

$$u = \frac{\sigma_x^2}{2E} \tag{17.4}$$

또는

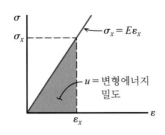

그림 17.7 탄성 물체의 변형에너지 밀도

$$u = \frac{E\varepsilon_x^2}{2} \tag{17.5}$$

와 같이 변형률 항으로 표현이 가능하다.

식 (17.4)와 (17.5)는 그림 17.7의 선형탄성재료의 응력-변형률곡선 아래의 삼각형 면적과 동일하다는 간단한 기하학적 의미를 갖는다. 선형탄성이 아닌 재료들에 있어서, 변형에너지 밀도는 여전히 응력-변형률곡선 아래의 면적과 동일하다. 그러나, 이 경우 해당 곡선은 직선이 아니므로 곡선 아래의 면적은 수치적 또는 다른 방법에 의해 평가되어야 한다.

변형에너지 밀도는 체적당 에너지의 단위를 갖는다. SI 단위계에서 변형에너지 밀도의 적절한 단위는 세제곱 미터당 줄(J/m^3)이다. 그러나 이 단위는 응력 단위로도 표현할 수 있다. 따라서, 변형에너지 밀도는 파스칼의 단위로도 표현이 가능하다.

그림 17.8a의 응력-변형률 곡선의 직선구간 아래 면적(원점에서부터 비례한계까지)은 복원계수(modulus of resilience)라는 재료물성으로 정의한다. 복원계수는 재료가 영구변형 발생 없이 저장하거나 흡수할 수 있는 최대의 변형에너지 밀도이다. 실제적으로는 복원계수를 정의하는 데에 있어서 비례한계보다는 항복응력 σ_y가 더 일반적으로 사용된다.

응력-변형률곡선의 원점에서부터 파단시까지 걸친 전구간 아래의 면적(그림 17.8b)은 인성계수(modulus of toughness)로 정의한다. 이 계수는 재료의 파단에 필요한 변형에너지 밀도를 의미한다. 이 그림으로부터 인성계수는 재료의 강도와 연성도에 크게 의존함을 알 수 있다. 높은 인성계수는 재료가 동적 또는 충격 하중을 받을 때 특별히 중요하다.

일축 수직응력과 관련된 전체 변형에너지는 식 (17.4)의 변형에너지 밀도를 부재의 전체적으로 적분하여 얻을 수 있다.

$$U = \int_V \frac{\sigma_x^2}{2E} dV \tag{17.6}$$

식 (17.6)은 축부재 및 순수휨 상태의 보에 대한 변형에너지 계산에 사용될 수 있다.

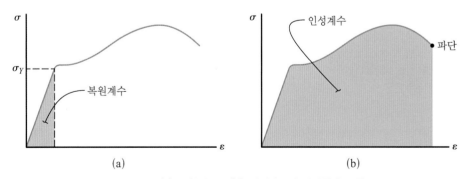

그림 17.8 (a) 복원계수와 (b) 인성계수의 기하학적 표현

전단응력 상태에서의 변형에너지 밀도

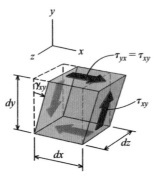

그림 17.9 순수 전단응력 $\tau_{xy} = \tau_{yx}$ 를 받는 체적요소

그림 17.9와 같이 전단응력 $\tau_{xy} = \tau_{yx}$ 을 받는 미소요소의 체적 dV를 고려해보자. 요소의 상면에 작용하는 전단응력은 요소의 하면에 상대적으로 상면을 옮긴다. 요소의 수직면들에서는 각 수직면에 대해 상대적인 변위는 발생하지 않고 단지 회전만 발생한다. 따라서 이 경우에는 요소의 변형에 대하여 상면에 작용하는 전단력만이 일을 할 뿐이다. y면에 작용하는 전단력 dF는 $\tau_{xy}dxdz$이고, 이 힘은 바닥면을 기준으로 $\gamma_{xy}dy$의 수평 거리만큼 상면의 위치를 이동시킨다. 따라서 dF에 의한 일인 요소에 저장된 변형에너지는 다음과 같다.

$$dU = \frac{1}{2}(\tau_{xy}dxdz)\gamma_{xy}dy$$

요소의 체적은 $dV = dxdydz$이므로, 순수 전단 상태에서 변형에너지 밀도는 다음과 같다.

$$u = \frac{1}{2}\tau_{xy}\gamma_{xy} \tag{17.7}$$

선형탄성 재료에서는 $\tau_{xy} = G\gamma_{xy}$이므로 변형에너지 밀도는 다음과 같이 응력 또는 변형률의 항으로 표현이 가능하다.

$$u = \frac{\tau_{xy}^2}{2G} \tag{17.8}$$

$$u = \frac{G\gamma_{xy}^2}{2} \tag{17.9}$$

전단응력에 대한 전체 변형에너지는 식 (17.8)의 변형에너지 밀도를 부재의 체적으로 적분하여 얻을 수 있다.

$$U = \int_V \frac{\tau_{xy}^2}{2G}dV \tag{17.10}$$

식 (17.10)은 휨부재에서 전단응력에 의한 변형에너지뿐만 아니라 비틀림 상태의 봉에서 변형에너지의 결정에 사용될 수 있다. 식 (17.3)과 (17.7)이 σ_x, ε_x, τ_{xy}, γ_{xy}에 대하여 유도되었다 하더라도 유사한 방식에 따라 다른 응력들에 대한 추가적인 변형에너지 밀도의 표현이 가능하다. 선형탄성체의 변형에너지 밀도에 대한 수식은 다음과 같다.

$$u = \frac{1}{2}\left[\sigma_x\varepsilon_x + \sigma_y\varepsilon_y + \sigma_z\varepsilon_z + \tau_{xy}\gamma_{xy} + \tau_{yz}\gamma_{yz} + \tau_{zx}\gamma_{zx}\right] \tag{17.11}$$

17.3 축방향 변형에서의 탄성변형에너지

앞에서 변형에너지 개념은 균일단면 봉의 길이를 δ만큼 늘리며 천천히 작용하는 축방향력 P에 의한 일을 정의하며 소개되었다. 만약 하중−변형곡선이 그림 17.4와 같이 선형이라면, 봉을 인장시키며 한 외적 일 W는 다음과 같다.

$$W = \frac{1}{2}P\delta$$

또한 이 봉에 저장되는 변형에너지는 외적 일과 같아야 하기 때문에 변형에너지 U는 다음과 같다.

$$U = \frac{1}{2}P\delta$$

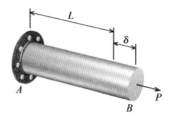

그림 17.10 일정크기의 축력 P를 받는 균일단면 봉

그림 17.10의 봉은 균일한 단면적 A와 탄성계수 E를 갖고 있다. 하중 P에 의해 발생하는 단면의 수직응력이 재료의 비례한계를 초과하지 않는다면 봉의 길이방향 변위는 $\delta = PL/AE$이다. 결과적으로 이 봉의 탄성변형에너지는 다음과 같이 힘 P 또는 변위 δ의 항으로 표현할 수 있다.

$$U = \frac{P^2 L}{2AE} \tag{17.12}$$

$$U = \frac{AE\delta^2}{2L} \tag{17.13}$$

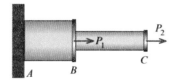

그림 17.11 균일단면을 갖는 세그먼트로 구성된 봉

(균일한 하중, 단면적 그리고 탄성계수를 갖는)개별 세그먼트로 구성된 봉의 전체 변형에너지는 개별 세그먼트의 변형에너지의 총 합과 같다. 예를 들면, 그림 17.11에 도시된 두 세그먼트의 결합으로 구성된 봉의 변형에너지는 세그먼트 AB와 BC의 변형에너지의 합과 같다. 즉, n개의 세그먼트로 구성된 봉의 변형에너지는 다음과 같이 일반화된 형식으로 표현 가능하다.

$$U = \sum_{i=1}^{n} \frac{F_i^2 L_i}{2A_i E_i} \tag{17.14}$$

여기서, F_i, L_i, A_i, E_i는 세그먼트 i에 작용하는 내력, 세그먼트 i의 길이, 단면적 그리고 탄성계수이다.

그림 17.12와 같이 변단면을 갖는 봉에 가변 축력이 작용할 때 변형에너지는 미소길이 dx의 변형에너지를 봉의 전체 길이로 적분한 것과 같다.

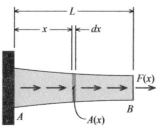

그림 17.12 변하는 축력이 작용하는 변단면 봉

$$U = \int_0^L \frac{[F(x)]^2}{2A(x)E} dx \tag{17.15}$$

여기서, $F(x)$와 $A(x)$는 각각 봉의 원점으로부터 x만큼 떨어진 위치에서의 내력과 단면적이다.

두 개의 세그먼트로 구성된 봉 *ABC*는 항복응력 $\sigma_Y = 124$ MPa 및 탄성계수 $E = 115$ GPa 인 금속재료로 제작되었다. 세그먼트 (1)의 지름은 25 mm이고 세그먼트 (2)의 지름 은 15 mm이다. 이 부재에 영구 변형이 발생하지 않는다고 할 때, 그림에 도시된 하 중에 의해 부재에 흡수되는 최대 변형에너지를 결정하라.

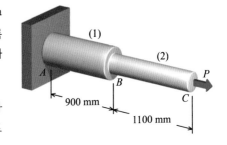

풀이 계획 봉의 각 세그먼트에 작용하는 최대 하중은 세그먼트 (2)의 내하 력에 의해 결정될 것이다. 세그먼트 (2)의 항복강도와 단면적으로 부터 최대 하중 *P*를 계산할 수 있다. 각 세그먼트의 내력은 작용 하는 외력과 동일하다. 각 세그먼트의 변형에너지는 각 세그먼트에 작용하는 내력을 세그먼트 길이, 단면 적 그리고 탄성계수와 함께 고려하여 계산할 수 있다. 전체 변형에너지 *U*는 식 (17.14)에서 나타낸 바와 같이 세그먼트 (1)과 (2)의 변형에너지의 합으로 단순히 계산할 수 있다.

풀이 세그먼트 (1)과 (2)의 단면적을 계산한다.

$$A_1 = \frac{\pi}{4} d_1^2 = \frac{\pi}{4} (25 \text{ mm})^2 = 490.874 \text{ mm}^2$$

$$A_2 = \frac{\pi}{4} d_2^2 = \frac{\pi}{4} (15 \text{ mm})^2 = 176.715 \text{ mm}^2$$

어떠한 영구적 변형을 유발하지 않고 부재가 받을 수 있는 최대 하중은 두 단면적 중 더 작은 것에 의해 결정된다. 따라서 하중 *P*는 항복강도 σ_Y와 A_2에 의해 계산된다.

$$P = \sigma_Y A_2 = (124 \text{ N/mm}^2)(176.715 \text{ mm})^2 = 21912.61 \text{ N}$$

봉의 전체 에너지뿐만 아니라 각 세그먼트의 변형에너지 계산을 위해 식 (17.14)를 사용한다.

$$U = \sum_{i=1}^{n} \frac{F_i^2 L_i}{2 A_i E_i} = \frac{F_1^2 L_1}{2 A_1 E_1} + \frac{F_2^2 L_2}{2 A_2 E_2}$$

$$= \frac{(21912.61 \text{ N})^2 (900 \text{ mm})}{2 (490.874 \text{ mm}^2)(115000 \text{ N/mm}^2)} + \frac{(21912.61 \text{ N})^2 (1100 \text{ mm})}{2 (176.715 \text{ mm}^2)(115000 \text{ N/mm}^2)}$$

$$= 3827.7 \text{ N·mm} + 12995.1 \text{ N·mm}$$

$$= 16.82 \text{ N·m} = 16.82 \text{ J}$$

답

17.4 비틀림 변형에서의 탄성변형에너지

그림 17.13에 표현된 토크 *T*를 받는 길이 *L*의 균일단면 샤프트를 고려해보자. 만약 토크가 점진적으로 작용한다면 자유단 *B*는 ϕ만큼 회전할 것이다. 만약 이 봉이 선형탄 성 상태라면 토크 *T*와 축의 회전각 역시 그림 17.14와 같은 선형 관계에 있을 것이고 이때 토크와 비틀림각 사이의 관계는 $\phi = TL/JG$로 표현된다. (여기서, *J*는 단면의 극 관성모멘트이다.) 회전각이 발생함에 따라 토크 *T*가 한 외적 일 *W*는 그림 17.14 그래 프의 음영처리된 면적과 같다. 에너지보존 법칙에 의해 열에너지 형태로의 에너지 소산

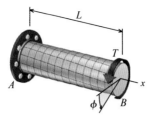

그림 17.13 순수 비틀림
상태의 균일단면 샤프트

을 고려하지 않을 때, 이 원형샤프트의 변형에너지 U는 다음과 같다.

$$U = W = \frac{1}{2}T\phi$$

토크-비틀림각 관계식 $\phi = TL/JG$으로부터 상기의 변형에너지 식은 다음과 같이 토크 T 또는 회전각 ϕ의 항으로 표현할 수 있다.

$$U = \frac{T^2 L}{2JG} \tag{17.16}$$

또는

$$U = \frac{JG\phi^2}{2L} \tag{17.17}$$

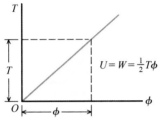

그림 17.14 선형탄성 재료의
비틀림-회전각 선도

균일한 축하중을 받는 균일단면 봉의 변형에너지를 표현한 식 (17.12)와 (17.13), 그리고 균일한 토크를 받는 균일단면 샤프트의 변형에너지를 표현한 식 (17.16)과 (17.17) 사이의 유사성을 참고하라.

(균일한 토크가 작용하고 균일한 극관성모멘트와 전단탄성계수를 갖는) 개별 세그먼트의 조합으로 구성된 축의 전체 변형에너지는 개별 세그먼트의 변형에너지의 총 합과 같다. 따라서 n개의 세그먼트로 구성된 축의 변형에너지는 다음과 같이 표현할 수 있다.

$$U = \sum_{i=1}^{n} \frac{T_i^2 L_i}{2J_i G_i} \tag{17.18}$$

여기서 T_i = 세그먼트 i에 작용하는 내력(비틀림력), L_i, J_i, G_i = 세그먼트 i의 길이, 극관성모멘트, 전단탄성계수이다.

점진적으로 가늘어지는(tapered) 변단면을 가지면서 지속적으로 변화하는 내부 토크를 받는 비균일단면 샤프트에서의 변형에너지는 미소요소 dx의 변형에너지를 축의 전체 길이로 적분하여 계산할 수 있다.

$$U = \int_0^L \frac{[T(x)]^2}{2J(x)G} dx \tag{17.19}$$

여기서, $T(x)$와 $J(x)$는 각각 샤프트의 원점으로부터 x만큼 떨어진 위치에서의 내부토크와 단면의 극관성모멘트이다.

동일한 비틀림 강성 JG와 부재 길이 L을 갖는 세 개의 샤프트가 있다. 각 샤프트에 축적되는 탄성변형에너지는 얼마인가?

풀이 계획 샤프트 (a)와 (b)의 탄성변형에너지는 식 (17.16)으로부터 구할 수 있고, 샤프트 (c)의 변형에너지는 식 (17.18)을 통해 얻을 수 있다.

풀이 식 (17.16)으로부터 샤프트 (a)의 변형에너지는

$$U_a = \frac{T^2 L}{2JG} \qquad \text{답}$$

이다. 샤프트 (b)의 경우, 변형에너지는 이 축의 1/3 영역인 A에서부터 B 구간에서만 발생한다.

$$U_b = \frac{T^2 (L/3)}{2JG} = \frac{T^2 L}{6JG} \qquad \text{답}$$

샤프트 (c)의 경우, 세그먼트 AB의 내부 토크는 $2T$이고, BC에서는 T이다. 식 (17.18)로부터 샤프트 ABC의 전체 변형에너지는 다음과 같다.

$$U_c = \frac{(2T)^2 (L/3)}{2JG} + \frac{T^2 (2L/3)}{2JG} = \frac{2T^2 L}{3JG} + \frac{2T^2 L}{3JG}$$

$$= \frac{T^2 L}{JG} \qquad \text{답}$$

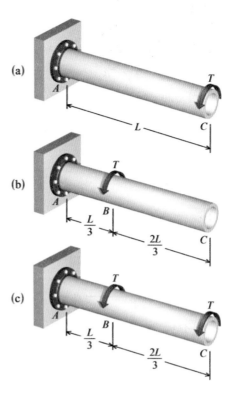

샤프트 (a)와 (b)의 변형에너지의 합은 샤프트 (c)의 변형에너지와 같지 않다. 즉 $U_c \neq U_a + U_b$이다. 식 (17.16)과 (17.18) 내의 토크 항은 제곱되기 때문에 이 경우 변형에너지에 대하여 중첩은 유효하지 않다.

17.5 휨 변형에서의 탄성변형에너지

그림 17.15a에 표현된 것과 같은 임의 축에 대칭인 균일단면 보를 고려해보자. 이 보에 작용하는 외부 하중 P가 0에서부터 최댓값까지 점진적으로 증가할 때, 미소요소 dx에 작용하는 내부 휨모멘트 M 역시 0에서부터 최종 값까지 증가한다. 이 휨모멘트 M에 대한 반응에서 미소요소 dx의 양 단면은 그림 17.15b와 같이 $d\theta$만큼 회전한다. 이 보가 선형탄성 상태일 때, 그림 17.16의 휨모멘트-회전각 관계 선도에 잘 나타난 바와 같이 휨모멘트와 회전각의 관계 역시 선형이다. 따라서, 이때의 내적 일, 즉 미소요소 dx에 저장되는 변형에너지는 다음과 같이 표현할 수 있다.

$$dU = \frac{1}{2} M d\theta$$

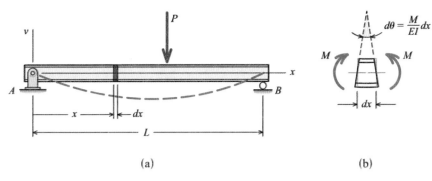

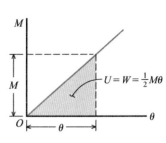

(a)   **(b)**

그림 17.15 (a) 임의 균일단면 보 (b) 미소요소에 작용하는 휨모멘트

그림 17.16 선형탄성 재료의
휨모멘트–회전각 선도

다음의 수식은 보의 휨모멘트와 회전각 간의 관계를 표현한다.

$$\frac{d\theta}{dx} = \frac{M}{EI}$$

이 표현으로부터, 미소요소 dx에 저장되는 변형에너지는 다음과 같이 정리될 수 있다.

$$dU = \frac{M^2}{2EI}dx$$

전체 보의 변형에너지는 미소요소의 변형에너지를 보의 전체 길이 L에 대하여 적분하여 얻을 수 있다. 휨모멘트 M이 x에 대한 함수라고 한다면 다음과 같다.

$$U = \int_0^L \frac{M^2}{2EI}dx \tag{17.20}$$

만약 M/EI가 보의 전체 길이에 대하여 x에 대한 연속함수가 아니라면, 이 보는 M/EI가 연속된 구간을 기준으로 개별 세그먼트로 구분되어 고려되어야 한다. 이 경우, 식 (17.20)의 오른쪽 적분식은 개별 세그먼트의 적분값의 합의 형태로 표현되어야 한다.

식 (17.20)의 유도에 있어서, 보에서의 휨모멘트의 영향만을 고려하여 변형에너지를 구하였다. 불균등 휨 하중을 받는 보에는 전단력 또한 존재하고, 이 전단력 역시 보에 축적되는 변형에너지를 증가시킨다. 그러나, 일반적인 보에 있어서 전단변형과 관련된 변형에너지는 휨 변형과 관련된 변형에너지에 비해 무시할 만큼 작기 때문에 전체 변형에너지를 다룰 때 이는 무시할 수 있다.

예제 17.3

길이 L, 휨 강성 EI를 갖는 캔틸레버보 AB가 선형 분포하중을 받고 있다. 이 보의 휨에 의해 저장되는 탄성변형에너지를 구하라.

풀이 계획 캔틸레버보의 자유단으로부터 x만큼 떨어진 단면을 자르는 자유물체도를 고려해보자. 그 후 휨모멘트 $M(x)$를 유도하고 이를 식 (17.20)에 대입하여 탄성변형에너지를 계산하라.

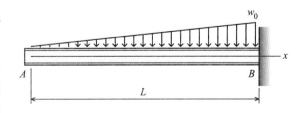

풀이 원점으로부터 임의의 x만큼 떨어진 단면을 자르고 자유물체도를 그린다. 단면 $a-a$에 대하여 모멘트 합의 평형방정식을 수립하면,

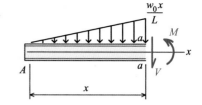

$$\sum M_{a-a} = \frac{w_0 x}{L}\left(\frac{x}{2}\right)\left(\frac{x}{3}\right) + M = 0$$

가 되고, 따라서 이 보의 휨모멘트식은 다음과 같다.

$$M(x) = -\frac{w_0 x^3}{6L}$$

식 (17.20)을 통하여 이 보의 탄성변형에너지는 다음과 같다.

$$U = \int_0^L \frac{M^2}{2EI}dx$$

따라서, 이 예제에서 다룬 캔틸레버보에 대한 탄성변형에너지는

$$U = \int_0^L \frac{1}{2EI}\left(-\frac{w_0 x^3}{6L}\right)^2 dx = \frac{w_0^2}{72EIL^2}\int_0^L x^6 dx$$

또는

$$U = \frac{w_0^2 L^7}{504EIL^2} = \frac{w_0^2 L^5}{504EI}$$

답

가 된다.

예제 17.4

길이 L, 휨 강성 EI을 갖는 단순지지보가 집중하중을 받고 있다. 이 보의 휨에 의해 저장되는 탄성변형에너지를 구하라.

풀이 계획 전체 보에 대한 자유물체도로부터 반력을 구한 후 두 개의 자유물체도를 고려해보자. 핀지점 A로부터 x만큼 떨어진 첫 번째 자유물체도를 취한다. 이 자유물체도로부터 세그먼트 AB에 대한 휨모멘트식 $M(x)$를 유도한다. 이후 롤러

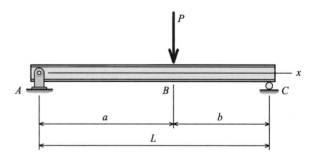

지점 C로부터 x'만큼 떨어진 두 번째 자유물체도를 취하고, 세그먼트 BC에 대한 휨모멘트 식 $M(x')$을 유도한다. 보 전체 구간에서의 탄성변형에너지를 계산하기 위해 식 (17.20)에 두 모멘트 식을 대입한다.

풀이 전체 보의 자유물체도로부터 지점 A에서의 수직반력을 구한다.

$$A_y = \frac{Pb}{L}$$

또한, 지점 C에서의 반력을 구한다.

746   제17장 에너지법

$$C_y = \frac{Pa}{L}$$

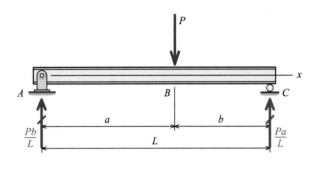

지점 $A_x = 0$이므로 A에서의 수평반력은 생략한다.

핀지점 A로부터 x만큼 떨어진 A와 B 사이의 단면에서 자유물체도를 취한다. 세그먼트 AB에 대한 휨모멘트식을 유도하기 위해 단면 $a-a$에 대하여 모멘트 합을 구한다.

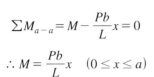

$$\sum M_{a-a} = M - \frac{Pb}{L}x = 0$$

$$\therefore M = \frac{Pb}{L}x \quad (0 \le x \le a)$$

이와 유사하게, 롤러지점 C로부터 x'만큼 떨어진 B와 C 사이의 단면에서 자유물체도를 취한다. 세그먼트 BC에 대한 휨모멘트식을 유도하기 위해 단면 $b-b$에 대하여 모멘트 합을 구한다.

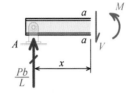

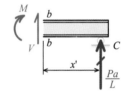

$$\sum M_{b-b} = -M + \frac{Pa}{L}x' = 0$$

$$\therefore M = \frac{Pa}{L}x' \quad (0 \le x' \le b)$$

이 보의 전체 탄성변형에너지는 세그먼트 AB와 BC의 탄성변형에너지의 합과 같다. 식 (17.20)에 의해,

$$\begin{aligned}
U &= U_{AB} + U_{BC} \\
&= \frac{1}{2EI}\int_0^a \left(\frac{Pb}{L}x\right)^2 dx + \frac{1}{2EI}\int_0^b \left(\frac{Pa}{L}x'\right)^2 dx' \\
&= \frac{P^2 b^2}{6L^2 EI}a^3 + \frac{P^2 a^2}{6L^2 EI}b^3 \\
&= \frac{P^2 a^2 b^2}{6L^2 EI}(a+b)
\end{aligned}$$

또는 $a+b = L$이므로

$$U = \frac{P^2 a^2 b^2}{6LEI}$$

가 된다.

이 예제는 보의 변형에너지가 임의의 적절한 x 좌표축과 함께 계산될 수 있음을 입증한다. 이 보에 대해서는 자유물체도가 보의 먼 단부에서(지점 C 부근) 취해지면 세그먼트 BC의 휨모멘트식의 유도 및 적분이 훨씬 수월해진다.

PROBLEMS

P17.1 다음의 알루미늄합금에 대하여 복원계수를 구하라.

(a) 7075 – T651 E =71.7 GPa, σ_Y =503 MPa

(b) 5082 – H112 E =70.3 GPa, σ_Y =190 MPa

(c) 6262 – T651 E =69.0 GPa, σ_Y =241 MPa

P17.2 다음의 금속 재료에 대하여 복원계수를 구하라.

(a) 적색 황동 UNS C23000: E =115 GPa, σ_Y =125 MPa

(b) 열처리된 티타늄 Ti – 6Al – 4V(Grade 5): E =114 GPa, σ_Y =830 MPa

(c) 304 스테인리스강: E =193 GPa, σ_Y =215 MPa

P17.3 그림 P17.3/4와 같은 충진 강재 봉이 인장력 P를 받고 있다. 다음을 구하라. (단, E =200 GPa, d_1 =12 mm, L_1 =450 mm, d_2 =25 mm, L_2 =700 mm, P =35 kN)

(a) 봉 ABC의 탄성변형에너지

(b) 봉 (1) 및 (2)의 변형에너지 밀도

P17.4 그림 P17.3/4와 같은 충진 알루미늄 봉이 인장력 P를 받고 있다. 항복이 발생하지 않는 조건에서의 변형에너지의 최댓값을 구하라. (단, E =69 GPa, d_1 =16 mm, L_1 =600 mm, d_2 =25 mm, L_2 =900 mm, σ_Y =276 MPa)

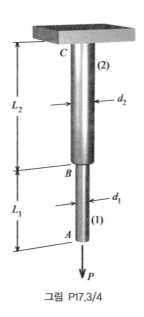

그림 P17.3/4

P17.5 2.5 m 길이의 충진 스테인리스강봉의 항복강도는 276 MPa이고 탄성계수는 193 GPa이다. 인장하중 P가 봉에 작용할 때 봉에 저장되는 변형에너지는 U =13 N·m이다. 다음을 구하라.

(a) 항복에 대한 안전계수가 4.0인 경우, 봉에 저장될 수 있는 최대 변형에너지 밀도

(b) 최소 지름 d

P17.6 그림 P17.6과 같은 청동[G =45 GPa] 샤프트의 바깥지름은 36 mm이고 안지름이 30 mm이다. 청동 샤프트에 토크 T_B =600 N·m와 T_C =400 N·m가 작용하고 있다. 샤프트의 길이는 L_1 =0.5 m 및 L_2 =1.25 m이다. 샤프트에 저장된 총 변형에너지 U를 구하라.

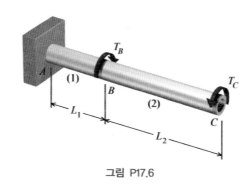

그림 P17.6

P17.7 그림 P17.7/8/9에 AISI 1020 냉간 압연 강재[G =80 GPa]로 제작된 충진 계단형 샤프트가 있다. 샤프트 (1) 및 (2)의 지름은 각각 d_1 =55 mm 및 d_2 =25 mm이고 길이는 L_1 =1.2 m 및 L_2 =0.7 m이다. 점 C에 작용하는 토크 T_C에 의한 점 C의 회전각이 4°일 때 샤프트에 저장된 탄성변형에너지 U를 구하라.

P17.8 그림 P17.7/8/9에 AISI 1020 냉간 압연 강재[G =80 GPa]로 제작된 충진 계단형 샤프트가 있다. 샤프트 (1) 및 (2)의 지름은 각각 d_1 =30 mm 및 d_2 =15 mm이고 길이는 L_1 =320 mm 및 L_2 =250 mm이다. 샤프트에 저장된 탄성변형에너지가 U =5.0 J일 때 점 C에 작용할 수 있는 최대 토크 T_C를 구하라.

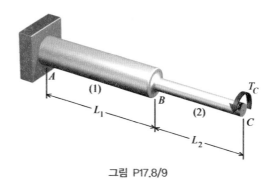

그림 P17.8/9

P17.9 그림 P17.7/8/9에 2014 – T4 알루미늄[G =28 GPa]으로 제작된 충진 계단형 샤프트가 있다. 샤프트 (1) 및 (2)의 지름은 각각 d_1 = 20 mm 및 d_2 =12 mm이고 길이는 L_1 =240 mm 및 L_2 =180 mm이다. 샤프트에 발생된 최대 전단응력이 130 MPa일 때 샤프트의 탄성변형에너지를 구하라.

P17.10 $w = 6$ kN/m, $L = 5$ m, $EI = 3 \times 10^7$ N·m²인 경우 그림 P17.10과 같은 균일단면 보 AB의 탄성변형에너지를 구하라.

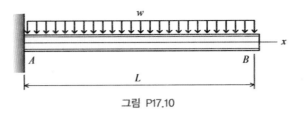

그림 P17.10

P17.11 그림 P17.11의 균일단면 보에 대해 $P = 42$ kN, $L = 7$ m, $a = 1.5$ m, $EI = 3 \times 10^7$ N·m²인 경우 탄성변형에너지를 구하라.

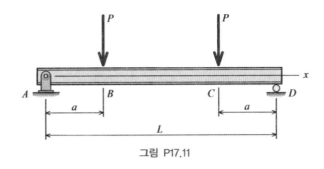

그림 P17.11

P17.12 그림 P17.12에서, $w = 70$ kN/m, $L = 6.5$ m, $EI = 5.3 \times 10^4$ kN·m²인 경우 보의 탄성변형에너지를 구하라.

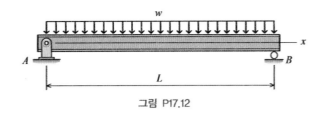

그림 P17.12

P17.13 $P = 75$ kN, $L = 8$ m, $EI = 5.10 \times 10^7$ N·m²인 경우 그림 P17.13과 같은 보의 탄성변형에너지를 구하라.

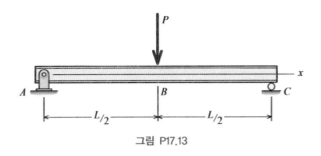

그림 P17.13

P17.14 $P = 35$ kN, $L = 7$ m, $a = 3$ m, $EI = 5.10 \times 10^7$ N·m²인 경우, 그림 P17.14과 같은 보의 탄성변형에너지를 구하라.

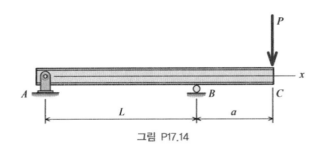

그림 P17.14

17.6 충격 하중

물체의 운동이 변화할 때(가속 등), 이 가속도를 만들기 위해 필요한 힘을 **동적 힘**(dynamic force) 또는 **동적 하중**(dynamic load)이라고 한다. 동적 힘의 몇 가지 예에는 다음과 같은 사례들이 있다.

- 파이프라인의 엘보가 파이프 내 유체로 하여금 흐름 방향이 바뀌게 하는 힘
- 급강하에서 수평 비행으로 전환하는 기체 날개에 작용하는 압력
- 건물 외벽에 작용하는 풍력
- 교량을 통과하는 차량의 무게
- 못의 헤드를 강타하는 망치의 힘
- 선박과 교각의 충돌
- 다이빙 보드에서 뛰어 내리는 사람의 무게

동적 하중은 다음의 항으로 표현할 수 있다.

- 질량과 질량중심에서의 가속도와의 곱
- 운동량 변화율
- 물체의 운동에너지 변화

갑자기 작용하는 힘을 **충격 하중**(impact load)이라고 한다. 위에 나열된 동적 하중의 사례 중 마지막 세 개는 충격 하중으로 고려된다. 각각의 예에서, 한 물체가 다른 물체를 타격하면 이에 따라 큰 힘이 두 물체 사이에서 아주 짧은 순간에 생성된다. 이러한 충격 하중을 받을 때 이 힘을 받은 구조체 또는 시스템은 재료적으로 탄성을 유지하고 있다면 힘의 평형이 만족될 때까지 진동하게 된다.

하중을 받은 시스템에서, 동적 하중은 응력과 변형률을 생성하는데, 생성되는 응력과 변형률의 크기와 분포는 부재의 치수와 하중, 탄성계수 등과 같이 일반적인 인자뿐만 아니라 고체 물질을 통해 전달하는 변형파의 속도에도 영향을 받는다. 변형파 속도는 매우 빠른 속도로 힘이 가해지는 경우 매우 중요하지만, 반대로 매우 낮은 속도로 충격 하중이 가해질 때 이 효과는 무시할 수 있다. 만약, 작용하는 충격 하중에 대하여 정적 하중에 의한 응력과 변형률 그리고 하중과 변위 간의 관계와 본질적으로 같은 형태로 재료가 거동하게 된다면 이 하중을 저속 충격 하중(low−velocity impact)으로 간주할 수 있다. 저속 충격 하중 작용 시, 하중의 작용 시간은 하중을 받는 부재의 고유주기의 몇 배 이상이다. 만약 하중의 작용시간이 진동하는 부재의 고유주기보다 상대적으로 짧다면 이 하중은 일반적으로 고속 충격 하중(high−velocity impact)으로 부른다.

재료역학에서 충격 하중과 관련된 많은 문제를 해결하기 위해 에너지법이 사용될 수 있고, 이를 통해 정적 하중과 동적 하중 사이의 확연하고 중요한 차이가 무엇인지 이해할 수 있다.

단순 블록-스프링 모델에서의 충격 하중의 분석

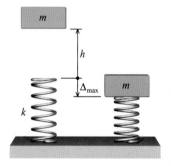

그림 17.17 자유낙하물체와 스프링

움직이는 물체가 정지하는 순간에 물체가 가지고 있던 위치에너지와 운동에너지는 저항시스템에서 평형상태를 유지하려는 내부 에너지로 전환된다.

자유낙하물체(Freely Falling Weight) 충격 하중을 받는 탄성 시스템의 예로, 그림 17.17에 표현된 단순 블록−스프링 시스템을 고려해보자. 질량 $m = W/g$를 갖는 블록이 스프링으로부터 h만큼 떨어진 곳에 위치해 있다. 여기서, W는 블록의 무게를 의미하고 g는 중력가속도상수를 나타낸다. 블록의 초기 위치에서 블록의 속도 v는 0이고 이때 이 물체의 운동에너지는 0이다. 블록의 구속요건이 해제되면 스프링과 접촉할 때까지 h만큼 낙하하게 된다. 이 블록은 아래로 지속적으로 하강하게 되고 블록의 속도가 0이 될 때까지 스프링은 압축된다. 이 순간에 스프링은 $\varDelta_{max}$만큼 압축되고 블록의 운동에너지는 다시 0이된다. 스프링의 질량이 무시할 만큼 작고 스프링의 반응이 탄성일 경우, 에너지 보존 법칙에 의해 블록의 초기 상태에서의 위치에너지는 완전히 압축된 상태의 스프링에 저장된 변형에너지로 전환되어야 한다. 다시 말해, 블록이 $h + \varDelta_{max}$의 거리를 낙하하는 동안 중력에 의해 한 일은 스프링을 $\varDelta_{max}$만큼 압축하는 데 필요한 일과 같다. 스프링에 작용하는 최대 힘은 $F_{max} = k\varDelta_{max}$의 관계에 의해 $\varDelta_{max}$과 관련이 있다. (여기서 k는 스프링의 단위 처짐을 유발하는 데 필요한 힘으로 표현되는 스프링상수) 따라서, 에너지 보존 법칙에 근거하고 충격 하중에 의한 에너지 소산을 무시할 때, 물체가 낙하함에 따라 물체의 무게 W에 의한 외적 일은 스프링에 저장되는 내적 일과 같다.

$$W(h + \Delta_{\max}) = \frac{1}{2}(k\Delta_{\max})\Delta_{\max} = \frac{1}{2}k\Delta_{\max}^2 \qquad \text{(a)}$$

식 (a)에서 1/2은 스프링에 작용하는 힘이 0에서부터 최댓값까지 점진적으로 증가하기 때문에 존재한다. 식 (a)는 아래와 같이 다시 표현될 수 있다.

$$\Delta_{\max}^2 - \frac{2W}{k}\Delta_{\max} - \frac{2W}{k}h = 0$$

이 2차 방정식은 $\Delta_{\max}$에 대하여 해를 구할 수 있고, 양의 근을 갖는 해는 다음과 같다.

$$\Delta_{\max} = \frac{W}{k} + \sqrt{\left(\frac{W}{k}\right)^2 + 2\left(\frac{W}{k}\right)h} \qquad \text{(b)}$$

음의 근을 갖는 해는 블록이 스프링을 타격할 때 스프링을 인장시키는, 즉 이 시스템에 대하여 명백히 비합리적인 상황을 의미한다. 따라서, 양의 근을 포함하는 해는 이 방정식의 유일한 유의미한 해가 된다.

만약 이 블록이 스프링의 최상단에 아주 천천히 그리고 점진적으로 놓인다면 정적 힘 W에 의한 변형은 $\Delta_{st} = W/k$가 될 것이다. 따라서, 식 (b)는 다음과 같이 스프링의 정적 변형의 항과 함께 다시 정리할 수 있다.

$$\Delta_{\max} = \Delta_{st} + \sqrt{(\Delta_{st})^2 + 2\Delta_{st}h}$$

또는

$$\Delta_{\max} = \Delta_{st}\left[1 + \sqrt{1 + \frac{2h}{\Delta_{st}}}\right] \qquad \text{(17.21)}$$

만약 식 (17.21)이 $F_{\max} = k\Delta_{\max}$로 대체된다면, 스프링에 작용하는 동적 힘은 다음과 같이 표현된다.

$$F_{\max} = k\Delta_{st}\left[1 + \sqrt{1 + \frac{2h}{\Delta_{st}}}\right]$$

그리고 블록의 무게는 스프링상수와 정적 변형을 이용하여 $W = k\Delta_{st}$로 표현할 수 있기 때문에 위의 식은 다음과 같이 정리된다.

$$F_{\max} = W\left[1 + \sqrt{1 + \frac{2h}{\Delta_{st}}}\right] \qquad \text{(17.22)}$$

$F_{\max}$는 스프링에 작용하는 동적 힘이다. 처짐 $\Delta_{\max}$와 관계된 이 힘은 순간적으로만 작용한다. 블록이 스프링을 완전히 벗어나 튕겨나가지 않는다면, 블록은 운동이 감쇄될 때까지 상하 진동을 지속할 것이고 블록은 최종적으로 스프링의 정적 변형(Δ_{st}) 만큼에 위치하여 힘의 평형상태에 도달할 것이다.

식 (17.21)과 식 (17.22)에서 괄호 내의 수식은 아래와 같이 충격계수 n으로 표현될 수 있다.

$$n = 1 + \sqrt{1 + \frac{2h}{\Delta_{\text{st}}}} \tag{17.23}$$

따라서 최대 동적 하중 F_{max}는 충격계수 n과 블록의 실제 정적 하중 W와의 곱인 스프링 − 블록 시스템에서 정의되는 등가 정적 하중(equivalent static load)으로 표현될 수 있다.

$$F_{\text{max}} = nW$$

충격계수의 개념은 특정 충격계수를 가지고 동적 하중 F_{max}과 동적 처짐

$$\Delta_{\text{max}} = n\Delta_{st}$$

을 정적 하중과 정적 처짐의 항으로 표현할 수 있다는 점에서 유용하다. 다른 방식으로 표현하면, 충격계수는 단순하게 동적 효과와 정적 효과 간의 비이다.

$$n = \frac{F_{\text{max}}}{W} = \frac{\Delta_{\text{max}}}{\Delta_{\text{st}}}$$

특별한 경우 두 극단적 경우를 고려하자. 첫째로는, 블록의 낙하높이 h가 스프링의 최대 변형량 Δ_{max}에 비해 매우 클 경우, 식 (a)의 일 $W\Delta_{\text{max}}$은 무시할 수 있다. 따라서,

$$Wh = \frac{1}{2}k\Delta_{\text{max}}^2$$

이고, 최대 스프링 변형량은

$$\Delta_{\text{max}} = \sqrt{\frac{2Wh}{k}} = \sqrt{2\Delta_{\text{st}}h}$$

가 된다.

또 다른 극단적인 경우로서, 블록의 낙하높이 h가 0이라면,

$$\Delta_{\text{max}} = \Delta_{\text{st}}\left[1 + \sqrt{1 + \frac{2(0)}{\Delta_{\text{st}}}}\right] = 2\Delta_{\text{st}}$$

이다. 다시 말해, 블록이 스프링의 상부에 동적 하중의 형태로 놓인다면 스프링의 변형량은 블록이 스프링의 상부에 매우 낮은 속도로 점진적으로 놓인 경우에 발생하는 변형량에 두 배가 된다는 것을 의미한다. 하중이 매우 낮은 속도로 작용하여 최대 변형이 정적 변형과 같을 때 충격계수는 1.0이 된다. 그러나, 하중이 갑자기 작용하는 경우 이 탄성 시스템에서 발생하는 효과는 상당히 커진다.

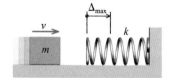

그림 17.18 수평 이동하는 물체와 스프링

수평으로 이동하는 물체로부터의 충격 자유낙하하는 물체에 대한 예와 유사한 과정을 통해 수평으로 이동하는 물체에 의한 충격 하중에 대해서도 고찰할 수 있다. 그림 17.18 과 같이 질량 $m = W/g$를 갖는 블록이 v의 속도를 갖고 표면을 수평으로(마찰 무시)

이동한다. 블록이 스프링과 접촉하기 전 블록이 갖는 운동에너지는 $\frac{1}{2}mv^2$이다. 만약 스프링의 질량을 무시하고 스프링이 탄성 운동을 하는 경우, 에너지보존 법칙에 따라 스프링에 접촉하기 전 블록의 운동에너지가 스프링이 완전히 압축된 상태에 스프링에 저장되는 변형에너지로 전환된다.

$$\frac{1}{2}\left(\frac{W}{g}\right)v^2 = \frac{1}{2}k\Delta_{max}^2$$

그러면, 최대 변형량은 다음과 같다.

$$\Delta_{max} = \sqrt{\frac{Wv^2}{gk}}$$

만약 블록의 무게에 의해 유발되는 스프링의 정적 처짐을 $\Delta_{st} = W/k$로 정의한다면(블록의 무게와 같은 크기의 수평력이 스프링에 작용하여 유발되는 수평 변위), 스프링의 최대 변형량은 다음과 같이 표현할 수 있다.

$$\Delta_{max} = \Delta_{st}\sqrt{\frac{v^2}{g\Delta_{st}}} \tag{17.24}$$

그리고 스프링에 작용하는 블록의 충격 하중 F_{max}는 다음과 같이 표현된다.

$$F_{max} = W\sqrt{\frac{v^2}{g\Delta_{st}}} \tag{17.25}$$

여기서 충격계수 n은 다음과 같이 표현된다.

$$n = W\sqrt{\frac{v^2}{g\Delta_{st}}} \tag{17.26}$$

중요점 두 경우에서 기술된 바와 같이, 자유낙하하는 물체와 운동하는 물체는 탄성스프링에 충격력을 전달한다. 여기서 물체는 탄성 거동을 하고 충격 하중 작용 시 열이나 소리 또는 영구변형 등의 형태로의 에너지 소산은 없다고 가정하였다. 저항 시스템의 관성은 무시되었고, 완전한 강체로의 블록만을 고려하였다.

언뜻 보기에는 스프링 시스템의 거동은 특별히 유용하거나 관련되어 보이지는 않는다. 재료역학은 축 부재나 샤프트 그리고 보와 같은 변형 가능한 고체 재료에 대한 학문이기 때문이다. 그러나, 이러한 요소들의 탄성 거동은 스프링 거동과 개념적으로 같다. 따라서, 앞에서 검토한 두 모델들은 보통의 일반 공학적 요소들에 대해 폭넓게 적용 가능한 매우 유용한 일반적인 경우이다.

이 고찰에서, 시스템의 변형량은 (정적 하중이든 동적 하중이든지 간에 관계 없이)작용하는 힘의 크기에 직접적으로 비례한다. 이 장에서 해석한 블록-스프링 모델의 경우는 변형 가능한 고체의 최대 동적 반응은 그것의 정적 반응과 적합한 충격계수 간의 곱으로 결정할 수 있음을 보여준다. 충격에 의한 최대 변형량 Δ_{max}이 결정되면, 최대 동적 하중은 $F_{max} = k \Delta_{max}$ 로부터 얻어진다. 이 최대 동적 하중 F_{max} 은 최대 변형량과 동일한 크기의 변형량을 유발하는 등가의 정적 힘으로 고려된다. 정적 및 동적 하중에 대한 재료적 거동이 동일하다는 가정이 유효할 때, 하중이 작용하는 시스템의 어느 위치에서든지 응력−변형률 곡선은 변하지 않는다. 결과적으로, 이 등가의 정적 하중에 의한 응력과 변형률의 분포는 동적 하중에 의한 것과 같게 된다.

충격 동안 에너지 소산이 없다고 가정한 것 역시 중요하다. 소리나 열, 국부적 변형 그리고 영구적 비틀림 등에 의한 에너지 소산은 항상 존재한다. 에너지 소산 때문에 적은 에너지가 탄성 시스템에 저장되고 따라서 충격에 의한 실제 최대 변형량은 감소한다. 여기서 고려된 가정에 의해 실제 충격계수는 식 (17.23)과 (17.26)에 의해 예상되는 값보다는 작을 것이다. 따라서 등가 정적 하중 접근법은 보수적인 접근법이다. 대체적으로, 등가 정적 하중 접근법은 공학자로 하여금 충격 하중에 의해 유발되는 응력과 변형률에 대하여 재료역학 이론에서 익숙한 형태의 식을 활용하는 보수적이고 합리적인 해석법을 제공한다.

예제 17.5

1200 N 무게를 갖는 이음 고리가 아래 방향으로 30 mm의 거리를 마찰 없이 미끄러지며 하강한 후 봉 하단에 고정된 헤드를 타격한다. AISI 1020 냉간압연강재($E = 200$ GPa)로 제작된 봉은 15 mm의 지름과 750 mm의 길이를 갖는다. 다음을 결정하라.

(a) 정적 상태에서 이 봉의 축방향 변형량 및 수직응력(이음 고리가 헤드에 접촉할 때까지 천천히 하강하고, 정지 상태에 이를 때까지 충격은 없다.)
(b) 이음 고리가 30 mm 높이에서 낙하할 때 봉의 최대 축방향 변형량
(c) 이음 고리에 의해 봉에 작용하는 최대 동적 힘
(d) 동적 힘에 의해 발생하는 봉의 최대 수직응력
(e) 충격계수 n

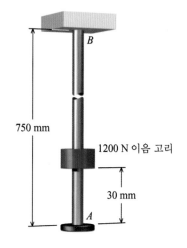

풀이 계획 정적 상태에서 봉의 축방향 변형량 및 수직응력은 봉의 하단부에 작용하는 이음 고리의 무게를 통해 계산할 수 있다. 일과 에너지 원리에 따르면, 이음 고리가 30 mm 낙하하며 1200 N의 중량이 한 일은 일시적인 최대 변형 상태에서 봉이 인장하며 봉에 저장되는 변형에너지와 같다. 이러한 에너지 균형을 통해 봉의 최대 변형을 계산할 수 있다. 그리고 최대 변형은 최대 수직응력 및 충격계수와 연관된 최대 동적 힘의 계산에 이용될 수 있다.

풀이 (a) 봉에 작용하는 정적 힘 F_{st} 은 이음 고리의 무게와 같다. 따라서,

$$F_{st} = W = 1200 \text{ N}$$

1200 N의 무게에 의한 15 mm 지름을 갖는 봉의 축 변형 및 정적 수직응력은 다음과 같다.

$$A = \frac{\pi}{4}d^2 = \frac{\pi}{4}(15 \text{ mm})^2 = 176.7146 \text{ mm}^2$$

$$\delta_{st} = \frac{F_{st}L}{AE} = \frac{(1200 \text{ N})(750 \text{ mm})}{(176.7146 \text{ mm}^2)(200000 \text{ N/mm}^2)} = 0.025465 \text{ mm} = 0.0255 \text{ mm}$$ **답**

$$\sigma_{st} = \frac{F}{A} = \frac{1200 \text{ N}}{176.7146 \text{ mm}^2} = 6.79061 \text{ MPa} = 6.79 \text{ MPa}$$ **답**

(b) 이음 고리가 낙하할 때 발생하는 봉의 최대 변형량은 일과 에너지 원리에 의해 계산할 수 있다. 이 이음 고리가 h 높이에서 낙하함에 따라 1200 N 무게가 한 외적 일은 봉의 최대 변형 상태에서 봉에 축적되는 변형에너지와 같아야 한다. 17.3절을 상기하면, 축 부재에 축적되는 변형에너지는 식 (17.13)과 같이 부재 변형량의 항으로 표현이 가능하다. 따라서,

$$\text{외적 일} = \text{내적 변형에너지}$$

$$F_{st}(h + \delta_{max}) = \frac{AE\delta_{max}^2}{2L}$$

$$\frac{AE}{2L}\delta_{max}^2 - F_{st}(h + \delta_{max}) = 0$$

$$\delta_{max}^2 - 2\frac{F_{st}L}{AE}(h + \delta_{max}) = 0$$

$F_{st}L/AE$는 정적 변형량 δ_{st}를 의미하므로 위 식을 다시 쓰면,

$$\delta_{max}^2 - 2\delta_{st}(h + \delta_{max}) = 0$$

가 되고, 이를 풀어 쓰면

$$\delta_{max}^2 - 2\delta_{st}\delta_{max} - 2\delta_{st}h = 0$$

가 된다.

δ_{max}에 대하여 이 방정식을 풀면 다음과 같은 해를 얻는다.

$$\delta_{max} = \frac{2\delta_{st} \pm \sqrt{(-2\delta_{st})^2 - 4(1)(-2\delta_{st}h)}}{2} = \delta_{st} \pm \sqrt{\delta_{st}^2 + 2\delta_{st}h}$$

양의 근으로부터 봉의 최대 축방향 변형량은 다음과 같이 정적 변형량과 낙하높이 h의 항으로 표현할 수 있다.

$$\delta_{max} = \delta_{st} + \sqrt{\delta_{st}^2 + 2\delta_{st}h} \tag{a}$$

따라서, 이음 고리가 30 mm 높이에서 낙하할 때 봉의 최대 축방향 변형량은 다음과 같이 계산할 수 있다.

$$\begin{aligned}
\delta_{max} &= 0.025465 \text{ mm} + \sqrt{(0.025465 \text{ mm})^2 + 2(0.025465 \text{ mm})(30 \text{ mm})} \\
&= 0.025465 \text{ mm} + 1.236345 \text{ mm} \\
&= 1.261810 \text{ mm} = 1.262 \text{ mm}
\end{aligned}$$

답

(c) 봉에 가해지는 최대 동적 힘은 최대 동적 변형량을 통해 계산할 수 있다. 봉이 탄성거동을 하고 동적 하중에 대한 응력−변형률 곡선이 정적 하중에 대한 것과 동일하다면, 동적 힘에 대한 힘과 변형량 관계식은 다음과 같다.

$$\delta_{max} = \frac{F_{max}L}{AE}$$

따라서 봉에 작용하는 최대 동적 힘과 수직응력은 다음과 같다.

$$F_{max} = \delta_{max} \frac{AE}{L}$$

$$= (1.261810 \text{ mm}) \frac{(176.7146 \text{ mm}^2)(2000000 \text{ N/mm}^2)}{750 \text{ mm}}$$

$$= 59461.4 \text{ N} = 59500 \text{ N} \qquad\qquad\qquad\text{답}$$

봉의 최대 동적 수직응력은 다음과 같다.

$$\sigma_{max} = \frac{F_{max}}{A} = \frac{59461.4 \text{ N}}{176.7146 \text{ mm}^2} = 336 \text{ MPa} \qquad\qquad\text{답}$$

(d) 충격계수 n은 정적 효과에 대한 동적 효과의 비를 의미한다.

$$n = \frac{F_{max}}{F_{st}} = \frac{\delta_{max}}{\delta_{st}} = \frac{\sigma_{max}}{\sigma_{st}}$$

따라서 충격계수는 다음과 같다.

$$n = \frac{1.261810 \text{ mm}}{0.026465 \text{ mm}} = 49.551 \qquad\qquad\qquad\text{답}$$

단순화된 풀이 충격계수 n의 계산을 위해 식 (17.23)과 유사한 수식이 유도될 수 있다. 앞선 풀이에서 유도된 식 (a)은

$$\delta_{mas} = \delta_{st} + \sqrt{\delta_{st}^2 + 2\delta_{st}h}$$

이고 우변은 다음과 같이 쓸 수 있다.

$$\delta_{max} = \delta_{st} + \sqrt{\delta_{st}^2 + \delta_{st}^2 \frac{2h}{\delta_{st}}} = \delta_{st} + \delta_{st}\sqrt{1 + \frac{2h}{\delta_{st}}} = \delta_{st}\left[1 + \sqrt{1 + \frac{2h}{\delta_{st}}}\right]$$

따라서, 충격계수 n은 다음과 같다.

$$n = \frac{\delta_{max}}{\delta_{st}} = 1 + \sqrt{1 + \frac{2h}{\delta_{st}}}$$

위에서 정적 변형량 $\delta_{st} = 0.025465$ mm로 계산되었기 때문에 30 mm 높이에서 낙하할 때 충격계수는 다음과 같다.

$$n = 1 + \sqrt{1 + \frac{2(30 \text{ mm})}{0.025465 \text{ mm}}} = 49.551 \qquad\qquad\text{답}$$

이제 정적 결과값에 충격계수를 곱하여 동적 변형량, 힘 그리고 응력을 계산할 수 있다.

$$\delta_{max} = n\delta_{st} = 49.551(0.025465 \text{ mm}) = 1.262 \text{ mm} \qquad\qquad\text{답}$$

$$F_{max} = nF_{st} = 49.551(1200 \text{ N}) = 59461 \text{ N} \qquad\qquad\text{답}$$

$$\sigma_{max} = n\sigma_{st} = 49.551(6.79061 \text{ MPa}) = 336 \text{ MPa} \qquad\qquad\text{답}$$

예제 17.6

전체 길이 6.0 m의 단순지지보가 있다. 이 보는 A992 강재(E = 200 GPa)로 제작된 W410×75 단면으로 되어 있다. 1200 kg의 블록이 다음과 같이 재하될 때 점 B에서의 수직 처짐과 최대 휨응력을 계산하라.

(a) 정적으로 재하

(b) h = 150 mm 높이에서 낙하

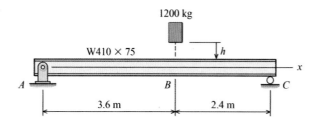

풀이 계획 1200 kg 무게를 갖는 블록에 의한 점 B에서의 정적 처짐과 최대 수직응력을 계산할 수 있다. 일과 에너지 원리에 따라 최대 처짐이 발생한 상태에서 하중에 의한 일과 보에 축적되는 변형에너지가 같다. 이 에너지 균형에 의해 점 B에서의 최대 처짐을 계산할 수 있다. 최대 변형량은 휨응력과 충격계수와 연관된 최대 동적 힘의 계산에 사용된다.

풀이 (a) 정적 재하 하중에 대하여

하중의 정적 재하는 1200 kg의 무게가 h = 0 m 높이에서 천천히 그리고 점진적으로 재하되는 것을 의미한다. 이 보에 사용된 W410×75 형상의 단면 제원은 다음과 같다.

$$d = 414 \text{ mm}$$
$$I = 274 \times 10^6 \text{ mm}^4$$

점 B에서의 처짐: 이 예제 풀이에서는 부록 C에 제시된 집중하중을 받는 단순지지보에서의 처짐공식을 사용한다. 이 보에 대하여 L = 6 m = 6000 mm, a = 3.6 m = 3600 mm, b = 2.4 m = 2400 mm이다. 1200 kg 무게의 블록은 (1200 kg)(9.806650 m/s²) = 11768 N의 정적 하중을 만들고 이에 따라 점 B에는 다음과 같은 수직 처짐이 발생한다.

$$v_{st} = \frac{P_{st}a^2b^2}{3LEI} = \frac{(11768 \text{ N})(3600 \text{ mm})^2(2400 \text{ mm})^2}{3(6000 \text{ mm})(200 \times 10^3 \text{ N/mm}^2)(274 \times 10^6 \text{ mm}^4)}$$
$$= 0.890587 \text{ mm} = 0.891 \text{ mm}$$

답

이전 장들에서는 기호 v는 보의 길이방향 축에 평행한 변형을 표현하는 데에 사용되었다. 이 장에서는 속도를 추가적으로 고려함으로써 기호 v를 속도로 정의하였다. 이 예제에서는 보의 처짐을 검토하고 있으므로 기호 v는 보의 처짐을 표현하는 데에 사용됨을 유의하라.

최대 휨응력: 예제 17.4로부터 점 A에서의 정적 반력은 다음과 같다.

$$A_y = \frac{P_{st}b}{L}$$

따라서 점 B에서 발생하는 최대 휨모멘트는 다음과 같다.

$$M_{st} = A_y a = \frac{P_{st}b}{L}a = \frac{(11768 \text{ N})(2400 \text{ mm})}{6000 \text{ mm}}(3600 \text{ mm}) = 16.9459 \times 10^6 \text{ N·mm}$$

그리고 최대 휨응력은 다음과 같다.

$$\sigma_{st} = \frac{M_{st}c}{I} = \frac{(16.9459 \times 10^6 \text{ N·mm})(414 \text{ mm}/2)}{274 \times 10^6 \text{ mm}^4} = 12.8022 \text{ MPa} = 12.80 \text{ MPa}$$

답

(b) $h = 150$ mm에서 낙하하는 하중에 대하여

일과 에너지 원리를 이용하여 하중이 낙하할 때 발생하는 보의 최대 처짐을 계산할 수 있다. 높이 h에서 블록이 낙하함에 따라 수행되는 외적 일은 최대 처짐 상태에서 보에 축적되는 변형에너지와 같아야 한다. 17.5절을 상기하면, 휨부재에 축적되는 변형에너지는 다음과 같이 식 (17.20)을 통해 부재의 변형 항으로 표현이 가능하다.

$$U = \int_0^L \frac{M^2}{2EI} dx$$

이러한 보 및 하중에 대한 대한 전체 탄성변형에너지는 예제 17.4에서 유도된 바와 같이 다음과 같다.

$$U = \frac{P^2 a^2 b^2}{6LEI}$$

점 B에서의 처짐: 보의 내적 변형에너지가 블록이 아래로 이동함에 따라 중력에 의한 일과 같다고 하면,

$$외적\ 일 = 내적\ 변형에너지$$

$$P_{st}(h + v_{max}) = \frac{P_{max}^2 a^2 b^2}{6LEI} = \frac{3LEI}{2a^2 b^2} v_{max}^2$$

$$\frac{3LEI}{2a^2 b^2} v_{max}^2 - P_{st}(h + v_{max}) = 0$$

$$v_{max}^2 - \frac{2P_{st} a^2 b^2}{3LEI}(h + v_{max}) = 0$$

가 된다.

점 B에서의 정적 처짐 v_{st}은 다음과 같으므로

$$v_{st} = \frac{P_{st} a^2 b^2}{3LEI}$$

이 2차 방정식은 다음과 같이 다시 쓸 수 있다.

$$v_{max}^2 - 2v_{st}(h + v_{max}) = 0$$

이 수식을 전개하면 다음과 같고,

$$v_{max}^2 - 2v_{st} v_{max} - 2v_{st} h = 0$$

이 방정식을 v_{max}에 대하여 풀면 다음과 같은 해를 얻는다.

$$v_{max} = \frac{2v_{st} \pm \sqrt{(-2v_{st})^2 - 4(1)(-2v_{st}h)}}{2} = v_{st} \pm \sqrt{v_{st}^2 + 2v_{st}h} \qquad \text{(a)}$$

하중이 150 mm 높이에서 낙하할 때 점 B에서 발생하는 최대 수직 처짐은 다음과 같이 계산할 수 있다.

$$v_{max} = 0.890587 \text{ mm} + \sqrt{(0.890587 \text{ mm})^2 + 2(0.890587 \text{ mm})(150 \text{ mm})}$$

$$= 0.890587 \text{ mm} + 16.369766 \text{ mm}$$

$$= 17.260353 \text{ mm} = 17.26 \text{ mm} \qquad \text{답}$$

최대 휨응력: 이 보에 작용하는 최대 동적 힘은 최대 동적 처짐으로부터 계산할 수 있다. 이 보는 탄성 거동을 하고 동적 하중에 대한 응력−변형률 곡선이 정적 하중에 대한 것과 같다고 가정한다면, 동적 하중은 다음과 같다.

$$v_{max} = \frac{P_{max}a^2b^2}{3LEI}$$

$$\therefore P_{max} = \frac{3LEI}{a^2b^2}v_{max} = \frac{3(6000 \text{ mm})(200 \times 10^3 \text{ N/mm}^2)(274 \times 10^6 \text{ mm}^4)}{(3600 \text{ mm})^2(2400 \text{ mm})^2}(17.260353 \text{ mm})$$

$$= 228.074 \times 10^3 \text{ N} = 228.074 \text{ kN}$$

이 보의 최대 동적 휨모멘트는 다음과 같고,

$$M_{max} = \frac{P_{max}b}{L}a = \frac{(228.074 \times 10^3 \text{ N})(2400 \text{ mm})}{6000 \text{ mm}}(3600 \text{ mm}) = 328.4262 \times 10^6 \text{ N·mm}$$

최대 휨응력은 다음과 같다.

$$\sigma_{max} = \frac{M_{max}c}{I} = \frac{(328.4262 \times 10^6 \text{ N·mm})(414 \text{ mm}/2)}{274 \times 10^6 \text{ mm}^4} = 248.118 \text{ MPa} = 248 \text{ MPa} \qquad \text{답}$$

충격계수 n는 다음과 같음을 유념하라.

$$n = \frac{v_{max}}{v_{st}} = \frac{17.260353 \text{ mm}}{0.890587 \text{ mm}} = 19.381$$

단순화된 풀이 이 보의 충격계수 n에 대하여 식 (17.23)과 유사한 수식이 유도될 수 있다. 앞선 풀이에서 유도된 식 (a)는 다음과 같다.

$$v_{max} = v_{st} \pm \sqrt{v_{st}^2 + 2v_{st}h}$$

이 식의 우변을 다음과 같이 정리할 수 있고,

$$v_{max} = v_{st}\left[1 + \sqrt{1 + \frac{2h}{v_{st}}}\right]$$

따라서 충격계수 n은 다음과 같다.

$$n = \frac{v_{max}}{v_{st}} = 1 + \sqrt{1 + \frac{2h}{v_{st}}}$$

앞 절에서 정적 처짐 $v_{st} = 0.890587$ mm이 계산되었다. 이 정적 처짐을 통해 150 mm 높이에서 낙하할 때의 충격계수는 다음과 같다.

$$n = 1 + \sqrt{1 + \frac{2(150 \text{ mm})}{0.890587 \text{ mm}}} = 19.381 \qquad \text{답}$$

이제 정적 응답에 충격계수를 곱하여 동적 변형량과 휨응력을 계산할 수 있다.

$$v_{max} = nv_{st} = 19.381(0.890587 \text{ mm}) = 17.26 \text{ mm} \qquad \text{답}$$

$$\sigma_{max} = n\sigma_{st} = 19.381(12.8022 \text{ MPa}) = 248 \text{ MPa} \qquad \text{답}$$

예제 17.7

이음 고리 D가 아래 방향으로 180 mm의 거리를 마찰 없이 미끄러져 하강한 후 봉 ABC 하단에 고정된 헤드를 타격한다. 이 봉은 알루미늄($E = 70$ GPa)으로 제작되었고, 지름 18 mm 및 25 mm의 두 세그먼트 (1)과 (2)로 구성되어 있다.

(a) 봉의 최대 수직응력이 240 MPa가 되게 하는 이음 고리의 최대 질량을 구하라.

(b) 세그먼트 (2)의 지름을 18 mm로 줄일 때, 봉의 최대 수직응력이 240 MPa가 되게 하는 이음 고리의 최대 질량을 구하라.

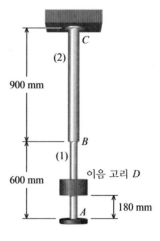

풀이 계획 최대 수직응력을 이용해 더 작은 단면적을 갖는 세그먼트 (1)에서 허용되는 최대 동적 힘을 계산한다. 최대 하중 상태에서 봉에 축적되는 전체 변형에너지를 계산한다. 이 봉의 최대 변형량 계산을 위해 최대 하중에 의해 수행된 일과 전체 변형에너지가 같다는 식을 구성한다. 동적 변형량과 낙하높이를 이용하여 정적 변형량을 먼저 구하고 정적 하중을 계산한다. 정적 하중으로부터 허용 질량을 결정한다. 이 과정을 18 mm의 일정한 지름을 갖는 봉에 대하여 반복수행하고 두 경우에서의 허용 질량을 비교해보라.

풀이 (a) 두 세그먼트의 단면적은 다음과 같다.

$$A_1 = \frac{\pi}{4}(18 \text{ mm})^2 = 254.4690 \text{ mm}^2$$

$$A_2 = \frac{\pi}{4}(25 \text{ mm})^2 = 490.8739 \text{ mm}^2$$

최대 수직응력은 세그먼트 (1)에서 발생한다. 240 MPa 한계를 초과하지 않는 범위에서 이 세그먼트에 작용할 수 있는 최대 동적 하중은 다음과 같다.

$$P_{\max} = \sigma_{\max} A_1 = (240 \text{ N/mm}^2)(254.4690 \text{ mm}^2) = 61072.6 \text{ N}$$

이 동적 하중에 대하여, 봉 ABC의 변형에너지는 식 (17.14)를 통해 계산할 수 있다.

$$
\begin{aligned}
U_{\text{total}} &= \frac{F_1^2 L_1}{2A_1 E_1} + \frac{F_2^2 L_2}{2A_2 E_2} \\
&= \frac{(61072.6 \text{ N})^2}{2(70000 \text{ N/mm}^2)}\left[\frac{600 \text{ mm}}{254.4690 \text{ mm}^2} + \frac{900 \text{ mm}}{490.8739 \text{ mm}^2}\right] \\
&= 111664.5 \text{ N·mm}
\end{aligned}
$$

충격 하중에 의해 발생하는 전체 봉의 최대 변형량의 계산을 위해 봉에 축적되는 변형에너지와 낙하하는 이음 고리에 의한 일이 같음을 수식화한다.

$$\frac{1}{2}P_{\max}\delta_{\max} = 111664.5 \text{ N·mm}$$

$$\delta_{\max} = \frac{2(111664.5 \text{ N·mm})}{61072.6 \text{ N}} = 3.6568 \text{ mm}$$

전체 봉의 정적 변형량은 예제 17.5에서 유도된 바와 같이 다음과 같은 수식을 통해 동적 변형량과 연관지을 수 있다.

$$\delta_{\max}^2 - 2\delta_{\text{st}}(h + \delta_{\max}) = 0$$

따라서 정적 변형량은 다음과 같다.

$$\delta_{st} = \frac{\delta_{max}^2}{2(h+\delta_{max})} = \frac{(3.6568 \text{ mm})^2}{2(180 \text{ mm}+3.6568 \text{ mm})} = 0.036405 \text{ mm}$$

또한 이 봉의 정적 변형은 다음과 같이 표현될 수 있다.

$$\delta_{st} = \frac{F_1 L_1}{A_1 E_1} + \frac{F_2 L_2}{A_2 E_2} = \frac{F_{st}}{E}\left[\frac{L_1}{A_1} + \frac{L_2}{A_2}\right]$$

$$\therefore F_{st} = \frac{(0.036405 \text{ mm})(70000 \text{ N/mm}^2)}{\dfrac{600 \text{ mm}}{254.4690 \text{ mm}^2} + \dfrac{900 \text{ mm}}{490.8739 \text{ mm}^2}} = 608.00 \text{ N}$$

결과적으로, 낙하하는 이음 고리의 최대 질량은 다음과 같다.

$$m = \frac{F_{st}}{g} = \frac{608.00 \text{ N}}{9.807 \text{ m/s}^2} = 62.0 \text{ kg} \qquad \text{답}$$

이 봉이 18 mm의 지름을 갖는 균일단면 봉이라면, 전체 변형에너지는 다음과 같다.

$$U_{total} = \frac{F^2 L}{2AE} = \frac{(61072.6 \text{ N})^2 (1500 \text{ mm})}{2(70000 \text{ N/mm}^2)(254.4690 \text{ mm}^2)}$$
$$= 157043.9 \text{ N·mm}$$

봉의 최대 변형량을 계산하기 위해 낙하하는 이음 고리가 한 일과 이 균일단면 봉에 축적되는 변형에너지가 같다는 원리를 이용하면,

$$\frac{1}{2} P_{max} \delta_{max} = 157043.9 \text{ N·mm}$$

$$\delta_{max} = \frac{2(157043.9 \text{ N·mm})}{61072.6 \text{ N}} = 5.1429 \text{ mm}$$

가 된다.

앞선 풀이과정과 같이, 정적 처짐을 다음과 같이 계산한다.

$$\delta_{st} = \frac{\delta_{max}^2}{2(h+\delta_{max})} = \frac{(5.1429 \text{ mm})^2}{2(180 \text{ mm}+5.1429 \text{ mm})} = 0.071430 \text{ mm}$$

또한 정적 하중은 다음과 같다.

$$\delta_{st} = \frac{F_{st} L}{AE}$$

$$\therefore F_{st} = \frac{(0.071430 \text{ mm})(254.4690 \text{ mm}^2)(70000 \text{ N/mm}^2)}{1500 \text{ mm}} = 848.25 \text{ N}$$

결과적으로, 이 봉이 18.0 mm의 동일한 지름을 갖는 원형단면으로 구성되어 있다면 낙하할 수 있는 최대 질량은 다음과 같다.

$$m = \frac{F_{st}}{g} = \frac{848.25 \text{ N}}{9.807 \text{ m/s}^2} = 86.5 \text{ kg} \qquad \text{답}$$

(b)의 경우에서의 허용 질량은 (a)의 경우에서의 허용 질량 대비 40% 정도 더 큰 것에 유의하라.

해설: (a)와 (b) 경우의 결과를 보면, 봉의 일부 재료가 제거될 때 오히려 더 큰 질량이 낙하할 수 있다는 것을 의미하기 때문에 이는 역설적인 것처럼 보인다. 이 명백한 모순은 변형에너지 밀도를 고려함으로써 가장 잘 설명할 수 있다. 동적 하중을 받는 18 mm 지름의 세그먼트에서의 변형에너지 밀도는 다음과 같다.

$$u_1 = \frac{\sigma_1^2}{2E_1} = \frac{(240 \text{ MPa})^2}{2(70000 \text{ MPa})} = 0.4114 \text{ MPa}$$

이 변형에너지 밀도는 아래에 도시된 응력-변형률 곡선의 면적 OCD에 의해 표현된다. 최대동적하중에 대한 25 mm 지름의 세그먼트에서의 변형에너지 밀도(응력-변형률 곡선의 면적 OAB)는 다음과 같다.

$$\sigma_2 = \frac{61072.6 \text{ N}}{490.8739 \text{ mm}^2} = 124.416 \text{ MPa}$$

$$u_2 = \frac{\sigma_2^2}{2E_2} = \frac{(124.416 \text{ MPa})^2}{2(70000) \text{ MPa}} = 0.1106 \text{ MPa}$$

지름 25 mm 세그먼트의 변형에너지 밀도는 지름 18 mm 세그먼트의 변형에너지 밀도의 1/4 정도이다. 이 세그먼트의 지름이 18 mm로 줄어든다면 세그먼트 (2)의 체적은 약 절반이 된다. 그러나, 이 세그먼트 내의 단위 체적이 흡수하는 변형에너지는 약 4배(면적 OCD와 OAB를 비교)가 되어 결과적으로 에너지 흡수 능력 측면에서 이득이 된다. 이 예제에서 검토된 봉에서 얻는 이득은 낙하하는 이음 고리의 허용 질량에 대하여 약 40% 증가함을 의미한다.

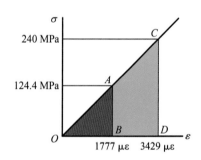

예제 17.8

바깥지름 33 mm, 벽두께 3 mm의 강관으로 제작된 캔틸레버 기둥 AB가 있다. 30 kg의 블록이 v_0의 속도로 수평으로 이동하여 이 기둥의 점 B를 정면으로 타격한다. 이 기둥에 발생하는 최대 수직응력이 190 MPa를 초과하지 않는 선에서의 최대 속도 v_0는 얼마인가? 강관의 탄성계수는 $E = 200$ GPa로 가정한다.

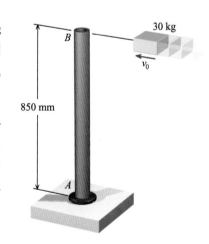

풀이 계획 허용 수직응력과 기둥의 단면제원을 이용하여 최대 동적 모멘트를 계산한다. 그 후 최대 허용 동적 하중과 이에 대응하여 점 B에서 발생하는 수평 처짐을 계산한다. 기둥에서 수행되는 일과 블록의 운동에너지이 관계를 정립하기 위해 에너지 보존법칙을 사용하고 이를 통해 최대 속도 v_0를 계산한다.

풀이 강관의 단면2차모멘트는 다음과 같다.

$$I = \frac{\pi}{64} \left[(33 \text{ mm})^4 - (27 \text{ mm})^4 \right] = 32127.7 \text{ mm}^4$$

수직응력의 최댓값 190 MPa를 초과하지 않는 범위에서 기둥의 A 위치에서 발생할 수 있는 최대 동적 모멘트는 다음과 같다.

$$M_{max} = \frac{\sigma_{max}I}{c} = \frac{(190 \text{ N/mm}^2)(32126.7 \text{ mm}^4)}{33 \text{ mm}/2} = 369944 \text{ N·mm}$$

이 캔틸레버 기둥의 길이는 850 mm이므로, 최대 허용 동적 하중은 다음과 같다.

$$P_{max} = \frac{369944 \text{ N·mm}}{850 \text{ mm}} = 435.2 \text{ N}$$

부록 C로부터, 기둥의 B 위치에서 발생하는 최대 수평 변위는 다음과 같다.

$$v_{max} = \frac{P_{max}L^3}{3EI} = \frac{(435.2 \text{ N})(850 \text{ mm})^3}{3(200000 \text{ N/mm}^2)(32127.7 \text{ mm}^4)} = 13.865 \text{ mm}$$

참고: 이 교재의 전 장들에서는 기호 v를 보의 길이방향 축과 평행한 방향의 변형을 정의하는 데에 사용하였다. 이 장에서는 추가적인 고려항목으로 속도를 소개하였고, 기호 v는 속도로서도 사용되었다. 이 예제에서는 보의 처짐과 블록의 속도 모두 고려된다. 이 예제의 문맥과 기호 v의 아래첨자를 통해 이 기호가 의미하는 물리량(보의 처짐 또는 블록의 속도)을 명확히 알 수 있지만 이 기호가 사용된 문맥에 대해 한번 더 유의하도록 한다.

에너지 보존법칙에 따라 기둥에서 수행된 일은 블록의 운동에너지와 같아야 한다.

$$\frac{1}{2}P_{max}v_{max} = \frac{1}{2}mv_0^2$$

참고: 이 식의 좌변에서, v_{max}는 변위를 의미한다. 또한 우변의 v_0는 속도를 의미한다.

따라서, 블록의 최대 속도는 다음을 초과해서는 안 된다.

$$v_0 = \sqrt{\frac{P_{max}v_{max}}{m}} = \sqrt{\frac{(435.2 \text{ N})(0.013865 \text{ m})}{30 \text{ kg}}} = 0.448 \text{ m/s}$$ 답

이 문제는 식 (17.26)에서 제시된 충격계수를 통해서도 풀이가 가능하다. 이 블록의 무게는 (30 kg)(9.807 m/s²) = 294.2 N이다. 만약 이 힘이 기둥의 B 위치에서 수평방향으로 점진적으로 작용한다면 이때 발생하는 정적 처짐은 다음과 같다.

$$v_{st} = \frac{P_{st}L^3}{3EI} = \frac{(294.2 \text{ N})(850 \text{ mm})^3}{3(200000 \text{ N/mm}^2)(32127.7 \text{ mm}^4)} = 9.373 \text{ mm}$$

B 위치에서의 정적 및 동적 변위를 통해 충격계수는 다음과 같이 계산할 수 있다.

$$n = \frac{v_{max}}{v_{st}} = \frac{13.866 \text{ mm}}{9.373 \text{ mm}} = 1.479$$

식 (17.26)으로부터, 수평방향으로 움직이는 이 중량체의 충격계수는 다음과 같다.

$$n = \sqrt{\frac{v_0^2}{gv_{st}}}$$

그리고 최대 속도 v_0는 다음과 같이 결정된다.

$$v_0 = \sqrt{n^2 gv_{st}}$$

$$= \sqrt{(1.479)^2 (9.807 \text{ m/s}^2)(0.009373 \text{ m})}$$
$$= 0.448 \text{ m/s}$$

답

PROBLEMS

P17.15 그림 P17.15/16과 같이 25 kg 이음 고리가 높이 $h =$ 75 mm에서 낙하할 때 지름 19 mm의 강봉은 에너지를 충분히 흡수할 수 있어야 한다. 강봉의 최대 응력이 210 MPa를 초과하지 않도록 하는 강봉의 최소 길이 L을 구하라. (단, 탄성계수 E $= 200$ GPa)

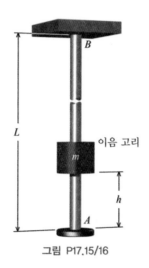

그림 P17.15/16

P17.16 그림 P17.15/16과 같이 16 kg 이음 고리가 높이 h에서 낙하할 때 길이가 500 mm인 강봉[$E = 200$GPa]은 에너지를 충분히 흡수할 수 있어야 한다. 강봉의 지름이 10 mm일 때, 최대 응력이 210 MPa를 초과하지 않도록 하는 고리의 최대 낙하높이 h를 구하라.

P17.17 그림 P17.17과 같이 무게 $W = 20$ kN인 물체가 높이 h

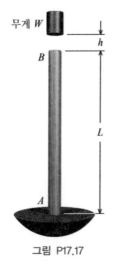

그림 P17.17

$= 600$ mm에서 250 mm 지름의 목재 기둥의 상단으로 떨어진다. 기둥의 길이는 $L = 7.5$ m이고 탄성계수는 $E = 10.3$ GPa일 때 다음을 구하라. (단, 기둥의 좌굴 현상은 무시한다.)
(a) 충격계수 n
(b) 기둥의 막대의 최대 수축량
(c) 기둥의 최대 압축응력

P17.18 그림 P17.18/19와 같이 이음 고리 D는 높이 h에서 마찰 없이 낙하하여 알루미늄[$E = 69$ GPa]으로 제작된 봉 ABC의 끝에 고정된 헤드에 충돌한다. 봉 (1)의 길이는 $L_1 = 400$ mm이고 지름은 $d_1 = 36$ mm이다. 봉 (2)의 길이는 $L_2 = 700$ mm이고 지름은 $d_2 = 20$ mm이다. 이음 고리 D의 무게가 350 N일 때 봉의 최대 응력이 165 MPa를 초과하지 않도록 하는 이음 고리의 최대 낙하높이 h를 구하라.

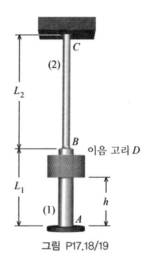

그림 P17.18/19

P17.19 그림 P17.18/19와 같이 이음 고리 D는 높이 $h = 75$ mm 에서 마찰 없이 낙하하여 알루미늄[$E = 69$ GPa]으로 제작된 봉 ABC의 끝에 고정된 헤드에 충돌한다. 봉 (1)의 길이는 $L_1 =$ 250 mm이고 지름은 $d_1 = 20$ mm이다. 봉 (2)의 길이는 $L_2 =$ 425 mm이고 지름은 $d_2 = 14$ mm이다. 이음 고리 D의 무게가 90 N일 때 다음을 구하라.
(a) 이 충격에 해당하는 등가 정하중
(b) 봉 (1)에 발생하는 최대 수직응력
(c) 봉 (2)에 발생하는 최대 수직응력

P17.20 그림 P17.20/21과 같이 이음 고리 D는 높이 $h = 300$ mm 에서 마찰 없이 낙하하여 봉 ABC의 끝에 고정된 헤드에 충돌한

다. 봉 (1)은 알루미늄[$E_1 = 70$ GPa]으로 제작하였으며 길이는 $L_1 = 800$ mm이고 지름은 $d_1 = 12$ mm이다. 봉 (2)는 청동[$E_2 = 105$ GPa]으로 제작하였으며 길이는 $L_2 = 1300$ mm이고 지름은 $d_2 = 16$ mm이다. 알루미늄 봉 (1)의 최대 수직응력이 200 MPa를 초과하지 않도록 하는 이음 고리의 허용 질량을 구하라.

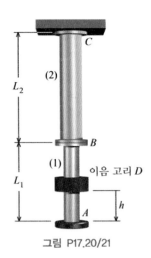

그림 P17.20/21

P17.21 그림 P17.20/21과 같이 질량이 11 kg인 이음 고리 D는 높이 h에서 마찰 없이 낙하하여 봉 ABC의 끝에 고정된 헤드에 충돌한다. 봉 (1)은 알루미늄[$E_1 = 70$ GPa]으로 제작하였으며 길이는 $L_1 = 600$ mm이고 지름은 $d_1 = 12$ mm이다. 막대 (2)는 청동[$E_2 = 105$ GPa]으로 제작하였으며 길이는 $L_2 = 1000$ mm이고 지름은 $d_2 = 16$ mm이다. 알루미늄 봉 (1)의 최대 수직응력이 250 MPa를 초과하지 않도록 하는 이음 고리의 최대 높이 h를 구하라.

P17.22 그림 P17.22와 같이 질량이 12 kg인 물체가 기둥 위에 설치된 스프링 상단에 높이 $h = 300$ mm에서 순간속도 $v = 1.5$ m/s로 떨어지고 있다. 청동으로 제작한 기둥의 길이는 $L = 450$ mm, 지름은 60 mm이고 탄성계수는 $E = 105$ GPa이다. 다음을 구하라.
(a) 스프링 강성이 $k = 5000$ N/mm인 경우 충격계수
(a) 스프링 강성이 $k = 500$ N/mm인 경우 충격계수

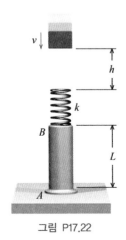

그림 P17.22

P17.23 그림 P17.23과 같이 청동[$E = 105$ GPa, $\sigma_Y = 330$ MPa]으로 길이가 $L = 1.5$ m이고 지름이 32 mm 봉 AB를 제작하여 이음 고리 C가 이동할 수 있도록 하였다. 이음 고리 C는 봉 AB를 따라 $v_0 = 3.5$ m/s의 속도로 움직여 B에 충돌한다. 봉의 항복에 대한 안전계수가 4일 경우 이음 고리 C의 최대 허용 질량을 구하라.

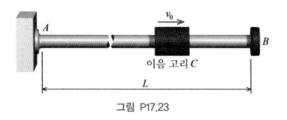

그림 P17.23

P17.24 그림 P17.24/25와 같이 지름 20 mm의 봉 AB 및 CD에 연결된 이음쇠 BD에 블록 E가 속도 $v_0 = 3$ m/s로 정면충돌한다. 봉은 6061–T6 알루미늄으로 제작하였으며 항복강도는 $\sigma_Y = 276$ MPa이고 탄성계수는 $E = 69$ GPa이다. 두 봉의 길이는 $L = 1.5$ m이고 이음쇠 BD는 강체로 간주한다. 봉의 항복에 대한 안전계수가 3일 경우 블록 E의 최대 허용 질량을 구하라.

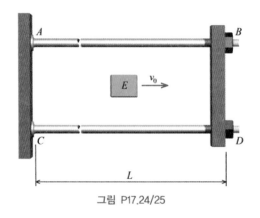

그림 P17.24/25

P17.25 그림 P17.24/25와 같이 지름 8 mm의 봉 AB 및 CD에 연결된 이음쇠 BD에 무게가 40 N인 블록 E가 속도 v_0로 정면충돌한다. 봉은 6061–T6 알루미늄으로 제작하였으며 항복강도는 $\sigma_Y = 276$ MPa이고 탄성계수는 $E = 69$ GPa이다. 두 봉의 길이는 $L = 750$ mm이고 이음쇠 BD는 강체로 간주한다. 봉의 항복에 대한 안전계수가 3일 경우 블록 E의 최대 허용 속도 v_0를 구하라.

P17.26 그림 P17.26과 같이 길이 $L = 9$ m인 I형 단면 강재 보의 중간에 120 kg인 블록 D가 높이 h에서 떨어진다. I형 단면 보의 관성모멘트 $I = 201 \times 10^6$ mm⁴이고 깊이는 $d = 351$ mm이며 탄성계수는 $E = 200$ GPa이다. 충격으로 인한 최대 휨 응력은 225 MPa를 초과해서는 안 된다. 낙하 블록이 최대 동적 휨응력을 발생시키는 경우 다음을 구하라.
(a) 등가 정하중

(b) B에서의 동적 처짐

(c) 120 kg 블록 D를 떨어뜨릴 수 있는 최대 높이 h

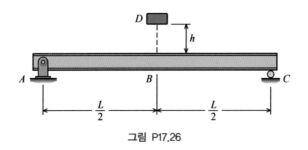

그림 P17.26

P17.27 그림 P17.27과 같이 길이 $L=6$ m인 I형 단면 강재 캔틸레버보의 끝단에 120 kg인 블록 C가 높이 h에서 떨어진다. I형 단면 보의 관성모멘트 $I=125\times10^6$ mm^{4}이고 깊이는 $d=300$ mm이며 탄성계수는 $E=200$ GPa, 항복응력은 $\sigma_Y=340$ MPa이다. 충격으로 인한 최대 휨 응력에 의해 발생되는 항복에 대한 안전계수는 2.5이다. 낙하 블록이 최대 동적 휨응력을 발생시키는 경우 다음을 구하라.

(a) 등가 정하중

(b) A에서의 동적 처짐

(c) 120 kg 블록 D를 떨어뜨릴 수 있는 최대 높이 h

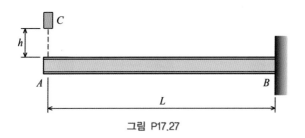

그림 P17.27

P17.28 그림 P17.28/29와 같은 내민 보 $ABC(a=2.5$ m 및 $b=1.5$ m)는 알루미늄 I형 단면으로 제작되었다. I형 단면의 관성모멘트는 $I=25\times10^6$ mm^4, 깊이는 $d=200$ mm, 그리고 탄성계수는 $E=70$ GPa이다. 질량이 90 kg인 블록 D를 높이 $h=1.5$ m에서 내민보의 끝단 C에 떨어뜨리는 경우 다음을 구하라.

(a) 보에 발생하는 최대 휨응력

(b) 점 C의 최대 처짐

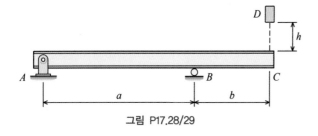

그림 P17.28/29

P17.29 그림 P17.28/29와 같은 내민 보 $ABC(a=3.5$ m 및 $b=1.75$ m)는 알루미늄 I형 단면으로 제작되었다. I형 단면의 관

성모멘트는 $I=25\times10^6$ mm^4, 깊이는 $d=200$ mm, 그리고 탄성계수는 $E=70$ GPa이다. 질량이 110 kg인 블록 D를 높이 h에서 내민 보의 끝단 C에 떨어뜨린다. 충격으로 인한 최대 휨응력은 125 MPa를 초과해서는 안 된다. 다음을 구하라.

(a) C에서 허용되는 최대 동적 하중

(b) 충돌계수 n

(c) 110 kg의 블록 D가 낙하할 수 있는 최대 높이 h

P17.30 I형 강재 단면으로 제작된 길이가 $L=7.5$ m인 보($a=2.5$ m 및 $b=5.0$ m)에 무게가 1200 N인 블록 D가 높이 $h=2$ m에서 떨어진다. 강재 I형 단면의 관성모멘트는 $I=163\times10^6$ mm^4, 깊이 $d=310$ mm, 탄성계수 $E=200$ GPa이다. 다음을 구하라.

(a) 보에 작용되는 동하중

(b) 보에 발생하는 최대 휨응력

(c) 점 B에서의 처짐

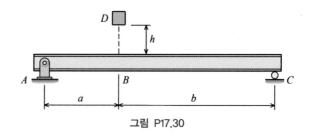

그림 P17.30

P17.31 그림 P17.31과 같이 단순지지된 목재 보에 35 kg 블록 D가 높이 $h=0.6$ m에서 떨어진다. 목재 단면은 200 mm$\times$200 mm 정사각형이고 탄성계수는 $E=11$ GPa이다. 보의 길이는 $L=4.0$ m이며, 지점 A와 C에는 강성 $k=150$ N/mm인 스프링이 설치되었다. 다음을 구하라.(단 지점에 설치된 스프링은 보의 회전을 구속하지 않는다.)

(a) 점 B의 최대 처짐

(b) 점 B에서 동일한 처짐을 일으키는 등가 정하중

(c) 목재 보에 발생되는 최대 휨응력

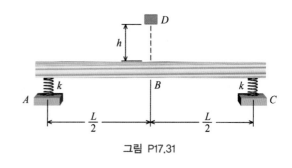

그림 P17.31

P17.32 그림 P17.32과 같이 단순지지된 길이가 $L=5.5$ m인 강재 보의 중간에 설치된 스프링(스프링상수 $k=100$ kN/m) 상단에 120 kg 블록이 높이 $h=1400$ mm에서 1.25 m/s의 속도로 떨어지고 있다. 강재 보의 관성모멘트는 $I=70\times10^6$ mm^{4}이고 깊

이는 $d = 250$ mm이고 탄성계수는 $E = 200$ GPa이다. 다음을 구하라.

(a) 점 B의 최대 처짐

(b) 점 B에서 동일한 처짐을 일으키는 등가 정하중

(c) 강재 보에 발생되는 최대 휨응력

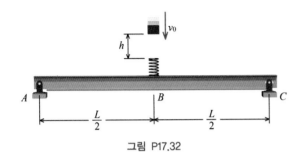

그림 P17.32

P17.33 길이가 $L = 2.25$ m인 기둥 AB가 강재 HSS 단면으로 제작되었다. 강재 HSS 단면의 관성모멘트는 $I = 8.7 \times 10^6$ mm^4, 깊이 $d = 150$ mm, 항복강도 $\sigma_Y = 315$ MPa, 탄성계수 $E = 200$ GPa이다. 그림 P17.33/34와 같이 질량 $m = 25$ kg인 물체가 v_0의 속도로 기둥의 상단 B에 충돌한다. 기둥의 최대 휨응력에 대한 안전계수가 1.5일 경우 물체의 최대 허용 속도 v_0를 구하라.

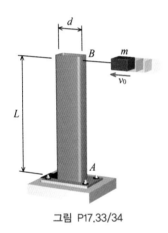

그림 P17.33/34

P17.34 길이가 $L = 4.2$ m인 기둥 AB가 강재 HSS 단면으로 제작되었다. 강재 HSS 단면의 관성모멘트는 $I = 24.4 \times 10^6$ mm^4, 깊이 $d = 2000$ mm, 항복강도 $\sigma_Y = 315$ MPa, 탄성계수 $E = 200$ GPa이다. 그림 P17.33/34와 같이 질량이 m인 물체가 $v_0 = 4.5$ m/s의 속도로 기둥의 상단 B에 충돌한다. 기둥의 최대 휨응력에 대한 안전계수가 1.75일 경우 물체의 최대 허용 질량 m을 구하라.

P17.35 그림 P17.35와 같이 단순지지된 강재 보의 중간점 B에 180 kg인 물체가 $v_0 = 2.5$ m/s의 속도로 충돌하였다. 보의 길이는 $L = 4$ m, 단면2차모멘트는 $I = 15 \times 10^6$ mm^4, 깊이는 $d = 155$ mm, 탄성계수는 $E = 200$ GPa이다. 다음을 구하라.

(a) 보에 작용되는 최대 동하중

(b) 강재 보의 최대 휨응력

(c) 점 B에서의 최대 처짐

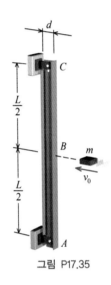

그림 P17.35

17.7 단일 하중에서의 일-에너지법

17.2절에서 논의한 바와 같이, 에너지 보존의 법칙은 닫힌 시스템의 에너지는 새로 생성되거나 또는 소멸되지 않고 단지 다른 형태로 전환된다는 것을 말한다. 변형 가능한 물체에 작용하는 외력에 의한 일은 내적 변형에너지로 전환된다. 또한 열의 형태로 손실되는 에너지가 없다고 가정할 때, 변형에너지 U는 외적 일 W와 크기가 같다.

$$W = U \tag{17.27}$$

이 원리는 특정한 조건에서의 부재 또는 구조물에서 발생하는 변위나 기울기 등을 결정할 때 유용하게 활용될 수 있다. 특히, 부재 및 구조물은 단일 집중하중 또는 단일 집중모멘트를 받아야 하고, 이에 대한 변위는 단일 하중의 재하 위치에서 하중이 작용하는 방향으로만 결정된다. 이 방법은 왜 단일한 하중 또는 모멘트에 대해서만 한정되는가? 식 (17.27)은 이 방법에서 사용 가능한 유일한 수식이다. 구조물의 변형에너지 U는 단일한 요소이다. 변형 가능한 물체에 작용하는 외적 힘에 의해 수행되는 일 W는 힘과 힘의 작용방향으로의 변위와의 곱의 절반 값이다(17.2절 참조). 이와 유사하게, 변형 가능한 물체에 작용하는 외적 모멘트에 의해 수행되는 일 W는 모멘트와 모멘트 작용방향으로의 회전변위와의 곱의 절반 값이다(17.5절 참조). 결론적으로, 하나 이상의 외적 힘 또는 모멘트가 작용하면 식 (17.27)의 W는 하나 이상의 미지의 변위 또는 회전각을 갖게 된다. 분명한 것은, 하나의 수식으로는 하나 이상의 미지수를 풀 수 없다.

축 변형, 비틀림 변형 및 휨 변형 시의 변형에너지에 대한 수식들이 17.3절, 17.4절 그리고 17.5절에 소개되었다. 이를 상기하면, 균일단면을 갖는 축부재의 변형에너지는 식 (17.12)로부터 결정될 수 있다.

$$U = \frac{P^2 L}{2AE}$$

n개의 균일단면 축부재로 구성된 복합적인 축부재 또는 구조물에서의 총 변형에너지는 식 (17.14)와 같다.

$$U = \sum_{i=1}^{n} \frac{F_i^2 L_i}{2A_i E_i}$$

균일단면을 갖는 비틀림 부재의 변형에너지는 식 (17.16)으로 결정될 수 있다.

$$U = \frac{T^2 L}{2JG}$$

복합적인 비틀림 부재의 총 변형에너지는 식 (17.18)로 계산할 수 있다.

$$U = \sum_{i=1}^{n} \frac{T_i^2 L_i}{2J_i G_i}$$

휨 부재에 저장되는 변형에너지는 식 (17.20)으로 결정될 수 있다.

$$U = \int_0^L \frac{M^2}{2EI} dx$$

변형되는 축부재에 작용한 힘이 한 외적 일은 다음과 같다.

$$W = \frac{1}{2} P\delta$$

여기서, δ는 힘의 작용방향으로 힘이 이동한 거리(축방향 변형과 동일)이다. 샤프트에 작용하는 토크가 한 외적 일은 다음과 같다.

$$W = \frac{1}{2}T\phi$$

여기서, ϕ는 외부 토크가 회전시키는 회전각도(라디안 단위)이다. 단일 외력을 받는 보에서 외력에 의한 일은 다음과 같다.

$$W = \frac{1}{2}Pv$$

여기서, v는 외력의 작용점에서 외력의 작용방향으로 발생하는 보의 처짐이다. 만일 보가 단일 외부 집중모멘트를 받는다면, 이 외부 모멘트에 의한 일은 다음과 같다.

$$W = \frac{1}{2}M\theta$$

여기서, θ는 외부 집중모멘트의 작용점에서의 보의 변위각(dv/dx)이다.

일-에너지법은 단순 트러스 또는 축부재의 조합으로 구성된 구조물의 처짐을 구하는 데도 활용된다. 이러한 구조물에 작용하는 단일 외력에 의한 일은 다음과 같다.

$$W = \frac{1}{2}P\varDelta$$

여기서, $\varDelta$는 힘의 작용점에서 작용방향으로 발생하는 구조물의 처짐이다. 반복하면, 이 절에서 다루는 방법은 단일 하중을 받는 구조물에만 적용이 가능하고 또한 작용하중방향으로 발생하는 변위만이 계산될 수 있다.

일-에너지법의 적용이 한계가 있지만, 이것은 다음 절에서 다루는 좀 더 유용한 에너지법의 도입으로 받아들이는 것이 좋다. 다음 절에서의 에너지법은 부재 또는 구조물의 처짐 해석에 완전히 일반적으로 활용이 가능하다.

예제 17.9

그림과 같이 인장재 (1)과 관형 버팀재 (2)가 50 kN의 하중을 지지하고 있다. 인장재 및 버팀재의 단면적은 각각 $A_1 = 650$ mm^2, $A_2 = 925$ mm^{2}이다. 각 부재는 탄성계수 $E = 200$ GPa의 강재로 제작되었다. 이 두 부재가 결합한 구조물의 점 B에서 발생하는 수직 처짐을 계산하라.

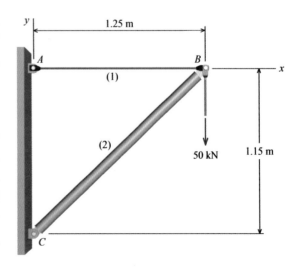

풀이 계획 절점 B에 대한 자유물체도로부터, 부재 (1)과 (2)의 내력으로서의 축력이 계산된다. 식 (17.12)로부터 각 부재의 변형에너지가 계산된다. 결합체의 전체 변형에너지는 두 부재의 변형에너지의 합으로부터 구할 수 있다. 전체 변형에너지는 50 kN의 하중이 점 B가 아래로 처지면서 수행하는 일과 같다. 이 에너지 보존식으로부터 절점 B에서 아래로 향하는 처짐을 계산할 수 있다.

풀이 부재 (1)과 (2)의 내력으로서의 축력은 절점 B에서의 자유물체도를 통해 계산할 수 있다. 수평방향으로의 힘의 합은 다음과 같다.

$$\sum F_x = -F_1 - F_2 \cos 42.61° = 0$$

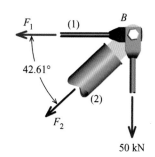

또한 수직방향 힘의 합은 다음과 같이 나타낸다.

$$\sum F_y = -F_2 \sin 42.61° - 50 \text{ kN} = 0$$

$$\therefore F_2 = -73.85 \text{ kN}$$

이 결과를 앞 수식(수평방향 힘의 합력식)에 대입하면,

$$F_1 = 54.36 \text{ kN}$$

가 된다.

인장재 (1)의 변형에너지는 다음과 같다.

$$U_1 = \frac{F_1^2 L_1}{2 A_1 E}$$

$$= \frac{(54.36 \text{ kN})^2 (1.25 \text{ m})(1000 \text{ N/kN})^2}{2(650 \text{ mm}^2)(200000 \text{ N/mm}^2)} = 14.2068 \text{ N·m}$$

기울어진 관형 버팀재 (2)의 길이는 다음과 같다.

$$L_2 = \sqrt{(1.25 \text{ m})^2 + (1.15 \text{ m})^2} = 1.70 \text{ m}$$

따라서, 이 부재의 변형에너지는 다음과 같다.

$$U_2 = \frac{F_2^2 L_2}{2 A_2 E} = \frac{(-73.85 \text{ kN})^2 (1.70 \text{ m})(1000 \text{ N/kN})^2}{2(925 \text{ mm}^2)(200000 \text{ N/mm}^2)} = 25.0581 \text{ N·m}$$

따라서, 두 부재로 구성된 이 구조물의 전체 변형에너지는 다음과 같다.

$$U = U_1 + U_2 = 14.2068 \text{ N·m} + 25.0581 \text{ N·m} = 39.2649 \text{ N·m}$$

50 kN의 하중에 의한 일은 절점 B에서 발생하는 수직 처짐의 항으로 다음과 같이 표현할 수 있다.

$$W = \frac{1}{2}(50 \text{ kN})(1000 \text{ N/kN})\varDelta = (25000 \text{ N})\varDelta$$

에너지 보존법칙 $W = U$로부터 변위를 구할 수 있다.

$$(25000 \text{ N})\varDelta = 39.2649 \text{ N·m}$$

$$\therefore \varDelta = 1.571 \times 10^{-3} \text{ m} = 1.571 \text{ mm}$$ 답

이 계산법을 예제 5.4에서 다룬 방법과 비교해보라. 일–에너지법으로 보다 단순하게 절점 B에서의 수직 처짐을 계산할 수 있다. 그러나, 일–에너지법은 절점 B에서 발생하는 수평 처짐에 대해서는 사용될 수 없다.

P17.36 그림 P17.36과 같은 구조물의 점 B에 수직하중 $P =$ 140 kN이 작용하고 있다. 점 B의 수직변위를 구하라. (단, $x_1 =$ 3.0 m, $y_1 = 1.5$ m, $x_2 = 4.0$ m, $y_2 = 3.25$ m. $A_1E_1 = A_2E_2 = 5.5 \times 10^4$ kN)

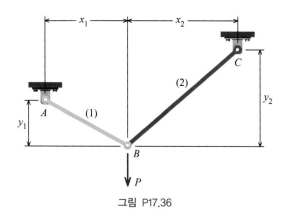

그림 P17.36

P17.37 그림 P17.37과 같은 구조물의 점 B에 수평하중 $P =$ 80 kN이 작용하고 있다. 점 B의 수평변위를 구하라. (단, $x_1 =$ 3.0 m, $y_1 = 3.5$ m, $x_2 = 2.0$ m, $A_1E_1 = 9.0 \times 10^4$ kN, $A_2E_2 = 38. \times 10^4$ kN)

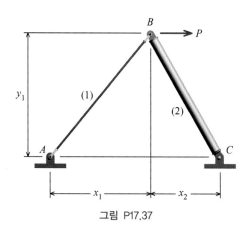

그림 P17.37

P17.38 그림 P17.38과 같은 구조물의 점 C에 수직하중 P $= 120$ kN이 작용하고 있다. 점 C의 수직변위를 구하라. (단, $a = 5.5$ m, $b = 7.0$ m, $AE = 3.75 \times 10^5$ kN)

P17.39 그림 P17.39와 같은 구조물의 점 C에 수직하중 $P =$ 215 kN이 작용하고 있다. 점 C의 수직변위를 구하라. (단, $a =$ 3.5 m, $b = 2.75$ m, $AE = 8.50 \times 10^5$ kN)

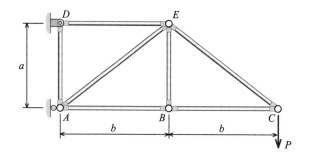

그림 P17.38

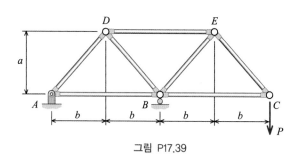

그림 P17.39

P17.40 강체 막대 $BCD(a = 500$ mm, $b = 750$ mm)가 그림 P17.40과 같이 점 C에서는 핀으로 지지되어 있으며 점 B에서는 강재 봉 (1)로 점 A에 지지되어 있다. 점 D에 연결된 알루미늄 봉 (2)의 하단에 집중하중 $P = 15$ kN가 작용하고 있다. 강재 봉 (1)의 경우 $L_1 = 1300$ mm, $A_1 = 270$ mm², $E_1 = 206$ GPa이고, 알루미늄 봉 (2)의 경우 $L_2 = 2500$ mm, $A_2 = 130$ mm² 및 $E_2 =$ 69 GPa이다. 점 E의 수직변위를 구하라.

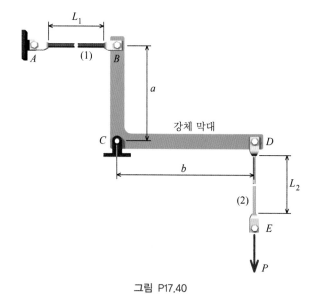

그림 P17.40

P17.41 그림 P17.41과 같이 청동 봉 (1)과 알루미늄 봉 (2)는 강체 막대 $ABC(a = 800$ mm, $b = 500$ mm)를 지지하고 있다. 점

B에 연결된 알루미늄 봉 (3)의 하단부에 집중하중 $P = 90$ kN이 작용한다. 청동 봉 (1)의 경우, $L_1 = 1.8$ m, $d_1 = 15$ mm, $E_1 = 100$ GPa이고 알루미늄 봉 (2)의 경우, $L_2 = 2.5$ m, $d_2 = 25$ mm, $E_2 = 70$ GPa이다. 알루미늄 봉 (3)의 경우, $L_3 = 1.0$ m, $d_3 = 25$ mm, $E_3 = 70$ GPa이다. 점 D의 수직변위를 구하라.

P17.42 그림 P17.42와 같이 강체 보 $ABC(a = 750$ mm, $b = 425$ mm)를 고분자 재료[$E = 16$ GPa]로 만들어진 링크 (1)과 (2)가 지지하고 있다. 링크 (1)의 단면적은 300 mm^{2}이고 길이는 1.0 m이며 링크 (2)는 단면적이 650 mm^{2}이고 길이가 1.25 m이다. 강체 보의 점 C에 집중하중 $P = 40$ kN이 작용할 때 점 C에서의 수직변위를 구하라.

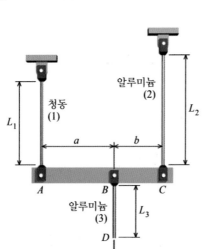

그림 P17.41

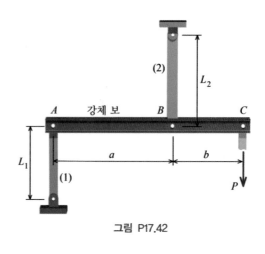

그림 P17.42

17.8 가상일 법

가상일 법은 처짐 계산에 있어서 가장 직접적이고 다목적성을 가지며 완전한 에너지 보존법칙일 것이다. 이 방법은 구조물에서의 하중의 어떠한 형식이나 조합에 의해 발생하는 변형 또는 처짐을 결정하는 데에 사용될 수 있다. 이 이론의 유일한 한계는 중첩의 원리가 적용되어야 한다는 것이다.

가상일 법은 베르누이(John Bernoulli: 1667－1748)에 의해 1717년에 처음 언급되었다. 이 법칙에서 언급되는 "가상"이라는 용어는 유한하거나 또는 극소의 가상의 힘이나 변형을 의미한다. 따라서, 이 일은 본질적으로는 가상의 일이다. 가상일 법을 자세하게 검토하기 전에 다음과 같이 일에 대한 추가적인 토의를 하도록 한다.

일에 대한 추가적인 토의

17.2절에서 논의된 바와 같이 일은 힘과 힘의 작용 방향으로 이동한 거리의 곱으로 정의된다. 일은 양수 또는 음수일 수 있다. 양의 일은 힘이 힘의 작용 방향과 동일한 방향으로 이동할 때 발생한다. 음의 일은 힘의 작용방향에 반대방향으로 이동할 때 발생한다.

그림 17.19a에 표현된 힘 P_1을 받는 단순 축부재를 생각해보자. 하중이 점진적으로 작용한다면, 이 하중의 크기는 0에서부터 최대 크기인 P_1까지 증가할 것이다. 이 힘을 받는 부재는 하중이 증가함에 따라 변형되며, 각 하중 증분 dP에 대하여 변형 증분 $d\delta$가 발생

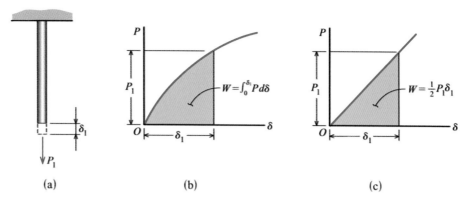

그림 17.19 축부재에서 단일 하중에 의한 일

한다. P_1가 작용할 때 이 힘을 받은 부재의 총 변형량은 δ_1이 된다. 하중이 0에서부터 P_1 까지 증가함에 따라 이 하중에 의한 전체 일은 다음과 같이 결정된다.

$$W = \int_0^{\delta_1} P d\delta \tag{17.28}$$

식 (17.28)에 나타낸 바와 같이, 일은 그림 17.19b에 나타난 하중 – 변형곡선 아래의 면적과 같다. 만약 재료가 선형탄성 거동을 한다면, 그림 17.19c와 같이 하중에 따라 변형은 선형적으로 변화한다. 즉, 선형탄성 거동에서의 일은 하중 – 변형곡선 아래의 삼각형 면적이고 이는 다음과 같은 수식으로 표현된다.

$$W = \frac{1}{2} P_1 \delta_1$$

이제, 그림 17.20a와 같이 하중 P_1가 이미 부재에 작용하고 두 번째 하중 P_2가 점진적으로 더해지는 상황을 가정해보자. 하중 P_2는 부재에 추가의 변형량 δ_2만큼의 인장을 야기한다. 첫 번째 하중 P_1의 점진적인 작용에 따른 일은 다음과 같다.

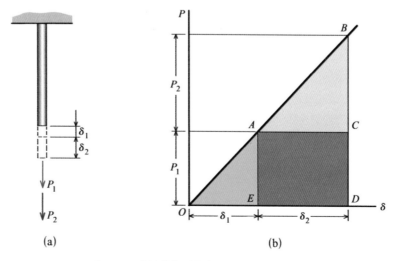

그림 17.20 축부재에 작용하는 두 힘에 의한 외적 일

$$W = \frac{1}{2}P_1\delta_1 \qquad\qquad\qquad (a)$$

이는 그림 17.20b의 면적 OAE와 같다. 두 번째 하중 P_2의 점진적 작용에 따른 일은 다음과 같다.

$$W = \frac{1}{2}P_2\delta_2 \qquad\qquad\qquad (b)$$

이것은 면적 ABC와 같다. 이 하중 – 변형곡선에서 나머지 영역인 면적 $ACDE$는 부재가 δ_2만큼 변형할 때 하중 P_1에 의한 일이다.

$$W = P_1\delta_2 \qquad\qquad\qquad (c)$$

이 경우, 하중 P_1은 하중 P_2가 작용하기 전에 부재에 완전히 작용하였기 때문에 이 힘의 크기에 변화가 없는 것을 유념하라.

정리하면, 하중이 점진적으로 작용할 때 식 (a)와 (b)에 표현된 것처럼 일의 수식에는 $1/2$이 포함된다. 하중 P_1과 P_2는 0에서부터 각 힘의 최댓값까지 증가하므로 $1/2P_1$ 및 $1/2P_2$는 각 힘의 평균으로 고려할 수 있다. 그러나 하중이 일정하면, 식 (c)와 같이 일의 수식은 $1/2$을 포함하지 않는다. 이 두 식은 처짐을 계산하기 위한 다른 방법들을 유도하는 데에 이용될 것이다.

집중모멘트에 의한 일의 표현식도 집중하중에 대한 것과 유사하다. 집중모멘트가 회전각을 갖고 회전할 때 일을 한다. 집중모멘트 M이 증분 회전각 $d\theta$만큼 회전할 때 하는 일 dW는 다음과 같다.

$$dW = Md\theta$$

회전각 θ를 통해 점진적으로 작용하는 집중모멘트 M에 의한 전체 일 W는 다음과 같이 표현 가능하다.

$$W = \int_0^\theta Md\theta$$

만약 재료가 선형탄성 거동을 한다면 0에서부터 최대 크기 M까지 증가하며 점진적으로 작용하는 집중모멘트에 의한 일은 다음과 같다.

$$W = \frac{1}{2}M\theta$$

만약 회전각 θ이 발생할 때 M이 일정하면, 이때의 일은 다음과 같다.

$$W = M\theta$$

변형 가능한 물체에서의 가상일의 법칙

변형 가능한 물체에서의 가상일의 법칙은 다음과 같이 정리할 수 있다.

만약 가상 힘 시스템에서 변형 가능한 물체가 힘의 평형상태에 있고, 작고 적합한 변형을 겪는 동안에도 힘의 평형상태를 유지한다면, 실제 외적 변위(또는 회전)를 따라 작용하는 가상 외력에 의한 가상일은 실제 내적 변위(또는 회전)를 따라 작용하는 가상 내력에 의한 가상 내적 일과 같다.

이 원칙에는 세 가지 중요한 규칙이 있다. 첫째, 힘의 시스템은 외적, 내적으로 모두 평형상태에 있다. 둘째, 이때의 변형은 물체의 형상을 확연히 변형시키지 않을 만큼 작다. 마지막으로, 구조물의 변형들은 적합성을 갖는데, 이것의 의미는 구조물의 각 요소들이 변형하여 서로 분리되거나 지점으로부터 떨어지지 않음을 의미한다. 이 법칙의 적용을 위해서는 이 세 조건이 항상 만족되어야 한다.

가상일의 법칙에서는 그 원인이 하중, 온도변화, 부재 간 부적합 또는 다른 것이든지 간에 변형을 유발하는 인자를 구별하지 않는다. 또한, 재료는 훅의 법칙을 따를 수도 있고 그렇지 않을 수도 있다.

가상일의 법칙의 효용성을 입증하기 위해 그림 17.21a와 같은 두 개의 막대로 구성된 정적 구조물을 예로 들어보자. 이 조립체는 점 B에서 작용하는 외적 가상 힘 P'에 대하여 힘의 평형상태에 있다. 그림 17.21b는 점 B의 자유물체도를 나타낸다. 점 B는 힘의 평형상태에 있으므로 외적 가상 힘 P'와 부재 (1)과 (2)에 작용하는 내적 가상 힘 f_1, f_2는 각각 다음과 같은 평형방정식을 만족해야 한다.

$$\sum F_x = P' - f_1 \cos \theta_1 - f_2 \cos \theta_2 = 0$$
$$\sum F_y = f_1 \sin \theta_1 - f_2 \sin \theta_2 = 0$$

(d)

다음으로 핀 절점 B에서 수평방향으로 발생한 작은 크기의 실제 변위 Δ를 가정할 수 있다. 그림 17.21a와 17.21b에 표현된 변위 Δ는 명백히 과장되어 표현된 점임을 유의하라. 실제 변위 Δ는 조립체의 변형된 기하학적 형상이 평형상태에서의 형상과 근본적으로 같을 만큼 충분히 작아야 한다. 또한, 조립체의 변형은 부재 (1)과 (2)가 핀 절점 B에서

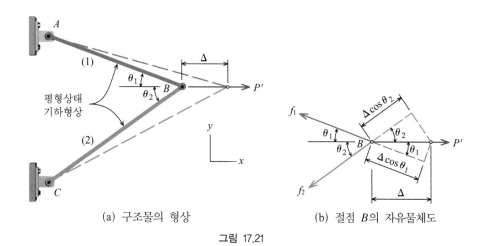

(a) 구조물의 형상　　　　　　(b) 절점 B의 자유물체도

그림 17.21

서로 연결상태를 유지하고 각 부재의 지점인 A와 C에 부착된 상태를 유지하면서 적합성을 갖추어야 한다.

지지점 A와 C는 움직이지 않으므로 이 점들에서 가상 힘 f_1, f_2은 어떠한 일도 하지 않는다. 즉, 조립체의 전체 가상일은 절점 B에서의 일의 합과 같다. 수평으로 작용하는 외적 가상 힘 P'은 실제 변위 Δ를 따라 움직인다. 따라서, 이것에 의한 일은 $P'\Delta$이 된다. 일은 힘과 이 힘의 작용방향으로 움직인 거리 간의 곱으로 정의된다는 점을 상기할 때, 이 문제에서 부재 (1)에 작용하는 내적 가상 힘 f_1은 $\Delta\cos\theta_1$만큼 이동하지만 f_1의 작용방향의 반대방향으로 움직인다. 따라서, 이 힘은 음의 값으로 정의되고, 부재 (1)의 내력에 의한 가상일은 $-f_1(\Delta\cos\theta_1)$가 된다. 이와 유사하게 부재 (2)에 작용하는 가상 내적 힘 f_2은 $\Delta\cos\theta_2$만큼 이동하고 이 힘 역시 힘의 작용방향과 반대방향으로 이동한다. 따라서, 부재 (2)의 내력에 의한 가상 일은 $-f_2(\Delta\cos\theta_2)$가 된다. 결과적으로, 절점 B에 작용하는 가상 힘에 의한 전체 가상 일 W_v은 다음과 같다.

$$W_v = P'\Delta - f_1(\Delta\cos\theta_1) - f_2(\Delta\cos\theta_2)$$

또한 이것은 다음과 같이 정리된다.

$$W_v = (P' - f_1\cos\theta_1 - f_2\cos\theta_2)\Delta \tag{e}$$

식 (e)의 괄호 안의 항들은 x방향으로 작용하는 힘들의 힘의 평형방정식에서도 나타난다. 즉, 식 (d)로부터 이 조립체의 전체 가상 일 W_v은 0임을 알 수 있다. 이것으로부터 식 (e)는 다음과 같이 재정리된다.

$$P'\Delta = f_1(\Delta\cos\theta_1) + f_2(\Delta\cos\theta_2) \tag{f}$$

식 (f)의 좌변 항은 실제 변위 Δ를 따라 작용하는 가상 외력 P'에 의한 외적 가상 일 W_{ve}를 표현한다. 식 (f)의 우변에서 $\Delta\cos\theta_1$과 $\Delta\cos\theta_2$는 부재 (1)과 부재 (2)의 실제 내적 변형량과 같다. 결과적으로, 식 (f)의 우변은 실제 내적 변위를 따라 작용하는 가상 내력에 의한 가상 내적 일 W_{vi}을 표현한다. 결과적으로, 식 (f)는 다음과 같이 정리할 수 있다.

$$W_{ve} = W_{vi} \tag{g}$$

이 수식은 이 절의 초반부에서 설명한 변형 가능한 물체에 대한 가상 일의 법칙을 수학적으로 표현한 것이다.

고체의 변형 또는 변위를 결정하기 위한 가상일의 법칙을 실행하기 위하여 사용되는 일반적인 방법은 다음과 같이 서술할 수 있다.

1. 해석하고자 하는 물체를 설정한다. 이 물체는 축부재, 비틀림 부재, 보, 트러스, 프레임 또는 어떠한 변형 가능한 물체일 수 있다. 초기에는 외력이 작용하지 않는 물체를 고려한다.

2. 물체의 처짐 또는 변형을 구하고자 하는 위치에 가상의 외력을 재하한다. 상황에 따라서, 가상의 하중은 힘일 수도 있고, 토크 또는 집중모멘트일 수 있다. 편의상, 가상의 힘은 $P' = 1$과 같이 단위 크기를 갖도록 한다.

3. 가상의 하중은 구하고자 하는 처짐 또는 변형과 같은 방향으로 재하한다. 예를 들면, 특정한 트러스 절점에서의 수직 처짐을 구하고자 한다면, 가상 하중은 해당 절점에서 수직방향으로 재하해야 한다.

4. 가상의 외력은 물체에 가상의 내력을 야기한다. 이 내력은 어떠한 정정 구조 체계에서도 정역학 또는 재료역학의 개념으로 계산이 가능하다.

5. 물체에 가상의 힘이 존재할 때, 실제 힘을 가하거나 또는 온도 변화 등과 같은 요인에 의한 특정 변형을 도입한다. 이러한 실제 외력(또는 변형)은 실제 내적 변형을 만들고, 이 내적 변형 역시 정정 구조 체계에서 재료역학의 기법을 통해 계산이 가능하다.

6. 물체가 실제 힘에 의해 변형할 때, 가상의 외력과 가상의 내력은 실제 변형만큼 이동한다. 결과적으로, 가상의 외력과 내력은 일을 수행한다. 그러나, 실제 힘이 작용하기 전에 가상의 외력은 물체에 존재하고 가상의 내력들도 물체 안에 존재한다. 따라서, 이 힘들에 의해 수행되는 일은 1/2 계수를 포함하지 않는다[식 (c)과 그림 17.20b 참고].

7. 식 (e)에 표현된 에너지 보존법칙은 가상의 외적일과 가상의 내적일이 같아야 함을 요구한다. 이 관계로부터 실제 처짐 및 변형은 다음과 같이 결정될 수 있다.

식 (g)는 다음과 같이 표현된다.

$$\text{가상의 외력} \times \text{실제 외적 변위} = \Sigma(\text{가상의 내력} \times \text{실제 내적 변위}) \qquad (17.29)$$

여기서 힘(또는 하중) 그리고 변위 항들은 일반적인 표현으로 여기에는 모멘트와 회전각이 포함된다. 식 (17.29)에서 나타낸 바와 같이 가상일 법은 두 독립적인 시스템 (a) 가상 힘 시스템과 (b) 결정하고자 하는 변형을 만드는 실제 힘 시스템을 사용한다. 물체 또는 구조물의 어떠한 위치에서 발생하는 변위(또는 처짐각)를 계산하기 위해서 가상 힘 시스템이 선택되어 계산하고자 하는 변위(또는 회전각)는 식 (17.29)에서 유일한 미지수가 된다. 다음 절들에서는 트러스와 보에 대하여 식 (17.29)을 적용하는 방법을 설명하도록 한다.

17.9 가상일 법을 통한 트러스의 처짐 계산

축력을 받는 부재들로 구성된 트러스에 가상일 법을 적용하도록 한다. 그림 17.22a에 도시된 두 개의 외력 P_1과 P_2를 받는 트러스 구조물을 살펴보자. 이 트러스는 총 7개($j = 7$)의 축부재로 구성되어 있다. 절점 B에서의 수직 처짐이 계산될 것이다.

이 트러스는 정정 구조물이므로 외력 P_1과 P_2에 의해 각 부재에 발생하는 실제 내력 F_j은 절점법을 통해 계산 가능하다. F_j가 부재 j의 실제 내력을 의미한다면(예: 그림

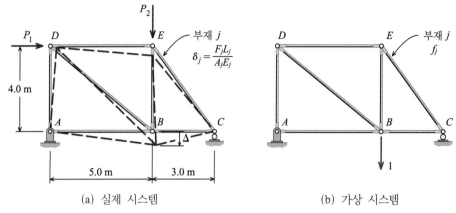

(a) 실제 시스템   (b) 가상 시스템

그림 17.22 정정 트러스

17.22a의 부재 *CE*), 실제 내적 변형 δ_j은 다음과 같다.

$$\delta_j = \frac{F_j L_j}{A_j E_j}$$

여기서, *L*, *A* 그리고 *E*는 부재의 길이, 단면적 그리고 탄성계수이다. 이 절에서는 개별 부재가 균일한 단면적을 갖고 또한 부재에 작용하는 힘은 부재 전체 길이에 대하여 균일하다고 가정할 것이다.

다음으로, 실제 하중 시스템으로부터 구분되면서 독립적인 가상 힘 시스템을 신중하게 고려하면, 계산하고자 하는 절점 처짐을 구할 수 있다. 이 변위를 계산하기 위해 실제 외력 P_1과 P_2를 먼저 이 트러스에서 제거하고, 그림 17.22b와 같이 단위 하중 크기를 갖는 가상의 외력을 절점 *B*에 아래 방향으로 작용하도록 한다. 이 단위 하중에 반응하여 힘의 평형을 유지하는 데 요구되는 축력들이 트러스를 구성하는 개별 부재에 발생할 것이다. 이른바 가상의 내력 f_j인 이 힘들은 그림 17.22b에 나타난 바와 같이 (가상 외력이 절점 *B*에서 작용하는)트러스에서 결정될 수 있다.

그림 17.22b와 같이 이 트러스는 초기 상태에 가상 외력만 받고 있다고 가정해보자. 그러면, 이 가상의 힘이 여전히 존재하는 상태로 실제 하중 P_1과 P_2가 절점 *D*와 *E*에 각각 작용하게 된다. 이제 식 (17.29)가 전체 트러스에서의 가상 일을 표현하는 데에 적용될 수 있다. 가상 외력과 실제 외적 변형(처짐) Δ의 곱을 통해 가상 외적 일 W_{ve}를 계산할 수 있다.

$$W_{ve} = 1 \cdot \Delta$$

가상 내적 일 W_{vi}은 트러스를 구성하는 모든 부재의 일을 포함한다. 개별 부재에 있어서, 가상 내적 일은 각 부재의 가상 내력 f_j과 실제 내적 변형량 δ_j의 곱과 같다.

$$W_{ve} = \sum_j f_j \delta_j = \sum_j f_j \left(\frac{F_j L_j}{A_j E_j} \right)$$

외적 가상일과 내적 가상일은 같으므로 다음 식이 구성된다.

$$1 \cdot \Delta = \sum_{j} f_j \left(\frac{F_j L_j}{A_j E_j} \right) \tag{17.30}$$

여기서,

$1 =$ 구하고자 하는 처짐 Δ의 방향으로 작용하는 가상 외력(단위하중)

$\Delta =$ 트러스에 작용하는 실제 하중에 의해 발생하는 실제 절점 변위

$f_j =$ 트러스에 가상 외력이 단위 하중으로써 작용할 때 트러스를 구성하는 개별 부재 j
　　에 발생하는 가상 내력

$F_j =$ 트러스에 작용하는 모든 실제 하중에 의해 개별 부재 j에 발생하는 실제 내력

$L_j =$ 개별 부재 j의 길이

$A_j =$ 개별 부재 j의 단면적

$E_j =$ 개별 부재 j의 탄성계수

식 (17.30)에서 구하고자 하는 처짐 Δ만이 미지수이다. 즉, 이 방정식의 풀이를 통해 실제 변위 Δ를 결정할 수 있다.

온도 변화와 제작 오차

축부재의 길이는 온도 변화에 영향을 받는다. 온도 변화 ΔT_j에 의한 트러스 부재 j의 길이방향 변형은 다음과 같다.

$$\delta_j = \alpha_j \Delta T_j L_j$$

여기서, α_j와 L_j는 부재의 열팽창계수와 길이이다.

따라서, 일부 또는 전체 트러스 부재의 온도 변화에 따른 특정 절점에서의 처짐은 가상일 법칙을 통해 다음과 같이 결정할 수 있다.

$$1 \cdot \Delta = \sum_{j} f_j (\alpha_j \Delta T_j L_j) \tag{17.31}$$

제작 오차에 의한 트러스의 처짐은 가상일의 수식에서 δ_j를 부재의 길이변화 ΔL_j로 바꾸어 계산할 수 있다.

$$1 \cdot \Delta = \sum_{j} f_j (\Delta L_j) \tag{17.32}$$

여기서, ΔL_j는 제작 오차에 의한 부재의 길이 차이(부재의 설계길이 대비)이다.

일부 또는 전체 부재에서의 온도 변화 또는 제작 오차를 고려하여 외력들의 조합에 대한 트러스의 변형을 구하기 위해서는 식 (17.30), (17.31) 그리고 (17.32)의 우변을 합할 수 있다.

$$1 \cdot \Delta = \sum_{j} f_j \left(\frac{F_j L_j}{A_j E_j} + \alpha_j \Delta T_j L_j + \Delta L_j \right) \tag{17.33}$$

해석 절차

가상일 법을 통한 트러스 구조물의 처짐을 구하고자 한다면 다음의 절차를 따르도록 한다.

1. **실제 시스템**: 트러스 구조물에 외력이 실제로 작용하는 경우, 각각의 부재에 실제적으로 작용하는 내력을 구하기 위해 절점법 또는 단면법을 사용한다. 부재력 및 변형을 다룰 때 부호의 일관성에 유의한다. 인장력과 부재의 인장변형을 양의 값으로 고려하는 것을 권장한다. 양의 부재력은 부재 길이가 증가함을 의미한다. 이 부호규약을 따를 때, 온도 증가 및 제작 오차에 의한 부재 길이의 증가 역시 양의 값으로 간주한다.

2. **가상 시스템**: 트러스 구조물에 작용하는 실제 외력을 모두 제거한다. 그 후 처짐을 구하고자 하는 절점에 하나의 단위 가상 힘을 재하한다. 이 단위 하중은 구하고자 하는 변위와 동일한 방향으로 재하되어야 한다. 실제 외력이 모두 제거된 후 이 가상 힘에 대한 모든 트러스 부재의 부재력 f_j을 결정한다. 부호규약은 1단계에서 사용한 것과 동일해야 한다.

3. **가상일 방정식**: 실제 외력에 의해 발생하는 절점 처짐을 구하기 위해 식 (17.30)의 가상 일 방정식을 적용한다. 이 식을 적용함에 있어서 각 부재의 부재력 F_j, f_j를 대입할 때 부호규약을 유지하는 것이 중요하다. 식 (17.30)의 우변이 양수라면, 가정된 가상 힘의 방향과 실제 변위의 방향이 동일한 것을 의미한다. 반대로, 이 식의 우변이 음수라면 가정된 가상 힘의 방향과 반대의 방향으로 실제 변위가 발생하는 것을 의미한다.

만약 온도 변화에 의해 트러스의 변형이 발생한다면, 식 (17.31)이 사용되고, 제작 오차에 의해 트러스의 변형이 발생한다면, 식 (17.32)가 사용된다. 식 (17.33)은 외력과 온도 변화 그리고 제작 오차가 함께 존재할 때 고려된다.

이러한 가상일 방정식은 실제 및 가상의 정량적 물리량들을 표로 정리함으로써 효율적으로 적용할 수 있고, 이를 다음 예제들에서 설명하도록 한다.

예제 17.10

그림 17.22a의 트러스에서 절점 B에서 발생하는 수직 처짐을 계산하라. $P_1 = 10$ kN, $P_2 = 40$ kN으로 가정한다. 각 부재의 단면적은 $A = 525$ mm^2, 탄성계수는 $E = 70$ GPa이다.

풀이 계획 각 트러스 부재의 길이를 계산한다. 절점법과 같이 적절한 방법을 통해 모든 트러스 부재의 실제 내력 F_j를 계산한다. P_1과 P_2를 제거하고 절점 B에 단위 하중을 아래방향으로 가한 후, 이 단위 하중에 의해 발생하는 부재력 f_j 계산을 위한 두 번째 트러스 해석을 수행한다. 두 트러스 해석 후 결과정리를 위한 표를 구성한 후, 절점 B에서의 수식 처짐 계산을 위해 식 (17.30)을 적용한다.

풀이 이 계산을 수행함에 있어서 표 형식은 편리한 방법이다. 각 부재의 길이를 계산하고 이를 열에 기록한다. 실제 하중 $P_1 = 10$ kN, $P_2 = 40$ kN에 대한 트러스 해석을 실시하고 실제 내력 F(실제 하중에 의해 트러스 부재에 도입되는 힘)를 두 번째 열에 기록한다. 여기서 인장 부재력은 양의 값을 갖는 것으로 가정한다. 실제 내력들은 각 부재의 실제 변형을 계산하는 데에 사용될 것이다. 따라서, 양의 값을 갖는 힘은 부재의 신장과 대응한다.

트러스에서 실제 하중 P_1과 P_2를 제거한다. 절점 B에서의 수직 처짐이 계산되어야 하기 때문에 그림 P17.22b와 같이 이 절점 B에 1.0 kN의 가상 하중을 아래 방향으로 재하하고 두 번째 트러스 해석을 실시한다. 이때에도 인장력을 양의 값으로 하는 부호규약을 따른다. 두 번째 해석을 통해 얻은 부재력은 가상의 내력 f이다. 이 결과를 세 번째 열에 기록한다.

각 부재의 가상 내력 f, 실제 내력 F, 그리고 부재 길이 L을 곱하고 이 결과를 마지막 열에 기록한다. 단위에 유념하며 이 수치들을 더한다.

이 예제에서는 모든 부재의 단면적과 탄성계수가 같다. 따라서 단면적과 탄성계수는 이 합산과정 후 포함될 수 있다. 만약 각 부재의 A와 E가 다르다면, 이를 반영하기 위해 추가 열이 표 형식에 더해져야 한다.

부재	L (m)	F (kN)	f (kN)	$f(FL)$ (kN²·m)
AB	5.0	10.0	0.0000	0.000
AD	4.0	−10.0	−0.3750	15.000
BC	3.0	22.5	0.4688	31.644
BD	6.403	16.008	0.6003	61.530
BE	4.0	−10.0	0.6250	−25.000
CE	5.0	−37.5	−0.7813	146.494
DE	5.0	−22.5	−0.4688	52.740
			$\sum f(FL) =$	282.408

식 (17.30)을 통해 다음과 같이 정리된다.

$$1 \cdot \Delta = \sum_j f_j \left(\frac{F_j L_j}{A_j E_j} \right) = \frac{1}{AE} \sum_j f_j (F_j L_j)$$

이 식의 좌변은 가상 외력이 절점 B에서 실제 변위만큼 이동하며 수행한 일을 표현한다는 것을 상기할 수 있다. 우변은 가상 내력 f가 실제 외력 $P_1 = 10$ kN, $P_2 = 40$ kN에 따른 트러스 부재들의 실제 변형을 따라 움직일 때 수행한 내적 일을 표현한다.

도표로 정리된 결과로부터,

$$(1 \text{ kN}) \cdot \Delta_B = \frac{(282.408 \text{ kN}^2 \cdot \text{m})(1000 \text{ N/kN})(1000 \text{ mm/m})}{(525 \text{ mm}^2)(70000 \text{ N/mm}^2)}$$

$$\Delta_B = 7.68 \text{ mm}$$

답

가 된다.

가상 하중이 절점 B에서 아래 방향으로 재하되었기 때문에, 이 결과의 양의 값은 절점 B에서 아래 방향으로 발생함을 의미한다.

예제 17.11

그림에 표현된 트러스에서 부재 BF, CF, CG 그리고 DG의 단면적은 750 mm²이고, 나머지 부재들의 단면적은 1050 mm²이다. 모든 부재의 탄성계수는 70 GPa일 때 다음을 계산하라.

(a) 절점 G에서의 수평 처짐

(b) 절점 G에서의 수직 처짐

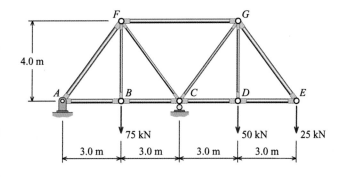

풀이 계획 각 부재의 길이를 계산한다. 절점법 또는 단면법과 같은 적절한 방법을 통해 실제 부재력 F_j를 구한다. 절점 G에서의 실제 수평 처짐을 구하기 위해 이 트러스에 작용하는 모든 하중을 제거하고, 절점 G에서 수평방향으로 단위 하중을 가한 후, 이 하중에 의해 발생하는 부재력 f_j를 구하기 위한 두 번째 트러스 해석을 수행한다. 두 해석으로부터 얻은 결과를 정리하기 위한 표를 작성하고, 절점 G에서의 수평 처짐을 계산하기 위해 식 (17.30)을 적용한다. 절점 G에서의 수직 처짐을 계산하기 위해 이 트러스에 작용하는 모든 하중을 제거하고, 절점 G에 수직방향으로 단위 하중을 가한 후 이 수직 하중에 의해 발생하는 부재력 f_j를 구하기 위한 세 번째 트러스 해석을 수행한다. 두 해석으로부터 얻은 결과를 정리하기 위한 표를 작성하고 절점 G에서의 수직 처짐을 계산하기 위해 식 (17.30)을 적용한다.

풀이 (a) 절점 G에서의 수평 처짐: 각 부재의 길이를 계산하고 이것을 열에 기록한다. 부재의 단면적을 두 번째 열에 기록한다. 트러스에 작용하는 실제 외력에 의한 각 부재의 실제 부재력을 계산하기 위해 트러스 해석을 수행한다. 이로부터 얻은 부재력을 세 번째 열에 기록한다.

이 트러스에서 실제 하중을 모두 제거한다. 절점 G에서의 수평 처짐을 구하고자 하기 때문에 이 절점에 수평방향으로 1 kN의 가상 하중을 재하한다. 이 해석으로부터 가상 하중은 오른쪽으로 향하게 된다. 가상의 수평하중에 대한 두 번째 트러스 해석을 수행한다. 이 해석을 통해 가상 부재력 f을 얻게 되고, 이것을 네 번째 열에 기록한다.

부재	L (mm)	A (mm²)	F (kN)	f (kN)	$f\left(\dfrac{FL}{A}\right)$ (kN²/mm)
AB	3000	1050	−9.375	0.500	−13.393
AF	5000	1050	15.625	0.833	61.979
BC	3000	1050	−9.375	0.500	−13.393
BF	4000	750	75.000	0	0
CD	3000	1050	−18.750	0	0
CF	5000	750	−109.375	−0.833	607.396
CG	5000	750	−93.750	0	0
DE	3000	1050	−18.750	0	0
DG	4000	750	50.000	0	0
EG	5000	1050	31.250	0	0
FG	6000	1050	75.000	1.000	428.571
				$\sum f\left(\dfrac{FL}{A}\right) =$	1071.161

이제 식 (17.30)을 다음과 같이 적용할 수 있다.

$$1 \cdot \Delta = \sum_j f_j \left(\frac{F_j L_j}{E_j}\right) = \frac{1}{E} \sum_j f_j \left(\frac{F_j L_j}{A_j}\right)$$

정리된 결과로부터 다음과 같이 계산할 수 있다.

$$(1 \text{ kN}) \cdot \Delta_G = \frac{(1071.161 \text{ kN}^2/\text{mm})(1000 \text{ N/kN})}{(70000 \text{ N/mm}^2)}$$

$$\Delta_G = 15.30 \text{ mm} \rightarrow$$

답

가상 하중이 절점 G에 수평으로 작용하였기 때문에, 이 결과의 양의 값은 절점 G가 오른쪽으로 이동했다는 것을 의미한다.

(b) 절점 G에서의 수직 처짐: 다시 트러스의 모든 하중을 제거한다. 절점 G에서의 수직 처짐은 다음과 같이 계산된다. 절점 G에 1 kN 크기의 가상 하중을 수직 방향으로 재하한다. 이 해석을 위해 가상 하중이 아래를 향하게 한다. 수직으로 향하는 가상 하중에 대한 세 번째 트러스 해석을 수행한다. 이 해석은 앞 예제와 다른 가상 내력 f를 도출한다. 앞 예제의 가상 내력을 이 결과로 대체한다.

부재	L (mm)	A (mm²)	F (kN)	f (kN)	$f\left(\dfrac{FL}{A}\right)$ (kN²/mm)
AB	3000	1050	−9.375	−0.375	10.045
AF	5000	1050	15.625	0.625	46.503
BC	3000	1050	−9.375	−0.375	10.045
BF	4000	750	75.000	0	0.000
CD	3000	1050	−18.750	0	0.000
CF	5000	750	−109.375	−0.625	455.729
CG	5000	750	−93.750	−1.250	781.250
DE	3000	1050	−18.750	0	0.000
DG	4000	750	50.000	0	0.000
EG	5000	1050	31.250	0	0.000
FG	6000	1050	75.000	0.750	321.429
				$\sum f\left(\dfrac{FL}{A}\right) =$	1625.001

이 결과로부터 다음과 같이 수직 처짐을 계산할 수 있다.

$$(1 \text{ kN}) \cdot \Delta_G = \frac{(1625.001 \text{ kN}^2/\text{mm})(1000 \text{ N/kN})}{(70000 \text{ N/mm}^2)}$$

$$\Delta_G = 23.2 \text{ mm} \downarrow$$

답

예제 17.12

그림에 표현된 트러스에 대하여 온도가 50℃ 떨어질 때 절점 D에서의 수직 처짐을 계산하라. 각 부재의 단면적과 열팽창계수 그리고 탄성계수는 각각 750 mm², 23.6×10^{-6}/℃, 69 GPa이다.

풀이 계획 각 부재의 길이를 계산한다. 이 트러스에는 어떠한 외력도 존재하지 않고, 온도 변화가 부재의 길이 변화를 야기한다. 온도 변화 $\Delta T = -50$℃에 대한 각 부재의 축 변형량을 계산한다. 절점 D에서의 수직 처짐을 계산하기 위해 이 절점에 아래 방향으로 향하는 단위 하중을 재하하고, 이 하중에 대해 유발되는 부재력 f_j를 계산하기 위해 트러스 해석을 수행한다. 각 부재의 변형량과 가상 내력에 대한 도표를 구성하고, 절점 D에서의 수직 처짐을 계산하기 위해 식 (17.31)을 적용한다.

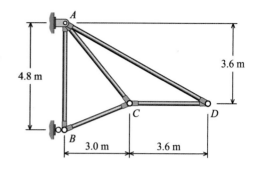

풀이 각 부재의 길이를 계산하고 이것을 열에 기록한다. 온도 변화에 의한 부재의 축 변형은 $\delta = \alpha \Delta T L$로 계산할 수 있다. 이 표현식으로부터 온도 변화에 대한 각 부재의 실제 변형량을 계산하고 이를 두 번째 열에 기록한다.

이 예제에서는 트러스에 대해 일을 수행하는 실제 외력이 존재하지 않는다. 절점 D에서의 수직 처짐을 계산해야 하기 때문에, 이 절점에 1 kN의 크기를 갖는 가상 하중을 수직방향으로 재하한다. 트러스 해석을 수행하고 가상 하중에 의해 발생하는 가상 내력 f를 계산한다. 그리고 이것을 세 번째 열에 기록한다.

부재	L (mm)	$\alpha \Delta T L$ (mm)	f (kN)	$f(\alpha \Delta T L)$ (kN·mm)
AB	4800	-5.6650	0.550	-3.115
AC	4686.15	-5.5297	-0.716	3.959
AD	7517.90	-8.8711	2.088	-18.523
BC	3231.10	-3.8127	-1.481	5.647
CD	3600	-4.2480	-1.833	7.787
			$\sum f(\alpha \Delta T L) =$	-4.245

식 (17.31)을 적용하여 다음과 같이 정리할 수 있다.

$$1 \cdot \Delta = \sum_j f_j (\alpha_j \Delta T_j L_j)$$

이 식의 좌변은 가상의 외력이 절점 D에서의 실제 수직 처짐에 의해 이동하며 수행한 외적 일을 나타낸다. 또한 우변은 온도 변화에 의한 트러스 부재의 실제 변형에 따라 가상 내력 f가 이동하며 수행한 내적 일을 나타낸다.

위 결과로부터 다음과 같이 수직 처짐을 구할 수 있다.

$$(1 \text{ kN}) \cdot \Delta_D = -4.245 \text{ kN·mm}$$

$$\Delta_D = -4.25 \text{ mm} = 4.25 \text{ mm} \uparrow \qquad \text{답}$$

절점 D에서의 가상 하중은 아래 방향으로 재하되었다. 이 계산에 따른 음의 값의 결과는 절점 D는 실제로는 가상 하중과 반대의 방향, 즉 위 방향으로 움직인다는 것을 의미한다.

17.10 가상일 법을 통한 보의 처짐 계산

가상일 법을 보의 처짐 계산에 적용할 수 있다. 그림 17.23a와 같이 임의의 하중을 받는 보를 고려해보자. 이 보의 점 B에서 발생하는 처짐을 계산해야 한다고 하자. 처짐을 계산

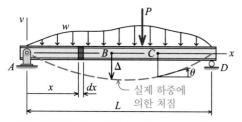

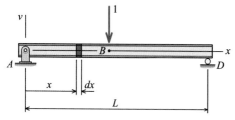

(a) 임의의 실제 하중을 받는 균일단면 보

(b) 점 B에서의 처짐 Δ 계산을 위한 가상 외력

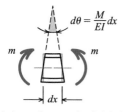

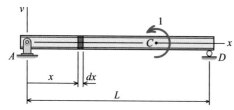

(c) 가상 모멘트 m에 의한 내적 일

(d) 점 C에서의 회전변위 θ 계산을 위한 가상 외부 모멘트

그림 17.23 보에 대한 가상일 법

하기 위해 그림 17.23b와 같이 처짐과 동일한 방향으로, 점 B에 단위 크기를 갖는 가상의 외력을 먼저 재하할 것이다. 만약 이 보에 그림 17.23a에 표현된 실제 외력에 의해 변형이 발생하면, 가상 외력은 실제 변형을 따라 아래로 이동하기 때문에 이때 가상 외력에 의해 수행되는 외적 가상 일 W_{ve}은 다음과 같다.

$$W_{ve} = 1 \cdot \Delta \tag{a}$$

내적 가상일을 구하기 위해, 17.5절에서 언급된 보의 내적 일은 보의 단면내력 모멘트와 회전각 θ와 관련된 점을 상기하라. 그림 17.23a와 17.23b에 나타낸 것처럼, 왼쪽 지점으로부터 x만큼 떨어진 지점에 위치한 미소요소 dx를 살펴보자. 실제 외력들이 이 보에 작용하면 휨모멘트 M은 이 미소요소 dx를 회전시키고 이 요소의 회전각 $d\theta$은 다음과 같다.

$$d\theta = \frac{M}{EI}dx \tag{b}$$

만약, 그림 17.23b와 같이 가상의 단위 하중을 받는 이 보가 그림 17.23a와 같이 실제 외력에 의한 실제 회전변형을 겪는다면, 미소요소 dx에 작용하는 가상 내부 휨모멘트 m은 그림 17.23c와 같이 실제 회전변형 $d\theta$을 겪는 만큼의 가상 일을 수행하게 된다. 이 미소요소 dx에 대하여, 가상 내부 휨모멘트 m이 실제 내부 회전각 $d\theta$만큼 회전함에 따른 내적 가상일 dW_{vi}은 다음과 같다.

$$dW_{vi} = md\theta \tag{c}$$

가상 모멘트 m은 실제 회전변형 $d\theta$가 발생하는 동안 일정하게 유지된다. 그러므로,

식 (c)는 1/2계수를 포함하지 않는다. (식 (c)를 그림 17.16에서 표현된 수식과 비교해 보라.)

식 (b)의 $d\theta$항을 식 (c)에 대입하면 다음과 같은 식을 얻을 수 있다.

$$dW_{vi} = m\left(\frac{M}{EI}\right)dx \tag{d}$$

식 (d)를 보의 전체 길이에 대해 적분하면 전체 내적 가상일을 구할 수 있다.

$$W_{vi} = \int_0^L m\left(\frac{M}{EI}\right)dx \tag{17.34}$$

이 식은 보에 저장되는 가상 변형에너지의 양을 표현한다.

마지막으로, 식 (a)의 외적 가상일은 식 (17.34)의 내적 가상일과 등치시킴으로써 보의 처짐 계산을 위한 가상일 방정식을 수립할 수 있다.

$$1 \cdot \Delta = \int_0^L m\left(\frac{M}{EI}\right)dx \tag{17.35}$$

가상일 법은 보의 각 회전 변위 계산에도 사용될 수 있다. 보의 기울기는 각 회전 θ(라디안 단위)으로 표현될 수 있음을 상기하라.

$$\frac{dv}{dx} = \tan\theta$$

만약 보의 변형이 매우 작다고 한다면, $\tan\theta \cong \theta$이고 보의 기울기는 다음과 같다.

$$\frac{dv}{dx} = \theta$$

즉, 보의 변형이 작다면 각 회전과 기울기는 실질적으로 같다고 할 수 있다.

다시 그림 17.23a와 같이 보가 임의의 하중을 받는다고 가정하고, 점 C에서의 각 회전 θ가 관심대상 변위성분이라고 하자. θ를 구하기 위해 그림 17.23d와 같이 점 C에서 예상되는 기울기와 동일한 방향으로 가상의 외부 모멘트(단위 크기를 갖는)를 먼저 재하한다. 그 다음, 이 보에 (그림 17.23a와 같은) 실제 외력에 의해 발생하는 실제 변형을 적용하면, 가상 외부 모멘트가 실제 각 회전 변위 θ를 겪으며 수행한 외적 가상일은 다음과 같다.

$$W_{ve} = 1 \cdot \theta \tag{e}$$

이 경우에도 식 (17.34)의 내적 가상일 표현식은 그대로 유효하며, 이 식의 내적 모멘트 m은 그림 17.23d의 가상의 단위 모멘트에 의해 발생하는 가상 내적 모멘트를 의미한다. 따라서, 보의 기울기에 대한 가상일 방정식은 다음과 같다.

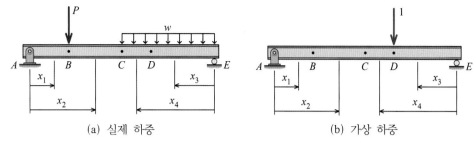

(a) 실제 하중   (b) 가상 하중

그림 17.24 M과 m 표현식의 적분을 위한 x 좌표계 선택

$$1 \cdot \theta = \int_0^L m\left(\frac{M}{EI}\right)dx \qquad (17.36)$$

이 보에서의 내적 가상일의 표현식 (17.34)의 유도에 있어서 가상의 전단력에 의한 내적 일은 무시했다. 결과적으로 식 (17.35)과 (17.36)의 가상일 표현식은 보의 전단변형을 고려하지 않는다. 그러나, 깊은 보를 제외하고 대다수의 일반적인 보의 전단변형은 매우 작기 때문에 일반적인 구조해석에서는 무시할 수 있다.

식 (17.35)와 (17.36)에서 적분식을 계산함에 있어서 보의 전 구간에 대한 단일 적분은 가능하지 않을 수 있다. 집중하중이나 집중모멘트 또는 경간 내 특정 구간에 작용하는 분포하중은 보의 휨모멘트식의 불연속성을 일으키게 된다. 예를 들어 그림 17.24a에 보인 보에서 점 D에서의 처짐을 계산한다고 가정해보자. 실제 내부 휨모멘트 M은 이 보의 세그먼트 AB, BC 그리고 CE에 대하여 수식으로 표현될 수 있다. 그림 17.24b로부터 가상 힘에 의한 휨모멘트 m은 세그먼트 AD와 세그먼트 DE에 대한 두 개의 방정식으로 표현이 가능하다. 그러나, 식 (17.35)와 (17.36)의 적분에 사용되는 두 휨모멘트 M과 m의 수식은 세그먼트 길이에 대하여 연속적이어야 한다. 다시 말해, 식 (17.35)와 (17.36)의 적분항에 포함되는 m과 M의 곱은 연속함수여야 한다. m의 식이 점 D에서 불연속이므로, 세그먼트 CE는 세그먼트 CD와 DE로 다시 나누어야 한다.

일반적으로, 보 경간의 복수 구간에 작용하는 모멘트식을 표현하기 위해 복수의 x 좌표계를 사용해야 한다. 식 (17.35)의 적분 계산에서는 세그먼트 AB, BC, CD 그리고 DE에서의 실제 휨모멘트 M과 가상 휨모멘트 m이 유도되어야 한다. 개별의 x 좌표계가 각 세그먼트의 휨모멘트식 정의를 위해 사용될 수 있다. 각각의 x 좌표계가 동일한 원점을 가질 필요는 없다. 그러나, 동일한 세그먼트에 작용하는 실제 및 가상 휨모멘트의 정의에 있어서는 동일한 x 좌표계가 사용되어야 한다. 예를 들면, 세그먼트 AB에 작용하는 실제 및 가상의 휨모멘트 M과 m에 대하여 동일한 원점 A를 갖는 좌표계 x_1이 사용된다. A를 원점으로 하는 좌표계 x_2는 세그먼트 BC에 작용하는 휨모멘트 정의를 위해 사용된다. E를 원점으로 하는 세 번째 좌표계 x_3는 세그먼트 DE를 위해 사용되고, 네 번째 좌표계 x_4는 세그먼트 CD의 휨모멘트 M과 m의 표현을 위해 사용될 수 있다. 어떠한 경우에라도 각 좌표계는 실제 그리고 가상의 휨모멘트 모두를 편리하게 수식화할 수 있도록 동일하게 사용되어야 한다.

해석 절차

아래의 절차는 가상일 법을 통해 보의 처짐 및 기울기를 계산하고자 할 때 유용하다.

1. **실제 시스템**: 실제 하중을 포함하여 보를 도식화한다.

2. **가상 시스템**: 실제 하중을 모두 제거하고 보를 도식화한다. 보의 처짐을 구하고자 한다면, 처짐을 구하고자 하는 위치에 단위 하중을 가한다. 보의 기울기를 구하고자 한다면 그 위치에 단위 모멘트를 가한다.

3. **보의 구분**: 실제 및 가상 하중 시스템을 각각 검토한다. 또한 이 보에 대하여 휨강성 EI의 변화여부에 대해 검토한다. 각 세그먼트 내에서 휨강성 EI를 포함하여 실제 및 가상 하중의 표현식이 연속성을 갖도록 보를 개별 세그먼트로 분할한다.

4. **휨모멘트 식의 유도**: 분할된 각 세그먼트에 대하여 가상의 외력에 의해 유발되는 휨모멘트 m을 수식화한다. 그리고 실제 외력에 의해 발생하는 휨모멘트의 변화를 표현하는 수식을 유도한다.(휨모멘트식의 유도는 7.2절을 참고) 각 수식은 동일한 x 좌표계를 갖도록 하고 x 좌표계의 원점은 보의 어떠한 점을 기준으로 해도 되지만, 수식의 변수를 최소화할 수 있도록 선택하는 것이 좋다. 그림 7.6과 7.7에 도식화된 것처럼 일반적인 휨모멘트 부호규약을 사용하여 m과 M 수식을 정리한다.

5. **가상일 방정식**: 식 (17.35)를 통해 구하고자 하는 보의 처짐을 계산하거나, 식 (17.36)을 통해 구하고자 하는 보의 기울기를 계산한다. 보가 개별의 세그먼트로 구분된 경우, 식 (17.35)와 (17.36)의 우변에 존재하는 적분은 모든 세그먼트에 대한 적분값을 더해서 계산할 수 있다. 각 세그먼트에서 계산된 적분값의 부호를 유지해야 하는 것에 유의한다.

    이 보의 모든 적분값의 대수적 합이 양의 값이라면, Δ 또는 θ는 재하된 가상 힘 또는 가상 모멘트와 동일한 방향이다. 만약 음의 값으로 계산되었다면, 처짐 또는 기울기는 재하된 가상 힘 또는 가상 모멘트와 반대 방향으로 발생한 것을 의미한다.

    다음의 예제들을 통해 보의 처짐과 기울기를 해석하기 위하여 가상일 법을 적용하는 방법을 설명하도록 한다.

예제 17.13

그림에 표현된 캔틸레버보에 대하여, 단부 A에서 (a) 처짐과 (b) 기울기를 계산하라. EI는 상수라고 가정한다.

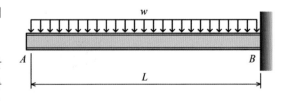

풀이 계획 단부 A에서의 처짐은 A에 수직방향으로 작용하는 단위 가상 하중을 이용하여 계산할 수 있다. 실제 하중 w가 제거되고 가상 하중이 단부 A에 작용하는 보를 고려한다. 가상 내부 휨모멘트 m의 변화식이 유도될 수 있는데, 이 식은 전체 경간에 대해 연속성을 갖는다. 그 다음, 가상 하중이 작용하지 않고 실제 하중 w가 다시 작용하는 보를 생각해보자. 실제 내부 휨모멘트 M의 변화식을 유도한다. 이 식 역시 보의 전 구간에 대하여 연속성을 갖는다. 따라서 이 예제에서는 보의 구분이 필요하지 않다. m과 M에 대한 식이 유도되면, 단부 A에서의 처짐을 계산하기 위해 식 (17.35)를 적용한다. 단부 A에서의 기울기를 구하고자 한다면, 단부 A에 집중모멘트를 가상 하중으로 재하해야 한다. m에 대한 새로운 방정식을 유도한 후 θ 계산을 위해 식 (17.36)을 이용한다.

풀이 (a) 처짐 계산을 위한 가상 모멘트 m: 이 캔틸레버보의 수직 처짐을 계산하기 위해, 먼저 보에 작용하는 실제 외력 w를 제거하고 단부 A에 단위 가상 하중을 아래로 향하도록 재하한다.

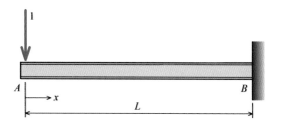

이 보로부터, 단부 A 부근에서 자유물체도를 그린다. x축의 원점을 단부 A에 놓는다. 이 자유물체도로부터 가상의 내적 휨모멘트 m을 수식화할 수 있다.

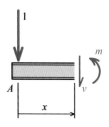

$$m = -1x \qquad 0 \leq x \leq L$$

실제 휨모멘트 M: 가상 하중을 제거하고 실제 하중 w를 재하한다. 이 하중 상태에 대하여 보의 단부 A 부근에서 자유물체도를 그린다. 가상 휨모멘트식을 유도하기 위해 사용한 것과 동일한 x 좌표축이 실제 휨모멘트식을 유도하는 데에 사용

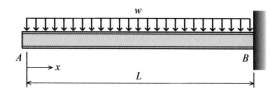

되어야 한다. 이에 따라 x 좌표계의 원점이 단부 A에 놓이게 한다. 이 자유물체도로부터 다음과 같은 실제 내력 휨모멘트 M 수식을 유도할 수 있다.

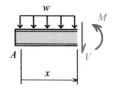

$$M = -\frac{wx^2}{2} \qquad 0 \leq x \leq L$$

보의 처짐 계산을 위한 가상일 방정식: 식 (17.35)로부터 단부 A에서의 보의 처짐은 다음과 같이 계산 가능하다.

$$1 \cdot \varDelta_A = \int_0^L m\left(\frac{M}{EI}\right)dx = \int_0^L \frac{(-1x)(-wx^2/2)}{EI}dx = \frac{w}{2EI}\int_0^L x^3 dx \qquad \text{답}$$

$$\therefore \varDelta_A = \frac{wL^4}{8EI} \downarrow$$

이 계산결과가 양의 값을 갖기 때문에 가상 하중과 동일한 방향(아래 방향)으로 처짐이 발생한다.

(b) 기울기 계산을 위한 가상 모멘트 m: 단부 A에서 캔틸레버보의 각회전을 계산하기 위해 이 보에서 실제 하중 w를 먼저 제거하고, 단부 A에 가상의 단위 모멘트를 재하한다. 이 보는 단부 A로부터 상향의 기울어짐이 발생할

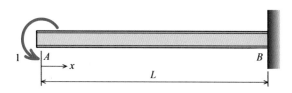

것으로 예상되기 때문에 단위 모멘트를 반시계방향으로 재하한다.

다시, x 좌표계의 원점을 단부 A에 두고 단부 A 부근 구간을 포함하는 자유물체도를 그린다. 이 자유물체도로부터 다음과 같은 가상 내력 모멘트 m의 수식을 유도할 수 있다.

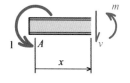

$$m = -1 \quad 0 \leq x \leq L$$

실제 모멘트 M: 실제 모멘트 M은 (a)에서 구한 것과 동일하다.

보의 기울기 계산을 위한 가상일 방정식: 식 (17.36)으로부터 단부 A에서 보의 기울기는 다음과 같이

계산할 수 있다.

$$1 \cdot \theta_A = \int_0^L m\left(\frac{M}{EI}\right)dx = \int_0^L \frac{(-1)(-wx^2/2)}{EI}dx = \frac{w}{2EI}\int_0^L x^2 dx \qquad 답$$

$$\therefore \theta_A = \frac{wL^3}{6EI} \quad \text{(반시계방향)}$$

이 계산결과가 양의 값을 갖기 때문에, 가상 모멘트와 동일한 방향(반시계방향)으로 각회전이 발생한다.

예제 17.14

그림에 도시된 캔틸레버보의 단부 C에서의 처짐을 계산하라. 보의 전체 구간에 대하여 $E = 70$ GPa로 가정한다.

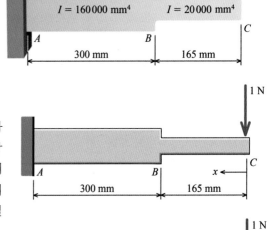

풀이 계획 이 예제에서 다루는 캔틸레버보에 대하여, 가상 모멘트 방정식은 이 보의 전체 구간에서 연속성을 갖지만, 실제 모멘트 방정식은 점 B에서 불연속하게 된다. 따라서 이 보는 세그먼트 AB와 BC로 구분되어 고려되어야 한다. x 좌표계의 원점을 자유단 C에 놓음으로써 모멘트 방정식을 단순화할 수 있다.

풀이 가상 모멘트 m: 이 보로부터 실제 하중을 모두 제거하고 변위를 계산하고자 하는 위치(자유단 C)에 아래 방향으로 가상의 단위 하중을 재하한다. 이 계산 단계에서는 단지 가상 모멘트 m만이 필요하기 때문에 보의 깊이가 경간에 대하여 변화하는 것은 어떠한 차이도 일으키지 않는다.

이 보에 대하여, 자유단 C 부근에서 자유물체도를 그린다. x 좌표계의 원점을 단부 C에 놓는다. 이 자유물체도로부터 가상의 내력 모멘트 m에 대한 방정식을 다음과 같이 유도한다.

$$m = -(1 \text{ N})x \quad 0 \leq x \leq 465 \text{ mm}$$

실제 모멘트 M: 가상 하중을 제거하고, 실제 하중을 B와 C에 다시 재하한다. 단부 C 부근에서 이 보의 세그먼트 BC를 절단하는 자유물체도를 그린다. 실제 모멘트 방정식을 유도하기 위해, 가상모멘트 방정식 유도를 위해 사용한 것과 동일한 x 좌표계를 사용해야 한다. 따라서 x 좌표계의 원점이 단부 C에 놓여야 한다. 이 자유물체도로부터 실제 내부 모멘트 M에 대한 방정식을 다음과 같이 유도할 수 있다.

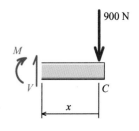

$$M = -(900 \text{ N})x \qquad 0 \leq x \leq 165 \text{ mm}$$

이 보의 자유단을 포함하고 세그먼트 AB를 절단하는 두 번째 자유물체도를 그린다. 이 자유물체도로부터 다음과 같은 실제 내부 모멘트 M에 대한 방정식을 유도한다.

$$M = -(1400 \text{ N})(x - 165 \text{ mm}) - (900 \text{ N})x$$

$$= -(2300 \text{ N})x + (1400 \text{ N})(165 \text{ mm})$$

$$165 \text{ mm} < x \leq 465 \text{ mm}$$

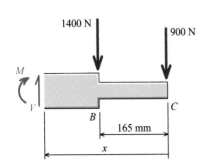

세그먼트 AB와 BC의 단면2차모멘트는 다르기 때문에 M/EI 계산에서 구분하도록 한다. 적분한계와 함께 이 모멘트 수식들은 다음의 도표 형식으로 손쉽게 정리될 수 있다.

세그먼트	x 좌표계		I	m (N·mm)	M (N·mm)	$\int m\left(\dfrac{M}{EI}\right)dx$
	원점	구간 (mm)				
BC	C	0–165	20 000	$-1x$	$-900x$	$\dfrac{67\,381.875 \text{ N}^2/\text{mm}}{E}$
AB	C	165–465	160 000	$-1x$	$-2300x + 1400(165)$	$\dfrac{323\,817.188 \text{ N}^2/\text{mm}}{E}$
						$\dfrac{391\,199.063 \text{ N}^2/\text{mm}}{E}$

가상일 방정식: 식 (17.35)로부터, 단부 C에서의 보의 처짐은 다음과 같이 계산된다.

$$(1 \text{ N}) \cdot \Delta_C = \frac{391\,199.063 \text{ N}^2/\text{mm}}{E} = \frac{391\,199.063 \text{ N}^2/\text{mm}}{70\,000 \text{ N/mm}^2}$$

$$\therefore \Delta_C = 5.59 \text{ mm} \downarrow$$

답

예제 17.15

그림에 도시된 단순지지보의 점 C에서 발생하는 처짐을 계산하라. $EI = 3.4 \times 10^5 \text{ kN·m}^2$로 가정한다.

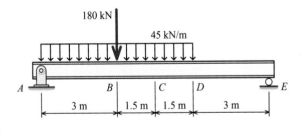

풀이 계획 실제 하중은 점 B와 D에서 불연속적이고 가상 하중은 점 C에서 불연속적이다. 따라서, 보를 AB, BC, CD 그리고 DE 등 네 개의 세그먼트로 구분해야 한다. 모멘트 방정식의 유도를 용이하도록 세그먼트 AB와 BC 그리고 CD와 DE에 대한 x 좌표계 원점은 각각 점 A 및 E에 두는 것이 편리하다. 계산을 체계화하기 위해서 관련 수식들을 표로 정리하는 것이 용이하다.

풀이 가상 모멘트 m: 이 보에 작용하는 실제 하중을 모두 제거하고, 변위를 구하고자 하는 위치인 점 C에 아래로 향하는 가상의 단위 하중을 재하한다. 이 보의 자유물체도가 그림에 도시되어 있다.

이 보의 단부 A 부근에서 자유물체도를 그린다. 세그먼트 AB와 BC에 대하여, x 좌표

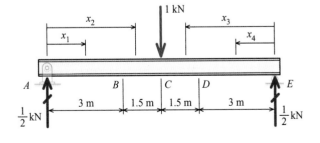

계의 원점을 점 A에 둔다. 이 자유물체도로부터 다음과 같은 가상 내부 모멘트 m의 방정식을 유도한다.

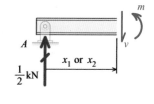

$$m = \left(\frac{1}{2}\,\text{kN}\right)x_1 \qquad 0\ \text{m} \leq x_1 \leq 3\ \text{m}$$

$$m = \left(\frac{1}{2}\,\text{kN}\right)x_2 \qquad 3\ \text{m} \leq x_2 \leq 4.5\ \text{m}$$

이 보의 단부 E 부근에서 자유물체도를 그린다. 세그먼트 CD와 DE에 대하여, x 좌표계의 원점을 점 E에 둔다. 가상 내부 모멘트 m의 방정식을 유도한다.

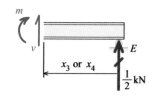

$$m = \left(\frac{1}{2}\,\text{kN}\right)x_3 \qquad 3\ \text{m} \leq x_3 \leq 4.5\ \text{m}$$

$$m = \left(\frac{1}{2}\,\text{kN}\right)x_4 \qquad 0\ \text{m} \leq x_4 \leq 3\ \text{m}$$

실제 모멘트 M: 가상 하중을 제거하고 실제 하중을 다시 재하한다. 이 보의 지점 반력을 계산하면 $A_y = 300$ kN, $E_y = 150$ kN이고 이는 모두 상향으로 작용한다.

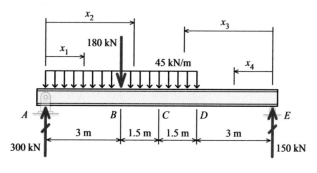

세그먼트 AB를 절단하는 자유물체도를 지점 A 부근에서 그린다. 실제 내부 모멘트 유도를 위해, 가상 모멘트를 유도할 때 사용한 것과 동일한 x 좌표축을 사용해야 한다. 따라서 x 좌표계의 원점은 A에 위치해야 한다. 이 자유물체도로부터 세그먼트 AB에 대한 실제 내부 모멘트 M의 방정식을 유도할 수 있다.

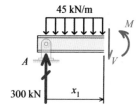

$$M = -\frac{45\ \text{kN/m}}{2}x^2 + (300\ \text{kN})x_1$$

$$0 \leq x_1 \leq 3\ \text{m}$$

세그먼트 BC를 절단하는 자유물체도에 대해서도 이 과정을 반복한다. 이 자유물체도로부터 세그먼트 BC에 작용하는 실제 내부 모멘트 M의 방정식을 다음과 같이 유도할 수 있다.

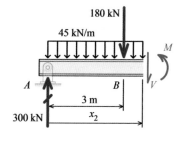

$$M = -\frac{45\ \text{kN/m}}{2}x_2^2 - (180\ \text{kN})(x_2 - 3\ \text{m}) + (300\ \text{kN})x_2$$

$$3\ \text{m} \leq x_2 \leq 4.5\ \text{m}$$

세그먼트 CD에 대하여, 세그먼트 CD를 절단하는 자유물체도를 지점 E 부근에서 그린다. 이 자유물체도로부터 세그먼트 CD에 작용하는 실제 내부 모멘트 M의 방정식을 유도한다.

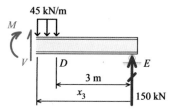

$$M = -\frac{45\ \text{kN/m}}{2}(x_3 - 3\ \text{m})^2 + (150\ \text{kN})x_3$$

$$3\ \text{m} \leq x_3 \leq 4.5\ \text{m}$$

마지막으로, 세그먼트 *DE*에 작용하는 실제 내부 모멘트 *M*에 대한 방정식을 다음과 같이 유도한다.

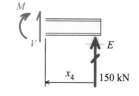

$$M = (150 \text{ kN})x_4$$

$$0 \le x_4 \le 3 \text{ m}$$

적절한 적분한계와 함께 *m*과 *M* 방정식을 다음과 같은 표로 정리할 수 있다. 각 세그먼트에서의 적분 결과를 나타내었다.

세그먼트	원점	구간 (m)	m (kN·m)	M (kN·m)	$\int m\left(\dfrac{M}{EI}\right)dx$
AB	*A*	0–3	$\frac{1}{2}x_1$	$-\frac{45}{2}x_1^2 + 300x_1$	$\dfrac{1122.188 \text{ kN}^2 \cdot \text{m}^3}{EI}$
BC	*A*	3–4.5	$\frac{1}{2}x_2$	$-\frac{45}{2}x_2^2 - 180(x_2 - 3) + 300x_2$	$\dfrac{1875.762 \text{ kN}^2 \cdot \text{m}^3}{EI}$
CD	*E*	3–4.5	$\frac{1}{2}x_3$	$-\frac{45}{2}(x_3 - 3)^2 + 150x_3$	$\dfrac{1550.918 \text{ kN}^2 \cdot \text{m}^3}{EI}$
DE	*E*	0–3	$\frac{1}{2}x_4$	$150x_4$	$\dfrac{675.0 \text{ kN}^2 \cdot \text{m}^3}{EI}$
					$\dfrac{5223.868 \text{ kN}^2 \cdot \text{m}^3}{EI}$

PROBLEMS

PP17.43 가상일 법을 사용하여 그림 P17.43/44와 같은 트러스에서 점 *B*의 수직 변위를 구하라. (단, 단면적은 *A* = 800 mm², 탄성계수는 *E* = 70 GPa, 하중 *P* = 105 kN 및 *Q* = 32 kN)

P17.44 가상일 법을 사용하여 그림 P17.43/44와 같은 트러스에서 점 *B*의 수평 변위를 구하라. (단, 단면적은 *A* = 800 mm², 탄성계수는 *E* = 70 GPa, 하중 *P* = 105 kN 및 *Q* = 32 kN)

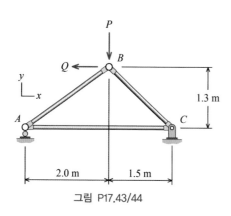

그림 P17.43/44

P17.45 가상일 법을 사용하여 그림 P17.45/46와 같은 트러스에서 점 *D*의 수직 변위를 구하라. (단, 단면적은 *A* = 1400 mm², 탄성계수는 *E* = 200 GPa, 하중 *P* = 175 kN 및 *Q* = 100 kN)

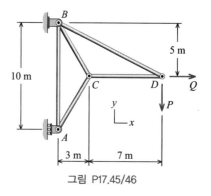

그림 P17.45/46

P17.46 가상일 법을 사용하여 그림 P17.45/46와 같은 트러스에서 점 *D*의 수평 변위를 구하라. (단, 단면적은 *A* = 1400 mm²,

탄성계수는 $E = 200$ GPa, 하중 $P = 175$ kN 및 $Q = 100$ kN)

P17.47 가상일 법을 사용하여 그림 P17.47/48과 같은 트러스에서 점 D의 수직 변위를 구하라. (단, 단면적은 $A = 1300$ mm², 탄성계수는 $E = 200$ GPa, 하중 $P = 90$ kN 및 $Q = 140$ kN)

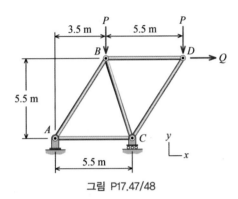

그림 P17.47/48

P17.48 가상일 법을 사용하여 그림 P17.47/48과 같은 트러스에서 점 D의 수평 변위를 구하라. (단, 단면적은 $A = 1300$ mm², 탄성계수는 $E = 200$ GPa, 하중 $P = 90$ kN 및 $Q = 140$ kN)

P17.49 가상일 법을 사용하여 그림 P17.49/50과 같은 트러스에서 점 B의 수직 변위를 구하라. (단, 단면적은 $A = 800$ mm², 탄성계수는 $E = 70$ GPa, 하중 $P = 175$ kN 및 $Q = 60$ kN)

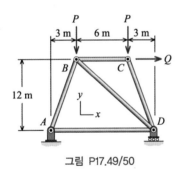

그림 P17.49/50

P17.50 가상일 법을 사용하여 그림 P17.49/50과 같은 트러스에서 점 B의 수평 변위를 구하라. (단, 단면적은 $A = 800$ mm², 탄성계수는 $E = 70$ GPa, 하중 $P = 175$ kN 및 $Q = 60$ kN)

P17.51 가상일 법을 사용하여 그림 P17.51/52/53과 같은 트러스에서 점 A의 수평 변위를 구하라. (단, 단면적은 $A = 750$ mm², 탄성계수는 $E = 70$ GPa)

P17.52 가상일 법을 사용하여 그림 P17.51/52/53과 같은 트러스에서 점 B의 수직 변위를 구하라. (단, 단면적은 $A = 750$ mm², 탄성계수는 $E = 70$ GPa)

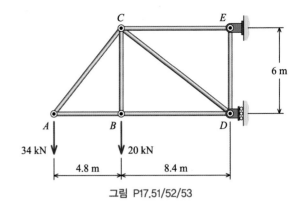

그림 P17.51/52/53

P17.53 그림 P17.51/52/53과 같은 트러스가 단면적이 $A = 750$ mm²인 알루미늄 [$E = 70$ GPa, $\alpha = 23.6 \times 10^6/℃$]으로 제작되었다. 가상일 법을 사용하여 다음 두 조건에서 점 A의 수직 변위를 구하라.
(a) $\Delta T = 0℃$
(b) $\Delta T = +45℃$

P17.54 그림 P17.54/55와 같은 트러스에 집중하중 $P_D = 66$ kN와 $P_E = 42$ kN가 작용하고 있다. 부재 AB, AC, BC 및 CD의 단면적은 각각 $A = 1500$ mm²이며 부재 BD, BE 및 DE의 단면적은 각각 $A = 600$ mm²이다. 모든 부재는 강재[$E = 200$ GPa]로 제작되었다. 가상일 법을 사용하여 다음을 구하라.
(a) 점 E의 수평 변위
(b) 점 D의 수평 변위

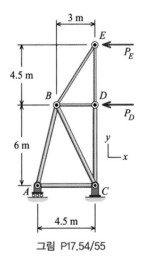

그림 P17.54/55

P17.55 그림 P17.54/55와 같은 트러스에 집중하중 $P_D - 50$ kN와 $P_E = 70$ kN가 작용하고 있다. 부재 AB, AC, BC 및 CD의 단면적은 각각 $A = 1500$ mm²이며 부재 BD, BE 및 DE의 단면적은 각각 $A = 600$ mm²이다. 모든 부재는 강재[$E = 200$ GPa]로 제작되었다. 가상일 법을 사용하여 다음을 구하라.
(a) 점 E의 수평 변위
(b) 점 D의 수평 변위

P17.56 그림 P17.56/57과 같은 트러스에 집중하중 $P = 320$ kN 와 $Q = 60$ kN가 작용하고 있다. 부재 AB, BC, DE 및 EF의 단면적은 $A = 2700$ mm^{2}이고 다른 모든 부재의 단면적은 $A = 1060$ mm^{2}이다. 모든 부재는 강재[$E = 200$ GPa]로 제작되었다. 가상일 법을 사용하여 다음을 구하라.

(a) 점 F의 수평 변위

(b) 점 E의 수평 변위

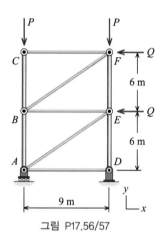

그림 P17.56/57

P17.57 그림 P17.56/57과 같은 트러스에 집중하중 $P = 320$ kN와 $Q = 60$ kN가 작용하고 있다. 부재 AB, BC, DE 및 EF의 단면적은 $A = 2700$ mm^{2}이고 다른 모든 부재의 단면적은 $A = 1060$ mm^{2}이다. 모든 부재는 강재[$E = 200$ GPa]로 제작되었다. 시공 중에 부재 AE와 BF의 길이가 설계치보다 15 mm 짧게 제작되었음이 밝혀졌다. 가상일 법을 사용하여 다음을 구하라.

(a) 점 F의 수평 변위

(b) 점 E의 수평 변위

P17.58 그림 P17.58/59/60과 같은 트러스에 집중하중 $P = 160$ kN와 $2P = 320$ kN가 작용하고 있다. 모든 부재의 단면적은 $A = 3500$ mm^{2}이며 강재[$E = 200$ GPa]로 제작되었다. 가상일 법을 사용하여 다음을 구하라.

(a) 점 A의 수평변위

(b) 점 A의 수직변위

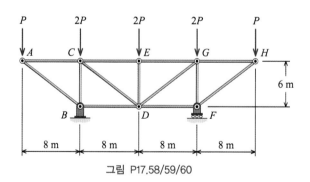

그림 P17.58/59/60

P17.59 그림 P17.58/59/60과 같은 트러스에 집중하중 P

= 160 kN와 $2P = 320$ kN가 작용하고 있다. 모든 부재의 단면적은 $A = 3500$ mm^{2}이며 강재[$E = 200$ GPa, $\alpha = 11.7 \times 10^6/℃$]로 제작되었다. 트러스 부재의 온도가 30 ℃ 증가하는 경우 가상일 법을 사용하여 다음을 구하라.

(a) 점 A의 수평 변위

(b) 점 A의 수직 변위

P17.60 그림 P17.58/59/60과 같은 트러스에 집중하중 P = 160 kN와 $2P = 320$ kN가 작용하고 있다. 모든 부재의 단면적은 $A = 3500$ mm^{2}이며 강재[$E = 200$ GPa, $\alpha = 11.7 \times 10^6/℃$]로 제작되었다. 가상일 법을 사용하여 다음을 구하라.

(a) 점 D의 수직 변위

(b) 트러스 부재의 온도가 40℃ 감소하는 경우 점 D의 수직 변위

P17.61 가상일 법을 사용하여 그림 P17.61과 같은 보의 점 A에서의 처짐각을 구하라. (단, 보의 EI는 일정)

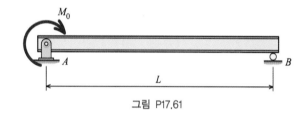

그림 P17.61

P17.62 가상일 법을 사용하여 그림 P17.62와 같은 보의 점 B에서의 처짐을 구하라. (단, 보의 EI는 일정)

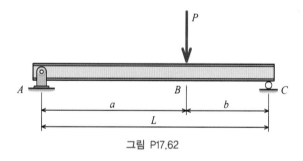

그림 P17.62

P17.63 가상일 법을 사용하여 그림 P17.63과 같은 보의 점 A에서의 처짐을 구하라. (단, 보의 EI는 일정)

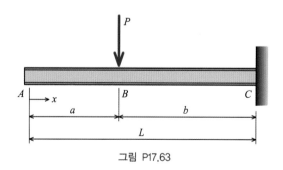

그림 P17.63

P17.64 가상일 법을 사용하여 그림 P17.64와 같은 보의 점 A에서의 처짐각을 구하라. (단, 보의 EI는 일정)

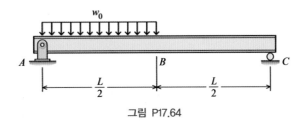

그림 P17.64

P17.65 가상일 법을 사용하여 그림 P17.65와 같은 보의 점 B에서의 처짐과 처짐각을 구하라. (단, 보의 EI는 일정)

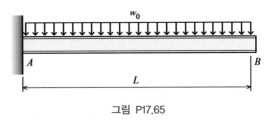

그림 P17.65

P17.66 가상일 법을 사용하여 그림 P17.66과 같은 보의 점 C에서의 처짐과 처짐각을 구하라. (단, 보의 EI는 일정)

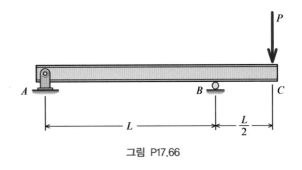

그림 P17.66

P17.67 가상일 법을 사용하여 그림 P17.67과와 같은 보의 점 C에서의 처짐을 구하라. (단, AB 막대의 지름은 30 mm, BC 막대의 지름은 15 mm, $E = 200$ GPa)

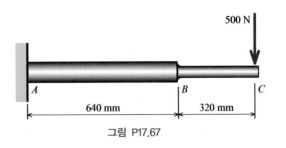

그림 P17.67

P17.68 가상일 법을 사용하여 그림 P17.68/69와 같은 보의 점 A에서의 처짐각을 구하라. (단, AB와 DE 막대의 지름은 15 mm, BC와 CD 막대의 지름은 30 mm, $E = 200$ GPa)

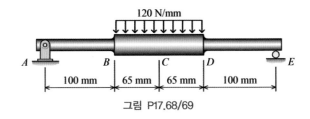

그림 P17.68/69

P17.69 가상일 법을 사용하여 그림 P17.68/69와 같은 보의 점 C에서의 처짐을 구하라. (단, AB와 DE 막대의 지름은 15 mm, BC와 CD 막대의 지름은 30 mm, $E = 200$ GPa)

P17.70 가상일 법을 사용하여 그림 P17.70과 같은 보의 점 C에서의 처짐을 구하라. (단, $EI = 1.72 \times 10^5$ kN·m^2)

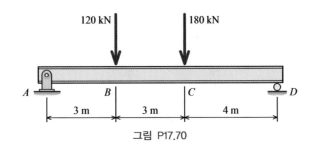

그림 P17.70

P17.71 가상일 법을 사용하여 그림 P17.71과 같은 보의 다음을 구하라. (단, $EI = 17.46 \times 10^3$ kN·m^2)
(a) A에서의 처짐
(b) C에서의 처짐각

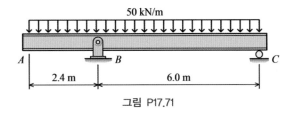

그림 P17.71

P17.72 가상일 법을 사용하여 그림 P17.72와 같은 보의 다음을 구하라. (단, $EI = 74 \times 10^3$ kN·m^2)
(a) C에서의 처짐각
(b) C에서의 처짐

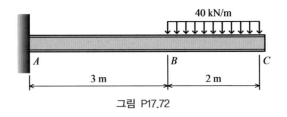

그림 P17.72

P17.73 가상일 법을 사용하여 그림 P17.73/74와 같은 보의 점 C에서의 처짐을 구하라. (단, $EI = 92.4 \times 10^3$ kN·m^2)

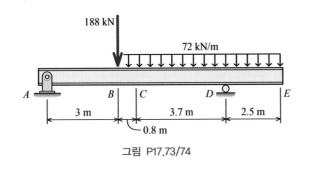

그림 P17.73/74

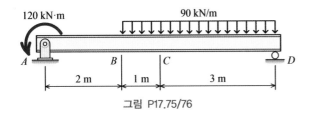

그림 P17.75/76

P17.74 가상일 법을 사용하여 그림 P17.73/74와 같은 보의 점 E에서의 처짐을 구하라. (단, $EI = 92.4 \times 10^3$ kN·m²)

P17.75 가상일 법을 사용하여 그림 P17.75/76과 같은 보의 점 A에서의 처짐각을 구하라. (단, $EI = 35.4 \times 10^3$ kN·m²)

P17.76 가상일 법을 사용하여 그림 P17.75/76과 같은 보의 점 C에서의 처짐을 구하라. (단, $EI = 35.4 \times 10^3$ kN·m²)

P17.77 가상일 법을 사용하여 그림 P17.77과 같은 보의 최대 처짐이 35 mm를 넘지 않도록 하기 위한 보 단면의 최소 관성모멘트 I를 구하라. (단, $E = 200$ GPa)

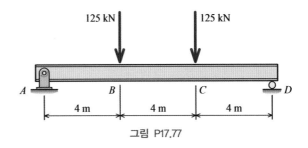

그림 P17.77

17.11 카스틸리아노의 제2정리

변형에너지 기법은 보 그리고 구조물의 변형을 해석하는 데에 사용된다. 많은 유용한 방법들 중에서, 이 절에서 다루게 될 카스틸리아노의 제2정리 역시 광범위하게 사용되는 방법들 중 하나이다. 이 이론은 1873년 카스틸리아노(Alberto Castigliano: 1847 – 1884)에 의해 제시되었다. 비록 이 이론이 보의 변형에너지를 고려하기 위해 유도된 것일 지라도 힘 – 변형 관계가 선형인 어떠한 구조물에도 적용이 가능하다.[1] 이 방법은 전에 개발된 변형에너지 원리를 포함한다. 또한, 앞에서 다룬 가상일 법과 매우 유사하다.

만약 그림 17.25a에 도시된 보에 두 힘 P_1, P_2가 천천히 그리고 동시에 재하되면서 변위 $\varDelta_1$, $\varDelta_2$가 발생한다면, 이 보의 변형에너지 U는 두 힘에 의해 수행된 일과 같다. 따라서,

$$U = \frac{1}{2}P_1\varDelta_1 + \frac{1}{2}P_2\varDelta_2$$

두 힘은 0에서부터 각 힘의 최댓값까지 증가하면서 작용하기 때문에 위의 수식은 1/2를 포함한다(식 17.1 참고).

그림 17.25b와 같이 힘 P_2가 상수 상태로 존재할 때 P_1을 dP_1만큼 증가시켜보자. 이 증분 하중에 의한 처짐의 변화는 $d\varDelta_1$, $d\varDelta_2$로 쓸 수 있다. 증분 하중 dP_1가 $d\varDelta_1$

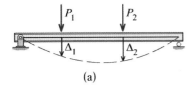

(a)

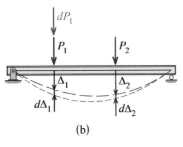

(b)

그림 17.25 증분 하중을 받는 보

1) 힘의 평형방정식을 수립하는 데에 활용될 수 있는 카스틸리아노의 제1정리는 여기서 다루지 않는다. 그러나 이 정리는 정적 부정정 구조물의 해석에 매우 유용하고 또한 유한요소해석과 같은 많은 전산구조해석방법에 적용되어 왔다.

만큼 이동하면서 보의 변형에너지는 $1/2dP_1d\Delta_1$만큼 증가한다. 그러나, 보에 여전히 존재하는 두 힘 P_1, P_2 역시 보가 추가로 처지면서 일을 하게 된다. 이를 모두 종합하면 증분하중 dP_1에 의한 변형에너지 증가는 다음과 같다.

$$dU = P_1\,d\Delta_1 + P_2\,d\Delta_2 + \frac{1}{2}dP_1\,d\Delta_1 \tag{a}$$

또한 보의 전체 변형에너지는 다음과 같다.

$$U + dU = \frac{1}{2}P_1\Delta_1 + \frac{1}{2}P_2\Delta_2 + P_1\,d\Delta_1 + P_2\,d\Delta_2 + \frac{1}{2}dP_1\,d\Delta_1 \tag{b}$$

만약 하중의 재하 순서가 바뀌어 증분 하중 dP_1이 먼저 재하되고 그 다음 P_1, P_2 가 재하된다고 한다면, 이때의 변형에너지는 다음과 같다.

$$U + dU = \frac{1}{2}P_1\Delta_1 + \frac{1}{2}P_2\Delta_2 + dP_1\Delta_1 + \frac{1}{2}dP_1\,d\Delta_1 \tag{c}$$

이 보는 선형탄성 상태에 있기 때문에 보에 어떠한 하중이 존재한다 하더라도 하중 P_1, P_2가 야기하는 변위는 Δ_1, Δ_2로 동일하다. 이 경우에 dP_1는 이 점에서 추가의 변위 Δ_1 가 일어나는 동안 상수 상태를 유지하기 때문에 $dP_1\Delta_1$항은 1/2 계수를 포함하지 않는다.

탄성 변형은 회복 가능하고 에너지 손실을 무시한다면, 변형에너지는 하중 재하 순서에 독립적이다. 따라서 식 (b)와 (c)가 같고, 두 식을 등치시켜 다음을 얻을 수 있다.

$$dP_1\Delta_1 = P_1\,d\Delta_1 + P_2\,d\Delta_2 \tag{d}$$

식 (a)와 (d)의 조합을 통해 식 (e)를 얻을 수 있다.

$$dU = dP_1\Delta_1 = \frac{1}{2}dP_1\,d\Delta_1 \tag{e}$$

이 식에서 $1/2dP_1d\Delta_1$는 2차 미분값이므로 무시할 수 있다. 또한, 변형에너지 U는 P_1 와 P_2의 함수이다. 따라서, 증분 하중 dP_1에 의한 변형에너지 증분 dU는 P_1에 대한 U의 편미분으로 표현 가능하다.

$$dU = \frac{\partial U}{\partial P_1}dP_1$$

그러면 식 (e)를 다음과 같이 쓸 수 있다.

$$\frac{\partial U}{\partial P_1}dP_1 = dP_1\Delta_1$$

또한 이를 통해 식 (f)를 얻을 수 있다.

$$\frac{\partial U}{\partial P_1} = \Delta_1 \qquad\qquad\qquad (f)$$

여러 하중이 작용하는 일반적인 경우에 대해서 식 (f)는 다음과 같이 정리된다.

$$\frac{\partial U}{\partial P_i} = \Delta_i \qquad\qquad\qquad (17.37)$$

카스틸리아노의 제2정리는 일정한 온도를 유지하고 항복하지 않은 지점부에 위치하며 중첩의 원리를 따르는 어떠한 탄성 구조체에도 적용할 수 있다.

다음은 카스틸리아노의 제2정리를 서술한다.

선형탄성 구조물의 변형에너지가 외력 체계의 항들로 표현될 때, 집중하중 형태의 외력에 대한 변형에너지의 편미분은 그 하중의 작용점에서 작용방향으로 발생하는 구조물의 변위를 나타낸다.

유사한 과정을 통해 카스틸리아노의 정리는 구조물에 작용하는 모멘트와 이에 따른 회전각(또는 기울기의 변화)을 계산하는 데에도 적용할 수 있다.

$$\frac{\partial U}{\partial M_i} = \theta_i \qquad\qquad\qquad (17.38)$$

만약, 절점 하중이 작용하지 않는 위치에서의 변위 또는 작용하는 하중과 다른 방향으로 발생하는 변위를 구하고자 한다면, 해당 절점에 의사 하중(dummy load)을 적절한 방향으로 작용시킨다. 그러면 이 의사하중에 대한 변형에너지의 1차 미분 및 의사 하중이 0에 가까워지도록 하여 극한을 구하면 해당 변위를 계산할 수 있다. 또한, 식 (17.38)의 적용에 있어서도 단일 절점 모멘트 또는 의사 모멘트가 절점 i에 재하되어야 한다. 이 모멘트는 해당 절점에서의 회전 방향으로 재하되어야 한다. 만약 단일한 변수로 표현되는(예: P, $2P$, $3P$, wL, $2wL$) 다양한 하중으로 외력이 구성되어 있고, 하중 작용점 중 하나에서의 변위를 계산해야 한다면, 별도의 식별 가능한 항으로 이 하중들에 의한 모멘트식을 구성하거나, 또는 이 절점에 의사 하중을 가하여 이 하중에 대해서만 편미분이 취해질 수 있도록 해야 한다.

17.12 카스틸리아노의 정리에 의한 트러스의 처짐 해석

17.3절에서 축부재의 변형에너지를 다룬 바가 있다. 결합된 축부재 또는 n개의 균일단면을 갖는 축부재로 구성된 구조물에 있어서 이 축부재 구조물의 전체 변형에너지는 식 (17.14)를 통해 계산 가능하다.

$$U = \sum_{i=1}^{n} \frac{F_i^2 L_i}{2 A_i E_i}$$

트러스 구조물의 변형을 계산하기 위해, 식 (17.14)의 변형에너지 표현식은 (17.37)에 대입될 수 있고, 이를 통해 다음의 식을 얻을 수 있다.

$$\Delta = \frac{\partial}{\partial P} \sum \frac{F^2 L}{2AE}$$

이 식에서 아래첨자 i는 생략되었다. 이러한 형태의 계산에 있어서 합산의 실행 전에 미분을 먼저 실행하는 것이 일반적으로 수월하다. 위의 식은 다음과 같이 다시 표현할 수 있다.

$$\Delta = \sum \frac{\partial F^2}{\partial P} \frac{L}{2AE}$$

L, A 그리고 E는 개별 부재에 대하여 상수이다. 편미분 $\partial F^2/\partial P$는 $2F(\partial F/\partial P)$와 같으므로 트러스 구조물에 대한 카스틸리아노의 제2정리는 다음과 같이 표현된다.

$$\Delta = \sum \left(\frac{\partial F}{\partial P} \right) \frac{FL}{AE} \tag{17.39}$$

여기서,

> Δ = 트러스 절점 변위
> P = 절점에 Δ방향으로 재하된 외력(변수로 간주)
> F = P와 하중에 의해 발생하는 부재 내력
> L = 부재 길이
> A = 부재 단면적
> E = 탄성계수

편미분 $\partial F/\partial P$를 결정하기 위해, 외력 P는 상수가 아닌 변수로 고려되어야 한다. 결과적으로, 각 부재 내력 F는 P의 함수로 표현되어야 한다.

만약 외력이 작용하지 않는 절점에서의 변위 또는 외력과 방향이 일치하지 않는 변위를 계산하고자 한다면 해당 절점에 의사 하중을 부여해야 한다. 그러면 이 의사 하중에 대한 변형에너지의 1차 미분 및 의사 하중이 0에 가까워지도록 하여 극한을 구하면 해당 변위를 계산할 수 있다

해석 절차

아래의 절차를 카스틸리아노의 제2정리에 의하여 트러스의 변위를 해석하고자 할 때 적용한다.

1. **변수로 표현되는 하중 P:** 만약 변위를 구하고자 하는 절점에 해당 변위 방향으로 외력이 작용한다면, 이 외력을 변수 P로 간주한다. 이것은 후속 계산과정들이 기지의 값을 갖는 특정 외력에 의한 것이 아니라 변수 P에 의해 수행되는 것을 의미한다. 그렇지 않은 경우, 이 절점에 의사 하중을 재하하고 이 의사 하중을 P로 간주한다.

2. **P에 대한 부재력 F:** 실제 하중 및 변수 하중 P에 의해 발생하는 개별 부재의 내력

을 결정한다. 개별 부재의 내력의 표현식은 또는 항은 수치와 P를 포함하게 될 것이다. 인장력은 양수, 압축력은 음수로 가정한다.

3. **개별 부재에 대한 편미분:** P에 대한 부재력 F의 편미분을 실행, $\partial F / \partial P$를 결정한다.

4. **P에 대하여 수치를 대입하라:** 부재력 F와 편미분 $\partial F / \partial P$ 표현식의 P에 대하여 실제 값을 대입한다. 만약 의사 하중이 P로 사용되었다면, 0을 대입한다.

5. **합산:** 식 (17.39)에 나타난 바와 같이 절점 변위 계산을 위해 합산을 실행한다. 합산 결과가 양의 값일 경우 절점 변위가 P와 동일한 방향으로 발생하는 것을 의미하고, 음의 값은 반대의 경우를 의미한다.

트러스 구조물의 절점 변위를 해석하기 위하여 카스틸리아노 정리를 적용하는 방법을 다음 예제들을 통하여 설명하도록 한다.

예제 17.16

그림에 도시된 트러스에서 절점 A에서의 수직 처짐을 계산하라. 모든 부재의 단면적과 탄성계수는 $A = 1100 \ \text{mm}^2$, $E = 200 \ \text{GPa}$이다.

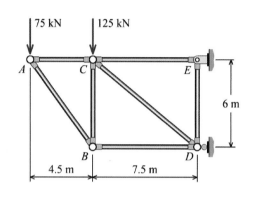

풀이 계획 절점 A에서의 수직 처짐을 계산하고자 한다. 이 트러스 절점 A에 수직 하중이 존재하기 때문에 이 힘을 P로 간주한다. 이것은 절점 A에 작용하는 75 kN에 대한 트러스 해석을 수행하는 대신에 변수 하중 P로 75 kN를 대체하는 것을 의미한다. 75 kN의 하중을 대신하여 절점 A에 작용하는 변수 하중 P를 사용하여 절점법과 같은 적절한 방법을 통해 트러스 해석을 수행한다. 이 해석을 통하여 P와 다른 절점 하중(절점 C에 작용하는 125 kN의 하중 등)으로부터 유발되는 추가적인 수치들에 대한 항으로 표현된 식(부재력)이 개별 트러스 부재에 대해 유도될 것이다.

트러스 해석결과를 정리하는 도표를 구성한다. 각 트러스 부재에 대하여 부재력 표현식 F를 하나의 열에 정리한다. 그 후 네 개의 추가적인 과정을 수행한다.

(1) 부재력 식 F을 P에 대하여 미분하고 편미분값을 기록한다.

(2) 부재력 식 F에 포함된 P에 실제 하중인 75 kN을 대입하고 실제 부재력을 계산한다.

(3) 개별 부재의 길이를 계산한다.

(4) 편미분 $\partial F / \partial P$과 실제 부재력값 F 그리고 부재 길이를 곱한다.

각 부재에 대한 $(\partial F / \partial P)FL$을 모두 더한다. 부재의 단면적 A와 탄성계수 E는 모든 부재에서 동일하므로 합산결과에 이 두 값이 적용된다. 최종적으로, 절점 A에서의 수직 처짐 계산을 위해 식 (17.39)을 적용한다.

풀이 절점 A에서 수직 처짐을 구하려 하는데, 이 절점에 해당 처짐의 방향으로 이미 외력이 작용하고 있기 때문에, 이 힘 75 kN을 변수 하중 P로 대체한다. 절점 A에서의 하중 P를 포함하는 이 트러스의 자유물체도가 그림에 도시되어 있다.

개별 부재의 부재력을 찾기 위해 이 자유물체도에 도시된 하중에 대한 트러스 해석을 수행한다. 이 하중들과 함께 개별 부재들의 부재력 F가 P의 함수로 표현된다. 몇몇 부재의 부재력 함수 F는 절점 C에 작용하는 125 kN 크기의 하중으로부터 유발된 상수항을 포함한다.

트러스의 처짐 계산을 체계화하기 위해 도표 형식을 이용하는 것은 유용한 방법이다. 열 (1)은 부재 이름을 표시하고 열 (2)는 변수 P로 표현된 각 부재력을 나타낸다. 열 (2)에 기록된 수식을 P에 대해 미분하고 그 결과를 열 (3)에 기록한다. 그 후, 열 (2)의 수식의 P에 실제 하중크기인 75 kN를 대입하여 그 결과를 열 (4)에 기록한다. 이 값들은 75 kN 및 125 kN의 하중에 의해 발생하는 실제 부재력이다. 이 값들은 식 (17.39)의 FL/AE 계산에 사용된다. 마지막으로, 부재 길이를 계산하고 이것을 열 (5)에 기록한다.

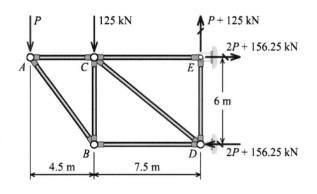

트러스 구조물에 대한 카스틸리아노의 제2정리가 식 (17.39)로 표현된다. 이 트러스의 모든 부재는 동일한 단면적과 탄성계수를 갖는다($A = 1100$ mm^2, $E = 200$ GPa). 따라서 아래와 같이 A와 E를 합산 연산의 바깥으로 옮겨 계산과정을 단순화 할 수 있다.

$$\Delta = \frac{1}{AE} \sum \left(\frac{\partial F}{\partial P} \right) FL$$

개별 트러스 부재에 대하여 열 (3), (4) 그리고 (5)의 값을 곱한 후 그 결과를 열 (6)에 기록한다. 그 후 모든 부재에 대한 계산 결과를 더한다.

(1)	(2)	(3)	(4)	(5)	(6)
부재	F (kN)	$\dfrac{\partial F}{\partial P}$	F (P = 75 kN) (kN)	L (m)	$\left(\dfrac{\partial F}{\partial P} \right) FL$ (kN·m)
AB	$-1.25P$	-1.25	-93.75	7.5	878.91
AC	$0.75P$	0.75	56.25	4.5	189.84
BC	$1.00P$	1.00	75.00	6.0	450.00
BD	$-0.75P$	-0.75	-56.25	7.5	316.41
CD	$-1.60P - 200.10$	-1.60	-320.10	9.605	4919.30
CE	$2.00P + 156.25$	2.00	306.25	7.5	4593.75
DE	$1.00P + 125.00$	1.00	200.00	6.0	1200.00
				$\sum \left(\dfrac{\partial F}{\partial P} \right) FL =$	12 548.20

도식화 된 결과로부터 절점 A에서의 수직 처짐을 계산하기 위해 식 (17.39)를 적용한다.

$$\Delta_A = \frac{(12548.20 \ \text{kN} \cdot \text{m})(1000 \ \text{N/kN})(1000 \ \text{mm/m})}{(1100 \ \text{mm}^2)(200000 \ \text{N/mm}^2)}$$

$$= 57.0 \ \text{mm} \downarrow$$

답

하중 P를 절점 A에서 아래방향으로 작용시켰기 때문에, 이 결과의 양의 값은 절점 A가 아래방향으로 이동한다는 것을 의미한다.

예제 17.17

그림에 도시된 트러스의 절점 D에서 발생하는 수평방향 변위를 계산하라.
모든 부재의 단면적과 탄성계수는 각각 $A = 1750$ mm², $E = 200$ GPa이다.

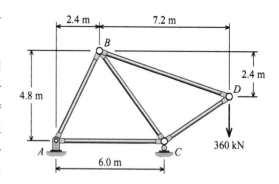

풀이 계획 절점 D에서의 수평 변위를 계산해야 한다. 절점 D에서 수평 방향의 외력이 작용하지 않기 때문에 의사 하중 P를 재하시킬 필요가 있다. 절점 D에서 수평 방향으로 의사 하중 P를 재하하고 이를 트러스 해석에 포함시킨다. 예제 17.16에서 요약된 바와 동일한 절차를 따른다. 그러나 실제 부재력을 계산할 때 부재력 표현식의 P에 대해 0 kN을 대입한다. 절점 D에서의 수평 변위 해석을 위해 식 (17.39)를 적용한다.

풀이 절점 D에서의 수평 변위를 계산해야 하고 이 절점에서는 어떠한 수평 하중도 작용하지 않으므로 절점 D에 의사 하중을 수평 방향으로 재하한다. 절점 D에 작용하는 의사하중 P과 함께 이 트러스의 자유물체도가 그림에 표시되어 있다.

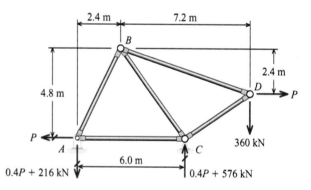

개별 부재의 부재력을 찾기 위해 자유물체도에 표현된 하중에 대한 트러스 해석을 수행한다. 이 하중들과 함께 부재력 F가 P의 함수로써 표현된다.

아래 표에서, 각 부재의 부재력 F의 표현식이 변수 P에 대하여 열 (2)에 정리되어 있다. 편미분 $(\partial F/\partial P)$ 결과가 열 (3)에 정리되어 있다. 각 부재의 실제 부재력은 열 (2)에 정리된 부재력 표현식 안의 변수 P에 0 kN을 대입하여 계산할 수 있다. 이 부재력들은 열 (4)에 정리되어 있다. 마지막으로, 부재 길이가 열 (5)에 기록되어 있다.

카스틸리아노의 제2정리는 식 (17.39)로 표현된다. 이 트러스의 모든 부재는 동일한 단면적과 탄성계수를 갖는다($A = 1750$ mm², $E = 200$ GPa). 따라서 아래와 같이 A와 E를 합산 연산의 바깥으로 옮겨 계산 과정을 단순화 할 수 있다.

$$\varDelta = \frac{1}{AE} \sum \left(\frac{\partial F}{\partial P} \right) FL$$

개별 트러스 부재에 대하여 열 (3), (4) 그리고 (5)의 값을 곱한 후 그 결과를 열 (6)에 기록한다.

(1)	(2)	(3)	(4)	(5)	(6)
		$\dfrac{\partial F}{\partial P}$	F		$\left(\dfrac{\partial F}{\partial P} \right) FL$
부재	F (kN)		($P = 0$ kN) (kN)	L (mm)	(kN·mm)
AB	$0.4472P + 241.4954$	0.4472	241.4954	5366.56	579 584.23
AC	$0.8P - 108$	0.8000	−108.0000	6000.00	−518 400.00
BC	$-0.7778P - 420$	−0.7778	−420.0000	6000.00	1 960 005.60
BD	$0.7027P + 379.4733$	0.7027	379.4733	7589.47	2 023 862.40
CD	$0.4006P - 432.6662$	0.4006	−432.6662	4326.66	−749 960.63
				$\sum \left(\dfrac{\partial F}{\partial P} \right) FL =$	3 295 091.60

도식화 된 결과로부터 절점 D에서 발생하는 수평 변위는 식 (17.39)를 통해 얻을 수 있다.

$$\Delta_D = \frac{3295091.60 \text{ kN} \cdot \text{mm}}{(1750 \text{ mm}^2)(200 \text{ kN/mm}^2)}$$

$$= 9.41 \text{ mm} \rightarrow \qquad\qquad \textbf{답}$$

절점 D에서 의사 하중이 오른쪽 방향으로 재하되었기 때문에, 이 계산결과가 양의 값을 보이는 것은 절점 D가 오른쪽으로 이동한다는 것을 의미한다.

17.13 카스틸리아노의 정리에 의한 보의 처짐 해석

휨부재의 변형에너지를 17.5절에서 유도한 바 있다. 식 (17.20)에 의해, 길이 L의 보에서의 전체 변형에너지는 다음과 같다.

$$U = \int_0^L \frac{M^2}{2EI} dx$$

보의 처짐을 계산하기 위해, 식 (17.20)에 의한 변형에너지의 일반 표현식을 식 (17.37)에 대입하면 다음과 같은 수식을 얻을 수 있다.

$$\Delta = \frac{\partial}{\partial P} \int_0^L \frac{M^2}{2EI} dx$$

적분기호 내의 미분은 P가 x의 함수가 아닐 때 허용된다.

미적분 규칙에 의해, 적분식의 미분은 적분기호 내를 미분하여 수행할 수 있다. 탄성계수 E와 단면2차모멘트 I는 하중 P에 대하여 상수이므로,

$$\frac{\partial}{\partial P} \int_0^L \frac{M^2}{2EI} dx = \int_0^L \left(\frac{\partial M^2}{\partial P} \right) \frac{1}{2EI} dx$$

가 된다.

편미분 $\partial M^2 / \partial P = 2M(\partial M / \partial P)$이므로, 보의 처짐에 대한 카스틸리아노의 제2정리는 다음과 같이 쓸 수 있다.

$$\Delta = \int_0^L \left(\frac{\partial M}{\partial P} \right) \frac{M}{EI} dx \qquad\qquad (17.40)$$

여기서,

Δ = 보의 해당 위치에서의 변위

P = Δ의 방향으로 작용하는 외력(변수로 표현)

M = 힘 P와 보에 작용하는 다른 하중에 의해 발생하는 내력 휨모멘트(x의 함수로 표현)

I = 중립축에 대한 단면2차모멘트

E = 탄성계수

L = 보의 길이

이와 유사하게, 보의 처짐각(또는 기울기) 계산에 대해서도 카스틸리아노의 제2정리가 다음과 같이 적용될 수 있다.

$$\theta = \int_0^L \left(\frac{\partial M}{\partial M'} \right) \frac{M}{EI} dx \tag{17.41}$$

여기서, θ는 변위를 구하고자 하는 위치에서의 보의 처짐각(또는 기울기)이고, M'은 해당 위치에서 θ의 방향으로 재하된 집중모멘트(변수로 고려)를 나타낸다.

만약, 해당 위치에 외력이 작용하지 않거나 또는 작용하는 외력의 방향과 일치하지 않는 방향의 변위를 계산하고자 한다면, 해당 위치에 적절한 방향으로 의사 하중을 재하해야 한다. 마찬가지로, 해당 위치에 외력 집중모멘트가 작용하지 않는다면, 해당 위치에 적절한 방향으로 의사 모멘트를 재하해야 한다.

해석 절차

카스틸리아노의 제2정리에 의하여 보의 처짐을 해석하기 위하여 다음과 같은 절차를 따른다.

1. **변수로 표현된 하중 P**: 변위를 구하고자 하는 위치에 해당 변위의 방향으로 외력이 작용한다면, 이 힘을 변수 P로 대체한다. 이것은 앞으로 전개되는 계산들이 실제 하중에 대한 실제적 수치가 아닌 변수 P의 항에 대하여 수행될 것임을 의미한다. 그렇지 않은 경우에는, 이 위치에 해당 변위의 방향으로 의사 하중을 재하하고, 이 의사 하중을 P로 대체한다.

2. **P에 대한 보의 내력 모멘트 M**: 힘, 분포하중 또는 집중모멘트의 불연속성이 없는 구간에 대하여 적절한 x 좌표계를 정의한다. 실제 하중과 변수 하중 P에 대한 내력 휨모멘트 M의 표현식을 유도한다. 보의 특정 세그먼트에 대한 내력 모멘트 표현식 M은 수치 및 P에 대한 함수를 포함할 것이다. 그림 7.6과 7.7에 도시된 것처럼 M 표현식에 대하여 휨모멘트에 대한 일반적인 부호규약을 따른다.

3. **편미분**: 내력 모멘트 표현식을 P에 대하여 편미분하여 $\partial M / \partial P$를 계산한다.

4. **P에 실제 수치를 대입**: M과 $\partial M / \partial P$의 표현식 안의 변수 P에 실제 수치를 대입한다. 만약 의사 하중이 P로 사용되었다면, 0을 대입한다.

5. **적분**: 처짐 계산을 위해 식 (17.40)과 같이 적분한다. 양의 결과는 처짐이 하중 P와 동일한 방향으로 발생함을 의미하고, 음의 결과는 그 반대를 의미한다.

카스틸리아노의 제2정리에 의하여 보의 기울기를 해석하기 위하여 다음과 같은 절차를 따른다.

1. **변수로 표현된 집중모멘트 M'**: 기울기 또는 처짐각을 구하고자 하는 점에서 회전각 방향으로 집중모멘트가 외력으로 작용한다면, 이 모멘트를 변수 M'으로 대체한다. 이것은 앞으로 전개되는 계산들이 실제 외력 모멘트에 대한 실제적 수치가 아닌 변수 M'의 항에 대하여 수행될 것임을 의미한다. 그렇지 않은 경우에는, 이 위치에 해당 기울기의 방향으로 의사 모멘트를 재하하고, 이 의사 모멘트를 M'으로 대체한다.

2. **M'에 대한 보의 내력 모멘트 M**: 힘, 분포하중 또는 집중모멘트의 불연속성이 없는

구간에 대하여 적절한 x 좌표계를 정의한다. 실제 하중과 변수 하중 M'에 대한 내력 휨모멘트 M의 표현식을 유도한다. 보의 특정 세그먼트에 대한 내력 모멘트 표현식 M은 수치 및 M'에 대한 함수를 포함할 것이다. 그림 7.6과 7.7에 도시된 것처럼 M 표현식에 대하여 휨모멘트에 대한 일반적인 부호규약을 따른다.

3. **편미분**: 내력 모멘트 표현식을 M'에 대하여 편미분하여 $\partial M/\partial M'$를 계산한다.

4. **M'에 실제 수치를 대입**: M과 $\partial M/\partial M'$의 표현식 안의 변수 M'에 실제 수치를 대입한다. 만약 의사 하중이 M'으로 사용되었다면, 0을 대입한다.

5. **적분**: 기울기 계산을 위해 식 (17.41)과 같이 적분한다. 양의 결과는 회전이 하중 M'와 동일한 방향으로 발생함을 의미하고, 음의 결과는 그 반대를 의미한다.

보의 처짐과 기울기를 해석하기 위하여 카스틸리아노의 제2정리를 적용하는 방법을 다음 예제들에서 설명하도록 한다.

예제 17.18

그림에 도시된 캔틸레버보의 단부 A에서 (a) 처짐과 (b) 기울기 계산을 위해 카스틸리아노의 제2정리를 사용하라. EI는 상수로 가정한다.

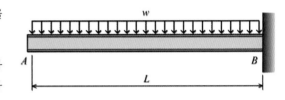

풀이 계획 단부 A에 집중하중 및 집중모멘트가 외력으로 작용하지 않기 때문에, 주어진 문제의 해결을 위해 의사 하중을 재하한다. 단부 A에서 보의 처짐을 계산하기 위해 의사 하중 P를 아래방향으로 재하한다. 내력 모멘트 M 표현식을 실제 분포하중 w와 의사 하중 P에 대하여 유도한다. 이 모멘트 표현식을 P에 대하여 미분하여 $\partial M/\partial P$를 얻는다. 이 모멘트 표현식의 P에 0을 대입하고 그 후 모멘트 표현식 M과 편미분 $\partial M/\partial P$를 곱한다. 그 후 이것을 보의 전체 구간에 대해 적분하여 단부 A에서 보의 처짐을 계산한다. 유사한 절차를 통해 단부 A에서 보의 기울기 역시 구할 수 있다. 기울기 계산을 위해서는 단부 A에 의사 하중으로서 집중모멘트 M'을 재하한다.

풀이 (a) 처짐 계산: 이 캔틸레버보의 처짐을 계산하기 위해 의사 하중 P를 단부 A에 재하한다. 단부 A 부근에서 자유물체를 그린다. x 좌표계의 원점을 A에 둔다. 이 자유물체로부터 내력 휨모멘트 M 방정식을 다음과 같이 유도할 수 있다.

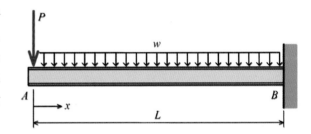

$$M = -\frac{wx^2}{2} - Px \qquad 0 \le x \le L$$

$\partial M/\partial P$를 얻기 위해 이 수식을 미분하면 다음과 같다.

$$\frac{\partial M}{\partial P} = -x$$

내력 휨모멘트 M 방정식의 P에 0을 대입하면 다음을 얻는다.

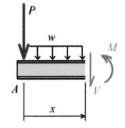

$$M = -\frac{wx^2}{2}$$

보의 처짐 계산을 위해 적용되는 카스틸리아노의 제2정리는 식 (17.40)로 표현된다. $\partial M/\partial P$와 M를 위해 유도된 수식들을 식 (17.40)에 대입하면 다음과 같다.

$$\Delta = \int_0^L \left(\frac{\partial M}{\partial P}\right)\frac{M}{EI}dx = \int_0^L -x\left(\frac{wx^2}{2EI}\right)dx = \int_0^L \frac{wx^3}{2EI}dx$$

이 수식을 보의 전체 길이 L에 걸쳐 적분하면 이 보의 단부 A에서의 수직 처짐을 얻을 수 있다.

$$\Delta_A = \frac{wL^4}{8EI} \downarrow$$ 답

이 결과가 양의 값이기 때문에 처짐은 의사 하중 P와 동일한 방향인 아래방향으로 발생한다는 것을 알 수 있다.

(b) 기울기 계산: 이 캔틸레버보 단부 A에서 발생한 각회전을 계산하기 위해 의사 집중모멘트 M'을 재하한다. 단부 A로부터 상향의 기울기가 예상되기 때문에 의사 모멘트를 반시계방향으로 재하한다. 다시, 단부 A 부근의 자유물체도

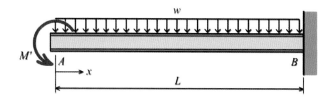

를 그리고 이때 x 좌표계 원점을 A에 둔다. 이 자유물체도로부터 다음과 같은 내력 휨모멘트 M의 방정식을 유도할 수 있다.

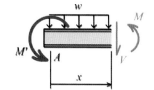

$$M = -\frac{wx^2}{2} - M' \quad 0 \le x \le L$$

$\partial M/\partial M'$를 얻기 위해 M 수식을 M'에 대하여 편미분하면 다음과 같다.

$$\frac{\partial M}{\partial M'} = -1$$

이 휨모멘트 수식에서 M'에 0을 대입하면 다음과 같다.

$$M = -\frac{wx^2}{2}$$

보의 기울기 계산을 위해 적용되는 카스틸리아노의 제2정리는 식 (17.41)로 표현된다. $\partial M/\partial M'$와 M를 위해 유도된 수식들을 식 (17.41)에 대입하면 다음과 같다.

$$\theta = \int_0^L \left(\frac{\partial M}{\partial M'}\right)\frac{M}{EI}dx = \int_0^L -1\left(-\frac{wx^2}{2EI}\right)dx = \int_0^L \frac{wx^2}{2EI}dx$$

이 수식을 보의 전체 길이 L에 걸쳐 적분하면 A에서 보의 기울기를 계산할 수 있다.

$$\theta_A = \frac{wL^3}{6EI} \quad \text{(반시계방향)}$$ 답

이 결과가 양의 값이기 때문에 각회전은 의사 모멘트와 동일한 방향 반시계방향으로 발생한다는 것을 알 수 있다.

그림에 도시된 단순지지보의 점 C에서 발생하는 처짐을 계산하라. $EI = 3.4 \times 10^5$ kN·m²로 가정한다.

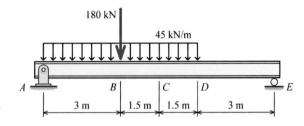

풀이 계획 점 C에서의 처짐을 계산하고자 하는데 이 점에는 집중하중 형태의 외력이 작용하지 않기 때문에 의사 하중 P가 이 점에 재하되어야 한다. 의사 하중 P를 점 C에 재하하면 휨모멘트 방정식은 점 B, C 그리고 D에서 불연속하게 된다. 따라서 이 보는 AB, BC, CD 그리고 DE 등 네 개의 세그먼트로 구분하여 고려되어야 한다. 휨모멘트 방정식의 유도를 용이하게 하기 위해 세그먼트 AB와 BC 그리고 CD와 DE에 대하여 x 좌표축의 원점을 각각 A와 E에 둔다. 계산을 체계화하기 위해 관련 수식들을 도표 형식으로 정리하는 것이 유용하다.

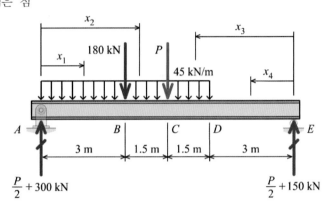

풀이 의사 하중 P를 점 C에 재하한다. 점 C는 이 보의 9.0 m 길이의 경간 중앙부에 위치한다. 실제 하중과 이 의사 하중 P에 유의하며 지점 반력을 구한다. A와 E에 작용하는 반력이 이 보의 자유물체도에 도시되어 있다.

이 보 지점 A 부근에서 세그먼트 AB를 절단하는 자유물체도를 그린다. 이 자유물체도로부터 세그먼트 AB에 작용하는 내력 모멘트 M 방정식을 다음과 같이 유도할 수 있다.

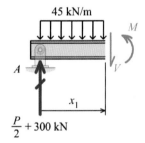

$$M = -\frac{45 \text{ kN/m}}{2}x_1^2 + \left(\frac{P}{2} + 300 \text{ kN}\right)x_1$$

$$0 \leq x_1 \leq 3 \text{ m}$$

세그먼트 BC를 절단하는 자유물체도에 대해 이 절차를 반복한다. 이 자유물체도로부터 세그먼트 BC에 작용하는 내력 모멘트 M 방정식을 다음과 같이 유도할 수 있다.

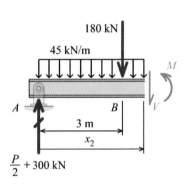

$$M = -\frac{45 \text{ kN/m}}{2}x_2^2 - (180 \text{ kN})(x_2 - 3 \text{ m}) + \left(\frac{P}{2} + 300 \text{ kN}\right)x_2$$

$$3 \text{ m} \leq x_2 \leq 4.5 \text{ m}$$

지점 E 부근에서 세그먼트 CD를 절단하는 자유물체도를 그린다. 이 자유물체도로부터 세그먼트 CD에 작용하는 내력 모멘트 M 방정식을 다음과 같이 유도한다.

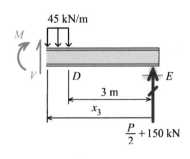

$$M = -\frac{45 \text{ kN/m}}{2}(x_3 - 3 \text{ m})^2 + \left(\frac{P}{2} + 150 \text{ kN}\right)x_3$$

$$3 \text{ m} \leq x_3 \leq 4.5 \text{ m}$$

마지막으로, 세그먼트 *DE*에 작용하는 내력 모멘트 *M* 방정식을 다음과 같이 유도한다.

$$M = \left(\frac{P}{2} + 150 \text{ kN}\right)x_4$$

$$0 \le x_4 \le 3 \text{ m}$$

이렇게 유도된 *M* 방정식들을 *P*에 대하여 편미분하여 $\partial M / \partial P$를 얻는다. 그 후 각 *M* 방정식의 *P*에 0을 대입한다. 이러한 수식들이 다음의 도표에 정리되어 있다.

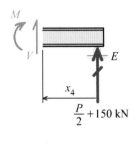

세그먼트	M (kN·m)	$\dfrac{\partial M}{\partial P}$ (m)	M (for $P = 0$ kN) (kN·m)
AB	$-\dfrac{45}{2}x_1^2 + \left(\dfrac{P}{2} + 300\right)x_1$	$\dfrac{1}{2}x_1$	$-\dfrac{45}{2}x_1^2 + 300x_1$
BC	$-\dfrac{45}{2}x_2^2 - (180)(x_2 - 3) + \left(\dfrac{P}{2} + 300\right)x_2$	$\dfrac{1}{2}x_2$	$-\dfrac{45}{2}x_2^2 - 180(x_2 - 3) + 300x_2$
CD	$-\dfrac{45}{2}(x_3 - 3)^2 + \left(\dfrac{P}{2} + 150\right)x_3$	$\dfrac{1}{2}x_3$	$-\dfrac{45}{2}(x_3 - 3)^2 + 150x_3$
DE	$\left(\dfrac{P}{2} + 150\right)x_4$	$\dfrac{1}{2}x_4$	$150x_4$

보의 처짐 계산을 위한 카스틸리아노의 제2정리는 식 (17.40)과 같다.

각 세그먼트에 대한 $\partial M / \partial P$과 *M*의 유도를 위한 표현식들을 식 (17.40)에 대입한다. 이때 각 세그먼트에서의 적절한 적분한계에 유의한다. 적분결과를 포함한 일련의 수식들이 다음 도표에 정리되어 있다.

세그먼트	x 좌표계 원점	x 좌표계 구간 (m)	$\left(\dfrac{\partial M}{\partial P}\right)M$ (kN·m²)	$\displaystyle\int\left(\dfrac{\partial M}{\partial P}\right)\left(\dfrac{M}{EI}\right)dx$
AB	*A*	0–3	$-11.25x_1^3 + 150x_1^2$	$\dfrac{1122.188 \text{ kN·m}^3}{EI}$
BC	*A*	3–4.5	$-11.25x_2^3 + 60x_2^2 + 270x_2$	$\dfrac{1875.762 \text{ kN·m}^3}{EI}$
CD	*E*	3–4.5	$-11.25x_3^3 + 142.5x_3^2 - 101.25x_3$	$\dfrac{1550.918 \text{ kN·m}^3}{EI}$
DE	*E*	0–3	$75x_4^2$	$\dfrac{675.0 \text{ kN·m}^3}{EI}$
				$\dfrac{5223.868 \text{ kN·m}^3}{EI}$

식 (17.40)으로부터, 점 *C*에서의 보의 처짐을 다음과 같이 얻을 수 있다.

$$\Delta_C = \frac{5223.868 \text{ kN} \cdot \text{m}^3}{EI} = \frac{5223.868 \text{ kN} \cdot \text{m}^3}{3.4 \times 10^5 \text{ kN} \cdot \text{m}^2}$$

$$\therefore \Delta_C = 15.3643 \times 10^{-3} \text{ m} = 15.36 \text{ mm} \downarrow$$

답

PP17.78 카스틸리아노 제2정리를 사용하여 그림 P17.78/79와 같은 트러스의 점 B의 수직 변위를 구하라. (단, 각 부재의 단면적 $A=800$ mm^2, 탄성계수 $E=70$ GPa, 하중 $P=105$ kN 및 $Q=32$ kN)

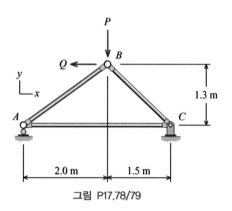

그림 P17.78/79

P17.79 카스틸리아노 제2정리를 사용하여 그림 P17.78/79와 같은 트러스의 점 B의 수평 변위를 구하라. (단, 각 부재의 단면적 $A=800$ mm^2, 탄성계수 $E=70$ GPa, 하중 $P=105$ kN 및 $Q=32$ kN)

P17.80 카스틸리아노 제2정리를 사용하여 그림 P17.80/81과 같은 트러스의 점 D의 수직 변위를 구하라. (단, 각 부재의 단면적 $A=1850$ mm^2, 탄성계수 $E=200$ GPa, 하중 $P=135$ kN 및 $Q=50$ kN)

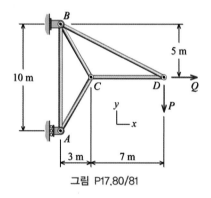

그림 P17.80/81

P17.81 카스틸리아노 제2정리를 사용하여 그림 P17.80/81과 같은 트러스의 점 D의 수평 변위를 구하라. (단, 각 부재의 단면적 $A=1850$ mm^2, 탄성계수 $E=200$ GPa, 하중 $P=135$ kN 및 $Q=50$ kN)

P17.82 카스틸리아노 제2정리를 사용하여 그림 P17.82/83과 같은 트러스의 점 D의 수직 변위를 구하라. (단, 각 부재의 단면적 $A=1300$ mm^2, 탄성계수 $E=200$ GPa, 하중 $P=90$ kN 및 $Q=140$ kN)

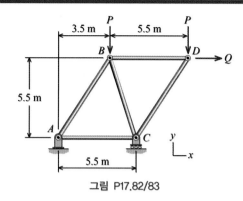

그림 P17.82/83

P17.83 카스틸리아노 제2정리를 사용하여 그림 P17.82/83과 같은 트러스의 점 D의 수평 변위를 구하라. (단, 각 부재의 단면적 $A=1300$ mm^2, 탄성계수 $E=200$ GPa, 하중 $P=90$ kN 및 $Q=140$ kN)

P17.84 카스틸리아노 제2정리를 사용하여 그림 P17.84/85와 같은 트러스의 점 B의 수직 변위를 구하라. (단, 각 부재의 단면적 $A=2100$ mm^2, 탄성계수 $E=70$ GPa, 하중 $P=140$ kN 및 $Q=90$ kN)

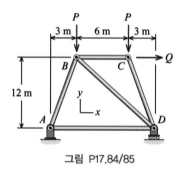

그림 P17.84/85

P17.85 카스틸리아노 제2정리를 사용하여 그림 P17.84/85와 같은 트러스의 점 B의 수평 변위를 구하라. (단, 각 부재의 단면적 $A=2100$ mm^2, 탄성계수 $E=70$ GPa, 하중 $P=140$ kN 및 $Q=90$ kN)

P17.86 카스틸리아노 제2정리를 사용하여 그림 P17.86/87과 같은 트러스의 점 A의 수평 변위를 구하라. (단, 각 부재의 단면적 $A=1600$ mm^2, 탄성계수 $E=200$ GPa)

P17.87 카스틸리아노 제2정리를 사용하여 그림 P17.86/87과 같은 트러스의 점 B의 수직 변위를 구하라. (단, 각 부재의 단면적 $A=1600$ mm^2, 탄성계수 $E=200$ GPa)

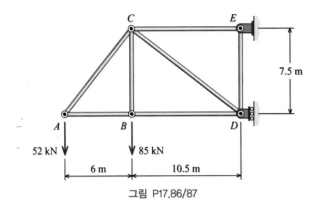

그림 P17.86/87

52 kN

85 kN

6 m

10.5 m

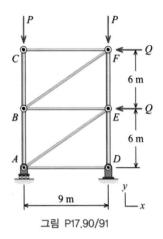

그림 P17.90/91

P17.88 그림 P17.88/89와 같은 트러스에 집중하중 $P_D = 90$ kN 와 $P_E = 70$ kN가 작용하고 있다. 부재 AB, AC, BC 및 CD의 단면적은 각각 $A = 1900$ mm²이며 부재 BD, BE 및 DE의 단면적은 각각 $A = 850$ mm²이다. 모든 부재는 강재[$E = 200$ GPa]로 제작되었다. 카스틸리아노 제2정리를 사용하여 다음을 구하라.

(a) 점 E의 수평 변위

(b) 점 D의 수평 변위

P17.91 그림 P17.90/91과 같은 트러스에 집중하중 $P = 200$ kN 와 $Q = 40$ kN가 작용하고 있다. 부재 AB, BC, DE 및 EF의 단면적은 $A = 2700$ mm²이고 다른 모든 부재의 단면적은 $A = 1060$ mm² 이다. 모든 부재는 강재[$E = 200$ GPa]로 제작되었다. 카스틸리아노 제2정리를 사용하여 점 B의 수평 변위 구하라.

P17.92 그림 P17.92와 같은 트러스에 집중하중 $P = 130$ kN와 $2P = 260$ kN가 작용하고 있다. 모든 부재의 단면적은 $A = 4200$ mm² 이며 강재[$E = 200$ GPa]로 제작되었다. 카스틸리아노 제2정리를 사용하여 다음을 구하라.

(a) 점 A의 수평 변위

(b) 점 D의 수직 변위

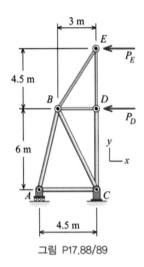

그림 P17.88/89

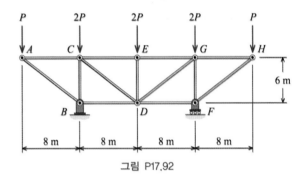

그림 P17.92

P17.89 그림 P17.88/89와 같은 트러스에 집중하중 $P_D = 130$ kN 와 $P_E = 40$ kN가 작용하고 있다. 부재 AB, AC, BC 및 CD의 단면적은 각각 $A = 1900$ mm²이며 부재 BD, BE 및 DE의 단면적은 각각 $A = 850$ mm²이다. 모든 부재는 강재[$E = 200$ GPa]로 제작되었다. 카스틸리아노 제2정리를 사용하여 다음을 구하라.

(a) 점 E의 수평 변위

(b) 점 D의 수평 변위

P17.90 그림 P17.90/91과 같은 트러스에 집중하중 $P = 200$ kN 와 $Q = 40$ kN가 작용하고 있다. 부재 AB, BC, DE 및 EF의 단면적은 $A = 2700$ mm²이고 다른 모든 부재의 단면적은 $A = 1060$ mm² 이다. 모든 부재는 강재[$E = 200$ GPa]로 제작되었다. 카스틸리아노 제2정리를 사용하여 F점의 수평 변위 구하라.

P17.93 카스틸리아노 제2정리를 사용하여 그림 P17.93과 같은 보의 점 A에서의 처짐각을 구하라. (단, 보의 EI는 일정)

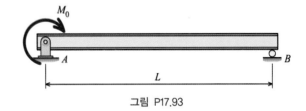

그림 P17.93

P17.94 카스틸리아노 제2정리를 사용하여 그림 P17.94와 같은 보의 점 B에서의 처짐을 구하라. (단, 보의 EI는 일정)

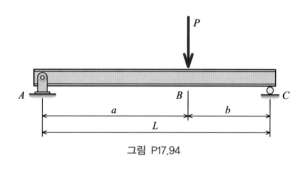

그림 P17.94

P17.95 카스틸리아노 제2정리를 사용하여 그림 P17.95와 같은 보의 점 A에서의 처짐을 구하라. (단, 보의 EI는 일정)

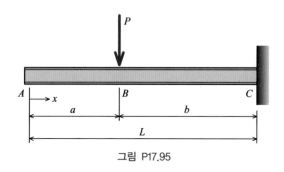

그림 P17.95

P17.96 카스틸리아노 제2정리를 사용하여 그림 P17.96과 같은 보의 점 A에서의 처짐각을 구하라. (단, 보의 EI는 일정)

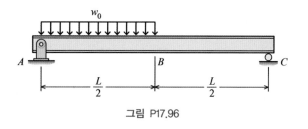

그림 P17.96

P17.97 카스틸리아노 제2정리를 사용하여 그림 P17.97과 같은 보의 점 B에서의 처짐과 처짐각을 구하라. (단, 보의 EI는 일정)

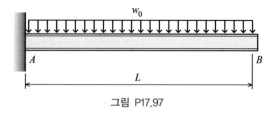

그림 P17.97

P17.98 카스틸리아노 제2정리를 사용하여 그림 P17.98과 같은 보의 점 C에서의 처짐과 처짐각을 구하라. (단, 보의 EI는 일정)

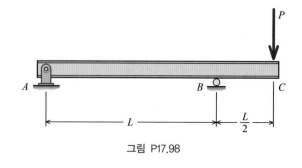

그림 P17.98

P17.99 카스틸리아노 제2정리를 사용하여 그림 P17.99와 같은 보의 점 C에서의 처짐을 구하라. (단, AB 막대의 지름은 35 mm, BC 막대의 지름은 20 mm, $E = 200$ GPa)

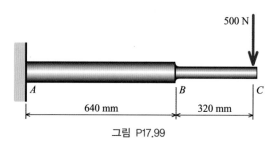

그림 P17.99

P17.100 카스틸리아노 제2정리를 사용하여 그림 P17.100/101 과 같은 보의 점 A에서의 처짐각을 구하라. (단, AB와 DE 막대의 지름은 20 mm, BC와 CD 막대의 지름은 35 mm, $E = 200$ GPa)

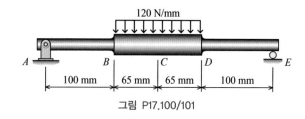

그림 P17.100/101

P17.101 카스틸리아노 제2정리를 사용하여 그림 P17.100/101 과 같은 보의 점 C에서의 처짐을 구하라. (단, AB와 DE 막대의 지름은 20 mm, BC와 CD 막대의 지름은 35 mm, $E = 200$ GPa)

P17.102 카스틸리아노 제2정리를 사용하여 그림 P17.102와 같은 보의 점 C에서의 처짐을 구하라. (단, $EI = 1.72 \times 10^5$ kN·m²)

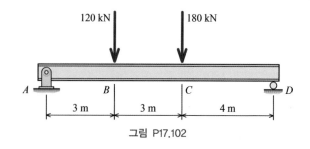

그림 P17.102

P17.103 카스틸리아노 제2정리를 사용하여 그림 P17.103과 같

은 보의 다음을 구하라. (단, $EI = 17.46 \times 10^3$ kN·m^2)

(a) A에서의 처짐

(b) C에서의 처짐각

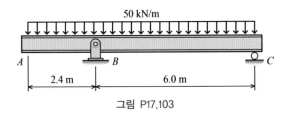

그림 P17.103

P17.104 카스틸리아노 제2정리를 사용하여 그림 P17.104와 같은 보의 다음을 구하라. (단, $EI = 74 \times 10^3$ kN·m^2)

(a) C에서의 처짐각

(b) C에서의 처짐

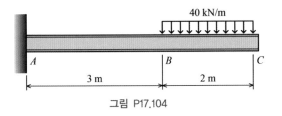

그림 P17.104

P17.105 카스틸리아노 제2정리를 사용하여 그림 P17.105/106과 같은 보의 점 C에서의 처짐을 구하라. (단, $EI = 92.4 \times 10^3$ kN·m^2)

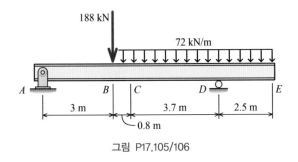

그림 P17.105/106

P17.106 카스틸리아노 제2정리를 사용하여 그림 P17.105/106과 같은 보의 E점에서의 처짐을 구하라. (단, $EI = 92.4 \times 10^3$ kN·m^2)

P17.107 카스틸리아노 제2정리를 사용하여 그림 P17.107/108과 같은 보의 점 A에서의 처짐각을 구하라. (단, $EI = 35.4 \times 10^3$ kN·m^2)

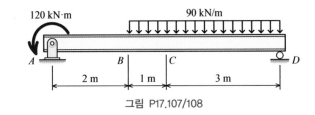

그림 P17.107/108

P17.108 카스틸리아노 제2정리를 사용하여 그림 P17.107/108과 같은 보의 점 C에서의 처짐을 구하라. (단, $EI = 35.4 \times 10^3$ kN·m^2)

P17.109 카스틸리아노 제2정리를 사용하여 그림 P17.109와 같은 보의 최대 처짐이 35 mm를 넘지 않도록 하기 위한 보 단면의 최소 관성모멘트 I를 구하라. (단, $E = 200$ GPa)

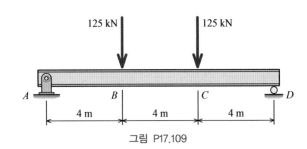

그림 P17.109

단면의 기하학적 성질

A.1 단면의 도심

도심(centroid of area)은 면적 또는 평면상의 도형의 기하학적 중심을 정의한다. 그림 A.1a의 임의 형상의 도형에 대하여 도심 c의 x좌표와 y좌표는 각각 다음의 식에 의하여 결정된다.

1차모멘트라는 용어는 xdA를 나타내기 위해 사용되었다. $x^1 = x$에서 보듯이 x가 1승(first power)항으로 나타나기 때문이다. 면적의 또 다른 기하학적 성질인 관성모멘트는 x^2항을 포함한다. 따라서 단면관성모멘트는 단면2차모멘트라고도 한다.

$$\bar{x} = \frac{\int_A x \, dA}{\int_A dA} \qquad \bar{y} = \frac{\int_A y \, dA}{\int_A dA} \qquad\qquad (A.1)$$

여기서 $x \, dA$와 $y \, dA$는 각각 y축과 x축에 대한 면적 dA의 1차모멘트(first moment)이다(그림 A.1b). 식 (A.1)의 분모는 도형의 전체 면적을 의미한다.

도형이 대칭면을 가질 경우, 도심은 항상 대칭축상에 위치한다. 따라서 두 개의 대칭축을 가진 도형의 도심은 두 대칭축의 교차점과 일치한다. 널리 사용되는 도형의 도심을 표 A.1에 정리하였다.

복합 단면

상당수의 기계 부품이나 구조용 부품의 단면은 직사각형이나 원과 같은 단순 형상의 도형, 단순도형으로 분할할 수 있다. 이렇게 분할된 면적을 복합 단면이라고 한다. 직사각형과 원이 가진 기하학적 대칭성으로부터 분할된 복합 단면의 각 요소, 즉 단순 단면들의 도심은 쉽게 결정된다. 그래서 단순 단면으로 분할된 복합 단면의 도심을 계산하는 데 있어 복잡한 적분은 불필요하게 된다. 즉 식 (A.1)을 대신하여 적분기호가 합산기호로 대체된

1. 사각형

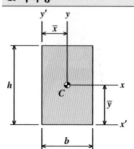

$$A = bh$$

$$\bar{y} = \frac{h}{2} \qquad I_x = \frac{bh^3}{12}$$

$$\bar{x} = \frac{b}{2} \qquad I_y = \frac{hb^3}{12}$$

$$I_{x'} = \frac{bh^3}{3} \qquad I_{y'} = \frac{hb^3}{3}$$

6. 충진원형

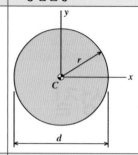

$$A = \pi r^2 = \frac{\pi d^2}{4}$$

$$I_x = I_y = \frac{\pi r^4}{4} = \frac{\pi d^4}{64}$$

2. 직사각형

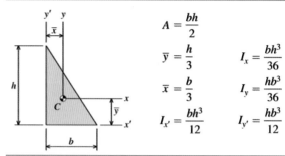

$$A = \frac{bh}{2}$$

$$\bar{y} = \frac{h}{3} \qquad I_x = \frac{bh^3}{36}$$

$$\bar{x} = \frac{b}{3} \qquad I_y = \frac{hb^3}{36}$$

$$I_{x'} = \frac{bh^3}{12} \qquad I_{y'} = \frac{hb^3}{12}$$

7. 중공원형

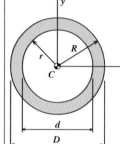

$$A = \pi(R^2 - r^2) = \frac{\pi}{4}(D^2 - d^2)$$

$$I_x = I_y = \frac{\pi}{4}(R^4 - r^4)$$

$$= \frac{\pi}{64}(D^4 - d^4)$$

3. 삼각형

$$A = \frac{bh}{2}$$

$$\bar{y} = \frac{h}{3} \qquad I_x = \frac{bh^3}{36}$$

$$\bar{x} = \frac{(a+b)}{3} \qquad I_y = \frac{bh}{36}(a^2 - ab + b^2)$$

$$I_{x'} = \frac{bh^3}{12}$$

8. 포물선내형

$$y' = \frac{h}{b^2}x'^2$$

$$A = \frac{2bh}{3}$$

$$\bar{x} = \frac{3b}{8} \qquad \bar{y} = \frac{3h}{5}$$

Zero slope

4. 사다리꼴

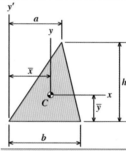

$$A = \frac{(a+b)h}{2}$$

$$\bar{y} = \frac{1}{3}\left(\frac{2a+b}{a+b}\right)h$$

$$I_x = \frac{h^3}{36(a+b)}(a^2 + 4ab + b^2)$$

9. 포물선외형

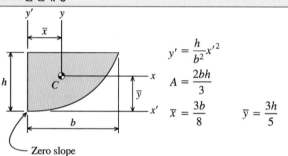

$$y' = \frac{h}{b^2}x'^2$$

$$A = \frac{bh}{3}$$

$$\bar{x} = \frac{3b}{4} \qquad \bar{y} = \frac{3h}{10}$$

Zero slope

5. 반원형

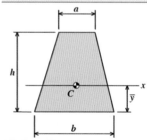

$$A = \frac{\pi r^2}{2}$$

$$\bar{y} = \frac{4r}{3\pi} \qquad I_x = \left(\frac{\pi}{8} - \frac{8}{9\pi}\right)r^4$$

$$I_{x'} = I_{y'} = \frac{\pi r^4}{8}$$

10. 일반n차선외형

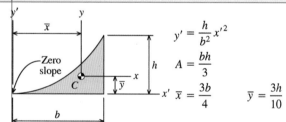

$$y' = \frac{h}{b^n}x'^n$$

$$A = \frac{bh}{n+1}$$

$$\bar{x} = \frac{n+1}{n+2}b \qquad \bar{y} = \frac{n+1}{4n+2}h$$

Zero slope

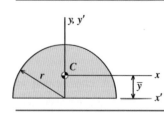

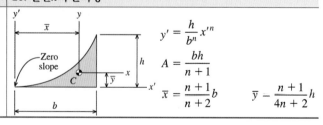

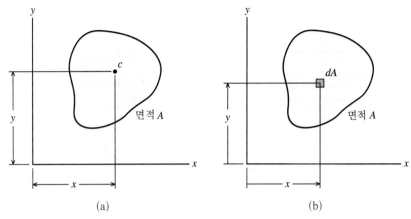

그림 A.1 면적의 도심

수식이 사용될 수 있다. i 개의 단순 단면으로 분할된 복합 단면의 도심은 다음의 수식에 의하여 결정된다.

$$\bar{x} = \frac{\sum x_i A_i}{\sum A_i} \qquad \bar{y} = \frac{\sum y_i A_i}{\sum A_i} \qquad (A.2)$$

여기서 x_i 와 y_i 는 각각 i 번째의 단순 단면의 도심의 x 좌표와 y 좌표를 의미한다. $\sum A_i$ 는 분할된 단순 단면의 면적의 합, 즉 전체 단면의 면적이다. 만약, 복합 단면 내부에 구멍이나 있다면, 그 영역은 적분 과정에서 음수의 면적으로 취급된다.

 MecMovies 예제 A.1

The Centroids Game: Learning the Ropes
게임의 도움을 받아 직사각형으로 이루어져 있는 복합 단면의 도심 계산에 능숙해지자.

The Centroids Game

Learning the Ropes

예제 A.1

그림에서 보는 바와 같은 플랜지 형상의 도형의 도심을 구하라.

풀이 계획 도심의 수평방향 위치는 대칭성만으로도 쉽게 구해진다. 도심의 수직방향 위치를 결정하기 위해서는 도형을 세 개의 직사각형으로 분할해야 한다. 도형의 최하단을 기준좌표계로 잡고 식 (A.2)를 적용하여 도심의 수직방향 위치를 결정할 수 있다.

풀이 도심의 수평방향 위치는 대칭성만으로도 쉽게 구해진다. 그러나 도심의 y 좌표는 반드시 계산을 통해 구해져야 한다. 플랜지 형상의 복합 단면은 직사각형 (1), (2), (3)으로 분할되며, 이 직사각형의 면적은 쉽게 계산된다. 구체적인 계산을 위해 기준좌표계의 설정이 필요한데, 여기

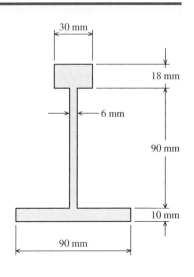

서는 복합 단면의 최하단을 기준좌표계의 y좌표축의 시발점으로 삼는다. y_i, 즉 i번째 직사각형의 도심의 y좌표를 구하고 1차모멘트인 y_iA_i를 구한다. 복합 단면의 도심의 y좌표, $\bar{y}$는 1차모멘트의 합을 전체 면적으로 나누어 계산한다. 전술한 계산 과정을 아래의 표에 정리하였다.

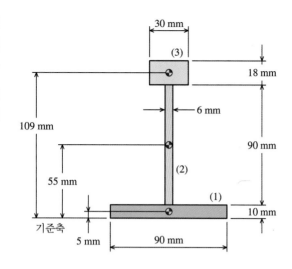

	A_i (mm²)	y_i (mm)	y_iA_i (mm³)
(1)	900	5	4500
(2)	540	55	29 700
(3)	540	109	58 860
	1980		93 060

$$\bar{y} = \frac{\sum y_iA_i}{\sum A_i} = \frac{93060 \text{ mm}^3}{1980 \text{ mm}^2} = 47.0 \text{ mm}$$ 답

따라서 도심은 도형의 최하단에서 위로 47.0 mm 떨어진 지점에 위치한다.

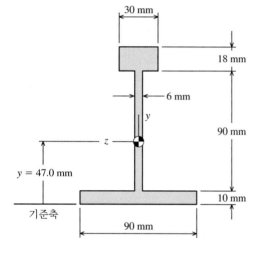

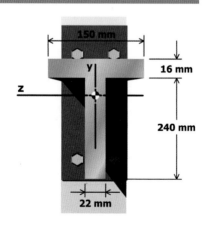

MecMovies 예제 A.2

이것은 T-형상의 도심 계산을 위한 동영상 예제이다.

이것은 U-형상의 도심 계산을 위한 동영상 예제이다.

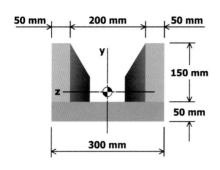

A.2 단면의 관성모멘트

단면2차모멘트에 관성모멘트라는 용어를 사용한 이유는 물체의 질량관성모멘트와의 유사성 때문이다.

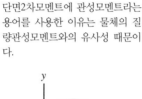
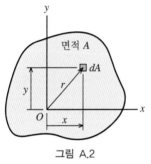

그림 A.2

항 $\int x\,dA$와 $\int y\,dA$는 식 (A.1)에서 기술한 도심의 정의에 나타난다. 이 항들은 x와 y에 대하여 1차이므로 각각 도형의 x축과 y축에 대한 1차모멘트라고 한다. 고체역학에서는 다수의 수식이 $\int x^2\,dA$와 $\int y^2\,dA$ 형태의 적분을 포함하며, 이 적분에서 적분 영역이 부재의 단면이 된다. 따라서 이러한 항을 단면2차모멘트 또는 단면관성모멘트라고 한다. 2차라는 용어를 사용하는 이유는 피적분함수가 x^2와 y^2에 대한 2차 함수이기 때문이다.

그림 A.2에서 도형 A의 x축에 대한 단면2차모멘트, 즉 x축 단면2차모멘트는 다음과 같이 정의된다.

$$I_x = \int_A y^2\,dA \tag{A.3}$$

마찬가지로 y축 단면2차모멘트는 다음과 같이 정의한다.

$$I_y = \int_A x^2\,dA \tag{A.4}$$

단면2차모멘트는 도형이 이루는 평면에 수직한 방향으로도 정의될 수 있다. 그림 A.2에서 z축은 평면을 이루는 도형에 수직하면서 원점 O를 통과한다. 단면극관성모멘트 J는 다음 식과 같이 z축에서 면적요소 dA에 이르는 거리 r로 정의된다.

$$J = \int_A r^2\,dA \tag{A.5}$$

피타고라스의 정리를 이용하면, $r^2 = x^2 + y^2$이므로 식 (A.5)는 다음 식으로 표현될 수 있다.

$$J = \int_A r^2\,dA = \int_A (x^2 + y^2)\,dA = \int_A x^2\,dA + \int_A y^2\,dA$$

결과적으로 다음 식이 성립한다.

$$J = I_y + I_x \tag{A.6}$$

식 (A.3), (A.4), (A.5)에서 정의된 것으로부터 알 수 있는 바와 같이 단면2차모멘트 또는 단면극관성모멘트는 모두 양수이며, 차원은 길이의 4제곱이 된다. 흔히 사용되는 단위는 mm^{4}와 in^{4}이다.

널리 사용되는 도형의 단면2차모멘트를 표 A.1에 정리하였다.

도형의 평행축이론

단면2차모멘트가 하나의 축에 대해서 구해져 있을 때, 이 축에 평행한 다른 축에 대한 단면2차모멘트는 두 축 중에서 어느 하나가 도형의 도심을 통과한다면, 도형의 평행축이론에 의하여 기지의 단면2차모멘트로부터 계산될 수 있다.

그림 A.3에서 b축에 대한 단면2차모멘트는 다음과 같다.

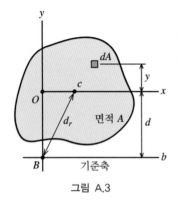

그림 A.3

$$
\begin{aligned}
I_b &= \int_A (y+d)^2 dA = \int_A y^2 dA + 2d \int_A y dA + d^2 \int_A dA \\
&= I_x + 2d \int_A y dA + d^2 A
\end{aligned} \tag{a}
$$

적분 $\int_A y dA$는 x축에 대한 도형 A의 1차모멘트이므로 식 (A.1)로부터 다음과 같이 표현된다.

$$\int_A y dA = \bar{y} A$$

만약 x축이 도형의 도심 c를 통과하면 $\bar{y} = 0$이 되고, 식 (a)는 다음과 같이 간소화된다.

$$I_b = I_c + d^2 A \tag{A.7}$$

여기서 I_c는 기준축, 즉 b축에 평행하면서 도심을 지나는 축에 대한 단면2차모멘트이며, d는 두 축 간의 수직거리, 즉 최단거리이다. 같은 논리, 즉 도형의 평행축이론이 단면극관성모멘트의 계산에도 적용된다. 즉 다음의 식이 성립한다.

$$J_b = J_c + d_r^2 A \tag{A.8}$$

도형의 평행축이론에 따르면, 어떤 축에 대한 (극)단면2차모멘트는 도심에 대한 (극)단면2차모멘트에 면적과 두 축 간의 최단거리의 제곱의 곱을 더해준 것이다.

복합 단면

종종 비규칙적인 복합 단면을 위한 단면2차모멘트의 계산이 요구된다. 만약 그러한 도형이 직사각형, 삼각형, 원 등의 단순도형으로 분할된다면, 그 도형에 대한 (극)단면2차모멘트는 도형의 평행축이론으로 쉽게 구할 수 있다. 복합 단면의 (극)단면2차모멘트는 다음 식과 같이 각 단순도형의 (극)단면2차모멘트의 합으로부터 구해진다.

$$I = \sum (I_c + d^2 A)$$

만약 도형에 구멍이 나 있을 경우, 그에 해당하는 면적은 위의 적분 시에 고려하지 않아야 한다.

The Moment of Inertia Game: Starting from Square One
게임의 도움을 받아 직사각형으로 이루어져 있는 복합단면의 관성
모멘트의 계산에 능숙해지자.

T-형상의 도심축과 도심축에 대한 도형의 관성모멘트를 구하라.

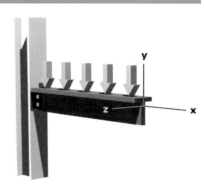

예제 A.2

그림에서 보는 바와 같이 플랜지 형상의 도형에 대한 z축과 y축 단면2차모멘트를 구하라.

풀이 계획　예제 A.1에서 이미 이 플랜지 형상의 복합 단면은 3개의 직사각형으로 분할된 바 있다. 직사각형의 도심에서 단면2차모멘트는 $I_c = bh^3/12$이다. 이 식에서 b는 관심축에 평행한 방향으로의 직사각형의 변의 길이이고 h는 다른 한 변의 길이이다. I_z를 계산하는 데 있어서 이 관계식은 도형의 평행축 이론과 함께 복합 단면의 z도심축에 대한 각 직사각형의 단면2차모멘트의 계산에 사용된다. 물론 복합 단면 전체에 대한 I_z는 세 개의 단순도형에 대한 I_z값을 더하면 된다. I_y의 계산도 근본적으로 I_z의 계산과 동일하다. 그러나 단순도형의

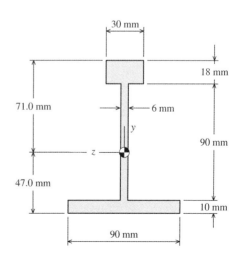

도심이 모두 y축상에 있으므로 도형의 평행축이론은 불필요하다.

풀이 (a) z도심축에 대한 단면2차모멘트

각 직사각형의 도심에 대한 단면2차모멘트 I_{ci}의 계산은 첫 번째 관문이다. 이 값은 $I_c = bh^3/12$의 수식에 의하여 결정된다.

예를 들면, 단순도형 (1)에 대한 이 값은 다음과 같이 계산된다. $I_c = bh^3/12 = (90 \ \text{mm})(10 \ \text{mm})^3/12 = 7500 \ \text{mm}^4$. 다음으로 전체의 복합 단면의 도심의 z축과 관심으로 하는 직사각형의 단순도형 i(면적의 크기를 A_i라고 함)의 도심의 z축 간의 수직거리, 즉 최단거리 d_i를 구한다. D_i를 제곱하고 면적 A_i를 곱한 후 더해 줌으로써 각 직사

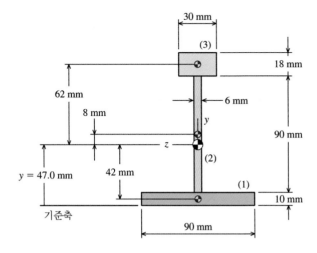

각형이 전체의 복합 단면의 z도심축에 대한 단면2차모멘트에 기여하는 양을 반영한다. 이제 전체 복합 단면의 z도심축에 대한 단면2차모멘트를 각 직사각형의 z도심축에 대한 단면2차모멘트를 합산하여 구한다. 전체의 계산 과정을 아래의 표에 정리하였다.

	I_{ci} (mm⁴)	$\|d_i\|$ (mm)	$d_i^2 A_i$ (mm⁴)	I_z (mm⁴)
(1)	7500	42.0	1587600	1595100
(2)	364500	8.0	34560	399060
(3)	14580	62.0	2075760	2090340
				4084500

따라서 z도심축에 대한 플랜지 형상의 복합 단면에 대한 단면2차모멘트는 $I_z = 4080000 \ \text{mm}^4$이다. **답**

(b) y도심축에 대한 단면2차모멘트

(a)에서와 마찬가지로 먼저 각 직사각형의 도심에 대한 단면2차모멘트 I_{ci}의 계산은 첫 번째 관문이다. 여기서는 수직축에 대한 단면2차모멘트를 구한다는 점이 (a)와 다른 점이다. 예를 들면, 단순도형 (1)의 수직축에 대한 단면2차모멘트는 다음과 같이 계산된다. $I_{c1} = bh^3/12 = (10 \ \text{mm})(90 \ \text{mm})^3/12 = 607500 \ \text{mm}^4$. 여기서 강조해야 할 점은 I_y의 계산을 위하여 일반공식 $bh^3/12$에서 I_z의 계산 때와는 서로 다른 b와 h값이 연결된다는 점이다. 모든 직사각형의 도심이 복합 단면의 y도심축에 존재하므로 도형의 평행축이론의 적용은 불필요하다. 전체의 계산 과정을 아래의 표에 정리하였다.

	I_{ci} (mm⁴)	$\|d_i\|$ (mm)	$d_i^2 A_i$ (mm⁴)	I_y (mm⁴)
(1)	607500	0	0	607500
(2)	1620	0	0	1620
(3)	40500	0	0	40500
				649620

따라서 y도심축에 대한 플랜지 형상의 복합 단면에 대한 단면2차모멘트는 $I_y = 650000 \ \text{mm}^4$이다. **답**

예제 A.3

그림에서 보는 바와 같은 Z형 도형에 대한 z축과 y축 단면2차모멘트를 구하라.

풀이 계획 Z형 복합 단면을 세 개의 단순도형으로 분할한 후, 단면2차모멘트 I_z와 I_y를 $I_c = bh^3/12$ 일반공식과 도형의 평행축 이론을 이용하여 계산한다.

풀이 Z형 복합 단면의 도심의 위치는 그림에서 보는 바와 같다. I_z와 I_y의 전체 계산 과정을 다음과 같이 정리하였다.

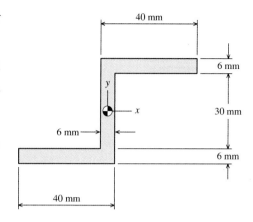

(a) x도심축에 대한 단면2차모멘트

	I_{ci} (mm⁴)	$|d_i|$ (mm)	A_i (mm²)	$d_i^2 A_i$ (mm⁴)	I_z (mm⁴)
(1)	720	18.0	240	77 760	78 480
(2)	13 500	0	180	0	13 500
(3)	720	18.0	240	77 760	78 480
					170 460

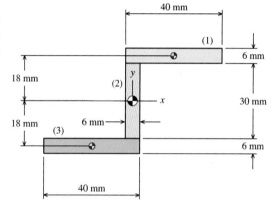

(b) y도심축에 대한 단면2차모멘트

	I_{ci} (mm⁴)	$|d_i|$ (mm)	A_i (mm²)	$d_i^2 A_i$ (mm⁴)	I_z (mm⁴)
(1)	32 000	17.0	240	69 360	101 360
(2)	540	0	180	0	540
(3)	32 000	17.0	240	69 360	101 360
					203 260

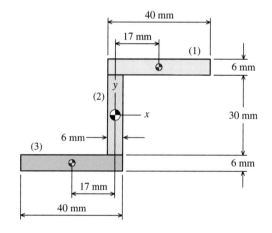

Z형 복합 단면의 단면2차모멘트는 $I_x = 170500 \text{ mm}^4$, $I_y = 203000 \text{ mm}^4$. **답**

A.3 단면의 관성적

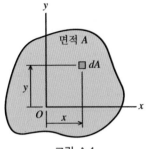

그림 A.4

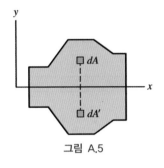

그림 A.5

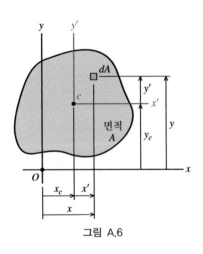

그림 A.6

그림 A.4의 면적요소 dA에 의한 x축과 y축에 관한 단면관성적 dI_{xy}은 그 면적요소의 크기, 즉 면적과 두 좌표축의 곱으로 정의된다. 따라서 전체 면적 A에 대한 단면관성적은 다음과 같다.

$$I_{xy} = \int_A xy\,dA \tag{A.9}$$

단면관성적의 차원은 길이의 4차이며, 단면2차모멘트와 동일하다. 단면2차모멘트가 모두 양수인 반면, 단면관성적은 양수가 아닐 수도 있다.

두 축 중에서 하나라도 대칭축이면, 두 직교 축에 대한 단면관성적은 0이 된다. 이것은 그림 A.5(그림 속의 도형에서 x축에 대해서 대칭임)에 의해서 쉽게 설명된다. 대칭축에 대해서 서로 정반대 위치에 있는 면적요소 dA와 dA'의 단면관성적은 그 크기는 같고 부호가 반대이다. 따라서 두 면적요소에 기인하는 단면관성적은 더하면 상쇄된다. 결과적으로 이러한 경우에 단면관성적은 0이다.

단면관성적의 평행축이론은 그림 A.6으로부터 유도될 수 있다. 그림에서 x'축과 y'축은 도심 c를 통과하며 각각 x축, y축과 평행하다. x축과 y축에 대한 단면관성적은 다음과 같다.

$$\begin{aligned}
I_{xy} &= \int_A xy\,dA \\
&= \int_A (x_c + x')(y_c + y')\,dA \\
&= x_c y_c \int_A dA + x_c \int_A y'\,dA + y_c \int_A x'\,dA + \int_A x'y'\,dA
\end{aligned}$$

위 식에서 두 번째와 세 번째 적분은 x'축과 y'축이 도심을 통과하므로 모두 0이다. 마지막 적분은 도형의 도심에서의 단면관성적이다. 결과적으로 단면관성적은 다음 식으로 정리된다.

$$I_{xy} = I_{x'y'} + x_c y_c A \tag{A.10}$$

단면관성적의 평행축이론은 다음과 같다. 직교하는 x축과 y축에 대한 단면관성적은 이 두 축에 평행한 한 쌍의 도심축에 대한 단면관성적에 도형의 면적과 x축 및 y축에서 도심축에 이르는 두 개의 거리의 곱과 같다.

단면관성적은 다음 절에서 공부하는 주 단면관성축의 계산에 사용된다. 다음의 두 예제는 단면관성적의 계산과 관련된 것이다.

예제 A.4

그림에서 보는 바와 같은 Z형 도형에 대한 단면관성적을 구하라.

풀이 계획 Z형 복합 단면은 세 개의 직사각형으로 분할된다. 직사각형은 대칭적이기 때문에 그 자신의 도심에 대한 단면2차관성적은 0이다. 따라서 전체의 복합 단면에 대한 단면관성적은 도형의 평행축이론에 의하여 구해진다.

풀이 Z형 복합 단면의 도심의 위치는 그림에서 보는 바와 같다. 식 (A.10)의 평행축이론으로부터 단면관성적을 구하는 데 있어, x_c와 y_c의 부호에 대한 세심한 주의가 요구된다. x_c와 y_c는 전체 복합 단면의 도심부터 분할된 각 단순도형까지에 이르는 변위로부터 구한다. I_{xy}의 전체 계산 과정을 다음과 같이 정리하였다.

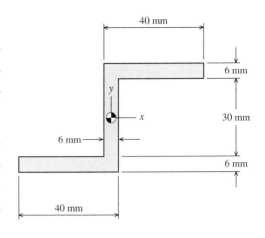

	$I_{x'y'}$ (mm⁴)	x_c (mm)	y_c (mm)	A_i (mm²)	$x_c y_c A_i$ (mm⁴)	I_{xy} (mm⁴)
(1)	0	17.0	18.0	240	73 440	73 440
(2)	0	0	0	180	0	0
(3)	0	−17.0	−18.0	240	73 440	73 440
						146 880

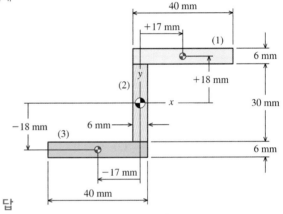

따라서 Z형 복합 단면의 단면관성적은
$I_{xy} = 146900$ mm⁴이다.   **답**

예제 A.5

그림에서 보는 바와 같이 다리 길이가 다른 앵글의 도심에 대한 단면2차모멘트와 단면관성적을 구하라.

풀이 계획 다리 길이가 다른 앵글은 두 개의 직사각형으로 분할된다. 단면2차모멘트는 두 개의 축, 즉 x축과 y축에 대해서 구한다. 단면관성적은 예제 A.4에서 설명한 바와 동일한 방법으로 구한다.

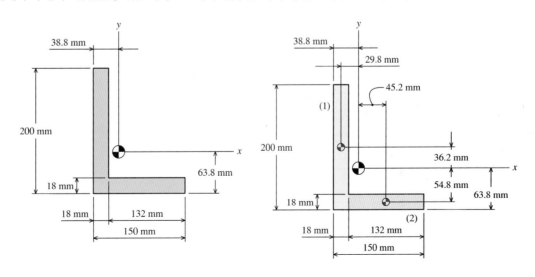

풀이 다리 길이가 다른 앵글의 도심은 그림에서 보는 바와 같다. 이 도형의 x도심축에 대한 단면2차모멘트는 다음과 같이 계산된다.

$$I_x = \frac{(18 \text{ mm})(200 \text{ mm})^3}{12} + (18 \text{ mm})(200 \text{ mm})(36.2 \text{ mm})^2$$

$$+ \frac{(132 \text{ mm})(18 \text{ mm})^3}{12} + (132 \text{ mm})(18 \text{ mm})(54.8 \text{ mm})^2 = 23.92 \times 10^6 \text{ mm}^4 \qquad \textbf{답}$$

그리고 y도심축에 대한 단면2차모멘트는 다음과 같이 구한다.

$$I_y = \frac{(200 \text{ mm})(18 \text{ mm})^3}{12} + (200 \text{ mm})(18 \text{ mm})(29.8 \text{ mm})^2$$

$$+ \frac{(18 \text{ mm})(132 \text{ mm})^3}{12} + (18 \text{ mm})(132 \text{ mm})(45.2 \text{ mm})^2 = 11.60 \times 10^6 \text{ mm}^4 \qquad \textbf{답}$$

식 (A.10)의 평행축이론으로부터 단면관성적을 구하는 데 있어, x_c와 y_c의 부호에 대한 세심한 주의가 요구된다. x_c와 y_c는 전체 복합 단면의 도심부터 분할된 각 단순도형까지에 이르는 변위로부터 구한다. I_{xy}의 전체 계산 과정을 다음의 표에 정리하였다.

	$I_{x'y'}$ (mm^4)	x_c (mm)	y_c (mm)	A_i (mm^2)	$x_c y_c A_i$ (mm^4)	I_{xy} (mm^4)
(1)	0	-29.8	36.2	3600	-3.884×10^6	-3.884×10^6
(2)	0	45.2	-54.8	2376	-5.885×10^6	-5.885×10^6
						-9.769×10^6

따라서 다리 길이가 다른 앵글 단면의 단면관성적은 $I_{xy} = -9.77 \times 10^6 \text{ mm}^4$이다.

A.4 주 관성모멘트

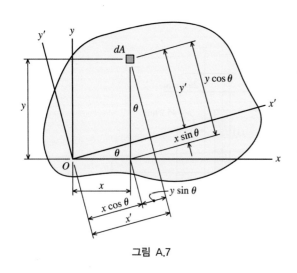

그림 A.7

그림 A.7의 도형에서 점 O를 통과하는 x축에 대한 도형 A의 단면2차모멘트는 일반적으로 각도 θ에 따라 변한다. 식 (A.6)을 유도하는 데 사용된 x축과 y축은 도형상의 점 O를 통과하는 한 쌍의 직교축이다. 따라서 다음 식이 성립한다.

$$J = I_x + I_y = I_{x'} + I_{y'}$$

여기서 x'과 y'은 점 O를 통과하는 한 쌍의 직교축이다. $I_{x'}$과 $I_{y'}$의 합이 일정하기 때문에, 어떤 특별한 각도에서 $I_{x'}$은 최대의 단면2차모멘트가 되고 $I_{y'}$은 최소의 단면2차모멘트가 된다.

단면2차모멘트가 최대 또는 최소가 되는 축을 점 O를 통과하는 축에 대한 단면의 도형의 주축이라고 하며, 그것을 $p1$축과 $p2$축으로 표시한다. 이 축들에 대한 단면2차모멘트를 주 단면2차모멘트라고 하고 I_{p1}과 I_{p2}로 표시한다. 만약 원과 달리 모든 축에 대한 어떤 도형의 단면2차모멘트가 동일하지 않으면, 그 도형의 주축은 한 쌍밖에 존재할 수 없다.

어떤 도형의 주 단면2차모멘트를 결정하는 편리한 방법은 $I_{x'}$을 I_x, I_y, I_{xy}, θ 등의 함수로 표현한 후, θ에 대한 $I_{x'}$의 1차도함수를 0으로 두어 $I_{x'}$이 극값, 즉 최댓값 또는 최소값을 갖는 조건을 찾는 방법이다. 그림 A.7로부터

$$dI_{x'} = y'^2 dA = (y\cos\theta - x\sin\theta)^2 dA$$

이므로

$$I_{x'} = \cos^2\theta \int_A y^2 dA - 2\sin\theta\cos\theta \int_A xy\,dA + \sin^2\theta \int_A x^2 dA$$

$$= I_x\cos^2\theta - 2I_{xy}\sin\theta\cos\theta + I_y\sin^2\theta$$

이다. 이 식은 다음 식으로 정리된다.

$$I_{x'} = I_x\cos^2\theta + I_y\sin^2\theta - 2I_{xy}\sin\theta\cos\theta \tag{A.11}$$

식 (A.11)에 다음의 삼각함수의 배각공식을 대입하면

$$\cos^2\theta = \frac{1}{2}(1 + \cos 2\theta)$$

$$\sin^2\theta = \frac{1}{2}(1 - \cos 2\theta)$$

$$2\sin\theta\cos\theta = \sin 2\theta$$

다음 식이 구해진다.

$$I_{x'} = \frac{I_x + I_y}{2} + \frac{I_x - I_y}{2}\cos 2\theta - I_{xy}\sin 2\theta \tag{A.12}$$

$I_{x'}$이 최대가 되도록 하는 각도 2θ는 θ에 대한 $I_{x'}$의 1차도함수를 0으로 둠으로써 구해진다. 즉,

$$\frac{dI_{x'}}{d\theta} = -(2)\frac{I_x - I_y}{2}\sin 2\theta - 2I_{xy}\cos 2\theta = 0$$

으로부터

$$\tan 2\theta_p = -\frac{2I_{xy}}{I_x - I_y} \tag{A.13}$$

이다. 여기서 θ_p는 주축인 $p1$축과 $p2$축이 향하는 방향을 결정하는 두 개의 각도이다. 양의 θ는 기준좌표계의 x축으로부터 반시계방향으로의 회전을 의미한다.

주목할 점으로 식 (A.13)에서 구해진 두 개의 θ_p의 차이는 $90°$이다. 두 개의 주 단면2

차모멘트는 두 개의 θ_p를 식 (A.12)에 대입하여 구한다. 식 (A.13)으로부터

$$\cos 2\theta_p = \mp \frac{(I_x - I_y)/2}{\sqrt{\left(\frac{(I_x - I_y)}{2}\right)^2 + I_{xy}^2}}$$

$$\sin 2\theta_p = \pm \frac{I_{xy}}{\sqrt{\left(\frac{(I_x - I_y)}{2}\right)^2 + I_{xy}^2}}$$

이다. 이 표현을 식 (A.12)에 대입하면, 주 단면2차모멘트는 다음과 같이 정리된다.

$$I_{p1, p2} = \frac{I_x + I_y}{2} \pm \sqrt{\left(\frac{I_x - I_y}{2}\right)^2 + I_{xy}^2} \tag{A.14}$$

식 (A.14)는 I_{p1}과 I_{p2} 중의 어떤 주 단면2차모멘트와 식 (A.13)에서 정의된 주축을 결정하는 두 개의 각도 θ와 연결되는지에 관한 정보를 담고 있지 않다. 식 (A.13)의 해는 항상 $+45°$와 $-45°$ 사이의 θ_p의 값을 구해준다. θ_p의 값과 연관된 주 단면2차모멘트는 다음의 규칙에 의하여 구해진다.

- 만약 $I_x - I_y$가 양수이면, θ_p는 I_{p1}의 방향을 나타낸다.
- 만약 $I_x - I_y$가 음수이면, θ_p는 I_{p2}의 방향을 나타낸다.

식 (A.14)로부터 결정된 주 단면2차모멘트는 항상 양의 값이 된다. 일반적으로 두 개의 주 단면2차모멘트 중에서 큰 값을 I_{p1}으로 정한다.

그림 A.7에서 x'축과 y'축에 대한 면적요소의 단면관성적은

$$dI_{x'y'} = x'y'dA = (x\cos\theta + y\sin\theta)(y\cos\theta - x\sin\theta)dA$$

이며, 도형에 대한 단면관성적은 다음과 같다.

$$I_{x'y'} = (\cos^2\theta - \sin^2\theta)\int_A xy\,dA + \sin\theta\cos\theta\int_A y^2\,dA - \sin\theta\cos\theta\int_A x^2\,dA$$

$$= I_{xy}(\cos^2\theta - \sin^2\theta) + I_x\sin\theta\cos\theta - I_y\sin\theta\cos\theta$$

이 식은 다음 식으로 손쉽게 변환될 수 있다.

$$I_{x'y'} = (I_x - I_y)\sin\theta\cos\theta + I_{xy}(\cos^2\theta - \sin^2\theta) \tag{A.15}$$

식 (A.15)의 수식에 삼각함수의 배각공식을 적용하여 다음의 수식을 구할 수 있다.

$$I_{x'y'} = \frac{I_x - I_y}{2}\sin 2\theta + I_{xy}\cos 2\theta \tag{A.16}$$

단면관성적 $I_{x'y'}$은 다음의 조건을 만족하는 θ에 대해서 0이 된다.

$$\tan 2\theta = -\frac{2I_{xy}}{I_x - I_y}$$

주목할 것은 이 표현이 식 (A.13)과 동일하다는 점이다. 따라서 단면의 주축에 대한 단면관성적은 0이다. 그리고 어떤 대칭축에 대한 단면관성적이 0이므로 **대칭축은 단면의 주축**이 된다.

예제 A.6

예제 A.4에서 고려되었던 Z형 도형에 대한 주 단면2차모멘트를 구하라. 그리고 단면의 주축을 표시하라.

풀이 계획   예제 A.3과 A.4에서 결정한 단면2차모멘트와 단면관성적을 사용하면, 식 (A.14)로부터 I_{p1}과 I_{p2}의 크기를 구할 수 있고, 식 (A.13)은 도형의 주축의 방향을 결정한다.

풀이   예제 A.3과 A.4로부터 Z형 도형의 단면2차모멘트와 단면관성적은 다음과 같다.

$$I_x = 170460 \ \text{mm}^4$$
$$I_y = 203260 \ \text{mm}^4$$
$$I_{xy} = 146880 \ \text{mm}^4$$

식 (A.14)로부터 주 단면2차모멘트는 다음과 같이 계산된다.

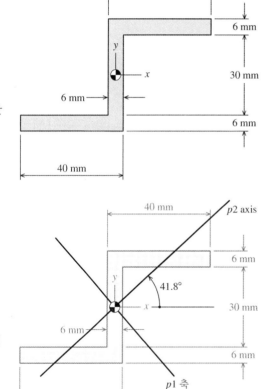

$$
\begin{aligned}
I_{p1,p2} &= \frac{I_x + I_y}{2} \pm \sqrt{\left(\frac{I_x - I_y}{2}\right)^2 + I_{xy}^2} \\
&= \frac{170460 + 203260}{2} \\
&\quad \pm \sqrt{\left(\frac{170460 - 203260}{2}\right)^2 + (146880)^2} \\
&= 186860 \pm 147793 \\
&= 335000 \ \text{mm}^4, \ 39100 \ \text{mm}^4
\end{aligned}
$$

단면의 주축의 방향은 식 (A.13)으로부터 다음과 같이 구해진다.

$$\tan 2\theta_p = -\frac{2I_{xy}}{I_x - I_y} = -\frac{2(146880)}{170460 - 203260} = 8.9561$$

$$\therefore \ 2\theta_p = 83.629°$$

따라서 $\theta_p - 41.8°$ 이다. 위의 계산에서 분모, 즉 $I_x - I_y$는 음수이므로 여기서 구한 θ_p의 값은 x축에 대한 $p2$축의 방향을 의미한다. 양의 θ_p는 $p2$축이 x축으로부터 반시계방향으로 41.8° 회전한 위치에 존재함을 의미한다.

  단면의 주축의 방향은 그림에서 보는 바와 같다.

예제 A.7

예제 A.5에서 고려된 다리 길이가 다른 앵글의 주 단면2차모멘트와 단면관성적으로 구하라. 그리고 도형의 주축을 도시하라.

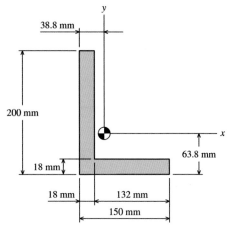

풀이 계획 예제 A.5에서 결정된 단면2차모멘트와 단면관성적을 이용하면, 식 (A.14)로부터 I_{p1}과 I_{p2}의 크기를 구할 수 있고, 식 (A.13)으로부터 도형의 주축을 결정할 수 있다.

풀이 예제 A.5로부터 다리 길이가 다른 앵글의 단면2차모멘트와 단면관성적을 다음과 같이 구한다.

$$I_x = 23.92 \times 10^6 \ \text{mm}^4$$
$$I_y = 11.60 \times 10^6 \ \text{mm}^4$$
$$I_{xy} = -9.77 \times 10^6 \ \text{mm}^4$$

주 단면2차모멘트는 식 (A.14)로부터 다음과 같이 구한다.

$$
\begin{aligned}
I_{p1,\,p2} &= \frac{I_x + I_y}{2} \pm \sqrt{\left(\frac{I_x - I_y}{2}\right)^2 + I_{xy}^2} \\
&= \frac{23.92 \times 10^6 + 11.60 \times 10^6}{2} \pm \sqrt{\left(\frac{23.92 \times 10^6 - 11.60 \times 10^6}{2}\right)^2 + (-9.77 \times 10^6)^2} \\
&= 17.76 \times 10^6 \pm 11.55 \times 10^6 \\
&= 29.31 \times 10^6 \ \text{mm}^4, \ 6.21 \times 10^6 \ \text{mm}^4 \qquad \textbf{답}
\end{aligned}
$$

단면의 주축의 방향은 식 (A.13)으로부터 다음과 같이 구해진다.

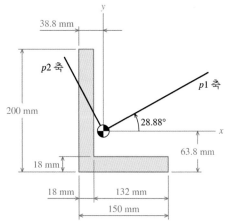

$$
\begin{aligned}
\tan 2\theta_p &= -\frac{2 I_{xy}}{I_x - I_y} = -\frac{2(-9.77 \times 10^6)}{23.92 \times 10^6 - 11.60 \times 10^6} \\
&= 1.5860 \\
\therefore \ 2\theta_p &= 57.769°
\end{aligned}
$$

따라서 $\theta_p = 28.88°$ 이다. 위의 계산에서 분모, 즉 $I_x - I_y$는 양수이므로 여기서 구한 θ_p의 값은 x축에 대한 $p1$축의 방향을 의미한다. 양의 θ_p는 $p1$축이 x축으로부터 반시계방향으로 $28.88°$ 회전한 위치에 존재함을 의미한다.

단면의 주축의 방향은 오른쪽 그림에서 보는 바와 같다.

A.5 주 관성모멘트를 위한 모어 원

주응력을 결정하기 위한 모어 원은 12.9절에서 상술하였다. 식 (12.5)와 (12.6)을 (A.12)와 (A.16)과 비교해보면, 응력과 마찬가지로 모어 원이 주 단면2차모멘트의 계산에도 사용될 수 있음을 직관적으로 알 수 있다.

그림 A.8은 단면2차모멘트를 위한 모어 원의 사용을 예시하고 있다. I_x가 I_y보다 크고, I_{xy}가 양수라고 가정하자. 단면2차모멘트는 수평축을 따라서 표시하고 단면관성적은 수직축을 따라서 표시된다. 단면2차모멘트는 양수이므로 이것은 항상 원점의 오른쪽에 표시된다. 단면관성적은 양수도 될 수 있고, 음수도 될 수 있다. 양수일 경우 수평축 위의 면에 위치한다. 수평거리 OA'은 I_x이고 수직거리 $A'A$는 I_{xy}이다. 동일한 방법으로 수평거리 OB'은 I_y와 같고, 수직거리 $B'B$는 $-I_{xy}$와 같다. 선분 AB는 점 C에서 수평축과 만나며, 선분 AB는 모어 원의 지름이 된다. 모어 원상의 각 점은 특정한 x'축과 y'축에 대한 $I_{x'}$과 $I_{x'y'}$을 나타낸다. 응력해석을 위한 모어 원에서와 마찬가지로 모어 원에서의 각도는 배각, 즉 2θ이다. 그러므로 모어 원상의 모든 각도는 실제의 도형상에서의 각도에 비하여 2배 크다.

모어 원상의 각 점의 수평축 좌표는 특정한 $I_{x'}$ 값을 의미하므로 최대 및 최소 단면2차모멘트는 모어 원과 수평축이 만나는 곳에서 결정된다. 그 최댓값이 I_{p1}이 되고, 최솟값이 I_{p2}가 된다. 모어 원의 중심은 다음 위치에 놓이게 되고,

$$C = \frac{I_x + I_y}{2}$$

모어 원의 반지름은 CA의 길이가 된다. 따라서 모어 원의 반지름은 피타고라스의 정리로부터 다음 식으로 구해진다.

$$CA = R = \sqrt{\left(\frac{I_x - I_y}{2}\right)^2 + I_{xy}^2}$$

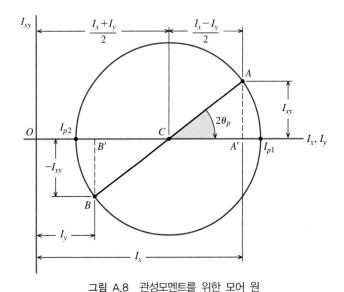

그림 A.8 관성모멘트를 위한 모어 원

그러므로 최대 단면2차모멘트는 다음과 같고,

$$I_{p1} = C + R = \frac{I_x + I_y}{2} + \sqrt{\left(\frac{I_x - I_y}{2}\right)^2 + I_{xy}^2}$$

최소 단면2차모멘트는 다음 식과 같다.

$$I_{p2} = C - R = \frac{I_x + I_y}{2} - \sqrt{\left(\frac{I_x - I_y}{2}\right)^2 + I_{xy}^2}$$

이 표현은 식 (A.14)와 일치한다.

MecMovies 예제 A.6

모어 원을 이용하여 주 관성모멘트를 결정하는 데 필요한 이론과 절차가 대화식 애니메이션의 도움으로 설명된다.

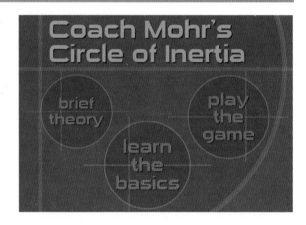

예제 A.8

예제 A.7을 모어 원을 이용하여 풀어라.

풀이 계획 예제 A.5에서 구한 단면2차모멘트와 단면관성적을 이용하여 단면2차모멘트를 위한 모어 원을 그린다.

풀이 예제 A.5로부터 다리 길이가 다른 앵글의 단면2차모멘트와 단면관성적은 다음과 같다.

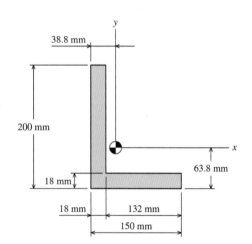

$$I_x = 23.92 \times 10^6 \text{ mm}^4$$
$$I_y = 11.60 \times 10^6 \text{ mm}^4$$
$$I_{xy} = -9.77 \times 10^6 \text{ mm}^4$$

단면2차모멘트를 수평축에 표시하고 단면관성적을 수직축에 표시한다. 점 (I_x, I_{xy})를 찍고 이곳에 x의 기호를 부여한다. 주목할 점은 I_{xy}가 음수이므로 이 점은 수평축 아랫변에 찍혀진다는 것이다.

다음으로 점 $(I_y, -I_{xy})$를 찍고 이곳에는 y의 기호를 부여한다. I_{xy}가 음수이므로 이 점은 수평선 상단에 위치하게 된다.

점 x와 점 y를 연결하는 원의 지름을 작도한다. 수평선과 지름이 만나는 지점이 모어 원의 중심이 되며, 이 점에 C의 기호를 표시한다. 점 C를 원의 중심으로 하고 점 x와 점 y를 지나는 원을 작도한다.

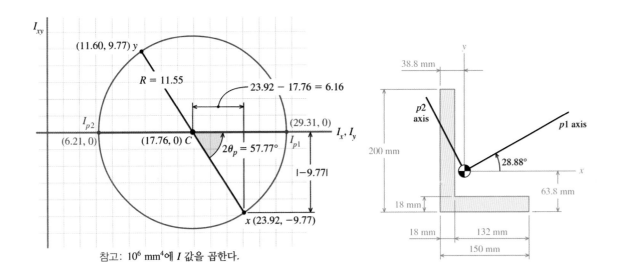

참고: 10^6 mm⁴에 I 값을 곱한다.

이것이 단면2차모멘트를 위한 모어 원이다. 모어 원상의 점은 이 도형에서 가능한 단면2차모멘트와 단면 관성적의 조합을 나타낸다.

모어 원의 중심은 점 x와 점 y의 중심에서 결정되므로

$$C = \frac{23.92 \times 10^6 + 11.60 \times 10^6}{2} = 17.76 \times 10^6 \ \text{mm}^4$$

이다. 점 x의 좌표와 중심점 C의 좌표를 이용하면, 모어 원의 반지름 R을 피타고라스 정리로부터 다음과 같이 구할 수 있다.

$$R = \sqrt{\left(\frac{23.92 \times 10^6 - 11.60 \times 10^6}{2}\right)^2 + (-9.77 \times 10^6)^2} = 11.55 \times 10^6$$

주 단면2차모멘트는 다음과 같다.

$$I_{p1} = C + R = 17.76 \times 10^6 + 11.55 \times 10^6 = 29.31 \times 10^6 \ \text{mm}^4$$

그리고

$$I_{p2} = C - R = 17.76 \times 10^6 - 11.55 \times 10^6 = 6.21 \times 10^6 \ \text{mm}^4$$

도형의 주축의 방향은 중심점에서 점 x을 연결하는 선분과 수평축이 이루는 각도로부터 구해지며, 다음과 같다.

$$\tan 2\theta_p = \frac{|-9.77 \times 10^6|}{23.92 \times 10^6 - 17.76 \times 10^6} = 1.5860$$

$$\therefore 2\theta_p = 57.769°$$

여기서 분자에 절댓값이 사용된 이유는 $2\theta_p$의 양만 필요로 하기 때문임을 상기하기 바란다. 모어 원을 조사해보면, 점 x에서 I_{p1}으로 가는 각도의 방향은 반시계방향이다.

마지막으로 모어 원으로부터 구한 결과는 실제의 도형에 반영되어야 한다. 모어 원에서 구해진 각도는 두 배로 되어 있기 때문에 x축에서부터 최대 단면2차모멘트축까지의 각도는 $\theta_p = 28.88°$ 이고, 방향은 반시계방향이다. 이 도형에 대한 최대의 단면2차모멘트는 $p1$축에 발생한다. 최소 단면2차모멘트 축은 $p1$축과 직교한다.

구조용 형상의 단면 특성치

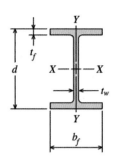

광폭 플랜지 형상 또는 W 형상 — SI 단위

명칭	면적 A	깊이 d	복부 두께 t_w	플랜지 폭 b_f	플랜지 두께 t_f	I_x	S_x	r_x	I_y	S_y	r_y
	mm^2	mm	mm	mm	mm	10^6 mm^4	10^3 mm^3	mm	10^6 mm^4	10^3 mm^3	mm
W610 × 140	17900	617	13.1	230	22.2	1120	3640	251	45.4	393	50.3
610 × 113	14500	607	11.2	228	17.3	874	2880	246	34.3	302	48.8
610 × 101	13000	602	10.5	228	14.9	762	2520	243	29.3	257	47.5
610 × 82	10500	599	10.0	178	12.8	562	1870	231	12.1	136	34.0
W530 × 101	12900	536	10.9	210	17.4	616	2290	218	26.9	257	45.7
530 × 92	11800	533	10.2	209	15.6	554	2080	217	23.9	229	45.0
530 × 74	9480	528	9.65	166	13.6	410	1550	208	10.4	125	33.0
530 × 66	8390	526	8.89	165	11.4	351	1340	205	8.62	104	32.0
W460 × 82	10500	460	9.91	191	16.0	370	1610	188	18.7	195	42.4
460 × 74	9480	457	9.02	191	14.5	333	1460	187	16.7	175	41.9
460 × 60	7610	455	8.00	153	13.3	255	1120	183	7.95	104	32.3
460 × 52	6650	450	7.62	152	10.8	212	944	179	6.37	83.9	31.0
W410 × 85	10800	417	10.9	181	18.2	316	1510	171	17.9	198	40.6
410 × 75	9480	414	9.65	180	16.0	274	1330	170	15.5	172	40.4
410 × 60	7610	406	7.75	178	12.8	216	1060	168	12.0	135	39.9
410 × 46.1	5890	404	6.99	140	11.2	156	773	163	5.16	73.6	29.7
W360 × 101	12900	356	10.5	254	18.3	301	1690	153	50.4	397	62.5
360 × 79	10100	353	9.40	205	16.8	225	1270	150	24.0	234	48.8
360 × 72	9100	351	8.64	204	15.1	201	1150	149	21.4	210	48.5
360 × 51	6450	356	7.24	171	11.6	142	796	148	9.70	113	38.9
360 × 44	5710	351	6.86	171	9.78	121	688	146	8.16	95.4	37.8
360 × 39	4960	353	6.48	128	10.7	102	578	144	3.71	58.2	27.4
360 × 32.9	4190	348	5.84	127	8.51	82.8	475	141	2.91	45.9	26.4

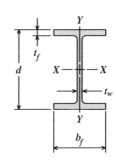

명칭	면적 A	깊이 d	복부 두께 t_w	플랜지 폭 b_f	플랜지 두께 t_f	I_x	S_x	r_x	I_y	S_y	r_y
	mm^2	mm	mm	mm	mm	10^6 mm^4	10^3 mm^3	mm	10^6 mm^4	10^3 mm^3	mm
W310 × 86	11000	310	9.14	254	16.3	198	1280	134	44.5	351	63.8
310 × 74	9420	310	9.40	205	16.3	163	1050	132	23.4	228	49.8
310 × 60	7550	302	7.49	203	13.1	128	844	130	18.4	180	49.3
310 × 44.5	5670	312	6.60	166	11.2	99.1	633	132	8.45	102	38.6
310 × 38.7	4940	310	5.84	165	9.65	84.9	547	131	7.20	87.5	38.4
310 × 32.7	4180	312	6.60	102	10.8	64.9	416	125	1.94	37.9	21.5
310 × 21	2680	302	5.08	101	5.72	36.9	244	117	0.982	19.5	19.1
W250 × 80	10200	257	9.40	254	15.6	126	983	111	42.9	338	65.0
250 × 67	8580	257	8.89	204	15.7	103	805	110	22.2	218	51.1
250 × 44.8	5700	267	7.62	148	13.0	70.8	531	111	6.95	94.2	34.8
250 × 38.5	4910	262	6.60	147	11.2	59.9	457	110	5.87	80.1	34.5
250 × 32.7	4190	259	6.10	146	9.14	49.1	380	108	4.75	65.1	33.8
250 × 22.3	2850	254	5.84	102	6.86	28.7	226	100	1.20	23.8	20.6
W200 × 71	9100	216	10.2	206	17.4	76.6	708	91.7	25.3	246	52.8
200 × 59	7550	210	9.14	205	14.2	60.8	582	89.7	20.4	200	51.8
200 × 46.1	5880	203	7.24	203	11.0	45.8	451	88.1	15.4	152	51.3
200 × 35.9	4570	201	6.22	165	10.2	34.4	342	86.9	7.62	92.3	40.9
200 × 22.5	2860	206	6.22	102	8.00	20	193	83.6	1.42	27.9	22.3
W150 × 37.1	4740	162	8.13	154	11.6	22.2	274	68.6	7.12	91.9	38.6
150 × 29.8	3790	157	6.60	153	9.27	17.2	220	67.6	5.54	72.3	38.1
150 × 22.5	2860	152	5.84	152	6.60	12.1	159	65.0	3.88	51.0	36.8
150 × 18	2290	153	5.84	102	7.11	9.2	120	63.2	1.24	24.6	23.3

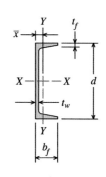

미국표준 채널 형상 또는 C 형상 — SI 단위

명칭	면적 A mm²	깊이 d mm	복부 두께 t_w mm	플랜지 폭 b_f mm	플랜지 두께 t_f mm	도심 $\bar{x}$ mm	I_x 10^6 mm⁴	S_x 10^3 mm³	r_x mm	I_y 10^6 mm⁴	S_y 10^3 mm³	r_y mm
C380 × 74	9480	381	18.2	94.5	16.5	20.3	168	882	133	4.58	61.8	22.0
380 × 60	7610	381	13.2	89.4	16.5	19.8	145	762	138	3.82	54.7	22.4
380 × 50.4	6450	381	10.2	86.4	16.5	20.0	131	688	143	3.36	50.6	22.9
C310 × 45	5680	305	13.0	80.5	12.7	17.1	67.4	442	109	2.13	33.6	19.4
310 × 37	4740	305	9.83	77.5	12.7	17.1	59.9	393	113	1.85	30.6	19.8
310 × 30.8	3920	305	7.16	74.7	12.7	17.7	53.7	352	117	1.61	28.2	20.2
C250 × 45	5680	254	17.1	77.0	11.1	16.5	42.9	339	86.9	1.64	27.0	17.0
250 × 37	4740	254	13.4	73.4	11.1	15.7	37.9	298	89.4	1.39	24.1	17.1
250 × 30	3790	254	9.63	69.6	11.1	15.4	32.8	259	93.0	1.17	21.5	17.5
250 × 22.8	2890	254	6.10	66.0	11.1	16.1	28.0	221	98.3	0.945	18.8	18.1
C230 × 30	3790	229	11.4	67.3	10.5	14.8	25.3	221	81.8	1.00	19.2	16.3
230 × 22	2850	229	7.24	63.2	10.5	14.9	21.2	185	86.4	0.795	16.6	16.7
230 × 19.9	2540	229	5.92	61.7	10.5	15.3	19.9	174	88.6	0.728	15.6	16.9
C200 × 27.9	3550	203	12.4	64.3	9.91	14.4	18.3	180	71.6	0.820	16.6	15.2
200 × 20.5	2610	203	7.70	59.4	9.91	14.1	15.0	148	75.9	0.633	13.9	15.6
200 × 17.1	2170	203	5.59	57.4	9.91	14.5	13.5	133	79.0	0.545	12.7	15.8
C180 × 22	2790	178	10.6	58.4	9.30	13.5	11.3	127	63.8	0.570	12.7	14.2
180 × 18.2	2320	178	7.98	55.6	9.30	13.3	10.1	113	66.0	0.483	11.4	14.4
180 × 14.6	1850	178	5.33	53.1	9.30	13.7	8.82	100	69.1	0.398	10.1	14.7
C150 × 19.3	2460	152	11.1	54.9	8.71	13.1	7.20	94.7	54.1	0.437	10.5	13.3
150 × 15.6	1990	152	7.98	51.6	8.71	12.7	6.29	82.6	56.4	0.358	9.19	13.4

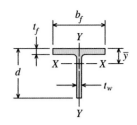

광폭 플랜지 형상을 반으로 절단한 형상 또는 WT 형상

명칭	면적 A mm²	깊이 d mm	복부 두께 t_w mm	플랜지 폭 b_f mm	플랜지 두께 t_f mm	도심 $\bar{y}$ mm	I_x 10^6 mm⁴	S_x 10^3 mm³	r_x mm	I_y 10^6 mm⁴	S_y 10^3 mm³	r_y mm
WT305 × 70	8900	310	13.1	230	22.2	75.9	77.4	333	93.2	22.7	197	50.3
305 × 56.5	7230	305	11.2	228	17.3	76.2	62.9	277	93.5	17.2	150	48.8
305 × 50.5	6450	302	10.5	228	14.9	77.7	57.0	256	94.0	14.7	129	47.5
305 × 41	5230	300	10.0	178	12.8	88.9	48.7	231	96.5	6.04	68.0	34.0
WT265 × 50.5	6450	269	10.9	210	17.4	65.8	42.9	211	81.3	13.5	128	45.7
265 × 46	5890	267	10.2	209	15.6	65.5	39.0	195	81.5	11.9	114	45.0
265 × 37	4750	264	9.65	166	13.6	74.4	33.4	175	83.8	5.20	62.6	33.0
265 × 33	4190	262	8.89	165	11.4	75.7	29.6	159	84.1	4.29	52.1	32.0
WT230 × 41	5230	230	9.91	191	16.0	54.9	24.8	141	68.8	9.37	97.8	42.4
230 × 37	4730	229	9.02	191	14.5	53.8	22.3	128	68.6	8.32	87.7	41.9
230 × 30	3790	227	8.00	153	13.3	58.2	18.6	110	70.1	3.98	51.9	32.3
230 × 26	3320	225	7.62	152	10.8	60.7	16.7	102	70.9	3.19	42.0	31.0
WT205 × 42.5	5410	209	10.9	181	18.2	49.3	20.3	127	61.2	8.99	99.3	40.6
205 × 37.5	4750	207	9.65	180	16.0	48.0	17.6	111	61.0	7.74	86.2	40.4
205 × 30	3800	203	7.75	178	12.8	46.0	13.8	87.7	60.2	5.99	67.5	39.6
205 × 23.05	2940	202	6.99	140	11.2	51.3	11.4	76.0	62.2	2.58	36.7	29.7

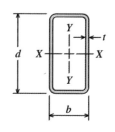

중공 구조 단면 또는 HSS 형상

명칭	깊이 d	넓이 b	복부 두께 (nom.) t	단위 미터당 질량	면적 A	I_x 10^6 mm^4	S_x 10^3 mm^3	r_x	I_y 10^6 mm^4	S_y 10^3 mm^3	r_y
	mm	mm	mm	kg/m	mm^2			mm			mm
HSS304.8 × 203.2 × 12.7	304.8	203.2	12.7	137	11100	139	911	112	74.1	728	81.5
× 203.2 × 9.5	304.8	203.2	9.53	105	8520	109	716	114	58.3	575	83.1
× 152.4 × 12.7	304.8	152.4	12.7	122	9870	113	741	107	37.9	498	62.0
× 152.4 × 9.5	304.8	152.4	9.53	94.2	7610	89.5	588	109	30.3	398	63.2
HSS254 × 152.4 × 12.7	254	152.4	12.7	107	8710	71.2	562	90.7	32.0	420	60.7
× 152.4 × 9.5	254	152.4	9.53	82.9	6710	57.0	449	92.2	25.7	338	62.0
× 101.6 × 12.7	254	101.6	12.7	92.4	7480	53.7	423	84.8	12.3	241	40.4
× 101.6 × 9.5	254	101.6	9.53	71.7	5790	43.3	341	86.6	10.1	198	41.7
HSS203.2 × 101.6 × 12.7	203.2	101.6	12.7	77.4	6280	29.9	293	68.8	9.82	193	39.6
× 101.6 × 9.5	203.2	101.6	9.53	60.4	4890	24.4	241	70.6	8.16	161	40.9
× 101.6 × 6.4	203.2	101.6	6.35	41.9	3380	17.7	174	72.4	5.99	118	42.2
× 101.6 × 3.2	203.2	101.6	3.18	21.7	1740	9.53	93.9	74.2	3.29	64.7	43.4
HSS152.4 × 101.6 × 9.5	152.4	101.6	9.53	49.2	3990	11.8	155	54.4	6.20	122	39.4
× 101.6 × 6.4	152.4	101.6	6.35	34.4	2770	8.70	114	55.9	4.62	91.1	40.9
× 101.6 × 3.2	152.4	101.6	3.18	18.0	1440	4.75	62.4	57.4	2.56	50.5	42.2
× 76.2 × 9.5	152.4	76.2	9.53	43.5	3540	9.45	124	51.8	3.11	81.8	29.7
× 76.2 × 6.4	152.4	76.2	6.35	30.6	2480	7.08	92.8	53.3	2.37	62.3	31.0
× 76.2 × 3.2	152.4	76.2	3.18	16.1	1290	3.93	51.5	55.1	1.34	35.2	32.3

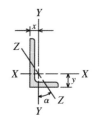

앵글 형상 또는 L 형상

명칭	단위 미터당 질량	면적 A	I_x	S_x	r_x	y	I_y	S_y	r_y	x	r_z	$\tan \alpha$
	kg/m	mm²	10^6 mm⁴	10^3 mm³	mm	mm	10^6 mm⁴	10^3 mm³	mm	mm	mm	
L127 × 127 × 19	35.1	4480	6.53	74.1	38.1	38.6	6.53	74.1	38.1	38.6	24.7	1.00
× 127 × 12.7	24.1	3060	4.70	51.6	38.9	36.1	4.70	51.6	38.9	36.1	24.9	1.00
× 127 × 9.5	18.3	2330	3.65	39.5	39.4	34.8	3.65	39.5	39.4	34.8	25.0	1.00
L127 × 76 × 12.7	19.0	2420	3.93	47.4	40.1	44.2	1.06	18.5	20.9	18.9	16.3	0.357
× 76 × 9.5	14.5	1850	3.06	36.4	40.6	42.9	0.837	14.3	21.3	17.7	16.4	0.364
× 76 × 6.4	9.80	1250	2.12	24.7	41.1	41.7	0.587	9.83	21.7	16.5	16.6	0.371
L102 × 102 × 12.7	19.0	2420	2.30	32.1	30.7	30.0	2.30	32.1	30.7	30.0	19.7	1.00
× 102 × 9.5	14.6	1850	1.80	24.6	31.2	28.7	1.80	24.6	31.2	28.7	19.8	1.00
× 102 × 6.4	9.80	1250	1.25	16.9	31.8	27.4	1.25	16.9	31.8	27.4	19.9	1.00
L102 × 76 × 15.9	20.2	2510	2.50	37.4	31.2	34.8	1.19	22.0	21.5	22.0	16.0	0.534
× 76 × 9.5	12.6	1600	1.64	23.6	32.0	32.3	0.787	13.9	22.2	19.7	16.2	0.551
× 76 × 6.4	8.60	1090	1.14	16.2	32.3	31.0	0.554	9.59	22.5	18.4	16.2	0.558
L76 × 76 × 12.7	14.0	1770	0.916	17.4	22.7	23.6	0.916	17.4	22.7	23.6	14.7	1.00
× 76 × 9.5	10.7	1360	0.728	13.5	23.1	22.5	0.728	13.5	23.1	22.5	14.8	1.00
× 76 × 6.4	7.30	929	0.512	9.32	23.5	21.2	0.512	9.32	23.5	21.2	14.9	1.00
L76 × 51 × 12.7	11.5	1450	0.799	16.4	23.4	27.4	0.278	7.70	13.8	14.7	10.8	0.413
× 51 × 9.5	8.80	1120	0.641	12.8	23.8	26.2	0.224	6.03	14.1	13.6	10.8	0.426
× 51 × 6.4	6.10	768	0.454	8.87	24.2	24.9	0.162	4.23	14.5	12.4	10.9	0.437

보의 기울기와 처짐 표

단순지지 보

보	기울기	처짐	탄성곡선
1	$\theta_1 = -\theta_2 = -\dfrac{PL^2}{16EI}$	$v_{max} = -\dfrac{PL^3}{48EI}$	$v = -\dfrac{Px}{48EI}(3L^2 - 4x^2)$ for $0 \le x \le \dfrac{L}{2}$
2	$\theta_1 = -\dfrac{Pb(L^2 - b^2)}{6LEI}$ $\theta_2 = +\dfrac{Pa(L^2 - a^2)}{6LEI}$	$v = -\dfrac{Pa^2b^2}{3LEI}$ at $x = a$	$v = -\dfrac{Pbx}{6LEI}(L^2 - b^2 - x^2)$ for $0 \le x \le a$
3	$\theta_1 = -\dfrac{ML}{3EI}$ $\theta_2 = +\dfrac{ML}{6EI}$	$v_{max} = -\dfrac{ML^2}{9\sqrt{3}EI}$ at $x = L\left(1 - \dfrac{\sqrt{3}}{3}\right)$	$v = -\dfrac{Mx}{6LEI}(2L^2 - 3Lx + x^2)$
4	$\theta_1 = -\theta_2 = -\dfrac{wL^3}{24EI}$	$v_{max} = -\dfrac{5wL^4}{384EI}$	$v = -\dfrac{wx}{24EI}(L^3 - 2Lx^2 + x^3)$
5	$\theta_1 = -\dfrac{wa^2}{24LEI}(2L - a)^2$ $\theta_2 = +\dfrac{wa^2}{24LEI}(2L^2 - a^2)$	$v = -\dfrac{wa^3}{24LEI}(4L^2 - 7aL + 3a^2)$ at $x = a$	$v = -\dfrac{wx}{24LEI}\left(Lx^3 - 4aLx^2 + 2a^2x^2 + 4a^2L^2 - 4a^3L + a^4\right)$ for $0 \le x \le a$ $v = -\dfrac{wa^2}{24LEI}\left(2x^3 - 6Lx^2 + a^2x + 4L^2x - a^2L\right)$ for $a \le x \le L$
6	$\theta_1 = -\dfrac{7w_0L^3}{360EI}$ $\theta_2 = +\dfrac{w_0L^3}{45EI}$	$v_{max} = -0.00652\dfrac{w_0L^4}{EI}$ at $x = 0.5193L$	$v = -\dfrac{w_0x}{360LEI}(7L^4 - 10L^2x^2 + 3x^4)$

보	기울기	처짐	탄성곡선
7	$\theta_{max} = -\dfrac{PL^2}{2EI}$	$v_{max} = -\dfrac{PL^3}{3EI}$	$v = -\dfrac{Px^2}{6EI}(3L - x)$
8	$\theta_{max} = -\dfrac{PL^2}{8EI}$	$v_{max} = -\dfrac{5PL^3}{48EI}$	$v = -\dfrac{Px^2}{12EI}(3L - 2x) \quad$ for $0 \leq x \leq \dfrac{L}{2}$ $v = -\dfrac{PL^2}{48EI}(6x - L) \quad$ for $\dfrac{L}{2} \leq x \leq L$
9	$\theta_{max} = -\dfrac{ML}{EI}$	$v_{max} = -\dfrac{ML^2}{2EI}$	$v = -\dfrac{Mx^2}{2EI}$
10	$\theta_{max} = -\dfrac{wL^3}{6EI}$	$v_{max} = -\dfrac{wL^4}{8EI}$	$v = -\dfrac{wx^2}{24EI}(6L^2 - 4Lx + x^2)$
11	$\theta_{max} = -\dfrac{w_0L^3}{24EI}$	$v_{max} = -\dfrac{w_0L^4}{30EI}$	$v = -\dfrac{w_0x^2}{120LEI}(10L^3 - 10L^2x + 5Lx^2 - x^3)$

주요 재료의 평균 물성치

금속 공학 물질의 기계적 특성은 기계적 작업, 열처리, 화학적 성분 및 기타 다양한 요인의 결과로 크게 달라진다. 표 D.1에 제시된 값은 교육 목적으로만 사용되는 대표적인 값으로 간주해야 한다. 상업용 설계에서는 여기에 주어진 평균값보다는 특정 재료 및 특정 용도에 대한 적절한 값에 기초해야 한다.

재료	비중 (kN/m³)	항복 강도 (MPa)[a][b]	인장 강도 (MPa)[a]	탄성 계수 (GPa)	전단 계수 (GPa)	푸아송 비	50 mm 게이지 길이에 대한 신장백분율	열팽창 계수 (10⁻⁶/°C)
알루미늄합금								
Alloy 2014-T4 (A92014)	27	290	427	73	28	0.33	20	23.0
Alloy 2014-T6 (A92014)	27	414	483	73	28	0.33	13	23.0
Alloy 6061-T6 (A96061)	27	276	310	69	26	0.33	17	23.6
황동								
Red Brass C23000	86	124	303	115	44	0.307	45	18.7
Red Brass C83600	86	117	255	83	31	0.33	30	18.0
청동								
Bronze C86100	77	331	655	105	45	0.34	20	22.0
Bronze C95400 TQ50	73	310	621	110	41	0.316	8	16.2
주철								
Gray, ASTM A48 Grade 20	71		138	84	34	0.22	<1	9.0
Ductile, ASTM A536 80-55-06	71	379	552	168	64	0.32	6	10.8
Malleable, ASTM A220 45008	71	310	448	179	70	0.27	8	12.1
강								
Structural, ASTM-A36	77	250	400	200	77.2	0.3	21	11.7
Structural, ASTM-A992	77	345	450	200	77.2	0.3	21	11.7
AISI 1020, Cold-rolled	77	427	621	207	80	0.29	15	11.7
AISI 1040, Hot-rolled	77	414	621	207	80	0.3	25	11.3
AISI 1040, Cold-rolled	77	565	669	207	80	0.3	16	11.3
AISI 1040, WQT 900	77	621	814	207	80	0.3	22	11.3
AISI 4140, OQT 1100	77	903	1,014	207	80	0.3	16	11.2
AISI 5160, OQT 700	77	1,641	1,813	207	80	0.3	9	11.2
SAE 4340, Heat-treated	77	910	1,034	214	83	0.29	20	10.8
Stainless (18-8) annealed	77	248	586	193	86	0.12	55	17.3
Stainless (18-8) cold-rolled	77	1,138	1,310	193	86	0.12	8	17.3
티타늄								
Alloy (6% Al, 4%V)	44	827	896	114	43	0.33	10	9.5
플라스틱								
ABS	1,060	41	38	2.1	–	–	36	88
Nylon 6/6	1,105	62	–	1.4	–	–	–	118
Polycarbonate	1,440	110	117	7.6	–	–	–	26
Polyethylene, Low-density	930	9.7	11.7	0.2	–	–	–	180
Polyethylene, High-density	960	22.8	29.6	0.9	–	–	721	158
Polypropylene	1,140	75.8	82.7	6.2	–	–	4	40.7
Polystyrene	1,170	52	52	3.7	1.4	0.33	39	85
Vinyl, rigid PVC	1,300	46	38	2.8	1.0	0.42	100	63

[a] 연성 재료의 경우, 압축 상태의 물성치는 인장 상태의 물성치와 동일하다고 간주한다.
[b] 대부분의 금속의 경우, 0.2% 오프셋 기법으로 구한 값이다.

표 D.2　주요 건축용 목재의 전형적인 물성치

종류와 등급	허용 응력					
	휨	결에 평행한 인장력	수평 전단응력	결에 수직한 압축력	결에 평행한 압축력	탄성계수
	MPa	MPa	MPa	MPa	MPa	GPa
프레임용 목재: 2 in에서 4 in의 두께, 2 in 이상의 폭						
Douglas Fir-Larch						
Select Structural	10.0	6.9	0.66	4.3	11.7	13.1
No. 2	6.0	4.0	0.66	4.3	9.0	11.0
Hem-Fir						
Select Structural	9.7	6.2	0.52	2.8	10.3	11.0
No. 2	5.9	3.4	0.52	2.8	8.6	9.0
Spruce-Pine-Fir (South)						
Select Structural	9.0	4.0	0.48	2.3	8.3	9.0
No. 2	5.2	2.2	0.48	2.3	6.7	7.6
Western Cedars						
Select Structural	6.9	4.1	0.52	2.9	6.9	7.6
No. 2	4.8	2.9	0.52	2.9	4.5	6.9
보: 5 in 이상의 두께, 두께보다 2 in 이상 큰 폭						
Douglas Fir-Larch						
Select Structural	11.0	6.6	0.59	4.3	7.6	11.0
No. 2	6.0	2.9	0.59	4.3	4.1	9.0
Hem-Fir						
Select Structural	8.6	5.0	0.48	2.8	6.4	9.0
No. 2	4.7	2.2	0.48	2.8	3.3	7.6
Spruce-Pine-Fir (South)						
Select Structural	7.2	4.3	0.45	2.3	4.7	8.3
No. 2	4.0	2.1	0.45	2.3	2.4	6.9
Western Cedars						
Select Structural	7.9	4.8	0.48	2.9	6.0	6.9
No. 2	4.3	2.2	0.48	2.9	3.3	5.5
기둥: 두께와 폭이 5 in 또는 그 이상, 두께보다 2 in 이상 크지 않은 폭						
Douglas Fir-Larch						
Select Structural	10.3	6.9	0.59	4.3	7.9	11.0
No. 2	4.8	3.3	0.59	4.3	3.3	9.0
Hem-Fir						
Select Structural	8.3	5.5	0.48	2.8	6.7	9.0
No. 2	3.6	2.4	0.48	2.8	2.6	7.6
Spruce-Pine-Fir (South)						
Select Structural	6.9	4.7	0.45	2.3	4.8	8.3
No. 2	2.4	1.6	0.45	2.3	1.6	6.9
Western Cedars						
Select Structural	7.6	5.0	0.48	2.9	6.4	6.9
No. 2	3.4	2.4	0.48	2.9	2.6	5.5

Chapter 1

1.1 $P = 172.8$ kN

1.3 $d_1 = 20.6$ mm, $d_2 = 32.1$ mm

1.5 $\sigma_1 = 113.2$ MPa (C), $\sigma_2 = 63.7$ MPa (T),
       $\sigma_3 = 174.7$ MPa (C)

1.7 $d_1 = 19.96$ mm, $d_2 = 16.13$ mm

1.9 $\sigma_{AB} = 84.5$ MPa (C), $\sigma_{AC} = 63.9$ MPa (T),
       $\sigma_{BC} = 51.5$ MPa (C)

1.11 $\sigma_1 = 46.3$ MPa (T), $\sigma_2 = 63.0$ MPa (T)

1.13   (a) $\sigma = 29.4$ MPa (T)
       (b) $\sigma = 12.57$ MPa (T)

1.15 $\tau = 68.4$ MPa

1.17 $L_1 = 51.6$ mm, $L_2 = 71.4$ mm

1.19 $a = 12.13$ mm

1.21 $\sigma_b = 3.85$ MPa

1.23   (a) $\sigma_b = 101.3$ MPa
       (b) $\tau = 84.4$ MPa
       (c) $\tau = 35.2$ MPa

1.25   (a) $\sigma = 79.6$ MPa
       (b) $\tau = 22.4$ MPa
       (c) $\sigma_b = 56.3$ MPa

1.27   (a) $\tau = 11.58$ MPa
       (b) $\sigma_b = 18.19$ MPa

1.29   (a) $d_{min} = 14.42$ mm
       (b) $d_{min} = 16.33$ mm
       (c) $d_{min} = 6.60$ mm

1.31 $d_{min} = 38.7$ mm

1.33 $P_{max} = 479$ kN

1.35 $P_{max} = 52.8$ kN

1.37   (a) $P = 187.5$ kN
       (b) $\sigma = 16.00$ MPa
       (c) $\sigma_{max} = 25.0$ MPa, $\tau_{max} = 12.50$ MPa

Chapter 2

2.1 $\delta_2 = 6.66$ mm, $\varepsilon_1 = 957$ $\mu\varepsilon$

2.3   (a) $\varepsilon_2 = 1147$ $\mu\varepsilon$
       (b) $\varepsilon_2 = 2260$ $\mu\varepsilon$
       (c) $\varepsilon_2 = 35.6$ $\mu\varepsilon$

2.5 $\varepsilon_2 = 2880 \ \mu\varepsilon$

2.7   (a) $\delta = \dfrac{\gamma L^2}{6E}$

        (b) $\varepsilon_{\text{avg}} = \dfrac{\gamma L}{6E}$

        (c) $\varepsilon_{\text{max}} = \dfrac{\gamma L}{3E}$

2.9 $\gamma = 412\,000 \ \mu\text{rad}, \ \tau = 627 \ \text{kPa}$

2.11   (a) $\gamma_P = -0.229 \ \text{rad}$
        (b) $\gamma_Q = 0.229 \ \text{rad}$

2.13   (a) $\varepsilon_{QS} = -1200 \ \mu\text{rad}$
        (b) $\gamma_P = 5989 \ \mu\text{rad}$

2.15 $d_{\text{final}} = 75.043 \ \text{mm}$

2.17   64.7°C

2.19   43.3°C

2.21 $x_{\text{pointer}} = 4.62 \ \text{mm}$

2.23   2.07 mm ↓

Chapter 3

3.1   (a) $\sigma_{PL} = 123.9 \ \text{MPa}$
        (b) $E = 114.8 \ \text{GPa}$
        (c) $\nu = 0.306$

3.3   (a) $E = 2.17 \ \text{GPa}$
        (b) $\nu = 0.370$
        (c) $\Delta_{\text{thickness}} = -0.0833 \ \text{mm}$

3.5   1.415

3.7   percent elongation = 40.8%,
        percent reduction of area = 70.3%

3.9 $G = 0.855 \ \text{MPa}$

3.11   6.66 mm

3.13 $\sigma = 280 \ \text{MPa}$, elastic

3.15   (a) $E = 105\,000 \ \text{MPa}$
        (b) $\sigma_{PL} = 210 \ \text{MPa}$
        (c) $\sigma_U = 380 \ \text{MPa}$
        (d) $\sigma_Y = 290 \ \text{MPa}$
        (e) $\sigma_{\text{fracture}} = 320 \ \text{MPa}$
        (f) true $\sigma_{\text{fracture}} = 476 \ \text{MPa}$

3.17   (a) $E = 77.1 \ \text{GPa}$
        (b) $\sigma_{PL} = 231 \ \text{MPa}$
        (c) $\sigma_U = 485 \ \text{MPa}$
        (d) 0.05% offset $\sigma_Y = 306 \ \text{MPa}$

        (e) 0.20% offset $\sigma_Y = 376 \ \text{MPa}$
        (f) $\sigma_{\text{fracture}} = 485 \ \text{MPa}$
        (g) true $\sigma_{\text{fracture}} = 605 \ \text{MPa}$

3.19   (a) $P = 21.0 \ \text{kN}$
        (b) $\varepsilon = 1643 \ \mu\varepsilon$

3.21   (a) $P = 18.19 \ \text{kN}$
        (b) $\tau_C = 42.7 \ \text{MPa}$

Chapter 4

4.1   (a) bar stress $\sigma = 362.5 \ \text{MPa}$,
          $\sigma_Y = 550 \ \text{MPa}, \ \text{FS}_Y = 1.517$
        (b) $\sigma_U = 1{,}100 \ \text{MPa}, \ \text{FS}_U = 3.03$

4.3 $\text{FS}_1 = 1.840, \ \text{FS}_2 = 2.54$

4.5 $P_{\text{allow}} = 329 \ \text{kN}, \ \text{FS}_1 = 1.6, \ \text{FS}_2 = 1.764$

4.7   (a) FS = 4.46
        (b) FS = 2.60
        (c) FS = 3.90

4.9   (a) $d_1 \geq 16.74 \ \text{mm}$
        (b) $d_B \geq 8.76 \ \text{mm}$
        (c) $d_C \geq 8.29 \ \text{mm}$

4.11   (a) $d_1 \geq 56.3 \ \text{mm}$
        (b) $d_C \geq 32.7 \ \text{mm}$
        (c) $d_A \geq 45.1 \ \text{mm}$

4.13   (a) $F_1 = 15\,500 \ \text{N (C)}$
        (b) $\text{FS}_1 = 2.90$
        (c) $|C| = 13\,080 \ \text{N}$
        (d) $d \geq 8.51 \ \text{mm}$

4.15   (a) $b_{\text{min}} = 123.6 \ \text{mm}$
        (b) $b_{\text{min}} = 118.2 \ \text{mm}$

4.17   (a) $d_{\text{min}} = 57.1 \ \text{mm}$
        (b) $d_{\text{min}} = 50.6 \ \text{mm}$

Chapter 5

5.1 $d_{\text{min}} = 21.9 \ \text{mm}$

5.3 $P = 118.7 \ \text{kN}$

5.5 $u_A = 3.18 \ \text{mm} \rightarrow$ (i.e., moves toward C)

5.7   (a) $P = 80.6 \ \text{kN}$
        (b) $u_B = 0.497 \ \text{mm} \downarrow$

5.9   (a) $\delta_1 = -2.95 \ \text{mm}$
        (b) $u_D = 4.20 \ \text{mm} \leftarrow$

5.11 $\delta = 0.0528$ mm

5.13 $\delta = 8.88 \times 10^{-3}$ mm

5.15   (a) $\sigma_1 = 158.7$ MPa (C), $\sigma_2 = 26.0$ MPa (T)
        (b) $v_A = 1.190$ mm $\downarrow$
        (c) $P = 72.3$ kN

5.17   (a) $\varepsilon_1 = 2230$ $\mu\varepsilon$
        (b) $v_D = 8.38$ mm $\downarrow$

5.19 $P_{\max} = 77.3$ kN

5.21   (a) $d_{\min} = 32.9$ mm

5.23   (a) $\sigma_1 = 44.9$ MPa (C), $\sigma_2 = 36.4$ MPa (C)
        (b) $u_B = 0.674$ mm $\downarrow$

5.25 $b = 7.20$ mm

5.27   (a) $\sigma_1 = 9.68$ MPa (C), $\sigma_2 = 66.8$ MPa (C)
        (b) $u = 0.501$ mm $\downarrow$

5.29   (a) $\sigma_1 = 115.2$ MPa (T), $\sigma_2 = 61.0$ MPa (T)
        (b) 3.46 mm $\downarrow$

5.31 $L_2 \leq 1303$ mm

5.33   (a) $\sigma_1 = 25.8$ MPa (T), $\sigma_2 = 13.69$ MPa (T)
        (b) $v_A = 0.554$ mm $\downarrow$

5.35 $P = 21.1$ kN $\downarrow$

5.37   (a) $F_1 = 40.0$ kN, $F_2 = 25.0$ kN,
          $F_3 = 10.00$ kN
        (b) $v_B = 3.40$ mm $\downarrow$

5.39   (a) $\sigma_1 = 89.8$ MPa (T), $\sigma_2 = 61.1$ MPa (T)
        (b) $v_D = 1.601$ mm $\downarrow$

5.41 $P_{\max} = 30.9$ kN

5.43   (a) $\sigma_1 = 153.1$ MPa (T), $\sigma_2 = 41.0$ MPa (C)
        (b) $\text{FS}_1 = 2.16$, $\text{FS}_2 = 10.13$
        (c) $\varepsilon_1 = 1458$ $\mu\varepsilon$

5.45 $\sigma_1 = 168.2$ MPa (T), $\sigma_2 = 110.0$ MPa (C)

5.47   (a) $F_1 = 45.2$ kN
        (b) $\sigma_{\text{bolt}} = 119.0$ MPa
        (c) $\varepsilon_{\text{bolt}} = 0$

5.49   (a) $\Delta T = -53.4°C$
        (b) $d \geq 15.40$ mm

5.51   (a) $\sigma = 3.11$ MPa (C)
        (b) $\varepsilon = 3950$ $\mu\varepsilon$

5.53   (a) $70.0°C$
        (b) $\sigma_1 = 73.9$ MPa (C), $\sigma_2 = 118.2$ MPa (C)
        (c) $\varepsilon_1 = 1407$ $\mu\varepsilon$, $\varepsilon_2 = 1204$ $\mu\varepsilon$

5.55 $\Delta T = -50.1°C$

5.57 $\sigma_1 = 15.24$ MPa (T), $\sigma_2 = 19.51$ MPa (C)
        (b) $\varepsilon_1 = -693$ $\mu\varepsilon$, $\varepsilon_2 = -693$ $\mu\varepsilon$

5.59   (a) $\sigma_1 = 7.90$ MPa (T), $\sigma_2 = 36.1$ MPa (T)
        (b) $v_D = 3.68$ mm $\downarrow$

5.61   (a) $\sigma_1 = 74.5$ MPa (T), $\sigma_2 = 9.97$ MPa (C)
        (b) $v_D = 0.454$ mm $\downarrow$

5.63   (a) $\sigma_1 = 35.0$ MPa (C), $\sigma_2 = 70.0$ MPa (C)
        (b) $v_A = 0.365$ mm $\uparrow$

5.65   (a) aluminum: $\sigma_1 = 124.0$ MPa (C),
          cast iron: $\sigma_2 = 53.1$ MPa (C),
          bronze: $\sigma_3 = 186.0$ MPa (C)
        (b) force on supports = 148.8 kN (C)
        (c) $u_B = 0.01257$ mm $\rightarrow$, $u_C = 0.1600$ mm $\rightarrow$

5.67 $P_{\text{allow}} = 103.3$ kN

5.69 $P_{\text{allow}} = 51.1$ kN

5.71 $r_{\min} = 9$ mm

5.73   (a) $d_{\max} = 37$ mm
        (b) $r_{\min} = 5$ mm

Chapter 6

6.1 $\tau_{\max} = 56.8$ MPa

6.3   (a) $\tau_{\max} = 47.4$ MPa
      (b) $d_{\min} = 83.9$ mm

6.5 $T_C \leq 33.4$ N·m

6.7   (a) $T_1 = -15$ N·m, $T_2 = 55$ N·m, $T_3 = -40$ N·m
      (b) $\tau_{\max} = 35.0$ MPa

6.9   (a) $T \leq 729$ N·m
      (b) $d_1 \geq 31.0$ mm

6.11 $d_{\min} = 23.3$ mm, $\tau_{\max} = 48.5$ MPa

6.13 $T \leq 589$ N·m

6.15   (a) $d_{\min} = 67.4$ mm
      (b) $d_{\min} = 22.0$ mm

6.17   (a) $\tau_{\max} = 48.9$ MPa
      (b) $\phi_D = -0.008\,48$ rad

6.19   (a) $\tau_1 = 94.3$ MPa, $\tau_2 = -50.9$ MPa
      (b) $\phi_A = 0.1064$ rad

6.21   (a) $\tau_A = 33.6$ MPa
      (b) $\tau_B = 23.4$ MPa

6.23   (a) $\phi_{AB} = 908 \times 10^{-6}$ rad
       (b) $\phi_D = 0.0240$ rad

6.25   (a) $T_A = 270$ N·m
       (b) $\tau_1 = 50.9$ MPa, $\tau_2 = 84.9$ MPa
       (c) $d_1 \geq 28.4$ mm, $d_2 \geq 33.7$ mm

6.27   (a) $\tau_1 = 52.5$ MPa, $\tau_2 = 20.7$ MPa
       (b) $\phi_D = 0.0622$ rad

6.29 $d_1 \geq 67.2$ mm, $d_2 \geq 50.6$ mm

6.31   (a) $T_A = 160$ N·m
       (b) $\tau_1 = 38.2$ MPa, $\tau_2 = 22.6$ MPa

6.33 $d \geq 45.3$ mm

6.35 $d \geq 41.3$ mm

6.37 $t \geq 6.10$ mm

6.39   (a) $P = 85.8$ kW
       (b) $\phi = 0.0854$ rad

6.41 $D_{min} = 171.9$ mm

6.43   (a) 5.18 kW
       (b) 42.7 MPa

6.45   16.33 Hz

6.47   (a) 34.5 MPa
       (b) 50.7 MPa
       (c) 0.0617 rad

6.49   3.56 Hz

6.51   606 rpm

6.53   (a) $\tau_2 = 9.45$ MPa
       (b) $d_1 \geq 25.3$ mm

6.55 $P \leq 13.45$ kW

6.57 $d \geq 69.8$ mm

6.59 $D_1 \geq 56.1$ mm

6.61   (a) $T = 1466$ N·m
       (b) $T_1 = 1304$ N·m, $T_2 = 161.6$ N·m
       (c) 0.0386 rad

6.63   (a) $\tau_1 = 88.9$ MPa, $\tau_2 = 112.9$ MPa
       (b) $\phi_1 = 0.0406$ rad

6.65 $t \geq 14.58$ mm

6.67   (a) $\tau_1 = 55.7$ MPa, $\tau_2 = 76.0$ MPa
       (b) $\phi_B = 0.0373$ rad

6.69   959 mm

6.71 $T_B \leq 7660$ N·m

6.73   (a) $\tau_3 = 77.7$ MPa
       (b) $\tau_2 = 11.65$ MPa
       (c) $\phi_C = 0.0777$ rad

6.75   (a) $\tau_1 = 127.8$ MPa
       (b) $\tau_2 = 103.4$ MPa
       (c) $\phi_C = -0.0246$ rad

6.77   (a) $\tau_1 = 57.0$ MPa
       (b) $\tau_2 = 3.97$ MPa
       (c) $\tau_4 = 16.63$ MPa
       (d) $\phi_D = -0.01649$ rad

6.79   (a) $\tau_1 = 64.1$ MPa
       (b) $\tau_3 = 32.0$ MPa
       (c) $\phi_E = -0.01602$ rad
       (d) $\phi_C = 0.0846$ rad

6.81   (a) $T'_B = 2750$ N·m
       (b) $\tau_{initial} = 28.4$ MPa
       (c) $T_{B,max} = 4600$ N·m

6.83   40.4 MPa

6.85 $r_{min} = 7$ mm

6.87   165.8 MPa

6.89   10.42 kW

6.91   (a) $\tau_a = 52.3$ MPa, $\tau_b = 39.0$ MPa
       (b) $\phi_a = 0.0378$ rad, $\phi_b = 0.0220$ rad

6.93 $\pi D/64$

6.95 $t_{min} = 4.41$ mm

6.97 $\tau_{max} = 141.5$ MPa

6.99 $\tau_{max} = 52.2$ MPa

Chapter 7

7.1   (a) $V = w_0(L-x)$;
$$M = -\frac{w_0}{2}(L^2 + x^2) + w_0 Lx$$

7.3   (a) $0 \leq x < a$: $V = -w_a x$, $M = -\frac{w_a}{2}x^2$
       $a \leq x < a+b$: $V = -(w_a - w_b)a - w_b x$,
$$M = -\frac{w_b}{2}x^2 - (w_a - w_b)ax + \frac{(w_a - w_b)a^2}{2}$$

7.5   (a) $V = -\frac{w_0}{2L}x^2$, $M = -\frac{w_0}{6L}x^3$

7.7 (a) $0 \leq x < 3$ m;

$V = 65$ kN; $M = (65 \text{ kN})x$

$3 \text{ m} \leq x < 6$ m;

$V = 15$ kN; $M = (15 \text{ kN})x + 150 \text{ kN·m}$

$6 \text{ m} \leq x < 10$ m;

$V = -60$ kN; $M = -(60 \text{ kN})x + 600 \text{ kN·m}$

7.9

(a) $0 \leq x < 2.7$ m:

$V = -(105 \text{ kN/m})x,$

$M = -\dfrac{105 \text{ kN/m}}{2}x^2$

$2.7 \text{ m} \leq x < 9.3$ m:

$V = -(105 \text{ kN/m})x + 687.99 \text{ kN},$

$M = -\dfrac{105 \text{ kN/m}}{2}x^2 + (687.99 \text{ kN})x - 1857.57 \text{ kN·m}$

7.11

(a) $0 \leq x < 3.4$ m:

$V = 304$ kN, $M = (304 \text{ kN})x$

$3.4 \text{ m} \leq x < 10$ m:

$V = -(85 \text{ kN/m})x + 123.9 \text{ kN},$

$M = -(42.5 \text{ kN/m})x^2 + (412.93 \text{ kN})x + 120.7 \text{ kN·m}$

7.13

(a) $0 \leq x < 2.5$ m:

$V = 0$ kN, $M = -160 \text{ kN·m}$

$2.5 \text{ m} \leq x < 4.3$ m:

$V = -(75 \text{ kN/m})x + 187.5 \text{ kN},$

$M = -(37.5 \text{ kN/m})x^2 + (187.5 \text{ kN})x - 394.375 \text{ kN·m}$

7.15

(a) $0 \leq x < 4.0$ m:

$V = -(110 \text{ kN/m})x + 295.43 \text{ kN},$

$M = -(55 \text{ kN/m})x^2 + (295.43 \text{ kN})x$

$4.0 \text{ m} \leq x < 5.2$ m:

$V = -(110 \text{ kN/m})x + 295.43 \text{ kN},$

$M = -(55 \text{ kN/m})x^2 + (295.43 \text{ kN})x - 340 \text{ kN·m}$

$5.2 \text{ m} \leq x < 7.5$ m:

$V = -(110 \text{ kN/m})x + 825 \text{ kN},$

$M = -(55 \text{ kN/m})x^2 + (825 \text{ kN})x - 3093.764 \text{ kN·m}$

(c) Max $+M = 396.73$ kN·m at $x = 2.69$ m,
   Max $-M = -290.95$ kN·m at $x = 5.2$ m

7.17

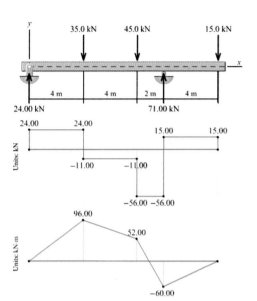

7.19

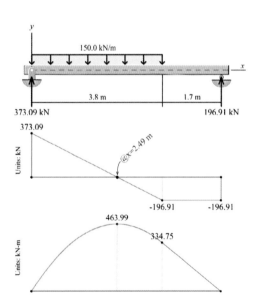

7.21

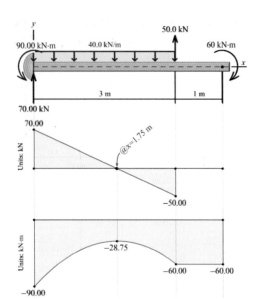

7.25

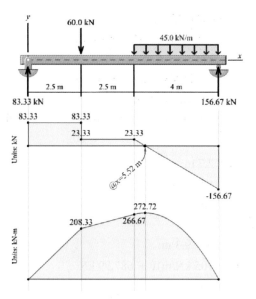

7.23

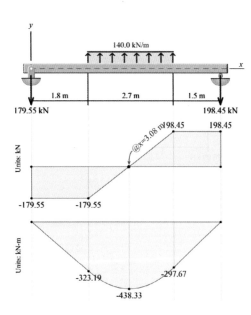

7.27

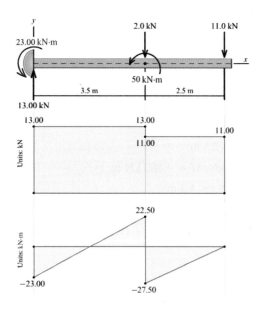

7.29

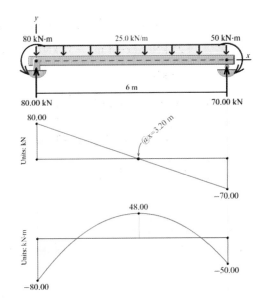

7.51

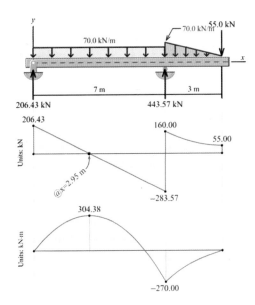

7.31 (a) $V_{max} = 68.8$ kN
(b) $M_{max} = 43.0$ kN·m

7.33 (a) $V = 177.5$ kN, $M = 1167$ kN·m
(b) $V = -323$ kN, $M = 442$ kN·m

7.53

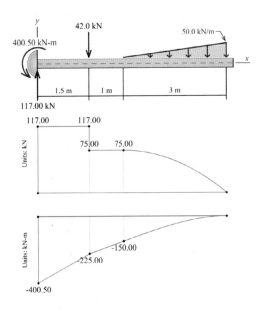

7.35 (a) $V = 91.3$ kN, $M = 199.2$ kN·m
(b) $V = -103.8$ kN, $M = 180.5$ kN·m

7.37 (a) $V = 93.7$ kN, $M = 23.9$ kN·m
(b) $V = -125.1$ kN, $M = 75.7$ kN·m

7.39 (a) $V = 285$ kN, $M = 63.8$ kN·m
(b) $V = -190.0$ kN, $M = 331$ kN·m

7.41 $V_{max} = 163.0$ kN, $M_{max} = 143.7$ kN·m

7.43 $V_{max} = 135$ kN, $M_{max} = 120$ kN·m

7.45 $V_{max} = 55.0$ kN, $M_{max} = -50.0$ kN·m

7.47 $V_{max} = -100$ kN, $M_{max} = 79.8$ kN·m

7.49 $V_{max} = -245$ kN, $M_{max} = -208$ kN·m

7.55

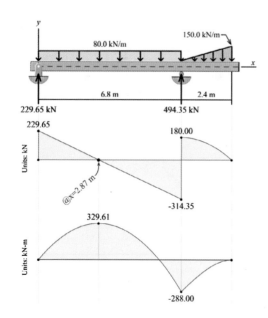

229.65 kN   494.35 kN

(b)
$$V(x)=83\text{ kN}\langle x-0\text{ m}\rangle^{0}-25\text{ kN/m}\langle x-0\text{ m}\rangle^{1}$$
$$+25\text{ kN/m}\langle x-4\text{ m}\rangle^{1}-32\text{ kN}\langle x-6\text{ m}\rangle^{0}$$
$$+49\text{ kN}\langle x-8\text{ m}\rangle^{0}$$
$$M(x)=83\text{ kN}\langle x-0\text{ m}\rangle^{1}-\frac{25\text{ kN/m}}{2}\langle x-0\text{ m}\rangle^{2}$$
$$+\frac{25\text{ kN/m}}{2}\langle x-4\text{ m}\rangle^{2}-32\text{ kN}\langle x-6\text{ m}\rangle^{1}$$
$$+49\text{ kN}\langle x-8\text{ m}\rangle^{1}$$

7.63 (a)
$$w(x)=81\text{ kN}\langle x-0\text{ m}\rangle^{-1}-267.3\text{ kN·m}\langle x-0\text{ m}\rangle^{-2}$$
$$-15\text{ kN/m}\langle x-0\text{ m}\rangle^{0}+15\text{ kN/m}\langle x-3.6\text{ m}\rangle^{0}$$
$$-15\text{ kN/m}\langle x-5.4\text{ m}\rangle^{0}+15\text{ kN/m}\langle x-7.2\text{ m}\rangle^{0}$$

(b)
$$V(x)=81\text{ kN}\langle x-0\text{ m}\rangle^{0}-267.3\text{ kN·m}\langle x-0\text{ m}\rangle^{-1}$$
$$-15\text{ kN/m}\langle x-0\text{ m}\rangle^{1}+15\text{ kN/m}\langle x-3.6\text{ m}\rangle^{1}$$
$$-15\text{ kN/m}\langle x-5.4\text{ m}\rangle^{1}+15\text{ kN/m}\langle x-7.2\text{ m}\rangle^{1}$$
$$M(x)=81\text{ kN}\langle x-0\text{ m}\rangle^{1}-267.3\text{ kN·m}\langle x-0\text{ m}\rangle^{0}$$
$$-\frac{15\text{ kN/m}}{2}\langle x-0\text{ m}\rangle^{2}+\frac{15\text{ kN/m}}{2}\langle x-3.6\text{ m}\rangle^{2}$$
$$-\frac{15\text{ kN/m}}{2}\langle x-5.4\text{ m}\rangle^{2}+\frac{15\text{ kN/m}}{2}\langle x-7.2\text{ m}\rangle^{2}$$

7.57 (a) $w(x)=-10\text{ kN}\langle x-0\text{ m}\rangle^{-1}+29\text{ kN}\langle x-2.5\text{ m}\rangle^{-1}$
$$-35\text{ kN}\langle x-5.5\text{ m}\rangle^{-1}+16\text{ kN}\langle x-7.5\text{ m}\rangle^{-1}$$

(b) $V(x)=-10\text{ kN}\langle x-0\text{ m}\rangle^{0}+29\text{ kN}\langle x-2.5\text{ m}\rangle^{0}$
$$-35\text{ kN}\langle x-5.5\text{ m}\rangle^{0}+16\text{ kN}\langle x-7.5\text{ m}\rangle^{0}$$
$$M(x)=-10\text{ kN}\langle x-0\text{ m}\rangle^{1}+29\text{ kN}\langle x-2.5\text{ m}\rangle^{1}$$
$$-35\text{ kN}\langle x-5.5\text{ m}\rangle^{1}+16\text{ kN}\langle x-7.5\text{ m}\rangle^{1}$$

7.59 (a) $w(x)=-5\text{ kN}\langle x-0\text{ m}\rangle^{-1}+20\text{ kN·m}\langle x-3\text{ m}\rangle^{-2}$
$$+5\text{ kN}\langle x-6\text{ m}\rangle^{-1}+10\text{ kN·m}\langle x-6\text{ m}\rangle^{-2}$$

(b) $V(x)=-5\text{ kN}\langle x-0\text{ m}\rangle^{0}+20\text{ kN·m}\langle x-3\text{ m}\rangle^{-1}$
$$+5\text{ kN}\langle x-6\text{ m}\rangle^{0}+10\text{ kN·m}\langle x-6\text{ m}\rangle^{-1}$$
$$M(x)=-5\text{ kN}\langle x-0\text{ m}\rangle^{1}+20\text{ kN·m}\langle x-3\text{ m}\rangle^{0}$$
$$+5\text{ kN}\langle x-6\text{ m}\rangle^{1}+10\text{ kN·m}\langle x-6\text{ m}\rangle^{0}$$

7.65

(a) $w(x)=229.65\text{ kN}\langle x-0\text{ m}\rangle^{-1}-80\text{ kN/m}\langle x-0\text{ m}\rangle^{0}$
$$+494.35\text{ kN}\langle x-6.8\text{ m}\rangle^{-1}+80\text{ kN/m}\langle x-6.8\text{ m}\rangle^{0}$$
$$-\frac{150\text{ kN/m}}{2.4\text{ m}}\langle x-6.8\text{ m}\rangle^{1}+\frac{150\text{ kN/m}}{2.4\text{ m}}\langle x-9.2\text{ m}\rangle^{1}$$
$$+150\text{ kN/m}\langle x-9.2\text{ m}\rangle^{0}$$

(b) $V(x)=229.65\text{ kN}\langle x-0\text{ m}\rangle^{0}-80\text{ kN/m}\langle x-0\text{ m}\rangle^{1}$
$$+494.35\text{ kN}\langle x-6.8\text{ m}\rangle^{0}+80\text{ kN/m}\langle x-6.8\text{ m}\rangle^{1}$$
$$-\frac{150\text{ kN/m}}{2(2.4\text{ m})}\langle x-6.8\text{ m}\rangle^{2}+\frac{150\text{ kN/m}}{2(2.4\text{ m})}\langle x-9.2\text{ m}\rangle^{2}$$
$$+150\text{ kN/m}\langle x-9.2\text{ m}\rangle^{1}$$

7.61 (a) $w(x)=83\text{ kN}\langle x-0\text{ m}\rangle^{-1}-25\text{ kN/m}\langle x-0\text{ m}\rangle^{0}$
$$+25\text{ kN/m}\langle x-4\text{ m}\rangle^{0}-32\text{ kN}\langle x-6\text{ m}\rangle^{-1}$$
$$+49\text{ kN}\langle x-8\text{ m}\rangle^{-1}$$

$$M(x) = 229.65 \text{ kN} \langle x-0 \text{ m}\rangle^1 - \frac{80 \text{ kN/m}}{2}\langle x-0 \text{ m}\rangle^2$$
$$+ 494.35 \text{ kN}\langle x-6.8 \text{ m}\rangle^1 + \frac{80 \text{ kN/m}}{2}\langle x-6.8 \text{ m}\rangle^2$$
$$- \frac{150 \text{ kN/m}}{6(2.4 \text{ m})}\langle x-6.8 \text{ m}\rangle^3 + \frac{150 \text{ kN/m}}{6(2.4 \text{ m})}\langle x-9.2 \text{ m}\rangle^3$$
$$+ \frac{150 \text{ kN/m}}{2}\langle x-9.2 \text{ m}\rangle^2$$

(c)

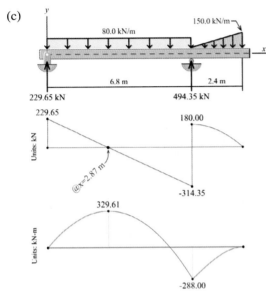

(c)

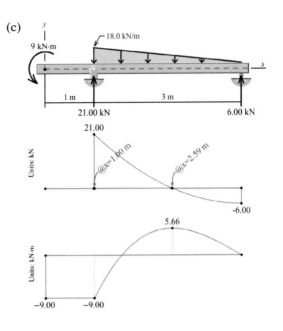

7.69

(a) $w(x) = 179.16 \text{ kN}\langle x-0 \text{ m}\rangle^{-1} - 70 \text{ kN/m}\langle x-0 \text{ m}\rangle^0$
$$+ 70 \text{ kN/m}\langle x-1.8 \text{ m}\rangle^0 - 130 \text{ kN/m}\langle x-1.8 \text{ m}\rangle^0$$
$$+ \frac{130 \text{ kN/m}}{6.3 \text{ m}}\langle x-1.8 \text{ m}\rangle^1 + 356.34 \text{ kN}\langle x-4.8 \text{ m}\rangle^{-1}$$
$$- \frac{130 \text{ kN/m}}{6.3 \text{ m}}\langle x-8.1 \text{ m}\rangle^1$$

(b) $V(x) = 179.16 \text{ kN}\langle x-0 \text{ m}\rangle^0 - 70 \text{ kN/m}\langle x-0 \text{ m}\rangle^1$
$$+ 70 \text{ kN/m}\langle x-1.8 \text{ m}\rangle^1 - 130 \text{ kN/m}\langle x-1.8 \text{ m}\rangle^1$$
$$+ \frac{130 \text{ kN/m}}{2(6.3 \text{ m})}\langle x-1.8 \text{ m}\rangle^2 + 356.34 \text{ kN}\langle x-4.8 \text{ m}\rangle^0$$
$$- \frac{130 \text{ kN/m}}{2(6.3 \text{ m})}\langle x-8.1 \text{ m}\rangle^2$$

$$M(x) = 179.16 \text{ kN}\langle x-0 \text{ m}\rangle^1 - \frac{70 \text{ kN/m}}{2}\langle x-0 \text{ m}\rangle^2$$
$$+ \frac{70 \text{ kN/m}}{2}\langle x-1.8 \text{ m}\rangle^2 - \frac{130 \text{ kN/m}}{2}\langle x-1.8 \text{ m}\rangle^2$$
$$+ \frac{130 \text{ kN/m}}{6(6.3 \text{ m})}\langle x-1.8 \text{ m}\rangle^3 + 356.34 \text{ kN}\langle x-4.8 \text{ m}\rangle^1$$
$$- \frac{130 \text{ kN/m}}{6(6.3 \text{ m})}\langle x-8.1 \text{ m}\rangle^3$$

7.67 (a) $w(x) = -9 \text{ kN m}\langle x-0 \text{ m}\rangle^{-2} + 21 \text{ kN}\langle x-1 \text{ m}\rangle^{-1}$
$$- 18 \text{ kN/m}\langle x-1 \text{ m}\rangle^0 + \frac{18 \text{ kN/m}}{3 \text{ m}}\langle x-1 \text{ m}\rangle^1$$
$$- \frac{18 \text{ kN/m}}{3 \text{ m}}\langle x-4 \text{ m}\rangle^1 + 6 \text{ kN}\langle x-4 \text{ m}\rangle^{-1}$$

(b) $V(x) = -9 \text{ kN·m}\langle x-0 \text{ m}\rangle^{-1} + 21 \text{ kN}\langle x-1 \text{ m}\rangle^0$
$$- 18 \text{ kN/m}\langle x-1 \text{ m}\rangle^1 + \frac{18 \text{ kN/m}}{2(3 \text{ m})}\langle x-1 \text{ m}\rangle^2$$
$$- \frac{18 \text{ kN/m}}{2(3 \text{ m})}\langle x-4 \text{ m}\rangle^2 + 6 \text{ kN}\langle x-4 \text{ m}\rangle^0$$

$$M(x) = -9 \text{ kN·m}\langle x-0 \text{ m}\rangle^0 + 21 \text{ kN}\langle x-1 \text{ m}\rangle^1$$
$$- \frac{18 \text{ kN/m}}{2}\langle x-1 \text{ m}\rangle^2 + \frac{18 \text{ kN/m}}{6(3 \text{ m})}\langle x-1 \text{ m}\rangle^3$$
$$- \frac{18 \text{ kN/m}}{6(3 \text{ m})}\langle x-4 \text{ m}\rangle^3 + 6 \text{ kN}\langle x-4 \text{ m}\rangle^1$$

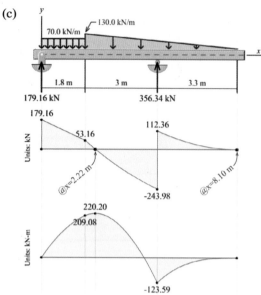

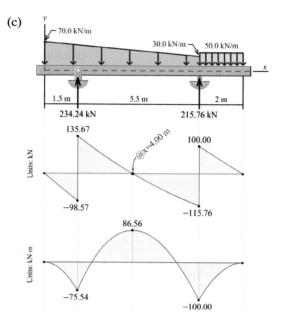

7.71

(a) $w(x) = -30 \text{ kN/m}\langle x-0 \text{ m}\rangle^0 - 40 \text{ kN/m}\langle x-0 \text{ m}\rangle^0$

$+\dfrac{40 \text{ kN/m}}{7.0 \text{ m}}\langle x-0 \text{ m}\rangle^1 + 234.24 \text{ kN}\langle x-1.5 \text{ m}\rangle^{-1}$

$+30 \text{ kN/m}\langle x-7 \text{ m}\rangle^0 - \dfrac{40 \text{ kN/m}}{7.0 \text{ m}}\langle x-7 \text{ m}\rangle^1$

$+215.76 \text{ kN}\langle x-7 \text{ m}\rangle^{-1} - 50 \text{ kN/m}\langle x-7.0 \text{ m}\rangle^0$

$+50 \text{ kN/m}\langle x-9.0 \text{ m}\rangle^0$

(b) $V(x) = -30 \text{ kN/m}\langle x-0 \text{ m}\rangle^1 - 40 \text{ kN/m}\langle x-0 \text{ m}\rangle^1$

$+\dfrac{40 \text{ kN/m}}{2(7.0 \text{ m})}\langle x-0 \text{ m}\rangle^2 + 234.24 \text{ kN}\langle x-1.5 \text{ m}\rangle^0$

$+30 \text{ kN/m}\langle x-7 \text{ m}\rangle^1 - \dfrac{40 \text{ kN/m}}{2(7.0 \text{ m})}\langle x-7 \text{ m}\rangle^2$

$+215.76 \text{ kN}\langle x-7 \text{ m}\rangle^0 - 50 \text{ kN/m}\langle x-7.0 \text{ m}\rangle^1$

$+50 \text{ kN/m}\langle x-9.0 \text{ m}\rangle^1$

$M(x) = -\dfrac{30 \text{ kN/m}}{2}\langle x-0 \text{ m}\rangle^2 - \dfrac{40 \text{ kN/m}}{2}\langle x-0 \text{ m}\rangle^2$

$+\dfrac{40 \text{ kN/m}}{6(7.0 \text{ m})}\langle x-0 \text{ m}\rangle^3 + 234.24 \text{ kN}\langle x-1.5 \text{ m}\rangle^1$

$+\dfrac{30 \text{ kN/m}}{2}\langle x-7 \text{ m}\rangle^2 - \dfrac{40 \text{ kN/m}}{6(7.0 \text{ m})}\langle x-7 \text{ m}\rangle^3$

$+215.76 \text{ kN}\langle x-7 \text{ m}\rangle^1 - \dfrac{50 \text{ kN/m}}{2}\langle x-7.0 \text{ m}\rangle^2$

$+\dfrac{50 \text{ kN/m}}{2}\langle x-9.0 \text{ m}\rangle^2$

Chapter 8

8.1 $\sigma = 18.06$ MPa

8.3 $\sigma = 443$ MPa

8.5 (a) $\bar{y} = 110.0$ mm above the bottom surface,
$I_z = 18.646 \times 10^6 \text{ mm}^4$, $S_z = 169\,500 \text{ mm}^3$

(b) at H, $\sigma_x = 25.7$ MPa (C)
(c) $\sigma_x = 70.8$ MPa (T)

8.7 (a) $\bar{y} = 19.67$ mm above the bottom surface,
$I_z = 257\,600 \text{ mm}^4$, $S_z = 8495 \text{ mm}^3$
(b) at H, $\sigma_x = 21.3$ MPa (T)
(c) $\sigma_x = 55.3$ MPa (C)

8.9 (a) $M_z = 790$ N·m
(b) at H, $\sigma_x = 130.8$ MPa (T)

8.11 $M_z = 483$ kN·m

8.13 (a) at H: $\sigma_x = 68.1$ MPa (T)
(b) $M_z = 379$ kN·m

8.15 (a) $\sigma_x = 109.5$ MPa (T)
(b) $\sigma_x = 133.8$ MPa (C)

8.17 max. tension: $\sigma_x = 157.8$ MPa (T),
max. compression: $\sigma_x = 40.7$ MPa (C)

8.19 (a) $\sigma_x = 133.9$ MPa (T)
(b) $\sigma_x = 196.8$ MPa (C)

8.21 (a) $\sigma_x = 229$ MPa (T)
(b) $\sigma_x = 126.0$ MPa (C)

8.23 (a) $\sigma_x = 122.7$ MPa (T)

(b) $\sigma_x = 193.0$ MPa (C)

8.25 $\sigma_x = 116.5$ MPa

8.27 $\sigma_x = 196.9$ MPa

8.29 $\sigma_x = 65.8$ MPa

8.31 $b \geq 148.0$ mm

8.33 $w_0 \leq 4.56$ kN/m

8.35 (a) answer not given

(b) W360 × 44

8.37 (a) answer not given

(b) W460 × 74

8.39 (a) wood: $\sigma_x = 5.90$ MPa,

steel: $\sigma_x = 94.3$ MPa

(b) $P = 11.19$ kN

8.41 (a) 50.5 MPa

(b) 56.7 MPa

8.43 $M_{max} = 469$ N·m

8.45 (a) 225 mm

(b) $\sigma_H = 53.0$ MPa (T)

8.47 $P_{max} = 12.16$ kN

8.49 $\sigma_H = 107.3$ MPa (T), $\sigma_K = 92.0$ MPa (C)

8.51 $d = 54.5$ mm

8.53 $\sigma = 83.5$ MPa (C)

8.55 $\sigma_H = 40.0$ MPa (C), $\sigma_K = 44.0$ MPa (T)

8.57 $\sigma_H = 42.6$ MPa (T), $\sigma_K = 20.8$ MPa (C)

8.59 $P_{max} = 54.3$ kN

8.61 $\varepsilon_H = -201$ με, $\varepsilon_K = 721$ με

8.63 (a) $Q = 25.9$ kN

(b) $\varepsilon_K = -666$ με

8.65 (a) $\sigma_x = \pm102.7$ MPa

(b) $\beta = 128.0°$ or $\beta = -52.0°$

8.67 (a) $\sigma_H = 25.7$ MPa (C)

(b) $\sigma_K = 25.7$ MPa (T)

(c) $\sigma_x = \pm70.9$ MPa

(d) $\beta = 54.9°$

8.69 $M_{max} = 42.0$ kN·m

8.71 $M_{max} = 1498$ N·m

8.73 (a) $\sigma_H = 40.8$ MPa (T)

(b) $\sigma_K = 82.6$ MPa (C)

(c) $\beta = 40.1°$

(d) $\sigma_{max} = 101.0$ MPa (T),

$\sigma_{max} = 82.6$ MPa (C)

8.75 $M_{max} = 12\,370$ N·m

8.77 $M_{max} = 796$ N·m

8.79 $M_{max} = 242$ N·m

8.81 $P_{max} = 1525$ N

8.83 $P_{max} = 1572$ N

Chapter 9

9.1 (b) $F_{1A} = 37.0$ kN (C), $F_{1B} = 44.0$ kN (C)

(c) $F_H = 6.95$ kN directed from A to B required for equilibrium of area (1).

9.3 (b) $F_{1A} = 20.5$ kN (T), $F_{1B} = 11.33$ kN (T)

(c) $F_H = 9.21$ kN directed from A to B required for equilibrium of area (1).

9.5 (b) $F_{1A} = 27.4$ kN (T), $F_{1B} = 21.9$ kN (T)

(c) $F_H = 5.49$ kN directed from A to B required for equilibrium of area (1).

9.7 (b) $F_{1A} = 7.15$ kN (C), $F_{1B} = 7.63$ kN (C)

(c) $F_H = 0.477$ kN directed from A to B required for equilibrium of area (1).

9.9 $y = 140$ mm, $\tau = 0$ kPa; $y = 105$ mm,

$\tau =$ not given; $y = 70$ mm, $\tau = 241$ kPa;

$y = 35$ mm, $\tau =$ not given; $y = 0$ mm,

$\tau =$ not given.

9.11 (a) $\tau_H = 756$ kPa

(b) $\tau_K = 416$ kPa

(c) $\tau_{max} = 1500$ kPa

(d) $\sigma_x = 25.0$ MPa (C)

9.13 (a) $w = 9.67$ kN/m

(b) $\tau_H = 478$ kPa

(c) $\sigma_x = 15.94$ MPa (T)

9.15 (a) $\tau_{max} = 633$ kPa

(b) $\sigma_x = 8.68$ MPa (T)

9.17 (a) $\tau_{max} = 5.41$ MPa

(b) $\sigma_x = 137.5$ MPa (C)

9.19 (a) $\tau_{max} = 10.37$ MPa

(b) $\sigma_x = 158.6$ MPa (T)

9.21   (a) $\tau_H = 79.1$ MPa
      (b) $\tau_{max} = 84.5$ MPa

9.23   (a) $Q_H = 189\,912$ mm^3
      (b) $P_{max} = 410$ kN

9.25   (a) $\tau_H = 23.7$ MPa
      (b) $\tau_{max} = 29.7$ MPa

9.27   (a) $Q_H = 26\,259$ mm^3
      (b) $\tau_{max} = 93.3$ MPa

9.29   (a) $V_{max} = 126.4$ kN
      (b) $\tau_H = 44.8$ MPa
      (c) $\tau_{max} = 47.4$ MPa
      (d) $\sigma_x = 118.8$ MPa (T)

9.31   (a) $V_{max} = 17.69$ kN
      (b) $\tau_H = 9.68$ MPa
      (c) $\tau_{max} = 10.47$ MPa
      (d) $\sigma_x = 49.6$ MPa (C)

9.33   (a) $P_{max} = 2340$ N
      (b) $P_{max} = 11.92$ kN, $s \le 29.5$ mm

9.35 $s \le 52.8$ mm

9.37   (a) $V_{max} = 3.18$ kN
      (b) $s \le 43.2$ mm

9.39   (a) $P_{max} = 27.6$ kN
      (b) $\sigma_x = 8.60$ MPa, $\tau_{max} = 1.266$ MPa,
        $\tau_{bolt} = 33.4$ MPa

9.41 $\tau_f = 45.5$ MPa

9.43   (a) $\tau_f = 70.6$ MPa
      (b) $d_{bolt} \ge 7.92$ mm

9.45   (a) $P_{max} = 224$ kN
      (b) $s \le 365$ mm

9.47 $s \le 940$ mm

9.49 $q_A = 587$ N/mm, $q_B = 731$ N/mm

9.51 $q_A = 39.1$ N/mm, $q_B = 78.3$ N/mm,
      $q_C = 63.6$ N/mm

9.53 $q_{max} = \dfrac{V}{\pi r}$

9.55 $\tau_A = 11.43$ MPa, $\tau_B = 25.4$ MPa

9.57 $e = 24.5$ mm

9.59 $e = 10.38$ mm

9.61 $e = 15.58$ mm

9.63 $e = 70.2$ mm

9.65 $e = 2r$

9.67 $e = 0.375b$

9.69 $e = 21.8$ mm

Chapter 10

10.1   (a) $v = -\dfrac{M_0 x^2}{2EI}$

      (b) $v_B = -\dfrac{M_0 L^2}{2EI}$

      (c) $\theta_B = -\dfrac{M_0 L}{EI}$

10.3   (a) $v = -\dfrac{w_0}{120 LEI}(x^5 - 5L^4 x + 4L^5)$

      (b) $v_A = -\dfrac{w_0 L^4}{30EI}$

      (c) $\theta_A = \dfrac{w_0 L^3}{24EI}$

10.5   (a) $v = -\dfrac{M_0 x}{6LEI}(x^2 - 3Lx + 2L^2)$

      (b) $\theta_A = -\dfrac{M_0 L}{3EI}$

      (c) $\theta_B = \dfrac{M_0 L}{6EI}$

      (d) $v_{x=L/2} = -\dfrac{M_0 L^2}{16EI}$

10.7   (a) $v = \dfrac{Px}{12EI}(L^2 - x^2)$

      (b) $v_{x=L/2} = \dfrac{PL^3}{32EI}$

      (c) $\theta_A = \dfrac{PL^2}{12EI}$

      (d) $\theta_B = -\dfrac{PL^2}{6EI}$

10.9   (a) $v = -\dfrac{wx}{24EI}(x^3 - 2Lx^2 + L^3) - \dfrac{Px}{24EI}(x^2 - L^2)$

      (b) $v_{x=L/2} = -\dfrac{5wL^4}{384EI} + \dfrac{PL^3}{64EI}$

      (c) $\theta_B = \dfrac{wL^3}{24EI} - \dfrac{PL^2}{12EI}$

10.11 $v_B = -8.27$ mm

10.13 $v_B = -18.10$ mm

10.15   (a) $v = -\dfrac{w_0 x^2}{120 L E I}(x^3 - 10L^2 x + 20L^3)$

      (b) $v_B = -\dfrac{11 w_0 L^4}{120 E I}$

      (c) $\theta_B = -\dfrac{w_0 L^3}{8 E I}$

10.17   (a) $v = -\dfrac{wL x^2}{48 E I}(9L - 4x) \qquad (0 \le x \le L/2)$

       $v = -\dfrac{w}{384 E I}(16x^4 - 64L x^3 + 96L^2 x^2 - 8L^3 x + L^4)$
               $(L/2 \le x \le L)$

      (b) $v_B = -\dfrac{7 w L^4}{192 E I}$

      (c) $v_C = -\dfrac{41 w L^4}{384 E I}$

      (d) $\theta_C = -\dfrac{7 w L^3}{48 E I}$

10.19   (a) $v = -\dfrac{wL x}{36 E I}[x^2 - 9L^2] \qquad (0 \le x \le 3L)$

       $v = -\dfrac{w}{24 E I}[(4L - x)^4 + 16L^3 x - 49L^4]$
               $(3L \le x \le 4L)$

      (b) $v_C = -\dfrac{5 w L^4}{8 E I}$

      (c) $\theta_B = -\dfrac{w L^3}{2 E I}$

10.21   (a) $v = -\dfrac{w_0}{120 L E I}(x^5 - 5L^4 x + 4L^5)$

      (b) $v_{\max} = -\dfrac{w_0 L^4}{30 E I}$

10.23   (a) $v = -\dfrac{w_0}{840 E I L^3}(x^7 - 7L^6 x + 6L^7)$

      (b) $v_A = -\dfrac{w_0 L^4}{140 E I}$

      (c) $B_y = \dfrac{w_0 L}{4}\uparrow,\ M_B = \dfrac{w_0 L^2}{20}$(CW)

10.25   (a) $v = \dfrac{w_0}{2\pi^4 E I}\Big[-32L^4 \cos\dfrac{\pi x}{2L} - 4\pi^2 L^2 x^2$

         $+ 8(\pi - 2)\pi L^3 x + 4\pi(4 - \pi)L^4 \Big]$

      (b) $v_A = -0.1089 \dfrac{w_0 L^4}{E I}$

      (c) $B_y = \dfrac{2 w_0 L}{\pi}\uparrow,\ M_B = \dfrac{4 w_0 L^2}{\pi^2}$(CW)

10.27   (a) $v = -\dfrac{2 w_0}{3\pi^4 E I}\Big[24L^4 \sin\dfrac{\pi x}{2L} + \pi^2 L x^3 - (24 + \pi^2)L^3 x \Big]$

      (b) $v_{x=L/2} = -0.008\,69 \dfrac{w_0 L^4}{E I}$

      (c) $\theta_A = -0.0262 \dfrac{w_0 L^3}{E I}$

      (d) $A_y = \dfrac{2 w_0 L}{\pi^2}(\pi - 2)\uparrow,\ B_y = \dfrac{4 w_0 L}{\pi^2}\uparrow$

10.29 $v_D = 9.87$ mm $\downarrow$

10.31   (a) $\theta_C = -0.00915$ rad
      (b) $v_C = 8.15$ mm $\downarrow$

10.33 $v_C = 27.3$ mm $\downarrow$

10.35   (a) $\theta_A = -0.01174$ rad
      (b) $v_{\text{midspan}} = 27.7$ mm $\downarrow$

10.37   (a) $\theta_A = -0.00902$ rad
      (b) $v_B = 17.16$ mm $\downarrow$

10.39   (a) $\theta_E = 0.00993$ rad
      (b) $v_C = 18.86$ mm $\downarrow$

10.41   (a) $\theta_B = 0.00923$ rad
      (b) $v_A = 58.4$ mm $\downarrow$

10.43   (a) $\theta_A = -0.00603$ rad
      (b) $v_B = 10.42$ mm $\downarrow$

10.45   (a) $v_A = 6.77$ mm $\uparrow$
      (b) $v_C = 11.30$ mm $\downarrow$

10.47   (a) $v_H = 7.50$ mm $\uparrow$
      (b) $v_H = 4.00$ mm $\downarrow$
      (c) $v_H = 9.33$ mm $\downarrow$
      (d) $v_H = 12.00$ mm $\downarrow$

10.49   (a) $v_H = 9.00$ mm $\uparrow$
      (b) $v_H = 4.64$ mm $\downarrow$
      (c) $v_H = 11.25$ mm $\downarrow$
      (d) $v_H = 6.00$ mm $\uparrow$

10.51 $v_C = 16.24$ mm $\downarrow$

10.53 (a) $v_A = 16.80$ mm $\downarrow$
      (b) $v_B = 8.65$ mm $\downarrow$

10.55 (a) $v_A = 63.1$ mm $\uparrow$
      (b) $v_B = 30.3$ mm $\uparrow$

10.57 (a) $v_B = 17.46$ mm $\downarrow$
      (b) $v_D = 7.46$ mm $\uparrow$

10.59 (a) $v_C = 8.40$ mm $\uparrow$
      (b) $v_E = 5.38$ mm $\downarrow$

10.61 (a) $v_A = 17.87$ mm $\uparrow$
      (b) $v_B = 8.72$ mm $\uparrow$

10.63 $v_D = 1.357$ mm $\downarrow$

10.65 $v_C = 11.26$ mm $\downarrow$

10.67 (a) $v_C = 15.95$ mm $\downarrow$
      (b) $v_E = 9.21$ mm $\uparrow$

10.69 (a) $v_C = 8.79$ mm $\downarrow$
      (b) $v_E = 9.43$ mm $\downarrow$

10.71 $v_C = 21.4$ mm $\downarrow$

10.73 (a) $v_A = 27.7$ mm $\downarrow$
      (b) $v_C = 9.31$ mm $\downarrow$

10.75 $v_C = 41.0$ mm $\downarrow$

10.77 $v_C = 45.6$ mm $\rightarrow$

Chapter 11

11.1 $M_0 = \dfrac{wL^2}{6}$(CW)

11.3 $P = \dfrac{3wL}{8}\uparrow$

11.5 (a) $A_y = \dfrac{3wL}{8}\uparrow, B_y = \dfrac{5wL}{8}\uparrow, M_B = \dfrac{wL^2}{8}$(CW)

11.7 $B_y = \dfrac{13w_0L}{60}\uparrow$

11.9 $A_y = \dfrac{2w_0L}{\pi} - \dfrac{48w_0L}{\pi^4}$

11.11 $A_y = B_y = \dfrac{w_0L}{\pi}\downarrow, M_A = M_B = \dfrac{2w_0L^2}{\pi^3}$

11.13 (a) $A_y = B_y = \dfrac{wL}{2}\uparrow,$

   $M_A = \dfrac{wL^2}{12}$(CCW)$, M_B = \dfrac{wL^2}{12}$(CW)

   (c) $v_{x=L/2} = \dfrac{wL^4}{384EI}\downarrow$

11.15 (a) $A_y = \dfrac{5P}{16}\uparrow, C_y = \dfrac{11P}{16}\uparrow, M_C = \dfrac{3PL}{16}$(CW)

   (c) $v_B = \dfrac{7PL^3}{768EI}\downarrow$

11.17 (a) $A_y = \dfrac{41wL}{128}\uparrow$

   $C_y = \dfrac{23wL}{128}\uparrow, M_C = \dfrac{7wL^2}{128}$(CW)

11.19 (a) $A_y = 225$ kN $\downarrow, M_A = 375$ kN·m (CW),
      $B_y = 225$ kN $\uparrow$
      (b) $v_C = 23.4$ mm $\downarrow$

11.21 (a) $A_y = 248$ kN $\uparrow, B_y = 203$ kN $\uparrow,$
      $M_B = 263$ kN·m (CW)
      (b) $v = 7.70$ mm $\downarrow$

11.23 (a) $A_y = 306$ kN $\uparrow, C_y = 495$ kN $\uparrow,$
      $D_y = 81.0$ kN $\downarrow$
      (b) $v_B = 6.48$ mm $\downarrow$

11.25 (a) $B_y = 410$ kN $\uparrow, D_y = 130.4$ kN $\uparrow,$
      $M_D = 237$ kN·m (CW)
      (b) $v_C = 12.68$ mm $\downarrow$

11.27 (a) $B_y = 245$ kN $\uparrow, C_y = 120.0$ kN $\uparrow,$
      $D_y = 5.00$ kN $\downarrow$
      (b) $v_A = 14.40$ mm $\downarrow$

11.29 (a) $P = 39.4$ kN
      (b) $M = 25.0$ kN·m

11.31 $A_y = 2w_0L/5\uparrow, B_y = w_0L/10\uparrow,$
      $M_A = w_0L^2/15$ (CCW)

11.33 $A_y = 17wL/16\uparrow, B_y = 7wL/16\uparrow,$
      $M_B = wL^2/16$ (CW)

11.35 $A_y = 9M_0/16L\downarrow, C_y = 9M_0/16L\uparrow,$
      $M_A = M_0/8$ (CW)

11.37 $A_y = 3P/8\uparrow, C_y = 7P/8\uparrow, D_y = P/4\downarrow$

11.39 $B_y = 3wL/2\uparrow$

11.41 $B_y = 11P/8 = 1.375P\uparrow$

11.43 (a) $A_y = 160.0$ kN $\downarrow$, $B_y = 480$ kN $\uparrow$,
    $C_y = 220$ kN $\uparrow$
    (b) $\sigma_{max} = 235$ MPa

11.45 (a) $B_y = 711$ kN $\uparrow$, $C_y = 488$ kN $\uparrow$,
    $M_C = 565$ kN·m (CW)
    (b) $v_A = 42.3$ mm $\downarrow$

11.47 (a) $C_y = 818$ kN $\uparrow$
    (b) $v_A = 15.18$ mm $\downarrow$

11.49 (a) $A_y = 208$ N $\uparrow$, $C_y = 1014$ N $\uparrow$,
    $E_y = 228$ N $\uparrow$
    (b) $\sigma_{max} = 168.1$ MPa

11.51 (a) $B_y = 700$ N $\uparrow$, $C_y = 750$ N $\uparrow$,
    $E_y = 470$ N $\uparrow$
    (b) $\sigma_{max} = 79.8$ MPa

11.53 (a) $A_y = 52.8$ kN $\uparrow$, $C_y = 97.2$ kN $\uparrow$, $M_A = $
    144 kN·m (CCW), $M_C = 216$ kN·m (CW)
    (b) $\sigma_{max} = 103.9$ MPa (at C)
    (c) $v_B = 6.24$ mm $\downarrow$

11.55 (a) $F_1 = 46.4$ kN (T)
    (b) $\sigma_{max} = 12.01$ MPa
    (c) $v_B = 3.69$ mm $\downarrow$

11.57 (a) $A_y = 22.6$ kN $\uparrow$, $B_y = 95.7$ kN $\uparrow$,
    $C_y = 41.7$ kN $\uparrow$
    (b) $\sigma_{max} = 143.6$ MPa

11.59 (a) $F_1 = 24.7$ kN (T)
    (b) $\sigma_{max} = 7.75$ MPa
    (c) $v_B = 5.47$ mm $\downarrow$

11.61 (a) $F_1 = 46.1$ kN (T)
    (b) $\sigma_{max} = 31.0$ MPa
    (c) $v_B = 8.05$ mm $\downarrow$

11.63 (a) $A_y = 26.0$ kN $\uparrow$
    (b) $C_y = 16.48$ kN $\uparrow$

11.65 (a) $v_D = 14.10$ mm $\downarrow$
    (b) $v_B = 25.8$ mm $\downarrow$

11.67 (a) $\sigma_{max} = 176.8$ MPa
    (b) $\sigma_{max} = 9.36$ MPa
    (c) $\sigma_{max} = 283$ MPa

Chapter 12

12.1 $\sigma_x = 26.5$ MPa, $\tau_{xy} = -48.9$ MPa

12.3 (a) $\sigma_x = -17.51$ MPa, $\tau_{xy} = -43.8$ MPa
    (b) $\sigma_x = -44.8$ MPa, $\tau_{xy} = 57.0$ MPa

12.5 Point H: $\sigma_x = 80.1$ MPa, $\tau_{xy} = -25.2$ MPa
    Point K: $\sigma_x = -29.4$ MPa, $\tau_{xy} = -27.3$ MPa

12.7 $\sigma_y = -57.7$ MPa, $\tau_{xy} = 20.1$ MPa

12.9 Point H: $\sigma_x = 26.7$ MPa, $\sigma_y = 0$ MPa,
    $\tau_{xy} = -4.15$ MPa
    Point K: $\sigma_x = 0$ MPa, $\sigma_y = -10.89$ MPa,
    $\tau_{xy} = -6.85$ MPa

12.11 (a) $\sigma_x = -5.66$ MPa, $\sigma_z = 0$ MPa,
    $\tau_{xz} = 23.0$ MPa
    (b) $\sigma_x = -109.4$ MPa, $\sigma_y = 0$ MPa,
    $\tau_{xy} = -18.86$ MPa

12.13 $\sigma_n = 222$ MPa, $\tau_{nt} = -49.8$ MPa

12.15 $\sigma_n = -42.8$ MPa, $\tau_{nt} = 140.3$ MPa

12.17 $\sigma_n = 234$ MPa, $\tau_{nt} = -25.1$ MPa

12.19 $\sigma_n = 63.0$ MPa, $\tau_{nt} = -58.9$ MPa

12.21 $\sigma_n = -93.4$ MPa, $\tau_{nt} = -24.9$ MPa

12.23 $\sigma_n = 108.0$ MPa, $\tau_{nt} = -42.6$ MPa

12.25 $\sigma_n = -30.3$ MPa, $\tau_{nt} = -46.0$ MPa

12.27 $\sigma_n = 129.2$ MPa, $\tau_{nt} = -63.8$ MPa

12.29 $\sigma_n = 112.8$ MPa, $\sigma_t = -58.8$ MPa,
    $\tau_{nt} = 34.2$ MPa

12.31 $\sigma_n = 10.04$ MPa, $\sigma_t = 199.7$ MPa,
    $\tau_{nt} = 92.4$ MPa

12.33

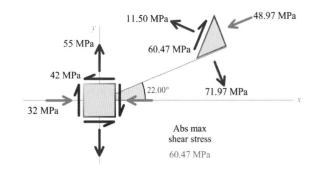

12.35

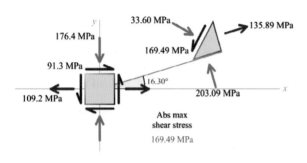

12.37

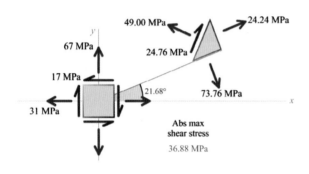

12.39

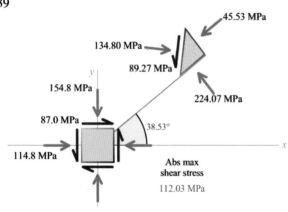

12.41 $\sigma_x = 155.0$ MPa, $\sigma_{p2} = 30.0$ MPa,
$\tau_{xy} = -75.0$ MPa, $\tau_{\text{abs max}} = 100.0$ MPa

12.43 $\tau_{xy} \leq 116.1$ MPa, $\sigma_{p1} = 175.0$ MPa,
$\sigma_{p2} = -125.0$ MPa

12.45

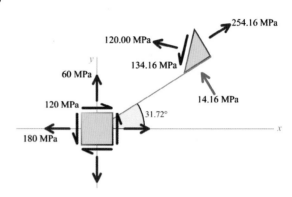

12.47

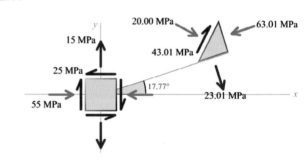

12.49

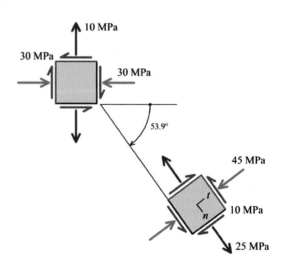

12.51

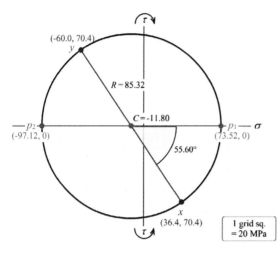

1 grid sq. = 20 MPa

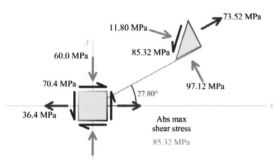

Abs max shear stress
85.32 MPa

12.53

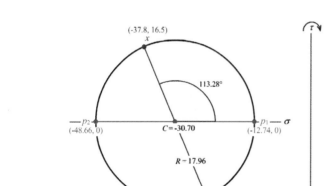

1 grid sq. = 2 MPa

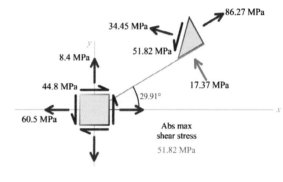

Abs max shear stress
24.33 MPa

12.55

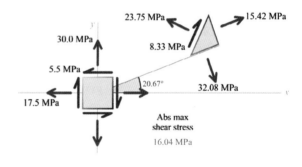

Abs max shear stress
51.82 MPa

12.57

Abs max shear stress
16.04 MPa

12.59 (b) $\sigma_{p1} = 195.5$ MPa, $\sigma_{p2} = -110.5$ MPa,
$\tau_{max} = 153.0$ MPa, $\theta_p = 36.9°$ (to σ_{p1})
(d) $\tau_{abs\ max} = 153.0$ MPa

12.61 (b) $\sigma_{p1} = 169.2$ MPa, $\sigma_{p2} = -49.2$ MPa,
$\tau_{max} = 109.2$ MPa, $\theta_p = 37.0°$ (to σ_{p2})
(d) $\tau_{abs\ max} = 109.2$ MPa

12.63 (a) $\sigma_{a-a} = 90$ MPa, $\tau_{a-a} = 60$ MPa
    (b) $\sigma_x = 138.0$ MPa, $\sigma_y = 42.0$ MPa,
       $\tau_{xy} = 36.0$ MPa
    (c) $\tau_{\text{abs max}} = 75.0$ MPa

12.65 (a) $\sigma_n = 217$ MPa, $\tau_{nt} = 99.6$ MPa
    (b) $\sigma_{p1} = 262$ MPa, $\sigma_{p2} = -0.999$ MPa,
       $\sigma_{p3} = -51.5$ MPa, $\tau_{\text{abs max}} = 157.0$ MPa

12.67 (a) $\sigma_n = 105.0$ MPa, $\tau_{nt} = 20.5$ MPa
    (b) $\sigma_{p1} = 110.9$ MPa, $\sigma_{p2} = 36.5$ MPa,
       $\sigma_{p3} = -97.4$ MPa, $\tau_{\text{abs max}} = 104.1$ MPa

Chapter 13

13.1 (a) $\varepsilon_{OA} = -243$ με
    (b) $\varepsilon_{OC} = 349$ με

13.3 (a) $\varepsilon_n = 352$ με
    (b) $\varepsilon_t = -1092$ με
    (c) $\gamma_{nt} = 292$ μrad

13.5 (a) $\varepsilon_n = 1200$ με
    (b) $\varepsilon_t = 370$ με
    (c) $\gamma_{nt} = 250$ μrad

13.7 $\varepsilon_n = 97.7$ με, $\varepsilon_t = -748$ με, $\gamma_{nt} = 1799$ μrad

13.9 $\varepsilon_n = 954$ με, $\varepsilon_t = 501$ με, $\gamma_{nt} = -100.1$ μrad

13.11 $\varepsilon_n = -1243$ με, $\varepsilon_t = -1957$ με, $\gamma_{nt} = 338$ μrad

13.13 $\varepsilon_{p1} = 70.8$ με, $\varepsilon_{p2} = -906$ με, $\gamma_{\text{max}} = 977$ μrad,
    $\theta_p = -37.1°$, $\gamma_{\text{abs max}} = 977$ μrad

13.15 $\varepsilon_{p1} = 815$ με, $\varepsilon_{p2} = -575$ με, $\gamma_{\text{max}} = 1390$ μrad,
    $\theta_p = -27.9°$, $\gamma_{\text{abs max}} = 1390$ μrad

13.17 $\varepsilon_{p1} = -59.2$ με, $\varepsilon_{p2} = -1486$ με, $\gamma_{\text{max}} =$
    1427 μrad, $\theta_p = 19.30$, $\gamma_{\text{abs max}} = 1486$ μrad

13.19 $\varepsilon_{p1} = 665$ με, $\varepsilon_{p2} = -260$ με, $\gamma_{\text{max}} = 926$ μrad,
    $\theta_p = 13.49°$, $\gamma_{\text{abs max}} = 926$ μrad

13.21 $\varepsilon_{p1} = 974$ με, $\varepsilon_{p2} = -754$ με, $\gamma_{\text{max}} = 1728$ μrad,
    $\theta_p = -29.3°$, $\gamma_{\text{abs max}} = 1728$ μrad

13.23 $\varepsilon_x = 1250$ με, $\varepsilon_y = -200$ με, $\gamma_{xy} = -1560$ μrad
    (b) $\gamma_{\text{max}} = \gamma_{\text{abs max}} = 2130$ μrad

13.25 (a) $\varepsilon_x = 715$ με, $\varepsilon_y = 655$ με, $\gamma_{xy} = 180.0$ μrad
    (b) $\gamma_{\text{max}} = 190.0$ μrad, $\gamma_{\text{abs max}} = 780$ μrad

13.27 $\varepsilon_{p1} = 724$ με, $\varepsilon_{p2} = -254$ με, $\gamma_{\text{max}} = 978$ μrad,
    $\theta_p = 15.38°$, $\gamma_{\text{abs max}} = 978$ μrad

13.29 $\varepsilon_{p1} = 992$ με, $\varepsilon_{p2} = -972$ με, $\gamma_{\text{max}} = 1963$ μrad,
    $\theta_p = -40.6°$, $\gamma_{\text{abs max}} = 1963$ μrad

13.31 $\varepsilon_{p1} = 874$ με, $\varepsilon_{p2} = 476$ με, $\gamma_{\text{max}} = 398$ μrad,
    $\theta_p = -32.4°$, $\gamma_{\text{abs max}} = 874$ μrad

13.33 $\varepsilon_{p1} = 1316$ με, $\varepsilon_{p2} = 729$ με, $\gamma_{\text{max}} = 587$ μrad,
    $\theta_p = -34.8°$, $\gamma_{\text{abs max}} = 1316$ μrad

13.35 $\varepsilon_{p1} = 709$ με, $\varepsilon_{p2} = 451$ με, $\gamma_{\text{max}} = 258$ μrad,
    $\theta_p = 17.77°$, $\gamma_{\text{abs max}} = 709$ μrad

13.37 $\varepsilon_{p1} = 366$ με, $\varepsilon_{p2} = -46.2$ με, $\gamma_{\text{max}} = 412$ μrad,
    $\theta_p = -19.55°$, $\gamma_{\text{abs max}} = 412$ μrad

13.39 (a) $\varepsilon_x = 410$ με, $\varepsilon_y = -330$ με,
       $\gamma_{xy} = -1160$ μrad
    (b) $\varepsilon_{p1} = 728$ με, $\varepsilon_{p2} = -648$ με, $\varepsilon_{p3} = -34.3$ με,
       $\gamma_{\text{max}} = 1376$ μrad, $\theta_p = -28.7$ (to ε_{p1})
    (d) $\gamma_{\text{abs max}} = 1376$ μrad

13.41 (a) $\varepsilon_x = 525$ με, $\varepsilon_y = 415$ με, $\gamma_{xy} = 80$ μrad
    (b) $\varepsilon_{p1} = 538$ με, $\varepsilon_{p2} = 402$ με, $\varepsilon_{p3} = -463$ με,
       $\gamma_{\text{max}} = 136.0$ μrad, $\theta_p = 18.01$ (to ε_{p1})
    (d) $\gamma_{\text{abs max}} = 1001$ μrad

13.43 (a) $\varepsilon_x = -360$ με, $\varepsilon_y = 510$ με,
       $\gamma_{xy} = 1207$ μrad
    (b) $\varepsilon_{p1} = 819$ με, $\varepsilon_{p2} = -669$ με,
       $\varepsilon_{p3} = -26.5$ με, $\gamma_{\text{max}} = 1488$ μrad,
       $\theta_p = -27.1°$ (to ε_{p2})
    (d) $\gamma_{\text{abs max}} = 1488$ μrad

13.45 (a) $\varepsilon_x = -830$ με, $\varepsilon_y = -460$ με,
       $\gamma_{xy} = -890$ μrad
    (b) $\varepsilon_{p1} = -163.1$ με, $\varepsilon_{p2} = -1127$ με,
       $\varepsilon_{p3} = 228$ με, $\gamma_{\text{max}} = 964$ μrad,
       $\theta_p = 33.7°$ (to ε_{p2})
    (d) $\gamma_{\text{abs max}} = 1355$ μrad

13.47 (a) $\varepsilon_x = 625$ με, $\varepsilon_y = 125.0$ με,
       $\gamma_{xy} = -1440$ μrad
    (b) $\varepsilon_{p1} = 1137$ με, $\varepsilon_{p2} = -387$ με,
       $\varepsilon_{p3} = -102$ με, $\gamma_{\text{max}} = 1524$ μrad,
       $\theta_p = -35.4°$ (to ε_{p1})
    (d) $\gamma_{\text{abs max}} = 1524$ μrad

13.49 (a) $\delta_{AB} = 0.669$ mm, $\delta_{AD} = 0.01181$ mm
    (b) $\delta_{AC} = 0.603$ mm
    (c) $\delta_{\text{thick}} = -0.00779$ mm

13.51 $\sigma_x = 741$ MPa, $\sigma_y = 630$ MPa

13.53 $\sigma_x = 96.7$ MPa, $\sigma_z = 124.8$ MPa

13.55 $\varepsilon_n = 1233$ με

13.57 $\sigma_x = 120.4$ MPa

13.59 (a) $\sigma_x = 76.0$ MPa
(b) $\sigma_y = 29.1$ MPa
(c) $\tau_{xy} = 8.64$ MPa

13.61 $\sigma_n = -54.0$ MPa, $\sigma_t = -0.0180$ MPa,
$\tau_{nt} = -32.0$ MPa

13.63 $\sigma_x = -56.7$ MPa, $\sigma_y = 20.2$ MPa,
$\tau_{xy} = 10.39$ MPa

13.65 $\sigma_x = -112.3$ MPa, $\sigma_y = -230$ MPa,
$\tau_{xy} = -76.0$ MPa

13.67 (a) $\sigma_x = 10.66$ MPa, $\sigma_y = -71.7$ MPa,
$\tau_{xy} = -25.8$ MPa
(b) $\sigma_{p1} = 18.07$ MPa, $\sigma_{p2} = -79.1$ MPa,
$\tau_{max} = 48.6$ MPa, $\theta_p = -16.04°$ (to σ_{p1})
(c) $\tau_{abs\ max} = 48.6$ MPa

13.69 (a) $\sigma_x = 266$ MPa, $\sigma_y = 383$ MPa,
$\tau_{xy} = 78.4$ MPa
(b) $\sigma_{p1} = 422$ MPa, $\sigma_{p2} = 227$ MPa,
$\tau_{max} = 97.9$ MPa, $\theta_p = -26.6°$ (to σ_{p2})
(c) $\tau_{abs\ max} = 211$ MPa

13.71 (a) $\sigma_x = 40.1$ MPa, $\sigma_y = -76.9$ MPa,
$\tau_{xy} = 28.9$ MPa
(b) $\sigma_{p1} = 46.8$ MPa, $\sigma_{p2} = -83.6$ MPa,
$\tau_{max} = 65.2$ MPa, $\theta_p = 13.14°$ (to σ_{p1})
(c) $\tau_{abs\ max} = 65.2$ MPa

13.73 (a) $\varepsilon_x = -250$ με, $\varepsilon_y = 210$ με, $\gamma_{xy} = -940$ μrad
(b) $\varepsilon_{p1} = 503$ με, $\varepsilon_{p2} = -543$ με,
$\varepsilon_{p3} = 11.28$ με, $\gamma_{max} = 1047$ μrad
(c) $\sigma_{p1} = 33.9$ MPa, $\sigma_{p2} = -38.2$ MPa,
$\tau_{max} = 36.0$ MPa, $\theta_p = -32.0°$ (to σ_{p2})
(d) $\tau_{abs\ max} = 36.0$ MPa

13.75 (a) $\varepsilon_x = 1760$ με, $\varepsilon_y = -990$ με, $\gamma_{xy} = 2100$ μrad
(b) $\varepsilon_{p1} = 2110$ με, $\varepsilon_{p2} = -1344$ με,
$\varepsilon_{p3} = -330$ με, $\gamma_{max} = 3460$ μrad
(c) $\sigma_{p1} = 389$ MPa, $\sigma_{p2} = -161.4$ MPa,
$\tau_{max} = 275$ MPa, $\theta_p = 18.66°$ (to σ_{p1})
(d) $\tau_{abs\ max} = 275$ MPa

13.77 (a) $\varepsilon_n = 464$ με (b) $P = 25.7$ kN

Chapter 14

14.1 $\sigma_a = 1.193$ MPa

14.3 $t_{min} = 31.8$ mm

14.5 (a) $\sigma_a = 80.3$ MPa
(b) $p = 1.805$ MPa

14.7 (a) $\sigma_{hoop} = 96.5$ MPa
(b) $p_{allow} = 3.24$ MPa

14.9 (a) $h = 7.12$ m
(b) $\sigma_{long} = 0$ MPa

14.11 (a) $\sigma_n = 76.8$ MPa
(b) $\tau_{nt} = -23.8$ MPa

14.13 $p_{allow} = 0.782$ MPa

14.15 $p = 1.880$ MPa

14.17 (a) $p = 1.396$ MPa
(b) $\tau_{abs\ max} = 75.2$ MPa
(c) $\tau_{abs\ max} = 75.9$ MPa

14.19 (a) $\sigma_n = 67.9$ MPa
(b) $\tau_{nt} = 32.8$ MPa
(c) $\tau_{abs\ max} = 59.5$ MPa

14.21 (a) $\varepsilon_x = 158.6$ με, $\varepsilon_y = 782$ με, $\gamma_{xy} = 0$ μrad
(b) $\varepsilon_a = 270$ με, $\varepsilon_b = 671$ με
(c) $\sigma_n = 38.7$ MPa, $\sigma_t = 59.8$ MPa
(d) $\tau_{nt} = 12.57$ MPa

Chapter 15

15.1 (a) $\sigma_{p1} = 10.70$ MPa, $\sigma_{p2} = -37.2$ MPa,
$\tau_{max} = 24.0$ MPa, $\theta_p = 28.2°$ (to σ_{p2})

15.3 (a) $\varepsilon_x = 398$ με, $\varepsilon_y = -135.3$ με,
$\gamma_{xy} = -1883$ μrad
(b) $\varepsilon_{p1} = 1110$ με, $\varepsilon_{p2} = -847$ με
(c) $\gamma_{abs\ max} = 1958$ μrad

15.5 $\sigma_{p1} = 52.5$ MPa, $\sigma_{p2} = -43.0$ MPa,
$\tau_{max} = 47.7$ MPa

15.7 (a) $\sigma_{p1} = 40.8$ MPa, $\sigma_{p2} = -23.8$ MPa,
$\tau_{max} = 32.3$ MPa, $\theta_p = 37.4°$ (to σ_{p1})

15.9 (a) $\sigma_{p1} = 28.5$ MPa, $\sigma_{p2} = -45.5$ MPa,
$\tau_{max} = 37.0$ MPa, $\theta_p = -38.4°$ (to σ_{p2})

15.11 (a) $\sigma_n = 69.3$ MPa
(b) $\tau_{nt} = -20.4$ MPa
(c) $\tau_{abs\ max} = 69.0$ MPa

15.13 (a) $\varepsilon = -252$ με
(b) $T = 232$ N·m

15.15 point H: $\sigma_{p1} = 128.2$ MPa, $\sigma_{p2} = -11.83$ MPa,
$\tau_{max} = 70.0$ MPa, $\theta_p = 16.89°$ (to σ_{p1}),
point K: $\sigma_{p1} = 27.6$ MPa, $\sigma_{p2} = -72.7$ MPa,
$\tau_{max} = 50.2$ MPa, $\theta_p = -31.6°$ (to σ_{p2})

15.17 $\sigma_{p1} = 12.68$ MPa, $\sigma_{p2} = -46.4$ MPa, $\tau_{max} = 29.5$ MPa, $\theta_p = 27.6°$ (to σ_{p2})

15.19 $\sigma_{p1} = 61.4$ MPa, $\sigma_{p2} = -5.35$ MPa, $\tau_{max} = 33.4$ MPa, $\theta_p = -16.45°$ (to σ_{p1})

15.21 $\sigma_{p1} = 479$ kPa, $\sigma_{p2} = -1448$ kPa, $\tau_{max} = 963$ kPa, $\theta_p = -29.9°$ (to σ_{p2})

15.23   point H: $\sigma_{p1} = 32.0$ MPa, $\sigma_{p2} = -0.411$ MPa, $\tau_{max} = 16.22$ MPa, $\theta_p = -6.46°$ (to σ_{p1}); point K: $\sigma_{p1} = 35.7$ MPa, $\sigma_{p2} = -1.282$ MPa, $\tau_{max} = 18.51$ MPa, $\theta_p = 10.73°$ (to σ_{p1})

15.25 $\sigma_{p1} = 80.4$ MPa, $\sigma_{p2} = -6.96$ MPa, $\tau_{max} = 43.7$ MPa, $\theta_p = 17.00°$ (to σ_{p1})

15.27 $P_{max} = 24.8$ kN

15.29 $\sigma_A = 0.570$ MPa (C), $\sigma_B = 3.99$ MPa (C), $\sigma_C = 1.253$ MPa (C), $\sigma_D = 2.17$ MPa (T)

15.31   (a) $\sigma_x = 0$ MPa, $\sigma_y = 37.4$ MPa, $\tau_{xy} = -5.08$ MPa
(b) $\sigma_{p1} = 38.1$ MPa, $\sigma_{p2} = -0.677$ MPa, $\tau_{max} = 19.38$ MPa, $\theta_p = 7.60°$ (to σ_{p2})

15.33 $\sigma_x = 0$ MPa, $\sigma_z = 15.75$ MPa, $\tau_{xz} = 8.40$ MPa

15.35 $\sigma_x = 31.1$ MPa, $\sigma_z = 0$ MPa, $\tau_{xz} = 2.10$ MPa

15.37   (a) $\sigma_x = 37.2$ MPa, $\sigma_z = 0$ MPa, $\tau_{xz} = 4.78$ MPa
(b) $\sigma_x = 2.07$ MPa, $\sigma_y = 0$ MPa, $\tau_{xy} = -6.58$ MPa

15.39   (a) $\sigma_y = 0$ MPa, $\sigma_z = 203$ MPa, $\tau_{yz} = 41.5$ MPa
(b) $\sigma_{p1} = 212$ MPa, $\sigma_{p2} = -8.12$ MPa, $\tau_{max} = 109.9$ MPa, $\theta_p = -11.09°$ (CW from z axis to σ_{p1})

15.41 $\sigma_x = 156.1$ MPa, $\sigma_z = 0$ MPa, $\tau_{xz} = -30.1$ MPa

15.43 $\sigma_x = 0$ MPa, $\sigma_y = -51.1$ MPa, $\tau_{xy} = 16.70$ MPa, $\sigma_{p1} = 4.97$ MPa, $\sigma_{p2} = -56.0$ MPa, $\tau_{max} = 30.5$ MPa

15.45   (a) $\sigma_x = 0$ MPa, $\sigma_z = 0$ MPa, $\tau_{xz} = 16.17$ MPa
(b) $\sigma_x = 76.1$ MPa, $\sigma_y = 0$ MPa, $\tau_{xy} = -15.53$ MPa

15.47   (a) $\sigma_x = 0$ MPa, $\sigma_z = 18.08$ MPa, $\tau_{xz} = -29.7$ MPa
(b) $\sigma_{p1} = 40.1$ MPa, $\sigma_{p2} = -22.0$ MPa, $\tau_{max} = 31.1$ MPa, $\theta_p = -36.6°$ (CW from z axis to σ_{p1})

15.49 $\sigma_{p1} = 26.2$ MPa, $\sigma_{p2} = 9.50$ MPa, $\tau_{max} = 8.33$ MPa, $\theta_p = 14.41°$ (CCW from long. axis to σ_{p2}), $\tau_{abs\,max} = 13.08$ MPa

15.51   (a) $\sigma_x = -94.7$ MPa, $\sigma_z = 19.13$ MPa, $\tau_{xz} = 27.8$ MPa
(b) $\sigma_x = -64.6$ MPa, $\sigma_y = 19.13$ MPa, $\tau_{xy} = -24.7$ MPa

15.53 $\sigma_y = 42.0$ MPa, $\sigma_z = 102.2$ MPa, $\tau_{yz} = -41.2$ MPa

15.55   (a) $\sigma_x = -17.82$ MPa, $\sigma_y = 34.6$ MPa, $\tau_{xy} = -48.6$ MPa
(b) $\sigma_{p1} = 63.6$ MPa, $\sigma_{p2} = -46.8$ MPa, $\tau_{max} = 55.2$ MPa, $\theta_p = 30.8°$ (CCW from x axis to σ_{p2})
(c) $\tau_{abs\,max} = 55.2$ MPa

15.57   (a) $\sigma_y = -18.58$ MPa, $\sigma_z = 17.10$ MPa, $\tau_{yz} = 33.7$ MPa
(b) $\sigma_x = 17.10$ MPa, $\sigma_y = -104.6$ MPa, $\tau_{xy} = 36.5$ MPa

15.59   (a) FS = 0.973; the component fails.
(b) $\sigma_M = 311$ MPa
(c) FS = 1.109; the component does not fail.

15.61   (a) $T_{max} = 14.08$ kN·m
(b) $T_{max} = 16.26$ kN·m

15.63   (a) $FS_H = 0.935$; $FS_K = 1.281$
(b) point H: $\sigma_M = 338$ MPa, point K: $\sigma_M = 242$ MPa
(c) $FS_H = 0.948$, $FS_K = 1.325$

15.65   (a) $FS_H = 2.59$; $FS_K = 0.923$
(b) point H: $\sigma_M = 117.1$ MPa, point K: $\sigma_M = 373$ MPa
(c) $FS_H = 2.99$; $FS_K = 0.939$

15.67   (a) $FS_H = 1.115$, $FS_K = 1.104$
(b) point H: $\sigma_M = 197.8$ MPa, point K: $\sigma_M = 189.0$ MPa
(c) $FS_H = 1.213$; $FS_K = 1.270$

15.69   fails; interaction equation = 1.0833

15.71 $T \le 4.01$ kN·m

Chapter 16

16.1   (a) $L/r = 250$, $P_{cr} = 318$ N
(b) $L/r = 160$, $P_{cr} = 1892$ N

16.3 (a) $L/r = 164.1$
(b) $P_{cr} = 280$ kN
(c) $\sigma_{cr} = 73.6$ MPa

16.5 (a) $P_{cr} = 58.4$ kN
(b) $P_{cr} = 1682$ kN

16.7 24.0°C

16.9 $w \leq 56.9$ kN/m

16.11 (a) $F_{AC} = 101.0$ kN (C)
(b) 151.0, 117.4
(c) FS = 2.74

16.13 FS = 1.821

16.15 FS = 1.885

16.17 $P_{max} = 5.91$ kN

16.19 (a) $P_{cr} = 731$ kN
(b) $P_{cr} = 182.6$ kN
(c) $P_{cr} = 1491$ kN
(d) $P_{cr} = 2920$ kN

16.21 $P_{allow} = 480$ kN

16.23 $P_{allow} = 33.9$ kN

16.25 (a) $P_{cr} = 6220$ N
(b) $b/h = 0.5$

16.27 $P_{allow} = 30.8$ kN

16.29 (a) $v_{max} = 4.01$ mm
(b) $\sigma_{max} = 73.0$ MPa

16.31 (a) $v_{max} = 24.2$ mm
(b) $\sigma_{max} = 45.6$ MPa

16.33 (a) $\sigma_{max} = 106.3$ MPa
(b) $v_{max} = 23.2$ mm

16.35 (a) $P = 93.2$ kN
(b) $\sigma_{max} = 161.2$ MPa

16.37 (a) $P_{allow} = 300$ kN
(b) $P_{allow} = 85.4$ kN

16.39 (a) $P_{allow} = 439$ kN
(b) $P_{allow} = 272$ kN

16.41 (a) $d = 249$ mm
(b) $P_{allow} = 1337$ kN

16.43 (a) $b = 31.1$ mm
(b) $P_{allow} = 166.3$ kN

16.45 (a) $P_{allow} = 42.0$ kN
(b) $P_{allow} = 17.77$ kN

16.47 $P_{allow} = 96.6$ kN

16.49 $P_{allow} = 35.4$ kN

16.51 (a) $P_{allow} = 109.2$ kN
(b) $P_{allow} = 57.1$ kN
(c) $P_{allow} = 33.5$ kN

16.53 (a) not given
(b) not given
(c) ratio of P_{allow}/P_{actual}: chord members
$AF = 1.941$, $FG = 7.39$, $GH = 5.50$,
$EH = 1.443$; web members $BG = 3.31$,
$DG = 8.04$

16.55 $P_{max} = 30.2$ kN

16.57 (a) $e = 168.2$ mm
(b) $e = 67.7$ mm

16.59 (a) $e_{max} = 367$ mm
(b) $e_{max} = 173.6$ mm

16.61 (a) max offset = 181.4 mm
(corresponds to $e = 308.4$ mm)
(b) max offset = 40.2 mm
(corresponds to $e = 167.2$ mm)

16.63 $P_{max} = 67.4$ kN

16.65 $P_{max} = 21.1$ kN

16.67 $P_{max} = 7.38$ kN

Chapter 17

17.1 (a) $u_r = 1764$ kJ/m^3
(b) $u_r = 257$ kJ/m^3
(c) $u_r = 421$ kJ/m^3

17.3 (a) $U = 16.55$ J
(b) $u_1 = 239$ kJ/m^3,
$u_2 = 12.71$ kJ/m^3

17.5 (a) $u = 12.33$ kJ/m^3
(b) $d_{min} = 23.2$ mm

17.7 $U = 9.95$ J

17.9 $U = 3.60$ J

17.11 $U = 331$ J

17.13 $U = 588$ J

17.15 $L = 593$ mm

17.17 (a) $n = 64.6$
(b) $\delta_{max} = 19.17$ mm
(c) $\sigma_{max} = 26.3$ MPa

17.19 (a) $P_{max} = 16.27$ kN
(b) $\sigma_{max} = 51.8$ MPa
(c) $\sigma_{max} = 105.7$ MPa

17.21 $h_{max} = 453$ mm

17.23 $m_{max} = 6.38$ kg

17.25 $v_{max} = 1.506$ m/s

17.27 (a) $P_{max} = 18.89$ kN
(b) $v_{max} = 54.4$ mm
(c) $h = 382$ mm

17.29 (a) $P_{max} = 17.86$ kN
(b) $n = 16.55$
(c) $h_{max} = 398$ mm

17.31 (a) $v_{max} = 9.27$ mm
(b) $P_{max} = 10.20$ kN
(c) $\sigma_{max} = 7.65$ MPa

17.33 $v_{0,max} = 3.20$ m/s

17.35 (a) $P_{max} = 50.3$ kN
(b) $\sigma_{max} = 260$ MPa
(c) $v_{max} = 22.4$ mm

17.37 $\Delta = 4.03$ mm $\rightarrow$

17.39 $\Delta_C = 12.44$ mm $\downarrow$

17.41 $\Delta_D = 6.46$ mm $\downarrow$

17.43 $\Delta_B = 9.37$ mm $\downarrow$

17.45 $\Delta_D = 79.5$ mm $\downarrow$

17.47 $\Delta_D = 13.34$ mm $\downarrow$

17.49 $\Delta_B = 30.1$ mm $\downarrow$

17.51 $\Delta_A = 6.84$ mm $\rightarrow$

17.53 (a) $\Delta_A = 87.4$ mm $\downarrow$
(b) $\Delta_A = 93.1$ mm $\downarrow$

17.55 (a) $\Delta_E = 34.5$ mm $\leftarrow$
(b) $\Delta_D = 12.91$ mm $\leftarrow$

17.57 (a) $\Delta_F = 46.7$ mm $\leftarrow$
(b) $\Delta_B = 26.7$ mm $\leftarrow$

17.59 (a) $\Delta_A = 7.68$ mm $\leftarrow$
(b) $\Delta_A = 10.74$ mm $\downarrow$

17.61 $\theta_A = \dfrac{M_0 L}{3EI}$ (CW)

17.63 $\Delta_A = \dfrac{Pb^2}{6EI}(3L - b)\downarrow$

17.65 $\theta_B = \dfrac{w_0 L^3}{6EI}$ (CW), $\Delta_B = \dfrac{w_0 L^4}{8EI}\downarrow$

17.67 $\Delta_C = 28.8$ mm $\downarrow$

17.69 $\Delta_C = 6.27$ mm $\downarrow$

17.71 (a) $\Delta_A = 10.39$ mm $\uparrow$
(b) $\theta_C = 0.01753$ rad (CCW)

17.73 $\Delta_C = 29.4$ mm $\downarrow$

17.75 $\theta_A = 0.00904$ rad (CW)

17.77 $I_{min} = 1.095 \times 10^9$ mm^4

17.79 $\Delta_B = 4.68$ mm $\leftarrow$

17.81 $\Delta_D = 14.84$ mm $\leftarrow$

17.83 $\Delta_D = 16.73$ mm $\rightarrow$

17.85 $\Delta_B = 16.15$ mm $\rightarrow$

17.87 $\Delta_B = 32.3$ mm $\downarrow$

17.89 (a) $\Delta_E = 23.0$ mm $\leftarrow$
(b) $\Delta_D = 14.79$ mm $\leftarrow$

17.91 $\Delta_B = 10.10$ mm $\leftarrow$

17.93 $\theta_A = \dfrac{M_0 L}{3EI}$ (CW)

17.95 $\Delta_A = \dfrac{P}{6EI}(2L^3 - 3aL^2 + a^3)\downarrow$

17.97 $\theta_B = \dfrac{w_0 L^3}{6EI}$ (CW), $\Delta_B = \dfrac{w_0 L^4}{8EI}\downarrow$

17.99 $\Delta_C = 13.12$ mm $\downarrow$

17.101 $\Delta_C = 2.22$ mm $\downarrow$

17.103 (a) $\Delta_A = 10.39$ mm $\uparrow$
(b) $\theta_C = 0.01753$ rad (CCW)

17.105 $\Delta_C = 29.4$ mm $\downarrow$

17.107 $\theta_A = 0.00904$ rad (CW)

17.109 $I_{min} = 1.095 \times 10^9$ mm^4

찾아보기

재료역학 3판

2019년 2월 20일 3판 1쇄 펴냄
지은이 Timothy A. Philpot ｜ 역자대표 김문겸
옮긴이 강철규 · 김동현 · 김승준 · 노화성 · 박원석 · 박장호 · 임남형 · 최익창 · 한상윤
펴낸이 류원식 ｜ 펴낸곳 (주)교문사(청문각)

편집부장 김경수 ｜ 책임진행 신가영 ｜ 본문편집 홍익m&b ｜ 표지디자인 유선영
제작 김선형 ｜ 홍보 김은주 ｜ 영업 함승형 · 박현수 · 이훈섭
주소 (10881) 경기도 파주시 문발로 116(문발동 536-2) ｜ 전화 1644-0965(대표)
팩스 070-8650-0965 ｜ 등록 1968. 10. 28. 제406-2006-000035호
홈페이지 www.cheongmoon.com ｜ E-mail genie@cheongmoon.com
ISBN 978-89-363-1753-9 (93550) ｜ 값 39,500원